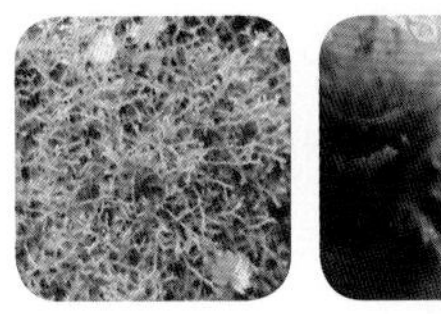
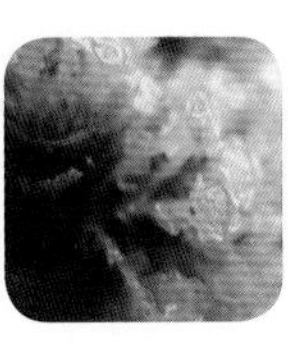

吴鹏程 贾 渝 王庆华
于宁宁 何 强 汪楣芝 著

中国林业出版社

图书在版编目(CIP)数据

中国苔藓图鉴 / 吴鹏程等著. -- 北京 : 中国林业出版社, 2017.7
ISBN 978-7-5038-9071-0

Ⅰ. ①中… Ⅱ. ①吴… Ⅲ. ①苔藓植物－中国－图集Ⅳ. ①Q949.35-64

中国版本图书馆CIP数据核字(2017)第145776号

审图号：GS (2017) 3690号

中国林业出版社·科技出版分社
策划、责任编辑：于界芬　于晓文

出版发行　中国林业出版社
（100009 北京西城区德内大街刘海胡同 7 号）
网　　址　www.lycb.forestry.gov.cn
电　　话　(010) 83143542
印　　刷　北京雅昌艺术印刷有限公司
版　　次　2018 年 3 月第 1 版
印　　次　2018 年 3 月第 1 次
开　　本　889mm × 1194mm　1/16
印　　张　54.25
字　　数　1102 千字
定　　价　798.00 元

序

Foreword

于1578年问世的李时珍五十二卷巨著《本草纲目》是古典植物学在中国兴起的标志。以双名制为特色的近代植物学于18世纪中叶在欧洲兴起，直到20世纪20年代则传入中国。中国第一本植物学是1923年由钱崇澍、邹秉文、胡先骕编缉出版。此外，贾祖璋编著的《中国植物图鉴》带动和培养了一批中国近代植物学工作者的成长。

作为近代植物学组成部分的苔藓植物学因体形纤小而不易观察而未能及时在中国兴起。直至20世纪50年代才在陈邦杰主持下填补了我国这一学科的空白，培育了一批人才。70年代后，作为中国科学院《中国动物志》《中国植物志》和《中国孢子植物志》“三志”中孢子植物志组成部分的《中国苔藓志》的编前研究和在研究基础上的编写工作于1973年启动，从而进一步促进了我国苔藓植物分类学的研究及其国际交流，在中美合作中以《中国苔藓志》中文版为基础，完成了中国藓类志的英文版编写。

现在，由中国科学院植物研究所吴鹏程等苔藓植物学家编著的《中国苔藓图鉴》是以苔藓分类学为基础，包括有苔藓与环境关系及其化学内含物的图文并茂最新精著，包括了隶属于107科的中国苔藓植物种属及其276幅形态解剖特征写实素描组图。素描图不仅真实地展示出苔藓植物不同种属的形态解剖特征，而且是科学性与艺术性的巧妙结合。

包括苔藓植物在内的现代植物分类学已经由以往的以表型特征为基础进入以单基因或多基因片段为基础的分子系统学阶段。然而，由于一切表型都是其基因型的末端产物，因此，表型与基因型相结合的综合分析才是现代植物分类学的核心价值所在。而《中国苔藓图鉴》中以展示种属形态解剖特征的大量写实素描组图，不仅是表基相结合的现代苔藓植物分类学不可或缺的组成部分，而且更是科学与艺术相结合的创新典范。

人类的生存和发展是以自然资源与人类智慧相结合为基础的。自然资源包括可再生的和不可再生的两大类。人类的可持续发展则必须以可再生的自然资源与人类智慧相结合为基础。生物资源是最重要的可再生资源之一。在生物经济时代的今天，苔藓植物分类学正如整个生物分类学一样，必将在自然界生物多样性及其资源研发二者之间发挥桥梁作用。

基于此，特为《中国苔藓图鉴》作序并与苔藓植物分类学、植物资源学、生物多样性以及环境生物学领域的科技工作者及高等院校师生读者们共勉。

中国科学院院士

中国科学院中国孢子植物志编委会主编 （魏江春）

2017 年 5 月

前言

Preface

近代植物分类学自林奈时代1753年起已有200多年的历史，若以我国《本草纲目》算起，时间还将追溯几个世纪。这门古老的学科迄今并未停滞不前，随着时代仍然在不断发展和进步。

在近半个世纪以来，植物分类研究开始从不同方面和结构层次来展开，产生了数量分类学、染色体分类学、分子系统学等分支学科。但形态学和解剖学手段仍然是其研究基础，分子系统学等的普及进一步提供了重要依据，解决了系统上长期存在的对一些类群划分以及类群间亲缘关系所引起的困惑，从而促进了植物分类学的进一步发展。与此同时，形态学和解剖学手段本身也在进步，除解剖镜和光学显微镜外，日趋发展的扫描电子显微镜（SEM）和正在逐步普及的扫描隧道电子显微镜（STM）不断在超越人类肉眼可辨别的能力，极大地提升了植物分类学的研究水平。

中国地处亚洲东部，不仅地域辽阔，包含热带、亚热带、温带至寒温带；且由于多山川而地形复杂，喜马拉雅山、昆仑山、天山等山系横卧在我国西部疆域，东南沿海的黄山、天目山、武夷山、玉山和东北地区的大小兴安岭、长白山，共同造就了我国丰富多样的气候和一些独特的生态地理环境。因此，我国苔藓植物不仅种类丰富度和科属多样性均位列全球前茅，同时，东亚特有属作为生物多样性中的“特有现象”，在中国苔藓植物中十分突出，它们集中分布在我国的一些地理区域，形成了三个分布中心的独特景观。

苔藓植物作为植物界一个大类，在学科系统上处于十分重要的一环，又是生物多样性中不可忽视的组成部分，对植被和森林的影响远大于其他生物类群。苔藓植物还是环境的重要指示植物，尤其对大气污染、水质监测以及重金属指示都十分敏感。苔藓植物本身的内含物质在传统中草药方面一直是作清热解毒之用。当今，科学研究已分离出苔藓植物中的数以百计的化学内含物，在做进一步研究后无疑可利用这些物质来抗菌、灭菌或通过其他途径来为人类服务。这也是我们今后须努力的方向。

苔藓植物虽是一个独立的门类，但因个体较小，不易为人了解和掌握，因此，必须思考用何等方式和方法来推动一个学科或一个植物大类为广大读者所掌握。图文并茂、文字简洁的"图鉴"形式历来易为读者接受，仍然是一种较佳的传布手段。术语的规范和附图的科学性也是"图鉴"的最基本要求。在纵观国内外同类专业书籍后，我们规划了本图鉴项目，并提出三个目标作为本图鉴的指南。首先，系统性应贯穿于全书，接纳并改进的中国苔藓志系统是必须的；其次，分类学中基本的拉丁学名和中文学名应符合最新命名法规的要求，包含本书作者的研究观点。同时，全书应力求达到"首创性"，尽求文字简练、突出重点，并强调群落特性、化学内含物和对环境的指示等因素。

本书撰写宗旨系为读者献上一本解决中国常见苔藓植物类群以及东亚和中国特有属和种的专著，以及进一步深入了解和利用苔藓植物的"百科字典"。

总之，期盼本书无论在科学性、知识性及艺术性方面为读者提供帮助，并能成为一本富有实用价值的苔藓学科书籍。

本专著是由集体合作完成，采纳的系陈邦杰先生改进的苔藓系统。其中，吴鹏程负责撰写苔藓植物的基本构造、与环境的关系和基本术语，东亚特有属和中国特有属文稿，初稿拟成后，再由集体补充。汪楣芝撰写系统分类的苔类部分：科 1 藻苔科至科 47 树角苔科。于宁宁执笔：科 48 泥炭藓科至科 55 花叶藓科，科 60 葫芦藓科，科 62 四齿藓科，科 77 毛藓科至科 92 孔雀藓科，科 96 牛舌藓科和科 97 羽藓科。王庆华执笔：科 63 真藓科至科 74 虎尾藓科，科 98 柳叶藓科至科 102 锦藓科。何强执笔：科 56 大帽藓科至科 61 壶藓科，科 75 隐蒴藓科，科 76 白齿藓科，科 93 鳞藓科至科 95 薄罗藓科，科 103 灰藓科至科 107 金发藓科。

最后，由吴鹏程负责全书统稿，贾渝负责全书审稿，郭木森为本书的附图提供宝贵指导意见。

书后所附彩色照片为何强、王庆华和于宁宁近年来在野外照相后汇集，并鉴定了与照片相对应的标本。娜仁高娃协助把照片按本书系统分科排列。

书中部分图稿系应用本书的作者在赫尔辛基大学植物标本馆工作时所绘草图，美国加州科学院 James R. Shevock 博士赠送的标本对本书的完成也起了积极作用。中国科学院植物研究所何关福教授就苔藓化学内含物提供宝贵的资料。首都师范大学李学东教授和贵州师范大学彭涛博士为提升本书的质量和满足读者们的需求，积极将他们在研究和野外调查时获得的十分珍贵的照片提供给本书。我们就此谨向上述单位和个人表示衷心感谢。

本书写著期间，获得中国科学院王文采院士、魏江春院士和中国工程院金鉴明院士的指教，以及中国科学院植物研究所李振宇教授、张宪春教授和中国农业大学邵小明教授的积极支持。魏江春院士在百忙中亲笔为本书写序言。谨向他们致以诚挚的谢意。

我们还感谢王国英女士在三年多来努力保证吴鹏程全心投入此书的编写工作，同时，在汉字拼音上积极协助查阅字典，解决电脑打字拼音的困难，保证此书能按时圆满完成。

在此书完成之际，我们谨向中国苔藓植物学奠基人陈邦杰先生致以深深的敬意。苔藓植物作为植物界一个独立的大类在20世纪的中国尚不为人们所十分了解。陈邦杰先生自20世纪30年代即着手填补该学科在中国的空白。50年代起研究条件大有改善，陈先生从培养年青一代着手，带动了这一学科在中国的发展，从启蒙、开创和奠基，已整整带动和培养了三代人。现第四代人已经渐露头角，在国内外显示了他们的积极作用。本书的出版是陈邦杰先生为之努力半个多世纪的一个体现，也是他曾设想完成一本中国苔藓图谱心愿的实现。

今年适逢他诞辰110周年，现谨以此书献给陈邦杰先生，并表达我们对他的一份怀念之情。

著者

2017年元旦，于北京

苔藓植物东亚特有属和中国特有属在中国的3个分布中心

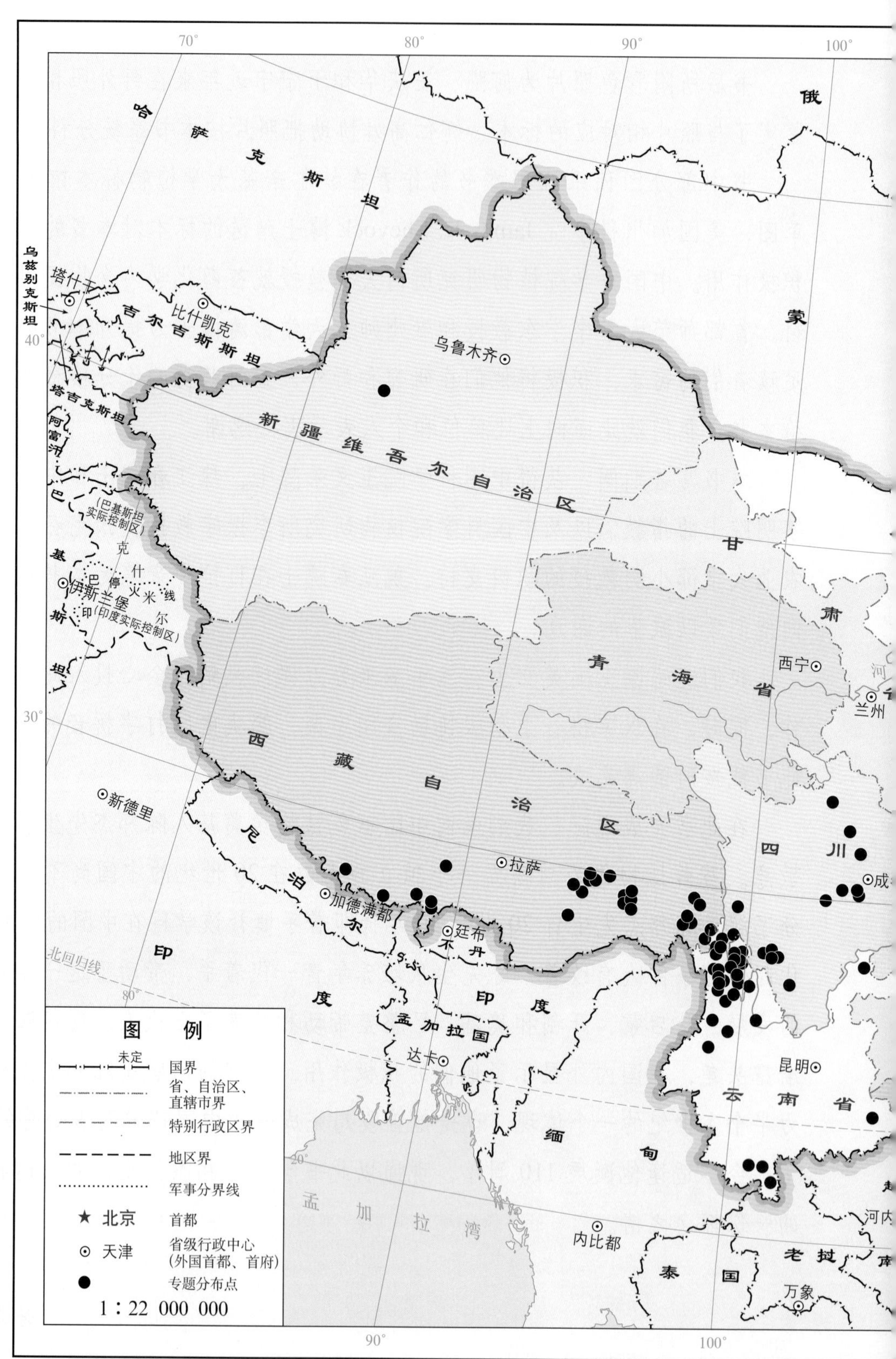

审图号：GS（2017）3690号

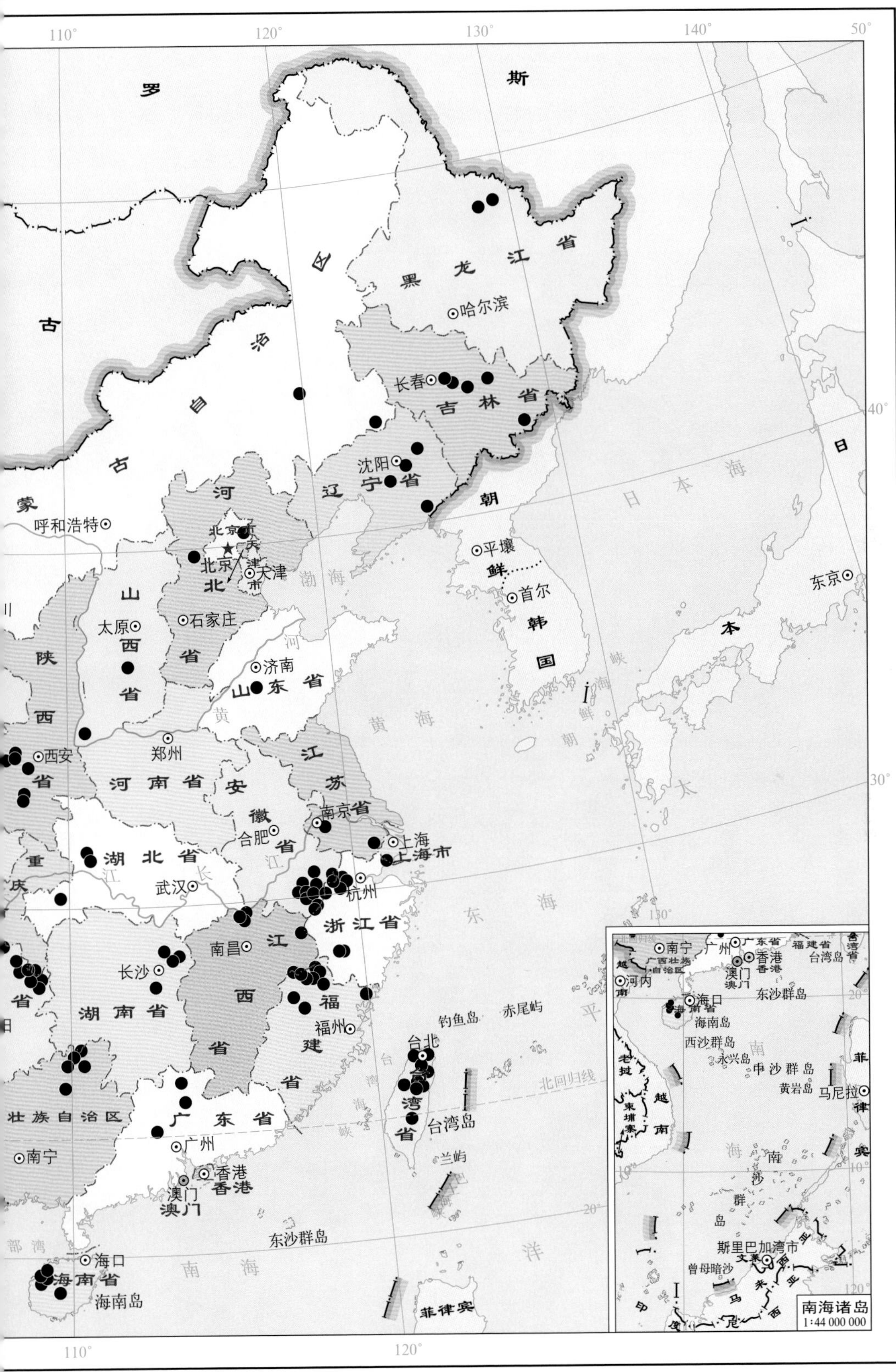

国家测绘地理信息局 监制

目 录 Contents

序

前言

第一部分 概 述

苔藓植物的基本形态构造 ……019

苔藓植物主要术语及附图图解（Ⅱ～Ⅳ） ……023

中国苔藓植物的特有现象——东亚特有属和中国特有属 ……028

苔藓植物监测环境和大气污染的效应 ……031

第二部分 中国苔藓植物系统分类

藻苔植物门 TAKAKIOPHYTA

科1 藻苔科 TAKAKIACEAE……038

苔类植物门 MARCHANTIOPHYTA

科2 裸蒴苔科 HAPLOMITRIACEAE ……042

科3 剪叶苔科 HERBERTACEAE ……044

科4 拟复叉苔科 PSEUDOLEPICOLEACEAE……047

科5 毛叶苔科 PTILIDIACEAE ……048

科6 复叉苔科 LEPICOLEACEAE……051

科7 绒苔科 TRICHOCOLEACEAE……051

科8 多囊苔科 LEPIDOLAENACEAE ……054

科9 指叶苔科 LEPIDOZIACEAE ……056

科10 护蒴苔科 CALYPOGEIACEAE……070

科11　裂叶苔科 LOPHOZIACEAE……076
科12　叶苔科 JUNGERMANNIACEAE……091
科13　全萼苔科 GYMNOMITRIACEAE……109
科14　合叶苔科 SCAPANIACEAE……112
科15　地萼苔科 GEOCALYCACEAE……124
科16　羽苔科 PLAGIOCHILACEAE……132
科17　顶苞苔科 ACROBOLBACEAE……146
科18　大萼苔科 CEPHALOZIACEAE……148
科19　拟大萼苔科 CEPHALOZIELLACEAE……154
科20　甲克苔科 JACKIELLACEAE……156
科21　歧舌苔科 SCHISTOCHILACEAE……157
科22　扁萼苔科 RADULACEAE……159
科23　紫叶苔科 PLEUROZIACEAE……167
科24　光萼苔科 PORELLACEAE……168
科25　耳叶苔科 FRULLANIACEAE……177
科26　毛耳苔科 JUBULACEAE……187
科27　细鳞苔科 LEJEUNEACEAE……190
科28　小叶苔科 FOSSOMBRONIACEAE……221
科29　壶苞苔科 BLASIACEAE……223
科30　带叶苔科 PALLAVICINIACEAE……224
科31　南溪苔科 MAKINOACEAE……226
科32　绿片苔科 ANEURACEAE……227
科33　叉苔科 METZGERIACEAE……230
科34　溪苔科 PELLIACEAE……233
科35　皮叶苔科 TARGIONIACEAE……235
科36　光苔科 CYATHODIACEAE……236
科37　花地钱科 CORSINIACEAE……237
科38　半月苔科 LUNULARIACEAE……238
科39　魏氏苔科 WIESNERELLACEAE……240
科40　蛇苔科 CONOCEPHALACEAE……241
科41　疣冠苔科 AYTONIACEAE（GRIMALDIACEAE）……244

科42　星孔苔科 CLEVEACEAE……253

科43　地钱科 MARCHANTIACEAE……257

科44　钱苔科 RICCIACEAE……262

角苔植物门ANTHOCEROTOPHYTA

科45　角苔科 ANTHOCEROTACEAE……268

科46　树角苔科 DENDROCEROTACEAE……270

科47　短角苔科 NOTOTHYLADACEAE……271

藓类植物门BRYOPHYTA

科48　泥炭藓科 SPHAGNACEAE……276

科49　黑藓科 ANDREAEACEAE……281

科50　牛毛藓科 DITRICHACEAE……283

科51　虾藓科 BRYOXIPHIACEAE……288

科52　曲尾藓科 DICRANACEAE……289

科53　白发藓科 LEUCOBRYACEAE……320

科54　凤尾藓科 FISSIDENTACEAE……327

科55　花叶藓科 CALYMPERACEAE……335

科56　大帽藓科 ENCALYPTACEAE……341

科57　丛藓科 POTTIACEAE……344

科58　缩叶藓科 PTYCHOMITRIACEAE……371

科59　紫萼藓科 GRIMMIACEAE……375

科60　葫芦藓科 FUNARIACEAE……388

科61　壶藓科 SPLACHNACEAE……394

科62　四齿藓科 TETRAPHIDACEAE……399

科63　真藓科 BRYACEAE……400

科64　提灯藓科 MNIACEAE……422

科65　桧藓科 RHIZOGONIACEAE……438

科66　皱蒴藓科 AULACOMNIACEAE……441

科67　寒藓科 MEESIACEAE……442

科68　珠藓科 BARTRAMIACEAE……445

科69　美姿藓科 TIMMIACEAE ……456
科70　树生藓科 ERPODIACEAE ……457
科71　高领藓科 GLYPHOMITRIACEAE ……461
科72　木灵藓科 ORTHOTRICHACEAE ……464
科73　卷柏藓科 RACOPILACEAE ……477
科74　虎尾藓科 HEDWIGIACEAE ……479
科75　隐蒴藓科 CRYPHAEACEAE ……482
科76　白齿藓科 LEUCODONTACEAE ……486
科77　毛藓科 PRIONODONTACEAE ……494
科78　金毛藓科 MYURIACEAE ……496
科79　扭叶藓科 TRACHYPODACEAE ……498
科80　蕨藓科 PTEROBRYACEAE ……506
科81　蔓藓科 METEORIACEAE ……515
科82　带藓科 PHYLLOGONIACEAE ……538
科83　平藓科 NECKERACEAE ……541
科84　木藓科 THAMNOBRYACEAE ……560
科85　细齿藓科 LEPTODONTACEAE ……565
科86　船叶藓科 LEMBOPHYLLACEAE ……566
科87　水藓科 FONTINALIACEAE ……570
科88　万年藓科 CLIMACIACEAE ……571
科89　油藓科 HOOKERIACEAE ……574
科90　刺果藓科 SYMPHYODONTACEAE ……584
科91　白藓科 LEUCOMIACEAE ……586
科92　孔雀藓科 HYPOPTERYGIACEAE ……587
科93　鳞藓科 THELIACEAE ……593
科94　碎米藓科 FABRONIACEAE ……596
科95　薄罗藓科 LESKEACEAE ……607
科96　牛舌藓科 ANOMODONTACEAE ……617
科97　羽藓科 THUIDIACEAE ……624
科98　柳叶藓科 AMBLYSTEGIACEAE ……643
科99　青藓科 BRACHYTHECIACEAE ……665

科100 绢藓科 ENTODONTACEAE ········ 696
科101 棉藓科 PLAGIOTHECIACEAE ········ 709
科102 锦藓科 SEMATOPHYLLACEAE ········ 717
科103 灰藓科 HYPNACEAE ········ 739
科104 塔藓科 HYLOCOMIACEAE ········ 782
科105 短颈藓科 DIPHYSCIACEAE ········ 796
科106 烟杆藓科 BUXBAUMIACEAE ········ 799
科107 金发藓科 POLYTRICHACEAE ········ 802

作者寄语 ········ 821
本书导读 ········ 823
中文名称索引 ········ 825
拉丁名称索引 ········ 835
苔类野外照片 ········ 850
藓类野外照片 ········ 857

第一部分

概　述

中国苔藓图鉴
CHINESE ILLUSTRATED BRYOPHYTES

苔藓植物的基本形态构造

在植物界，苔藓植物以体形而言属“侏儒类型”，其中最细小的植物体是以微米（μm）来衡量，属细鳞苔科（Lejeuneaceae）植物，而最大的植物体是巨藓属（*Dawsonia*）植物可高达 20 cm 以上，生长于澳大利亚南部森林中，外观类似于松柏类的幼苗。苔藓植物虽然其体形大小上存在极大差异，但它们具有共同特点，即细胞内富含叶绿体，可自行进行光合作用来制造养分，提供植物体持续的生长直至产生新的一代个体。它的胚的形成及自养功能也是苔藓植物被归入“高等植物”大类的因素，并较菌藻类进化的重要性状。

苔藓植物在基本构造上具“完整的”根、茎和叶，但在组织分化上十分简单。为有别于种子植物的根、茎和叶，科学上的严格定义是把苔藓植物的根、茎和叶名为“假根”“拟茎体”和“拟叶体”。目前，植物学书籍中仍以“根、茎和叶”来称谓苔藓植物各主要器官，系一种文字上的简称。

茎　苔藓植物的茎以大多数苔和藓而言，一般是由一群细长的细胞所组成。凡是较柔弱的类型，茎的横切面的细胞数在 10 个以下，茎表皮的细胞和皮部中间细胞分化不甚明显；而体型稍大、分枝多的类型，茎横切面的细胞数多，表皮细胞小而壁厚，中央常分化数个厚壁、小型细胞组成的中轴，以输送水和养分。

苔藓植物中孢蒴顶生的类型多丛集生长，茎直立，稀分枝，仅藻苔属（*Takakia*）和裸蒴苔属（*Haplomitrium*）植物具肉质匍匐茎，细胞多大而壁薄，内外无明显分化。侧生孢蒴类型的苔藓植物的茎一般质硬，细胞分化较明显，茎多倾立或匍匐生长，常具少数分枝、不规则分枝、1~3 回羽状分枝或树形分枝。部分属和种具匍匐茎，可萌生新的植株。

叶　叶状体苔类无分化的叶，其茎呈片状，由单层至多层细胞组成，一般呈叉状分枝，而多层细胞的类型常有气孔和气室的分化。在苔藓植物中，叶的形式多种多样，以卵形、圆卵形至披针形为最常见，除中肋外均系单层细胞，仅金发藓科（Polytrichaceae）和短颈藓科（Diphysciaceae）中的厚叶短颈藓（*Diphyscium lorifolium*）的叶片由多层细胞组成。在叶片中肋腹面，丛藓科（Pottiaceae）中部分属和种及金发藓科大部分属和种具栉片或丝

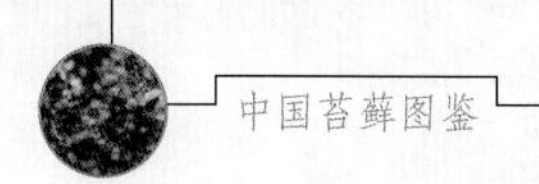

状突起外，苔藓植物多数叶片平滑，少数属和种的叶片背面或腹面具栉片。

在茎和枝上，多数顶生孢蒴的苔和藓的叶片基本上为同形，或仅在大小上略有差异。然而，侧生孢蒴的苔和藓的叶片除茎叶大于枝叶外，在外形上多少存在差异，甚至两者异形。

少数藓类植物，如卷柏藓属（*Racopilum*）、孔雀藓属（*Hypopterygium*）、雉尾藓属（*Cyathophorum*）和细鳞藓属（*Solmsiella*）等，以及苔类茎叶分化的大部分科、属和耳叶苔科（Frullaniaceae）、光萼苔科（Porellaceae）及细鳞苔科（Lejeuneaceae）等植物在茎的腹面或背面具有明显分化的一列腹叶或背叶，它们多数与茎或枝的直径近于等宽，或 1~2 倍宽于茎或枝的直径。

叶细胞 苔藓植物的叶细胞系构成叶片的最基本组织，直径多数仅数微米（μm），长度一般在 30 μm 左右，而灰藓科（Hypnaceae）和锦藓科（Sematophyllaceae）的一些种类的叶细胞长度可达 130 μm 以上。

在苔类植物中，大多叶细胞呈圆卵形、圆形或六角形，直径在数微米至数十微米。叶片尖部细胞与叶片基部细胞多数存在大小的差异，而在形态上基本上相近。仅少数属如剪叶苔属（*Herbertus*）、羽苔属（*Plagiochila*）和折叶苔属（*Diplophyllum*）等叶基中央细胞呈长方形，细胞壁亦加厚或呈不规则厚壁，在剪叶苔属中叶片中央细胞的分化可长达叶片的近尖部，被称为假肋（vitta）。在耳叶苔属（*Frullania*）和细鳞苔科中的疣鳞苔属（*Cololejeunea*）和薄鳞苔属（*Leptolejeunea*）等植物中，部分种类的叶细胞中或叶基中央细胞间具成列形大而常呈黄色的油胞（ocellus），在有些种类中油胞散生在叶的细胞间。叶边细胞的分化在苔类植物中不甚明显。苔类植物叶细胞表面多数平滑，仅叶苔科（Jungermanniaceae）、合叶苔科（Scapaniaceae）及细鳞苔科（Lejeuneaceae）等部分属和种的叶细胞背面具单个疣、多疣或星状疣等突起。少数疣鳞苔属叶边细胞异形。

然而，藓类植物的叶细胞形态上变化相对较大，多数孢蒴顶生的藓类叶片细胞呈多角形、六角形或圆卵形。孢蒴侧生藓类的叶片细胞以狭长而近于线形为主。藓类植物叶细胞除叶片尖部与基部存在较大变化外，部分属和种如真藓属（*Bryum*）、提灯藓科（Mniaceae）的一些种类的叶边细胞与其他叶细胞分化明显外，甚至，叶边细胞可多层，最突出的是厚边藓属（*Sciaromiopsis*）植物。藓类植物的叶细胞与苔类不同之处，在于叶基两侧的角细胞，如曲尾藓科（Dicranaceae）、锦藓科（Sematophyllaceae）和灰藓科（Hypnaceae）等明显分化大型、具色泽的厚壁或薄壁细胞；绢藓科（Entodontaceae）、青藓科（Brachytheciaceae）和灰藓科中一些种类叶片两侧基部分化多数形小而整齐排列的数列细胞，可称角部细胞，以有别于数少具色泽而形态差异较大的角细胞。

藓类中，泥炭藓属（*Sphagnum*）和白发藓属（*Leucobryum*）的叶片由大型无色透明细胞及绿色狭长的小细胞组成，因此，它们的外观呈灰绿色。这是苔藓植物中独特的类型。此外，在花叶藓科（Calymperaceae）中，叶片基部细胞常分化多数大型透明细胞，或在叶片近边缘内侧分化数列夹杂于大型透明细胞及小型绿色细胞间的狭长细胞，称为嵌条（teniola）。

中肋 苔藓植物和种子植物的差异，除叶片极为单薄而多数仅由一层细胞构成外，在叶片中央或基部具少数由细长细胞组成的单条中肋，称为单中肋，或在叶基部中央分化2条短肋，通常称为双中肋。金发藓科、短颈藓科、丛藓科中少数属和叶状体苔类的中肋较宽阔而由多层细胞构成，在中肋的中央还多具壁厚，而由小型细胞组成的中轴。绝大多数苔类和少数藓类的叶片无中肋。

假根 在藓类植物的基部或苔类植物的腹面具有多数透明的丝状体，多由单细胞形成，因不同于种子植物的粗壮而组织构造复杂的根，则以“假”根称之。

生殖器官 苔藓植物的有性生活阶段，即有性世代，是由精子和卵的结合来完成，含雌、雄生殖器官。

雄性生殖器官在苔藓植物中称雄苞。一般呈卵形或球形，外面具兜形的雄苞叶。精子器在每一雄苞叶内1至多个，呈圆球形或长椭圆状球形，基部具一短柄。成熟时常呈橙红色，产生数以千计、长度仅数微米的线形精子，尾部具2鞭毛，可以自由摆动而促使精子

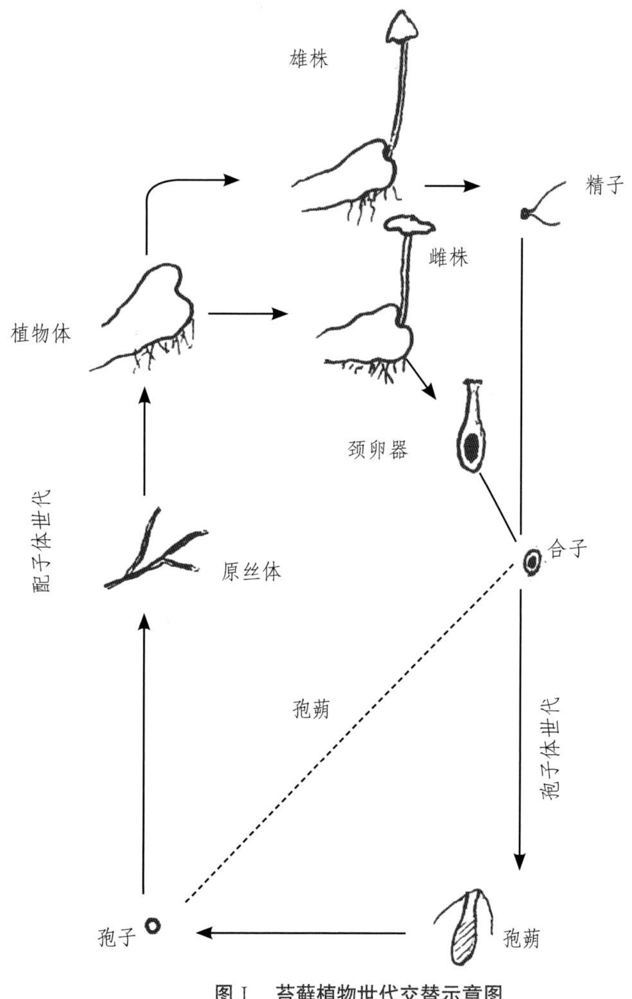

图Ⅰ　苔藓植物世代交替示意图

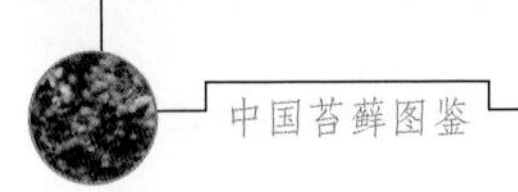

向前游动。

雌性生殖器官雌苞为苔藓植物的产卵器官，多着生植物体顶端或短侧枝尖部，外部通常由数个呈披针形具齿的雌苞叶保护。每个雌苞中具多个颈卵器，但一般仅一个颈卵器受精，并长成孢蒴。少数曲尾藓属（*Dicranum*）和仙鹤藓属（*Atrichum*）植物的雌苞中可长成 2~3 个或多个孢蒴。

苔藓植物的受精过程是由雄性器官精子器中的精子在成熟后精子器破壁，随雨水、露水或溪流中的水流而游入雌苞内的颈卵器中，与其中成熟的卵相结合，组成合子，并发育成孢蒴。这一过程的重要条件是水滴或水流，也是苔藓植物由长期水生生活转为陆生生活的返祖现象的呈现。

生活史　苔藓植物一生的生活周期是以配子体为主，能独立自养，而孢子体寄生于配子体上，藉配子体供给营养来完成从孢子→原丝体→长成绿色植物体→雌雄性生殖器官的产生→精子与卵结合→形成合子→产生孢蒴→再次产生孢子。从孢子到精子与卵的形成为配子体世代，从合子至孢子产生为孢子体世代（图Ⅰ）。

苔藓植物主要术语及附图图解（Ⅱ～Ⅳ）

原丝体 苔藓植物孢子在吸取水分后，萌发产生的不规则多细胞的丝状体。

叶状体 苔类植物中，以角苔类和地钱类为代表的植物多成片状生长，背腹面分化，并不规则分枝、叉状分枝或两歧状分枝。一部分叶状体苔类内有气室，并有气孔与外界相通。一般认为叶状体苔类较原始。

茎叶体 含藻苔类、苔类中大部分类群及所有藓类植物，均有茎和叶分化的构造。在孢子萌发后，经顶细胞分裂后产生茎和叶。一般认为茎叶体植物类群在苔藓植物系统上较进化。

茎 支持苔藓植物生长的直立、匍匐或倾立的多细胞条状组织，通常有皮部、髓部和中轴三部分组成。少数类群可下垂生长或无中轴分化。不同类型的叶片在茎上呈扁平两列状、三列状或多列状螺旋形排列。

叶 片状的多细胞组织，一般由单层细胞或多层细胞组成。内含叶绿体而可营光合作用。叶的形状、大小，以苔藓植物的类群而异。茎叶体类的苔类常分为背腹两瓣，背面的瓣多较大，称为背瓣，腹面的瓣一般较小，称为腹瓣。少数苔类叶的背瓣小于腹瓣。少数藓类植物具背叶和腹叶分化。

叶边 除叶的形状外，叶边形式是苔藓植物的重要识别性状之一。包括全缘、具细齿、粗齿、尖齿、纤毛等，绝大多数苔藓植物的叶边单层细胞，少数由 2 层或多层细胞组成。

中肋 位于叶片中央的一列细长的多细胞组织，其长短、宽窄，因类群而异，少数科属植物的中肋短弱、分叉或缺失。而以金发藓科为代表的叶片中肋极宽阔，几乎占叶片的大部分。叶细胞仅限于叶片边缘。有些藓类植物的中肋腹面和背面有多数片状多细胞绿色组织。

假肋 指苔藓植物叶片中央由圆形、长方形或长卵形油胞组成，通常呈黄色，内含油滴。

叶细胞 苔藓植物中，叶片细胞主要分成两大类。苔类和藓类中较原始的类型，叶细胞为等轴型。如圆形、圆卵形、六角形和方形，即叶细胞的长度和宽度无大的差异。长轴型主要是藓类中植物体匍匐生长的类型，叶细胞多长方形、长卵形和线形等。但苔藓植物中，叶上部细胞和下部细胞存在不同类型。部分叶细胞壁的角隅和胞壁中央加厚，称为三角体和胞壁中部球状加厚。

角细胞　少数苔藓植物科、属的叶片基部两侧角部分化形大、透明或黄色、棕色或褐色的细胞群。

腹叶　大部分苔类及少数藓类植物的腹面有一列形小或纤小与其他叶相异的叶片。仅卷柏藓科植物背面有一列小叶，因此称背叶。

疣　细胞表面的小突起，呈单个或多个疣、细疣、粗疣、马蹄形疣或星状疣等。一部分苔藓植物的叶和茎上具疣。

乳头　细胞壁和细胞腔向外凸形成的突起。一部分苔藓植物的叶片和茎具此特性。

鳞毛　部分苔藓植物的茎上着生丝状或不规则丝状的多细胞组织。

鳞片　地钱类植物叶状体腹面，沿中央两侧常各着生一列近半月形的片状组织，在其顶端常具一圆形、椭圆形或条形物，稀 2~3 条，称附体。

芽胞　苔藓植物中常见的一种无性繁殖体，一般为单个细胞；但部分苔类或藓类具多个细胞的芽胞，呈圆形、圆球形、多角形、星形、棒形等。它们多着生在芽胞盘中、茎和叶的尖部、叶边缘和叶腹面。

芽条　部分藓类中，植物体尖端和叶腋中着生的无性繁殖体，常成束生长。

孢蒴　苔藓植物中，雌株成熟后由雌苞中长出的球形、卵形、圆卵形、长卵形、圆柱形产生孢子的构造。

蒴柄　着生孢蒴基部，并把孢蒴提升至植物体外，以利于孢子向周围扩散的细长棒状组织，称蒴柄。柄的长短、粗细以类群而异，外表多平滑，稀具疣和粗糙。少数苔藓植物孢蒴无蒴柄或蒴柄极短。

雌苞叶　雌苞周围保护颈卵器和胚的叶片，一般较营养叶长大，有时具长尖，内雌苞叶叶边常具齿或纤毛。

雄苞叶　包围精子器周围的叶片，多卵形或圆卵形，强烈内凹，保护精子器免受外界伤害。

雄托　地钱类植物成熟时，雄株产生盘状的构造，一般腹面有柄，称托柄，稀无柄。

雌托　地钱类植物雌株在成熟时，所产生的盘状构造。边缘波曲、开裂或深裂成瓣。一般腹面有长的肉质的柄，便于雌托上的孢蒴成熟时释放孢子。

蒴萼　苔类植物中，一部分植物的颈卵器在成长时，周围包被的单层细胞组织。其形状多异，主要为圆筒形或倒卵形，平滑，或具 1~10 个脊，稀顶端呈角状。

蒴齿　孢蒴口部周围的狭长披针形片状组织。一般分内外 2 层，稀具发育不全的前齿层。

蒴盖　覆盖孢蒴口部的圆盘状或圆锥状组织，脱落后孢子即向外释放。

蒴帽　罩覆在蒴盖和孢蒴前端的帽状构造，呈兜形、帽形或钟形。

弹丝　苔类孢蒴中的丝状组织，与孢子混生，或着生孢蒴裂瓣尖端，常具 1~3 列螺纹加厚。

假弹丝　角苔类植物孢蒴内，细胞分裂产生的小片状或不规则多细胞条状或丝状不育细胞。

孢子　一般为单细胞，稀多细胞，成熟时遇水湿后萌生新植物体。

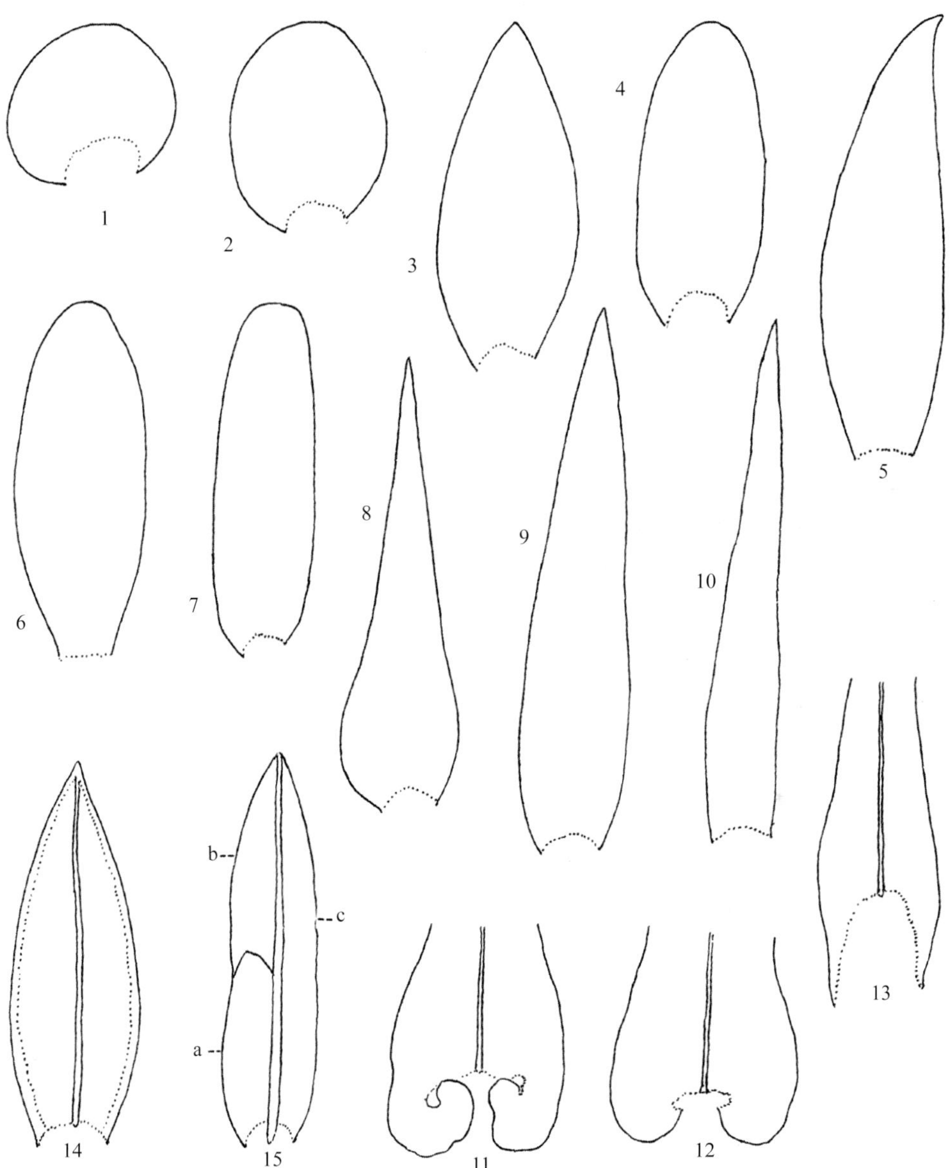

图 II　苔藓植物的基本叶形（1~10）、叶基形式（11~13）、叶边（14）及叶片分部（15）

1. 扁圆形，2. 圆形，3. 卵形，4. 椭圆形，5. 长卵状披针形，6. 匙形，7. 舌形，8. 卵状披针形，9. 披针形，10. 狭披针形，

11. 大耳状叶基，12. 圆耳状叶基，13. 长下延叶基

14. 叶边分化，15. 示叶片分为 3 个部分，a）叶（叶鞘部），b）前翅，c）背翅

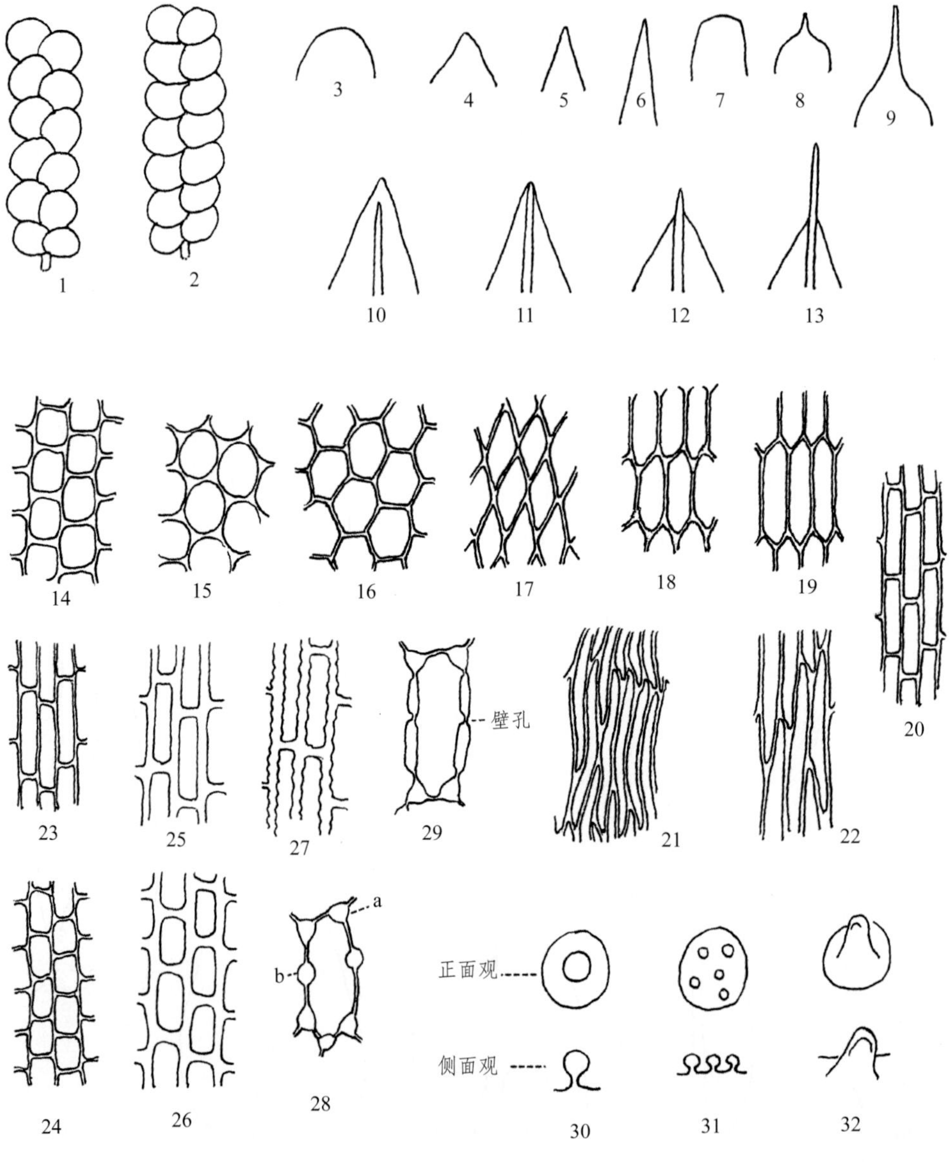

图III 苔藓植物叶片排列形式（1~2）、叶尖形式（3~9）、叶中肋在叶尖部的形式（10~13）、叶细胞基本类型（14~22），叶细胞胞壁加厚形式（23~29）及叶细胞表面加厚形式（30~32）

1. 蔽前式，2. 蔽后式，3. 圆尖，4. 钝尖，5. 锐尖，6. 披针尖，7. 平截尖，8. 突尖，9. 突长毛尖，10. 中肋不及叶尖，11. 中肋贯顶，12. 中肋突出叶尖，13. 中肋突出叶尖呈毛状，14. 方形，15. 圆形，16. 六角形，17. 菱形，18. 卵形，19. 长六角形，20. 长方形，21. 蠕虫形，22. 近线形，23、24. 薄壁，25、26. 厚壁，27. 胞壁波状加厚，28. 示 a）胞壁具三角体，b）胞壁中部球状加厚，29. 示具壁孔，30~32. 均系单个细胞，示具单疣、多疣及乳头突，a）正面观，b）侧面观

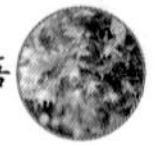

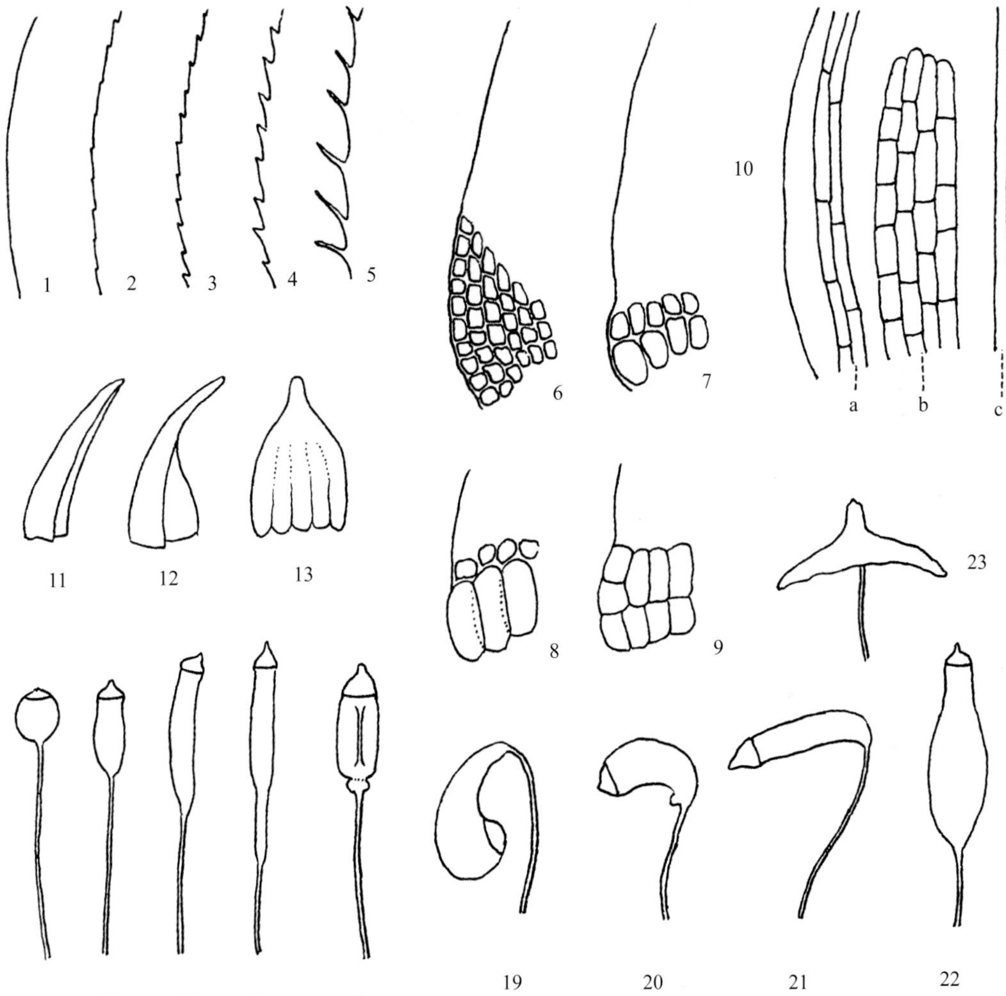

图Ⅳ　苔藓植物的叶边形式（1~5）、叶片角部形式（6~9）、叶片基部细胞分化形式（10）、蒴帽形式（11~13）及孢蒴形式（14~23）

1. 全缘，2. 具细齿，3. 具粗齿，4. 具尖齿，5. 具毛状齿，6. 叶片角部细胞多数分化，7. 叶片角部细胞多个厚壁细胞，8. 叶片角部少数大型细胞，9. 叶片角部多个薄壁细胞，10. 叶基一侧，示 a）嵌条，b）大型透明细胞，c）中肋，11. 兜形，12. 帽形，13. 钟形，14. 圆球形，15. 卵形，16. 圆柱形，17. 棒槌形，18. 方形，示具台部，19. 葫芦形，20. 卵形，呈弓形弯曲，21. 圆柱形，呈弓形弯曲，22. 壶形，23. 伞形

中国苔藓植物的特有现象——东亚特有属和中国特有属

中国是亚洲地区最大的国家，跨越热带、亚热带季风带至荒漠。其基本的地理学的概况为长江和黄河横贯西东，同时海拔高度由西向东存在三个台阶：第一台阶是青藏高原为主，海拔在 4 000 m 以上的地区。第二台阶跨越昆仑山脉和秦岭山脉达高原北部，海拔多在 2 000 m 以上。第三台阶为中国东部自南向北的沿海地区，多为 1 500~1 000 m 以下的丘陵。

在全球范围内，中国是苔藓植物种类较多的国家之一，约占全世界苔藓植物的 1/10。其突出的特点是富含特有现象，包括苔藓植物的东亚特有属和中国特有属。关于这两类特有现象，现确认它们的地理分布特点为：① 东亚特有属。指苔藓植物属内所有分类群，它们的分布范围主要局限于亚洲东部地区，包括中国、朝鲜、日本、俄罗斯（远东地区），少数种类或个体有时见于周边地区。② 中国特有属。指苔藓植物属内各种的分布范围不超越中国国界，往往见于中国局部地区。属内的种的数目不多，一般不超过 3 种，多为 1~2 种。

早在 1958 年，陈邦杰在《中国苔藓植物生态群落和地理分布的初步报告》中提出了这一特有现象，并认为它们对中国苔藓植物区系产生十分重要的影响。之后，在黄山、西天目山、武夷山、金佛山、梵净山、横断山区、东喜马拉雅山地区等相继发现了它们的分布，并发现在中国存在 3 个苔藓植物东亚特有属和中国特有属的分布中心（表 1）。

它们在中国的分布主要集中在 3 个地区，其中最大的分布中心在横断山区，即分布中心 I：包括西藏东南部、云南西北部和四川西南部，在这地区分布了中国 2/3 东亚苔藓植物特有属和中国苔藓特有属。其次，分布中心 II：在四川金佛山和贵州梵净山分布着中国 3/5 东亚苔藓植物特有属和中国苔藓特有属，而在我国东部沿海的分布中心 III：包括黄山、西天目山向东南延伸至台湾，集中分布了约 1/2 的特有类型（见“苔藓植物东亚特有种和中国特有属在中国的 3 个分布中心图”）。迄今，中国目前已知东亚苔藓植物特有属总共有 45 属和 60 种（含变种及变型），隶属 29 科，及中国苔藓特有属有 12 属和 13 种，隶属 10 科。

表 1　苔藓植物东亚特有属和中国特有属在中国的分布中心

属名	分布中心 I	II	III
单月苔属 *Monosolenium*	+	+	+
新绒苔属 *Neotrichocolea*		+	+
囊绒苔属 *Trichocoleopsis*		+	+
拟隐苞苔属 *Cryptocoleopsis*	+		
疣叶苔属 *Horikawaella*	+		
大叶苔属 *Scaphophyllum*	+		+
服部苔属 *Hattoria*	+		+
多瓣苔属 *Macvicaria*	+	+	+
异鳞苔属 *Tuzibeanthus*	+	+	
树发藓属 *Microdendron*	+		
拟牛毛藓属 *Ditrichopsis*	+		
闭蒴藓属 *Cleistocarpidium*			+
昂氏藓属 *Aongstroemiopsis*	+		
* 拟短月藓属 *Brachymeniopsis*	+		
拟直齿藓属 *Orthodontopsis*	+		
单齿藓属 *Dozya*	+		+
* 疣齿藓属 *Scabridens*	+	+	
蔓枝藓属 *Bryowijkia*	+		
毛枝藓属 *Pilotrichopsis*	+	+	+
* 台湾藓属 *Taiwanobryum*			+
* 拟蕨藓属 *Pseudopterobryum*	+	+	
小蔓藓属 *Meteoriella*	+	+	+
新悬藓属 *Neobarbella*	+	+	+
* 耳蔓藓属 *Neonoguchia*	+	+	+
兜叶藓属 *Horikawaea*	+	+	+
* 亮蒴藓属 *Shevockia*	+		
弯枝藓属 *Curvicladium*	+		
拟厚边藓属 *Handeliobryum*	+		
尾枝藓属 *Caduciella*	+		
船叶藓属 *Dolichomitra*		+	+
拟船叶藓属 *Dolichomitriopsis*		+	+
拟柳叶藓属 *Orthoamblystegium*	+		
瓦叶藓属 *Miyabea*			+

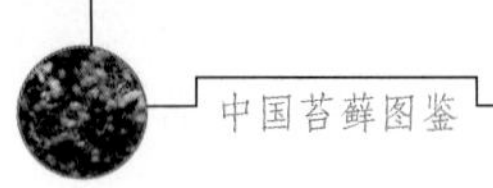

（续）

属名	分布中心 I	II	III
锦丝藓属 *Actinothuidium*	+	+	
* 薄羽藓属 *Leptocladium*	+		
毛羽藓属 *Bryonoguchia*	+	+	
类牛角藓属 *Sasaokaea*			+
* 厚边藓属 *Sciaromiopsis*	+	+	
* 云南藓属 *Yunnanobryum*	+		
小柔齿藓属 *Iwatsukiella*	+		+
* 华原藓属 *Sinocalliergon*		+	
* 拟无毛藓属 *Juratzkaeella*	+		+
拟金灰藓属 *Pylaisiopsis*	+		
齿灰藓属 *Podperaea*		+	
拟硬叶藓属 *Stereodontopsis*		+	+
褶藓属 *Okamuraea*	+	+	+
* 拟褶叶藓属 *Pseudopleuropus*			+
螺叶藓属 *Sakuraea*	+		+
美灰藓属 *Eurohypnum*	+	+	+
拟灰藓属 *Hondaella*	+	+	
新船叶藓属 *Neodolichomitra*	+	+	+

* 指仅分布中国的属，其余为东亚特有属。

无疑，还可肯定这些特有属在中国的分布自东南向西北呈现为斜线状。无论是东亚特有属和中国特有属向南或向北其数量均明显递减，表现出变迁过程中的退却。尤其是在属的分布边缘，种类的分布区的缩小，以及属中一些种类的消失，促使作为分类群基本组成单位属的分布区的萎缩，并与该属其他分布区“分离”，属的分布中心随之形成。

这种以属为分类单位的分布格局，包括个别属的分布，以及多个属集中分布于一个局部地区，显示了中国苔藓植物有它自身独有的特性，并表明了它在全球分布规律中所具的重要位置。

苔藓植物监测环境和大气污染的效应

苔藓与地衣的敏感特性常被植物学家用来对环境污染进行监测。自19世纪起，全球工业化所产生的副作用给环境带来大范围的污染。在初期，形成的污染是轻度的，然后产生的化学反应导致一氧化碳、二氧化硫、氟化物、硫化氢和臭氧等浓度的上升，影响了苔藓植物和地衣的繁殖及光合作用的退化，甚至于死亡。有人设计了大气污染指数 [Index of Atmospheric Purity（IAP）]，以苔藓或地衣的个体数量、覆盖度及抵抗系数为基础，可为一个地区长期污染所造成的结果提供一幅合理的污染状况分布图（图V）。

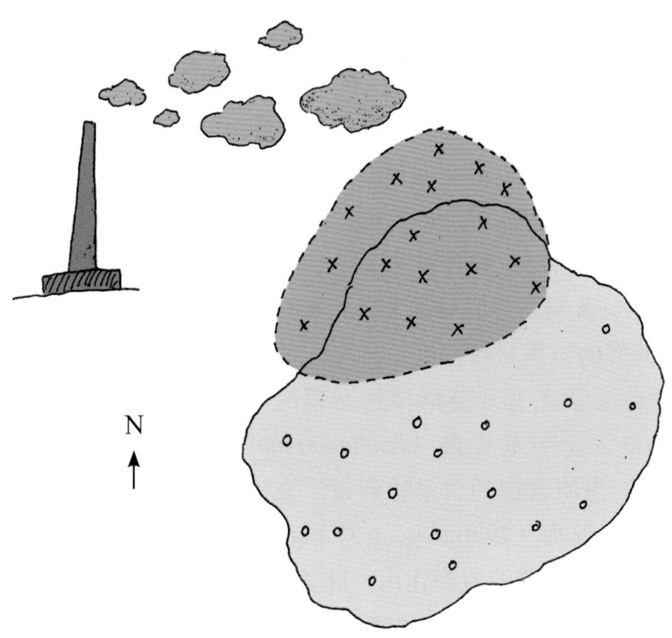

图V 一个城市或地区在大气污染后，显示重度污染区（X）及轻度污染区（O）的示意图。在重度污染区（X）内附生苔藓植物个体减少，不能生育，最终导致苔藓植物死亡

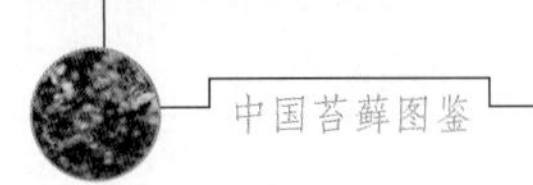

对重金属污染的指示

人们可利用苔藓植物的特性来检测重金属污染。其反应之一是显示苔藓植物的具体损伤症状，并以损伤的程度划分污染等级。另一种情况是在相同环境中以苔藓植物来吸收污染物，并阻止其在生态环境中的再循环。

20 世纪 80 年代前后，欧洲不少科学家以上述特性利用不同地区的苔藓植物标本馆中存放的标本，来检测历史上某一时期的大气污染状况，其结果十分明显。1860 – 1960 年间欧洲同一地点的赤茎藓（*Pleurozium schreberi*）、塔藓（*Hylocomium splendens*）和灰藓（*Hypnum cupressiforme*），从相同干重量的标本中，显示在 1860 – 1875 年期间的标本所含的铝（lead）仅 20 mg/L。之后，接着的 25 年间是 40 mg/L。自 1900 – 1950 年间铝含量变化尚不大，但在 1950 – 1960 年间工业发展迅速，塔藓标本中铝含量猛升至 80~90 mg/L。在英国，对灰藓的分析表明，铅污染的高峰是在 18 及 19 世纪。在最近一个世纪，铅污染总体呈大幅下降。

在欧洲，有关锌（zinc）的含量，在 20 世纪 80 年代曾从变型小曲尾藓（*Dicranella varis*）测得的含量高达 2420 mg/L，而在泽藓（*Philonotis fontana*）中仅含 297 mg/L。在地钱（*Marchantia polymorpha*）及葫芦藓（*Funaria hygrometrica*）中锌含量超过 50 mg/L。在加拿大的蒙特利尔，分析了自 1905—1971 年的 66 年间在 Royal 山所采苔藓标本，其中尖叶匐灯藓（*Plagiomnium cuspidatum*）锌的含量随工业化稳步上升，从 80 mg/L 升至 440 mg/L，其污染增加了近 5 倍。在英国，一个重金属污染十分严重的工业区周边 3 英里（1 英里 =1.609km）和 6 英里处所采的美喙藓（*Eurhynchium praelongum*），其锌的含量分别为 1315 mg/L 和 876 mg/L。丹麦农村地区在 1951—1975 年间，苔藓锌的含量从 23% 升至 76%，而当时城市地区苔藓锌的含量在 48% ~ 108%。

本世纪初的 10 年间，贵州师范大学在对中国西南和华东地区的矿区、森林和湿地进行长年调查和定点观察，表明丛藓科、真藓科、青藓科、羽藓科和灰藓科等苔藓与相关地区的生态环境关系密切。尤其是对土生对齿藓（*Didymodon vinealis*）、异芽丝瓜藓（*Pohlia leucostoma*）和短柄小曲尾藓（*Dicranella gonoi*）等调查后，发现在贵州水银洞金矿受汞(Hg)和砷（As）严重污染。土生对齿藓对铬（Cr）可富集，异芽丝瓜藓则对镉（Cd）强烈富集，而对铬和钴（Co）相对富集。它们对重金属元素有较强忍耐性和抗性，可以作为重金属污染严重的矿区生态修复的植物材料。

此外，贵州师范大学还发现苔藓植物对镉的污染具很强监测作用。从短齿牛毛藓（*Ditrichum brevidens*）、云南毛齿藓（*Trichodon muricatus*）和剑叶对齿藓（*Didymodon rufidulus*）体内分别测出所含镉的含量达到每千克中有 10.6 mg、9.1 mg 和 8.6 mg，然而它们各自的着生基质中仅为 9.49 mg/kg、6.37 mg/kg 和 7.69 mg/kg。这对贵州赫章当地土法炼锌区镉的污染起十分重要的监测作用。此外，他们还发现对齿藓属（*Didymodon*）中 54% 的种类生长在含铜的基质上。四川湿地藓（*Hyophila setschwanica*）和芽孢湿地藓（*H. propagulifera*）多见于含金较多的矿藏基质上生长。苔藓植物对矿藏的指示作用值得做进一步深入的调查。

对水生境的监测

苔藓植物由于其自身构造简单，对水的反应可分为2类：一类被称为内水性型。指茎中央具良好的输水组织中轴，含真藓属（*Bryum*）、提灯藓属（*Mnium*）和金发藓科（Polytrichaceae）植物。它们的茎的中央多具小型厚壁细胞束，经假根吸取水分和养料后，向植物体上部输送。金发藓科的金发藓属（*Polytrichum*）植物茎中央具大小不同的细胞束，无疑，其输送水分的功能更强。另一类是，大多数苔藓植物以整个植物体来吸收水分及营养物质，即所谓外水性类型。然而，外水性类型的植物的茎中央多无组织上的明显分化，当生境中缺少雨水或着生基质中的水分丧失后，苔藓植物会随之迅速失去水分，而处于生理干旱的状态。当雨水或其他外来水资源恢复时，苔藓植物个体可进行全面水分吸收，并恢复包括光合作用在内的各项生理功能。这是苔藓植物与其他高等植物类群明显不同之处。

这些性状虽有助于苔藓植物迅速恢复至原有的充满活性的生理状态，但生长有苔藓植物的水的生境一旦受到污染，有害物质随着水分进入体内，苔藓植物整体就会受伤害。从显微镜下可明显看到苔藓植物叶细胞内的叶绿体在受到污染，叶绿体被破坏后会丧失绿色，并最终成为棕黑色，随之叶片和枝条及茎的死亡。这类水质的污染是以百万分浓度来衡量，污染物的浓度会对苔藓植物的损伤程度及死亡速度产生影响，其结果导致死亡。在未受人为因素影响的山区，尤其是我国西南地区的九寨沟、丽江地区的溪流间牛角藓（*Cratoneuron commutatum*）和中华厚边藓（*Sciaromiopsis sinensis*）随处可见，甚至，20世纪在杭州近郊区虎跑的井中曾发现薄网藓（*Leptodictyum riparium*）的生长。北美的池杉林（*Taxodium* sp.）系特有的水生裸子植物，由于生长在积水池塘中，水藓（*Fontinalis antipyretica*）常密生于茎基部或气根上，当旱季时水位退失，水藓露出水面而随风飘拂，成为一种独特的景观。

如人们寻找最简单的方法，来确定野外条件下各类水的生境是否纯净，观察此类环境中有否苔藓植物的生长是最为直接和有效的办法。

第二部分
中国苔藓植物系统分类

中国苔藓图鉴

CHINESE ILLUSTRATED BRYOPHYTES

TAKAKIOPHYTA

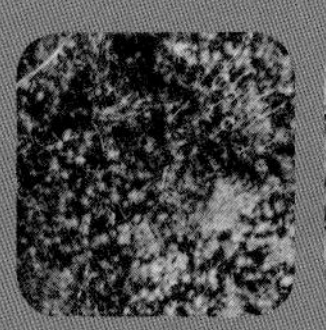

001 藻苔科 TAKAKIACEAE

常密集丛生。植物体高 1~2 cm，茎和叶分化，直立，细弱，色泽淡绿或黄绿色，略透明；分枝稀少；横茎一般匍匐交织生长，无假根 。叶在茎上呈螺旋状着生，通常深裂至叶基部，呈 3~4 指状；叶裂瓣圆柱形，中部横切面表皮细胞 1 层，6~10 多个细胞。叶基部与横茎上常成簇生长黏液细胞。 雌雄多异株。精子器裸露，长卵状或椭圆状棒形，一般着生枝条顶端。颈卵器丛生或散生于叶腋。孢蒴与蒴柄同时发育。孢蒴长梭形，成熟时一侧斜向扭曲状纵裂，开裂不完全。无弹丝。

本科仅 1 属，生长温热地带的高寒山脊。中国有分布。

1 藻苔属 *Takakia* Hatt. et Inoue

属的形态特征同科。

本属 2 种，温寒山区分布。中国有 2 种。

分种检索表

1. 茎和叶的细胞壁明显较厚；叶裂瓣横切面的中央可达十余个小型细胞 ……………… 1. 角叶藻苔 *T. ceratophylla*
1. 茎和叶的细胞壁薄；叶裂瓣横切面的中央 1 至数个大型细胞 ……………………………… 2. 藻苔 *T. lepidozioides*

角叶藻苔 *Takakia ceratophylla*（Mitt.）Grolle，Österr. Bot. Zeitschr. 110（4）：444. 1963. 图 1：1~9

形态特征 常密集丛生。体形纤细，茎一般高不及 2 cm，直径约 0.2 mm。叶螺旋状排列，一般 3~4 指状深裂，稀呈 2 裂，常开裂至叶基部。叶裂瓣呈圆柱形；叶细胞近长方形，胞壁明显较厚，中部横切面的表皮细胞常超过 15 个，中央细胞约 10 多个。 孢蒴长梭形，顶端略圆钝；成熟时斜向不完全纵裂 。孢子四分体型，表面纹饰具不规则粗疣。

生境和分布 多生高山灌丛下岩面。云南和西藏；印度北部及北美洲（阿留申群岛和阿拉斯加）有分布。

应用价值 含有黄酮类化合物。

藻苔 *Takakia lepidozioides* Hatt. et Inoue，Journ. Hattori Bot. Lab. 19：137. 1958. 图 1：10~17

形态特征　植物体外形与角叶藻苔近于同形。叶裂瓣由大型薄壁细胞构成，中部横切面表皮多 6~10 个细胞，中央仅 1 至数个大型细胞。孢子四分体型，表面纹饰具弯曲的粗糙脊状纹。

生境和分布　生于近 4 000 m 的山坡岩面。西藏（察隅县和波密县）；尼泊尔、印度尼西亚（婆罗洲）、日本及北美洲西北部沿海岛屿有分布。

应用价值　含有黄酮类化合物。

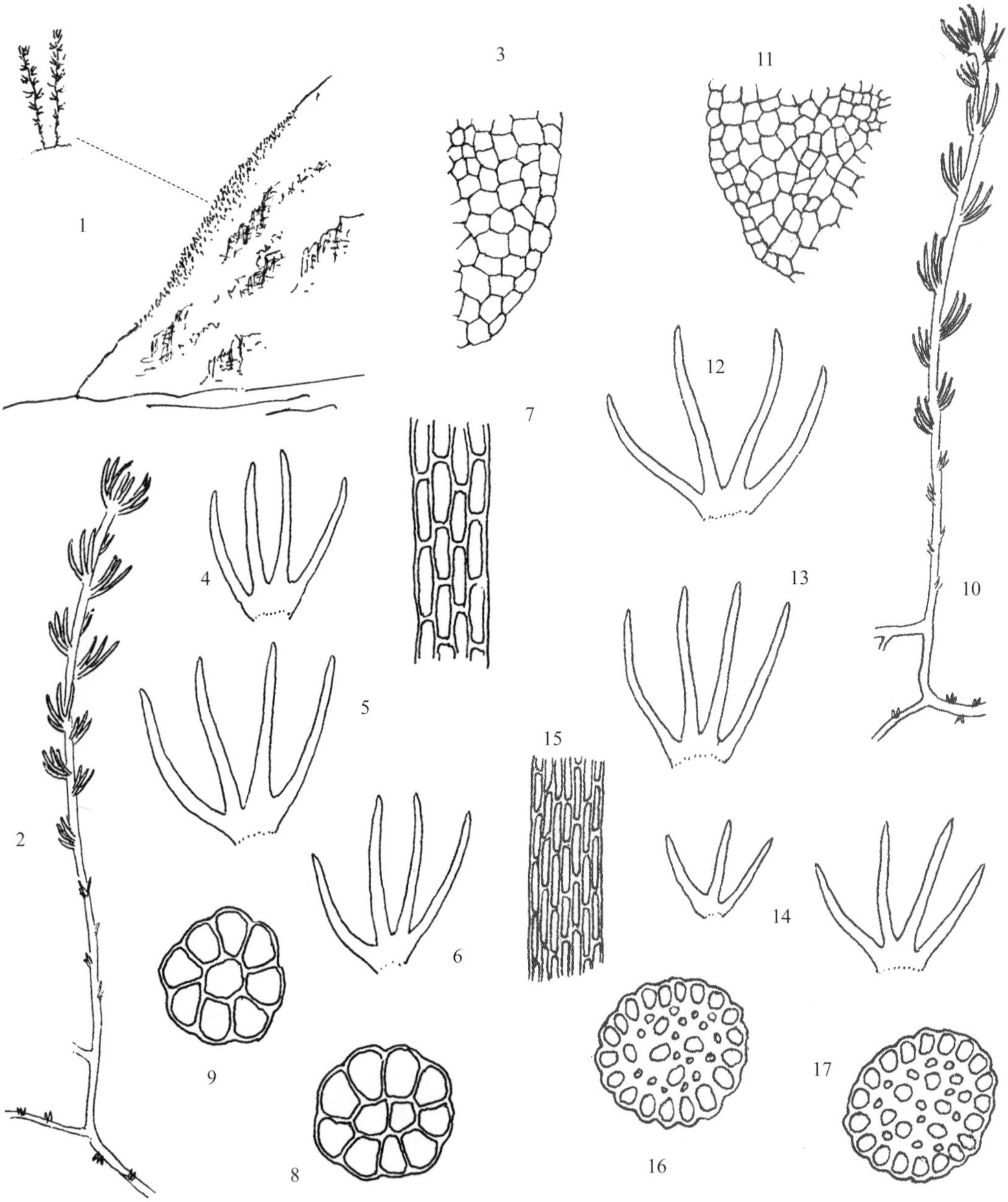

图 1

1~9. **藻苔** *Takakia lepidozioides* Hatt. et Inoue

1. 着生在西藏东南部高山荒芜山脊的植物群落，左侧示 2 植株（×2），2. 植物体（×14），
3. 茎横切面的一部分（×120），4~6. 叶（×20），7. 叶裂片一部分的侧面观（×70），8，9. 叶裂片的横切面（×120）

10~17. **角叶藻苔** *Takakia ceratophylla*（Mitt.）Grolle

10. 植物体（×14），11. 茎横切面的一部分（×120），12~14. 叶（×20），15. 叶裂片一部分的侧面观（×70），
16~17. 叶裂片的横切面（×120）

MARCHANTIOPHYTA

苔类植物门

中国苔藓图鉴
CHINESE ILLUSTRATED BRYOPHYTES

002 裸蒴苔科 HAPLOMITRIACEAE

稀疏群集生长。植株肉质，直立，高可达 2 cm 以上，直径约 0.5 mm，色泽灰绿至淡绿色，稀分枝；地下匍匐茎肉质，横展；无皮部和中间细胞分化；无假根。叶具 2 列大的侧叶，呈卵圆形或椭圆形，单层或多层细胞，叶边全缘、有缺刻或不规则波纹；腹叶明显小于侧叶。叶细胞六边形，薄壁。雌雄异株。雌雄苞顶生。精子器黄色或近橙黄色，透明。颈卵器 2 至多个，受精后颈卵器基部发育形成筒状或膜状蒴被 。蒴柄乳白色，柔弱。孢蒴椭圆形或长椭圆形，成熟后褐色，单一纵裂。弹丝 2 列螺纹加厚。

本科 1 属，生长热带和亚热带山区。中国有分布。

1 裸蒴苔属 *Haplomitrium* Nees

属的形态特征同科。

本属 9 种，热带和亚热带低海拔山区生长。中国有 3 种和 1 变种。

圆叶裸蒴苔 *Haplamitrium mnioides*（Lindb.）Schust.，Journ. Hattori Bot. Lab. 26：225. 1963. 图 2：1~5

形态特征 多散生。植物体灰绿色，高约 2 cm；横茎匍匐，略透明，无假根。叶 3 列着生，侧叶两列，椭圆形或近圆形；叶边全缘，有时具横波纹；腹叶形小；干时皱缩。叶细胞单层，六边形，薄壁。雌雄异株。雌株颈卵器裸生于茎顶端；雌苞叶与茎叶同形，略大。蒴被圆筒形，白色。蒴柄无色透明。孢蒴长椭圆形，成熟后纵裂。

生境和分布 生于温暖山区溪涧碎石间或湿土上。福建、台湾、江西、香港、湖南、贵州、四川、云南和西藏；泰国及日本有分布。

应用价值 系较原始的苔类植物，是实验的甚佳观察材料。

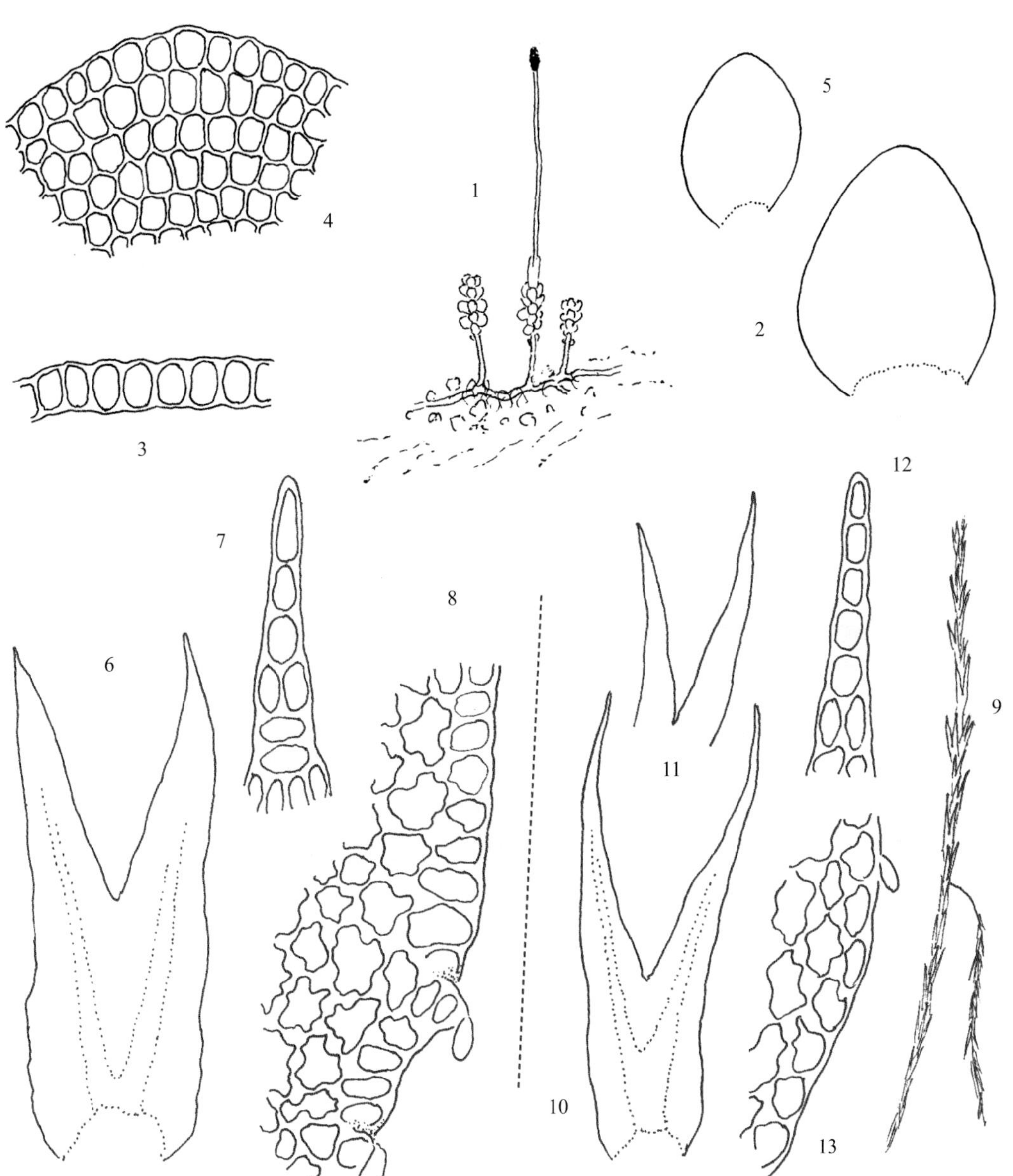

图 2

1-5. 圆叶裸蒴苔 *Haplomitrium minioides*（Lindb.）Schust.

1. 着生湿热小溪砂石洞的植物群落（×1），2. 叶（×5），3. 叶近基部的横切面（×100），4. 叶尖部细胞（×100），5. 腹叶（×5）

6-8. 长茎剪叶苔 *Herbertus parisii*（Steph.）Mill.

6. 叶（×45），7. 叶尖部细胞（×240），8. 叶基部边缘细胞（×240）

9-13. 纤细剪叶苔 *Herbertus fragilis*（Steph.）Herz.

9. 植物体（×10），10. 叶（×50），11. 叶尖部（×50），12. 叶尖部细胞（×240），13. 叶基部边缘细胞（×240）

003 剪叶苔科 HERBERTACEAE

疏松群集成片或半球状生长。体形纤长，硬挺，色泽黄绿、褐绿色至红褐色；茎多匍匐，先端倾立；不规则分枝，常具鞭状枝。叶 3 列。叶基部卵形或方形，上部深 2 裂，叶裂瓣披针形，边全缘或近于全缘。侧叶两侧多不对称，常向一侧偏曲；腹叶短小，较对称，裂瓣常直立。叶细胞圆卵形或不规则形，细胞壁与角隅常强烈球状加厚；叶裂瓣中央由长方形细胞形成带状假肋，少数种达叶尖部。雌雄异株。雄苞穗状。雌苞的蒴萼呈卵形，具 3 个脊，口部具毛状齿或分瓣。孢蒴球形，成熟后多瓣裂。

本科 3 属，常见于热带山区，少数种温带分布。中国 1 属。

1 剪叶苔属 *Herbertus* Gray

疏松丛集生长。茎硬挺，倾立或直立，有时匍匐贴生。叶蔽前式排列，多 2 裂，裂瓣宽或狭窄，狭三角形至披针形，常呈镰刀状一向偏曲；叶边全缘。腹叶略小于侧叶。叶细胞胞壁强烈球状加厚，叶基部中央分化长方形细胞的假肋，向上有时达叶近尖部。雌雄异株。雌苞叶常大于营养叶，深裂；蒴萼由内雌苞叶包被，口部常具齿。孢蒴成熟后 4 至多瓣开裂。

本属约 25 种，以热带山区为主。中国 15 种和 1 亚种。

分种检索表

1. 叶长宽相等或长度不及宽度的 2 倍；叶裂瓣宽短披针形 …… 2
1. 叶长度为宽度的 2 倍以上；叶裂瓣狭长披针形 …… 3
2. 叶裂瓣尖部宽钝，宽 1~4 个细胞 …… 3. 短叶剪叶苔 *H. sendtneri*
2. 叶裂瓣尖部狭长，具单列细胞 …… 5. 细指剪叶苔 *H. kurzii*
3. 叶裂瓣狭披针形，易断裂 …… 4
3. 叶裂瓣阔披针形，不易断裂 …… 5
4. 植物体纤细，一般长约 3 cm；叶长 1~1.5 mm，宽 0.3~0.4 mm …… 2. 纤细剪叶苔 *H. fragilis*
4. 植物体粗大，长可达 7 cm；叶长 2.5~3 mm，宽 0.9~1 mm …… 6. 多枝剪叶苔 *H. ramosus*
5. 叶和腹叶基部长宽相等或宽度大于长度 …… 1. 长茎剪叶苔 *H. parisii*
5. 叶和腹叶基部长度大于宽度 …… 4. 剪叶苔 *H. aduncus*

长茎剪叶苔 *Herbertus parisii*（Steph.）Mill.，Journ. Hattori Bot. Lab. 28：309. 1965. 图 2：6~8

形态特征　从集成大片生长。体形细长，可达 15 cm，色泽红褐或黄褐色。茎直径约 0.3 mm，不规则分枝，分枝细长呈鞭状。叶密生，长约 2 mm，宽约 0.7 mm，近 1/2 两裂，裂口呈 45° 角，裂瓣阔披针形，渐呈锐尖，尖部具 2~3 个单列细胞，基部阔卵形，长宽相等或长度略大于宽度；叶边内卷或有波纹，基部具带小柄的黏液疣；假肋弱，自叶基分叉，消失于裂瓣中部 。叶边下部细胞卵圆形，宽约 16 μm，长 21 μm，胞壁有大三角，表面平滑。腹叶略小于茎叶。

生境和分布　生于暖湿山地林内树枝上。广西、云南和西藏；新喀里多尼亚有分布。

纤细剪叶苔 *Herbertus fragilis*（Steph.）Herz.，Ann. Bryol. 12：80. 1937. 图 2：9~13

形态特征　疏松交织生长。体形细弱，长达 3 cm ，色泽棕黄；分枝不规则，常具纤细小叶的鞭状枝。叶长矩形，潮湿时伸展，长达 1.5 mm，上部略弯曲，宽 0.3~0.4 mm，1/2~2/3 两裂，裂口开阔，裂瓣狭披针形，基部长方形至卵形；叶边有时具突起，近基部着生具柄的黏液疣；假肋狭窄，内凹，由基部开始分叉，消失于裂瓣中部。叶边细胞宽约 20 μm，长 22 μm，胞壁具疣，三角体大型。腹叶较对称。

生境和分布　低海拔至 3 500 m 左右林内树干或岩面。黑龙江、安徽、浙江、江西、贵州、四川和云南；不丹及印度北部分布。

短叶剪叶苔 *Herbertus sendtneri*（Nees）Ev.，Bull. Torrey Bot. Club 44：212. 1917. 图 3：1~5

形态特征　疏丛集生长。体形略大，色泽黄绿或褐绿色，长达 10 cm 。叶密覆瓦状着生，阔卵形，长达 1.5 mm，两裂达叶长度的 1/2~2/3，裂瓣阔三角形，渐尖，背侧瓣有时稍大；基部扁卵形或呈肾形，边缘有无柄黏液疣，与裂瓣相连处不收缩；假肋中止于裂瓣中下部至中部。叶基边缘细胞宽约 25 μm，长 25~50 μm，具大三角体，表面平滑。腹叶与茎叶相似，较小。雌雄异株。雄苞叶 4~6 对。雌苞顶生。

生境和分布　生于 1 000~4 000 m 山地的林下石上。福建、四川、云南和西藏；欧洲有分布。

剪叶苔 *Herbertus aduncus*（Dicks.）Gray，Nat. Arr. Brit. Pl. 1：105. 1821. 图 3：6~9

形态特征　从集交织匍匐生长。体色泽黄褐或暗褐色 ，长达 10 cm；分枝少。叶两侧近于对称，略呈卵状镰刀形，深两裂达 1/2~4/5，叶裂瓣上部披针形，渐尖，倾立或呈镰刀状；基部近圆形或阔卵形；假肋于近基部分叉，达叶片 2/3 处明显；叶基部边缘平滑或具黏液疣。叶边细胞长 22 μm，表面略具细疣，胞壁薄，三角体强烈加厚 。

生境和分布　生于海拔 1 600~4 000 m 林下树干或石上。黑龙江、吉林、辽宁、陕西、台湾、福建、江西、广西、贵州、四川、云南和西藏；日本、欧洲及北美洲有分布。

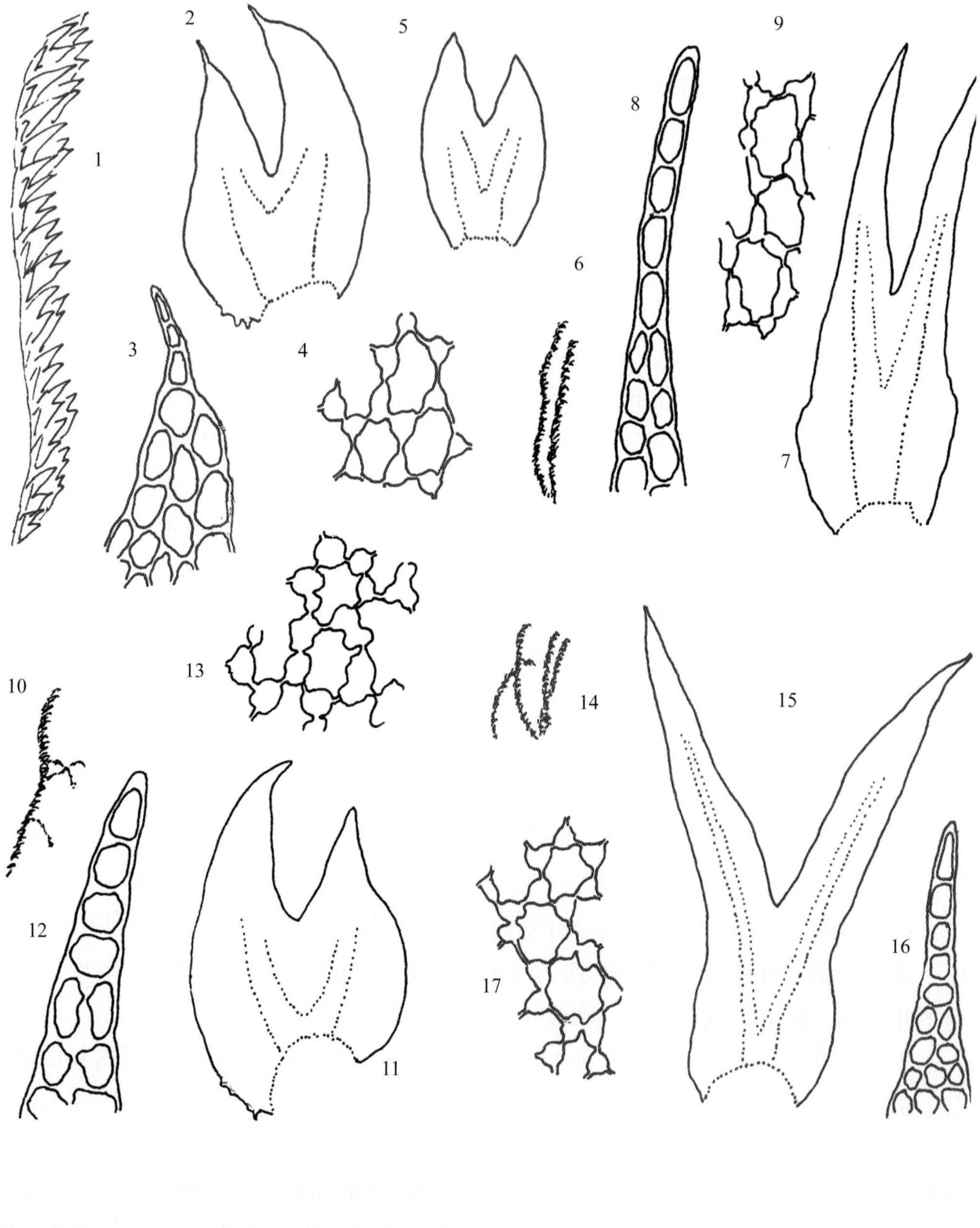

图 3

1~5. **短叶剪叶苔** *Herbertus sendtneri*（Nees）Ev.

1. 植物体（×4），2. 叶（×12），3. 叶尖部细胞（×210），4. 叶基部近边缘细胞（×380），5. 腹叶（×12）

6~9. **剪叶苔** *Herbertus aduncus*（Dicks.）Gray

6. 植物体（×1），7. 叶（×30），8. 叶尖部细胞（×210），9. 叶基部细胞（×380）

10~13. **细指剪叶苔** *Herbertus kurzii*（Steph.）Chopra

10. 植物体（×1），11. 叶（×30），12. 叶尖部细胞（×210），13. 叶基部细胞（×380）

14~17. **多枝剪叶苔** *Herbertus ramosus*（Steph.）Mill.

14. 植物体（×1），15. 叶（×25），16. 叶尖部细胞（×120），17. 叶基部细胞（×380）

细指剪叶苔 *Herbertus kurzii*（Steph.）Chopra，Journ. Indian Bot. Soc. 22：247. 1943. 图 3：10~13

形态特征 丛集生长。体暗褐色，长约 8 cm，体形细弱或中等大小，脆弱，腹面生长分枝。叶覆瓦状排列，长 1.2~1.6 mm，宽 0.6~1 mm，近于 1/2 两裂，背侧裂瓣直，腹侧裂瓣弯曲，基部下延；假肋略内凹，于近基部分叉，长达裂瓣 1/2~1/3 处。叶边细胞宽 11~13 μm，长 15~17 μm，平滑或具细疣，胞壁薄，具大三角体，基部细胞长 40~50 μm 。腹叶与侧叶近似，较小 。

生境和分布 生于低海拔至近 5 000 m 高山林内树干、灌丛或石生。福建、四川、云南和西藏；喜马拉雅山地区分布。

多枝剪叶苔 *Herbertus ramosus*（Steph.）Mill.，Journ. Hattori Bot. Lab. 28：314. 1965. 图 3：14~17

形态特征 疏松丛集生长。茎长达 7 cm，褐色或红褐色，具多数短小渐尖的匍匐鞭状枝。叶长达 3 mm，宽约 1 mm，1/3~2/3 两裂，裂口呈锐角，裂瓣狭披针形，有时略弯曲；基部卵圆形；叶边近于全缘或波曲，有黏液疣；假肋较宽，内凹，由叶基分叉达裂瓣中部。叶边细胞长 20~25 μm，具疣，壁薄，三角体大 。腹叶较小，近于两侧对称。

生境和分布 习生高山灌丛下，常附生于枝干或岩面。广西、福建、四川、云南和西藏；喜马拉雅山地区和印度尼西亚有分布。

004 拟复叉苔科 PSEUDOLEPICOLEACEAE

疏松丛集生长。植物体呈绒毛状，匍匐或倾立。茎皮部不分化；不规则分枝。叶 3~4 瓣深裂达基部，裂瓣线形或狭披针形；叶边全缘或具长毛。叶细胞狭长方形，壁薄或加厚。腹叶小于茎叶，或异形。假根稀少或生于腹叶基部。雌雄同株或异株。雌、雄苞着生茎、枝先端。 雌苞叶与茎叶同形，4~5 裂。蒴柄细胞壁略加厚。孢子细小。

本科 5 属，温带和热带地区分布。中国 3 属。

1 睫毛苔属 *Blepharostoma* Dum.

常混生于其他苔藓植物中。体形纤细，淡绿色，略透明。茎直立或倾立，不规则分枝；枝长短不等。叶 3 列，侧叶大，腹叶稍小，2~4 裂达基部，裂瓣为单列细胞。叶细胞长方形。

雌雄异株。雌苞顶生于茎；雌苞叶深裂呈毛状。蒴萼圆筒形，口部开阔，具多数纤毛。

本属 3 种，温暖湿润山区林地分布。中国有 2 种。

分种检索表

1. 植物体长可达 1 cm；叶细胞较长，长度为宽度的 3 倍 ………………………………… 1. 睫毛苔 *B. trichophyllum*
1. 植物体长约 5 mm；叶细胞较短，长度约为宽度的 2 倍 ……………………………………… 2. 小睫毛苔 *B. minus*

睫毛苔 *Blepharostoma trichophyllum*（Linn.）Dum.，Recueil Observ. Jungermannia 18. 1835. 图 4：1~3

形态特征 多杂生于其他苔丛中，稀成小群落。植物体纤细，柔弱，淡绿色，略透明。茎直立或倾立，长达 1 cm，分枝不规则。叶 3 列。侧叶 3~4 瓣深裂至叶基部，裂瓣纤毛状，均为单列长方形细胞，基部宽 4~6 个细胞；腹叶 2~3 裂，与侧叶近同形，基部宽 2~3 个细胞。雌苞顶生于茎或短枝；雌苞叶大于茎叶。蒴萼长圆筒形，具纵褶 3~4 。口部具不规则毛状裂片。孢蒴卵形，成熟时呈黑褐色，4 瓣纵裂。弹丝 2 列螺纹状加厚。孢子被细疣。

生境和分布 生于高海拔和低山林区，多见于湿草丛中和腐木上。吉林、福建、江西、四川、云南和西藏；朝鲜、俄罗斯、欧洲及北美洲有分布。

小睫毛苔 *Blepharostoma minus* Horik.，Hikobia 1：100. 1951. 图 4：4~8

形态特征 一般与其他苔类植物混生。体形极纤细，淡绿色，略透明。茎匍匐或倾立，长约 5 mm，分枝不规则；假根少，散生于茎和枝上。叶 3 列，由茎枝下部向上叶渐大；侧叶 3~4 裂达叶基部。腹叶多 2 裂，裂瓣为单列细胞。叶细胞长方形，长度略大于宽。雌苞顶生于茎端。蒴萼长，上部有 3 条纵褶，圆筒形，口部多密具纤毛。

生境和分布 着生山区腐木、树干或具土岩面。陕西、广西、四川、云南和西藏；日本有分布。

005 毛叶苔科 PTILIDIACEAE

疏松丛集生长。植物体绒毛状，色泽淡绿或淡褐绿色，匍匐或尖部上倾。茎横切面圆形，中部细胞大；分枝呈不规则羽状，长短不等。叶覆瓦状蔽前式排列，内凹，2~4 裂达叶长度的 1/2~1/3；叶边密生分枝或不分枝的多细胞长毛。叶细胞近圆卵形，胞壁三角体明显，表面平滑。 腹叶大，圆形或长椭圆形，2~4 瓣不等形分裂，边缘密具分枝或不分枝的长毛。雌苞顶生于茎或短枝。孢蒴长椭圆形，成熟时 4 瓣开裂。

本科 1 属，多温带分布。中国有分布。

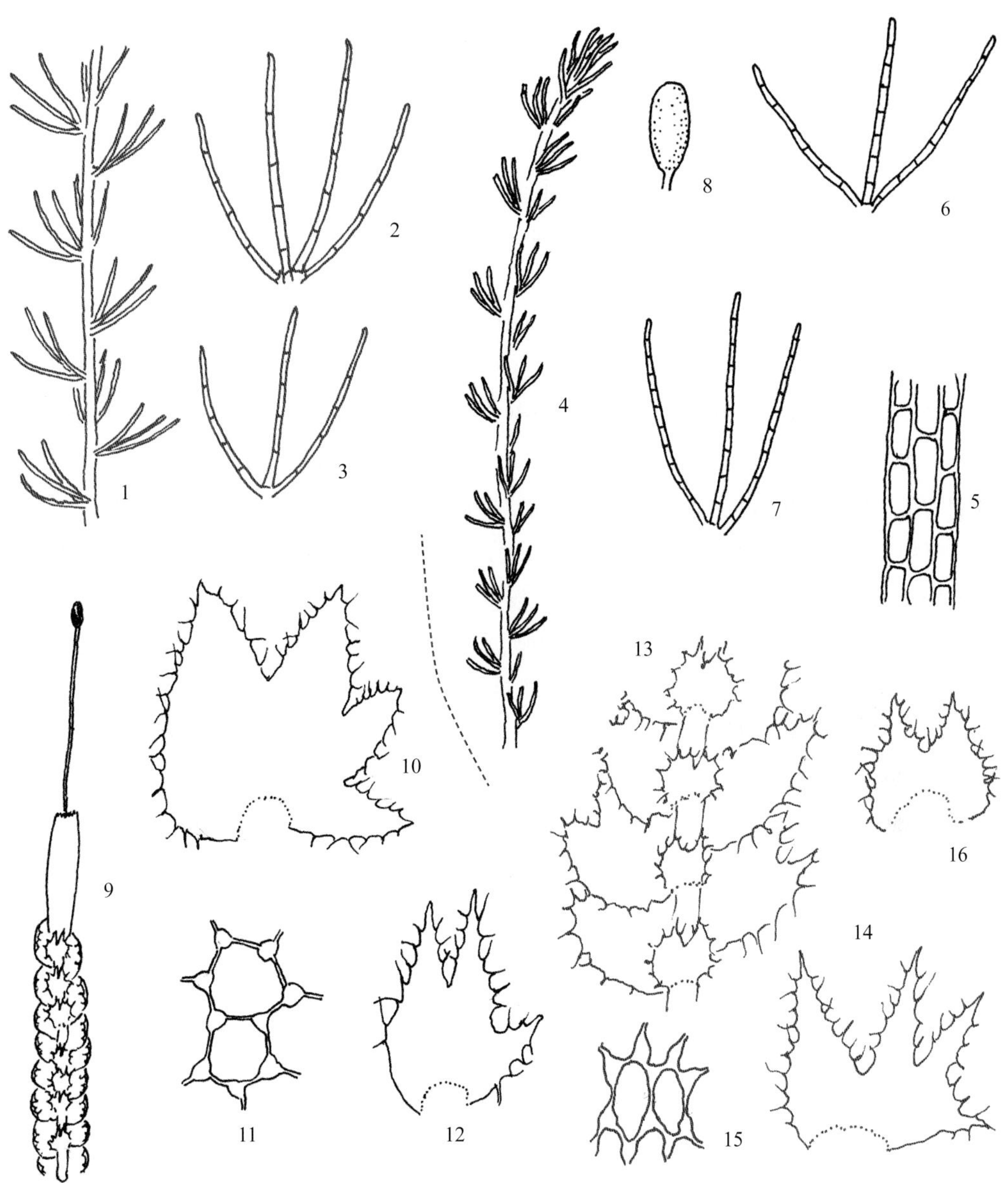

图 4

1~3. **睫毛苔** *Blepharostoma trichophyllum*（Linn.）Dum.

1. 植物体的一部分（×20），2. 叶（×40），3. 腹叶（×40）

4~8. **小睫毛苔** *Blepharostoma minus* Horik.

4. 植物体（×20），5. 茎的一部分（×130），6，7. 叶（×130），8. 孢蒴（×32）

9~12. **毛叶苔** *Ptilium ciliare*（Linn.）Hampe

9. 雌株的一部分，示孢蒴高出于蒴萼之上（腹面观，×5），10. 茎叶（×18），11. 叶中部细胞（×300），12. 腹叶（×18）

13~16. **深裂毛叶苔** *Ptilium pulcherrimum*（Web.）Hampe

13. 植物体的一部分（腹面观，×16），14. 茎叶（×30），15. 叶基部细胞（×250），16. 腹叶（×30）

1 毛叶苔属 *Ptilidium* Nees

丛集生长。色泽多褐绿或黄绿色。茎匍匐，上部倾立；1~3 回羽状分枝，枝长短不一 。叶蔽前式排列，2~4 瓣开裂，稀裂成 5 瓣；叶边具 1~2 列多细胞长毛。叶细胞壁三角体形大；表面平滑；油体球形、卵形或短棒形。腹叶近圆形，2 裂，边缘有长纤毛。雌雄异株。雄株细小，分枝多。雌苞着生茎顶 ，蒴萼短筒形或长椭圆筒形。孢蒴成熟后 4 瓣开裂；蒴壁厚 4~5 层细胞。蒴柄柔弱，薄壁，透明。孢子细小，外壁粗糙。

本属 3 种，北半球温带山区分布。中国 2 种。

分种检索表

1. 植物体长可达 8 cm；叶多 1/2 开裂，裂瓣基部宽 15~20 个细胞；叶边纤毛稍疏短 …………… 1. 毛叶苔 *P. ciliare*

1. 植物体长仅 1~2 cm；叶多 3/4 开裂，裂瓣基部宽 6~10 个细胞；叶边纤毛长而密 ……… 2. 深裂毛叶苔 *P. pulcherrimum*

毛叶苔 *Ptilidium ciliare*（Linn.）Hampe，Prodr. Fl. Hercyn. 76. 1836. 图 4：9~12

形态特征　疏松成片生长。 体形较粗大，色泽黄绿或褐绿色，有时呈红褐色。茎长可达 8 cm，尖部上倾；1~2 回羽状分枝；假根透明。叶 3 列，侧叶 3~4 瓣开裂，基部宽 15~20 个细胞；叶边纤毛稍疏而短。叶细胞圆卵形，直径 20~25 μm，胞壁具大三角体 。腹叶形小，2~4 裂，叶边具多数纤毛。雌雄异株。雄株形小，常单独成丛生长。雌苞顶生于主茎或主枝 。蒴萼短柱形或长椭圆形，口部具短毛。孢蒴卵圆形，红棕色，成熟时四瓣开。弹丝 2 列螺纹加厚。孢子被细密疣。

生境和分布　常见于针阔混交林或泥炭藓丛中，也着生具土湿石或树干基部，稀生腐木上。内蒙古、黑龙江和吉林；北半球广布。

应用价值　含有萜类化合物及 deoxopinguisone。

深裂毛叶苔 *Ptilidium pulcherrimum*（Web.）Hampe，Prodr. Fl. Hercyn. 76. 1836. 图 4：13~16

形态特征　密丛集生长。色泽褐绿或黄绿色，稀呈红褐色。茎多匍匐，长达 2 cm；不规则羽状分枝；主茎和枝先端常内曲。叶 3~4 瓣深裂，背侧裂瓣大；叶边密生长纤毛。叶中部细胞宽 24~32 μm ，胞壁三角体呈球形。

生境和分布　生于高寒山地或低山林下的树基或具土石上。内蒙古、陕西、云南和西藏；北半球广布。

006 复叉苔科 LEPICOLEACEAE

体形中等大小，色泽黄褐或呈红色；羽状分枝或不规则羽状分枝。叶近长方形或斜卵形，3~4 裂达叶长度的 1/2；叶边多具不规则纤毛。腹叶与茎叶近同形，2~4 裂，叶边多全缘或基部有小裂瓣。无蒴萼。

本科 2 属，多热带地区分布。中国 2 属。

1 须苔属 *Mastigophora* Nees

疏松生长。形大，色泽褐绿，略具光泽。茎上部倾立；叉状分枝，枝和茎先端呈尾尖状。叶片覆瓦状蔽前式排列，斜列，常不等形 3 瓣裂，边缘有刺状齿。腹叶小，常 2 裂，裂瓣边缘均具齿。叶细胞圆六边形，角部加厚呈球状。雌雄异株。蒴萼顶生于短侧枝，上部具褶，口部有齿。孢蒴球形。

本属约 12 种，分布热带山地。中国 2 种。

须苔 *Mastigophora woodsii*（Hook.）Nees，Naturg. Eur. Leberm. 3：95. 1838. 图 5：1~6

形态特征 疏松成片或呈球状生长，色泽黄绿至深褐色。茎长可达 10cm，直立或匍匐，先端垂倾；叉状分枝或不规则分枝，分枝先端呈鞭状。茎叶覆瓦状蔽前式 ；叶 2~3 瓣深裂，裂瓣阔三角形；叶边平滑或具粗齿。叶细胞圆卵形，胞壁具大球状三角体，壁孔明显。腹叶小，1/3 两裂，叶边常有纤毛。

生境和分布 生于中海拔至近 4 000 m 林内灌木、稀林下湿土和石上，常与其他苔藓混生成群落。海南和云南；喜马拉雅山地区、日本及欧洲有分布。

007 绒苔科 TRICHOCOLEACEAE

交织成片生长。植物体绒毛状，匍匐或上部倾立。茎 1~3 回羽状分枝。叶多 2~5 瓣深裂，裂瓣边具细长纤毛。叶细胞长方形，壁薄。雌雄异株。蒴萼缺失，茎鞘粗大。孢蒴卵圆形，蒴壁具多层细胞。

本科 4 属，山地温暖湿润林内分布。中国有 1 属。

1 绒苔属 *Trichocolea* Dum.

成片交织生长。植物体柔弱，色泽黄绿或灰绿色。茎匍匐或先端上倾，2~3 回羽状分枝。叶 3 列，侧叶 4~5 深裂至近叶长度的 3/4，裂瓣不规则，边缘具毛状突起；腹叶小于侧叶，与侧叶近于同形。叶细胞长方形，薄壁，透明。雌雄异株。雌苞生于茎或分枝顶端，颈卵器受精后由茎端膨大型成短柱形的茎鞘。孢蒴长卵圆形，蒴壁厚多层细胞；外壁细胞形大，薄壁。弹丝 2 列螺纹加厚。孢子细小，球形。

本属 2 种，热带、亚热带山地分布。中国有 2 种。

分种检索表

1. 植物体形大；密羽状分枝；叶基部高 2~4 个细胞……………………………………………… 1. 绒苔 *T. tomentella*

1. 植物体略细；疏羽状分枝；叶基部高 4~6 个细胞 ……………………………………………2. 台湾绒苔 *T. merrillana*

绒苔 *Trichocolea tomentella*（Ehrh.）Dum.，Comm. Bot. 113. 1822. 图 5：7~10

形态特征 成片交织生长。植物体色泽多灰绿 。茎匍匐，长可达 8 cm；横切面 15~20 个细胞；不规则羽状分枝或 2~3 回羽状分枝。侧叶 4 瓣开裂至近基部，基部高 2~4 个细胞，裂瓣边缘密被单列细胞的多数纤毛。叶细胞长方形，长约 40 μm，壁薄，透明。腹叶与侧叶近于同形，形小。雌雄异株。茎鞘长圆筒形，外密被长纤毛。孢蒴长椭圆形，棕褐色。弹丝两列螺纹加厚。孢子球形，红褐色，直径 13~20 μm。

生境和分布 多生于高山潮湿林地或具土湿石上，稀着生于腐木。海南、浙江、福建、江西、湖南、陕西、贵州、四川、云南和西藏；广泛分布于北半球温带地区、太平洋诸岛屿及澳大利亚。

台湾绒苔 *Trichocolea merrillana* Steph.，Sp. Hepat. 6：374. 1923. 图 5：11~14

形态特征 疏松交织生长。植物体略细，黄绿色，无光泽。茎匍匐，长 2~6 cm；横切面由 10~12 个大型薄细胞组成；稀疏不规则短羽状分枝。侧叶不规则 4~5 深裂，基部高 4~6 个细胞，上部裂瓣多次分裂成多数纤毛，纤毛多为 5~10 个单列细胞。腹叶与侧叶近似，一般 4 裂达叶长度的 2/3 ，边缘具纤毛。叶细胞长方形，壁薄。

生境和分布 生于湿润林地或高山具土岩面。台湾、陕西、云南和西藏；泰国、菲律宾及印度尼西亚有分布。

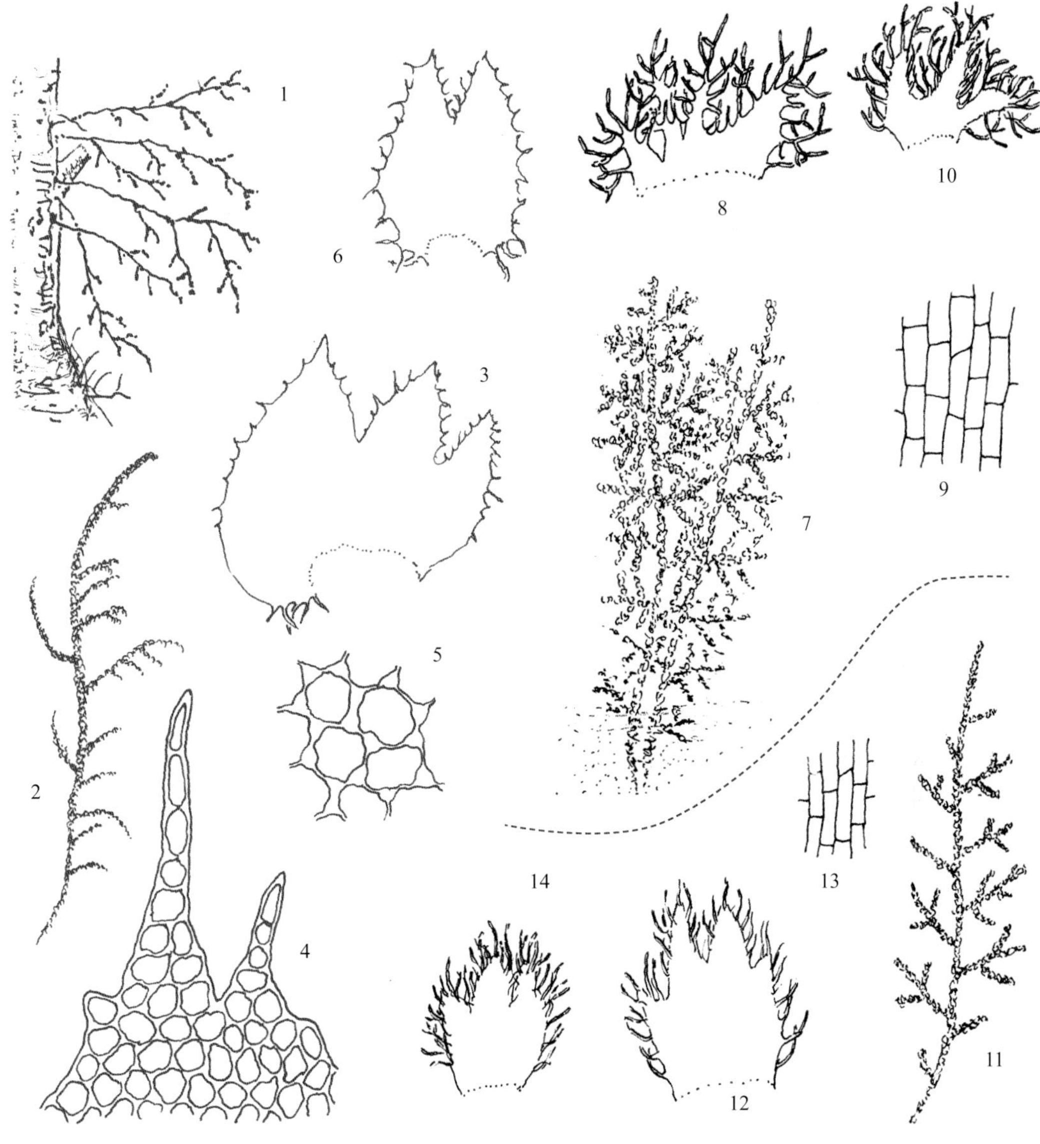

图 5

1~6. 须苔 *Mastigophora woodsii*（Hook.）Nees

1. 着生湿热山地树干的植物群落（×1/2），2. 植物体（×2），3. 叶（×15），4. 叶尖部细胞（×210），5. 叶中部细胞（×380），6. 腹叶（×15）

7~10. 绒苔 *Trichocolea tomentella*（Ehrh.）Dum.

7. 着生阴湿林地的植物（×1），8. 叶（×60），9. 叶基部细胞（×120），10. 腹叶（×60）

11~14. 台湾绒苔 *Trichocolea merrillana* Steph.

11. 植物体（×1），12. 叶（×55），13. 叶基部细胞（×105），14. 腹叶（×55）

008 多囊苔科 LEPIDOLAENACEAE

丛集生长。主茎匍匐；支茎多倾立，不规则多回羽状分枝。叶片覆瓦状蔽后式排列；侧叶阔卵形，2~5 瓣深裂；叶边具纤毛，后缘基部常卷曲呈囊状。叶细胞薄壁，有时背面具长纤毛，三角体略加厚。蒴被发达。孢蒴圆卵形，蒴壁多层细胞 。

本科 5 属，亚洲东部亚热带山地分布。中国有 2 属。

分属检索表

1. 侧叶后缘基部向下延伸成囊；叶细胞背面具 2~3 个细胞长的纤毛……………………1. 新绒苔属 *Neotrichocolea*

1. 侧叶腹瓣后缘基部呈囊状，但不向下延伸；叶细胞背面平滑…………………………2. 囊绒苔属 *Trichocoleopsis*

1 新绒苔属 *Neotrichocolea* Hatt.

紧密交织生长。植物体绒毛状，色泽灰绿或黄绿色，一般成片匍匐基质。茎上部倾立，长达 8 cm，3~4 回羽状分枝，鳞毛少数。茎叶不规则 2~5 裂，深裂达 1/2；叶边具长纤毛；后缘基部向下延伸成长椭圆形囊；叶背面纤毛长 1~3 细胞。叶细胞六角形，薄壁，三角体小。腹叶 2~4 瓣裂。雌雄异株。雌苞顶生，蒴被短柱形，外面被纤毛。孢蒴短柱形，成熟时黑褐色，呈 4 瓣纵裂。孢子球形，表面被细纹。

单种属，亚洲东部山地特有。中国有分布。

新绒苔 *Neotrichocolea bissetii*（Mitt.）Hatt.，Journ. Hattori Bot. Lab. 2：10. 1947. 图 6：1~5

形态特征 种的特征同属。

生境和分布 生于湿润林地或小溪边腐木或石上。浙江、安徽和福建；日本有分布。

2 囊绒苔属 *Trichocoleopsis* Okam.

丛集交织生长。植物体色泽黄绿或褐色。茎上部倾立，1~2 回羽状分枝 。叶 3 列，蔽后式排列，深两裂约达叶长度的 2/5，裂瓣边缘平滑或具长纤毛，叶后缘基部内卷呈囊。叶细胞壁薄，三角体细小。腹叶明显小于侧叶。雌雄同株。雌苞顶生于茎或分枝尖端。蒴被短柱形，被长纤毛。孢蒴卵圆形，蒴壁细胞 4~6 层。弹丝两列螺纹加厚。孢子球形，直径约 50μm。

本属 2 种，仅见于亚洲东部山区。中国均有分布。

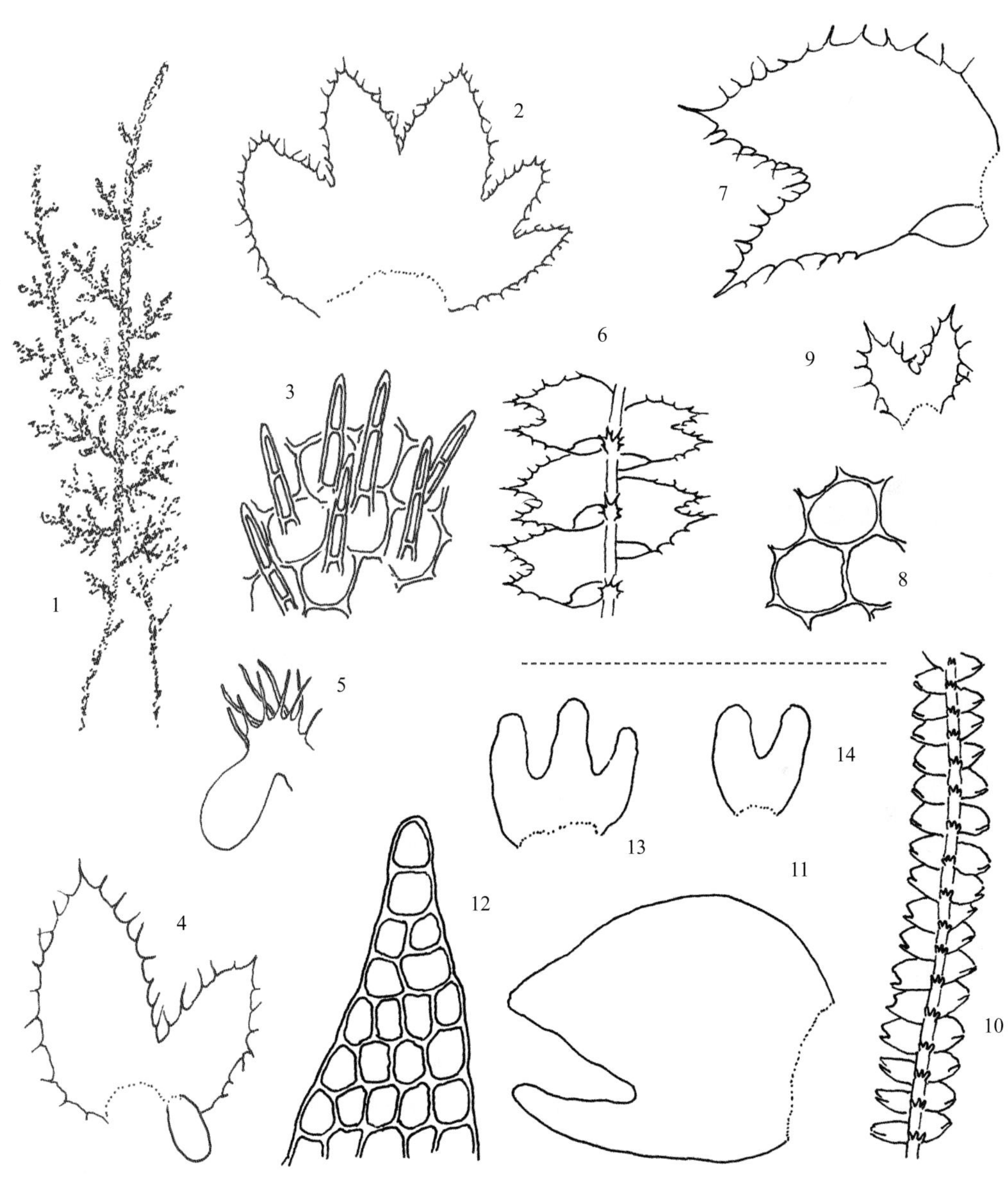

图 6

1~5. **新绒苔** *Neotrichocolea bissetii*（Mitt.）Hatt.

1. 植物体（×1），2. 茎叶（×30），3. 叶中部细胞（×520），4. 枝叶（腹面观，×30），5. 枝叶基部的囊（×30）

6~9. **囊绒苔** *Trichocoleopsis sacculata*（Mitt.）Okam.

6. 植物体的一部分（腹面观，×14），7. 叶（腹面观，×27），8. 叶中部细胞（×550），9. 腹叶（×20）

10~13. **平叶细鞭苔** *Acromastigum divaricatum*（Gott., Lindenb. et Nees）Ev.

10. 植物体的一部分（腹面观，×40），11. 茎叶（×410），12. 叶尖部细胞（×550），13. 茎腹叶（×340），14. 枝腹叶（×340）

囊绒苔 *Trichocoleopsis sacculata*（Mitt.）Okam.，Bot. Mag. Tokyo 25：159. 1911. 图 6：6~9

形态特征 交织成小片状生长。茎匍匐伸展，长可达 4 cm，1~2 回羽状分枝。叶 3 列，侧叶阔卵形，深两裂至 2/5 ；叶边具多数纤毛。茎叶和枝叶后缘基部由叶边内卷形成囊。叶细胞壁薄，具小三角体。腹叶小，两裂至 1/2 处。雌雄异株。孢蒴椭圆形，褐色，成熟时 4 瓣开裂。孢蒴壁具多层细胞 。孢子球形，直径 40~50 μm，表面具细疣。

生境和分布 湿热林地腐木或岩面薄土上生长。台湾、安徽、福建、四川和云南；日本、朝鲜及缅甸有分布。

009 指叶苔科 LEPIDOZIACEAE

匍匐或倾立成片生长。植物体色泽淡绿、褐绿色，有时呈红褐色。茎长可达 8 cm；横切面表皮细胞大，内部细胞小；不规则 1~3 回分枝；腹面常具鞭状枝。假根着生腹叶基部或鞭状枝上。茎叶多斜列，先端 3~4 浅裂或深裂 ，裂瓣全缘，仅虫叶苔属（*Zoopsis*）退化为几个细胞，横生；腹叶通常较大，横生茎上，先端常有裂瓣和齿，少数退化为 2~4 个细胞，稀透明。叶细胞壁薄或稍加厚，三角体小或大或呈球状加厚；表面平滑或有细疣。雌雄异株或同株。雄苞生于短侧枝上。雌苞生于腹面短枝上。蒴萼长棒形或纺锤形，口部渐收缩，具毛，上部有褶或平滑。孢蒴卵圆形，成熟后 4 瓣裂。弹丝具 2 列螺纹。孢子有疣。

本科约 29 属，多热带地区分布。中国有 6 属。

分属检索表

1. 植物体茎和叶不明显分化，透明；茎扁平；叶和腹叶细小，仅 1~4 个细胞 ……………………5. 虫叶苔属 *Zoopsis*

1. 植物体茎和叶明显分化，一般不透明；茎椭圆形或圆形；叶和腹叶形大，为多细胞构成 ………………………2

2. 植物体叉状分枝；叶尖部常 2~3 浅裂，裂瓣呈三角形……………………………………………………………3

2. 植物体羽状分枝；叶尖部深裂成 3~4 瓣，裂瓣披针形或指形…………………………………………………4

3. 叶尖部常 2 裂；腹叶具 2~3 裂瓣；分枝生于腹叶侧面…………………………………1. 细鞭苔属 *Acromastigum*

3. 叶尖部常 3 裂；腹叶不开裂，或具粗齿；分枝呈叉状 ……………………………………2. 鞭苔属 *Bazzania*

4. 茎规则或不规则 1~2 回羽状分枝；叶片深裂近于达叶基…………………………………3. 细指苔属 *Kurzia*

4. 茎不规则羽状分枝；叶片深裂不达基部，呈掌状 ………………………………………4. 指叶苔属 *Lepidozia*

1 细鞭苔属 *Acromastigum* Ev.

疏松交织成小片。体形细小。叶呈覆瓦状蔽前式着生，一般为阔卵形，深两裂成不等两瓣，先端钝；叶边全缘。叶细胞方形至多边形，胞壁多等厚，平滑。腹叶多扁方形，与茎直径近于等宽，常 1/3~1/2 深裂成 2~3 瓣。

本属约 35 种，多亚洲热带地区分布。中国 1 种。

平叶细鞭苔 *Acromastigum divaricatum*（Gott., Lindenb. et Nees）Ev., Hedwigia 73：142. 1933. 图 6：10~13

形态特征　交织生长。体形纤细，硬挺，长约 2 cm，连叶宽 0.1 mm，黄绿色至褐绿色。茎横切面圆形，直径 4~5 个细胞；不规则叉状疏分枝。叶覆瓦状蔽前式排列，斜列，阔卵形，先端钝，长约 0.2 mm，宽 0.12~0.15 mm，1/2~2/3 两裂成卵形和条形两个瓣。叶中部细胞方形或六边形，长 10~14 μm，壁厚，无三角体，平滑。腹叶与茎近于等宽，方形或扁方形，2~3 深裂达 1/3~1/2，裂瓣长 3~5 个细胞，基部宽 2~3 个细胞。

生境和分布　多湿热林下腐木上生长。台湾和海南；菲律宾及印度尼西亚有分布。

2 鞭苔属 *Bazzania* Gray

平展交织生长或疏松贴生。植物体细小或宽阔，黄绿色或亮绿色，有时呈褐绿色，具光泽或暗光泽，常与其他苔藓形成群落。茎匍匐，先端多上倾；横切面细胞分化小，常厚壁；分枝一般呈叉状；腹面鞭状枝细长，无叶或有小叶，常生假根。叶多覆瓦状排列，基部斜列，卵状长方形、卵状三角形或舌状长方形，先端常具 2~3 齿，稀圆钝或具不规则齿；叶边全缘或有齿。叶细胞方形或六边形，中下部细胞一般形大；三角体小或呈球形；表面平滑或有疣。腹叶多不透明，稀透明，宽度大于茎的直径，少数种基部下延；叶边多有齿或裂瓣，有时边缘有透明细胞。雌雄异株。蒴萼长圆筒形，先端收缩，口部有毛状齿。孢蒴卵圆形，成熟后开裂成四瓣。弹丝细长，具 2 列螺纹加厚。孢子褐色，具疣。

本属约 150 种，多热带和亚热带分布。中国有 39 种。

分种检索表

1. 腹叶透明……2
1. 腹叶不透明……5
2. 腹叶宽度明显大于长度……3. 喜马拉雅鞭苔 *B. himalayana*
2. 腹叶长度大于宽度或长宽相近……3
3. 腹叶长度大于宽度……7. 白边鞭苔 *B. oshimensis*
3. 腹叶长宽近于相等……4

4. 植物体小，纤细；叶细胞表面具密疣 ……………………………………………… 6. 疣叶鞭苔 *B. mayebarae*

4. 植物体大，粗壮；叶细胞表面平滑 ………………………………………………… 11. 三裂鞭苔 *B. tridens*

5. 叶片卵状三角形……………………………………………………………………………………… 6

5. 叶片卵形、长椭圆形或舌形………………………………………………………………………… 7

6. 干燥时叶尖部不内曲；叶尖狭 ……………………………………………………… 8. 弯叶鞭苔 *B. pearsonii*

6. 干燥时 叶尖部常内曲；叶尖稍宽 …………………………………………………… 12. 三齿鞭苔 *B. tricrenata*

7. 叶尖部 2 裂…………………………………………………………………………………………… 8

7. 叶尖部多 3 裂………………………………………………………………………………………… 9

8. 叶细胞具疣 ……………………………………………………………………………… 9. 锡金鞭苔 *B. sikkimensis*

8. 叶细胞平滑…………………………………………………………………………………………… 10

9. 叶尖部齿小；腹叶上部具不规则粗齿 ……………………………………………… 1. 双齿鞭苔 *B. bidentula*

9. 叶尖部齿宽钝；腹叶上部不规则齿疏而大 ………………………………………… 4. 裸茎鞭苔 *B. denudata*

10. 植物体中等大小；叶细胞背面具疣；腹叶上部齿小 …………………………… 2. 基裂鞭苔 *B. appendiculata*

10.. 植物体宽大；叶细胞背面平滑；腹叶上部齿粗 ………………………………… 13. 越南鞭苔 *B. vietnamica*

11. 茎连叶宽 2~3 mm，腹叶近圆形至扁圆形，上部齿少 ……………………………… 5. 日本鞭苔 *B. japonica*

11. 茎连叶宽 4~6 mm，腹叶阔扁圆形，上部具不规则粗齿 …………………………… 10. 鞭苔 *B. trilobata*

双齿鞭苔 *Bazzaina bidentula*（Steph.）Steph.，Sp. Hepat. 3：425. 1909. 图 7：1~4

形态特征 小片状交织生长。体形细小，匍匐，长约 2 cm，连叶宽 1~1.5 mm，淡黄绿色或亮绿色。茎横切面呈椭圆形，叉状分枝，鞭状枝少 。叶覆瓦状蔽前式，平横向外伸展，易脱落，长椭圆形，长约 0.5 mm，宽 0.25~0.4 mm，先端圆钝或稍尖，具 2 齿或无齿，不内曲；前缘基部稍呈弧状。叶基部细胞长 32~37 μm，胞壁中等厚，三角体小，表面平滑 。腹叶圆方形，基部略收缩，先端截形，有波状钝齿，不透明。

生境和分布 林内腐木或树干基部。黑龙江、吉林、贵州、四川、云南和西藏；日本及朝鲜有分布。

基裂鞭苔 *Bazzania appendiculata*（Mitt.）Hatt. in Hara，Fl. E. Himalaya 505. 1966. 图 7：5~8

形态特征 片状交织生长。 植物体匍匐，长约 3 cm，连叶宽 3~4 mm，黄绿色至褐绿色；分枝少，鞭状枝多。叶片覆瓦状蔽前式，与茎成直角展出，长卵形，长约 2 mm，基部宽 1~1.3 mm，先端具 3 个三角形齿，前缘呈宽弧形，基部呈耳状，后缘较平直。叶尖部细胞长 20 μm，中部细胞长 32~46 μm，胞壁三角体大，基部细胞约长 57 μm，表面具疣。腹叶圆形，长宽近于相等，上部边缘有不规则缺刻，基部耳状，表面具疣。

生境和分布 习生山地林下树干上。广西和云南；尼泊尔、不丹、印度、缅甸及泰国有分布。

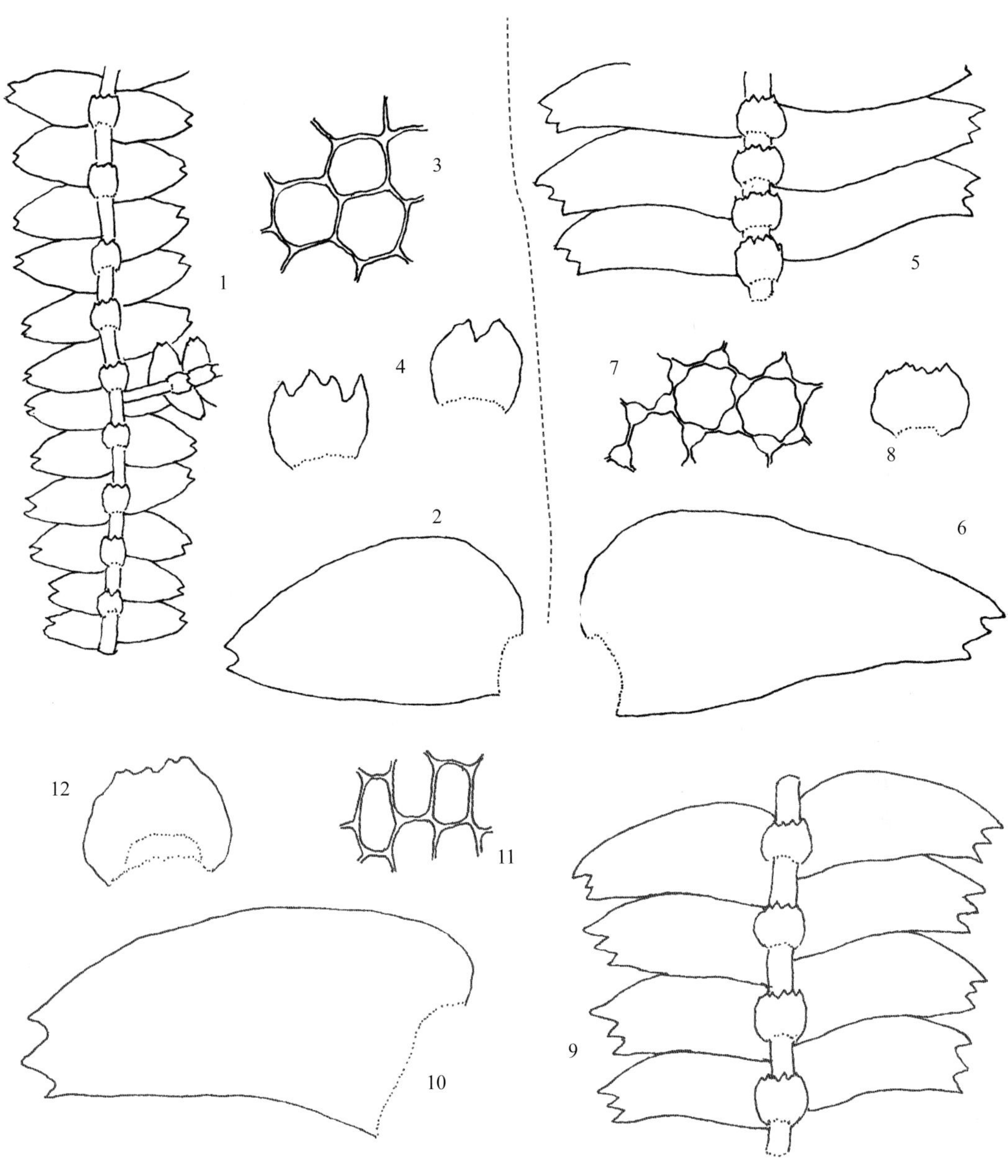

图 7

1~4. 双齿鞭苔 *Bazzania bidentula*（Steph.）Steph.

1. 植物体的一部分（腹面观，×15），2. 茎叶（×50），3. 叶中部细胞（×230），4. 腹叶（×40）

5~8. 基裂鞭苔 *Bazzania appendiculata*（Mitt.）Hatt.

5. 植物体的一部分（腹面观，×12），6. 茎叶（×22），7. 叶中部细胞（×600），8. 腹叶（×25）

9~12. 喜马拉雅鞭苔 *Bazzania himalayana*（Mitt.）Schiffn.

9. 植物体的一部分（腹面观，×18），10. 茎叶（×40），11. 叶中部细胞（×500），12. 腹叶（×40）

喜马拉雅鞭苔 *Bazzania himalayana*（Mitt.）Schiffn., Öster. Bot. Zeitschr. 4：6. 1899. 图 7：9~12

形态特征 平匍交织生长。体形较大，长可达 7 cm，连叶宽 2~4 mm，黄绿色或暗绿色。茎分枝少，鞭状枝细长。叶卵状舌形，平展或略斜展，干燥时内曲，长 1~1.8 mm，具 3 个粗齿，前缘基部呈弧形。叶尖部细胞长 20~28 μm，中部细胞长 22~44 μm，壁厚，三角体略大，基部细胞长 36~50 μm；表面平滑。腹叶肾形，宽度大于长度，上部有不规则齿突，基部有几列厚壁细胞，其余叶细胞薄壁，透明 。

生境和分布 生于较高海拔林地或岩面薄土。广西、贵州和西藏；不丹、印度及菲律宾有分布。

裸茎鞭苔 *Bazzania denudata*（Torrey）Trev., Mem. R. Istit. Lombardo ser. 3，4：414. 1877. 图 8：1~4

形态特征 成片交织生长。体形中等大小，长 1~3 cm，连叶宽 1.5~2.5 mm，油绿色或褐绿色。茎横切面椭圆形，内部细胞壁稍薄；叉状分枝，鞭状枝少。叶片密覆瓦状排列，蔽前式，平展，干时稍内曲，短圆长方形或卵形，长 0.8~1.2 mm，先端截形，具不规则的 2~3 锐尖或钝齿，前缘呈强弧形。叶尖部细胞长约 25 μm，基部细胞长 30~42.5 μm，胞壁厚，三角体大或小，表面平滑。腹叶方椭圆形，先端圆钝，有不规则的钝齿，侧面边缘全缘或有钝齿。

生境和分布 生于林内树基或腐木上，稀石生。湖南、黑龙江、吉林和西藏；日本、朝鲜及北美洲有分布。

日本鞭苔 *Bazzania japonica*（S. Lac.）Lindb., Acta Soc. Sc. Fenn. 10：224. 1872. 图 8：5~9

形态特征 小片状生长。植物体中等大小，长达 6 cm，连叶宽 2~3 mm，亮绿色。茎匍匐，先端倾立；横切面呈椭圆形，皮部 2~3 层为小型厚壁细胞；叉状分枝，枝先端有时向腹面弯曲。叶长椭圆形，略呈镰刀形弯曲，斜展，前缘宽弧形，长 1.1~1.8 mm，先端平截，具 3 锐齿。叶尖部细胞 14~24 μm，中部细胞长 24~32 μm，近基部细胞长 40~50 μm，胞壁厚，三角体大，表面平滑。腹叶圆方形，宽约为茎直径的 2 倍，上部背仰，先端有不规则齿，基部变窄，两侧边缘稍背曲。

生境和分布 生于山地林下或路边具薄土岩面，有时生树干基部。浙江、福建、安徽、湖南、广东、海南、广西、贵州和云南；日本、越南、泰国及印度尼西亚有分布。

疣叶鞭苔 *Bazzania mayabarae* Hatt., Journ. Hattori Bot. Lab. 19：91. 1958. 图 8：10~13

形态特征 疏小片状生长。体形细小，长达 2 cm，连叶宽 0.7~0.8 mm，油绿色。茎匍匐，横切面皮部细胞约 15 个，内部细胞较小；不分枝或稀叉状分枝；鞭状枝短。叶长

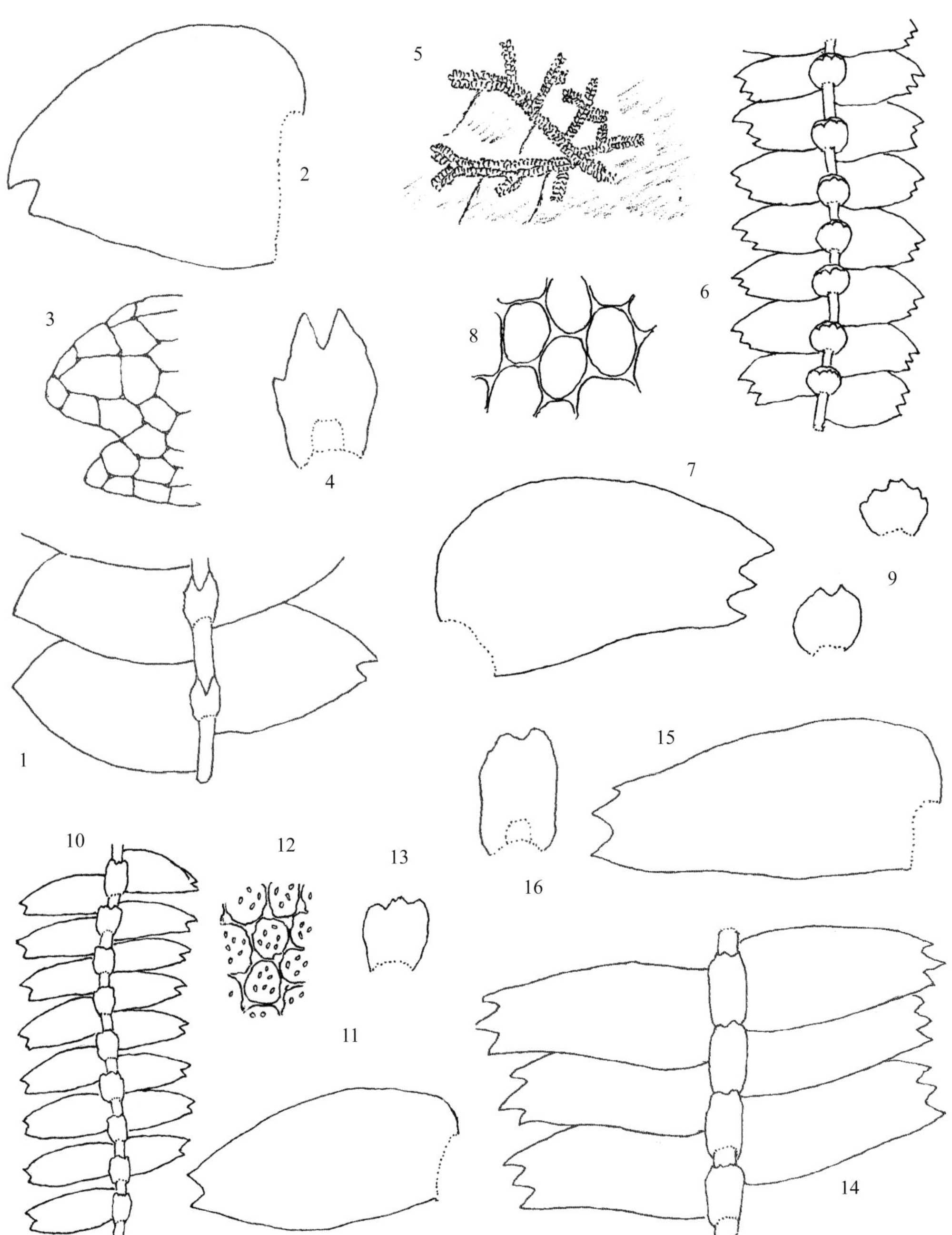

图 8

1~4. **裸茎鞭苔** *Bazzania denudata*（Torrey）Trev.

1. 植物体的一部分（腹面观，×40），2. 茎叶（×70），3. 茎叶尖部细胞（×270），4. 腹叶（×60）

5~9. **日本鞭苔** *Bazzania japonica*（S. Lac.）Lindb.

5. 林下湿土生的植物群落（×1），6. 植物体的一部分（腹面观，×15），7. 茎叶（×40），8. 叶中部细胞（×200），9. 腹叶（×12）

10~13. **疣叶鞭苔** *Bazzania mayebarae* Hatt.

10. 植物体的一部分（腹面观，×25），11. 茎叶（×75），12. 叶中部细胞（×300），13. 腹叶（×30）

14~16. **白边鞭苔** *Bazzania oshimensis*（Steph.）Horik.

14. 植物体的一部分（腹面观，×20），15. 茎叶（×25），16. 腹叶（×12）

卵形，两侧近于对称，干燥时内曲，长 0.38~0.48 mm，前缘基部圆形，先端渐狭，钝头或具 2 个钝齿。叶尖部细胞长 10~20 μm，基部细胞长 27~50 μm，三角体明显，厚壁，背面有透明疣。腹叶圆形或方圆形，长宽相等，先端截形或圆钝，有时具钝齿，叶边或稍呈波形，细胞薄壁，透明，无三角体。

生境和分布 生于海拔 2 800~3 900 m 林内岩面薄土或湿土上。广西、四川、云南和西藏；日本有分布。

白边鞭苔 *Bazzania oshimensis*（Steph.）Horik., Journ. Sci. Hiroshima Univ. ser. b, div. 2，2：197. 1938. 图 8：14~16

形态特征 多大片状生长。植物体形大，长达 7 cm，连叶宽 3~4.7 mm，黄绿色或褐绿色。茎匍匐，先端有时上倾，叉状分枝；鞭状枝多数；假根少，多生于鞭状枝先端。叶长椭圆形，尖部向下弯曲，长约 2 mm，前缘基部呈弧形，先端三裂瓣呈三角形。叶尖部细胞 12~25 μm，近方形，厚壁，中部细胞长 40~50 μm，基部细胞长 47.5~80 μm，长方形，壁薄，三角体大；表面平滑。腹叶方形或长方形，透明，长宽近于相等，细胞壁薄。

生境和分布 生于低海拔林下树基或岩面薄土上。福建、海南、广西、湖南、贵州、四川和云南；日本、泰国、印度及斯里兰卡有分布。

弯叶鞭苔 *Bazzania pearsonii* Steph.，Hedwigia 32：212. 1893. 图 9：1~4

形态特征 小片生长。体形纤细，长可达 8 cm，连叶宽 1~1.5 mm，亮绿色或淡褐色，干燥时易碎。茎匍匐，不分枝或先端叉状分枝；假根少。叶三角状卵形，稍弯曲，两侧不对称，长 1~1.2 mm，前缘呈阔弧形弯曲，后缘平直或稍弯曲，先端渐狭，具 2~3 个不等形的齿。叶尖部细胞长 17.5~25 μm，基部细胞长 27.5~40 μm；胞壁薄，具大球状三角体，表面平滑。腹叶小，宽度约为茎直径的 2 倍，卵圆形，长宽近于相等，先端具不规则钝齿，叶边稍卷曲，全缘。

生境和分布 生于山区林下岩面薄土或树干基部。海南、广西、湖南、云南和西藏；日本、斯里兰卡、泰国及欧洲有分布。

锡金鞭苔 *Bazzania sikkimensis*（Steph.）Herz.，Ann. Bryol. 12：78. 1938. 图 9：5~9

形态特征 成小片状生长。体形小，长一般不及 2 cm，连叶宽 2~2.5 mm，黄绿色。茎分枝少；鞭状枝多数，长 0.5~1 cm。叶平展，长卵形，长 0.9~1 mm，常具 2 个三角形锐齿，稀 3 个齿，前缘和后缘平滑，均呈弧形。叶尖部细胞长 12~26 μm，中部细胞长 20~27 μm，壁厚，三角体小，基部细胞长约 64 μm；表面具疣。腹叶椭圆形，宽于茎，两侧边缘平滑，先端有粗齿，背仰；表面有粗疣。

生境和分布 林下腐木或土壤上生长，有时石生。四川、云南和西藏；尼泊尔、不丹、印度及菲律宾有分布。

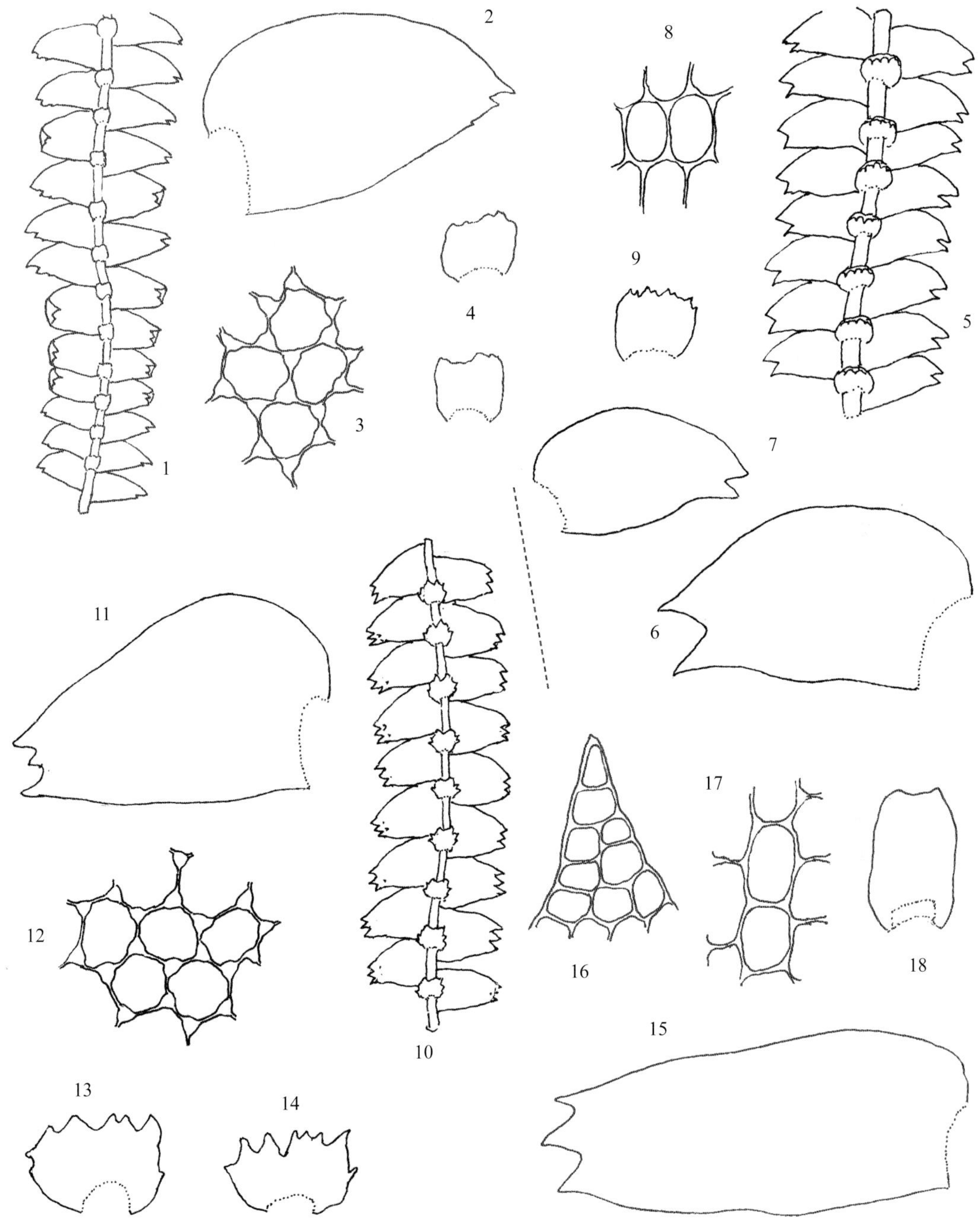

图 9

1~4. 弯叶鞭苔 *Bazzania pearsonii* Steph.

1. 植物体的一部分（腹面观，×28），2. 茎叶（×55），3. 叶中部细胞（×450），4. 腹叶（×40）

5~9. 锡金鞭苔 *Bazzania sikkimensis*（Steph.）Herz.

5. 植物体的一部分（腹面观，×16），6. 茎叶（×33），7. 枝叶（×33），8. 叶中部细胞（×280），9. 腹叶（×22）

10~14. 鞭苔 *Bazzania trilobata*（Linn.）Gray

10. 植物体的一部分（腹面观，×10），11. 茎叶（×40），12. 叶中部细胞（×500），13，14. 腹叶（×45）

15~18. 三裂鞭苔 *Bazzania tridens*（Reimw.，Bl. et Nees）Trev.

15. 茎叶（×55），16. 叶尖部细胞（×500），17. 叶中部细胞（×500），18. 腹叶（×25）

鞭苔 *Bazzania trilobata*（Linn.）Gray，Nat. Arr. Brit. Pl. 1：704. 1821. 图 9：10~14

形态特征 大片交织生长。体形较宽大，长 4~8 cm，连叶宽 3.5~6 mm，淡褐色。茎匍匐，先端上倾；横切面呈椭圆形，皮部系几层小形厚壁细胞；叉状分枝，先端有时内曲；腹面有多数鞭状枝。叶三角状椭圆形，近于平展，先端有时下弯，前缘阔弧形，长 0.9~1 mm，先端平截或圆钝，具 3 锐齿。叶中部细胞长 32.5~40 μm，基部细胞长 50~62.5 μm，胞壁具大三角体；表面近于平滑。腹叶扁圆方形，宽度约茎直径的 2 倍，先端有不规则 4~5 尖齿，两侧边缘平滑或有齿。

生境和分布 一般生低海拔林下岩面薄土和腐木上。安徽、福建、湖南、四川和云南；日本及北半球温寒带分布。

应用价值 含阿聚糖、木聚糖和甲基戊聚糖；脂族化合物；莽草酸以及萜类化合物的(-) -drimenol。

三裂鞭苔 *Bazzania tridens*（Reinw.，Bl. et Nees）Trev.，Mem. R. Istit. Lombardo ser. 3（4）：415. 1877. 图 9：15~18

形态特征 匍匐成片生长。植物体中等大小，长 1.5~3.5 cm，连叶宽 2~3 mm，黄绿色至褐绿色。茎具不规则叉状分枝和鞭状枝。叶卵形或长椭圆形，稍弯曲，平展或略斜展，干时略向腹面弯曲，长 1~1.8 mm，先端具 3 个三角形锐齿。叶尖部细胞长 15~20 μm，中部细胞长 15~37 μm，壁厚，三角体不明显或小，表面具疣。腹叶贴茎生长，宽约为茎直径的 2 倍，近方形，全缘，或先端具三角形钝齿，除基部有几列暗色细胞外，均透明，薄壁，无三角体。

生境和分布 生于林下或路边湿石上或土上。吉林、江苏、福建、江西、湖南、广西、贵州、四川、云南和西藏；广布于亚洲南部及东部温热地区。

三齿鞭苔 *Bazzania tricrenata*（Wahlenb.）Trev.，Mem. R. Istit. Lombardo ser. 3（4）：415. 1877. 图 10：1~6

形态特征 小片状交织生长。体形细长，长 3~8 cm，亮绿色至褐绿色，茎平展或先端上倾；分枝少，与茎呈锐角；茎横切面直径约 10 个细胞，皮部细胞和内部细胞同形。叶卵状三角形，略弯曲，长 1~1.5 mm，干燥时先端内曲，基部斜生茎上，后缘基部下延，前缘基部呈半圆形，先端狭，具 2~3 个齿。叶尖部细胞长 12.5~17.5 μm，基部细胞长 17.5~30 μm，胞壁略厚，三角体大，表面平滑。腹叶大，宽度约为茎直径的2倍，近圆形，先端有 2~4 个短齿，两侧基部边缘略下延。

生境和分布 生于山区林下酸性岩面、树干基部或腐木上。台湾、四川、云南和西藏；日本、亚洲北部、欧洲及北美洲有分布。

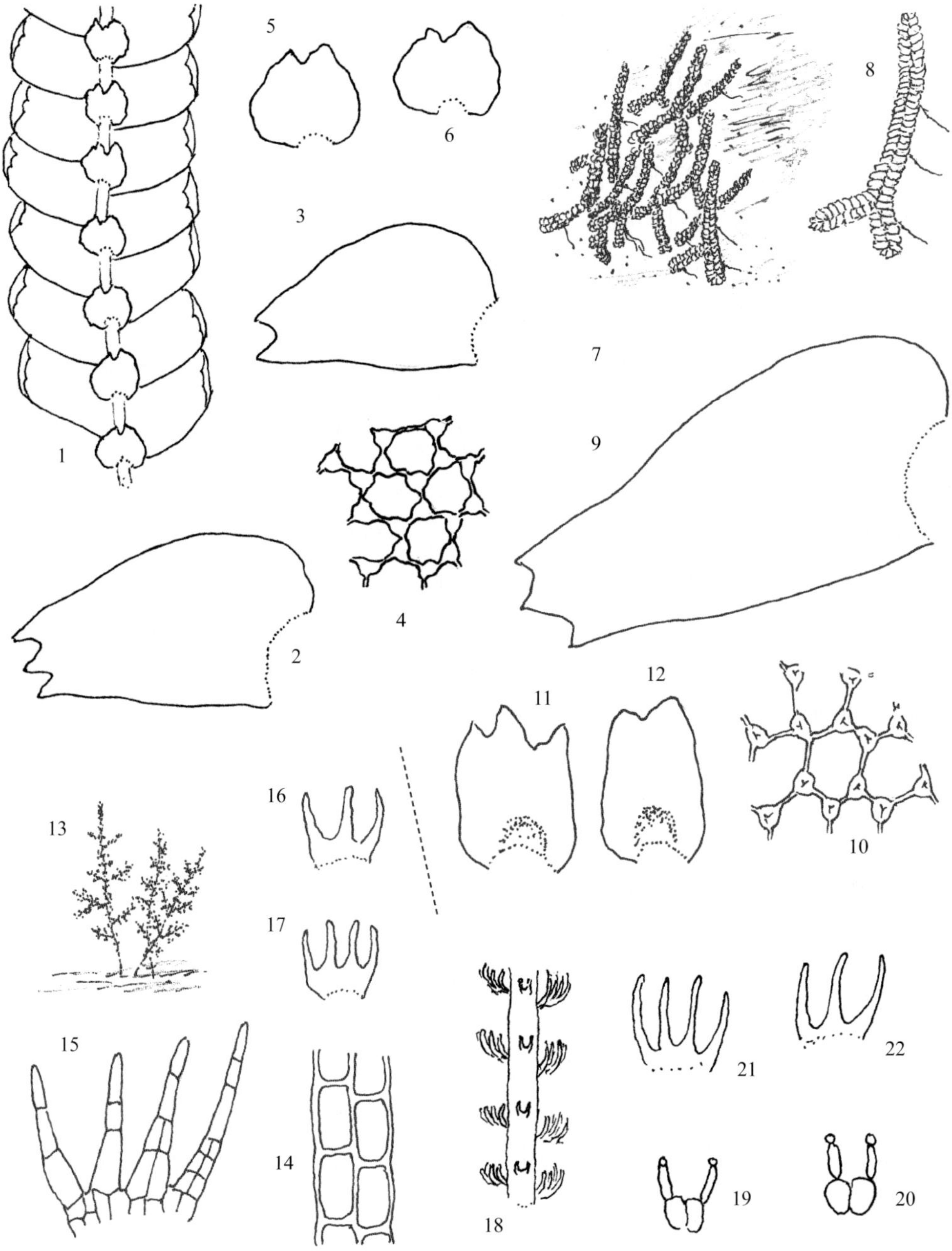

图 10

1~6. **三齿鞭苔** *Bazzania tricrenata*（Wahlenb.）Trev.

1. 植物体的一部分（腹面观，×30），2，3. 叶（×40），4. 叶中部细胞（×250），5，6. 腹叶（×30）

7~12. **越南鞭苔** *Bazzania vietnamica* Pócs

7. 着生湿土面的植物群落（×1），8. 植物体（背面观，×3），9. 叶（×50），10. 叶中部细胞（×150），11，12. 腹叶（×18）

13~17. **牧野细指苔** *Kurzia makinoana*（Steph.）Grolle

13. 湿土生植物体（×2），14. 茎的一部分（×250），15. 叶（×150），16，17. 腹叶（×300）

18~22. **细指苔** *Kurzia gonyotricha*（S. Lac.）Grolle

18. 植物体的一部分（腹面观，×60），19，20. 腹叶（×200），21，22. 叶（×150）

越南鞭苔 *Bazzania vietnamica* Pócs，Journ. Hattori Bot. Lab. 32：90. 1969. 图 10：7~12

形态特征　交织片状生长。体形较宽大，长可达 10 cm，连叶宽 3~4mm，褐绿色至黑褐色，平展。茎匍匐；横切面近圆形，皮部 1~2 层小细胞，厚壁；叉状分枝，鞭状枝长。叶密覆瓦状排列，长 2~2.5 mm，卵状舌形，前缘基部圆弧形，有透明小叶耳，尖部平截，具 3 锐齿。叶中部细胞长 27.5~35 μm，基部细胞长 42.5~62.5 μm，三角体极大，呈球状。腹叶圆方形，上部背仰，基部略收缩，先端平截，有波曲状粗齿，两侧边缘不平直。

生境和分布　生于近 1 000 m 林下树干基部。海南和广西；越南有分布。

3 细指苔属 *Kurzia* Mart.

常与其他苔藓形成群落。体形纤细，淡绿色、绿色或褐绿色。茎匍匐，先端上倾，规则或不规则 1~2 回羽状分枝；茎横切面呈圆形，皮部细胞大，厚壁，中部细胞小，薄壁。枝短；侧枝常着生茎顶端，茎、枝腹面中部有时产生分枝，呈鞭枝状。叶平展或弯曲，3~ 5 瓣深裂，叶基部宽 3~15 个细胞。叶细胞方形、长方圆形，或六边形，表面平滑或有细疣，壁厚，无三角体；无油体。腹叶较小，两侧对称或不对称，2~4 瓣裂，有时裂瓣宽 1~2 个细胞。雌雄异株。雌苞生于短枝上。蒴萼长纺锤形，口部收缩，有长纤毛。孢蒴卵形，黑褐色。孢子被疣。

本属约 30 种，热带和亚热带分布。中国有 6 种。

分种检索表

1. 茎横切面直径 5~6 个细胞；叶裂瓣先端钝头；表面有细疣或平滑 ························ 1. 牧野细指苔 *K. makinoana*

1. 茎横切面直径 4~5 个细胞；叶裂瓣先端锐尖；表面平滑 ·· 2. 细指苔 *K. gonyotricha*

牧野细指苔 *Kurzia makinoana*（Steph.）Grolle，Rev. Bryol. Lichenol. 32：171. 1963. 图 10：13~17

形态特征　杂生于其他苔藓植物中。体形细小，长 0.5~1. 5 cm，色泽暗绿、绿色至褐绿色。茎横展，先端上倾；横切面直径 5~6 个细胞，皮部细胞厚壁，内部细胞小型，壁薄；不规则 1~2 回分枝，分枝渐细呈鞭状；假根生于腹叶基部。叶倾立或尖部内曲，深裂成不等大 3~5，背侧裂瓣大，腹侧小而不对称。叶细胞长约 15 μm，壁厚，表面有细疣或平滑。腹叶较小，深裂成不对称 3~4 个三角形或方形裂瓣，裂瓣不等形。

生境和分布　生于低海拔至 2 800 m 的林下树干基部 、腐木和具土岩面 。浙江、广西和四川；日本有分布。

细指苔 *Kurzia gonyotricha*（S. Lac.）Grolle，Rev. Bryol. Lichenol. 32：167. 1963. 图 10：18~22

形态特征　常与其他苔藓植物组成群落。植物体纤小，长不及 1 cm，绿色或淡绿色。茎匍匐，先端上仰；横切面直径 4~5 个细胞，皮部细胞形大，厚壁，内部细胞小，薄壁；叉状分

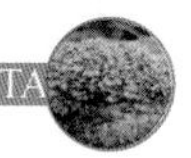

枝。叶片 3~4 瓣裂达叶近基部，裂瓣由 3~4 个单列细胞组成，尖部内曲。叶中部细胞长 30~50 μm，基部和上部细胞短，壁薄，表面平滑。腹叶纤小，通常 2 裂达叶基部。雌雄异株。雌苞生于短侧枝上。蒴萼纺锤形，尖部收缩，口部有多个单列细胞的长纤毛 。

生境和分布 习生林下岩面薄土或腐木上。海南、福建、湖南、广东和广西；日本、马来西亚、印度尼西亚及菲律宾有分布。

4 指叶苔属 *Lepidozia* Dum.

疏松丛集生长。体形小，连叶宽不及 3 mm，色泽黄绿或淡黄绿色，有时呈淡绿色。茎匍匐或倾立；横切面呈圆形或椭圆形，皮部细胞约 20 个，壁厚，中部细胞小，薄壁或与皮细胞相同；不规则羽状分枝，腹面具细长分枝，呈鞭状。假根生于腹叶基部或鞭状枝上。叶片斜卵形或长方形生，先端常 3~4 裂，裂瓣一般呈短披针形至三角形，平展或略内曲。腹叶裂瓣短。叶细胞多六角形或多角形，壁厚，无三角体 。雌雄同株或异株。 雌苞生于腹面短枝上；内雌苞叶先端具齿或纤毛。蒴萼棒形或长纺锤形，先端收缩，口部边缘有齿或短毛，具 3~5 条纵褶。孢蒴卵圆形，蒴壁 3~5 层细胞。孢子褐色，有细疣。

本属约 60 种，多热带地区分布。中国有 12 种。

分种检索表

1. 植物体较细，长度一般在 4 cm 以下……………………………………2
1. 植物体粗大，长可达 6 cm 以上……………………………………4
2. 叶裂瓣狭，多为单列细胞……………………………………5. 瓦氏指叶苔 *L. wallichiana*
2. 叶裂瓣宽，除尖部外多宽 2~4 个细胞 ……………………………………3
3. 茎叶近宽卵形，相互贴生；裂瓣阔三角形，基部宽 4 个细胞……………………………………1. 指叶苔 *L. reptans*
3. 茎叶近扁方形，疏生；裂瓣狭，基部宽 2~3 个细胞……………………………………2. 硬指叶苔 *L. vitrea*
4. 茎叶宽阔，宽度大于长度……………………………………3. 丝形指叶苔 *L. filamentosa*
4. 茎叶近长方形，长度大于宽度……………………………………4. 东亚指叶苔 *L. fauriana*

指叶苔 *Lepidozia reptans*（Linn.）Dum.，Recueil Observ. Jungermannia 19. 1835. 图 11：1~5

形态特征 常与其他苔藓植物密或疏生。植物体中等大小，长 1~3 cm，色泽淡绿或褐绿色。茎匍匐，或先端上仰；横切面椭圆形；羽状分枝。叶斜列于茎上，近扁方形，内凹，前缘基部半圆形，上部 3~4 裂达叶长度的 1/3~1/2，裂瓣三角形，先端锐，内曲，基部宽 4~8 个细胞。叶中部细胞长 22~28 μm，六边形，胞壁中等厚，无三角体，表面平滑 。枝叶稍小。腹叶离生，4 裂达叶长度的 1/4~2/5，裂瓣短，内曲，先端较钝。

生境和分布 生于暖湿林地腐木或枯枝落叶上，有时生于树干基部。黑龙江、吉林、辽宁、内蒙古、河北、河南、山西、陕西、山东、安徽、福建、江西、湖北、湖南、贵州、四

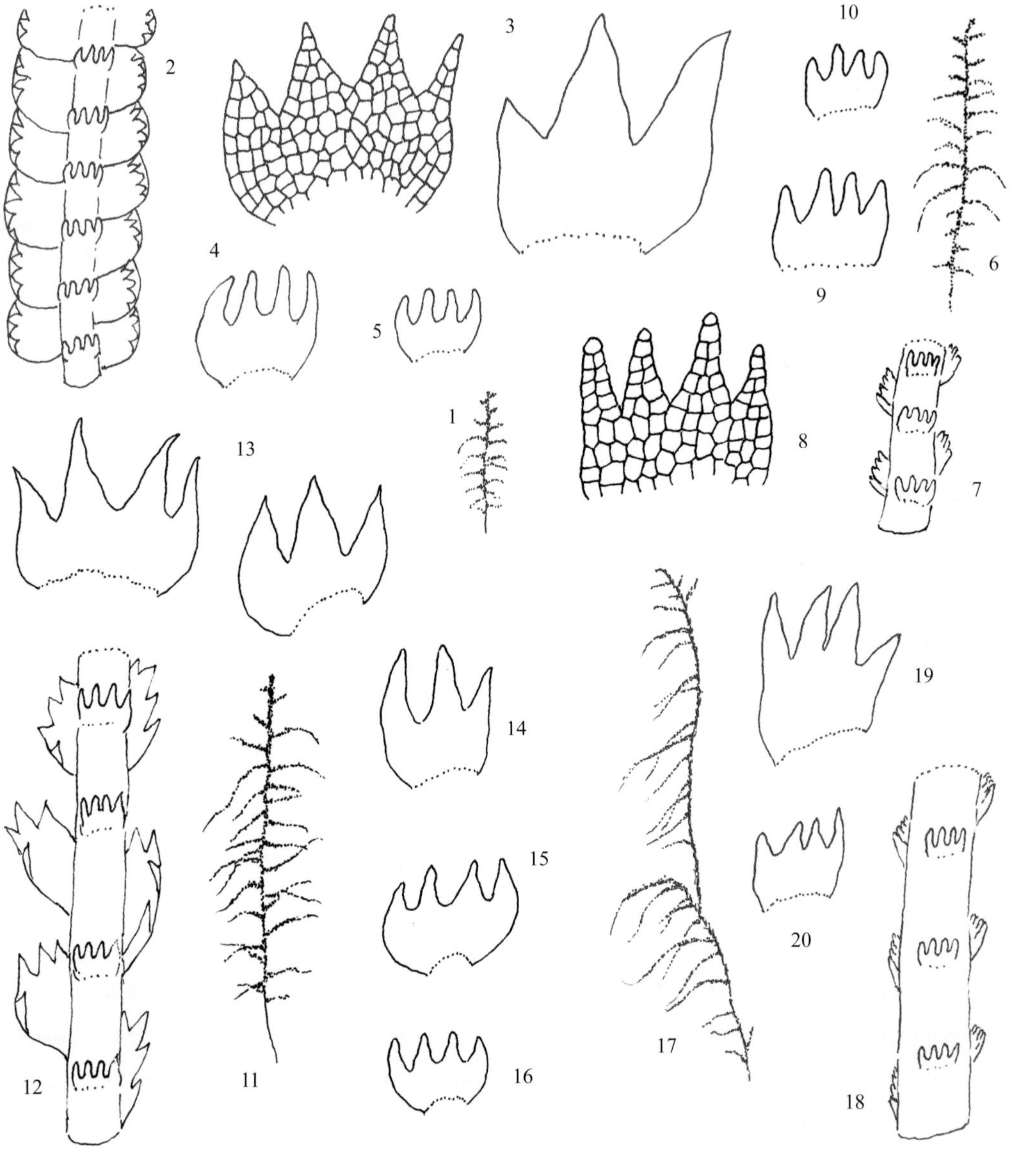

图 11

1~5. 指叶苔 *Lepidozia reptans*（Linn.）Dum.

1. 植物体（×1），2. 植物体的一部分（腹面观，×36），3. 茎叶（×78），4. 茎腹叶（×36），5. 枝腹叶（×36）

6~10. 硬指叶苔 *Lepidozia vitrea* Steph.

6. 植物体（×1），7. 植物体的一部分（腹面观，×20），8. 茎叶（×70），9，10 . 茎腹叶（×45）

11~16. 丝形指叶苔 *Lepidozia filamentosa*（Lehm. et Lindenb.）Lindenb.

11. 植物体（×1），12. 植物体的一部分（腹面观，×16），13. 茎叶（×20），14. 枝叶（×20），15. 茎腹叶（×24），16. 枝腹叶（×24）

17~20. 东亚指叶苔 *Lepidozia fauriana* Steph.

17. 植物体（×1），18. 植物体的一部分（腹面观，×20），19. 茎叶（×60），20. 茎腹叶（×24）

川、云南和西藏；日本、朝鲜、亚洲北部、欧洲及北美洲有分布。

应用价值　含有萜类化合物：β -cubebene。

硬指叶苔 *Lepidozia vitrea* Steph.，Bull. Herb. Boiss. 5：96. 1897. 图 11：6~10

形态特征　疏松或密交织生长。植物体长达 4 cm，色泽淡绿至黄绿色，有时褐绿色。茎倾立或匍匐生长；横切面椭圆形；分枝呈不规则羽状；假根着生分枝或生殖枝基部。叶片疏生，倾立，近扁方形，长约 0.4 mm，先端 4 裂达叶长度的 1/2，裂瓣狭三角形，略内曲，高 4~5 个细胞，基部宽 2~3 个细胞。叶中部细胞长 30~50 μm，近方形，胞壁薄，无三角体，表面平滑。枝叶长方形，上部 3 裂达叶长度的 1/3，内曲。腹叶较小，与侧叶近于同形。雌雄异株。

生境和分布　生于低山林地、树干基部或具土岩面，有时也着生腐木上。浙江、台湾和福建；日本及朝鲜有分布。

应用价值　含有萜类化合物：(-) -lsobicyclogermacrenal [=（-）-lepidozienal]。

丝形指叶苔 *Lepidozia filamentosa*（Lehm. et Lindenb.）Lindenb. in Gott.，Lindenb. et Nees，Syn. Hepat. 206. 1845. 图 11：11~16

形态特征　疏生或与其他苔藓组成群落。体形纤细，长 2~6 cm，淡绿色或黄绿色。茎匍匐，横切面直径 0.4~0.6 mm，皮部细胞大，直径 25 个细胞；羽状或不规则羽状分枝，先端渐细呈鞭状；腹面分枝呈鞭状。 叶片离生或覆瓦状排列，不规则方形或扁方形，长 0.6~0.8 mm，前缘基部呈弧形；先端 4 裂达叶长度的 1/2~2/3，裂瓣三角形，先端锐尖，基部宽 8~14 个细胞，背侧裂瓣较大。叶中部细胞长 25~32 μm，胞壁稍厚，三角体小或无，表面平滑。腹叶形状同茎叶，4 裂达叶长度的 2/5；裂瓣呈舌形或披针形，多内曲，基部宽 6~7 个细胞。

生境和分布　生于山区林下岩面薄土或腐木上。四川、云南和西藏；日本、朝鲜及北美洲有分布。

东亚指叶苔 *Lepidozia fauriana* Steph.，Sp. Hepat. 3：631. 1908. 图 11：17~20

形态特征　成片疏生。体形细长，长可达 10 cm，色泽黄绿或绿色。茎匍匐，上部倾立，直径约 0.6 mm，横切面呈椭圆形；不规则羽状分枝。叶方形，宽度约为茎直径的 1/2，长约 0.4 mm，尖部 4 裂；裂瓣三角形，向内曲，基部高 4~5 个细胞。叶中部细胞长 30~45 μm，宽 30~40 μm，胞壁略加厚，无三角体，表面平滑。枝叶倾立，1/3~1/2 三瓣裂。腹叶小，扁方形，1/3~1/2 四瓣开裂；裂瓣长 1~2 个细胞，基部宽 1~2 个细胞。

生境和分布　着生山地林内具土岩面或沙质土上，有时见于腐木。福建、湖南、广东、海南、广西、云南和西藏；日本有分布。

瓦氏指叶苔 *Lepidozia wallichiana* Gott. in Gott.，Lindenb. et Nees.，Syn. Hepat. 20. 1845. 图 12：1~7

形态特征　多与其他苔藓形成群落。体形纤细，长约 2 cm，色泽淡绿或绿色。茎横切面椭圆形，含一层皮部大细胞和小型内部细胞；不规则羽状分枝。假根少，多见于枝端或腹叶基部。叶片贴生或疏列，长方形或方形，斜列，长约 0.3mm，宽 0.15~0.2 mm，上部 4 裂；裂瓣狭三角形或披针形，长 3~4 个细胞，基部宽 1~2 个细胞。叶中部细胞长约 50μm，胞壁厚，表面平滑。枝叶小于茎叶，多长方形，长不及 0.1 mm，2~4 裂达叶长度的 1/3。

生境和分布　习生山区林内腐木或具土岩面。海南和广西；尼泊尔、印度、斯里兰卡、印度尼西亚及日本有分布。

5 虫叶苔属 *Zoopsis* Hook. f. et Tayl.

体形柔弱，灰白色。茎皮部仅几个大细胞，中央有几个小细胞。叶一般含 2~4 个细胞 。雌苞着生短侧枝上。雌苞叶大，2 裂。蒴萼纺锤形，上部具褶。

本属 10 种，旧热带地区分布。中国有 1 种。

东亚虫叶苔 *Zoopsis liukiuensis* Horik., Journ. Sci. Hiroshima Univ. ser. b. div. 2, 1: 65. 1931 and 2: 176. 1934. 图 12: 8~12

形态特征　多在腐木上呈散生小群落。体柔弱，灰白色，半透明，长约 5 mm。茎匍匐，叉状分枝；横切面背腹扁平，皮部背面和侧面有 4 个大细胞，腹面有两个小细胞，中央有 4~5 个大细胞。叶由 4 个细胞组成，含基部 2 个方圆形或圆形大细胞，及上部 2 个扁圆形小细胞；胞壁薄，表面平滑。腹叶疏生，纤小，含 4 个细胞 ，基部两个长柱或阔椭圆细胞相连或分离，上面着生 2 个圆形或椭圆形小细胞。雌苞生于短侧枝上。蒴萼卵状纺锤形，上部有 3 条褶，口部具毛状齿。

生境和分布　着生林下腐木或树干基部。浙江、台湾和海南；日本、菲律宾、印度尼西亚、巴布亚新几内亚、新喀里多尼亚及澳大利亚有分布。

010 护蒴苔科 CALYPOGEIACEAE

常与其他苔藓植物形成小片群落。体形较小至中等大小，色泽灰绿或褐绿色。茎嫩弱，横切面细胞多无分化，有时皮部细胞略小，壁稍厚；分枝稀疏。叶 3 列。侧叶斜生，蔽前式排列，卵形、椭圆形、狭长椭圆形或钝三角形，宽于叶基部至中部，向上渐窄，尖部圆钝或浅 2 裂；叶边全缘。腹叶形大，多圆形或扁圆形，不开裂至 2~4 瓣裂 ；假根着生腹叶基部。叶细胞通常疏松，圆多角形至六角形，薄壁，或有三角体。雌雄同株或异株。雌苞在卵细胞受精后在雌枝尖端迅速膨大成蒴囊。蒴囊长椭圆形或短柱形。孢蒴圆柱形或近椭圆形，黑色，成熟后4裂至基部。蒴壁2层，外层壁厚，有时具不规则球状加厚。弹丝2~3列螺纹。孢子球形 。

本科4属，温带和亚热带山区分布。中国有3属。

分属检索表

1. 植物体色泽深，一般不透明；叶细胞壁三角体明显 ………………………………… 1. 假护蒴苔属 *Metacalypogeia*
1. 植物体色泽淡，透明；叶细胞壁薄，三角体无或不明显 ………………………………… 2. 护蒴苔属 *Calypogeia*

1 假护蒴苔属 *Metacalypogeia*（Hatt.）Inoue

常与其他苔藓形成群落。植物体匍匐，深绿色或褐绿色。茎单一或稀少分枝。叶多覆瓦状蔽前式排列，三角状卵形，尖部钝或浅两裂；叶边全缘。腹叶圆形或肾形，上部平截或略凹。假根着生腹叶基部，或散生茎上，无色。叶细胞不透明，胞壁略加厚，常呈黄褐色，三角体明显；表面具细疣。雌雄异株。蒴囊黄褐色，长椭圆形。蒴柄长，横切面直径8个细胞。孢蒴长椭圆形，黑褐色，成熟时四瓣开裂 。弹丝具两列螺纹加厚。孢子褐色。

本属2种，北半球温带分布。中国2种。

假护蒴苔 *Metacalypogeia cordifolia*（Steph.）Inoue，Journ. Hattori Bot. Lab. 21：233. 1959. 图12：13~16

形态特征　与其他苔藓常形成小片群落。植物体匍匐生长，淡褐色，长不及2 cm，连叶宽2~3 mm。茎单一或稀疏分枝；横切面背腹扁平，椭圆形，皮部细胞与中部细胞同形，薄壁。侧叶覆瓦状蔽前式排列，卵状三角形至椭圆状三角形，斜出 ，中部宽阔，尖部圆钝，或浅裂成两齿。叶细胞圆四边形至六边形，具多数油体而呈黄褐色，壁厚，具明显三角体；叶尖部细胞长约30μm，宽约28μm，中部细胞长27~31 μm，宽36~42 μm，表面具细疣。腹叶圆形或阔椭圆形，略背曲，宽度约为茎直径的2倍，上部全缘或略内凹。蒴囊着生腹面短侧枝上，长椭圆形 。

生境和分布　生于山地林下或腐木上。黑龙江和吉林；日本及朝鲜有分布。

2 护蒴苔属 *Calypogeia* Raddi

体形纤弱，扁平，色泽灰绿或绿色，略透明。茎匍匐，单一或具稀少分枝。假根着生腹叶基部。侧叶斜列，覆瓦状蔽前式排列，多椭圆状三角形，稀椭圆形，尖部圆钝、尖锐、或具两钝齿。腹叶近圆形或长椭圆形，全缘，或深两裂，裂瓣外侧常具小齿。叶细胞多边形，壁薄，三角体缺失或不明显。 雌雄同株或异株。蒴囊长椭圆形。孢蒴短柱形，成熟时纵向开裂，裂瓣披针形，扭曲。孢蒴壁2层细胞。弹丝两列螺纹加厚。孢子圆球形。芽胞椭圆形，1~2个细胞，多着生茎或枝的尖部。

本属约35种，温带和亚热带山地分布。中国12种。

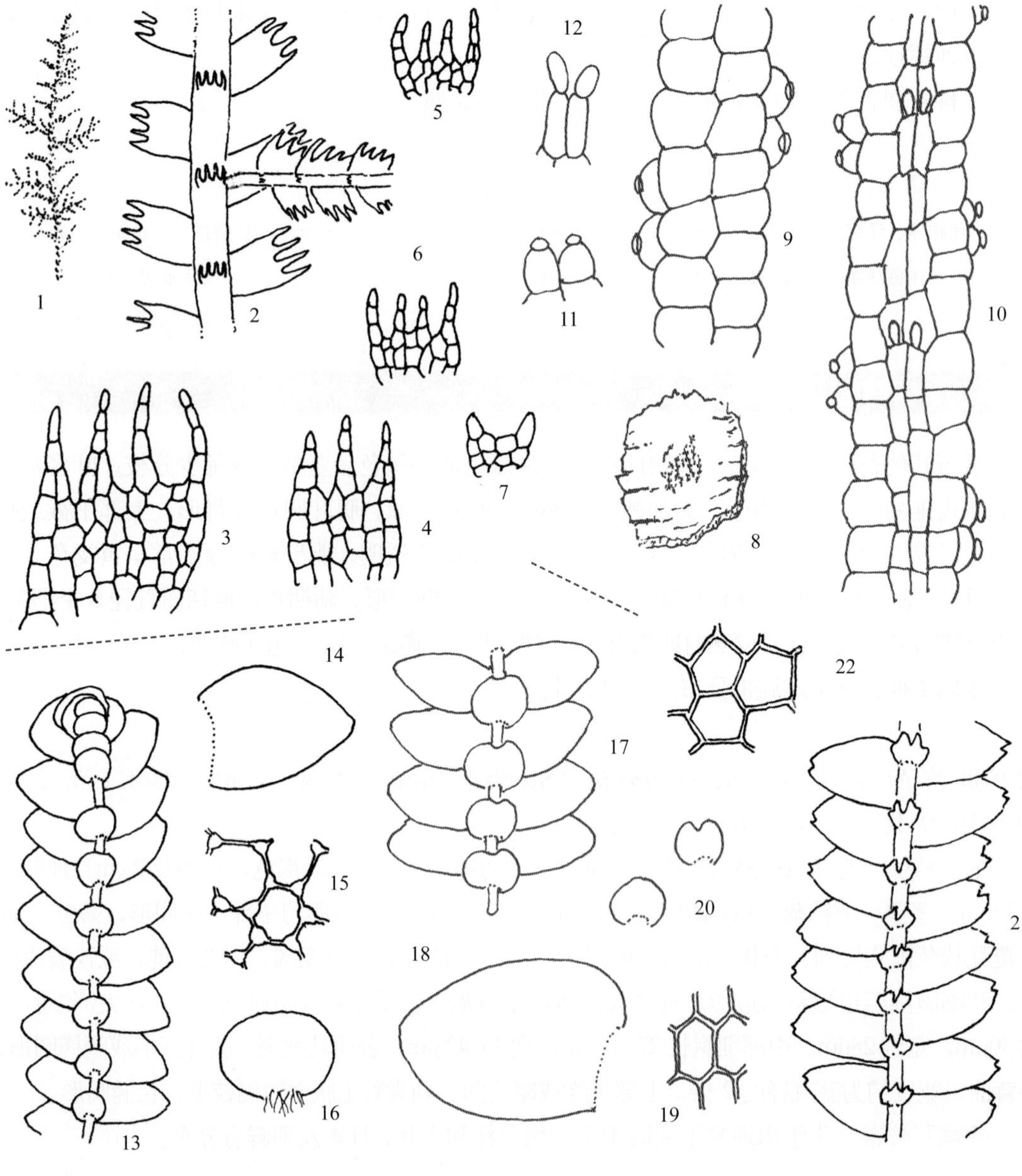

图 12

1~7. 瓦氏指叶苔 *Lepidozia wallichiana* Gott.

1. 植物体（×3），2. 植物体的一部分（腹面观，×50），3. 茎叶（×100），4. 枝叶（×100），5，6. 茎腹叶（×100），7. 枝腹叶（×100）

8~12. 东亚虫叶苔 *Zoopsis liukiuensis* Horik.

8. 着生腐木上的植物群落（×1），9，10. 植物体的一部分（9. 背面观，×75；10. 腹面观，×75），11. 叶（×75），12. 腹叶（×75）

13~16. 假护蒴苔 *Metacalypogeia cordifolia*（Steph.）Inoue

13. 植物体的一部分（腹面观，×12），14. 叶（×20），15. 叶中部细胞（×160），16. 腹叶（×45）

17~20. 钝叶护蒴苔 *Calypogeia neesiana*（Mass. et Car.）K. Müll. ex Loeske

17. 植物体的一部分（腹面观，×12），18. 叶（×22），19. 叶中部细胞（×240），20. 腹叶（×10）

21~22. 双齿护蒴苔 *Calypogeia tosana*（Steph.）Steph.

21. 植物体的一部分（腹面观，×16），22. 叶中部细胞（×160）

分种检索表

1. 侧叶和腹叶尖部多圆钝，少数微凹……………………………………………………… 1. 钝叶护蒴苔 *C. neesiana*
1. 侧叶尖部圆钝或浅裂，腹叶尖部多深两裂…………………………………………………………………… 2
2. 腹叶裂瓣呈 2 大瓣和侧面 2 小瓣或钝齿……………………………………………………………………… 3
2. 腹叶裂瓣不分裂小瓣……………………………………………………………………………………………… 5
3. 侧叶多疏列，斜卵形，尖部开裂……………………………………………………… 3. 刺叶护蒴苔 *C. arguta*
3. 侧叶相互贴生，阔卵形，尖部不开裂或略开裂………………………………………………………………… 4
4. 侧叶尖部平直；腹叶两侧齿钝………………………………………………………… 2. 双齿护蒴苔 *C. tosana*
4. 侧叶尖部向下弯；腹叶两侧齿尖锐………………………………………………………………… 6. 护蒴苔 *C. fissa*
5. 腹叶宽度为茎直径的 2~3 倍，圆形或椭圆形，1/3 两裂 ……………………………… 4. 芽胞护蒴苔 *C. muelleriana*
5. 腹叶略宽于茎，阔椭圆形，1/4~1/2 两裂 ……………………………………………… 5. 三角叶护蒴苔 *C. azurea*

钝叶护蒴苔 *Calypogeia neesiana*（Mass. et Car.）K. Müll. ex Loeske，Abh. Bot. Ver. Brandenburg 47：320. 1905. 图 12：17~20

形态特征　小片状交织生长。体平展，色泽灰绿 。茎长 1~2 cm，稀疏分枝。叶蔽前式密覆瓦状排列，阔卵形，长度与宽度近于相等，尖部圆钝。叶细胞平滑，叶细胞圆形或圆卵形，长约 35 μm，壁薄。腹叶大，扁圆形，宽度为茎直径的 2~3 倍，全缘或尖部略内凹。

生境和分布　生于山地针叶林下腐殖质土或腐木上。黑龙江、吉林、辽宁、内蒙古、安徽、浙江、台湾和四川；日本、蒙古、俄罗斯、欧洲及北美洲有分布。

双齿护蒴苔 *Calypogeia tosana*（Steph.）Steph.，Sp. Hepat. 3：410. 1908.　图 12：21~22

形态特征　小片状生长。植物体灰绿色，平展。茎长达 2 cm，分枝稀少。叶蔽前式密覆瓦状排列，阔卵形，先端狭，圆钝，常浅裂成 2 小齿。叶细胞多六边形，平滑，壁厚，无三角体。腹叶大，扁圆形，宽度约为茎直径的2倍，上部约1/2开裂，两裂瓣侧面各具1小钝齿。

生境和分布　生于低山林下腐质或腐木上。安徽、江苏、江西、浙江、福建、台湾、香港、湖南、贵州、四川和云南；日本、朝鲜和美国（夏威夷）有分布。

刺叶护蒴苔 *Calypogeia arguta* Ness et Mont. ex Nees，Eur. Leb. 3：24. 1838. 图 13：1~4

形态特征　多小片生长或与其他苔藓植物混生。形小，色泽灰绿，透明。茎长约 1 cm，分枝稀疏，有时具鞭状枝。假根着生腹叶基部。叶多疏生，斜卵形，基部沿茎下延，尖部狭窄，具 2 锐齿，齿由 2~3 个细胞组成。叶细胞大型，壁薄，六角形，中部细胞长约 75μm，表面具细疣。腹叶小，略宽于茎，1/2 两裂，裂瓣两侧具披针形小瓣。

生境和分布　生于林地草丛下或石面。辽宁、山东、江苏、浙江、福建、湖北、湖南、广东、海南、广西、贵州和云南；日本、欧洲及北美洲有分布。

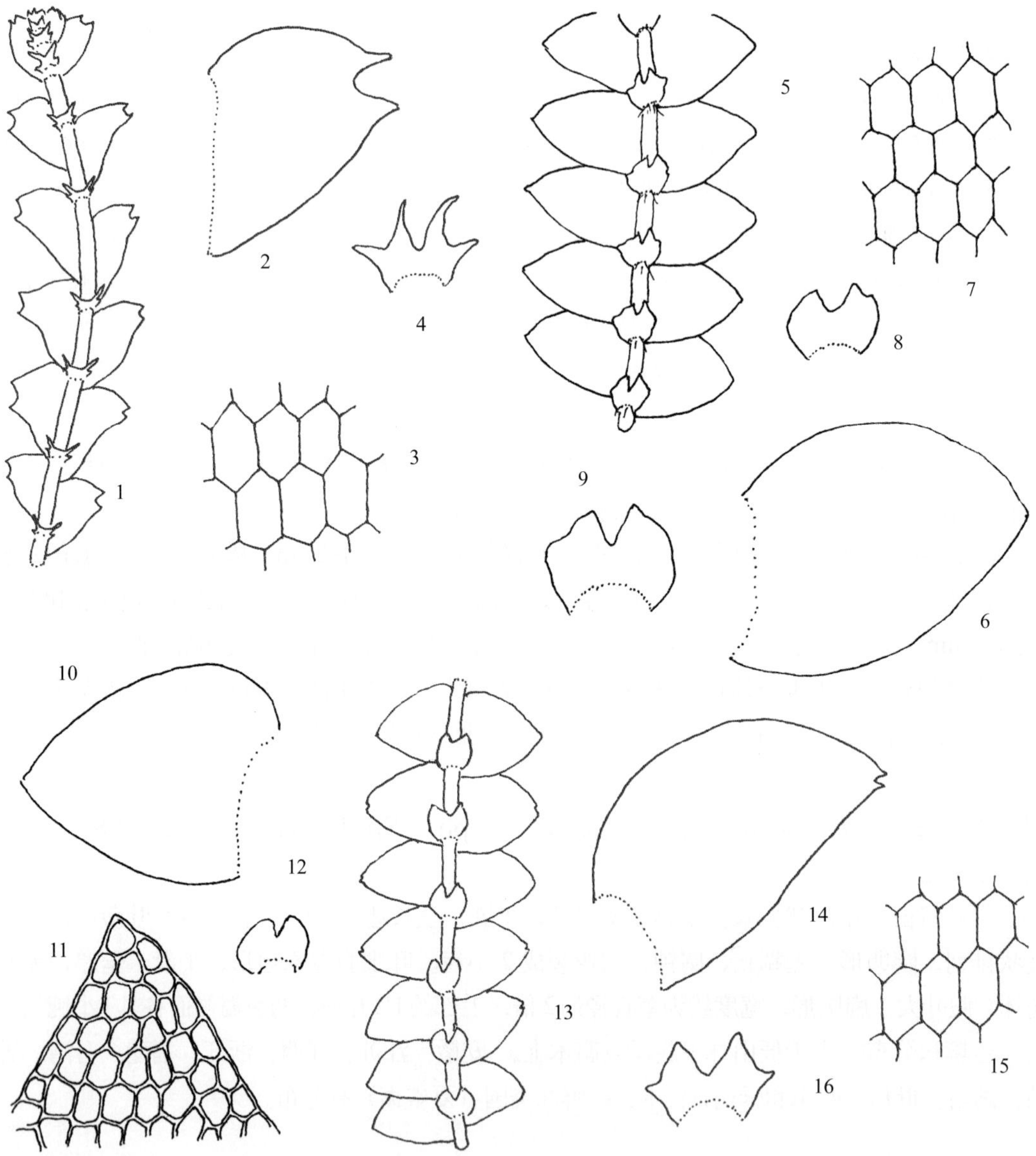

图 13

1~4. **刺叶护蒴苔** *Calypogeia arguta* Nees et Mont. ex Nees

1. 植物体的一部分（腹面观，×15），2. 叶（×35），3. 叶中部细胞（×380），4. 腹叶（×80）

5~9. **芽胞护蒴苔** *Calypogeia muelleriana*（Schiffn.）K. Müll.

5. 植物体的一部分（腹面观，×20），6. 叶（×25），7. 叶中部细胞（×180），8，9. 腹叶（×30）

10~12. **三角叶护蒴苔** *Calypogeia azurea* Stotser et Crotz

10. 叶（×60），11. 叶尖部细胞（×100），12. 腹叶（×50）

13~16. **护蒴苔** *Calypogeia fissa*（Linn.）Raddi

13. 植物体的一部分（腹面观，×10），14. 叶（×16），15. 叶中部细胞（×130），16. 腹叶（×18）

芽胞护蒴苔 *Calypogeia muelleriana*（Schiffn.）K. Müll.，Bot. Centrabl. Beih. 10：217. 1921. 图 13：5~9

形态特征 多与其他苔藓形成群落。体形小，色泽淡灰绿，不规则分枝。叶覆瓦状蔽前式排列，阔卵形，近基部处最宽，尖部圆钝，有时浅两裂。叶细胞多六边形，薄壁，无三角体，尖部细胞宽 25~30 μm，中部细胞宽约 38μm，长约 48μm。腹叶椭圆形，宽度为茎直径的 2~3 倍，上部 1/3 两裂，裂瓣全缘或有钝齿。雌雄异株。雌苞生于腹叶叶腋。孢蒴圆柱形，成熟时纵裂。芽胞常着生茎尖，椭圆形，黄绿色，1~2 个细胞 。

生境和分布 生于山区林地。吉林、浙江、福建、广西和四川；日本、欧洲及北美洲有分布。

三角叶护蒴苔 *Calypogeia azurea* Stotler et Crotz，Taxon 32：74. 1983. 图 13：10~12

Calypogeia trichomanis（Linn.）Corda in Sturm.，Fl. Germ. 19：38. 1829.

形态特征 小片状交织生长。植物体淡绿色，分枝稀少 。叶多斜列，阔心脏状卵形，基部宽阔，向上渐圆钝，稀具缺刻。叶细四边形至六边形，壁薄，角部不加厚，尖部细胞约 25μm，中部细胞长约 45 μm。腹叶略宽于茎，阔椭圆形，上部 2 裂达叶长度的 1/4~1/2，裂瓣三角形，叶边全缘。 雌雄异株。 雌苞生于腹叶叶腋，颈卵器受精后向土中伸展形成蒴囊。孢子直径约 15 μm。

生境和分布 多低海拔林地或腐木生长。吉林、安徽、江苏、浙江、福建、台湾、湖南、广西、四川、云南和西藏；日本、俄罗斯（远东地区）、欧洲及北美洲有分布。

应用价值 含有萜类化合物：1，4-dimethylazulene、1-methoxycarbonyl-4-methylazulene。

护蒴苔 *Calypogeia fissa*（Linn.）Raddi，Mem. Sco. Ital. Sci. Modena 18：44. 1820. 图 13：13~16

形态特征 小片生长。 植物体平展，色泽灰白或淡绿色。茎长 1~2 cm，单一或具不规则分枝。侧叶蔽前式覆瓦状排列，斜生，长卵形或近卵形，前缘阔弧形，后缘较平直，稍内凹，尖部较窄，略向下弯，具短而窄的双齿，基部略下延。叶细胞近方形至六边形，壁薄，叶边细胞直径约 30 μm，中部细胞约 40 μm。

生境和分布 生于中海拔林内土面或石壁。湖南、贵州、四川和云南；日本、欧洲及北美洲有分布。

011 裂叶苔科 LOPHOZIACEAE

疏或密相互贴生。体形中等大小，多柔弱，匍匐或倾立，稀直立；分枝多侧面生长；假根散生于茎腹面。叶斜生至横生，尖部2~4裂，稀裂瓣不规则，或全缘。腹叶明显或仅生长雌苞腹面，或缺失，多披针形或深2裂。叶细胞多圆形或圆多边形，胞壁薄，或具明显三角体。雌雄异株，稀同株。雄苞生于侧枝的顶端或雌苞的下方。蒴萼长椭圆形，上部具纵褶，口部多收缩。雌苞叶与茎叶相似，齿形大，基部分离或相连。孢蒴卵形或椭圆形，成熟时瓣裂。弹丝2列缧纹加厚。孢子小，表面具细密疣。多数种类具芽孢。

本科约37属，温带和亚热带地区分布。中国有15属。

分属检索表

1. 叶尖部多2裂，裂瓣一般较短……2
1. 叶尖部多3~4裂，裂瓣一般较长……4
2. 叶前缘向腹面卷曲……1. 卷叶苔属 *Anastrepta*
2. 叶边不卷曲……3
3. 植物体较柔软；叶片不强烈内凹，不对折……4. 裂叶苔属 *Lophozia*
3. 植物体硬挺；叶片明显内凹或呈对折状……6. 挺叶苔属 *Anastrophyllum*
4. 植物体较细；叶深4裂……5. 狭广萼苔属 *Tetralophozia*
4. 植物体较粗或宽；叶多3~4裂……5
5. 植物体无腹叶……3. 三瓣苔属 *Tritomaria*
5. 植物体具腹叶……6
6. 叶开裂较浅，不及叶长度的1/2，裂瓣近于两侧对称或不对称……2. 细裂瓣苔属 *Barbilophozia*
6. 叶深裂达叶长度的4/5，裂瓣明显不两侧对称，背侧瓣远大于腹侧瓣……7. 皱褶苔属 *Plicanthus*

1 卷叶苔属 *Anastrepta* (Lindb.) Schiffn.

密丛集或与其他苔藓植物组成群落。植物体中等大小，色泽棕绿至深棕色，略硬挺，茎倾立，长可达4 cm；分枝稀少；假根无色，着生茎腹面。茎横切面皮部细胞扁平，中部细胞大。叶卵圆形至卵状心形，贴生或疏松蔽后式，斜列，基部略下延，尖部浅裂，裂瓣圆钝。腹叶无，或仅见于茎尖呈披针形。叶细胞圆六边形，直径约20μm，平滑，胞壁具小三角体。雌雄异株。雌苞顶生。雌苞叶具齿。蒴萼倒卵形，具多条浅纵褶，口部具1~2细胞的齿突。

孢蒴卵形或椭圆形。弹丝2列螺纹加厚。孢子直径约10 μm，具细密疣。芽胞多角形或椭圆形，含1~2细胞，红棕色。

本属为单种属，生长热带至温带。中国有分布。

卷叶苔 *Anastrepta orcadensis*（Hook.）Schiffn.，Nat. Pfl.-fam. 1（3）：85. 1893. 图14：1~6

形态特征　种的形态特征同属。

生境和分布　生于高山林内潮湿树干、树基、腐木或具土岩面。台湾、四川、云南和西藏；日本、南亚地区、北美洲及欧洲有分布。

2 细裂瓣苔属 *Barbilophozia* Loeske

丛集或散生于其他苔藓植物间。体形中等大小或较宽，色泽黄褐至鲜绿色。茎匍匐，尖端上倾；分枝稀少，呈叉状。叶斜生或近于横生，多3~4裂，裂瓣一般呈三角形，后缘有时具毛状突起。叶细胞规则多边形至圆卵形，基部细胞略大，近长方形，薄壁，三角体小至大型。腹叶较大，多两裂或不分裂，圆卵形、披针形至线形，基部具毛状突起。雌雄异株。雌苞多顶生或间生。雌苞叶裂瓣不规则。蒴萼卵形或球形，上部具多个深纵褶，口部收缩，边缘有齿突。孢蒴圆球形 。芽胞多角形，1~2个细胞。

本属约11种，多分布温带地区。中国有7种。

分种检索表

1. 植物体小，连叶宽约1.5 mm；侧叶上部多2~3瓣裂 ······ 3. 纤枝细裂瓣苔 *B. attenuata*
1. 植物体宽大，连叶宽约5 mm；侧叶上部多4瓣裂 ······ 2
2. 叶裂瓣钝尖；叶前缘无纤毛；腹叶退化或缺失 ······ 2. 细裂瓣苔 *B. barbata*
2. 叶裂瓣常具单列细胞狭尖；叶前缘基部多具纤毛；具披针形腹叶 ······ 1. 阔叶细裂瓣苔 *B. lycopodioides*

阔叶细裂瓣苔 *Barbilophozia lycopodioides*（Wallr.）Loeske，Verh. Bot. Ver. Brandenburg 49：37. 1907. 图14：7~12

形态特征　常与其他苔藓植物形成松散群落。体形较宽大，色泽淡绿或黄绿色。茎匍匐，长可达8 cm，连叶宽5 mm，尖部上倾，多不分枝，稀具叉状分枝；横切面椭圆形，细胞分化明显。侧叶覆瓦状排列，斜生于茎上，上部4瓣浅裂，裂瓣阔三角形，尖端具单列细胞长纤毛。叶细胞圆多边形，壁薄，中部细胞直径20~30 μm，尖部和边缘细胞略小，基部细胞略大，三角体明显；表面平滑。腹叶深两裂达叶长度的2/3，裂瓣狭三角形，边缘有单列细胞长纤毛。弹丝2列螺纹加厚。孢子黄褐色，直径约12 μm。芽胞1~2个细胞，多角形，红棕色。

生境和分布　生温湿山区林下或灌丛中的具土岩面，稀腐木生。黑龙江、陕西和西藏；日本、俄罗斯（远东地区）、欧洲、北美洲及格陵兰岛有分布。

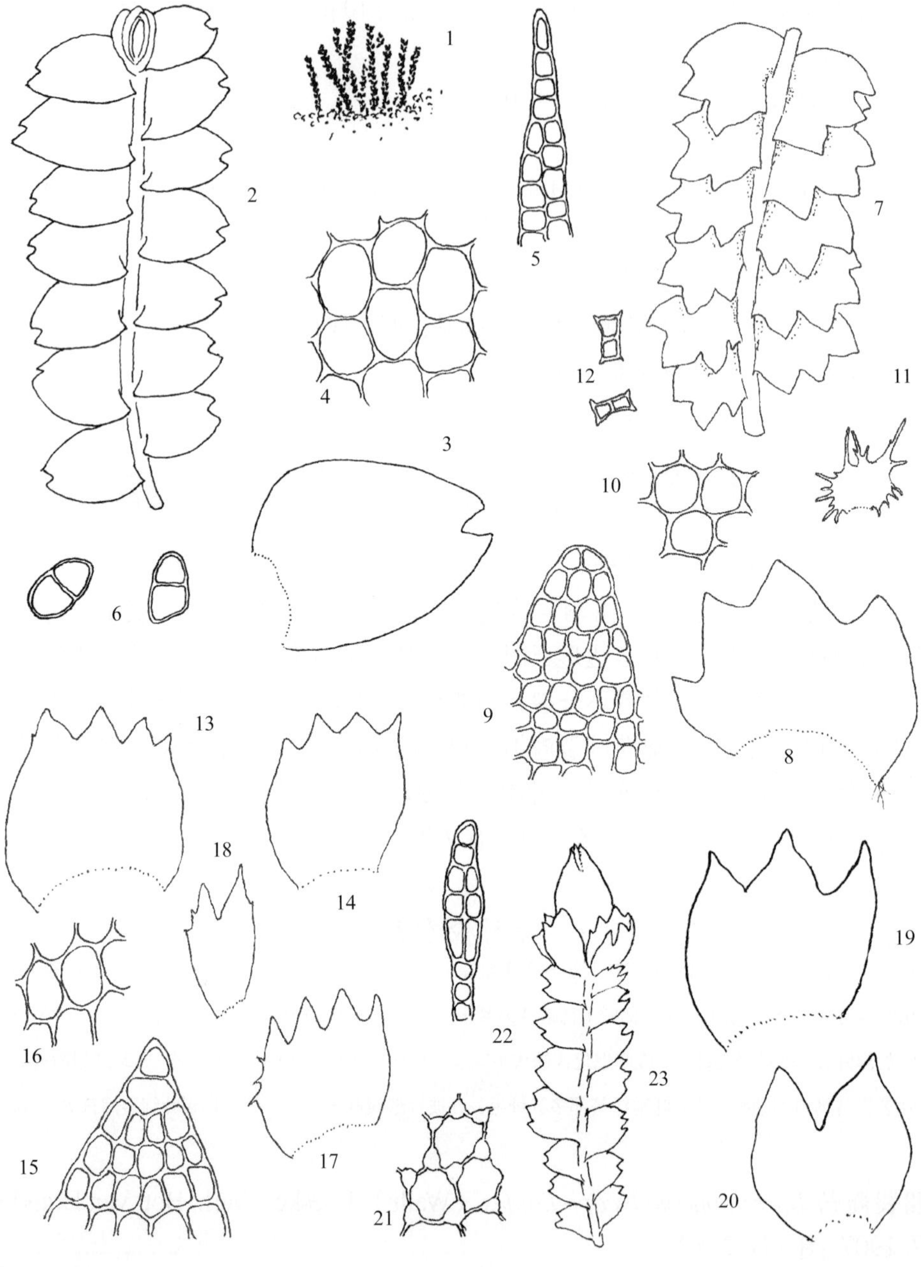

图 14

1~6. 卷叶苔 *Anastrepta orcadensis*（Hook.）Schiffn.

1. 着生高山林地的植物群落（×1），2. 植物体的一部分（背面观，×18），3. 叶（×15），4. 叶基部细胞（×430），5. 腹叶（×410），6. 芽胞（×470）

7~12. 阔叶细裂瓣苔 *Barbilophozia lycopodioides*（Wallr.）Loeske

7. 植物体的一部分（背面观，×15），8. 叶（×45），9. 叶尖部细胞（×250），10. 叶中部细胞（×250），11. 腹叶（×18），12. 芽胞（×450）

13~18. 细裂瓣苔 *Barbilophozia barbata*（Schmid. ex Schreb.）Loeske

13，14. 叶（×42），15. 叶尖部细胞（× 260），16. 叶中部细胞（×260），17. 雌苞叶（×42），18. 雌苞腹叶（×42）

19~23. 纤枝细裂瓣苔 *Barbilophozia attenuata*（Mart.）Loeske

19，20. 叶（×22），21. 叶中部细胞（×320），22. 腹叶（×250），23. 雌株（×12）

细裂瓣苔 *Barbilophozia barbata*（Schmid. ex Schreb.）Loeske，Verh. Bot. Ver. Brandenburg 49：37. 1907. 图 14：13~18

形态特征　丛集或混生于其他藓类植物间。植物体形稍大，色泽鲜绿或黄绿色。茎横切面近圆形，细胞分化不明显，尖部略上倾，长可达 10 cm，连叶宽近 5 mm，单一或稀叉状分枝。侧叶斜列，近方形，长约0.6 mm，宽0.4~0.6 mm，上部4 瓣浅裂，裂瓣三角形。叶细胞多边形，长约 35 μm，宽约 25 μm，基部细胞较大，三角体明显。腹叶退化，仅生长茎尖，1/2 深两裂；叶边具少数齿。雌雄异株或同株异苞。 弹丝直径 8 μm。孢子直径约 15 μm，表面具细密疣。芽胞 2 个细胞，多角形，红褐色。

生境和分布　生较高山地林内树基、湿岩面或其他苔藓植物丛中。黑龙江、吉林、内蒙古、河北、陕西、新疆和四川；广泛分布北半球寒温高山地区。

应用价值　含有萜类化合物：(-) - α -alaskene。

纤枝细裂瓣苔 *Barbilophozia attenuata*（Mart.）Loeske，Verh. Bot. Ver. Brandenburg 49：37. 1907. 图 14：19~23

形态特征　散生或成松散的垫状，或混生其他苔藓植物丛中。体形小，长约 2 cm，连叶宽约 1.5 mm，色泽黄棕或油绿色。茎分枝稀少，有时腹面生长鞭状枝；横切面圆形，皮部细胞小，壁厚，内部细胞大，薄壁，透明。腹面着生假根。侧叶 2~3 裂，裂瓣近于相等，裂口深达叶长度的 1/3，裂瓣三角形，渐尖。叶细胞方六边形，胞壁略厚，三角体明显；尖部细胞直径约 15μm，中下部细胞直径约 20μm。腹叶缺失。芽胞着生鞭状枝的末端，多 2 个细胞，淡绿色或黄绿色，三角形、多角形或长椭圆形 。

生境和分布　习生高山和亚高山地区林内腐木、溪边湿润具土岩面上。黑龙江、吉林、内蒙古、陕西、甘肃、新疆、台湾和四川；日本、俄罗斯、欧洲及北美洲有分布。

3 三瓣苔属 *Tritomaria* Schiffn. ex Loeske

常相互贴生。植物体匍匐，尖部上倾或倾立，色泽浅绿、黄绿色或红棕色；稀少分枝。茎横切面近圆形，细胞分化明显。假根密生。侧叶近横生，常偏向一侧，内凹，前缘基部略下延，尖部常 3 裂，稀 2~4 裂，背侧裂瓣小，腹面裂瓣渐大。腹叶缺失。雌雄异株。雌苞顶生。雌苞叶 3~4 裂，裂瓣常等大，有时裂瓣边缘有齿。蒴萼长卵形或长圆筒形，上部多具褶，口部具多细胞的毛或齿。孢蒴球形，蒴壁多层细胞。芽胞长椭圆形或多角形，多由 2 个细胞构成。

本属 7~8 种，多温带分布。中国有 3 种。

分种检索表

1. 叶阔卵形，宽度略大于长度或长宽近于相等；叶裂瓣大；叶细胞壁三角体明显；芽胞稀少或缺失…… 1. 密叶三瓣苔 *T. quinquedentata*

1. 叶长卵形或阔卵形，长度明显大于宽度；叶裂瓣小；叶细胞三角体不甚明显；常具芽胞 … 2. 三瓣苔 *T. exsecta*

密叶三瓣苔 *Tritomaria quinquedentata*（Huds.）Buch，Men. Sco. F. Fl. Finn. 8：290. 1932. 图 15：1~5

形态特征 丛集生长。植物体稍宽大，绿色或黄棕色。茎尖部倾立，长可达 5 cm，稀疏分枝；横切面近圆形，细胞明显分化，腹面细胞有时呈红棕色 。侧叶密覆瓦状排列，斜生，略内凹，尖部 3 裂，裂瓣阔三角形，背侧瓣小，腹侧瓣渐增大，尖部钝尖或渐尖。叶细胞圆多边形，直径 20~25 μm，叶边细胞和尖部细胞略小，基部细胞略大；胞壁薄，三角体明显，表面具浅条纹、细密疣或近圆形疣 。 蒴萼长卵形，口部具长纤毛 。孢蒴椭圆形。芽胞稀少，多角形，黄棕色，1~2 细胞。

生境和分布 多着生亚高山或高山地区潮湿的具土岩面或沙质土上。黑龙江、吉林、内蒙古和陕西；日本、俄罗斯（远东地区）、欧洲、北美洲及格陵兰岛有分布。

三瓣苔 *Tritomaria exsecta*（Schmid. ex Schrad.）Loeske，Hedwigia 49：13. 1909. 图 15：6~10

形态特征 丛集生长。体形小到中等大小，淡黄绿色或黄褐色。茎长达 2.0 cm，连叶宽约 1.5 mm；稀少分枝；横切面圆形，背腹面明显分化，有时腹面细胞呈浅紫红色；腹面生有大量无色或浅棕色假根。叶疏松或密斜生，覆瓦状交互排列，卵圆形至长卵圆形，略内凹，尖部不等 2~3 裂 。叶细胞圆四边形或多边形，直径 12~20 μm，胞壁平滑，三角体小。蒴萼长椭圆形，上部有明显纵褶，边缘有 4~9 个细胞的单列纤毛。 孢蒴卵状球形。弹丝直径约 8 μm，2 列螺纹加厚。孢子直径 9~12 μm，表面具细密疣。芽胞多 2 个细胞，椭圆形，红褐色。

生境和分布 常见于高山或亚高山湿润岩面薄土或岩缝中。黑龙江、吉林、台湾、四川、云南和西藏；喜马拉雅山地区、日本、俄罗斯（远东地区）、欧洲及北美洲有分布。

4 裂叶苔属 *Lophozia*（Dum.）Dum.

密或疏松丛集成片生长。植物体形小或中等大小，柔弱或稍硬挺，绿色或略呈红棕色。茎上部倾立；单一或叉状分枝。侧叶斜列或近于横展，扁平或内凹，尖部常 2 裂，稀 3~4 裂；裂瓣等大或腹侧瓣略大；叶边全缘或少数具齿。腹叶披针形或深裂，稀腹叶缺失，或仅见于嫩枝上。叶细胞三角体小而明显或缺失，表面平滑或具疣。 雌雄异株或同株异苞。雄苞多顶生或着生雌苞下部。雌苞多顶生；雌苞叶略大于茎叶，2~5 裂。蒴萼长椭圆形或圆筒形，平滑或上部有褶，口部边缘具齿。孢蒴球形或椭圆形。芽胞由 1~2 个细胞组成，具角或呈椭圆形。

本属 约 50 种，多温带和亚热带山地分布。中国约 20 种。

图 15

1~5. 密叶三瓣苔 *Tritomaria quinquedentata*（Huds.）Buch

1. 植物体的一部分（背面观，×10），2. 叶（×22）3. 叶中部细胞（×600），4. 雌苞（×15），5. 蒴萼口部细胞（×80）

6~10. 三瓣苔 *Tritomaria exsecta*（Schmid. ex Schrad.）Loeske

6. 植物体的一部分（侧面观，×30），7. 叶（×18）. 8. 叶尖部（×18），9. 叶中部细胞（×300），10. 雌苞（×14）

11~13. 裂叶苔 *Lophozia ventricosa*（Dicks.）Dum.

11. 植物体的一部分（背面观，×20），12. 叶（×55），13. 叶中部细胞（×120）

14~17. 小裂叶苔 *Lophozia collaris*（Mart.）Dum.

14. 植物体的一部分（背面观，×12），15. 叶（×30），16. 叶中部细胞（×200），17. 腹叶（×100）

分种检索表

1. 植物体具腹叶……2
1. 植物体无腹叶……3
2. 腹叶披针形，全缘，或基部稀具齿……2 小裂叶苔 *L. collaris*
2. 腹叶发育不良，一般具 2 个狭裂瓣……6. 秃瓣裂叶苔 *L. obtusa*
3. 侧叶 2 至 4 瓣裂，裂瓣边缘具多数刺状突起……4. 皱叶裂叶苔 *L. incisa*
3. 侧叶多 2 裂，稀 3 裂，裂瓣全缘或呈折合状……4
4. 茎横切面细胞无明显分化……5. 玉山裂叶苔 *L. morrisoncola*
4. 茎横切面细胞具背腹面和皮部分化……5
5. 叶细胞壁薄，无三角体或三角体不明显……7. 阔瓣裂叶苔 *L. excisa*
5. 叶细胞壁明显具三角体……6
6. 叶片长方形，长度明显大于宽度……3. 倾立裂叶苔 *L. ascendens*
6. 叶片近卵形，长度与宽度近于相等……7
7. 叶不常呈折合状……1. 裂叶苔 *L. ventricosa*
7. 叶常呈折合状……8. 圆叶裂叶苔 *L. wenzelii*

裂叶苔 *Lophozia ventricosa*（Dicks.）Dum.，Recueil Observ. Jungermannia 17. 1835. 图 15：11~13

形态特征 相互贴生成片。植物体形中等大小，色泽灰绿或暗绿色。茎尖部上倾，长约 2 cm，稀少分枝；横切面近圆形，背腹面明显分化。侧叶圆卵形，疏生，近覆瓦状向两侧伸展，略背仰，斜列于茎上，尖部浅 2 裂，裂瓣近于等大，阔三角形，钝尖或锐尖。无腹叶。叶细胞圆多边形，壁薄，透明，三角体小而明显，中上部细胞直径约 20μm，基部细胞略大；表面平滑。 芽胞 2 个细胞，黄绿色，多角形。

生境和分布 生温寒山区林下潮湿岩面或土上，稀见于腐木上。吉林、辽宁、内蒙古和四川；日本、俄罗斯（远东地区）、欧洲和北美洲有分布。

小裂叶苔 *Lophozia collaris*（Mart.）Dum.，Recueil Observ. Jungermannia 17. 1835. 图 15：14~17

形态特征 疏松贴生。体形小或中等大小，色泽黄绿或嫩绿色。茎匍匐；横切面细胞无明显分化。假根多生于茎上部，无色。 叶斜卵形，基部宽阔，前缘基部略下延，先端 1/4 两裂，裂瓣渐尖或圆三角形。叶细胞圆多边形，壁薄，三角体小，表面平滑。腹叶小，披针形，稀 2 裂。雌雄异株。雌苞顶生；雌苞叶大，与侧叶同形，稀先端多裂。孢子表面具疣。

生境和分布 生温寒林下溪边湿土、具土岩面或腐木上。黑龙江、吉林和云南；欧洲及北美洲有分布。

倾立裂叶苔 *Lophozia ascendens*（Warnst.）Schust.，Bryologist 55：180. 1952. 图 16：1~3

形态特征 小片状丛集生长。体形小，色泽淡绿或暗绿色，略具光泽。茎稀疏分枝；横切面背面细胞透明，腹面细胞呈红褐色；假根无色或略带浅棕色。叶近覆瓦状排列，长卵状方形，长达 1 mm，宽 0.5~0.65 mm，斜生茎上，尖部浅 2 裂，裂瓣渐尖。叶细胞圆多边形，尖部边缘细胞略小，中部细胞长 25~30 μm，宽 20~25 μm，基部细胞略长；胞壁薄，三角体明显，表面具不明显条状疣。腹叶缺失。雌雄异株。 雌苞顶生；雌苞叶大，3~4 深裂。芽胞多生于叶尖，1~2 个细胞，黄绿色，多角形。

生境和分布 生山地林内阴湿林地或腐木。吉林、云南和西藏；日本、欧洲及北美洲有分布。

皱叶裂叶苔 *Lophozia incisa*（Schrad.）Dum.，Recueil Observ. Jungermannia 17. 1835. 图 16：4~8

形态特征 丛集生长。体形稍大或中等，柔弱，色泽浅绿或蓝绿色。茎疏叉状分枝；横切面扁圆形。假根密生，无色或淡褐色。叶覆瓦状排列，近长方形或卵状方形，内凹，尖部 2 裂，或 3~4 裂，裂片不等大，后缘常呈折合状；叶边具皱褶，并有多数由 1 至多个细胞组成的齿。叶细胞圆方形或六角形，中部细胞长约 50 μm，宽 35~50 μm，三角体小而明显，平滑。腹叶缺失。雌雄异株。孢蒴卵状球形，红棕色。芽胞 1~2 个细胞，灰绿色，三角形至多角形。

生境和分布 生林地、腐木或阴湿岩面。吉林、陕西、台湾、四川、云南和西藏；喜马拉雅山地区、日本、朝鲜、俄罗斯（远东地区）、格陵兰岛、欧洲及北美洲有分布。

玉山裂叶苔 *Lophozia morrisoncola* Horik.，Journ. Sci. Hiroshima Univ.，ser. b，div. 2，2：150.1934. 图 16：9~11

形态特征 稀疏交织生长。体形小，脆弱，色泽淡绿或浅褐色。茎横切面近圆形，细胞分化不明显。假根密生茎腹面 。叶斜列于茎上，相互贴生，阔卵形或近长方形，两侧不对称，前缘基部略下延；尖部浅 2 裂，裂瓣不等大，渐尖至锐尖，裂口呈新月形。叶细胞圆方形，中部细胞长约 40 μm，宽 25~30 μm，壁薄，三角体明显，背面具稀疏不明显条状疣。腹叶缺失。

生境和分布 生高山林内潮湿岩面。台湾、四川和云南；日本、不丹及俄罗斯有分布。

秃瓣裂叶苔 *Lophozia obtusa*（Lindb.）Ev.，Proc. Washington Acad. Sci. 2：303. 1900. 图 16：12~15.

形态特征 疏松交织生长，常着生于其他苔藓植物间。体形中等大小，色泽黄绿、绿色或暗绿色。茎尖部倾立，稀少分枝；横切面背腹细胞分化。假根多数，着生茎腹面。 叶斜列茎上，阔卵形或近圆形，长约 0.5 mm，宽约 0.75 mm，内凹，上部近 2/3 两裂，裂

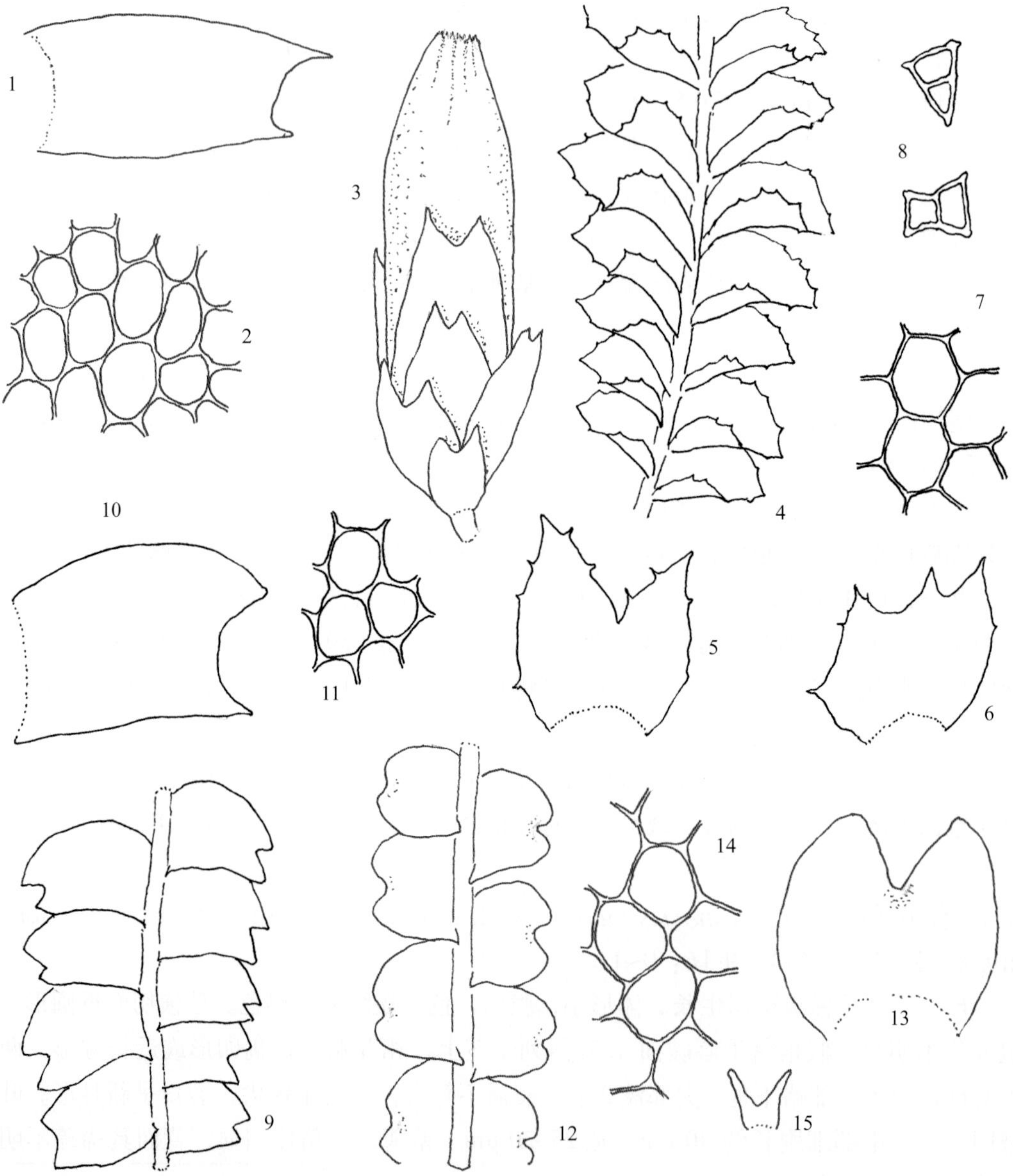

图 16

1~3. 倾立裂叶苔 *Lophozia ascendens*（Warnst.）Schust.

1. 叶（×50），2. 叶中部细胞（×400），3 雌枝（腹面观，×15）

4~8. 皱叶裂叶苔 *Lophozia incisa*（Schrad.）Dum.

4. 植物体的一部分（背面观，×10），5，6. 叶（×15），7. 叶中部细胞（×400），8. 芽胞（×380）

9~11. 玉山裂叶苔 *Lophozia morrisoncola* Horik.

9. 植物体的一部分（背面观，×15），10. 叶（×18），11. 叶中部细胞（×150）

12~15. 秃瓣裂叶苔 *Lophozia obtusa*（Lindb.）Ev.

12. 植物体的一部分（背面观，×24），13. 叶（×75），14. 叶中部细胞（×500），15. 腹叶（×50）

瓣阔三角形，尖部圆钝。叶细胞圆六边形，壁薄，三角体小或不明显，中部细胞长约 25 μm，宽 18~25 μm，表面具条状疣。腹叶多发育不全，有时呈披针形或 2 裂。 芽胞多单细胞，淡绿色，多角形。

生境和分布 生阴湿林下土上或岩面。黑龙江、吉林、内蒙古和陕西；日本、俄罗斯、冰岛、欧洲及北美洲有分布。

阔瓣裂叶苔 *Lophozia excisa*（Dicks.）Dum.，Recueil Observ. Jungermannia 17. 1835. 图 17：1~4

形态特征 疏松或密丛集生长。植物体形小或中等大小，柔弱，色泽灰绿或暗绿色。茎横切面背腹细胞分化；分枝稀少 。 叶密生，阔卵形或斜卵形，长约 0.8 mm，宽约 0.6 mm，尖部 1/3~1/4 两裂，稀 3 裂，裂瓣锐尖或钝。 叶细胞多边形，中部细胞长约 25μm，壁薄，三角体小或不明显，表面平滑。雌雄同株。雌苞顶生。弹丝 2 列螺旋状加厚。孢子红褐色，表面具细密疣。芽胞 1~2 个细胞，多角形或星形，红褐色 。

生境和分布 生阴寒林下潮湿的林地或具土岩面。黑龙江、吉林、内蒙古、河北、山西、新疆和四川；日本、俄罗斯（远东地区）、欧洲、北美洲、南美洲、格陵兰岛、新西兰及南极洲有分布。

圆叶裂叶苔 *Lophozia wenzelii*（Nees）Steph.,Bull. Herb. Boissier（sér. 2）2（1）：35 (135). 1902 ；Sp. Hepat. 2：135. 1906. 图 17：5~9

形态特征 密集或疏松成片生长。植物体形小至中等大小，色泽黄绿或绿色。茎横切面圆形或近圆形，背腹面分化； 疏叉状分枝。假根无色。叶多疏生，阔卵形，长宽近于相等，前缘和后缘均呈宽弧形，尖部 1/3~1/4 两裂，裂瓣阔三角形，钝尖或近锐尖 。叶细胞圆方形或椭圆形，中部细胞长 18~25 μm，薄壁，三角体小而明显，表面平滑。 无腹叶。蒴萼长圆筒形，口部密生粗齿或毛状齿。芽胞含 1 或 2 个细胞，黄绿色，呈多角形。

生境和分布 生寒冷潮湿林内沙土及具土湿岩面。黑龙江、吉林、台湾、四川和云南；日本、俄罗斯（远东地区）、格陵兰岛、欧洲及北美洲有分布。

5 狭广萼苔属 *Tetralophozia*（Schust.）Schjakov

疏松丛集生长。体形细小，硬挺。茎单一或稀少分枝。叶密生茎上，侧叶近掌状，深 4 裂，中央裂片长大，基部两侧具多数单列细胞或多细胞的齿。叶细胞小，壁略加厚，三角体明显或不明显。腹叶大，深两裂，下部具单细胞齿。雌雄异株。蒴萼大，口部收缩，边缘具纤毛。孢蒴卵形，蒴壁多层细胞 。孢子红棕色，约 15 μm。

本属 4 种，亚洲南部高山林地分布。中国有 1 种。

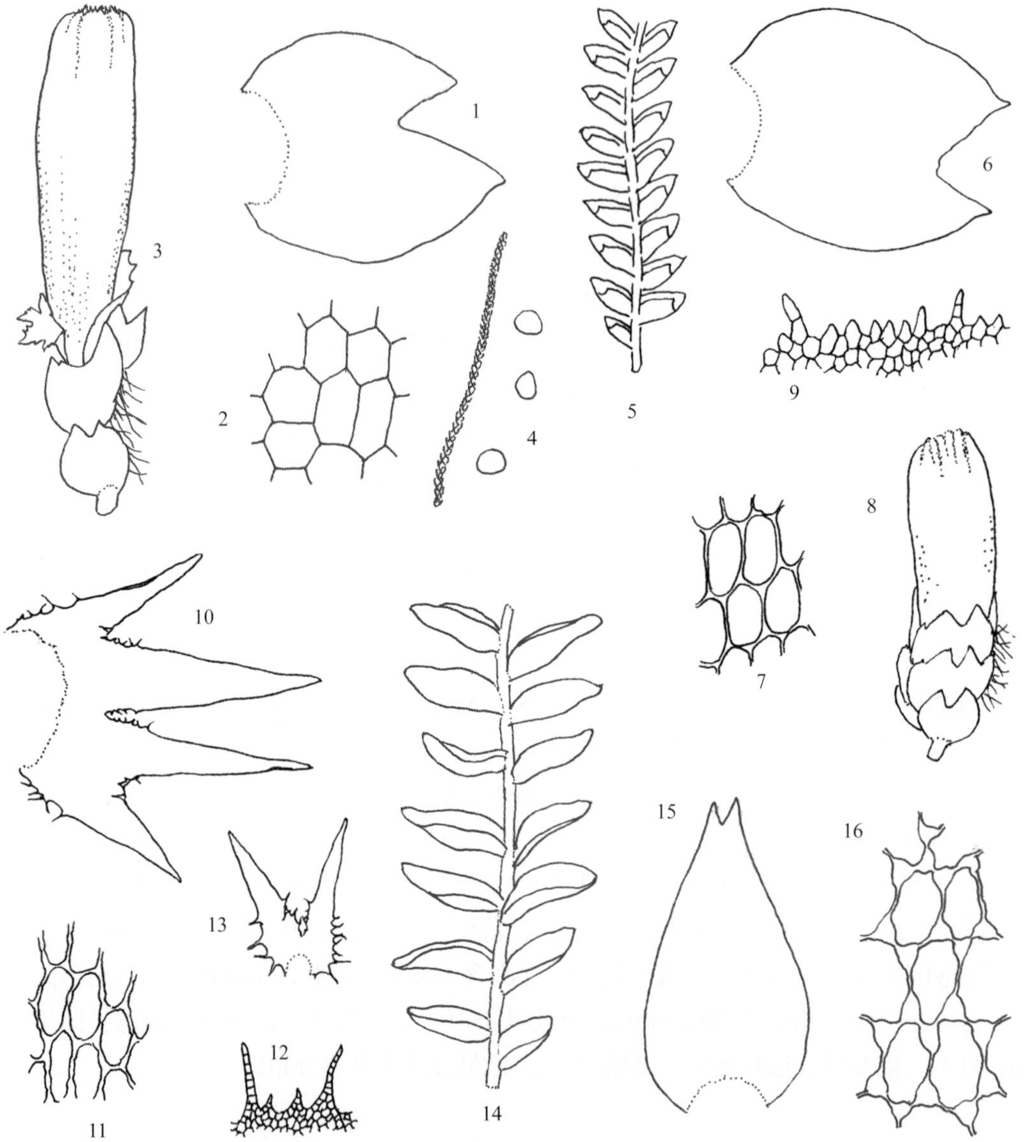

图 17

1~4. **阔瓣裂叶苔** *Lophozia excisa*（Dicks.）Dum.

1. 叶（×90），2. 叶中部细胞（×400），3. 雌苞（×30），4. 弹丝和孢子（×400）

5~9. **圆叶裂叶苔** *Lophozia wenzelii*（Nees）Steph.

5. 植物体的一部分（背面观，×14），6. 叶（×25），7. 叶基部细胞（×200），8. 雌枝（×20），9. 蒴萼口部细胞（×200）

10~13. **纤细狭广萼苔** *Tetralophozia filimormis*（Steph.）Urmi

10. 叶（× 27），11. 叶中部细胞（× 270），12. 叶边不规则纤毛（×160），13. 腹叶（×22）

14~16. **挺叶苔** *Anastrophyllum donnianum*（Hook.）Steph.

14. 植物体的一部分（背面观，× 6），15. 叶（×35），16. 叶中部细胞（×450）

纤细狭广萼苔 *Tetralophozia filiformis*（Steph.）Urmi，Journ. Bryol. 2：394. 1983. 图 17：10~13

形态特征 疏松片状生长。体形细小，色泽黄棕或红棕色。茎不分枝或少分枝，较脆折；横切面圆形，细胞明显分化。假根稀少或无。叶近掌状，2/3 深 4 裂，中央 2 裂瓣明显长于侧面的瓣，叶边略背曲，基部具多个单列细胞或多细胞齿。叶细胞圆多边形至椭圆形，中部和基部细胞壁不规则增厚，三角体明显或不明显。腹叶深 2 裂，叶边具多个单细胞齿。雌雄异株。

生境和分布 生高海拔湿热林内腐木、树干或石面。台湾、四川、云南和西藏；尼泊尔、印度、印度尼西亚、日本、加拿大及欧洲有分布。

6 挺叶苔属 *Anastrophyllum*（Spruce）Steph.

疏松丛集生长。体形小或稍大，硬挺，色泽红棕至黑褐色，无光泽。茎上部倾立或直立；横切面分化小而厚壁细胞的皮部和壁薄中央大型细胞；分枝侧生于叶腋或茎腹面。叶斜生于茎上，背面反曲，内折，尖部略凹或 2 裂。叶细胞壁三角体大型。腹叶缺失。雌雄异株，或同株。雌苞叶多瓣分裂，边缘常具齿。蒴萼上部有纵褶，口部边缘具不规则齿。孢子圆球形。芽胞 1~2 个细胞。

本属 35~40 种，主要分布温带，少数种见于亚热带山区。中国有 11 种和 2 变种。

分种检索表

1. 叶疏列，长卵形；叶细胞胞壁具强烈加厚三角体……1.. 挺叶苔 *A. donnianum*

1. 叶排列较密或紧贴，阔卵形；叶细胞胞壁不强烈加厚，或具小三角体……2

2. 蒴萼长圆筒形；叶长度大于宽度……4. 密叶挺叶苔 *A. michauxii*

2. 蒴萼近卵形；叶长度和宽度近于相等……3

3. 植物体略大；叶背侧瓣明显较短……5. 石生挺叶苔 *A. saxicolum*

3. 植物体略小；叶背侧瓣不明显短于腹侧裂瓣……4.

4. 叶两瓣近于相等；叶细胞壁具大三角体……2. 抱茎挺叶苔 *A. assimile*

4. 叶两瓣大小不相等；叶细胞壁具小三角体……3. 小挺叶苔 *A. minutum*

挺叶苔 *Anastrophyllum donnianum*（Hook.）Steph.，Hedwigia 32：140. 1893. 图 17：14~16

形态特征 疏松成小片生长。植物体形稍大，硬挺，红褐色。茎尖部倾立，稀少分枝，多从叶腋处生长，稀茎腹面伸出鞭状枝；横切面椭圆形，细胞分化明显 。假根少，无色。叶长卵形，长约 1.2 mm，先端渐尖，浅凹，背仰；叶边强内曲。叶边细胞和中上部细胞不规则等轴形，基部细胞近长方形，长约 14~50 μm；胞壁三角体强烈球状加厚，红褐色。腹叶无。雌雄异株。蒴萼口部收缩，具纤毛。

生境和分布　生于高海拔林内土坡、岩面薄土和杜鹃灌丛下。四川、云南和西藏；印度北部、欧洲及美国（阿拉斯加）有分布。

抱茎挺叶苔 *Anastrophyllum assimile*（Mitt.）Steph., Hedwigia 32：140. 1893. 图 18：1~4

形态特征　密集成小片生长。体形中等大小，稍硬挺，色泽黄褐或黑褐色。茎尖部上倾，横切面圆形，细胞明显分化；分枝稀少；鞭状枝多从茎腹面伸出；腹面假根稀少。叶阔卵形或卵状方形，长约 1 mm，宽约 0.5~0.7 mm，内凹，先端近 1/3 两裂，裂瓣间呈锐角，腹侧瓣略大于背侧瓣。叶细胞不规则多边形或卵圆形，直径 14~30 μm，尖部细胞近方形，基部细胞略大，胞壁三角体明显。雌雄异株。芽胞 2 个细胞，多角形，红褐色。

生境和分布　生山地林内树干、腐木或石面。黑龙江、吉林、江西、四川、云南和西藏；尼泊尔、印度、印度尼西亚（加里曼丹）、日本、朝鲜、欧洲及北美洲有分布。

小挺叶苔 *Anastrophyllum minutum*（Schreb.）Schust., Amer. Midl. Nat. 42：576. 1949. 图 18：5~9

形态特征　密或稀疏丛集生长。体形细小，硬挺，色泽黄棕或棕褐色。茎匍匐，先端上倾，分枝多从叶腋处伸出；茎横切面近圆形，细胞略有分化。腹面着生无色假根。叶阔卵形或近方形，略背仰，先端两裂，裂瓣尖部具 1~4 个单列细胞。叶细胞圆方形或圆形，直径 16~20 μm，胞壁等厚或三角体明显，表面平滑或具不明显疣。 孢子直径 12~15 μm，表面被细疣。芽胞多 2 个细胞，一般着生枝端，多角形。

生境和分布　生湿润林地、树干或具土岩面，稀腐木生。吉林、黑龙江、内蒙古、台湾、福建、四川、云南和西藏；喜马拉雅山地区、日本、亚洲东南部、俄罗斯（远东地区）、欧洲、北美洲、非洲南部及新几内亚有分布。

密叶挺叶苔 *Anastrophyllum michauxii*（Web.）Buch, Mem. Soc . F. Fl. Fennica 8：289. 1932. 图 18：10~13

形态特征　密集或稀疏成片生长。植物体中等大小，硬挺，色泽褐绿或浅棕色。茎常从茎腹面分枝；横切面圆形，细胞分化明显。叶阔卵形或卵状方形，尖部两裂，向背侧倾斜，常内凹，裂瓣阔三角形，尖部圆钝或尖锐，背瓣基部下延。叶上部细胞不规则多边形，尖部细胞略小，中部细胞长约 20 μm，宽约 15μm，基部细胞长方形；胞壁具明显三角体；表面具疣。芽胞 2 个细胞，多角形，红棕色。

生境和分布　着生山地潮湿腐木或岩面。台湾、陕西、四川和云南；日本、欧洲及北美洲有分布。

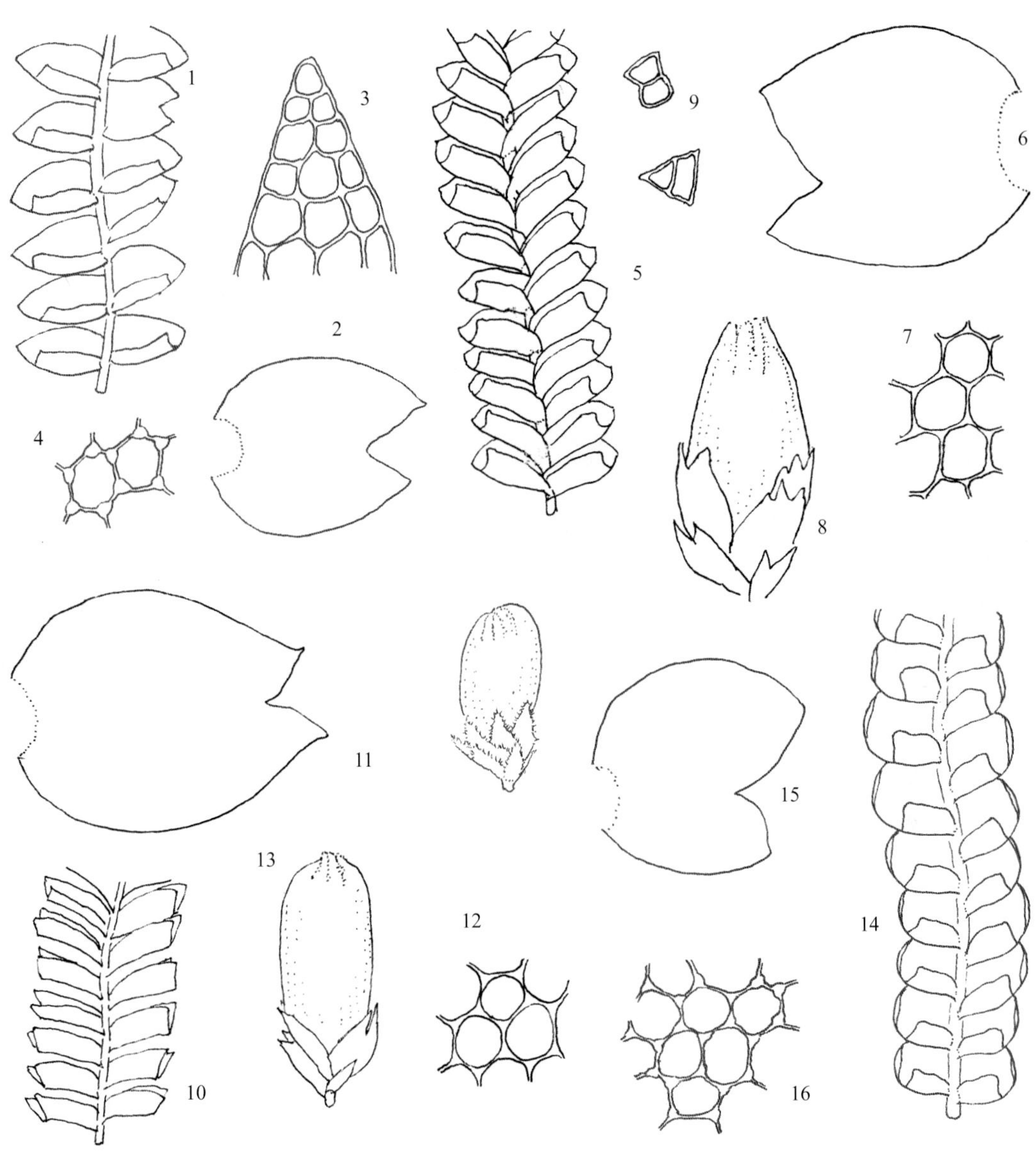

图 18

1~4. 抱茎挺叶苔 *Anastrophyllum assimile*（Mitt.）Steph.

1. 植物体的一部分（背面观，×25），2. 叶（×45），3. 叶尖部细胞（×600），4. 叶中部细胞（×600）

5~9. 小挺叶苔 *Anastrophyllum minutum*（Schreb.）Schust.

5. 植物体的一部分（背面观，×18），6. 叶（×90），7. 叶中部细胞（×600），8. 雌苞（×55），9. 芽胞（×650）

10~13. 密叶挺叶苔 *Anastrophyllum michauxii*（Web.）Buch

10. 植物体的一部分（背面观，×15），11. 叶（×75），12. 叶中部细胞（×450），13. 雌苞（×16）

14~17. 石生挺叶苔 *Anastrophyllum saxicolum*（Schrad.）Schust.

14. 植物体的一部分（背面观，×15），15. 叶（×20），16. 叶中部细胞（×450），17. 雌苞（×13）

石生挺叶苔 *Anastrophyllum saxicolum* (Schrad.) Schust., Amer. Midl. Nat. 45 (1): 71. 1951. 图 18：14~17

形态特征 丛集生长。体形较大，硬挺，色泽褐绿或黄褐色。茎横切面近圆形，细胞明显分化；不分枝或稀少分枝，枝常从叶腋处伸出。叶近卵圆形，宽大于长，明显内凹，尖部多内曲，裂成不等大的 2 瓣，裂瓣阔三角形，腹侧瓣大于背侧瓣。叶细胞圆方形至长方形，直径约 20 μm，排列整齐，胞壁角部略加厚，叶基部细胞三角体明显。无芽胞。雌雄异株。雌苞顶生，雌苞叶与营养叶等大或略大，裂瓣边缘具不规则齿。蒴萼长椭圆形，纵褶宽，口部边缘有细裂瓣。

生境和分布 生湿冷林地或岩面薄土上。辽宁、吉林、黑龙江和内蒙古；日本、俄罗斯（远东地区）、欧洲及北美洲有分布。

7 皱褶苔属 *Plicanthus* Schust.

稀疏丛集生长。体形较粗，硬挺，色泽黄褐至褐色。茎上部倾立，单一或有分枝，鞭状枝有时着生于侧叶叶腋或茎腹面。叶蔽后式 排列，近于横生，2 ~4 瓣深裂，裂瓣呈不等大的披针形或狭披针形；叶边略背仰，全缘或具毛或齿。叶细胞壁具三角体和中部球状加厚。腹叶小，深 2 裂，边缘多具齿。 雌雄异株。蒴萼长卵形，具深纵褶，口部收缩，边缘具纤毛。

本属 5 种，多分布热带和亚热带山区。中国有 2 种。

分种检索表

1. 叶片一般全缘，仅近基部具少数齿……………………………………………… 1. 全缘皱褶苔 *P. birmensis*
1. 叶片边缘多具密齿………………………………………………………………… 2. 齿边皱褶苔 *P. hirtellus*

全缘皱褶苔 *Plicanthus birmensis*（Steph.）Schust., Nova Hedwigia Beih. 119: 223. 2002. 图 19：1~4

形态特征 疏松丛集生长。体形略大，色泽棕黄或浅暗绿色，干时较硬挺，易碎。茎上部倾立；横切面近圆形，细胞明显分化；腹面有时具鞭状枝。假根无色。侧叶近横生，深 3~4 裂，裂瓣阔三角形，背侧瓣明显大于腹侧瓣；叶边背曲，仅裂瓣基部有少数粗齿。腹叶深 2 裂，裂瓣基部外侧有 2~3 粗齿。叶细胞不规则多边形，直径约 20 μm，细胞壁不规则加厚，三角体明显。

生境和分布 多山地向阳具土石面生长，稀着生树干或腐木 。辽宁、浙江、台湾、福建、江西、香港、广东、广西、贵州、四川、云南和西藏；喜马拉雅山地区、印度、印度尼西亚及马达加斯加有分布。

齿边皱褶苔 *Plicanthus hirtellus*（Web.）Schust.，Nova Hedwigia 74：492. 2002. 图 19：5~8

形态特征 散生或与其他苔藓植物混生。植物体形稍大，硬挺，色泽黄褐至黄色。茎上部倾立；横切面椭圆形，细胞分化；分枝少 。侧叶斜列至近横生，3~4 深裂成不等长三角形瓣；叶边背曲，被多数长纤毛，基部着生少数多细胞长齿。叶细胞形状不规则，尖部细胞略小，多边形，中部细胞大，不规则长方形，胞壁明显不规则增厚，三角体显著，表面具疣。腹叶深 2 裂，裂瓣等大，边缘具多数多细胞长齿。雌雄异株。

生境和分布 生向阳山地林下具土岩面、林地、树干或腐木上。安徽、浙江、台湾、福建、江西、湖南、广西、陕西、贵州、四川、云南和西藏；亚洲东南部、热带非洲、马达加斯加及澳大利亚等地有分布。

012 叶苔科 JUNGERMANNIACEAE

多匍匐交织生长。植物体形小至中等大小，色泽灰绿、暗绿色至黄绿色，有时呈红褐色。茎直立、倾立或匍匐伸展；枝多由茎腹面生长，少数种产生鞭状枝。假根无色、淡褐色或紫色，散生于茎腹面、叶基部或叶的腹面，有时呈束状沿茎下垂。侧叶蔽后式排列，卵形、圆卵形或近长方形，叶边全缘或少数先端微凹，稀浅两裂，斜列或近于横生，前缘基部略下延。叶细胞圆方形、椭圆形或圆六角形，壁厚或胞壁三角体大或呈球状，稀具疣。腹叶多缺失，舌形或三角状披针形，稀 2 裂。雌雄同株或异株，或有序同苞。雄苞顶生或间生 。雌苞顶生或生于短侧枝上。雌苞叶多大于侧叶，同形或略异形。蒴萼多长或短圆筒形、卵形、梨形或纺锤形，平滑或上部多纵褶，部分种类茎尖端膨大呈蒴囊。孢蒴通常圆形或长椭圆形，成熟时 4 瓣纵裂 。弹丝多 数两列螺纹加厚。孢子褐色或红褐色，具细疣。

本科 30 属，习生温带，少数属种分布热带和亚热带山区。中国有 10 属。

分属检索表

1. 腹叶在植物体和雌苞均缺失……………………………………………………………………2
1. 腹叶常存在，较小，或消失于老茎上；雌苞腹叶长存……………………………………4
2. 叶多长卵形；蒴萼口部具纤毛……………………………………6. 大叶苔属 *Scaphophyllum*
2. 叶多圆形或椭圆形，稀椭圆形；蒴萼口部无纤毛……………………………………………3
3. 叶扁圆形；叶细胞深绿色，不透明……………………………………1. 服部苔属 *Hattoria*
3. 叶多圆形或椭圆形，稀扁圆形；叶细胞不呈深绿色，或为深绿色而较透明………3. 叶苔属 *Jungermannia*

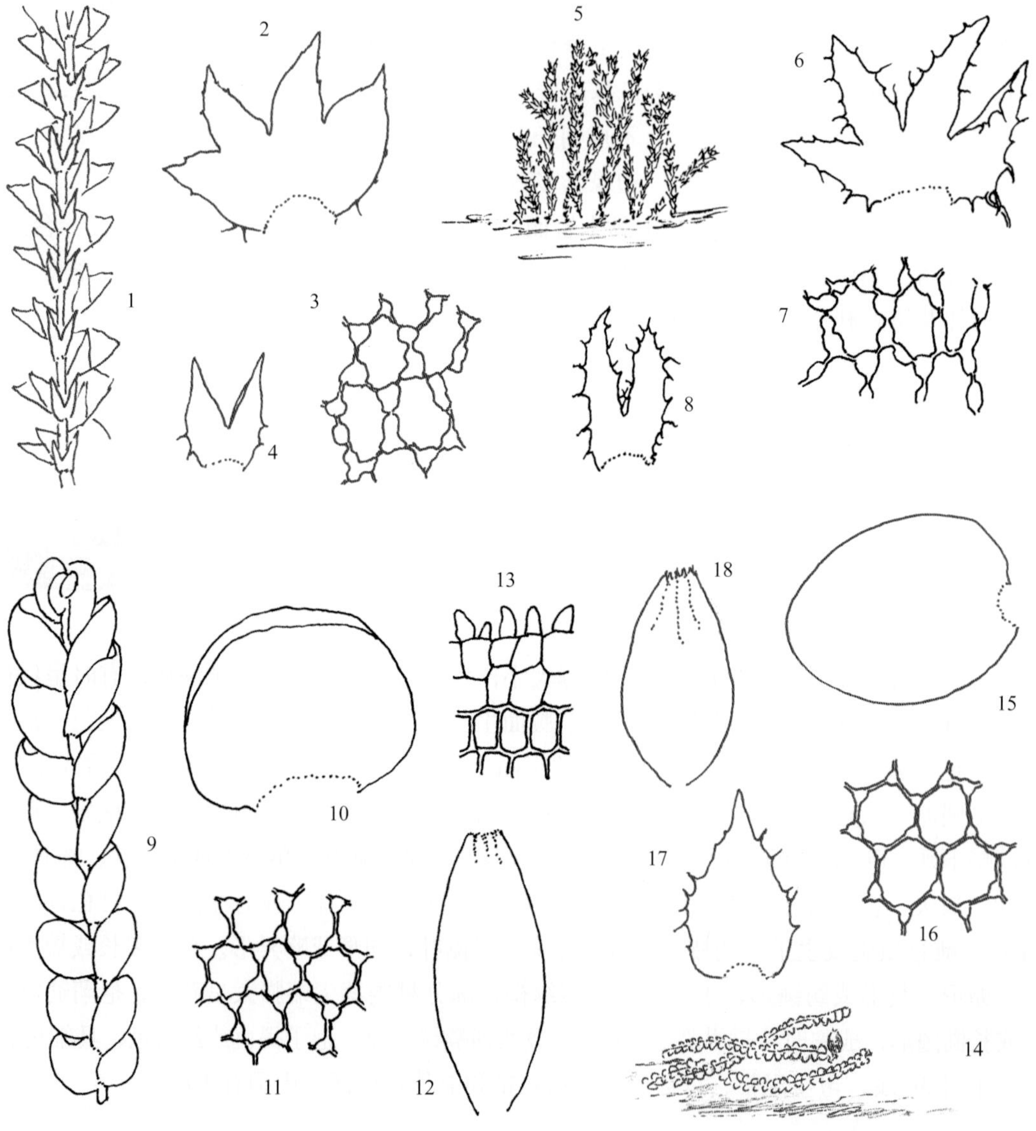

图 19

1~4. 全缘皱褶苔 *Plicanthus birmensis*（Steph.）Schust.

1. 植物体的一部分（背面观，×7），2. 叶（×20），3. 叶中部细胞（×550），4. 腹叶（×20）

5~8. 齿边皱褶苔 *Plicanthus hirtellus*（Web.）Schust.

5. 着生林边具土石面的植物群落（×1），6. 叶（×22），7. 叶中部细胞（×550），8. 腹叶（×22）

9~13. 服部苔 *Hattoria yakushimense*（Horik.）Schust.

9. 植物体的一部分（背面观，×8），10. 叶（×30），11. 叶中部细胞（×460），12. 蒴萼（×14），13. 蒴萼口部细胞（×180）

14~18. 秋圆叶苔 *Jamesoniella autumnalis*（DC.）Steph.

14. 着生阴湿林地的植物体（×1），15. 叶（×22），16. 叶中部细胞（×210），17. 雌苞叶（×12），18. 蒴萼（×7）

4. 蒴萼口部开阔，呈背腹扁平形……………………………………………………7. 小萼苔属 *Mylia*

4. 蒴萼口部收缩，蒴萼极短或仅具蒴囊……………………………………………………5

5. 茎上部常具小腹叶；雌苞叶和雌苞腹叶边缘有齿或毛；蒴萼圆柱形，口部具细毛……2. 圆叶苔属 *Jamesoniella*

5. 茎腹叶一般长存；雌苞叶和雌苞腹叶边缘无纤毛和齿；蒴萼近卵圆形，口部具细圆齿或突起……………6

6. 叶肾形或近圆形；腹叶狭披针形或三角形，不开裂……………………………………4. 被蒴苔属 *Nardia*

6. 叶卵形或长方形；腹叶深 2 裂，边缘有齿或平滑……………………………………5. 假苞苔属 *Notoscyphus*

1 服部苔属 *Hattoria* Schust.

匍匐交织生长。体形中等大小，长达 2 cm，连叶宽 0.8~1.0 mm，色泽黄绿，有时呈淡紫红色。茎上部倾立，分枝由 茎腹面伸出。假根少，无色。叶片覆瓦状排列，宽扁圆形，明显内凹，宽约 1 mm，长约 0.7 mm。叶边细胞透明，10~18 μm，胞壁不规则加厚，淡褐色，三角体大。雌雄异株。雄苞叶 3~4 对，呈囊形。雌苞叶 1 对，大于茎叶，半圆形或兜形，全缘。蒴萼长椭圆状卵形，高出于雌苞叶，口部渐收缩，具多条浅褶。蒴囊不发育。

本属仅 1 种，生长亚洲东部温湿山区。中国有分布。

服部苔 *Hattoria yakushimense*（Horik.）Schust.，Rev. Bryol. Lichenol. 30：70. 1961. 图 19：9~13

形态特征 种的描述同属。现已并入挺叶苔科中。

生境和分布 生长山区开阔林地的树基或具土岩面。福建、湖南、云南和西藏；日本有分布。

2 圆叶苔属 *Jamesoniella*（Spruce）Carring

交织小片状生长。植物体形较粗大，色泽褐绿或绿色。茎平展，尖部上倾。叶斜列，近圆形或卵形；叶边全缘。叶细胞规则或不规则六边形，壁薄，三角体不明显或呈球状加厚，平滑。腹叶在茎上常退失。雌雄异株。雄株小。雌苞叶形大，外雌苞叶开裂，内雌苞叶边缘有齿。蒴萼长圆筒形或圆卵形，上部有 3~6 条纵褶，口部有齿或长毛，多高出于雌苞叶。弹丝两列螺纹加厚。孢子黑褐色。

本属约 40 余种，多分布北半球。中国有 4 种。

分种检索表

1. 叶长卵形，长度大于宽度；蒴萼长圆柱形……………………………………1. 秋圆叶苔 *J. autumnalis*

1. 叶卵形或阔卵形，长宽相等或宽度大于长度；蒴萼近圆卵形……………………………………2

2. 叶片具波纹；叶细胞表面平滑……………………………………2. 波叶圆叶苔 *J. undulifolia*

2. 叶片平展；叶细胞表面具疣……………………………………3. 东亚圆叶苔 *J. nipponica*

秋圆叶苔 *Jamesoniella autumnalis*（DC.）Steph.，Sp. Hepat. 2：92. 1901. 图 19：14~18

形态特征 密集匍匐交织生长。植物体形稍大，长达 4 cm，绿色或褐绿色。茎尖部上倾；不分枝，或雌苞下部生分枝。假根散生茎腹面。叶片覆瓦状斜列，长卵形或圆方形，上部背仰。叶细胞圆形或长椭圆形，叶边上部细胞长约 20 μm，中部细胞长约 30 μm，宽 24~26 μm，叶基部细胞略长大，胞壁三角体明显。腹叶缺失于茎中下部。雌苞叶卵形，外雌苞叶侧面或基部具齿，内雌苞叶尖部具毛或齿，或深裂成瓣。孢蒴长卵形。孢子球形，具细疣。

生境和分布 生于寒温山区林地或腐木上。黑龙江、吉林、山西和云南；日本、俄罗斯、欧洲及北美洲有分布。

本种现有学者把它改为 *Syzygiella autumnalis*（DC.）Feldberg。

波叶圆叶苔 *Jamesoniella undulifolia*（Nees）K. Müll.，Eur. Leberm. 2：758. 1916. 图 20：1~2

形态特征 成片匍匐生长，常与其他苔藓组成群丛。植物体绿色，密集生长。茎尖部倾立，分枝由雌苞基部腹面伸出。假根疏生。叶近圆形，叶边波纹明显。叶细胞圆六边形，上部边缘细胞长 20~25 μm，中部细胞长约 30μm，壁薄，三角体小，不透明。腹叶狭披针形。雌苞叶宽度大于长度；内雌苞叶先端常具不规则裂片。蒴萼隐生于雌苞叶内，上部露裸，长卵圆形，口部开阔，边缘有短毛状齿。

生境和分布 着生山区林地或林边。黑龙江、吉林、辽宁、安徽、浙江、福建、江西、云南和西藏；欧洲及北美洲有分布。

现有学者把本种归为波叶圆瓣苔 *Biantheridion undulifolium*（Nees）Konstant. et Vilnet。

东亚圆叶苔 *Jamesoniella nipponica* Hatt.，Journ. Jap. Bot. 19：350. 1943. 图 20 ：3~7

形态特征 密集匍匐生长。体形较大，长达 3 cm，色泽褐绿。茎上倾，连片宽约 2.5mm。分枝常着生雌苞基部。假根生于叶基部，常无色透明。叶片覆瓦状，斜列，椭圆形，长约 1.3 mm，宽约 1 mm。叶尖部细胞长约 25 μm，基部细胞长约 35 μm，壁薄，具小三角体，表面有疣。腹叶常退化。雌苞腹叶小，三角形，2~3 裂，常与内雌苞叶基部相连。蒴萼 倒卵形，上部具 5~7 条纵褶，口部收缩，具长单细胞纤毛。

生境和分布 生山区林边或山路边土上。甘肃、安徽、浙江、台湾、湖北、湖南、贵州、四川和云南；日本及印度尼西亚有分布。

现有学者把本种改为东亚对耳苔 *Syzygiella nipponica*（Hatt.）Feldberg。

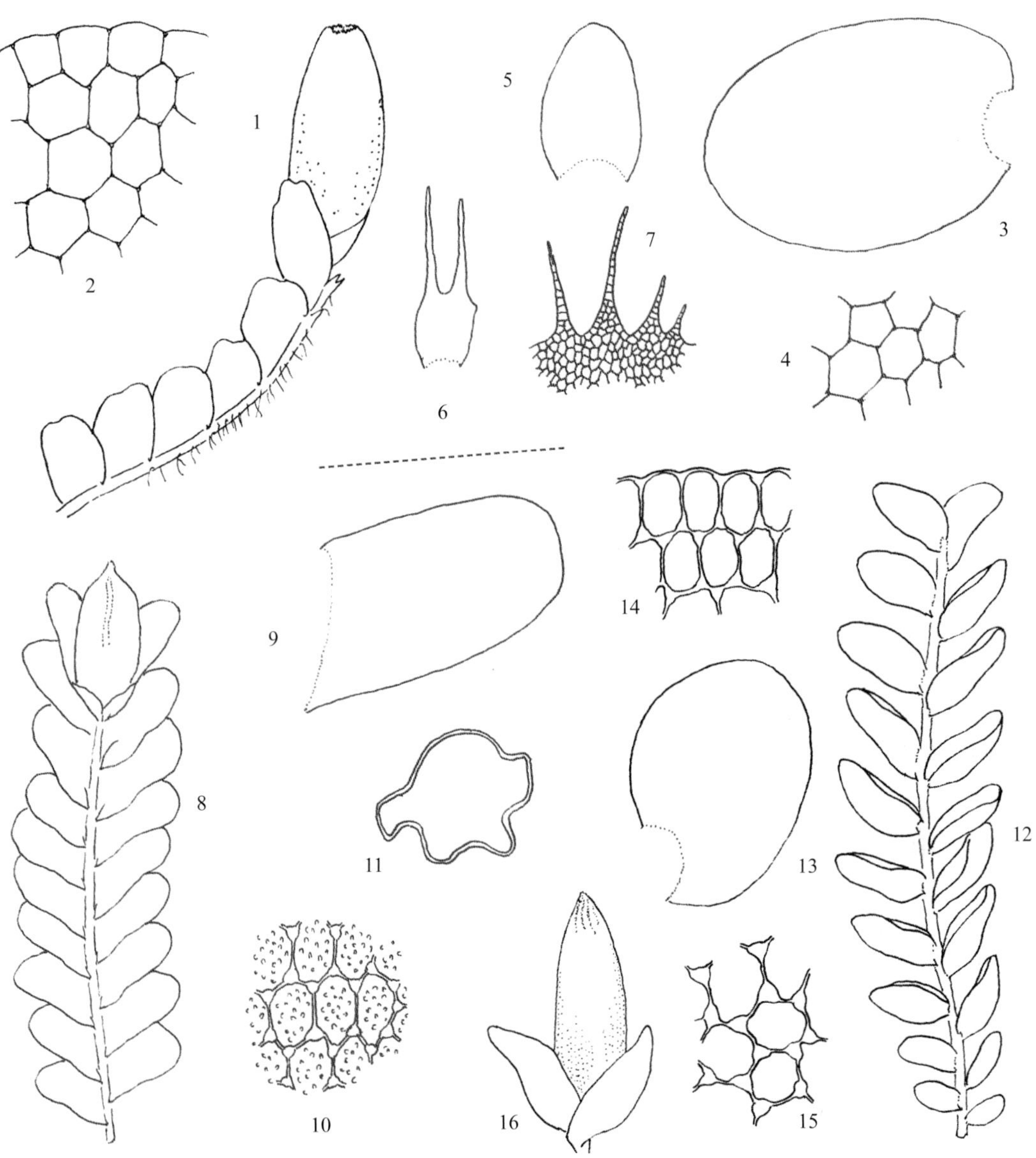

图 20

1~2. **波叶圆叶苔** *Jamesoniella undulifolia*（Nees）K. Müll.

1. 雌株（侧面观，×8），2. 叶边细胞（×150）

3~7. **东亚圆叶苔** *Jamesoniella nipponica* Hatt.

3. 叶（×30），4. 叶中部细胞（×150），5. 腹叶（×20），6. 雌苞腹叶（×20），7. 蒴萼口部细胞（×40）

8~11. **偏叶叶苔** *Jungermannia comata* Nees

8. 雌株（背面观 ×8），9. 叶（×15），10. 叶中部细胞（×400），11. 蒴萼横切面（×200）

12~16. **直立叶苔** *Jungermannia erecta*（Amak.）Amak.

12. 植物体（背面观，×12），13. 叶（×20），14. 叶尖部细胞（×200），15. 叶中部细胞（×200），16. 雌苞（×36）

3 叶苔属 *Jungermannia* Linn.

植物体多变异，绿色，黄绿色，有时呈红色，直立或倾立，丛集生长。茎具不规则分枝，直径10~15个细胞，稀茎腹面有鞭状枝。假根散生，或呈束状沿茎下垂，无色或老时褐色，或呈紫红色。叶蔽后式，侧叶一般为卵形、圆形、肾形或长舌形，多不对称，斜列，离生或覆瓦状排列；叶边平滑；叶面有时有波纹。腹叶缺失，有时仅有残痕。叶细胞薄壁，三角体明显或不明显。油体常存，形状各异。雌雄异株或异苞同株。雄苞叶排列成穗状，基部膨起。雌苞顶生，稀侧生；蒴萼长筒形或纺锤形，或圆形，有褶或无褶。孢蒴圆形或卵形，成熟时4瓣开裂。蒴柄细长。孢子直径10~24 μm，有细疣。弹丝2列螺纹加厚。

本属60余种，温带地区分布，少数种生长热带和亚热带山区。中国约30种。

分种检索表

1. 蒴萼近于呈长圆筒形……2
1. 蒴萼短筒形、倒梨形或纺锤形……6
2. 叶疏生……2. 直立叶苔 *J. erecta*
2. 叶相互贴生排列……3
3. 植物体上的两侧叶片相贴；叶呈三角状卵形……3. 叶苔 *J. atrovirens*
3. 植物体上的两侧叶片不贴生；叶多圆形或扁圆形……4
4. 叶扁圆形，基部具成束的假根……14. 垂根叶苔 *J. clavellata*
4. 叶近圆形，基部无假根生长……5
5. 叶长度和宽度近于相等；叶细胞壁具三角体……7. 溪石叶苔 *J. rotundata*
5. 叶长度略大于宽度；叶细胞壁不具三角体……10. 红丛叶苔 *J. rubripunctata*
6. 叶长舌形或近长方形；叶细胞壁三角体强烈加厚……1. 偏叶叶苔 *J. comata*
6. 叶多圆形或卵圆形；叶细胞壁三角体多小，稀三角体强烈加厚……7
7. 叶一般横列，不相互贴生……8
7. 叶多相互贴生……9
8. 蒴萼呈纺锤形；叶椭圆形……4. 鞭枝叶苔 *J. flagellata*
8. 蒴萼呈倒梨形；叶卵圆形……16. 梨萼叶苔 *J. pyriflora*
9. 植物体形较大，长可达3~5 cm……10
9. 植物体形较小，长度一般不及2 cm……13
10. 叶圆形；叶细胞壁无明显三角体……11. 卷苞叶苔 *J. torticalyx*
10. 叶近椭圆形；叶细胞具明显三角体……11
11. 植物体雌雄异株；叶尖部圆钝；叶细胞壁具小三角体……8. 羽叶叶苔 *J. plagiochilacea*
11. 植物体雌雄同株异苞；叶尖部狭钝；叶细胞壁三角体强烈加厚……9. 倒卵叶叶苔 *J. obovata*
12. 叶细胞表面具多数条状疣……12. 截叶叶苔 *J. truncata*
12. 叶细胞表面平滑……13

13. 叶椭圆形……6. 褐绿叶苔 *J. infusca*

13. 叶近圆形……14

14. 茎上叶常相互合生……13. 抱茎叶苔 *J. appressifolia*

14. 茎上叶多向两侧展开……15

15. 蒴萼倒梨形；叶边细胞稍大于其他细胞……17. 球萼叶苔 *J. sphaerocarpa*

15. 蒴萼卵形；叶边细胞不明显大于其他细胞……16

16. 蒴萼口部具短喙；叶宽度大于长度……5. 透明叶苔 *J. hyalina*

16. 蒴萼口部不呈短喙状；叶宽度和长度近于相等……15. 大萼叶苔 *J. macrocarpa*

偏叶叶苔 *Jungermannia comata* Nees，Hepat. Jav. 78. 1830. 图 20：8~11

形态特征 小片状匍匐生长。 植物体形中等大小，长约 2 cm，连叶宽 2~4 mm，色泽淡绿。茎具分枝或不分枝，尖部上倾。假根沿茎呈束状下延，紫红色。叶长舌形，长约 1.3 mm，宽约 1mm，先端圆钝。叶边细胞长约 20 μm，

基部细胞长 35~50 μm，宽约 25μm，壁薄，三角体大，表面具多疣；每个细胞含油体 2~4 个。 蒴萼略高出于雌苞叶，具 3~5 条褶，口部窄，细胞呈指状。

生境和分布 生于林地砂质土、阴湿岩面或腐木上。吉林、辽宁、安徽、福建、湖南、广东、海南、广西、贵州、四川、云南和西藏；朝鲜、日本、印度、菲律宾、印度尼西亚及非洲有分布。

现有学者把本种归为偏叶管口苔 *Solenostoma comatum*（Nees）C. Gao。

直立叶苔 *Jungermannia erecta*（Amak.）Amak.，Journ. Hattori Bot. Lab. 22：13. 1960. 图 20：12~16

形态特征 密集小片生长。植物体长约 1.5 cm，色泽淡绿或褐绿色。茎干燥时硬挺；不规则分枝。假根束状沿茎下垂。叶稀疏覆瓦状横生于茎上，斜圆卵形或椭圆形，内凹。叶细胞不规则六边形，近边缘细胞长约 25 μm，胞壁三角体不明显，中部细胞 长约 35 μm，三角体极明显。油体大，圆形或椭圆形。 蒴萼梭形，高出于雌苞叶，上部具 3~5 条纵褶，口部齿不整齐。

生境和分布 生于山地林下、林边湿石或湿土上。吉林、辽宁、福建、四川和云南；日本有分布。

现有学者把本种归为直立管口苔 *Solenostoma erectum*（Amak.）C. Gao。

叶苔 *Jungermannia atrovirens* Dum.，Syll. Jungermannia 51. 1831. 图 21：1~3

形态特征 片状生长。体形多变，短小至 4 cm，连叶宽 0.5~5 mm，色泽黄绿至暗绿色。茎不分枝或茎侧面、腹面或雌苞基部分枝。假根生于茎腹面，无色或浅褐色。叶三角状卵形，尖部圆钝，后缘基部略下延。叶边细胞方形或短长方形，长约 25μm，叶中部细胞长六边形，长 22~40 μm，胞壁薄，三角体小或不明显，表面平滑。 蒴萼顶生，长圆筒

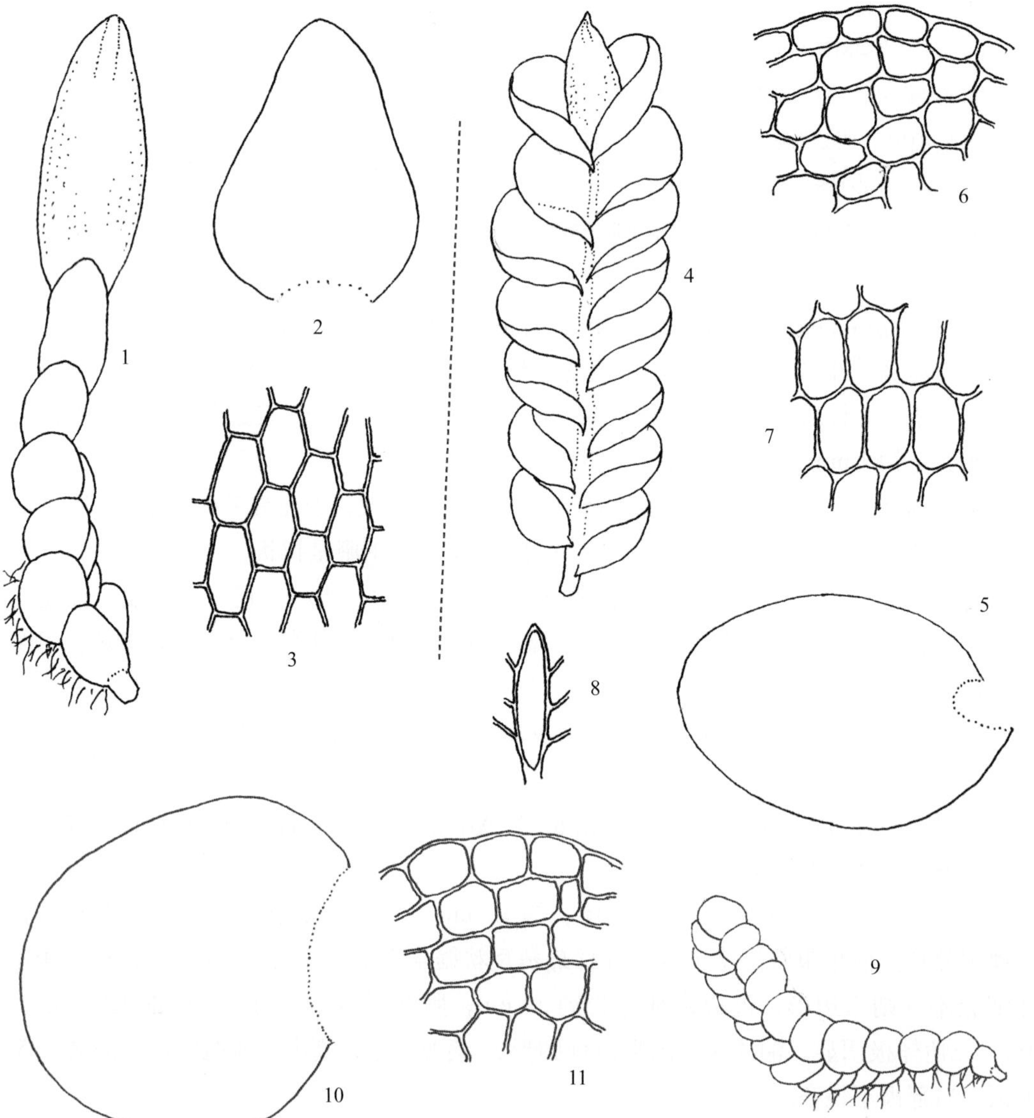

图 21

1~3. 叶苔 *Jungermannia atrovirens* Dum.

1. 雌株（侧面观，×30），2. 叶（×55），3. 叶中部细胞（×420）

4~8. 鞭枝叶苔 *Jungermannia flagellata*（Hatt.）Amak.

4. 雌株（背面观，×7），5. 叶（×26），6. 叶尖部细胞（×200），7. 叶中部细胞（×200），8. 雌苞纵切面（×6）

9~11. 透明叶苔 *Jungermannia hyalina* Lyell

9. 植物体（侧面观，×12），10. 叶（×38），11. 叶尖部细胞（×190）

形，上部具 4~5 条纵褶 。孢子褐色 。

生境和分布　生于湿冷山区林地或具土岩面 。黑龙江、吉林、辽宁、云南和西藏；日本、欧洲及北美洲有分布。

鞭枝叶苔 *Jungermannia flagellata*（Hatt.）Amak.，Journ. Hattori Bot. Lab. 22：16. 1960. 图 21：4~8

形态特征　密集生长。体形中等大小，长 1~1.5 cm，连叶宽 2~3 mm，色泽黄绿，常带红色。茎硬挺；分枝呈鞭状，生于茎腹面。假根散生于茎上，紫红色。叶相互接近或疏覆瓦状排列，圆形或圆卵形，长约 16 mm，宽约 1.5 mm。叶边细胞长约 25 μm，中部细胞长约 50 μm，基部细胞长 50~65 μm，薄壁，具小三角体，表面平滑或有小疣。蒴萼纺锤形，常隐于雌苞叶内，具纵褶，口部收缩呈喙状。

生境和分布　生于林内湿土上。广西、云南和西藏；日本有分布。

现有学者把本种归为鞭枝管口苔 *Solenostoma flagellatum*（Hatt.）Váňa et Long。

透明叶苔 *Jungermannia hyalina* Lyell in Hook.，Brit. Jungermannia Pl. 63. 1814. 图 21：9~11

形态特征　呈小簇状生长。体形中等大小，长达 1.5 cm，连叶宽约 1.5 mm，色淡黄绿，略透明。茎多不分枝，倾立或匍匐。假根无色或淡褐色。叶卵形或半圆形，基部不下延或稍呈波状下延，长约 1 mm，宽 1.2 mm。叶边细胞长 25~30 μm，基部细胞长 43~60 μm，宽约 35μm，薄壁，具三角体。蒴萼纺锤形，具 4~6 条褶，口部齿细圆。蒴囊与蒴萼等长 。

生境和分布　生山地林下湿土或湿石上。辽宁、山东、浙江、福建、海南、广西、贵州、四川和云南；北美洲有分布。

现有学者把本种归为透明管口苔 *Solenostoma hyalinum*（Lyell）Mitt.。

褐绿叶苔 *Jungermannia infusca*（Mitt.）Steph.，Sp. Hepat. 2：74. 1901. 图 22：1~4

形态特征　小片状丛集生长。体形中等大小，长达 1 cm，连叶宽 1~2 mm，绿色或黄绿色，有时褐色。茎单一，先端上升。假根多数，淡紫红色或无色，散生。叶斜列着生，卵圆形，长约 1.5 mm，宽约 1.4 mm，后缘基部略下延，先端圆钝形或截形；叶边有时内卷。叶边细胞长约 25 μm，基部细胞长 40~60 μm，宽 25~30 μm，薄壁，三角体明显，表面平滑。油体圆形、卵形或椭圆形 4~6 个。雌雄异株。蒴萼卵圆形，具纵褶，口部收缩，齿小。

生境和分布　生于暖湿山区林下湿土上。吉林、安徽、浙江、贵州和云南；日本有分布。

现有学者把本种归为褐绿管口苔 *Solenostoma infuscum*（Mitt.）Hentschel。

溪石叶苔 *Jungermannia rotundata*（Amak.）Amak.，Journ. Hattori Bot. Lab. 22：25. 图 22：5~7

形态特征　片状丛集生长。植物体形较小，长 0.5~1 cm，连叶宽 1~2 mm，色泽鲜

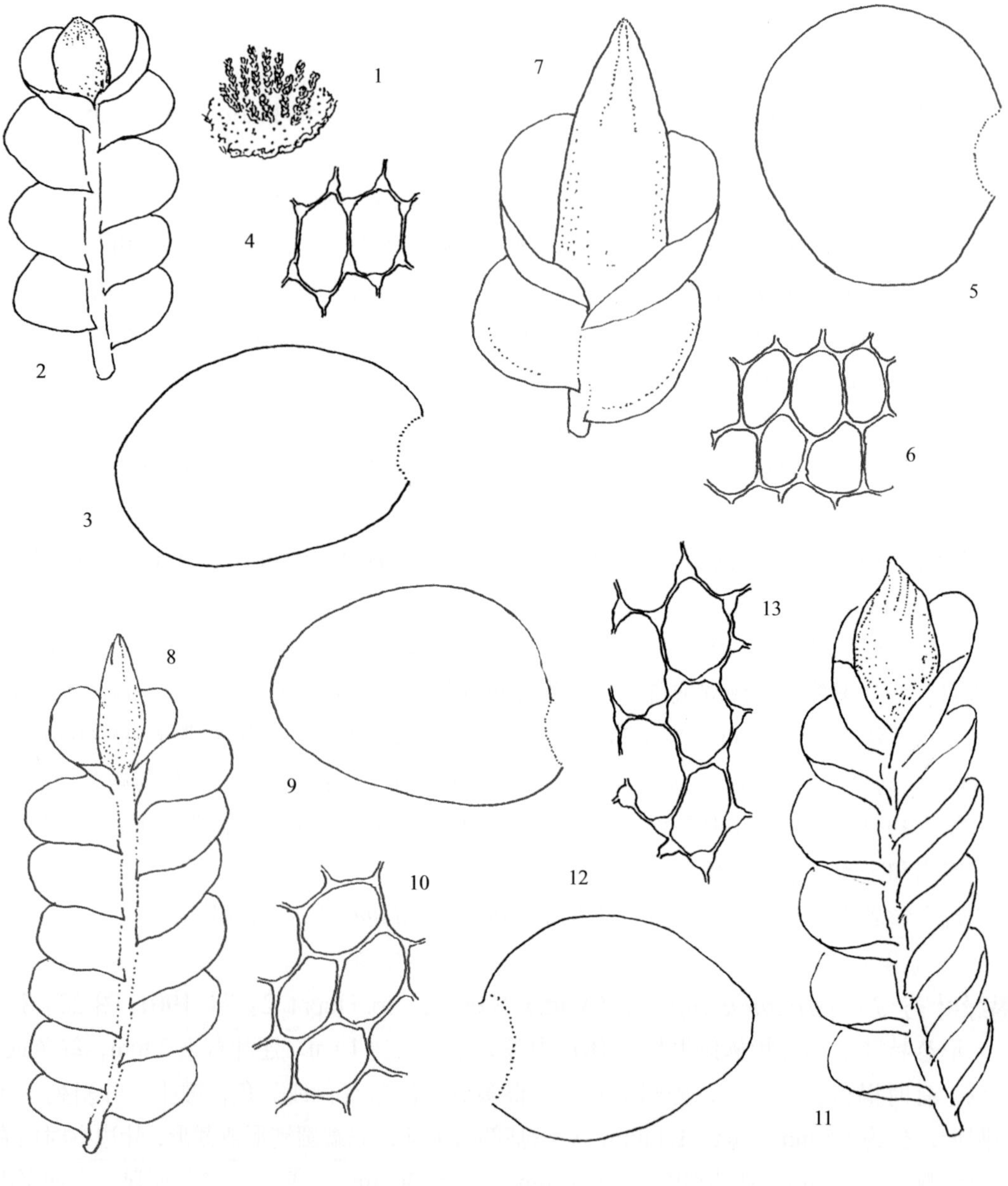

图 22

1~4. 褐绿叶苔 *Jungermannia infusca*（Mitt.）Steph.

1. 阴湿林下着生的植物群落（×1），2. 雌枝（背面观，×15），3. 叶（×24），4. 叶中部细胞（×520）

5~7. 溪石叶苔 *Jungermannia rotundata*（Amak.）Amak.

5. 叶（×46），6. 叶中部细胞（×520），7. 雌苞（背面观，×40）

8~10. 羽叶叶苔 *Jungermannia plagiochilacea* Grolle

8. 雌株（背面观，×11），9. 叶（×16），10. 叶中部细胞（×200）

11~13. 倒卵叶叶苔 *Jungermannia obovata* Nees

11. 雌株（背面观，×12），12. 叶（×28），13. 叶中部细胞（×520）

绿。茎一般不分枝，鞭状枝着生茎腹面叶腋。假根无色或紫红色，沿茎下延。叶圆形或圆卵形，基部不下延，长约 1.2 mm，宽 1.3 mm。叶边细胞长 16~30 μm，基部细胞长 36~65 μm，壁薄，具小三角体或不明显，表面平滑。雌雄同株异苞。蒴萼纺锤形，高出于雌苞叶，长 1~2 mm，口部具喙。

生境和分布　生于林内具土岩面或湿土上。海南、四川、云南和西藏；日本有分布。

现有学者把本种归为溪石管口苔 *Solenostoma rotundatum* Amak.。

羽叶叶苔 *Jungermannia plagiochilacea* Grolle，Journ. Hattori Bot. Lab. 58：197. 1985. 图 22：8~10

形态特征　丛集成小片生长。体形稍大，长达 3 cm，连叶宽 3~4 mm，油绿色或绿色。茎直立或倾立，褐色；不分枝。假根密生，淡紫红色，沿茎下垂。叶片斜列，卵形或长椭圆形，后缘基部下延，长 1.5~2 mm，宽 1.2~1.8 mm，上部卷曲。叶边细胞长 20~24 μm，壁厚，近基部细胞长 50~80 μm，壁薄，三角体小，表面平滑；油体多，每个细胞含 5~10 个，球形或长椭圆形。雌苞叶大，波状皱缩。蒴萼梭形，高出于雌苞叶 1/2，有不规则 4~5 条纵褶，口小。

生境和分布　着生林区湿石或腐木上。福建、湖南、海南和云南；日本有分布。

现有学者把本种归为羽叶管口苔 *Solenostoma plagiochilaceum* (Grolle) Váňa et Long。

倒卵叶叶苔 *Jungermannia obovata* Nees，Natury. Eur. Leberm. 1：332. 1833. 图 22：11~13

形态特征　疏松丛集小片状生长。植物体色泽深绿或呈褐色，稀暗紫褐色，长可达 5 cm，宽 1~2 mm。茎上部倾立或直立，叶腋具分枝。假根常生于叶片基部。叶卵形，略内凹，中部宽，先端圆钝，后缘基部下延；叶边全缘。叶细胞形大，壁薄，近叶边细胞长约 25 μm，基部细胞宽约 36 μm，长 47~60 μm。雌雄同株异苞。雌苞顶生；雌苞叶短阔，先端背仰。孢蒴椭圆形。弹丝 2 列螺纹加厚。孢子具细疣。

生境和分布　生于山地林内湿土上。吉林、辽宁、安徽、云南和西藏；欧洲及北美洲有分布。

现有学者把本种归为倒卵叶管口苔 *Solenostoma obovatum* (Nees) Mass.。

红丛叶苔 *Jungermannia rubripunctata*（Hatt.）Amak.，Journ. Hattori Bot. Lab. 22：35. 1960. 图 23：1~3

形态特征　小片状生长。植物体形小，长 0.5~0.7 cm，连叶宽 0.7~1.2 mm，色泽淡绿，常具红色。茎具鞭状枝。假根散生，紫红色。叶宽卵形或圆形，长约 0.8 mm。叶边细胞长 22~40 μm，基部细胞长 40~70 μm，薄壁或等厚，三角体小或缺失。雌雄异株。蒴萼顶生，纺锤形或长圆筒形，具 3 条褶，蒴口有细圆齿。芽胞单个细胞，圆形，紫红色，生于鞭状枝的顶端或叶边。

生境和分布　着生林内湿地或湿石上。福建、湖南、广西和云南；日本有分布。

现有学者把本种归为红丛管口苔 *Solenostoma rubripunctatum* (Hatt.) Schust.。

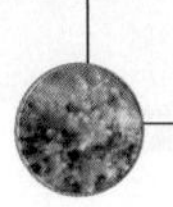

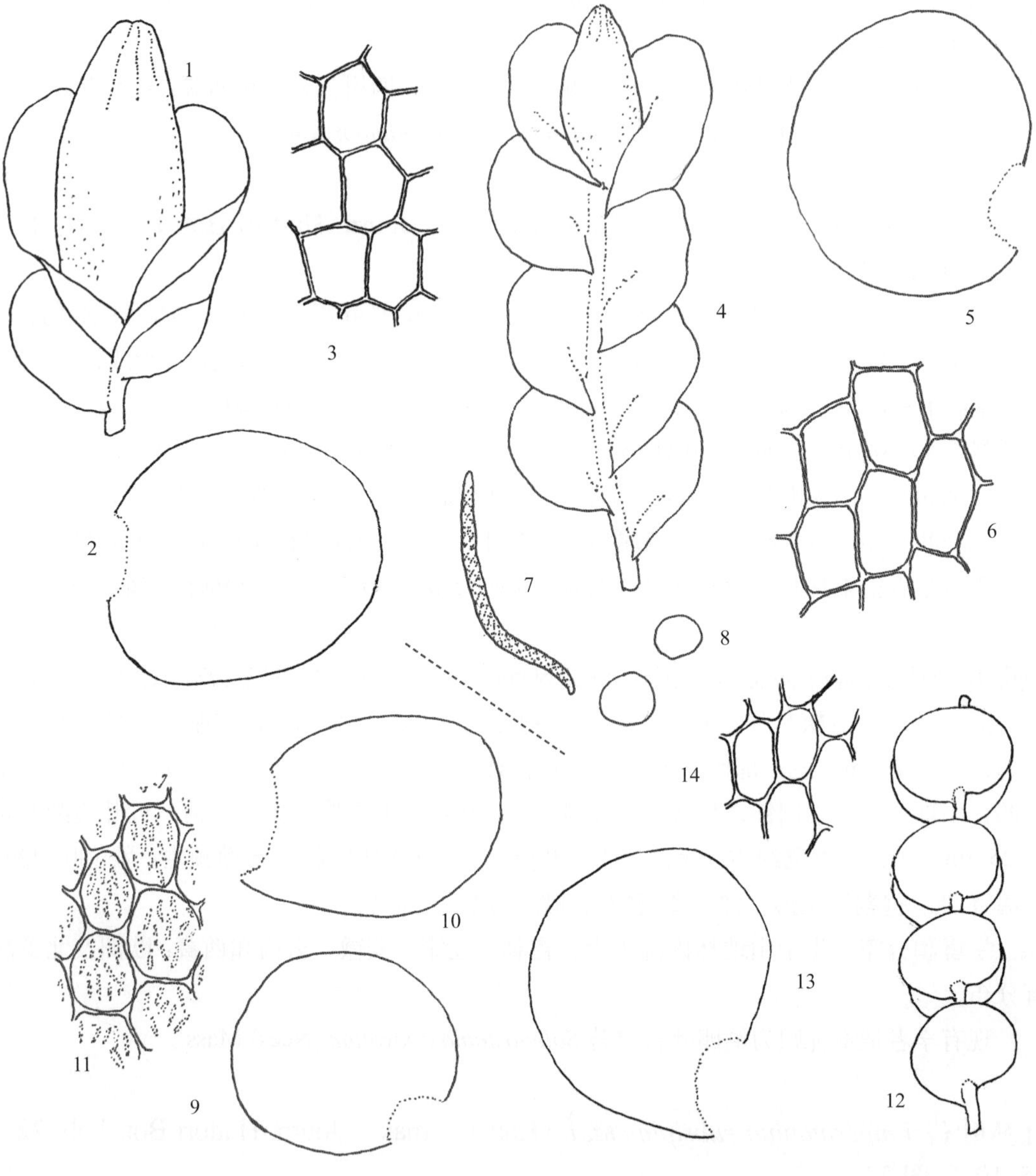

图 23

1~3. **红丛叶苔** *Jungermannia rubripunctata*（Hatt.）Amak.

1. 雌株（背面观，×24），2. 叶（×40），3. 叶中部细胞（×210）

4~8. **卷苞叶苔** *Jungermannia torticalyx* Steph.

4. 雌株（背面观，×10），5. 叶（×14），6. 叶中部细胞（×400），7. 弹丝（×310），8. 孢子（×310）

9~11. **截叶叶苔** *Jungermannia truncata* Nees

9，10. 叶（×16），11. 叶中部细胞，示表面具条状疣（×520）

12~14. **抱茎叶苔** *Jungermannia appressifolia* Mitt.

12. 植物体的一部分（侧面观，×14），13. 叶（×48），14. 叶中部细胞（×350）

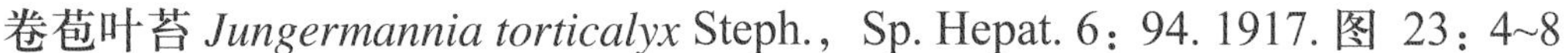

卷苞叶苔 *Jungermannia torticalyx* Steph.，Sp. Hepat. 6：94. 1917. 图 23：4~8

形态特征　丛集片状生长。体形大，长可达 4 cm，宽 2 mm，绿色。茎尖部上倾，无分枝或雌苞下具分枝。假根淡紫红色，在叶基部成束沿茎下延。叶圆形或肾形，尖部圆弧形，后缘基部稍下延，长 0.7~2 mm，宽 1.5~2.6 mm；叶边稍背仰。叶边细胞长约 28μm，基部细胞长 60~80 μm，薄壁，三角体细小。油体长椭圆形，每个细胞含 2~5 个。 蒴萼纺锤形，长 3 mm，褶不规则，口部具不规则齿。

生境和分布　生于山区林下溪边湿土和湿石上。辽宁、福建和云南；日本有分布。

现有学者把本种归为卷苞管口苔 *Solenostoma torticalyx*（Steph.）C. Gao。

截叶叶苔 *Jungermannia truncata* Nees，Hepat. Jav. 29. 1830. 图 23：9~11

形态特征　小片丛集生长。植物体长约 1.5 cm，连叶宽 0.8~2 mm，色泽淡黄褐，稀紫红色。茎无分枝或有分枝，枝多着生蒴萼下部。假根散生于茎基部，浅褐色，稀紫红色。叶圆方形、圆形或卵状舌形，稀舌形，长约 1.5 mm，宽 1 mm，尖部圆钝或圆弧形，后缘基部下延。叶边细胞长约 20μm，基部细胞长 30~60 μm，宽 20~30 μm，壁薄，表面具条状疣，三角体小 。 蒴萼卵形或纺锤形，具 3 个不规则纵褶，蒴口收缩，边缘有时有纤毛。

生境和分布　生湿热山地林下、路边岩石或土上。辽宁、山东、江苏、浙江、福建、江西、湖南、海南、广西、贵州、四川、云南和西藏；尼泊尔、印度、泰国及印度尼西亚有分布。

现有学者把本种归为截叶管口苔 *Solenostoma truncatum*（Nees.）Váňa et Long。

抱茎叶苔 *Jungermannia appressifolia* Mitt.，Journ. Proc. Linn. Soc London 5：91. 1861. 图 23：12~14

形态特征　小片状丛集生长。植物体形小，长仅 1~2 cm，连叶宽约 1.5 mm，色泽黄绿或褐绿色。茎常在雌苞下分枝。假根无色或褐色，多着茎基部。叶疏生或相互贴生，圆形或肾形，长约 1.2 mm，宽约 1.5 mm，基部下延。叶边细胞长约 25 μm，基部细胞长 32~50 μm，薄壁，三角体明显，表面平滑。雌雄异株。雌苞叶 1 对，与茎叶相似。 蒴萼梨形，高出于雌苞叶，上部具 4~5 条纵褶。蒴萼口部收缩，有齿突。

生境和分布　生于山地林下湿土或岩面薄土。安徽、台湾和云南；尼泊尔、印度、马来西亚、日本及巴布亚新几内亚有分布。

现有学者把本种归为圆叶管口苔 *Solenostoma appressifolium*（Mitt.）Váňa et Long。

垂根叶苔 *Jungermannia clavellata*（Mitt. ex Steph.）Amak.，Journ. Hattori Bot. Lab. 22：69. 1960. 图 24：1~4

形态特征　成片匍匐生长。植物体中等大小，长达 3 cm，连叶宽约 1.5 mm，黄色至橄榄绿色，有时褐绿色。茎不规则分枝，稀从雌苞基部分枝。假根着生叶片基部和蒴萼上。叶扁圆形或近圆肾形，叶边背卷，前缘基部下延，长约 1 mm，宽 1.3 mm。叶边细胞长约 18 μm，基部细胞椭圆形，长约 50μm，宽 30~36 μm，薄壁，具三角体，表面平滑。

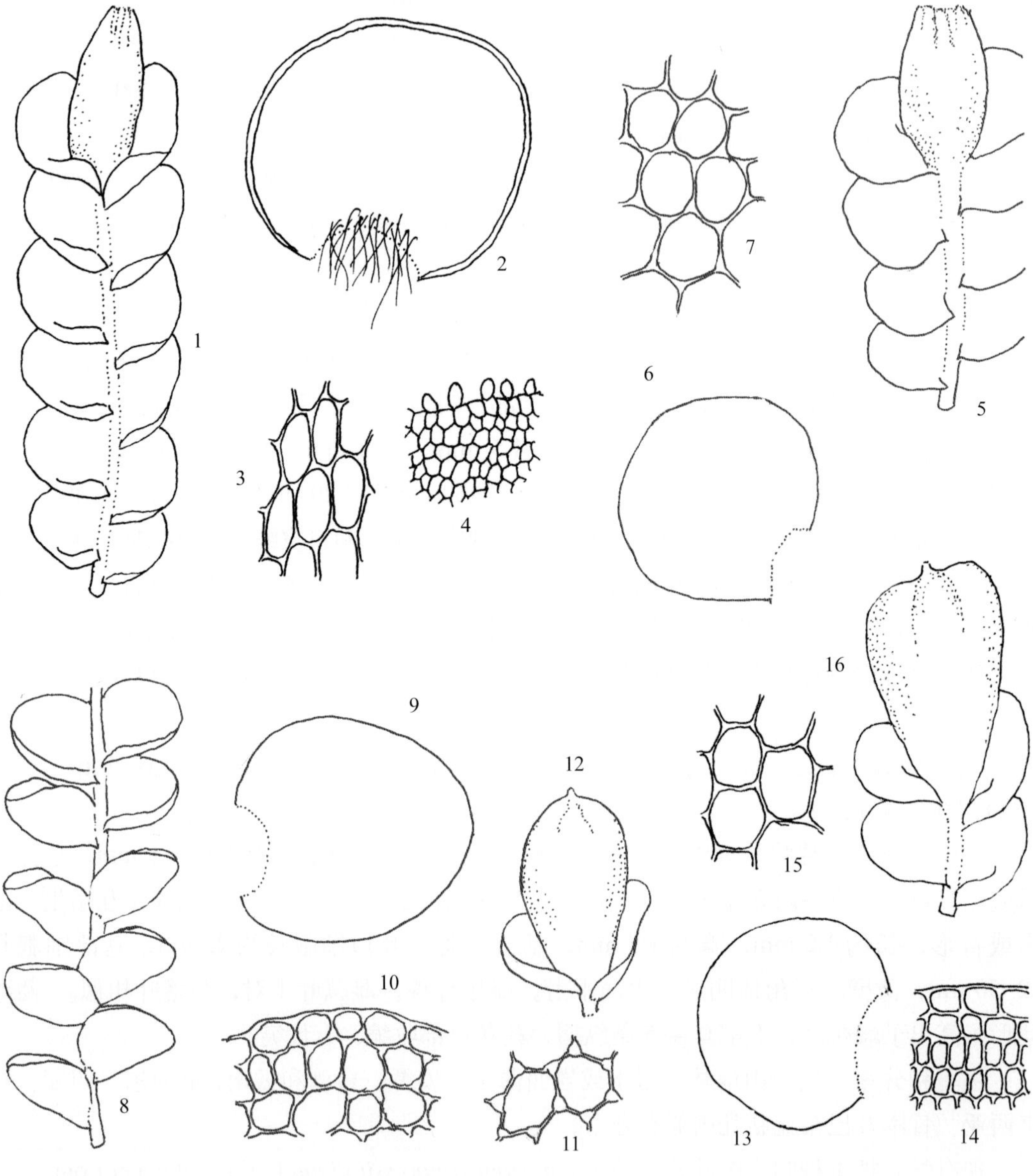

图 24

1~4. 垂根叶苔 *Jungermannia clavellata*（Mitt. ex Steph.）Amak.

1. 雌株（背面观，×18），2. 叶，示腹面密生多数假根（×40），3. 叶中部细胞（×250），4. 蒴萼口部细胞（×90）

5~7. 大萼叶苔 *Jungermannia macrocarpa* Steph.

5. 雌株（背面观，×18），6. 叶（×30），7. 叶中部细胞（×150）

8~12. 梨蒴叶苔 *Jungermannia pyriflora* Steph.

8. 植物体的一部分（背面观，×18），9. 叶（×30），10. 叶尖部细胞（×230），11. 叶中部细胞（×230），12. 雌苞（背面观，×20）

13~16. 球蒴叶苔 *Jungermannia sphaerocarpa* Hook.

13. 叶（×25），14. 叶边细胞（×260），15. 叶中部细胞（×260），16. 雌苞（背面观，×25）

蒴萼高出雌苞叶，圆柱形或梨形，上部具 4~5 条纵褶，口部具短喙。

生境和分布 生于高山地区湿土或具土岩面。云南和西藏；尼泊尔、印度及日本有分布。

现有学者把本种归为垂根管口苔 *Solenostoma clavellatum* Mitt. ex Steph.。

大萼叶苔 *Jungermannia macrocarpa* Steph.，Sp. Hepat. 6：87. 1917. 图 24：5~7

形态特征 丛集生长。体长达 2 cm，连叶宽约 1.8 mm，色淡黄绿，稀呈红色。茎一般不分枝，稀具短枝。假根多数，淡黄色或淡紫色。叶近圆形或椭圆形，长约 1.2 mm，宽 1.4 mm。叶边细胞长约 28μm，基部细胞长 38~55 μm，薄壁，三角体小，表面平滑。蒴萼卵形，高出于雌苞叶，具 4 条褶，口部有短喙。

生境和分布 生于较高山区林下、路边土上或具土岩面。四川、云南和西藏；尼泊尔、印度北部及孟加拉国有分布。

现有学者把本种归为大萼管口苔 *Solenostoma macrocarpum* Mitt. ex Steph.。

梨萼叶苔 *Jungermannia pyriflora* Steph.，Sp. Hepat. 6：90. 1917. 图 24：8~12

形态特征 小片丛集生长。体长 1 cm，连叶宽约 1.7 mm，色黄绿或褐绿色，稀紫红色。茎稀少分枝。假根多无色。叶圆形或圆卵形，长约 0.8 mm，宽 1~1.3 mm。叶边细胞长约 18μm，中部细胞长 22 μm，基部细胞长 36~49 μm，薄壁，三角体明显，表面平滑。蒴萼倒梨形，上部褶 4~5 条，口部收缩呈喙状。

生境和分布 生于高寒山区林下或路边土上或石上。吉林、云南和西藏；日本、朝鲜及北美洲有分布。

现有学者把本种归为梨萼管口苔 *Solenostoma pyriflorum* Steph.。

球蒴叶苔 *Jungermannia sphaerocarpa* Hook.，Brit. Jungermannia 74. 1816. 图 24：13~16

形态特征 稀疏着生或与其他苔藓成群落。植物体长达 1.5 cm，连叶宽 2 mm，色泽褐绿或绿色。茎倾立或直立，叉状分枝，稀蒴萼下分枝；假根无色或呈紫红色。叶相互贴生或疏生，圆形，后缘基部沿茎下延。叶细胞椭圆形或圆多角形，角部具小三角体，叶边细胞长约 20 μm，基部细胞长 19~38 μm，宽 18~30 μm，胞壁薄 。 雌雄同株异苞。 蒴萼倒梨形或圆形，上部具脊，口部具喙，有齿突。弹丝 2 列螺纹加厚。孢子具细疣。

生境和分布 生于山地林下土上。吉林、辽宁和福建；日本、印度北部、俄罗斯、欧洲及北美洲有分布。

现有学者把本种归为圆蒴管口苔 *Solenostoma sphaerocarpum*（Hook.）Steph.。

4 被蒴苔属 *Nardia* Gray

成小片生长。体形一般较小，色泽暗绿或绿色。茎尖部常倾立，连叶宽约 2 mm；分枝不规则。叶 3 列。侧叶卵圆形或肾形，在茎基部常疏，渐上密集生长，后缘基部略下延，先端宽钝，或有缺刻。叶细胞六边形，壁薄，三角体大或不明显，少数种被细疣。腹叶小，披针形，稀宽阔。雌雄异株或有序同株。雄苞生于株间。雌苞顶生在茎腹面向下成囊状；雌苞叶 2~3 对；蒴萼短，与雌苞叶等长或略高出，口部边缘有 4~5 裂瓣。孢蒴圆形或卵形，成熟时 4 裂达基部。弹丝 2~ 4 列螺纹加厚。孢子直径 9~24 μm。

本属约 18 种，以温带分布为主，稀生长热带、亚热带山区。中国有 7 种。

分种检索表

1. 植物体长可达 4 cm；叶片宽扁圆形；腹叶阔舌形…… ………………………………………… 1. 被蒴苔 *N. compressa*
1. 植物体长不及 2 cm ；叶片卵形；腹叶三角形 ……………………………………………… 2. 南亚被蒴苔 *N. assamica*

被蒴苔 *Nardia compressa*（Hook.）Gray，Nat. Art. Brit. Pl. 1：694. 1821. 图 25：1~4

形态特征　匍匐成片生长。体形较大，色泽深绿，稀呈红褐色。茎长可达 4 cm，连叶宽 1.5 mm，先端倾立；分枝多着生雌苞下。叶相互贴生，宽卵形或肾形，斜列，长约 1.5 mm，宽约 2 mm。叶边细胞较小，长 15~25 μm，宽约 15 μm，中部细胞长 35~42 μm，基部细胞较大，壁薄，平滑，三角体明显；油体少，每个细胞 1 个，圆形或椭圆形。腹叶阔舌形或三角形，先端圆钝。 雌苞顶生。蒴囊较短，蒴萼包被于雌苞叶中。

生境和分布　生于山地林内湿土上。江西、四川和云南；日本、亚洲北部、北美洲及欧洲有分布。

南亚被蒴苔 *Nardia assamica*（Mitt.）Amak.，Journ. Hattori Bot. Lab. 25：23. 1963. 图 25：5~8

形态特征　小片状匍匐生长。体形较小，绿色至褐绿色。茎长不及 2 cm，连叶宽 0.5~1 mm；分枝少。假根疏生，无色。叶斜生，卵圆形至卵状椭圆形，先端圆钝。叶边细胞较小，基部细胞较大，近六边形，壁薄，三角体缺或不明显，表面平滑。腹叶狭三角形，多见于侧叶基部。雌雄异株。蒴萼纺锤形，口部有 5~6 条纵褶。弹丝 2 列螺纹加厚。孢子直径约 15 μm。

生境和分布　生于低地或亚高山林地或石面。辽宁、江苏、安徽、浙江、福建、江西、贵州、四川和云南；喜马拉雅山地区有分布。

5　假苞苔属 *Notoscyphus* Mitt.

匍匐交织生长。体形中等；分枝由茎腹面产生；腹叶细小，深 2 裂。雌苞着生茎顶端，膨大成肉质蒴囊。雌苞叶先端开裂。蒴萼缺失。

本属 9 种，主要分布热带地区。中国有 2 种。

假苞苔 *Notoscyphus lutescens*（Lehm. et Lindenb.）Mitt.，Flora Vitiens. 407. 1871. 图 25：9~12

形态特征　匍匐生长。体形中等大小，色泽黄绿，长不及 15 mm。茎横切面细胞分

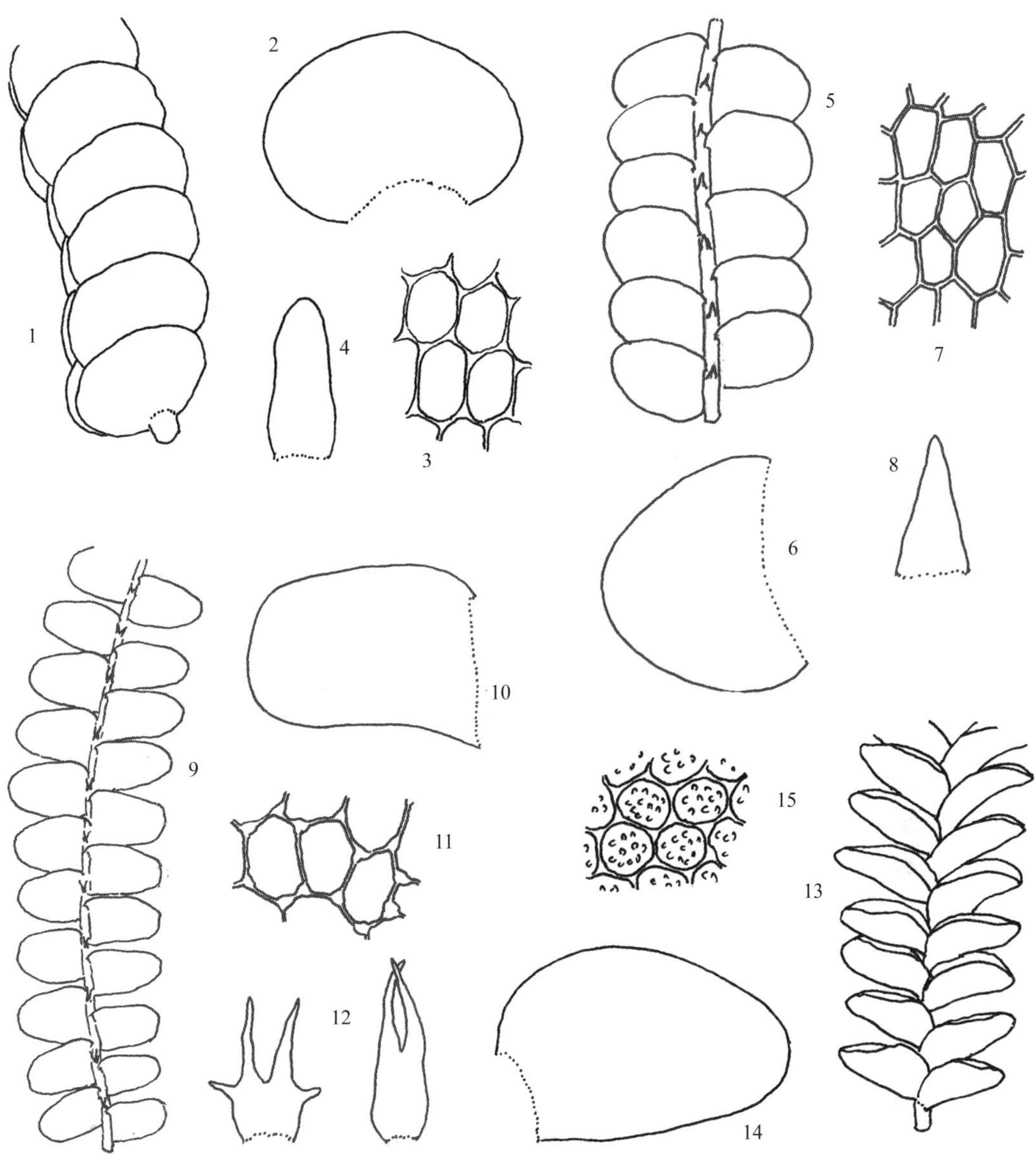

图 25

1~4. 被蒴苔 *Nardia compressa*（Hook.）Gray

1. 植物体的一部分（侧面观，×10），2. 叶（×18），3. 叶中部细胞（×320），4. 腹叶（×55）

5~8. 南亚被蒴苔 *Nardia assamica*（Mitt.）Amak.

5. 植物体的一部分（腹面观，×16），6. 叶（×60），7. 叶中部细胞（×230），8. 腹叶（×180）

9~12. 假苞苔 *Notoscyphus lutescens*（Lehm. et Lindenb.）Mitt.

9. 植物体的一部分（腹面观，×22），10. 叶（×28），11. 叶中部细胞（×280），12. 腹叶（×60）

13~15. 大叶苔 *Scaphophyllum speciosum*（Horik.）Inoue

13. 植物体的一部分（侧面观，×5），14. 叶（×11），15. 叶中部细胞（×170）

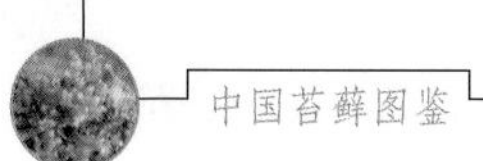

化明显，皮部细胞大，壁厚，中部细胞小而薄壁。叶平展，阔舌形，长约 0.6 mm，宽 0.5 mm。叶细胞椭圆形或多角形，厚壁，三角体明显，有细疣；腹叶大，1/2 深两裂，外侧具 1~2 齿。雌雄异株。雄苞顶生或间生。雌苞叶 1~2 对，上部边缘波曲或具不规则裂片。蒴囊顶生，半球形，肉质，外面密被假根。

生境和分布　生于山地林下具土岩面。浙江、福建、湖南、海南、广西和云南；印度及日本有分布。

6 大叶苔属 *Scaphohyllum* Inoue

疏丛集生长。植物体中等大小，长可达 6 cm，连叶宽 6 mm，色泽亮绿或褐绿色。茎稀少分枝，生于茎腹面。假根透明或淡红色。叶长卵形，内凹，略斜列，先端圆钝，后缘基部下延，长达 4 mm；叶边背卷，全缘。叶边细胞长约 26 μm，近基部细胞长 28~80 μm，壁薄，三角体明显，表面有细疣。雌雄异株。蒴萼顶生，圆柱形，外壁有疣或短毛，上部有数条浅纵褶，具小口，口部有齿突。

单种属。东亚地区特有。中国亦有分布。

大叶苔 *Scaphophyllum speciosum*（Horik.）Inoue，Journ. Jap. Bot. 41：266. 1966. 图 25：13~15

形态特征　种的特征同属。

生境和分布　生于暖湿山区林地。台湾、云南和西藏；不丹有分布。

7 小萼苔属 *Mylia* Gray

密或疏松成片生长。茎匍匐伸展，色泽黄绿至浅黄绿色。长达 10 cm ；分枝不规则。叶 3 列。侧叶相互贴生或分离，长方形或长椭圆形，斜展，尖部圆钝，叶基部不下延；叶边全缘。腹叶狭披针形 。叶细胞薄壁或厚壁，通常具三角体，表面具细疣或平滑。雌雄异株。雄株较纤细 。雌苞着生茎顶，雌苞叶与侧叶同形或略大。蒴萼长椭圆形或扁平卵形，口部平滑或有短毛。孢蒴球形。蒴柄高出蒴萼口部。弹丝具 2 列螺纹加厚。孢子直径 15~20 μm。

本属 12 种，以温带分布为主 ，少数种类见于热带。中国有 3 种。

疣萼小萼苔 *Mylia verrucosa* Lindb.，Acta Soc. Sci. Fenn. 10：236. 1872. 图 26：1~3

形态特征　小片密生，色淡黄绿或褐黄绿色，稀尖部呈紫红色。茎匍匐伸展，长达 3 cm，连叶宽约 3 mm ；横切面扁圆形，细胞无明显分化；分枝常着生蒴萼下。叶蔽后式 排列，长椭圆形或长方形，有时呈阔舌形，尖部宽阔，后缘下延；叶边平滑。叶细胞近于六边形，壁薄，三角体明显，表面有细疣。腹叶狭披针形，基部宽 2~3 个细胞，密被假根。孢蒴长椭圆形。弹丝 2 列螺纹加厚。孢子被细疣，直径约 20 μm。

生境和分布　多生于山区林地或具土岩面，稀着生腐木和树基。台湾、吉林、辽宁和河北；日本及俄罗斯（远东地区）有分布。

应用价值 研究中国苔类形态的重要材料。

013 全萼苔科 GYMNOMITRIACEAE

密丛集生长。植物体色泽褐绿、灰绿色或紫色。茎匍匐、直立或倾立；不分枝或稀少分枝，枝纤细；假根散生茎上，无色或浅褐色。叶两侧交替排列着生茎上，卵形或宽卵形，内凹，上部近于对称2裂，基部不下延。叶细胞小，尖部细胞近圆形，近基部细胞椭圆形，胞壁厚，具三角体。 腹叶常缺失。雌雄同株或异株。雄苞叶数对，每个雄苞叶具1~3个精子器。雌苞顶生；蒴萼缺失或存在 。孢蒴球形或近球形，4瓣深裂。弹丝2~4列螺纹加厚。孢子球形，红色至黑褐色，常具疣。

本科13属，温寒山地林内分布 。中国有5属。

分属检索表

1. 蒴萼发育良好，长椭圆形，明显裸露于雌苞叶外 ……………… 3. 湿生苔属 *Eremonotus*
1. 蒴萼缺失或退化，短筒形，一般不高出于雌苞叶 ……………… 2
2. 叶细胞具叶绿体和油体；蒴萼短或退化；蒴囊发育，常与蒴萼等长 ……………… 1. 钱袋苔属 *Marsupella*
2. 叶尖部细胞和叶边细胞常无叶绿体和油体；蒴萼缺失，蒴囊退化 ……………… 2. 类钱袋苔属 *Apomarsupella*

1 钱袋苔属 *Marsupella* Dum.

疏或密丛集生长。 体形小至中等大小，柔弱或硬挺，色泽褐绿或紫黑色，常呈紫红色。茎直立或匍匐横展。叶多斜展或横生，对折或内凹，上部2裂，裂瓣近于相等 ，尖部圆钝或急尖；叶边全缘，雄苞顶生或间生。雌苞顶生；雌苞叶数对，内雌叶常相连。蒴萼常存。蒴壁2~3层细胞。弹丝2~4列螺纹加厚。

本属45种，多分布欧洲、北美洲及亚洲北部。中国有8种。

分种检索表

1. 叶片卵形或长椭圆形；叶细胞壁三角体明显；蒴萼退化或缺失 ……………… 1. 锐裂钱袋苔 *M. commutata*
1. 叶片圆形或近卵状方形；叶细胞壁三角体不明显；蒴萼发育 ……………… 2. 东亚钱袋苔 *M. yakushimensis*

锐裂钱袋苔 *Marsupella commutata*（Limpr.）Bernet，Cat. Hepat. Suisee 29. 1888. 图 26：4~7

形态特征 密集或疏松成丛。植物体色泽黑褐或红棕色。茎匍匐或直立，长不及 1.5 cm，连叶宽 0.7 mm，分枝稀少；假根无色或略具色。叶卵形，斜生，呈折合状，长约 1 mm，宽 0.5~1 mm，上部浅裂成两瓣，钝尖或圆钝，两裂瓣间呈锐角；叶边全缘，略背卷。叶细胞圆方形，尖部细胞直径约 10 μm，中部细胞长约 15μm，叶基中部细胞长方形，长 15~25 μm；胞壁具球状三角体，表面具疣。雌雄异株。 蒴萼缺失。孢蒴球形。孢子红褐色，具细疣 。

生境和分布 高寒山地岩面或具土岩面生长。吉林、广西、云南和西藏；日本、欧洲及北美洲有分布。

东亚钱袋苔 *Marsupella yakushimensis*（Horik.）Hatt.，Bull. Tokyo Sci. Mus. 11：80. 1944. 图 26：8~9

形态特征 密丛生。体形长达3 cm以上，连叶宽 2 mm，色泽榄绿或褐绿色。茎倾立；稀少分枝。叶覆瓦状，圆形或近卵状方形，长 约 0.8 mm，2 裂成不等裂瓣 ，急尖或圆钝；叶边波状，卷曲。叶细胞圆多角形，尖部细胞长约 10μm，中部细胞长约 15 μm，基部细胞长 25 μm，胞壁厚，三角体不明显，表面平滑。 雌苞叶稍大于茎叶。蒴萼口部具细齿。

生境和分布 山地阴湿岩面或苔原生长。吉林、安徽、江西、广西、四川和西藏；日本有分布。

2 类钱袋苔属 *Apomarsupella* Schust.

疏丛集生长。植物体直立，色泽深棕黑、深褐色或黑色，干燥时稍具光泽。茎长可达 5 cm，横切面皮部细胞较小；假根着生叶腋。叶片密或疏覆瓦状排列，长椭圆形或卵形，两侧均下延，上部 2 裂，裂片圆钝或具钝尖，三角形或卵状三角形；叶边背卷。叶边细胞直径 10~12 μm，叶中部细胞长约 20 μm，基部细胞长 24~43 μm。无腹叶。雌雄异株。雄苞叶类似茎叶。雌苞直立，外雌苞叶稍大于茎叶，内雌苞叶浅裂。

本属 5 种，多分布温带地区。中国有 4 种。

类钱袋苔 *Apomarsupella revoluta*（Nees）Schust.，Journ. Hattori. Bot. Lab. 80：85. 1996. 图 26：10~13

形态特征 密或疏丛生。植物体中等大小，色泽紫红、紫褐色至黑褐色。茎长约 2 cm，直立或倾立，具分枝和鞭状枝；假根无色。叶倾立，卵状椭圆形，长 约1 mm，基部窄，内凹，抱茎，先端背仰，深两裂，裂瓣钝尖；叶边背卷。叶细胞近圆多角形，尖部细胞直径约 9 μm，基部细胞长 20~37 μm，胞壁不等加厚，三角体小；表面具粗疣。孢蒴球形，蒴壁 3 层细胞。弹丝 2 列螺纹加厚。孢子红褐色，直径 10~12 μm，被细疣。

生境和分布 多高山林区具土岩面生长。台湾、广西、四川、云南和西藏；喜马拉雅山地区、日本、欧洲、格陵兰岛、北美洲及大洋洲有分布。

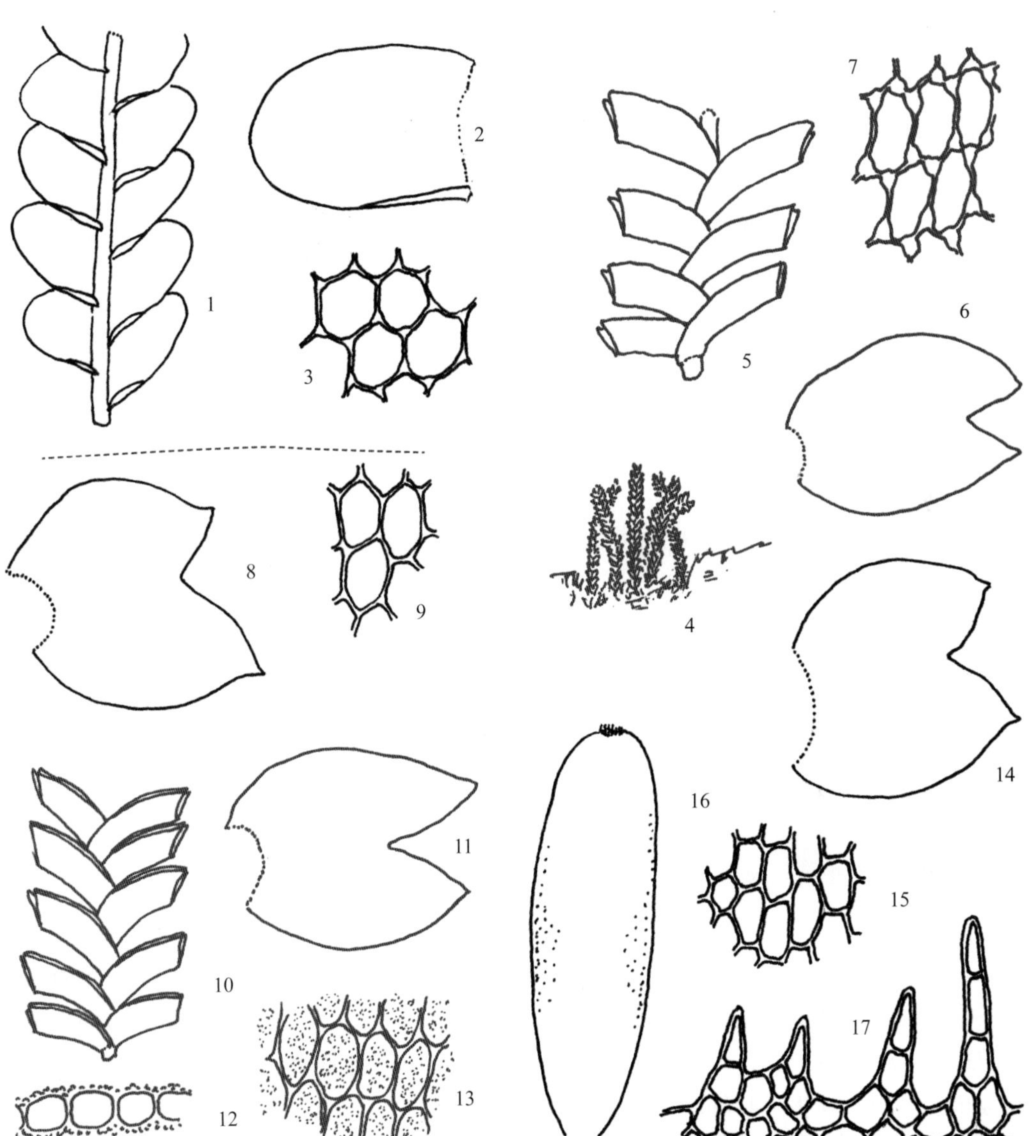

图 26

1~3. 疣萼小萼苔 *Mylia verrucosa* Lindb.

1. 植物体的一部分（背面观，×8），2. 叶（×20），3. 叶中部细胞（×200）

4~7. 锐裂钱袋苔 *Marsupella commutata*（Limpr.）Bernet

4. 着生高山石面的植物群落（×2），5. 植物体的一部分（侧面观，×30），6. 叶（×40），7. 叶中部细胞（×480）

8~9. 东亚钱袋苔 *Marsupella yakushimensis*（Horik.）Hatt.

8. 叶（×40），9. 叶中部细胞（×420）。

10~13. 类钱袋苔 *Apomarsupella revoluta*（Nees）Schust.

10. 植物体的一部分（侧面观，×30），11. 叶（×35），12. 叶横切面的一部分（×420），13. 叶中部细胞（×420）

14~17. 湿生苔 *Eremonotus myriocarpus*（Carr.）Lindb. et Kaal. ex Pears.

14. 叶（×26），15. 叶中部细胞（×230），16. 蒴萼（×40），17. 蒴萼口部细胞（×250）

3 湿生苔属 *Eremonotus* Lindb. et Kaal. ex Pears.

丛集生长。植物体小形，色泽黄褐。茎直立，长可达 12 mm，连叶宽约 0.6 mm；横切面直径 6~7 层细胞；分枝叶腋生；假根散生茎上，无色或浅褐色。叶近卵状方形，宽约 0.6 mm，内折，1/2 两裂，裂瓣钝尖至渐尖，不等大；叶边全缘。叶尖部细胞近方形，中部细胞 长 12~16 μm，胞壁等厚，角部不加厚。腹叶缺失。雌雄异株。雄苞叶呈穗状。雌苞侧生或顶生；雌苞叶与侧叶同形。蒴萼高出于雌苞叶，背腹扁阔，口部具 2~3 个细胞构成的毛状粗齿。孢蒴阔卵形。孢子直径约 12μm，平滑。

单种属，生长温带山区。中国有分布。

湿生苔 *Eremonotus myriocarpus*（Carr.）Lindb. et Kaa1. ex Pears.，Hepat. Brit. Isl. 201. 1900. 图 26：14~17

形态特征 种的特征同属。

生境和分布 生高寒山地林内湿石或腐木上。黑龙江、吉林、内蒙古、四川和西藏；日本及欧洲有分布。

014 合叶苔科 SCAPANIACEAE

片状紧密贴生。体形小至略宽大，色泽灰绿、黄褐色，有时呈紫红色。茎表面为 1~ 5 层小型厚壁细胞，内部为大型薄壁细胞；分枝倾立或直立，生自叶腋间，稀从茎腹面生出。叶蔽前式斜生或横展，多呈不等折合状深 2 裂，背瓣明显小于腹瓣，两瓣相连处成脊；叶边具齿或全缘。腹叶缺失。叶细胞圆六角形、多边形或长多边形，壁厚，有或无三角体，表面平滑或具疣；少数属种叶基中央分化假肋。雌雄异株，稀雌雄同株。 雌苞叶一般与茎叶同形，大而边缘具粗齿。蒴萼着生茎顶端，多背腹扁平，口部宽阔，具齿突，少数口部收缩，具纵褶。孢蒴圆形或椭圆形，褐色，成熟后四瓣分裂。弹丝多 2 列螺纹加厚。孢子具细疣。无性芽胞 1~2 个细胞，常见于茎上部叶的尖部 。

本科 6 属，多温带地区分布。中国有 4 属。

分属检索表

1. 叶背瓣长度约为腹瓣的 2 倍，尖部浅 2 裂；腹瓣强烈膨起 ························ 4. 侧囊苔属 *Delavayella*
1. 叶背瓣长度约为腹瓣的 1/2~2/3，尖部不开裂；腹瓣平展 ························ 2

2. 叶脊部较长，呈弧形弯曲……………………………………………………1. 褶萼苔属 *Douinia*

2. 叶脊部一般较短，多短弧形弯曲……………………………………………………3

3. 叶舌形至狭长卵形，基部抱茎；蒴萼口部收缩，具纵褶……………………2. 折叶苔属 *Diplophyllum*

3. 叶卵形至卵圆形，基部不抱茎；蒴萼背腹扁平，一般口部宽而平，无纵折…………3. 合叶苔属 *Scapania*

1 褶萼苔属 *Douinia*（C. E. O Jensen）Buch

阴湿石壁丛集成片生长。植物体较宽大，褐绿色至绿色，长可达7 cm。茎横切面皮部具3~4层小型厚壁细胞；单一或疏分枝。叶2列状抱茎或斜展，长舌形至匙形，深2裂成背、腹两瓣，背瓣约为腹瓣长度的2/3，两瓣相连处形成长弧形弯曲的脊部；叶边全缘或具粗齿。叶细胞多边形，壁薄，直径约12μm，中部细胞约20μm，基部细胞长30~50μm，胞壁强烈加厚，三角体大。雌雄异株。蒴萼长圆筒形，背腹不扁平，上部收缩，具多数纵褶，口部具不规则毛状齿。芽胞2~4个细胞组成。

本属3种，亚洲东部和美国（阿拉斯加）分布。中国1种。

褶萼苔 *Douinia plicata*（Lindb.）Konstant. et Vilnet, Phytotaxa 76（3）：31. 2013. 图27：1~4

形态特征　同属的描述。

生境和分布　生于寒冷山地具土岩面或石壁。黑龙江、吉林、陕西、四川和云南；日本、朝鲜、俄罗斯（远东地区）和美国（阿拉斯加）有分布。

2 折叶苔属 *Diplophyllum* Dum.

疏松丛集生长。体形较小，色泽褐绿或绿色，硬挺。茎长一般不及2 cm；横切面含1~4层厚壁小细胞的皮部，及内部壁薄大细胞，稀少分枝。叶折合状抱茎或斜生于茎上，背瓣长约为腹瓣的2/3，舌形至狭长卵形，脊部长；叶边全缘或有单细胞小齿。腹叶缺失。叶上部细胞近方形至多边形，近基部中央细胞长方形，壁薄或加厚，三角体小，胞壁中部有时呈球状加厚。雌雄多异株。蒴萼生于茎顶端，长圆筒形或椭圆形，背腹一般不扁平，口部收缩，具多条深纵褶，口部具齿突。孢蒴椭圆形，蒴壁通常多层细胞。弹丝两列螺纹加厚。孢子球形，表面具不规则突起。芽胞2~4个细胞，具多个钝角。

本属27种，北半球分布为主。中国有6种。

分种检索表

1. 叶长带形；腹瓣基部具明显由数列长方形细胞组成的假肋……………………3. 折叶苔 *D. albicans*

1. 叶阔卵形；腹瓣无假肋……………………………………………………2

2. 叶腹瓣尖部较狭，狭长椭圆形；腹瓣宽度为长度的近 1/2 ································ 1. 鳞叶折叶苔 *D. taxifolium*

2. 叶腹瓣尖部较阔，舌形；腹瓣宽度为长度的 1/2~3/5 ································ 2. 钝瓣折叶苔 *D. obtusifolium*

鳞叶折叶苔 *Diplophyllum taxifolium*（Wahlenb.）Dum.，Recueil Observ. Jungermannia 16. 1835. 图 27：5~7

形态特征 丛集生长。植物体较小，色泽黄绿至绿色，稀褐色，长约 2 cm，连叶宽 1.5~2 mm。茎横切面皮部2层厚壁细胞；不分枝或稀疏分枝；假根稀少。叶背瓣狭长椭圆形，尖部圆钝，基部不下延；脊部为腹瓣长度的 2/5；背瓣舌形，约为腹瓣长度的 1/2；叶边平滑或具不规则小齿。叶边细胞约 10 μm，中部细胞长约 15μm，近方形；基部细胞长方形，长 17~50 μm；胞壁不加厚，三角体不明显；表面具密疣。芽胞 2 个细胞，着生茎的尖部 。

生境和分布 着生山地林内石面或地上。黑龙江、吉林、辽宁、福建、江西、湖南和四川；日本、朝鲜、俄罗斯（远东地区）、欧洲及北美洲有分布。

应用价值 含有萜类化合物：(-) - α -selinene，并具较强抗癌性能。

钝瓣折叶苔 *Diplophyllum obtusifolium*（Hook.）Dum.，Recueil Observ. Jungermannia 16. 1835. 图 27：8~9

形态特征 平展成小片生长。植物体尖部上倾，色泽淡绿或黄绿色，长约 1 cm，连叶宽 2 mm。茎有时具分枝 ；假根多簇生于茎上部。叶折合状相互贴生，腹瓣阔舌形，中部以上宽阔，尖部圆钝，基部不下延；脊部为腹瓣长度的 1/3；背瓣狭椭圆形至倒卵形，先端圆钝；叶边具细齿。叶细胞小，叶边细胞 8~10 μm，基部细胞 长 17~50 μm，胞壁薄或略加厚，无三角体，表面具疣。蒴萼卵形至长椭圆形，背腹不扁平或略扁平，口部具多条纵褶或 1~3 个细胞的齿突。孢子表面具疣。芽胞单个细胞 。

生境和分布 山地林内沙质土生。陕西、甘肃、台湾、江西、贵州和云南；日本、俄罗斯、欧洲及北美洲有分布。

折叶苔 *Diplophyllum albicans*（Linn.）Dum.，Recueil Observ. Jungermannia 16. 1835. 图 27：10~14

形态特征 疏丛集生长。植物体长达 4 cm，连叶宽 2~3 mm，色泽黄绿至深绿色，稀褐色。茎横切面 具 2~4 层褐色小形厚壁细胞的皮部；稀少分枝。叶长带形，折合状斜抱茎，不下延，背瓣约为腹瓣长度的 1/2；叶边上部有细齿，或小齿突。叶边细胞约 8 μm，叶基中部具 4~6 列长方形细胞构成的假肋，长 12~60 μm，宽约 17 μm；胞壁等厚，三角体不明显，表面近于平滑。 芽胞单个细胞，多角形，着生叶裂瓣尖端。

生境和分布 生于林内阴湿土壁、树基或具土石面。黑龙江、吉林和台湾；日本、朝鲜、俄罗斯（远东地区）、欧洲及北美洲有分布。

应用价值 含有萜类化合物：albicanol、(-) - α -selinene、ent-selina-4、11-diene、(-) -9 α -acetoxydiplophyllin、9 α -acetoxydiplophyllide，并具较强抗癌性能。

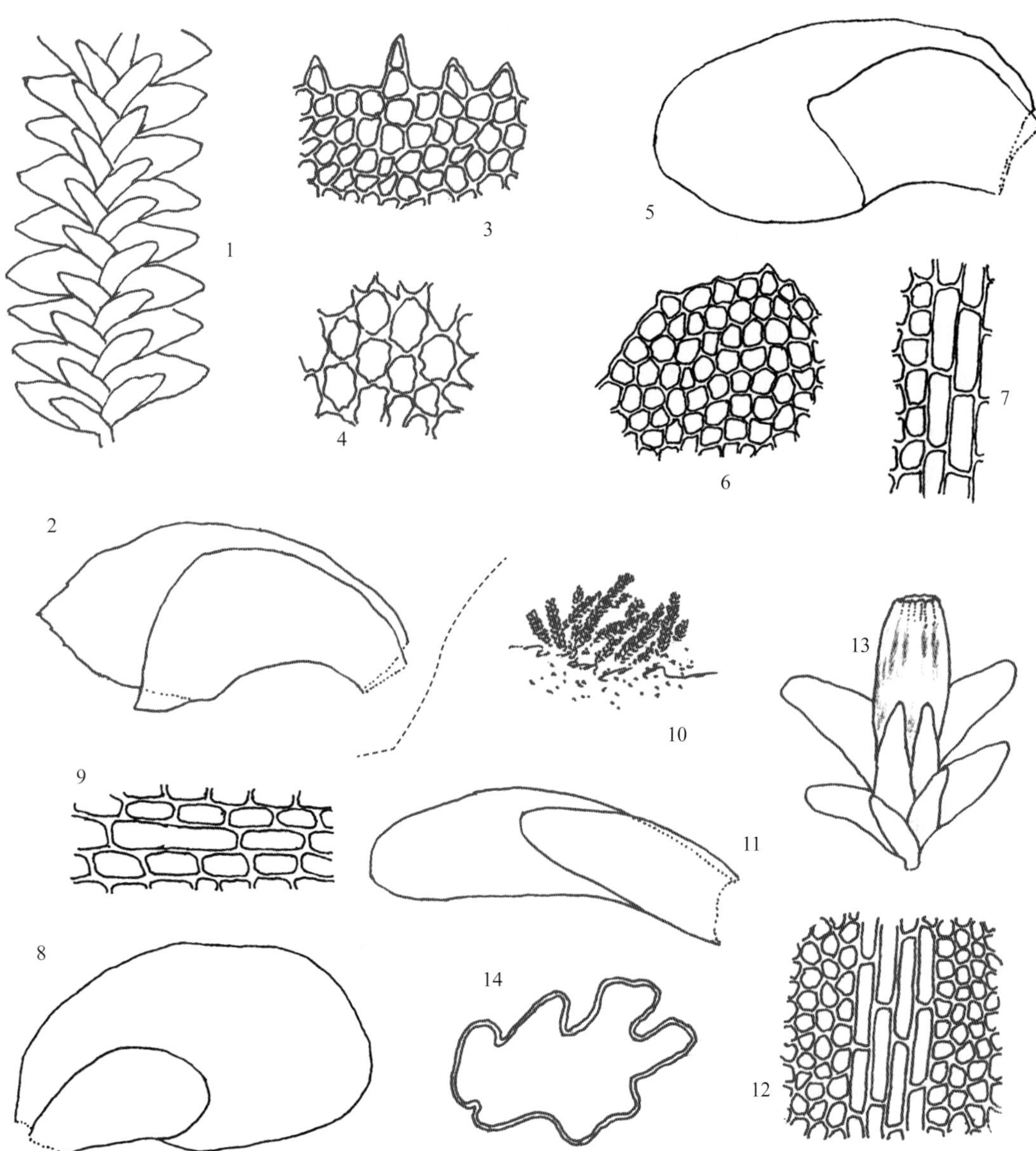

图 27

1~4. 褶萼苔 *Douinia plicata*（Lindb.）Konstant. et Vilnet

1. 植物体的一部分（背面观，×10），2. 叶（背面观，×35），3. 叶尖部细胞（×400），4. 叶中部细胞（×400）

5~7. 鳞叶折叶苔 *Diplophyllum taxifolium*（Wahlenb.）Dum.

5. 叶（背面观，×72），6. 叶尖部细胞（×270），7. 叶基部细胞（×270）

8~9. 钝瓣折叶苔 *Diplophyllum obtusifolium*（Hook.）Dum.

8. 茎叶（背面观，×42），9. 叶基部细胞（×270）

10~14. 折叶苔 *Diplophyllum albicans*（Linn.）Dum.

10. 阴湿岩面生长的植物群落（×1），11. 叶（背面观，×38），12. 叶中部细胞（×210），13. 雌苞（背面观，×12），14. 蒴萼横切面（×30）

3 合叶苔属 *Scapania* (Dum.) Dum.

匍匐片状贴生。植物体上部倾立或直立，长可达 10 cm。茎横切面皮部由多层小形厚壁细胞构成；中部为大型薄壁细胞；单一或稀具侧面分枝。叶深两裂，呈折合状；腹瓣多阔舌形、卵形至宽卵形，稀长椭圆形，多斜生于茎上，基部常下延；背瓣一般小于腹瓣，长方形、圆方形至卵圆形，一般为叶长度的 1/2 或等长，基部有时沿茎下延；腹叶缺失。叶边多具齿或纤毛，稀全緣。叶细胞壁多角形或椭圆形，有时胞壁具三角体，或呈球状加厚；表面平滑或具疣。雌雄异株。雄苞间生。雌苞叶大而与侧叶相似。蒴萼多背腹扁平，无纵褶，口部平截，平滑或具齿突。孢蒴卵形至长卵形，厚壁。孢子表面平滑或具细疣。弹丝 2 列螺纹加厚。芽胞 1~2 个细胞，卵形至纺锤形，有时具棱角。

本属约 90 种，分布温带或热带高山地区。中国有 49 种。

分种检索表

1. 植物体长一般不及 1 cm，稀达 1.5 cm；叶片脊部长，为腹瓣长度的 1/2 以上；叶边平滑或具疏齿……………2
1. 植物体长可达 10 cm；叶片脊部短，稀较长；叶边具齿或长纤毛……………3
2. 叶边全缘；叶细胞具细疣……………3. 多胞合叶苔 *S. apiculata*
2. 叶上部边缘具疏齿；叶细胞平滑……………2. 短合叶苔 *S. curta*
3. 叶脊部短，不及腹瓣长度的 1/5……………4
3. 叶脊部较长，为腹瓣长度的 1/5~3/4……………6
4. 叶细胞表面具粗疣……………5. 离瓣合叶苔 *S. nimbosa*
4. 叶细胞表面平滑……………5
5. 叶背瓣基部不沿茎下延……………6. 分瓣合叶苔 *S. ornithopodioides*
5. 叶背瓣基部沿茎下延……………4. 尼泊尔合叶苔 *S. nepalensis*
6. 背、腹瓣近于等大……………8. 细齿合叶苔 *S. parvitexta*
6. 背瓣明显小于腹瓣……………7
7. 叶边密具透明、单细胞纤毛状齿……………1. 刺边合叶苔 *S. ciliata*
7. 叶边全缘或具短钝齿……………8
8. 叶细胞表面具粗疣……………11. 粗疣合叶苔 *S. verrucosa*
8. 叶细胞表面平滑或具细疣……………9
9. 生沼泽或水湿处；植物体较宽大……………7. 大合叶苔 *S. paludosa*
9. 多生于较干燥环境；植物体较小……………10
10. 植物体一般长 2 cm 以上；叶腹瓣基部明显下延；叶边略呈波状……………10. 合叶苔 *S. undulata*
10. 植物体长不及 2 cm；叶腹瓣基部不下延；叶边不呈波状……………9. 小合叶苔 *S. parvifolia*

刺边合叶苔 *Scapania ciliata* S. Lac. in Miquel，Ann. Mus. Bot. Lugd.-Bot. 3：209. 1867. 图 28：1~4

形态特征 密丛集生长。体高可达 4 cm，连叶宽 3~4 mm，色泽黄绿或绿色，有时呈褐色。茎无分枝或叉状分枝，直立或上部倾立；横切面皮部和中部细胞异形；假根无色。叶离生或相互贴生，不等 2 裂，呈折合状。背瓣阔卵形，脊部约为背瓣长度的 1/3，平直或略弯曲，背瓣基部越茎，略下延；腹瓣近于横展，宽卵形，尖部圆钝，为背瓣长度的 1.5 倍，基部长下延；叶边具长 1~2 个细胞的透明刺状齿 。叶边细胞圆方形至圆多边形，直径约 15 μm，中部细胞长约 18μm，基部细胞长 30~40 μm，三角体中等大小；表面密被粗疣。 蒴萼长筒形，口部密具长纤毛状齿，长 1~4 个单列细胞。芽胞 2 个细胞，椭圆形。

生境和分布 习生山地林内潮湿岩壁、林地或腐木上。陕西、江苏、安徽、浙江、台湾、福建、江西、湖南、广东、广西、贵州、四川、云南和西藏；喜马拉雅山地区、日本及朝鲜有分布。

短合叶苔 *Scapania curta*（Mart.）Dum.，Recueil Oberv. Jungermannia 14. 1835. 图 28：5~6

形态特征 密丛集生长。体形较小，色泽淡绿，长约 1.5 cm，连叶宽 1.5~2.5 mm。茎横切面皮部 1~2 层小型厚壁细胞。叶离生或密覆瓦状排列，不等两裂，脊部弓形，约为腹瓣长度的 1/2；腹瓣倒卵形，基部不下延，尖部圆钝，全缘或上部具稀疏单细胞小齿，有时先端具小尖；背瓣与腹瓣同形，约为腹瓣的 1/2，先端常有小齿。叶边具 1~3 列 的厚壁细胞，直径约 20 μm，形成明显的边缘；中部细胞薄壁，角部略加厚，直径 20~24 μm，基部细胞 18~22 μm，表面平滑或具细疣。蒴萼圆筒形，背腹多扁平，口部密生 1~3 个细胞的长齿。芽胞 2 个细胞，椭圆形。

生境和分布 多生于林内阴湿具土岩面或土上。黑龙江、吉林、陕西、安徽、浙江、台湾、江西、贵州、四川、云南和西藏；日本、朝鲜、俄罗斯（远东地区）、欧洲及北美洲有分布。

多胞合叶苔 *Scapania apiculata* Spruce，Ann. Mag. Nat. Hist. 2，4：106. 1849. 图 28：7~10

形态特征 常丛集着生。体形小，长不及 5 mm，色泽黄绿。茎直立或尖部上倾；横切面皮部为 2 层褐色厚壁小细胞，内部细胞大，薄壁；稀少分枝；假根多数。叶相互贴生或覆瓦状排列，背瓣近长方形，尖部平截，约为腹瓣长度的 2/3；腹瓣长卵状舌形，先端常具小尖，脊部平直；叶边全缘。叶细胞较大，圆多边形；胞壁三角体大；尖部细胞约 20 μm，中部细胞长 25~27 μm，表面具疣。 雌雄异株。芽胞单个细胞，常见于鞭状枝的叶片尖部，红褐色，圆方形。

生境和分布 生于湿润山区林内腐木上，稀生具土岩面。黑龙江、吉林、湖南、贵州和西藏；日本、朝鲜、俄罗斯（远东地区）、欧洲及北美洲有分布。

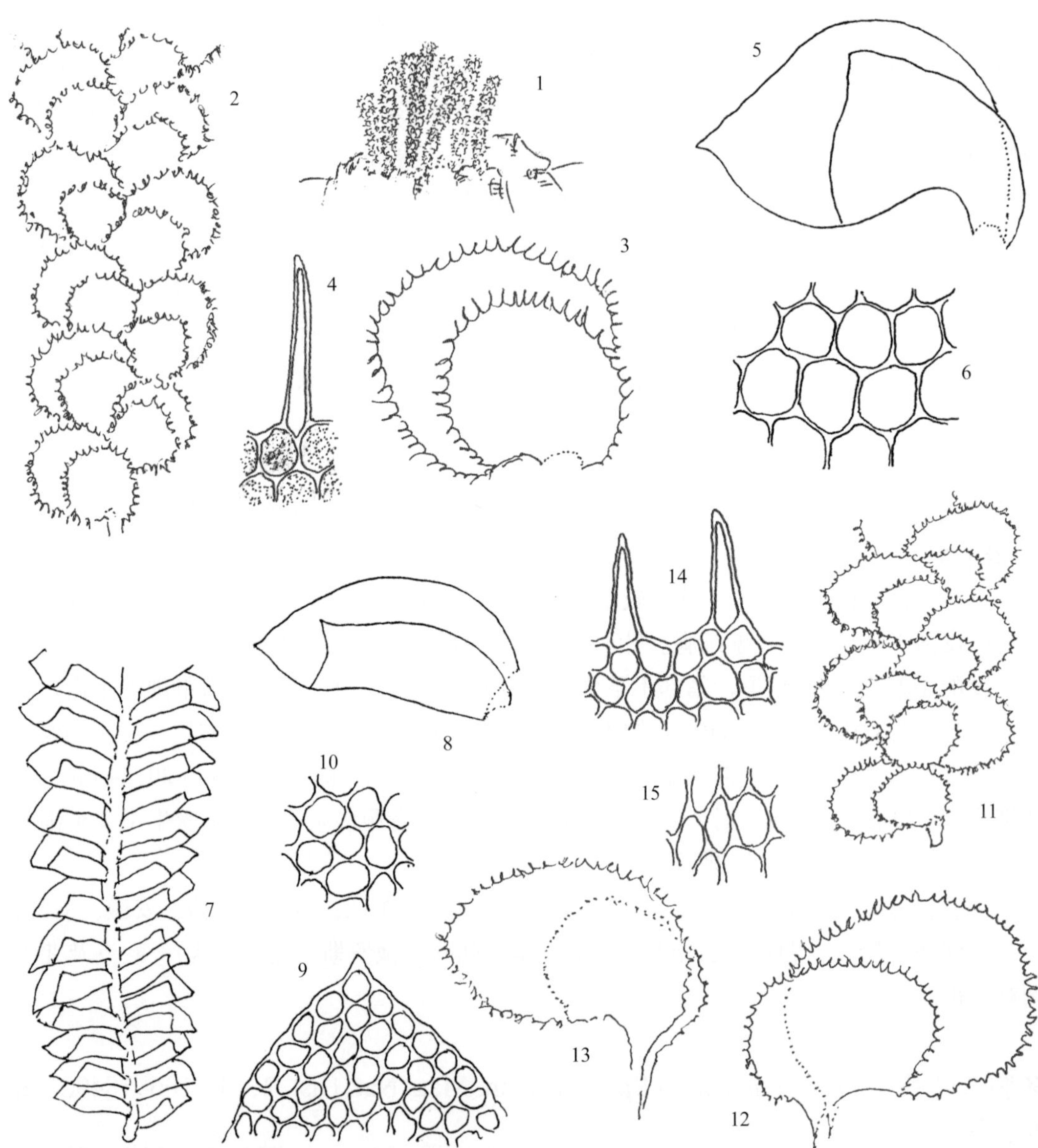

图 28

1~4. **刺边合叶苔** *Scapania ciliata* S. Lac.

1. 阴湿岩面生长的植物群落（×1），2. 植物体的一部分（背面观，×7），3. 叶（背面观，×20），4. 叶边细胞，示具刺状齿（×300）

5~6. **短合叶苔** *Scapania curta*（Mart.）Dum.

5. 叶（背面观，×35），6. 叶中部细胞（×360）

7~10. **多胞合叶苔** *Scapania apiculata* Spruce

7. 植物体的一部分（背面观，×15），8. 叶（背面观，×28），9. 叶尖部细胞（×200），10. 叶中部细胞（×200）

11~15. **尼泊尔合叶苔** *Scapania nepalensis* Gott.，Lindenb. et Nees

11. 植物体的一部分（背面观，×12），12，13. 叶（×20），14. 叶边细胞（×200），15. 叶中部细胞（×200）

尼泊尔合叶苔 *Scapania nepalensis* Gott.，Lindenb. et Nees，Syn. Hepat. 71. 1844. 图 28：11~15

形态特征 密集丛生。体褐色，长可达 5 cm。茎单一，有时分枝；假根半透明，密集生长。叶阔椭圆形；背瓣阔卵圆形，钝端，脊部长，基部明显越茎，并沿茎下延；腹瓣卵形，约为背瓣的 2 倍，基部沿茎下延；叶边密生单细胞的毛状长齿。 叶边细胞小，约 6 μm，角部加厚，中部细胞 长约 12 μm，基部细胞长约 20 μm；表面平滑。雌雄异株。蒴萼梨形，背腹不扁平，口部具毛状齿。芽胞通常 2 个细胞，淡棕紫色，卵形，着生叶片先端。

生境和分布 生山地林下潮湿岩面或树基。贵州、四川、云南和西藏；尼泊尔及印度北部有分布。

离瓣合叶苔 *Scapania nimbosa* Tayl. ex Lehm.，Pug. Plant. 6. 1844. 图 29：1~4

形态特征 常与其他藓类组成群丛。 体形宽大，色泽红褐，长可达 10 cm 。茎单一或分枝；假根稀少。叶相互贴生呈覆瓦状，背瓣小于腹瓣。背瓣卵形，基部越茎，脊部甚短，呈弧形；腹瓣阔卵形，略小于背瓣 ，沿茎下延；叶边具疏纤毛状齿，齿长 1~2 个细胞，基部宽 2 个细胞 。叶细胞近圆形，角部强烈加厚，黄褐色，叶尖部细胞约 12 μm，中部细胞 15 μm，基部细胞长约 30 μm，宽约 10 μm，表面具粗疣。

生境和分布 习生山区林内阴湿岩面。台湾、贵州、四川、云南和西藏；印度北部、尼泊尔、苏格兰及挪威有分布。

分瓣合叶苔 *Scapania ornithopodioides*（With.）Waddell，Hepat. Brit. Isl. 219. 1900. 图 29：5~7

形态特征 丛集生长。体形大至中等大小，色泽褐绿至褐色，长达 4 cm。茎一般不分枝，稀顶部具分枝；横切面皮部具 3~4 层褐色小形厚壁细胞 ；假根无色，疏生。叶相互贴生；背瓣心状卵形，基部略下延，脊部短；腹瓣长卵形至卵形，约为背瓣的 2~2.5 倍，具钝尖，基部不沿茎下延；叶边齿具 1~2 个细胞，近基部齿长达 4~6 个细胞。叶细胞圆卵形，角部强烈加厚；叶边细胞近圆形，直径约 15μm，中部细胞不规则长方形，长约 26 μm，基部细胞长 26~34 μm；表面平滑或具不明显疣。芽胞椭圆形，深褐色，2 个细胞。

生境和分布 生于山区林内岩面或树干上。浙江、台湾、福建、湖南、贵州、四川、云南和西藏；不丹、印度、菲律宾、日本、欧洲西北部及美国(阿拉斯加、夏威夷)有分布。

大合叶苔 *Scapania paludosa*（K. Müll.）K. Müll.，Mitt. Bad. Bot. Vereins n. 182~183：287. 1902. 图 29：8~11

形态特征 水生或湿生苔类。体形宽大，长可达 10 cm，绿色至黄绿色，老时渐呈褐色。茎上部直立或倾立，横切面皮部为 2~3 层小型厚壁细胞。叶疏生或相互贴生；背瓣圆弧形或肾形，基部越茎，沿茎狭长下延 ；腹瓣约为背瓣的 2 倍，近圆形，脊部为腹瓣长

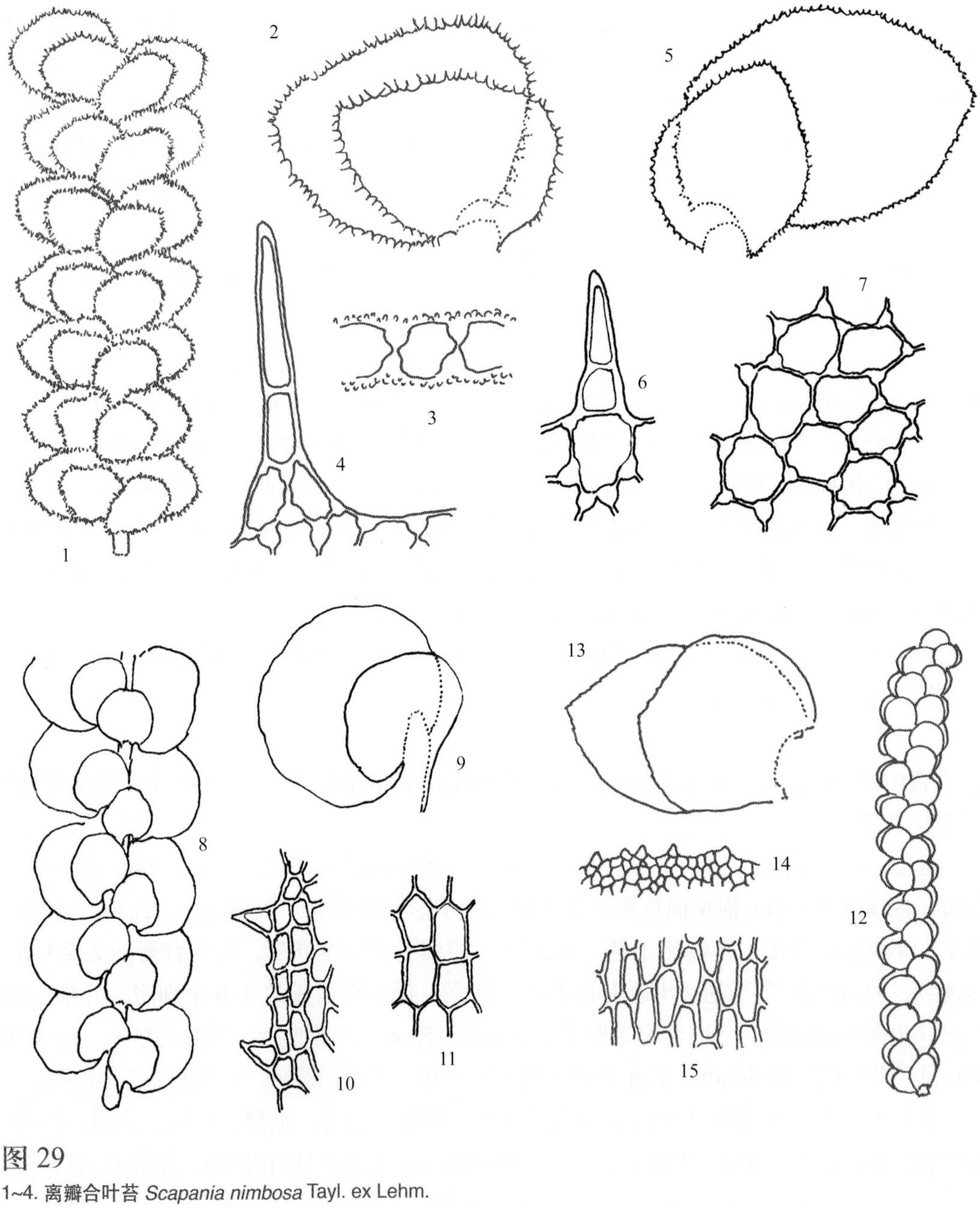

1
2
3
4
5
6
7
8
9
10
11
12
13
14
15

图 29

1~4. **离瓣合叶苔** *Scapania nimbosa* Tayl. ex Lehm.

1. 植物体的一部分（背面观，×10），2. 叶（背面观，×20），
3. 叶横切面的一部分，示叶细胞两侧表面密被粗疣（切面观，×250），4. 叶边细胞（×250）

5~7. **分瓣合叶苔** *Scapania ornithopodioides*（With.）Waddell

5. 叶（背面观，×25），6. 叶边细胞（×280），7. 叶中部细胞（×280）

8~11. **大合叶苔** *Scapania paludosa*（K. Müll.）K. Müll.

8. 植物体的一部分（背面观，×4），9. 叶（背面观，×10），10. 叶中部边缘细胞（×160），11. 叶基部细胞（×145）

12~15. **细齿合叶苔** *Scapania parvitexta* Steph.

12. 植物体（背面观，×12），13. 叶（背面观，×45），14. 叶边细胞（×180），15. 叶基部细胞（×210）

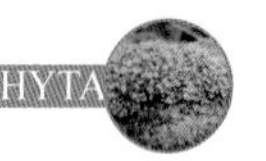

度的 1/5~1/3，呈弧形弯曲，基部沿茎下延；叶边全缘或具单细胞疏尖齿。叶边细胞近方形，薄壁，三角体不明显，直径约 15 μm，中部细胞圆多边形，基部细胞长椭圆形，长 45 μm，宽约 20 μm；表面近于平滑或具细疣。

生境和分布　习生沼泽地或林下湿地，稀着生潮湿土面或具土岩面。黑龙江、吉林和内蒙古；日本、朝鲜、俄罗斯（远东地区）、欧洲及北美洲有分布。

细齿合叶苔 *Scapania parvitexta* Steph.，Bull. Herb. Boiss. 5：107. 1897．图 29：12~15，30：5~9

形态特征　密丛集生长。体形中等大小，长可达 3 cm，色泽黄绿至绿色。茎上部倾立，稀疏分枝；横切面皮部由 2~5 层小形厚壁细胞组成；假根无色。叶密覆瓦状排列；背瓣宽短卵形，具圆钝尖或稀短尖，基部越茎，不下延；脊部略长；腹瓣卵形，前缘圆弧形，基部略下延，尖部圆钝，有时具小尖或细齿；叶边密生不规则小齿。叶边细胞约 10 μm，基部细胞长 20~34 μm，胞壁略厚，三角体不明显至中等大小；表面密具疣。芽胞单细胞，椭圆形，绿色或带红色。

生境和分布　习生山区花岗岩或灌丛下具土岩面，有时生树干或腐木上。吉林、辽宁、安徽、浙江、台湾、福建、江西、广西、贵州、四川、云南和西藏；日本有分布。

应用价值　含有 γ-cuparene。

小合叶苔 *Scapania parvifolia* Warnst.，Hedwigia 63：78. 1921. 图 30：1~4

形态特征　小片状丛集生长。体长约 2 cm，连叶宽 2~3 mm，色泽黄绿。茎多不分枝；横切面皮部为 2 层厚壁细胞。叶密或疏生；背瓣阔卵状舌形或阔菱形，向基部渐窄，不下延；腹瓣长舌形，有时先端具锐尖，长度约为宽度的 2 倍，基部不下延，脊部长，略呈弓形弯曲；叶边近于平滑或上部具齿。叶边 2~4 列细胞较小于中部细胞，形成由厚壁细胞组成不明显分化的边缘；中部细胞多边形，直径 15~20 μm，角部略加厚；基部细胞短长方形，具细疣。蒴萼筒形，口部宽阔，无齿。芽胞 2 个细胞，长椭圆形，绿色。

生境和分布　多湿润岩面薄土或土上生，稀腐木生。黑龙江、吉林、辽宁、内蒙古、陕西、新疆、安徽、云南和西藏；日本、俄罗斯（远东地区）、欧洲及北美洲有分布。

合叶苔 *Scapania undulata*（Linn.）Dum.，Recueil Observ. Jungermannia 14. 1835. 图 30：10~13

形态特征　密或松疏丛集生长。体多灰绿色或黄绿色，稀呈粉红色，长可达 10 cm，连叶宽 2~4 mm。茎常具分枝；横切面皮部 3 层褐色小形厚壁细胞。叶疏生或覆瓦状排列；背瓣肾形或阔卵形，约为腹瓣长度的 1/2，基部越茎，不下延；腹瓣阔卵形，尖部圆钝；脊部为腹瓣长度的 1/3~1/2，平直或弧形弯曲；叶边常波形，全缘或具细齿。叶细胞壁薄或略加厚，三角体不明显，叶边细胞长约 17 μm，基部细胞近长方形，长约 40 μm；表面近于平滑。芽胞卵形至椭圆形，多 2 个细胞。

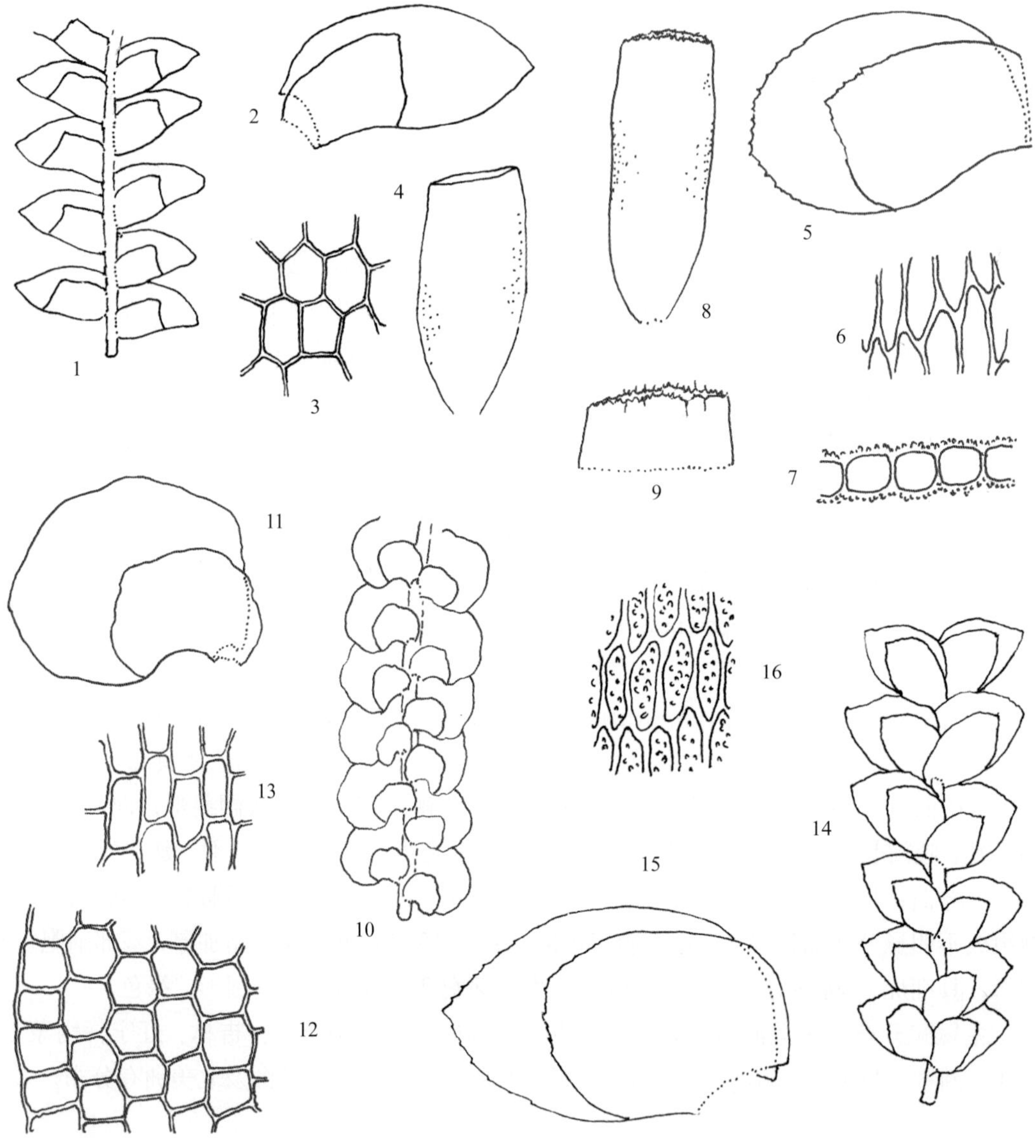

图 30

1~4. 小合叶苔 *Scapania parvifolia* Warnst.

1. 植物体的一部分（背面观，×30），2. 叶（背面观，×50），3. 叶中部细胞（×600），4. 蒴萼（×15）

5~9. 细齿合叶苔 *Scapania parvitexta* Steph.

5. 叶（背面观，×30），6. 叶基部细胞（×300），7. 叶横切面的一部分，示表面具密疣（×350），8. 蒴萼（×14），9. 蒴萼口部（×20）

10~13. 合叶苔 *Scapania undulata*（Linn.）Dum.

10. 植物体的一部分（背面观，×12），11. 叶（背面观，×45）12. 叶边细胞（×600），13. 叶基部细胞（×450）

14~16. 粗疣合叶苔 *Scapania verrucosa* Heeg

14. 植物体的一部分（背面观，×10），15. 叶（背面观，×15），16. 叶基部细胞（×300）

生境和分布 习生山地溪边潮湿岩面。黑龙江、内蒙古、陕西、安徽、浙江、台湾、福建、江西、湖南、广西、四川和西藏；日本、朝鲜、俄罗斯、俄罗斯（远东地区）、欧洲及北美洲有分布。

应用价值 含有 α-bisabolene 和（-）-β-bisabolene；含有萜类化合物：（+）-α-himachalene、（-）-β-himachalene、（+）-γ-himachalene、（-）-caryophyllene、（+）-α-chamigrene、（+）-β-chamigrene、α-helmiscapene、β- helmiscapene、sibirene、（+）-γ-bulgarene、（+）-γ-cadinene、（+）-ent-epicubenol。

粗疣合叶苔 *Scapania verrucosa* Heeg，Rev. Bryol. 20：81. 1893. 图 30：14~16

形态特征 密小片状生长。体形小至中等大小，色泽黄绿至绿色，有时呈红色。茎稀少分枝，长达 3 cm；横切面细胞明显异形，皮部 3~4 层为小型厚壁细胞，呈红褐色。叶相互贴生或呈覆瓦状，近于斜展；背瓣卵形至斜卵形，基部圆钝，略越茎，尖部钝端；腹瓣长卵形，尖部钝或具小尖，脊部为腹瓣长度的 1/3~1/2，基部沿茎下延；叶边具疏细齿。叶中上部细胞近圆方形，厚壁，具三角体，近边缘细胞 10~12 μm，基部细胞长六角形；表面具粗疣。雌雄异株。芽胞 2 个细胞，红褐色，具棱角，多着生叶片尖部。

生境和分布 生林内阴湿岩面或腐木上。吉林、河北、陕西、甘肃、安徽、浙江、福建、江西、广西、贵州、四川、云南和西藏；喜马拉雅山地区、日本及欧洲有分布。

4 侧囊苔属 *Delavayella* Steph.

疏松丛集生长。体形柔弱，色泽黄绿至褐绿色，略具光泽。茎长 1~2 cm，疏具分枝。叶 2 列，蔽前式覆瓦状排列，卵状三角形，尖部狭窄，浅 2 裂，略向腹面弯曲；叶边全缘或具小齿突，前缘常向腹面弯曲，基部下延；腹瓣卵圆形，强烈膨起呈囊状。无腹叶。叶中上部细胞圆形至圆六角形，壁薄，三角体小而明显；叶基部细胞长椭圆形至长多边形，具三角体；表面具细密疣。雌雄异株。雌苞着生茎顶。雌苞叶明显大于茎叶，长卵形，先端裂成 2 瓣。蒴萼大，圆柱形，背腹略扁平，口部不规则浅裂或有齿突。茎和分枝尖部常见细长鞭状枝。

本属 1 种，生长喜马拉雅山地区。中国有分布。

侧囊苔 *Delavayella serrata* Steph.，Mem. Soc. Nat. Sci. Nat. Cherbourg. 29：211. 1894. 图 31：1~3

形态特征 种的形态特征同属。

生境和分布 着生高山林内沟谷树干或腐木上。四川和云南；不丹、尼泊尔及印度北部有分布。

015 地萼苔科 GEOCALYCACEAE

成小群落或与其他苔藓混生。体形多中等大小，稀纤小，色泽灰绿或暗褐绿色，具暗光泽。茎匍匐，横切面皮部细胞不分化；分枝多顶生 ；假根散生于茎枝腹面，或腹叶基部。叶蔽后式覆瓦状排列，近于平展，尖端多狭而平截，两裂或具齿。叶细胞形大，薄壁，表面平滑，稀具细疣或粗疣；细胞内多含球形或长椭圆形油体。腹叶多扁宽，2 裂，或浅两裂，两侧具齿，稀呈舌形，两侧或一侧基部与侧叶基部相连。雄枝侧生，雄苞叶呈囊状。雌苞顶生或生于短侧枝上，雌苞叶分化或不分化，稀发育由茎顶下垂生长的蒴囊。蒴柄长。孢蒴卵形或长椭圆形，成熟后 4 瓣深裂。弹丝 2 列螺纹加厚 。孢子细小。无性芽胞多生于叶尖部，椭圆形或不规则形，2 至多个细胞。

本科 4 属。多分布温带、亚热带地区。中国有 4 属。

分属检索表

1. 叶和腹叶尖部多 2 裂；假根生于茎腹面；蒴萼不发育或发育弱，具蒴囊……………………1. 地萼苔属 *Geocalyx*
1. 叶和腹叶尖部多不开裂，具齿，稀全缘；假根生于腹叶基部 ；蒴萼发育，无蒴囊……………………………………2
2. 腹叶基部两侧与侧叶相连；雌苞生于短侧枝上……………………………………………………2. 异萼苔属 *Heteroscyphus*
2. 腹叶不与侧叶基部相连，或仅一侧与侧叶相连；雌苞生于茎或长枝先端 ……………3. 裂萼苔属 *Chiloscyphus*

1 地萼苔属 *Geocalyx* Nees

交织成片生长。植物体匍匐。叶密覆瓦状蔽后式排列，先端浅裂。腹叶小，深 2 裂。雌雄同株异苞。雌雄苞均生于短侧枝上。蒴囊发育，棒状。

本属 4 种，温带和亚热带地区分布。中国有 1 种。

狭叶地萼苔 *Geocalyx lancistipulus*（Steph.）Hatt.，Journ. Jap. Bot. 28：234. 1953. 图 31：4~7

形态特征 常与其他苔藓植物组成群落。体形中等大小，色泽淡绿至深绿色。茎匍匐，长约 2.5 cm，连叶宽 2~3 mm；稀少分枝，生于茎腹面。假根着生茎腹面。叶长卵形或近长方形，2 裂达叶长度的 1/4，后缘较平直，前缘略呈弧形；叶边平滑。叶细胞近六边形，基部细胞稍长大，壁薄，三角体小或缺失，表面具细疣。腹叶小，与茎近于等宽，3/5~4/5 两裂，两侧一般无齿。 雌苞生于茎腹面短枝上。雌苞叶三角形，颈卵器受精后发育成长圆柱形蒴囊，外被多数假根。 孢蒴卵形或球形，成熟后 4 瓣开裂。弹丝具 2 列螺纹加厚。孢子直径约 12 μm。芽胞生于鞭状枝尖或叶尖。

生境和分布　生于林下湿土或腐木上，稀生湿石土。吉林、浙江、四川和云南；日本有分布。

2 异萼苔属 *Heteroscyphus* Schiffn.

体形多变化，色泽淡绿或黄绿色，有时暗绿色。茎横切面细胞不分化，不规则分枝，分枝生于茎腹面叶腋。假根散生或生于腹叶基部。叶近于平列，尖端两裂或具齿，基部一侧或两侧与腹叶相连。叶细胞壁薄，三角体大，稀不明显，表面平滑；油体少。腹叶宽大，两裂或不规则深裂。雌苞着生短枝上。雄苞生于短侧枝上；短枝上无正常叶发育，仅雄苞叶。

本属约 60 余种，分布亚热带和温带山地。中国有 14 种。

分种检索表

1. 茎叶尖部圆钝，全缘；腹叶宽于茎直径……4. 柔叶异萼苔 *H. tener*
1. 茎叶尖部近于平截，两裂或具齿；腹叶与茎直径等宽或宽于茎……2
2. 叶尖部仅两侧具齿，叶边较平直……2. 双齿异萼苔 *H. coalitus*
2. 叶尖部具多个细齿或不规则粗齿，叶边弧形弯曲……3
3. 植物体多不透明；叶尖部具 4~10 个齿，齿由多个细胞组成……3. 四齿异萼苔 *H. argutus*
3. 植物体一般较透明；叶尖部具 2~4 个齿，齿由 1~3 个细胞组成……4
4. 叶多卵形，近基部较宽；叶尖部一般具 4 个齿；腹叶两侧具裂瓣……1. 平叶异萼苔 *H. planus*
4. 叶卵状长方形，近于等宽；叶尖部一般具 2 个齿；腹叶两侧不具裂瓣……5. 南亚异萼苔 *H. zollingeri*

平叶异萼苔 *Heteroscyphus planus*（Mitt.）Schiffn.，Österr. Bot. Zeitschr. 60：171. 1910. 图 31：8~11

形态特征　平展交织成片。体形宽大，色泽黄绿或绿色。茎长可达 5 cm，连叶宽 2~3.5 mm；稀少分枝。叶疏列或覆瓦状排列，长卵形，尖部平截，具 2~5 个齿；两侧叶边全缘。叶细胞近六角形，壁薄，三角体小而明显，基部细胞直径约 15 μm；表面平滑。腹叶宽于茎直径，深 2 裂，裂瓣呈披针形，两侧各具一小裂瓣，基部一侧与侧叶相连。雌雄异株。雌雄苞着生茎腹面短枝上。雌苞叶大，上部开裂。孢蒴球形。孢子球形，表面粗糙。

生境和分布　着生温湿林内树基、林地或腐木上。吉林、江苏、安徽、福建、台湾、江西、湖南、广东、海南、广西、贵州、四川、云南和西藏；日本也有分布。

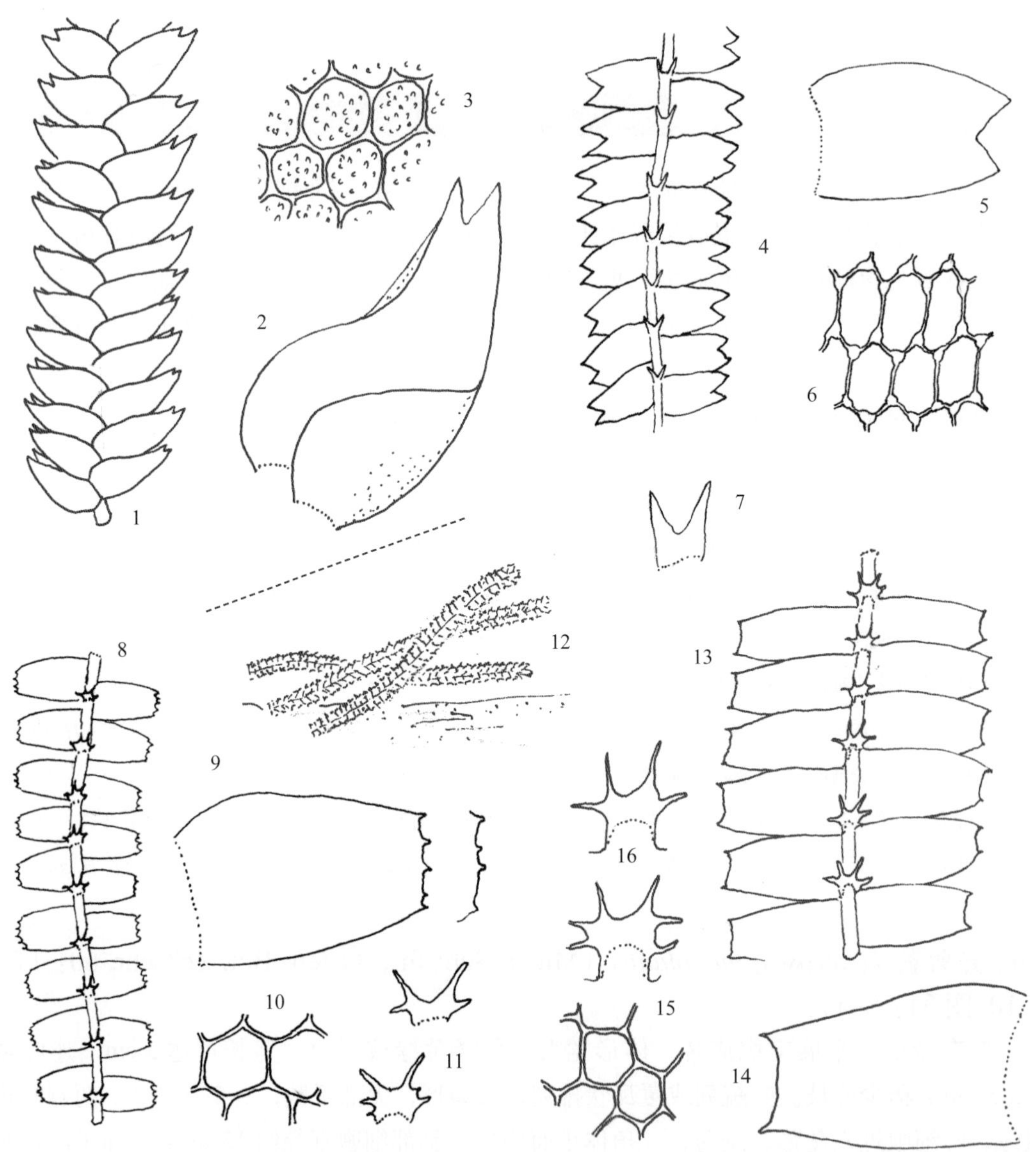

图 31

1~3. 侧囊苔 *Delavayella serrata* Steph.

1. 植物体的一部分（背面观，×60），2. 叶（腹面观，×105），3. 叶中部细胞（×550）

4~7. 狭叶地萼苔 *Geocalyx lancistipulus*（Steph.）Hatt.

4. 植物体的一部分（腹面观，×12），5. 叶（×24），6. 叶中部细胞（×380），7. 腹叶（×60）

8~11. 平叶异萼苔 *Heteroscyphus planus*（Mitt.）Schiffn.

8. 植物体的一部分（腹面观，×10），9. 叶及叶的尖部（×18），10. 叶中部细胞（×380），11. 腹叶（×15）

12~16. 双齿异萼苔 *Heteroscyphus coalitus*（Hook.）Schiffn.

12. 着生林下湿土上的植物群落（×1），13. 植物体的一部分（腹面观，×15），14. 叶（×30），15. 叶中部细胞（×300），16. 腹叶（×24）

双齿异萼苔 *Heteroscyphus coalitus*（Hook.）Schiffn., Österr. Bot. Zeitschr. 60：172. 1910. 图 31：12~16

形态特征 多与其他苔藓组成群落。植物体中等大小，色泽亮绿或黄绿色，基部褐绿色，长达 6 cm，连叶宽 2~3 mm。叶卵状长方形尖部平截，两角突出呈尖齿，基部宽阔；叶两侧全缘。叶细胞六角形，薄壁，无三角体，长约 35 μm，宽 28 μm，表面平滑。腹叶扁方形，宽度为茎直径的 2~3 倍，具 4~6 齿，两侧基部与侧叶相连。雌雄异株。雌雄苞生于短侧枝上。雄苞穗状。雌苞叶小，具不规则齿。蒴萼长约 2 mm，口部阔，具毛状齿。

生境和分布 生于较低海拔的林下、湿岩石或腐木上，稀生于树基。河南、江苏、浙江、台湾、福建、湖南、广东、海南、广西、贵州、四川、云南和西藏；日本、菲律宾、印度尼西亚、澳大利亚及巴布亚新几内亚有分布。

应用价值 含有萜类化合物：β -calacorene。

四齿异萼苔 *Heteroscyphus argutus*（Reinw., Bl. et Nees）Schiffn., Österr. Bot. Zeitschr. 60：172. 1910. 图 32：1~5

形态特征 匍匐交织成片生长。色泽淡绿或黄绿色，长可达 3 cm，连叶宽 1.5~2.5 mm。叶蔽后式排列，长方形，尖部多圆钝，具 4~10 小齿；两侧叶边全缘。叶细胞近六边形，尖部细胞约 20 μm，中部细胞 20~22 μm，壁薄或厚，无三角体，不透明，表面平滑。腹叶小，深 2 裂，两侧近基部具粗齿，基部一侧多与侧叶相连。雌雄异株。雌苞生于短侧枝上；雌苞叶卵状披针形，边缘具不规则齿。蒴萼具 3 条纵褶，边缘 3 裂，具刺状长齿。

生境和分布 生于低海拔至 2 800 m 的林下树基、腐木或湿土上。江苏、浙江、台湾、福建、江西、湖南、广东、海南、广西、贵州、四川、云南和西藏；日本、菲律宾、印度尼西亚、澳大利亚及非洲有分布。

柔叶异萼苔 *Heteroscyphus tener*（Steph.）Schiffn., Österr. Bot. Zeitschr. 60：172. 1910. 图 32：6~8

形态特征 小片状生长或夹生于其他苔藓群落中。植物体稍宽，色泽黄绿或褐绿色。茎匍匐或尖部上倾，长约 2 cm，连叶宽 3~4 mm；稀少分枝。假根束状生腹叶基部。茎叶平展，近椭圆形，长约 2 mm，宽约 2 mm，内凹，尖部圆钝，前缘阔弧形，后缘圆弧形，基部与腹叶相连；叶边全缘。叶细胞多边形，中上部细胞直径约 60 μm，近基部细胞直径 55~90 μm，基部细胞略长，胞壁薄，三角体明显球状加厚。腹叶近圆形，约为茎直径的 3~4 倍，相互贴生，上部圆钝或略开裂，两侧基部与侧叶相连。

生境和分布 着生湿热林下草丛中、路边湿土壁或岩面。广西、四川和云南；喜马拉雅山地区及日本有分布。

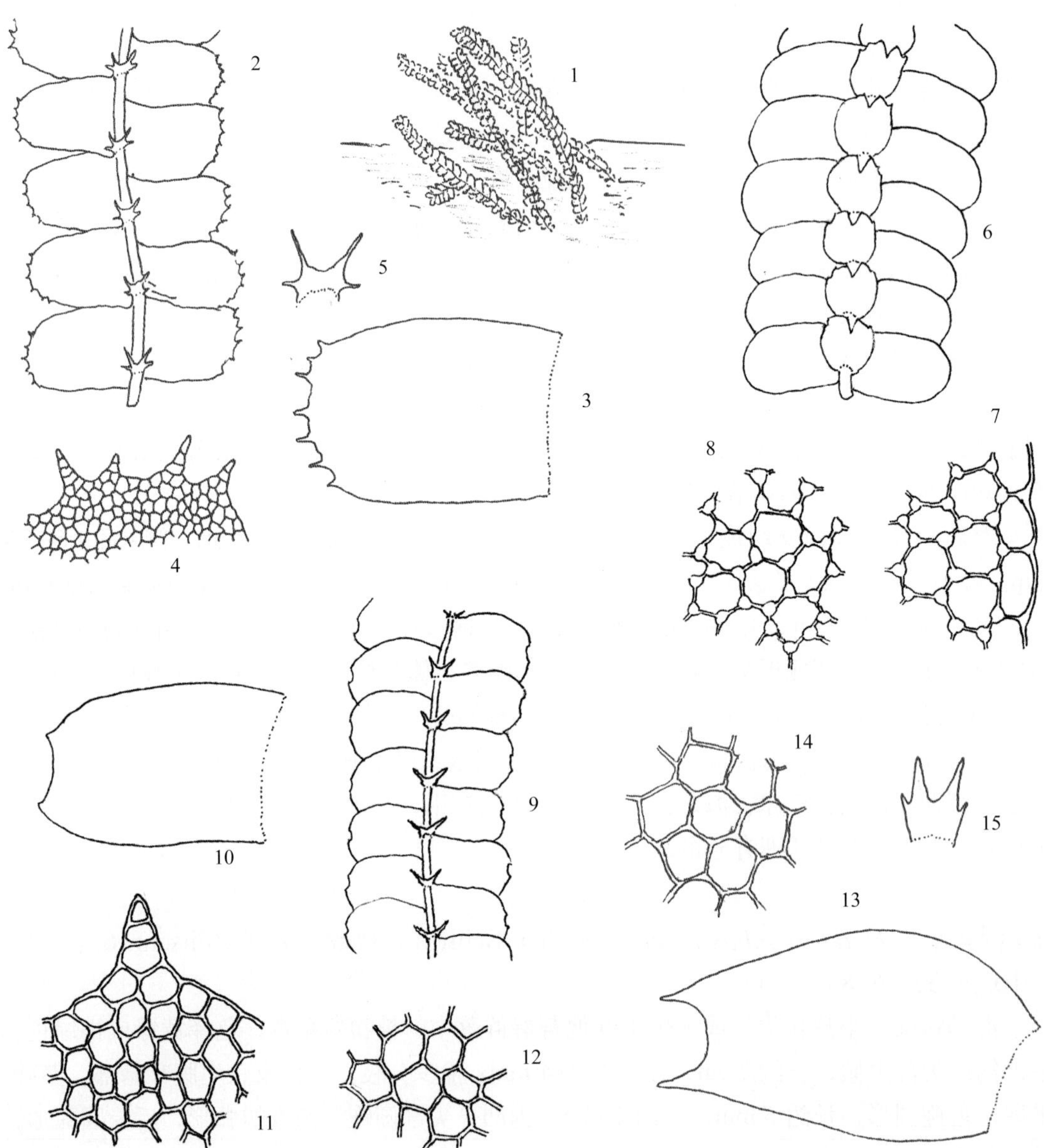

图 32

1~5. 四齿异萼苔 *Heteroscyphus argutus*（Reinw.，Bl. et Nees）Schiffn.

1. 林下湿土上的植物群落（×1），2. 植物体的一部分（腹面观，×15），3. 叶（×16），4. 叶尖部细胞（×40），5. 腹叶（×15）

6~8. 柔叶异萼苔 *Heteroscyphus tener*（Steph.）Schiffn.

6. 植物体的一部分（腹面观，×15），7. 叶尖部细胞（×150），8. 叶基部细胞（×150）

9~12. 南亚异萼苔 *Heteroscyphus zollingeri*（Gott.）Schiffn.

9. 植物体的一部分（腹面观，×5），10. 叶（×12），11. 叶尖部细胞（×120），12. 叶中部细胞（×120）

13~15. 尖叶裂萼苔 *Chiloscyphus cuspidatus*（Nees）Engel et Schust.

13. 叶（×25），14. 叶中部细胞（×220），15. 腹叶（×10）

南亚异萼苔 *Heteroscyphus zollingeri*（Gott.）Schiffn., Österr. Bot. Zeitschr. 60：171. 1910. 图 32：9~12

形态特征 常生于其他苔藓群落中。植物体形较大，长达 5 cm，连叶宽 3~4 mm，色泽淡绿。茎稀少分枝或不分枝。叶长方形或近于长卵形，先端圆钝，常具 2 短钝齿，齿长 3 个细胞，稀全缘或具 3~4 小齿。叶细胞六边形，壁薄，尖部细胞长约 25μm，中部细胞长 25~42 μm，表面平滑。腹叶小，深 2 裂，裂瓣披针形，两侧基部有时具小齿，与侧叶相连。雌雄异株。雌、雄苞生短侧枝上。雌苞叶卵状披针形，2~3 裂，具刺状齿。蒴萼具 3 脊，口部具刺状齿。

生境和分布 生于山区林地、潮湿树基或腐木。陕西、甘肃、河南、江苏、安徽、浙江、台湾、福建、湖北、湖南、海南、广西、贵州、四川、云南和西藏；菲律宾、马来西亚、印度尼西亚及巴布亚新几内亚有分布。

3 裂萼苔属 *Chiloscyphus* Cord.

平展交织生长。植物体匍匐，绿色或黄绿色 。茎叶腋侧生分枝；假根着生腹叶基部。叶蔽后式，相互贴生或覆瓦状排列，长卵形、舌形或近长方形，尖部圆钝或两裂，稀近平截，多具齿。叶细胞近六角形，壁薄，稀具三角体，表面平滑或具疣。腹叶宽度为茎直径的 1~2 倍，一般深 2 裂，裂瓣披针形，外侧常具一小齿，基部不与侧叶相连或仅一侧与侧叶相连。雌雄同株，稀异株。雌、雄苞常生于主茎或长分枝顶端。雌苞叶大于茎叶，具裂瓣和齿。蒴萼大，长筒形或广口形，口部常具 3 裂瓣，并具纤毛 。孢蒴球形或卵圆形。弹丝 2 列螺纹加厚。孢子圆球形，具疣。

植物体内一般含有萜类化学物质：chiloscyphone。

本属约 100 种，分布热带至温带山区。中国有 21 种。

分种检索表

1. 叶尖部两裂，裂瓣三角形……………………………………………………………2
1. 叶尖部圆钝或略凹，稀 2 裂……………………………………………………………3
2. 芽胞不着生叶尖部；叶裂瓣长……………………………1. 尖叶裂萼苔 *C. cuspidatus*
2. 芽胞常着生叶尖部；叶裂瓣短钝……………………………2. 芽胞裂萼苔 *C. minor*
3. 蒴萼短筒形，口部平滑；叶尖部圆钝，微凹或浅 2 裂……………3. 异叶裂萼苔 *C. profundus*
3. 蒴萼长筒形，口部具齿；叶尖部圆钝……………………………………………4
4. 腹叶 1/2 两裂，一侧具齿或平滑……………………………5. 全缘裂萼苔 *C. integristipulus*
4. 腹叶 1/2~2/3 两裂，两侧各具一锐齿……………………………4. 裂萼苔 *C. polyanthus*

尖叶裂萼苔 *Chiloscyphus cuspidatus*（Nees）Engel et Schust.，Nova Hedwigia 39：385. 1984. 图 32：13~15

形态特征 密匍匐交织生长。体形中等大小，色泽淡绿或褐绿色。茎尖部上倾，长约 1.5 cm，连叶宽 2~3 mm，侧面有时具分枝。假根着生腹叶基部。叶长卵形至近方形，前缘基部略下延，长约 1.2 mm，宽 0.7~0.8 mm，尖部 2 裂，裂瓣锐尖；叶边全缘。叶中上部细胞近圆方形，直径 25~30 μm，基部细胞 40~50 μm，壁薄，三角体不明显或缺失，表面平滑。腹叶宽度约为茎直径的 2 倍，2/3 两裂，裂瓣长三角形，外侧各具 1 齿。雌苞生于茎侧枝顶端。

生境和分布 生山区林内树干、腐木或湿石上。吉林、河北、山西、甘肃、台湾、湖北、贵州、四川、云南和西藏；印度、欧洲、北美洲及非洲有分布。

芽胞裂萼苔 *Chiloscyphus minor*（Nees）Engel et Schust.，Nova Hedwigia 39：385. 1984. 图 33：1~5

形态特征 小片状密交织 生长。植物体形细小，绿色或黄绿色。茎长度仅约 1.5 cm，连叶宽 1~1.5 mm，稀少分枝。侧叶离生或相接，长方形或长椭圆形，尖部浅两裂，稀圆钝，裂瓣具钝尖。叶细胞多边形，中上部细胞直径 20~25 μm，基部细胞略长大，壁薄，三角体小或缺失，表面平滑。腹叶略宽于茎，长方卵形，深 2 裂。芽胞球形，单细胞，常着生叶片尖部。

生境和分布 着生温湿林地、具土岩面、树干或腐木上。黑龙江、吉林、辽宁、河北、山西、新疆、山东、台湾、福建、江西、湖南、广西、贵州、四川、云南和西藏；北半球广布。

异叶裂萼苔 *Chiloscyphus profundus*（Nees）Engel et Schust.，Nova Hedwigia 39：386. 1984. 图 33：6 ~12

形态特征 小片交织生长。植物体细小，绿色或黄绿色。茎长约 1.5 cm，连叶宽 1.5~2 mm；稀少分枝。叶常异形，呈近方形或舌形，长约 1 mm，宽 0.6~0.8 mm，上部叶叶尖圆钝或平截，下部叶尖部多两裂；叶边全缘，后缘基部稍下延。叶细胞近六边形，上部细胞长约 28 μm，中部细胞长 30~50 μm，宽 30~35 μm，壁薄，三角体小或缺失，表面平滑。腹叶与茎直径等宽或略宽于茎，方形或长卵形，2/3 两裂，两侧各具一齿或仅一侧具齿。孢子球形，直径 9~10 μm 。

生境和分布 生于山区林中腐木、树基、岩面或湿土上。黑龙江、吉林、辽宁、内蒙古、河北、河南、福建、贵州、四川、云南和西藏；日本、朝鲜、俄罗斯、欧洲及北美洲有分布。

应用价值 具脂肪酸，尤其是磷脂和糖脂；另含有萜类化合物：calamenene。

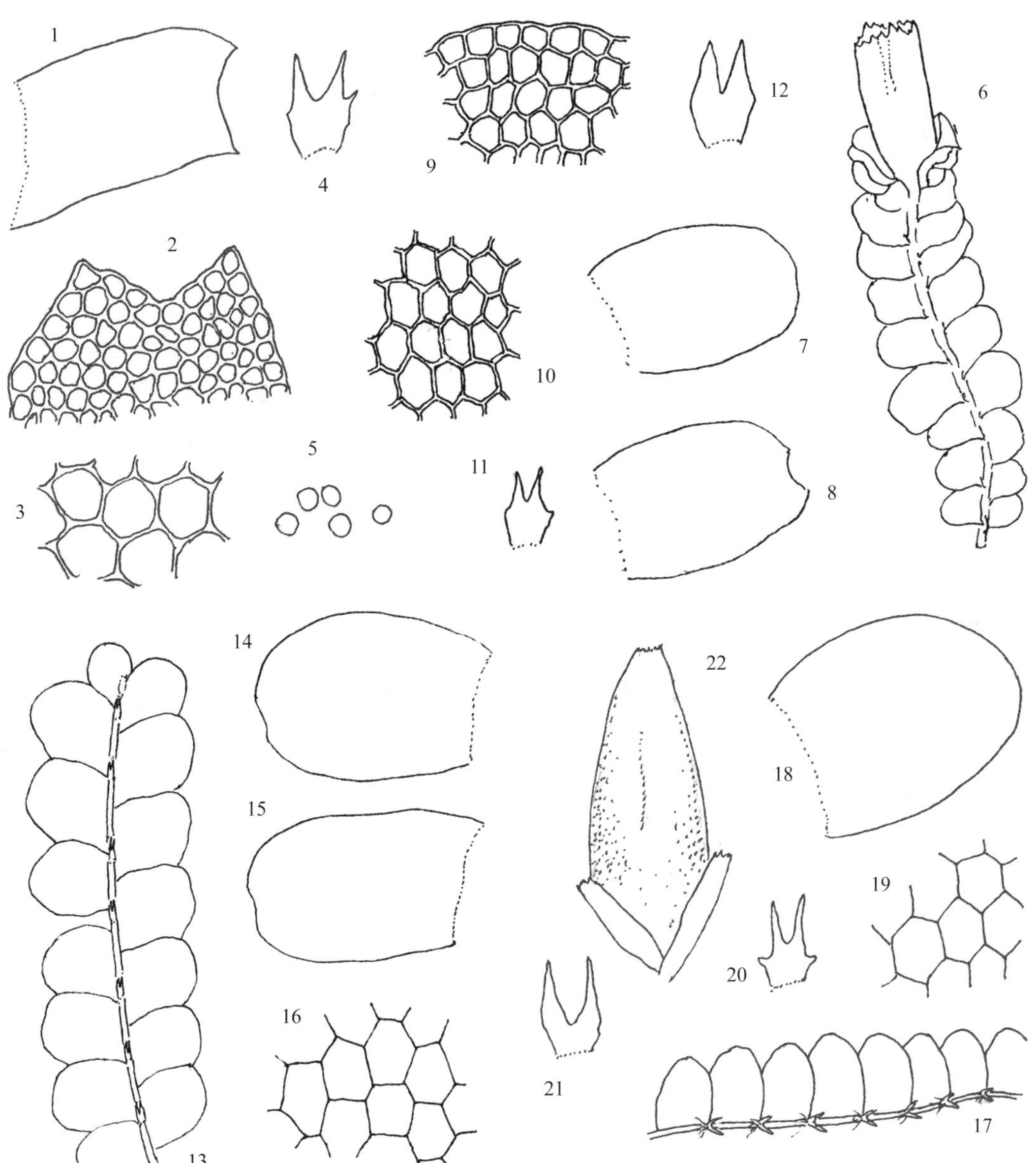

图 33

1~5. 芽胞裂萼苔 *Chiloscyphus minor*（Nees）Engel et Schust.

1. 叶（×18），2. 叶尖部细胞（×300），3. 叶中部细胞（×600），4. 腹叶（×15），5. 芽胞（×600）

6~12. 异叶裂萼苔 *Chiloscyphus profundus*（Nees）Engel et Schust.

6. 雌株（背面观，×5），7，8. 叶（×15），9. 叶尖部细胞（×220），10. 叶中部细胞（×220），11，12. 腹叶（×13）

13~16. 裂萼苔 *Chiloscyphus polyanthus*（Linn.）Corda

13. 植物体的一部分（腹面观，×10），14，15. 叶（×18），16. 叶中部细胞（×400）

17~22. 全缘裂萼苔 *Chiloscyphus integeristipulus*（Steph.）Engel et Schust.

17. 植物体的一部分（侧面观，×12），18. 叶（×25），19. 叶中部细胞（×200），20，21. 腹叶（×12），22. 雌苞（×10）

裂萼苔 *Chiloscyphus polyanthus*（Linn.）Corda，Naturalientausch 12：651. 1829. 图 33：13~16

形态特征 片状交织生长。植物体中等大小，色泽黄绿、绿色或淡绿色。茎尖部上倾，长可达 5 cm，连叶宽 1.3 mm，疏分枝。假根少。侧叶蔽后式，长椭圆形或长舌形，先端圆钝或微凹。叶中部细胞六角形或短长方形，宽约 30 μm，长 30~35 μm，基部细胞略长，胞壁薄，表面平滑；每个细胞具 2~3 个油体。腹叶与茎直径等宽或略宽于茎，深两裂，裂片两侧各具一长齿。孢子圆球形，直径 12~18 μm。

生境和分布 习生于温暖湿润的林地、具土岩面、树干或腐木上。黑龙江、吉林、辽宁、河南、陕西、甘肃、山东、福建、江西、湖北、贵州、四川、云南和西藏；北半球广布。

应用价值 含有萜类化合物：(-) -diplophyllin、diplophyllide A、(-) -dihydrodiplophyllin、(-) -5 β -dihydoxydiplophyllide、en-9 α -dihydoxydiplophyllide、ent-3-oxodiplophyllin。

全缘裂萼苔 *Chiloscyphus integristipulus*（Steph.）Engel et Schust.，Nova Hedwigia 39：417. 1984. 图 33：17~22

形态特征 常与其他苔藓形成群落。体形略宽，色泽黄绿或绿色。茎多匍匐，或尖部上倾，长可达 8 cm，连叶宽 1.5~2 mm；稀分枝或不规则分枝。假根束状着生腹叶基部。叶卵圆形或圆方形，长约 0.8 mm，宽 0.6~0.8 mm，先端圆钝，稀近于平截；叶边全缘。叶上部细胞六角形，中部细胞长 25~32 μm，基部细胞略大，薄壁，表面平滑 。腹叶与茎直径等宽，近方形，1/2 两裂，裂瓣狭披针形，两侧平滑或一侧具钝齿。

生境和分布 生长山区湿润林地、具土岩面或腐木上。吉林、辽宁、陕西、福建、湖南、广西、四川、云南和西藏；北半球广布。

016 羽苔科 PLAGIOCHILACEAE

疏生或密集成片生长。体形小至稍宽大，色泽黄绿、绿色或褐绿色。茎圆形或椭圆形；横切面分化明显，含 2~4 层厚壁细胞的皮部和透明薄壁中部细胞；匍匐、倾立或下垂；不规则分枝、羽状分枝、不规则叉状分枝或近树形分枝 ；假根散生于茎上。叶片 2 列，蔽后式排列，披针形、卵形、肾形、舌形或旗形，后缘基部多下延，稍内卷，平直或弯曲，前缘多呈弧形，背卷，基部常不下延，稀内卷成囊状，尖部圆钝或平截，稀锐尖；叶边全缘、具齿或有裂瓣。叶细胞六角形或蠕虫形，基部细胞常长方形或成假肋状；胞壁薄或厚，三角体有或无，稀波状加厚；表面平滑或稀具疣。腹叶不明显，退失或仅有细胞残痕。雌雄异株。雄株较小；雄苞叶 3~10 对。雌苞叶分化，多齿。蒴萼钟形、倒卵形 或长筒形，背腹面平滑，口部平截或弧形，多具锐齿，稀平滑。孢蒴圆球形，成熟后4瓣开裂。

本科8属，广布世界各地，以热带山区为主。中国有5属。

分属检索表

1. 叶片呈互生排列……1 羽苔属 *Plagiochila*
1. 叶片两侧相对生……2. 对羽苔属 *Plagiochilion*

1 羽苔属 *Plagiochila*（Dum.）Dum.

疏丛集成片生长。体形较大或中等大小，色泽褐绿至绿色，具光泽或无光泽。茎倾立或直立，常在雌苞下产生1~2新枝；横切面圆形或椭圆形，多褐色，皮部细胞厚壁，髓部细胞六边形，薄壁；假根无色，多着生茎基部。叶疏生或覆瓦状贴生，圆卵形、椭圆形或长方形，斜展，前、后缘基部多下延；叶边全缘、具不规则齿或纤毛。叶细胞六边形或基部细胞长六边形，薄壁或厚壁，无三角体或胞壁具球状加厚；表面平滑。腹叶缺失或具残痕。雌雄同株或异株。雌苞顶生或生于侧枝尖部。蒴萼口部多扁平。孢蒴卵圆形，成熟时4瓣深裂。弹丝2列螺纹加厚。

本属约400种，广布各地，以热带分布为主。中国有约84种。

分种检索表

1. 叶长卵状椭圆形，叶边密被长纤毛；叶前缘基部内卷成囊状……1. 刀叶羽苔 *P. bantamensis*
1. 叶卵状椭圆形、卵圆形、卵状长方形或狭长卵形，叶边具齿、毛或疏纤毛；叶前缘基部不内卷成囊状……2
2. 叶细胞壁强烈波状加厚……2. 大胞羽苔 *P. peculiaris*
2. 叶细胞壁不强烈波状加厚……3
3. 叶基部中央细胞形大，呈假肋状……4
3. 叶基部中央细胞形略大，不呈假肋状……6
4. 植物体较小，宽度不及2.5 mm……5. 短齿羽苔 *P. vexans*
4. 物物体较大，宽度可达5 mm……5
5. 叶细胞壁具三角体；蒴萼短筒形……4. 延叶羽苔 *P. semidecurrens*
5. 叶细胞壁无三角体；蒴萼长筒形……3. 多齿羽苔 *P. perserrata*
6. 植物体扁平树形分枝……7
6. 植物体不分枝或稀少分枝……10
7. 茎上密被鳞毛……8. 美姿羽苔 *P. pulcherrima*
7. 茎上一般无鳞毛……8
8. 叶狭长卵形；叶边齿少数……6. 羽状羽苔 *P. dendroides*
8. 叶阔卵形或狭卵形；叶边齿多数……9

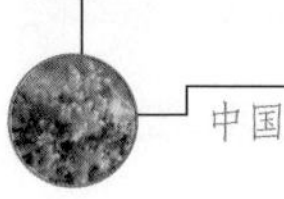

9. 植物体长不及 3cm；常具鞭状枝；叶前缘基部平滑……………………………………………… 7. 多枝羽苔 *P. fruticosa*

9. 植物体长可达 5 cm；一般无鞭状枝；叶前缘基部具齿……………………………………… 13. 树形羽苔 *P. arbuscula*

10. 叶呈狭长带形或长舌形……………………………………………………………………… 12. 狭叶羽苔 *P. trabeculata*

10. 叶卵形、卵状三角形或近卵状方形………………………………………………………………………………………11

11. 叶尖部多明显深 2 裂…………………………………………………………………………… 10. 裂叶羽苔 *P. furcifolia*

11. 叶尖部不呈明显深 2 裂………………………………………………………………………………………………… 12

12. 腹叶多发育…… 13

12. 腹叶一般不发育…… 14

13 叶前缘基部不呈圆耳状；腹叶为线形，由单列细胞组成……………………………………… 9. 福氏羽苔 *P. fordiana*

13. 叶前缘基部呈圆耳状；腹叶近圆形，具长纤毛………………………………………………… 11. 圆头羽苔 *P. parvifolia*

14. 叶卵状方形…… 15

14. 叶卵形、卵状三角形…………………………………………………………………………………………………… 16

15. 叶基部较宽；叶边齿数在 5 个以上…………………………………………………………… 14. 刺叶羽苔 *P. sciophila*

15. 叶基部较狭；叶边齿数在 4 个以下…………………………………………………………… 15. 树生羽苔 *P. corticola*

16. 叶倒卵形；叶边上部具疏粗齿；叶细胞壁三角体明显………………………………………… 16. 纤细羽苔 *P. gracilis*

16. 叶阔卵形或卵形；叶边前缘具密细齿；叶细胞壁三角体不明显………………………………………………… 17

17. 蒴萼长筒形………………………………………………………………………………………… 17. 中华羽苔 *P. chinensis*

17. 蒴萼短筒形或其他形式………………………………………………………………………………………………… 18

18. 植物体长可达 4 cm；叶长度大于 2 mm；叶边齿稍大…………………………………………18. 卵叶羽苔 *P. ovalifolia*

18. 植物体长度在 3 cm 以下；叶长度小于 1.8 mm；叶边齿细小………………………………19. 密齿羽苔 *P. porelloides*

刀叶羽苔 *Plagiochila bantamensis*(Reinw.,Bl. et Nees)Mont.,Voy. Amér. Mérid. 7, Bot. 2：82. 1839. 图 34：1~8

形态特征 树干倾垂生长。植物体形大，色泽褐绿。横茎贴生基质；直立茎倾立，长可达 8 cm，连叶宽约 5 mm，稀少分枝；横切面直径约 10 个细胞，皮部细胞 2 层，壁厚；假根少。叶密平展，长椭圆形，长约 3 mm，宽 1.2 mm，前缘不下延，基部卷曲成囊状，边缘具长纤毛；后缘基部稍下延 ；叶边密具长 5~6 个细胞的纤毛。叶尖部细胞长约 25μm，宽 16~30 μm，基部细胞 长 30~40 μm；薄壁，三角体细小，表面平滑。腹叶大，长椭圆形，1/2 两裂，边缘具长纤毛。茎腹面具鳞毛。雌苞顶生。蒴萼筒形，口部略呈弓形，具短齿。

生境和分布 生于湿热山地林内树枝。海南和云南；柬埔寨、马来西亚、斯里兰卡、印度尼西亚、菲律宾、日本、尼科巴群岛及美拉尼西亚有分布。

大胞羽苔 *Plagiochila peculiaris* Schiffn.，Denkschr. Kaiserl. Akad. Wiss.，Math.-Naturwiss. Kl. 70：118. 1990. 图 34：9~11

形态特征 疏松片状生长。 体形大，具光泽。茎长达 6 cm，宽约 4 mm；稀分枝；横切面皮部细胞 3~4 层，壁甚厚，髓部细胞壁稍厚。叶密覆瓦状蔽后式排列，阔卵圆形，长

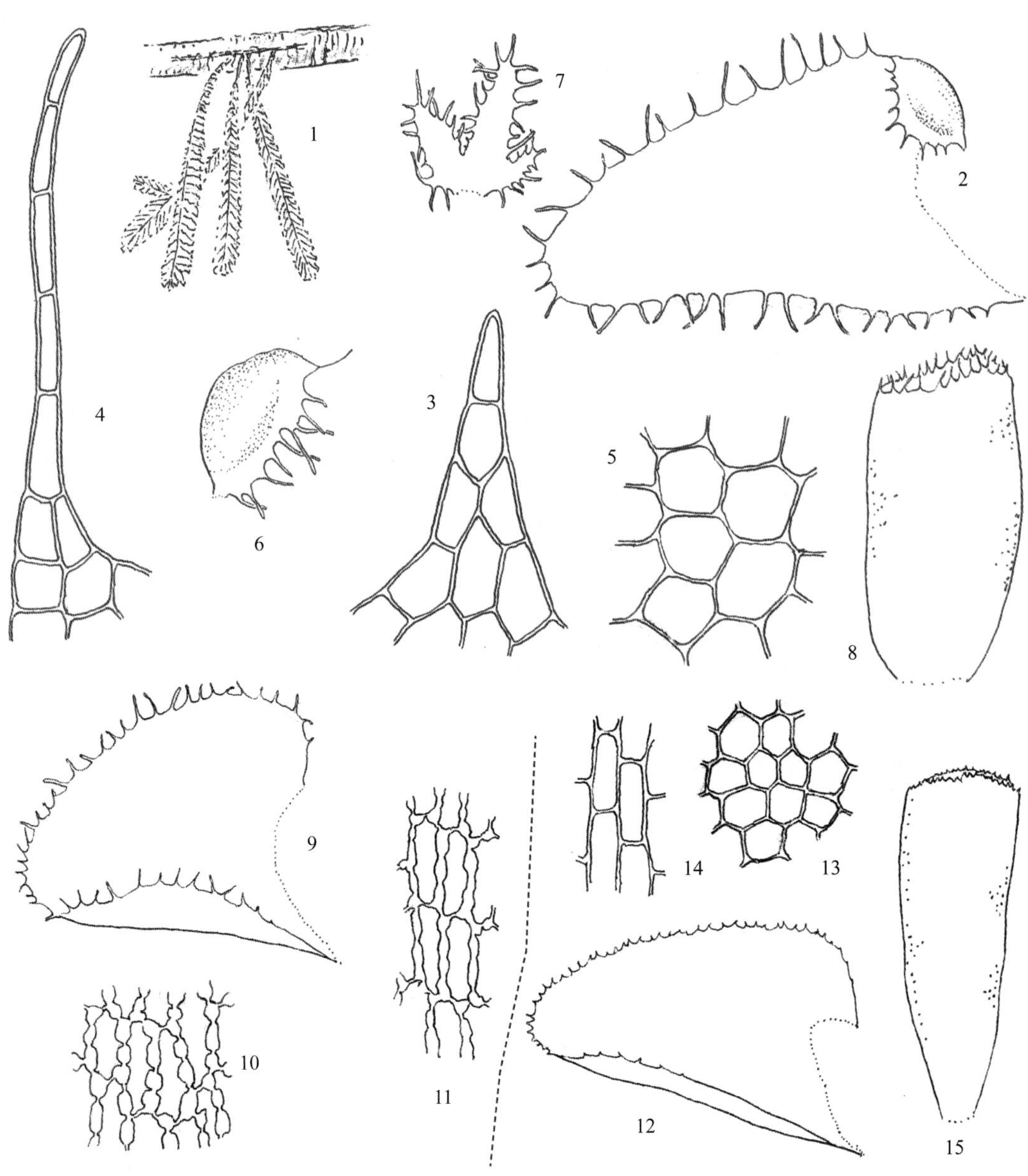

图 34

1~8. **刀叶羽苔** *Plagiochila bantamensis*（Reinw., Bl. et Nees）Mont.

1. 着生湿热林内树枝上的植物群落（×1），2. 叶（腹面观，×40），3，4. 叶边细胞，示具长短不同的齿（×280），5. 叶中部细胞（×280），6. 叶前缘基部的囊（×100），7. 腹叶（×100），8. 蒴萼（×11）

9~11. **大胞羽苔** *Plagiochila peculiaris* Schiffn.

9. 叶（×40），10. 叶中部细胞（×280），11. 叶基中央细胞（×280）

12~15. **多齿羽苔** *Plagiochila perserrata* Herz.

12. 叶（×30），13. 叶中部细胞（×210），14. 叶基中央细胞（×210），15. 蒴萼（×30）

约2 mm，后缘内曲，先端圆钝，基部宽阔，后缘略下延；叶边具毛状齿，齿长2~3个细胞，有时齿长4~5个细胞，宽2~3个细胞。叶尖部细胞长约25 μm，中部细胞长40~60 μm，基部细胞狭长卵形，长60~80 μm，宽16~20 μm，胞壁呈波状加厚，三角体大。腹叶一般缺失。

生境和分布 多着生海拔约2 000 m以下沿海山区及内陆山地林内湿石或树干上。浙江、台湾、福建、江西、广东、海南和云南；不丹、印度、尼泊尔、泰国、越南、印度尼西亚及日本有分布。

多齿羽苔 *Plagiochila perserrata* Herz. in Handel-Mazzetti，Symb. Sin. 5：19. 1930. 图34：12~15

形态特征 成片稀疏生长。体形宽大，褐色，略具光泽。茎长可达7 cm，连叶宽近0.5 cm；横切面直径约20个细胞，皮部细胞3层，壁厚；多分枝。叶片覆瓦状蔽后式排列，卵状椭圆形，长约近3 mm，宽1.3~1.8 mm，尖部圆钝，后缘近于平直，内曲，基部略下延，覆及茎背面，前缘宽弧形；叶边具25~30个长齿，齿长4~6细胞。叶边细胞近六角形，长12~30 μm，假肋细胞长方形，长40~60 μm，宽20~24 μm，胞壁稍厚，无三角体，表面平滑。

生境和分布 生于低海拔至高海拔的湿润林内树基及腐木。福建、广东、四川、云南和西藏；不丹、尼泊尔及印度尼西亚有分布。

延叶羽苔 *Plagiochila semidecurrens*（Lehm. et Lindenb.）Lindenb., Sp. Hepat. 5：142. 1843. 图35：1~5

形态特征 多大片疏生。植物体中等大小或大型，色泽深褐。茎长可达5 cm，连叶宽3~4 mm；横切面直径16~18个细胞，含3~4层厚壁的皮部细胞，和髓部薄壁细胞；分枝稀少；假根密生于茎上。叶长椭圆形，长达2 mm，宽1.4~1.5 mm，尖部圆钝，前缘阔弧形，后缘平直，内曲，基部明显下延；叶边密被齿，齿长2~4个细胞，基部宽1~2个细胞。叶尖部细胞长约30 μm，叶基中央 细胞长56~100 μm；胞壁具大型三角体。腹叶中央2列线形裂瓣，由2~4单个细胞组成，两侧小裂瓣为2~3成列细胞。

生境和分布 生于中海拔至高海拔林区的树干、土面及石上。安徽、浙江、台湾、福建、江西、广东、广西、贵州、四川、云南和西藏；尼泊尔、不丹、斯里兰卡、泰国、菲律宾、日本、朝鲜及北太平洋有分布。

短齿羽苔 *Plagiochila vexans* Schiffn. ex Steph.，Sp. Hepat. 6：237. 1921. 图35：6~8

形态特征 成片生长。植物体形小，褐绿色。茎长仅2 cm；横切面直径约18个细胞，包括2~3层厚壁皮部细胞和髓部薄壁细胞；分枝稀少。叶片易碎，阔圆形，长约1 mm，宽0.8~1mm；叶尖部圆形，前缘宽圆弧形，后缘内卷，基部不下延 ；叶边具5~9齿，齿长1~2个细胞。叶尖部细胞长约16 μm，叶边细胞长10~14 μm，中部细胞长12~14 μm ，叶

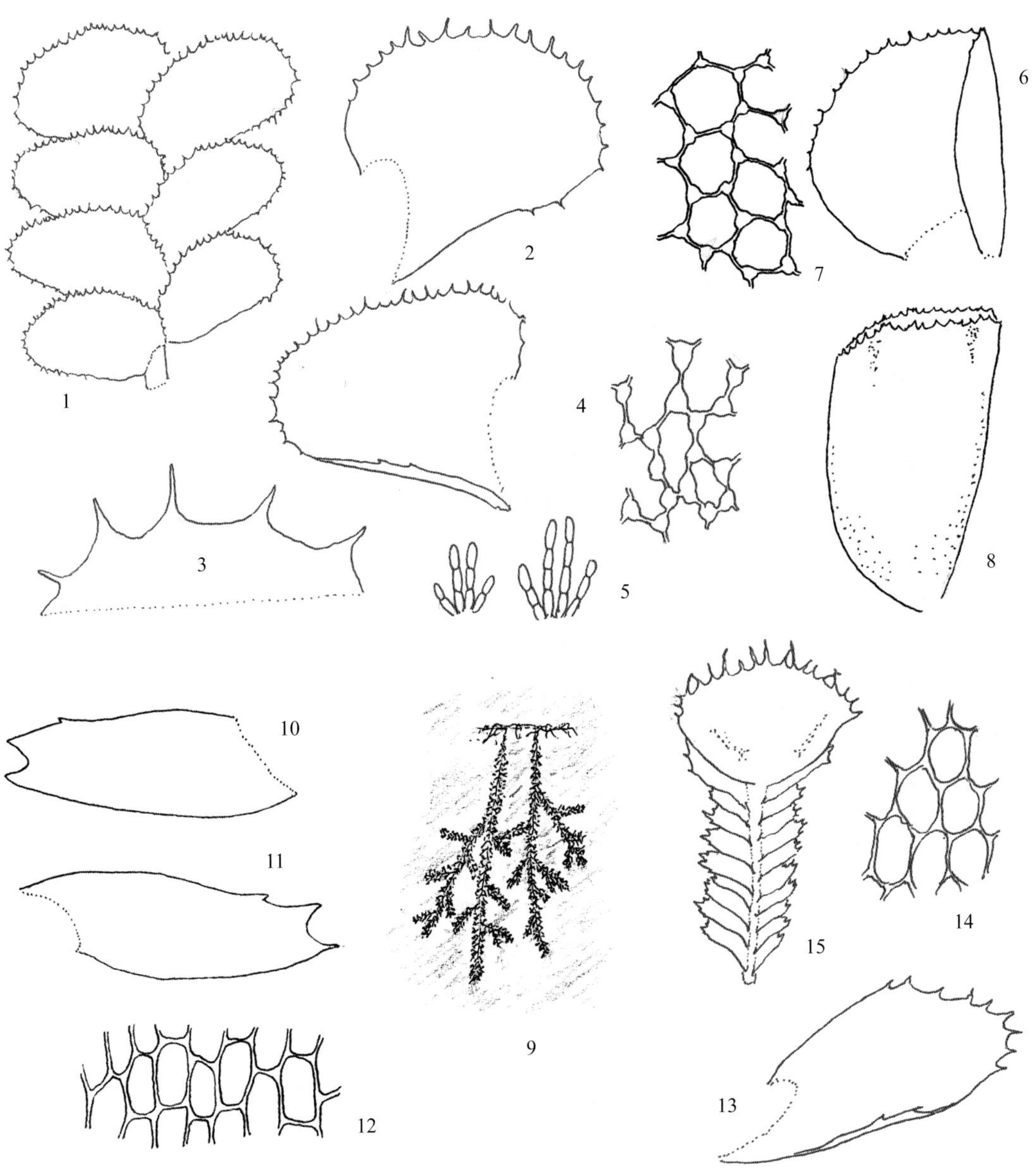

图 35

1~5. 延叶羽苔 *Plagiochila semidecurrens*（Lehm. et Lindenb.）Lindenb.

1. 植物体的一部分（腹面观，×10），2. 叶（×16），3. 叶尖部（×48），4. 叶中部细胞（×420），5. 腹叶（×200）

6~8. 短齿羽苔 *Plagiochila vexans* Schiffn. ex Steph.

6. 叶（×28），7. 叶中部细胞（×300），8. 蒴萼（×18）

9~12. 羽状羽苔 *Plagiochila dendroides*（Nees）Lindenb.

9. 着生阴湿林内树干上的植物群落（×1），10，11. 叶（×75），12. 叶中部细胞（×300）

13~15. 多枝羽苔 *Plagiochila fruticosa* Mitt.

13. 叶（×25），14. 叶中部细胞（×420），15. 雌枝（背面观，×12）

基中央细胞长 50~60 μm，宽 14~20 μm，胞壁稍厚，具明显三角体，表面平滑。蒴萼长卵形，口部平截，具锐齿。落叶常成为本种无性繁殖的一种方式。

生境和分布 生于海拔 1 500 m 以下林内的腐木、树干及具土石面。安徽、台湾、福建、广西、贵州和四川；尼泊尔、日本及孟加拉国有分布。

羽状羽苔 *Plagiochila dendroides*（Nees）Lindenb.，Sp. Hepat. 5：146. 1843. 图 35：9~12

形态特征 紧密或疏松成片生长。植物体中等大小，硬挺，色泽黄绿。茎长可达 5 cm，连叶宽约 1.5 mm，深褐色；横切面包括 3~4 层厚壁皮部细胞和直径约 8 个髓部薄壁细胞；分枝呈树形，顶端有时形成鞭枝状。叶疏生，狭长卵形，长约 0.7 mm，宽约 0.35 mm；叶边尖部稍狭，具 2~3 齿，后缘近于平直或略呈弧形，基部稍下延，前缘稍呈弧形，基部不下延 。叶尖部细胞长 16~20 μm，基部细胞长约 25μm，宽 12~20 μm，胞壁稍厚，三角体小 。腹叶退失。 雌苞叶具 4~6 齿。蒴萼短筒形，脊部具狭翼，口部具锐齿。

生境和分布 着生海拔 2 200 m 以下湿热林内树干及腐枝上。台湾、海南、广东、云南和西藏；日本、朝鲜、马来西亚、菲律宾及印度尼西亚有分布。

多枝羽苔 *Plagiochila fruticosa* Mitt.，Journ. Proc. Linn. Soc. Bot. 5：94. 1860“1861”. 图 35：13~15

形态特征 疏小片状生长。植物体形中等大小，质较硬，色泽淡褐绿，略有光泽。茎树状分枝，长 2~3 cm，连叶宽 2~3 mm；横切面直径约 15 个细胞；常具鞭状枝。茎叶疏生，长椭圆形，长约 1.2 mm，宽约 0.8 mm 尖部圆钝，前缘阔弧形，后缘近于平直，基部下延；叶边尖部具多数粗齿。叶尖部细胞 长 10~20 μm，中部细胞长 40~50 μm，胞壁稍厚，三角体明显 。腹叶宽 4~5 个细胞，长 5~7 个细胞。 蒴萼杯形，扁平，口部具 18~20 个毛状齿。

生境和分布 生于中等海拔以下林内树干、腐木及湿石上。浙江、台湾、福建、广东、云南和西藏；不丹、尼泊尔、印度、越南、泰国、菲律宾及日本有分布。

美姿羽苔 *Plagiochila pulcherrima* Horik., Journ. Sci. Hiroshima Univ. ser. b, div. 2, 1：63. 1931. 图 36：1~4

形态特征 成大片生长。 树形分枝，硬挺，色泽黄绿至淡褐色。茎长达 7 cm，连叶宽 2~3 mm；直径约 0.4 mm；鞭状枝一般生于主茎基部；鳞毛密生茎上，长 1~4 个细胞。叶疏生，长约 1 mm，宽约 0.5 mm，前端锐尖，具多个粗齿，后缘近于平直，边狭内卷，基部略下延，前缘稍呈弧形。叶尖部细胞长 20~30 μm，宽 10~20 μm，基部细胞长约 40 μm，宽约 24 μm，胞壁薄，三角体小。腹叶常退失。

生境和分布 生于低海拔至约 2 300 m 林间树干、枯枝、湿土及石面。浙江、台湾、福建、江西、湖南、广东、海南、广西、贵州、四川和云南；越南、泰国、菲律宾及日本有分布。

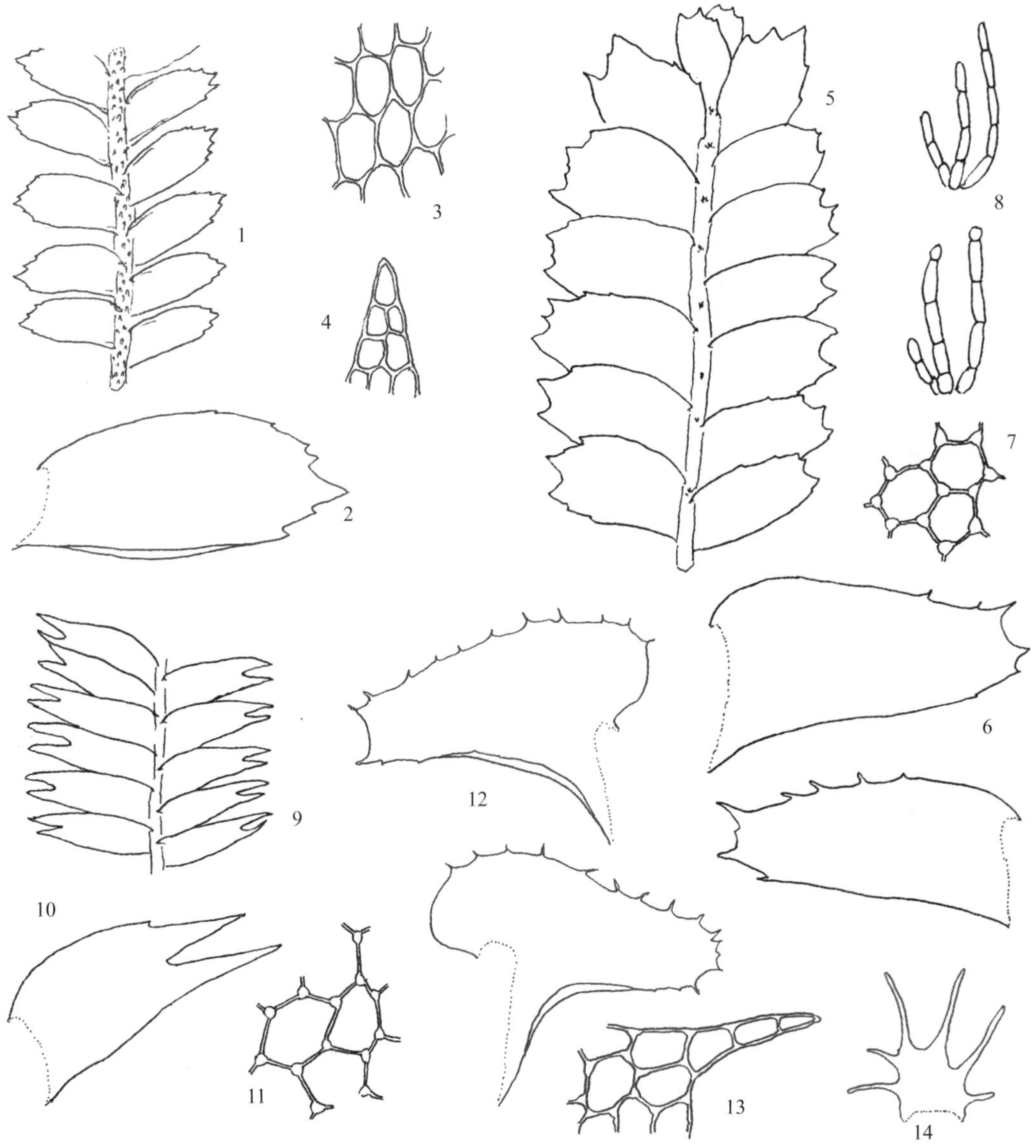

图 36

1~4. 美姿羽苔 *Plagiochila pulcherrima* Horik.

1. 植物体的一部分，示茎上密被鳞毛（腹面观，×24），2. 叶（×40），3. 叶中部细胞（×420），4. 鳞毛（×360）

5~8. 福氏羽苔 *Plagiochila fordiana* Steph.

5. 植物体的一部分（腹面观，×20），6. 叶（×35），7. 叶中部细胞（×420），8. 腹叶（×260）

9~11. 裂叶羽苔 *Plagiochila furcifolia* Mitt.

9. 植物体的一部分（腹面观，×15），10. 叶（×40），11. 叶中部细胞（×350）

12~14. 圆头羽苔 *Plagiochila parvifolia* Lindenb.

12. 叶（×20），13. 叶边细胞（×250），14. 腹叶（×50）

福氏羽苔 *Plagiochila fordiana* Steph.，Bull. Herb. Boiss. 2，3：104. 1903. 图 36：5~8

形态特征　稀疏成片生长。植物体形中等大小，色泽淡绿。茎柔弱，倾立；横切面包含 2~3 层厚壁皮部细胞和直径约 12 个髓部薄壁细胞；常有分枝；茎基部着生棕色假根。叶疏生，狭长卵状椭圆形，长 1~1.7 mm，宽约 0.6 mm；后缘近于平直，前缘阔弧形，基部不下延；叶尖部浅凹，具 1~3 细齿，前缘具少数齿。叶尖部细胞 长 20~30 μm，中部细胞 长约 30 μm，胞壁稍厚，三角体明显；表面平滑。腹叶裂片 2~3，为 3~5 个单列线形细胞组成，常退化。 蒴萼钟形，口部具锐齿。

生境和分布　生于低海拔的湿热林内树干或石面。福建、广东、海南和云南；日本、印度、越南及泰国有分布。

裂叶羽苔 *Plagiochila furcifolia* Mitt.，Trans. Linn. Soc. London Bot. ser 2，3：194. 1891. 图 36：9~11

形态特征　成片丛集生长。植物体色泽深绿，倾立。茎长达 8 cm，宽约 4 mm，叉状分枝；横切面直径约 12 个细胞。叶片易脱落，覆瓦状贴生或疏生，长卵状椭圆形，长约 2 mm，宽约 0.7 mm，斜列，尖部约 1/3 深两裂，裂口狭窄，裂片狭披针形，前缘阔弧形，后缘近于平直，基部宽，稍下延；叶边全缘。腹叶多退失。雌苞顶生。蒴萼钟形，背面脊部具狭翼，口部具粗齿。

生境和分布　生于低海拔至约 1 000 m 湿热林内的石面或树干。浙江、福建、湖南、海南、贵州和云南；日本及越南有分布。

圆头羽苔 *Plagiochila parvifolia* Lindenb.，Sp. Hepat. 28. 1839. 图 36：12~14

形态特征　稀疏成片生长。植物体形较大，色泽深绿。茎长可达 8 cm，连叶宽约 4 mm，倾立或下垂生长；横切包含 3 层厚壁皮部细胞和约 10 层髓部壁稍厚的细胞；叉状分枝。叶片常脱落，三角状长椭圆形，长约 2 mm，尖部圆钝或平截，前缘阔弧形，基部圆耳状，略下延，后缘内曲，基部沿茎长下延，基部明显宽大；叶边尖部及前缘具多数短齿，齿长 2~4 个细胞。叶尖部细胞长约 20μm，基部细胞 长约 36 μm，胞壁薄，三角体大。腹叶多变异，通常 1/3~1/2 两裂，叶边具细齿。

生境和分布　生于低海拔至约 2 000 m 林内树干、腐木或石面。安徽、浙江、台湾、福建、湖南、广东、四川、云南和西藏；日本、朝鲜、缅甸、越南、泰国、斯里兰卡、菲律宾及印度尼西亚有分布。

应用价值　含有萜类化合物：β -santalene、 β -bergamotene。

狭叶羽苔 *Plagiochila trabeculata* Steph.，Bull. Herb. Boiss. 2，2：103. 1902. 图 37：1~3

形态特征　疏松片状生长。体形细小，柔弱，色泽淡绿。茎多单一，长达 3 cm，宽 3~5 mm；横切面直径约 14 个细胞，含 1~2 层厚壁皮部细胞和髓部壁略厚的细胞；稀分

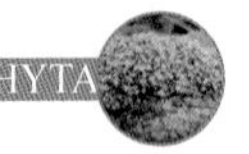

枝。叶疏生或相互贴生，狭长带形或长舌形，长约 2 mm，宽约 0.6 mm，稍斜展，尖部略钝，前缘和后缘近平直或稍呈弧形，基部略下延；叶边仅尖部具 1~4 锐齿。叶尖部细胞长 23~30 µm，基部细胞长 20~44 µm，宽 20~30 µm，胞壁中部稍厚，三角体不明显或细小；表面平滑。蒴萼钟形。

生境和分布 从低海拔至 3 000 m 的林间溪旁湿石或树干上。浙江、福建、江西、广东、海南、广西、贵州、云南和西藏；尼泊尔、泰国、菲律宾、印度尼西亚及日本有分布。

树形羽苔 *Plagiochila arbuscula*（Brid. ex Lehm. et Lindenb.）Lindenb.，Sp. Hepat. 1：23. 1839. 图 37：4~6

形态特征 多成片倾立或下垂生长。形大，近扇形，色泽褐绿，长达 6 cm，连叶宽 3 mm。茎多分枝；横切面直径约 20 个细胞，其中 4 层为厚壁皮部细胞。叶相互贴生，宽卵形或长椭圆形，斜列，长约 1.8 mm，宽约 1 mm；尖部圆钝，前缘阔弧形，后缘平直，基部略下延；叶边前缘具多个锐齿。叶尖部细胞长约 40 µm，宽 20~24 µm，胞壁薄，三角体大；表面平滑。雄苞间生；雄苞叶 5~7 对。雌苞顶生，具 1~2 新生侧枝。蒴萼卵形，口部平截，具锐齿。

生境和分布 生于低海拔至约 1 500 m 的树干或树枝上。中国特有，产台湾、广东、海南和云南。

刺叶羽苔 *Plagiochila sciophila* Nees ex Lindenb.，Sp. Hepat. 100. 1840. 图 37：7~11

形态特征 小片状生长。体形中等大小，柔弱，色泽淡褐绿。茎长 2 cm，连叶宽约 3.5 mm；茎横切面直径 12~14 个细胞，包括 2~4 层壁稍厚的皮部细胞和薄壁髓部细胞；稀少分枝。叶片相互贴生或疏生，卵状方形至长椭圆形，长约 1.5 mm，宽约 1 mm；叶尖部具 2~4 个长毛状齿，前缘宽弧形，近尖部具 3~4 长齿，后缘稍呈弧形，平滑；叶基部宽阔，基部稍下延。叶尖部细胞长 30~40 µm，宽 30~36 µm，中部细胞三角体细小；表面平滑。腹叶退失或细小。

生境和分布 着生低海拔至约 2 000 m 林间的树干、腐木、具土石面或叶面附生。江苏、浙江、台湾、福建、江西、湖南、广东、海南、广西、贵州、四川、云南和西藏；不丹、尼泊尔、印度、巴基斯坦、越南、泰国、菲律宾、日本、朝鲜及美拉尼西亚有分布。

树生羽苔 *Plagiochila corticola* Steph.，Mém. Soc. Sci. Nat. Cherbourg 29：224. 1894. 图 37：12~15

形态特征 成小片生长。体形细小，色泽浅褐。茎长约 2 cm，连叶宽 1.2 mm；横切面直径 8 个细胞，无明显分化，壁薄；分枝稀少；假根少，生于茎基部。叶疏生，卵状方形，长约 0.6 mm，宽约 0.3 mm；叶尖部浅 2 裂，后缘平直，基部稍下延，前缘近于平直至阔弧形，基部稍狭；叶边仅前缘先端具 1~3 锐齿。叶尖部细胞长约 20 µm，基部细胞稍

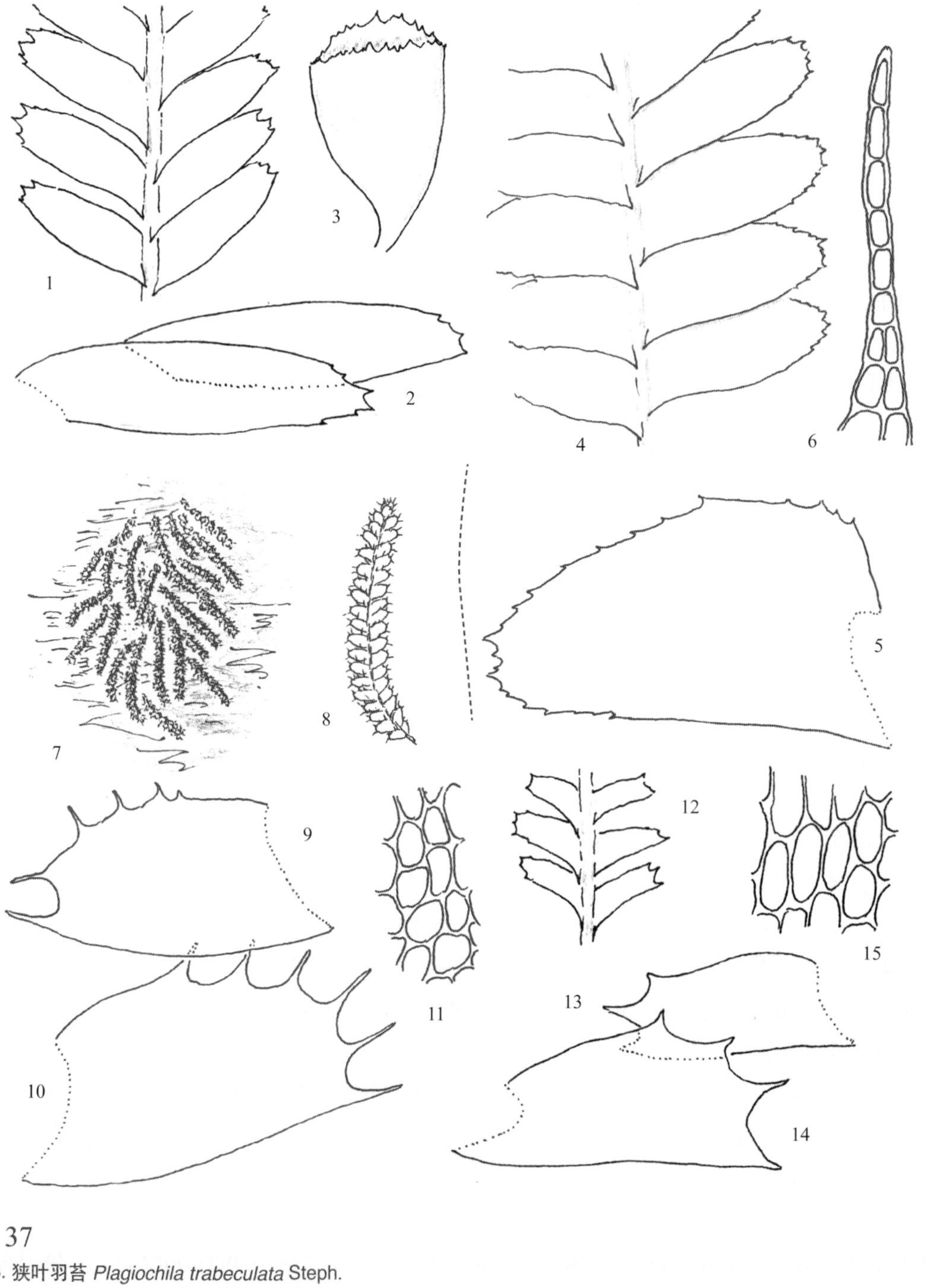

图 37

1~3. **狭叶羽苔** *Plagiochila trabeculata* Steph.

1. 植物体的一部分（腹面观，×25），2. 叶（×50），3. 蒴萼（×30）

4~6. **树形羽苔** *Plagiochila arbuscula*（Brid. ex Lehm. et Lindenb.）Lindenb.

4. 植物体的一部分（背面观，×30），5. 叶（×60），6. 蒴萼口部细胞（×300）

7~11. **刺叶羽苔** *Plagiochila sciophila* Nees ex Lindenb.

7. 着生阴湿树干上的植物群落（×1），8. 植物体（×5），9，10. 叶（×60），11. 叶中部细胞（×200）

12~15. **树生羽苔** *Plagiochila corticola* Steph.

12. 植物体的一部分（背面观，×15），13，14. 叶（×60），15. 叶中部细胞（×400）

大，长 24~30 μm，宽 16~20 μm，胞壁薄，三角体小。 雌苞顶生，具 1~3 新生侧枝。 蒴萼钟形，背面脊部具翼，口部宽，具长齿。

生境和分布　生于海拔 2 000~3 800 m 山区的林内树干、腐木或石上。福建、广西、四川、云南和西藏；尼泊尔、不丹及印度有分布。

纤细羽苔 *Plagiochila gracilis* Lindenb. et Gott. in Gott.，Lindenb. et Nees，Syn. Hepat. 632. 1847. 图 38：1~4

形态特征　稀疏成片生长。 体形细小，淡褐色，稍具光泽。茎长 2 cm，宽约 1.8 mm；横切面直径 12 个细胞，包括 2~3 层厚壁皮部细胞和壁稍厚的髓部细胞；稀少有分枝；假根密生于茎腹面。叶疏生，长卵形，长约 0. 8 mm，宽约 0.5 mm，前缘阔弧形，基部不下延，后缘近于平直，基部下延；叶边尖部及前缘具 3~4 粗齿，叶尖部细胞长约 24 μm，基部细胞长 40~48 μm，宽约 40 μm，胞壁薄，三角体明显。腹叶退失。

生境和分布　着生于较高海拔至 3 800 m 林间阴湿石面。安徽、台湾、贵州、四川、云南和西藏；尼泊尔、不丹、印度、泰国、斯里兰卡、菲律宾、印度尼西亚、日本、朝鲜及加拿大有分布。

中华羽苔 *Plagiochila chinensis* Steph.，Mém. Soc. Sci. Nat. Cherbourg 29：223. 1894. 图 38：5~8

形态特征　常与其他苔藓混生。植物体中等大小，坚挺，色泽浅绿。茎长达 4 cm，宽约 2.5 mm；茎横切面直径约 20 个细胞，包括 3 层厚壁皮部细胞和约 15 层薄壁髓部细胞；假根少。叶近于疏生或稍贴生，卵形至长卵形，长约 1.3 mm，宽约 0.9 mm，平展，尖部圆钝，前缘圆弧形，后缘稍弯曲，基部下延；叶边尖部及前缘具多数锐齿，齿较长，由 1~4 个单列细胞组成。叶边细胞长 20~30μm，宽约 18 μm，基部细胞长 20~36 μm，宽约 20 μm，胞壁稍厚，三角体明显。 蒴萼长筒形，口部近于平截，具长锐齿。

生境和分布　生于海拔 1 000~4 000 m 山地林内树干或阴湿石上。河北、陕西、浙江、台湾、湖南、贵州、四川、云南和西藏；不丹、尼泊尔、印度、巴基斯坦、越南及泰国有分布。

卵叶羽苔 *Plagiochila ovalifolia* Mitt.，Trans. Linn. Soc. London Bot.，ser. 2，3：193. 1891. 图 38：9~11

形态特征　小片状下垂生长，或与其他苔藓混生。体色泽褐绿。茎长约 3~4 cm，宽约 4 mm；横切面直径约 18 个细胞，包括 2~3 层壁稍厚的皮部细胞和薄壁的髓部细胞；稀少分枝 ；假根着生茎基部。叶覆瓦状排列，卵圆形或长卵形，长约 2 mm，宽约 1.8 mm；尖部钝端，前缘圆弧形，后缘近于平直，基部宽阔，稍下延；叶边具多数细齿，齿长 1~3 个细胞。叶边细胞长约 25 μm，基部细胞长约 40 μm，胞壁薄，三角体小。腹叶退失。雌苞顶生，具 1~2 新生侧枝。

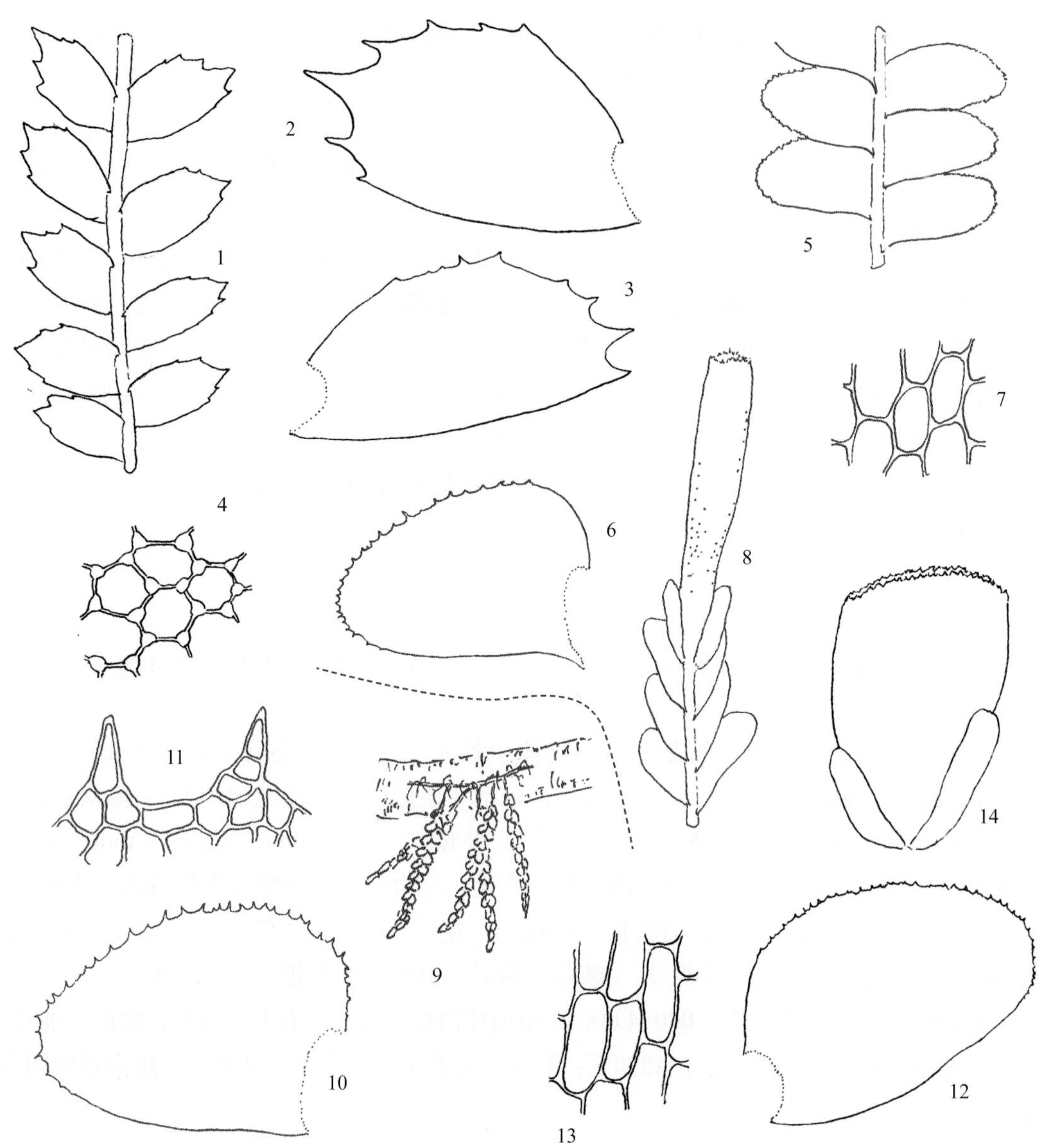

图 38

1~4. **纤细羽苔** *Plagiochila gracilis* Lindenb. et Gott.

1. 植物体的一部分（腹面观，×10），2，3. 叶（×30），4. 叶中部细胞（×300）

5~8. **中华羽苔** *Plagiochila chinensis* Steph.

5. 植物体的一部分（背面观，×15），6. 叶（×36），7. 叶近基部细胞（×210），8. 雌苞（×16）

9~11. **卵叶羽苔** *Plagiochila ovalifolia* Mitt.

9. 着生树干上的植物群落（×1），10. 叶（×35），11. 叶边细胞（×205）

12~14. **密齿羽苔** *Plagiochila porelloides*（Torrey ex Nees）Lindenb.

12. 叶（×45），13. 叶基部细胞（×250），14. 蒴萼（×20）

生境和分布 生于低海拔至约 4 000 m 山地林内湿石面或土上。吉林、辽宁、内蒙古、河北、山西、陕西、新疆、安徽、浙江、台湾、江西、湖北、湖南、广西、贵州、四川、云南和西藏；菲律宾、朝鲜及日本有分布。

应用价值 含有 α - 榄香醇。

密齿羽苔 *Plagiochila porelloides*（Torrey ex Nees）Lindenb.，Sp. Hepat. 61. 1841. 图 38：12~14

形态特征 成小片状生长。植物体中等大小，色泽灰绿。茎长达 3 cm，连叶宽 3~4 mm ；横切面含 2~3 层厚壁皮部细胞和髓部薄壁细胞；假根稀疏。叶片密生，宽圆卵形，长约 1.8 mm，宽约 1.5mm，尖部宽钝，前缘阔弧形，后缘近于平直，基部较狭，略下延；叶边具密细齿。叶边细胞长约 25 μm，基部细胞长约 55 μm，宽约 30 μm，胞壁薄，三角体小 。蒴萼一般短筒形，稀长筒形，口部具密齿。

生境和分布 着生低海拔至近 4 000 m 林间腐木、石面或湿土上。黑龙江、吉林、新疆、青海和四川；日本、朝鲜、欧洲及北美洲有分布。

应用价值 含有萜类化合物：acoradiene。

2 对羽苔属 *Plagiochilion* Hatt.

常杂生于其他苔藓中。植物体绿色或淡绿色。茎倾立，叉状分枝；茎横切面皮部 2~4 层棕色厚壁细胞，髓部为大型薄壁细胞；假根无色，生于茎腹面基部。叶片两两相对生，圆形或扁阔圆形，后缘基部多与对生的叶相连。雌雄异株。雄苞顶生或间生。蒴萼梨形或长筒形，口部具不规则齿。孢子球形，具细疣。

本属 13 种，热带和亚热带山地分布。中国有 4 种。

分种检索表

1. 茎叶边缘有不规则钝齿……………………………………1. 稀齿对羽苔 *P. mayebarae*
1. 茎叶边缘平滑……………………………………………2. 褐色对羽苔 *P. braunianum*

稀齿对羽苔 *Plagiochilion mayebarae* Hatt.，Journ. Hattori Lab. Bot. 3：39. 1950. 图 39：1~4

形态特征 小片状生长。植物体色泽黄绿或棕色，倾立或直立。茎长可达 5 cm，连叶宽约 2 mm；多具鞭状枝。叶相互贴生，圆形或阔扁圆形，斜列，基部不下延；叶边缘常具 1~6 个钝齿或全缘。叶边细胞及尖部细胞长约 16μm，胞壁厚，中部细胞长 15~24 μm，壁薄，三角体小，基部细胞胞壁三角体强烈加厚。雌雄异株。 雄苞叶 6~8 对。雌苞生于枝端，雌苞叶圆形，边缘具粗齿。蒴萼钟形，口部具不规则齿。

生境和分布 生于低海拔林间树干、岩面薄土或腐殖层上。广西、贵州、四川和西藏；日本及印度有分布。

应用价值 含有萜类化合物：β -guaiene。

褐色对羽苔 *Plagiochilion braunianum*（Nees）Hatt.，Biosphaera 1：7. 1947. 图 39：5~6

形态特征 成片生长或与其他苔藓混生。色泽黄棕或棕色。茎长达 4 cm，连叶宽 1~1.5 mm；横切面直径 10~12 个细胞；单一或具少数鞭状枝。叶相互贴生，近圆形或肾形，基部不下延，宽约 1.3 mm；叶边全缘。叶尖部细胞和边缘细胞长 18~30 μm，宽 15~25 μm，胞壁厚，三角体呈球状，中部细胞长约 28μm，宽约 23 μm，胞壁三角体大。雌雄异株。雌苞顶生；蒴萼圆柱形，远高于雌苞叶，口部平截或略呈弧形，具不规则齿。

生境和分布 生于山区林下岩面薄土或湿润土上，稀生于岩面。江西、广西、贵州和四川；喜马拉雅山地区、菲律宾、印度尼西亚、巴布亚新几内亚及新喀里多尼亚有分布。

017 顶苞苔科 ACROBOLBACEAE

匍匐或倾立。植物体黄色、淡绿色或暗绿色。茎长达 3 cm，多分枝，有时具鞭状枝；横切面细胞不分化；假根一般生于茎腹面，有时生于叶边。叶片阔卵形，疏列或覆瓦状排列，尖部两裂，裂瓣不等大或近于等大，稀 3 裂或全缘，有时不规则开裂。叶细胞大，薄壁，常具大三角体；表面平滑。腹叶缺失或仅具残痕。雄苞间生，穗状。雌苞顶生，蒴囊杯状，无蒴萼，雌苞叶与茎叶相似，齿多。

本科 7 属，以南半球分布为主。中国有 2 属。

1 顶苞苔属 *Acrobolbus* Nees

匍匐或倾立。植物体细长，色泽黄绿或绿色。茎无细胞分化；假根多着生茎腹面或叶的边缘。叶阔卵形，斜列，一般不等形 2 裂。叶细胞大。雌雄异株。雌苞顶生；卵细胞受精后形成蒴囊，向腹面生长。孢蒴壁由 4~5 层细胞组成。

本属 10~12 种，热带和亚热带地区分布。中国有 1 种。

钝角顶苞苔 *Acrobolbus ciliatus*（Mitt.）Schiffn.，Nat. Pfl.-fam. 1（3）：86.1893. 图 39：7~10

形态特征 常与其他苔藓植物生长。植物体型中等大小，色泽淡绿或灰绿色，有时呈

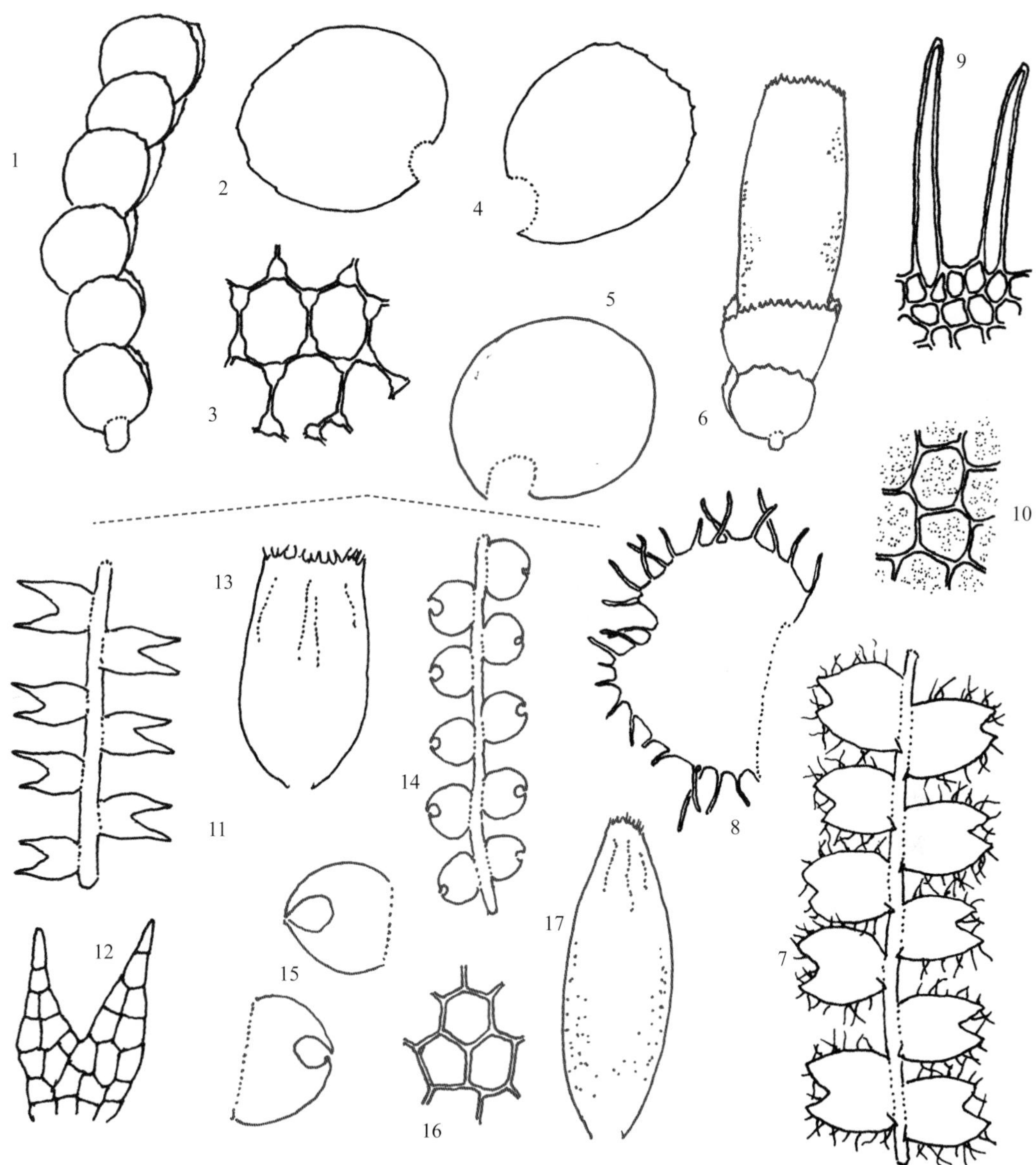

图 39

1~4. **稀齿对羽苔** *Plagiochilion mayebarae* Hatt.

1. 植物体的一部分（侧面观，×20），2. 叶（×40），3. 叶中部细胞（×480），4. 雌苞叶（×30）

5~6. **褐色对羽苔** *Plagiochilion braunianum*（Nees）Hatt.

5. 叶（×30），6. 雌苞（×17）

7~10. **钝角顶苞苔** *Acrobolbus ciliatus*（Mitt.）Schiffn.

7. 植物体的一部分（背面观，×7），8. 叶（×23），9. 叶边细胞（×150），10. 叶中部细胞（×350）

11~13. **毛口大萼苔** *Cephalozia lacinulata*（Jack ex Gott. et Rabenh.）Spruce

11. 植物体的一部分（×38），12. 叶（×170），13. 蒴萼（×50）

14~17. **月瓣大萼苔** *Cephalozia lunulifolia*（Dum.）Dum.

14. 植物体的一部分（×40），15. 叶（×80），16. 叶中部细胞（×210），17. 蒴萼（×38）

黄色。茎长达 3 cm，连叶宽约 2 mm；横切面呈圆形，细胞无形态分化；稀具侧生枝；假根疏生。叶阔卵形或扁圆形，斜列，长约 1 mm，尖部 1/3 两裂 ，裂瓣呈钝三角形，腹侧瓣常大于背侧瓣 ；叶边通常密被单细胞的毛状假根。叶细胞薄壁，多边形，叶尖部细胞约 35 μm，基部细胞长约 40 μm，宽 24~32 μm，三角体小而明显；表面具细疣。腹叶多缺失，或仅茎尖具小腹叶。雄苞间生，苞叶 1~5 对。雌苞顶生，受精后茎先端膨大呈蒴囊。

生境和分布　习生于石灰岩山区林内阴湿岩面或林地。台湾、四川、云南和西藏；尼泊尔、印度北部、日本、巴布亚新几内亚及北美洲东部有分布。

018 大萼苔科 CEPHALOZIACEAE

疏松或紧密贴生成片。体形纤细或细小，色泽黄绿或淡绿色，有时透明。茎匍匐横展，尖部倾立；横切面皮部有一层大细胞及薄壁或厚壁的中部小细胞；分枝多不规则。叶 3 列，腹叶小或缺失；侧叶 2 列，斜生，尖部 2 裂；叶边全缘。叶细胞壁薄或厚，无色，稀稍呈黄色；油体小或缺失。雌雄同株。雌苞生于茎腹面短枝或茎顶端。蒴萼长筒形，上部有纵褶。蒴柄粗，横切面表皮细胞 8 个，内部细胞 4 个。孢蒴卵圆形，蒴壁 2 层细胞。弹丝 2 列螺纹加厚。芽胞着生茎的尖端，黄绿色，多 1~2 个细胞。

本科 16 属，分布温带地区。中国有 8 属。

分属检索表

1. 茎扁平，椭圆形；叶在茎中部以下常贴生……4. 塔叶苔属 *Schiffneria*

1. 茎圆形；叶不相互贴生……2

2. 侧叶圆形或卵形，全缘或尖部微凹……3. 裂齿苔属 *Odontoschisma*

2. 侧叶长椭圆形或卵形，尖部 2 裂……3

3. 叶片腹瓣略膨起……1. 大萼苔属 *Cephalozia*

3. 叶片腹瓣强烈膨起近于呈囊状……2. 拳叶苔属 *Nowellia*

1 大萼苔属 *Cephalozia*（Dum.）Dum.

稀疏交织成小片状生长。 体形细小或中等大小，有时透明，色泽灰绿或鲜绿色，老时呈黄褐色。茎匍匐生长；横切面皮部细胞形大，薄壁，略透明，间生多数小型厚壁细胞。侧叶相互贴生或疏生，斜列，卵形或近圆形，平展或内凹，一般先端 2 裂，裂瓣锐或钝，基部常下延。叶细胞多薄壁，形大，三角体常小或缺失。 腹叶仅着生雌苞或雄苞腹面。雌雄多同株或异株。雌苞生于长枝或短侧枝上；雌苞叶边缘常具粗齿；雌苞腹叶与雌苞叶同形。蒴萼粗大，高出于雌苞叶，长椭圆形或圆柱形，有多条纵长褶，口部具毛状突起。蒴柄透明。孢蒴圆球形或椭圆形。弹丝 2 列螺纹加厚。孢子具细疣。无性芽胞长椭圆形或卵圆形，1~2 个细胞，着生茎、枝顶端或叶尖部。

本属 35 种，温带分布。中国有 12 种。

分种检索表

1. 叶尖部约 2/5 开裂；2 裂瓣尖部向内弯曲呈相对的圆弧形……2. 月瓣大萼苔 *C. lunulifolia*
1. 叶尖部约近 1/2 开裂；2 裂瓣尖部不向内弯曲……2
2. 叶细胞壁薄，无色，透明……1. 毛口大萼苔 *C. lacinulata*
2. 叶细胞壁厚或略厚壁，呈黄色……3
3. 蒴萼长圆筒形；叶裂瓣呈狭长披针形……3. 短瓣大萼苔 *C. macounii*
3. 蒴萼短圆筒形；叶裂瓣呈阔三角形……4. 曲枝大萼苔 *C. catenulata*

毛口大萼苔 *Cephalozia lacinulata*（Jack ex Gott. et Rabenh.）Spruce，Cephalozia 45. 1882. 图 39：11~13

形态特征　小片状交织生长。体形纤细，色泽黄绿。茎背面扁平，腹面圆凸；横切面直径 5~6 个细胞；有时具分枝。叶片斜列，近椭圆形，1/2~2/3 两裂，裂瓣间约呈 45°；裂瓣披针形，直立或略向内弯曲，尖部具 1~2 单个细胞，叶基部宽 4~6 个细胞。叶细胞薄壁，透明，中部细胞长 28~38 μm。雌雄异株；雌苞生于茎腹面短枝上；蒴萼具 3 条深纵褶，口部有 2~3 个细胞的长毛。芽胞椭圆形至三角形，由 1~2 个薄壁细胞组成。

生境和分布　生于山地林下腐木上。黑龙江、吉林、辽宁、广西、四川和云南；俄罗斯、欧洲及北美洲有分布。

月瓣大萼苔 *Cephalozia lunulifolia*（Dum.）Dum.，Recueil Observ. Jungermannia 18. 1835. 图 39：14~17

形态特征　丛集交织生，或与其他苔藓组成群落。植物体绿色或褐绿色。茎尖部上仰，不规则分枝；横切面直径 6~7 个细胞 。叶片斜出或近于纵生，圆形，2/5 两裂，两裂瓣尖部向内弯曲呈相对的圆弧形，叶基部宽 7~15 个细胞。叶细胞薄壁，中部细胞六角形。雌雄异株。 蒴萼长椭圆形至圆筒形，口部收缩。孢子直径 8~12 μm。芽胞阔卵形、圆形或三角形。

生境和分布　常生于山区针阔混交林下的腐木或具土湿岩面。黑龙江、吉林、湖南、云南和西藏；俄罗斯、欧洲及北美洲有分布。

短瓣大萼苔 *Cephalozia macounii*（Aust.）Aust.，Hepat. Bor. Amer. 14. 1873. 图 40：1~4

形态特征　小片疏交织生长。体形纤细，淡绿色，外观似睫毛苔。茎匍匐，连叶宽约 0.2~0.3 mm；横切面直径 4 个细胞；分枝不规则。叶片斜列，宽 6~7 个细胞，3/5 两裂，裂瓣间约呈 45°，直展，裂瓣基部宽 3~4 个细胞，裂瓣尖端 2~3 个单列细胞。叶细胞壁略加厚，中部细胞近长六边形，长 16 ~20 μm，宽 12 ~15 μm。雌雄异株。

生境和分布 着生寒冷林内腐木或沼泽地塔头上。黑龙江、吉林、辽宁、福建、湖南、广西、贵州、四川、云南和西藏；俄罗斯、欧洲及北美洲有分布。

曲枝大萼苔 *Cephalozia catenulata*（Hueb.）Lindb.，Acta Soc. Sci. Fennicae 10：262. 1872. 图 40：5~9

形态特征 稀疏小群落。体形细小，色泽淡绿，长达 1 cm，连叶宽 0.5 mm；有时具分枝。茎横切面直径 7 个细胞 。叶疏生，斜列，阔卵形，上部约 1/2 两裂，基部不下延，宽 8~12 个细胞；裂瓣直立，渐尖，裂瓣间小于 45° ，基部宽 4~6 个细胞。叶细胞六角形，壁略厚，中部细胞长 24~30 μm，基部细胞长 33 μm。雌雄异株。雌苞生于茎腹面短枝上。蒴萼长圆筒形，具 3 条纵褶，口部收缩，毛状突起长达 3~6 个细胞。孢子直径 9~10 μm。芽胞为单细胞，椭圆形，色泽黄绿，壁薄。

生境和分布 多见于较高山区林地或沟谷溪流两岸的腐木上，有时也见于土上。吉林、山西、湖南、广西、贵州、四川和西藏；亚洲北部、欧洲及北美洲有分布。

2 拳叶苔属 *Nowellia* Mitt.

常小片状生长。植物体多红棕色，稀褐绿色，平展或相互交织。茎长达 1~2 cm；不规则分枝。叶 2 列，先端 2 裂，叶边多内卷，腹瓣强烈膨起呈囊状，基部狭窄。雄苞生于茎腹面；雄苞叶多对，呈穗状。雌苞生于茎腹面短枝上。蒴萼长圆筒形，口部有长刺。

本属约 9 种，温带和亚热带山区分布。中国有 2 种。

分种检索表

1. 植物体多红棕色，稀褐绿色；叶多不开裂，先端圆钝，内凹 ………………………… 1. 无毛拳叶苔 *N. aciliata*

1. 植物体褐绿色，稀紫红 色；叶上部多深裂，呈两披针形毛尖 ………………………… 2. 拳叶苔 *N. curvifolia*

无毛拳叶苔 *Nowellia aciliata*（Chen et Wu）Mizut.，Hikobia 11：469. 1994. 图 40 ：15~17

Nowellia curvifolia（Dicks.）Mitt. var . *aciliata* Chen et Wu，Obser. Fl. Hwangshan. 6. 1965.

形态特征 匍匐贴生基质。体形细小，褐绿色或带紫红色，有时黄褐色，略具光泽。茎长达 2 cm，不规则稀疏分枝。叶片 2 列，覆瓦状蔽前式排列，卵圆形，强烈膨起；叶边全缘，先端不开裂或略内凹，腹瓣多膨起呈囊状。叶细胞六边形，或多圆六角形，厚壁，平滑，近基部细胞长方形。雌雄异株；雄苞着生短侧枝上。雄苞叶多对，排列成穗状。雌苞生于茎腹面短侧枝上；雌苞叶边缘有齿。

生境和分布 生于低山林内岩面薄土上。安徽、浙江和广西；日本有分布。

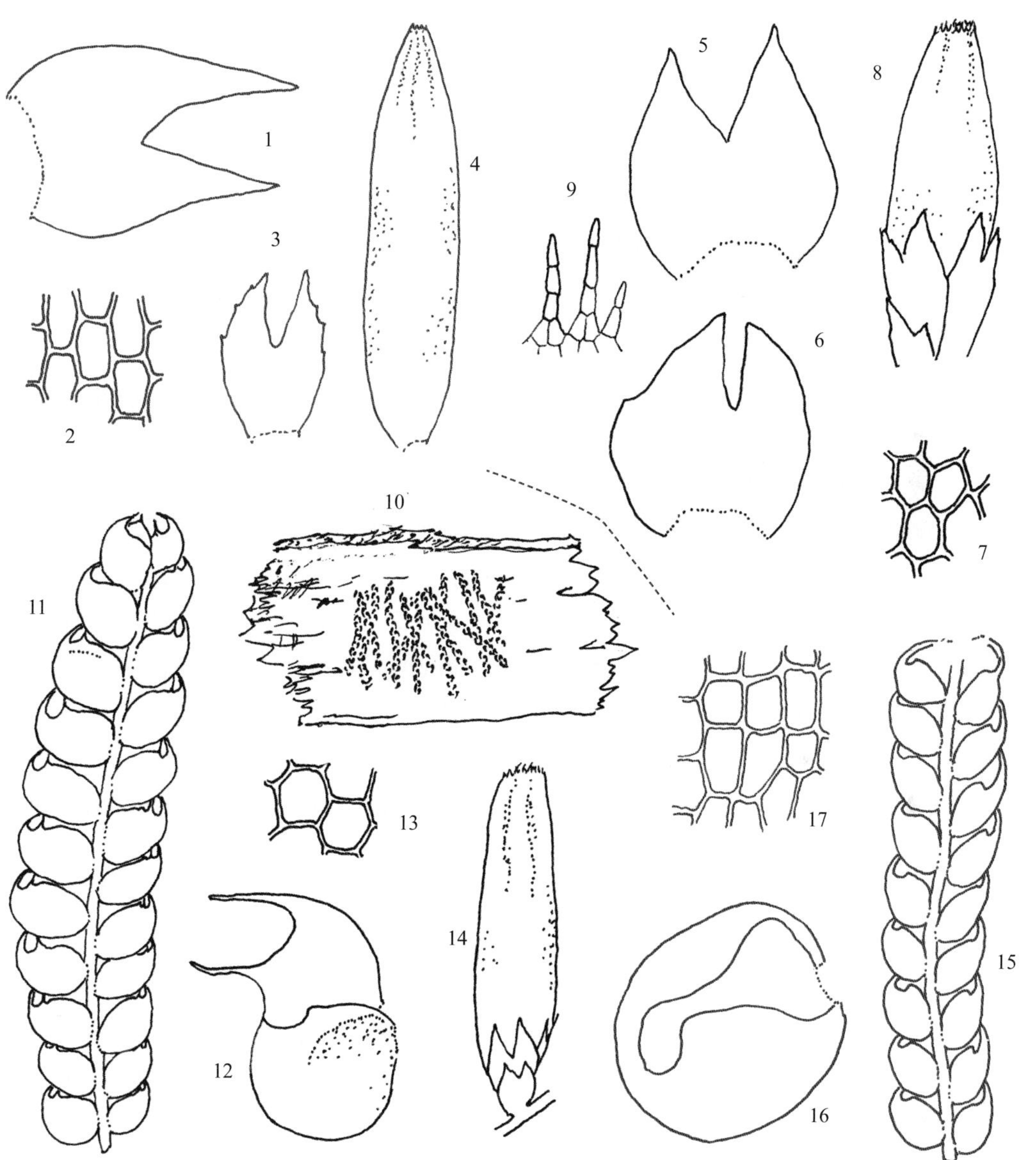

图 40

1~4. **短瓣大萼苔** *Cephalozia macounii*（Aust.）Aust.

1. 叶（×55），2. 叶中部细胞（×280），3. 雌苞叶（×80），4. 蒴萼（×50）

5~9. **曲枝大萼苔** *Cephalozia catenulata*（Hueb.）Lindb.

5，6. 叶（×110），7. 叶中部细胞（×270），8. 雌苞（×70），9. 蒴萼口部细胞（×105）

10~14. **拳叶苔** *Nowellia curvifolia*（Dicks.）Mitt.

10. 着生林内腐木上的植物群落（×1），11. 植物体（腹面观，×15），12. 叶（腹面观，×55），13. 叶中部细胞（×210），14. 雌苞（×18）

15~17. **无毛拳叶苔** *Nowelia aciliata*（Chen et Wu）Mizut.

15. 植物体的一部分（腹面观，×16），16. 叶（腹面观，×60），17. 叶基部细胞（×195）

拳叶苔 *Nowellia curvifolia*（Dicks.）Mitt.，Nat. Hist. Azores 321. 1870. 图 40：10~14

形态特征 紧贴基质生长。植物体细小，褐绿色或紫红色，略具光泽。茎匍匐，长 1~2 cm，连叶宽 2 mm；不规则稀疏分枝。假根少，无色。叶 2 列，覆瓦状蔽前式排列，近卵圆形，上部 2 裂，强烈内卷；裂瓣披针形，具毛状尖，腹瓣基部强烈膨起；叶边全缘。叶细胞方形或多边形，壁厚，平滑，基部细胞长方形。雌雄异株。雄苞呈穗状。蒴萼长圆筒形，具纵长沟，口部有 1~2 个细胞的齿。弹丝长 8~9 μm，具 2 列螺纹。孢子红褐色，直径 8~9 μm。芽胞球形，单细胞 。

生境和分布 生于山区林下腐木或岩面薄土上。黑龙江、吉林、安徽、福建、湖南、广西、贵州、四川、云南和西藏；泰国和朝鲜半岛有广布。

3 裂齿苔属 *Odontoschisma*（Dum.）Dum.

交织成片。植物体绿色或红褐色 。茎常具鞭状枝、匍匐枝和芽条；假根散生于腹面。叶 3 列，侧叶斜列，蔽后式，圆形或阔卵形，不下延；叶边全缘。腹叶退化，或仅着生生殖枝上。叶细胞壁厚，三角体明显或呈球状加厚。雄苞生于茎腹面侧枝上；雄苞叶上部 2 裂，基部强烈膨起。雌苞生于茎腹面短枝上；雌苞叶 2~3 对。蒴萼长圆筒形或长椭圆形，上部有 3~4 条纵褶，口部具齿或毛。孢蒴褐色，卵圆形，成熟后 4 瓣开裂。

本属 12 种，热带至温带山地分布。中国有 3 种。

合叶裂齿苔 *Odontoschisma denudatum*（Nees）Dum.，Recueil Observ. Jungermannia19. 1835. 图 41：1~4

形态特征 匍匐小片状生长。植物体形小，黄绿色至红棕色，无光泽。茎匍匐，长约 2 cm；稀不规则分枝；腹面常具鞭状枝或芽条。叶 3 列，侧叶呈蔽后式覆瓦状，斜列，卵圆形，一般基部略狭；叶边全缘，常强烈内凹。叶细胞不规则，厚壁，三角体明显球状加厚，常具壁孔。叶中部细胞约 28 μm。腹叶退化或仅见痕迹，先端 2 裂。雌雄异株。

生境和分布 生于低海拔山区林下岩面薄土或腐木上。福建、广东；泰国、日本、俄罗斯（远东地区）及欧洲均有分布。

4 塔叶苔属 *Schiffneria* Steph.

小片扁平交织生长。植物体呈带状，淡绿色，半透明。叶片 2 列 ，为单层细胞。雌雄异株。雌、雄苞均由茎腹面的短枝伸出。

本属 2 种，亚洲分布。中国有 2 种。

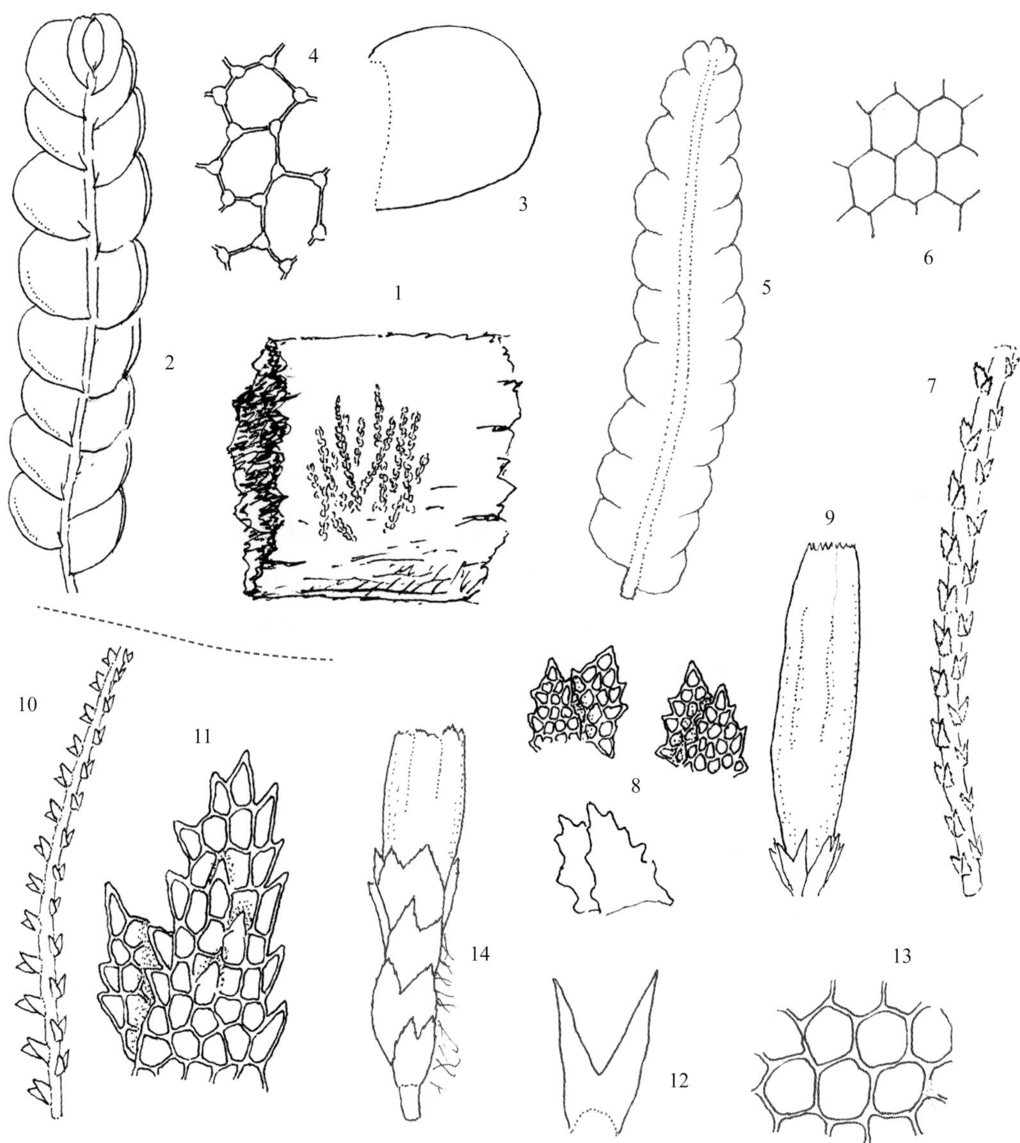

图 41

1~4. 合叶裂齿苔 *Odontoschima denudatum*（Nees）Dum.

1. 着生腐木上的植物群落（背面观，×1），2. 植物体的一部分（背面观，×18），3. 叶（×38），4. 叶中部细胞（×420）

5~6. 塔叶苔 *Schiffneria hyalina* Steph.

5. 植物体的一部分（×5），6. 叶中部细胞（×500）

7~9. 小叶拟大萼苔 *Cephaloziella microphylla*（Steph.）Douin

7. 植物体的一部分（背面观，×45），8. 叶（×250），9. 雌苞（×100）

10~11. 粗齿拟大萼苔 *Cephaloziella dentata*（Raddi）K. Müll.

10. 植物体的一部分（×20），11. 叶（×130）

12~14. 红色拟大萼苔 *Cephaloziella rubella*（Nees）Warnst.

12. 叶（×140），13. 叶中部细胞（×500），14. 雌苞（侧面观，×85）

塔叶苔 *Schiffneria hyalina* Steph.，Öster. Bot. Zeitschr. 1. 1984. 图 41：5~6

形态特征 小片状匍匐交织生长。体形扁平长带状，色泽淡绿，具弱光泽。茎长不及 3 cm，连叶宽 3 mm，分枝着生茎腹面。假根散生于茎腹面。叶 2 列，覆瓦状蔽后式排列，半圆形，先端圆钝或平截，基部相连；叶边全缘，有时具波纹。叶细胞多边形、长方形或方形，壁薄，平滑，透明。腹叶缺失。雌雄异株；雌、雄苞均生于茎腹面的短枝上。

生境和分布 生于湿热山地林下腐木上。四川、云南和西藏；日本及泰国有分布。

019 拟大萼苔科 CEPHALOZIELLACEAE

多与其他苔藓植物混生。体形纤细，一般仅长数 mm，色泽淡绿或呈淡红色，平卧交织生长。茎横切面圆形或扁圆形，皮部细胞与内部细胞近似；分枝生自茎腹面或侧面。假根常散生于茎腹面。叶 3 列。侧叶 2 列，两裂成等大或近似的背腹瓣，基部一侧略下延；叶边平滑或具齿。叶细胞六边形，多薄壁，三角体不明显或缺失。腹叶常缺失或仅存于生殖枝上。雌雄同株异苞。蒴萼着生茎或短侧枝尖端，长圆筒形，上部具 4~5 纵褶，口部宽，边缘有长形细胞。孢蒴椭圆形或短圆柱形，成熟后呈黑褐色，四瓣深裂。弹丝 2 列螺纹状加厚。芽胞由 1~2 个细胞组成，椭圆形或多角形，着生茎或叶的尖部。

本科 8 属，以温带分布为主，少数种见于热带和亚热带山区。中国有 2 属。

分属检索表

1. 植物体较细小；雌苞叶边一般具粗齿 ………… 1. 拟大萼苔属 *Cephaloziella*
1. 植物体略粗大；雌苞叶边全缘 ………… 2. 筒萼苔属 *Cylindrocolea*

1 拟大萼苔属 *Cephaloziella* (Spruce) Schiffn.

疏交织或混生于其他苔藓植物中。植物体纤细，灰绿色或带红色，透明。茎平展，尖部上倾；横切面细胞不分化；常自茎腹面不规则分枝。叶 3 列，腹叶常不发育或形小。侧叶 2 列，1/3~1/2 两裂，一般背瓣略小；叶边全缘或有粗齿。叶细胞圆六边形；油体小，球形，直径 2~3 μm。雌雄同株。雄雌苞均着生茎尖部或短侧枝上。雌苞叶多大于营养叶，叶边全缘或有齿。蒴萼长圆筒形，上部有 4~5 条纵褶，口部具齿。孢蒴椭圆形或短圆柱形，成熟后 4 瓣裂。芽胞 1~2 个细胞，多着生茎、枝或叶的尖端。

本属约 100 种，广布世界各地。中国有 11 种。

分种检索表

1. 叶细胞有粗疣……………………………………………………………………1. 小叶拟大萼苔 *C. microphylla*
1. 叶细胞平滑……………………………………………………………………………………………2
2. 植物体一般为淡绿色；叶边缘有粗齿…………………………………………2. 粗齿拟大萼苔 *C. dentata*
2. 植物体常呈淡红色；叶边缘平滑………………………………………………3. 红色拟大萼苔 *C. rubella*

小叶拟大萼苔 *Cephaloziella microphylla*（Steph.）Douin，Mem. Soc. Bot. France 20：59. 1920. 图 41：7~9

形态特征 交织成小片生长。植物纤细，灰绿色，无光泽。茎匍匐，尖部常上倾，长达 5 mm；不规则分枝常出于茎腹面，呈鞭状。叶 3 列；腹叶常缺失 。茎叶疏列，长 0.3~0.5 mm，深 2 裂，背瓣略小于腹瓣，裂瓣宽三角形，上部渐尖；叶边具由细胞突出形成的粗齿。叶细胞小，方形或多边形，直径 8~10 μm，三角体不明显，表面有粗疣。 无性芽胞 2 个细胞，绿色，着生枝端或叶的尖部。

生境和分布 生于湿热山区林内树基或湿土上。福建、湖南和广西；日本、印度北部及泰国有分布。

粗齿拟大萼苔 *Cephaloziella dentata*（Raddi）K. Müll. in Rabenhorst，Krypt. Fl. ed. 2，6（2）：198. 1913. 图 41：10~11

形态特征 交织呈小片生长 。 体形纤细 ，黄绿色或绿色。茎尖部倾立；稀少分枝。假根无色，着生茎腹面。叶 3 列。侧叶 2 裂达叶近基部，裂瓣三角形，锐尖，边缘有粗齿，基部通常宽 6~10 个细胞；腹叶在不育枝上明显，开裂或不裂，边缘有齿。叶尖部细胞方形或不规则多边形，长约 18 μm，壁厚，透明，表面平滑。油体球形。 雌苞顶生，雌苞叶 2 裂达叶中部，与侧叶同形，边缘有不规则齿。芽胞多角形，有粗疣，由 1~2 个细胞组成。

生境和分布 生于低海拔至约 1 500 m 林内湿土上或岩面薄土。江西和湖南；欧洲有分布。

红色拟大萼苔 *Cephaloziella rubella*（Nees）Warnst.，Fl. Brandenburg 1：231. 1902. 图 41：12~14

形态特征 平展交织生，红色或红褐色。茎横切面表皮细胞 11~14 个，胞壁略加厚，内部细胞薄壁；有时具分枝。叶 3 列。侧叶直立着生，两裂达 1/2~2/3，裂瓣披针形，裂瓣基部宽 4~6 个细胞，长 5~6 个细胞；叶边全缘。叶细胞长达 15 μm，宽 10~11 μm，角部略加厚。腹叶缺失。蒴萼圆筒形；口部细胞厚壁。 芽胞椭圆形，平滑，由 2 个细胞组成。

生境和分布 着生山区林内腐木或具土岩面 。黑龙江、吉林、辽宁、贵州、四川和云南；日本、俄罗斯（远东地区）、欧洲及北美洲有分布。

2 筒萼苔属 *Cylindrocolea* Schust.

匍匐交织生长。植物体一般色泽深绿或黄绿色。茎上部倾立；横切面通常圆形，细胞近于同形；不规则分枝由茎腹面伸出，尖部常呈鞭状。无假根。侧叶 2 列，多横生，常 1/3~1/2 深两裂，背瓣略小；叶边全缘。叶细胞卵形或近六边形，稍厚壁，有时三角体不明显。腹叶退化。雌雄多同株。雄苞穗状。雌苞常着生茎尖端；雌苞叶边全缘。蒴萼一般长圆筒形，上部具纵褶。孢蒴椭圆形，成熟后 4 裂。孢子球形，表面具细疣。

本属 16 种，多分布亚洲东部生长。中国有 2 种。

台湾筒萼苔 *Cylindrocolea recurvifolia*（Steph.）Inoue，Journ. Jap. 47：348. 1972. 图 42：1~5

形态特征 交织生长。植物体多深绿色。茎匍匐，尖部倾立；横切面圆形，细胞同形；不规则分枝；无假根。侧叶 2 列，横生，1/3~1/2 深两裂，背瓣略小；叶边全缘。叶细胞圆六边形，厚壁，三角体不明显。 腹叶缺失。雌雄同株。雄苞叶 3~6 对。

生境和分布 习生于湿热林内具土湿石上。台湾、福建、浙江和湖南；日本有分布。

020 甲克苔科 JACKIELLACEAE

小片状贴基质生长。植物体中等大小。茎匍匐伸展，尖部上倾；分枝由茎腹面伸出。叶蔽后式排列，卵形或心脏形。叶细胞六边形，胞壁薄，三角体明显，油体大。雌枝和雄枝短，生于茎腹面。受精后雌苞发育成棒状假蒴萼。蒴柄粗，直径 6 个细胞。具芽胞或缺失 。

本科 1 属，分布热带、亚热带地区 。中国有分布。

1 甲克苔属 *Jackiella* Schiffn.

属的特征同科。

本属 6 种，湿热山区生长。中国有 2 种。

甲克苔 *Jackiella javanica* Schiffn.，Denkschr. Kais. Akad. Wien 70：217. 1900. 图 42：6~8

形态特征 贴基质生长。体形小，色泽黄绿或灰绿色。茎尖部上倾，长可达 2 cm ；分枝由茎腹面伸出；假根生于叶基部。叶蔽后式，长卵状椭圆形或阔卵状三角形，斜列，后

缘基部略下延，前缘基部呈小圆耳状，尖部宽阔，圆钝；叶边全缘，略内曲。叶细胞圆六边形，中部细胞长 20~35 μm，宽 18~30 μm，基部细胞略长；胞壁厚，三角体呈球状加厚；表面平滑。腹叶小，仅几列细胞 。雌雄异株。 雌苞生于腹面短侧枝上，受精后发育成棒状蒴囊。 孢蒴长椭圆形，成熟 4 瓣裂。弹丝具 2 列螺纹。孢子纤小，直径 6~8 μm。

生境和分布　习生湿热山地林内湿石上，常与其他苔藓形成群落。 香港、台湾和云南；日本、泰国、斯里兰卡及新几内亚有分布。

021 岐舌苔科 SCHISTOCHILACEAE

片状疏松丛集生长或与其他苔藓形成群落。植物体中等大小或形大，黄绿色、绿色或红褐色，具光泽。茎多垂倾，扁平形，长可达 10 cm；不分枝或稀少分枝；假根散生于茎和枝的腹面，紫红色。茎或叶腋有时具多细胞的丝状鳞毛。叶覆瓦状蔽前式排列 ，平横伸展，长椭圆形，基部收缩，先端圆钝或锐尖，叶背瓣与腹瓣相连处的脊部和前方延伸呈翅状，背瓣先端平截；叶边全缘或具毛状齿。叶细胞薄壁或壁稍厚，三角体小或呈球状加厚；表面平滑或具疣。腹叶小或缺失。雌雄异株。雌苞在茎先端发育成蒴囊。雌苞叶分化不明显。蒴柄基部常具带色长纤毛 。孢蒴短柱形，4 瓣开裂达基部。

本科 3 属，多分布热带山区。中国有 2 属。

1 岐舌苔属 *Schistochila* Dum.

成片或小簇状垂倾生长。植物体宽大，柔弱，色泽淡绿至褐绿色，常与其他苔藓组成群落。茎横切面呈圆形，皮部细胞厚壁，髓部细胞薄壁；分枝侧生或叉状分枝；常具鳞毛；假根生于茎腹面，色泽淡紫红。叶覆瓦状排列，狭卵形或长椭圆形，锐尖或圆钝尖；叶边密被毛状齿；背瓣约为叶长度的 2/3，前端平截。叶细胞形大，近于六边形，基部细胞长，胞壁三角体不明显或呈球状；细胞表面平滑或具疣。腹叶浅 2 裂或不明显，边缘常具毛状齿。雌雄异株。雌苞顶生，由茎尖端发育成长棒状肉质蒴囊。孢蒴卵形，成熟后 4 裂。弹丝 2 列螺纹加厚。孢子表面具疣。无性芽胞多生于叶片背瓣的尖部。

本属 约 60 种，分布热带和亚热带山地。中国有 6 种。

分种检索表

1. 植物体略大，长达 7 cm；叶边具不规则粗齿 ………………………………… 1. 大岐舌苔 *S. aligera*

1. 植物体略小，长约 5 cm；叶边密被长 2~4 细胞的纤毛 ……………………… 2. 阔叶岐舌苔 *S. blumei*

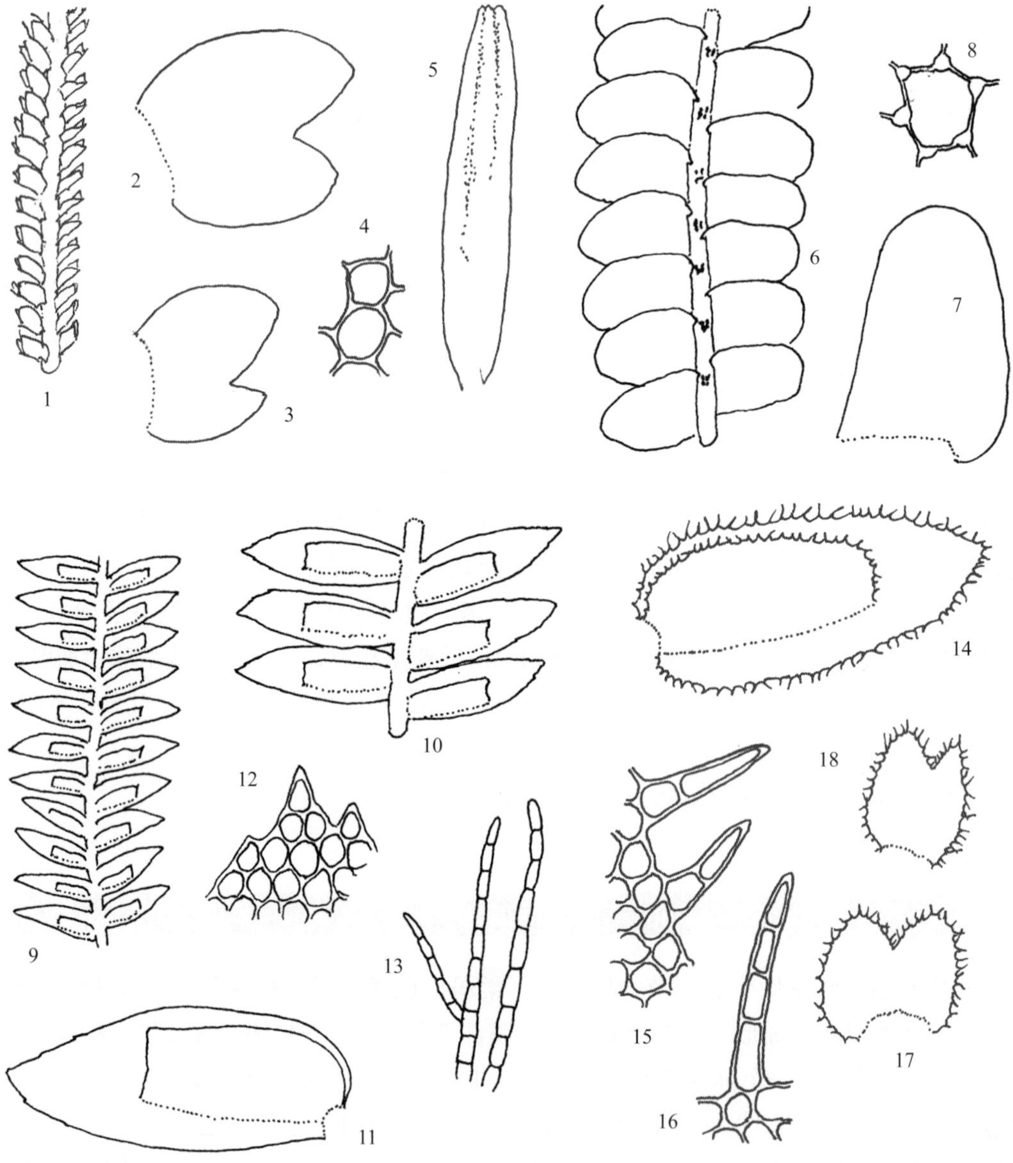

图 42

1~5. 台湾筒萼苔 *Cylindrocolea recurvifolia*（Steph.）Inoue

1. 植物体的一部分（×38），2，3. 叶（×23），4. 叶中部细胞（×550），5. 蒴萼（×38）

6~8. 甲克苔 *Jackiella javanica* Schiffn.

6. 植物体的一部分（腹面观，×26），7. 叶（×70），8. 叶中部细胞（×520）

9~13. 大岐舌苔 *Schistochila aligera*（Nees et Bl.）Jack et Steph.

9，10. 植物体的一部分（背面观，9. ×2.5，10. ×4），11. 叶（×11），12. 叶尖部细胞（×300），13. 鳞毛（×180）

14~18. 阔叶岐舌苔 *Schistochila blumei*（Nees）Trev.

14. 叶（背面观，×10），15，16. 叶边细胞（×210），17，18. 腹叶（×10）

大歧舌苔 *Schistochila aligera*（Nees et Bl.）Jack et Steph.，Hedwigia 31：12. 1892. 图 42：9~13

Gottschea philippinensis Mont.，Ann. Sci. Nat. Bot. 2，19：224. 1843.

形态特征 疏片状倾垂生长。植物体宽大，扁平形，柔弱，色泽暗绿或黄绿色。茎长可达 7 cm，连叶宽 l~1.2 cm；稀少分枝。侧叶 2 列，长椭圆形或阔披针形，先端钝或具小尖头，长 约 7 mm，宽约 2 mm；叶边具不规则短粗齿，中下部叶的边缘平滑，基部常具鳞毛。背瓣卵形或椭圆形，长约为腹瓣的 2/3；边缘具不规则钝齿。叶上部细胞近六边形，直径 35~45 μm，基部细胞长约 70 μm，三角体大，常呈球状加厚。腹叶缺失。鳞毛大，生于叶腋中，一般呈丝状。

生境和分布 生林下阴湿岩面、腐木或树干基部。台湾和海南；印度、泰国、马来西亚、菲律宾、印度尼西亚、斯里兰卡及巴布亚新几内亚有分布。

阔叶歧舌苔 *Schistochila blumei*（Nees）Trev.，Mem. Real. Istit. Lombard. Sci. Mat. Nat. ser. 3，4：392. 1877. 图 42：14~18

形态特征 多片状倾垂生长。植物体形宽大，色泽黄绿或黄色，长度一般约 5 cm，可达 10 cm；稀分枝；鳞毛呈丝状。叶横展，密覆瓦状排列，长椭圆形，前端锐尖，两侧基部圆钝；叶边密被长 2~4 细胞的纤毛；背瓣约为叶长度的 2/3，前端平截，边缘密被细毛。叶细胞圆多边形，叶基部细胞长约 35μm，胞壁三角体明显。腹叶近圆形，上部 2 裂，边缘密被细毛。雌雄异株。蒴囊长圆筒形，包被多个雌苞叶。

生境和分布 湿热山地林内树干或腐木生。 海南和台湾；泰国、菲律宾、印度、马来西亚、印度尼西亚及巴布亚新几内亚有分布。

022 扁萼苔科 RADULACEAE

成小片扁平贴生基质。 体形细小至中等大小，色泽黄绿、橄绿色或红褐色，无光泽。茎横切面皮部细胞不分化；不规则羽状分枝或两歧分枝，分枝短，斜出自叶片基部；假根束生于腹瓣中央。叶 2 列，蔽前式，疏生或密覆瓦状，平展或斜展，背瓣平展或内凹，近圆形、卵形或长卵形，先端圆钝或具短钝尖；基部不下延或稍下延；叶边全缘。腹瓣约为背瓣长度的 1/3 ，斜出或横展，少数直立着生，阔卵形、短舌形、肾形或卵状三角形，常膨起，前端阔圆钝，具钝尖或稀基部呈圆耳状；脊部平直或略呈弧形，与茎呈 50º~90º 角。叶细胞近于六边形，壁薄或厚，具三角体或无三角体，稀胞壁中部球状加厚，表面平滑，稀具细疣。雌雄异株，稀雌雄同株。雄苞顶生或间生于分枝上，雄苞叶 2~20 对，呈穗状。雌苞生于茎或枝顶端，稀生于短侧枝上 。蒴萼扁平喇叭形，口部平截，平滑。弹丝 2~3 列螺纹加厚。

本科 1 属，热带地区分布为主。中国有分布。

1 扁萼苔属 *Radula* Dum.

属的特征同科的描述。

本属约 250 种，以热带分布为主，少数种见于温带。中国有约 40 种。

分种检索表

1. 叶背瓣先端具锐尖……2
1. 叶背瓣先端圆钝或具钝尖……3
2. 叶尖多略向下弯；叶背瓣边缘常具圆盘状芽胞……1. 尖叶扁萼苔 *R. kojana*
2. 叶尖近于平展；叶背瓣边缘无芽胞……2. 尖瓣扁萼苔 *R. apiculata*
3. 茎横切面分化明显；叶腹瓣基部呈大圆耳状……11. 中华扁萼苔 *R. chinensis*
3. 茎横切面分化不明显；叶腹瓣基部不呈圆耳状……4
4. 茎横切面皮部与髓部细胞同形，薄壁，无三角体；雌苞生于短侧枝上，基部具短萌枝……12. 长枝扁萼苔 *R. aquilegia*
4. 茎横切面皮部与髓部细胞常异形，具三角体；雌苞生于茎或主枝顶端，基部具长萌枝……5
5. 植物体小，长度多小于 1 cm……6
5. 植物体中等大小至形大，长超过 1 cm……7
6. 叶腹瓣近方形，不膨起；叶细胞薄壁……3. 扁萼苔 *R. complanata*
6. 叶腹瓣长卵形，强烈膨起；叶细胞壁三角体明显……9. 大瓣扁萼苔 *R. cavifolia*
7. 叶背瓣常着生芽胞……8
7. 叶背瓣一般无芽胞……9
8. 叶背瓣边缘常具芽胞……5. 芽胞扁萼苔 *R. lindenbergiana*
8. 叶背瓣腹面常具芽胞……7. 尖舌扁萼苔 *R. acuminata*
9. 芽胞常着生叶尖部边缘；叶腹瓣基部一般强烈膨起……10. 南亚扁萼苔 *R. tjibodensis*
9. 芽胞多缺失；叶腹瓣基部不呈强烈膨起……10
10. 叶腹瓣覆盖茎宽度的 1/2 以上……6. 爪哇扁萼苔 *R. javanica*
10. 叶腹瓣覆盖茎宽度的 1/2 以下……11
11. 叶阔椭圆形；腹瓣近方形；叶细胞薄壁……4. 日本扁萼苔 *R. japonica*
11. 叶长卵状椭圆形；腹瓣近三角形或长菱形；叶细胞壁加厚，具壁孔……8. 反叶扁萼苔 *R. retroflexa*

尖叶扁萼苔 *Radula kojana* Steph.，Bull. Herb. Boiss. 5：105. 1897. 图 43：1~4

形态特征 稀疏小片状群落。体形中等大小，色泽黄褐或亮绿色。茎长可达 2.5 cm，连叶宽 1~1.3 mm；横切面直径 7~9 个细胞，胞壁薄；不规则羽状分枝。叶密或疏覆瓦状排列，卵状三角形，长约 0.7 mm，宽 0.5 mm，具短锐尖，有时内曲，前缘基部覆茎直径的 3/4；后缘中部略内凹。叶边细胞长约 12 μm，基部细胞长约 22 μm，宽 15 μm，薄壁，无三角体。腹瓣近方形，略膨起，约为背瓣长度的 1/3，先端钝，前沿平截或略呈弧形；脊部与茎呈 55° ~60° 角。蒴萼扁长筒形，长约 4 mm，口部平滑。

生境和分布 习生湿热山区树基或腐木，稀生于具土岩面。安徽、台湾、福建、江西、湖南、海南、广西和四川；朝鲜、日本及菲律宾有分布。

尖瓣扁萼苔 *Radula apiculata* S. Lac. ex Steph.，Hedwigia 23：150. 1884. 图 43：5~8

形态特征 扁平交织生长。植物体中等大小，色泽淡黄或亮绿色。茎长达 3 cm，连叶宽 1.1~1.3 mm；横切面直径 8~11 个细胞，皮部细胞淡黄色；分枝不规则或羽状分枝，长达 5 mm。叶卵圆形，具短锐尖，长约 0.6 mm，宽 0.4~0.5 mm；叶边全缘或不规则波状，前缘基部弧形，覆盖茎直径的 3/4~4/5。叶细胞不规则六边形，叶边细胞长方形，长约 15 μm，基部细胞稍大，长约 40 μm，宽 16 μm，薄壁，三角体小或不明显；平滑。腹瓣近于方形，外沿平截或略呈弧形；脊部略呈弧形。雌雄同株。

生境和分布 生于湿热山地林内具土岩面。安徽、台湾、福建、江西、湖南、广西、贵州和四川；泰国及菲律宾有分布。

扁萼苔 *Radula complanata*（Linn.）Dum.，Syll. Jungerm. Eur. 38. 1831. 图 43：9~12

形态特征 小片状生长。植物体形小，色泽黄绿。茎长达 5 cm，连叶宽约 2 mm；横切面直径 6 个细胞，皮部和髓部细胞无分化，壁薄；不规则羽状分枝。叶疏或密覆瓦状排列，阔卵圆形，近于平展或略内凹，长约 0.9 mm，宽 0.6~0.8 mm，先端宽圆钝，内曲或平展，前缘基部圆弧形，全覆茎。叶边细胞长约 12 μm；基部细胞长约 20 μm，宽 15 μm，薄壁，具小三角体。腹瓣大，方形或近于方形，贴生于背瓣，约为背瓣长度的 1/2，先端钝或平截，与茎平行，前沿基部弧形，脊部向前延伸，平直或略弯。芽胞小，一般生于叶边。

生境和分布 生于较温湿林内树干或树枝上。黑龙江、吉林、辽宁、内蒙古、甘肃、青海、新疆、福建、江西、湖北、湖南、四川和云南；北半球广布。

日本扁萼苔 *Radula japonica* Gott. ex Steph.，Hedwigia 23：152. 1884. 图 43：13~15

形态特征 小片状交织贴生。植物体形中等大小，直挺、色泽亮绿，稍带褐色。茎长达 2 cm，连叶宽 1.4~1.5 mm；横切面皮部细胞常褐色，略小于髓部细胞，有小或稍大的三角体；分枝横展或斜出。叶密或疏覆瓦状排列，阔卵形至椭圆形，长约 0.7 mm，宽 0.5~0.6 mm，稍向背面膨起，前缘基部覆盖部分茎。叶边细胞长 6~10 μm，基部细胞长约 25 μm，宽 14 μm，薄壁，三角体小，表面平滑。腹瓣方形，约为背瓣长度的 1/2，尖端圆

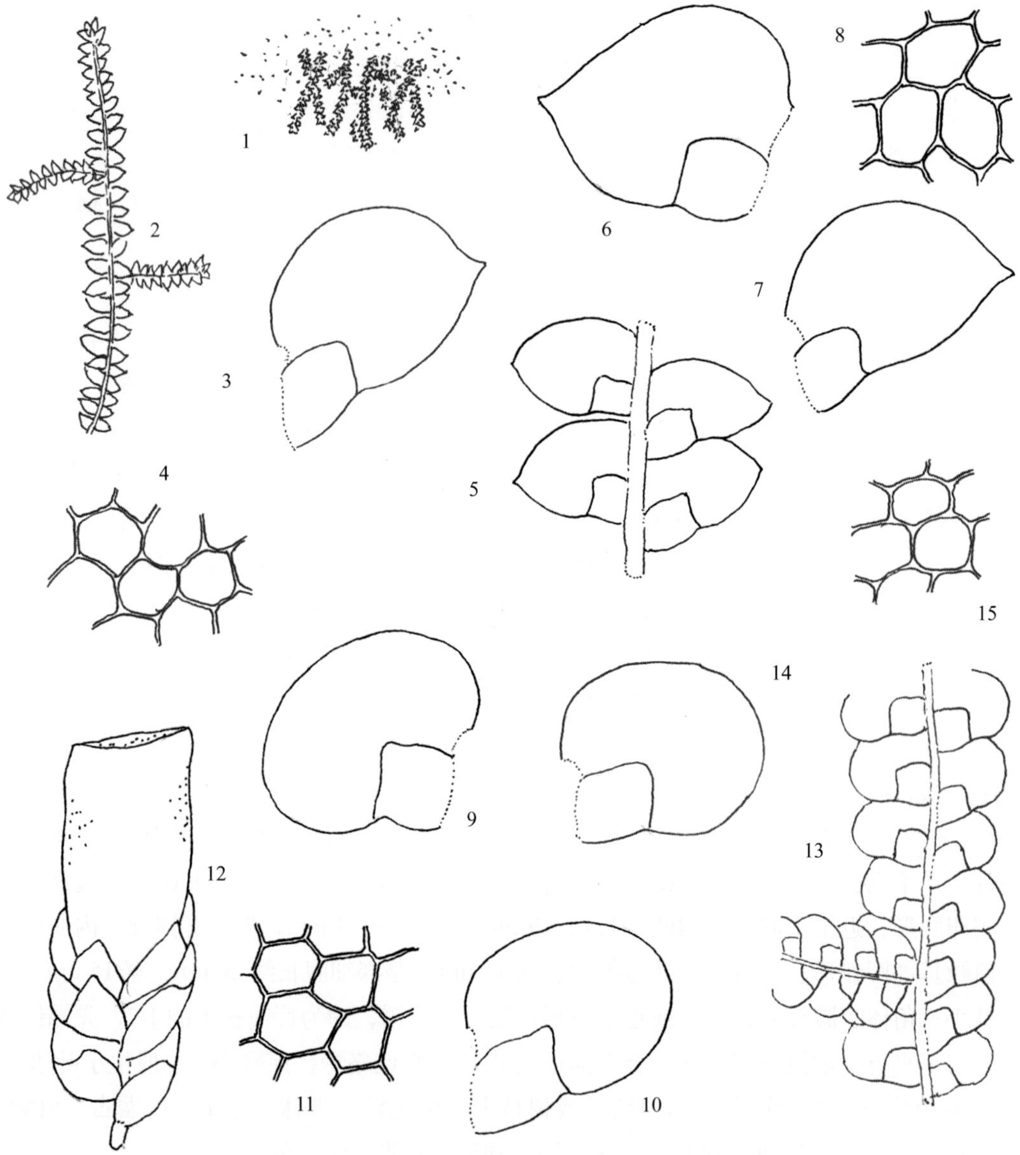

图 43

1~4. 尖叶扁萼苔 *Radula kojana* Steph.

1. 着生林下湿土上的植物群落（×1），2. 植物体（×5），3. 叶（腹面观，×30），4. 叶中部细胞（×480）

5~8. 尖瓣扁萼苔 *Radula apiculata* S. Lac. ex Steph.

5. 植物体的一部分（腹面观，×18），6，7. 叶（腹面观，×30），8. 叶中部细胞（×320）

9~12. 扁萼苔 *Radula complanata*（Linn.）Dum.

9，10. 叶（腹面观，×30），11. 叶中部细胞（×320），12 雌枝（腹面观，×20）

13~15. 日本扁萼苔 *Radula japonica* Gott. ex Steph.

13. 植物体的一部分（腹面观，×15），14. 叶（腹面观，×30），15. 叶中部细胞（×320）

形，外沿与前沿边均平直，脊部稍膨起。蒴萼短扁筒形，具 2 裂瓣。

生境和分布 生于温和山区林内树干、树枝或岩石上。辽宁、湖南、广东、海南、广西和西藏；朝鲜及日本有分布。

芽胞扁萼苔 *Radula lindenbergiana* Gott. ex Hartm. f.,Handb. Skand. Fl.(ed. 9) 2：98. 1864. 图 44：1~3

形态特征 小片状交织生长。植物体形中等大小，色泽淡绿或黄褐色。茎长达 3 cm；横切面直径 8~9 个细胞，皮部细胞与中部细胞同形，具小三角体；不规则羽状分枝。叶密或疏覆瓦状排列，阔椭圆形，前端宽阔，圆钝，前缘基部覆茎。叶边细胞长约 18 μm；中部细胞长约 26 μm ；基部细胞长约 40 μm，宽 16 μm，薄壁，三角体小。腹瓣方形，为背瓣长度的 1/2~1/3，外沿平直，稍呈弧形。 芽胞圆盘形，常着生于叶片前缘 。

生境和分布 生于山地温湿林内树干、树枝或岩面。吉林、河北、陕西、安徽、浙江、福建、江西、湖南、广西、贵州、四川、云南和西藏；北半球温带广布。

爪哇扁萼苔 *Radula javanica* Gott. in Gott.， Lindenb. et Nees， Syn. Hepat. 257. 1845. 图 44：4~7

形态特征 片状交织成小群落。体形中等大小，色泽黄绿或黄褐绿色。茎长可达 5 cm，连叶宽约 2.6 mm；横切面直径 10~12 个细胞，皮部细胞带褐色，常小于髓部细胞；分枝呈不规则羽状，斜出。叶覆瓦状或稀疏覆瓦状排列，长卵形至斜长卵形，略内凹，长 1.2~1.3 mm，宽 0.8~0.9 mm，先端圆钝，前缘宽弧形，基部圆耳状，覆茎；后缘略内凹，或呈弧形。叶边细胞长约 12 μm ；中部细胞长 18 μm ；基部细胞长约 26 μm，宽 15~18 μm，壁薄，三角体小 。腹瓣近方形或阔菱形，约为背瓣长度的 1/3，先端钝，外沿平直或弧形，脊部稍膨起，不下延。

生境和分布 生湿热山地林内树干、树枝或岩面。福建、广东、广西、海南和云南；亚洲南部热带和亚热带地区广泛分布。

尖舌扁萼苔 *Radula acuminata* Steph.， Sp. Hepat. 4：230. 1910. 图 44：8~10

形态特征 多扁平交织成片生长。植物体中等大小，柔弱，暗绿色或黄褐色。茎长达 2 cm，连叶宽约 1.6 mm；横切面直径 4 个细胞，皮部细胞淡黄色，内外细胞同大，薄壁；不规则羽状分枝 。叶圆卵形，常内凹，长达 0.8 mm，宽约 0.7 mm，先端圆钝，前缘圆弧形，基部覆茎。叶边细胞直径 5~6 μm ；中部细胞长约 15 μm ；基部细胞长 25~33 μm ，薄壁，表面平滑。腹瓣近方形，约为背瓣长度的 1/2~1/3，先端常具小钝尖，外沿平直或稍呈弧形，前沿弧形，基部不覆茎 ；假根成丛着生腹瓣腹面中央。雌雄异株。雌苞生茎或枝顶。 蒴萼扁平长喇叭形，口部宽阔。芽胞圆盘形，常着生叶背瓣腹面。

生境和分布 常生于热带、亚热带常绿阔叶林叶面和树干，稀岩面。福建、四川和云南；日本、印度、越南、菲律宾及印度尼西亚有分布。

反叶扁萼苔 *Radula retroflexa* Tayl., London Journ. Bot. 5：378. 1846. 图 44：11~14

形态特征　小片状生长。植物体形中等大小，淡褐绿色。茎长达2.5 cm，连叶宽约1.8 mm；横切面直径6~7个细胞，皮部和中部细胞薄壁；多不规则羽状分枝。叶易脱落，斜卵圆形，长约0.8 mm，宽0.5 mm，先端钝，边缘常有假根，前缘阔圆弧形，基部覆茎。叶边细胞的外壁厚约为其他细胞的2倍，长约15 mm；中部细胞长约30 μm；基部细胞长约30 μm，宽20 μm，具壁孔和三角体，表面平滑。腹瓣长菱形，为背瓣长度的1/3~1/4，先端钝或渐尖，与茎平行，外沿中部常内凹，前沿弧形。

生境和分布　生于热带、亚热带林区树干或具土岩面。台湾、福建、海南、广西和云南；日本、印度尼西亚及菲律宾有分布。

大瓣扁萼苔 *Radula cavifolia* Hampe in Gott., Lindenb. et Nees, Syn. Hepat. 259. 1845. 图 45：1~3

形态特征　疏片状交织生长。植物体小，色泽暗绿或绿色。茎长达8 mm，连叶宽约0.8 mm；横切面直径5~6个细胞，皮部细胞淡褐色，近于与髓部细胞等大，壁薄；分枝少。叶近圆形或阔椭圆形，长约0.4 mm，宽0.3 mm，先端圆钝，前缘基部稍呈耳状，覆茎。叶边细胞长约10 μm，基部细胞长约16 μm，宽12 μm，壁薄，三角体中等大小，表面平滑。腹瓣长椭圆形，约为背瓣长度的5/6，强烈膨起，前沿宽弧形，基部不覆茎，脊部弓形。

生境和分布　生湿热山地林内树干或具土岩面。安徽、浙江、台湾、江西、广西、贵州、四川和云南；朝鲜、日本、越南、印度尼西亚及菲律宾有分布。

南亚扁萼苔 *Radula tjibodensis* Goebel, Ann. Jard. Bot. Buitenzorg 7：533. 1888. 图 45：4~7

形态特征　小片状交织生长。体形中等大小，色泽黄绿或亮绿色。茎长达1 cm，连叶宽约1.6 mm；横切面直径5个细胞，皮部细胞淡褐色，大于髓部细胞，均薄壁；不规则羽状分枝。叶覆瓦状排列，卵形，略内凹，长约0.8 mm，宽约0.6 mm，尖部圆钝，常内曲，前缘基部覆茎。叶边细胞长约12 μm，基部细胞长约32μm，壁薄，具小三角体。腹瓣近方形，约为背瓣长度的1/3，尖部狭钝，外沿平直或内凹，前沿常具褶或弯曲，基部不覆茎，脊部膨起。雌雄异株。雄苞生于茎或枝顶。芽胞常生于叶背瓣边缘。

生境和分布　生湿热沟谷林内叶面。福建、四川和云南；印度、越南、泰国、印度尼西亚及菲律宾有分布。

中华扁萼苔 *Radula chinensis* Steph., Sp. Hepat. 4：164. 1910. 图 45：8~11

形态特征　紧贴基质片状生长。植物体形宽大，常为暗黄绿色或褐绿色。茎长达5 cm，连叶宽约3 mm；横切面直径10~11个细胞，皮部2~3层细胞形小，红褐色，壁厚，髓部细胞大，壁薄；分枝多呈不规则羽状。叶疏覆瓦状排列或不相接，常易脱落，卵状三

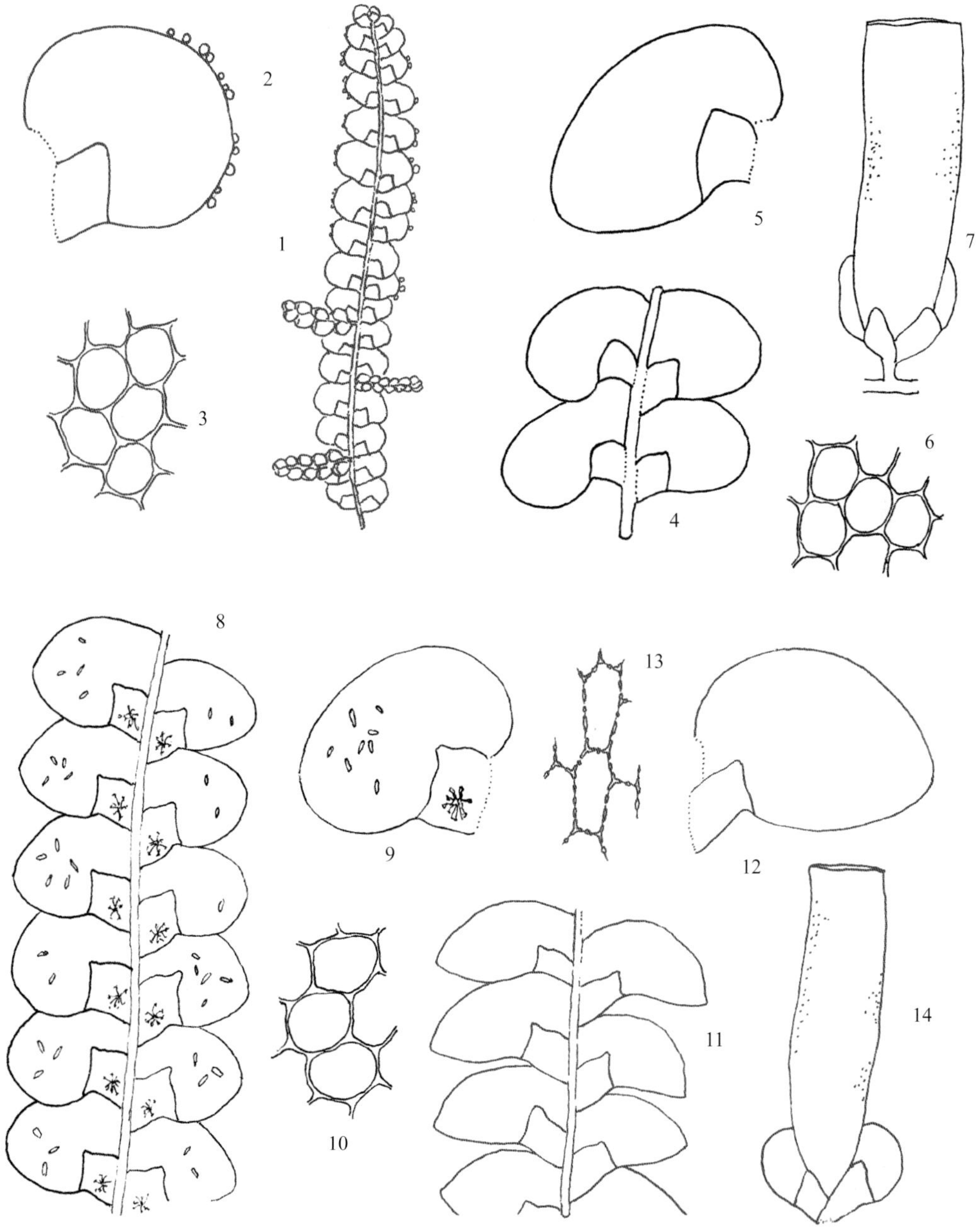

图 44

1~3. 芽胞扁萼苔 *Radula lindenbergiana* Gott. ex Hartm. f.

1. 雄株（腹面观，×8），2. 叶，示叶边着生多个芽胞（腹面观，×18），3. 叶中部细胞（×320）

4~7. 爪哇扁萼苔 *Radula javanica* Gott.

4. 植物体的一部分（腹面观，×12），5. 叶（腹面观，×15），6. 叶中部细胞（×240），7. 蒴萼（腹面观，×15）

8~10. 尖舌扁萼苔 *Radula acuminata* Steph.

8. 植物体的一部分，示着生多数芽胞（腹面观，×22），9. 叶，示着生多个芽胞（×33），10. 叶中部细胞（×400）

11~14. 反叶扁萼苔 *Radula retroflexa* Tayl.

11. 植物体的一部分（腹面观，×14），12. 叶（腹面观，×20），13. 叶中部细胞（×350），14. 蒴萼（腹面观，×12）

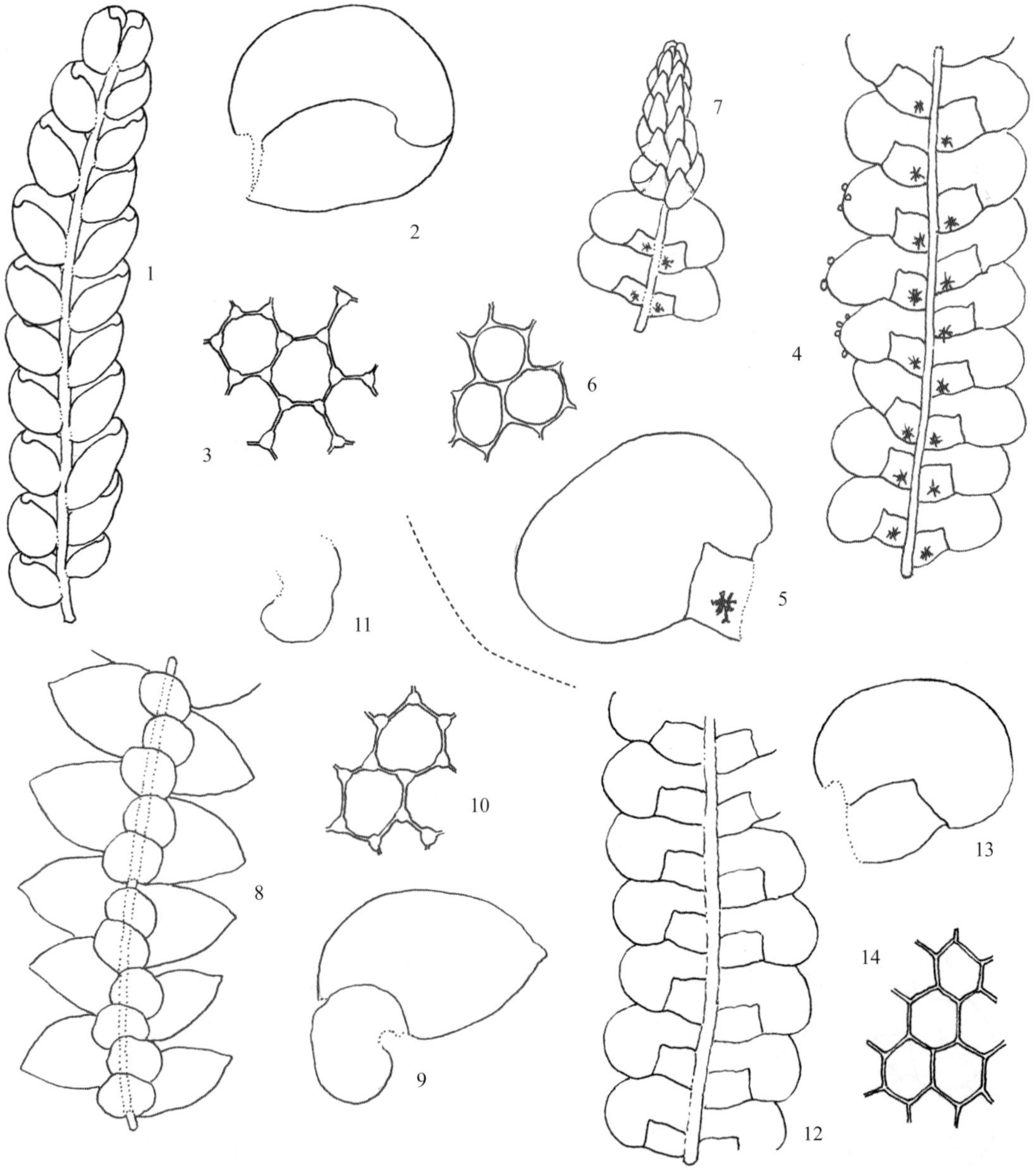

图 45

1~3. **大瓣扁萼苔** *Radula cavifolia* Hampe

1. 植物体（腹面观，×12），2. 叶（腹面观，×38），3. 叶中部细胞（×400）

4~7. **南亚扁萼苔** *Radula tjibodensis* Goebel

4. 植物体的一部分，示叶边着生无性芽胞（腹面观，×15），5. 叶（腹面观，×30），6. 叶中部细胞（×320），7. 雄枝（腹面观，×12）

8~11. **中华扁萼苔** *Radula chinensis* Steph.

8. 植物体的一部分（腹面观，×24），9. 叶（腹面观，×36），10. 叶中部细胞（×600），11. 叶腹瓣基部（×36）

12~14. **长枝扁萼苔** *Radula aquilegia*（Hook. f. et Tayl.）Gott.，Lindenb. et Nees

12. 植物体的一部分（腹面观，×15），13. 叶（腹面观，×24），14. 叶中部细胞（×260）

角形，长达 1.5 mm，宽约 1.3 mm，上部近三角形，不内曲，常有狭卷边和小波纹，前缘基部越茎。叶边细胞长约 12 µm ，基部细胞长约 28 µm，宽 18 µm，壁薄，具大三角体。腹瓣覆瓦状贴生，近圆耳形，约为背瓣长度的 1/2，多扭卷，基部明显越茎，着生处短 。

生境和分布　习生山地阴湿石灰岩石上。安徽、四川和云南；日本有分布。

长枝扁萼苔 *Radula aquilegia*（Hook. f. et Tayl.）Gott.，Lindenb. et Nees，Syn. Hepat. 260. 1845. 图 45：12~14

形态特征　小片状生长。植物体形中等大小，色泽黄褐或黄绿色。茎长达 5 cm，连叶宽约 2 mm；横切面直径 7~8 个细胞，皮部与中部细胞同形，壁薄；不规则密羽状分枝。叶疏生或疏覆瓦排列，卵圆形，长约 1 mm，宽约 0.8 mm，尖部圆钝，前缘基部弧形，常覆茎。叶边细胞长约 12 µm ，中部细胞长约 20 µm，壁薄，无三角体，基部细胞长 17~25 µm。腹瓣近于方形，约为背瓣长度的 1/2，外沿平直，前沿平直或稍呈弧形，脊部稍呈弓形。

生境和分布　生温湿林内树干或具土岩面。黑龙江、吉林和辽宁；朝鲜及日本有分布。

023 紫叶苔科 PLEUROZIACEAE

一般呈簇状生长。植物体多粗大，色泽紫红或红褐色，有时灰绿色，叉状分枝。叶片 2 裂，腹瓣常呈囊状，背瓣大，先端圆钝或具齿。蒴萼生于短侧枝上，长圆筒形，口部平滑。

本科 1 属，生于热带和亚热带地区。中国有分布。

1 紫叶苔属 *Pleurozia* Dum.

属的特征同科的描述。

本属 11 种，热带山地分布。中国有 5 种。

分种检索表

1. 植物体粗大，长 6~10 cm；叶片卵形，具钝尖……………… 1. 紫叶苔 *P. gigantea*

1. 植物体稍小，长约 4 cm；叶片长卵形，尖部具 2 小齿 ……………… 2. 拟大紫叶苔 *P. subinflata*

紫叶苔 *Pleurozia gigantea*（Web.）Lindb.，Hepat. Scand. Exsicc. n. 5. 1874. 图46：1~4

形态特征 成小簇状着生树枝。体形粗大，色泽淡绿或黄绿色，有时呈紫色，略具光泽。茎长可达 10 cm，一般长 3~4 cm，连叶宽 5~6 mm；分枝少。叶排列紧密，卵状三角形，稍内凹，渐尖，尖部有不规则齿；叶边狭内曲，波状，具齿；腹瓣狭长卵形，基部约为背瓣宽度的 1/4~1/5，常呈囊状，基部具活瓣。中上部叶细胞近六边形，直径约 25 μm，基部细胞狭长方形，长 45~72 μm，三角体大，胞壁中部加厚；表面平滑。雌雄同株。雌苞顶生，雌苞叶大于茎叶，包被蒴萼。蒴萼狭纺锤形，上部约具 10 条褶，尖部收缩，口部具短齿。

生境和分布 生于热带雨林内树上。海南和台湾；马来西亚、印度尼西亚及非洲有分布。

拟大紫叶苔 *Pleurozia subinflata*（Aust.）Aust.，Bull. Torrey Bot. Club 5：17. 1874. 图 46：5~8

Eopleurozia gigenteoides（Horik.）Inoue，Illus. Jap. Hepat. 2：181. 1976.

形态特征 疏松小簇状生长。植物体形较粗大，色泽黄绿，有时带紫红色，略具光泽。茎长达 4 cm，连叶宽 4 mm，密分枝。叶疏松覆瓦状排列，长卵形，渐尖，强烈内凹，尖部具 2 小齿；叶边全缘，稍内卷；腹瓣狭卵形或阔披针形，边缘内卷呈半筒形，基部呈鞘状抱茎。叶细胞多边状圆形，胞壁具强烈三角体及中部球状加厚。无腹叶。雌雄异株。蒴萼圆筒形，成熟时有纵褶，口部平滑。孢蒴球形，成熟时 4 裂。

生境和分布 生于热带山区林地树枝或腐木上。浙江、福建和海南；日本、越南、泰国及斯里兰卡有分布。

024 光萼苔科 PORELLACEAE

多成大片状倾垂生长。体形中等大小至宽大，色泽褐绿、褐色或棕色，常具暗光泽。主茎匍匐，硬挺；横切面皮部具 2~3 层厚壁细胞；1~3 回羽状分枝，出自侧叶基部。假根着生腹叶基部。叶 3 列。侧叶 2 列，蔽前式覆瓦状排列；背瓣多卵形或长卵形，平展或内凹，尖部圆钝、急尖或渐尖；叶边全缘或具齿。腹瓣与茎近于平行，多长舌形，平展或边缘卷曲，全缘、具齿或波曲，与背瓣连接处形成脊部。腹叶小，多阔舌形，平展或上部常背卷，两侧基部常沿茎下延，全缘或具齿或卷曲成囊状。叶细胞圆形、卵形或多边形，稀背面具疣，胞壁三角体明显或不明显 。雌雄异株。雌苞着生短枝顶端。蒴萼背腹扁平，

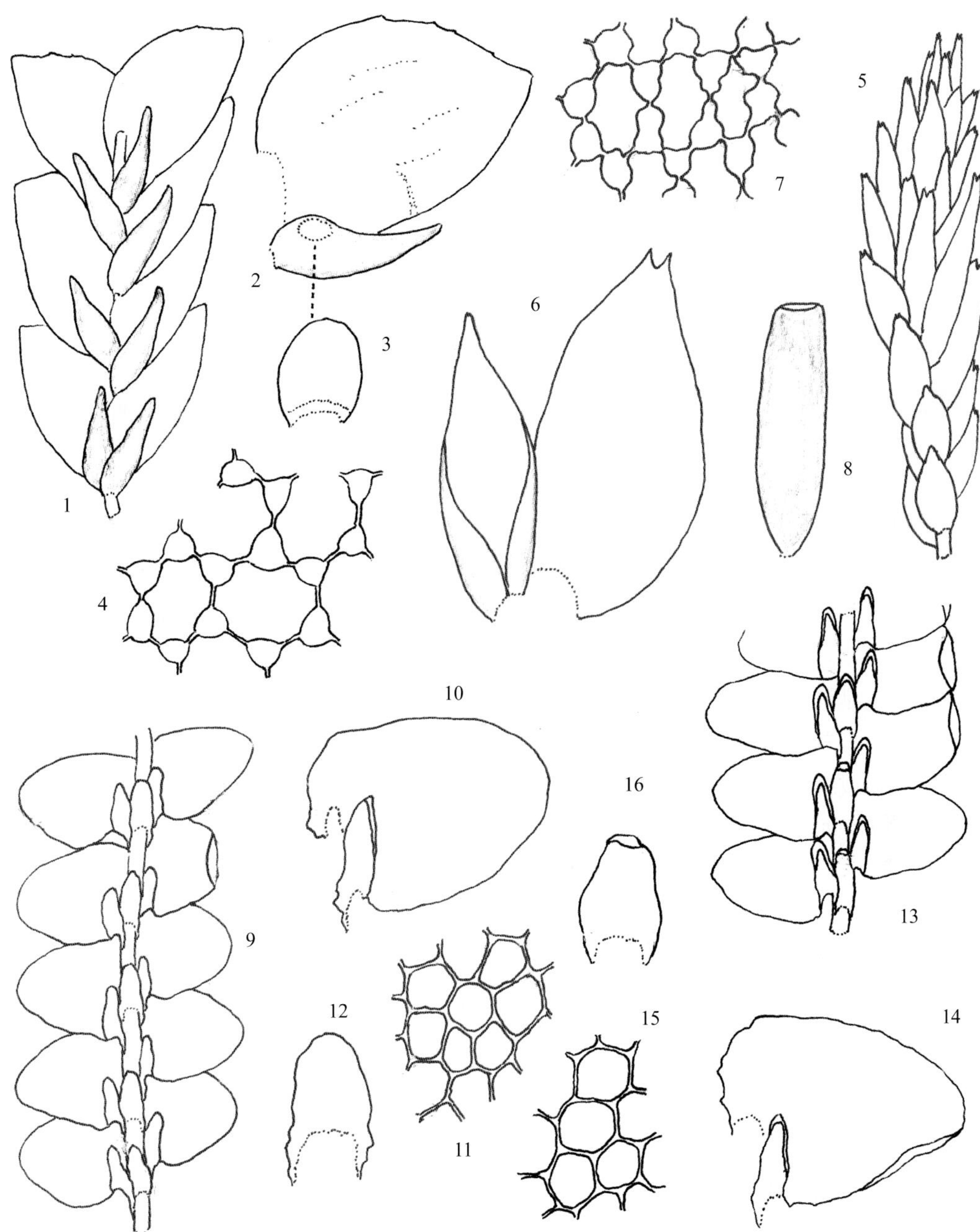

图 46

1~4. **紫叶苔** *Pleurozia gigantea*（Web.）Lindb.

1. 植物体的一部分（腹面观，×8），2. 叶（腹面观，×12），3. 活瓣（×45），4. 叶中部细胞（×420）

5~8. **拟大紫叶苔** *Pleurozia subinflata*（Aust.）Aust.

5. 植物体的一部分（腹面观，×8），6. 叶（腹面观，×12），7. 叶中部细胞（×220），8. 蒴萼（×8）

9~12. **细光萼苔** *Porella gracillima* Mitt.

9. 植物体的一部分（腹面观，×40），10. 茎叶（腹面观，×60），11. 叶中部细胞（×290），12. 茎腹叶（×150）

13~16. **中华光萼苔** *Porella chinensis*（Steph.）Hatt.

13. 植物体的一部分（腹面观，×40），14. 茎叶（腹面观，×65），15. 叶中部细胞（×290），16. 茎腹叶（×120）

上部有纵褶，口部宽阔或收缩，边缘具齿。孢蒴球形或卵形，成熟后不规则开裂。

本科3属，多分布于湿热地区及温带。中国有3属。

分属检索表

1. 叶细胞背腹面具单个大圆疣；腹叶基部两侧边缘卷曲呈囊……2. 耳坠苔属 *Ascidiota*

1. 叶细胞表面平滑 ；腹叶基部两侧边缘不卷曲呈囊……2

2. 侧叶平展或有浅波纹，不呈波状卷曲；侧叶、腹叶和雌苞腹叶边缘多具齿……1. 光萼苔属 *Porella*

2. 侧叶强烈波状卷曲；侧叶、腹叶和雌苞腹叶全缘……3. 多瓣苔属 *Macvicaria*

1 光萼苔属 *Porella* Linn.

多扁平交织成片生长。 多大型，绿色、黄绿色或棕黄色，具光泽 。茎2~3回规则或不规则羽状分枝；皮部具2~3层厚壁细胞；假根着生腹叶基部。叶3列。侧叶2列，蔽前式覆瓦状排列，分背腹两瓣；背瓣卵形或长卵形，平展或稍有波纹，或略内凹，尖部圆钝，急尖或渐尖；叶边卷曲或平展，全缘或具齿；腹瓣明显小于背瓣，多舌形，边缘常背卷 ，稀平展，全缘或具齿，基部多沿茎下延。腹叶阔舌形，尖部圆钝，或浅两裂，边缘背卷或平展，具齿或全缘，基部两侧沿茎下延。叶细胞圆形、卵形或六边形，三角体明显或不明显；油体微小，多数。雌雄异株。雌苞生于短侧枝上。蒴萼多背腹扁平卵形，上部具弱纵褶，口部扁宽，常具齿或纤毛。孢蒴球形或卵形，成熟时裂成4瓣，再开裂成不规则多 瓣。

本属约80种，分布亚热带、温带地区。中国约有40多种。

分种检索表

1. 叶尖部宽阔、圆钝；叶边全缘，稀具毛状齿……2

1. 叶尖部趋狭或呈锐尖，稀开裂；叶边平滑，或具不规则齿及毛状齿……5

2. 叶平展……2. 中华光萼苔 *P. chinensis*

2. 叶边多内卷或内曲……3

3. 湿润时叶背瓣尖部向腹面卷曲；叶边尖部多具毛……3. 毛缘光萼苔 *P. vernicosa*

3. 湿润时叶背瓣尖部不向腹面卷曲；叶边多全缘……4

4. 植物体较小；叶尖和腹叶尖部均内卷，基部边缘具不规则齿……1. 细光萼苔 *P. gracillima*

4. 植物体较大；叶尖和腹叶尖部平展，基部全缘……4. 亮叶光萼苔 *P. nitens*

5. 叶、腹叶边缘多具毛状齿……8. 毛边光萼苔 *P. perrottetiana*

5. 叶、腹叶边缘多全缘或具少数毛状齿……6

6. 叶背瓣尖部一般浅两裂……7. 密叶光萼苔 *P. densifolia*

6. 叶背瓣尖部一般不分裂……7

7. 叶背瓣基部波状下延；叶基部细胞壁强烈加厚……6. 尖瓣光萼苔 *P. acutifolia*

7. 叶背瓣基部不呈波状下延；叶基部细胞壁不强烈加厚……8

8. 茎腹叶阔舌形，两侧基部具齿……………………………………………………5. 丛生光萼苔 *P. caespitans*

8. 茎腹叶长卵形，两侧基部全缘……………………………………………………………………………9

9. 茎叶尖部具多个齿；腹叶尖部趋狭，不开裂……………………………………9. 多齿光萼苔 *P. campylophylla*

9. 茎叶尖部具少数齿；腹叶尖部两裂……………………………………………………10. 尖叶光萼苔 *P. setigera*

细光萼苔 *Porella gracillima* Mitt.，Trans. Linn. Soc. London ser. 2，3：202. 1891. 图 46：9~12

形态特征　小片状平展交织生长。体形较小，色泽黄绿或棕黄色，下部呈褐色，具暗光泽。茎 1~2 回规则羽状分枝，长达 6 cm，连叶宽约 1.2 mm。叶 3 列。茎侧叶背瓣卵形或长卵形，长约 1.5mm，宽 1.0~1.2 mm，顶端圆钝，常内卷；叶边平滑。腹瓣斜列，舌形，长约 1 mm，宽 0.4~0.5 mm，上部全缘，背卷，基部沿茎条状下延，下延部分具不规则锐齿。叶细胞圆形或六边形，上部细胞 10~18 μm，向下细胞渐趋大，薄壁，三角体小。茎腹叶卵形或阔卵形，全缘，顶端钝圆，常背卷，基部两侧沿茎条状下延。雌雄异株。

生境和分布　生于较高海拔山地林内树干。陕西、甘肃、湖北、四川和西藏；喜马拉雅山地区、日本、朝鲜及俄罗斯（远东地区）有分布。

中华光萼苔 *Porella chinensis*（Steph.）Hatt.，Journ. Hattori Bot. Lab. 30：131. 1967. 图 46：13~16

形态特征　密平展生长。体形中等大小至大型，色泽深绿、黄绿色或棕黄色，具暗光泽。茎 2~3 回密羽状分枝，长达 8 cm，连叶宽 2.5~4 mm。茎侧叶紧密覆瓦状排列；背瓣卵形或阔卵形，长 1.2~2.5 mm。宽 0.7~2.0 mm；叶边全缘，常具浅波纹，尖部圆钝或微尖；叶边基部有时具不规则疏齿。腹瓣与茎平行或稍倾立，舌形，长 0.7~2.2 mm，宽 0.3~0.8 mm，叶边平滑或基部具不规则疏齿，狭背卷或强烈背卷，基部一侧沿茎条状下延。叶细胞圆多角形，薄壁，三角体小，上部细胞约 20 μm，宽 30~37 μm，渐向下细胞趋大。茎腹叶疏生，阔舌形，叶边平滑或有时基部具不规则疏齿，平展或背卷，顶端钝圆，常强烈背卷，基部沿茎下延。

生境和分布　习生高海拔林内树干。陕西、甘肃、湖北、贵州、四川、云南和西藏；喜马拉雅山地区有分布。

毛缘光萼苔 *Porella vernicosa* Lindb.，Acta Soc. Sci. Fenn. 10：223.1872. 图 47：1~4

形态特征　疏松成片垂倾生长。植物体中等大小，多色泽灰绿，略具光泽。茎不规则分枝，长达 8 cm。茎侧叶长椭圆形，尖部圆钝，具数个毛状齿，向腹面强烈卷曲；腹瓣长舌形，边缘密被毛状齿。叶中部细胞圆六角形，胞壁薄，具小三角体。腹叶阔舌形，宽约为茎直径的 2 倍，两侧具毛或齿，基部沿茎下延。

生境和分布　多生山地树干或阴湿石灰岩石。黑龙江、吉林、山东、福建和台湾、云南；菲律宾、朝鲜、日本、俄罗斯（远东地区）有分布。

亮叶光萼苔 *Porella nitens*（Steph.）Hatt. in Hara，Fl. E. Himalaya：525. 1966. 图 47：5~9

形态特征　密平展生长。体形较大，色泽黄绿或棕黄色，稍具光泽。茎 2 回规则羽状分枝，长达 9 cm，连叶宽 2~3.5 mm。茎叶疏松覆瓦状排列，斜展，背瓣长椭圆形，长约 2 mm，宽约 1 mm，稍内凹，尖端钝圆，干燥时内卷，前缘基部长下延，并具少数毛状齿；叶边全缘。腹瓣与茎略呈倾立，狭舌形，上部向内曲，顶端圆钝，基部下延较短，边全缘。叶细胞圆形，叶边细胞较小，厚壁，上部细胞长 16~24 μm，渐向下细胞趋大，三角体大而明显。茎腹叶紧贴于茎，长舌形，顶端圆钝，中下部背卷，平滑，基部两侧沿茎下延，平滑或稍具波状齿。

生境和分布　多生于山区针叶林树干基部。四川和西藏；尼泊尔及印度有分布。

从生光萼苔 *Porella caespitans*（Steph.）Hatt.，Journ. Hattori Bot. Lab. 33：50. 1970. 图 47：10~12

形态特征　密集交织成片状生长。植物体中等大小，色泽黄绿或棕黄色。茎尖部稍倾立，长达 6 cm，连叶宽 2.5~3 mm，密 2 回羽状分枝，分枝斜展。茎侧叶紧密覆瓦状排列；背瓣卵形，长约 1.5 mm。宽约 1 mm，后缘常内卷，顶端急尖，具小尖；叶边有时尖部具 1~4 个钝齿。腹瓣长舌形，长 0.5~0.6 mm，斜展，全缘，有时边缘狭背卷，顶端钝，基部沿茎下延。叶细胞圆形或圆方形，尖部细胞 10~16 μm，渐向基部细胞趋长，壁薄，中部及基部细胞胞壁具明显三角体。茎腹叶紧贴于茎，阔舌形，顶端宽钝或平截，基部沿茎下延，下延部分波曲。蒴萼钟形，腹面具 1 个膨起的脊，背面具 2 个不明显脊，口部扁宽，边缘具不规则齿。

生境和分布　生于山地温暖湿润林内树干和岩壁。陕西、甘肃、湖北、广西、贵州、四川、云南和西藏；喜马拉雅山地区、日本、朝鲜及印度有分布。

尖瓣光萼苔 *Porella acutifolia*（Lehm. et Lindenb.）Trev.，Mem. Real. Istit. Lombardo Sci. Mat. Nat. ser. 3，4：408. 1877. 图 47：13~15

形态特征　多密集交织成片。体形较大，色泽黄绿或棕色，无光泽。茎匍匐伸展，先端稍上仰，1~2 回羽状分枝，长可达 8 cm，连叶宽约 5 mm。茎叶覆瓦状排列，背瓣长卵圆形，长约 3 mm，宽约 2 mm，后缘常内卷，先端渐尖，具毛状尖，基部波状下延；叶边尖部常具 1~5 个锐齿。腹瓣稍斜展，舌形，顶端钝，急尖或斜截形，两侧叶边平直，或有时具钝齿，基部沿茎一侧下延，下延部分具齿。叶细胞圆形或卵形，边缘细胞小，厚壁，中部细胞长 24~35 μm，宽 18~24 μm，中部以下细胞壁渐加厚，三角体大，常有中部球状加厚。茎腹叶狭卵状三角形，两侧叶边平滑，顶端急尖，或平截，具 1~2 个钝齿，或 2 裂瓣呈尖齿状，基部两侧沿茎呈波状下延。

生境和分布　生于湿热山区林内树干和岩面。陕西、四川、云南和西藏；日本、印度、印度尼西亚及菲律宾有分布。

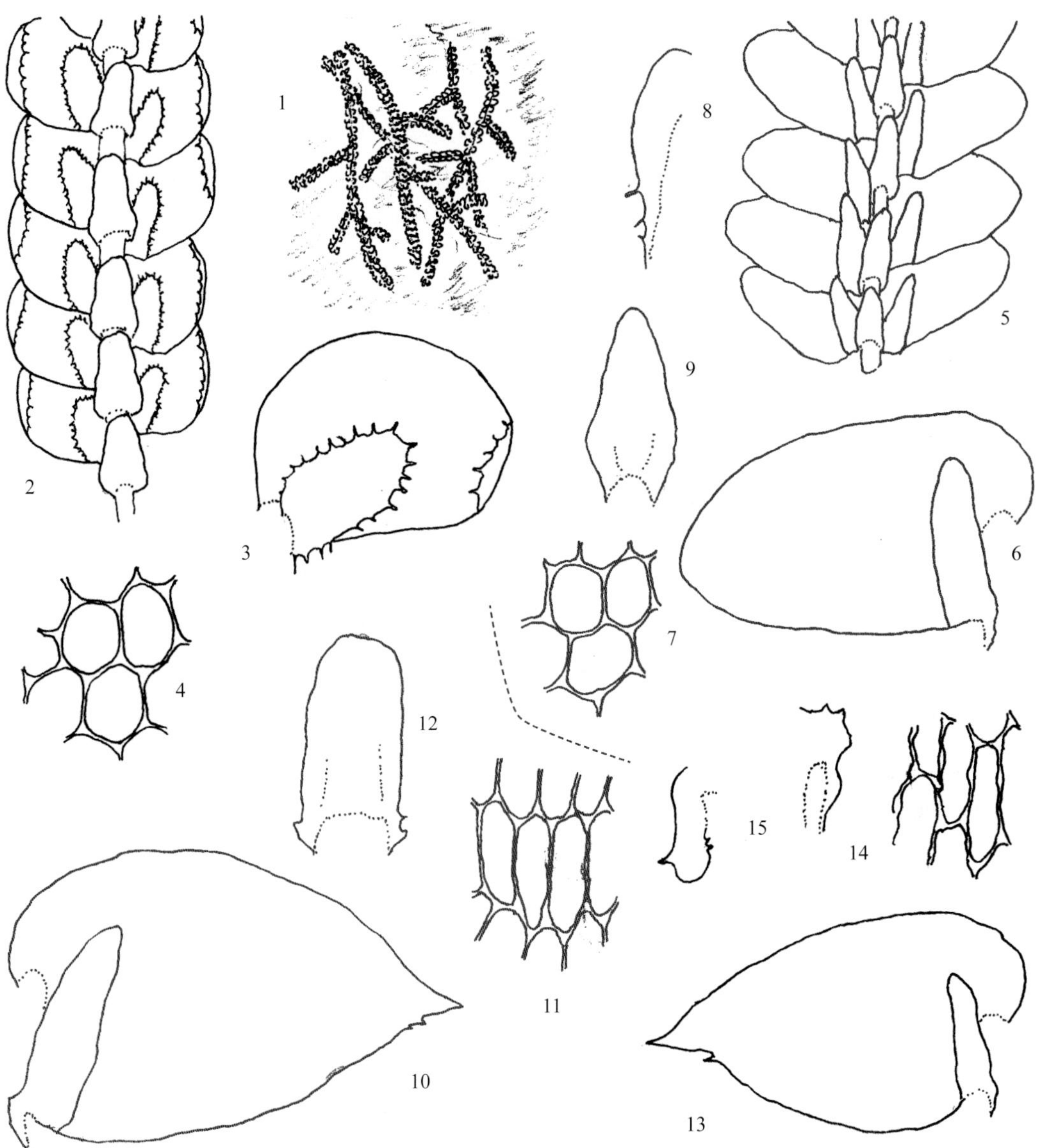

图 47

1~4. 毛缘光萼苔 *Porella vernicosa* Lindb.

1. 着生树干上的植物群落（×1），2. 植物体的一部分（腹面观，×25），3. 茎叶（腹面观，×25），4. 叶中部细胞（×420）

5~9. 亮叶光萼苔 *Porella nitens*（Steph.）Hatt.

5. 植物体的一部分（腹面观，×20），6. 茎叶（腹面观，×20），7. 叶中部细胞（×380），8. 叶背基部（腹面观，×50），9. 茎腹叶（×35）

10~12. 丛生光萼苔 *Porella caespitans*（Steph.）Hatt.

10. 茎叶（腹面观，×40），11. 叶基部细胞（×270），12. 茎腹叶（×32）

13~15. 尖瓣光萼苔 *Porella acutifolia*（Lehm. et Lindenb.）Trev.

13. 茎叶（腹面观，×55），14. 叶基部细胞（×600），15. 叶背瓣基部（×150）

密叶光萼苔 *Porella densifolia*（Steph.）Hatt.，Journ. Jap. Bot. 20：109. 1944. 图 48：1~5

形态特征 交织成疏松大片状生长。体形粗大，色泽深绿或棕色。茎倾立，尖部稍上仰，不规则羽状分枝，长达 9 cm，连叶宽约 5 mm。茎叶密覆瓦状排列；背瓣斜展，长卵形，长 2.5~3 mm，宽约 1.6 mm，后缘边狭内卷，顶端急尖或渐尖，常具 1~2 个粗齿；腹瓣斜立，长舌形，两侧边平直，顶端钝圆，基部沿茎一侧下延，具波状齿。叶细胞圆形或卵圆形，上部细胞 18~26 μm，向下细胞渐趋大，壁薄或稍加厚，中上部细胞胞壁三角体小，基部细胞三角体大。茎腹叶覆瓦状紧贴于茎，长舌形，叶边平展，全缘，顶端钝圆，基部沿茎两侧下延，下延部分波曲。

生境和分布 着生湿热山区林内树干和阴岩面。陕西、安徽、浙江、四川、云南和西藏；日本、朝鲜及越南有分布。

毛边光萼苔 *Porella perrottetiana*（Mont.）Trev.，Mem. Real. Istit. Lombardo Sci. Mat. Nat. ser. 3，4：408. 1877. 图 48：6~9

形态特征 扁平疏松大片生长。体形宽大，色泽褐绿或棕黄色，稍具光泽。茎倾垂生长，尖部上仰，不规则疏羽状分枝，长可达 20 cm，连叶宽 6~7 mm。茎叶疏松覆瓦状排列；背瓣稍斜展，长卵形或卵状宽披针形，前缘阔圆弧形，后缘近于平直，长约 4.5 mm，宽约 2 mm，先端锐尖，基部着生处宽阔；叶边前缘和尖部多密生 5~20 个毛状齿；腹瓣斜列，阔长舌形，尖部宽钝，边缘密被长毛状齿，基部沿茎一侧下延。叶细胞圆形，上部细胞长 26~35 μm，宽 20~20 μm，渐向基部细胞趋大，薄壁，三角体小至中等大小。茎腹叶紧贴于茎，阔舌形，尖部圆钝，基部两侧稍下延，叶边密生毛状齿。雌雄异株。雄苞呈穗状，顶生小枝上。雌苞杯状，口部平截，具纤毛。

生境和分布 生于湿热山地林内树干或阴湿石壁上。广西、贵州、四川、云南和西藏；尼泊尔、不丹、缅甸、菲律宾、斯里兰卡、印度、日本及朝鲜有分布。

多齿光萼苔 *Porella campylophylla*（Lehm. et Lindenb.）Trev.，Mem. Real. Istit. Lombardo Sci. Mat. Nat. ser. 3，4：408. 1877. 图 48：10~14

形态特征 密集平展交织生长。体形中等至大型，色泽黄绿或褐黄色。茎倾立，尖部稍上仰，长可达 6 cm，连叶宽 3.5~4.5 cm；疏羽状分枝。茎叶近于平展，长卵状椭圆形，长 2.5~3 mm，宽约 1.8 mm，后缘有时呈波状，叶尖部边缘具数个锐齿；腹瓣近于与茎平列，狭长舌形，长 1.4~2 mm，宽约 0.6 mm，顶端圆钝，有时具 1~5 个细齿，基部一侧沿茎长下延。叶细胞圆形至椭圆形，尖部细胞 18~30 μm，渐向下细胞趋大，厚壁，三角体明显。茎腹叶长圆卵形，顶端略凹形，常具 2 个钝齿至多数细齿，基部边缘狭背卷，两侧沿茎下延。

生境和分布 多生于山区海拔 1 000 m 左右林内树干。陕西、广西、四川、云南和西藏；印度及尼泊尔有分布。

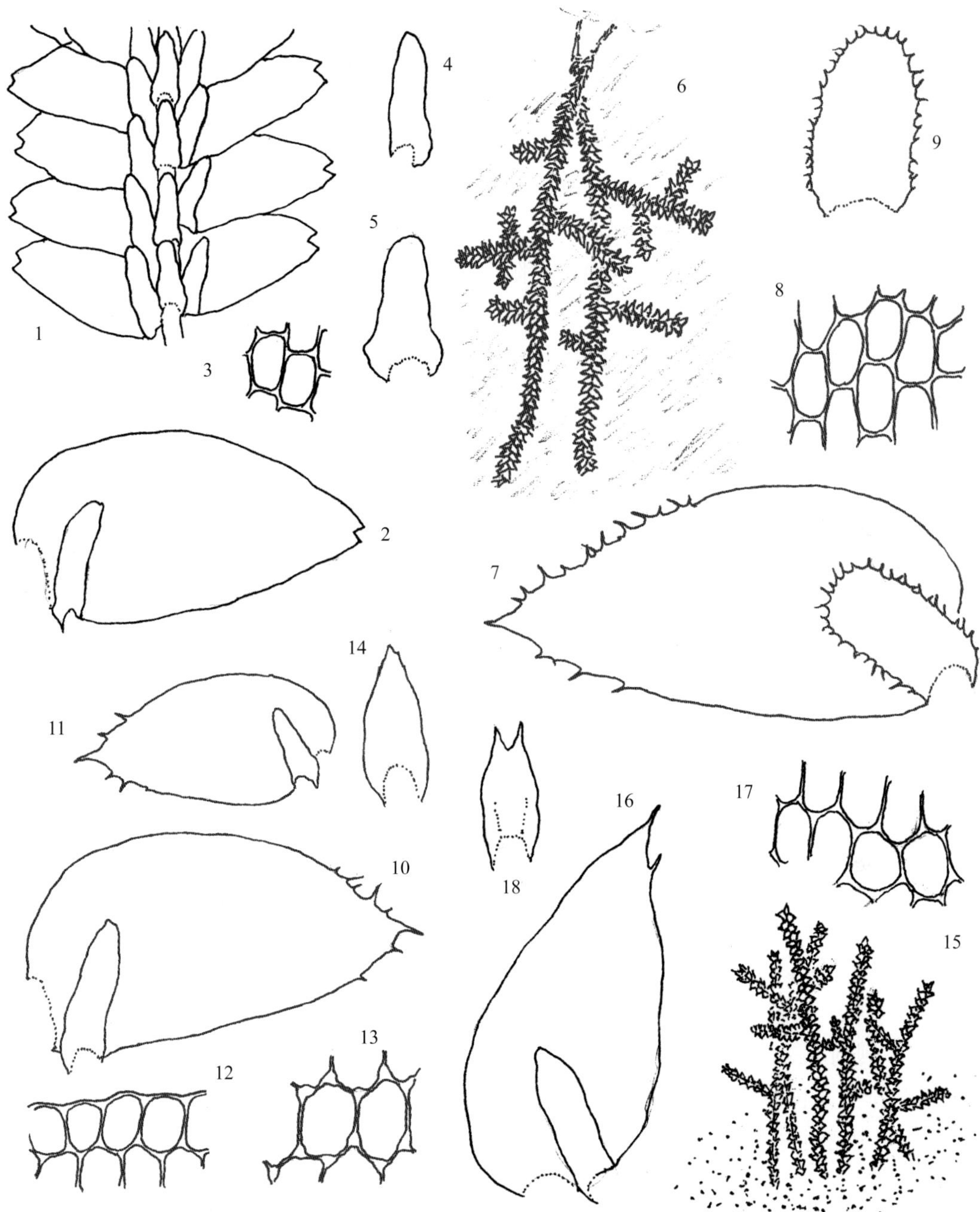

图 48

1~5. 密叶光萼苔 *Porella densifolia*（Steph.）Hatt.

1. 植物体的一部分（腹面观，×14），2. 茎叶（腹面观，×33），3. 叶中部细胞（×250），4. 茎叶腹瓣（×13），5. 茎腹叶（×13）

6~9. 毛边光萼苔 *Porella perrottetiana*（Mont.）Trev.

6.. 着生阴湿石壁上的植物群落（×1），7. 茎叶（腹面观，×40），8. 茎叶中部细胞（×350），9. 茎腹叶（×60）

10~14. 多齿光萼苔 *Porella campylophylla*（Lehm. et Lindenb.）Trev.

10. 茎叶（腹面观，×33），11. 枝叶（腹面观，×33），12. 茎叶边缘细胞（×350），13. 茎叶中部细胞（×350），14. 茎腹叶（×33）

15~18. 尖叶光萼苔 *Porella setigera*（Steph.）Hatt.

15. 着生具土阴石壁的植物群落（×1），16. 茎叶（腹面观，×30），17. 叶中部细胞（×350），18. 茎腹叶（×33）

尖叶光萼苔 *Porella setigera*（Steph.）Hatt.，Journ. Jap. Bot. Lab. 20：107. 1944. 图 48：15~18

形态特征 大片状交织生长。植物体色泽灰绿或黄绿色，略具光泽。茎长达 5 cm；不规则羽状分枝。茎叶长卵形，具细长尖，背瓣基部圆弧形覆茎，后缘近于平直；腹瓣长舌形，斜列，一侧基部下延。叶细胞直径 15~25 μm，壁稍厚，具小三角体。茎腹叶卵形，上部两裂，具 2 尖齿，两侧基部下延。

生境和分布 着生高海拔林区树干或阴湿石上。黑龙江、山东、甘肃、安徽、台湾、四川和云南；越南、缅甸、尼泊尔、不丹、印度、日本和朝鲜有分布。

现有学者把本种改为丛生光萼苔尖叶变种 *Porella caespitans*（Steph.）Hatt. var. *setigera*（Steph.）Hatt.。

2 耳坠苔属 *Ascidiota* Mass.

疏松交织成片生长。植物体稍硬挺，色泽深绿或深棕色，无光泽。茎匍匐或顶端稍倾立；不规则羽状分枝，枝短。叶 3 列。侧叶 2 列，紧密覆瓦状蔽前式排列，阔椭圆形或长卵形，强内凹，前缘宽圆弧形，尖部圆钝，内曲，后缘基部常卷曲成小囊；叶边密被透明毛状齿；腹瓣长舌形，基部与背瓣相连成一短脊部，边缘密生毛状齿，基部边缘卷曲成小囊。叶细胞圆六角形或椭圆形，胞壁具明显三角体，背腹面均具单个粗圆疣。腹叶近圆形，边缘密被多数毛状齿，基部两侧边缘卷曲成小囊。雌雄异株。

本属仅 1 种，温带或高海拔山区分布。中国有分布。

耳坠苔 *Ascidiota blepharophylla* Mass.，Nuovo Giorn. Bot. Ital. n. s. 5（2）：255. 1898. 图 49：1~4

形态特征 一般疏松交织成片。植物体稍宽，色泽深绿或深棕色，无光泽。茎长可达 10 cm；不规则 1~2 回羽状分枝，枝长 8~10 mm，连叶宽 1.8~2.5 mm，尖端圆钝。侧叶紧密覆瓦状排列，长卵形或阔椭圆形，长约 1.2 mm，宽 0.9 mm；先端内曲，后缘基部卷曲成小囊；叶边密生透明毛状齿；腹瓣长 0.8~1.0 mm，边缘密生毛状齿，基部边缘卷曲成小囊。叶细胞圆六角形或椭圆形，上部细胞 16~21 μm，宽 13 ~19μm，渐向基部细胞趋大，胞壁具明显三角体，背腹面均具单一大圆疣。腹叶近圆形，边缘密生透明毛状齿，基部两侧卷曲成小囊，不下延。

生境和分布 生于山地林内树干。陕西、甘肃和云南；美国（阿拉斯加）有分布。

3 多瓣苔属 *Macvicaria* Nichols.

密集交织生长。植物体柔弱，淡绿色。茎横切面椭圆形，具 1~3 层小型厚壁细胞的皮部；分枝不规则。叶3列。侧叶2列，密而常呈波状贴生，圆卵形，前缘宽圆弧形，后缘近平直或弧形，尖部狭而圆钝；叶边全缘，强烈波曲；腹瓣长舌形，全缘，与背瓣相连处脊部短，基部沿茎下延不明显。叶细胞圆形至多角形，薄壁，三角体小。腹叶阔舌形，大于腹瓣，叶边全缘，呈强波纹状，尖部背仰，基部两侧沿茎呈条状下延。雌雄异株。雌苞生于短枝两侧。蒴萼梨形，口部收缩，口部边缘具不规则细齿。孢蒴卵形，成熟时不规则开裂为6~12瓣。弹丝单列螺旋加厚。孢子大，褐色，表面具6~7个网格状纹，具细疣。

本属1种，亚洲东部低海拔山区生长。中国有分布。

多瓣苔 *Macvicaria ulophylla*（Steph.）Hatt.，Journ. Hattori Bot. Lab. 5：81. 1951. 图49：5~9

Madotheca ulophylla Steph.，Bull. Herb. Boissier 5：97. 1897.

形态特征 小片状交织生长。植物体暗绿色。茎长约4 cm；不规则分枝。叶卵形，长约2.5 mm；叶边全缘，强烈波曲；腹瓣长舌形，顶端钝，全缘，基部沿茎一侧稍下延。叶细胞圆形至六角形，薄壁，直径约20~30 μm，三角体小。腹叶阔卵形，约为茎直径的2倍，顶端圆钝，全缘，强烈波曲，基部两侧沿茎条状下延。雌苞叶与茎叶近似，雌苞腹叶形大。

生境和分布 多生于约1000 m林内阴湿树干上。内蒙古、安徽、浙江、台湾、四川和云南；日本、朝鲜及俄罗斯（远东地区）有分布。

025 耳叶苔科 FRULLANIACEAE

紧贴基质或悬垂生长。体形纤细或粗大，色泽褐绿、深黑色或红褐色。茎规则或不规则羽状分枝。叶3列。侧叶2列，呈覆瓦状蔽前式排列，分背瓣和腹瓣。叶背瓣大，内凹，多圆形、卵圆形或椭圆形，尖部多圆钝，稀具短尖；叶边全缘，稀具毛状齿，少数种叶基呈耳状。叶细胞圆形或椭圆形，胞壁等厚，或具中部球状加厚，三角体明显或缺失，少数种近叶基部具散生或成列的油胞。腹瓣小，盔形、圆筒形或片状；基部常见丝状或片状副体。腹叶楔形、圆形或椭圆形，多2裂，稀全缘，基部有时略下延，少数种基部具叶耳。雌雄异株或同株。蒴萼卵形或倒梨形，脊部多膨起，平滑、具疣或小片状突起 。孢子球形，表面具疣。

本科1属，常见于热带和亚热带山区。中国有分布。

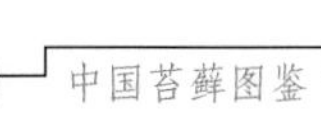

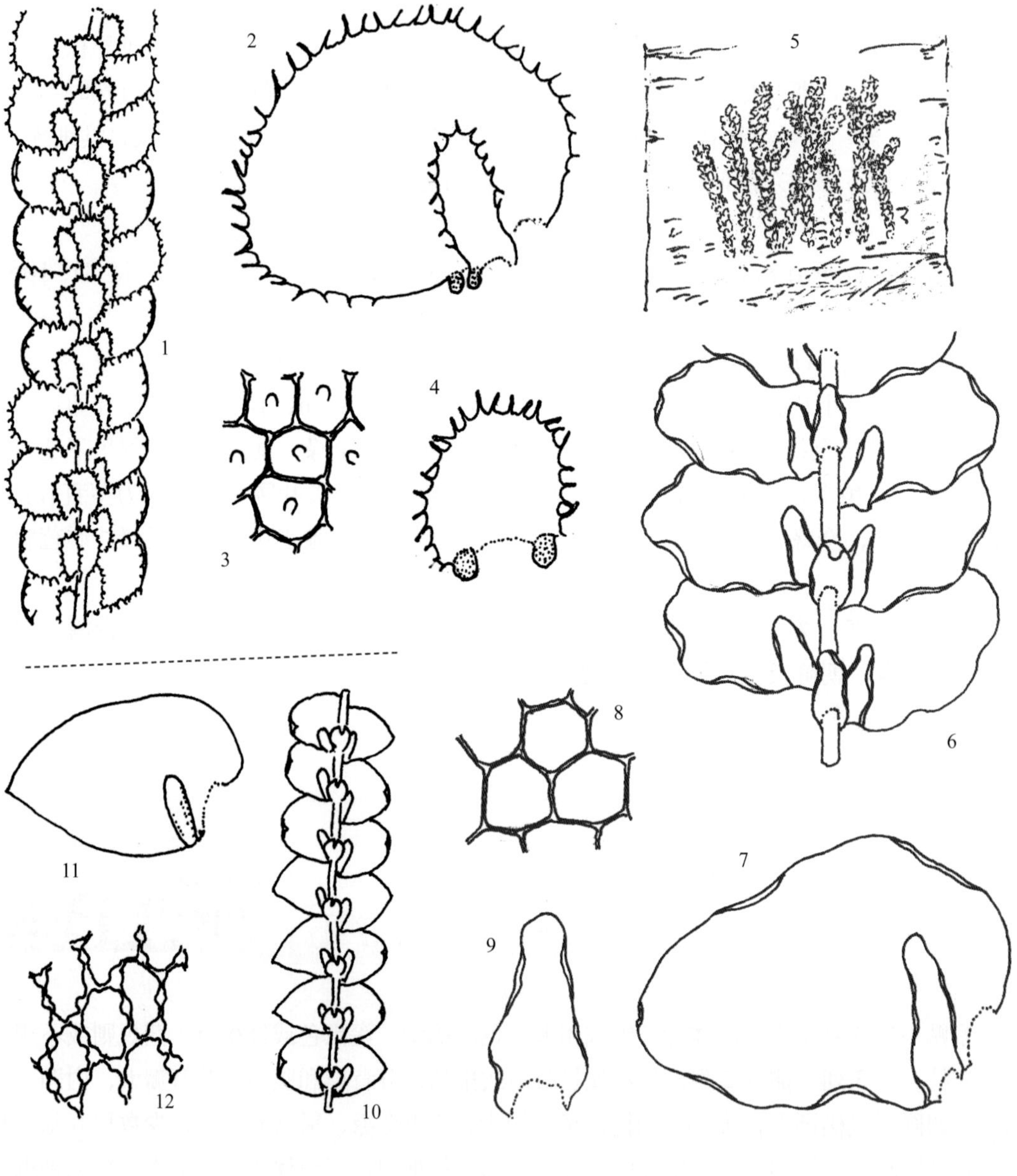

图 49

1~4. **耳坠苔** *Ascidiota blepharophylla* Mass.

1. 植物体的一部分（腹面观，×8），2. 茎叶（腹面观，×22），3. 叶中部细胞（×230），4. 茎腹叶（×22）

5~9. **多瓣苔** *Macvicaria ulophylla*（Steph.）Hatt.

5. 着生林内阴湿树干的植物群落（×1），6. 植物体的一部分（腹面观，×15），7. 茎叶（腹面观，（×26），8. 叶中部细胞（×340），9. 茎腹叶（×26）

10~12. **尖叶耳叶苔** *Frullania apiculata*（Reinw.，Bl. et Nees）Dum.

10. 植物体的一部分（腹面观，×7），11. 茎叶（腹面观，（×25），12. 叶基部细胞（×250）

1 耳叶苔属 *Frullania* Raddi

多生于树枝、树干或阴湿岩面，稀叶面附生。植物体纤细、柔弱或稍宽大，色泽褐绿、深黑褐色或红褐色，多具光泽。茎规则或不规则 1~2 回羽状分枝。叶 3 列。侧叶与腹叶异形。侧叶 2 列，覆瓦状蔽前式排列；背瓣多圆形、卵圆形或椭圆形，尖部多圆钝，少数具钝尖，叶基部稀呈耳状；叶边全缘。叶细胞圆形或椭圆形，胞壁常具球状加厚或等厚，具三角体或缺失；稀叶基部散生或具成列生长油胞。腹瓣盔形、圆筒形、细长筒形或呈片状；副体常见，多为丝状，稀呈片状，着生腹瓣基部。腹叶楔形、圆形或椭圆形，全缘或上部浅 2 裂，基部不下延或略下延，有时具叶耳。雌雄异株或同株。蒴萼卵形或倒梨形，具 3~5 个脊部，平滑、具疣或小片状突起 。孢子球形。

本属约 350 种，全球温热地区广布。中国约 90 种。

分种检索表

1. 植物体悬垂生长；叶基部具多个油胞……2. 纤枝耳叶苔 *F. trichodes*

1. 植物体一般不悬垂生长；叶无油胞，或稀具成列油胞或散生油胞……2

2. 叶具钝尖……3

2. 叶圆钝……5

3. 叶无油胞；腹瓣长筒形……1. 尖叶耳叶苔 *F. apiculata*

3. 叶具油胞；腹瓣长卵形……4

4. 油胞散生于叶中央和基部……3. 耳叶苔 *F. tamarisci*

4. 油胞成列位于叶中部至基部……4. 列胞耳叶苔 *F. moniliata*

5. 侧叶和腹叶基部均具大叶耳……6

5. 侧叶具较大叶耳，而腹叶基部一般无叶耳……7

6. 侧叶近圆形；腹瓣口部平直……6. 心叶耳叶苔 *F. giraldiana*

6. 侧叶近阔椭圆形或卵圆形；腹瓣口部呈喙状向下弯……8

7. 侧叶近阔椭圆形，基部具大叶耳……5. 尼泊尔耳叶苔 *F. nepalensis*

7. 侧叶近阔卵圆形，基部圆弧形，不具大叶耳……7. 淡色耳叶苔 *F. pallide-virens*

8. 腹叶楔形……9

8. 腹叶圆卵形……10

9. 植物体稍大；叶卵形，长 1~1.2 mm；腹叶两侧无齿……9. 陕西耳叶苔 *F. schensiana*

9. 植物体小；叶阔卵圆形或长椭圆形，长 0.5~0.7 mm；腹叶两侧常具一钝齿……12. 盔瓣耳叶苔 *F. muscicola*

10. 植物体湿润时，叶前缘明显背仰……11. 皱叶耳叶苔 *F. ericoides*

10. 植物体湿润时，叶前缘不呈明显背仰……11

11. 腹叶不开裂……12

11. 腹叶上部浅裂……14

12. 腹叶上部边缘明显背卷 ························ 14. 云南耳叶苔 *F. yunnanensis*

12. 腹叶上部边缘平展 ························ 13

13. 蒴萼卵状球形，具 5 个脊 ························ 15. 大蒴耳叶苔 *F. physantha*

13 蒴萼倒卵形，具 3 个脊 ························ 13. 达乌里耳叶苔 *F. davurica*

14. 腹瓣尖部呈喙状向下弯 ························ 10. 鹿儿岛耳叶苔湖南亚种 *F. kagoshimensis* subsp. *hunanensis*

14. 腹瓣尖部平直，不向下弯 ························ 8. 亚洲耳叶苔 *F. taradakensis*

尖叶耳叶苔 *Frullania apiculata*（Reinw., Bl. et Nees）Dum., Recueil Observ. Jungermannia 13. 1835. 图 49：10~12

形态特征 小片状交织生长。植物体细长，棕色或深棕色。茎不规则 1~2 回羽状分枝，长达 7 cm，连叶宽 1~1.6 mm 。叶卵形，长 1.2~1.5 mm，宽约 1 mm，内凹，顶端急尖，常内曲，基部两侧不对称，前缘略下延；叶边全缘。叶中部细胞长卵形或圆形，长 12~20 μm，宽 10~15 μm，壁厚，具球状加厚。腹瓣细筒形，顶端圆钝，与茎近于平行；副体丝状，由 3~4 个单列细胞组成。腹叶疏生，卵形，上部 1/3 两裂，裂瓣三角形，顶端急狭尖，基部近于平截。

生境和分布 多树干附生。安徽、湖南、广东、香港、海南和云南；亚洲热带地区、太平洋岛屿、大洋洲及非洲有分布。

纤枝耳叶苔 *Frullania trichodes* Mitt., Bonplandia 10：19. 1862. 图 50：1~4

形态特征 附生树枝悬垂生长。体形纤长，褐绿色至红棕色。茎疏羽状分枝，长可达 6 cm，连叶宽约 0.6 mm 。叶疏松排列，背瓣长卵圆形，长 0.5 mm，宽 0.4 mm，具宽钝尖，前缘基部略呈半圆形，后缘基部不下延。叶中部细胞长椭圆形，长 16~22 μm，宽 6~10 μm；基部有 6~12 个大型红棕色油胞。腹瓣圆筒形；副体丝状，长 3~5 个细胞。腹叶长方形，上部 2 裂，裂片间开阔，裂瓣呈三角形，与茎连接处平直，不下延。

生境和分布 多湿热山地树干或树枝悬垂生长。台湾、广东、香港、海南和云南；日本、印度尼西亚、巴布亚新几内亚及太平洋岛屿有分布。

耳叶苔 *Frullania tamarisci*（Linn.）Dum., Recueil Observ. Jungermannia 13. 1835. 图 50：5~9

形态特征 密集平展交织生长。体形小到中等大小，红棕色。茎规则 1~2 回羽状分枝，长 2~3 cm，连叶宽 1.2~1.4 mm 。叶阔卵形，两侧不对称，长约 1 mm，宽约 0.8 mm，内凹，先端钝尖，常强烈内曲，基部两侧圆形。叶中部细胞卵形或长椭圆形，长 15~24 μm，宽 10~16 μm，中央具 1~2 列油胞或散生油胞，胞壁平直，略加厚，三角体小。腹瓣远离茎着生，长盔形或圆筒形；副体长 4~5 个细胞。腹叶疏生，宽卵圆形，上部 1/4 两裂，裂角钝，裂瓣三角形，基部两侧下延或平截，中部以上边缘强烈背卷。

生境和分布 多温湿山区树干附生。陕西、山东、江苏、安徽、浙江、台湾、湖北、

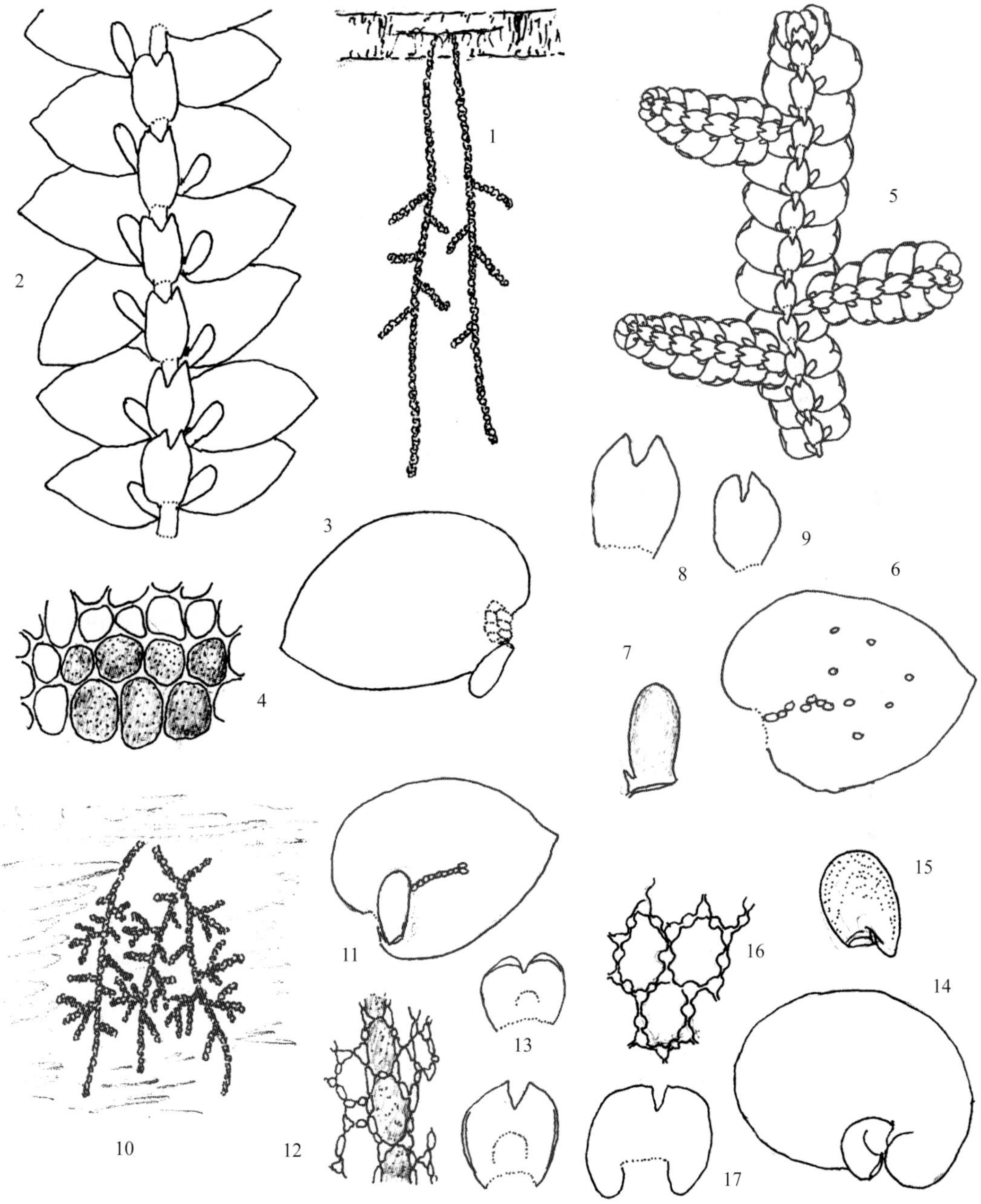

图 50

1~4. **纤枝耳叶苔** *Frullania trichodes* Mitt.

1. 悬垂树枝上的植物群落（×1），2. 植物体的一部分（腹面观，×60），3. 茎叶（腹面观，×105），4. 叶基部细胞（×250）

5~9. **耳叶苔** *Frullania tamarisci*（Linn.）Dum.

5. 植物体的一部分（腹面观，×12），6. 茎叶背瓣，示具多数油胞（×25），7. 茎叶腹瓣（×50），8，9. 腹叶（×25）

10~13. **列胞耳叶苔** *Frullania moniliata*（Reinw.，Bl. et Nees）Mont.

10. 着生阴湿石壁的植物群落（×1），11. 茎叶（腹面观，×25），12. 叶基中央细胞，示列状油胞（×250），13. 腹叶（×35）

14~17. **尼泊尔耳叶苔** *Frullania nepalensis*（Spreng.）Lehm. et Lindenb.

14. 茎叶（×25），15. 茎叶腹瓣（×40），16. 叶中部细胞（×350），17. 茎腹叶（×25）

香港、四川和云南；喜马拉雅山地区、日本、马来西亚、俄罗斯（远东地区）、欧洲及北美洲有分布。

应用价值 含有（+）-dihydrocostunolide 和 costunolide。

列胞耳叶苔 *Frullania moniliata*（Reinw.，Bl. et Nees）Mont.，Ann. Sci. Nat. Bot.，sér. 2，18：13. 1842. 图 50：10~13

形态特征 成片交织生长。体形中等大小，色泽浅绿、淡绿色至红棕色。茎不规则 1~2 回羽状分枝，长达 4 cm，连叶宽 0.8~1.2 mm。叶卵圆形或近圆形，长约 0.6 mm，宽 0.5 mm，具宽尖，偶圆钝，前缘基部呈圆耳状。叶中部细胞椭圆形，长 15~25 μm，宽 15~20 μm，多厚壁，三角体及胞壁球状加厚明显；基部常具单列油胞。腹瓣圆卵形，稀呈片状；副体丝状，长 3~4 个细胞。腹叶圆形至椭圆形，上部约 1/5 两裂，裂口大，基部不下延。

生境和分布 多附生阴湿岩壁或树干。黑龙江、陕西、山东、安徽、浙江、台湾、福建、江西、湖北、湖南、广东、香港、海南、广西、贵州、四川、云南和西藏；日本、朝鲜及俄罗斯（远东地区）有分布。

尼泊尔耳叶苔 *Frullania nepalensis*（Spreng.）Lehm. et Lindenb.，Nov. Minus Cogn. Strip. Pugillus 4：19. 1832. 图 50：14~17

形态特征 大片交织生长。植物体形稍大，色泽橙红至青绿色。茎规则疏 2 回羽状分枝，长达 9 cm，连叶宽约 1.4 mm 。叶多长椭圆形，长约 1.2 mm，宽约 0.8 mm，前缘基部具大叶耳覆盖及茎和对侧叶片，后缘基部不下延。叶中部细胞椭圆形或长矩形，长 18~25 μm，宽 10~13 μm，壁孔和三角体明显。腹瓣兜形；副体丝状，长 4~6 个细胞。腹叶圆形或宽圆形，上部约 1/8 两裂，裂口小，纵向皱褶明显，与茎连接处接近平直，基部两侧明显呈小圆耳状。

生境和分布 多习生较高海拔山区树干或树枝上。陕西、山东、安徽、浙江、台湾、福建、湖南、广东、香港、广西、贵州、四川、云南和西藏；日本、菲律宾、印度尼西亚及巴布亚新几内亚有分布。

心叶耳叶苔 *Frullania giraldiana* Mass.，Mem. Acad. Agr. Art. Comm. Verona ser. 3，73（2）：41. 1897. 图 51：1~5

形态特征 小片状交织生长。植物体中等大小，深棕绿色。茎 1~2 回羽状分枝，长 5 cm，连叶宽 1.0~1.3 mm。叶圆形至椭圆形，长约 1.2 mm，宽约 0.8 mm，先端圆钝，前缘及后缘基部明显呈大圆耳状，两侧近于对称。叶中部细胞卵圆形，长约 20 μm，宽 10~15 μm，壁厚而呈波状，并具球状加厚。腹瓣兜形；副体丝状，长 4~6 个细胞。腹叶卵圆形，上部开裂，约为叶长度的 1/5，裂瓣呈三角形，基部明显呈小圆耳状。

生境和分布 多为山地林内附生。陕西、台湾、四川、云南和西藏；尼泊尔及不丹有分布。

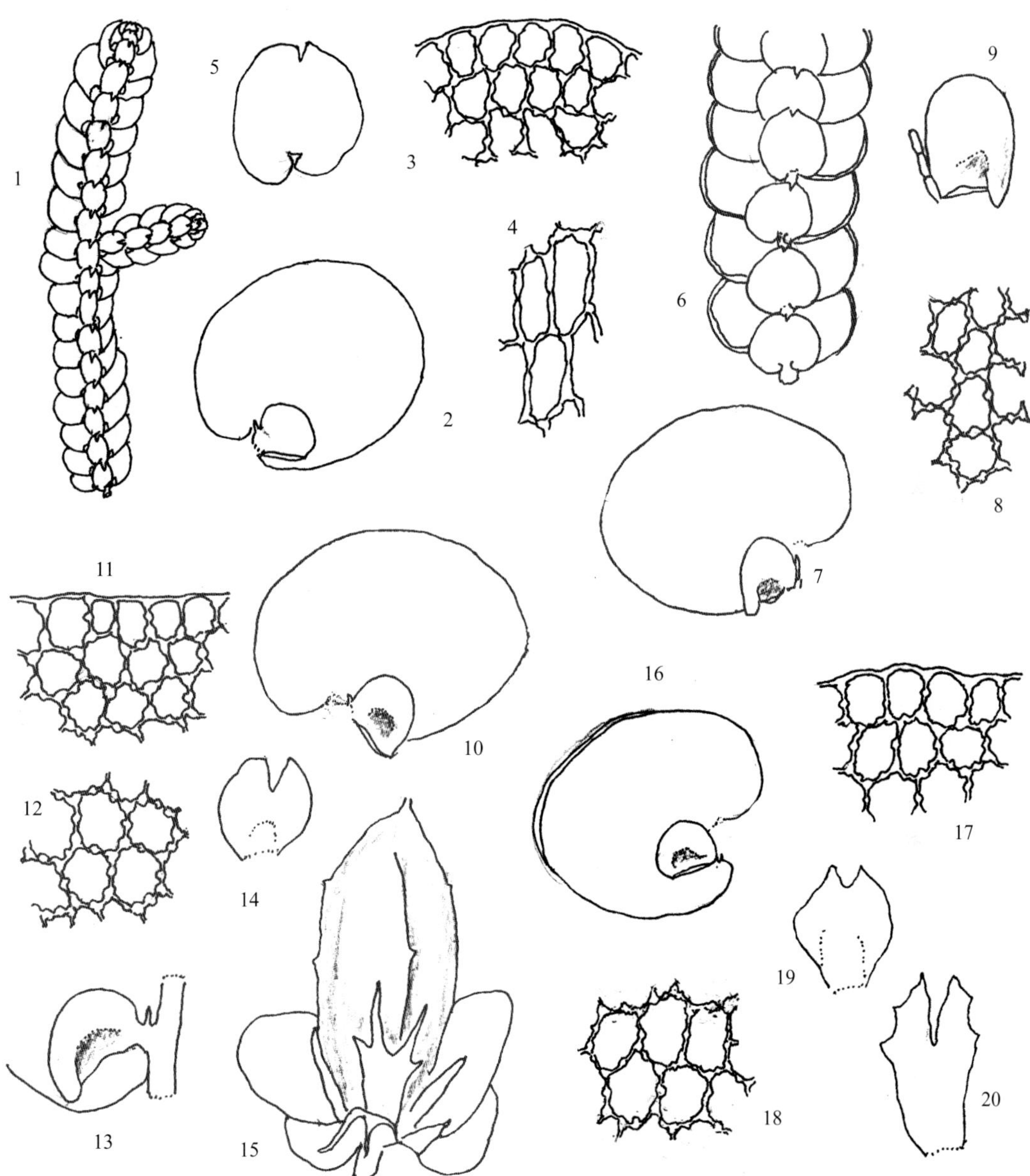

图 51

1~5. **心叶耳叶苔** *Frullania giraldiana* Mass.

1. 植物体（腹面观，×12），2. 茎叶（×25），3. 叶尖部细胞（×210），4. 叶基部细胞（×250），5. 茎腹叶（×18）

6~9. **淡色耳叶苔** *Frullania pallide-virens* Steph.

6. 植物体的一部分（腹面观，×8），7. 茎叶（腹面观，×23），8. 叶中部细胞（×270），9. 茎叶腹瓣（×60）

10~15. **亚洲耳叶苔** *Frullania taradakensis* Steph.

10 茎叶（腹面观，×25），11. 叶尖部细胞（×280），12. 叶中部细胞（×280），13. 茎叶腹瓣（×45），14. 腹叶（×20），15. 雌苞（腹面观，×15）

16~20. **陕西耳叶苔** *Frullania schensiana* Mass.

16. 茎叶（腹面观，×25），17. 叶尖部细胞（×280），18. 叶中部细胞（×280），19. 茎腹叶（×30），20. 雌苞腹叶（×30）

淡色耳叶苔 *Frullania pallide-virens* Steph.，Sp. Hepat. 4：454. 1910. 图 51：6~9

形态特征　密 平展生长。植物体形较大，榄绿色。茎不规则 1~2 回羽状分枝，长达 8 cm，连叶宽 2.0~2.6 mm。叶疏松覆瓦状排列，阔卵圆形，长约 1.5 mm，宽约 1.3mm，内凹，尖部宽圆钝，常内卷，前缘和后缘基部均呈小圆耳状，前缘宽弧形；叶边全缘。叶中部细胞卵形或长卵形，长 18~25 μm，宽 15~18 μm，胞壁波曲，球状加厚和三角体明显。腹瓣紧贴茎着生，兜形，具下弯的喙状尖，常被腹叶覆盖；副体丝状，长 3~4 个细胞。腹叶稍疏生或覆瓦状贴生，扁圆形，阔约为茎直径的 3~4 倍，上部浅 2 裂，具钝或锐尖，基部两侧呈耳状抱茎。

生境和分布　生于山区林内树上。广西、贵州和云南；尼泊尔有分布。

亚洲耳叶苔 *Frullania taradakensis* Steph.，Sp. Hepat. 4：352. 1910. 图 51：10~15

形态特征　密平展成片生长。植物体形中等大小，浅褐绿色。茎不规则羽状分枝，长约 3 cm，连叶宽 0.9~1.1 mm。叶宽圆卵形，长约 0.8 mm，宽 0.5 mm，内凹，尖部圆钝，常内曲，基部两侧不对称，前缘基部呈大圆耳状，后缘基部小耳状；叶边全缘。叶中部细胞圆形或卵形，长约 23 μm，宽 约 15 μm，胞壁平直或球状加厚，渐向基部三角体趋大。腹瓣紧贴茎着生，盔形，具向下弯曲的短喙；副体丝状，长 3~4 个细胞。腹叶圆肾形，顶端 1/5~1/6 两裂，裂瓣三角形，顶端钝或急尖，基部近横生。

生境和分布　生于温热林区树干或岩面。黑龙江、吉林、辽宁、内蒙古、陕西、甘肃、浙江和云南；朝鲜及日本有分布。

陕西耳叶苔 *Frullania schensiana* Mass.，Mem. Acad. Agr. Art. Comm. Verona ser. 3，73（2）：40. 1897. 图 51：16~20

形态特征　密集平展生长。植物体中等大小，色泽红棕或褐绿色。茎长达 5 cm，连叶宽 1.3~1.5 mm；1~2 回不规则羽状分枝。叶阔卵形，长约 1.2 mm，宽 0.7~0.8 mm，内凹，尖端钝圆，向腹面内卷，前缘基部明显呈圆耳状，后缘短而圆弧形；叶边全缘。叶中部细胞卵形，长约 20 μm，宽 13~17 μm，壁波形，具中部球状和三角体明显加厚。腹瓣紧贴茎着生，近圆形，口部平直；副体线形，长 4~5 个细胞。腹叶近圆形，全缘，上部 1/5~1/6 两裂，裂口较狭，裂瓣钝尖。

生境和分布　多生于山地林内石面和树干。内蒙古、陕西、安徽、台湾、江西、湖南、四川、云南和西藏；不丹、尼泊尔、印度北部、泰国、朝鲜及日本有分布。

应用价值　含有萜类化合物：(-) -frullanolide、(+) - α -cyclocostunolide。

鹿儿岛耳叶苔湖南亚种 *Frullania kagoshimensis* Steph. subsp. *hunanensis*（Hatt.）Hatt. et P.-J. Lin，Journ. Hattori Bot. Lab. 59：137. 1985. 图 52：1~4

形态特征　扁平交织成片生长。体形大，深绿色。茎长达 3 cm，连叶宽 1.2~1.6 mm；不规则羽状分枝。叶卵圆形，长 0.7~0.8 mm，宽约 0.6 mm，尖部圆钝，前缘基部呈圆耳状，后缘基部不下延。叶中部细胞卵圆形，长约 18 μm，宽 10~14 μm；胞壁波曲，球状加厚，三角体大。腹瓣兜形，喙状尖向下弯曲；副体片状，基部为 2~3 列细胞，渐向顶端成一列细胞，长 7~9 个细胞。腹叶扁圆形，上部浅 2 裂，边缘平滑，与茎连接处呈浅弧形，基部不下延。

生境和分布 生于湿热林区树干或树枝上。中国特有，产湖南、广东、海南和广西。

皱叶耳叶苔 *Frullania ericoides*（Nees ex Mart.）Mont.，Ann. Sci. Nat. Bot. ser. 2（12）：51. 1839. 图 52：5~7

形态特征 扁平匍匐生长。植物体色泽红褐至褐绿色。茎长达 3 cm，连叶宽约 1.2 mm；稀疏羽状分枝 。侧叶覆瓦状排列，湿润时前缘明显背仰，圆卵形至椭圆形，长约 1.1 mm，宽约 0.9 mm，尖部圆钝，边缘偶具无性芽胞，基部两侧多呈大圆耳状。叶中部细胞近圆形，长 18~30 μm，宽 18~28 μm，三角体及胞壁中部明显加厚。腹瓣多兜形，口部宽阔，平截；副体丝状，长 4~5 个细胞，顶端细胞狭长，透明。腹叶圆形，先端浅两裂，裂瓣呈三角形，裂瓣边缘偶有粗齿。

生境和分布 多湿热山区林内树枝或树干附生。甘肃、山东、江苏、台湾、湖南、广东、香港、海南、广西、四川、云南和西藏；日本、朝鲜、印度北部、印度尼西亚、菲律宾、巴布亚新几内亚、新喀里多尼亚、澳大利亚、美洲及非洲有分布。

应用价值 含有法呢烯。

盔瓣耳叶苔 *Frullania muscicola* Steph.，Hedwigia 33：146. 1894. 图 52：8~12

形态特征 片状 贴生基质。植物体色泽浅褐至深棕色。茎长约 2 cm，连叶宽 1.1 mm；不规则羽状分枝至二回羽状分枝。叶阔卵圆形或长椭圆形，长约 0.6 mm，宽 0.5~0.6 mm，前缘基部呈耳状，后缘基部不下延。叶中部细胞圆形，长约 20 μm，宽 17μm 。腹瓣兜形或呈片状；副体丝状，长 4~5 个细胞。腹叶倒楔形，上部 2 裂，裂瓣两侧各有 1~2 个齿，与茎连接处近平列 。

生境和分布 多山地岩面或树干附生。黑龙江、吉林、内蒙古、陕西、山东、江苏、安徽、浙江、台湾、福建、湖北、湖南、广东、香港、澳门、贵州、四川、云南和西藏；蒙古、日本、印度及俄罗斯有分布。

应用价值 耳叶苔类植物多含有过敏性物质，可引起接触性皮炎。

达乌里耳叶苔 *Frullania davurica* Hampe in Gott.，Lindenb. et Nees，Syn. Hepat. 422. 1845. 图 52：13~15

形态特征 密集成片。体形大，色泽多红褐。茎长可达 8 cm，连叶宽 1.5~1.8 mm；规则羽状分枝。叶圆形或卵圆形，长约 1.2 mm，宽 0.9 mm，尖部圆钝，前缘基部小耳状，后缘基部圆钝。叶中部细胞圆形或椭圆形，长 15~22 μm，宽 10~15 μm，三角体及胞壁中部球状加厚明显。腹瓣兜形，具短喙；副体小，丝状，长 4~5 个细胞。腹叶圆形或宽圆形，

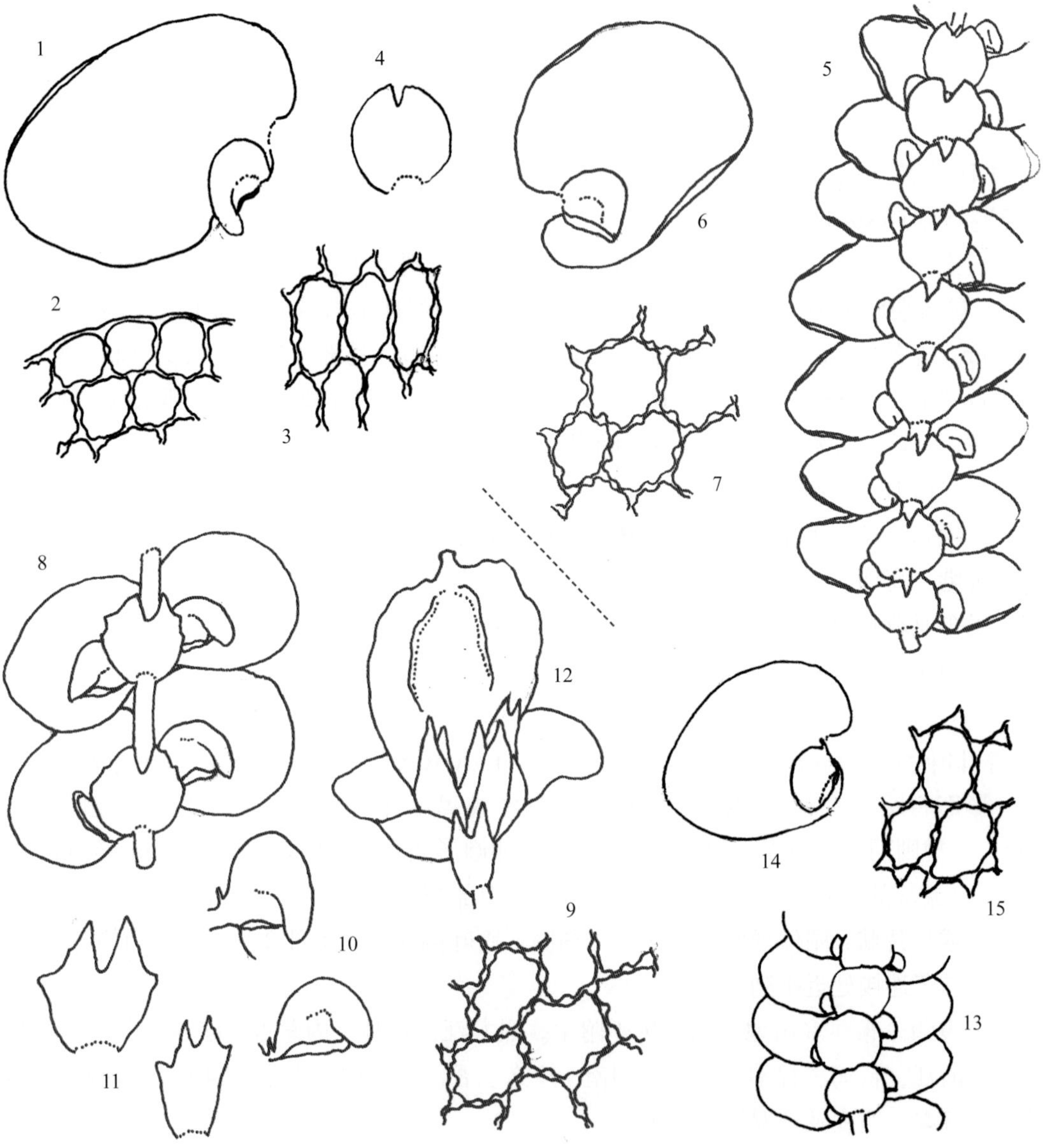

图 52

1~4. **鹿儿岛耳叶苔湖南亚种** *Frullania kagoshimensis* Steph. subsp. *hunanensis* (Hatt.) Hatt. et P. -J. Lin

1. 叶（腹面观，×30），2. 叶尖部细胞（×270），3. 叶基部细胞（×270），4. 腹叶（×14）

5~7. **皱叶耳叶苔** *Frullania ericoides*（Nees ex Mart.）Mont.

5. 植物体的一部分（腹面观，×20），6. 叶（腹面观，×45），7. 叶中部细胞（×320）

8~12. **盔瓣耳叶苔** *Frullania muscicola* Steph.

8. 植物体的一部分（腹面观，×30），9. 叶中部细胞（×300），10. 腹瓣（×40），11. 腹叶（×40），12. 雌苞（腹面观，×38）

13~15. **达乌里耳叶苔** *Frullania davurica* Hampe

13. 植物体的一部分（腹面观，×15），14. 叶（腹面观，×22），15. 叶中部细胞（×300）

顶端略凹陷，与茎连接处呈拱形，基部多少呈波状，不下延或略下延。

生境和分布 多山地树干附生。吉林、内蒙古、河南、陕西、甘肃、山东、安徽、台湾、江西、湖南、广西、贵州、四川、云南和西藏；朝鲜、日本及俄罗斯（远东地区）有分布。

云南耳叶苔 *Frullania yunnanensis* Steph.，Hedwigia 33：161. 1894. 图 53：1~3

形态特征 片状交织生长。体形中等大小，红褐色。茎长达 5 cm，连叶宽 1.3 mm ；1~2 回羽状分枝。 叶卵状椭圆形，长约 1.3 mm，宽 1.0~1.2 mm，尖端圆钝，前端边缘内卷，基部具大叶耳，越茎覆盖，后缘基部不下延。叶中部细胞长椭圆形，长约 23 μm，宽 15~20 μm，壁孔明显。腹瓣兜形；副体丝状，基部宽 2 个细胞，长 5~7 个细胞。腹叶椭圆形，基部有时略收窄，上部明显背卷，两侧基部略下延。雌雄异株。蒴萼长椭圆形，具 3 个脊，脊部平滑。叶边有时具无性芽胞。

生境和分布 多林内树干附生。台湾、福建、广东、四川、云南和西藏；尼泊尔、不丹、印度及泰国有分布。

大蒴耳叶苔 *Frullania physantha* Mitt.，Journ. Proc. Linn. Soc. Bot. 5：121. 1861. 图 53：4~6

形态特征 密集交织生长。植物体形稍大，色泽浅黄至深褐色。茎长约 3 cm，连叶宽 1.6~2.2 mm；不规则羽状分枝。 叶长椭圆形，长约 1.8 mm，宽 1.2 mm，内凹，尖端圆形，常内卷，基部两侧不对称，前缘基部呈圆耳状，后缘基部圆钝。叶中部细胞圆形或卵形，长 15~20 μm，宽 12~15 μm，胞壁球状加厚，三角体明显。腹瓣贴茎着生，盔形，具向下弯曲的短喙；副体丝状，长 3~5 个细胞。腹叶近阔圆形，上部圆钝，边缘常背卷，基部两侧抱茎。雌雄异株。蒴萼形大，近球形，上部趋狭，顶端具 5 个脊，脊部平滑。

生境和分布 生于中高海拔林下树干和树枝上。湖南、四川、云南和西藏；不丹、尼泊尔、印度及越南有分布。

026 毛耳苔科 JUBULACEAE

小片状交织生长。体形小至中等大小，色泽浅绿至褐绿色。茎规则或不规则 1~2 回羽状分枝。叶 3 列。侧叶与腹叶异形，覆瓦状蔽前式排列。侧叶分背瓣和腹瓣；背瓣形大，平展或内凹，卵形或椭圆形，尖端急尖或渐尖，叶基不下延；叶边多有毛状齿。叶细胞圆形或椭圆形，胞壁常具球状加厚或等厚，三角体有或缺失。腹瓣盔形或圆球形，与茎近于平 列；副

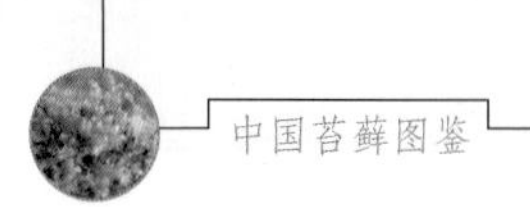

体一般由几个细胞组成，丝状，着生腹瓣基部。腹叶近圆形或椭圆形，上部深两裂，全缘或两侧边缘具毛状齿，基部略下延。雌雄同株。蒴萼球形或倒卵形，具 3 个脊，脊部平滑 。

1 属，中国有分布。

1 毛耳苔属 *Jubula* Dum.

属的特征同科。

本属约 7 种，主要分布热带地区。中国有 3 种。

分种检索表

1. 植物体干燥时多呈绿色；叶边具多数毛状齿 ······ 1. 日本毛耳苔 *J. japonica*
1. 植物体干燥时多呈褐绿色；叶边全缘或具少数齿 ······ 2. 爪哇毛耳苔 *J. javanica*

日本毛耳苔 *Jubula japonica* Steph., Bull. Herb. Boissier 5：92. 1897. 图 53：7~11

形态特征 疏松平展交织生长。体形中等大小，深绿色。茎长 2~4 cm，连叶宽 1.0~1.6 mm；不规则 1~2 回羽状分枝。 叶卵形或卵圆形，长约 0.8 mm，宽 0.6 mm，尖端锐尖，稀圆钝；叶边尖部具多数不规则毛状齿。叶中部细胞圆形，长 20~25 μm，宽 13~19 μm，胞壁略厚，三角体明显。腹瓣长卵形，膨起；副体未见。腹叶近圆形，上部 1/3 两裂，边缘具多数不规则长毛状齿 。

生境和分布 多湿热山区林内树干附生。安徽、台湾、湖南、广东和云南；朝鲜及日本有分布。

爪哇毛耳苔 *Jubula javanica* Steph., Sp. Hepat. 4：688. 1911. 图 53：12~15

形态特征 疏松交织生长。植物体色泽暗绿或绿色，干燥时呈褐色。茎长达 4 cm，连叶宽达 1.5 mm；不规则羽状分枝 。叶卵形，长达 0.8 mm，宽约 0.55 mm，具小突尖；叶边全缘，有时具少数尖齿。叶细胞六角形，中部细胞长约 30 μm，宽约 20 μm，壁薄，具小三角体。腹瓣卵形或近圆球形，强烈膨起。腹叶近圆形，上部约 1/2 两裂，边缘具少数齿。

生境和分布 习生湿热山地林中树干、阴湿石上、稀着生叶面。台湾；日本、印度、印度尼西亚、菲律宾、巴布亚新几内亚和美国（夏威夷）有分布。

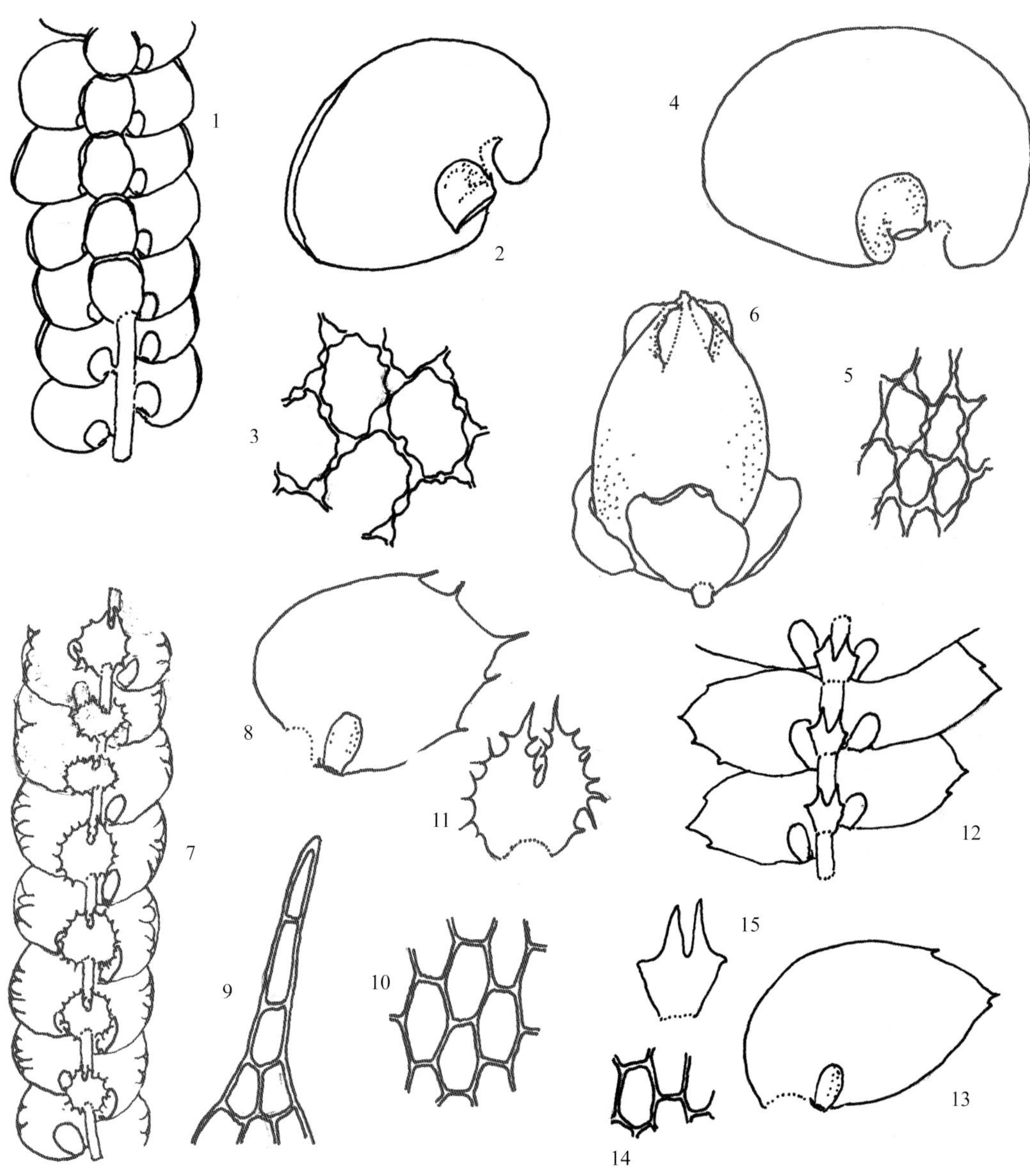

图 53

1~3. 云南耳叶苔 *Frullania yunnanensis* Steph.

1. 植物体的一部分（腹面观，×14），2. 叶（腹面观，×28），3. 叶中部细胞（×420）

4~6. 大蒴耳叶苔 *Frullania physantha* Mitt.

4. 叶（腹面观，×28），5. 叶中部细胞（×210），6. 雌苞（×10）

7~11. 日本毛耳苔 *Jubula japonica* Steph.

7. 植物体的一部分（腹面观，×15），8. 叶（腹面观，×30），9. 叶尖部细胞（×250），10. 叶中部细胞（×250），11. 茎腹叶（×40）

12~15. 爪哇毛耳苔 *Jubula javanica* Steph.

12. 植物体的一部分（腹面观，×20），13. 叶（腹面观，×30），14. 叶中部细胞（×200），15. 茎腹叶（×30）

027 细鳞苔科 LEJEUNEACEAE

交织呈紧密或疏松小群落，或垂倾生长。植物体多柔弱，少数属种粗壮，色泽黄绿、灰绿色至褐绿色，稀紫褐色，部分属种略具光泽。茎不规则分枝、叉状分枝或羽状分枝；分枝有时再生小枝；假根透明，成束着生茎腹面或腹叶基部。叶蔽前式覆瓦状排列，椭圆形至卵状披针形；叶边多全缘，稀具齿；腹瓣卵形至披针形，齿多变异。叶细胞圆形至椭圆形，背面一般平滑，或具疣和刺疣状突起；胞壁多具三角体及球状加厚，稀薄壁，少数属种具油胞；部分属种叶边分化白色透明大型细胞，或具不同的疣或刺状突起。腹叶圆形至船形，多两裂，裂瓣间开裂角度多变，少数属种无腹叶。雌雄同株或异株。雄苞多呈穗状；雄苞叶一般强烈膨起，2~20 对。蒴萼倒梨形至倒心脏形，具 2~10 脊。

本科约 80 属，多热带、亚热带山区分布，少数属种见于温带。中国约有 30 属。

分属检索表

1. 植物体无腹叶……23. 疣鳞苔属 *Cololejeunea*
1. 植物体具腹叶……2
2. 每一侧叶具一腹叶……3
2. 每两侧叶具一腹叶……4
3. 叶尖部常成囊状；蒴萼具角……12. 管叶苔属 *Colura*
3. 叶尖部平展；蒴萼不具角……11. 双鳞苔属 *Diplasiolejeunea*
4. 腹叶全缘，不深开裂，或上部具不规则齿……5
4. 腹叶开裂……18
5. 蒴萼通常具 6~10 个脊或纵褶，少数具 5 个脊……6
5. 蒴萼通常具 2~5 个脊或纵褶……10
6. 腹叶扇形，上部具齿……5. 皱萼苔属 *Ptychanthus*
6. 腹叶肾形，全缘……7
7. 茎叶阔卵形或卵状椭圆形；腹瓣不沿叶边延伸……8
7. 茎叶椭圆形，全缘；腹瓣沿叶边延伸……9
8. 叶尖部具齿或全缘；腹叶基部两侧不呈耳状……3. 多褶苔属 *Spruceanthus*
8. 叶尖部全缘；腹叶基部两侧呈耳状……1. 异鳞苔属 *Tuzibeanthus*
9. 腹瓣前端具 2 个齿……9. 顶鳞苔属 *Acrolejeunea*
9. 腹瓣前沿多具 3~4 个齿……8. 瓦鳞苔属 *Trocholejeunea*

10．蒴萼脊部具不规则冠状突起 …… 11

10．蒴萼脊部平滑 …… 12

11．植物体长可达 10 cm；腹叶上部浅 2 裂 …… 6. 尾鳞苔属 *Caudalejeunea*

11．植物体一般不及 5 cm；腹叶全缘 …… 10. 冠鳞苔属 *Lopholejeunea*

12．叶基中央多分化单列油胞或假肋 …… 16. 密鳞苔属 *Pycnolejeunea*

12．叶基中央不分化油胞或假肋 …… 13

13．腹叶 1/2~1/3 两裂 …… 14

13．腹叶全缘 …… 15

14．叶先端圆钝；叶细胞间密散生油胞 …… 18. 指鳞苔属 *Lepidolejeunea*

14．叶先端锐尖；叶细胞间无油胞 …… 19. 狭鳞苔属 *Stenolejeunea*

15．蒴萼具 4~5 个脊 …… 16

15．蒴萼具 3 个脊 …… 17

16．叶后缘不内卷；腹叶近圆形 …… 2. 原鳞苔属 *Archilejeunea*

16．叶后缘强烈内卷；腹叶肾形 …… 13. 白鳞苔属 *Leucolejeunea*

17．腹叶近圆形，全缘，阔度为茎直径的 3 倍以上 …… 7. 鞭鳞苔属 *Mastigolejeunea*

17．腹叶扁圆形，上部具粗齿，阔度为茎直径的 3 倍以下 …… 4 毛鳞苔属 *Thysananthus*

18．蒴萼脊部呈角状或其他形状突起；每一叶片多具 1 至多个油胞 …… 19

18．蒴萼脊部圆钝；叶片一般无油胞 …… 20

19．腹叶裂片多 2 列细胞；腹瓣角齿常呈钩状 …… 15. 角鳞苔属 *Drepanolejeunea*

19．腹叶裂片多单列细胞，稀 2 列；腹瓣角齿圆钝 …… 14. 薄鳞苔属 *Leptolejeunea*

20．腹叶阔度多为茎直径的 3 倍或 3 倍以上 …… 17. 唇鳞苔属 *Cheilolejeunea*

20．腹叶阔度为茎直径 3 倍以下 …… 21

21．叶分化透明白边；腹叶马鞍形，裂片宽阔圆钝 …… 22. 鞍叶苔属 *Tuyamaella*

21．叶无分化边缘；腹叶近圆形，裂片先端锐尖 …… 22

22．植物体细弱；腹叶阔度大于茎直径 2 倍或 2 倍以上 …… 20. 细鳞苔属 *Lejeunea*

22．植物体极纤细；腹叶与茎直径近于等阔 …… 21. 纤鳞苔属 *Microlejeunea*

1 异鳞苔属 *Tuzibeanthus* Hatt.

疏松成片生长。体形稍大。茎规则羽状分枝至二回羽状分枝；横切面细胞壁厚，具明显三角体。叶覆瓦状蔽前式排列，尖端圆钝，前缘基部耳状，后缘近于平直；腹瓣长约为背瓣的 1/4。叶细胞多角形至椭圆形，胞壁三角体及中部球状加厚明显。腹叶全缘，基部两侧呈耳状。雌雄异株。雄苞着生主枝。雌苞着生主枝或小枝上；雌苞叶和雌苞腹叶全缘。蒴萼具 10 个脊。

本属仅 1 种，分布于亚洲东南部和东部。中国有分布。

异鳞苔 *Tuzibeanthus chinensis*（Steph.）Mizut.，Journ. Hattori Bot. Lab. 24：151. f. 5：18. 1961. 图 54：1~4

形态特征　疏片状贴生基质。植物体榄绿色，长达 3 cm 以上。茎横切面直径约 10 个细胞。叶疏松覆瓦状排列，卵状椭圆形，长约 1 mm，宽 0.7 mm，前缘基部具圆钝耳，先端趋狭而宽钝；叶边全缘。腹瓣近长方形，先端具钝尖。叶中部细胞长 25~30 μm，胞壁具三角体及中部球状加厚；每个细胞具 6~9 油体。腹叶近圆形，阔约为茎直径的 3 倍。

生境和分布　着生于海拔 500~1 000 m 的阴湿岩面或树干基部。陕西、四川、贵州、云南和西藏；尼泊尔、不丹、印度、缅甸、泰国、日本和朝鲜有分布。

2 原鳞苔属 *Archilejeunea*（Spruce）Schiffn.

紧贴基质稀疏生长。植物体柔弱，色泽暗绿至褐绿色。茎由厚壁细胞组成；不规则羽状分枝。叶覆瓦状蔽前式排列，卵形，尖部圆钝；叶边全缘；腹瓣略膨起，通常仅具单齿。叶细胞圆形至圆卵形，厚壁。腹叶圆形，全缘。雄苞顶生短侧枝上。雌苞着生短侧枝上。雌苞叶和雌苞腹叶全缘。蒴萼具 4~6 个脊。

本属约有 20 种，多分布南美洲和亚洲东部。中国有 3 种。

东亚原鳞苔 *Archilejeunea kiushiana*（Horik.）Verd.，Ann. Bryol. Suppl. 4：46. 1934. 图 54：5~7

形态特征　常杂生于其他苔藓植物中。体形细弱，色泽黄绿至褐绿色。茎长约 1 cm，连叶宽约 0.5 mm；不规则羽状分枝。叶覆瓦状排列，椭圆形或斜卵形，尖部圆钝，前缘宽圆弧形，后缘内凹；叶边全缘；腹瓣卵形，长约为背瓣的 1/2，尖部平截或斜截，具 2~3 个细胞组成的角齿。叶细胞圆形至圆卵形，中部细胞长 10~15 μm，壁厚，三角体明显。腹叶疏列，圆形，宽约为茎直径的 2~3 倍。雌雄同株异苞。蒴萼倒梨形，脊 4~6 个。

生境和分布　一般生于低海拔林内阴湿石上。山东、江西、浙江、福建、广东、香港和海南；日本有分布。

3 多褶苔属 *Spruceanthus* Verd.

常成片倾垂或簇状生长。体形中等大小至粗大。茎由强烈加厚的细胞组成，表皮细胞略小于髓部细胞；不规则羽状分枝。叶阔卵形，锐尖或稀尖部圆钝，前缘阔圆弧形，后缘略内凹；叶边仅尖部具少数粗齿；腹瓣多椭圆形，基部趋狭，尖部具 1~2 齿。叶细胞圆形至圆卵形，具强烈三角体及胞壁中部球状加厚。腹叶近圆形，上部略内凹。雌苞顶生于主枝。雌苞叶略狭长而上部具多数粗齿。蒴萼具 5~10 个脊。

本属 7 种，多亚洲热带和亚热带及太平洋热带地区分布。中国有 3 种。

分种检索表

1. 植物体连叶片阔 3~4 mm；叶较宽而锐尖；腹叶宽度约为茎直径的 4 倍 ………………1. 多褶苔 *S. semirepandus*

1. 植物体连叶片阔约 2.5 mm；叶宽而多圆钝；腹叶宽度约为茎直径的 3 倍 ………2. 变异多褶苔 *S. polymorphus*

多褶苔 *Spruceanthus semirepandus*（Nees）Verd.，Ann. Bryol. Suppl. 4：153. 1934. 图 54：8~10

形态特征 稀疏片状或簇状生长。植物体形稍大，黄绿色至褐绿色。茎一般长 2~3 cm，可达 7 cm，连叶片宽 3~4 mm；疏分枝。叶长卵形，前缘圆弧形，后缘略内凹，具宽钝尖；叶边除叶尖外均全缘。叶细胞圆卵形，中部细胞长约 40 μm，具三角体及胞壁中部强烈加厚。腹瓣卵形，尖部齿粗而向上突出。雌苞顶生于主枝上。通常下侧具 1~2 新枝。雌苞叶长卵形，具多齿锐尖。蒴萼倒卵形，多具 5 个脊，稀达 10 个。

生境和分布 着生于海拔 1 000 m 左右的阴湿岩面或树干。安徽、江西、浙江、福建、台湾、香港、海南、广东、广西、湖南、贵州、四川、云南和西藏；尼泊尔、不丹、印度、泰国、印度尼西亚、菲律宾和日本有分布。

变异多褶苔 *Spruceanthus polymorphus*（S. Lac.）Verd.，Ann. Bryol. Suppl. 4：155. 1934. 图 54：11~16

形态特征 多稀疏小片状倾垂生长。植物体绿色至褐绿色。茎长 1~3 cm，连叶片宽约 2.5 mm；不规则疏羽状分枝。叶覆瓦状蔽前式排列，椭圆形或卵形，内凹，长约 1.5 mm，阔 1~1.2 mm，尖部圆钝；叶边稀全缘，尖部具少数粗齿；腹瓣长卵形，约为背瓣长度的 1/2 至 2/5，具 2~3 齿。叶细胞圆卵形，具强烈三角体及中部球状加厚，中部细胞长 20~25 μm。腹叶扁圆形，上部略内凹。雌苞叶阔舌形至阔卵形，尖部具多数粗齿。蒴萼倒卵形，具 5~7 个脊。

生境和分布 多生于海拔 500~1 000 m 的阴湿岩面或树上。江西、福建、台湾、香港、海南、广东、广西、云南和西藏；印度、马来西亚、菲律宾、印度尼西亚、日本、巴布亚新几内亚、新喀里多尼亚、塔希提岛、美国（夏威夷）、萨摩亚群岛及所罗门群岛有分布。

4 毛鳞苔属 *Thysananthus* Lindenb.

紧贴基质生长。植物体形小至中等大小，色泽褐绿至黄绿色，略具光泽。茎由厚壁细胞组成；不规则羽状分枝。叶蔽前式覆瓦状排列，多具钝尖和齿；腹瓣长卵形，强烈膨起，尖部具 1~2 个齿。叶细胞三角体及胞壁中部强烈球状加厚；每个细胞具 2~3 个大型油体。腹叶多内凹，边缘具齿。雄苞顶生或着生短侧枝中部。雌苞顶生于主枝。蒴萼具 3 个脊，并常附 1~7 个小脊，脊部具冠状突起。

本属约 13 种，热带、亚热带山区分布。中国有 3 种。

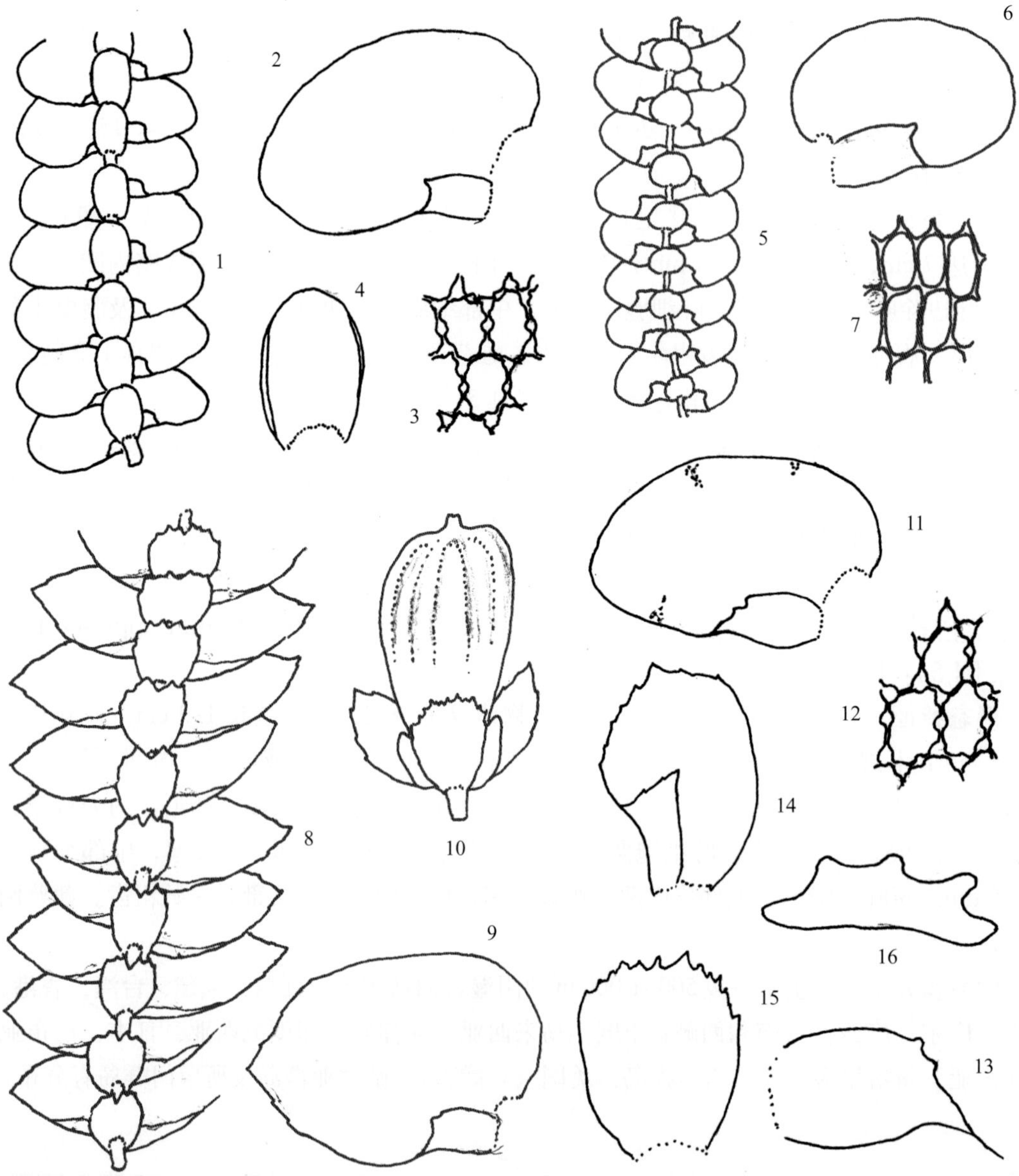

图 54

1~4. 异鳞苔 *Tuzibeanthus chinensis*（Steph.）Mizut.

1. 植物体的一部分（腹面观，×10），2. 茎叶（腹面观，×25），3. 叶中部细胞（×240），4. 腹叶（×24）

5~7. 东亚原鳞苔 *Archilejeunea kiushiana*（Horik.）Verd.

5. 植物体的一部分（腹面观，×20），6. 茎叶（腹面观，×55），7. 叶中部细胞（×520）

8~10 多褶苔 *Spruceanthus semirepandus*（Nees）Verd.

8. 植物体的一部分（腹面观，×10），9. 茎叶（腹面观，×14），10. 雌苞（×15）

11~16. 变异多褶苔 *Spruceanthus polymorphus*（S. Lac.）Verd.

11. 茎叶（腹面观，×32），12. 叶中部细胞（×410），13. 腹瓣（×70），14. 雌苞叶（×30），15. 雌苞腹叶（×30），16. 蒴萼横切面（×33）

黄色毛鳞苔 *Thysananthus flavescens*（Hatt.）Gradst., Trop. Bryol. 4：13. 1991. 图 55：1~4

形态特征 疏小片状生长。体形较小，榄绿色至黄绿色。茎长 1~2 cm，连叶片宽约 1.2 mm；稀少分枝。叶疏松至紧密覆瓦状排列，长卵形，内凹，长约 0.7 mm，尖部圆钝，前缘基部略呈耳形，后缘内凹；腹瓣半圆筒形，约为背瓣长度的 2/5，前端斜截，角齿多长 2 个细胞。叶中部细胞直径 20~25 μm，胞壁具三角体及中部球状加厚，每个细胞具 2~6 个油体。雌雄异株。雄苞多着生侧枝中部。雌苞顶生于主侧枝。蒴萼倒卵形，具 3~5 个脊，脊部平滑。

生境和分布 生于海拔约 400 m 的常绿阔叶树叶面和具土岩面。台湾和香港；日本南部分布。

5 皱萼苔属 *Ptychanthus* Nees

常成簇着生基质。植物体较粗大，黄褐色或深绿色，羽状分枝。叶卵形，先端锐尖或稍钝；叶边尖部常具齿；腹瓣小或近于退化。叶细胞壁具明显三角体及中部球状加厚。腹叶宽阔，尖部具粗齿，稀全缘。雄苞着生枝中部，小穗状；雄苞叶 6~20 对。蒴萼侧生，倒梨形或粗棒形，通常具 10 个纵脊。

本属仅 1 种，热带和亚热带地区分布。中国有分布。

皱萼苔 *Ptychanthus striatus*（Lehm. et Lindenb.）Nees，Naturgesch. Eur. Leberm. 3：212. 1838. 图 55：5~9

形态特征 成小簇状倾垂生长。植物体褐绿色，略具光泽，长度多在 2 cm 以上；常规则羽状分枝。叶卵形或长椭圆状卵形，多具锐尖，前缘基部呈耳状；叶边尖部具疏粗齿；腹瓣近长方形，约为背瓣长度的 1/5。叶细胞胞壁中部球状加厚及三角体明显。腹叶近椭圆形，阔约为茎直径的 3~4 倍，上部具粗齿。雌雄同株。

生境和分布 生于海拔 800~1 200 m 的岩面或附生于树枝、树干和叶面。安徽、贵州、云南和西藏；日本、尼泊尔、缅甸及非洲有分布。

应用价值 含有萜类化合物：pinguisanene（dehydrodeoxopinguisone）。

6 尾鳞苔属 *Caudalejeunea* Steph.

稀疏着生基质。体形稍粗，褐绿色。茎长可达 15 cm，连叶宽 1.5~2 mm；不规则 1~2 回羽状分枝；横切面椭圆形，直径约 8 个细胞，含 1 层大型皮层细胞，和 5~6 层卵圆形髓部细胞，具大型三角体；假根成束着生腹叶基部。叶蔽前式覆瓦状排列，卵状椭圆形，前缘宽圆弧形，后缘近于平直或略内凹，尖部圆钝或钝尖；腹瓣形小至中等大小，椭圆形至卵状椭圆形，多具 1~2 个齿，脊部膨起；叶边全缘。叶细胞卵圆形至椭圆形，具三角体及胞壁中部球状加厚。腹叶多圆形，宽度约为茎直径的 3 倍，上部浅两裂，具 2 齿。雌雄同株或异株。雄苞常顶生，穗状。雌苞着生短侧枝顶。雌苞叶明显大于营养叶，卵状椭圆形，上部渐尖，多具疏齿。雌苞腹叶圆卵形。蒴萼具 2 侧脊及 1 腹脊，侧面脊具有不规则齿的翼状突起。

本属约 15 种，多热带山区分布。中国有 3 种。

分种检索表

1. 植物体形较小，干燥时上部不卷曲；腹叶近圆形，约为茎直径的 3~4 倍，上部不向背面卷曲…… 1. 肾瓣尾鳞苔 *C. recurvistipula*

1. 植物体宽大，干燥时上部卷曲；腹叶扁圆形，约为茎直径的 5~6 倍，上部常向背面卷曲…… 2. 卷枝尾鳞苔 *C. circinata*

肾瓣尾鳞苔 *Caudalejeunea recurvistipula*（Gott.）Schiffn.，Nat. Pfl. -fam. I（3）：129. 1893. 图 55：10

形态特征 成片疏松贴附于基质。植物体稍粗壮，淡褐绿色或褐色，长约 2 cm，宽 2 mm。茎疏羽状分枝或不规则分枝。茎叶长卵形，长约 1.2 mm，宽 0.68 mm，干燥时扭卷，湿润时斜展，略向背面膨起，前缘阔弧形，基部呈小圆耳状，先端较狭，具 3 个钝齿或全缘，后缘近于平直；叶近平滑或具细胞圆突；腹瓣狭椭圆形，约为背瓣长度的 1/2，脊部近于平直，外沿斜截形，前沿多具 4 个齿，强烈内卷。叶细胞斜菱形，中部细胞宽约 27 μm，长约 37 μm，具明显三角体及胞壁中部球状加厚。腹叶近圆形，宽约为茎直径 4 倍。雌雄同株。雄苞叶多达 12 对。雌苞着生于茎或枝顶。蒴萼阔倒卵形，具 3 个脊。芽胞圆盘形，多细胞。

生境和分布 多附生于常绿阔叶树叶面，稀着生树干或树枝上。台湾、海南、广西、湖北和云南；印度、泰国、马来西亚、印度尼西亚、菲律宾、太平洋的一些热带岛屿及澳大利亚有分布。

卷枝尾鳞苔 *Caudalejeunea circinata* Steph.，Sp. Hepat. 5：13. 1912. 图 55：11~14

形态特征 小片疏生于基质。植物体宽大，褐绿色，长约 2~3 cm；茎不规则分枝。茎叶狭长卵形，干燥时扭卷，湿润时斜展，前缘阔弧形，基部圆钝，后缘近于平直；叶边尖部常具多个粗齿；腹瓣约为背瓣长度的 1/4~1/5。叶近基部细胞圆六角形，胞壁三角体和中部球状加厚明显。腹叶扁圆形，宽约为茎直径的 5~6 倍，上部常向背面卷曲。

生境和分布 多附生于常绿阔叶树叶面，稀着生树干、湿土或阴湿岩面。云南；印度尼西和新喀里多尼亚有分布。

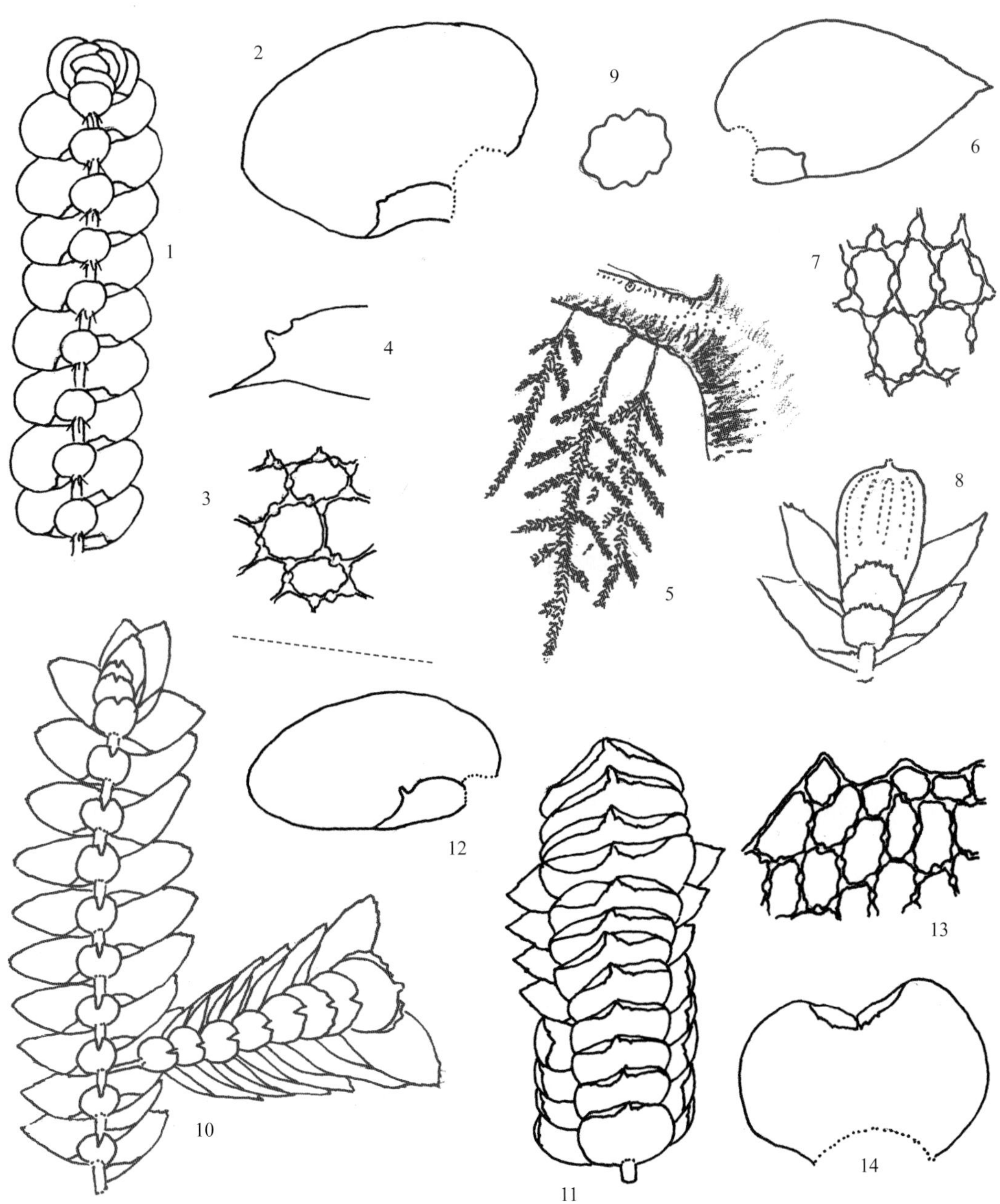

图 55

1~4. 黄色毛鳞苔 *Thysananthus flavescens*（Hatt.）Gradst.

1. 植物体的一部分（腹面观，×10），2. 茎叶（腹面观，×60），3. 叶中部细胞（×480），4. 腹瓣尖部（×130）

5~9. 皱萼苔 *Ptychanthus striatus*（Lehm. et Lindenb.）Nees

5. 着生湿热林中树干的植物群落（×1），6. 茎叶（腹面观，×20），7. 叶中部细胞（×240），8. 雌苞（腹面观，×10），9. 蒴萼横切面（×10）

10. 肾瓣尾鳞苔 *Caudalejeunea recurvistipula*（Gott.）Schiffn.

10. 雌株（腹面观，×8）

11~14. 卷枝尾鳞苔 *Caudalejeunea circinata* Steph.

11. 植物体的一部分（腹面观，×7），12. 茎叶（腹面观，×18），13. 叶尖部细胞（×195），14. 腹叶（×12）

7 鞭鳞苔属 *Mastigolejeunea*（Spruce）Schiffn.

大片状贴生基质。植物体形稍大，色泽多褐绿；稀疏分枝或不规则羽状分枝。叶卵形或长卵形，前缘阔弧形，尖端钝或锐尖；叶边全缘；腹瓣椭圆形或长卵形，具1~2齿。叶细胞椭圆形或卵形，厚壁，具明显三角体。腹叶大，倒心脏形或倒卵形，全缘。雄苞着生枝顶端或枝中部。雌苞假侧生。蒴萼梨形，具3脊。

本属约15种，热带地区广布。中国有3种。

鞭鳞苔 *Mastigolejeunea auriculata*（Wils.）Schiffn.，Nat. Pfl.-fam. 1（3）：129. 1895. 图56：1~4

形态特征 成片贴生基质。茎长1~2 cm；不规则分枝。叶密覆瓦状蔽前式排列，长卵形，长可达1.5 mm，具钝尖，后缘内卷；叶边全缘；腹瓣长卵形至卵状长方形，具1~2钝齿。叶细胞长六角形，直径10~20 μm，壁厚，具大三角体及胞壁中部球状加厚。腹叶宽度为茎直径的3倍，阔倒卵形，上部略内凹，全缘。雌雄同株。蒴萼倒卵形，具3个脊。

生境和分布 着生阴湿石面或树干。江西、浙江、福建、台湾、广东、香港、海南、广西、贵州、云南和西藏；尼泊尔、不丹、印度、柬埔寨、越南、马来西亚、菲律宾、印度尼西亚、日本、巴布亚新几内亚、澳大利亚、所罗门群岛、新喀里多尼亚

8 瓦鳞苔属 *Trocholejeunea* Verd.

紧贴基质小片状生长。植物体灰绿色至绿色，稀黄绿色，老时呈褐绿色。茎由薄壁细胞组成；不规则疏分枝。叶干燥时紧密蔽前式覆瓦状排列，圆卵形，前缘圆弧形，湿润时倾立，后缘近于平直，先端宽圆钝；腹瓣卵形，长约为背瓣的1/2，强烈膨起，前沿具3~10个小齿。叶细胞圆形至圆卵形，胞壁具明显三体体及中部球状加厚。腹叶近圆形，全缘，宽约为茎直径的2~3倍。雌苞叶大于茎叶，斜卵形，无齿或略具缺刻。蒴萼倒梨形，具8~10个脊。弹丝棕色，具1~2列螺纹加厚。

本属有3种，喜马拉雅山地区及太平洋岛屿分布。中国有2种。

南亚瓦鳞苔 *Trocholejeunea sandvicensis*（Gott.）Mizut.，Misc. Bryol. Lichenol. 2（12）：169. 1961. 图56：5~9

形态特征 紧密片状交织生长。体形中等大小，灰绿色至榄绿色。茎长可达3 cm；分枝不规则。叶干时紧贴，湿润时前缘背仰，阔卵形，长约1 mm；叶中部细胞直径40~55 μm；腹瓣约为背瓣长度的1/3~1/2，近半圆形，强烈膨起，前沿具4~5个圆齿。蒴萼梨形，通常具10个脊。

生境和分布 生于海拔约1 000 m的树干、树枝或阴湿岩面，稀叶面附生。中国南方大部分省份；尼泊尔、不丹、印度、巴基斯坦、斯里兰卡、越南、马来西亚、日本、朝鲜

及美国（夏威夷）有分布。

应用价值　含有萜类化合物：dehydropinguisanol。

9 顶鳞苔属 *Acrolejeunea*（Spruce）Schiffn.

紧密贴生基质生长。体形多中等大小，黄色至黄褐色，老时呈红褐色。茎平展或下垂，长可达 5 cm；稀不规则分枝。叶卵状椭圆形，前缘宽圆弧形，后缘近于平直，先端圆钝，着生处较宽；叶边全缘。叶细胞椭圆形，三角体大，胞壁中部具小球状加厚。腹瓣卵圆形，约为背瓣长度的 1/2~2/3，膨起，尖端近于斜截，角齿与中齿锐尖，由 2~4 个细胞组成，尖部略延伸。腹叶圆形，宽度约为茎直径的 2~4 倍。雌雄异株。雄苞着生短侧枝。雌苞着生侧枝顶端。蒴萼倒卵形，具 5 个脊，脊部圆钝，平滑，具短喙。

本属 有 15 种，多亚洲热带和太平洋岛屿分布。中国有 6 种和 1 变种。

小顶鳞苔 *Acrolejeunea pusilla*（Steph.）Grolle et Gradst.，Journ. Hattori Bot. Lab. 38：332. 1974. 图 56：10~14

形态特征　与瓦鳞苔在外形上甚近似，色泽灰绿或褐绿色，长达 5 mm，连叶片宽约 0.8 mm；不规则疏分枝；茎横切面直径 5~6 个细胞。叶覆瓦状蔽前式排列，卵形，长 0.4~0.5 mm，斜展，前缘强弧形，后缘近于平直，尖端圆钝；腹瓣卵形，尖部斜截形，具 2~3 个细胞组成的角齿和中齿。叶细胞六角形至椭圆形，具明显三角体和胞壁中部球状加厚。腹叶近圆形，宽度达茎直径的 3 倍。雌苞顶生于短侧枝。蒴萼阔倒卵形，具 5 个脊，脊部平滑。

生境和分布　一般附生阴湿树干，稀叶面附生。山东、浙江、福建、台湾、广东、香港、澳门、海南、广西和贵州；日本和朝鲜有分布。

10 冠鳞苔属 *Lopholejeunea*（Spruce）Schiffn.

紧贴基质生长。体形中等大小，暗绿色至褐绿色，老时呈紫褐色，略具光泽。茎由厚壁细胞组成；呈不规则羽状分枝。叶密覆瓦状排列，阔卵形至椭圆形，尖部多圆钝，稀钝尖；叶边全缘；腹瓣卵形至阔卵形，多具单个钝齿，稀角齿呈舌形，中齿单细胞。叶细胞圆形，胞壁具强烈三角体及中部球状加厚。腹叶相互贴生或疏列。雌苞着生侧枝；雌苞叶多锐尖，具齿；雌苞腹叶全缘或具齿。蒴萼具 3~4 脊，脊部具冠状突起。

本属约 50 种，于热带亚热带林区树干或叶面附生。中国约有 8 种。

分种检索表

1. 植物体略小，宽约 1 mm；叶尖部宽阔，圆钝……………………1. 褐冠鳞苔 *L. subfusca*
1. 植物体略大，宽约 0.5 mm；叶尖部钝尖……………………2. 尖叶冠鳞苔 *L. applanata*

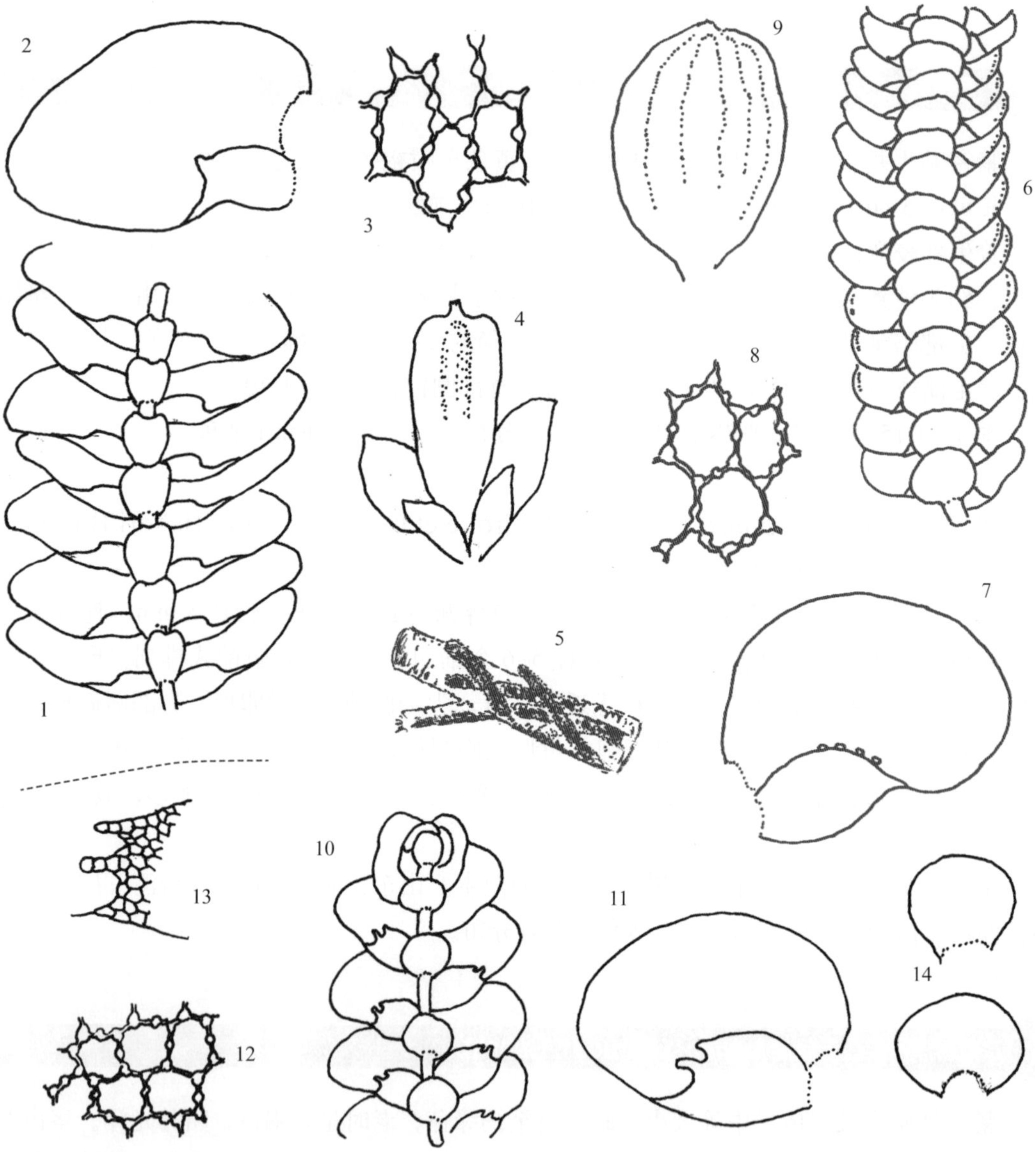

图 56

1~4. 鞭鳞苔 *Mastigolejeunea auriculata*（Wils.）Schiffn.

1. 植物体的一部分（腹面观，×16），2. 茎叶（腹面观，×32），3. 叶中部细胞（×450），4. 雌苞（×15）

5~9. 南亚瓦鳞苔 *Trocholejeunea sandvicensis*（Gott.）Mizut.

5. 着生湿热林中树枝上的植物群落（×1），6. 植物体的一部分（腹面观，×20），7. 茎叶（腹面观，×65），8. 叶中部细胞（×380），9. 蒴萼（×25）

10~14. 小顶鳞苔 *Acrolejeunea pusilla*（Steph.）Grolle et Gradst.

10. 植物体的一部分（腹面观，×60），11. 茎叶（腹面观，×120），12. 叶中部细胞（×520），13. 腹瓣尖部（×150），14. 腹叶（×120）

褐冠鳞苔 *Lopholejeunea subfusca*（Nees）Steph.，Hedwigia 29：16. 1890. 图 57：1~4

形态特征　小片状紧密贴生基质。纤弱，暗绿色至深黄褐色，稀疏生长。茎长 0.5~1 cm，连叶宽约 1 mm；不规则稀疏羽状分枝。叶阔卵形，长 0.5~0.7 mm，尖部圆钝，前缘阔圆弧形，基部近于平截；腹瓣斜卵形，强烈膨起，具单细胞钝齿。叶中部细胞圆卵形，长 15~25 μm，三角体及胞壁中部球状加厚。腹叶肾形，阔约为茎直径的 3~4 倍。蒴萼倒梨形，具 4 个脊，脊上密具冠状突起。

生境和分布　着生于海拔 1 000 m 左右的岩面、树干或叶面附生。安徽、江西、浙江、福建、台湾、广东、香港、海南、广西、贵州、云南和西藏；尼泊尔、不丹、印度、菲律宾、印度尼西亚、朝鲜、日本、巴布亚新几内亚、北美洲、巴西及非洲有分布。

尖叶冠鳞苔 *Lopholejeunea applanata*（Reinw., Bl. et Nees）Schiffn., Nat. Pfl.-fam. 1, 3：129. 1893. 图 57：5~8

形态特征　小片状紧贴基质生长。体中等大小，深褐绿色，长 1~2 cm；不规则分枝。叶覆瓦状排列，阔卵形，具钝尖，前缘阔圆弧形，后缘内凹；叶边全缘。腹瓣卵形，约为瓣长度的 1/3，具尖角齿。叶细胞椭圆形或圆形，壁薄，具大三角体和胞壁中部球状加厚。腹叶扁圆形或肾形，约为茎直径的 5~6 倍。雌苞倒梨形，具 4 脊，密被刺疣。

生境和分布　着生于湿热沟谷常绿阔叶树叶面。台湾、香港和海南；泰国和印度尼西亚有分布。

11 双鳞苔属 *Diplasiolejeunea*（Spruce）Schiffn.

多片状疏松交织生长。形大，褐绿色，常疏生；分枝稀少。叶椭圆形，两侧不对称；叶边全缘；腹瓣卵形，尖部具 1~2 齿。叶细胞圆形或椭圆形，厚壁，胞壁中部球状加厚及三角体明显。每一侧叶具一腹叶。腹叶深两裂，裂片宽阔。雄苞着生短枝上，呈小穗状。蒴萼长梨形，具 5 个脊。

本属 71 个种，南美洲、非洲及亚洲热带地区有分布。中国有 3 种。

凹叶双鳞苔 *Diplasiolejeunea cavifolia* Steph.，Bot. Jahrb. Syst. 20：318. 1895. 图 57：12~15

形态特征　小片疏松生长。茎匍匐贴生基质，不规则疏分枝，枝长约 1 cm。茎叶阔椭圆形，长达 1.5 mm，前缘宽弧形，后缘略内凹，尖部宽钝，基部着生处阔约 8 个细胞。叶细胞多角形至近于长方形，胞壁波状加厚，基部细胞长约 70 μm。腹瓣椭圆形，约为背瓣长度的 2/5，中齿呈丁字形，角齿短钝。腹叶 2 裂，裂瓣间约呈 90° 角开裂，裂瓣直径达 8~9 个细胞。

生境和分布　叶面或树干附生。台湾和海南；波多黎各、圭亚那、牙买加、巴西及玻利维亚有分布。

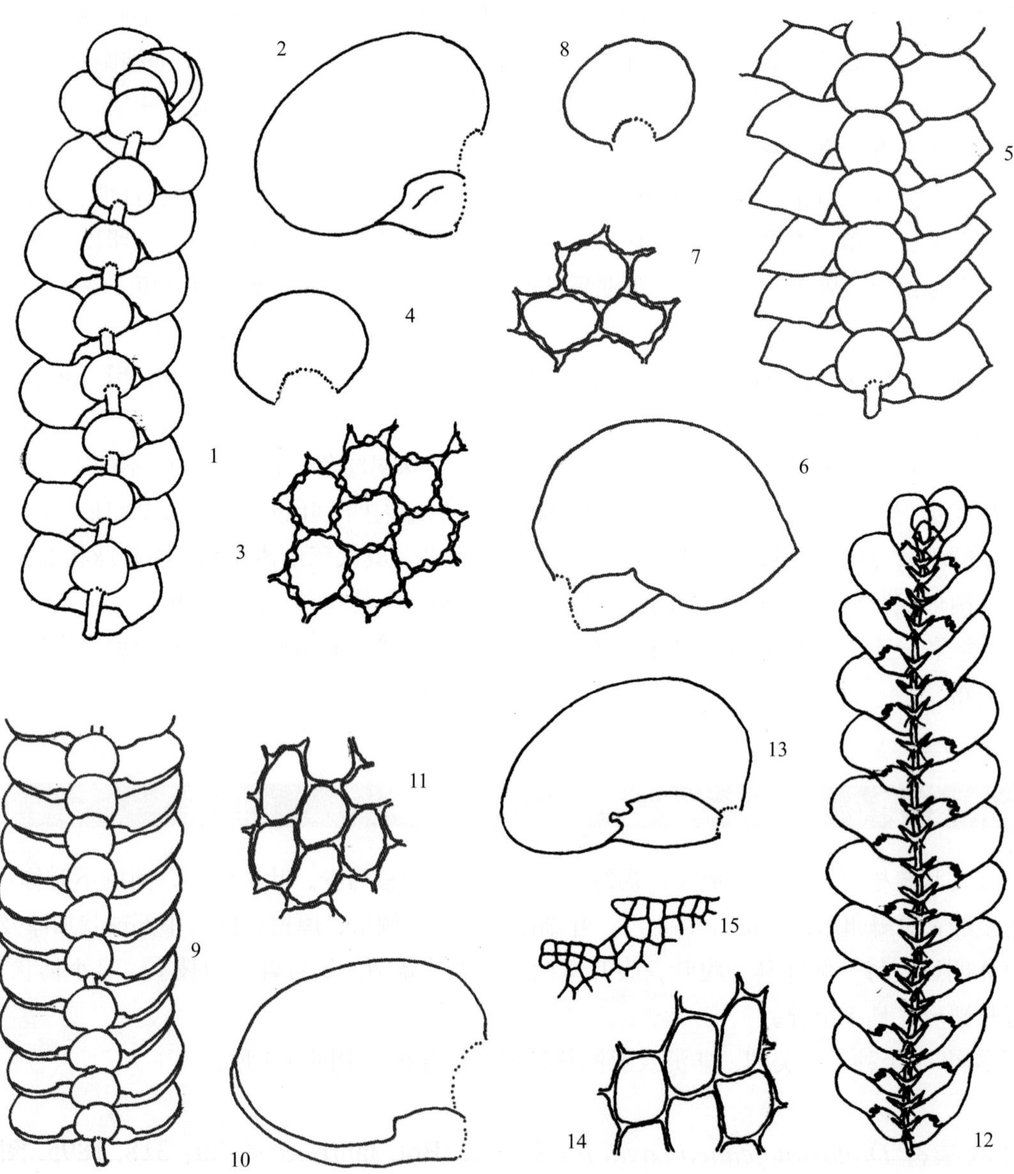

图 57

1~4. 褐冠鳞苔 *Lopholejeunea subfusca*（Nees）Steph.

1. 植物体的一部分（腹面观，×20），2. 茎叶（腹面观，×45），3. 叶中部细胞（×400），4. 腹叶（×45）

5~8. 尖叶冠鳞苔 *Lopholejeunea applanata*（Reinw.，Bl. et Nees）Schiffn.

5. 植物体的一部分（腹面观，×20），6. 茎叶（腹面观，×40），7. 叶中部细胞（×420），8. 腹叶（×35）

9~11. 卷边白鳞苔 *Leucolejeunea xanthocarpa*（Lehm. et Lindenb.）Ev.

9. 植物体的一部分（腹面观，×12），10. 茎叶（腹面观，×24），11. 叶中部细胞（×420）

12~15. 凹叶双鳞苔 *Diplasiolejeunea cavifolia* Steph.

12. 植物体的一部分（腹面观，×10），13. 茎叶（腹面观，×18），14. 叶中部细胞（×195），15. 腹瓣尖部（×110）

12 管叶苔属 *Colura* (Dum.) Dum.

植物体多纤小，多亮绿色、淡绿色至灰黄色，匍匐生长。叶卵状披针形、狭卵形至卵圆形，先端钝或尖头；腹瓣常内卷呈囊状或呈卵形，长条状或细长管状。叶细胞六角形、近方形至卵形，薄或厚壁，具三角体加厚。腹叶小，深 2 裂，每 1 侧叶具 1 腹叶。雄苞叶数对，雄苞叶强烈膨起。蒴萼卵圆形，具 3~5 条脊。

本属约有 70 种，主要分布世界热带地区。中国有 7 种。

分种检索表

1．侧叶卵形；腹瓣常呈囊状……………………3. 粗管叶苔 *C. karstenii*

1．侧叶阔卵形或狭牛角形，腹瓣常尖部呈囊状……………………2

2．侧叶腹瓣先端呈细长管状……………………1. 细角管叶苔 *C. tenuicornis*

2．侧叶腹瓣先端呈囊状……………………2. 气生管叶苔 *C. ari*

细角管叶苔 *Colura tenuicornis*（Ev.）Steph.，Sp. Hepat. 5：942. 1916. 图 58：1~6

形态特征　小片状疏松生长。纤细，长 2~7 mm，连叶宽 2.1~2.6 mm，灰绿色，不规则疏分枝。叶卵状披针形，尖部呈细长管状，中部膨起，基部扭曲，稀疏着生；叶边无齿。叶细胞六角形至多角形，壁薄。腹叶纤小，深 2 裂，约呈 150° 展出。雌雄同株异苞。蒴萼长卵圆形，顶端具 5 个长尖刺状角。

生境和分布　常于叶面附生或树上。浙江、福建、台湾、广东、海南、贵州、四川、云南和西藏；泛热带林区有分布。

气生管叶苔 *Colura ari*（Steph.）Steph.，Sp. Hepat. 5：936. 1916. 图 58：7~8

形态特征　疏散小片状生长。植株小形，长约 13 mm，连叶宽 2.2~3.3 mm，多淡黄色，不规则疏分枝。茎直径为 100~136 μm。叶阔斜卵形，尖部呈囊状，基部扭曲，稀疏着生；叶边前缘有 1~2 小角状突起。叶细胞六角形至多角形，壁薄，具三角体及胞壁中部球状加厚。腹叶纤小，深 2 裂，多呈 75° ~90° 伸展。雌雄异株。蒴萼长卵圆形，顶端具 5 个长尖管状角。

生境和分布　多附生于叶面。海南；印度、巴基斯坦、孟加拉国、斯里兰卡、柬埔寨、越南、马来西亚、菲律宾、印度尼西亚、巴布亚新几内亚、澳大利亚、新喀里多尼亚、萨摩亚群岛和斐济有分布。

粗管叶苔 *Colura karstenii* Goebel，Pflanzenbiol. Schilde. 2：153. 1891. 图 58：9~10

形态特征　小簇状生长。植株略粗，长 10 mm，连叶宽 1.6~2.4 mm，淡黄色至褐色，不规则疏分枝。茎直径约为 88 μm。叶宽卵形；腹瓣内凹，膨起，呈狭长囊状至叶前端，稀疏排列；背缘边具不规则细齿。叶细胞长卵圆形，具明显三角体。腹叶深 2 裂，呈钝角伸展。

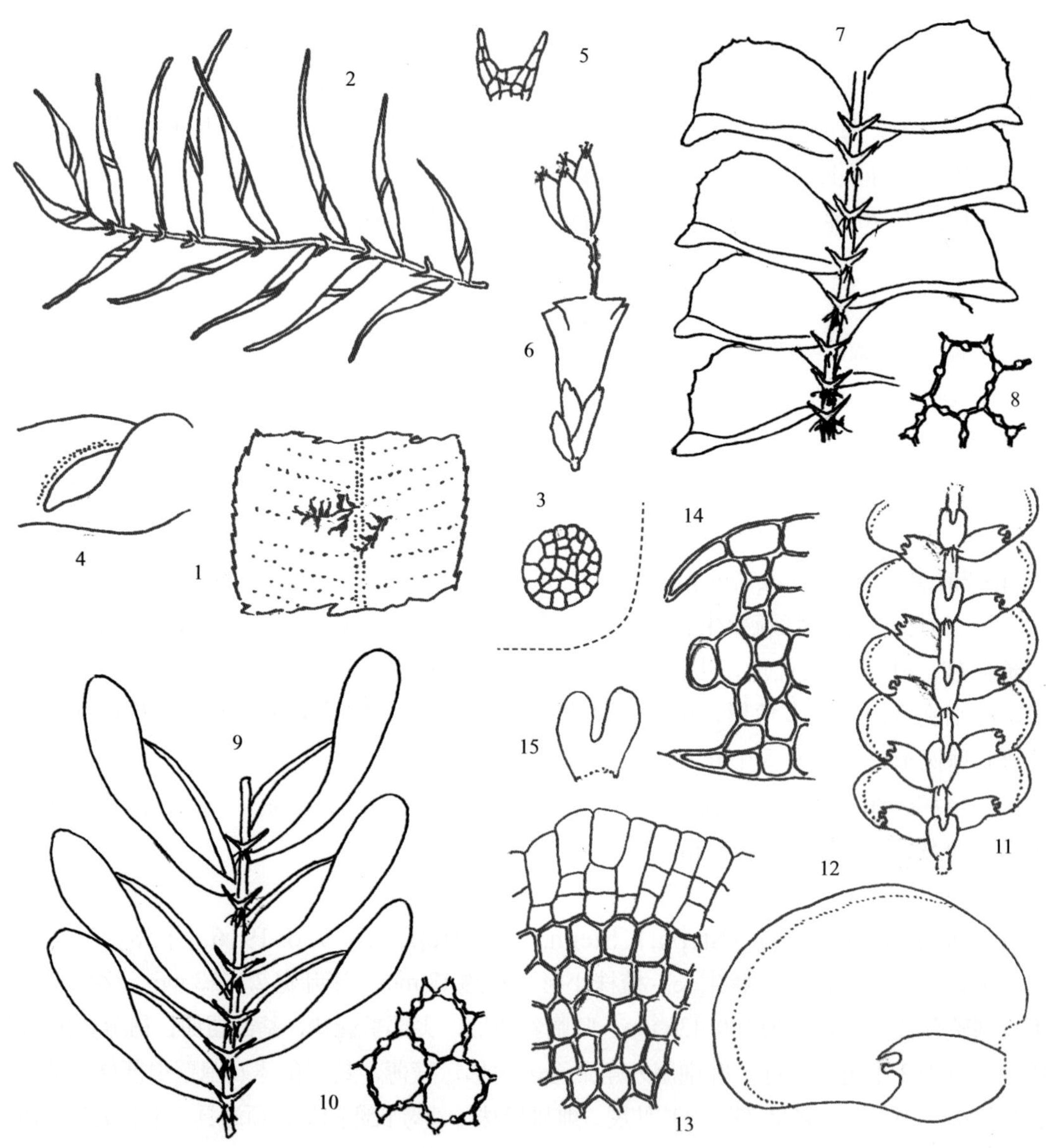

图 58

1~6. 细角管叶苔 *Colura tenuicornis*（Ev.）Steph.

1. 着生湿热林内叶面的植物群落（×1），2. 植物体的一部分（腹面观，×35），3. 茎的横切面（×250），4. 叶的腹瓣（×250），5. 腹叶（×130），6. 蒴萼，示开裂的孢蒴（×30）

7~8. 气生管叶苔 *Colura ari*（Steph.）Steph.

7. 植物体的一部分（腹面观，×35），8. 叶中部细胞（×350）

9~10. 粗管叶苔 *Colura karstenii* Goebel

9. 植物体的一部分（腹面观，×45），10. 叶中部细胞（×350）

11~15. 鞍叶苔 *Tuyamaella molischii*（Schiffn.）Hatt.

11. 植物体的一部分（腹面观，×25），12. 叶（腹面观，×70），13. 叶尖部细胞（×390），14. 腹瓣尖部细胞（×390），15. 腹叶（×75）

生境和分布　多叶面附生或生于树枝或树干上。海南；老挝、越南、马来西亚、印度尼西亚和巴布亚新几内亚有分布。

13 白鳞苔属 *Leucolejeunea* Ev.

小片状交织生长。色泽灰绿色至黄绿色，柔薄。茎不规则羽状分枝。叶卵形，叶边全缘；腹瓣囊状，或半圆筒形，多具单齿。叶细胞三角体及胞壁中部球状加厚；油胞不分化。腹叶圆形或肾形，阔约为茎直径的 3~5 倍。雄苞顶生于短枝。雌苞顶生于侧枝。雌苞叶及雌苞腹叶全缘。蒴萼具 4~5 个脊，脊部平滑。

本属 10 余种，亚洲南部、美洲和非洲有分布。中国有 4 种。

卷边白鳞苔 *Leucolejeunea xanthocarpa*（Lehm. et Lindenb.）Ev.，Torreya 7：229. 1908. 图 57：9~11

形态特征　小片状生长。茎长 2~3 cm，连叶宽约 1.5 mm；不规则羽状分枝。叶阔椭圆形至圆形，长 1~1.2 mm，阔 0.9~1 mm，内凹；叶边全缘；腹瓣椭圆形或近半圆筒形，长约为背瓣的 1/2，尖部截形，具 2 齿，仅角齿明显，中齿不明显。叶细胞圆六角形至圆形，胞壁具三角体及中部球状加厚。腹叶肾形。雌苞叶与茎叶近于等大，椭圆状卵形；叶边全缘。蒴萼倒卵形，具 5 个脊。

生境和分布　着生岩面、土面、树干或叶面上。江西、浙江、福建、台湾、广东、香港、海南、广西和贵州；日本、亚洲东南部、南美洲、北美洲及非洲均有分布。

14 薄鳞苔属 *Leptolejeunea*（Spruce）Steph.

常成单一片状群落。纤细，黄绿色至褐绿色；羽状分枝或不规则疏分枝。叶长椭圆形或卵圆形，具钝尖；叶边全缘，稀上部具钝齿；腹瓣长卵形至长方形，角齿单细胞，圆钝。叶细胞圆形或椭圆形，具胞壁中部球状加厚及三角体；油胞单个至数个，黄色。腹叶纤小，船形。雄苞小穗状，顶生于短侧枝上。蒴萼具 5 个脊，顶部平截。

本属 约 48 种，主要分布中南美洲、亚洲、非洲和大洋洲热带地区。中国有 10 种。

分种检索表

1. 植物体较小，腹叶裂瓣宽 1 个细胞……………………………………………………1. 尖叶薄鳞苔 *L. elliptica*
1. 植物体较宽；腹叶裂瓣宽 2 个细胞……………………………………………………2. 拟薄鳞苔 *L. apiculata*

尖叶薄鳞苔 *Leptolejeunea elliptica*（Lehm. et Lindenb.）Schiffn.，Nat. Pfl. -fam. I（3）：126. 1893. 图 59：1~4

形态特征　多成稀疏片状群落。茎不规则分枝至羽状分枝。茎叶多覆瓦状贴生，长椭圆形，具钝尖；腹瓣卵形，长约为背瓣长度的 2/5，角齿圆钝。叶细胞近圆形，胞壁具明显三角体和中部球状加厚；油胞圆形或椭圆形，每一叶片具多个至 10 个以上油胞，多散生。雌雄同株。雄苞穗状。雌苞着生短侧枝。蒴萼 5 个脊呈角状，顶端平截。

生境和分布　着生树干或常绿革质叶面，稀见于岩面。安徽、江西、浙江、福建、台湾、广东、香港、海南、广西、湖北、湖南、贵州、四川、云南和西藏；尼泊尔、不丹、印度、菲律宾、日本、新西兰、北美洲南部、巴西及东非群岛有分布。

拟薄鳞苔 *Leptolejeunea apiculata*（Horik.）Hatt.，Journ. Hattori Bot. Lab. 5：46. 1951. 图 59：5~8

形态特征　疏片状生长。植物体黄绿色，不规则分枝至羽状分枝。叶阔卵形，上部宽阔，前缘宽弧形，后缘略内凹，钝尖，基部收缩；叶边全缘。腹瓣卵形，为叶背瓣长度的 1/2~1/3，具钝齿。叶细胞圆卵形，具大型三角体和胞壁中部球状加厚；油胞圆形，多数，散生。腹叶宽阔，约为茎直径的 3 倍，深两裂，裂瓣多 2 列细胞，尖端平截或圆钝。雌胞侧生茎上，具 5 脊，脊部角状。

生境和分布　多着生湿润林内常绿阔叶树叶面或腐木上。台湾、海南、云南和西藏；日本有分布。

15 角鳞苔属 *Drepanolejeunea*（Spruce）Schiffn.

体形纤细，柔弱，黄绿色，稀淡绿色或黄褐色；不规则分枝。叶多疏生而弯曲，三角形、卵状椭圆形至卵状披针形；叶边多具齿或锐齿；腹瓣卵形，强烈膨起，具 1~2 齿，角齿多呈钩形。叶细胞多角形、圆形或椭圆形，胞壁一般具三角体及胞壁中部球状加厚，有时表面具疣状突起；叶近基部有时分化 1~2 个油胞，或成列状散生。腹叶 2 裂，裂瓣直径及宽窄和长度不一。蒴萼具 5 个呈刺状的脊。

本属约有 100 余种，世界热带和亚热带地区有分布。中国有 18 种和 1 变种。

分种检索表

1. 叶片狭披针形；叶边全缘……………………1. 线角鳞苔 *D. angustifolia*

1. 叶片卵状披针形或卵形；叶边具多个粗齿或纤毛……………………2

2. 植物体上叶相互贴生；叶尖长约 4 个单列细胞；叶边具多个纤毛……………………2. 单齿角鳞苔 *D. ternatensis*

2. 植物体上叶疏生；叶尖长约 2 个单列细胞；叶边具多个粗齿……………………3. 粗齿角鳞苔 *D. dactylophora*

线角鳞苔 *Drepanolejeunea angustifolia*（Mitt.）Grolle，Journ. Jap. Bot. 40：206. 1965. 图 59：9~11

形态特征　稀疏贴生基质。植物体纤细，黄绿色；不规则分枝。叶疏生，阔卵状三角形，长约 0.3 mm，宽 0.15mm，前缘圆弧形，后缘内凹；叶边全缘。腹瓣卵形，具钩状齿。

叶细胞六角形，中部细胞 16~25 × 22~30 μm；壁薄，具三角体及胞壁中部球状加厚；油胞 1~2，位于叶基。腹叶与茎直径近于等宽，1/2 两裂，裂瓣单列细胞。

生境和分布 阴湿树干生和叶面生。安徽、浙江、江西、福建、台湾、广东、香港、海南、广西、湖南；不丹、印度、斯里兰卡、泰国、印度尼西亚、菲律宾、日本和新喀里多尼亚有分布。

单齿角鳞苔 *Drepanolejeunea ternatensis*（Gott.）Schiffn., Nat. Pfl.-fam.：126.1893. 图 59：12~15

形态特征 疏贴生基质。体纤细，黄绿色，长约 0.5 cm，连叶宽 0.3 mm；不规则分枝。叶疏生或贴生，平展，卵状披针形，具细长单列细胞的叶尖，长 0.2~0.3 mm，宽 0.1~0.15 mm，前缘阔弧形，具不规则 1~4 纤毛，基部平截，叶尖常弯曲。叶边和叶中部细胞 12~25 × 15 μm，具明显三角体及胞壁中部球状加厚；油胞 1~2，位于叶基部。腹叶约为茎直径的 1.5 倍，1/2 两裂，裂瓣单列细胞。蒴萼具 5 个脊。

生境和分布 湿热沟谷树干及腐木生。浙江、福建、台湾、广东、广西和海南；印度、斯里兰卡、泰国、印度尼西亚、菲律宾、日本和大洋洲有分布。

粗齿角鳞苔 *Drepanolejeunea dactylophora*（Nees，Lindenb. et Gott.）Jack et Steph., Hedwigia 31（1）：12. 1892. 图 60：1~4

形态特征 小片状交织生长。纤细，黄绿色，长可达 10 mm，不规则疏羽状分枝。叶疏斜展，狭三角形，先端圆钝或锐尖，长 0.15 mm；叶边具密粗齿，齿长 2~4 个细胞，基部宽 1~2 个细胞；腹瓣卵形，约为背瓣长度的 1/2~2/3，角齿呈钩状弯曲，中齿退化。叶细胞六角形，壁薄，三角体纤小，中部细胞长 8~15 μm；每一叶片具 2~3 个油胞，多成列状散生。

生境和分布 附生于海拔约 1 000 m 地区的树干或叶面。台湾和海南；日本、越南、马来西亚、菲律宾、印度尼西亚及澳大利亚有分布。

16 密鳞苔属 *Pycnolejeunea*（Spruce）Schiffn.

植物体淡绿色，紧贴基质生长。茎长 1~1.5 mm，不规则疏分枝。叶阔椭圆形，前缘圆弧形，后缘近于平直，先端圆钝，基部狭窄；叶边全缘。叶细胞六角形至多角形，胞壁中部略呈球状加厚，三角体小，每个细胞含 2~3 个椭圆形油体。叶基中央细胞狭长方形，呈假肋状。腹瓣卵形，膨起，角齿圆钝，单个细胞，常基部着生透明黏液细胞，中齿不明显。腹叶近圆形或圆卵形，宽度约为茎直径的 3 倍，上部 1/2 呈 V 字形开裂，全缘。雌雄同株。雄苞枝生；雄苞叶 2~3 对。雌苞着生短枝顶。雌苞叶 2~3 对，腹瓣呈长舌形，具锐尖。雌苞倒梨形，具 5 个脊，脊部膨起，平滑。

本属 有 20 个种，热带山地分布。中国有 1 种。

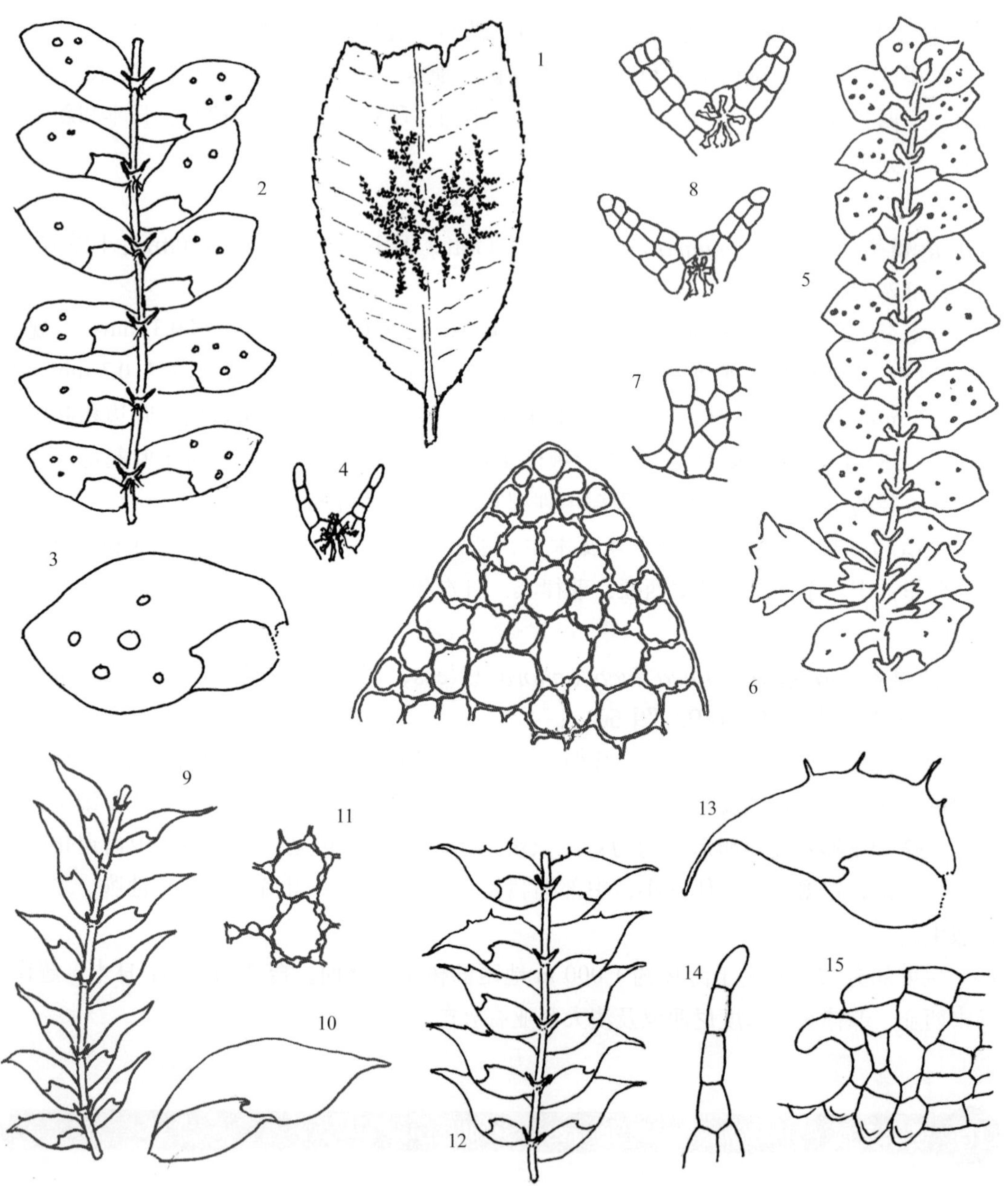

图 59

1~4. **尖叶薄鳞苔** *Leptolejeunea elliptica*（Lehm. et Lindenb.）Schiffn.

1. 着生常绿阔叶树叶面的植物群落（×1），2. 植物体的一部分（腹面观，×55），3. 茎叶（腹面观，×120），4. 腹叶（×120）

5~8. **拟薄鳞苔** *Leptolejeunea apiculata*（Horik.）Hatt.

5. 雌株（腹面观，×25），6. 叶尖部细胞（×260），7. 腹瓣尖部（×170），8. 腹叶（×170）

9~11. **线角鳞苔** *Drepanolejeunea angustifolia*（Mitt.）Grolle

9. 植物体的一部分（腹面观，×60），10. 叶（腹面观，×90），11. 叶中部细胞（×380）

12~15. **单齿角鳞苔** *Drepanolejeunea ternatensis*（Gott.）Schiffn.

12. 植物体的一部分（腹面观，×80），13. 叶（腹面观，×120），14. 叶尖部细胞（×360），15. 腹瓣尖部（×360）

多胞密鳞苔 *Pycnolejeunea grandiocellata* Steph.，Sp. Hepat. 5：624. 1914. 图 60：5~8

形态特征 紧贴基质小片状生长。体形纤细，褐绿色。茎长约 5 mm，连叶宽 1 mm；假根稀少。茎叶覆瓦状排列，阔椭圆形，长 0.35~0.5 mm，宽 0.3~0.35 mm，前缘强弧形，尖部宽钝，基部近于平截，后缘突内凹。叶细胞圆形至椭圆形，叶边细胞 8~12 μm，中部细胞长 15~30 μm，具大三角体及胞壁中部小球状加厚；油胞 2~3 列，淡棕色。腹瓣卵形，膨起，约为背瓣长度的 1/3，角齿与中齿均单细胞，透明疣着生中齿上方，脊部弓形，平滑。腹叶略贴生，宽约为茎直径的 3 倍，1/2 开裂，裂瓣间约成 30°，裂瓣尖部三角形，各裂瓣外侧具 1~2 钝齿，基部狭窄。

生境和分布 一般于树干附生。台湾和海南；斯里兰卡、泰国、印度尼西亚、巴布亚新几内亚、新喀里多尼亚和澳大利亚有分布。

17 唇鳞苔属 *Cheilolejeunea*（Spruce）Steph.

成小片状交织生长。纤弱至中等大小，绿色至灰绿色。茎不规则羽状分枝。叶蔽前式覆瓦状排列或疏生，卵形至圆卵形，前缘圆弧形或半圆形，后缘略内凹或近于平直；腹瓣卵形，膨起，或近于长方形而扁平，角部具单圆齿或尖齿。叶细胞圆六角形至圆卵形，胞壁具三角体。腹叶圆形至肾形，阔约为茎直径的 2~4 倍，1/3~1/2 两裂。雄苞具 2~4 对苞叶。蒴萼倒梨形至倒心脏形，具 3~5 脊。

本属约有 90 种，热带和亚热带地区分布，稀见于欧洲和北美洲。中国有 24 种。

分种检索表

1. 腹瓣呈半圆筒形……………………………………………………………………2. 瓦叶唇鳞苔 *C. trapezia*
1. 腹瓣多呈卵形或长方形……………………………………………………………………………………2
2. 腹叶多疏生，圆形或圆卵形，阔约为茎直径 3 倍 ……………………………1. 圆叶唇鳞苔 *C. intertexta*
2. 腹叶覆瓦状贴生，阔肾形，阔约为茎直径的 4~5 倍……………………………3. 阔叶唇鳞苔 *C. trifaria*

圆叶唇鳞苔 *Cheilolejeunea intertexta*（Lindenb.）Steph.，Bull. Herb. Boiss. 5：79. 1897. 图 60：9~12

形态特征 疏松着生基质。亮绿色或黄绿色。茎长约 1.2 cm，连叶片阔 0.6 mm；不规则疏分枝。叶覆瓦状排列，圆形，前缘圆弧形，后缘中部内凹；腹瓣卵形，长约为背瓣的 1/3，脊部呈弧形，尖部具单细胞锐齿。叶中部细胞圆形或圆卵形，长 20~25 μm，壁薄，具中部球状加厚及三角体。腹叶圆形，1/2 开裂，约成 30º 角。

生境和分布 生于低海拔的阴湿石上或树基。福建、台湾、广东、香港、澳门、海南、广西、湖北、湖南、贵州和云南；日本、印度、斯里兰卡、泰国、印度尼西亚、菲律宾、部分太平洋岛屿及非洲有分布。

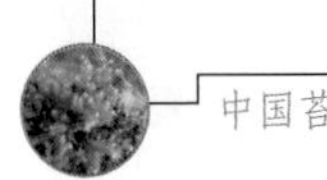

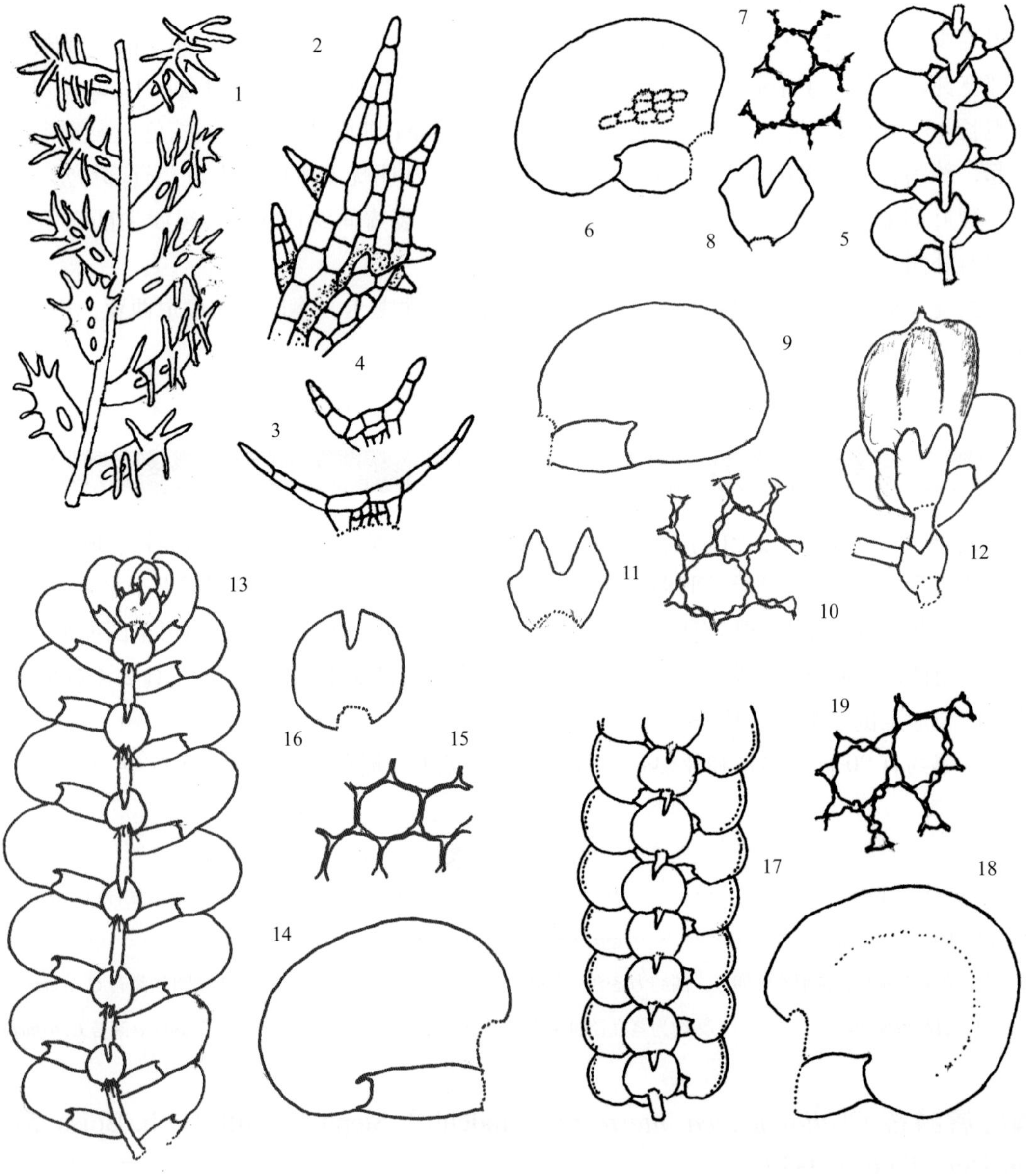

图 60

1~4. 粗齿角鳞苔 *Drepanolejeunea dactylophora*（Nees，Lindenb. et Gott.）Jack et Steph.

1. 植物体的一部分（背面观，×250），2. 茎叶（腹面观，×520），3. 茎腹叶（×520），4. 枝腹叶（×520）

5~8. 多胞密鳞苔 *Pycnolejeunea grandiocellata* Steph.

5. 植物体的一部分（腹面观，×18），6. 茎叶（腹面观，×35），7. 叶中部细胞（×230），8. 腹叶（×35）

9~12. 圆叶唇鳞苔 *Cheilolejeunea intertexta*（Lindenb.）Steph.

9. 茎叶（腹面观，×35），10. 叶中部细胞（×300），11. 腹叶（×35），12. 雌枝（腹面观，×30）

13~16. 瓦叶唇鳞苔 *Cheilolejeunea trapezia*（Nees）Kachr. et Schust.

13. 植物体的一部分（腹面观，×35），14. 茎叶（腹面观，×60），15. 叶中部细胞（×300），16. 腹叶（×60）

17~19. 阔叶唇鳞苔 *Cheilolejeunea trifaria*（Reinw.，Bl. et Nees）Mizut.

17. 植物体的一部分（腹面观，×20），18. 茎叶（腹面观，×50），19. 叶中部细胞（×300）

瓦叶唇鳞苔 *Cheilolejeunea trapezia*（Nees）Kachr. et Schust.，Journ. Proc. Linn. Soc. Bot. 56：509. 1961. 图 60：13~16

形态特征　呈小片状生长或杂生于其他苔藓植物中。色泽灰绿色至榄绿色。茎长 1~2 cm，连叶片阔约 1.5 mm；不规则疏羽状分枝。叶阔椭圆形，前缘圆弧形，后缘中部略内凹，先端圆钝；腹瓣半圆筒形，角齿长 1~3 个细胞。叶中部细胞长 15~25 μm，具三角体及胞壁中部球状加厚。腹叶圆形，阔约为茎直径 2~3 倍，上部约 1/3 狭两裂。雌苞叶全缘。蒴萼倒梨形，具 4~5 个平滑脊部。

生境和分布　生于海拔 1 000 m 左右的岩面、树干和常绿革质叶面。安徽、江西、浙江、福建、台湾、广东、香港、海南、广西、湖北、湖南、贵州、四川、云南和西藏；不丹、印度、斯里兰卡、南亚各国、日本、朝鲜、巴布亚新几内亚、新喀里多尼亚及澳大利亚有分布。

阔叶唇鳞苔 *Cheilolejeunea trifaria*（Reinw.，Bl. et Nees）Mizut.，Journ. Hattori Bot. Lab. 27：132. 1964. 图 60 ：17~19

形态特征　疏松贴生基质。亮绿色至淡黄绿色。茎长约 1 cm；稀少分枝。叶密覆瓦状排列，阔卵圆形，前缘圆弧形，后缘中部强烈内凹，具宽钝圆尖；腹瓣圆卵形，仅为背瓣长度的 1/4，强烈膨起，角齿锐尖。叶细胞疏松，透明，圆形，中部细胞长 15~25 μm，薄壁，具大型三角体。腹叶阔肾形，阔约为茎直径的 4~5 倍，覆瓦状贴生。

生境和分布　多附生海拔 200~2 000 m 的树干。台湾、广东、香港、海南、广西和云南；日本、斯里兰卡、泰国、印度尼西亚、菲律宾、巴布亚新几内亚、澳大利亚、社会群岛、中美洲、玻利维亚、巴西及非洲有分布。

18 指鳞苔属 *Lepidolejeunea* Schust.

植物体稀少分枝。叶圆卵形，前缘圆拱形，后缘内凹，先端宽钝，基部着生处狭窄；叶边全缘。叶细胞六角形至多边形，壁薄，密散生多数油胞。腹瓣长约为背瓣的 1/3~1/6，方形或长方形，膨起，前缘圆弧形，先端角齿单细胞，锐尖，基部着生单个黏液细胞。腹叶扁圆形或肾形，宽度约为茎直径的 3~5 倍，上部 1/2~1/5 狭开裂。雌雄同株或异株。雌苞顶生短枝顶。雌苞叶略大于营养叶；雌苞腹叶阔舌形，宽度约为营养叶的 2 倍。蒴萼具 5 个脊，脊部平滑。

约有 15 种，分布亚洲东南部和中南美洲。中国有 1 种。

双齿指鳞苔 *Lepidolejeunea bidentula*（Steph.）Schust.，Phytologia 45：425. 1980. 图 61：1~4

形态特征　叶近圆形，长约 0.8 mm，前缘圆弧形，基部近于平截，先端圆钝，后缘强内凹。腹瓣卵形，膨起，长约为背瓣的 1/6~1/3，角部具单齿，上面着生有单个透明细胞。叶细胞六角形，壁薄，具大三角体；油胞密散布于细胞间。腹叶近肾形，阔度约为茎直径的3~5倍，上部多狭开裂，油胞散列在腹叶细胞间。雌雄异株。萌枝1~2。未见芽胞。

生境和分布 树干或常绿革质叶面生长。台湾和海南；日本、印度、斯里兰卡、柬埔寨、越南、马来西亚、菲律宾、印度尼西亚、巴布亚新几内亚、澳大利亚、所罗门群岛、新喀里多尼亚、斐济、萨摩亚群岛及所罗门群岛有分布。

19 狭鳞苔属 齿鳞苔属 *Stenolejeunea* Schust.

体形小至中等大小，不规则疏分枝。叶片多卵形，具长尖；腹瓣卵形、近方形至菱形。叶细胞卵圆形、椭圆形至六角形，一般薄壁，有时具三角体或球状加厚；油体小，通常多数。腹叶略宽，深2裂。雌雄异株或同株异苞。蒴萼通常具5条脊，脊上多具齿。常具条状芽胞。

本属有7种，中国仅1种。

尖叶狭鳞苔 *Stenolejeunea apiculata*（S. Lac.）Schust.，Nova Hedwigia Beih. 9：144. 1963. 图 61：5~8

形态特征 小片状交织生长。体形小形，灰绿色至淡黄色，长0.5~2 cm；不规则疏分枝。茎直径40~65 μm。叶卵形，先端细长尾尖，有时略呈钩状，长约0.25 mm；腹瓣卵形。叶细胞圆形、椭圆形至六角形，壁薄，具三角体或球状加厚。腹叶宽于茎直径，深两裂，裂瓣长5个细胞，宽1~3个细胞。雌雄异株。雌苞叶狭椭圆形，先端锐尖。雌苞腹叶椭圆形，1/2开裂，边缘具钝齿。孢子淡褐色，不规则长方形，19~27 × 12~18 μm，表面具细密疣。

生境和分布 生于林下的岩面、树干或叶面。台湾、广东、香港和海南；日本、斯里兰卡、柬埔寨、越南、马来西亚、菲律宾、印度尼西亚、澳大利亚、新喀里多尼亚和新西兰有分布。

20 细鳞苔属 *Lejeunea* Libert.

小片状疏交织生长。体形柔弱，形小或纤细，绿色或黄绿色，不规则羽状分枝。叶紧密蔽前式覆瓦状排列，稀疏生，卵形、卵状三角形至椭圆形，稀具钝尖或略锐尖；叶边全缘；腹瓣形态及大小多形，长约背瓣的1/4~3/4，尖部具1~2齿。叶细胞壁等厚，或薄壁而具三角体及胞壁中部球状加厚。腹叶多圆形，略宽于茎或约为茎直径的3~4倍。雌雄多同株，稀异株。蒴萼倒梨形，一般具5个脊。雄苞多呈穗状。

本属约有200多种，世界各大洲均有分布。中国约40种。

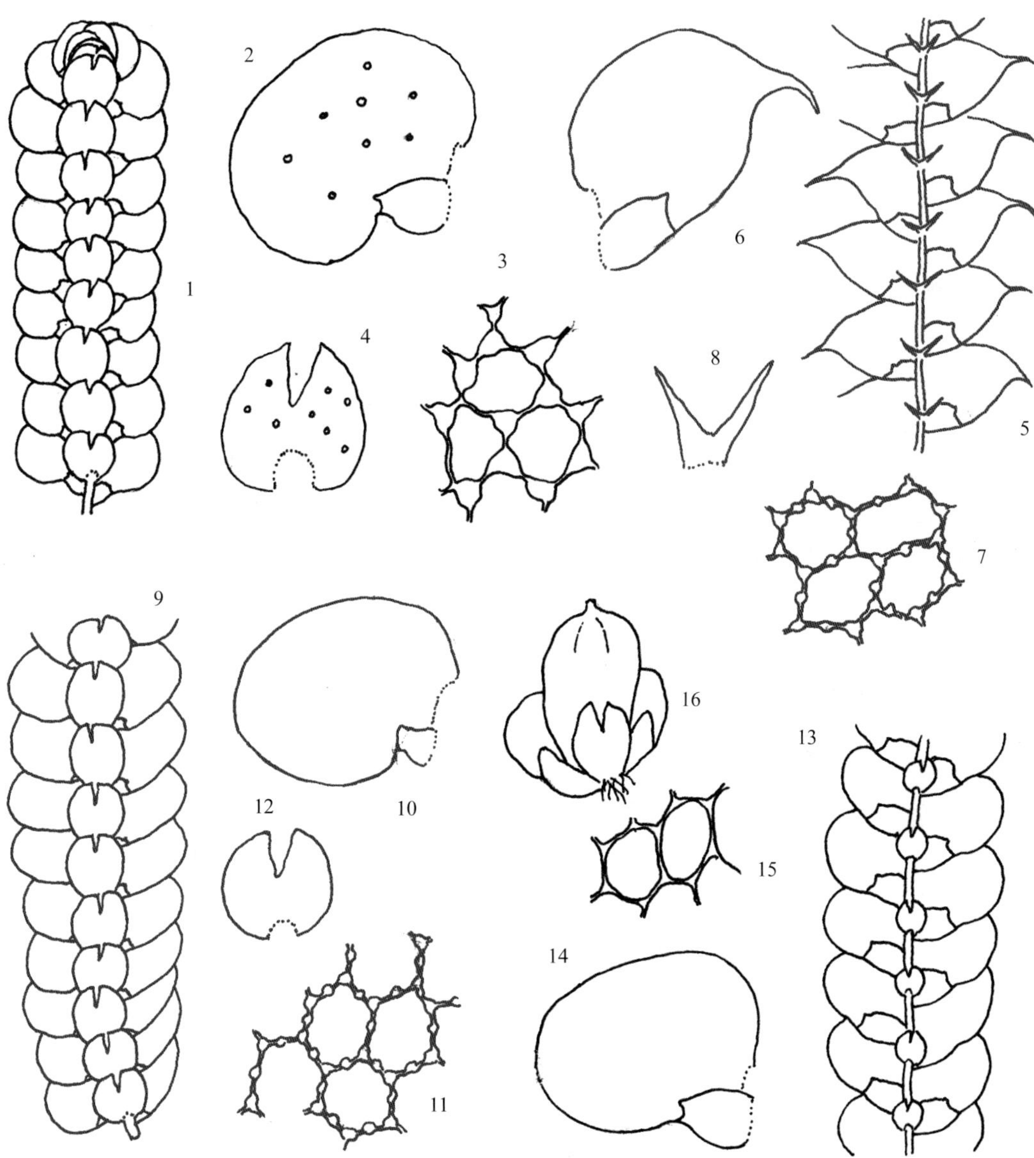

图 61

1~4. 双齿指鳞苔 *Lepidolejeunea bidentula*（Steph.）Schust.

1. 植物体的一部分（腹面观，×30），2. 茎叶（腹面观，×60），3. 叶中部细胞（×550），4. 腹叶（×105）

5~8. 尖叶狭鳞苔 *Stenolejeunea apiculata*（S. Lac.）Schust.

5. 植物体的一部分（腹面观，×48），6. 茎叶（腹面观，×70），7. 叶中部细胞（×580），8. 腹叶（×90）

9~12. 黄色细鳞苔 *Lejeunea flava*（Sw.）Nees

9. 植物体的一部分（腹面观，×25），10. 茎叶（腹面观，×60），11. 叶中部细胞（×250），12. 腹叶（×65）

13~16. 小叶细鳞苔 *Lejeunea parva*（Hatt.）Mizut.

13. 植物体的一部分（腹面观，×60），14. 茎叶（腹面观，×120），15. 叶中部细叶中部细胞（×280），16. 雌苞（×60）

分种检索表

1. 腹叶宽度为茎直径的 4 倍……1. 黄色细鳞苔 *L. flava*
1. 腹叶与茎等宽，或为茎直径的 2~3 倍……2
2. 叶中央细胞明显大而疏松……2. 小叶细鳞苔 *L. parva*
2. 叶中央细胞虽大，但差异不明显……3
3. 叶长卵形，后缘内凹；腹叶阔约为茎直径的 2 倍……3. 弯叶细鳞苔 *L. curviloba*
3. 叶卵形，后缘近于平直；腹叶阔约为茎直径的 3 倍……4. 狭瓣细鳞苔 *L. anisophylla*

黄色细鳞苔 *Lejeunea flava*（Sw.）Nees，Naturg. Eur. Leberm. 3：277. 1838. 图 61：9~12

形态特征 片状交织呈群落。黄绿色，长可达 2 cm；不规则近羽状分枝。叶椭圆状卵形至卵形，长 0.4~0.5 mm，前缘阔弧形，后缘内凹；腹瓣卵形，膨起，长约为背瓣的 1/4，具单钝齿。叶中部细胞椭圆形，直径 20~30 μm，具明显三角体及胞壁中部球状加厚。腹叶圆形，宽度一般为茎直径的 4 倍。

生境和分布 多生于海拔 1 000~2 000 m 左右的阴湿岩面或附生于树干和叶面。河北、安徽、江西、浙江、福建、台湾、广东、香港、海南、广西、湖北、湖南、贵州、四川、云南和西藏；亚洲东部和东南部、欧洲、北美洲、中美洲及大洋洲有分布。

小叶细鳞苔 *Lejeunea parva*（Hatt.）Mizut.，Misc. Bryol. Lichenol. 5：178. 1971. 图 61：13~16

形态特征 片状稀疏生长。体形纤细，柔弱，黄绿色，长约 1~2 cm；不规则疏分枝。叶疏生，卵形至卵状椭圆形，斜展，长 0.3~0.4 mm，尖部钝端，略内曲；叶边全缘；腹瓣长约为背瓣长度的 1/2，卵形，强烈膨起，具单个角齿。叶中部细胞圆形至椭圆形，直径 20~25 μm，具明显三角体加厚。腹叶圆形，宽为茎直径的 1.5~2 倍。

生境和分布 附生于海拔 800~1 500 m 的树干或叶面。辽宁、山东、安徽、江西、浙江、台湾、广东、香港、海南、广西、湖南、贵州、四川、云南和西藏；朝鲜、日本及萨摩亚群岛有分布。

弯叶细鳞苔 *Lejeunea curviloba* Steph.，Sp. Hepat. 5：774. 1915. 图 62：1~6

形态特征 小片状生长。体形纤细，黄绿色，长约 3 mm；稀不规则分枝。叶卵形至长卵形，后缘明显内凹，具钝尖；腹瓣卵形，长约为背瓣的 1/3。叶细胞六角形至椭圆形，中部细胞直径 17~28 μm，壁薄，具小三角体。腹叶肾形，稀圆形。雌雄异株。

生境和分布 着生于岩面、土面、树干或常绿革质叶面 。安徽、江西、浙江、福建、台湾、广东、香港、海南、广西、湖南、贵州、四川、云南和西藏；不丹、印度及日本。

狭瓣细鳞苔 *Lejeunea anisophylla* Mont.，Ann. Sci. Nat. Bot. ser. 2.，19：263. 1843. 图 62：7~11

形态特征　小片状交织生长。黄绿色，长达 1 cm；稀不规则羽状分枝。叶相互贴生至疏覆瓦状排列，卵形，略膨起，长 0.35~0.45 μm，前缘阔弧形，后缘近于平直；腹瓣卵形，具单圆齿。叶中部细胞椭圆形，直径 20~25 μm，具三角体及胞壁中部球状加厚。腹叶宽为茎直径的 3 倍。雌雄同株异苞。蒴萼倒卵形，具 5 个脊。

生境和分布　于岩面、土面、树干或常绿革质叶面上附生。甘肃、山东、安徽、江西、浙江、福建、台湾、广东、香港、澳门、海南、广西、湖北、湖南、贵州、四川、云南和西藏；日本、斯里兰卡、泰国、越南、马来西亚、菲律宾、印度尼西亚、巴布亚新几内亚、澳大利亚、新喀里多尼亚、汤加、萨摩亚群岛、塔希提岛、美国（夏威夷）及密克罗尼西亚群岛有分布。

21 纤鳞苔属 *Microlejeunea*（Spruce）Steph.

纤弱，黄绿色，常杂生于其他苔藓植物中。茎稀分枝；腹面着生成束透明假根。叶椭圆形至卵形，一般与茎平行生长，先端圆钝或稍窄；叶细胞圆形至椭圆形，常具三角体。腹瓣卵形，强烈膨起，长约为叶背瓣的 1/2~3/5，一般角齿明显，中齿多退化。腹叶圆形，约 1/2 开裂，阔度略大于茎直径。蒴萼倒梨形，多具 5 个脊。

本属 约 20 种，亚热带和温带南部分布。中国有 5 种。

斑叶纤鳞苔 *Microlejeunea ulicina*（Tayl.）Steph.，Hedwigia 29：88. 1890. 图 62：12~15

形态特征　多与其他苔藓植物混生，或单一稀疏生长。体形纤细。茎横切面外壁一般为 7 个细胞，中央细胞 3~4 个。叶多不相互贴生，椭圆形，长 0.15~0.25 mm。先端圆钝；腹瓣长约为背瓣的 1/2~3/4，卵形，强烈膨起，具单个齿。叶细胞直径 10~20 μm，壁等厚，具小三角体。

生境和分布　多附生于树干或叶面上，稀岩生。长江以南各省份与西藏；世界温热地区广泛分布。

22 鞍叶苔属 *Tuyamaella* Hatt.

柔薄，紧密贴生基质，一般稀疏生长。茎不规则羽状分枝。叶蔽前式覆瓦状排列，椭圆形至阔卵形，前缘和叶尖分化透明细胞组成的边缘；腹瓣长卵形，角齿由 1~3 个细胞组成，中齿 1~2 个细胞，尖端细胞椭圆形，横生于尖部。叶细胞六角形，胞壁具小三角体及中部球状加厚。腹叶倒心脏形，1/2 开裂，裂瓣宽钝，雌雄同株异苞。蒴萼具 4 个脊。

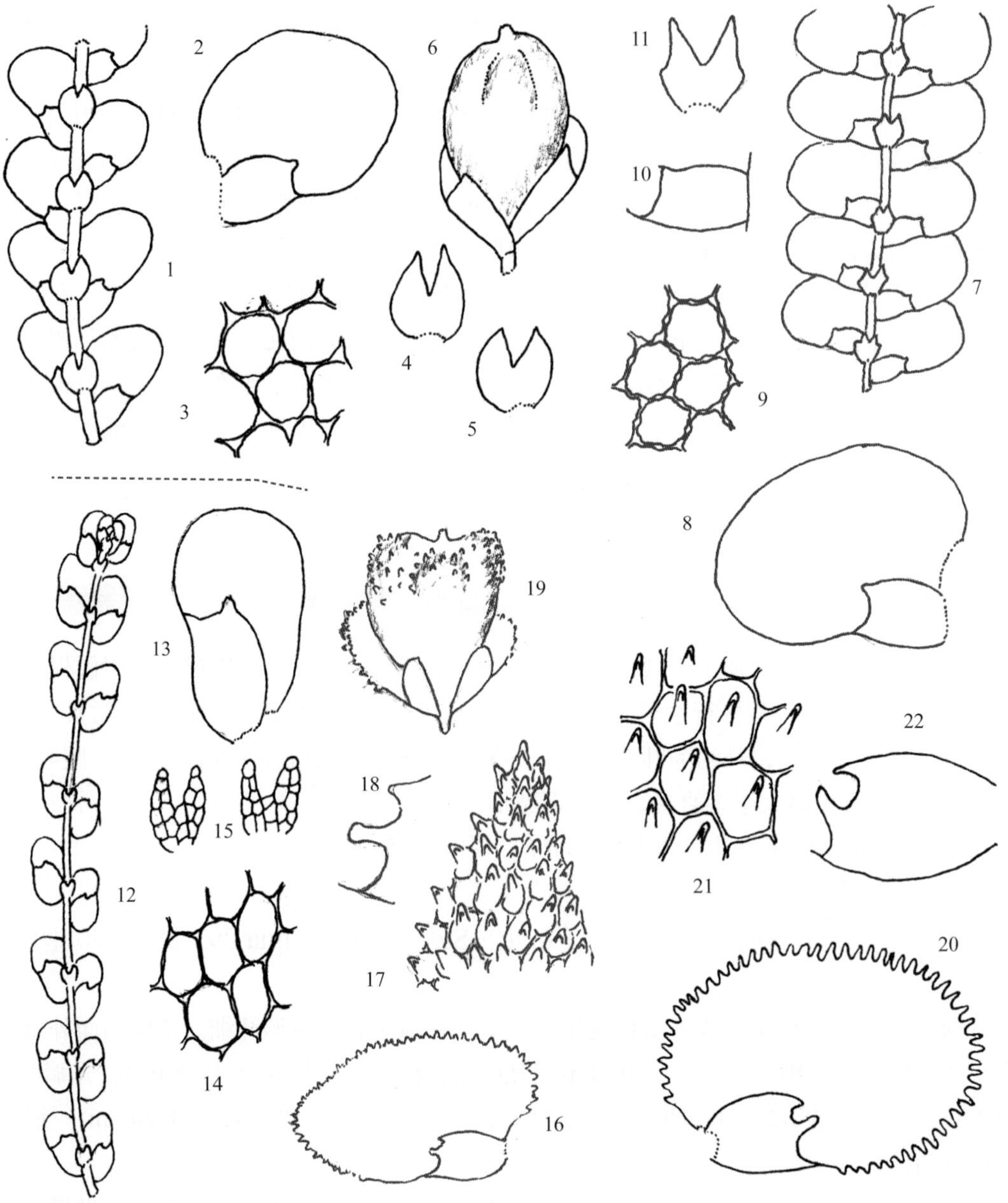

图 62

1~6. 弯叶细鳞苔 *Lejeunea curviloba* Steph.

1. 植物体的一部分（腹面观，×40），2. 茎叶（腹面观，×100），3. 叶中部细胞（×420），4，5. 腹叶（×60），6. 雌苞（×50）

7~11. 狭瓣细鳞苔 *Lejeunea anisophylla* Mont.

7. 植物体的一部分（腹面观，×40），8. 茎叶（腹面观，×80），9. 叶中部细胞（×400），10. 腹瓣（×75），11. 腹叶（×75）

12~15. 斑叶纤鳞苔 *Microlejeunea ulicina*（Tayl.）Steph.

12. 植物体的一部分（腹面观，×60），13. 茎叶（腹面观，×150），14. 叶中部细胞（×520），15. 腹叶（×130）

16~19. 刺疣鳞苔 *Cololejeunea spinosa*（Horik.）Hatt.

16. 茎叶（腹面观，×105），17. 叶尖部细胞（背面观，×400），18. 腹瓣尖部（×250），19. 雌苞（腹面观，×50）

20~22. 密刺疣鳞苔 *Cololejeunea haskarliana*（Lehm. et Lindenb.）Steph.

20. 茎叶（腹面观，×120），21. 叶中部细胞（背面观，×550），22. 腹瓣（×250）

本属有 7 种，分布于亚洲东南部。中国有 2 种和 2 变种。

鞍叶苔 *Tuyamaella molischii*（Schiffn.）Hatt.，Journn. Hattori Bot. Lab. 5：62. 1951. 图 58：11~15

形态特征 紧密贴生基质。柔薄，一般稀疏生长。茎不规则羽状分枝。叶蔽前式覆瓦状排列，椭圆形至阔卵形，前缘和叶尖细胞大而透明，组成明显的分化边缘；腹瓣长卵形，角齿由 1~3 个细胞组成，中齿 1~2 个细胞，尖端细胞椭圆形，横列于尖部。叶细胞六角形，胞壁薄，三角体形小，并具中部球状加厚。腹叶鞍形至倒心脏形，上部宽开裂，裂瓣尖部宽钝，雌雄同株异苞。蒴萼具 4 个脊。

生境和分布 一般附生常绿革质叶的叶面。江西、浙江、福建、台湾、广东、海南和广西；日本、越南和马来西亚有分布。

23 疣鳞苔属 *Cololejeunea*（Spruce）Schiffn.

稀疏生长或杂生于其他苔类植物间。植物体纤细，多灰绿色或黄绿色，无光泽。茎不规则羽状分枝；横切面中央为单个细胞，由 5 个表皮细胞所包围；腹面束生透明假根。叶疏生或覆瓦状排列，一般为椭圆形、卵形或三角状卵形等，稀分化透明白边；腹瓣多卵形、卵状三角形或阔舌，脊部常具疣状突起。尖部通常具 2 个齿。叶细胞多呈六角形，壁薄，背面具单疣、多疣、粗疣、细疣或星状疣等；油胞淡黄色，通常单个位于叶片近基部，或稀具多个成 1~2 列。雄苞一般着生短枝顶，穗状。雌苞叶略大于营养叶。雌苞蒴萼倒梨形，脊多 3~5 个，密具疣。孢蒴成熟后 4 瓣开裂。弹丝簇生裂瓣尖部。

本属约有 200 余种，热带和亚热带山地分布。中国有 50 余种。

分种检索表

1. 植物体深绿色；叶边具长毛状刺 …………………………………… 2.
1. 植物体多灰绿色；叶边具细疣状突起，稀具不规则齿 ……………… 3
2. 叶卵形，多具锐尖；腹瓣中齿平直 ……………… 1. 刺疣鳞苔 *C. spinosa*
2. 叶阔椭圆形；腹瓣中齿有时斜出 ……………… 2. 密刺 疣鳞苔 *C. haskarliana*
3. 叶边具疏粗齿；叶片基部不具油细胞；叶细胞具多个疣 ……………… 3. 多齿疣鳞苔 *C. pluridentata*
3. 叶边平滑；叶片基部多具油细胞，或细胞较大；叶细胞具单疣 ……………… 4
4. 腹瓣中齿呈钩状 ……………… 5. 棉毛疣鳞苔 *C. floccosa*
4. 腹瓣中齿不呈钩状 ……………… 5
5. 叶细胞具星状疣 ……………… 8. 佛氏疣鳞苔 *C. verdoornii*
5. 叶细胞具单个疣 ……………… 6
6. 腹瓣角齿和中齿不交叉 ……………… 7. 列胞疣鳞苔 *C. ocellata*
6. 腹瓣角齿和中齿交叉 ……………… 7

7. 叶基部具成列淡黄色油胞……4. 多胞疣鳞苔 *C. ocelloides*

7. 叶基部不具成列油胞，仅细胞较大……6. 拟棉毛疣鳞苔 *C. pseudofloccosa*

刺疣鳞苔 *Cololejeunea spinosa*（Horik.）Hatt., Bull. Tokyo Sci. Mus. 11：102. 1944. 图 62：16~19

形态特征　疏松贴生基质。碧绿色。茎不规则疏分枝。叶疏覆瓦状或稀疏排列，卵形，先端多钝尖；叶边密被刺疣状突起；叶细胞背面具单个刺疣。腹瓣卵形，长约为背瓣的 1/2~2/5；中齿长 2 个细胞，角齿短钝；脊部密被疣。蒴萼倒卵形；具 3 脊，脊部膨起，密被粗疣。

生境和分布　多附生于海拔 500~1 000 m 的常绿阔叶树、蕨类和灌木叶面，树干及阴湿岩面亦有生长。安徽、江西、浙江、福建、台湾、广东、香港、海南、广西、湖南、贵州、四川、云南和西藏；尼泊尔、印度、印度尼西亚、菲律宾、日本及朝鲜有分布。

密刺疣鳞苔 *Cololejeunea haskarliana*（Lehm. et Lindenb.）Steph., Hedwigia 29：72. 1890. 图 62：20~22

形态特征　疏贴生基质。体柔弱，深绿色。茎不规则疏分枝。茎叶阔卵形或阔椭圆形，前缘阔弧形，后缘略内凹，尖部宽钝；叶边密具长刺。叶细胞圆六角形，壁薄，每个细胞背面具单个尖刺疣。腹瓣卵形，具锐尖角齿及斜展或平展的中齿。雌苞倒卵形，具 5 个脊，脊部密被长刺。

生境和分布　多着生常绿阔叶树叶面。福建、台湾、广东、香港、海南、广西、贵州和云南；不丹、尼泊尔、印度、印度尼西亚、菲律宾、柬埔寨、越南、日本及新喀里多尼亚有分布。

多齿疣鳞苔 *Cololejeunea pluridentata* P.-C. Wu et J. -S. Lou，Acta Phytotax. Sin. 16：105，f. 3. 1978. 图 63：1~4

形态特征　体纤弱，灰白色，透明。茎稀少分枝。茎叶卵形，长约 0.5 mm，宽 0.35~0.4 mm，前缘强弧形，具不规则粗齿，后缘稍呈弧形，具稀疏齿，叶尖圆钝或稍尖，基部着生处狭窄。叶细胞多角形或六角形，中部细胞 15~18 μm，壁薄，三角体不明显，每个细胞具多数三角状或马蹄状疣。腹瓣卵形，膨起，外沿斜展，角齿单细胞，中齿 2 个细胞，平展或斜伸。芽胞多细胞，圆盘形，密生叶片腹面。

生境和分布　附生叶面、树干或腐木。浙江、江西、福建、台湾、四川、贵州和云南；亚洲东部特有。

多胞疣鳞苔 *Cololejeunea ocelloides*（Horik.）Mizut., Journ. Hattori Bot. Lab. 24：277. 1961. 图 63：5~7

形态特征　灰绿色，不规则羽状分枝。叶椭圆状卵形，长 0.25~0.35 mm，基部中央分

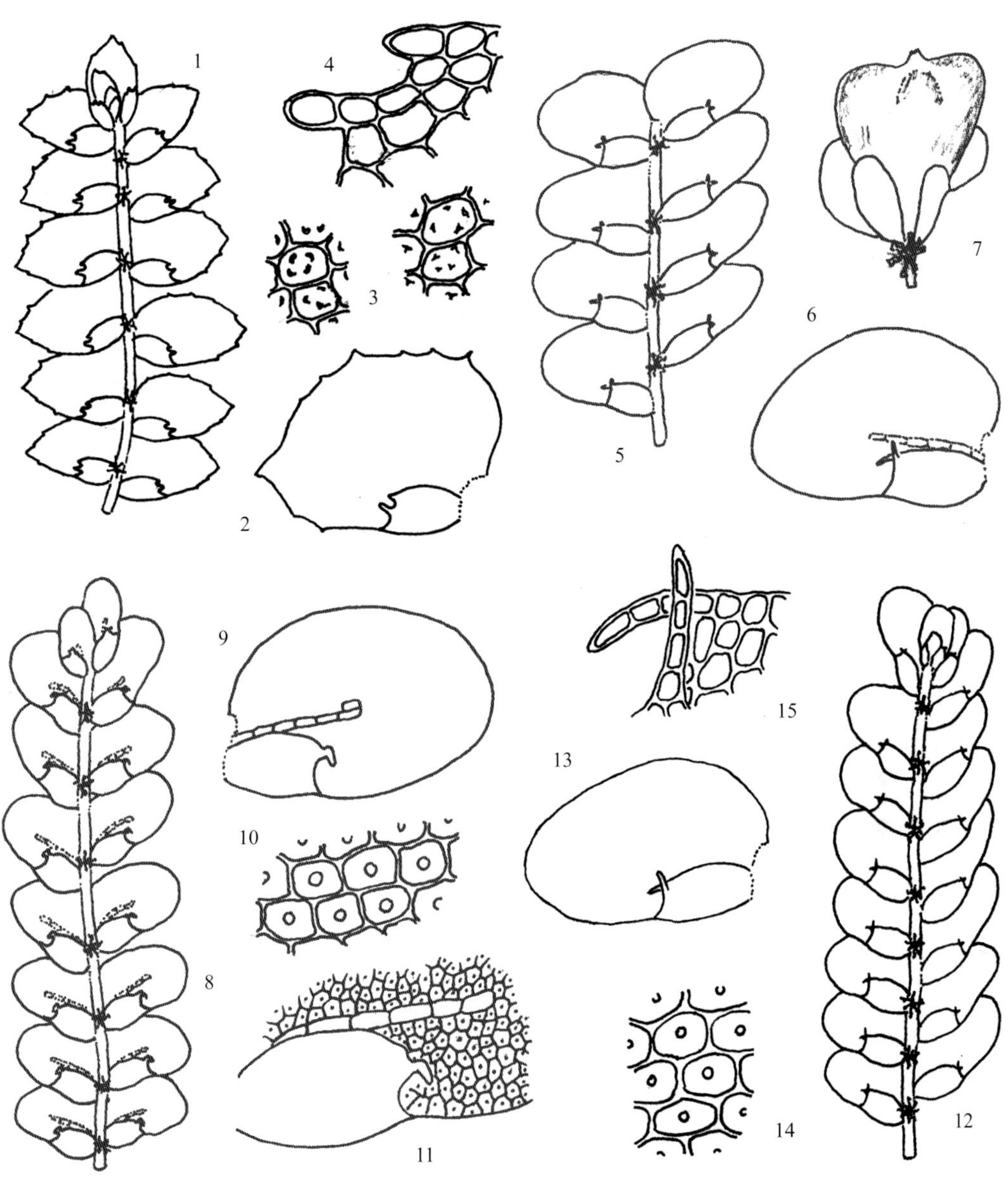

图 63

1~4. 多齿疣鳞苔 *Cololejeunea pluridentata* Wu et Lou

1. 植物体的一部分（腹面观，×30），2. 叶（腹面观，×80），3. 叶中部细胞（×300），4. 腹瓣尖部（×450）

5~7. 多胞疣鳞苔 *Cololejeunea ocelloides*（Horik.）Mizut.

5. 植物体的一部分（腹面观，×45），6. 叶（腹面观，×75），7. 雌苞（腹面观，×70）

8~11. 棉毛疣鳞苔 *Cololejeunea floccosa*（Lehm. et Lindenb.）Schitfn.

8. 植物体的一部分（腹面观，×40），9. 叶（腹面观，×110），10. 叶近基部细胞（×600），11. 腹瓣及叶中部和基部细胞（×230）

12~15. 拟棉毛疣鳞苔 *Cololejeunea pseudofloccosa*（Horik.）Bened.

12. 植物体的一部分（腹面观，×32），13. 叶（腹面观，×80），14. 叶近基部细胞（×650），15. 腹瓣尖部（×450）

化 1~3 列，每列 4~6 个油胞；叶中部细胞长 8~12 μm，胞壁具明显三角体；腹瓣卵形，约为背瓣长度的 1/3~2/5，角齿与中齿常相互交叉。蒴萼一般具 3 个脊。

生境和分布 附生于海拔 1 000 m 左右的革质树叶面或树干。江西、福建、台湾、广东、香港、贵州和云南；不丹、泰国、柬埔寨、越南、马来西亚、印度尼西亚、菲律宾及日本有分布。

棉毛疣鳞苔 *Cololejeunea floccosa*（Lehm. et Lindenb.）Schiffn., Conspect. Hepat. Archip. Indici 243.1898. 图 63：8~11

形态特征 干燥时紧贴基质。细柔，灰绿色或黄绿色。茎长约 5 mm，不规则羽状分枝。叶卵形，长 0.3~0.4 mm，前缘强弧形，基部圆钝，后缘略内凹，先端圆钝；腹瓣卵形，约为背瓣长度的 1/2，角齿呈钩状，长 2~3 个细胞，中齿小，不明显。叶细胞多角形至圆六角形，中部细胞长 5~10 μm，每个细胞背面具一粗圆疣，叶基中央具 1~2 列，每列 4~5 个油胞。蒴萼倒心脏形，具 5 个脊。

生境和分布 一般附生于海拔 500 m 左右的叶面或树干。安徽、福建、台湾、广东、香港、海南和云南；日本、斯里兰卡、越南、马来西亚、菲律宾、印度尼西亚、巴布亚新几内亚、澳大利亚、新喀里多尼亚、斐济、非洲及马达加斯加有分布。

拟棉毛疣鳞苔 *Cololejeunea pseudofloccosa*（Horik.）Bened., Feddes Repert. 134：36. 1953. 图 63：12~15

形态特征 灰绿色，不规则羽状分枝或疏羽状分枝。叶长卵形至长椭圆形，长约 0.4 mm；无油胞；每个叶细胞背面具单个细疣；腹瓣卵形，长约为背瓣的 1/3，角齿与中齿一般交叉。蒴萼具 5 个脊。

生境和分布 附生于海拔 1 700~2 800 m 的常绿阔叶树叶面、蕨类及竹叶叶面。江西、浙江、福建、台湾、广东、香港、广西、贵州、四川、云南和西藏；尼泊尔、不丹、印度、斯里兰卡、越南、马来西亚、菲律宾、印度尼西亚、日本和澳大利亚有分布。

列胞疣鳞苔 *Cololejeunea ocellata*（Horik.）Bened., Feddes Repert. 134：38. 1953. 图 64：1~4

形态特征 叶卵形，基部中央分化单列淡黄色油胞；每个叶细胞背面具一细疣；腹瓣角齿一般长 2 个细胞，中齿为单个细胞。

生境和分布 附生于海拔 1 000~2 500 m 的革质叶面。江西、浙江、福建、台湾、广东、香港、广西、贵州、云南和西藏；不丹、泰国、越南和日本有分布。

佛氏疣鳞苔 *Cololejeunea verdoornii*（Hatt.）Mizut., Journ. Hattori Bot. Lab. 24：273，f. 37. 1961. 图 64：5~9

形态特征 紧密贴生基质。体灰绿色，长约 5~10 mm；不规则密分枝。叶斜列，卵形，长 0.3 mm，宽 0.2 mm；叶尖圆钝。叶中部细胞约 10 μm，厚壁，三角体大，每个细胞具单个星状疣；油胞 3~4 个，成列位于叶基中央。腹瓣卵形，约为背瓣长度的 1/2，强烈膨起，角齿钩状，长约 3 个细胞。

生境和分布 常绿阔叶树叶面附生。浙江、福建、海南、台湾、云南和西藏；日本有分布。

028 小叶苔科 FOSSOMBRONIACEAE

小片状交织生长。茎叶分化，具两列斜生叶片或呈片状；紫色假根密生腹面。茎叶分化类型的叶片近圆形；叶边多全缘，波曲，基部相互连接。叶细胞形大，壁薄。雌雄同株，稀异株。精子器散生茎的背面，被雄苞叶部分覆盖。颈卵器多成丛，着生植株顶端，在受精后形成大型假蒴萼。孢蒴成熟后不规则开裂；无弹丝托。孢子大而呈球形，表面具疣及网纹，直径 25~50 μm。

本科 2 属，主要分布温带和亚热带地区。中国有 1 属。

1 小叶苔属 *Fossombronia* Raddi

小片状生长。体形柔弱，单一或具分枝；紫色假根密生茎腹面。叶 2 列，蔽后式，叶近于圆形或圆方形，斜生于茎上，前缘基部略下延；叶边多不规则波曲，常裂成小瓣。叶细胞大型，透明，薄壁，近叶基部细胞多层。雌雄常同株。 精子器裸露或部分被雄苞叶包围。颈卵器受精后由钟形假蒴萼包被。孢蒴球形，成熟后 不完全四瓣开裂 。弹丝 1~2 列螺纹加厚。孢子形大，圆球形、近圆球形或三角状圆球形，由脊状突起形成不同网纹。

约 85 种，分布温热和亚热带山区。中国 3 种。

分种检索表

1．孢子形小，直径多 48~52 μm；远极面具大型网纹……………………………………1．暖地小叶苔 *F. japonica*

1．孢子形稍大，直径多 38~64 μm；远极面一般不形成网纹…………………………………2．纤小叶苔 *F. pusilla*

暖地小叶苔 *Fossombronia japonica* Schiffn.，Öster. Bot. Zeitschr. 49：389. 1899. 图 64：10~14

形态特征 匍匐基质生长。茎长约 1 cm，宽 1.5 mm；横切面厚约 10 个细胞；紫红色

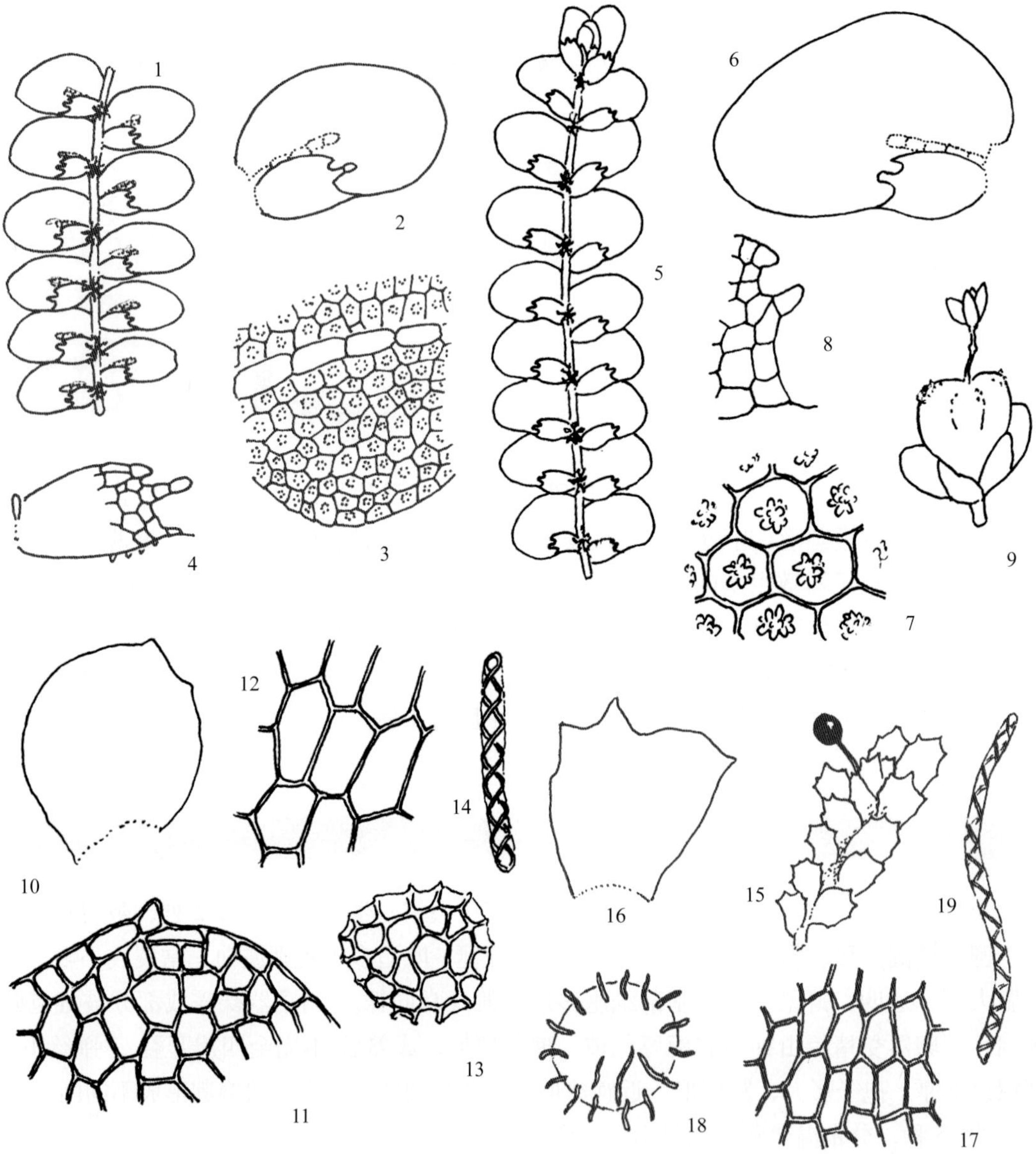

图 64

1~4. 列胞疣鳞苔 *Cololejeunea ocellata*（Horik.）Bened.

1. 植物体的一部分（腹面观，×35），2. 茎叶（腹面观，×50），3. 叶基部细胞（腹面观，×195），4. 腹瓣（×180）

5~9. 佛氏疣鳞苔 *Cololejeunea verdoornii*（Hatt.）Mizut.

5. 植物体的一部分（腹面观，×30），6. 茎叶（腹面观，×90），7. 叶中部细胞（×650），8. 腹瓣尖部（×300），9. 雌苞，示开裂的孢蒴（×40）

10~14. 暖地小叶苔 *Fossombronia japonica* Schiffn.

10. 叶（×15），11. 叶尖部细胞（×120），12. 叶中部细胞（×180），13. 孢子（远极面观，×450），14. 弹丝（×450）

15~19. 纤小叶苔 *Fossombronia pusilla*（Linn.）Dum.

15. 雌株（×6），16. 叶（×12），17. 叶中部细胞（×90），18. 孢子（远极面观，×350），19. 弹丝（×300）

假根密生茎腹面。叶阔舌形，具皱褶，有时瓣裂，基部狭窄；叶边多全缘。叶细胞长方形至长六角形，壁薄，中部细胞具 12~24 个油体；叶基部细胞厚 3~4 层。雌雄同株。雌苞着生茎背面。孢蒴球形，由假蒴萼包被。弹丝退化，圆柱形，单列螺纹加厚，直径约 10 μm，长达 60 μm。孢子直径达 50 μm，具 5~7 个网格纹 。

生境和分布 多生于水稻田埂上。台湾和香港；日本、北美洲有分布。

纤小叶苔 *Fossombronia pusilla*（Linn.）Dum.，Rec. Obs. Tournay：11. 1835. 图 64：15~19

形态特征 小片状群生。色泽多灰绿，茎长可达 1 cm 以上，单一，或有时叉状分枝；紫色假根着生茎腹面。叶形态多变，下部叶椭圆状方形，向上呈阔肾形，斜列；叶边全缘，或具皱褶而瓣裂。叶细胞长六角形，透明，壁薄，内含多数叶绿体。雌雄同序异苞。假蒴萼钟形，口部波曲或深裂成钝或尖瓣。孢蒴内壁具半环状加厚。弹丝长 7~9 μm，具 2~3 列螺纹加纹。孢子红褐色，远极面栉片近于平行而不相连，直径不一，边缘具多数刺状突起。

生境和分布 生于低海拔的田间和林地。吉林、黑龙江、辽宁、四川、云南和西藏；喜马拉雅山地区、日本、俄罗斯、欧洲及北美洲有分布。

029 壶苞苔科 BLASIACEAE

湿土生小片状群落。叶状体形小，阔带形，多回两歧分枝，中肋较宽，两侧渐成单层细胞，边缘呈叶状瓣裂，裂瓣背面基部着生蓝藻；腹面具两列不明显的鳞片。雌雄苞着生叶状体背面。雄株形小，精子器卵形，具短柄，单个着生在叶状体腔内。颈卵器成丛着生叶状体顶端背面，受精后由纺锤形苞膜所包被。 幼嫩孢子体被封闭在叶状体内，在苞膜产生后伸出体外。孢蒴卵形，柄细长，成熟后孢蒴多 4 瓣开裂，稀 5~6 瓣。蒴壁由 3~4 层细胞组成 。弹丝 2 列螺纹状加厚。芽胞具星形和球形两个类型。

本科 2 属，分布温带地区。中国有 1 属。

1 壶苞苔属 *Blasia* Linn.

片状生长。叶状体多两歧分枝，两侧单层细胞，边缘瓣裂，基部呈耳状；中肋明显；腹面两侧各具一列小鳞片。雌雄苞均着生叶状体背面。初期颈卵器裸露在外，受精后沉生于叶状体内，由菱形苞膜覆盖。孢蒴卵形，具长柄，成熟后 4~6 瓣裂。弹丝 2 列螺纹加厚。

孢子单细胞。球形芽胞生于具长颈的芽胞壶中；星形芽胞产生于叶状体的尖部。

本属 1 种，北半球温带低地生长。中国有分布。

壶苞苔 *Blasia pusilla* Linn.，Sp. Pl. 1138. 1753. 图 65：1~5

形态特征　小片状生长。叶状，体长不及 2.5 cm，绿色至色泽黄绿，多回叉状分枝，边缘具不规则圆瓣，中肋前端常着生小壶状体，内生念珠藻和芽胞。先端皱缩；中肋宽阔，腹面着生多数透明假根；腹面鳞片卵形。 雌雄异株。蒴柄长达 2 cm。孢蒴卵形。孢子黄褐色，具细疣。芽胞 2 型：一类圆形或卵形，着生叶状体中肋背面壶状体内；另一类呈星状着生叶状体背面顶端。

生境和分布　生于低海拔林内小溪边和湿土表。黑龙江、吉林、浙江和云南；亚洲东部、欧洲及北美洲有分布。

030 带叶苔科 PALLAVICINIACEAE

叶状体成片倾垂生长，阔带状，有时两歧分枝；中肋分界明显 ；横切面有厚壁细胞形成的中轴。叶状体细胞六边形至多边形，单层，胞壁薄；假根着生中肋腹面。腹面鳞片细小。 雄苞多列着生中肋背面。 孢蒴多圆柱形，成熟时呈不完全的 2~4 瓣裂，内壁无半球状加厚。

本科 7 属，亚热带和温带地区生长。中国有 1 属。

1 带叶苔属 *Pallavicinia* Gray

叶状体呈长带状，多淡绿色，不分枝或有时不规则两歧分枝；中肋向背腹面突出，与叶状体间有明显分界，具中轴；叶状体两侧细胞单层，边缘多具纤毛。鳞片长 2~3 细胞，着生叶状体顶端腹面。雄苞着生中肋背面。 假蒴萼筒状，高于苞膜。蒴柄细长，柔弱，白色。孢蒴短圆柱形，成熟时 2~4 瓣裂。弹丝具 2 列螺纹加厚。孢子棕色。

本属约 15 种，亚热带、温带山地林内分布。中国有 4 种。

分种检索表

1．叶状体边缘具短纤毛，仅 1~2 个细胞 ························ 1．带叶苔 *P. lyellii*

1．叶状体边缘具细长纤毛，由多个单细胞组成 ························ 2．长刺带叶苔 *P. subciliata*

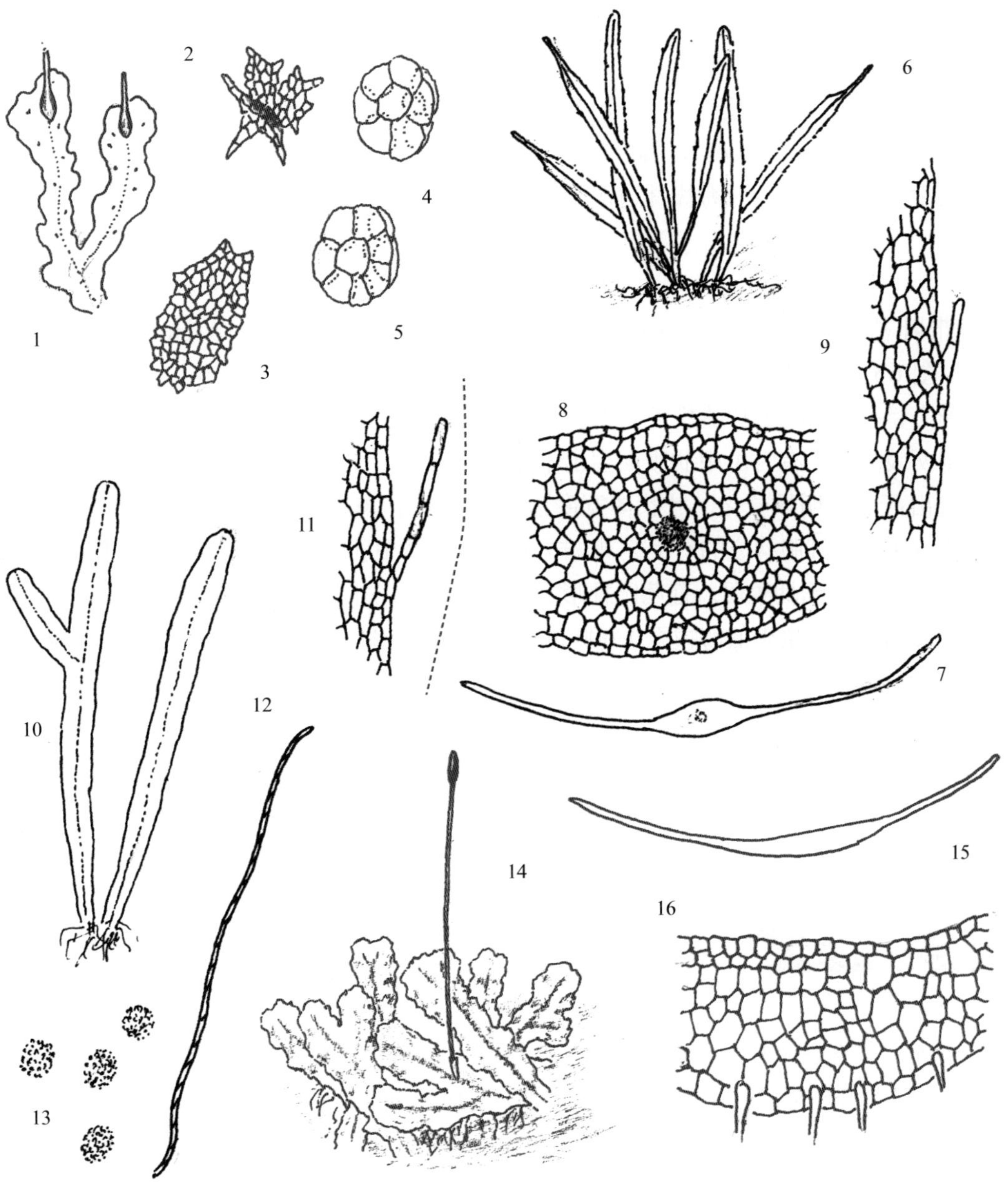

图 65

1~5. **壶苞苔** *Blasia pusilla* Linn.

1. 植物体，示尖部具芽胞壶（×1），2，3. 星状芽胞（×50），4，5. 球状芽胞（×75）

6~9. **带叶苔** *Pallavicinia lyellii*（Hook.）Gray

6. 植物群落（×1），7. 叶状体的横切面（×25），8. 叶状体横切面的一部分（×230），9. 叶状体的边缘细胞（×230）

10~13. **长刺带叶苔** *Pallavicinia subciliata*（Aust.）Steph.

10. 植物体（×2），11. 叶状体的边缘细胞（×230），12. 弹丝（×140），13. 孢子（×140）

14~16. **南溪苔** *Makinoa crispata*（Steph.）Miyake

14. 成片生长的植物群落（×1），15. 叶状体的横切面（×10），16. 叶状体横切面的一部分（×70）

带叶苔 *Pallavicinia lyellii*（Hook.）Gray，Nat. Arr. Brit. Pl. 1：685. 1821. 图 65：6~9

形态特征 大片疏松交织或下垂生长。叶状体阔带状，大于长刺带叶苔，稀不规则分枝；长约 2~3 cm，宽 4~5 mm；中肋略粗，常不及顶，中轴分化；中肋两侧细胞单层，不规则六角形，薄壁，宽度达 10 多个细胞；叶状体边缘的纤毛仅 1~2 个细胞。雌雄异株。苞膜着生叶状体背面；假蒴萼圆筒形。蒴柄透明，细长。孢蒴长圆柱形。

生境和分布 生于低海拔林边湿土壁或阴湿土面。浙江、福建和云南；日本及欧洲有分布。

长刺带叶苔 *Pallavicinia subciliata*（Aust.）Steph.，Mem. Herb. Boissier n. 11：9. 1900. 图 65：10~13

形态特征 常呈大片疏松倾垂生长。叶状体淡绿色，具弱光泽，狭长带状，不分枝或不规则两歧分枝，有时由中肋腹面生出不定枝，长 2~3 cm，宽 3~5 mm；中肋明显，背腹两面突出；中轴明显分化。叶状体宽度达 10 个细胞，单层，不规则六角形，壁薄；边缘常具 3~6 个单列细胞构成的纤毛。雌雄异株。叶状体中肋背面着生杯形苞膜；假蒴萼圆筒状，高于苞膜。蒴柄柔弱。孢蒴圆柱形。孢子棕褐色，外壁具网纹。

生境和分布 生于低海拔至 1 000 m 的林内阴湿土壁或溪边具土石上。福建、浙江和湖南；日本有分布。

031 南溪苔科 MAKINOACEAE

常大片状交织生长。叶状体较宽，色深绿，中央色泽明显深于两侧；不规则两歧分枝；气室和气孔不分化；叶状体边缘多波曲；腹面密生红棕色假根。腹面的鳞片长数个细胞，宽 1 个细胞。叶状体表皮细胞薄壁，每个细胞内含多个球形油体。雌雄异株。雌苞生叶状体背面前端。蒴被筒状，尖端边缘具齿。蒴柄细长。孢蒴长椭圆形，成熟时一侧开裂。

本科 1 属。中国有分布。

1 南溪苔属 *Makinoa* Miyake

叶状体色泽暗绿，长可达 5 cm 以上，两歧分枝；中肋较宽，界限不明显；叶状体边缘波曲，全缘；假根红褐色，密生于中肋腹面。鳞片由数个线状细胞组成。雌雄异株。精子器密生于叶状体先端半月形凹槽内。 蒴被筒状。孢蒴长椭圆形，成熟后一侧纵向开裂。弹丝细长。孢子黄褐色，表面具细网纹。

本属 1 种，亚洲南部和东部及太平洋岛屿分布。中国分布。

南溪苔 *Makinoa crispata*（Steph.）Miyake，Hedwigia 38：202. 1899. 图 65：14~16

形态特征　种的性状同属。

生境和分布　生于低海拔至 1 000 m 的阴湿土壁和具土岩面。浙江、安徽和湖南；日本、朝鲜、菲律宾、印度尼西亚及巴布亚新几内亚有分布。

032 绿片苔科 ANEURACEAE

大片状交织生长。叶状体质厚，色泽多暗绿至黄绿色，单一、不规则羽状分枝或不规则分枝；细胞多层，一般呈六角形或多角形，壁薄；中肋无明显分界；气室不分化。雌雄苞均着生短侧枝上。雌苞无假蒴萼。蒴被肉质，圆柱形或棒形，尖部具疣状突起。孢蒴椭圆形，成熟时 4 瓣开裂。弹丝单列螺纹加厚，簇生于裂瓣尖端的弹丝托上。芽胞卵形，多 1~2 个细胞。

本科 4 属，热带和亚热带山区分布。中国有 3 属。

分属检索表

1．叶状体宽度达 5 mm 以上；边缘强烈波曲；分枝不规则……………………………………………1．绿片苔属 *Aneura*

1．叶状体宽度多不及 2 mm；边缘不呈强烈波曲；分枝多呈不规则羽状 ……………………2．片叶苔属 *Riccardia*

1 绿片苔属 *Aneura* Dum.

常呈大片状生长。叶状体色泽多暗绿，有时黄绿色，宽可达 5 mm 以上；无分枝或不规则分枝；横切面中央厚 10 层细胞以上，边缘多波曲，厚 1~3 层细胞 ；表皮细胞六角形，内层细胞大于表皮细胞，均薄壁；气孔和气室不分化；中肋不明显。雌雄苞着生短侧枝上。 蒴被肉质，圆柱形或棒形，尖部多具疣。蒴柄细长。孢蒴椭圆状圆柱形，成熟时 4 瓣纵裂。弹丝单列螺纹加厚，红棕色。芽胞多卵形，多 1~2 个细胞。

本属约 15 种，温暖湿热山区分布。中国有 2 种。

绿片苔 *Aneura pinguis*（Linn.）Dum.，Comm. Bot. 115. 1822. 图 66：1~4

形态特征 扁平片状交织生长。色泽暗绿至黄绿色，长 2~3 cm，阔约 5 mm；无分枝或具少数不规则分枝，尖部圆钝；边缘波曲，上倾或平展；横切面厚约 10~12 层细胞，表皮细胞六角形或多边形，略小于内层细胞；腹面具多数假根。雌雄异株。雌枝着生叶状体基部。蒴被高约 10 mm，圆筒形。孢蒴椭圆形，成熟时 4 瓣纵裂，成束弹丝着生其尖部。

生境和分布 一般生长溪边湿土面或具土石面。安徽、云南和四川；广布全世界较温暖湿润山区。

2 片叶苔属 *Riccardia* Gray

成片交织生长。叶状体色泽灰绿至深绿色，分枝多呈羽状，稀 1~2 回不规则羽状分枝，厚约 6~7 层细胞；边缘一般平展，厚 1~3 层细胞。表皮细胞不规则六角形，壁薄，明显小于内层细胞；气室和气孔无分化。雌雄异株。蒴被筒状。蒴柄柔弱，细长。芽胞 1~2 个细胞，多生叶状体的尖部。

本属约 150 种，分布热带和亚热带山地。中国有 17 种。

分种检索表

1．叶状体 1~3 回不规羽状分枝；表皮细胞明显小于内层细胞；每个细胞含 1~3 个油体……1. 片叶苔 *R. multifida*

1．叶状体分枝多呈掌状；表皮细胞与内层细胞分化不明显；每个细胞含 3~10 多个油体……2. 东亚片叶苔 *R. miyakeana*

片叶苔 *Riccardia multifida*（Linn.）Gray，Nat. Arr. Brit. Pl. 1：684. 1821. 图 66：5~8

形态特征 紧贴基质成片生长。叶状体色泽暗绿，长 1~2 cm，阔一般不及 1 mm，分枝为不规则 2~3 回羽状；横切面扁平椭圆形，厚度可达 6~7 层细胞，表皮细胞明显小于内层细胞。每个细胞具 1~3 个圆形至纺锤形油体。初生茎或枝尖常密生芽胞。雌雄异株。雌苞顶生于短枝尖端。 孢蒴椭圆状卵形，成熟时棕黑色。弹丝具单列螺纹加厚。孢子圆球形，表面平滑。

生境和分布 生于低海拔至近 3 000 m 的溪边具土石上、背阴湿土或腐木。黑龙江、吉林、浙江、香港和云南；日本、欧洲、北美洲及非洲有分布。

东亚片叶苔 *Riccardia miyakeana* Schiffn.，Öster. Bot. Zeitschr. 49：388. 1899. 图 66：9~12

形态特征 成片交织贴生基质。叶状体色泽暗绿，不甚透明，长 1~2 cm，阔度在 1 mm 以下，分枝呈不规则掌状； 茎上部及枝的横切面呈扁平椭圆形，厚达 6 层细胞。表皮细胞与内层细胞分化不明显；内层细胞多不规则六角形，壁薄。每个细胞具 3~10 多个小油体。无性芽胞密生叶状体尖部，一般为 2 个细胞相连，甚少为单细胞，厚壁。

生境和分布 着生低海拔阴湿小沟边石上。香港；日本有分布。

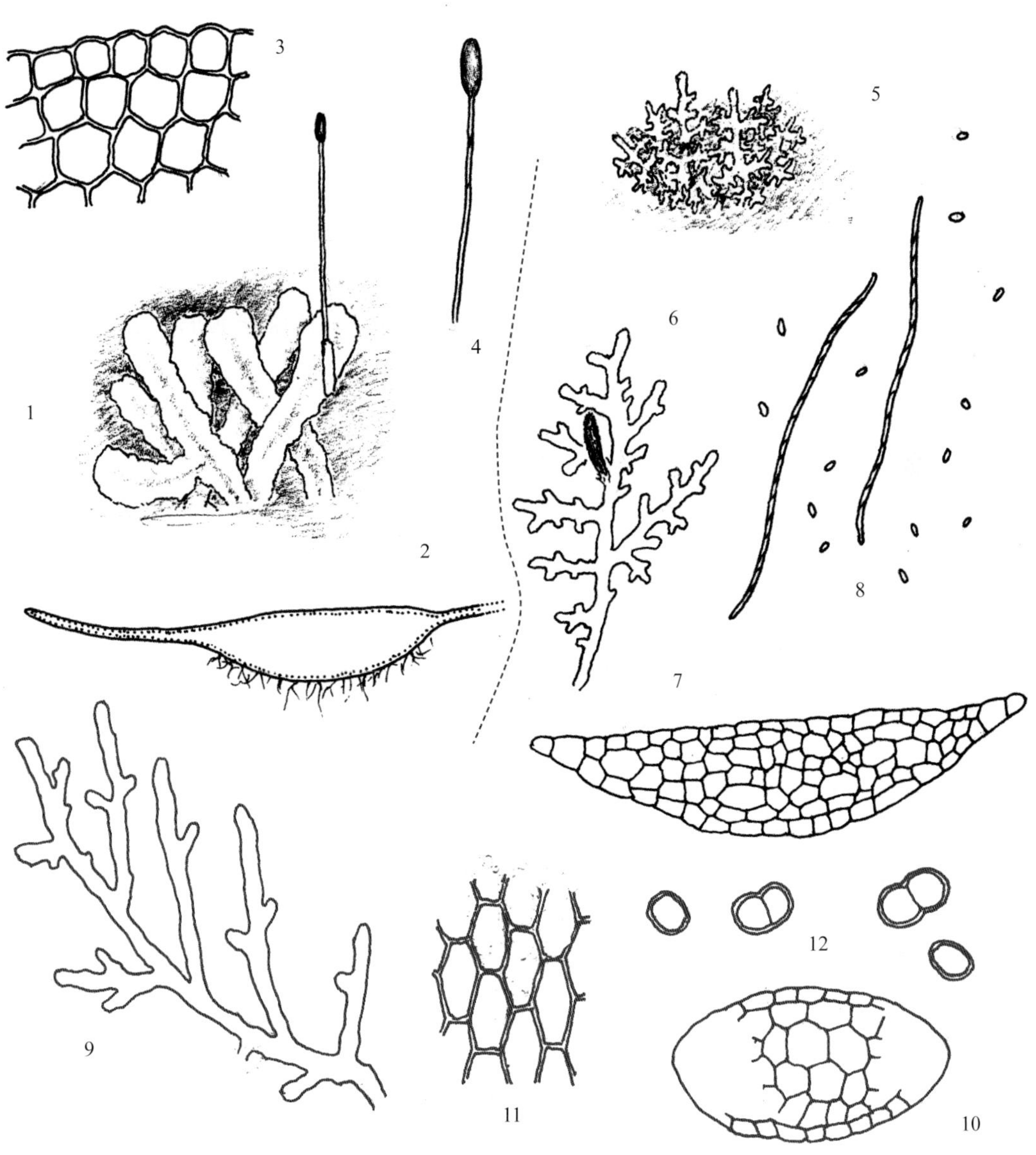

图 66

1~4. 绿片苔 *Aneura pinguis*（Linn.）Dum.

1. 溪边具土石上成片生长的植物群落（×1），2. 叶状体横切面的一部分（×200），3. 叶状体横切面背部的细胞（×140），4. 孢蒴（×2）

5~8. 片叶苔 *Riccardia multifida*（Linn.）Gray

5. 具土阴湿石上生长的植物群落（×1），6. 叶状体，示具雌苞（×10），7. 叶状体的横切面（×50），8. 弹丝和孢子（×400）

9~12. 东亚片叶苔 *Riccardia miyakeana* Schiffn.

9. 叶状体（背面观，×4），10. 叶状体的横切面（×70），11. 叶状体背面细胞（×160），12. 芽胞（×150）

033 叉苔科 METZGERIACEAE

疏松交织成片。叶状体色泽灰绿或黄绿色，柔弱，狭带状，多叉形分枝；中肋与叶状体间分界明显。叶状体横切面呈椭圆形；两侧为单层细胞，细胞多边形，壁薄；边缘和中肋腹面常被长纤毛，仅个别属种叶状体背腹面均被纤毛。雌雄异株，稀同株。雄苞半球形，生腹面短枝上。雌枝亦生于腹面，具苞膜及蒴被。孢蒴椭圆状卵形，成熟时 4 瓣开裂；弹丝簇生于裂瓣尖端的弹丝托上。

本科 4 属，世界各地广布。中国有 2 属。

分属检索表

1. 叶状体多不规则叉状分枝；叶状体边缘和中肋腹面多具纤毛 ………………………………… 1. 叉苔属 *Metzgeria*

1. 叶状体不规则羽状分枝；叶状体背面、腹面、边缘和中肋背腹面均具纤毛 ……… 2. 毛叉苔属 *Apometzgeria*

1 叉苔属 *Metzgeria* Raddi

疏松片状群落。叶状体扁平带状，顶端叉形分枝，稀羽状分枝，有时不定枝着生中肋腹面；中肋细弱，分界明显；叶状体边缘及中肋腹面通常着生单细胞的长纤毛。雌枝叶状体从腹面伸出，由倒心脏形被长纤毛的苞膜及粗而肉质的蒴被组成。孢蒴椭圆状卵形，着生短柄上，成熟后 4 瓣裂，裂瓣由 2 层细胞组成，外层胞壁具球状加球，内层细胞加厚呈不明显带状。弹丝细长，具单列红棕色螺纹加厚，簇生孢蒴裂瓣的尖端。孢子球形，平滑或表面具细疣。无性芽胞多盘形至线形。

本属 100 余种，分布世界各地。中国 13 种

分种检索表

1. 叶状体中肋腹面一般宽 2 个细胞 ………………………………………………… 2. 钩毛叉苔 *M. leptoneura*

1. 叶状体中肋腹面一般宽 4 个细胞 ………………………………………………………………………… 2

2. 叶状体边缘疏生单个长纤毛；常产生芽胞 ……………………………………………… 1. 叉苔 *M. furcata*

2. 叶状体边缘密生成对长纤毛；无芽胞 ………………………………………………… 3. 平叉苔 *M. conjugata*

叉苔 *Metzgeria furcata*（Linn.）Corda，Opiz. Beitr. Naturgesch. 12：654. 1829. 图 67：1~4

形态特征　疏松片状交织生长。叶状体黄绿色或绿色，长可达 2.5 cm，宽度一般不

及 1 mm；不规则叉状分枝；两侧细胞一般呈六角形，胞壁角部略加厚；边缘疏生单个长纤毛；中肋背面宽 2 个细胞，腹面一般宽 4 个细胞。雌雄异株。精子器着生球形枝上。 蒴被倒梨形。孢蒴卵状球形。蒴柄长 1.5~2 mm。弹丝暗红色。孢子褐黄色。芽胞常着生叶状体边缘，圆球形，多细胞。

生境和分布　生于海拔约 1 000 m 的林内草丛下湿土上。黑龙江、吉林和湖南；广布世界各地。

钩毛叉苔 *Metzgeria leptoneura* Spruce，Trans. Proc. Bot. Soc. Edinburgh 15：555. 1885. 图 67：5~7

形态特征　小片状交织生长。叶状体纤长，色泽灰绿、黄绿色至亮绿色；不规则叉状分枝；两侧边缘向腹面卷曲，具 成对弯曲呈钩状的纤毛；中肋背面和腹面均宽 2 个细胞。雌雄异株。雌枝边缘多具单个纤毛。

生境和分布　生于低海拔至 3 000 m 左右的草丛下湿土及具土石面。吉林、黑龙江、四川、云南和西藏；分布世界各地。

平叉苔 *Metzgeria conjugata* Lindb.，Acta Soc. Sci. Fenn. 10：495. 1875. 图 67：8~10

形态特征　多片状交织生长。叶状体长可达 3 cm，宽 2 mm，色泽黄绿 ，略透明；多规则叉状分枝，两侧边缘向腹面弯曲，密集生长成对的刺状纤毛；中肋背面宽 2 个细胞，腹面宽 3~5 个细胞。雌雄同株。蒴被具多数纤毛。孢蒴红棕色。弹丝灰红棕色。孢子被细疣。

生境和分布　生于低海拔至海拔达 4 000 m 以上的林内具土石上，有时着生树基。黑龙江、吉林和云南；广布世界各地。

2 毛叉苔属 *Apometzgeria* Kuwah.

多片状稀疏交织生长。叶状体色泽灰绿至黄绿色，长可达 3 cm，宽 2 mm ；分枝为不规则羽状或不明显叉状分枝；枝尖圆钝或渐尖；中肋背腹面均圆凸。叶状体背面、腹面、叶边和中肋均密被长纤毛。叶状体细胞 5~6 边形，胞壁薄，角部略加厚。雄枝仅腹面被纤毛。雌枝背腹面被长纤毛。

本属 2 种，亚热带高山和温带山地有分布。中国有 1 种。

毛叉苔 *Apometzgeria pubescens*（Schrank）Kuwah.，Rev. Bryol. Lichenol. 34：212. 1966. 图 67：11~13

形态特征　常与其他苔藓植物混生。叶状体的边缘及背腹面均密被长纤毛，宽度为 5~12 细胞；中肋横切面的表皮细胞和内部细胞无分化，壁薄。雌雄异株。雌枝生叶状体中

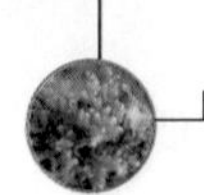

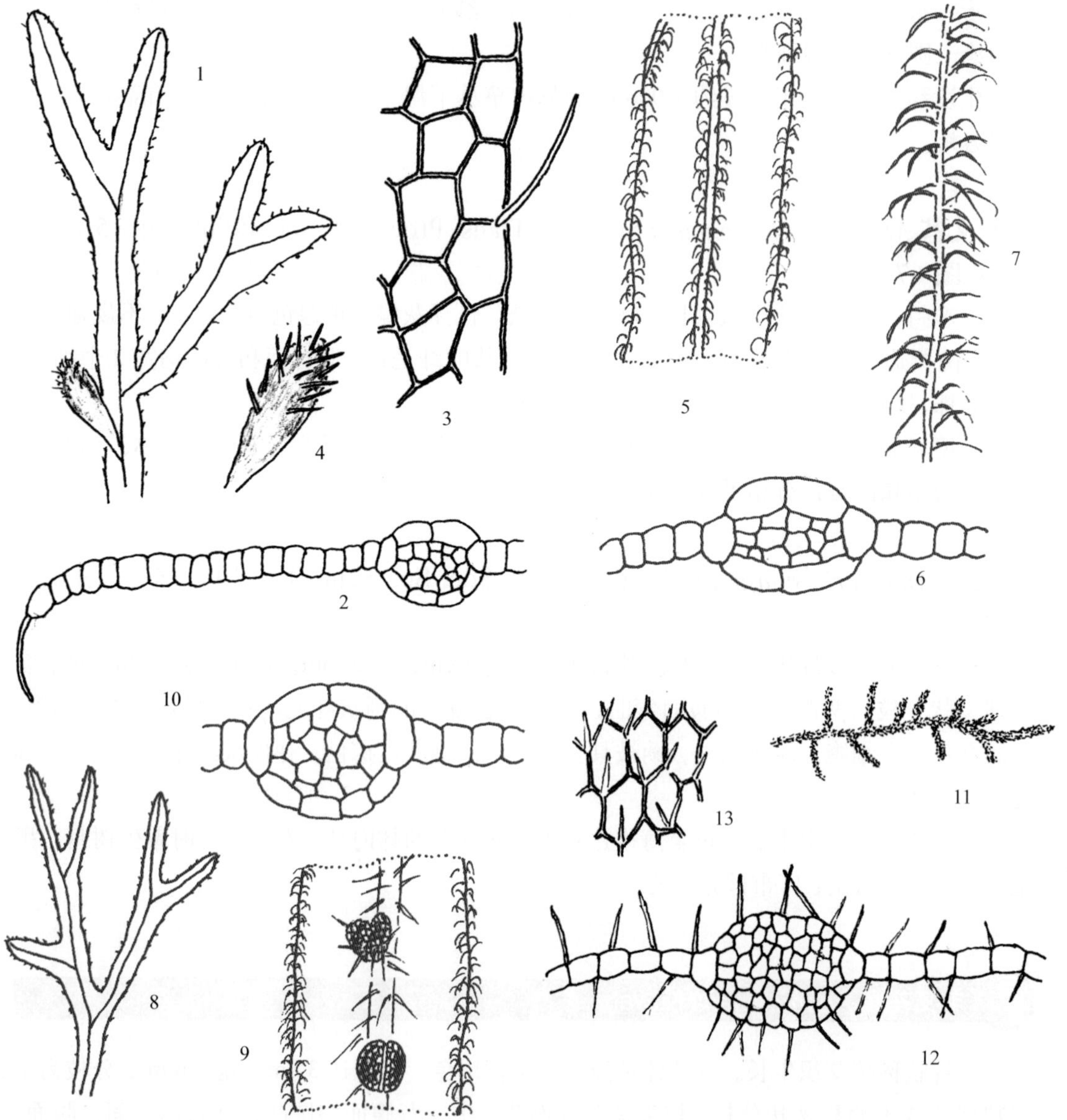

图 67

1~4. **叉苔** *Metzgeria furcata*（Linn.）Corda

1. 雌株（腹面观，×7），2. 叶状体横切面的一部分（×120），3. 叶状体的边缘细胞（×170），4. 雌苞（×15）

5~7 **钩毛叉苔** *Metzgeria leptoneura* Spruce

5. 叶状体的一部分（腹面观，×12），6. 叶状体横切面的一部分（×150），7. 叶状体的中肋，示密生钩状纤毛（×60）

8~10. **平叉苔** *Metzgeria conjugata* Lindb.

8. 叶状体（×3），9. 叶状体的一部分，示腹面着生雌雄苞（×12），10. 叶状体横切面的一部分（×180）

11~13. **毛叉苔** *Apometzgeria pubescens*（Schrank）kuwah.

11. 叶状体（背面观，×1.5），12. 叶状体横切面的一部分（×150），13. 叶状体细胞（背面观，×250）

肋腹面，甚短。苞膜外面密生纤毛。

生境和分布 生于海拔 2 500~4 000 m 林地湿草丛中。安徽、湖北、四川和云南；亚洲东部、欧洲及北美洲有分布。

034 溪苔科 PELLIACEAE

成片紧贴基质生长。叶状体带状，色泽多绿色或黄绿色，常叉状分枝；横切面中部厚达 10 多层细胞；渐向边缘为单层细胞；假根着生腹面中央。雌雄同株或异株。精子器多生于叶状体前端，棒状。颈卵器着生叶状体背面袋形或圆形总苞内。孢蒴球形，由 2 层细胞组成，外层细胞大，成熟时四瓣纵向开裂。弹丝具 3~4 列螺纹加厚。孢子绿色，单细胞或多细胞。

本科 1 属，温带和亚热带山区生长。中国有分布。

1 溪苔属 *Pellia* Raddi

片状交织生长。叶状体宽或狭多变，叉状分枝或不规则分枝；边缘一般波曲。叶状体表皮细胞形小，六角形，多具叶绿体，髓部细胞无色，形大，有时具棕色加厚的条纹。叶状体尖部具单列细胞形成的鳞片。雌雄同株或异株。精子器隐生叶状体背面近中肋两侧，散生或成群。雌苞卵形或袋形，生于叶状体背面中肋处。孢蒴球形，成熟后高出于雌苞；蒴壁外层为大型细胞 。弹丝具 3~4 列螺纹加厚，着生于孢蒴内弹丝托上。孢子球形，单细胞或多细胞。

本属 5~6 种，多温带、稀亚热带地区分布。中国有 3 种。

分种检索表

1．叶状体无棕色加厚的条纹；雌苞杯形……………………………………1. 花叶溪苔 *P. endiviifolia*

1．叶状体多具棕色加厚的条纹；雌苞袋形……………………………………2. 溪苔 *P. epiphylla*

花叶溪苔 ***Pellia endiviifolia*** (Dicks.) Dum., Recueil Observ. Jungermannia 27. 1835. 图 68：1~5

形态特征 成片生长。叶状体带状，色泽淡绿或褐绿色；不规则叉状分枝，尖部常具多数小裂瓣；横切面中央厚约 8 层，边缘为单层细胞。雌雄异株。雌苞杯形。蒴柄成熟时高出于雌苞，透明。孢蒴球形，4 瓣开裂。弹丝 2 列螺纹加厚。孢子多细胞，椭圆状卵形，

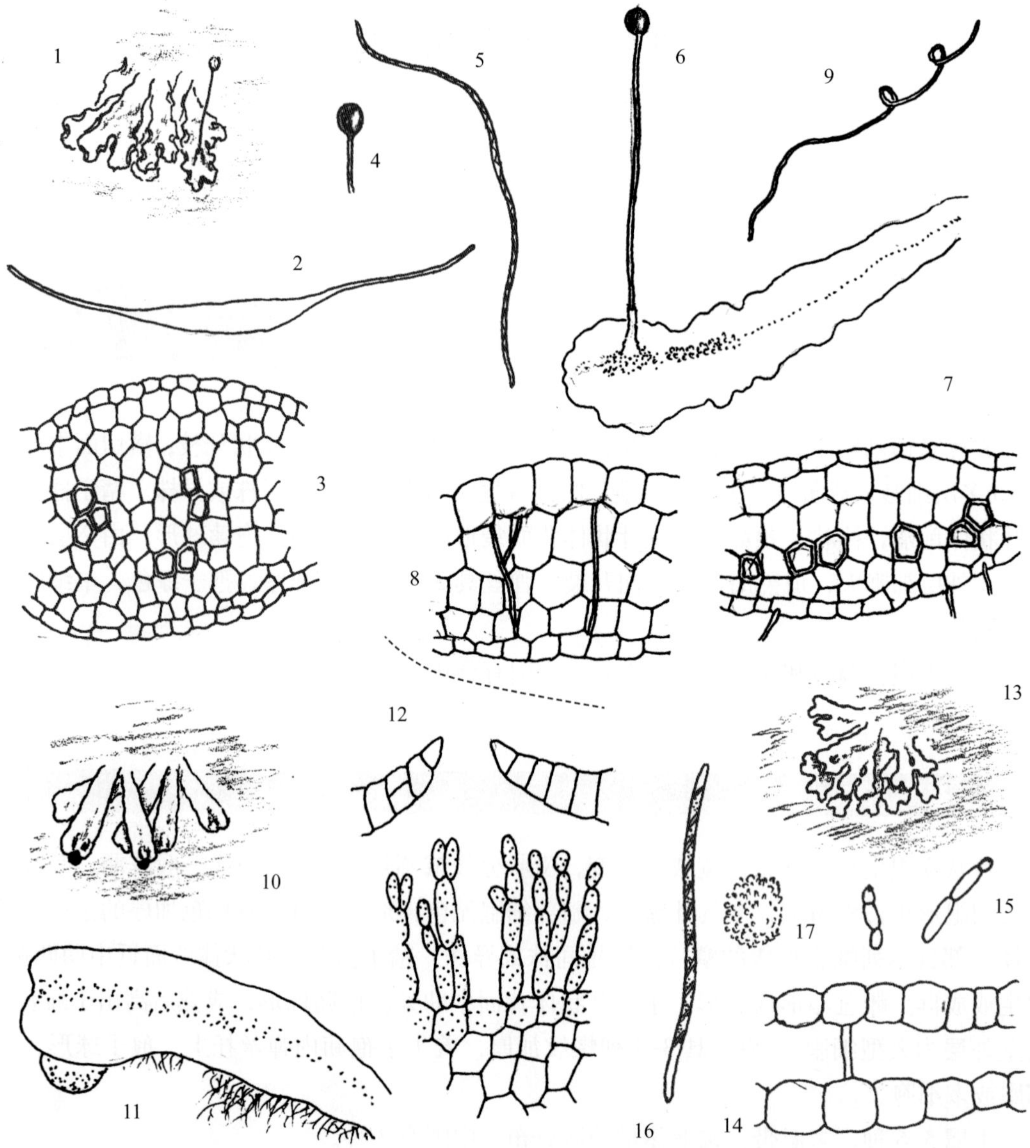

图 68

1~5. 花叶溪苔 *Pellia endiviifolia*（Dicks.）Dum.

1. 阴湿具土岩面生长的植物群落（×1），2. 叶状体的横切面（×10），3. 叶状体中央部分的横切面（×110），4. 孢蒴（×2），5. 弹丝（×120）

6~9. 溪苔 *Pellia epiphylla*（Linn.）Corda

6. 雌株（×2），7. 叶状体中央部分的横切面（×70），8. 叶状体边缘部分的横切面，示具加厚条纹（×100），9. 弹丝（×110）

10~12. 皮叶苔 *Targionia hypophylla* Linn.

10. 高山阴湿林地生长的植物群落（×1），11. 雌株（背面观，×5），
12. 叶状体横切面的一部分，示气孔及气室中的营养丝（×130）

13~17. 黄光苔 *Cyathodium aureo-nitens*（Griff.）Schiffn.

13. 湿土生长的植物群落（×1），14. 叶状体横切面的一部分（×190），15. 鳞片（×80），16. 弹丝（×120），17. 孢子（×150）

表面具疣，直径 80~100 μm。

生境和分布 生山区阴湿岩面或土上。吉林、辽宁、四川和云南；日本、印度、欧洲及北美洲有分布。

溪 苔 *Pellia epiphylla*（Linn.）Corda in Opiz，Beitr. Naturgesch. 12：654. 1829. 图 68：6~9

形态特征 大片交织生长。叶状体形大，黄绿色或深绿色，长 2~4 cm，宽 5~7 mm；多叉状分枝；中肋界限不明显；边缘呈波状。叶状体背腹面表皮细胞小，长方形，横切面中部厚 8~12 层细胞，细胞薄壁，常具棕色加厚的条纹；边缘细胞单层，宽达 10 多个细胞；常具紫红色边缘 。雌雄同株。雌苞袋形。

生境和分布 生于海拔 1 300~2 000 m 山涧溪边具土石上或湿土上。内蒙古和云南；喜马拉雅山地区、印度、日本、欧洲及北美洲有分布。

035 皮叶苔科 TARGIONIACEAE

成片贴生基质。叶状体片状，由腹面生出分枝。气室形大，内有多数具分枝的营养丝；气孔单一，周围具 6~10 个保卫细胞。大型紫色鳞片在叶状体腹面两侧各有一列。精子器呈小盘状，着生叶状体短分枝顶部。 蒴柄极短。孢蒴单生，由 2 片深红色苞膜所包被；孢蒴壁单层细胞 。弹丝 2~3 列螺纹加厚，常分枝。

本科 1 属，温湿地区分布。中国有分布。

1 皮叶苔属 *Targionia* Linn.

成片土生，稀石生。叶状体呈带状，腹面分枝，背面表皮细胞圆形，薄壁，具明显三角体；由气室形成的网纹明显。每一气室具单一型的气孔，气孔由 2 列多个长方形细胞组成。气室内具多数绿色分枝的丝状组织。叶状体腹面具 2 列暗紫色至紫色鳞片，半月形至狭长三角形，每一鳞片具一附片 。雌雄同株，或异株。雌苞顶生或由腹面伸出。苞膜 2 瓣状，孢蒴成熟后不规则开裂。

本属约 4 种，温带地区分布。中国有 2 种。

皮叶苔 *Targionia hypophylla* Linn.，Sp. Pl. 1136. 1753. 图 68：10~12

形态特征 成片交织生长。淡绿色，长 10~15 mm，宽 2~4 mm，稀假两歧分枝；萌枝由腹面生长；尖端楔形开裂；背面具不明显的由气室形成的网纹，表皮细胞 5~6 边形，角部加厚。气孔单一，具 4 列细胞，每列由约 6 个狭长方形细胞 。气室内具多数营养丝，顶细胞卵形。腹面具 2 列斜三角形鳞片，顶端各具 1 个阔卵状披针形具长毛的附片。孢蒴球形，无柄。孢子直径约 70 μm，具细网纹。

生境和分布 生于亚高山的阴湿林地和石灰岩石上。四川和云南；欧洲地中海地区有分布。

036 光苔科 CYATHODIACEAE

紧贴基质成小片生长。叶状体质薄，两歧分枝，叶状体中部为上下 2 层细胞，边缘单层细胞。气室单层，气孔由 2~3 列细胞组成。鳞片细小，在叶状体腹面成 2 列，或缺失。雌雄同株或异株。苞膜常着生叶状体尖部腹面，呈筒状或两瓣状。蒴柄细弱。孢蒴球形，成熟时 8 瓣开裂 。弹丝纺锤形，3 列螺纹加厚。孢子圆球形，表面具粗疣。

本科 1 属，多见于热带和亚热带山区。中国有分布。

1 光苔属 *Cyathodium* Kunze

属的特性同科。

本属约 12 种，亚洲南部、非洲中部和西部及中美洲分布。中国 5 种。

黄光苔 *Cyathodium aureo-nitens*（Griff.）Schiffn.，Denkschr. Mat.- Nat. Cl. Kais. Akad. Wiss. Wien 67：154. 1898. **图 68：13~17**

形态特征 片状紧贴基质生长。叶状体黄绿色，两歧分叉，弱光下呈现萤光；长可达 1 cm，阔约 0.4 cm。气室形大，内无营养丝。在叶状体背面具不规则排列的气孔，孔口由 1~3 列狭长细胞构成。雌雄异株。孢蒴球形，成熟后顶端 6~8 瓣裂。弹丝具 2 列螺纹加厚。孢子形大，表面具粗疣，直径达 68 μm。

生境和分布 生于海拔 2 000 m 的湿土坡或石灰岩上。云南；印度、印度尼西亚、中美洲及非洲有分布。

037 花地钱科 CORSINIACEAE

叶状体通常 1~2 回两歧分枝。叶状体具单层气室；横切面基本组织较厚，自中央向边缘渐薄；中肋界限不明显。腹面鳞片小，披针形。雌雄同株或异株。雌雄生殖托均无柄，生于叶状体背的中央。苞膜盾状。蒴被表面具粗突起，包被孢蒴。孢蒴成熟时从蒴被伸出，不规则开裂。弹丝为不育细胞。孢子球形。

本科 2 属，热带或亚热带山区分布。中国有 1 属。

1 花地钱属 *Corsinia* Raddi

成片交织生长。叶状体带状，不规则两歧分枝，中肋宽，与叶状体分界不明显，两侧渐向边缘渐薄。叶状体具单层气室，气室底部着生绿色丝状体；气孔单一；腹面鳞片无色透明，前端具披针形附片。精子器和颈卵器着生于叶状体背面中间凹陷处。苞膜不规则盾状，边缘不平滑，基部较狭窄，遮盖部分孢子体。蒴被包围单生孢蒴。蒴柄短。弹丝球形或卵形。孢子近于球形。

本属仅 1 种，暖湿地区生长。中国有分布。

花地钱 *Corsinia coriandrina*（Spreng.）Lindb.，Hepat. Utveckl. Helsingfors：30. 1877. 图 69：1~3

形态特征 片状交织生长。叶状体中等大小，带状，色泽灰绿，长可达 4 cm，宽不及 7 mm，具浅色波状边缘。叶状体背面表皮细胞透明，无三角体。气孔单一，孔边细胞 5~6 个，1~2 列。叶状体腹面鳞片无色透明，边缘不平滑，附片常为披针形，有时具散生油胞。雌雄同株或异株。 雄托常生于叶状体背面前端中央。雌托生于叶状体背面的中央凹陷处。蒴被近于球形，无柄，表面具粗疣，包被孢蒴 。孢蒴无蒴柄，成熟时不规则开裂。弹丝壁极薄，无螺纹加厚。孢子表面具网纹，黑色。

生境和分布 多生于山地阴湿土面。云南；欧洲、非洲北部及北美洲有分布。

038 半月苔科 LUNULARIACEAE

疏松贴生成片状群落。叶状体宽阔，呈带形，绿色，略具光泽；分枝生于顶端或呈不规则叉状分枝。背面表皮细胞厚壁。叶状体横切面气孔单一，气室单层，内具绿色丝状体；下部的基本组织较厚；中肋与叶状体分界不明显。腹面鳞片斜长半月形，具1个基部收缩的卵圆形附片。芽胞杯狭弯月形。雌雄异株。雄托椭圆盘形，无柄。雌托退化；一般生于叶状体背面前端的中间。每一苞膜内有1~3个孢子体。孢蒴具短蒴柄，外面由蒴被包裹，成熟时伸出蒴被，4瓣开裂。弹丝细长，具2列螺纹加厚。孢子近于平滑。

本科1属，暖湿山地分布。中国有分布。

1 半月苔属 *Lunulria* Adans.

成片交织生长。叶状体宽带形，长可达5 cm，宽5~13 mm，绿色，略具光泽，边缘常波曲，分枝生于顶端或不规则叉状分枝。叶状体背面表皮细胞无色，厚壁；横切面基本组织最厚部位约10多个细胞，薄壁；中肋分界不明显，两侧渐向边缘渐薄。气室单层，内有多数绿色丝状体；气孔单一，口部周围由6~8个呈放射状排列的狭长方形细胞构成，3~5列。腹面鳞片2列，偶有油胞；先端附片不规则椭圆形，基部收缩。

本属1种，生于亚热带山地。中国有分布。

半月苔 *Lunularia cruciata*（Linn.）Dum. ex Lindb.，Not. Saellsk. Fauna Fl. Fenn. Foerhandl. 9：298. 1868. 图 69：4~9

形态特征 种的特征同属。

生境和分布 生于阴湿具土岩面或土上。台湾、湖南、四川和云南；欧洲、南北美洲及非洲北部有分布。

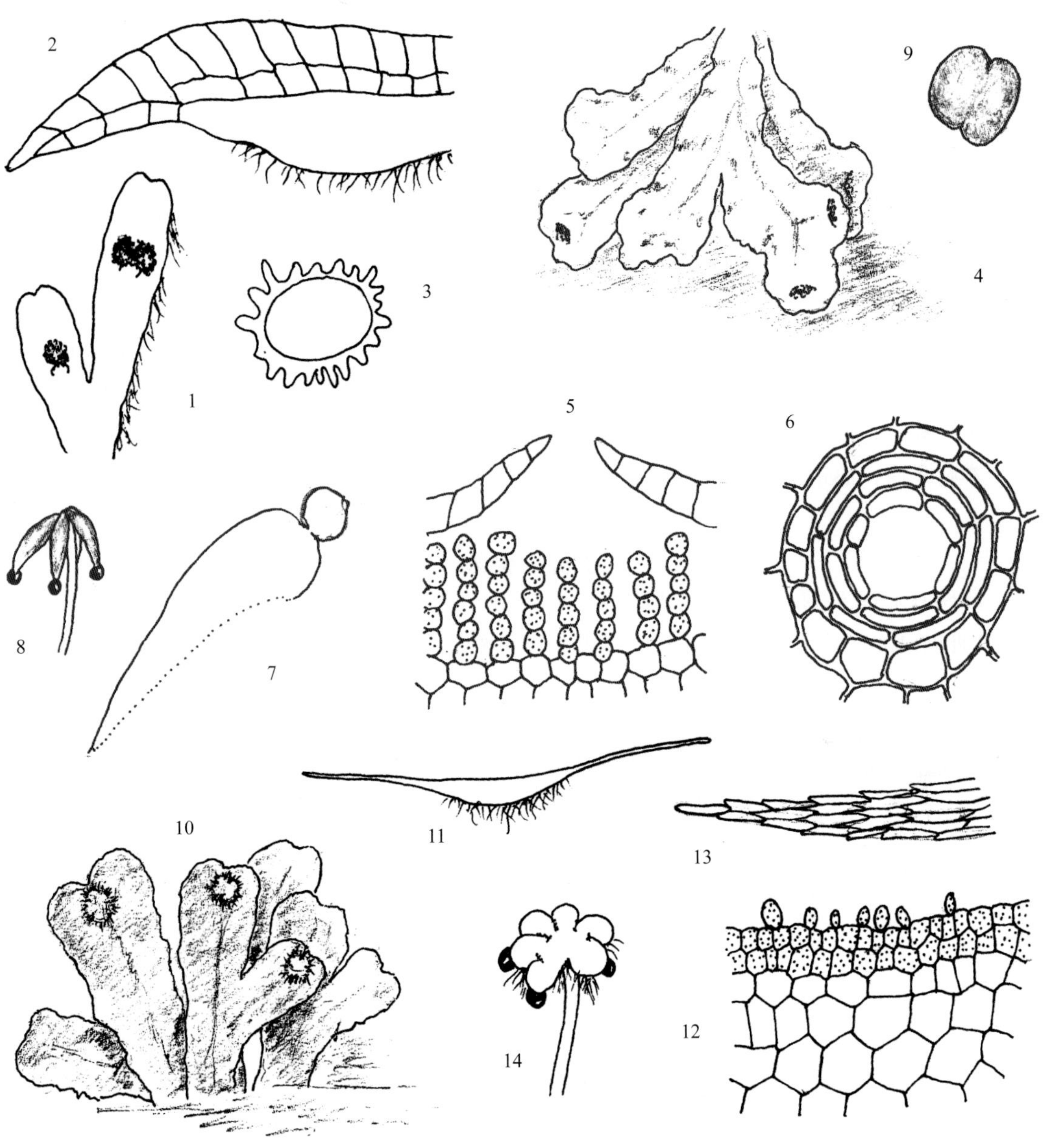

图 69

1~3. **花地钱** *Corsinia coriandrina*（Spreng.）Lindb.

1. 雌株（×2），2. 叶状体横切面的一部分（×20），3. 蒴被的横切面（×25）

4~9. **半月苔** *Lunularia cruciata*（Linn.）Dum. ex Lindb.

4. 阴湿土面生长的植物群落（×1），5. 气室横切面的一部分（×200），6. 气孔（背面观，×200），7. 鳞片（×25），8. 成熟的雌托（×7），9. 芽胞（×12）

10~14. **毛地钱** *Dumortiera hirsuta*（Sw.）Nees

10. 溪边具土石上生长的植物群落（×1），11. 叶状体的横切面（×6），12. 叶状体横切面的背面细胞（×70），13. 鳞片（×50），14. 成熟雌托，示孢蒴将开裂（×3）

039 魏氏苔科 WIESNERELLACEAC

大片状交织成群生长。叶状体大，色泽亮绿或暗绿色，两歧分枝或顶端分枝；横切面下部基本组织为大型薄壁细胞；叶状体背面具单层气室，内有绿色丝状体，具简单气孔或气孔缺失；或无气室而表皮密生绿色乳头状突起。腹面鳞片半月形或退化。雌雄同株或异株。雄托内着生精子器。雌托半球形，5~10 浅裂；托柄具 2 条假根沟。苞膜两瓣形，内具孢子体。蒴被包裹着孢蒴。孢蒴成熟时伸出蒴被后 4 瓣裂，或不规则瓣裂。弹丝细长，具多列螺纹加厚。孢子球形或为四分体形，表面具粗纹饰。

本科 2 属，热带及亚热带地区生长。中国有分布。

分属检索表

1. 叶状体无气室和气孔；背面表皮密被乳头状突起 ……………… 1. 毛地钱属 *Dumortiera*

1. 叶状体具单层气室和突出的气孔；背面表皮细胞无乳头状突起 ……………… 2. 魏氏苔属 *Wiesnerella*

1 毛地钱属 *Dumortiera* Nees

交织呈大片状群落。叶状体形大，长可达 15 cm，宽 1~2 cm，色泽暗绿，多回叉状分枝，边缘略波曲。叶状体横切面下部基本组织厚 12~16 个细胞；无气室和气孔分化，背面具密集排列的乳头状突起；中肋无明显分界。腹面鳞片不规则或退化后略有痕迹。雌雄同株或异株。雄托圆盘形，周围密生长刺状毛，托柄极短。雌托柄长 3~6 cm，具 2 条假根沟。雌托半球形，表面具多数纤毛，6~10 瓣浅裂 。每一雌托裂瓣下有一个两瓣形的苞膜，每一苞膜内有 1 个孢子体。孢蒴球形，外由蒴被包裹，孢蒴成熟时伸出，不规则 4~8 瓣裂；蒴壁具环纹加厚。弹丝细长，具 2~5 列螺纹加厚。孢子球形或不规则形，表面为翅状脊纹。

本属 1 种，山区溪边湿地生长。中国有分布。

毛地钱 *Dumortiera hirsuta*（Sw.）Nees，Nova Acta Leop. Carol. 12：410. 1824. 图 69：10~14

形态特征 种的特征同属。

生境和分布 习生山地阴湿沃土上。浙江、安徽、福建、台湾、江西、湖南、广东、海南、广西、贵州、四川、云南和西藏；广布于世界暖湿地区。

2 魏氏苔属 *Wiesnerella* Schiffn.

片状交织生长。叶状体绿色，略具光泽，长可达 8 cm，宽约 1 cm，表面平滑，边缘略波曲。横切面腹面基本组织高 5~7 个细胞；中肋分界不明显，渐向边缘渐薄；背面气室单层，内有球形细胞构成的绿色营养丝；具单一气孔，一般由 5~6 个辐射状排列的细胞构成，呈 4~5 列。腹面鳞片在中肋两侧各具 1 列，透明，半月形，先端具近椭圆形附片。雌雄同株。雄托圆盘形，无托柄。雌托柄长达 4 cm，具 2 条假根沟。雌托半球形，5~7 浅裂。

本属 1 种，热带及亚热带山区生长。中国有分布。

魏氏苔 *Wiesnerella denudata*（Mitt.）Steph.，Bull. Herb. Boissier 7：382. 1899. 图 70：1~4

形态特征　种的特征同属。

生境和分布　多生于阴湿沃土上。台湾、福建、江苏、四川、云南和西藏；喜马拉雅山地区、印度、亚洲东南部、日本、朝鲜及太平洋岛屿有分布。

040 蛇苔科 CONOCEPHALACEAE

大片交织生长。叶状体宽或狭带形，色泽亮绿或绿色，多回两歧分枝；背面表皮细胞壁薄；气孔和气室明显，气室单层，内有顶端常着生无色透明的长颈瓶形或梨形细胞的营养丝；中肋分界不明显。腹面的鳞片先端具 1 个近椭圆形附片。无芽胞杯。雌雄异株。雄托椭圆形，无柄。雌托长圆锥形，下方具袋状苞膜，内着生孢子体。孢蒴长卵形，蒴壁具半环纹加厚。雌托柄肉质，透明，具 1 条假根沟。弹丝具螺纹加厚。孢子近球形。

本科 1 属，多生长于亚热带和温带地区。中国有分布。

1 蛇苔属 *Conocephalum* Wigg.

成大片群生。叶状体形小或宽大，亮绿色至暗绿色，有时略具光泽，多回叉状分枝。叶状体背面表皮细胞薄壁，无色；可见明显气孔和多边形气室的六角形分格；气室单层，内由绿色球形细胞组成的多数营养丝，气孔下方的营养丝顶端常着生无色透明的长颈瓶形或梨形细胞；气孔口部周围有 6~7 个单层细胞，呈 5~8 列放射状排列；叶状体横切面下部为基本组织，高约 10 个细胞；中肋分界不明显，渐向边缘渐薄。腹面的鳞片弯月形，先端具 1 个近椭圆形紫红色附片。 雌雄异株。雄托椭圆形，生于叶状体背面的前端，无柄。雌托长圆锥形，边缘 5~9 浅裂。

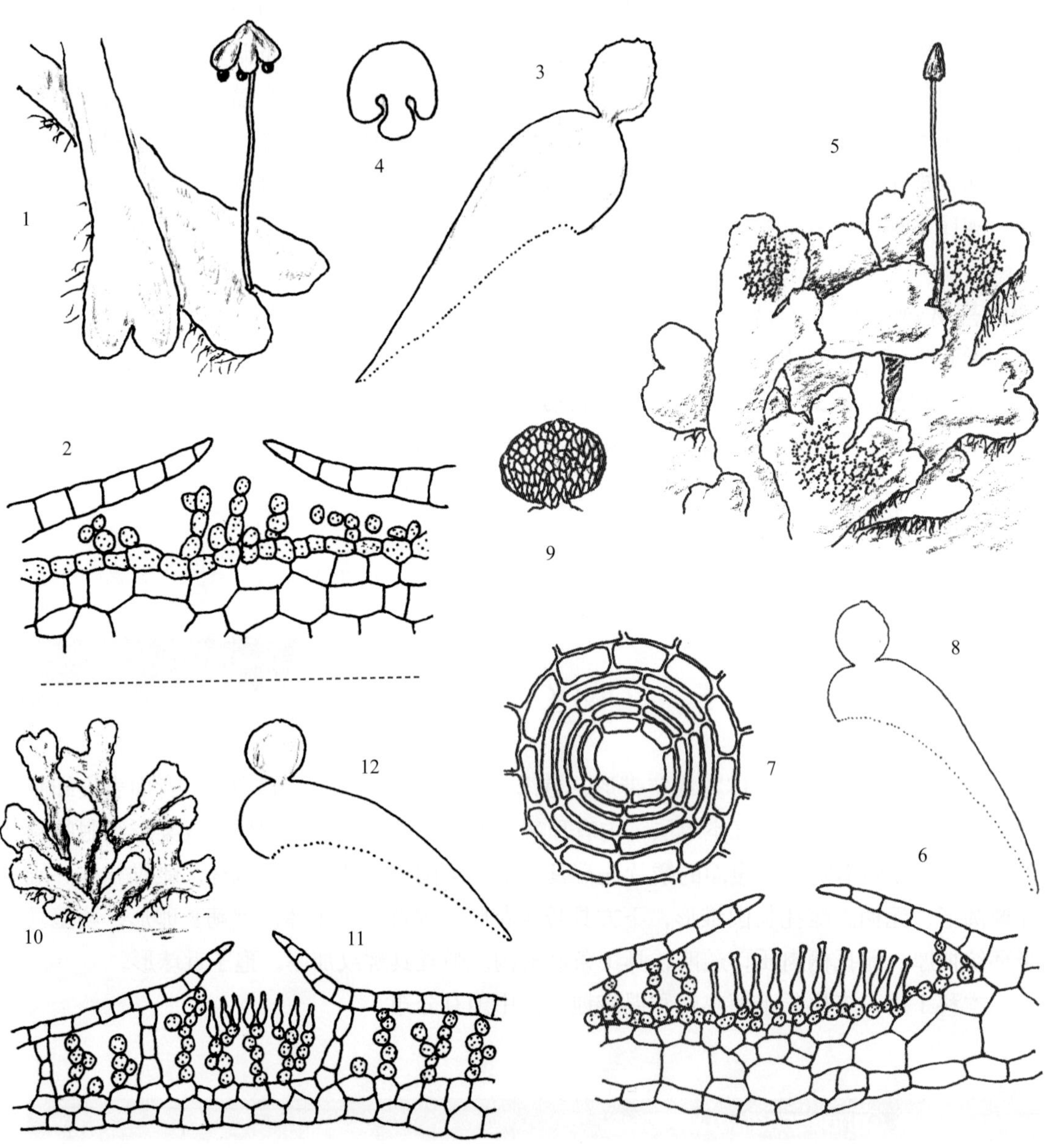

图 70

1~4. **魏氏苔** *Wiesnerella denudata*（Mitt.）Steph.

1. 雌株（×1.5），2. 叶状体气室部分的横切面（×600），3. 腹面鳞片（×60），4. 蒴柄的横切面，示具2条假根沟（×20）

5~9. **蛇苔** *Conocephalum conicum*（Linn.）Dum.

5. 阴湿土壁着生的植物群落（×1），6. 叶状体气室部分的横切面（×600），7. 气孔（背面观，×130），8. 腹面鳞片（×60），9. 鳞片前端的附片（×120）

10~12. **小蛇苔** *Conocephalum japonicum*（Thunb.）Grolle

10. 植物群落（×4），11. 叶状体气室部分的横切面（×600），12. 腹面鳞片（×60）

本属 2 种，多生于亚热带山地阴湿土上。中国有 2 种。

分种检索表

1. 叶状体形大，一般宽约 1~2 cm，深绿色或亮绿色；气室内营养丝顶端具无色长颈瓶形细胞……1. 蛇苔 *C. conicum*

1. 叶状体小形，宽度不大于 7 mm，色泽浅绿；气室内营养丝顶端具无色的梨形细胞 …… 2. 小蛇苔 *C. japonicum*

蛇苔 *Conocephalum conicum*（Linn.）Dum.，Bull. Soc. Roy. Bot. Belgique 10：296. 1871. 1872. 图 70：5~9

形态特征　大片状交织生长。叶状体宽带形，深绿色至亮绿色，有时具光泽，长可达 10 cm，宽 0.7~2 cm，偶有清香味。叶状体背面具明显气孔和多边形气室分格，内有多数绿色营养丝，顶端常具无色透明的长颈瓶形细胞；气孔单一，口部周围细胞 6~7 个，5~6 列；中肋分界不明显。叶状体横切面下部 基本组织高约 10~15 个细胞。腹面鳞片弯月形，先端具 1 个椭圆形附片。雌雄异株。雌托柄长 ，具 1 条假根沟。雌托长圆锥形，边缘 5~9 浅裂，孢蒴成熟时不规则 8 瓣开裂 。弹丝具 2~5 列螺纹加厚。孢子表面具粗及细密疣。

生境和分布　小溪边具土石上和阴湿土壁生长。吉林、黑龙江、辽宁、河北、山西、河南、甘肃、新疆、安徽、台湾、福建、江西、湖北、湖南、广东、广西、四川和云南；北半球广泛分布。

应用价值　传统的中草药。全草可煮水内服清火，或鲜草洗净后捣碎外敷。

小蛇苔 *Conocephalum japonicum*（Thunb.）Grolle，Journ. Hattori Bot. Lab. 55：501. 1984. 图 70：10~12

形态特征　紧贴基质交织生长。叶状体小至中等大小，狭带状，长度一般不及 3 cm，宽度在 2~3（~7）mm，浅绿色。叶状体背面常具明显气孔和多边形气室分格；气室单层，具多数绿色营养丝，顶端具无色透明的梨形细胞；气孔单一，口部周围由 5~6 列，每列由 6~7 个细胞构成；中肋分界不明显。叶状体横切面下部 基本组织高约 4~8 个细胞。腹面鳞片弯月形，先端具 1 个近圆形附片。雌雄异株。雌托长圆锥形，边缘 5~9 浅裂。

生境和分布　多林间小道、林边湿润土壁或草丛下生长。甘肃、陕西、浙江、台湾、福建、湖南、贵州、四川、云南和西藏；喜马拉雅山地区、亚洲东南部、朝鲜、日本和俄罗斯有分布。

应用价值　与蛇苔相同。

041 疣冠苔科 AYTONIACEAE

片状交织生长。叶状体小至中等大小，带状，灰绿色、浅绿色至深绿色；常叉状分枝，有时腹面侧生新枝。叶状体气室多层；气孔单一型，常突起；口部周围细胞单层，有的属种呈放射状排列；中肋分界不明显，渐向边缘渐薄。叶状体横切面下部基本组织细胞较大，薄壁。腹面鳞片覆瓦状排列，中肋两侧各 1 列，近半月形，有时具油胞及黏液 细胞；先端具 1~3 个附片，近披针形。雌雄同株或异株。雄托无柄，生于叶状体背面。雌托边缘深裂、浅裂、近于不开裂或退化；托柄具 1 条假根沟或缺失。雌托着生于叶状体中肋的背面或叶状体前端缺刻处；其下方着生苞膜，两瓣裂或膜状；有的属种具深裂呈批针形裂瓣的假蒴萼，内含 1 个孢子体。孢蒴多为球形，由蒴被包裹，成熟时伸出，盖裂或不规则开裂。弹丝具 1~ 多列螺纹加厚。孢子多为四分体型，表面具细疣、粗疣或网纹。

本科 5 属，多亚热带山区生长。中国均有分布。

分属检索表

1. 雌托下方具披针形裂瓣的假蒴萼……2. 花萼苔属 *Asterella*
1. 雌托下方无披针形裂瓣的假蒴萼……2
2. 雌托柄无假根沟……3. 紫背苔属 *Plagiochasma*
2. 雌托柄具 1 条假根……3
3. 雌托近于半球形，边缘近于不开裂……1. 疣冠苔属 *Mannia*
3. 雌托顶部略呈拱形，边缘深裂……4. 石地钱属 *Reboulia*

1 疣冠苔属 *Mannia* Opiz.

叶状体形小，呈带状，灰绿色至绿色，质厚；多叉状分枝。叶状体背面表皮细胞有时具油胞；气室多层；气孔单一，有的种明显突起；口部周围细胞单层；中肋分界不明显，渐向边缘渐薄。叶状体横切面有时具油胞。腹面鳞片于中肋两侧各 1 列，覆瓦状排列；形较大，近半月形，常具油胞及边缘有黏液细胞；先端多具 1~3 个附片，呈披针形或狭长披针形。雌雄同株或异株。雄托无柄，生于叶状体背面前端。雌托近球形或半球形，基部通常浅裂或近于不开裂；下方具苞膜；每一苞膜内各含 1 个孢子体。雌托柄短或长，具 1 条假根沟，着生于叶状体中肋前端缺刻处。孢蒴球形，成熟时顶端 1/3 处不规则盖裂。弹丝具 2~4 列螺纹加厚。孢子四分体型，表面常具细疣及网纹。

本属约 16 种，多见温带山地生长。中国有 4 种。

分种检索表

1. 叶状体背面具明显暗色气室分隔纹；表皮细胞一般为多边形，薄壁；雌托近于球形 ………2. 疣冠苔 *M. triandra*

1. 叶状体背面无明显气室分隔纹；表皮细胞一般近于多边形或椭圆形，胞壁略厚或具三角体；雌托半球形 ……2

2. 叶状体略小，多数长 1~1.5 cm，宽 1.5~2 mm；表皮细胞壁稍厚，无明显三角体；气孔边缘细胞 1 列，不规则排列；雌托顶部具粗疣状突起 ……………………………………………………………………… 1. 西伯利亚疣冠苔 *M. sibirica*

2. 叶状体稍大，多数长 1~2.5 cm，宽 1.5~3.5 mm，表皮细胞壁薄，具明显三角体；气孔边缘细胞 2~3 列，规则放射状排列；雌托顶部无粗疣状突起 ……………………………………………………………………… 3. 无隔疣冠苔 *M. fragrans*

西伯利亚疣冠苔 *Mannia sibirica*（K. Müll.）Frye et Clark，Univ. Washington Publ. Biol. 6：66. 1937. 图 71：1~5

形态特征 成片贴生基质。叶状体狭带形，长 1~1.5 cm，宽 1.5~2 mm，叉状分枝。叶状体背面表皮细胞壁稍厚，无明显三角体；气室 2~ 多层；气孔口部由 5~7 个细胞围绕。叶状体横切面下部基本组织约为厚度的 1/2。腹面鳞片先端具 1~2 条披针形附片。雌雄同株。雌托盘形，边缘 2~6 裂；雌托柄长 1~2.5 mm。假蒴萼呈半球形。弹丝具 1~3 列螺纹加厚。孢子具网纹。

生境和分布 多生长于山区林缘地面。黑龙江、内蒙古和陕西；俄罗斯（远东地区）、欧洲及北美洲有分布。

疣冠苔 *Mannia triandra*（Scop.）Grolle，Taxon 32：135. 1983. 图 71：6~8.

形态特征 片状交织生长。叶状体狭带形，一般长 1~2 cm，宽 2~5 mm，浅绿色，有时边缘紫色；叉状分枝。叶状体背面表皮细胞多边形，胞壁略厚，无三角体；气室 2~3 层；气孔口部周围细胞 6~7 个，一般 1~3 列。叶状体横切面下部基本组织约为厚度的 1/2。腹面鳞片先端具 1~2 个狭带形附片，基部有时略收缩。雌雄同株。雌托柄长约 1 cm，着生于叶状体侧枝上。雌托小，圆盘状，顶部具多数突起，边缘近于不开裂。假蒴萼呈半球形，裂瓣前端成喙状。弹丝具 2 列螺纹加厚。孢子具网纹。

生境和分布 生长于山地溪边。辽宁、四川和云南；日本、欧洲及北美洲有分布。

无隔疣冠苔 *Mannia fragrans*（Balb.）Frye et Clark，Univ. Washington Publ. Biol. 6：62. 1937. 图 71：9~13

形态特征 小片状交织生长。叶状体呈带形，稍大，多数长 1~2.5 cm，宽 1.5~3.5 mm，有时叶边紫色。叶状体背面表皮细胞壁略厚，三角体大；气室 2~3 层；气孔口部周围细胞 6~8 个，一般 2~3 列；中肋分界不明显。叶状体横切面下部基本组织厚度约为 1/2。腹面鳞片先端具 1~3 条狭披针形附片。雌雄同株。雌托半球形，边缘不整齐；下方具膨大的球形孢子体。雌托柄长 0.2~1 cm。弹丝具 2~3 列螺纹加厚。孢子具穴状网纹。

生境和分布 生长于山地阴湿土坡上。黑龙江、吉林、陕西和云南；俄罗斯（远东地区）、欧洲及北美洲有分布。

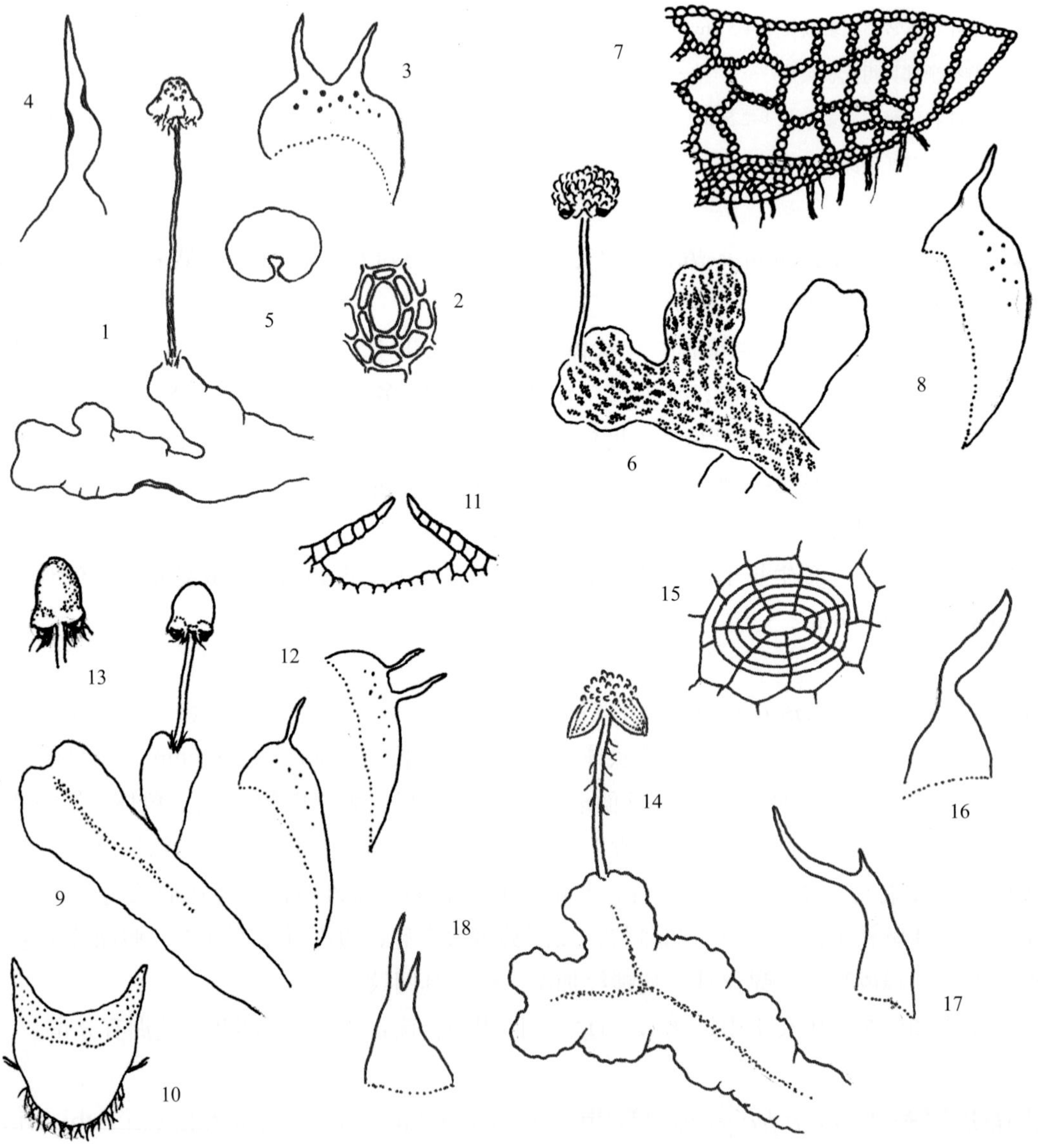

图 71

1~5. **西伯利亚疣冠苔** *Mannia sibirica*（K. Müll.）Frye et Clark

1. 雌株（×5），2. 气孔（背面观，×50），3. 腹面鳞片（×30），4. 附片（×80），5. 雌托柄的横切面（×48）

6~8. **疣冠苔** *Mannia triandra*（Scop.）Grolle

6. 雌株（×4），7. 叶状体横切面的一部分（×32），8. 腹面鳞片（×30）

9~13. **无隔疣冠苔** *Mannia fragrans*（Balb.）Frye et Clark

9. 雌株（×4），10. 叶状体的横切面（×10），11. 气孔的横切面（×80），12. 腹面鳞片（×40），13. 雌托（×14）

14~18. **多托花萼苔** *Asterella multiflora*（Steph.）Pande，Srivast. et Khan

14. 雌托（×4），15. 气孔（背面观，×30），16~18. 腹面鳞片（×30）

2 花萼苔属 *Asterella* P. Beauv.

叶状体小至中等大小，呈带状，浅绿色至深绿色，质厚；多叉状分枝。叶状体背面表皮细胞有时具油胞；气室多层；气孔单一，口部周围细胞单层，一般薄壁。叶状体横切面有时具油胞。腹面鳞片覆瓦状排列于中肋两侧各1列，近于半月形，常具油胞及边缘有黏液细胞；先端附片披针形、舌形至卵圆形，基部收缩。雌雄同株或异株。雄托一般椭圆形，无柄，生于叶状体背面前端。雌托多半球形，边缘通常不开裂；托下方有2~4瓣裂，由深裂的披针形裂片的假蒴萼，构成半球形或圆锥形的外鞘；内含1个孢子体；雌托柄具1条假根沟，着生于叶状体中肋前端缺刻处。孢蒴球形，成熟时顶端1/3处不规则盖裂。弹丝长，具1~3列螺纹加厚。孢子四分体型，表面常具细疣和网纹。

本属45~50种，亚热带地区山坡生长。中国有14种。

分种检索表

1. 腹面鳞片的附片长10余个细胞；雌托较大，直径超过3.5 mm ······ 2. 东亚花萼苔 *A. yoshinagana*

1. 腹面鳞片的附片长不足10个细胞；雌托较小，直径小于3 mm ······ 2

2. 蒴柄上具狭长鳞毛；孢子表面无大网纹 ······ 1. 多托花萼苔 *A. multiflora*

2. 蒴柄上一般无狭长鳞毛；孢子表面具大网纹 ······ 3

3. 雌托常生于侧枝上；假蒴萼裂片构成半球形外鞘，前端呈喙状 ······ 3. 侧托花萼苔 *A. mussuriensis*

3. 雌托生于主枝上；假蒴萼裂片呈半球形或圆锥形鞘部，前端不呈喙状 ······ 4

4. 气孔口部周围具6~8个细胞；雌托边缘不规则深裂 ······ 4. 网纹花萼苔 *A. leptophylla*

4. 气孔口部周围具6个细胞；雌托边缘浅裂 ······ 5. 狭叶花萼苔 *A. angusta*

多托花萼苔 *Asterella multiflora*（Steph.）Pande，Srivast. et Khan，Journ. Hattori Bot. Lab. 11：2. 1954. 图71：14~18

形态特征 片状贴生基质。叶状体呈带形，长1~1.5 cm，宽2~3 mm；背面气室2至多层，气孔口部周围6~7个细胞，4~5圈，呈放射状排列；叶状体横切面下部基本组织超过厚度的1/2。腹面鳞片先端附片披针形，尖部常深裂，有时边缘具齿，裂瓣宽2~3个细胞，多数细胞狭长，附片基部一般略收缩。雌托柄表面具棱，着生有多数狭长鳞毛。雌托圆拱形，顶部具多数突起，边缘近于不开裂。假蒴萼裂片构成长圆锥形外鞘。弹丝1~2列螺纹加厚。孢子不具大型网纹。

生境和分布 生于亚热带山区潮湿地区。四川和云南；喜马拉雅山地区和印度有分布。

东亚花萼苔 *Asterella yoshinagana*（Horik.）Horik.，Hikobia 1：79. 1951. 图72：1~3

形态特征 成片状贴生基质。叶状体狭带形，质较薄，一般长1.5~2.5 cm，宽约6 mm。叶状体背面表皮细胞多边形，薄壁，无三角体；气室2至多层；气孔口部7~8个细胞，呈3~4圈；中肋分界不明显。叶状体横切面下部基本组织厚度约1/2。腹面鳞片先端

图 72

1~3. 东亚花萼苔 *Asterella yoshinagana*（Horik.）Horik.

1. 雌株群落（×4），2. 叶状体横切面的一部分（×150），3. 腹面鳞片的附片（×40）

4~7. 侧托花萼苔 *Asterella mussuriensis*（Kashyap）Verd.

4. 雌株（×7），5. 叶状体横切面的一部分，示气孔及气室（×90），6. 腹面鳞片（×30），7. 雌托（×12）

8~11. 网纹花萼苔 *Asterella leptophylla* (Mont.) Grolle.

8. 雌株（×7），9. 叶状体横切面的一部分，示气孔及气室（×150），10，11. 腹面鳞片（×20）

12~14. 狭叶花萼苔 *Asterella angusta*（Steph.）Pande，Srivast. et Khan

12. 雌株（×6），13. 腹面鳞片（×20），14. 孢子（×310）

具 1 条多为长舌形的附片，具短尖，有时附片尖部深裂或边缘具齿，基部不收缩。雌托柄长 0.7~1.6 cm。雌托大，圆盘形，质略薄，顶部粗糙，边缘不规则浅裂。假蒴萼裂片构成半球形外鞘，前端圆锥形。弹丝具 2 列螺纹加厚。孢子具大型网纹。

生境和分布　生于 1 500~3 600 m 山区。辽宁、台湾、四川和云南；喜马拉雅山地区和日本有分布。

侧托花萼苔 *Asterella mussuriensis*（Kashyap）Verd.，Ann. Bryol. 8：156. 1935. 图 72：4~7

形态特征　大片交织生长。叶状体狭带形，一般长 1~2 cm，宽 2~5 mm，浅绿色，有时叶边紫色；叉状分枝。叶状体背面表皮细胞多边形，胞壁略厚，无三角体；气室 2~3 层；气孔口部周围 6~7 个细胞，一般呈 1~3 圈；中肋分界不明显。叶状体横切面下部基本组织厚度约 1/2。腹面鳞片先端具 1 个披针形附片，附片常深裂至近基部或 基部以下，有时边缘具齿，稀基部略收缩。雌雄同株。雌托柄长约 1 cm，着生于叶状体侧枝上。雌托圆拱形，顶部具多数突起，边缘近于全缘。假蒴萼裂片构成半球形外鞘，前端聚成喙状。弹丝 2 列螺纹加厚。孢子具网纹。

生境和分布　生长于山区湿土面。四川、云南和西藏；喜马拉雅山地区及印度有分布。

网纹花萼苔 *Asterella leptophylla* (Mont.) Grolle，Feddes Repert. 87（3/4）：246. 1976. 图 72：8~11

形态特征　成片交织生长。叶状体狭带形，一般长 1~2.2 cm，宽 2~5 mm，浅绿色；叉状分枝。叶状体背面气室 2~3 层；气孔突出，口部周围 6~8 个细胞，呈 2 圈；中肋分界不明显。叶状体横切面下部基本组织少，厚度为 1/2~1/3。腹面鳞片先端具 1 个舌形至卵圆形附片，边缘有时具黏液细胞。雌雄同株。雌托柄长 1~2.5 mm。雌托不规则盘状，边缘 2~6 裂。假蒴萼裂片构成半球形外鞘。弹丝具 1~3 列螺纹加厚。孢子具网纹。

生境和分布　生长于高山林缘或溪边湿润土面。四川和云南；日本和印度有分布。

狭叶花萼苔 *Asterella angusta*（Steph.）Pande，Srivast. et Khan，Journ. Hattori Bot. Lab. 11：8. 1954. 图 72：12~14

形态特征　成片贴生基质。叶状体呈带形，长约 1.3 cm，宽 2.5~3 cm，灰绿色。叶状体背面表皮细胞 5~6 边形，厚壁，具三角体；气孔口部周围 6 个细胞，呈 3 圈；中肋分界不明显。腹面鳞片弯月形或狭镰刀形，附片椭圆形，尖部有时深裂至近基部。雌雄异株。雌托柄长约 2 cm。雌托圆盘形，边缘 4~5 裂；假蒴萼裂片构成半球形外鞘。孢蒴球形，成熟时不规则盖裂。弹丝长 140~160 μm，具单列螺纹加厚。孢子直径 55~65 μm。

生境和分布　山区阴湿坡地上生长。云南和西藏；喜马拉雅山地区及印度有分布。

3 紫背苔属 *Plagiochasma* Lehm. et Lindenb.

成片生长。叶状体小至中等大小，呈带形，一般绿色至深绿色，有时腹面带紫色，质厚；多叉状分枝。叶状体背面表皮有时具油胞；气室多层；气孔单一，口部周围细胞单层；中肋分界不明显，渐向边缘渐薄。叶状体横切面有时具大型油胞；下部基本组织较厚，细胞稍大，薄壁。腹面鳞片着生中肋两侧各 1 列，呈覆瓦状排列，近于半月形，带紫色，常具油胞；先端多具 1~ 3 个宽披针形附片，附片基部常明显收缩。雌雄多同株。雄托无柄，生于叶状体背面中肋处。雌托柄一般短，生于叶状体背面中肋的前端，柄上无假根沟。雌托常退化；下方有贝壳状苞膜。孢蒴球形，成熟时顶端 1/3 处不规则开裂或盖裂。弹丝无螺纹或具螺纹加厚。孢子四分体形，表面常具细疣和网纹。

本属 16 种，热带、亚热带及温带均有分布。中国 6 种。

分种检索表

1. 气孔口部小，周围不具异形细胞，仅 1 列，不呈规则放射状排列 ……………………… 1. 小孔紫背苔 *P. rupestre*

1. 气孔口部较大，周围具多数弧形细胞，2 至数列，呈放射状排列 …………………………………………………… 2

2. 腹面鳞片先端具 1 个心形附片……………………………………………… 4. 钝鳞紫背苔 *P. appendiculatum*

2. 腹鳞片先端具 1~3 个附片，不呈心形 ……………………………………………………………………………… 3

3. 附片 1~2 个，呈宽披针形，一般边缘无齿 ………………………………………………… 2. 日本紫背苔 *P. japonicum*

3. 附片 1~3 个，呈狭披针形，边缘常具齿 ……………………………………………………………………………… 4

4. 附片基部与中上部等宽，多具较小的狭长形细胞 ……………………………………………… 3. 紫背苔 *P. cordatum*

4. 附片基部宽度为中上部的 2 至多倍，具较大的多边形细胞 ………………………… 5. 翼边紫背苔 *P. pterospermum*

小孔紫背苔 *Plagiochasma rupestre*（Forst.）Steph.，Bull. Herb. Boissier 6：783. 1898. 图 73：1~4

形态特征 成片交织生长。叶状体带形，长 1~3.5 cm，宽 3~5 mm。叶状体背面表皮细胞近于圆多边形，薄壁，具三角体，有时具油胞；气孔小，口部周围仅具 4~6 个非异形细胞，不呈放射状排列；中肋分界不明显。腹面鳞片先端具 1~3 条披针形附片，基部略宽阔，有时边缘具黏液细胞。雌托柄长 2~4 mm。雌托退化；一般具 1~3 个苞膜，内有孢子体。弹丝具 2~3 列螺纹加厚。孢子具深穴状网纹。

生境和分布 多生长于山区林缘路边。黑龙江、吉林、辽宁、内蒙古、山东、宁夏、陕西、新疆、安徽、江西、江苏、福建、台湾、贵州、四川和云南；日本、巴西、玻利维亚、欧洲及北美洲有分布。

日本紫背苔 *Plagiochasma japonicum*（Steph.）Mass.，Mem. Acad. Agric. Veronaser. 3，73（2）：47. 1897. 图 73：5~9

形态特征 成片交织生长。叶状体呈带形，长 0.5~2 cm，宽 3~5 mm。叶状体背面表皮细胞薄壁，具三角体，有时三角体膨大；气孔口部周围通常 6~8 个细胞，呈 3~4 列；中肋分界不明显。腹面鳞片先端具 1~2 个卵状披针形附片，有时基部略收缩。雌托柄长 0~5 mm。雌托大，圆盘形，质略薄，顶部粗糙，边缘不规则浅裂；一般具 1~4 个苞膜，内有孢子体。弹丝具 0（~1）列螺纹加厚。孢子具穴状网纹。

生境和分布　山地、林边阴湿土岩面生长。河北、陕西和甘肃；喜马拉雅山地区、印度、菲律宾、日本、朝鲜和美国（夏威夷）有分布。

紫背苔 *Plagiochasma cordatum* Lehm. et Lindenb.，Nov. Min. Cogn. Stirp. Pug. 4：13. 1832. 图 73：10~13

形态特征　紧贴基质片状生长。叶状体带形，长 0.5~2.6 cm，宽约 4.5 mm。叶状体背面表皮细胞薄壁，三角体大，有时具油胞；气孔口部周围 7~8 个细胞，3~4 列，呈放射状排列；中肋分界不明显。腹面鳞片先端具 1~3 个宽披针形附片，基部不收缩，有时边缘具黏液细胞。雌托柄长 0~6 mm。雌托退化；一般具 1~4 个苞膜。弹丝无螺纹加厚。孢子具不规则弯曲状宽脊纹。

生境和分布　生山区湿土面。台湾、贵州、四川和云南；喜马拉雅山地区、日本、阿富汗、欧洲和北美洲有分布。

钝鳞紫背苔 *Plagiochasma appendiculatum* Lehm. et Lindenb.，Nov. Stirp. Pug. 4：14. 1832. 图 73：14~17

形态特征　成片交织生长。叶状体带形，长 1~3 cm，宽 4.5~6 mm。叶状体背面表皮细胞薄壁，三角体明显，有时具油胞；气孔口部周围 6~10 个细胞，呈 2~4 列放射状排列；中肋分界不明显。腹面鳞片先端具 1 个心形附片，基部强烈收缩，边缘常具黏液细胞。雌雄同株。雌托退化，下方一般有 2~4 个贝壳状苞膜，每一苞膜内具孢子体；雌托柄长 0.2~7 mm。弹丝具 2~3 列螺纹加厚。孢子具略深的穴状网纹。

生境和分布　生长于高山林边湿润土面。台湾、四川和云南；喜马拉雅山地区、亚洲东南部、中东地区及非洲西部有分布。

翼边紫背苔 *Plagiochasma pterospermum* Mass.，Mem. Acad. Agric. Veronaser. 3，73（2）：46. 1897. 图 73：18~19

形态特征　片状贴生基质。叶状体带形，长 0.5~2 cm，宽 3~4 mm。叶状体背面表皮细胞近卵状方形或椭圆形，薄壁，三角体明显大，有时具少数油胞；气孔口部周围 6~9 个细胞，呈 2~4 列放射状排列；中肋分界不明显。腹面鳞片先端具 1~3 条狭披针形附片，有时边缘具黏液细胞。雌托柄长 0~9 mm。雌托退化；一般具 1~4 个苞膜，内有孢子体。弹丝具 2~4 列螺纹加厚。孢子具深穴状网纹。

生境和分布　在山区阴湿坡地上生长。陕西、台湾、四川和西藏；喜马拉雅山地区、菲律宾和日本有分布。

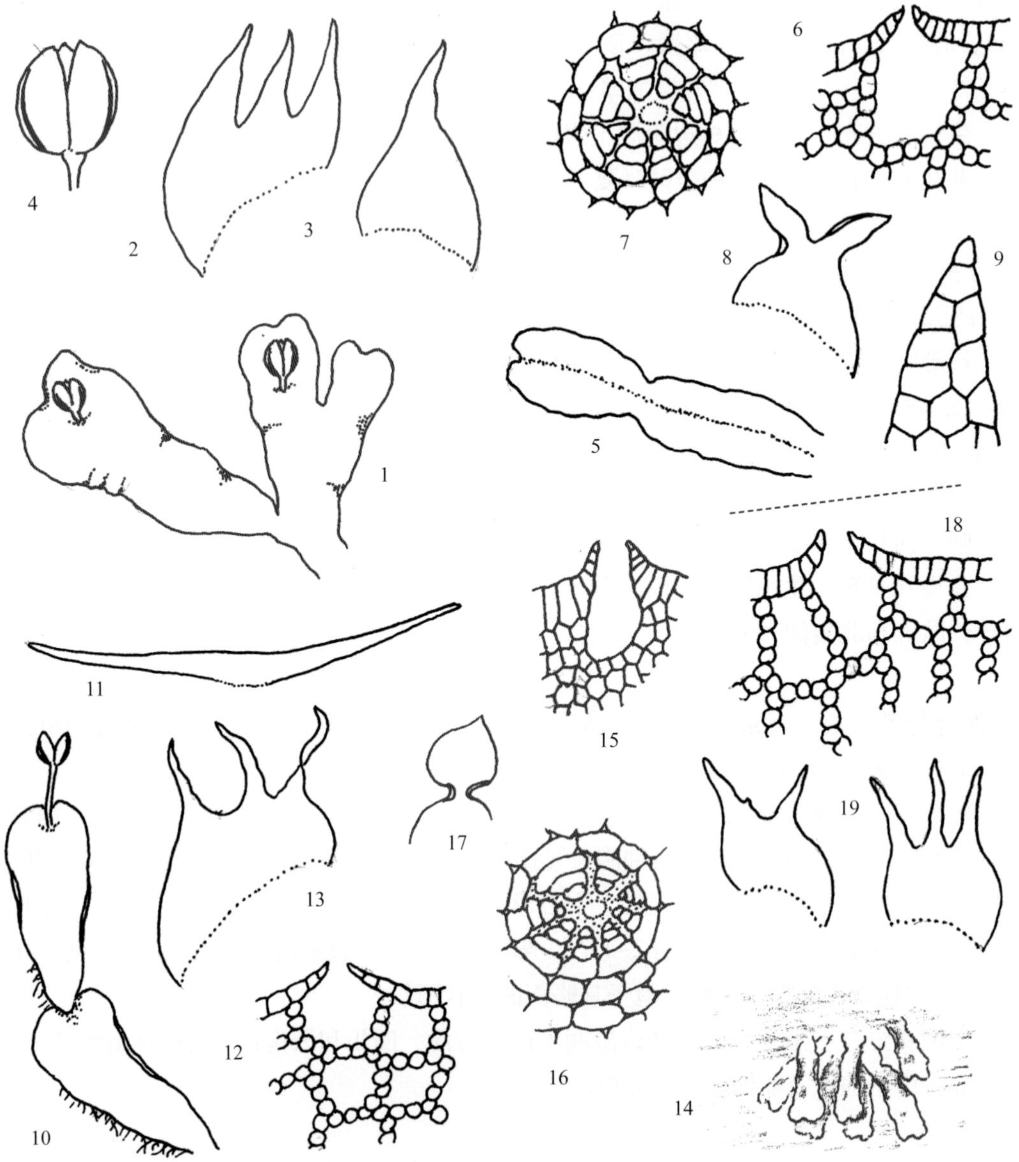

图 73

1~4. 小孔紫背苔 *Plagiochasma rupestre*（Forst.）Steph.

1. 雌株（×3），2，3. 腹面鳞片（×15），4. 雌托（×10）

5~9. 日本紫背苔 *Plagiochasma japonicum*（Steph.）Mass.

5. 叶状体（×3），6. 叶状体横切面的一部分（×80），7 气孔（背面观，×140），8. 腹面鳞片（×15），9. 附片（×200）

10~13. 紫背苔 *Plagiochasma cordatum* Lehm. et Lindenb.

10. 雌株（×4），11. 叶状体的横切面（×20），12. 叶状体横切面的一部分（×120），13. 腹面鳞片（×12）

14~17. 钝鳞紫背苔 *Plagiochasma appendiculatum* Lehm. et Lindenb.

14. 高山林地生植物群落（×1），15. 叶状体气孔的横切面（×80），16. 气孔（背面观，×70），17. 附片（×10）

18~19. 翼边紫萼苔 *Plagiochasma pterospermum* Mass.

18. 叶状体横切面的一部分（×130），19. 腹面鳞片（×20）

4 石地钱属 *Reboulia* Raddi

紧密贴生成片。叶状体中等大小，呈带形，色泽深绿至绿色，有时呈亮绿色，长可达 4 cm，宽度在 8 mm 以下，质厚，多叉状分枝，干燥时边缘有时背卷，露出紫色鳞片。叶状体背面表皮细胞壁常具明显膨大的三角体，有时具油胞；气室多层；气孔单一型，口部周围细胞单层，薄壁；中肋分界不明显，渐向边缘渐薄。腹面鳞片在中肋两侧各 1 列，呈覆瓦状排列，近于半月形，带紫色，常具油胞；先端多具 1~3 条狭长披针形附片。雌雄同株。雄托无柄，生于叶状体背面前端。雌托半球形，边缘 4 ~7 深裂；顶部平滑或凹凸不平；裂瓣下方有苞膜，内含 1 个孢子体。孢蒴球形，成熟时顶端 1/3 处不规则开裂；蒴壁无环纹加厚。弹丝具 2~3 列螺纹加厚。孢子四分体型，外壁常具细疣和网纹。

本属 1 种，多亚热带及温带山地生长。中国有分布。

石地钱 Reboulia hemisphaerica（Linn.）Raddi，Opusc. Sci. Bologna 2：357. 1818. 图 74：1~4

形态特征　种的特征同属。

生境和分布　常生于林边阴湿土壁。陕西、台湾、四川和云南；广泛分布于世界各地。

042 星孔苔科 CLEVEACEAE

小片状交织生长。叶状体形小至中等大小，灰绿色、亮绿色或深绿色，带形，质厚，干燥时边缘常背卷；分枝多呈叉状，有时新枝从腹面伸出。叶状体中肋分界不明显，渐向边缘渐薄，背面表皮有时具油胞；气室一般多层，稀单层，形大；气孔单一型，口部周围细胞放射状加厚的壁常呈星状。叶状体横切面下部基本组织较厚，细胞稍大，壁薄。腹面的鳞片近于长三角形，无色透明或略带紫色，有的属种具油胞和黏液细胞；先端的附片基部不收缩。雌雄同株或异株。 雌托柄长或短，着生叶状体中肋的背面，柄上无假根沟或具 2 条假根沟。雌托退化，一般具近于圆柱形或稍扁的裂瓣，裂瓣内具 1~2 个两瓣状的苞膜；每个苞膜含单个孢子体。孢蒴球形，生于杯形蒴被内，成熟时不规则开裂。弹丝具螺纹加厚孢子球形，表面具疣 。

本科 4 属，生长亚热带和温带山地。中国有 4 属。

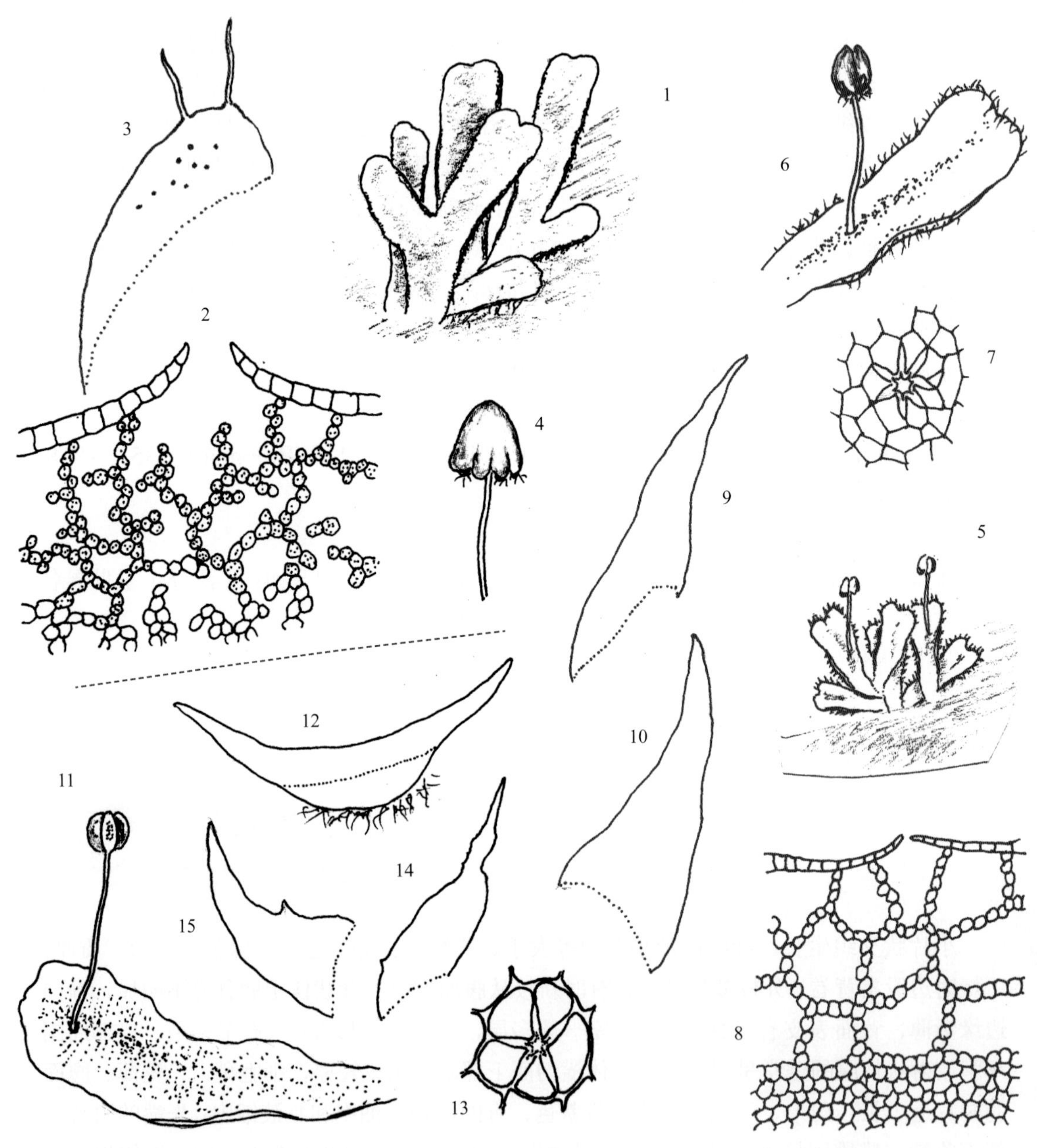

图 74

1~4. 石地钱 *Reboulia hemisphaerica*（Linn.）Raddi

1. 阴湿具土石生植物群落（×1），2. 叶状体气室部分的横切面（×160），3. 腹面鳞片（×30），4. 雌托（×5）

5~10. 克氏苔 *Clevea hyalina*（Sommerf.）Lindb.

5. 高山地区生长的植物群落（×1），6. 雌株（背面观，×5），7. 气孔（背面观，×240），8. 叶状体横切面的一部分（×100），9，10. 腹面鳞片（×70）

11~15. 小克氏苔 *Clevea pusilla*（Steph.）Rubas. et Long

11. 雌株（背面观，×10），12. 叶状体的横切面（×25），13. 气孔（背面观，×180），14，15. 腹面鳞片（×200）

分属检索表

1. 腹面鳞片显露于叶状体先端边缘；雌托着生叶状体背面中肋上；雌托柄无假根沟 ………… 1. 克氏苔属 *Clevea*
1. 腹面鳞片隐生于叶状体腹面；雌托着生叶状体先端缺刻处；雌托柄具 1 条假根沟 ………… 2. 星孔苔属 *Sauteria*

1 克氏苔属 *Clevea* Lindb.

片状交织生长。叶状体形小，带状，质厚疏松，色泽灰绿至黄白色，略透明，腹面边缘有时略呈紫色；分枝叉状，新枝有时生自腹面。叶状体渐向边缘渐薄；横切面下部基本组织较厚，细胞稍大，薄壁；中肋分界不明显；气室多层，稀单层；气孔单一型，口部周围细胞 1~2 列，放射状加厚的壁常呈星状。腹面的鳞片散生，近于呈三角形或基部卵形，尖端附片狭披针形，白色、无色透明或稍带紫色；一般不具黏液细胞。叶状体与鳞片多无油胞。雌雄同株或异株。 雌托柄无假根沟，着生于叶状体背面中肋上。雌托退化，一般具近于贝壳状或卵状裂瓣，成熟时先端 1 纵裂；每 1 裂瓣内有 1 个壳状或袋状苞膜；每个苞膜内含单个孢子体。孢蒴球形，成熟时不规则开裂 。弹丝具螺纹加厚。孢子球形，表面具大型粗疣。

本属 4 种，多冷湿山地具土岩面生长。中国有 2 种。

分种检索表

1. 叶状体前端的边缘具一圈白色腹面鳞片，干燥时背卷；孢子表面具平滑半球状粗疣……… 1. 克氏苔 *C. hyalina*
1. 叶状体腹面鳞片无色透明，干燥时不背卷；孢子表面具柱状粗疣，其表面具细密疣……2. 小克氏苔 *C. pusilla*

克氏苔 *Clevea hyalina*（Sommerf.）Lindb.，Not. Sällsk. Fauna Fl. Fenn. Förh. 9：291. 1868. 图 74：5~10

形态特征 叶状体带状，长度 0.8~1.5 cm，宽度 2.5~6 mm，淡绿至灰白色，腹面边缘偶略呈紫色；常叉状分枝。叶状体渐向边缘渐薄；横切面下方基本组织较厚；多边形气室 1~3 层；单一型气孔，口部细胞不规则 1~2 圈，壁星状加厚。腹面鳞片近于三角形，具狭尖，白色或稍带紫色，散生，在叶状体边缘背卷。叶状体与鳞片具少数油胞。雌雄同株或异株。 雌托柄无假根沟，着生于叶状体背面中肋上。雌托一般为近于贝壳状或卵状裂瓣，内有 1 个壳状或袋状苞膜；每 1 苞膜内含单个孢子体，成熟时先端横向或向下 1 纵裂。孢蒴球形。弹丝具螺纹加厚。孢子球形，表面具密集近于球形大粗疣。

生境和分布 多生长在高寒山地岩面。新疆；俄罗斯、欧洲及北美洲有分布。

小克氏苔 *Clevea pusilla*（Steph.）Rubas. et Long，Journ. Bryol. 33（2）：167. 2011. 图 74：11~15，75：1~5，6~10

形态特征 叶状体带状，长度 0.5~2 cm，宽度 1.5~3 mm，浅绿至绿色，略透明，腹面边缘有时略呈紫色，干时边缘背卷；分枝叉状。叶状体横切面具多边形气室，1~3 层；气孔

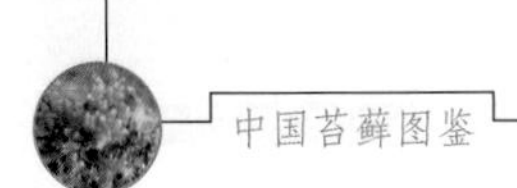

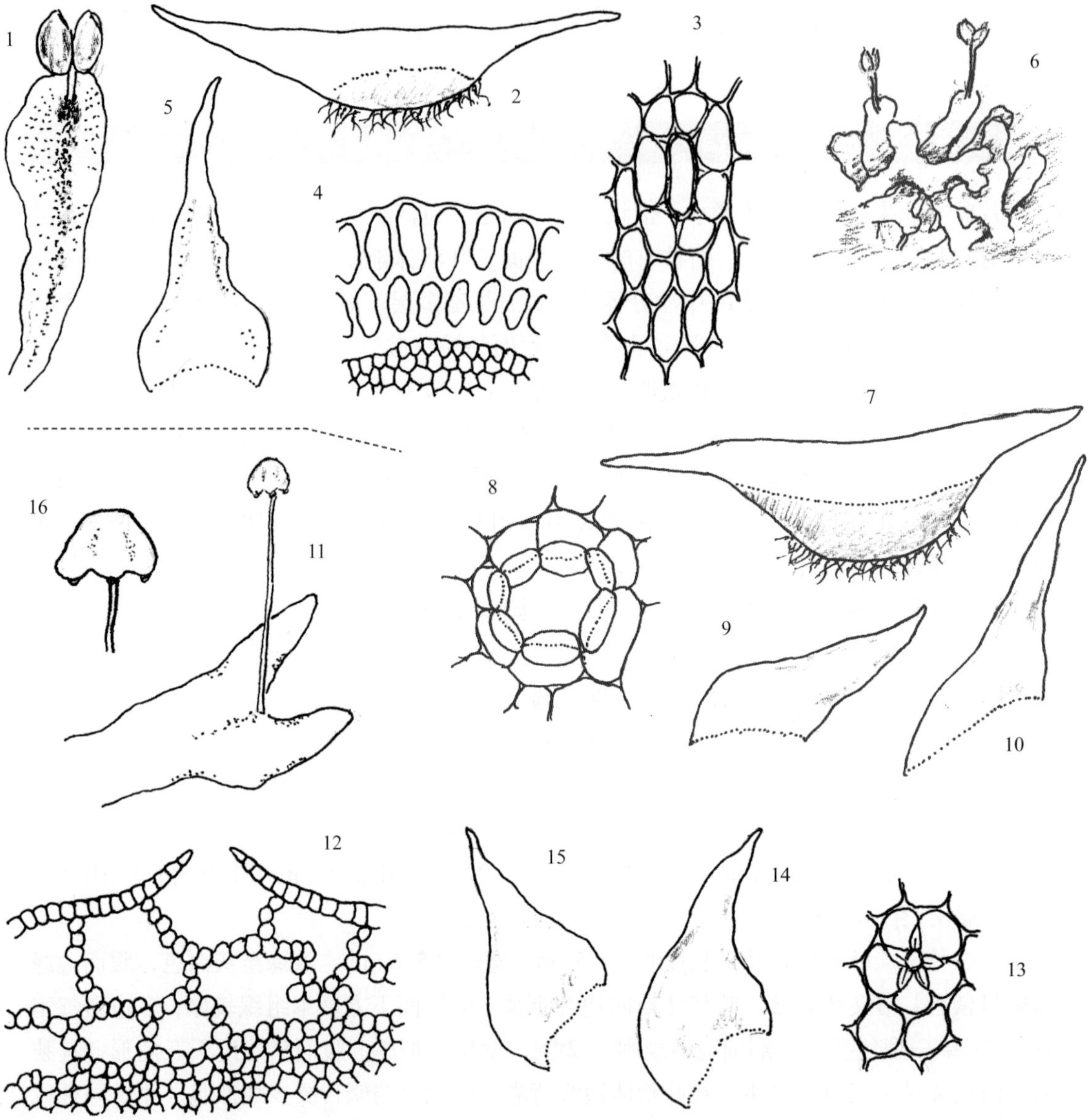

图 75

1~5. 小克氏苔 *Clevea pusilla*（Steph.）Rubas. et Long.

1. 雌株（×5），2. 叶状体的横切面（×20），3. 气孔及周围细胞（背面观，×140），
4. 叶状体横切面的一部分，示多个气室（×80），5. 腹面鳞片（×40）

6~10. 小克氏苔 *Clevea pusilla*（Steph.）Rubas. et Long

6. 山地湿土生的植物群落（×1），7. 叶状体的横切面（×15），8. 气孔及周围细胞（背面观，×140），
9，10. 腹面鳞片（×40）

11~16. 星孔苔 *Sauteria alpina*（Nees et Bisch.）Nees

11. 雌株（×5），12. 叶状体横切面的一部分，示多个气室（×100），13. 气孔及周围细胞（背面观，×140），
14，15. 腹面鳞片（×60），16. 雌托（×15）

单一型，口部呈星状，细胞 1~2 圈。腹面鳞片散生，近三角形或基部呈卵形，尖狭长，无色或带紫色；一般不具黏液细胞。叶状体与鳞片偶有油胞。雌雄同株或异株。雌托柄无假根沟，着生叶状体背面中肋上；一般具 1~3（~4）个近于贝壳状或卵形裂瓣，成熟时先端横向或向上 1 纵裂；内有 1 个袋状苞膜；每个苞膜内含单个孢子体。孢蒴球形。弹丝具螺纹加厚，表面常具细密疣。孢子球形，表面具大密集柱状粗疣，粗疣表面具细密疣。

生境和分布　高寒、阴湿山地或溪边具土岩面生长。黑龙江、吉林、山东、陕西、四川和云南；日本有分布。

2 星孔苔属 *Sauteria* Nees

小片交织生长。叶状体形小至中等大小，带形，横切面下部基本组织较厚，薄壁，有时具油胞，色泽灰绿至深绿色；叉状分枝。叶状体背面表皮有时具油胞；气室多层，少数为单层；气孔单一型，口部周围细胞 1~2 列，胞壁放射状加厚成星状；中肋分界不明显，渐向边缘渐薄。腹面的鳞片散生，无色透明或略带紫色，长三角形，先端的附片不收缩，常有油胞和黏液细胞。雌雄同株。精子器散生或群生于叶状体背面中肋处。

本属 7 种，多生长高山林地。中国 3 种。

星孔苔 *Sauteria alpina*（Nees et Bisch.）Nees，Naturg. Europ. Leberm. 4：143. 1838. 图 75：11~16

形态特征　叶状体呈带形，长度不及 2 cm，宽度 3~6 mm 以下，色泽灰绿；1~2 回叉状分枝。叶状体背面表皮细胞胞壁具三角体或缺失，有时具油胞；横切面气室 2~3 层，气孔口部周围细胞 5~8 个，胞壁放射状加厚呈星状。腹面的鳞片一般散生；近于卵状三角形，常带紫色，先端附片不收缩，偶有油胞及黏液细胞。雌雄同株。雌托柄着生于叶状体先端缺刻处，长 0.5~1.5 cm，具一条假根沟。雌托半球状伞形，具 4~7 个裂瓣，苞膜呈袋状，内含单个孢子体，成熟时先端 1 纵裂。孢蒴球形；蒴壁具环纹加厚。弹丝 2~3 列螺纹状加厚。孢子球形，表面具密集半球形粗疣。

生境和分布　生高寒湿润山地。台湾、陕西、贵州和云南；亚洲、欧洲及北美洲有分布。

043 地钱科 MARCHANTIACEAE

大片交织生长。叶状体多大型，少数形小，带状，质多厚，色泽灰绿、绿色至暗绿色，常多回叉状分枝。叶状体横切面下部基本组织厚，多为大型薄壁细胞，常有大型黏液细胞及小型油胞，渐向边缘渐薄；中肋分界不明显；背面气室1层或有时退化，气室内常具多数绿色营养丝；烟突型气孔口部呈圆桶形，口部细胞背面观常呈十字形。腹面鳞片各1~3列着生中肋两侧，呈覆瓦状排列，近于半月形，常具油胞；先端具1个心形、椭圆形或披针形附片，多数基部收缩，边全缘、具粗齿或齿突。叶中肋背面常着生杯状芽胞杯，边缘平滑或具齿；杯内着生具短柄的近扁圆形芽胞。雌雄异株或同株。雌、雄托伞形或圆盘形，均具长柄。托柄有2条假根沟，一般着生于叶状体背面中肋或前端缺刻处。雄托边缘深或浅裂。雌托边缘常深裂。孢蒴卵形，由蒴被包裹，成熟时伸出，不规则开裂，蒴壁具环纹加厚。弹丝具螺纹加厚。孢子为四分体型，表面具疣或网纹。

本科3属，广布于温湿地区。中国有2属。

分属检索表

1. 叶状体背面前端着生芽胞杯；腹面鳞片2~6列，附片大，宽一般超过10个细胞；雌托多瓣深裂……1. 地钱属 *Marchantia*

1. 叶状体无芽胞杯；腹面鳞片2列，附片小，宽仅3~6个细胞；雌托边缘近于无裂瓣………2. 背托苔属 *Preissia*

1 地钱属 *Marchantia* Linn.

片状交织生长。叶状体多形大，稀小形，带状，多数质厚，色灰绿、绿色至暗绿色，干燥时边缘有时背卷，常多回叉状分枝，有时腹面着生新枝。叶状体横切面下部基本组织厚，多为大型薄壁细胞；中肋分界不明显，叶状体渐向边缘渐薄；背面气室较小或退化，常着生绿色营养丝；具烟突气孔 。腹面鳞片多4~6列呈覆瓦状排列，近长半月形，有时呈紫色，常具油胞；先端具1个心形、椭圆形或披针形附片，多数基部收缩，边缘具细齿或齿突。芽胞杯着生叶状体背面中肋上，杯内芽胞近扁圆形。雌雄异株或同株。雌、雄托伞形或圆盘形，均具长柄，一般着生于叶状体背面中肋或前端缺刻处。

本属36种，广布世界各地，尤以北温带为多。中国有10种。

分种检索表

1. 叶状体腹面鳞片的附片较小，多为卵状披针形，宽度一般小于10个细胞；芽胞杯边缘齿仅1至数个细胞……………………………………………………2. 楔瓣地钱东亚亚种 *M. emarginata* subsp. *tosana*

1. 叶状体腹面鳞片的附片呈宽卵形或心形，宽度常超过20个细胞；芽胞杯边缘具宽三角形粗齿…………………2

2. 腹面鳞片的附片边缘具细密齿突；芽胞杯口部边缘的粗齿为宽三角形，基部宽常约20个细胞，外壁具少数半球形疣突；雌托裂瓣长指状……………………………………1. 地钱 *M. polymorpha*

2. 腹面鳞片的附片边近于全缘；芽胞杯口部边缘齿为锐三角形，基部宽一般约10个细胞，外壁常具长疣突；雌托裂瓣扁平，楔形，不呈指状……………………………3. 粗裂地钱风兜亚种 *M. paleacea* subsp. *diptera*

地钱 *Marchantia polymorpha* Linn., Sp. Pl. 2：1137. 1753.　图 76：1~7

形态特征　大片状交织生长。叶状体多深绿色，长可达10 cm，宽7~15 mm；多回叉

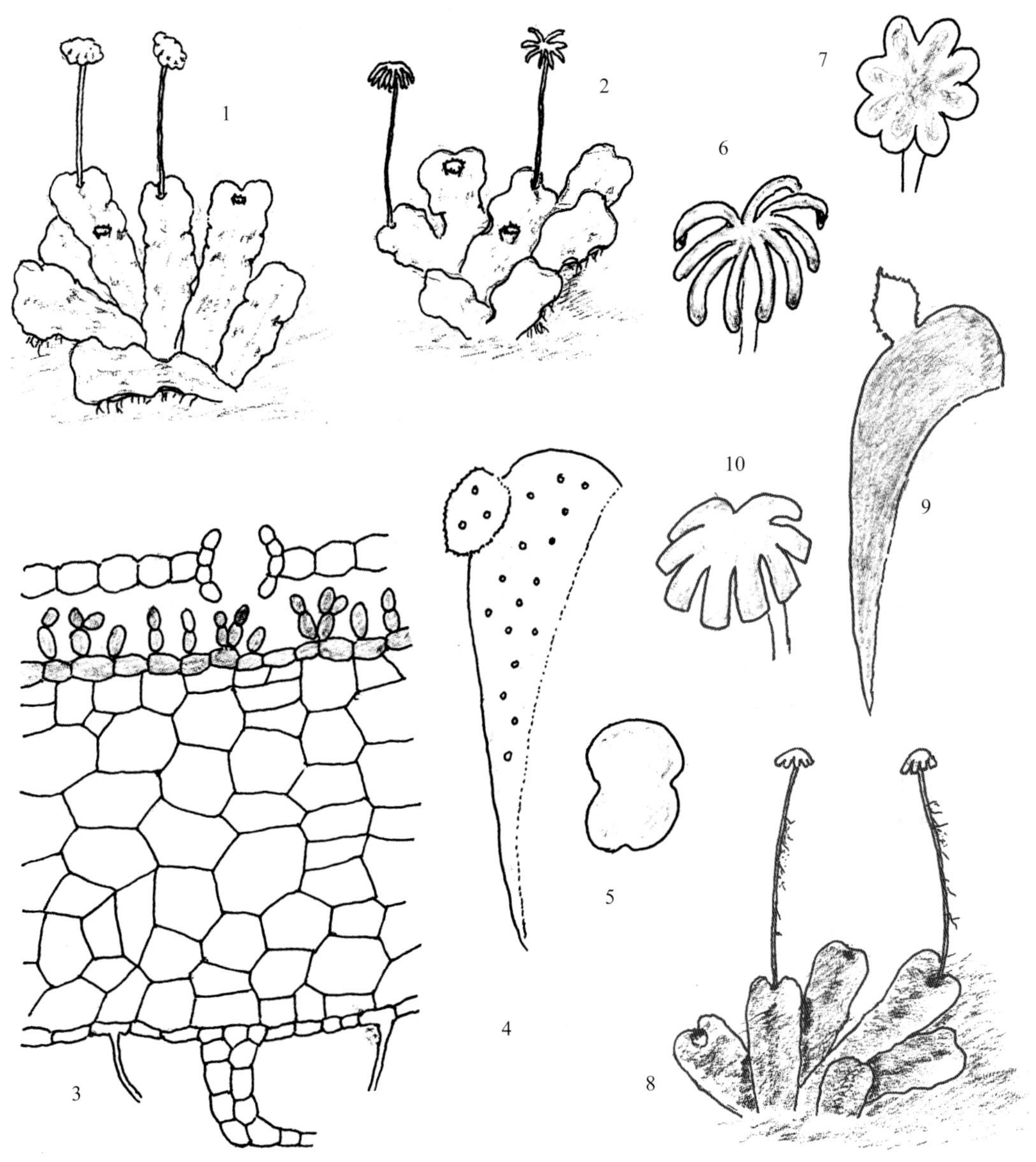

图 76

1~7. **地钱** *Marchantia polymorpha* Linn.

1. 雄株，成片生长时的状态（×1），2. 雌株，成片生长时的状态（×1），
3. 叶状体横切面的一部分，示上部具气孔和具绿色营养丝的气室，下部为叶状体的基本组织，底部具鳞片和假根（×180），
4. 腹面鳞片（×20），5. 芽胞（×25），6. 雌托（×22），7. 雄托（×22）

8~10. **楔瓣地钱东亚亚种** *Marchantia emarginata* Reinw.，Bl. et Nees subsp. *tosana*（Steph.）Bisch.

8. 雌株，成片生长时的状态（×1），9. 腹面鳞片（×20），10. 雌托（×22）

状分枝；横切面基本组织厚可达 20 个细胞。气孔烟突型，桶状口部由 4 个细胞包围，高 4~6 个细胞。腹面鳞片长弯月形，4~6 列，紫色；先端附片宽卵形，边缘具密齿突；常具大型黏液细胞及油胞。芽胞杯边缘粗齿上具多数齿突。雌雄异株。雄托柄长 1~3 cm。雄托圆盘形，7~8 浅裂。雌托柄长可达 6 cm。雌托 6~10 瓣指状深裂。弹丝具 2 列螺纹加厚。孢子表面具网纹。

生境和分布 生低山湿坡至较高海拔路边湿润土壁和具土岩面。吉林、黑龙江、陕西、甘肃、安徽、福建、湖北、广西、贵州、四川、云南和西藏；世界广布。

应用价值 药用，清热解毒。

楔瓣地钱东亚亚种 *Marchantia emarginata* Reinw., Bl. et Nees subsp. *tosana*（Steph.）Bisch.，Bryophyt. Biblioth. 38. 1989. 图 76：8~10

形态特征 大片交织生长。叶状体暗绿色，长可达 3 cm，宽 3~4 mm，常 2~3 回叉状分枝。气孔烟突型，口部周围细胞一般 4 个，高 6~8 个细胞。腹面的鳞片多 4 列，覆瓦状排列，淡紫色，长弯月形；先端附片淡黄色，卵形，钝尖或锐尖，边缘具多数弯长齿。芽胞杯表面平滑，边缘具 1~3 个单列细胞尖齿。雌雄异株。雄托星形，具 4~6 深裂瓣。雌托柄长数厘米。雌托 5~7 瓣深裂，裂瓣楔形；每一袋状苞膜内具 1 个孢子体。孢子表面具不规则弯曲的宽脊状纹。

生境和分布 生林区阴湿路边土壁。台湾、广东、广西、四川和云南；日本有分布。

应用价值 药用，清热解毒。

粗裂地钱风兜亚种 *Marchantia paleacea* Bertol. subsp. *diptera*（Nees et Mont.）Inoue，Journ. Hattori Bot. Lab. 18：79. 1957. 图 77：1~4

形态特征 成片相互贴生。叶状体色绿至暗绿色，长 2~4 cm，宽不及 9 mm；两歧分枝。气孔烟突型，桶状口部多为 4~5 个细胞，高 6~7 个细胞。鳞片在叶状体腹面呈 4 列生长，淡紫色，长弯月形；尖端附片宽卵圆形或宽三角形，先端圆钝，边多全缘。芽胞杯外壁有时具疣突；口部齿为狭三角形，边具多数齿突。雌雄异株。雄托圆盘形，浅裂呈 5~10 个圆瓣；托柄长约 1.5 cm。雌托多不规则深或浅裂，裂瓣多楔形达 5~8 瓣，同时常具 2 膨大的裂瓣；每一袋状苞膜内具 1 个孢子体。雌托柄具 2 条假根沟。弹丝具 2 列螺纹加厚。孢子表面具网纹。

生境和分布 多生长于山区林边阴湿处。江苏、浙江、福建、台湾、香港、海南、广东、湖北、湖南、贵州、四川、云南和西藏；日本及朝鲜有分布。

应用价值 药用，清热解毒。

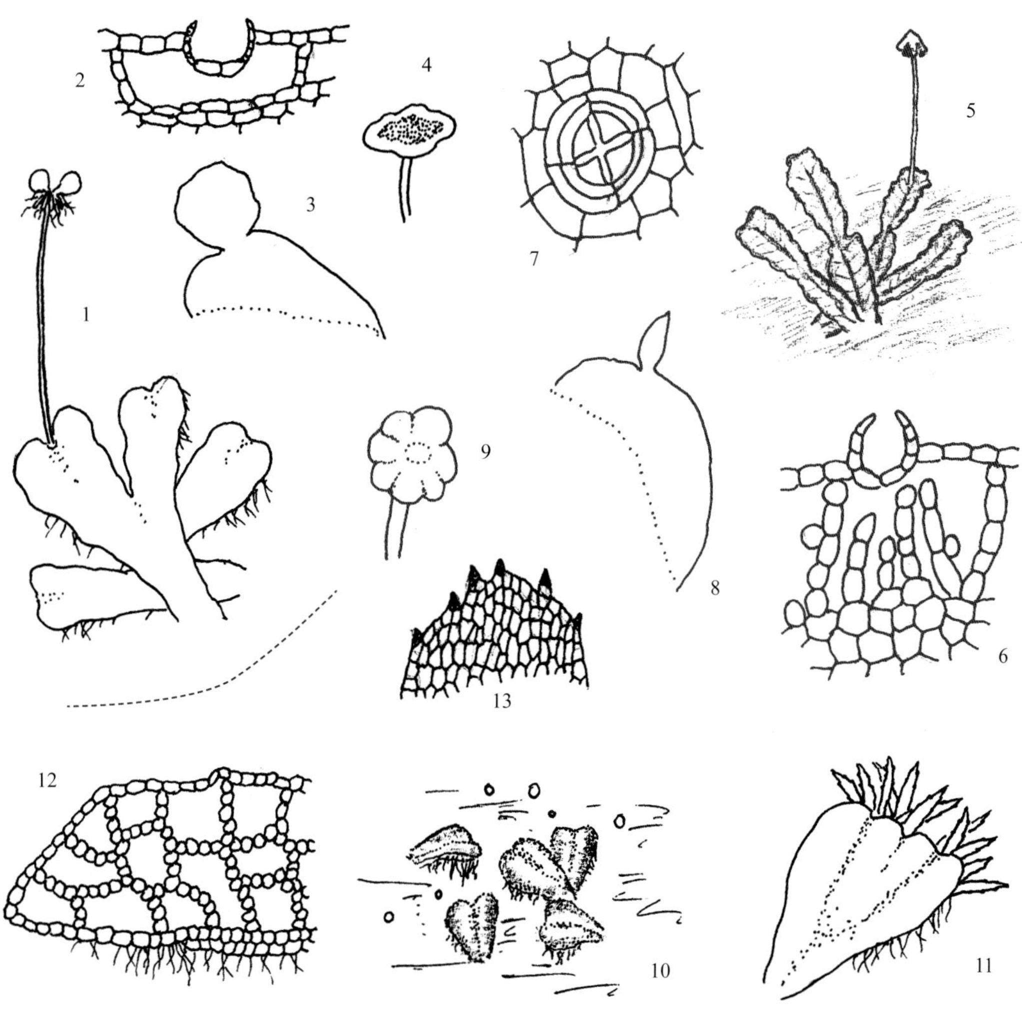

图 77

1~4. 粗裂地钱风兜亚种 *Marchanthia paleacea* Bertol. subsp. *diptera*（Nees et Mont.）Inoue

1. 雌株（×2.5），2. 叶状体横切面的一部分，示气孔和气室（×120），3. 腹面鳞片（×20），4. 雄托（×3）

5~9. 背托苔 *Preissia quadrata*（Scop.）Nees

5. 高寒山区土生的植物群落（×1），6. 叶状体横切面的一部分，示气孔和气室（×130），7. 气孔（背面观，×80），8. 腹面鳞片（×15），9. 雄托（×3）

10~13. 浮苔 *Ricciocarpus natans*（Linn.）Corda

10. 静水池塘中漂浮生长的植物群落（×1），11. 叶状体，示前端露出由腹面生长的鳞片（×2.5），12. 叶状体横切面的一部分（×80），13. 鳞片尖部（×25）

2 背托苔属 *Preissia* Corda

成片交织生长。叶状体较大，带形，常叉状分枝，长可达 10 cm，宽 5~15 mm，色泽浅绿至深绿色，质略厚，干燥时边缘略波曲。叶状体渐向边缘渐薄；横切面下部基本组织多为大型薄壁细胞，中肋分界不明显；背面气室较小或退化，有时具绿色营养丝；气孔烟突型，口部呈圆形，由 4 个细胞构成，高 4~5 个细胞，圆桶形，背面观呈十字形。腹面的鳞片呈 2 列覆瓦状排列；近半月形，有时带紫色，无油胞；先端具 1 个细小披针形附片，基部不收缩。芽胞杯缺失。雌雄异株或同株。雌、雄托伞形或圆盘形，均具长柄。托柄常具 2 条假根沟。雄托边缘多浅裂。雌托边缘近于不开裂。孢蒴卵形，成熟时伸出蒴被，不规则 6~7 瓣开裂。弹丝具 2~3 列螺纹加厚。孢子近于球形，外壁具网纹和脊状纹。

1 种，习生温带山林地区 。中国有分布。

背托苔 *Preissia quadrata*（Scop.）Nees，Naturg. Eur. Leberm. 4：135. 1838. 图 77：5~9

形态特征　种的特征同属。

生境和分布　山间林内阴湿土壁或具土石面。河北、黑龙江、吉林、新疆、四川和云南；喜马拉雅山地区、日本、欧洲及北美洲有分布。

044 钱苔科 RICCIACEAE

潮湿土生或水面漂浮。叶状体通常成片散生。色泽灰绿或淡绿色，形小，长卵状心形、卵状三角形或呈带形；多密叉状分枝，呈放射状排列，形成圆形或莲座形群落 。叶状体背面具气室及少数不明显气孔，或具排列紧密的柱状细胞构成同化组织，中央常凹陷呈沟槽；基本组织一般为多层细胞，腹面向下突起；部分属种具腹面鳞片。腹面假根平滑或粗糙。雌雄同株或异株。精子器与颈卵器散生于叶状体组织中。孢蒴成熟时蒴壁破裂、腐失；蒴壁无环纹加厚。蒴柄和基足缺失。弹丝缺失。孢子较大，一般呈四分体型。

本科 2 属，多分布温热地区。中国有 2 属。

分属检索表

1. 水面漂浮生长；叶状体腹面鳞片形大，长带形或长剑形，边缘具粗齿……………………1. 浮苔属 *Ricciocarpus*

1. 多生长于沃土面；叶状体腹面缺失大型鳞片……………………………………………2. 钱苔属 *Riccia*

1 浮苔属 *Ricciocarpus* Corda

静水生境中漂浮生长，有时着生湿土上。叶状体形中等大小，长 4~10 mm，宽 4~10 mm，暗绿色或紫红色，多呈三角状心形；叉状分枝。叶状体气室多层；背面表皮气孔不明显，口部周围细胞不呈异形；中央常凹陷成沟。腹面着生多数下垂的大型鳞片，呈长剑形，长可达 5 mm，边缘具粗齿。雌雄同株，稀异株。精子器与颈卵器散生于叶状体内组织中。孢蒴成熟时蒴壁破裂；无蒴柄和基足。孢子球形，较大，直径达 45~55 μm 。

本属 1 种，各地静水水面浮生。中国有分布。

浮苔 *Ricciocarpus natans*（Linn.）Corda in Opiz，Beitr. Naturg. 651. 1828. 图 77：10~13

形态特征 种的特征同属。

生境和分布 多漂浮于静水湖泊、河流、池塘与稻田中。黑龙江、辽宁、安徽、台湾、广东、四川和云南；世界各大洲均有分布。

应用价值 无污染水质的极佳指示植物。

2 钱苔属 *Riccia* Linn.

成片散生。叶状体色泽灰绿、鲜绿色至暗绿色，无光泽，三角状心形或长条形，多回叉状分枝，呈圆盘状或扇形群落，有时相互重叠贴生或呈条状。叶状体背面为多层气室，常由单层绿色细胞间隔，一般无明显气孔，或具一层排列紧密的柱状细胞构成的同化组织；中央常凹陷形成一条沟槽；基本组织横切面厚可达 10 多个细胞，向腹面突起。腹面鳞片常形小或退化。 多雌雄同株。精子器和颈卵器散生，隐生于叶状体组织中。孢蒴成熟时开裂不规则，蒴壁自行腐失。弹丝缺失。孢子形大，多四分体型，表面具网纹。

本属约 115 种，多生于水稻田间、小溪边及林缘阴湿土面。中国有 19 种。

分钟检索表

1. 叶状体无气室分化……………………………………………………………………2
1. 叶状体具多层气室……………………………………………………………………3
2. 叶状体横切面的宽度远大于厚度，可达 4~6 倍 ……………………1. 钱苔 *R. glauca*
2. 叶状体横切面的宽度与厚度近似，或可达 3 倍 ……………………2. 肥果钱苔 *R. sorocarpa*
3. 一般形成圆形群落；叶状体长带形或长三角形，长 3~5 mm；密叉状分枝，基部多相连 ；横切面宽度约为厚度的 2 倍 ……………………………………3. 稀枝钱苔 *R. huebeneriana*
3. 常成片状生长 ；叶状体狭长带形，长 1~5 cm；疏分枝，基部多分离 ；横切面宽度为厚度的 3~4 倍 ……………………………………4. 叉钱苔 *R. fluitans*

钱苔 ***Riccia glauca*** **Linn.，Sp. Pl. 2：1139. 1753. 图 78：1~3**

形态特征 多形成小圆形群落。叶状体心状三角形，长度多不及 1 cm，宽 1~3 mm，色泽灰绿，较规则 2~3 回叉状分枝。叶状体先端半圆形，中央具宽浅槽；背面同化组织由一层排列紧密的柱状细胞构成，顶端细胞呈半圆形；无气室和气孔分化；横切面宽度为厚度的 4~6 倍。有时腹面具无色小型鳞片。雌雄同株。孢子四分体型，外壁具穴状网纹。

生境和分布 生长水稻田间、山地路边阴湿土面。黑龙江、辽宁、安徽、台湾、广东、贵州、四川和云南；日本、朝鲜、欧洲及北美洲有分布。

肥果钱苔 ***Riccia sorocarpa*** **Bisch.，Bem. Leberm.：145. 1835. 图 78：4~5**

形态特征 多成较大的圆形群落。叶状体灰绿色至暗绿色，长 0.3~1 cm，宽 0.5~2 mm，近于呈三角形；2~3 回叉状分枝，基部相连。叶状体先端略尖；背面具一层排列紧密的柱状细胞的同化组织，顶细胞近于呈圆形或梨形，有时平截；中央具 1 条沟槽。无气室和气孔。横切面宽度为厚度的 2~3 倍。腹面鳞片无色透明，常消失。雌雄同株。精子器和颈卵器隐生于叶状体组织中。孢蒴成熟时不规则开裂，蒴壁自行腐失。孢子四分体型，表面具穴状网纹。

生境和分布 生山地湿润土面。吉林、辽宁、安徽、福建、江西、广东、四川和云南；俄罗斯（远东地区）、欧洲、北美洲、墨西哥、澳大利亚及非洲北部有分布。

稀枝钱苔 ***Riccia huebeneriana*** **Lindenb.，Nova Acta Phys.-Med. Acad. Caes. Leop.-Carol. Nat. Cur. 18（1）：504. 1836 [1837]. 图 78：6**

形态特征 常成直径约 1 cm 的圆形群落。叶状体长 1.5~2 mm，宽 0.5~1 mm，长带形或长三角形，灰绿色，边缘呈紫色；2~3 回密叉状分枝，一般基部连合。叶状体先端宽楔形，中央具宽的浅沟槽；背面气室 2~3 层；横切面宽度为厚度的 1.5~2 倍。有时腹面着生较大的紫色鳞片。雌雄同株。精子器和颈卵器隐生于叶状体内。孢蒴成熟时蒴壁不规则开裂。孢子四分体型，表面具穴状网纹。弹丝缺失。

生境和分布 山区阴湿具土岩面生长。吉林、辽宁、广东和云南；日本、朝鲜、印度、俄罗斯（远东地区）、欧洲、北美洲及非洲北部有分布。

叉钱苔 ***Riccia fluitans*** **Linn.，Sp. Pl.：1139. 1753. 图 78：7~10**

形态特征 常成片散生。叶状体狭长带形，淡绿色，多回较规则的叉状分枝，长 1~5 cm，宽 0.5~2 mm 。叶状体先端呈楔形；背面表皮气孔不明显；横切面气室 2~3 层；宽度为厚度的 3~4 倍。腹面无鳞片。雌雄多异株。精子器和颈卵器隐生于叶状体内。孢蒴成熟时蒴壁不规则开裂后自行腐失。孢子为四分体型，表面具穴状网纹。

生境和分布 多生于湿润土面或水稻田中。黑龙江、辽宁、安徽、台湾、江西、湖北、广东、广西、四川和云南；世界各地广布。

应用价值 在水生状态时，系水质的极佳指示植物。

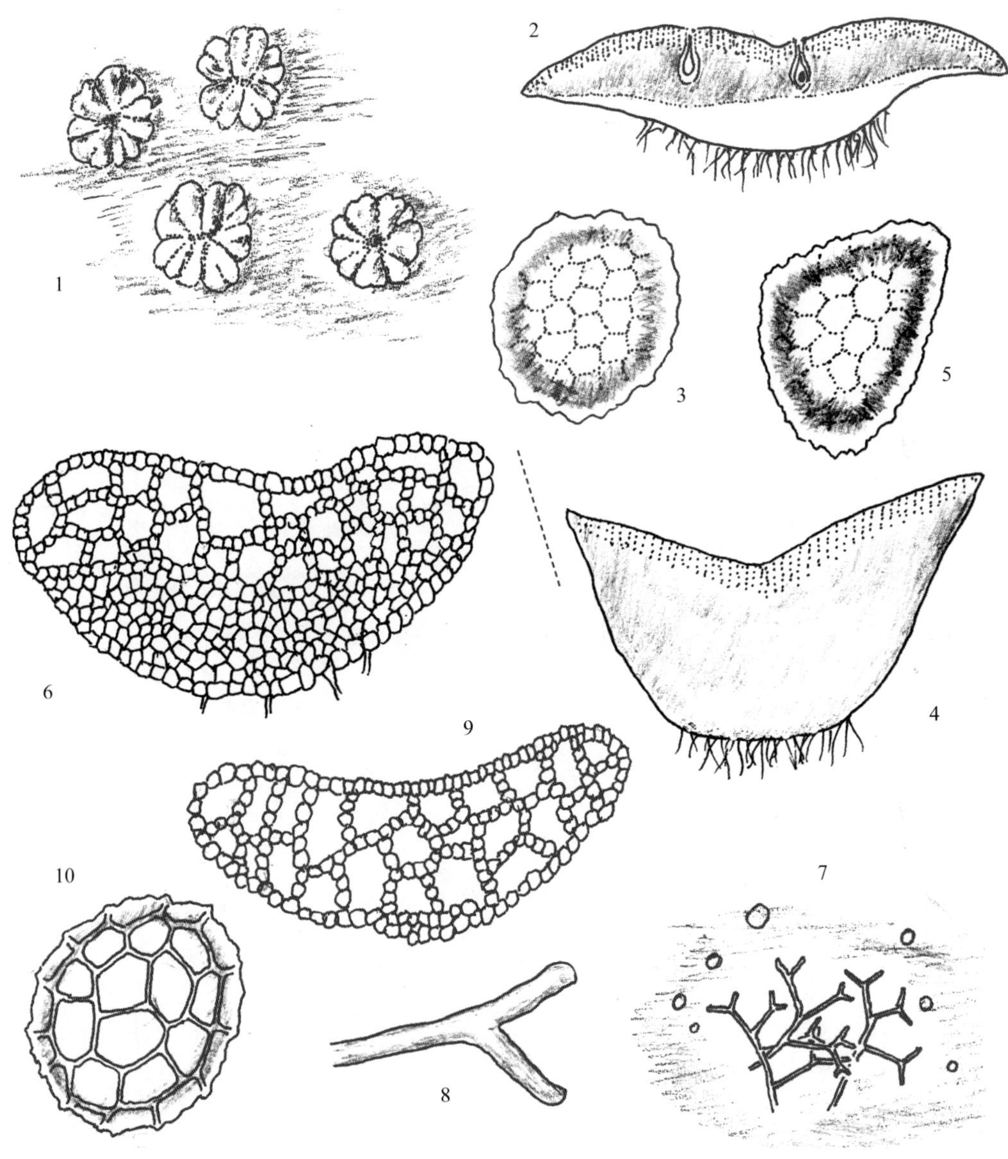

图 78

1~3. 钱苔 *Riccia glauca* Linn.

1. 着生干旱水稻田中的植物群落（×1），2. 叶状体横切面，示具 2 个颈卵器（×35），3. 孢子（×300）

4~5. 肥果钱苔 *Riccia sorocarpa* Bisch.

4. 叶状体横切面（×30），5. 孢子（×350）

6. 稀枝钱苔 *Riccia huebeneriana* Lindenb.

6. 叶状体横切面（×70）

7~10. 叉钱苔 *Riccia fluitans* Linn.

7. 静水池塘中漂浮生长的植物群落（×1），8. 叶状体的一部分（×3），9. 叶状体横切面（×80），10. 孢子（×250）

ANTHOCEROTOPHYTA

角苔植物门

中国苔藓
CHINESE ILLUSTRATED BRYOPHYTES

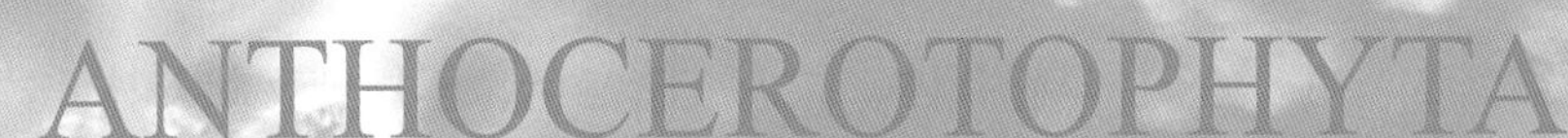

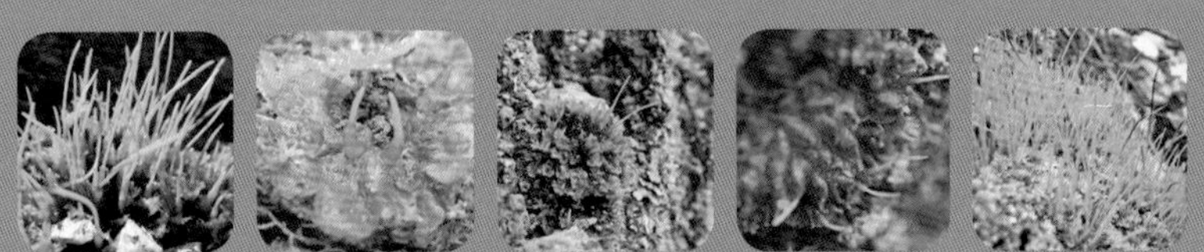

045 角苔科 ANTHOCEROTACEAE

配子体呈叶状体，绿色或暗绿色，不规则叉状分枝，边缘多波曲而深裂；横切面中央部分厚6~7层细胞，边缘为单层细胞；多无气室及腹面鳞片，少数具大小不等气室。每个细胞具单个大型叶绿体或2~3个叶绿体。假根平滑。精子器成丛生长背面封闭的穴内。颈卵器孕育自叶状体背面组织内。孢蒴呈长角状，绿色，气孔和蒴轴多发育。孢子多圆锥形，具细疣至刺状疣。假弹丝单细胞，多细胞或细长丝状，稀具螺纹加厚。

本科2属，南、北半球均有分布。中国有2属。

分属检索表

1. 孢子近极面观具有明显的三裂缝结构；假弹丝短，细胞壁薄 ……………………………………… 1. 角苔属 *Anthoceros*

1. 孢子近极面观三裂缝结构不明显；假弹丝蠕虫形，细胞壁强烈加厚 ………………………… 2. 褐角苔属 *Folioceros*

1 角苔属 *Anthoceros* Linn.

叶状体扁平贴生基质，黄绿色或暗绿色，近于呈圆形，背面具隆起褶皱，中央部分厚数层细胞，无明显中肋，具空腔；边缘波曲，不规则分裂或羽状分裂，体内着生有念珠藻（*Nostoc*）植物。雌雄多同株。精子器着生封闭的腔内。孢蒴长角状，基部由筒状苞膜所包围，胞壁常具气孔。假弹丝无螺纹加厚。孢子多黑褐色，外壁具不规则突起。

本属约67种，南、北半球的温带和热带低地湿土生长。中国5种。

角苔 *Anthoceros punctatus* Linn.，Sp. Pl. 2：1139. 1753. 图79：6~11

形态特征 交织成片生长。叶状体阔带状，灰绿色或黄绿色，老时呈黑色，宽5~12 mm，横切面中央厚8~12个细胞，背面具皱褶状隆起，背面表皮细胞小于内层细胞，每个细胞具单个大型叶绿体；边缘不规则开裂，具波纹。雌雄同株。苞膜圆筒形，长3~4 mm。孢蒴细长角状，长1~2cm。孢子棕褐色，密被刺状突起，直径约40 μm。假弹丝1~6个细胞，不规则扭曲。

生境和分布 生于阴湿土表和田沟边。吉林和浙江；亚洲南部、欧洲、北美洲、非洲及新喀里多尼亚有分布。

应用价值 为教学用极佳实验材料。

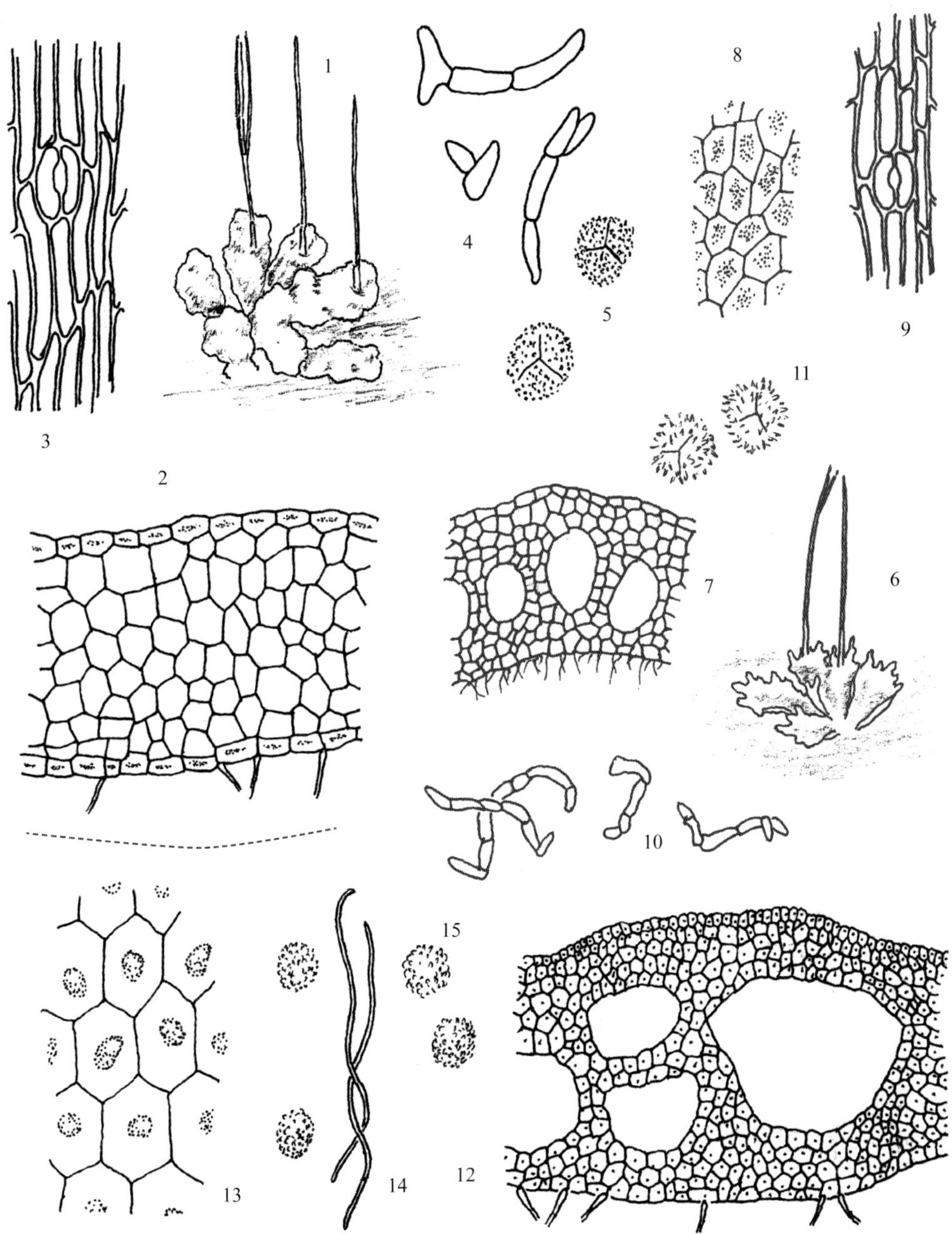

图 79

1~5. **黄角苔** *Phaeoceros laevis*（Linn.）Prosk.

1. 阴湿沟边生长的植物群落（×1），2. 叶状体横切面的一部分（×160），3. 孢蒴表面的气孔（×150），4. 假弹丝（×220），5. 孢子（×250）

6~11. **角苔** *Anthoceros punctatus* Linn.

6. 雌株（×1），7. 叶状体横切面的一部分，示具多数气室（×65），8. 叶状体背面细胞，示每个细胞具单个叶绿体（×150），9. 孢蒴表面的气孔（×150），10. 假弹丝（×150），11. 孢子（×250）

12~15. **褐角苔** *Folioceros fuciformis*（Mont.）Bharadw.

12. 叶状体横切面的一部分，示具大小不等的气室（×65），13. 叶状体背面细胞，示每个细胞具单个叶绿体（×350），14. 假弹丝（×65），15. 孢子（×260）

2 褐角苔属 *Folioceros* Bharadw.

成片状生长。叶状体形大，深绿色，多不规则开裂或羽状深裂，背面观因内部气室而形成不规则六角形花纹，中央部分厚达 10 层细胞，仅边缘为单层细胞；气室分大小不等数层，无气孔。孢蒴细长角状，基部由筒状苞膜包被。孢子黄褐色，表面具细疣。假弹丝细长，多为单个细胞，稀为 2 个细胞或分叉。

本属有 18 种，多亚洲东部分布。中国有 4 种。

褐角苔 *Folioceros fuciformis*（Mont.）Bharadw.，Geophytology 1（1）：13. 1971. 图 79：12~15

形态特征 大片状贴生基质。叶状体深绿色，质厚，长 2~3 cm，阔 4~5 mm，常深裂成宽阔圆钝裂片，背面表皮细胞六角形，每个细胞含一大型叶绿体；气室2~3层，无气孔。雌雄同株。孢蒴细长角状，长 2~3 cm，基部包被圆筒状苞膜。孢子具细疣。假弹丝由 1~2 个细长细胞构成，常扭曲，稀分叉。

生境和分布 生于低海拔至 2 000 m 的林内湿地。香港、四川和云南；日本、印度及印度尼西亚有分布。

046 树角苔科 DENDROCEROTACEAE

叶状体具黏液腔或者缺失。每个精子器腔中具 1~3 个精子器，精子器外壁不分层，由细胞不规则排列而成。孢蒴外壁具气孔或缺失。孢子多细胞或单细胞，绿色、黄色至淡棕色，具明显的三裂缝或三裂缝不明显，表面具刺状、疣状、乳头状或蠕虫形突起。

本科 4 属，热带山地分布。中国有 2 属。

分属检索表

1. 叶状体每个表皮细胞具 2~3 叶绿体；孢子单个细胞 ………… 1. 大角苔属 *Megaceros*
1. 叶状体每个表皮细胞具 1 个大型叶绿体；孢子多细胞 ………… 2.. 树角苔属 *Dendroceros*

1 大角苔属 *Megaceros* Campb.

成片状贴生基质。叶状体暗绿色，分枝不规则，边缘波曲；背面表皮细胞具多个大型叶绿体，细胞壁无三角体 。雌雄异株。孢蒴细长角状，无气孔。假弹丝具单列螺纹加厚。

孢子单细胞，具细疣。

本属约 11 种，主要分布中南洲、北美洲、亚洲南部和大洋洲，中国有 1 种。

东亚大角苔 *Megaceros flagellaris*（Mitt.）Steph., Sp. Hepat. 5：951. 1916. 图 80：1~5

形态特征　成片状群落生长。叶状体暗绿色，形大，具光泽，长可达 5 cm ；不规则叉状分枝，每个细胞内含 1~2 个叶绿体；叶状体边缘不规则分裂。雌雄同株或异株。孢蒴呈细长角状，基部由长筒状苞膜包围。假弹丝具单列螺纹加厚。孢子黄绿色，直径约 30 μm，表面具细小突起。

生境和分布　生于低山地区山涧溪边具土岩面。福建；日本有分布。

2 树角苔属 *Dendroceros* Nees

叶状体成片相互贴生，不规则两歧分枝或近羽状分枝，暗绿色，横切面为单层细胞；边缘不规则浅裂；中肋界限明显，多层细胞。叶状体细胞薄壁或厚壁，三角体小或明显，每个细胞具一大型叶绿体。雌雄同株。苞膜生于叶状体中肋背面，呈圆筒形。孢蒴圆柱形，无气孔。假弹丝具单列螺纹加厚。孢子多细胞，表面具小突起。

本属约 40 种，多分布热带山地。中国有 3 种。

东亚树角苔 *Dendroceros tubercularis* Hatt., Bot. Mag. Tokyo 58：6. 1944. 图 80：6~8

形态特征　片状贴生基质生长。叶状体多呈不规则两歧分枝；中肋粗壮，腹面圆凸，厚 5~8 个细胞。叶状体细胞六角形，三角体形小，每个细胞具一大型叶绿体。

生境和分布　生于低海拔山地小溪边湿土或具土石面。台湾和香港；日本有分布。

047 短角苔科 NOTOTHYLADACEAE

叶状体叉状分枝，具多层细胞；末端多瓣裂，仅单层细胞。精子器卵形，具短柄，着生腔内，每腔有 2~4 精子器。孢蒴平横着生叶状体上，长卵状柱形，具短柄，蒴足形大，成熟时有时不开裂。蒴轴较短或缺失。蒴壁无气孔，两裂或不规则开裂。假弹丝为单列细胞，黄色，膨起，具螺纹或斜纹。孢子形大，四分孢子形，向极面具疣。

本科 有 5 属，分布北半球温带和热带山区。中国有 3 属。

分属检索表

1. 孢子体短小，近水平生长；孢蒴外壁不具气孔……………………………………………………1. 短角苔属 *Notothylas*

1. 孢子体长角状，直立生长；孢蒴外壁具气…………………………………………………………2. 黄角苔属 *Phaeoceros*

1 短角苔属 *Notothylas* Sull.

平卧生长。绿色，圆形至近圆形，两叉分枝，无中助，无黏液腔；叶状体厚 3~9 层细胞，背面有时具脊状突起或片状突起或平滑。雌雄同株或异株。精子器散生植物体背面表皮下，每一腔中含 2~ 多个精子器；精子器椭圆形，具柄。苞膜平展或略向上倾 。孢蒴短圆柱形，成熟后瓣裂或不规则开裂，蒴轴存在或缺失。假弹丝 1~3 细胞或缺失，红棕色，多为长方形或矩形，胞壁具螺纹加厚。孢子黄色至黑褐色；表面具螺纹或斜纹。

本属约 22 种，多温带和亚热带地区分布。中国有 5 种。

南亚短角苔 *Notothylas levieri* Schiffn. ex Steph.，Edinburgh Journ. Sci. 1917；Sp. Hepat. 5：1021.1917. 图 80：9~14

形态特征 片状交织生长。叶状体绿色，平展，无中助，背面平滑，边缘具狭短裂片。苞膜棒槌状，横生，表面具不规则疣，凹凸不平。孢蒴长椭圆形，长 1.0~1.2 mm，成熟后沿加厚胞壁开裂；蒴轴缺失。假弹丝粗短，淡棕色，具螺纹加厚。孢子单细胞，黄色；近极面三裂缝明显，表面具疣状突起。

生境和分布 在阴暗林内湿土生。吉林、辽宁和云南；尼泊尔和印度有分布。

2 黄角苔属 *Phaeoceros* Prosk.

叶状体片状，不规则叉状分枝，表皮细胞具单个大型叶绿体；叶状体边缘不规则波曲；气室不分化。雌雄同株。雄苞着生叶状体内。孢蒴细长角状，基部由短筒状苞膜包被。孢子黄褐色，具细疣状突起。假弹丝由 1~5 个单列细胞形成。

本属 34 种，热带、亚热带低海拔山区分布。中国有 8 种。

黄角苔 *Phaeoceros laevis*（Linn.）Prosk.，Rapp. et Comm. VIII. Congr. Intern. Bot.，Paris 14~16：69. 1954. 图 79：1~5

形态特征 成片交织生长。叶状体长 1~3 cm，不规则两歧分枝；两侧为单层细胞，表面细胞直径 30~70 μm；中肋分界不明显，厚 4~5 层细胞，可多达 6~8 层细胞；无气室分化；假根多数，着生叶状体腹面中央。雌雄同株。精子器 2~3 个成群着生叶状体内空腔中。孢蒴细长角形，长可达 2cm 以上，着生叶状体前端。孢子圆锥形，外壁具细疣。假弹丝 1~5 个细胞，多扭曲，分叉。

生境和分布 生于低海拔山区阴湿沟边。浙江、福建、香港、四川和云南；广布世界各地。

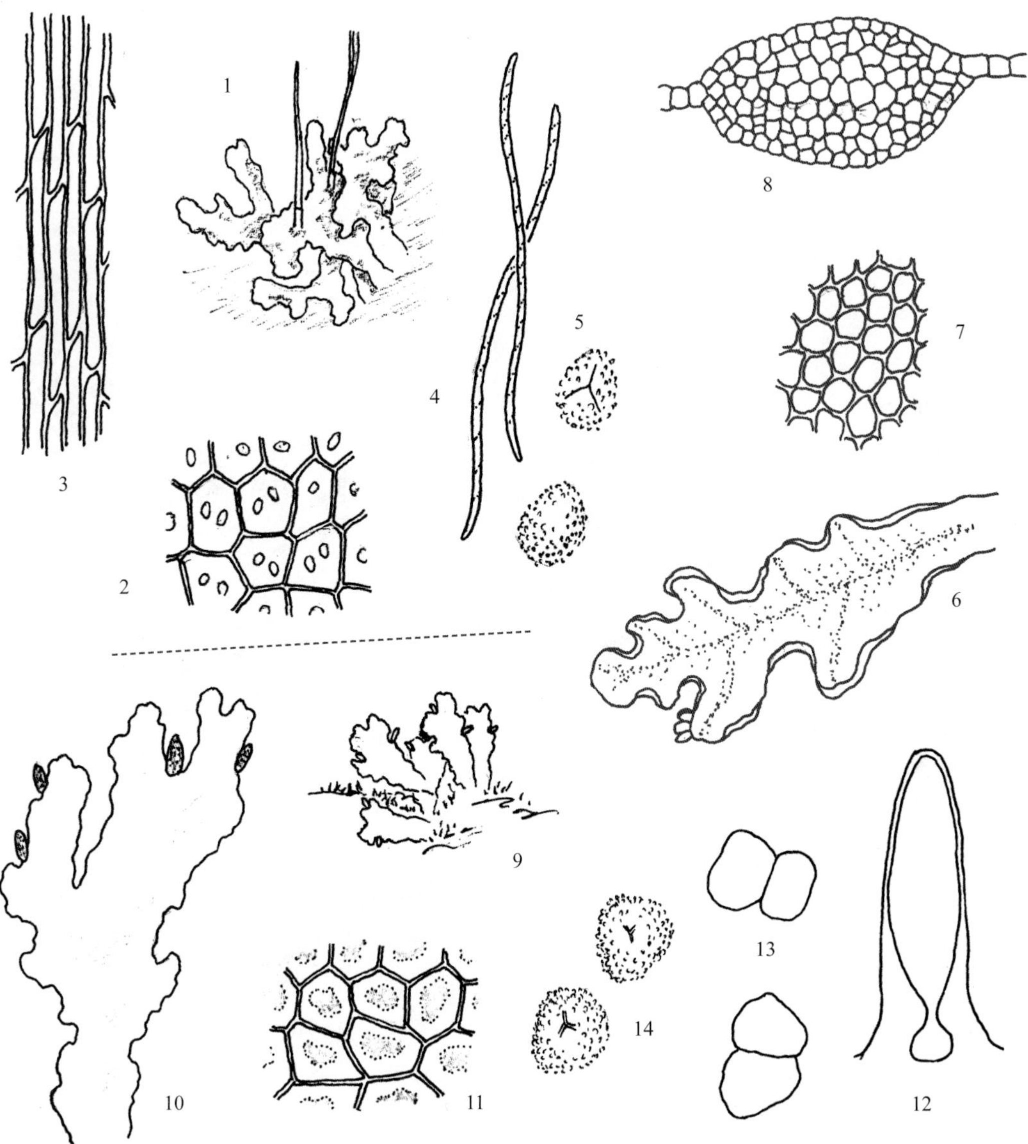

图 80

1~5. **东亚大角苔** *Megaceros flagellaris*（Mitt.）Steph.

1. 阴湿具土岩面生长的植物群落（×1），2. 叶状体背面细胞（×350），3. 孢蒴的表皮细胞（×150），4. 假弹丝（×200），5. 孢子（×250）

6~8. **东亚树角苔** *Dendroceros tubercularis* Hatt.

6. 叶状体（×5），7. 叶状体尖部表皮细胞（×250），8. 叶状体中肋的横切面（×260）

9~14. **南亚短角苔** *Notothylas levieri* Schiffn. ex Steph.

9. 田边沃土着生的植物群落（×1），10. 雌株（×3），11. 叶状体背面细胞，示每个细胞具单个叶绿体（×350），12. 孢蒴的纵切面（×40），13. 假弹丝（×210），14. 孢子（×210）

BRYOPHYTA

藓类植物门

苔藓

CHINESE ILLUSTRATED BRYOPHYTES

048 泥炭藓科 SPHAGNACEAE

沼泽地或长期水湿的林地呈大片生长，稀在森林坡地或山涧石坳中生长。植物体色泽淡绿，干燥时呈灰白色或淡褐色，有时具紫红色。茎长可达 20 cm 以上，单一或叉状分枝；具中轴；表皮细胞有时具水孔及螺纹。茎顶短枝丛生，侧枝含短劲、倾立的强枝及纤长贴茎下垂的弱枝。茎叶与枝叶异形。茎叶一般长大，稀形小，舌形、三角形或剑头形，叶细胞的螺纹及水孔较少。枝叶阔卵形、长卵形或长披针形，无色具螺纹加厚的大型细胞与狭长绿色细胞相互交织。雌雄同株或异株。精子器球形，具柄，集生于头状枝或分枝顶端。雌苞顶生。假蒴柄白色，柔弱。孢蒴球形或卵形，成熟时棕褐色，无蒴齿，具小蒴盖，干时蒴盖自行脱落。孢子外壁具疣及螺纹。原丝体片状。

本科 1 属。广布世界各地，以北半球温带及寒带地区为多。约 300 余种。

1 泥炭藓属 *Sphagnum* Linn.

属的特征同科。

约 300 余种，广泛分布世界各大洲。中国约 50 种。

泥炭藓在生态群落演替中扮演重要角色，为低湿原及高湿原的主要地被植物成分。湖沼常由于泥炭藓群落的滋长，泥炭层多年的沉积，他种水生高等植物同时侵入和繁殖，年久后可使沼泽变浅，转化为陆地和森林。反之，小片沼泽地泥炭藓群亦可由于不断吸收空中水汽，继续繁衍而形成大片高地湿原，常使森林沼泽化，甚至毁灭森林。

泥炭藓群落的生态和发育的研究对于大片沼泽地的利用十分重要。泥炭藓是生物能源泥炭的主要成分来源。由于该类群植物特有的储水能力以及泥炭藓酚的杀菌能力，一战时期被当做药棉使用。在兰花等名贵花草养殖中，被当做基质和保水材料。

泥炭藓属植物均含有正二十四醇、莽草酸、α-香树精（α-amyrin）、蒲公英赛醇（taraxerol）和蒲公英赛酮（taraxerone）等有机化合物，该属多数植物含有泥炭藓酸（sphagnum acid）。

分种检索表

1. 枝叶绿色细胞在叶的横切面观呈狭长椭圆形，位于叶片的中央 …………………… 4. 偏叶泥炭藓 *S. subsecundum*
1. 枝叶绿色细胞在叶的横切面观呈三角形，位于叶片的背面或腹面 ……………………………… 2
2. 枝叶绿色细胞位于叶片腹面 ……………………………… 3
2. 枝叶绿色细胞位于叶片背面 ……………………………… 4

3. 茎叶呈舌形，先端钝……………………………………………………………………1. 白齿泥炭藓 *S. girgensohnii*

3. 茎叶呈三角形……………………………………………………………………………2. 暖地泥藓 *S. junghuhnianum*

4. 植株较粗大；枝叶中部无色细胞腹面具大型角孔；雌雄同株，雌苞叶较小 ………3. 粗叶泥炭藓 *S. squarrosum*

4. 植株较纤细；枝叶中部无色细胞腹面具整齐的两列厚边对孔；雌雄异株，雌苞叶与枝叶同形 ……………………………………………………………………………………………5. 细叶泥炭藓 *S. teres*

白齿泥炭藓 *Sphagnum girgensohnii* Russ., Beitr. Torfm. 46, f. 12, 15, 18, 19, 21, 22, 43~45, 61. 1865. 图 81：6~10

形态特征 多成片生长。茎及枝纤细而硬挺，多呈黄绿色，或带淡棕色，无光泽。茎叶短阔舌形，先端钝圆而阔；无色细胞一般无纹孔。枝丛 3~5，强枝 2~3，倾立，渐尖或一向弯曲。枝叶覆瓦状紧密排列，呈卵状披针形，干时挺立；无色细胞腹面上部具大而圆形无边的中央孔；绿色细胞在枝叶横切面观呈梯形，偏于叶腹面。雌雄异株，雌苞叶较大，长卵状舌形。孢蒴近球形。孢子黄棕色，平滑。

生境和分布 一般生长于沼泽及湿原中，森林沼地尤为习见，在沼泽地、潮湿林地杜鹃灌丛、竹林、腐殖土、塔头甸子、岩面薄土，以及潮湿的针叶林地往往形成大面积高位沼泽。其生长基质 pH 值约在 3.5~5.5 之间。黑龙江、吉林、内蒙古、贵州、四川、云南和西藏；朝鲜、日本、尼泊尔、印度北部、印度尼西亚（爪哇）、俄罗斯（高加索）、欧洲、北美洲及格陵兰岛有分布。

应用价值 参考属的应用。

暖地泥炭藓 *Sphagnum junghuhnianum* Dozy et Molk., Nat. Verh. K. Ak. Wet. Amsterdam, 2：8, f. 3, 1854. 图 81：1~5

形态特征 多成片生长。植物体较粗大，长可达 10 cm，淡灰褐色，或带淡紫色，干燥时具光泽。茎叶大，呈长等腰三角形。枝丛 4~5，2~3 强枝，倾立。枝叶大型，下部贴生，先端背仰，长卵状披针形，渐尖。无色细胞背面具成列的半椭圆形厚边的对孔及大而圆形的水孔；绿色细胞在叶横切面观呈三角形，位于叶腹面，背面完全为无色细胞所包被。雌雄异株。孢子赭黄色，具粗疣。

生境和分布 多生于温暖湿热的沼泽地、林地，树干基部及腐木上。浙江、台湾、福建、江西、广东、海南、贵州、四川、云南和西藏；日本、菲律宾、印度尼西亚、马来西亚、泰国、印度及喜马拉雅山地区分布。

应用价值 园艺常用于培植名贵花卉。可用于医用辅料。

粗叶泥炭藓 *Sphagnum squarrosum* Crome, Samml. Deut. Laubm. 24. 1803. 图 82：1~5

形态特征 多成片生长。植物体较粗壮，黄绿色或黄棕色。茎叶大，舌形，先端圆钝。上部无色细胞阔菱形，无纹孔；下部无色细胞具大型水孔。枝丛 4~5 枝，2~3 强枝，

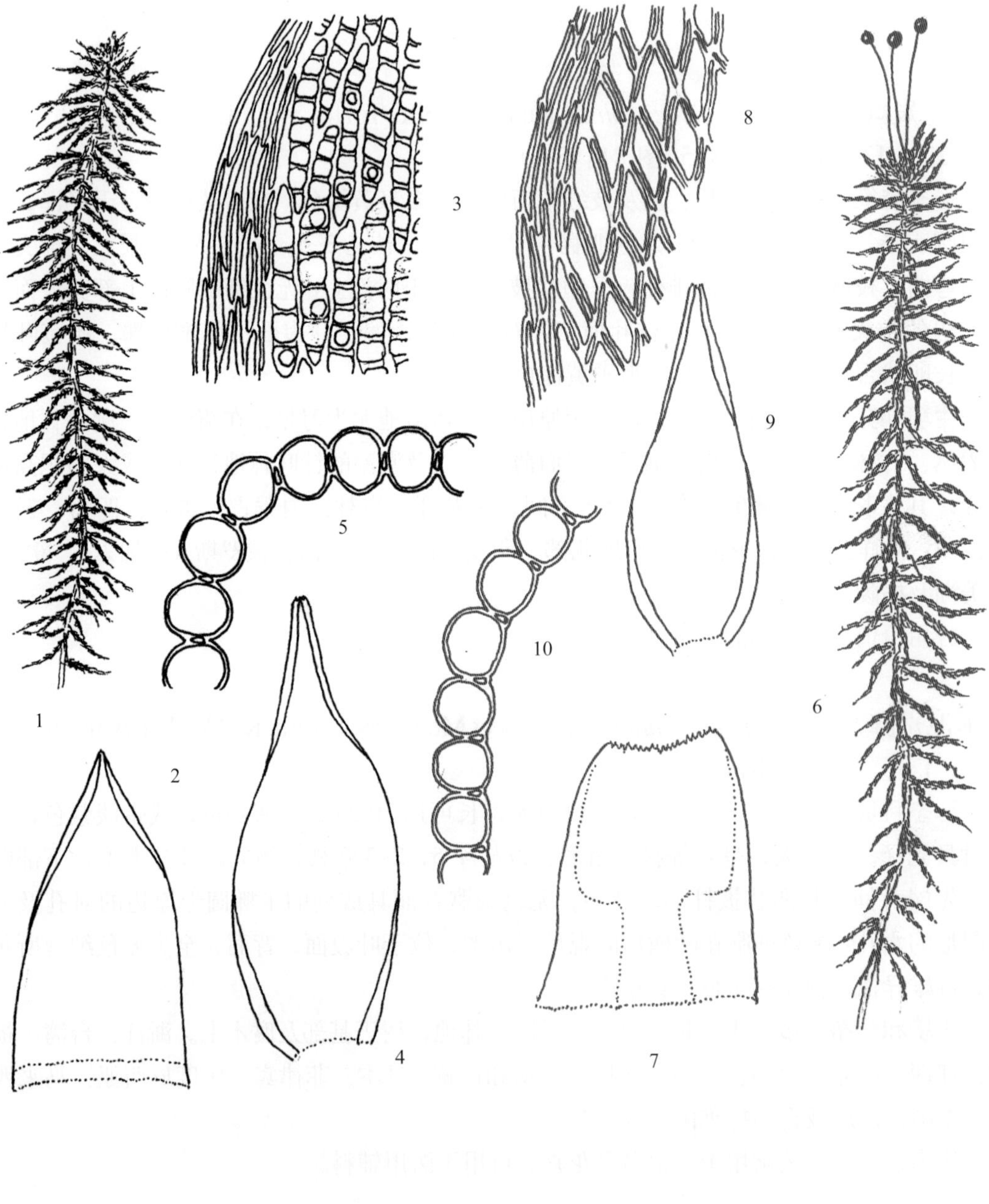

图 81

1~5. 暖地泥炭藓 *Sphagnum junghuhnianum* Dozy et Molk.

1. 植物体（×1），2. 茎叶（×35），3. 茎叶尖部细胞（×150），4. 枝叶（×40），5. 枝叶横切面的一部分（×250）

6~10. 白齿泥炭藓 *Sphagnum girgensohnii* Russ.

6.. 植物体（×1），7. 茎叶（×35），8. 茎叶尖部细胞（×150），9. 枝叶（×45），10. 枝叶横切面的一部分（×250）

粗壮，倾立。枝叶阔卵圆状披针形，强烈背仰，内凹成瓢状，边内卷，先端渐狭，具齿。绿色细胞在枝叶横切面观呈梯形，偏于叶片背面，背腹面均外露。雌雄同株。孢子黄色，具细疣。

生境和分布　生海拔 2 000~3 500 m 林下积水处、塔头水湿地及沼泽中，偶见于阴湿林下腐木上。黑龙江、吉林、辽宁、内蒙古、四川和云南；朝鲜、日本、印度北部、俄罗斯（亚洲部分）、非洲北部、欧洲及格陵兰岛等地有分布。

应用价值　含泥炭藓酚，并可用于制作医用敷料。

偏叶泥炭藓 *Sphagnum subsecundum* Nees, Deutschl. Fl. Abt. II, Cryptog. 2（17）: 3. 1819. 图 82：6~10

形态特征　多成片生长。植物体较粗大，高可达 20 cm，灰绿色，或棕色，无光泽。茎叶较小，三角状舌形或舌形，先端圆钝。枝丛 3~5 枝，2~3 强枝，枝端细柔。枝叶阔卵状披针形，强烈内凹呈瓢形，左右不对称，先端呈镰刀形弯曲，具分化狭边，边内卷，顶端平钝具微齿。绿色细胞在枝叶横切面观呈狭长方形或长椭圆形，位于中部，背腹面均外露。雌雄异株。孢子黄色，具细疣。

生境和分布　多生于沼泽地、阴湿林地或沼泽塔头甸子中。黑龙江、吉林、辽宁、内蒙古、安徽和云南；朝鲜、日本、尼泊尔、印度、缅甸、泰国、新几内亚、俄罗斯（远东地区）、欧洲、美洲、澳大利亚及非洲北部有分布。

应用价值　对沼泽等湿地的生态维护起积极作用。含泥炭藓酚，并可用于制作医用敷料。

细叶泥炭藓 *Sphagnum teres*(Schimp.) Aongstr. in Hartm., Handb. Skamd. Fl., ed. 8, 417. 1861. 图 83：1~3

形态特征　多成片生长。植物体较纤细，黄绿色或淡棕色。茎叶较大，舌形，先端圆钝，具白色分化边，呈消蚀或锯齿状，两侧具狭分化边。无色细胞稀具螺纹及水孔。枝丛多 5 数，2~3 强枝。枝叶呈卵圆状披针形，先端急尖，边内卷，稍背仰。绿色细胞在枝叶横切面观呈梯形，偏于叶片背面。雌雄异株。雌苞叶呈长阔舌形。孢子灰棕色，具细疣。

生境和分布　多生于林下低湿腐殖土上、溪边沼泽地或水草地及塔头甸子中。黑龙江、吉林、内蒙古、陕西、四川、云南和西藏；东喜马拉雅山地区、日本、俄罗斯、欧洲、北美洲、格陵兰岛有分布。

应用价值　含有豆甾醇（stigmasterol），其他参考该属的应用价值。

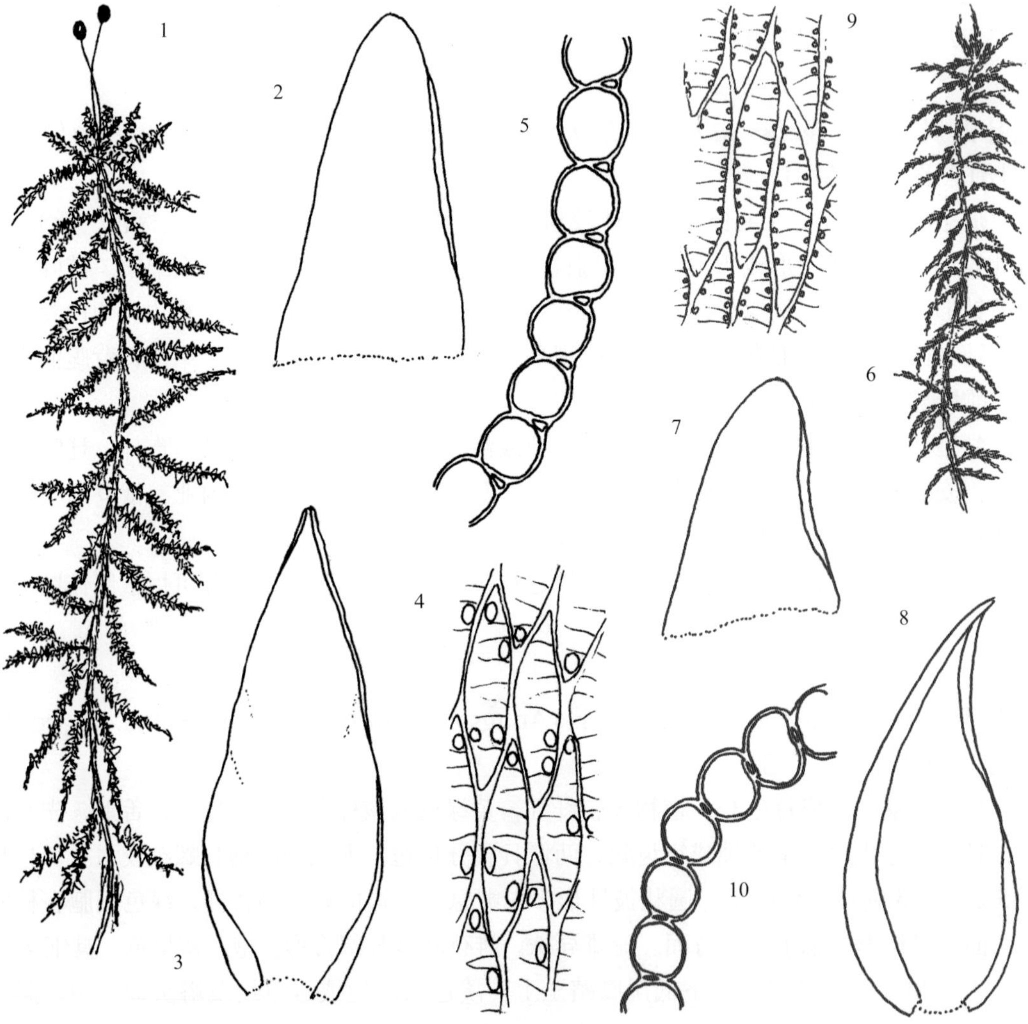

图 82

1~5. 粗叶泥炭藓 *Sphagnum squarrosum* Crome

1. 植物体（×1），2. 茎叶（×25），3. 枝叶（×30），4. 枝叶中部细胞（腹面观，×150），5. 枝叶横切面的一部分（×250）

6~10. 偏叶泥炭藓 *Sphagnum subsecundum* Nees

6. 植物体（×1），7. 茎叶（×35），8. 枝叶（×45），9. 枝叶中部细胞（背面观，× 250），10. 枝叶横切面的一部分（×450）

049 黑藓科 ANDREAEACEAE

高山寒地呈簇状生长。植物体小型至中等大小，多红褐色、紫黑色或黑色，稀棕黄色、褐绿色，无光泽或略具光泽。茎直立，干时叶紧贴，覆瓦状排列，硬挺，湿时倾立。叶片卵形或椭圆状披针形，常内凹，具短或长尖；边缘有时内卷；中肋单一或缺失。中上部细胞小，卵形或卵状方形，多数具乳头状突起或疣，常斜向或横向排列，多厚壁；中下部细胞渐长，近于长方形或不规则形，细胞壁常不规则加厚。雌雄同株或异株。雌苞叶多长大，鞘状。孢蒴常为椭圆形，直立，成熟时中部4或5瓣不完全纵裂。蒴帽小，钟帽形。假蒴柄在孢蒴成熟时延伸，使孢蒴高出于雌苞叶。孢子棕黄色，具细密疣。

本属100余种，多见于高山寒地和两极地区，生于向阳少土的花岗岩石上，仅在北极地区有时生于土上。中国仅1属，约4种。

1 黑藓属 *Andreaea* Hedw.

属的形态特征同科。

本属约95种。多见于温带地区。中国有4种。

岩生黑藓 *Andreaea rupestris* Hedw.，Sp. Musc. Frond. 47. 1801. 图83：4~10

形态特征 密集丛生呈小型垫状。植物体较细，高1~2 cm，棕红色至红褐色，略具光泽。茎直立或倾立，单一或分枝。叶片长卵状披针形，渐尖，先端钝；叶边较平直；无中肋。叶上部细胞椭圆形或卵形，边缘细胞常横向或斜向排列，较整齐，胞壁较厚，叶背面具乳头状突起。雌雄异株，稀同株。孢蒴长椭圆形，成熟4瓣纵裂达基部。孢子红棕色，直径约18 μm，表面具细密疣。

生境和分布 生于寒冷高山花岗岩石面。陕西、浙江、福建、云南和西藏；世界高寒地区广泛分布。

应用价值 其生长在高寒花岗岩石面的独特性状，以及耐寒和耐旱的特性亟待研究利用。

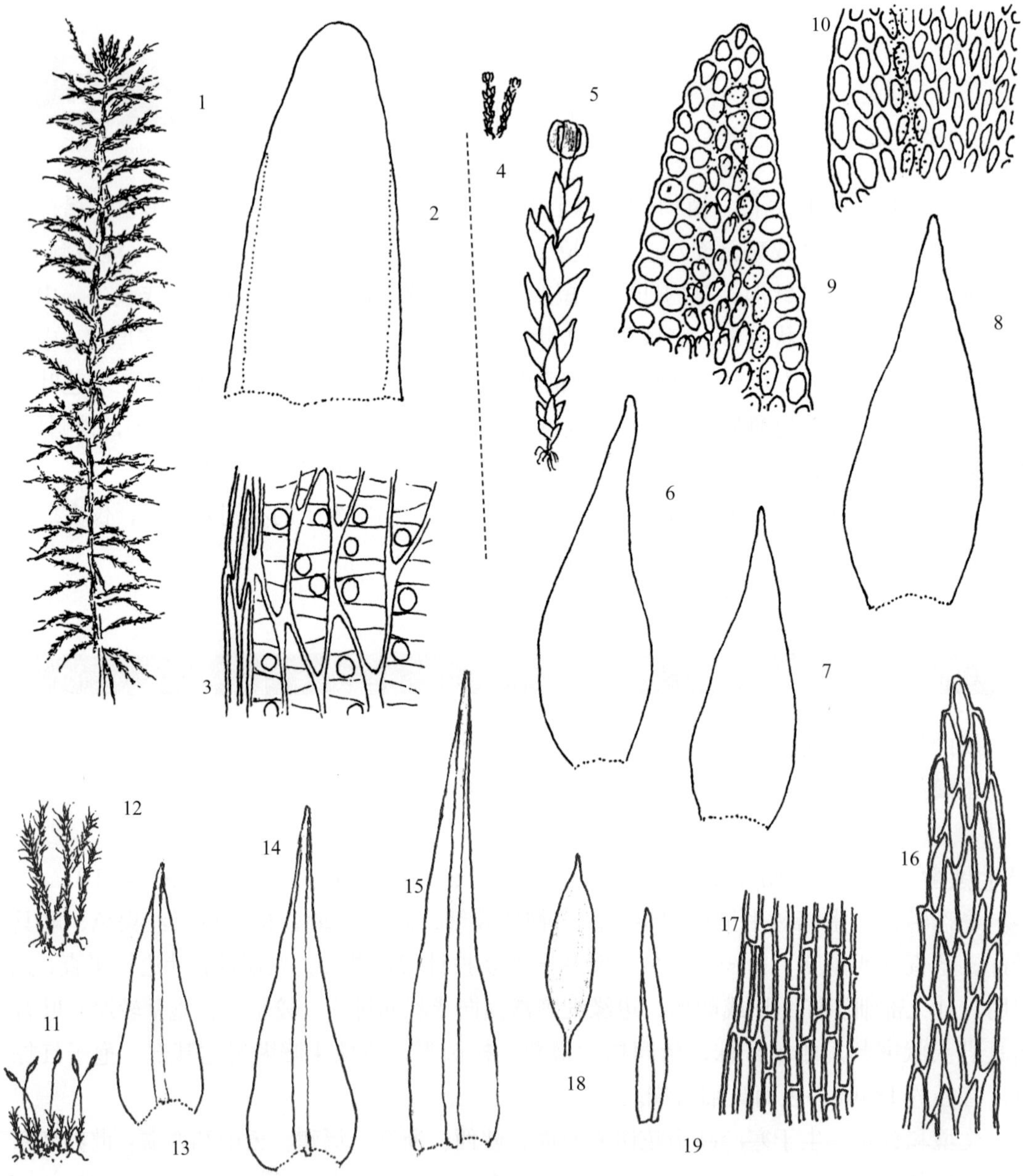

图 83

1~3. 细叶泥炭藓 *Sphagnum teres*（Schimp.）Aongstr.

1. 植物体（×1），2. 茎叶（×30），3. 茎叶中部细胞（背面观，×150）

4~10. 岩生黑藓 *Andreaea rupestris* Hedw.

4，5. 植物体（4.×1；5.×8），6~8. 叶（×70），9. 叶尖部细胞（×350），10. 叶基部细胞（×350）

11~19. 闭蒴拟牛毛藓 *Ditrichopsis clausa* Broth.

11. 土生植物群落（×1）12. 植物体（×4），13~15. 叶（×50），16 叶尖部细胞（×480），17. 叶中部边缘细胞（×300），18. 孢蒴，示蒴盖与孢蒴相连（×25），19. 蒴帽（×30）

050 牛毛藓科 DITRICHACEAE

多密集丛生于土上或具土岩面。植物体多形小而纤细。茎直立，单一或叉状分枝。叶多列，稀对生，多披针形或狭长披针形；中肋单一，粗壮，及顶或突出于叶尖。叶细胞多平滑，上部近方形或短长方形，基部长方形或狭长方形，角部细胞不分化。蒴柄细长，直立。孢蒴一般高出于雌苞叶，少数隐生，直立，稀倾立，表面平滑或具长纵褶。环带多数分化。蒴齿常具基膜，两裂至基部，线形或狭披针形，表面被细疣。蒴盖圆锥形，或具长喙。蒴帽多兜形。孢子小，圆球形，表面具细疣。

本科 24 属，多生于温热地区。中国有 12 属。

分属检索表

1. 植物体两侧扁平；叶 2 列状；蒴齿表面多具纵斜纹 ······ 3. 对叶藓属 *Distichium*
1. 植物体不呈扁平状；叶多列生；蒴齿表面具细密疣 ······ 2
2. 叶片上部细胞近方形；孢蒴表面具纵褶，基部有颏突 ······ 2. 角齿藓属 *Ceratodon*
2. 叶片上部细胞长方形；孢蒴表面平滑 ······ 3
3. 叶片上部细胞长方形；蒴齿发育正常 ······ 1. 牛毛藓属 *Ditrichum*
3. 叶片上部细胞菱形或狭长形；蒴齿不发育 ······ 4. 拟牛毛藓属 *Ditrichopsis*

1 牛毛藓属 *Ditrichum* Hampe

小型土生藓类，疏松丛生。植物体黄绿色。茎单一或叉状分枝。叶披针形或卵状披针形，上部细长，多向一边偏曲；中肋粗壮，长突出于叶尖；叶边平滑或上部具齿。叶上部细胞短长方形或狭长方形；基部细胞长方形或狭长方形，壁薄，角细胞不分化。雌雄同株或异株。雌苞叶略大于茎叶。蒴柄细长，直立。孢蒴长卵形或长圆柱形，直立，辐射对称或弓形弯曲。蒴齿单层，齿片 16，两裂至近基部成线形，具低基膜，表面具细密疣。蒴盖圆锥形，具短钝喙。蒴帽兜形。孢子球形，平滑或具细疣。

本属约 70 种，分布温暖地区。中国约 8 种。

分种检索表

1. 孢蒴辐射对称；植物体形大；叶长度超过 5 mm ······ 1. 牛毛藓 *D. heteromallum*
1. 孢蒴不呈辐射对称，倾立；植物体略小；叶长度不超过 4 mm ······ 2. 黄牛毛藓 *D. pallidum*

牛毛藓 *Ditrichum heteromallum*（Hedw.）Britt.，North Am. Fl. 15：64. 1913. 图 84：1~5

形态特征 疏松丛生。植物体色泽黄绿，高约 1 cm。茎单一，直立。叶干燥时贴茎，湿时略向一侧弯曲，基部卵形，向上成披针形；中肋单一，粗壮，及顶或长突出叶尖。叶细胞长方形或狭长方形，薄壁。雌雄异株。雌苞叶基部多呈鞘状。蒴柄细长，直立，红褐色。孢蒴直立，对称。蒴齿线形，淡黄色。蒴盖圆锥形。孢子球形，黄色，表面近于平滑。

生境和分布 多生于向阳土上或具土岩面。江西、广东、海南、广西、贵州、四川、云南和西藏；日本、朝鲜、欧洲及南北美洲有分布。

应用价值 可固着岩面薄土。其蒴柄细长，外观秀美，能用于制做小型观赏盆景。

黄牛毛藓 *Ditrichum pallidum*（Hedw.）Hampe，Flora 50：182. 1867. 图 84：6~9

形态特征 丛集生长。植物体黄绿色或绿色，略具光泽。茎高 0.5~1.0 cm，直立，多单一不分枝。叶多一向偏曲，基部长卵形，向上渐成细长叶尖，尖部具齿突；中肋基部宽阔，叶上部几全为中肋。叶上部细胞狭长方形，近中肋细胞长方形，叶基部近边缘 3~5 列细胞狭长方形。雌雄同株。雌苞叶基部鞘状，略大于茎叶。蒴柄细长。孢蒴长卵形，略向一侧弯曲，不对称，黄褐色。蒴齿线形，略旋扭。孢子球形，黄褐色，具细密疣。

生境和分布 生于山地土坡或土壁上。山东、江苏、安徽、浙江、福建、江西、湖南、广东、贵州、云南和西藏；日本、欧洲、北美洲及非洲中部有分布。

2 角齿藓属 *Ceratodon* Bird.

密集丛生。植物体绿色或黄绿色。茎直立，单一或具分枝。叶干燥时卷曲，披针形或卵状披针形；叶边背卷；中肋单一，粗壮，及顶或突出于叶尖。叶细胞宽短，近长方形。雌雄异株。雌苞叶高鞘状，向上成细长叶尖。蒴柄直立，细长。孢蒴倾立或近于直立，长卵形至长圆柱形，多有明显纵棱和沟，基部具小颏突。蒴齿齿片 16，披针形，纵裂至近基部，具短基膜，中上部具疣，基部具横纹。环带分化，由 2~3 列厚壁细胞组成。蒴帽兜形。蒴盖短圆锥形。孢子圆球形，黄色，表面近于平滑。

本属 4 种，广布世界各地。中国有 2 种。

角齿藓 *Ceratodon purpureus*（Hedw.）Brid.，Bryol. Univ. 1：480. 1826. 图 84：10~15

形态特征 密集丛生。植物体黄绿色或绿色。茎高 0.8~2 cm，直立，单一或具少数短分枝。叶干燥时贴茎，略扭曲，湿时直立，卵状披针形，渐尖；叶边背卷，上部具不规则齿；中肋单一，粗壮，及顶或突出于叶尖。叶中上部细胞近方形，壁略厚，具角部加厚；基部细胞短长方形，薄壁。雌雄异株。蒴柄红褐色。孢蒴平展或倾立，红棕色，宽卵形或长卵形，表面具明显纵褶，基部具小颏突。蒴齿 16，披针形。孢子黄色，表面平滑。

生境和分布 见于多种生境和基质，一般生干燥开阔地，有时见于岩面薄土、朽木

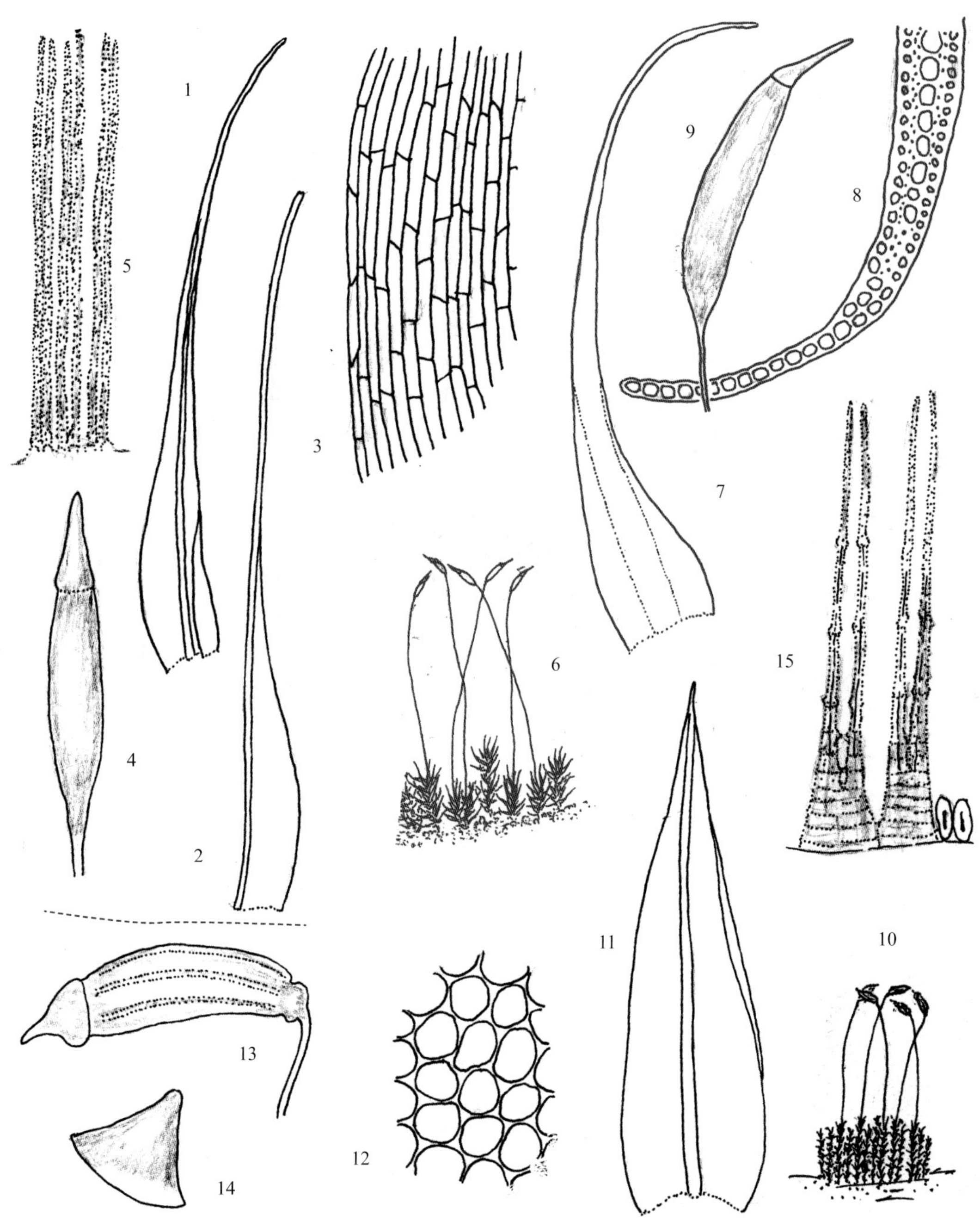

图 84

1~5. 牛毛藓 *Ditrichum heteromallum*（Hedw.）Britt.

1，2. 叶（×30），3. 叶基部细胞（×300），4. 孢蒴（×30）5. 蒴齿（×180）

6~9. 黄牛毛藓 *Ditrichum pallidum*（Hedw.）Hampe

6. 山地湿土生植物群落（×1），7. 叶（×22），8. 叶基部横切面的一部分（×300），9. 孢蒴（×30）

10~15. 角齿藓 *Ceratodon purpureus*（Hedw.）Brid.

10. 林内火烧地生植物群落（×1），11. 叶（×50），12. 叶中部细胞（×450），13. 孢蒴（×20），14. 蒴盖（×30），15. 蒴齿（×150）

根上，在林内火烧地常见。黑龙江、吉林、辽宁、内蒙古、河北、陕西、新疆、江苏、四川、云南和西藏有分布；为世界广布种。

应用价值 该种为多年生土生藓类，植物体丛生，对形成土壤结皮有一定作用。老时常呈红色，具有观赏价值。

3 对叶藓属 *Distichium* Bruch et Schimp.

丛集生长。植物体两侧扁平，绿色或黄绿色。茎多单一，稀叉状分枝。叶 2 列状交互对生，基部鞘状抱茎，长卵形至卵形，向上收缩成短或长尖；叶边平直；中肋单一，扁宽，充满叶尖部。叶上部细胞不规则方形或多边形；基部细胞短长方形至狭长方形，透明，薄壁。雌雄同株或异株。雌苞叶与茎叶同形，略大。蒴柄细长，直立。孢蒴圆形或长圆柱形，直立，或倾立，或不对称。蒴齿单层，齿片 16，披针形，不规则开裂，具穿孔，表面多具斜纹，或中上部有疣。环带分化。蒴帽兜形，平滑。蒴盖具短喙。孢子球形，表面具密疣。

本属约 14 种，分布高寒地区。中国约 5 种。

分种检索表

1. 植物体高 1~2 cm；孢蒴多倾立，卵形或短柱形；孢子大，直径 30~60 μm ………… 1. 斜蒴对叶藓 *D. inclinatum*
1. 植物体高 2~8 cm；孢蒴多直立，圆柱形；孢子小，直径 13~24 μm ……………………… 2. 对叶藓 *D. capillaceum*

斜蒴对叶藓 *Distichium inclinatum*（Hedw.）Bruch et Schimp.，Bryol. Eur. 2：157 194. 1846. 图 85：1~5

形态特征 密集丛生。植物体直立，高 1~2 cm，亮绿色或绿色，略具光泽；稀疏分枝。叶两列状对生，排列紧密，长 2~3 mm，鞘状基部向上突成狭披针形，叶上部长度为鞘状基部的 1~2 倍；叶边平直，上部近于平滑或具细突起 ；中肋单一，扁平，近于充满叶尖部。雌苞叶略大于茎叶。蒴柄直立，红棕色。孢蒴倾立，长卵形或卵形。孢子球形，黄绿色，具细密疣。

生境和分布 生于高山林地和草丛中。河北、山西、云南和西藏；印度、亚洲中部、俄罗斯（高加索）、欧洲、北美洲及非洲北部有分布。

应用价值 植物体强耐寒的机理值得深入研究。

对叶藓 *Distichium capillaceum*（Hedw.）Bruch et Schimp.，Bryol. Eur. 2：156. 1846. 图 85：6~10

形态特征 密集丛生。植物体黄绿色或鲜绿色，高 2~8 cm，扁平，具光泽；稀疏叉状分枝，基部多具红色假根。叶 2 列紧密排列，交互对生，基部高鞘状，向上突收缩成狭披针形；叶边平直，上部多具疣突；中肋单一，扁宽，充满叶尖部。雌雄同株或异株。蒴柄直立，红棕色。孢蒴直立，长椭圆形。蒴齿单层，齿片 16，短披针形，红棕色或淡黄色。

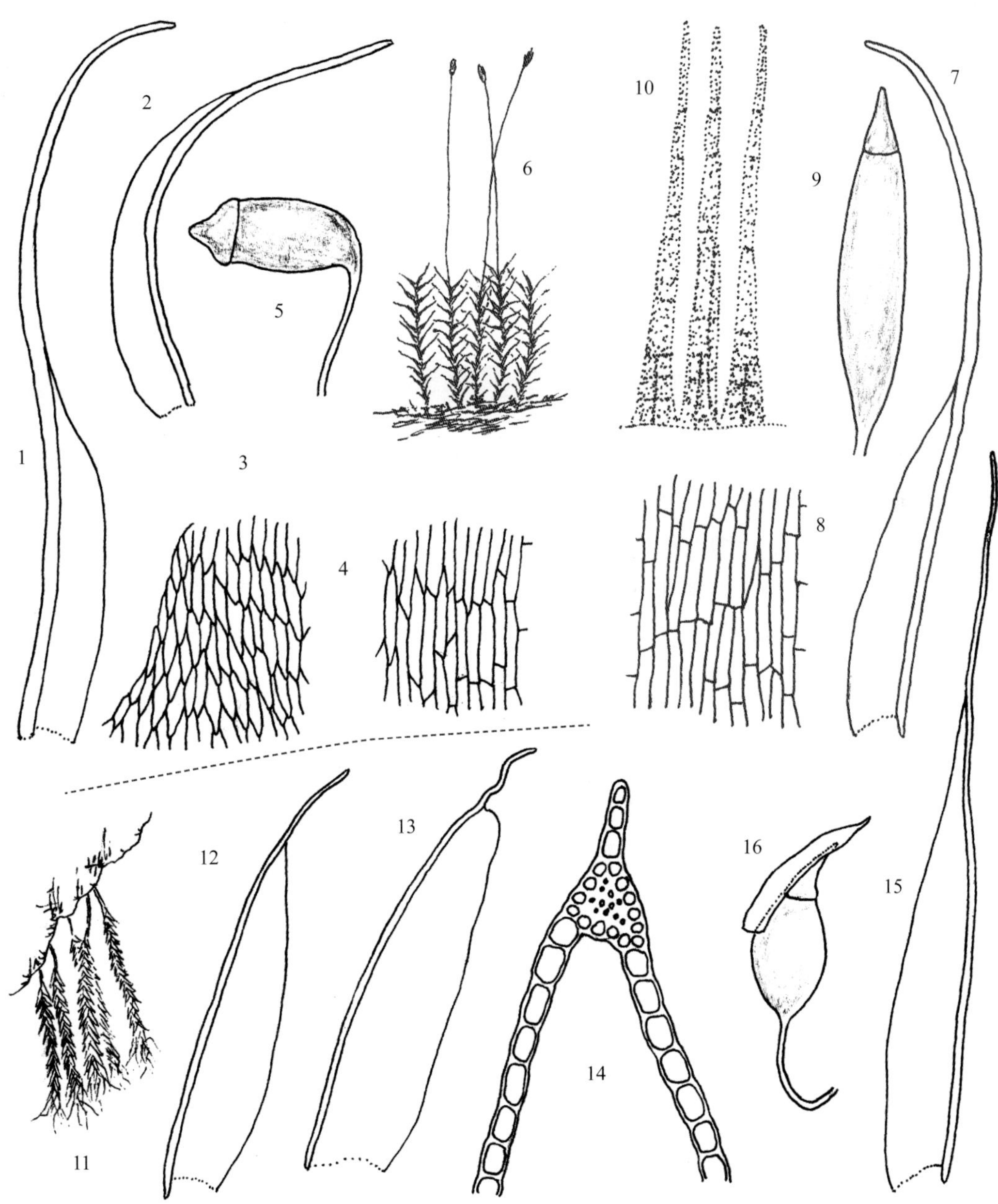

图 85

1~5. **斜蒴对叶藓** *Distichium inclinatum*（Hedw.）Bruch et Schimp.

1，2. 叶（×30），3. 叶上部细胞（×300），4. 叶基部细胞（×300），5. 孢蒴（×15）

6~10. **对叶藓** *Distichium capillaceum*（Hedw.）Bruch et Schimp.

6. 高山林地生植物群落（×1），7. 叶（×30），8 叶基部细胞（×300），9. 孢蒴（×30），10. 蒴齿（×210）

11~16. **虾藓日本亚种** *Bryoxiphium novegicum*（Brid.）Mitt. subsp. *japonicum*（Berggr.）Löve et Löve

11. 山地背阴石壁悬垂生长的植物群落（×1），12, 13. 叶（×45），14. 叶横切面的一部分（×300），15. 雌苞叶（×45），16. 孢蒴，上部被覆蒴帽（×25）

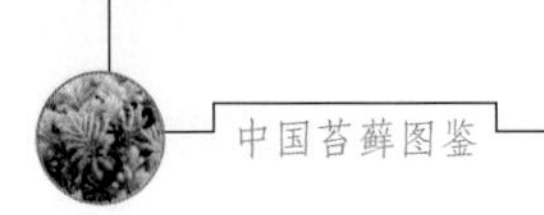

孢子黄褐色，球形，具粗密疣。

生境和分布 生于高山石灰岩缝或薄土上，有时见于潮湿砂石及冰川旁岩面。黑龙江、吉林、内蒙古、河北、山西、陕西、甘肃、青海、新疆、云南和西藏；尼泊尔，朝鲜，日本，俄罗斯（远东地区），欧洲，南、北美洲，澳大利亚，新西兰，非洲及南极洲有分布。

应用价值 在华北山地、天山、祁连山及西南高原地区，本种为高山草地主要藓类。甚至，在中国喜马拉雅山地区珠穆朗玛峰等地的大冰川，以至 5 450 m 以上的冰渍物下方湿土或石隙中，可见其常有孢子体，此类耐寒机理值得深入研究。

4 拟牛毛藓属 *Ditrichopsis* Broth.

丛集土生。颈短小，直立，单一，基部密生假根。叶丛集茎端，渐向基部叶形减小；干时紧贴或扭曲，湿时倾立；基部鞘状，上部狭长披针形，渐尖；边缘略内曲，平滑；中肋平薄，在叶尖消失；叶细胞狭长或菱形，基部细胞较长，阔而透明。雌雄异株。苞叶不分化。蒴柄细长，黄色。孢蒴卵圆形或圆柱形，直立，薄壁。蒴盖具短尖，或不分化。蒴齿无。孢子大型，黄色，具密疣。

本属 2 种。中国有 2 种。

闭蒴拟牛毛藓 *Ditrichopsis clausa* Broth.， Symb. Sin. 4：13. 1929. 图 83：11~19

形态特征 丛集土生。植物体黄绿色。茎高约 1cm，直立，单一。叶稀疏帖茎排列，湿时向上倾立，基部长卵形，向上渐成长披针形，具细长尖部；叶边平直；中肋扁宽，消失于叶尖。叶基部细胞壁薄，透明，长方形，边缘几列细胞狭长；叶中上部细胞长方形至菱形，壁薄。雌雄异株。雌苞叶与茎叶同形，较长大。孢子体特征同属描述。

生境和分布 多见于山地土面。云南；印度有分布。

应用价值 该种为东南亚特有物种，对研究物种地理分布成因有一定价值。

051 虾藓科 BRYOXIPHIACEAE

高寒山区稀疏悬垂石生。植物体鲜绿色或略带黄色，基部常呈黄褐色，具强光泽。茎长可达 5 cm；稀分枝，基部膨大呈球形，生有褐色假根；横切面呈椭圆形，略有细胞分化。叶呈两列状，紧贴着生；茎下部叶小，上部叶大，长椭圆形或长披针形，渐向上叶尖细长或突呈短尖；叶边平直，全缘；中肋单一，多在叶片先端突出呈毛状；背翅狭，高

1~3 列细胞。叶上部细胞短方形或不规则四边形至六边形，近边缘细胞狭长，基部细胞长方形或不规则四边形。雌雄异株。生殖苞顶生。雌苞叶长卵形，渐成细长芒状叶尖。蒴柄短于雌苞叶，呈鹅颈状弯曲。孢蒴球形或倒卵形。无环带及蒴齿。蒴盖基部平凸，具斜弯喙，开裂后常与蒴轴相连。蒴帽兜形。孢子平滑，成熟于秋季。

本科 1 属，分布北半球寒温带地区。中国有分布。

1 虾藓属 *Bryoxiphium* Mitt.

属的形态特征同科。

本属 4 种。寒温带山地分布。中国有 1 种及 1 变种。

虾藓日本亚种 *Bryoxiphium norvegicum*（Brid.）Mitt. subsp. *japonicum*（Berggr.）Löve et Löve，Bryologist 56：197. 1953. 图 85：11~16

形态特征 密丛集向下悬垂生长。植物体长 2~3 cm，绿色或黄绿色，略具绢泽光，两侧扁平，基部膨大呈球形，被毛状假根。叶 2 列状抱茎覆瓦状排列，长椭圆形或披针形，上部渐尖或圆钝；中肋单一，突出于叶尖；背翅 1~3 列细胞或缺失。叶基细胞长方形，叶边具几列狭长形细胞。雌苞叶长披针形，尖部具齿突，背翅明显。孢蒴椭圆形或卵圆形。

生境和分布 北温带寒冷山地分布，主要着生于断崖、洞穴或巨岩上倒悬或倾垂生长。吉林东部、辽宁东部、内蒙古北部和安徽；朝鲜、俄罗斯（远东地区）、欧洲及北美洲有分布。

应用价值 生境独特，可作为环境监测的指示植物。同时，其耐寒特性极具科学研究价值。

052 曲尾藓科 DICRANACEAE

土生、石生、沼生或腐木生藓类，成大片丛生、小垫状或稀散生。茎直立，单一或叉状分枝。叶片多密生，基部宽阔或半鞘状，上部披针形，常有毛状或细长具齿的叶尖；叶边平直或内卷；中肋长达叶尖，突出或消失于叶尖前。叶上部细胞较短，呈方形或长椭圆形或线形，平滑、具疣或乳头，基部细胞短或狭长方形，角细胞常分化，大型无色或红褐色，厚壁或薄壁。雌雄异株或同株。 蒴柄直立、鹅颈状弯曲或不规则弯曲，平滑。孢蒴圆柱形或卵形。蒴齿 16，基部常有稍高的基膜，齿片中部以上 2~3 裂，具加厚的纵条纹，上部有疣，少数平滑或全部具疣，稀齿片深 2 裂，内面常具加厚的横隔。蒴盖长圆锥形或具斜喙。蒴帽大，兜形，平滑。

本科约55属，分布世界各地。中国有32属。

分属检索表

1. 植物体干燥时外观呈灰绿色；叶片具多层细胞。叶中央或散生育绿色细胞……2
1. 植物体干燥时外观呈绿色、黄绿色或暗绿色；叶片单层细胞。无绿色细胞……3
2. 植物体形大；叶片横切面绿色细胞位于中央或偏于背部无色细胞之间；蒴帽兜形，全缘……6. 拟白发藓属 *Paraleucobryum*
2. 植物体形小；叶片横切面绿色细胞杂于无色细胞间；蒴帽帽形，边缘有缨络……7. 白氏藓属 *Brothera*
3. 叶片角细胞不分化……4
3. 叶片角细胞分化，常形成无色大型或膨大的深棕色细胞……6
4. 叶上部细胞菱形、狭长六角形或近线形……2. 拟昂氏藓属 *Aongstroemiopsis*
4. 叶上部细胞方形或短长方形……5
5. 多高山寒地垫状丛生藓类；叶细胞常有乳头；孢蒴有时具棱，无明显台部……8. 粗石藓属 *Rhabdoweisia*
5. 多暖地土壁稀疏群生藓类；叶细胞平滑；孢蒴平滑，具明显长台部……1. 长蒴藓属 *Trematodon*
6. 中肋宽阔，叶片中央向叶边渐薄……7
6. 中肋不宽阔；叶片中央向叶边不渐薄……9
7. 植物体纤细；叶中肋细，不及叶基宽度的1/4；叶基部细胞狭长，角细胞不分化……3. 小曲尾藓属 *Dicranella*
7. 植物体长大；叶中肋宽，一般超过叶基宽度的1/3；叶基部细胞宽短，角细胞分化……8
8. 叶上部细胞短于下部细胞，厚壁；叶横切面有大型薄壁细胞……4. 曲柄藓属 *Campylopus*
8. 叶上部细胞与下部细胞长短近似；叶横切面无大型薄壁细胞……5. 青毛藓属 *Dicranodontium*
9. 叶具狭长无色细胞构成的叶边……10
9. 叶无狭长无色细胞构成的叶边……11
10. 叶细胞平滑……16. 锦叶藓属 *Dicranoloma*
10. 叶细胞有疣……17. 白锦藓属 *Leucoloma*
11. 叶基部宽阔鞘状，向上突呈狭披针形……12
11. 叶基部不呈鞘状，向上渐呈狭披针形……14
12. 孢蒴弓形弯曲，基部具骸突……11. 曲背藓属 *Oncophorus*
12. 孢蒴圆柱形，基部无骸突……13
13. 叶基部呈鞘状，向上突狭窄呈长披针形，叶尖背仰；雌苞叶不高出；蒴齿不完全分裂至基……12. 合睫藓属 *Symblepharis*
13. 叶基部呈卵形，渐向上呈披针形；雌苞叶高出；蒴齿完全分裂至基部……13. 苞领藓属 *Holomitrium*
14. 孢蒴干时具多数纵褶；叶细胞具疣，叶角细胞不明显分化……9. 狗牙藓属 *Cynodontium*
14. 孢蒴干时不具纵褶；叶细胞多平滑，叶角细胞明显分化……15
15. 叶片干燥时不卷缩或一向偏曲，稀不规则卷曲……15. 曲尾藓属 *Dicranum*
15. 叶片干燥时卷缩……16
16. 蒴齿分裂或先端略分裂，通常无纵条纹，具疣或平滑……10. 卷毛藓属 *Dicranoweisia*
16. 蒴齿中上部分裂，具纵长粗条纹……14. 直毛藓属 *Orthodicranum*

1 长蒴藓属 *Trematodon* Michx.

疏松丛集生长。植物体形小，色泽淡绿或黄绿色。茎直立，稀分枝。叶干燥时多卷曲，基部长卵形，鞘状抱茎，向上逐渐或突狭窄成狭披针形；中肋强劲，单一，及顶或长突出叶尖。叶上部细胞小，近方形或短长方形；中部细胞趋长；基部细胞长方形，壁薄，平滑，角部细胞不分化。雌雄同株。雌苞叶大于上部茎叶。蒴柄细长，直立。孢蒴直立，长圆柱形，有时上部略弯曲，台部与壶部等长或达壶部的 2~4 倍，基部多具骸突。蒴齿单层；齿片 16，狭披针形，上部分叉或具裂孔，齿片上部具细疣，下部具加厚的纵纹，稀缺失。蒴盖具斜长喙。蒴帽兜形，平滑。孢子直径 20~30 μm，圆球形，表面具疣。

本属约 90 种，南北半球均有分布。中国有 2 种。

分种检索表

1. 孢蒴台部为壶部长度的 2~4 倍；叶向上渐窄成狭披针形；中肋不充满叶上部 ……………… 1. 长蒴藓 *T. longicollis*

1. 孢蒴台部与壶部近于等长；叶向上急窄成长披针形；中肋充满叶上部 ………………… 2. 北方长蒴藓 *T. ambiguus*

长蒴藓 *Trematodon longicollis* Michx.，Fl. Bor. Amer. 2：287. 1803. 图 86：1~6

形态特征 松散丛生。植物体形小，绿色或黄绿色，高 2.5~6 mm。茎单一或稀疏分枝，具中轴。叶干燥时卷曲，湿润时伸展，基部抱茎，卵形或长卵形，向上渐窄成披针形；中肋单一，及顶，不充满叶上部。叶中上部细胞短长方形至长方形；基部细胞长方形，稀疏，薄壁。雌雄同株。孢蒴长圆柱形，3~7 mm，上部有时弯曲；台部为壶部长度的 2~4 倍，基部具骸突。蒴齿单层，狭披针形。孢子球形，具疣。

生境和分布 生于山地土坡或地面。辽宁、山东、江苏、安徽、浙江、福建、江西、湖北、湖南、广东、海南、广西、贵州、四川、云南和西藏；喜马拉雅山地区，日本，朝鲜，亚洲东南部，欧洲，南、北美洲，新西兰及南部非洲有分布。

应用价值 本种为世界广布种，常生长在人工新挖凿的空旷地面或土坡上，对于防止土壤流失以及绿化美化可以起到积极的作用。此外，该种孢蒴细长，黄色，具一定观赏性。

北方长蒴藓 *Trematodon ambiguus*（Hedw.）Hornsch.，Flora 2：88. 1919. 图 86：7~10

形态特征 丛集生长。植物体色泽黄绿，高 5~7 mm。茎单一，具中轴。叶干燥时直立或略弯曲，湿润时直立伸展，基部长卵形，抱茎，向上急收缩成长披针形；叶边平直；中肋单一，粗壮，充满叶片上部。雌雄同株。孢蒴短圆柱形，台部与壶部近于等长，基部具骸突。蒴齿单层；齿片狭披针形，具裂孔或开裂至下部，尖部具细疣，下部有纵条纹。孢子黄色，具高疣状突起。

生境和分布 生于山区溪流边或湿土上。黑龙江和云南；日本、尼泊尔、缅甸、欧洲及北美洲有分布。

2 拟昂氏藓属 *Aongstroemiopsis* Fleisch.

密集丛生。植物体纤细，黄绿色。茎单一，中轴略分化。叶贴茎密集生长，基部卵形，内凹，向上成狭披针形，渐尖；叶边平直；中肋宽，长达叶尖。叶上部细胞不规则长方形或狭菱形；基部细胞长方形至狭长方形，壁薄，透明。雌雄同株。雌苞叶大，具高鞘部，卷筒状。蒴柄黄色，直立。孢蒴直立，长圆柱形，长约 1.5 mm。无蒴齿分化。蒴盖短圆锥形。蒴帽兜形。孢子红褐色，球形，具密细疣。

本属 1 种。中国有分布。

拟昂氏藓 *Aongstroemiopsis julacea*(Dozy et Molk.) Fleisch., Musc. Fl. Buitenzorg 1：331. 1904. 图 86：11~15

形态特征 种的形态特征同属。

生境与分布 生于林下土上。四川和西藏；尼泊尔及印度尼西亚有分布。

3 小曲尾藓属 *Dicranella*（Müll. Hal.）Schimp.

小形土生藓类，疏生，稀密生，绿色、黄绿色或褐绿色。茎直立，下部有疏假根。叶片由茎基部向上渐变宽大，直立、偏曲或背仰，披针形或阔披针形，基部常呈卵形或宽鞘状；中肋达叶尖前部终止或突出呈芒尖。叶细胞方形或长方形，平滑，上部常短或狭长，基部常 长方形，角细胞不分化。雌雄异株。雌苞叶常与茎上部叶相似。蒴柄直立或弯曲。孢蒴长椭圆形或圆柱形，直立或弯曲 ，常有气孔。环带缺失或有 1~2 列细胞分化。齿片 16，2 裂达中部，有时上部不规则分裂，中下部常由疣形成条纹。蒴帽兜形。蒴盖长喙状，直立或斜立。孢子球形，平滑或有细疣。

本属约 100 余种，分布温寒地区。中国约 14 种。

分种检索表

1. 中肋细弱，终止于叶尖部 ……………………………… 1. 多形小曲尾藓 *D. heteromalla*
1. 中肋粗壮，突出于叶尖 ……………………………… 2
2. 叶基部细胞狭长方形；蒴柄红色 ……………………………… 2. 偏叶小曲尾藓 *D. subulata*
1. 叶基部细胞短长方形；蒴柄黄色 ……………………………… 3. 变形小曲尾藓 *D. varia*

多形小曲尾藓 *Dicranella heteromalla*（Hedw.）Schimp., Coroll. 13. 1855. 图 86：16~21

形态特征 疏丛生。体形较小，黄绿色或暗绿色。茎直立，单一或叉状分枝，高可达 4 cm。叶直立或偏曲，由宽基部向上渐成细长叶尖；叶边中上部有齿突；中肋长，突出于叶尖，占叶基部宽度 1/3。叶细胞长方形，基部短长方形。雌雄异株。蒴柄长约 1cm，黄褐色。孢蒴平滑，短柱形。蒴盖长 1mm，具斜长喙。孢子球形，有细疣。

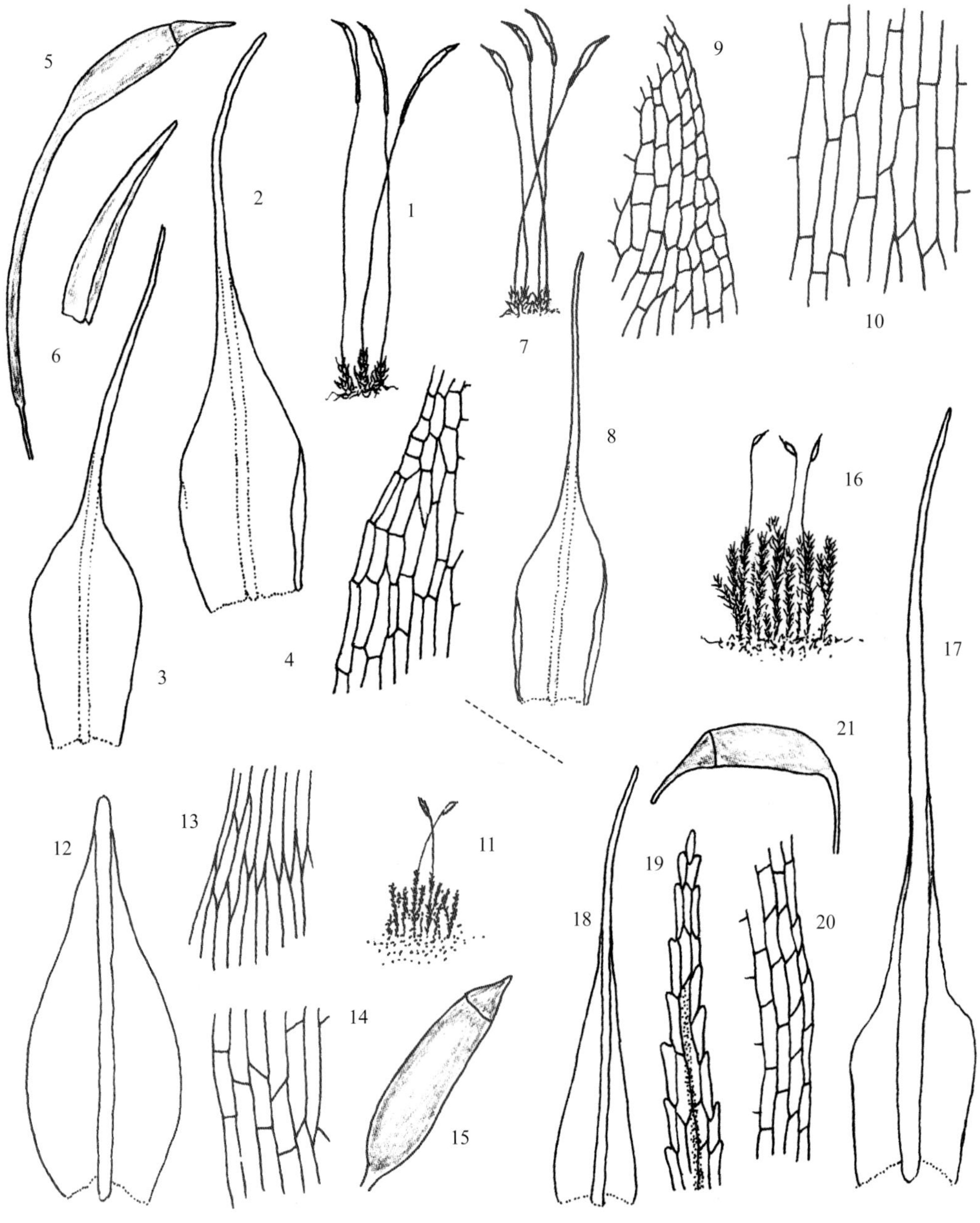

图 86

1~6. **长蒴藓** *Trematodon longicollis* Michx.

1. 雌株（×1），2，3. 叶（×30），4. 叶上部细胞（×280），5. 孢蒴（×10），6. 蒴帽（×10）

7~10. **北方长蒴藓** *Trematodon ambiguus*（Hedw.）Hornsch.

7. 雌株（×1），8. 叶（×50），9. 叶上部细胞（×280），10. 叶基部细胞（×280）

11~15. **拟昂氏藓** *Aongstroemiopsis julacea*（Dozy et Molk.）Fleisch.

11. 高山林地着生的植物群落（×1），12. 叶（×40），13. 叶上部细胞（×300），14. 叶基部细胞（×300），15. 孢蒴（×30）

16~21. **多形小曲尾藓** *Dicranella heteromalla*（Hedw.）Schimp.

16. 林地着生的植物群落（×1），17. 内雌苞叶（×45），18. 叶（×45），19. 叶尖部细胞（×300），20. 叶基部细胞（×300），21. 孢蒴（×10）

生境和分布 生林间或林边的腐木、树根或沟边开旷的砂质土上。黑龙江、吉林、安徽、浙江、台湾、湖北、湖南、海南和四川；北半球广布。

偏叶小曲尾藓 *Dicranella subulata*（Hedw.）Schimp., Coroll. 13. 1855. 图 87：1~6

形态特征 体形较小，黄绿色。茎直立，单一或叉状分枝，高约 15 mm。叶直立或偏曲，下部叶小，上部叶大，渐向上具长尖；叶边有时尖部有细齿；中肋约占叶基部宽度的 1/5。叶中上部细胞长方形或不规则长椭圆形。基部细胞狭长方形。雌雄异株。蒴柄红褐色。孢蒴长椭圆形或卵形。蒴盖长 1 mm，具斜长喙。孢子球形，有细疣。

生境和分布 着生山地路边砂石或沟边土上。吉林、安徽、浙江、福建、海南、四川和西藏；日本及北美洲有分布。

变形小曲尾藓 *Dicranella varia*（Hedw.）Schimp., Coroll. 13. 1855. 图 87：7~13

形态特征 疏丛生。植物体暗绿色或亮绿色，上部黄绿色。茎单一，或叉状分枝，高可达 1.5 cm。叶片干时贴生，湿时倾立或呈镰刀形弯曲，从宽基部向上渐呈披针形；叶边不规则内卷；中肋约占叶基部宽度的 1/5，止于叶尖部。叶基部细胞狭长方形，中上部细胞长方形。雌雄异株。蒴柄长 0.8~1.5 cm，常红色。孢蒴短卵圆形，有时平列或弯曲。蒴盖圆锥形。齿片 2 裂达中部，下部有纵条纹。孢子直径 16~20 μm，有细疣。

生境和分布 生于林内路边、沟边或溪边碱性的湿土，有时生于岩面薄土。辽宁、江苏、浙江、江西、广东、广西、贵州、四川和云南；日本、俄罗斯、欧洲及北美洲有分布。

4 曲柄藓属 *Campylopus* Brid.

一般密丛生。体形小或大，色泽青绿或黑褐色，具光泽，稀光泽不明显。茎密叉状分枝或成束分枝，有时茎尖部新生细枝。叶湿时倾立或直立，干时贴茎，顶端丛生叶有时一向偏曲，上部狭长披针形，基部略呈耳状；叶边略内卷，全缘或仅尖部具齿；中肋宽阔，叶尖常全为中肋，横切面有大型主细胞，背腹厚壁层有或无。叶细胞方形或长方形，有时上部呈菱形或虫形，多无壁孔，基部细胞疏松薄壁；角细胞膨大，常棕红色或无色透明。雌雄异株。蒴柄常呈鹅颈形弯曲，成熟后直立。孢蒴椭圆形，具不明显纵纹或深沟。蒴齿中部以上 2 裂，具纵纹。蒴盖长圆锥形，具斜长喙。蒴帽兜形，一侧开裂，或呈钟形，基部边缘有缨络或裂瓣。孢子黄绿色，常具细疣。

本属约 100 余种。除北极外各地均有分布，以热带地区分布为主。中国有 28 种。

本属模式种曲柄藓（*Campylopus intraflexus*）含有甾醇类化合物（cyclolaudenol）。

分种检索表

1. 叶中肋横切面无厚壁层，腹面有大型薄壁细胞，背部为绿色大细胞 ……………………1. 疣肋曲柄藓 *C. schwarzii*
1. 叶中肋横切面有厚壁层 ……………………………………………………………………………………2

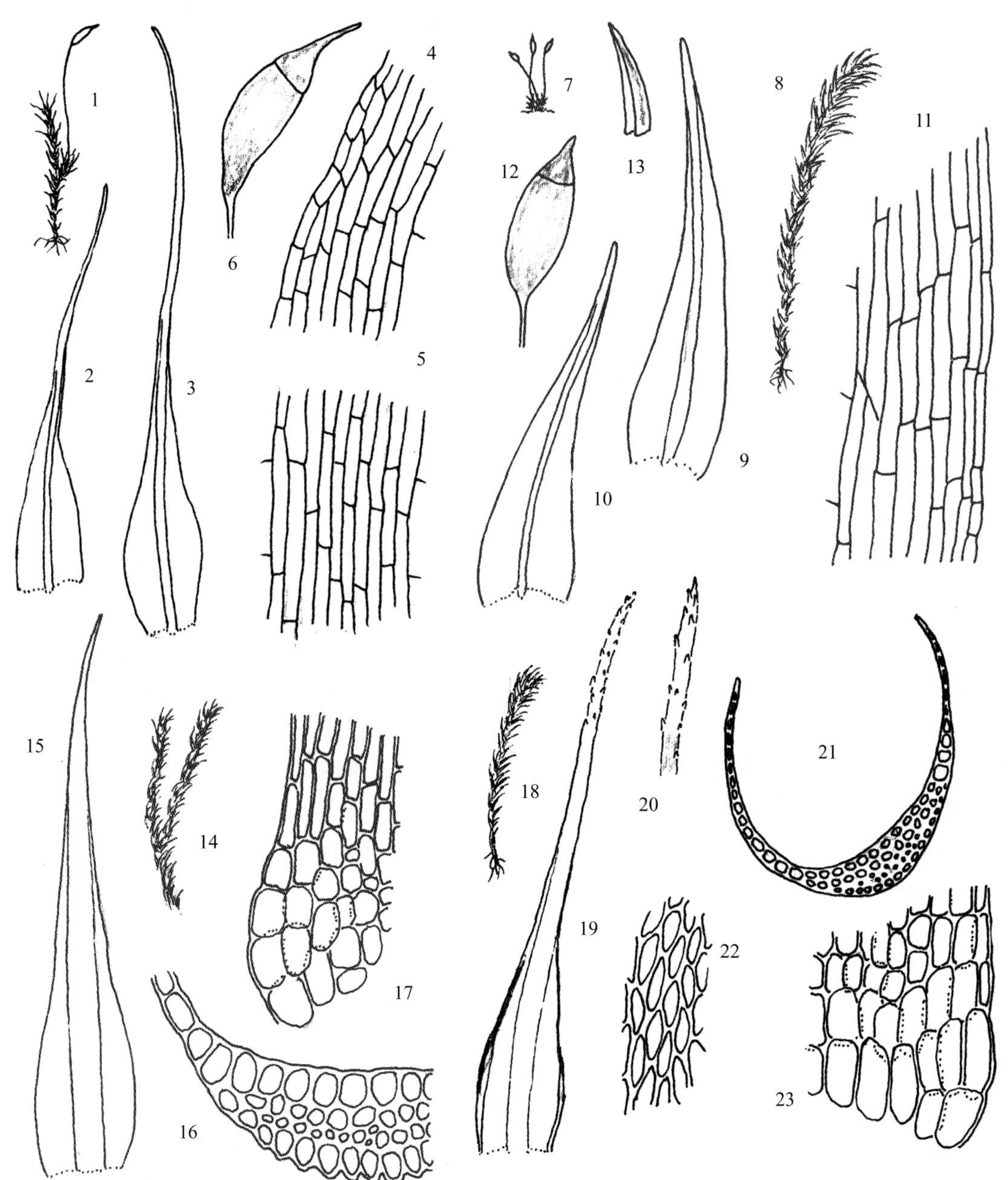

图 87

1~6. 偏叶小曲尾藓 *Dicranella subulata*（Hedw.）Schimp.

1. 雌株（×1），2，3. 叶（×30），4. 叶上部细胞（×260），5. 叶基部细胞（×260），6. 孢蒴（×20）

7~13. 变形小曲尾藓 *Dicranella varia*（Hedw.）Schimp.

7. 雌株（×1），8. 植物体（×10），9，10. 叶（×50），11. 叶基部细胞（×280），12. 孢蒴（×15），13. 蒴帽（×15）

14~17. 疣肋曲柄藓 *Campylopus schwarzii* Schimp.

14. 植物体（×1），15. 叶（×15），16. 叶横切面的一部分（×150），17. 叶基部细胞（×200）

18~23. 长叶曲柄藓 *Campylopus atrovirens* De Not.

18. 植物体（×1），19. 叶（×22），20. 叶尖部（×40），21. 叶中部横切面（×150），22. 叶上部细胞（×230）
23. 叶基部细胞（×150）

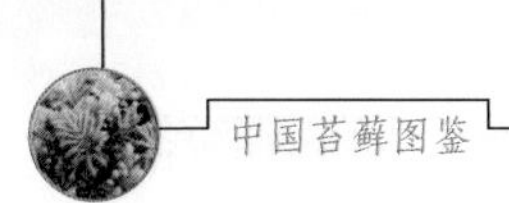

2. 中肋横切面的厚壁层位于中肋背腹两侧，中央有大型主细胞 ……………………… 4. 节茎曲柄藓 *C. umbellatus*

2. 中肋横切面的厚壁层位于中肋背侧，腹面为大型薄壁细胞 ……………………………………………………… 3

3. 叶先端有白毛尖……………………………………………………………………… 2. 长叶曲柄藓 *C. atrovirens*

3. 叶先端多无白毛尖…………………………………………………………………… 3. 毛叶曲柄藓 *C. ericoides*

疣肋曲柄藓 *Campylopus schwarzii* Schimp.，Musc. Eur. Nov. Bryol. Eur. suppl. fasc. 1~2（1）：1. 1864. 图 87：14~17

形态特征　从集生长。体形细长，色泽黄绿或灰绿色，具光泽。茎高 2~8 cm，直立或倾立，单一或叉状分枝；横切面皮部 2~3 层为厚壁细胞。叶直立，湿时倾立，基部宽，渐上呈狭披针形，无白毛尖；中肋约占基部宽度的 3/4，横切面厚 3~4 层，无厚壁层，腹面具单层薄壁大细胞，背面 2~3 层为略厚壁的大细胞。角细胞薄壁，凸出成耳状，红褐色，近边缘细胞趋狭，有 5~7 列线形细胞。雌雄异株。

生境和分布　山区林地或岩面薄土生，稀见于腐木。台湾、江西、广东、海南、广西、四川、云南和西藏；尼泊尔、印度、日本、欧洲及北美洲有分布。

应用价值　本种外观绿色，具光泽，生长郁郁葱葱，具极佳观赏性。

长叶曲柄藓 *Campylopus atrovirens* De Not.，Syll. Musc. Ital. 221. 1838. 图 87：18~23

形态特征　密丛集生长。植物体粗大，绿色，下部呈黄绿色或黑绿色。茎直立或倾立，高可达 10 cm，多一向偏曲。叶干时贴茎，湿时倾立，常一向偏曲，基部宽阔，渐向上呈狭披针形，具透明长毛尖；叶边内卷；中肋褐色，约为叶基宽度的 1/2，向上突出叶尖成毛尖；横切面腹面两层大细胞，有背厚壁层，大小细胞均厚壁，背面粗糙或平滑。叶上部细胞纺锤形或椭圆形，壁厚有壁孔，叶中部细胞长方形，边缘细胞渐狭，壁稍薄；角细胞由六边形大薄壁细胞构成，深褐色。雌雄异株。

生境和分布　生于山区林边、路旁具土岩面或土壁。陕西、安徽、浙江、福建、江西、湖南、广东、广西、贵州、云南和西藏；尼泊尔、日本、欧洲及北美洲有分布。

毛叶曲柄藓 *Campylopus ericoides*（Griff.）Jaeg.，Ber. S. Gall. Naturw. Ges. 1870~1871：424. 1872. 图 88：1~3

形态特征　成丛群集生长。体色褐绿，具弱光泽。茎长约 2 cm，常不分枝。叶直立，常簇生，干燥时紧贴，有时先端略偏曲，从宽的基部渐上呈披针形，基部生假根；叶边内卷，尖部有齿；中肋为叶基宽度的 1/3，向上突出于叶尖；横切面腹面有 1~2 层大型细胞，背面有厚壁层，背面并有突起。叶中上部细胞短纺锤形，壁薄；叶边有 1~2 列透明细胞；叶基部细胞短长方形，与角细胞有明显分界，角细胞长方形，无色，略大而向外突。

生境和分布　生于山地腐木或树干基部。福建、江西、广东、海南、贵州、四川和云南；尼泊尔、缅甸、越南、泰国、斯里兰卡、菲律宾及印度尼西亚有分布。

节茎曲柄藓 *Campylopus umbellatus*（Arn.）Par., Ind. Bryol. 264. 1894. 图 88：4~9

形态特征 密丛生。体多粗大，色泽黄绿，下部呈褐色或黑色，具弱光泽。茎直立或倾立，高 4~7 cm，生育枝尖端簇生叶。叶湿时倾立，卵状披针形，中下部最宽，尖端多有透明毛尖；叶边平滑，近尖部略内卷；中肋为叶基宽度的 1/3~1/2，背面上部有多列单细胞的栉片，横切面有大型中央主细胞及背腹面的厚壁层。叶中上部细胞为纺锤形或短虫形，壁厚；基部细胞长方形，角细胞界线明显，近长方形，薄壁，透明。雌雄异株。蒴柄短，下垂成鹅颈状，每个雌苞中含 3~4 个孢子体。

生境和分布 生于山区林下岩面和土上。安徽、浙江、台湾、福建、江西、湖北、湖南、广东、海南、广西、贵州、四川、云南和西藏；日本、朝鲜及印度尼西亚有分布。

5 青毛藓属 *Dicranodontium* Bruch et Schimp.

密集丛生，常有光泽。植物体茎单一或有分枝；中轴略分化。叶直立或呈镰刀形弯曲；基部宽，向上呈狭披针形，有细长毛尖；叶边内卷，多平滑；中肋为叶基部宽度的 1/3，上部充满叶尖，横切面背腹均有厚壁层。叶细胞为方形或长方形，有或无明显壁孔，基部近中肋细胞呈长方形或六边形，向叶边渐狭长，常有几列狭长形细胞；角细胞大，无色或黄褐色，厚壁或薄壁，常凸出呈耳状。雌雄异株。雌苞叶基部鞘状，向上急狭呈细长叶尖。蒴柄在未成熟前多呈鹅颈状弯曲，成熟后直立。孢蒴长卵形或椭圆形，平滑。环带不分化。齿片 2 裂近于达基部，背面基部有横纹，上部有纵斜纹，无疣。蒴盖长圆锥形。蒴帽兜形，基部无缨毛。孢子黄绿色，有细疣。

本属约 15 种，多北半球分布。中国有 15 种。

分种检索表

1. 植物体纤细，高度一般不及 5cm……………………………………………………2
1. 植物体纤长，高度可达 10 cm ……………………………………………………3
2. 叶片基部卵形，向上突呈细长披针形尖……………………1. 粗叶青毛藓 *D. asperulum*
2. 叶片基部长椭圆形，渐向上呈长披针形尖…………………3. 丛叶青毛藓 *D. caespitosum*
3. 叶片长约 5 mm……………………………………………4. 山地青毛藓 *D. didictyon*
3. 叶片长 8~10 mm ……………………………………………………………4
4. 植物体上部叶片常脱落；叶片上部细胞单层……………………2. 青毛藓 *D. denudatum*
4. 植物体一般不落叶；叶片上部细胞 2 层……………………5. 钩叶青毛藓 *D. uncinatum*

粗叶青毛藓 *Dicranodontium asperulum*（Mitt.）Broth., Nat. Pfl.-fam. 1（3）：336. 1901. 图 88：10~14

形态特征 密集丛生。植物体稍大，黄绿色，具弱光泽。茎直立或倾立，高 1~5 cm，不分枝或叉状分枝；横切面中轴略分化。叶干时一向偏曲，基部长卵形，向上收缩成披针形细

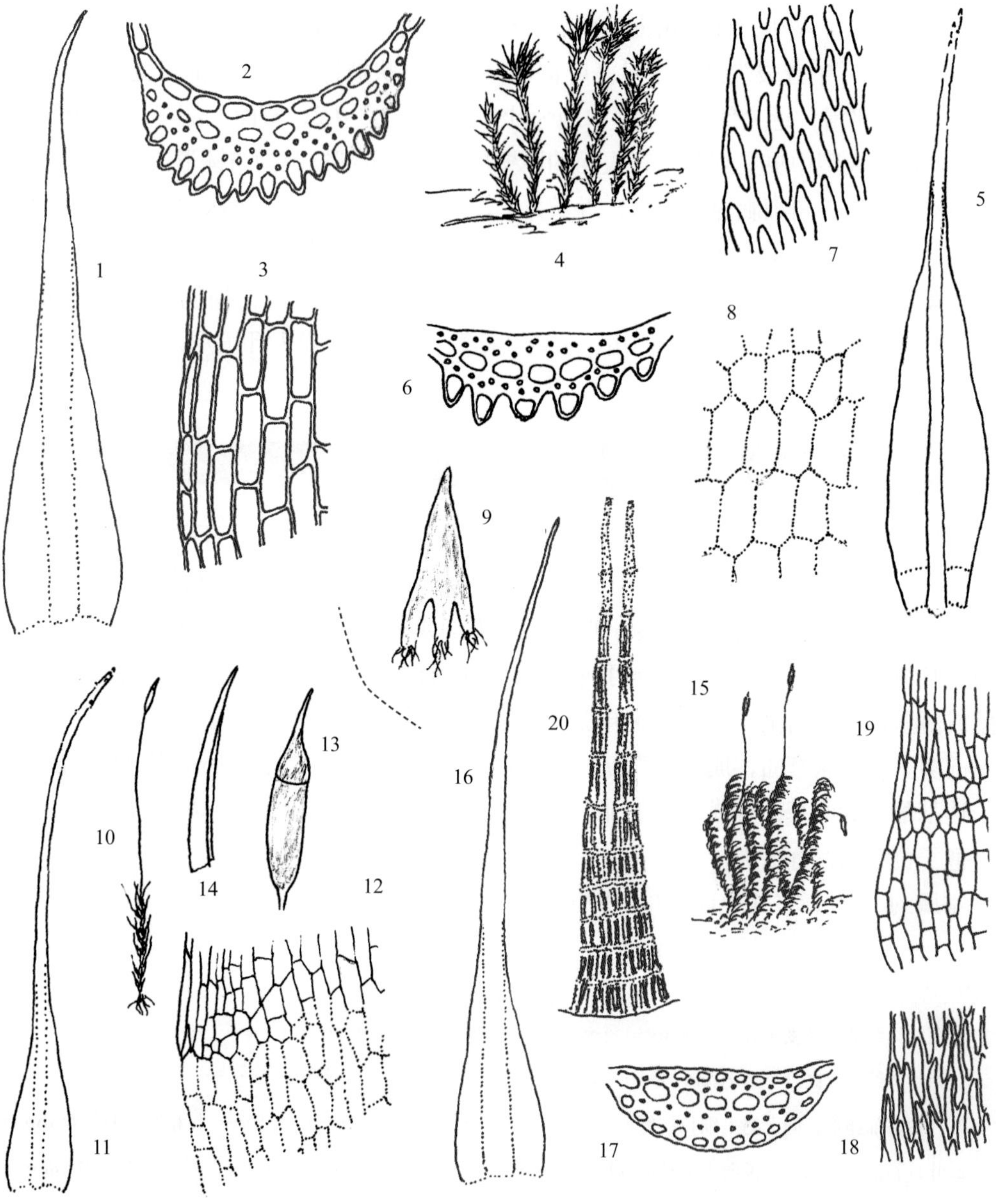

图 88

1~3. 毛叶曲柄藓 *Campylopus ericoides*（Griff.）Jaeg.

1. 叶（×15），2. 叶横切面的一部分（×400），3. 叶近基部边缘细胞（×300）

4~9. 节茎曲柄藓 *Campylopus umbellatus*（Arn.）Par.

4. 林边具土岩面的植物群落（×1），5. 叶（×20），6. 叶横切面的一部分（×280），7. 叶上部细胞（×400），8. 叶基部透明细胞（×300），9. 蒴帽（×18）

10~14. 粗叶青毛藓 *Dicranodontium asperulum*（Mitt.）Broth.

10. 雌株（×1），11. 叶（×15），12. 叶基部细胞（×150），13. 孢蒴（×15），14. 蒴帽（×20）

15~20. 青毛藓 *Dicranodontium denudatum*（Brid.）Britt.

15. 雌株（×1），16. 叶（×15），17. 叶横切面的一部分（×120），18. 叶上部细胞（×120），19. 叶基部细胞（×120），20. 蒴齿（×270）

尖；叶边自基部起具齿，叶尖齿不规则；中肋扁阔，约为叶基部宽度的1/4~1/3，上部突出叶尖端呈毛状。叶上部细胞长方形至狭长方形；叶基近中肋细胞方形或长方形，透明，边缘细胞狭长，角细胞大，无色透明。

生境和分布 生于林下腐木或岩石上。台湾、海南、四川和云南；尼泊尔、日本、北美洲及欧洲有分布。

应用价值 植物体稍大，绿色，具观赏性。外形与牛毛藓属植物相似，但后者多生于石灰岩基质，青毛藓多属酸土植物，对着生基质具一定指示作用。

青毛藓 *Dicranodontium denudatum*（Brid.）Britt. in Williams，N. Am. Fl. 15：151. 1913. 图 88：15~20

形态特征 密集丛生。体形略大，黄褐色，有弱绢光泽，基部假根交织。茎直立或倾立，高 1~10 cm；具分枝或不分枝；横切面中轴不明显，皮部有 2~4 层小形厚壁细胞。叶片干时镰刀形偏曲，茎叶基部宽，向上呈狭长披针形；叶边内卷，全缘，平滑或叶上部有齿突；中肋扁阔，为叶基部宽度的 1/3~1/2，尖部突出呈毛状。叶上部细胞狭长方形或线形；叶基部近中肋细胞阔短长方形，叶边细胞狭长虫形；角细胞凸出呈耳状，细胞大，无色或棕色。雌雄异株。

生境和分布 生山区腐木、岩面薄土或土上。黑龙江、吉林、内蒙古、山东、浙江、台湾、福建、湖北、广东、广西、贵州、四川、云南和西藏；尼泊尔、印度、日本、俄罗斯、欧洲及北美洲有分布。

应用价值 同上。

丛叶青毛藓 *Dicranodontium caespitosum*（Mitt.）Par.，Ind. Bryol. 337. 1896. 图 89：1~4

形态特征 密丛集生。体褐绿色，有弱光泽。茎高达 1.5 cm，常叉状分枝；横切面外层为大型细胞，中轴分化。叶片直立或一向偏曲，茎基部叶小，向上渐大，基部长宽卵形，向上呈披针形；叶边内卷，边缘平滑，尖部粗糙；中肋扁阔，占叶基部宽度的 1/3~1/2，上部突出叶尖。叶细胞长方形或狭长方形，中部为狭长方形；叶基部细胞短长方形，边缘细胞狭长形；角细胞大，透明。雌雄异株。蒴柄棕色。孢蒴棕黄色，圆柱形。

生境和分布 生林内湿土、岩面或腐木上。广东、广西、四川、云南和西藏；印度北部及尼泊尔有分布。

山地青毛藓 *Dicranodontium didictyon*（Mitt.）Jaeg.，Ber. S. Gall. Naturw. Ges. 1877-1878：380. 1880. 图 89：5~9

形态特征 密丛集生长。体黄褐绿色，具弱光泽。茎直立或倾立，高达 4 cm；横切面中轴分化。茎常不分枝，枝短。叶常一向偏曲，茎下部叶小而宽，向上为狭长披针形；叶边全缘，内卷，先端呈毛状，具细齿；中肋褐色，基部为叶宽度的 1/3。叶上部细胞方形、长方形或长椭圆形，基部近中肋细胞大，排列疏松，方形或长六边形；边缘细胞狭长，色淡，向上

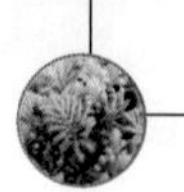

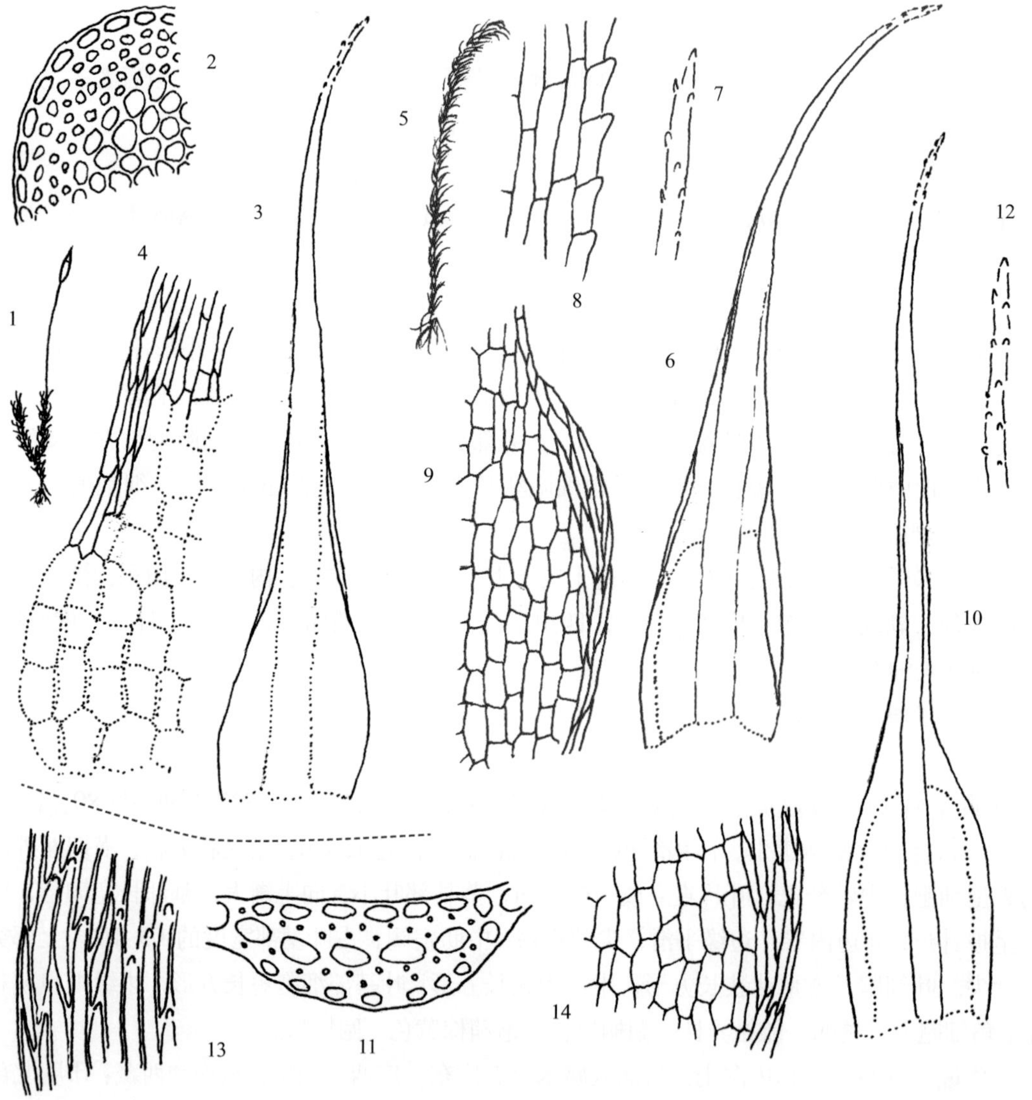

图 89

1~4. 丛叶青毛藓 *Dicranodontium caespitosum*（Mitt.）Par.

1. 雌株（×1），2. 茎横切面的一部分（×150），3. 叶（×15），4. 叶基部细胞（×300）

5~9. 山地青毛藓 *Dicranodontium didictyon*（Mitt.）Jaeg.

5. 植物体（×1），6. 叶（×15），7. 叶尖部（×30），8. 叶上部边缘细胞（×250），9. 叶基部细胞（×200）

10~14. 钩叶青毛藓 *Dicranodontium uncinatum*（Harv.）Jaeg.

10. 叶（×15），11. 叶横切面的一部分（×320），12. 叶尖部（×30），13. 叶上部边缘细胞（×300），
14. 叶近基部细胞（×200）

细胞壁加厚，色深，稀有壁孔；角细胞界线明显，不凸出，不规则四边形至六边形，壁薄，透明。雌雄异株。

生境和分布 生于山地林下树基、岩面或稀生于土上。海南、广西、贵州、四川、云南和西藏；日本、印度及缅甸有分布。

钩叶青毛藓 *Dicranodontium uncinatum*（Harv.）Jaeg.，Ber. S. Gall. Naturw. Ges. 1877-1878：380. 1880. 图 89：10~14

形态特征 密丛集生长。植物体形大，色泽黄绿，具绢光泽。茎直立或倾立，高达 7 cm，不分枝或叉状分枝；横切面皮部有 1~3 层厚壁细胞，红褐色，中轴分化不明显。叶片平直，向一侧偏曲或不规则扭曲，基部向上呈狭长披针形，内卷；叶边尖部有细齿；中肋宽阔，黄色至红褐色，为叶基部宽度的 2/3 以上，上部突出于尖端呈毛状。叶上部细胞狭长，厚壁，具前角突；基部近中肋细胞阔长方形，淡黄色，边缘有 5~7 列狭长线形细胞，壁厚，有壁孔，角细胞略呈耳状，无色或略呈红褐色。

生境和分布 生于山区石壁、林地、高山草地、腐木或树干基部。浙江、台湾、江西、广东、海南、广西、四川、云南和西藏；日本、缅甸、印度、越南、泰国、菲律宾及马来西亚有分布。

6 拟白发藓属 *Paraleucobryum*（Limpr.）Loeske

密丛集成垫状 。植物体硬挺，灰绿色，具光择。叶平直伸展或一向偏曲；中肋极宽阔，叶中部以上几乎均为中肋；横切面厚 3~4 层细胞，仅中央一列为绿色细胞，其他均为无色大细胞。仅叶基部边缘可见叶细胞，通常为长方形或近线形，具壁孔；角细胞分化明显，方形，薄壁，棕色。雌雄异株。内雌苞叶高鞘状。孢蒴直立，圆柱形。蒴齿单层，齿片 2 裂，具纵纹和疣。蒴帽兜形，全缘。

本属 4 种，分布北半球较高寒地区，南部则多在高山地带。中国有 4 种。

分种检索表

1. 叶阔披针形，叶尖部较短，平滑或具不明显齿；中肋横切面绿色细胞位于叶片中央………1. 拟白发藓 *P. enerve*

1. 叶狭长披针形，叶尖部细长，具细齿；中肋横切面绿色细胞杂于叶背面无色细胞间………2. 长叶拟白发藓 *P. longifolium*

拟白发藓 *Paraleucobryum enerve*（Thed.）Loeske，Hedwigia 47：171. 1908. 图 90：1~4

形态特征 密集丛生。体灰绿色，有时绿色，具光泽。茎多分枝，高 3~10 cm，基部具褐色假根。叶阔披针形；叶边中部以上内卷，全缘，平滑，尖部有不明显齿突；中肋极宽阔，为叶片基部宽度的 2/3 以上，叶片中部以上全部为中肋，横切面厚 3~4 层细胞，中央一列为绿色细胞，背腹面由大型无色细胞包围。叶细胞单层，狭长方形；角细胞 2~3 层，无色或褐色，近耳状。雌雄异株。孢子直径约 16 μm，黄绿色。

生境和分布 生于山地林下腐木、树干基部或岩面，少数见于林地。吉林、陕西、浙江、四川、云南和西藏；北半球广布。

应用价值 其色泽灰绿在苔藓植物中甚少见，富有观赏性。

长叶拟白发藓 *Paraleucobryum longifolium*（Hedw.）Loeske，Hedwigia 47：171. 1908. 图 90：5~9

形态特征 密丛生或疏松丛集生长。体灰绿色或深绿色，具光泽。茎直立或倾立，高可达 8 cm。叶片卵状狭长披针形，略向一侧偏曲；叶边内卷，尖部有细齿；中肋宽阔，占叶片基部的 2/3 以上，上部突出叶尖呈细毛尖，横切面绿色细胞位于背面。叶细胞长方形，有壁孔，基部宽 10~15 列细胞；角细胞分化明显，近似叶耳状，褐色，1~2 层细胞。雌雄异株。蒴柄长 l~2 cm，黄褐色。孢蒴长椭圆形或圆柱形，黄绿色，平滑。齿片紫红色，上部黄色或无色，具疣。孢子黄色，具细疣，成熟于夏末秋初。

生境和分布 着生山区林下腐木、树干基部、岩面或林地 。黑龙江、吉林、陕西、四川、云南和西藏；日本、印度、俄罗斯及北美洲有分布。

7 白氏藓属 *Brothera* Müll. Hal.

多着生腐木。植物体细小，灰绿色，具光泽。叶直立，基部内卷，具小型叶耳，上部披针形或狭披针形；中肋扁阔，为叶基部宽度的 1/2，尖部近于由中肋所充满，横切面细胞排列不规则。叶细胞无色，长纺锤形，薄壁，边缘细胞狭长，角部细胞分化不明显。雌雄异株。雌苞叶与营养叶同形。蒴柄直立或呈鹅颈状扭曲。孢蒴长卵形。环带 2 列细胞。齿片 2 裂达基部，横脊不明显，基部具密疣，上部有斜条纹。蒴盖圆锥形，具喙。蒴帽兜形，边缘有裂瓣。无性芽胞多丛生于不育枝顶端。

本属 1 种，分布北美洲、亚洲东部及喜马拉雅山地区。中国有分布。

白氏藓 *Brothera leana*（Sull.）Müll. Hal.，Gen. Musc. Fr. 259. 1900. 图 90：10~17

形态特征 树干或腐木着生。植物体形小，灰绿色，有光泽。茎高可达 6 mm，有时具分枝，基部密被假根。叶倾立，上部披针形，尖部平滑，基部强烈内卷；中肋宽阔，为叶基部宽度的 1/3~1/2，褐绿色，横切面具 3~4 层细胞，绿色细胞排列不规则。叶细胞长方形，薄壁，透明，近边缘细胞较狭长，单层；角细胞分化不明显。雌雄异株。

生境和分布 生于中海拔林内腐木、树干基部，稀生于岩面。黑龙江、吉林、河北、陕西、浙江、福建、江西、湖北、四川、云南和西藏；日本、俄罗斯（远东地区）、印度及北美洲有分布。

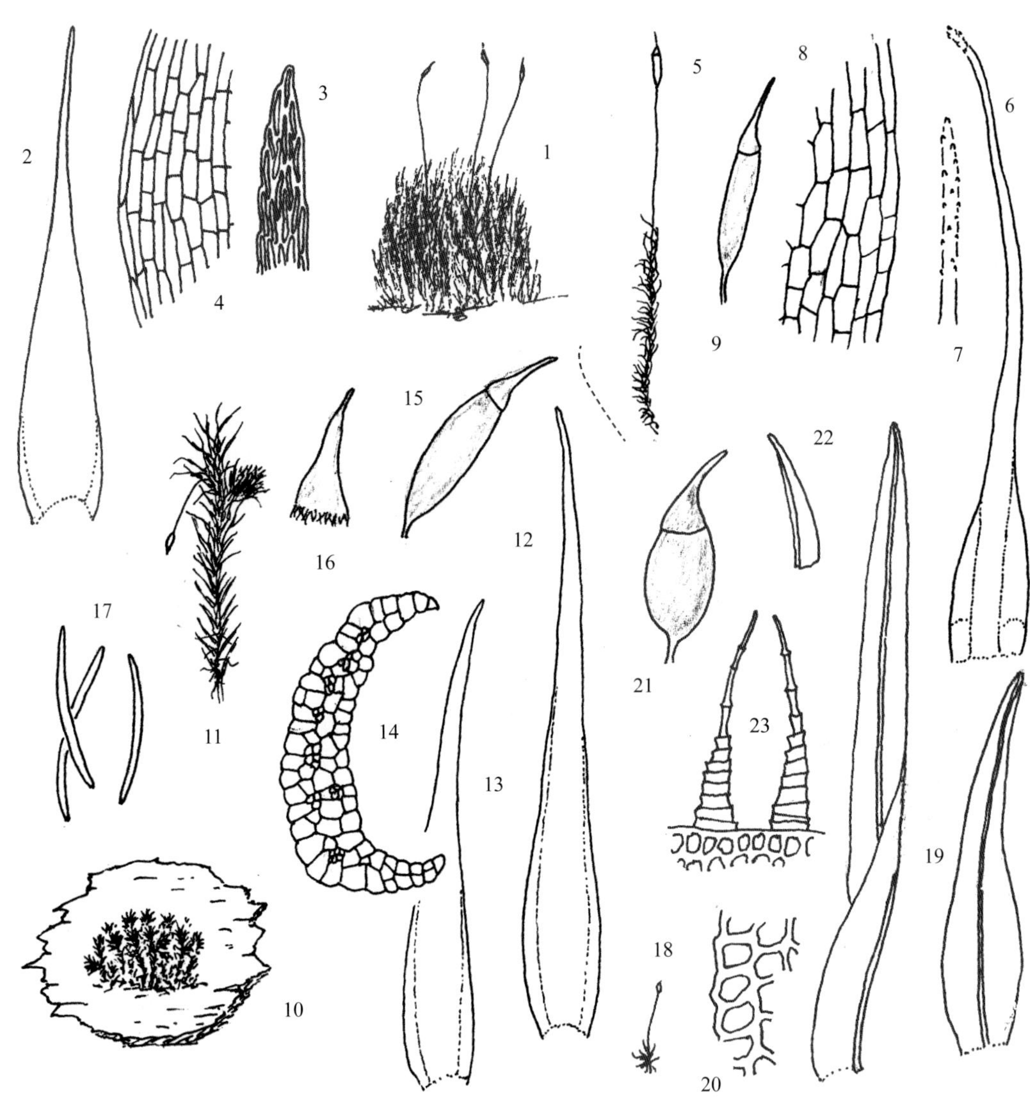

图 90

1~4. 拟白发藓 *Paraleucobryum enerve*（Thed.）Loeske

1. 高寒山地腐木生植物群落（×1），2. 叶（×14），3. 叶尖部细胞（×150），4. 叶基部细胞（×150）

5~9. 长叶拟白发藓 *Paraleucobryum longifolium*（Hedw.）Loeske

5. 雌株（×1），6. 叶（×18），7. 叶尖部（×25），8. 叶基部细胞（×150），9. 孢蒴（×6）

10~17. 白氏藓 *Brothera leana*（Sull.）Müll. Hal.

10. 腐木生植物群落（×1），11. 雌株，示右上侧密生芽胞（×8），12，13. 叶（×45），14. 叶中部横切面（×230），15. 孢蒴（×20），16. 蒴帽（×20），17. 无性芽胞（×40）

18~23. 微齿粗石藓 *Rhabdoweisia crispata*（With.）Lindb.

18. 雌株（×1），19. 叶（×40），20. 叶上部边缘细胞（×360），21. 孢蒴（×30），22. 蒴帽（×30），23. 蒴齿（×200）

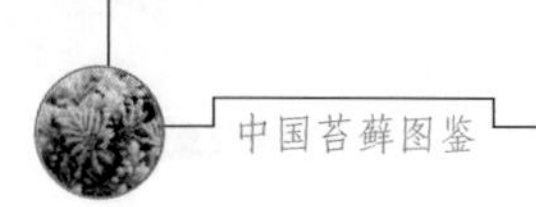

8 粗石藓属 *Rhabdoweisia* Bruch et Schimp.

丛生。体形矮小，绿色。茎单一或具少数分枝，下部常具稀疏假根。叶干燥时强烈皱缩，湿时伸展，狭长披针形，向上渐尖；叶边平直或中下部背卷；中肋单一，强劲，多数不及顶。叶上部细胞绿色，圆方形或圆多边形，壁薄或略增厚；叶基部细胞无色透明，长方形，薄壁，角细胞不分化。雌雄同株。蒴柄细长，直立，黄绿色。孢蒴卵圆形，直立，表面多具8条棕红色纵长脊。蒴齿单层，齿片不开裂，有斜纹或平滑无疣，稀蒴齿缺失。蒴盖具斜长喙。孢子小，具密疣。

本属约9种，分布温带山地。中国有4种。

微齿粗石藓 *Rhabdoweisia crispata*（With.）Lindb.，Act. Soc. Sc. Fenn. 10：22. 1871. 图 90：18~23

形态特征　矮小丛生。绿色，高约0.5 cm。茎单一或稀疏分枝，具中轴。叶干燥时强烈卷曲，湿润时倾立，狭长披针形，长约2.5 mm，宽0.3 mm，向上渐尖；叶边平直或中下部背曲，上部全缘或具细齿；中肋单一，在叶尖前消失。叶上部细胞绿色，圆方形或圆多边形，平滑，直径9~13 μm，壁略增厚；基部细胞长方形，宽约12 μm，长26~39 μm，薄壁，透明。雌雄同株。蒴柄长约5 mm。孢蒴卵圆形，长0.5~1 mm，具8条明显红色纵长脊。孢子直径13~18 μm，褐色，表面密疣。

生境和分布　生于林内砂质岩石缝间或具土岩面 。吉林、辽宁、河北和云南；日本、印度尼西亚、美国（夏威夷）、北美洲、中美洲、欧洲中部和北部及格陵兰岛有分布。

9 狗牙藓属 *Cynodontium* Schimp.

高山寒地非钙质土生或石生，稀疏群丛或小垫状丛生。茎直立不分枝或叉状分枝；横切面为三棱形。叶干时扭卷或卷曲，湿时倾立，狭长披针形或狭披针形；叶边自中部以下或全部背卷；中肋粗壮，多数不及叶尖即消失。叶上部细胞小方形或扁长方形，淡黄色，渐向叶角渐宽短，无明显分界。雌雄同株，稀异株。内雌苞叶多具短或长鞘部。孢蒴略垂倾，稀直立，阔卵圆形或卵圆形，干时具明显纵长脊。蒴齿多数2裂达中部以下，外面有纵长条纹，稀上部有斜纹，黄色，具横隔。蒴帽常罩覆全蒴。孢子黄色或棕红色，近于平滑或有疣。

本属5种，分布高山和寒冷地区。中国有4种。

高疣狗牙藓 *Cynodontium gracilescens*（Web. et Mohr）Schimp.，Coroll. 12. 1856. 图 91：1~5

形态特征　密集垫状丛生。植物体绿色或深绿色，有时黄褐色，无光泽。茎直立，有时具分枝。叶倾立或背仰，干时卷缩，基部宽，向上渐呈披针形；叶边平直，具乳头；中肋达叶尖止。叶基部细胞长方形，色浅，平滑，向上细胞变短，圆方形，具粗长乳头。雌雄异

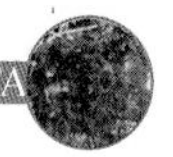

株。蒴柄弧形弯曲。孢蒴长卵形，具纵行突起。蒴齿短。孢子褐色。

生境和分布　生于寒冷山区具土岩面或腐殖土上，稀见于树基。黑龙江、吉林和四川；朝鲜、日本、俄罗斯、欧洲及北美洲有分布。

10 卷毛藓属 *Dicranoweisia* Lindb. ex Milde

密集垫状丛生。形纤细，直立，多分枝。叶干燥时卷缩，基部狭卵形，上部披针形，渐尖或具细长尖；叶边全缘，近叶尖部内卷；中肋多不及顶。叶细胞小，方形，渐向基部呈长方形，角细胞分化，疏松，方形或长方形，常呈棕色。雌雄同株。内雌苞叶分化，基部呈鞘状。蒴柄直立。孢蒴椭圆形、长卵形或圆柱形，平滑。蒴齿单一或尖部略分化，多无条纹，平滑或具疣，或横脊高出。蒴盖具斜长喙。蒴帽兜形。孢子色泽棕黄或棕红色，外壁具疣突。无性芽胞常着生。

本属约 20 种，分布北半球山区。中国有 3 种。

卷毛藓 *Dicranoweisia crispula*（Hedw.）Milde，Bryol. Siles. 49. 1869. 图 91：6~12

形态特征　密丛集生长。植物体细弱，色泽黄绿或黑绿色，无光泽。茎高可达 4 cm，常具分枝，基部有假根。叶狭长，干时强烈卷曲，湿时四散弯曲，基部长椭圆形，渐上呈披针形，上部内曲；叶边全缘，平展；中肋细，有背腹厚壁细胞层；角细胞明显分化，黄褐色或褐色，叶基细胞长方形，向上短长方形或方形，胞壁厚。蒴柄直立。孢蒴短柱形或长卵形，干燥时有细皱纹。孢子淡黄色。

生境和分布　生于山地峭壁、石缝中酸性砂石上，稀见于树基或腐木。吉林、安徽、江西、四川、云南和西藏；朝鲜、日本、俄罗斯、欧洲及北美洲有分布。

11 曲背藓属 *Oncophorus*（Brid.）Brid.

丛生或垫状丛生。体形中等大小或小型，色泽黄绿或鲜绿色，有光泽。茎有时具分枝，中下部着生假根。叶干时卷缩，湿时多背仰，基部呈鞘状，上部渐狭呈长披针形；叶边中部常内曲，有时波曲；中肋粗壮，长达叶片顶端或突出于叶尖。叶上部细胞方形或圆角方形，叶边常为 2 层细胞，中部细胞不规则等轴形，鞘部细胞长方形、透明。雌雄同株。雌苞叶鞘状，急尖。蒴柄直立，黄褐色。孢蒴长卵形，背曲，台部有颚突。蒴齿齿片常基部相连，上部 2~3 裂，外面具纵条纹。蒴盖圆锥形。蒴帽兜形。孢子黄绿色，略具疣。

本属 13 种，温湿山区分布。中国有 3 种。

分种检索表

1. 植物体高约 1 cm；叶基部阔卵形，湿润时一般不背仰 ………………………… 1. 卷叶曲背藓 *O. crispifolius*

1. 植物体高可达 5cm；叶基部阔卵形，湿润时强烈背仰 ………………………… 2. 山曲背藓 *O. wahlenbergii*

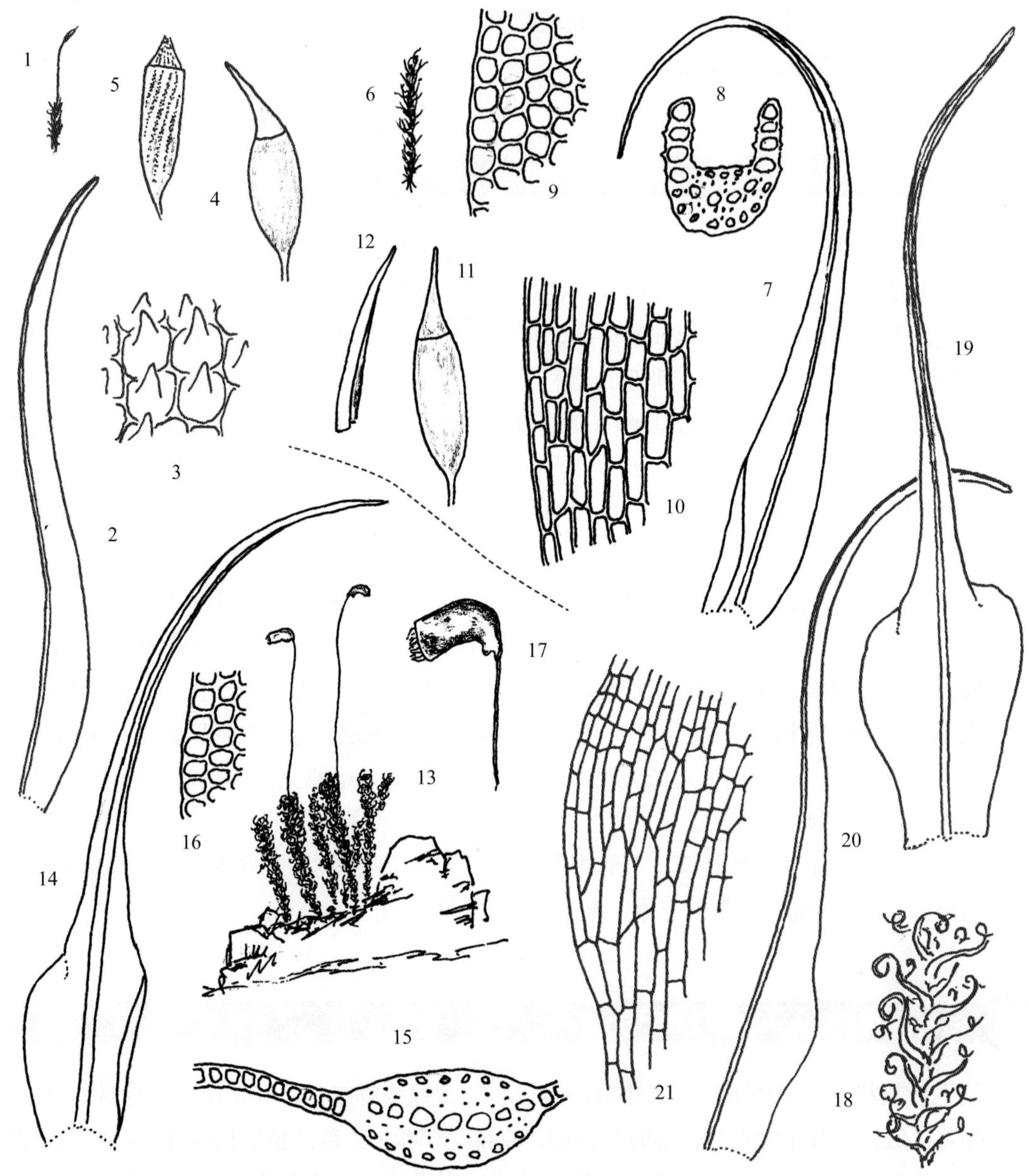

图 91

1~5. 高疣狗牙藓 *Cynodontium gracilescens*（Web. et Mohr）Schimp.

1. 雌株（×1），2. 叶（×12），3. 叶中部细胞（×700），4，5. 孢蒴（4. ×12；5. 蒴盖已脱落，×12）

6~12. 卷毛藓 *Dicranoweisia crispula*（Hedw.）Milde

6. 植物体（×1），7. 叶（×25），8. 叶上部横切面（×300），9. 叶中部细胞（×300），10. 叶基部细胞（×300），11. 孢蒴（×15），12. 蒴帽（×15）

13~17. 卷叶曲背藓 *Oncophorus crispifolius*（Mitt.）Lindb.

13. 着生林边岩面的植物群落（×1），14. 叶（×20），15. 叶下部横切面（×300），16. 叶中部边缘细胞（×300），17. 已开裂的孢蒴（×8）

18~21. 山曲背藓 *Oncophorus wahlenbergii* Brid.

18. 植物体的一部分，干燥时的状态（×6），19，20. 叶（×20），21. 叶基部细胞（×300）

卷叶曲背藓 *Oncophorus crispifolius*（Mitt.）Lindb., Act. Soc. Sci. Fenn. 10：229. 1872. 图 91：13~17

形态特征 散生或小簇状生长。体形小，色泽深绿或褐绿色，略具光泽。茎直立或倾立，高一般不超过 1 cm，多不分枝。叶基部阔卵形，向上呈狭披针形，干时卷缩；叶边全缘，上部有齿突；中肋粗，止于叶尖或稍突出。叶上部细胞方形，厚壁，基部细胞长方形，透明，有时为双层细胞。蒴柄顶生，直立，长 1~5 mm，褐色。孢蒴褐色，倾立，长椭圆形，基部有骸突。蒴齿着生于蒴口内深处。齿片披针形，红褐色。

生境和分布 生于山区林下岩面或石缝中，有时也见于树干基部。安徽、福建和西藏；朝鲜、日本及俄罗斯（远东地区）有分布。

山曲背藓 *Oncophorus wahlenbergii* Brid., Bryol. Univ. 1：400. 1826. 图 91：18~21

形态特征 密丛集生长。体黄绿色，基部褐绿色，有光泽。茎直立或倾立，高可达 5 cm，多分枝。叶基部阔鞘状，向上突呈细长毛尖，干燥时卷缩；叶边平直，全缘，尖部有齿突；中肋及顶或有短突出。叶尖部细胞长方形，上部细胞短方形，厚壁，边缘细胞小方形，基部透明。雌雄同株。雌苞叶直立，基部鞘状。蒴柄直立，长约 3 cm，褐色。孢蒴长椭圆形，呈弓形弯曲，基部有骸突，黄褐色。蒴齿红褐色。

生境和分布 生于山区林下腐木，稀生于岩面薄土。黑龙江、吉林、辽宁、内蒙古、河北、陕西、台湾、四川、云南和西藏；朝鲜、日本、俄罗斯、印度、欧洲及北美洲有分布。

12 合睫藓属 *Symblepharis* Mont.

多丛集生长。植物体叶腋处具棕红色假根。叶基部鞘状，呈阔卵形，多具波纹，向上趋宽阔，尖部细长，背仰，干时卷曲；中肋长达叶尖或突出于叶尖。叶上部细胞小，近方形，壁厚，基部细胞长方形或狭长方形，透明，角细胞不分化。雌雄同株，稀异株。雌苞叶高鞘状。蒴柄直立，常 3~4 个丛生。孢蒴短圆柱形，平滑，干燥时无褶。蒴齿齿片两两并列，上部常 2 裂，具纵列或斜列由密疣形成的条纹。蒴盖圆锥形，具斜喙。蒴帽兜形。孢子厚壁，平滑。

本属约 10 种，多分布热带、亚热带山地。中国有 3 种。

分种检索表

1. 孢蒴长圆柱形，蒴盖脱落后蒴齿直立；蒴柄较长，高于雌苞叶；叶细胞无壁孔 ………… 1. 合睫藓 *S. vaginata*

1. 孢蒴卵形或长卵形，蒴盖脱落后蒴齿背仰；蒴柄短，略高于雌苞叶；叶细胞有壁孔 …………………………………………………………………………………… 2. 南亚合睫藓 *S. reinwardtii*

合睫藓 *Symblepharis vaginata*（Hook.）Wijk et Marg., Taxon 8：75. 1959. 图 92：1~6

形态特征 密丛集生长。植物体绿色或黄绿色，具光泽。茎直立或倾立，高 5 cm，下部密被红棕色假根。叶基部鞘状，向上突呈狭长披针形，强烈背仰，长达 8 mm，干燥时卷曲；

叶边平直，仅尖部有细齿；中肋细，长达叶尖终止或突出于叶尖。叶上部细胞厚壁，无壁孔，鞘上部细胞不规则方形或圆形，厚壁，基部细胞长方形，薄壁，透明。雌雄同株。蒴柄长约1 cm，常3~4个丛生。孢蒴长圆柱形。蒴齿16。

生境和分布 生于山地林下、林边腐木、树基或具土岩面。黑龙江、吉林、辽宁、河北、陕西、台湾、福建、广东、海南、广西、四川、云南和西藏；亚洲南部、南美洲及墨西哥有分布。

南亚合睫藓 *Symblepharis reinwardtii*（Dozy et Molk.）Mitt.，Trans. R. Soc. Edinburgh 31：331. 1888. 图 92：7~10

形态特征 多丛生。植物体黄绿色，下部褐色。茎直立或倾立，单一或分枝，高约3 cm，下部密生红褐色假根。叶片干时卷缩，基部鞘状，向上渐呈披针形细长叶尖，有时强内卷；叶边基部波曲，向上有齿突；中肋色深，上部突出于尖部。叶上部细胞长方形或方形，鞘部细胞长方形，薄壁。雌雄异株。蒴柄短，褐色。孢蒴卵形或长卵形，直立 。蒴齿红褐色，干时背曲。孢子褐色，具细疣。

生境和分布 生山地林内腐木或树干基部，稀见于石壁。台湾、广西、贵州、四川、云南和西藏；尼泊尔、缅甸、印度尼西亚及菲律宾有分布。

13 苞领藓属 *Holomitrium* Brid.

密丛集生长。 体形小，色泽黄绿或绿色。茎平卧、倾立或直立，基部密被棕红色假根。茎下部叶较小，渐上趋长大，上部叶簇生，基部长卵形，向上呈披针形，卷曲或内曲；中肋长达叶尖或稀突出。叶细胞小，上部方圆形，壁厚，基部细胞长方形，角细胞分化，黄棕色。雌雄异株。雄株矮小。雌苞叶形大，高鞘状，上部具细毛尖，与孢蒴等长或长于孢蒴。蒴柄直立。孢蒴卵圆形或短柱形，对称或稍弯曲。蒴齿齿片两两并立，无条纹，具密疣，单一，中缝具不规则纵长孔隙，或不规则深纵裂。蒴盖具长喙。

本属约50种，分布热带及亚热带地区。中国有2种。

柱鞘苞领藓 *Holomitrium cylindraceum*（P. Beauv.）Wijk et Marg.，Taxon 11：221. 1962. 图 92：11~15

形态特征 植物体密集丛生，绿色或黄绿色，无光泽。茎长达2 cm，上部倾立或直立，叉状分枝。叶片基部宽阔，长椭圆形，向上渐呈长尖；叶边平展，全缘；中肋基部褐色，上部色淡，止于叶尖。叶中上部细胞形状不规则，厚壁；基部细胞长方形，薄壁。雌雄同株。雌苞叶明显分化，通常长于蒴柄。孢蒴粗短，略背曲。孢子褐色。

生境和分布 生于林内树枝、树干基部或石面。安徽、台湾、福建、广东和广西；日本、缅甸、印度、泰国及菲律宾有分布。

14 直毛藓属 *Orthodicranum*（Bruch et Schimp.）Loeske

丛集生长。体形直立，密被假根。叶长披针形，干时向内弯曲；中肋基部约为叶片宽度的 1/5，消失于叶尖下，背面上部具刺状突起，基部具中央主细胞和 2 列背厚壁细胞。叶上部细胞短方形或不规则形，叶基部细胞长方形，壁厚；角细胞分化明显，单层，方形、褐色、厚壁。雌雄异株。内雌苞叶高鞘状。孢蒴直立，长圆柱形，干燥时有弱条纹。齿片具条纹和穿孔，2 裂达中下部。

本属约 7 种，分布北温带寒冷地区。中国 2 种。

直毛藓 *Orthodicranum montanum*（Hedw.）Loeske，Stud. Morph. Syst. Laubm. 85. 1910. 图 92：16~19

形态特征 密垫状生长。植物体鲜绿色或黄绿色，无光泽。茎直立或倾立，高可达 5 cm，基部具褐色假根。叶直立，干时卷曲，披针形，中上部强内卷；叶边上部具不明显齿突；中肋粗壮，长达叶尖，背部具低疣。叶上部细胞方形或短方形，壁厚，无壁孔；基部细胞长方形，或不规则形；角细胞分化明显，单层细胞，褐色。雌雄异株。雌苞叶基部鞘状，上部突成毛尖。蒴柄长 1~1.5 cm，黄褐色。孢蒴长圆柱形。孢子黄绿色，具细疣。

生境和分布 生于山地腐木或树干基部，稀生于岩面上。黑龙江、吉林、内蒙古、河北、海南和西藏；朝鲜、日本、俄罗斯及欧洲有分布。

15 曲尾藓属 *Dicranum* Hedw.

疏丛生或密集丛生。植物体绿色、褐绿色或黄绿色，或呈鲜绿色，多具光泽。茎多数直立或倾立；稀少分枝或叉状分枝，有时密被假根。叶倾立或呈镰刀形一向偏曲，多狭卵状披针形，常有波纹，干燥时叶尖部边缘强烈内卷；叶边多具齿，稀平滑；中肋细或略粗，与叶细胞界线明显，消失于叶片尖端或突出叶尖呈毛尖，叶背面中上部平滑、具疣或具栉片。叶细胞单层或 2 层，中上部细胞多数为狭长卵形，稀方形，近下部细胞多为长方形或狭长方形，边缘细胞多狭长；角细胞明显分化，方形，壁厚或薄壁，无色或棕褐色，单层或多层，与中肋间常有一群无色大细胞。雌雄异株。雄株矮小。内雌苞叶高鞘状，有短毛状尖。蒴柄直立，单生或多生。孢蒴圆柱形，直立或弓形弯曲。蒴齿单层，齿片 2~3 裂达中部，中下部深黄棕色，具纵斜纹，稀具粗疣，上部淡黄色，具细疣，稀蒴齿缺失。蒴盖具直喙或斜喙。

本属约 90 种，分布全球各地。中国约 29 种。

属内长叶曲尾藓（*Dicranum elongatum*）含脂族化合物正十八醇、植醇（phytol）、胆甾醇（cholesterol）等。

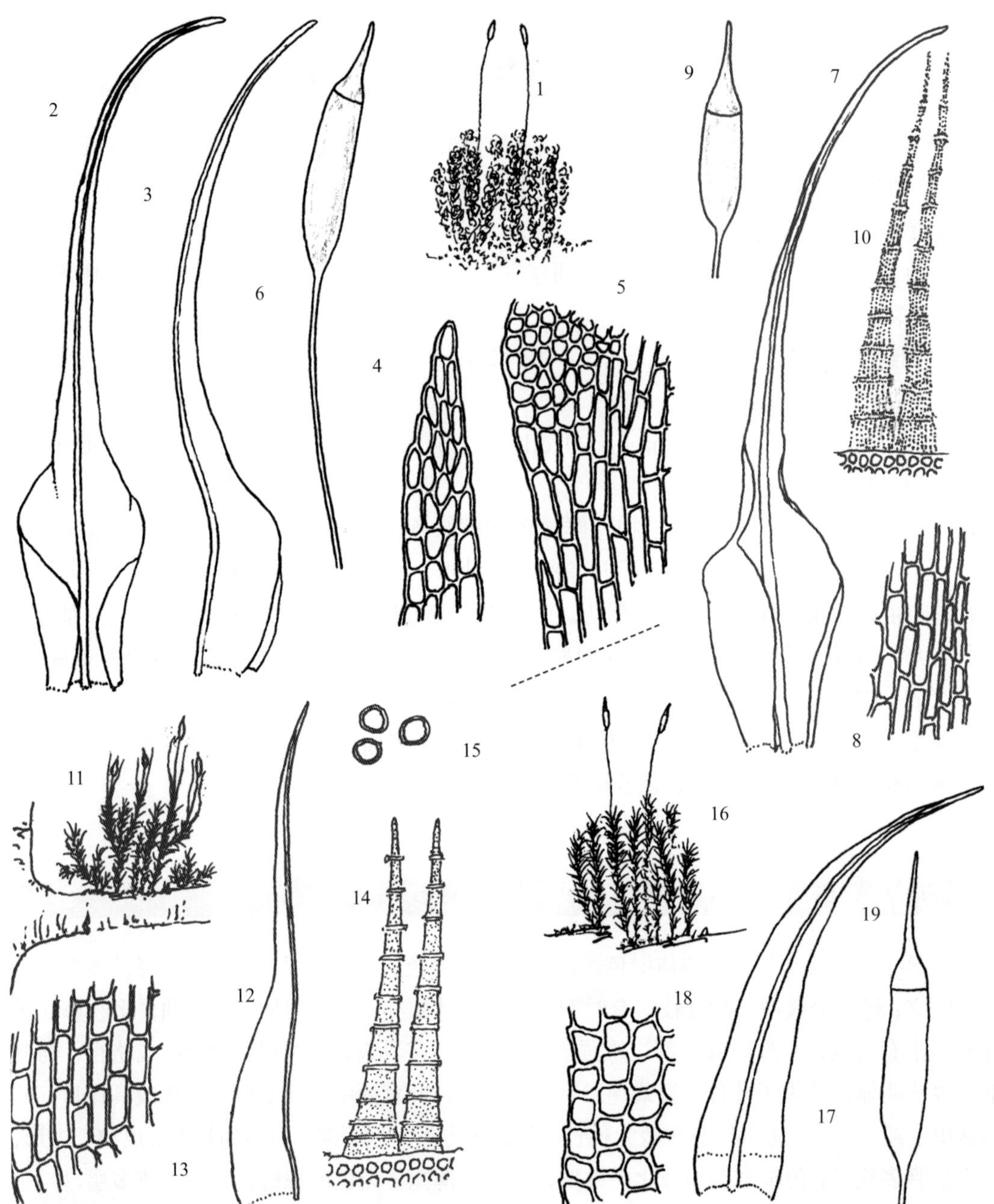

图 92

1~6. 合睫藓 *Symblepharis vaginata*（Hook.）Wijk et Marg.

1. 山地林下具土岩面生长的植物群落（×1），2，3. 叶（×25），4. 叶尖部细胞（×250），5. 叶基部细胞（×250），6. 孢蒴（×10）

7~10. 南亚合睫藓 *Symblepharis reinwardtii*（Dozy et Molk.）Mitt.

7. 叶（×25），8. 叶近基部细胞（×250），9. 孢蒴（×10），10. 蒴齿（×130）

11~15. 柱蒴苞领藓 *Holomitrium cylindraceum*（P. Beauv.）Wijk et Marg.

11. 亚热带山地树枝上着生的植物群落（×1），12. 叶（×20），13. 叶基部细胞（×150），14. 蒴齿（×130），15. 孢子（×200）

16~19. 直毛藓 *Orthodicranum montanum*（Hedw.）Loeske

16. 温带山区林内树基着生的植物群落（×1），17. 叶（×25），18. 叶上部边缘细胞（×250），19. 孢蒴（×30）

分种检索表

1. 叶片细长，直立，硬挺，叶边全缘或近于全缘，叶基部细胞与角细胞界限不明显··2. 折叶曲尾藓 *D. fragilifolium*

1. 叶片狭披针形或宽披针形，弯曲，不硬挺，叶边有齿或锐齿，叶基部细胞与角细胞界限明显 ························2

2. 叶上部和先端细胞等轴形或近似等轴形，呈短长方形、长椭圆形或方形 ·······························3

2. 叶上部和先端细胞长轴形，呈长方形、狭长方形或椭圆形 ·······························5

3. 叶片上部边缘单层细胞，具单列齿·······························11. 皱叶曲尾藓 *D. undulatum*

3. 叶片上部边缘2层细胞，具双列齿·······························4

4. 植物体黄绿色，较长大；内雌苞叶有长毛尖；孢蒴倾立，无纵褶 ················7. 细叶曲尾藓 *D. muehlenbeckii*

4. 植物体褐绿色，较短小；内雌苞叶有短毛尖；孢蒴倾立或平列，弓形弯曲，有纵褶···3. 棕色曲尾藓 *D. fuscescens*

5. 叶片有横波纹·······························6

5. 叶片无横波纹·······························7

6. 叶片中肋终止于叶先端，叶边上部具单列齿，角细胞厚1~3层 ···················9. 波叶曲尾藓 *D. polysetum*

6. 叶片中肋突出于叶先端，叶边上部具双列齿，角细胞厚4~5层 ··················· 1. 大曲尾藓 *D. drummondii*

7. 叶片先端钝，或有短尖；中肋及顶 ·······························8

7. 叶片先端尖锐，有长尖；中肋突出于叶尖 ·······························9

8. 叶片角细胞单层；中肋背面上部具不规则齿 ·······························8. 东亚曲尾藓 *D. nipponense*

8. 叶片角细胞2~3层；中肋背面上部具2列栉片·······························10. 曲尾藓 *D. scoparium*

9. 叶边上部有2列齿·······························6. 多蒴曲尾藓 *D. majus*

9. 叶边上部有单列齿·······························10

10. 孢蒴直立或倾立 ······························· 5. 硬叶曲尾藓 *D. lorifolium*

10. 孢蒴倾垂或平列 ······························· 4. 日本曲尾藓 *D. japonicum*

大曲尾藓 *Dicranum drummondii* Müll. Hal.，Syn. Musc. Frond. 1：356. 1848. 图93：1~4

形态特征 稀疏丛集生长。体大型，绿色，具光泽。茎直立或倾立，高可达15 cm，密被褐色假根。叶上部常向一侧弯曲，下部阔长卵形，渐上呈宽披针形，边缘向内卷曲，背面有低疣；叶边平直，上部双层细胞，具2列细齿；中肋细，突出于叶尖，尖部背面有锐齿。叶中上部细胞圆方形或不规则方形，无壁孔，背面具低疣；叶基部细胞长方形，壁波状加厚，具壁孔；角细胞厚4~5层，形大，褐色。雌雄异株。蒴柄黄色，长3~5 cm。孢蒴2~3个丛生，短柱形，倾立或平列，黄褐色。孢子成熟于夏季。

生境和分布 生于山区针叶林或针阔混交林地或具土岩面生。吉林、陕西、贵州、四川和西藏；欧洲有分布。

折叶曲尾藓 *Dicranum fragilifolium* Lindb.，Ofv. K. Sv. Vet. -Akad. Forh. 14：125. 1857. 图93：5~9

形态特征 密集垫状生长。体绿色或草黄绿色，具弱光泽。茎细弱，高可达10多厘米；

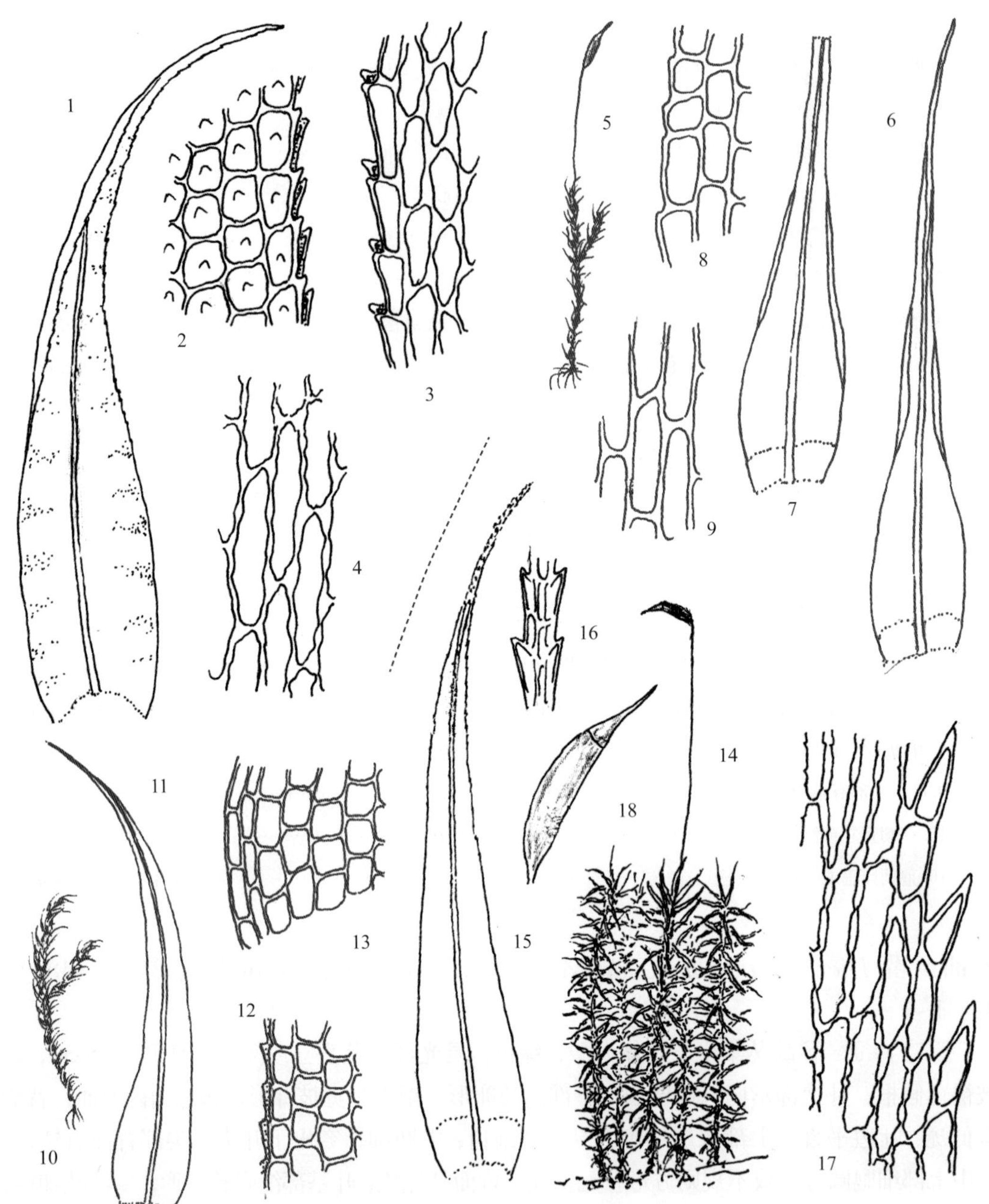

图 93

1~4. **大曲尾藓** *Dicranum drummondii* Müll. Hal.

1. 叶（×15），2. 叶上部边缘细胞（×250），3. 叶中部边缘细胞（×250），4. 叶下部细胞（×250）

5~9. **折叶曲尾藓** *Dicranum fragilifolium* Lindb.

5. 雌株（×1），6. 叶（×25），7. 上部已折断的叶（×25），8. 叶上部边缘细胞（×400），9. 叶基部细胞（×420）

10~13. **棕色曲尾藓** *Dicranum fuscescens* Turn.

10. 植物体（×1），11. 叶（×15），12. 叶上部边缘细胞（×350），13. 叶基部细胞（×150）

14~18. **日本曲尾藓** *Dicranum japonicum* Mitt.

14. 林地着生的植物群落（×1），15. 叶（×10），16. 叶中肋上部背面突起（×250），17. 叶上部边缘细胞（×250），18. 孢蒴（×6）

不分枝或稀少分枝，中下部密被褐色假根。叶干时紧贴，湿时倾立或稍弯曲，基部宽卵状渐向上呈狭披针形细毛尖；叶边无齿；中肋细，突出叶尖部呈细长毛尖。叶上部细胞短长方形，壁厚，壁孔不明显；中下部细胞狭长方形，厚壁，具壁孔；角细胞大，方形或长方形，薄壁，与中肋之间有几列狭长细胞相隔。雌雄异株。蒴柄黄褐色，长 1~2 cm。

生境和分布　习生高寒地区的沼泽地、树基或具土岩面。黑龙江、内蒙古和台湾；日本、俄罗斯、欧洲及北美洲有分布。

棕色曲尾藓 *Dicranum fuscescens* Turn.，Musc. Hib. Spic. 60，f. 1. 1804. 图 93：10~13

形态特征　密丛集生长。体褐色或深褐色，无光泽或具弱光泽。茎高可达 5 cm；不分枝或从基部分枝，中下部密被褐色假根。叶干时卷缩，湿时常一向偏曲，基部狭卵形，向上渐呈披针形细长叶尖；叶边具锐齿；中肋细，上部背面有疣或齿。叶上部 2 层细胞，长方圆形，不规则厚壁，无壁孔；近下部叶细胞长方形；角细胞明显，多边形或近方形，褐色，薄壁。雌雄异株。蒴柄长 1.2~2.5 cm 。孢蒴短圆柱形，干时弓形弯曲。

生境和分布　着生山区林下或林边树基、腐木或具土岩面。黑龙江、吉林、辽宁、内蒙古、贵州和西藏；朝鲜、日本、俄罗斯及欧洲有分布。

日本曲尾藓 *Dicranum japonicum* Mitt.，Trans. Linn. Soc. Bot. ser. 2，3：155. 1891. 图 93：14~18

形态特征　疏丛集生长。植物体形大，色泽黄绿或褐绿色。茎高可达 5 cm；稀少叉状分枝，密被假根。叶多疏生，干时略呈镰刀形弯曲，湿时疏松伸展，长卵状披针形，上部常向内折呈脊状；叶上部边缘有粗锐齿；中肋细弱，突出于叶尖呈短毛尖，上部背面有 2 列粗齿。叶上部细胞长六边形或长方形，胞壁波状加厚，具明显壁孔；叶基部细胞狭长方形，具壁孔；角细胞褐色，薄壁。雌雄异株。内雌苞叶高鞘状，有长毛尖。蒴柄黄色或红褐色，干时扭转。孢蒴长圆柱形，弓形弯曲。

生境和分布　生于山地林下、潮湿林边土壁或具土岩面。黑龙江、吉林、内蒙古、河南、陕西、江苏、安徽、浙江、台湾、福建、江西、湖南、广东、贵州、四川、云南和西藏；日本、朝鲜及俄罗斯有分布。

应用价值　植物体外观具观赏价值。

硬叶曲尾藓 *Dicranum lorifolium* Mitt.，Journ. Linn. Soc. Bot. Suppl. 1：15. 1859. 图 94：1~4

形态特征　密或疏松丛生。体形中等大小，色泽红褐，有光泽。茎多倾立，稀直立，长达 5 cm；叉状分枝，基部有疏假根。叶常呈一向偏曲，卵状狭长披针形；叶边内曲，上部具锐齿；中肋细弱，消失于叶先端，背面上部有齿。叶上部细胞长卵形，胞壁波状加厚，具明显壁孔；叶基部细胞狭长方形至长卵形，厚壁，具壁孔；角细胞大，深红褐色，稍向外凸出。雌雄异株。蒴柄直立，褐色，长达 3 cm。孢蒴长圆柱形，直立或倾立。蒴盖具直喙。孢子浅

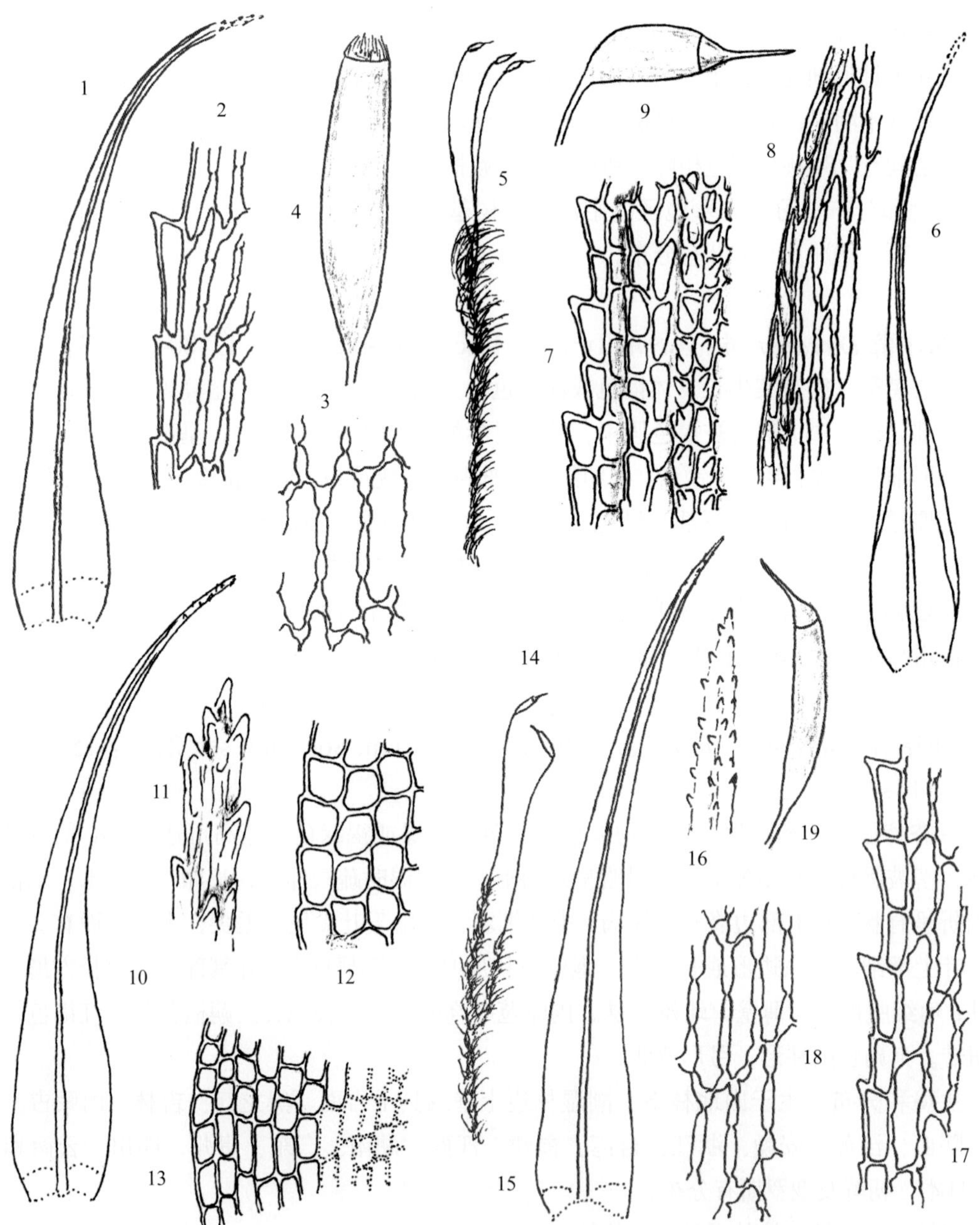

图 94

1~4. 硬叶曲尾藓 ***Dicranum lorifolium*** **Mitt.**

1. 叶（×12），2. 叶上部边缘细胞（×300），3. 叶近基部细胞（(×300），4. 已开裂的孢蒴（×12）

5~9. 多蒴曲尾藓 ***Dicranum majus*** **Turn.**

5. 雌株（×1），6. 叶（×10），7. 叶尖部细胞，示中肋背面具脊状突起（×250），8. 叶中上部边缘细胞（×250），9. 孢蒴（×6）

10~13. 细叶曲尾藓 ***Dicranum muehlenbeckii*** **Bruch et Schimp.**

10. 叶（×15），11. 叶尖部细胞（×300），12. 叶上部细胞（×300），13. 叶基部细胞（×150）

14~19. 东亚曲尾藓 ***Dicranum nipponense*** **Besch.**

14. 雌株（×1），15. 叶（×15），16. 叶尖部（背面观，×100），17. 叶上部边缘细胞（×250），18. 叶近基部细胞（×250），19. 孢蒴（×5）

褐色，具细疣。

生境和分布 生于山区林地或灌丛下树基或腐本上。甘肃、福建、贵州、云南和西藏；尼泊尔、不丹及克什米尔地区有分布。

多蒴曲尾藓 *Dicranum majus* Turn.，Fl. Brit. 1202. 1804. 图 94：5~9

形态特征 疏丛集生长。植物体高大，绿色、黄绿色或深绿色，具光泽。茎长可达 8 cm，下部被覆褐色或灰褐色假根。叶多一向镰刀形弯曲，基部宽卵形，向上渐呈长毛状披针形，上部边缘常强内卷；叶边有不规则锐齿；中肋细弱，突出于叶尖呈毛尖，背面上部多具齿。叶上部细胞短长方形，中上部细胞狭长卵形，厚壁，具壁孔；角细胞浅褐色，厚 3~5 层，与中肋之间有无色细胞相隔。雌雄异株。蒴柄黄色或黄褐色。孢蒴 1~5 丛生，长卵形，弓形弯曲。

生境和分布 多着生针阔混交林、阔叶林或红松林下腐木、土壤或具土岩面上。黑龙江、吉林、内蒙古、台湾、湖北、湖南、广西、贵州和西藏；朝鲜、日本、印度、欧洲及北美洲有分布。

细叶曲尾藓 *Dicranum muehlenbeckii* Bruch et Schimp.，Bryol. Eur. 1：142. f. 78. 1847. 图 94：10~13

形态特征 小垫状生长。体色泽黄绿或褐绿色，无光泽或略具光泽，中下部密生褐色假根。茎高可达 4 cm，不分枝或叉状分枝。茎顶端叶常一向弯曲，于时卷缩，卵状长披针形，无波纹；叶边上部具齿，边厚，内卷；中肋粗壮，向上突出于叶尖，背面上部具粗齿。叶上部细胞近方形或短长方形，背面有低疣或前角突，厚壁；叶基部细胞长方形，壁厚，有壁孔；角细胞 2 层，长方形或六边形，透明或深褐色。雌雄异株。孢蒴单生，圆柱形，背曲。

生境和分布 习生于落叶松林下或沼泽地或具土岩面。吉林、浙江、四川和西藏；朝鲜、俄罗斯、欧洲及北美洲有分布。

东亚曲尾藓 *Dicranum nipponense* Besch.，Ann. Sc. Nat. Bot. ser. 7，17：332. 1893. 图 94：14~19

形态特征 丛集成垫状生长。植物体中等大小，色泽深绿，有弱光泽。茎直立或叉状分枝，高可达 5 cm。叶贴生或四散伸展，顶端叶一向弯曲，卵状长披针形，上部呈龙骨状，茎下部叶阔短；叶边上部有密粗齿，叶边下部平滑；中肋细弱，消失于叶尖前，背面有 2~3 列锐齿。叶上部细胞长方形或纺锤形；叶中部细胞长方形，壁厚，具明显壁孔；叶下部细胞狭长，具壁孔；角细胞褐色，长方形，薄壁。孢子体单生。雌苞叶高鞘状，有短毛尖。蒴柄褐色。

生境和分布 多着生林地、具土岩面或腐木上。吉林、江苏、湖北、湖南、贵州和四川；朝鲜及日本有分布。

波叶曲尾藓 *Dicranum polysetum* Sw.，Monthl. Rev. 34：538. 1801. 图 95：1~5

形态特征 疏丛集生长。植物体形大，上部黄绿褐色，下部黑褐绿色，有光泽。茎高可

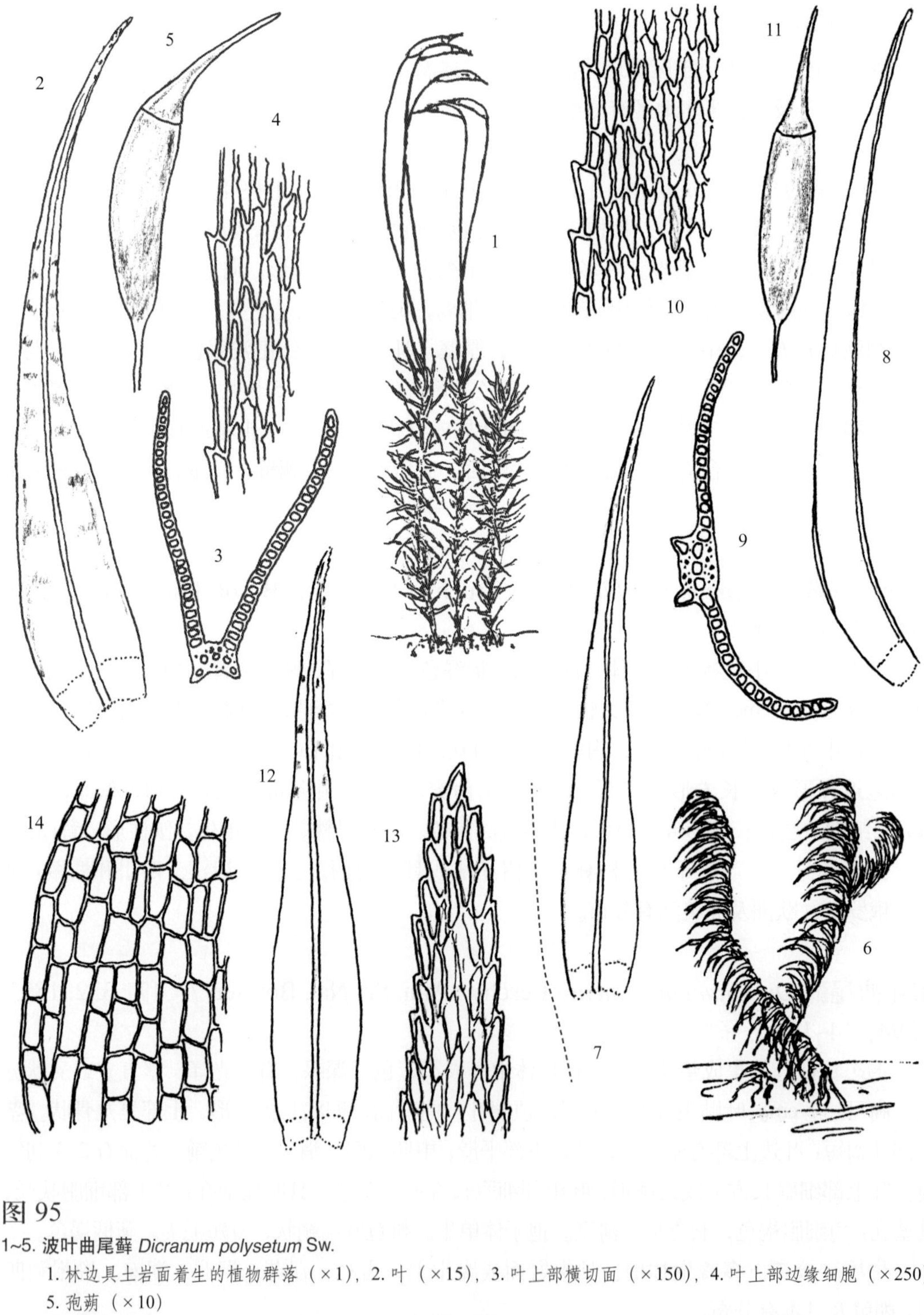

图 95

1~5. **波叶曲尾藓** *Dicranum polysetum* Sw.

1. 林边具土岩面着生的植物群落（×1），2. 叶（×15），3. 叶上部横切面（×150），4. 叶上部边缘细胞（×250），5. 孢蒴（×10）

6~11. **曲尾藓** *Dicranum scoparium* Hedw.

6. 开阔林地生长的植物体（×1），7，8. 叶（×10），9. 叶上部横切面（×150），10. 叶上部边缘细胞（×250），11. 孢蒴（×10）

12~14. **皱叶曲尾藓** *Dicranum undulatum* Brid.

12. 叶（×12），13. 叶尖部细胞（×200），14. 叶基部细胞（×200）

达 10 cm，基部有时具叉状分枝，全株密被假根。叶卵状披针形，长达 1 cm，不规则镰刀形弯曲或干燥时皱缩，上部有强波纹；叶边上部有粗齿；中肋细弱，突出于叶尖，背面上部有 2 列呈栉片状粗齿。叶上部细胞卵形，具明显壁孔；叶中部细胞狭长卵形，壁波形，具明显壁孔；角细胞六边形或方形、薄壁，厚 2 层细胞。雌雄异株。蒴柄直立，红褐色，常扭曲。孢蒴 2~5 丛生，圆柱形，弓形弯曲。

生境和分布　习生针叶林林地、沼泽地、腐木或具土岩面。黑龙江、吉林、内蒙古和西藏；朝鲜、俄罗斯、欧洲及北美洲有分布。

曲尾藓 *Dicranum scoparium* Hedw.，Sp. Musc. Frond. 126. 1801. 图 95：6~11

形态特征　大片状密丛生。植物体褐绿色，具明显光泽。茎高可达 10 cm，不分枝，稀叉状分枝。茎叶干燥时多镰刀状弯曲，狭卵状披针形，长达 1 cm；叶边上部内卷，有齿突或单细胞齿，叶边下部平滑，内曲；中肋细弱，突出于叶尖，背面上部有 2~3 列栉片，栉片上有粗齿。叶上部细胞长六边形至长菱形，胞壁具明显壁孔；叶中下部细胞长方形；角细胞长方形，厚 2 层细胞。孢子体单生。蒴柄长 2~3 cm，红褐色，干时扭转。孢蒴长圆柱形。

生境和分布　常见于山区林下腐木、具土岩面或林地。黑龙江、吉林、内蒙古、河北、陕西、新疆、安徽、浙江、福建、江西、湖北、湖南、贵州、四川、云南和西藏；日本、朝鲜、俄罗斯、欧洲及北美洲有分布。

应用价值　据报道该种含有芹菜配质 -7-O- 葡糖甙。

皱叶曲尾藓 *Dicranum undulatum* Brid.，Journ. f. Bot. 1800（2）：294. 1801. 图 95：12~14

形态特征　密丛集生长。植物体直立或倾立，色泽褐绿或黄绿色，无光泽或有弱光泽，高可达 15 cm，不分枝或叉状分枝，密被褐色假根。叶倾立，或先端略一向弯曲，狭卵状披针形，上部具横波纹；叶边平直，上部具锐齿；中肋细，及顶，背面上部有疣或钝齿，中部有低疣。叶上部细胞不规则长菱形或长方形，有低乳头；中部细胞长方形或长椭圆形，厚壁，有疏壁孔；中下部细胞狭长方形，壁孔不明显；角细胞两层，长方形、六边形或近似方形，橙褐色。孢蒴单生。

生境和分布　多着生高位沼泽的泥炭土或腐殖土上，稀生于腐木或具土岩面。黑龙江、吉林和内蒙古；俄罗斯、欧洲及北美洲有分布。

16 锦叶藓属 *Dicranoloma*（Ren.）Ren.

疏丛集生长。体形粗大，绿色，具光泽。茎直立或倾立，不分枝或分枝，多中轴分化。叶常一向偏曲或呈镰刀形弯曲，阔卵状披针形，具毛尖或细长尖；叶边上部具齿，稀全缘；中肋细弱，长达叶尖或突出于叶尖，背面上部常有齿。叶上部细胞短，壁厚，有或无壁孔，叶边常分化 2 至多列线形细胞，叶基部细胞长方形或狭长形；角细胞方形或圆形，厚壁，褐色或黄褐色。假雌雄同株。雌苞叶基部鞘状，有毛尖。蒴柄长，高出于雌苞叶。孢蒴直立或背曲，长圆柱形或长椭圆形。蒴齿单层，发育完全；齿片2裂达中部，中下都有纵纹或斜纹，上部有疣。蒴盖具长喙。蒴帽兜形。

本属约90种，多分布温湿地区。中国有6种。

分种检索表

1. 植物体直立，多不分枝，光泽甚强；叶片直立，有长尖，叶边平滑……………………… 2. 直叶锦叶藓 *D. blumii*

1. 植物体倾立，多分枝，光泽一般；叶片多弯曲或镰刀形偏曲，叶边多具齿或齿突……………………………… 2

2. 植物体大，通常高10 cm以上；叶片上部细胞排列不整齐，无壁孔或壁孔不明显……… 1. 大锦叶藓 *D. assimile*

2. 植物体中小形，通常高不超过10 cm；叶片中上部细胞排列整齐，多有壁孔……………… 3. 锦叶藓 *D. dicarpum*

大锦叶藓 *Dicranoloma assimile*（Hampe）Par.，Ind. Bryol. 2，2：24. 1904. 图96：1~3

形态特征 丛集生长。植物体形大，色泽黄绿，有光泽。茎倾立，稀直立，高可达10~15 cm，多分枝；中轴分化。叶片直立或一向偏曲呈镰刀形，基部阔，向上渐呈狭披针形；叶边平直，上部有粗齿；中肋细弱，突出叶尖呈毛尖，背面上部有两列栉片。叶片中上部细胞短长椭圆形或方形，具壁孔；叶边分化数列线形透明细胞，叶基部细胞长方形；角细胞分化明显，大型，厚壁，褐色。雌雄异株。蒴柄长约1.5 cm。孢蒴长圆柱形，弓形弯曲。蒴盖锥形，具长喙。

生境和分布 生于湿热林内树干基部、腐木或具土岩面。浙江、台湾、福建、海南、贵州和西藏；菲律宾、印度尼西亚、马来西亚及巴布亚新几内亚有分布。

应用价值 植物体形大，体态富有观赏性。

直叶锦叶藓 *Dicranoloma blumii*（Nees）Par.，Ind. Bryol. 2，2：25. 1904. 图96：4~5

形态特征 疏松丛集生长。植物体高6~10 cm，苍绿色或黄绿色，有光泽。茎直立或倾立，不分枝；中轴分化。叶片直立，先端一侧偏曲，从阔基部向上呈狭披针形，叶尖毛状，约为叶片长度的1/2；叶边上部平滑；中肋红褐色，突出于先端，平滑。叶细胞线形或短长方形，胞壁厚，平滑或有壁孔；角细胞分化明显，约占叶基宽度的2/3；叶边分化3~10列狭长形透明细胞。雌雄异株。

生境和分布 生于热带、亚热带林内树干基部或腐木上。台湾、福建、湖南、四川、云南和西藏；菲律宾、马来西亚、印度尼西亚、巴布亚新几内亚及新喀里多尼亚有分布。

锦叶藓 *Dicranoloma dicarpum*（Nees）Par.，Ind. Bryol. 2，2：26. 1904. 图 96：6~11

形态特征 丛集生长。植物体中等大小，高约5 cm，苍黄绿色，具光泽。茎直立或倾立，分枝；中轴分化。叶一侧偏曲，干时扭曲，基部阔，向上呈披针形；叶中下部有1~3列狭长透明细胞，中上部具齿；中肋细弱，达叶尖突出，背面上部具双列齿。叶中上部细胞方形、长方形或长椭圆形，基部细胞狭长；角细胞方形，膨大，褐色。孢蒴一个或

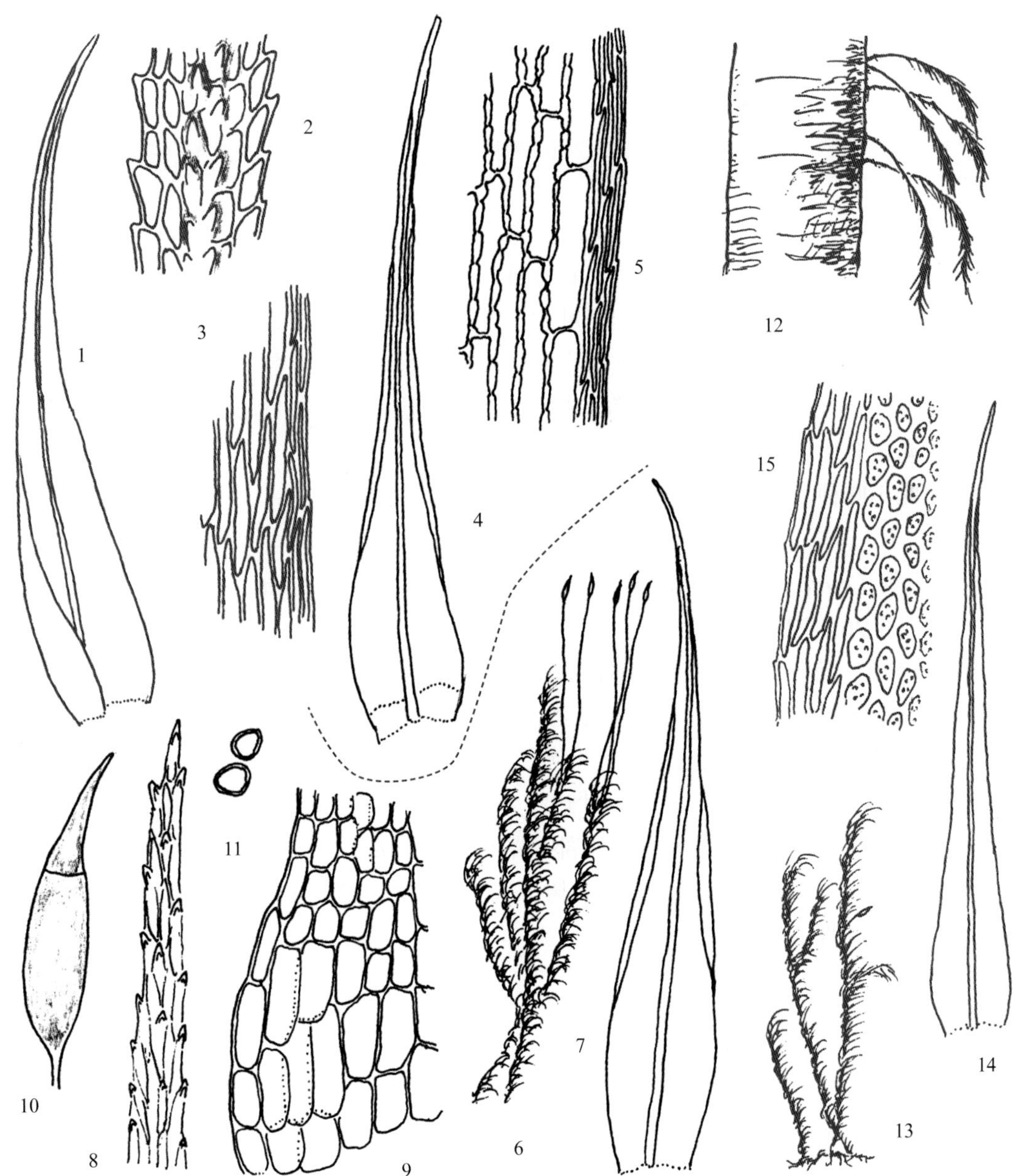

图 96

1~3. **大锦叶藓** *Dicrnoloma assimile*（Hampe）Par.

1. 叶（×12），2. 叶尖部细胞（×200），3. 叶下部边缘细胞（×200）

4~5. **直叶锦叶藓** *Dicranoloma blumii*（Nee）Par.

4. 叶（×15），5. 叶中部边缘细胞（×200）

6~11. **锦叶藓** *Dicranoloma dicarpum*（Nees）Par.

6. 雌株（×1.5），7. 叶（×12），8. 叶尖部细胞（×200），9. 叶基部细胞（×200），10. 孢蒴（×15），11. 孢子（×200）

12~15. **柔叶白锦藓** *Leucoloma molle*（Müll. Hal.）Mitt.

12. 着生热带林内树干的植物群落（×1），13. 雌株（×1），14. 叶（×25），15. 叶中部细胞（×400）

几个生于同一个雌苞中。

生境和分布 生于林下树干基部或腐木上。云南、广东和海南；印度尼西亚、马来西亚、澳大利亚和新西兰有分布。

17 白锦藓属 *Leucoloma* Brid.

稀疏成簇倾垂生长。植物体多柔软，灰绿色或黄绿色，有光泽。茎棕红色，干时常呈黑色，无假根；多具分枝。叶片直立、倾立或呈镰刀形弯曲，基部卵形，渐上呈狭长披针形；叶边上部内卷；中肋细弱，突出于叶尖。叶边细胞狭长透明，厚壁，形成明显分化的宽边；近中肋细胞小，圆形或长方形，具疣；叶角细胞形大，无色透明，稀呈棕色。内雌苞叶分化。孢蒴直立，短柱形。蒴盖具长喙。蒴齿单层，齿片披针形，常开裂达中部。孢子球形。蒴帽兜形。雄株小，生于雌株基部。

本属约 100 种，分布热带地区。中国有 2 种。

柔叶白锦藓 *Leucoloma molle*（Müll. Hal.）Mitt., Journ. Linn. Soc. Bot. Suppl. 1：13. 1959. 图 96：12~15

形态特征 疏丛集生长。植物体灰绿色或黄灰绿色。茎高达 5 cm，倾立，多分枝，下部叶片常脱落。叶片倾立，干燥时贴茎，卵状狭披针形，具细长毛尖；叶边上部内卷；中肋挺硬，达叶尖并突出呈毛尖，有齿突。叶中上部细胞方形或圆方形，具细密疣，下部细胞平滑，方形或长方形，透明，叶边缘分化数列线形透明细胞；角细胞方形或短长方形，褐色，厚壁。雌雄异株。雌苞叶基部呈鞘状，有毛尖。

生境和分布 多着生热带常绿林内树干或腐木上。台湾、广东、海南和广西；日本、菲律宾、印度尼西亚及越南有分布。

053 白发藓科 LEUCOBRYACEAE

疏松丛集或紧密垫状生长。体形中等或大型，色泽灰绿或乳白色。茎直立，稀不规则分枝。叶多卵状披针形，厚多层细胞；中肋宽阔，由 2~10 层大型具圆形壁孔的无色细胞和内含 1~3 列小型绿色细胞组成。叶细胞仅位于叶下部边缘，单层，无色透明，基部多列。雌雄异株或假雌雄同株。蒴柄单生，直立。孢蒴直立。环带不分化。蒴齿通常 16，齿片披针形，不分裂或 2 裂至中部，外部有纵条纹或密疣，有时具高出的横脊。蒴盖圆锥形，具长喙。蒴帽多兜形，或近于呈钟帽形。孢子细小。

本科约 11 属，多热带和亚热带地区分布。中国有 4 属。

分属检索表

1. 叶片中肋具中央厚壁细胞束……………………………………………………1. 白睫藓属 *Leucophanes*
1. 叶片中肋无中央加厚的细胞束……………………………………………………………………2
2. 中肋绿色细胞分列叶片的背面、腹面和中央 ……………………………2. 拟外网藓属 *Exostratum*
2. 中肋绿色细胞仅单层，位于叶片中央……………………………………………………………3
3. 植物体形大；叶倾立，不贴地生长；蒴齿 16 片 ……………………………3. 白发藓属 *Leucobryum*
3. 植物体形小；叶贴地生长；蒴齿 8 片……………………………………………4. 八齿藓属 *Octoblepharum*

1 白睫藓属 *Leucophanes* Brid.

疏松集生长。体形柔软，细长，色泽灰白或灰绿色。茎直立，黄褐色至深红色，稀分枝。叶片干时略弯扭，湿时直立或背仰，狭披针形或阔披针形，叶基部或多内凹而叶片呈龙骨状，上部扁平，常具刺；叶边上部具单或双齿；中肋贯顶或短突出，具中央厚壁细胞束，背部平滑或具粗疣；绿色细胞横切面呈四边形，单层，位于 2 层无色细胞间。叶细胞狭长方形，位于叶基边缘部分。雌雄异株。孢蒴直立。蒴柄长约 1.5 cm，平滑。齿片 16，披针形，具疣，具短前齿层。蒴盖具长喙。蒴帽兜形。孢子直径 10~20 μm。

本属约 25 种，分布热带地区。中国 2 种。

白睫藓 *Leucophanes octoblepharioides* Brid.，Bryol. Univ. 1：763. 1827. 图 97：1~3

形态特征 密或疏松丛集生长。植物体高达 3.5 cm，灰绿色。茎直立，分枝稀少。叶片密生，倾立或有时扭曲，易脱落，狭长披针形，略呈龙骨状向背面突起，尖端钝；中肋背部平滑或近于平滑；叶上部边缘具小齿，基部全缘。叶细胞薄壁，上部细胞呈狭长方形，叶边 3~4 列细胞呈线形、透明，基部细胞不规则多角形或长方形。无性芽孢常着生叶片尖部。

生境和分布 生湿热林下腐木或岩面。台湾、广东、海南和云南；日本、亚洲东南部、新几内亚、太平洋岛屿及澳大利亚有分布。

2 拟外网藓属 *Exostratum* Ellis

丛集生长。体形柔弱，色泽灰绿。茎稀少分枝，假根多生于茎基部、叶腋或叶尖。叶湿时倾立，干时不皱缩，基部卵形，透明，略呈鞘状，向上渐呈狭长披针形，鞘部边缘具毛或疣突；中肋厚而阔，背部圆凸，腹部内凹，两面具疣，横切面 3 层绿色细胞位于中央及背、腹面各 1 层，以及 4~8 层无色细胞。叶上部仅 1~2 列近方形细胞，中部具数列加厚并具疣的分化细胞，呈方形或六边形，基部叶细胞近方形。雌雄异株。蒴柄细长，红色。

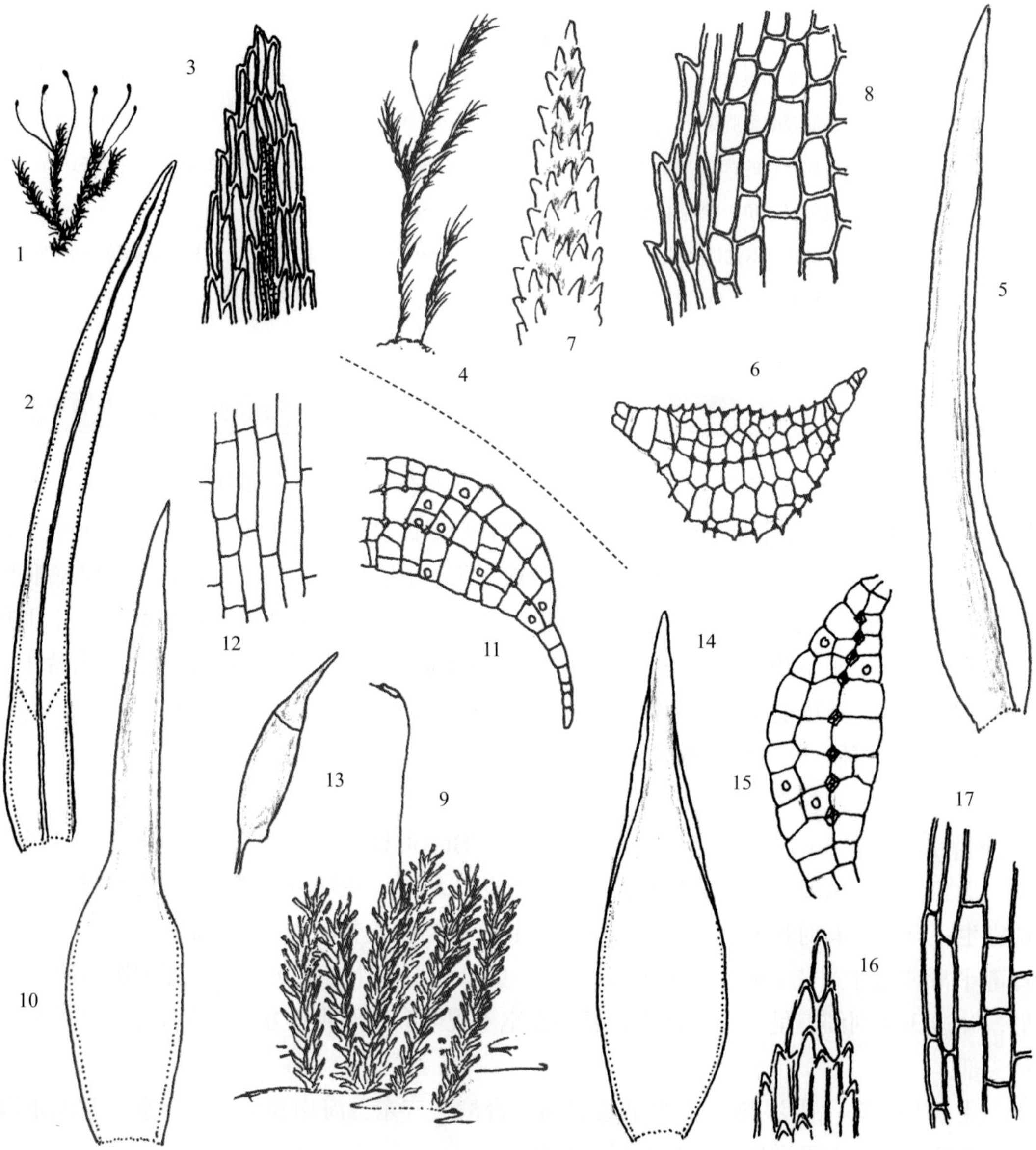

图 97

1~3. **白睫藓** *Leucophanes octoblepharioides* Brid.

1. 雌株（×1），2. 叶（×20），3. 叶尖部细胞（×200）

4~8. **拟外网藓** *Exostratum blumii*（Nees ex Hampe）Ellis

4. 雌株（×1），5. 叶（×20），6. 叶横切面（×200），7. 叶尖部（背面观，×200），8. 叶鞘部边缘细胞（×200）

9~13. **桧叶白发藓** *Leucobryum juniperoideum*（Brid.）Müll. Hal.

9. 着生亚热带林地的植物群落（×1），10. 叶（×25），11. 叶横切面的一部分（×150），12. 叶基部细胞（×150），13. 孢蒴（×20）

14~17. **弯叶白发藓** *Leucobryum aduncum* Dozy et Molk.

14. 叶（×30），15. 叶横切面的一部分（×150），16. 叶尖部细胞（背面观，×150），17. 叶基部边缘细胞（×200）

孢蒴直立，长椭圆形，红褐色，平滑。蒴齿齿片 16，狭披针形，有中缝或穿孔，具疣。蒴盖具斜喙。蒴帽兜形，全缘。孢子具细疣。

本属 4 种，分布热带地区。中国有 1 种。

拟外网藓 *Exostratum blumii*（Nees ex Hampe）Ellis，Lindbergia 11：25. 1985. 图 97：4~8

形态特征 密集丛生。植物体柔软，灰绿色。茎直立，稀少分枝，高可达 4 cm。叶片呈 3 列状排列，长 3~4 mm，上部狭长披针形，中部略内卷，基部呈鞘状；中肋阔而厚，向背部凸出，腹部内凹，背腹部均具疣，横切面无厚壁层，绿色细胞位于中部及背、腹部各 1 层。叶上部细胞仅 1~2 列，中部边缘具数列加厚并具疣的分化细胞，近基部边缘分化约 3 列狭长卵形细胞。

生境和分布 生于湿热林内树干或树基。台湾和海南；日本、印度、越南、马来西亚、斯里兰卡、印度尼西亚、新加坡、菲律宾、新喀里多尼亚、澳大利亚及非洲有分布。

3 白发藓属 *Leucobryum* Hampe

紧密或疏松垫状生长。体色泽灰绿，老时呈褐绿色。茎单一或具疏分枝，高可达 20 cm。叶紧密贴生或倾立，狭披针形或披针形，基部长卵形或椭圆形，呈鞘状，有时上部扭曲，具锐尖，常着生假根；中肋宽阔，上部几全为中肋所占，具 2~8 层无色、大型细胞和中间 1 层四边形绿色小细胞；叶边全缘或尖部背面具疣状突起。叶细胞仅见于叶中部边缘，单层，透明，线形，基部多列，角部细胞极少分化。蒴柄直立，细长。孢蒴顶生或侧生，有时丛生，近圆柱形，不规则弯曲。蒴齿 16 片，开裂至中部，内面具明显横隔，外面密具疣。蒴盖基部圆锥形，具长喙。蒴帽兜形。孢子具细疣。

本属约 110 种，分布于世界各地。中国有 10 种、1 变种。

分种检索表

1. 叶尖背部平滑……………………………………………………………………………2
1. 叶尖背部具粗疣或刺状疣……………………………………………………………3
2. 叶片不具光泽，卵状披针形，干时直立……………………1. 桧叶白发藓 *L. juniperoideum*
2. 叶片具光泽，狭卵状披针形，干时扭曲或弯扭……………………5. 狭叶白发藓 *L. bowringii*
3. 植物体形小；叶长度在 4.5 mm 以下……………………………2. 弯叶白发藓 *L. aduncum*
3. 植物体粗大；叶长于 4.5 mm……………………………………………………………4
4. 叶片常镰刀状弯曲，背部具规则排列粗疣……………………3. 爪哇白发藓 *L. javense*
4. 叶片不呈镰刀状弯曲，背部具规则波状和刺状疣……………4. 疣叶白发藓 *L. scabrum*

桧叶白发藓 *Leucobryum juniperoideum*（Brid.）Müll. Hal.，Linnaea 18：689. 1845. 图 97：9~13

形态特征 密集垫状生长。体色泽灰绿。茎高 2~3 cm，稀少分枝。叶卵状披针形，干时略皱缩，湿时倾立或略弯曲，基部卵形，上部狭披针形，有时叶边强内卷；叶边全缘；中肋背部平滑，横切面中央 1 层绿色细胞，腹面无色细胞 1~2 层，背面无色细胞 3~4 层；叶边具 2~3 列线形细胞，基部具方形或长方形细胞 5~10 列。雌雄异株。

生境和分布 生于中海拔阔叶林下树干或土坡上。广布中国南部各省份；日本、朝鲜、亚洲东南部、新几内亚、土耳其、俄罗斯（高加索）、欧洲及马达加斯加有分布。

应用价值 本种色泽灰绿，密集垫状，形态优雅神秘，常作为绿植点缀。

弯叶白发藓 *Leucobryum aduncum* Dozy et Molk.，Pl. Jungh. 3：319. 1854. 图 97：14~17

形态特征 密丛集生长。 体灰绿色至黄绿色。茎高 1~2 cm，分枝多，干时常向一侧弯曲。叶近于呈 5 列状排列，长约 4.5 mm，基部卵形至长椭圆形，向上渐狭长呈短披针形，叶边强烈内卷，先端锐尖，常着生假根，背部有多数整齐排列或波状排列的刺疣；中肋横切面中间 1 层绿色细胞，叶上部无色细胞背腹面各 1 层，基部无色细胞背腹面各 2~3 层；叶细胞线形至长方形，上部 1~2 列，基部 4~6 列。

生境和分布 生湿热山地林下树干和湿石上。安徽、福建、江西、广东、海南、广西、贵州和云南；尼泊尔、印度、柬埔寨、越南、泰国、马来西亚、印度尼西亚、菲律宾及巴布亚新几内亚有分布。

应用价值 色泽灰绿，体态独特，具一定观赏性。

爪哇白发藓 *Leucobryum javense*（Brid.）Mitt.，Journ. Linn. Soc. Bot. Suppl. 1：25. 1859. 图 98：1~4

形态特征 簇生或垫状丛生。粗壮，上部灰绿色，基部老时呈黄褐色。茎高可达 6 cm 以上，直立，单一或具分枝。叶密集，常呈镰刀状弯曲，长约 1 cm，宽约 2 mm，基部阔卵形，上部阔披针形，先端深内凹，具锐尖或短钝尖，背部具规则排列的粗疣；中肋横切面中间绿色细胞 1 层及背腹面各 2~3 层无色细胞；叶中部边缘具 2~3 列线形叶细胞，基部叶细胞 4~6 列，长方形或近方形。

生境和分布 生于湿热阔叶林林地、岩面或树基。安徽、浙江、台湾、福建、江西、湖南、广东、海南、广西和云南；日本、印度、亚洲东南部及新几内亚有分布。

应用价值 南方温室可引进种植，增添热带风情。

疣叶白发藓 *Leucobryum scabrum* S. Lac.，Ann. Mus. Bot. Lugd. Bat. 2：292. 1866. 图 98：5~9

形态特征 紧密丛集生长。植物体形较粗大，色泽灰绿。茎单一或具分枝，高可达 5

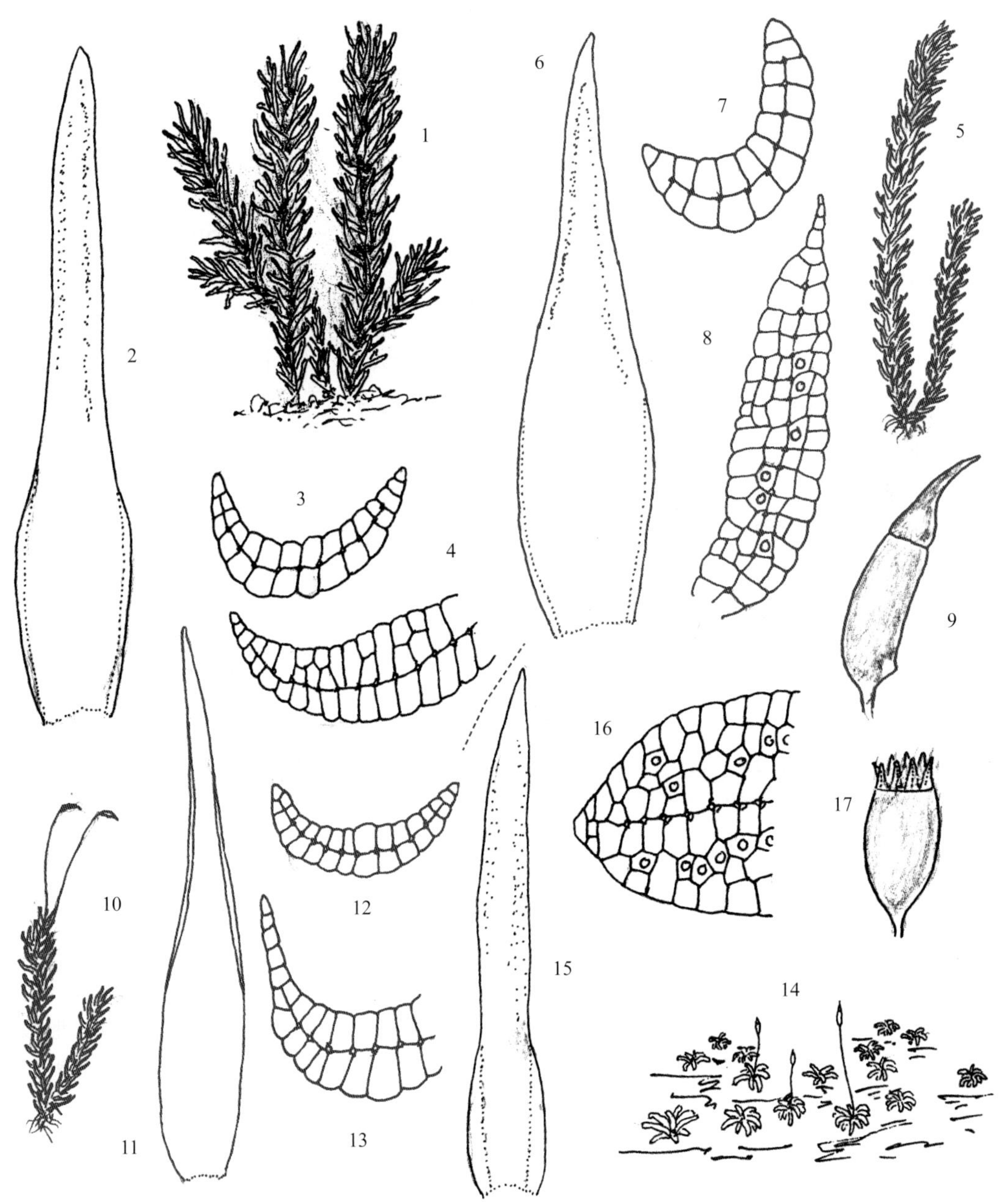

图 98

1~4. 爪哇白发藓 *Leucobryum javense*（Brid.）Mitt.

1. 着生湿热林地的植物群落（×1），2. 叶（×8），3. 叶上部横切面（×60），4. 叶基部横切面（×60）

5~9. 疣叶白发藓 *Leucobryum scabrum* S. Lac.

5. 植物体（×1），6. 叶（×8），7. 叶上部横切面（×90），8. 叶基部横切面（×90），9. 孢蒴（×10）

10~13. 狭叶白发藓 *Leucobryum bowringii* Mitt.

10. 雌株（×1），11. 叶（×15），12. 叶上部横切面（×100），13. 叶基部横切面的一部分（×100）

14~17. 八齿藓 *Octoblepharum albidum* Hedw.

14. 着生腐木上的植物群落（×1），15. 叶（×15），16. 叶上部横切面的一部分（×120），17. 开裂的孢蒴（×15）

cm。叶片直立展出，长 5~8 mm，基部阔卵形或长卵形，向上渐呈短披针形，具锐尖，背面上部具波状和刺状疣；中肋中间具 1 层四方形绿色细胞，背腹面各具 1~3 层无色细胞；叶边缘上部具 1~2 列狭长形叶细胞，基部具 5~6 列狭长形叶细胞。雌雄异株。

生境和分布　生于山区林下树干和土上。安徽、浙江、台湾、福建、江西、广东、海南、广西、四川和云南；日本、泰国及马来西亚有分布。

狭叶白发藓 *Leucobryum bowringii* Mitt.，Journ. Linn. Soc. Bot. Suppl. 1：26. 1859. 图 98：10~13

形态特征　疏或密丛集生长。体色泽灰绿，具光泽。茎单一或分枝，高约 2 cm。叶片密生，干时多卷曲，易脱落，基部长卵形或长椭圆形，上部狭长披针形，边缘多强烈内卷；中肋几乎占满叶尖端，背部平滑，横切面中间 1 层方形、绿色细胞，背腹面各具 1~2 层无色细胞。叶细胞线形或长方形，上部仅 1~2 列，基部 5~9，稀达 12 列，胞壁加厚，具壁孔。雌雄异株。蒴柄红色，长达 2 cm。孢蒴倾立或平展。

生境和分布　生于湿热阔叶林下树干或岩面。安徽、浙江、台湾、福建、江西、湖北、湖南、广东、香港、海南、广西、贵州、四川、云南和西藏；越南、泰国、斯里兰卡、印度尼西亚、菲律宾及巴布亚新几内亚有分布。

应用价值　亚热带酸性基质土壤的指示植物。

4 八齿藓属 *Octoblepharum* Hedw.

稀疏或密丛集生。体灰白色或灰绿色。茎矮小，稀分枝。叶倾立或背仰，干时扭曲，基部长卵形，略呈鞘状，上部长舌形，扁平或圆柱状三角形，具短锐尖；叶边全缘或尖端具稀齿；中肋宽厚，几乎占满全叶，横切面背部凸出，绿色细胞单层，位于中央或偏背面，上部绿色细胞三角形，基部细胞呈四边形，无色细胞 2~10 层。叶上部细胞仅叶边 1~2 列，基两侧细胞明显。雌雄同株或异株。蒴柄顶生或侧生。孢蒴直立，卵圆形或圆柱形。蒴齿 8 或 16，阔披针形，中缝开裂或具穿孔。蒴盖圆锥形，具斜长喙。蒴帽兜形，全缘。

本属 10 种，主要分布热带和亚热带地区。中国 1 种。

八齿藓 *Octoblepharum albidum* Hedw.，Sp. Musc. Frond. 50. 1801. 图 98：14~17

形态特征　疏或密集生长。植物体形小，色泽灰绿或灰白色，略具光泽。茎矮小，高 0.5~1 cm，稀少分枝。叶直立展出或背仰，扁平，基部长卵形，上部长舌形或狭长带形，尖端圆钝，具短尖。雌雄同株。蒴柄黄色，平滑。孢蒴直立，圆柱形。齿片 8，黄色，阔披针形，具中缝。蒴帽兜形，平滑。

生境和分布　习生于阔叶林树干，尤以苏铁和棕榈树干的叶腋处多见。台湾、广东、香港、海南、广西和云南；印度、缅甸、越南、泰国、马来西亚、印度尼西亚、菲律宾、澳大利亚、非洲及美国有分布。

应用价值 植物体灰白色，外观独特，具极佳观赏性。温室中附于小型盆景基质上，可保水。

054 凤尾藓科 FISSIDENTACEAE

从集成片生长。植物体形小至中等大小，稀大型，绿色、深绿色或略呈红褐色。茎多直立，稀不规则分枝；中轴分化或不分化；腋生透明结节分化或缺失；假根基生或腋生。叶扁平2列互生，含鞘部、前翅和背翅；中肋单一，长达叶尖或于叶尖稍下处消失，稀不明显或退化；叶边不分化，或由狭长、厚壁细胞组成的边，通常1层，稀多层。叶细胞不规则多边形至圆形，等径或狭长，平滑、具乳头状突起、单疣至多疣；叶横切面厚度为1层细胞，有时2至多层细胞。雌雄异株或同株。雌苞顶生或腋生。孢蒴直立，或倾立，而弯曲。蒴盖圆锥形。蒴齿单层，齿片16，红色至略带红色，通常2裂，稀无蒴齿。蒴帽兜形或盔形。孢子球形，平滑或具细疣。

本科1属，分布热带至温带地区。中国有分布。

1 凤尾藓属 *Fissidens* Hedw.

属的特征与科的描述相同。

本属约450种，湿热和寒冷山区均有分布。中国约50种。

分种检索表

1\. 叶柔弱；前翅细胞较大，长达40~50 μm……1. 暖地凤尾藓 *F. flaccidus*

1\. 叶多少坚挺；前翅细胞较小，长不及20 μm，稀叶鞘的上端极不对称……3

2\. 叶边至少部分具分化边缘……4

2\. 叶无分化边缘……9

3\. 叶边分化……5

3\. 叶分化的边缘仅见于茎叶和雌苞叶的鞘部……7

4\. 孢蒴弯曲，不对称……2. 拟小凤尾藓 *F. tosaensis*

4\. 孢蒴直立或近于直立，对称……6

5. 叶鞘基部细胞长达 42 μm，远长于前翅及背翅基部细胞（长 9~21 μm）；腋生透明结节明显…… 3. 车氏凤尾藓 *F. zollingeri*

5. 叶鞘基部细胞长约 20 μm，稍长于前翅及背翅基部细胞（长 5~14 μm）；腋生透明结节缺失或略分化…………………………………………………………4. 小凤尾藓 *F. bryoides*

6. 叶细胞具单个细疣，稀 2 个……………………………5. 齿叶凤尾藓 *F. crenulatus*

6. 叶细胞具多个疣……………………………………………………8

7. 叶先端急尖；中肋及顶至短突出……………………………6. 锡兰凤尾藓 *F. ceylonensis*

7. 叶先端圆钝；中肋在叶尖下消失……………………………7. 短肋凤尾藓 *F. gardneri*

8. 叶前翅边缘有数列浅色而平滑的细胞构成浅色边缘，与内方的细胞明显区别 …………8. 卷叶凤尾藓 *F. dubius*

8. 叶边细胞通常与内方细胞无明显区别，若分化，由宽 1~2 列、厚多层细胞构成深色边缘 …………………… 10

9. 叶边深色，厚 2~4 层细胞 ……………………………………………11

9. 叶边与其他叶细胞无区别……………………………………………12

10. 腋生透明结节极明显；背翅基部圆形……………………9. 爪哇凤尾藓 *F. javanicus*

10. 无腋生透明结节；背翅基部楔形……………………10. 大凤尾藓 *F. nobilis*

11. 植物体常生于水湿环境中；叶基明显下延……………11. 大叶凤尾藓 *F. grandifrons*

11. 植物体不生于水湿环境中；叶基不明显下延……………………………………13

12. 植物体长可达 5 cm；叶鞘部明显宽阔，近于呈卵形……………12. 内卷凤尾藓 *F. involutus*

12. 植物体长多不及 2 cm；叶鞘部与上部近于等宽……………13. 鳞叶凤尾藓 *F. taxifolius*

暖地凤尾藓 *Fissidens flaccidus* Mitt.，Trans. Linn. Soc. London 23：56. 6f. 18. 1860. 图 99：1~5

形态特征 小片状贴生。体形极细小。茎单一，连叶高不及 3.5 mm，宽 1.8~2 mm；无腋生透明结节；中轴不分化。叶 4~7 对，上部叶长椭圆状披针形，先端急尖，背翅基部楔形；叶鞘为叶全长的 1/2~3/5；中肋远在叶尖下消失；叶边全缘，分化，横切面厚 1~3 层细胞。前翅和背翅叶细胞菱形至椭圆状卵形，薄壁，鞘部细胞六角形至长方形，基部细胞较长；前翅和背翅叶边由 2~3 列狭长方形细胞组成，至背翅基部时分化边渐不明显；叶鞘边缘由 2~5 列细胞组成，

生境和分布 生于暖湿山地阴湿的石上或土上。台湾、广东、香港、海南和广西；日本、尼泊尔、亚洲东南部、巴布亚新几内亚、澳大利亚、美洲及非洲有分布。

应用价值 凤尾藓属植物，姿态优美，常成片生长，如凤凰的尾翼，观赏性强。但其生境多阴湿，培养难度较大。

拟小凤尾藓 *Fissidens tosaensis* Broth.，Öfvers. Forh. Finska Vetensk.-Soc. 62A(9)：5. 1921. 图 99：6~11

形态特征 小片状贴生。体形极细小，绿色至褐色。茎通常单一，连叶高不及 5 mm；腋生透明结节不明显或缺失；中轴稍分化。叶 4~9 对，中部及上部叶长椭圆状披针形至卵圆状披针形，先端急尖；背翅基部圆形至楔形，稀略下延；鞘部为叶长度的 1/2~3/5；

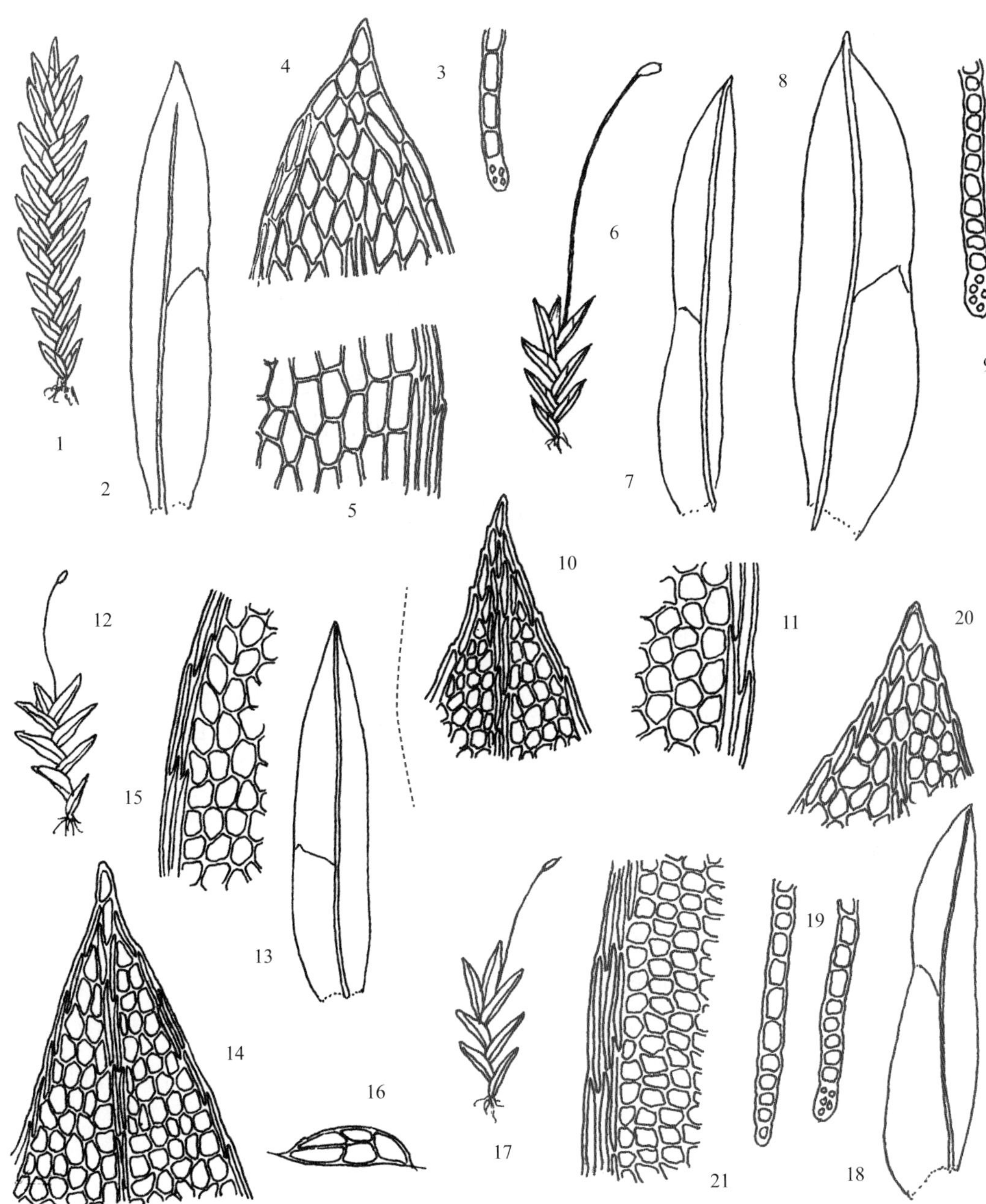

图 99

1~5. 暖地凤尾藓 *Fissidens flaccidus* Mitt.

1. 植物体（×8），2 叶（×50），3. 叶横切面的一部分（×200），4. 叶尖部细胞（×200），5. 叶鞘部细胞（×200）

6~11. 拟小凤尾藓 *Fissidens tosaensis* Broth.

6. 雌株（×4），7, 8. 叶（×50），9. 叶横切面的一部分（×180），10. 叶尖部细胞（×200），11. 叶鞘部边缘细胞（×200）

12~16. 车氏凤尾藓 *Fissidens zollingeri* Mont.

12. 雌株（×6），13. 叶（×40），14. 叶尖部细胞（×200），15. 叶鞘部边缘细胞（×200），16. 腋生透明结节（×100）

17~21. 小凤尾藓 *Fissidens bryoides* Hedw.

17. 雌株（×5），18. 叶（×30），19. 叶横切面的一部分（×300），20. 叶尖部细胞（×300），21. 叶鞘部边缘细胞（×300）

叶边尖端通常具细锯齿，其余近全缘；中肋粗壮，及顶至短突出。前翅和背翅细胞方形至六边形，壁稍厚，平滑；鞘部细胞与前翅和背翅细胞相似，但近中肋基部和鞘部细胞则趋长大；叶边细胞狭长，在前翅宽1~2列，在鞘部宽2~5列，横切面厚1~3层细胞。雌雄同株异苞。蒴柄平滑。孢蒴弯曲，不对称。

生境和分布 生于低海拔至近3 000 m的阴湿土壁或湿石上。陕西、甘肃、江苏、浙江、福建、广东、香港、海南、四川和云南；日本有分布。

车氏凤尾藓 *Fissidens zollingeri* Mont.，Ann. Sci. Nat. Bot. ser. 3，4：114. 1845. 图99：12~16

形态特征 小片状贴生。植物体极细小。茎稀少分枝，连叶高约2 mm；腋生透明结节明显；中轴不分化。叶4~7对，中部至上部叶长椭圆状披针形至披针形，先端渐尖；背翅基部圆至宽楔形；鞘部为叶全长约1/2；叶边近于全缘；中肋亮黄色，略突出于叶尖。前翅和背翅细胞为不规则六边形，薄壁，平滑；鞘部近叶基部细胞远大于前翅和背翅细胞；叶边细胞分化，宽1~2列，仅叶鞘基部宽3~4列细胞。雌雄同株。蒴柄平滑。孢蒴直立。

生境和分布 生于较低海拔林内半阴蔽而潮湿的石上。江苏、台湾、广东和海南；广布于亚洲西南部、大洋洲、新西兰及美洲。

小凤尾藓 *Fissidens bryoides* Hedw.，Sp. Musc. Frond. 153. 1801. 图99：17~21

形态特征 小片状贴生基质。体细小。茎通常不分枝，连叶高达5 mm；腋生透明结节不明显；中轴稍分化。叶4~6对，上部叶长椭圆状披针形，长可达2 mm，宽0.3~0.5 mm，急尖，背翅基部楔形；中肋及顶或在叶尖稍下处消失；叶鞘约为叶全长的1/2~3/5；叶边近于全缘。前翅及背翅的叶细胞方形至六边形，壁略厚，平滑；叶鞘细胞与前翅及背翅细胞相似，但基部近中肋细胞较长大；叶边细胞分化极明显，前翅宽1~3列，叶鞘部宽3~6列，厚1~3层细胞。雌雄同株。雌苞生于茎顶。蒴柄平滑。孢蒴对称。

生境和分布 生于平地至海拔近3 600 m的土壁或具土石上。黑龙江、内蒙古、河北、陕西、新疆、山东、江苏、浙江、台湾、江西、湖北、广西、贵州、四川、云南和西藏，广布于北半球及南美洲。

齿叶凤尾藓 *Fissidens crenulatus* Mitt.，Journ. Proc. Linn. Soc. Bot. Suppl. 1：140. 1859. 图100：1~7

形态特征 成片贴生基质。形细小，绿色。茎稀少分枝，连叶高约2.5 mm；无腋生透明结节；中轴不分化。叶6~9对；中部以上叶椭圆状披针形，急尖；背翅基部圆形至楔形；鞘部为叶全长的1/2~3/5；叶边具细齿；中肋粗壮，不及顶或稀突出叶尖。叶前翅及背翅细胞方形、圆六角形至椭圆状长方形，具高出的乳头或单疣，壁稍厚；叶分化边缘见于叶中部及雌苞叶的鞘部，宽1~4列细胞，厚1层细胞，略厚壁。

生境和分布 着生低地至海拔约750 m处的常绿阔叶林下石上，有时亦生于土上。广东、香港、海南和云南；日本、尼泊尔、印度、缅甸、越南、马来西亚、菲律宾及巴布亚新几内亚有分布。

锡兰凤尾藓 *Fissidens ceylonensis* Dozy et Molk.，Ann. Sci. Nat. Bot. ser. 3，2：304. 1844. 图 100：8~12

形态特征 丛集生长。植物体细小，色泽黄绿。茎稀少分枝，连叶高一般不及 5 mm；无腋生透明结节或略有分化；中轴不分化。叶 7~10 对，狭长椭圆状舌形，急尖至阔急尖，背翅基部楔形至圆形；鞘部为叶全长的 3/5~2/3；叶边全缘；中肋淡黄色，及顶或稍突出。叶前翅及背翅细胞方形至圆六边形，长 7~8 μm，不透明，薄壁，具多个细疣；鞘部细胞与前翅和背翅细胞相似，近中肋基部的细胞平滑而厚壁；叶分化边通常仅见于上部叶和雌苞叶鞘部的下半部，宽 2~6 列细胞，厚 1 层细胞，其外缘有时镶以一列方形至长方形而具疣的细胞，不育茎的叶分化边缘通常不明显。

生境和分布 生低地至海拔约 700 m 处的林中路边土坡，稀石生。台湾、广东、香港、海南、广西和云南；尼泊尔、亚洲东南部及新西兰有分布。

短肋凤尾藓 *Fissidens gardneri* Mitt.，Journ. Linn. Soc. Bot. 12：593. 1869. 图 100：13~17

形态特征 疏松丛集生。体黄绿色，茎稀分枝，连叶高可达 4 mm；无腋生透明结节；中轴不分化。叶 6~11 对，基部叶鳞片状；上部叶排列紧密，长椭圆状披针形至披针形，先端圆钝，稀急尖；背翅基部楔形，边缘具细齿，鞘部为叶全长的 1/2~2/3；中肋通常亮黄褐色，在叶尖前消失，末端有时短分叉。前翅和背翅细胞方形至六边形，具多个细疣，薄壁；分化边缘通常仅见于上部叶的鞘部下半部或无分化边缘。

生境和分布 生于海拔约 1 000 m 林内的湿石或树干上。山东、台湾、广东、香港、广西、四川和云南；日本、尼泊尔、印度、斯里兰卡、泰国、老挝、菲律宾、非洲及美洲有分布。

卷叶凤尾藓 *Fissidens dubius* P. Beauv.，Prodr. Aethéogam. 57. 1805. 图 100：18~23，101：17~20

形态特征 大片丛集生长。体绿色至淡褐色。茎稀少分枝，连叶高可达 50 mm，宽 3.5~5 mm；无腋生透明结节；中轴明显分化。叶 13~58 对，排列较紧密；阔卵状披针形，干时明显卷曲，具急尖至狭急尖；背翅基部圆形至略下延；鞘部为叶全长的 3/5~2/3；叶边具细圆齿至粗齿，近尖部的齿不规则；中肋粗壮，及顶。叶前翅和背翅细胞为圆六边形，稀椭圆状卵圆形，具明显的乳头状突起，不透明；叶边由 3~5 列单层、稀 2 层厚壁而平滑的细胞构成浅色边缘，在前翅和背翅浅色边缘远较鞘部明显。

生境和分布 生于低海拔至约 1 700 m 左右林内溪边湿石上，稀着生树干和土上。广布中国南北各地；朝鲜、日本、尼泊尔、印度、斯里兰卡、印度尼西亚、菲律宾、巴布亚

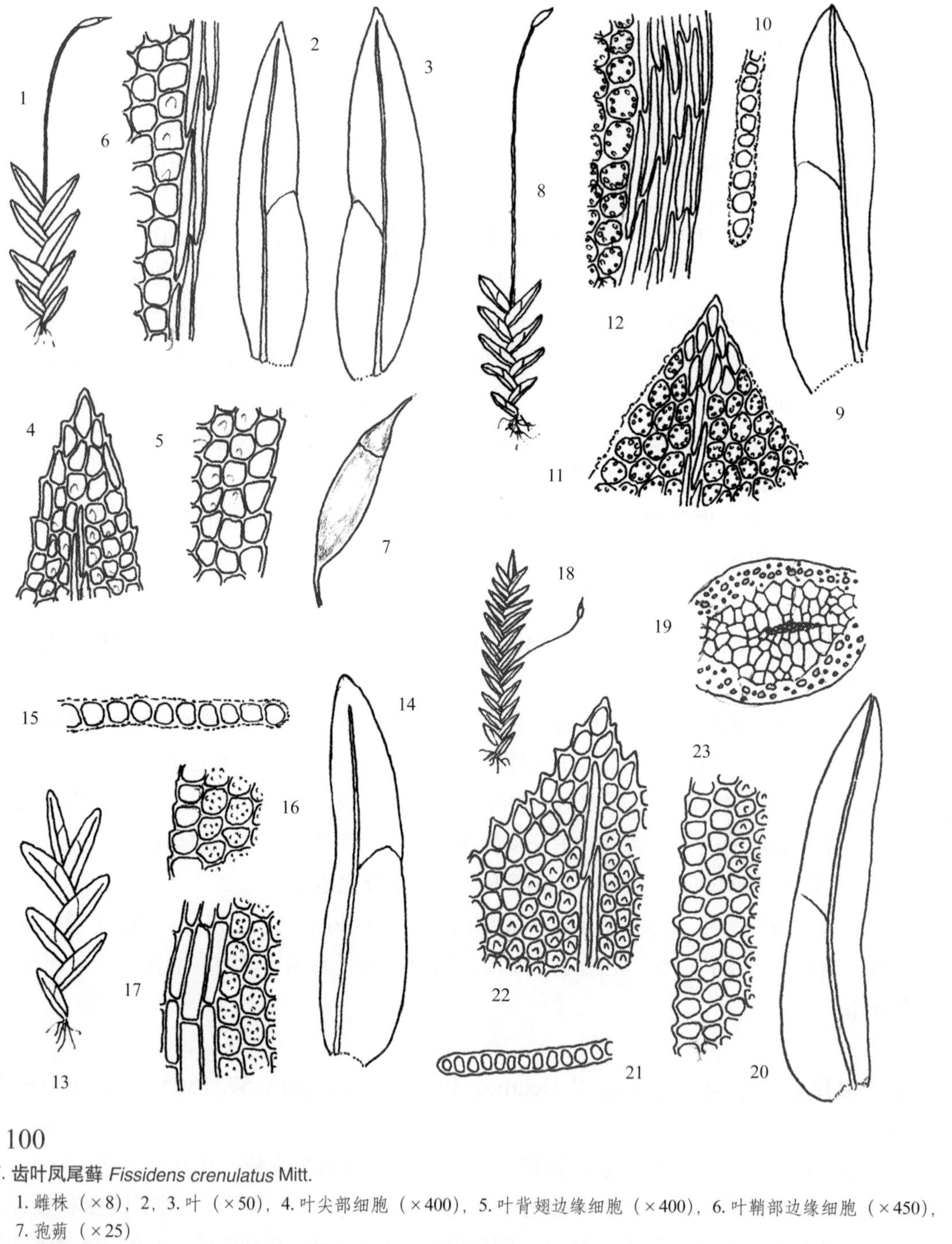

图 100

1~7. 齿叶凤尾藓 *Fissidens crenulatus* Mitt.

1. 雌株（×8），2，3. 叶（×50），4. 叶尖部细胞（×400），5. 叶背翅边缘细胞（×400），6. 叶鞘部边缘细胞（×450），7. 孢蒴（×25）

8~12. 锡兰凤尾藓 *Fissidens ceylonensis* Dozy et Molk.

8. 雌株（×5），9. 叶（×12），10. 叶横切面的一部分（×300），11. 叶尖部细胞（×300），12. 叶鞘部边缘细胞（×300）

13~17. 短肋凤尾藓 *Fissidens gardneri* Mitt.

13. 植物体（×10），14. 叶（×50），15. 叶横切面的一部分（×250），16. 叶背翅边缘细胞（×250），17. 叶鞘部边缘细胞（×250）

18~23. 卷叶凤尾藓 *Fissidens dubius* P. Beauv.

18. 雌株（×10），19 茎横切面的一部分((×50)，20. 叶（×20），21. 叶横切面的一部分（×200），22. 叶尖部细胞（×200），23. 叶前翅边缘细胞（×200）

新几内亚、非洲、欧洲及美洲有分布。

爪哇凤尾藓 *Fissidens javanicus* Dozy et Molk., Bryol. Jav. 1：11. 1855. 图 101：1~6

形态特征　大片丛集生长。植物体绿色、黄绿色至褐色。茎单一，连叶高 8~18 mm，宽 2.3~4 mm，上部叶腋常簇生新枝；腋生透明结节极明显；中轴稍分化。叶 18~38 对；中部和上部的叶披针形至狭长披针形，长达 2.7 mm，宽 0.3~0.45 mm，上部渐尖，常具皱纹；背翅基部通常圆形；鞘部为叶全长的 1/2；前翅和背翅的边缘形成宽 2~3 列细胞、厚 2~3 层细胞的边缘；鞘部的边缘宽 2~3 列细胞，厚一层细胞；中肋粗壮，稍突出叶尖。前翅和背翅细胞近等径，厚壁，具乳头状突起；鞘部细胞较大而厚壁。

生境和分布　生于低海拔至 1400 m 左右的常绿阔叶林中湿土或石上。台湾、福建、广东、香港、海南、云南和西藏；日本、亚洲东南部及巴布亚新几内亚有分布。

大凤尾藓 *Fissidens nobilis* Griff., Calcutta Journ. Nat. Hist. 2：505. 1842. 图 101：7~12

形态特征　大片疏松丛集生长。体绿色至带绿色。茎连叶高可达 6 cm，宽 5.5~10 mm；无腋生透明结节；中轴明显分化。叶 14~26 对，阔披针形，先端急尖；背翅基部楔形，下延；鞘部为叶全长的 1/2；叶上部边缘具不规则齿，下部近全缘，由厚 2~3 层厚壁平滑细胞构成宽 2~5 列细胞的深色边缘；中肋粗壮，近及顶。前翅及背翅细胞方形至六边形，壁稍厚，平滑，有时具尖的乳头状突起；鞘部细胞与前翅和背翅细胞相似，近于平滑。雌雄异株。

生境和分布　生于低海拔至约 1 600 m 林下溪旁湿石或土上。中国南部各省份广布；朝鲜、日本、尼泊尔、印度、斯里兰卡、缅甸、泰国、越南、马来西亚、印度尼西亚、菲律宾、巴布亚新几内亚及斐济有分布。

大叶凤尾藓 *Fissidens grandifrons* Brid., Muscol. Recent. Suppl. 1：170. 1806. 图 101：13~16

形态特征　疏松丛集成大片生长。体形中等至大型，多倾立，色泽深绿，老时带褐色，坚挺。茎单一或具分枝，连叶高可达 8 cm，宽 2.5~3 mm；具腋生透明结节；皮部细胞小而厚壁，中轴不分化。叶 13~83 对，紧密排列，干时亦坚挺；中部以上叶狭披针形至剑状披针形，先端钝至急尖；背翅基部楔形，下延；鞘部为叶全长的 1/2；叶边具细齿；中肋粗壮，不透明，终止于叶尖前；前翅和背翅的边缘厚 1~2 层细胞，近中肋处厚 3~6 层细胞，鞘部细胞多 1 层；前翅近叶缘的细胞较小而壁薄，近中肋的细胞大而壁较厚。前翅和背翅细胞方形至六边形，平滑，细胞壁稍厚至厚壁。

生境和分布　生于山地林内溪边流水湿石或沉水的岩石上，海拔可达 2 100 m 处。河北、山西、陕西、甘肃、青海、浙江、台湾、湖北、广西、贵州、四川、云南和西藏；朝

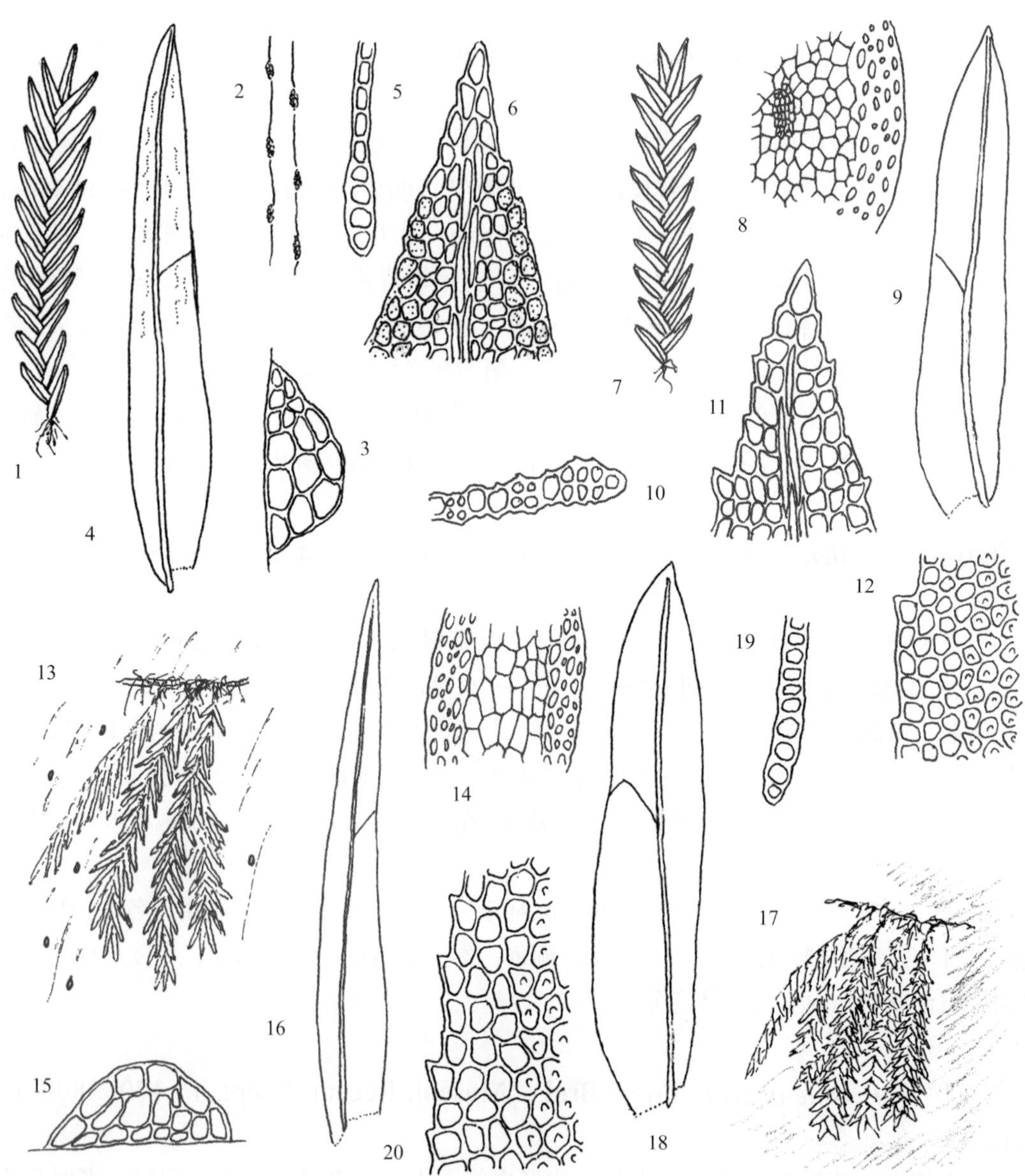

图 101

1~6. **爪哇凤尾藓** *Fissidens javanicus* Dozy et Molk.

1. 植物体（×3），2. 茎上腋生透明结节（×10），3. 腋生透明结节（×100），4. 叶（×25），5. 叶鞘部边缘横切面（×210），6. 叶尖部细胞（×210）

7~12. **大凤尾藓** *Fissidens nobilis* Griff.

7. 植物体（×2），8. 茎横切面的一部分（×80），9. 叶（×12），10. 叶横切面的一部分（×150），11. 叶尖部细胞（×150），12. 叶前翅边缘细胞（×150）

13~16. **大叶凤尾藓** *Fissidens grandifrons* Brid.

13. 滴水石壁上生长的植物群落（×1），14. 茎横切面的一部分（×60），15. 腋生透明结节（×150），16. 叶（×20）

17~20. **卷叶凤尾藓** *Fissidens dubius* P. Beauv.

17. 阴湿土壁生长的植物群落（×1），18. 叶（×20），19. 叶横切面的一部分（×150），20. 叶前翅边缘细胞（×220）

鲜、日本、尼泊尔、印度、非洲及美洲有分布。

内卷凤尾藓 *Fissidens involutus* Mitt.，Journ. Proc. Linn. Soc. Suppl. Bot. 1：138. 1859. 图 102：1~5

形态特征　疏松丛集生长。植物体细小至中等，黄绿色。茎单一或具分枝，连叶高可达 8 mm，宽 1~1.8 mm；具不明显腋生透明结节；中轴不分化。叶 7~15 对，疏松排列；中部以上叶披针形至狭披针形，先端狭急尖；背翅基部圆形；鞘部为叶全长的 2/3；叶边具细齿；中肋及顶或止于叶尖前；前翅和背翅细胞方形，具乳突，不透明；鞘部细胞与前翅和背翅细胞相似，近基部细胞略长。孢蒴直立，圆柱形。

生境和分布　生于山地林内土上。云南和广东；越南、泰国、缅甸、尼泊尔和印度有分布。

鳞叶凤尾藓 *Fissidens taxifolius* Hedw.，Sp. Musc. Frond. 155. Pl. 39. f. 1-5. 1801. 图 102：6~10

形态特征　密片状丛集生。 体形中等大小。茎稀少分枝，连叶高约 16 mm，宽近 5 mm；无腋生透明结节。叶 6~17 对，排列紧密；中部以上的叶卵状披针形，先端急尖至短尖；背翅基部圆形，有时阔楔形；鞘部为叶全长的 1/2~3/5；叶边具细齿；中肋粗壮，及顶至短突出。前翅和背翅细胞圆六边形至六边形，薄壁，具乳头状突起，不透明；鞘部细胞与前翅和背翅细胞相似，但壁较厚，乳头状突起高，近中肋基部的细胞则较大。

生境和分布　生于低海拔至约 2 500 m 处阔叶林或针阔叶混交林下湿土上，稀石生。中国南北山地常见；广布于世界各地。

055 花叶藓科 CALYMPERACEAE

散生或丛集生长。体形小或粗大。茎直立，单一或多次叉形分枝，稀具横茎，基部通常密被红棕色假根。叶片鞘部多明显宽阔，常具 1 至多列黄色或无色透明、狭长细胞构成的分化边，或 1 至多层细胞，有时具加厚的叶片边缘；叶边常有粗齿或毛状刺，稀全缘；中肋单一，多粗壮，常消失于叶尖前或突出于叶尖，尖部常密生多数无性芽孢 ，背部常有粗疣或棘状刺 。叶片上部细胞小，绿色，圆形、圆方形或圆六边形，常有疣，多数沿叶边下延，叶鞘近中肋两侧的细胞大，方形、长方形，薄壁，具壁孔，无色透明，呈网状，有时近叶边细胞间分化 1 至多列黄色、长方形，厚壁细胞构成的嵌条，常延伸至上部绿色细胞中。雌雄异株，稀同株。蒴柄多细长。孢蒴直立，圆柱形。蒴齿齿片 16，披针形，具粗疣，多数发育不全或退化。蒴盖具斜喙。蒴帽兜形，常覆盖全蒴。孢子小，常粗糙。

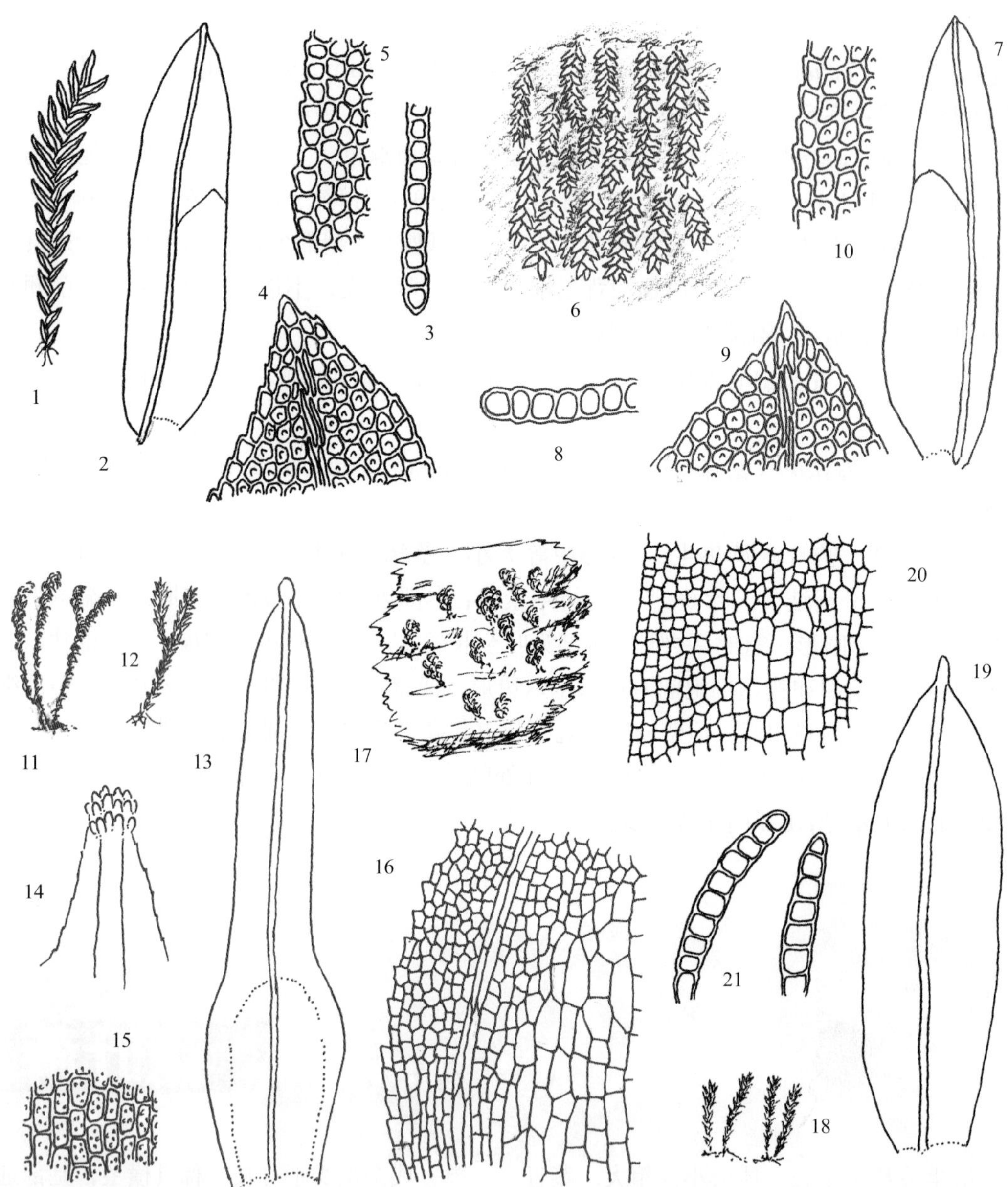

图 102

1~5. 内卷凤尾藓 *Fissidens involutus* Mitt.

1. 植物体（×1.5），2. 叶（×25），3. 叶横切面的一部分（×200），4. 叶尖部细胞（（×200），5. 叶鞘部边缘细胞（×200）

6~10. 鳞叶凤尾藓 *Fissidens taxifolius* Hedw.

6. 着生阴湿林边土壁的植物群落（×1），7. 叶（×20），8. 叶横切面的一部分（×200），9. 叶尖部细胞（×200），10. 叶前翅边缘细胞（×200）

11~16. 圆网花叶藓 *Calymperes erosum* Müll. Hal.

11，12. 植物体（11. 干燥时，×1；12. 湿润时，×1），13. 叶（×20），14. 叶尖部，示着生多数芽胞（×50），15. 叶中部细胞（×250），16. 叶基部细胞，示中间分化狭长细胞的嵌条（×200）

17~21. 细叶花叶藓 *Calymperes tenerum* Müll. Hal.

17. 着生腐木上的植物群落（×1），18. 湿润时的植物体（×1），19. 叶（×35），20. 叶近基部细胞（×150），21. 芽胞（×160）

本科 5 属，分布热带和亚热带地区。中国有 3 属。

分属检索表

1. 叶片无明显分化边缘，具胞壁较厚的细胞构成嵌条 ……………… 1. 花叶藓属 *Calymperes*
1. 叶片具较窄分化边缘，无嵌条……………………………………… 2. 网藓属 *Syrrhopodon*

1 花叶藓属 *Calymperes* Sw. ex Web.

疏散成小片状生长。植物体直立，高可达 5 cm，单一或具分枝。叶片狭长舌形或长椭圆状阔舌形，叶基鞘部明显；中肋横切面具 1 列中央主细胞、背腹厚壁层和背、腹细胞，尖端常簇生芽孢。叶上部绿色细胞单层，细小，具疣，近边缘细胞间常分化 2~5 列由长方形、黄色、胞壁较厚的细胞组成的嵌条，鞘部中央由大型、无色透明网状细胞构成。雌雄异株，稀同株。蒴柄直立。孢蒴顶生，直立，长圆柱形。蒴齿退化。蒴盖圆锥形，具短喙。蒴帽钟形，近于罩覆全蒴，有皱褶。

本属约 200 多种，多生于热带和亚热带。中国有 11 种。

分种检索表

1. 叶不具嵌条……………………………………………………… 2. 细叶花叶藓 *C. tenerum*
1. 叶具嵌条………………………………………………………………………… 2
2. 上部叶细胞腹面具乳头；芽胞生于中肋尖部的周围 ……………… 1. 圆网花叶藓 *C. erosum*
2. 上部叶细胞平滑；芽孢着生于中肋尖部的腹面 ………………… 3. 梯网花叶藓 *C. afzelii*

圆网花叶藓 *Calymperes erosum* Müll. Hal.，Linnaea 21：182. 1848. 图 102：11~16

形态特征 丛集成小片状生长。植物体上部色泽黄绿，基部黑褐色，被红棕色假根。茎单一或分枝，高达 2 cm。叶片干时卷曲，偏向一侧，湿时倾立，上部长舌形，鞘状基部稍阔；中肋粗壮，常突出叶尖外，突出部分四周着生芽孢；叶边有细齿突。叶上部绿色细胞圆方形，具多数细疣，叶鞘部中央网状细胞顶端呈圆弧形插入绿色细胞中，网状细胞方形至长方形，沿中肋两侧 8~12 列，近顶部的网状细胞常具乳头突，鞘部边缘细胞近菱形，中间有 2~4 列厚壁、黄色细胞构成的嵌条，由基部向上延伸，消失于叶近尖部。

生境和分布 生于海拔 700~1 000 m 湿热林内树干或石上。广东、香港、海南、广西和云南；泛热带地区广布。

细叶花叶藓 *Calymperes tenerum* Müll. Hal.，Linnaea 37：174. 1872. 图 102：17~21

形态特征 稀疏散生成小片。体色泽灰绿。茎高约 1 cm。叶片干时多向一侧弯曲，湿时倾立，长椭圆形或长舌形，渐尖，长 2~3 mm；叶边全缘；中肋粗壮，及顶，具芽胞叶片中肋突出。叶片绿色细胞不规则四边形，背面疣不明显，腹面呈乳头突；叶基网状细

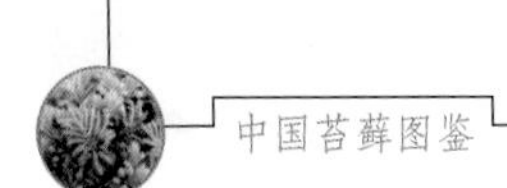

胞少，与绿色细胞交界处呈直角形或圆方形，中肋两侧仅具4~6列网状细胞，无嵌条。芽孢常呈球状聚生于突出中肋的顶端，为多个单列细胞。

生境和分布 生于低海拔湿热林内树干上。台湾、广东、香港、海南和云南；广布于泛热带地区。

梯网花叶藓 *Calymperes afzelii* Sw.，Jahrb. Gewächsk. 1：3. 1818. 图 103：1~4

形态特征 稀疏散生。植物体色泽深绿。茎高约1 cm，有时具分枝，基部密被假根。叶密生，干时略扭卷，长4~5 mm，鞘部狭倒卵形，上部阔舌形，渐尖，内凹，具芽孢叶尖端近兜形，腹面着生多数芽孢；叶边具细胞齿突；中肋多突出叶尖外。叶片绿色细胞近方形，薄壁，有细疣，大型透明网状细胞在中肋两侧各6~10列，嵌条宽约3~4列细胞，在鞘部以上嵌条仅1~2列细胞，消失于近叶片中部，绿色细胞与网状细胞交界处呈不规则梯形。

生境和分布 生于低海拔至约1 250 m湿热林下溪边树干、树基或石上。广东、香港、海南和云南；泛热带地区有分布。

2 网藓属 *Syrrhopodon* Schwaegr.

体形细至略粗，密集丛生。茎多直立，无中轴，多分枝，下部密被假根。叶干时常呈螺旋形卷缩，通常有鞘状基部，上部狭长披针形或狭长舌形；叶边常明显分化，多由无色透明或稍呈黄色的1至多列狭长细胞组成，或为多层细胞或呈栉片状加厚，全缘或具齿，稀具刺状毛；中肋顶端常着生多细胞的芽孢，背面常具粗疣或棘状刺。叶片绿色细胞方形，平滑或具疣，鞘部阔大，网状细胞大型，多限于鞘部内，无嵌条。蒴柄不甚长。孢蒴顶生，直立，圆柱形。蒴齿发育或退失，齿片16，披针形，具细疣。蒴盖具长喙。蒴帽多兜形。

分布于热带和亚热带地区，约200多种。中国18种。

分种检索表

1. 叶片无透明细胞构成的分化边……………………………………………………………………2
1. 叶片上部具由长形透明细胞构成的分化边……………………………………………………3
2. 假根深红色；网状细胞与绿色细胞分界明显，绿色细胞背腹面具多疣………………1. 网藓 *S. gardneri*
2. 假根棕色；网状细胞逐渐嵌入绿色细胞中，分界不明显；绿色细胞背面平滑，腹面具乳头突……………………………………………………………………3. 日本网藓 *S. japonicus*
3. 上部叶细胞背部平滑或具单疣……………………………………………4. 鞘刺网藓 *S. armatus*
3. 上部叶细胞背部具多疣或星状疣…………………………………2. 鞘齿网藓 *S. trachyphyllus*

网藓 *Syrrhopodon gardneri*（Hook.）Schwaegr.，Sp. Musc. Frond. Suppl. 2，1：110. 1824. 图 103：5~9

形态特征　密集丛生。植物体深绿色，基部密被深红色假根。茎高 1~3 cm。叶片干时卷曲，湿时直立，长 3~5 mm，上部狭披针形，基部较阔；叶边具齿，上部具三角形加厚的重齿，鞘部为锐齿，基部具微齿；中肋粗壮，近达叶尖，先端背面有疣。叶片绿色细胞圆方形，背腹面均具多疣，网状细胞在中肋两侧各 10 列，呈三角形嵌入绿色细胞中。

生境和分布　生于海拔 700~2 100 m 林下树干、腐木和石上。台湾、江西、广东、香港、海南和云南；泛热带地区有分布。

鞘齿网藓 *Syrrhopodon trachyphyllus* Mont.，Syll. Gen. Sp. Crypt. 47. 1856. 图 103：10~12

形态特征　丛集成片生长。深绿色至黄褐色。茎柔弱，高仅 1 cm，基部密被红褐色假根。叶密生，上部长舌形，基部稍阔，干时卷曲，具短尖，狭分化边缘远离叶尖消失，鞘部上方边缘常具短齿；中肋达叶尖，平滑，横切面具 4 个中央主细胞和背腹厚壁层，无背细胞，约有 4 个小型腹细胞。绿色细胞圆方形，多疣，网状细胞限于叶鞘内，与绿色细胞交界处呈尖角形，中肋两侧有网状细胞 5~7 列，壁稍厚，壁孔明显。中肋先端常具多细胞芽孢或假根。

生境和分布　生于海拔 680~800 m 林下树干、树基和腐土上。台湾、广东、香港和海南；日本、斯里兰卡、印度尼西亚、马来西亚、澳大利亚及大洋洲西部有分布。

日本网藓 *Syrrhopodon japonicus*（Besch.）Broth.，Nat. Pfl.-fam. 10：233. 1924. 图 103：13~16

形态特征　群集丛生。植物体略粗，坚挺，黄绿至墨绿色。茎高 3~4 cm，基部密被褐色假根。叶片干时弯曲，湿时直立展出，鞘部呈长倒卵形，上部狭长披针形，具多层细胞构成的厚边，具成对的齿，鞘部边缘单层细胞，具小齿；中肋粗壮，腹面中部具小疣，上部具粗疣。叶片绿色细胞近方形，背面具低矮小疣，腹面具乳头突，网状细胞在鞘部逐渐插入绿色细胞中，界限不明显。

生境和分布　生于海拔 500~2 100 m 林下树干、树基、腐木、石上或土坡。浙江、台湾、福建、江西、湖南、广东、香港、海南、广西、四川和云南；朝鲜、日本、印度、马来西亚及大洋洲西部有分布。

鞘刺网藓 *Syrrhopodon armatus* Mitt.，Journ. Proc. Linn. Soc. Bot. 7：151. 1863. 图 103：17~20

形态特征　多疏散丛生。植物体矮小，暗褐绿色。茎短，分叉，高仅 5 mm；假根深红色。叶片干时螺旋状卷曲，湿时倾立，鞘部稍阔大，上部长椭圆形至线形，边内卷，透明分化边远离叶尖消失；鞘部边缘有 4~8 条长而弯曲的纤毛；中肋长达叶尖，背腹面均有

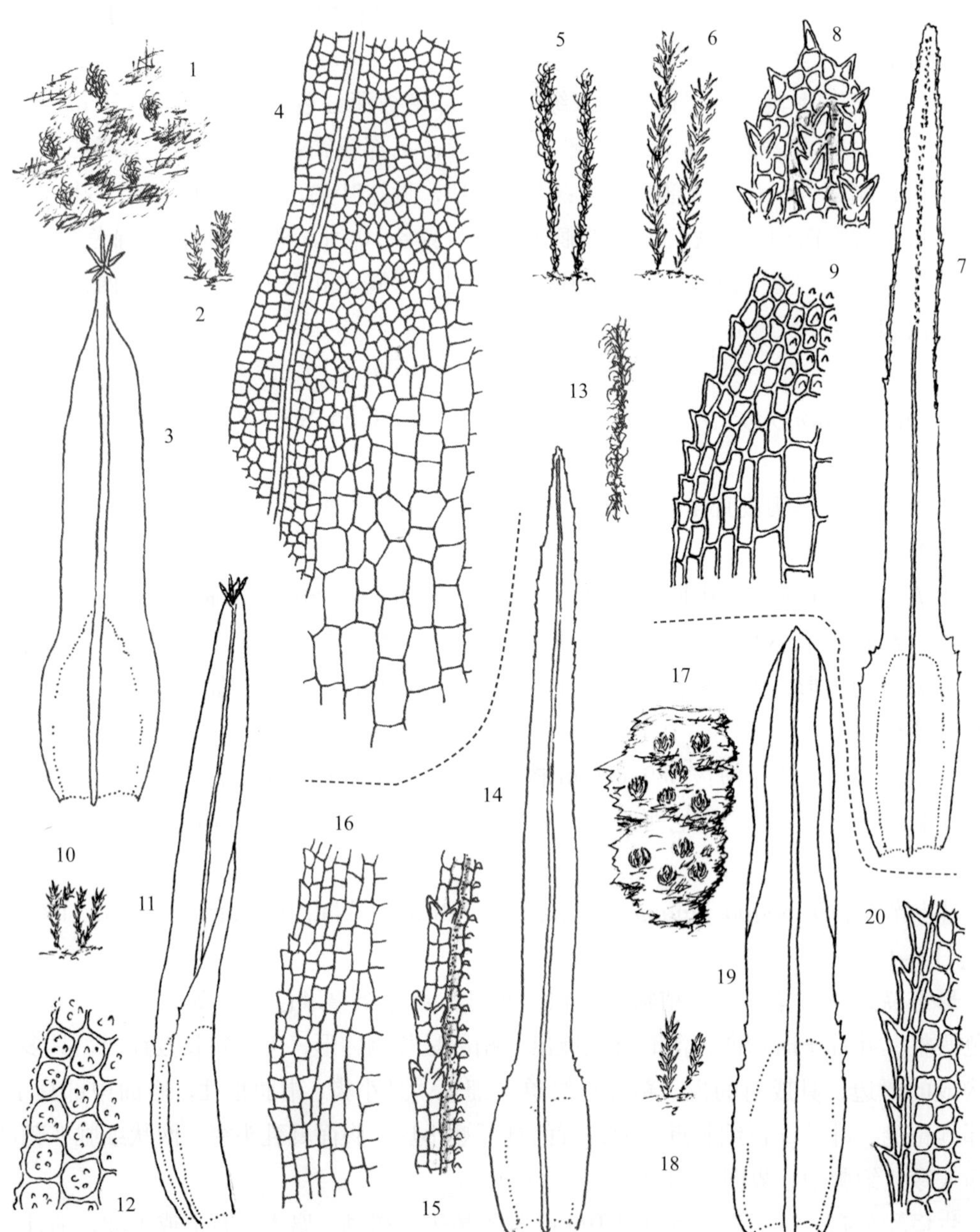

图 103

1~4. **梯网花叶藓** *Calymperes afzelii* Sw.

1. 着生林内树干上的植物群落(干燥时, ×1), 2. 植物体(湿润时, ×1), 3. 叶, 示尖部具簇生芽胞(×20), 4. 叶鞘部细胞(×300)

5~9. **网藓** *Syrrhopodon gardneri* (Hook.) Schwaegr.

5, 6. 植物体 (5. 干燥时, ×1; 6. 湿润时, ×1), 7. 叶 (×25), 8. 叶尖部细胞 (背面观, ×250), 9. 叶鞘部细胞 (×250)

10~12. **鞘齿网藓** *Syrrhopodon trachyphyllus* Mont.

10. 植物体 (湿润时, ×1), 11. 叶, 示尖部具簇生芽胞 (×40), 12. 叶上部细胞 (×500)

13~16. **日本网藓** *Syrrhopodon japonicus* (Besch.) Broth.

13. 植物体 (干燥时, ×1), 14. 叶 (×15), 15. 叶中部边缘细胞, 示具成对的齿 (×200), 16. 叶鞘部细胞 (×200)

17~20. **鞘刺网藓** *Syrrhopodon armatus* Mitt.

17. 着生腐木上的植物群落 (×1), 18. 植物体 (湿润时, ×1), 19. 叶 (×45), 20. 叶鞘部边缘细胞 (×300)

长棘刺。叶片绿色细胞圆方形，具单一长疣，网状细胞形大，中肋两侧各 4~5 列，与绿色细胞交界处呈凸圆形。芽孢多细胞，棒形，数少，有时着生中肋顶端。

生境和分布 生树干或石上。台湾、广东、香港、海南、四川和云南；日本、马来西亚、澳大利亚、新西兰、新喀里多尼亚、美国（夏威夷）及非洲有分布。

056 大帽藓科 ENCALYPTACEAE

疏松丛集生长。植物体矮小，叶干燥时卷缩，舌形或近匙形，尖端圆钝，具短尖或长透明毛尖；中肋突出或在叶尖部消失；叶上部细胞不规则圆方形，具细密疣或平滑；基部细胞长方形，边缘数列较狭长，壁薄。雌苞叶与茎叶同形。蒴柄直立。孢蒴长圆柱形，直立，表面平滑或干时具纵长条纹。蒴盖具长直喙。蒴齿单层、两层或退化。蒴帽钟形，覆盖整个孢蒴，色泽黄褐，具光泽，表面平滑或上部具疣，基部多瓣裂。

本科 3 属，分布温带地区为主。中国仅 1 属。

1 大帽藓属 *Encalypta* Hedw.

小片状疏丛生。植物体绿色至黄绿色，下部褐色。茎稀少分枝。叶干燥时强烈卷曲，湿时倾立，舌形或卵状披针形，先端圆钝，突出成小尖或具透明长毛尖；叶边平直，内卷或下部背卷；中肋及顶，突出叶尖或在叶尖前消失。叶中上部细胞不规则圆形，两面具细密疣；基部细胞长方形，具红褐色增厚横壁；边缘数列薄壁细胞。雌雄同株，稀雌雄异株。雌苞叶与茎叶同形。蒴柄直立。孢蒴长卵形至长圆柱形，直立，表面平滑或具纵纹。蒴齿单层、两层或退化。蒴帽形大。

本属 36 种，分布各大洲。中国 13 种。

分种检索表

1. 叶片先端具透明长毛尖……………………………………3. 尖叶大帽藓 *E. rhaptocarpa*
1. 叶片先端钝，或具不透明短尖……………………………………2
2. 蒴帽喙部粗短；叶长卵形，叶边基部不背卷……………………1. 高山大帽藓 *E. alpina*
2. 蒴帽喙部细长；叶近长舌形；叶边基部背卷……………………2. 大帽藓 *E. ciliata*

高山大帽藓 *Encalypta alpina Smith* in Smith et Sowerby，Engl. Bot. 20：149. 1805. 图 104：1~6

形态特征　密丛集生。植物体高 1~3 cm，色泽黄绿至褐色。叶干燥时略扭曲，基部卵形，向上渐狭，具不透明短尖；叶边平直；中肋突出叶尖。叶上部细胞圆方形，具细密疣，不透明；叶基部细胞长方形，透明，具红褐色增厚横壁。蒴柄红褐色，长约 1cm。孢蒴直立，长圆柱形。蒴盖具长直喙。蒴帽狭长钟形，色泽黄褐，喙部粗短，基部具三角形裂瓣。

生境和分布　常见于高山地区林内土上或具土岩面，稀见于沼泽地。河北、陕西、内蒙古和西藏；亚洲、欧洲、北美洲、格陵兰岛及冰岛有分布。

大帽藓 *Encalypta ciliata* Hedw.，Sp. Musc. Frond. 61. 1801. 图 104：7~12

形态特征　丛集生长。体绿色或黄绿色，高 0.5~3 cm。叶干燥时强烈卷缩，近长舌形或长卵形，具短锐尖；叶基部边缘背卷，略呈波状；中肋略突出叶尖或不及叶尖。叶基部细胞具褐色增厚的横壁；叶边缘数列细胞狭长方形，薄壁。蒴柄黄色或黄褐色，干燥时扭曲。孢蒴直立，长圆柱形，无纵条纹。蒴盖具长直喙。蒴帽长钟状，喙部细长，为全长的 1/2~2/3，基部边缘具长裂瓣。

生境和分布多着生山地石缝、岩面薄土或草丛中。黑龙江、吉林、内蒙古、河北、山西、陕西、甘肃、青海、新疆、四川、贵州、云南、西藏和台湾；亚洲、欧洲、北美洲、南美洲及非洲有分布。

尖叶大帽藓 *Encalypta rhaptocarpa* Schwaegr.，Sp. Musc. Suppl. 1（1）：56. 1811. 图 104：13~15

形态特征　丛集生。体绿色或黄绿色，高约 1cm。叶干燥时卷缩，长舌形，尖端具长刺状尖。叶上部细胞圆方形，直径 8~11μm，具密疣，不透明；叶基部细胞长方形，具褐色明显增厚的横壁；近边缘数列细胞狭长方形，壁薄壁。蒴柄红褐色。孢蒴表面具纵直条纹。蒴盖具长直喙。蒴帽覆盖整个孢蒴，喙部短钝，基部具不规则裂瓣。

生境和分布　高海拔山区林地土生。内蒙古、河北、山西、宁夏、甘肃、青海、新疆、云南、西藏和台湾；主要分布于北半球。

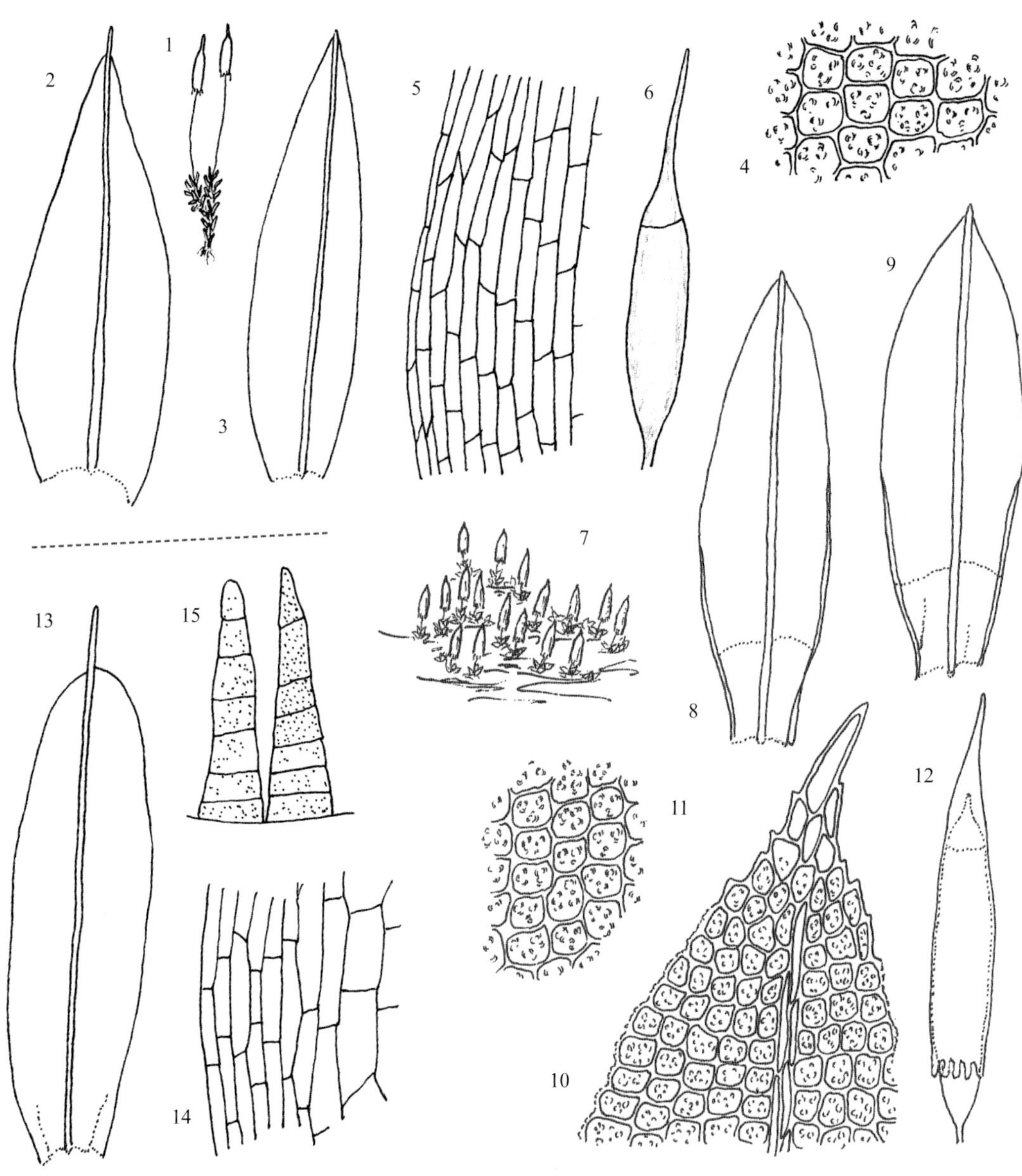

图 104

1~6. **高山大帽藓** *Encalypta alpina* Smith

1. 雌株（×1），2，3. 叶（×20），4. 叶上部细胞（×300），5. 叶基部细胞（×300），6. 孢蒴（×12）

7~12. **大帽藓** *Encalypta ciliata* Hedw.

7. 着生高山具土岩面的植物群落（×1），8.，9. 叶（×15），10. 叶尖部细胞（×300），11. 叶上部细胞（×300），12. 孢蒴及被覆的蒴帽（×10）

13~15. **尖叶大帽藓** *Encalypta rhaptocarpa* Schwaegr.

13. 叶（×30），14. 叶基部细胞（×300），15. 蒴齿（×300）

057 丛藓科 POTTIACEAE

丛集生长。植物体矮小，直立，多单一，稀分枝。叶干燥时多皱缩，稀紧贴茎上，潮湿时伸展或背仰，多呈卵状、三角状或狭披针形，稀阔卵圆形、卵状椭圆形或长舌形，叶尖部多渐尖或急尖，稀圆钝；叶边全缘，稀具微齿，平展，背卷或内卷；中肋多粗壮，长达叶尖或长突出于叶尖，稀消失于叶尖下。叶细胞圆方形、方形或多边形，具疣或乳头突起，稀平滑；叶基部细胞多呈长方形，平滑而透明。雌雄异株或同株。孢蒴多呈卵形、长卵状圆柱形，稀球形，多直立，稀倾斜或下垂，蒴壁平滑。蒴齿单层，稀缺失，常具高基膜，齿片16，稀32，多狭长披针形或线形，直立或向左旋扭，常被细密疣。蒴盖圆锥形，具长尖喙。蒴帽兜形。孢子细小。芽胞见于部分属、种。

本科约87属，多分布温带地区，少数见于寒地或热带。中国约36属。

分属检索表

1. 植物体矮小；叶腹面具多数绿色栉片或丝状体……2
1. 植物体形高；叶腹面平滑……4
2. 叶腹面具少数栉片……13. 盐土藓属 *Pterygoneurum*
2. 叶腹面具多数丝状体……3
3. 丝状体满布叶腹面上部；叶上部兜形……1. 芦荟藓属 *Aloina*
3. 丝状体着生叶腹面中肋上部；叶上部平展……5. 流梳藓属 *Crossidium*
4. 叶细胞多平滑或具乳头状突起……5
4. 叶细胞具多疣、马蹄状疣，稀为单个疣或乳头状突起……8
5. 植物体高约0.5cm；叶阔卵圆形，叶边两侧强烈内卷；中肋突出叶尖呈长毛尖……8. 卵叶藓属 *Hilpertia*
5. 植物体高在1 cm以上；叶不呈阔卵圆形，叶边多平展；中肋不长突出叶尖……6
6. 叶片两层细胞，细胞腹面具乳头状突起……16. 反扭藓属 *Timmiella*
6. 叶片单层细胞，细胞腹面不具乳头状突起……7
7. 蒴齿细长线形，多左旋扭；叶基部多宽阔……9. 石灰藓属 *Hydrogonium*
7. 蒴齿缺失；叶基部不宽阔……14. 舌叶藓属 *Scopelophila*
8. 叶卵状披针形或狭披针形……9
8. 叶阔椭圆形、卵状舌形或卵状短披针形……12
9. 叶基部细胞狭长方形，透明，与上部绿色细胞多形成V字形分界……10
9. 叶基部细胞长方形，不与上部绿色细胞形成明显分界……11

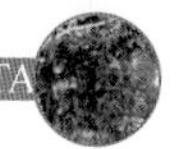

10. 蒴齿直立；叶基部宽阔，呈鞘状，或不宽阔 ······························ 12. 拟合睫藓属 *Pseudosymblepharis*

10. 蒴齿强旋扭；叶基部不宽阔，不呈鞘状 ··17. 纽藓属 *Tortella*

11. 叶尖部具粗齿；叶边常卷曲；叶细胞具马蹄疣 ···························· 4. 红叶藓属 *Bryoerythrophyllum*

11. 叶尖部边缘多不具粗齿；叶边一般平展；叶细胞具多个粗疣 ··························· 11. 大丛藓属 *Molendoa*

12. 叶阔椭圆形、长舌形或卵状椭圆形；叶尖宽阔 ·· 13

12. 叶卵状阔披针形或卵状椭圆形；叶尖狭窄·· 17

13. 蒴齿疏短，直立 ···19. 小墙藓属 *Weisiopsis*

13. 蒴齿细长，多旋扭，稀直立 ·· 14

14. 植物体矮小，贴基质生长；蒴齿缺失·· 10. 湿地藓属 *Hyophila*

14. 植物体多高出生长；蒴齿发育·· 15

15. 叶边细胞有时分化明显；蒴齿直立或旋扭·· 6. 链齿藓属 *Desmatodon*

15. 叶边细胞不分化；蒴齿旋扭··· 16

16. 中肋常突出叶尖，呈白毛尖，背面及尖部多具刺 ································15. 赤藓属 *Syntrichia*

16. 中肋略突出叶尖，背面及尖部一般平滑 ··· 18. 墙藓属 *Tortula*

17. 叶细胞密具粗疣 ···11. 大丛藓属 *Molendoa*

17. 叶细胞具马蹄疣 ·· 18

18. 孢蒴长倒卵形；叶尖略宽，叶边上部多平展 ·· 2. 丛本藓属 *Anoectangium*

18. 孢蒴卵状圆柱形；叶尖狭，叶边上部多内卷 ··20. 小石藓属 *Weissia*

19. 叶尖部宽阔；叶基部细胞透明，分化明显，具多疣 ··3. 扭口藓属 *Barbula*

19. 叶尖部狭窄；叶基部细胞不透明，分化不明显，具单疣至多疣 ·····························7. 对齿藓属 *Didymodon*

1 芦荟藓属 *Aloina* Kindb.

疏丛集生长。植物体矮小，呈芽苞状。叶厚而硬，干时卷缩，老时呈红棕色，卵圆形，基部阔大，上部渐尖或圆钝，常内卷成兜形；叶边全缘，内卷；中肋平阔，稀突出叶尖呈芒状，腹面上部着生多数绿色分枝的丝状体，分枝先端细胞壁增厚。叶细胞呈不规则扁长方形，壁厚，平滑，绿色；叶边细胞无色。雌雄异株或杂株。雌苞叶与叶同形。蒴柄细长，红色或紫红色。孢蒴直立，长卵状圆柱形。蒴盖圆锥形。蒴帽兜形。

本属 14 种，多分布温带及寒温带地区。中国 3 种。

斜叶芦荟藓 *Aloina obliquifolia*（Müll. Hal.）Broth.，Nat. Pfl.-fam. 1（3）：428. 1902. 图 105：1~7

形态特征 疏丛生。体形细小，高约 3 mm。茎短，直立，疏被叶。叶片长约 2 mm，干燥时卷曲，阔卵圆形，内凹，先端渐尖，内卷成兜形；叶基宽阔，鞘状抱茎；叶边全缘，内卷；中肋长，突出叶尖呈芒状，红色。叶细胞呈扁长方形或椭圆形，壁厚。雌雄异株，蒴柄长约 2 mm，下部红色，上部黄棕色。蒴齿线形，红色，2~3 回左向旋扭。

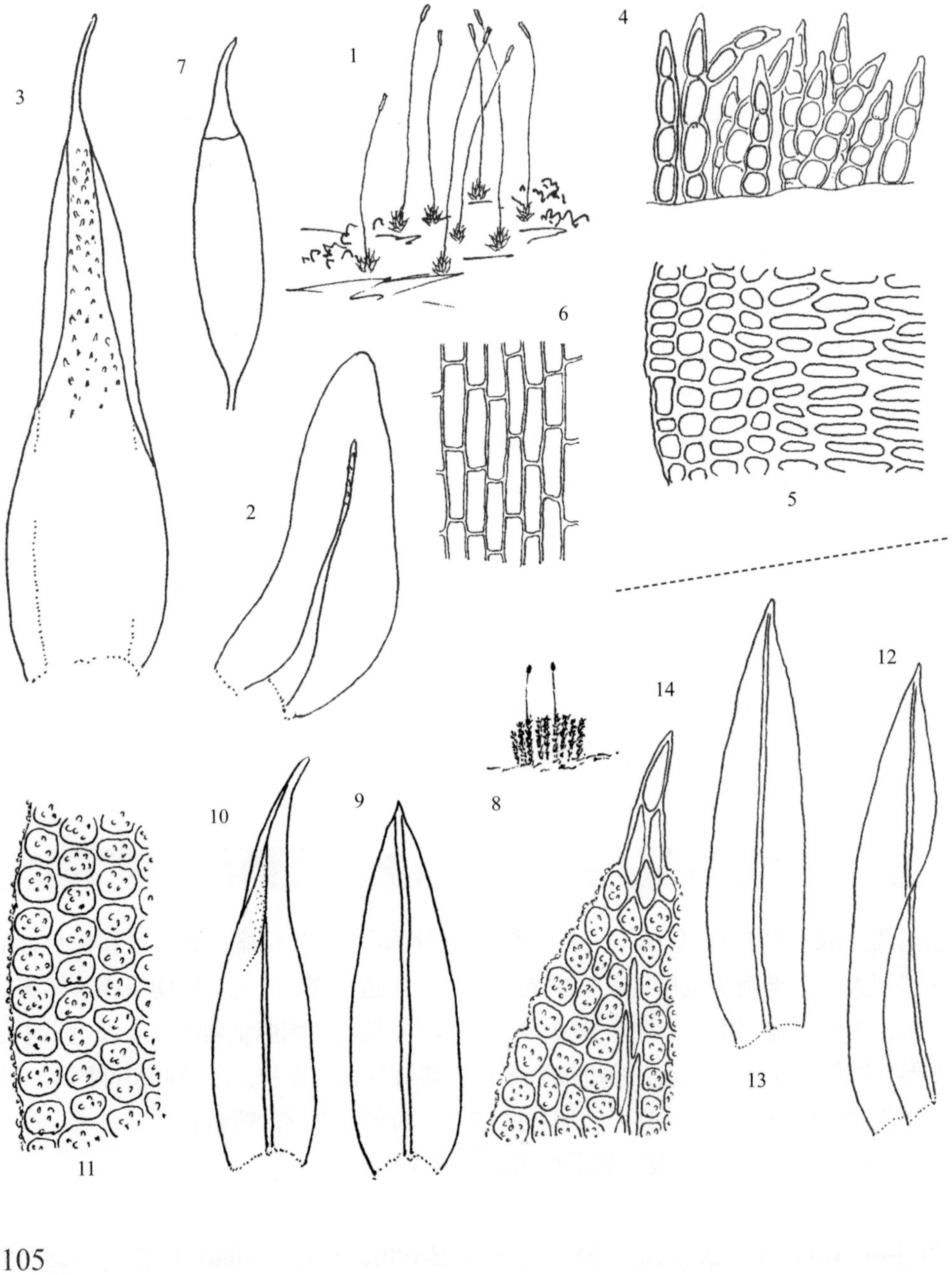

图 105

1~7. 斜叶芦荟藓 *Aloina obliquifolia*（Müll. Hal.）Broth.

1. 干旱林地着生的植物群落（×1），2. 基部叶（×30），3. 叶（×30），4. 叶中肋腹面着生的丝状体（×320），5. 叶上部边缘细胞（×320），6. 叶基部细胞（×320），7. 孢蒴（×20）

8~11. 扭叶丛本藓 *Anoectangium stracheyanum* Mitt.

8. 高山石缝中生长的植物群落（×1），9，10. 叶（×45），11. 叶中部边缘细胞（×550）

12~14. 卷叶丛本藓 *Anoectangium thomsonii* Mitt.

12，13. 叶（×45），14. 叶尖部细胞（×450）

生境和分布 喜着生山地石灰岩及碱性土的林地、土壁及墙上。内蒙古、陕西和云南；俄罗斯有分布。

应用价值 在中国西北荒漠地区，与蓝藻常生长在一起，对固定沙漠起先锋植物作用。

2 丛本藓属 *Anoectangium* Schwaegr.

密丛生。体纤小，鲜绿或黄绿色。茎高约 2~4 cm，稀少分枝，基部常丛生假根。叶狭长披针形或长卵形，尖部常旋扭；中肋强劲，长达叶尖。叶细胞圆形或多角形，每个细胞具数个圆疣；叶基部细胞稍分化，呈长方形，有时透明。雌雄异株。雌苞叶较长，基部呈鞘状。孢蒴长倒卵形。蒴盖先端具长斜喙。蒴帽兜形。孢子棕黄色，平滑。

本科约 50 余种，多分布温暖而潮湿或高寒地区。中国约 5 种。

分种检索表

1. 植株细小；叶片狭长卵形或披针形，具狭长尖或渐尖 ································ 1. 扭叶丛本藓 *A. stracheyanum*

1. 植株略大；叶片阔披针形，具短尖或渐尖 ·· 2. 卷叶丛本藓 *A. thomsonii*

扭叶丛本藓 *Anoectangium stracheyanum* Mitt.，Journ. Linn. Soc. Bot. Suppl. 1：31.1859. 图 105：8~11

形态特征 密丛生。植物体黄绿色。茎直立，纤细，高约 1 cm，不分枝或在茎顶分枝。叶干时卷曲，潮湿时向上伸展，狭长披针形，先端渐尖；叶边平展，全缘；中肋粗壮，长达叶尖，先端往往呈刺状突出。叶细胞呈不规则方形或多边状圆形，壁稍增厚，具粗大圆形疣突。蒴柄长约 5 mm。孢蒴直立，呈长圆柱形。蒴盖具斜喙。

生境和分布 多生于山区林内岩石、具土岩面、滴水石壁，或高寒地区草甸中。吉林、内蒙古、河北、北京、山西、山东、河南、陕西、安徽、浙江、江西、湖南、四川、重庆、贵州、云南、西藏、福建、广东和台湾；亚洲东部、东南部有分布。

卷叶丛本藓 *Anoectangium thomsonii* Mitt.，Journ. Linn. Soc. Bot. Suppl. 1：31. 1859. 图 105：12~14

形态特征 密丛集生长。体形略粗，色泽黄绿，下部黄褐色，密被褐色假根。茎高可达 5 cm，具叉状分枝。叶干燥时卷缩，潮湿时倾立，阔披针形，上部渐尖；叶边平展，全缘；中肋粗壮，长达叶尖或稍突出于叶尖。叶上部细胞多角状圆形，壁厚，具数个圆疣；基部细胞短长方形，平滑。蒴柄长 7~15 mm。孢蒴圆形或圆柱形，蒴口大。蒴齿缺失。蒴盖圆锥形，具斜长喙。

生境和分布 多生于山区林地、土坡、石壁及具土岩面。黑龙江、吉林、辽宁、内蒙古、河北、山东、河南、陕西、宁夏、甘肃、青海、新疆、安徽、浙江、江西、湖北、四川、重庆、贵州、云南、西藏、福建、台湾、广东和香港；亚洲东部、东南部和俄罗斯（远东地区）有分布。

3 扭口藓属 *Barbula* Hedw.

密丛生，或呈垫状。体矮小，绿色或呈红棕色，茎直立，叉状分枝，基部密生假根。叶干时紧贴，湿时散列，有时背仰，长卵形、卵状或三角状至狭披针形，上部渐尖或急尖，常形成刺状尖；叶边全缘，背卷；中肋粗壮，长达叶尖或稍下处消失。叶上部细胞多角状圆形或方形，壁稍厚，具多个疣，不透明而细胞间界限不清，基部细胞长方形，平滑。叶腋毛由4~10个细胞组成，无色透明。雌雄异株，雌苞叶与叶同形。孢蒴卵状圆柱形，直立，稀倾立，或稍弯曲。蒴齿齿片线形，多左旋，密被细疣。蒴盖圆锥形，具长喙。蒴帽兜形。芽胞有时着生叶腋或叶面。

本属约350余种，分布南北半球温暖地区。中国约23种。

分种检索表

1. 叶长卵形或长卵状舌形；蒴齿近直立 ………………………………………… 1. 小纽口藓 *B. indica*

1. 叶长卵状批针形；蒴齿细长，向左旋扭 …………………………………… 2. 扭口藓 *B. unguiculata*

小扭口藓 *Barbula indica*（Hook.）Spreng. in Steud., Nomencl. Bot. 2：72. 1824.. 图106：1~5

形态特征　密集丛生。体形细小。茎高约0.5 cm，不分枝。叶片干时皱缩且旋扭，湿润时伸展，长卵状舌形，先端近圆钝；叶边全缘，平展；中肋长达叶尖，背面具突出的粗疣。叶上部细胞四边形至六边形，薄壁，密被细疣；叶基细胞长方形，平滑透明。蒴柄细长。孢蒴直立，卵状圆柱形。蒴齿直立。蒴盖具斜长喙。叶腋具多细胞构成的无性芽胞。

生境和分布　多生于山地岩石、林地、土坡以及墙上。河南、江苏、台湾、福建和广东；亚洲东南部有分布。

扭口藓 *Barbula unguiculata* Hedw.，Sp. Musc. Frond. 118. 1801. 图106：6~10

形态特征　疏松丛生。植株略细，绿色带暗褐色。茎高可达4 cm，具分枝。叶干燥时卷缩，湿时倾立，卵状披针形，或阔披针形，上部渐尖；叶边中下部背卷；中肋长达叶尖或突出成小尖头。叶上部细胞四边形至六边形，薄壁，具多个小马蹄形疣；基部细胞长方形，壁稍厚，稀被疣。蒴柄红褐色，长1~1.5 cm。孢蒴成圆柱形。蒴齿向左旋扭，齿片线形，密被疣。蒴盖具直喙。

生境和分布　多生于山地林内具土岩面、林地，草甸土、林缘及沟边土壁上。吉林、辽宁、内蒙古、河北、北京、山西、山东、河南、陕西、宁夏、甘肃、新疆、安徽、江苏、上海、浙江、江西、湖南、湖北、四川、重庆、贵州、云南、西藏、福建、台湾、广西、香港和澳门；世界各地有分布。

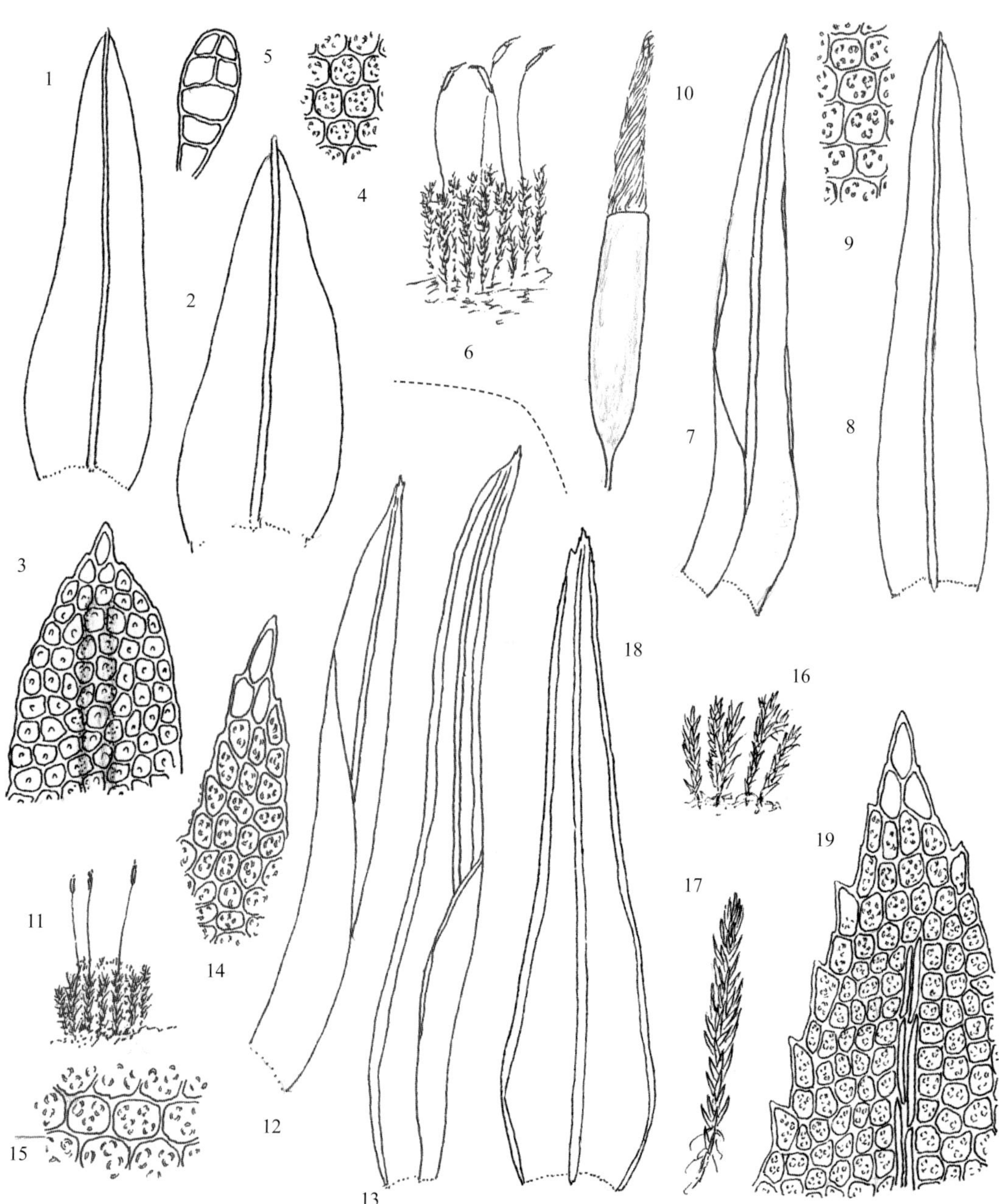

图 106

1~5. 小扭口藓 *Barbula indica*（Hook.）Spreng

1.，2. 叶（×45），3. 叶尖部细胞（×400），4. 叶中部细胞（×450），5. 芽胞（×200）

6~10. 扭口藓 *Barbula unguiculata* Hedw.

6. 林边土生植物群落（×1），7，8. 叶（×30），9. 叶中部细胞（×450），10. 已开裂的孢蒴（×15）

11~15. 红叶藓 *Bryoerythrophyllum recurvirostrum*（Hedw.）Chen

11. 林边土生植物群落（×1），12，13. 叶（×50），14. 叶尖部细胞（×450），15. 叶中部细胞（×550）

16~19. 云南红叶藓 *Bryoerythrophyllum yunnanense*（Herz.）Chen

16. 土生植物群落（×1），17. 植物体（×3），18. 叶（×40），19. 叶尖部细胞（×450）

4 红叶藓属 *Bryoerythrophyllum* Chen

散生或疏丛生。植物体形小或略粗，色泽黄绿，成熟时呈红褐色。茎稀少分枝。叶干时紧贴，卷缩或扭曲，湿时直立或背仰，呈卵状披针形或狭长披针形，上部渐尖或圆钝呈舌状，稀剑头形；叶边平展或背卷，上部常具不规则粗钝齿，稀全缘；中肋粗壮，尖端稍细，消失于叶尖或突出叶尖呈小尖头。叶中上部细胞呈圆方形或不规则多边形，每个细胞具数个圆形、或马蹄形疣；基部细胞较长大，不规则长方形，平滑，常带红色；稀叶边细胞呈红棕色，形成明显的分化边。雌雄异株。蒴柄直立，成熟时紫红色。孢蒴短圆柱形。蒴齿短，齿片线形，密被细疣。蒴盖具斜长喙。蒴帽兜形。叶腋多着生球形芽孢。

本属约 70 种，广泛分布于南、北半球的温带及热带山区。中国约 13 种。

分种检索表

1. 叶狭卵状长披针形；叶边上部具细齿 ·· 1. 红叶藓 *B.recurvirostrum*

1. 叶卵状披针形；叶边上部具粗齿 ·· 2. 云南红叶藓 *B. yunnanense*

红叶藓 *Bryoerythrophyllum recurvirostrum*（Hedw.）Chen，Hedwigia 80：255. 52f. 1~2.1941. 图 106：11~15

形态特征 稀疏或密集丛生。深绿色或红褐色。茎直立，基部密被假根。叶干时卷缩，湿时倾立，狭卵状披针形，先端渐尖；叶边上部具微齿，下部全缘；中肋粗壮，长达叶尖。叶细胞呈四边形至六边形，绿色，密被圆形或新月形疣；叶基细胞短矩形，平滑。蒴柄长约 1~1.5cm。孢蒴直立，圆柱形，红褐色。蒴齿短，直立，密被细疣，蒴盖具短喙。

生境和分布 常生于岩石、岩面薄土、林地或土坡上。黑龙江、吉林、内蒙古、河北、山西、山东、陕西、宁夏、甘肃、青海、新疆、浙江、江西、湖南、四川、云南、西藏、福建和台湾；亚洲、欧洲、北美洲、大洋洲和非洲都有分布。

云南红叶藓 *Bryoerythrophyllum yunnanense*（Herz.）Chen，Hedwigia 80：259. 52f. 3-5. 1941. 图 106：16~19

形态特征 疏丛集生长。植物体略大，色泽暗绿带红褐色。茎高约 1~2 cm，单一或具叉状分枝。叶卵状披针形，上部渐尖；叶边中下部全缘，背卷，先端具不规则粗齿；中肋粗壮，长达叶尖下消失。叶上部细胞多角状圆形，壁稍增厚，具多个圆形或马蹄形细疣；叶基部细胞呈长方形，平滑，透明，形成明显分化的叶基。

生境和分布 着生温湿林内岩面、林地、灌丛地和河滩地。河北、山西、陕西、新疆、湖北、四川、贵州、云南和西藏；印度有分布。

5 流梳藓属 *Crossidium* Jur.

疏丛集生长。体形极矮小，高约 3~5 mm。茎直立。叶呈覆瓦状贴生，阔卵形，或卵圆形，内凹，先端急尖或渐尖；叶边全缘，内卷；中肋突出叶尖成白色长毛，叶片腹面中肋具成丛分枝的绿色丝状体。叶上部细胞多角卵圆形，厚壁；叶基部细胞长方形，薄壁。雌雄同株或异株。蒴柄直立，细长。孢蒴长卵形，直立或稍弯曲。齿片长线形，具疣，多向左旋扭，稀直立。蒴盖圆锥形，具短斜喙。蒴帽兜形。

本属约 6 种，分布北温带山地。中国有 1 种。

厚肋流苏藓 *Crossidium crassinervium*（De Not.）Jur.，Laubm. Fl. Oesterr.-Ung. 128. 1882. 图 107：1~5

形态特征　种的形态特征基本同属。

生境和分布　多生于山区干燥石灰岩或钙土上。内蒙古、甘肃及四川；北温带有分布。

应用价值　在荒漠地区散生，对固定沙土和恢复草本植物的生长十分有利。

6 链齿藓属 *Desmatodon* Brid.

丛集生长。植物体矮小，稀具分枝。叶干时略皱缩，湿时倾立，阔卵圆形、狭长倒卵圆形或长椭圆状舌形；叶边多全缘，有时上部具细齿，下部稍背卷；中肋长达叶尖或突出呈短尖，或长毛尖，平滑或具疣。叶细胞多四边形至六边形，壁薄，背腹两面均密被马蹄形或圆环形疣，基部细胞不规则长方形，平滑，透明。蒴柄长，直立，旋扭或呈鹅颈状弯曲。孢蒴齿片狭披针形，常 2~3 裂，具细密疣，直立或一次向左旋扭。蒴盖圆锥形，具斜喙。

本属约 30 余种，分布温带及寒带地区。中国有 10 种。

分种检索表

1. 叶阔卵形；中肋自叶尖突出呈长毛尖；孢蒴直立 ………………………………… 1. 链齿藓 *D. latifolius*
1. 叶近长舌形；中肋在近叶尖下消失；孢蒴平列或垂倾 ………………………………… 2. 泛生链齿藓 *D. laureri*

链齿藓 *Desmatodon latifolius*（Hedw.）Brid.，Mant. Musci 86. 1819. 图 107：6~10

形态特征　疏丛生。体矮小。叶阔卵形，尖端圆钝；叶边全缘；中肋细长，突出叶尖呈长毛尖。叶上部细胞四边形至六边形，具数个马蹄形或圆环状疣；叶基部细胞较长大，疏生细疣或平滑。蒴柄细长。孢蒴直立，圆柱形。蒴齿直立，齿片披针形，2~3 裂，被密细疣。

生境和分布　多生于温寒山地背阴石上、石缝、洞穴、岩面薄土、墙壁或林地。河北、山东、甘肃和贵州；北温带及高寒地区有分布。

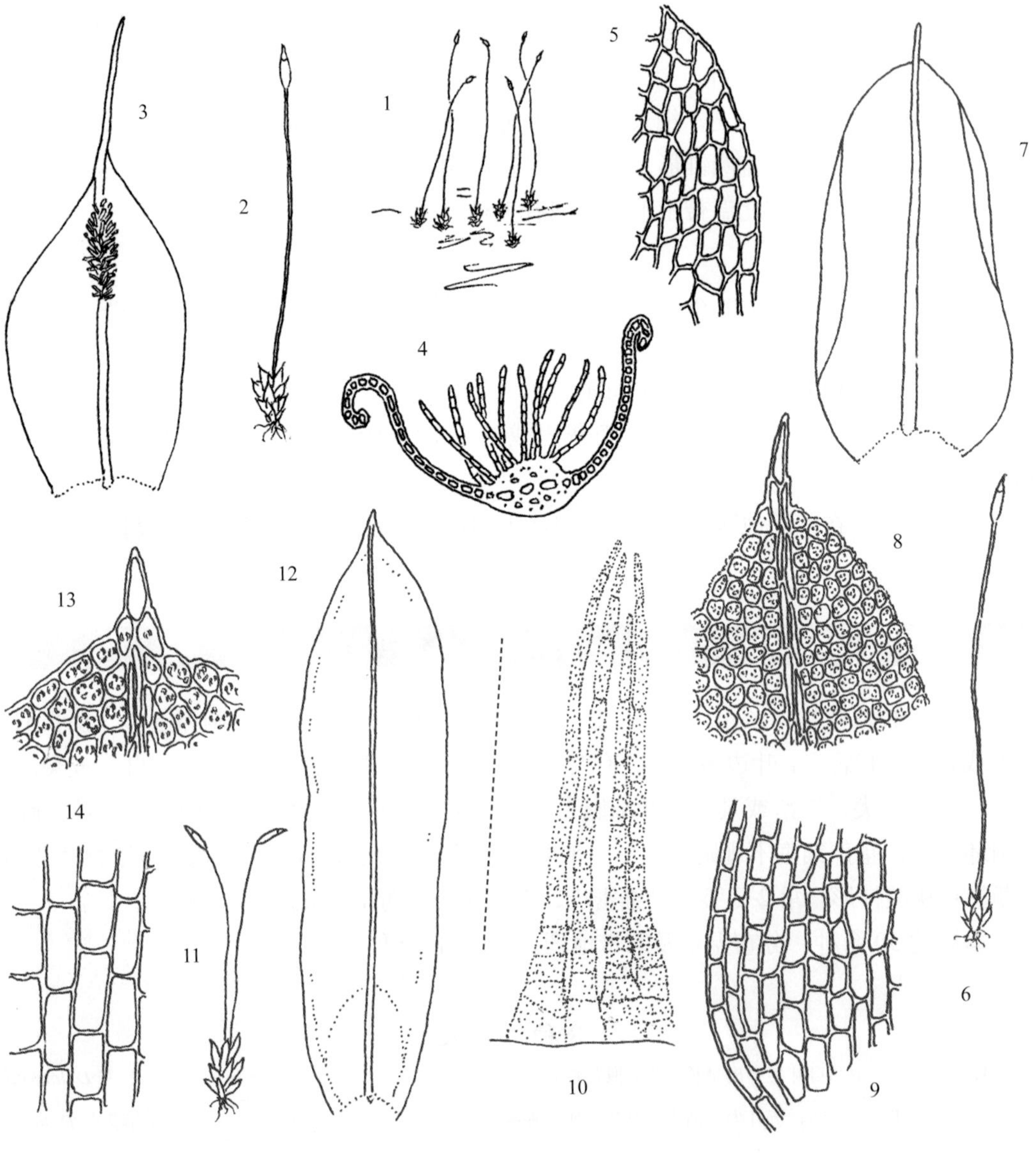

图 107

1~5. **厚肋流苏藓** *Crossidium crassinervium*（De Not.）Jur.

1. 坡地裸露地面着生的植物群落（×1），2. 雌株（×4），3. 叶（腹面观，×40），
4. 叶上部横切面，示具多数绿色丝状体（×200），5. 叶尖部细胞（×300）

6~10. **链齿藓** *Desmatodon latifolius*（Hedw.）Brid.

6. 雌株（×5），7. 叶（×30），8. 叶尖部细胞（×150），9. 叶基部细胞（×200），10. 蒴齿（×210）

11~14. **泛生链齿藓** *Desmatodon laureri*（Schultz）Bruch et Schimp.

11. 雌株（×1），12. 叶（×15），13. 叶尖部细胞（×200），14. 叶基部中央细胞（×300）。

泛生链齿藓 *Desmatodon laureri*（Schultz）Bruch et Schimp.，Bryol. Eur. 2：59. 135. 1843. 图 107：11~14

形态特征　密集丛生。体绿色，基部有假根。茎高 1~2 cm。叶片干时卷缩，长椭圆状舌形，先端具小尖头；叶边下部背卷，先端具微齿；中肋长达叶尖。叶细胞不规则多边形，薄壁，密被马蹄形细疣；叶边有 2~3 列黄色线形厚壁细胞组成分化边缘；叶基部细胞长方形，无色透明。蒴柄长 2~3 cm，橙红色。孢蒴平列或下垂，倒卵状圆柱形，黄绿带褐色，具疣。

生境和分布　多生于山区林内石壁、岩面薄土、林地或土坡上。内蒙古、河北、陕西、青海、浙江、湖南、四川、贵州、云南和广东；亚洲北部、欧洲、非洲南部及北美洲有分布。

7 对齿藓属 *Didymodon* Hedw.

植物体暗绿带棕色，密集丛生。茎直立。叶片卵圆形，先端渐尖；叶边狭背卷，上部具疏齿；中肋多长达叶尖或稍突出，稀在叶尖稍下处消失。叶中上部细胞呈圆形、圆方形或菱形，薄壁，分界明显，平滑或具矮而大的钝圆疣；叶基细胞呈不规则的长方形。叶腋毛由 3~4 个细胞组成，基部深褐色，上部无色透明。雌雄同株。蒴柄多右旋。蒴盖具长喙。蒴帽兜形。孢子褐绿色。无性芽孢由 8 个以下细胞构成。

本属约 250 种，在南、北半球的寒、温带分布。中国 20 余种。

现有学者把本属部分种类归为微疣藓属（*Geheebia*）。

分种检索表

1. 叶细胞具单疣……………………………………………………………………………………2
1. 叶细胞具多疣……………………………………………………………………………………3
2. 叶卵状披针形，上部狭长；叶边明显背卷……………………………1. 尖叶对齿藓 *D. constrictus*
2. 叶阔卵状或卵状披针形，上部锐尖，叶边不背卷………………………4. 短叶对齿藓 *D. tectorus*
3. 叶阔卵状披针形；叶腋不具无性芽孢………………………………………2. 北地对齿藓 *D. fallax*
3. 叶卵状披针形；叶腋常具无性芽孢…………………………………………3. 硬叶对齿藓 *D. rigidulus*

尖叶对齿藓 *Didymodon constrictus*（Mitt.）Saito，Journ. Hattori Bot. Lab. 39：514. 1975. 图 108：1~5

形态特征　密集丛生。植物体黄绿带红棕色。茎高 1~2.5 cm。叶卵状披针形，上部狭长；叶边全缘，背卷；中肋长达叶尖部。叶上部细胞呈三角状至五角状圆形，胞壁不规则增厚，具 1 至多个疣；基部薄壁细胞长方形，平滑，透明。雌雄异株。蒴柄红色，长约 2 cm。孢蒴长圆柱形。蒴盖圆锥形，具斜喙。蒴齿长线形，向左旋扭。孢子绿色，具细疣。

生境和分布　多着生林内阴湿具土岩面、溪边流水石上、林地或林缘土壁。吉林，辽宁、内蒙古、河北、北京、山西、陕西、宁夏、新疆、安徽、上海、江西、湖北、四川、重

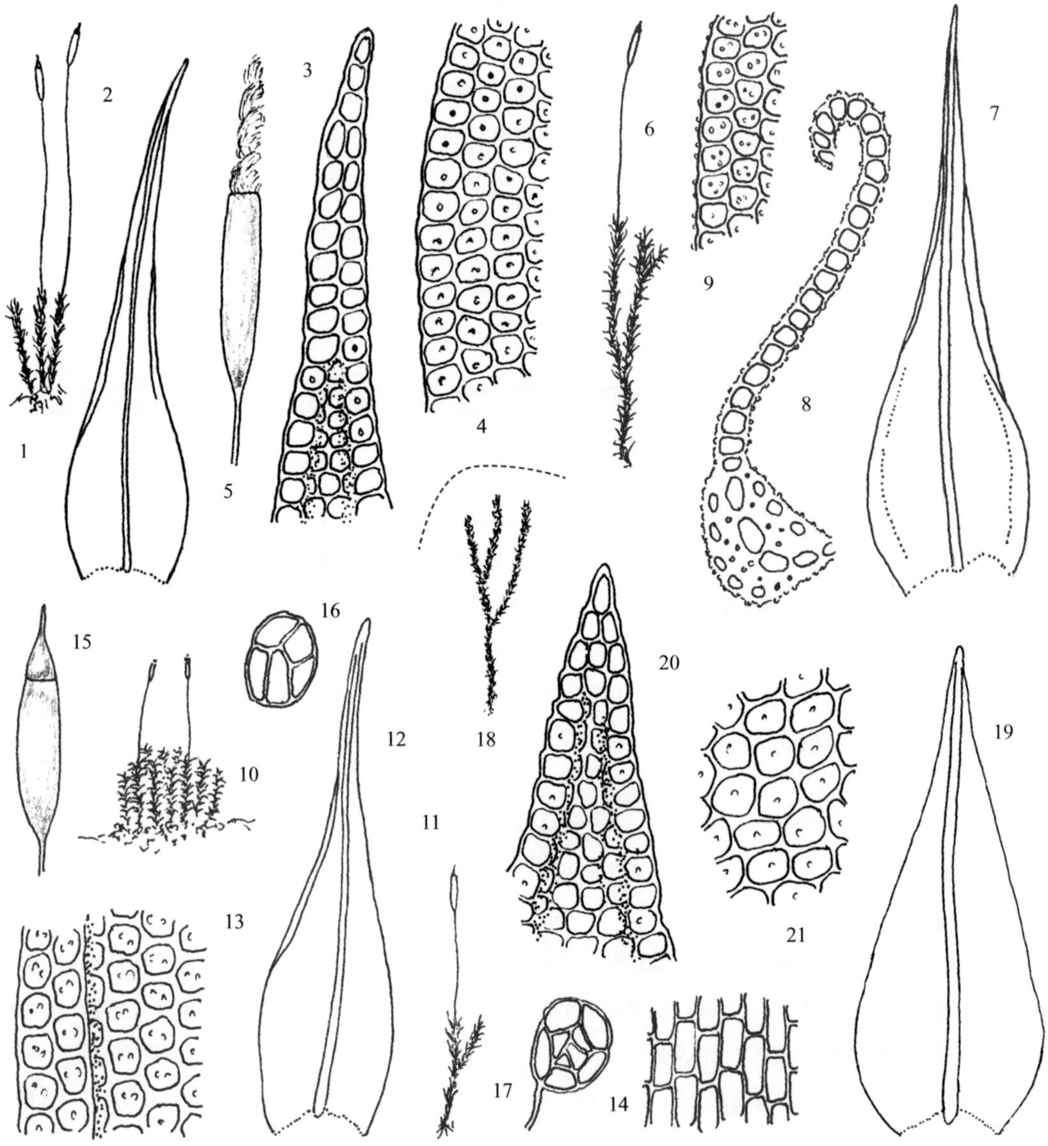

图 108

1~5. 尖叶对齿藓 *Didymodon constrictus* (Mitt.) Saito

1. 雌株（×1），2. 叶（×30），3. 叶尖部细胞（×400），4. 叶基部细胞（×400），5. 已开裂的孢蒴（×15）

6~9. 北地对齿藓 *Didymodon fallax* (Hedw.) Zand.

6. 雌株（×1），7. 叶（×40），8. 叶横切面的一部分（×400），9. 叶中部细胞（×400）

10~17. 硬叶对齿藓 *Didymodon rigidulus* Hedw.

10. 高山土坡着生的植物群落(×1)，11. 雌株 ×2)，12. 叶(×30)，13. 叶上部边缘细胞(×500)，14. 叶基部细胞(×350)，15. 孢蒴（×15），16，17. 芽胞（×50）

18~21. 短叶对齿藓 *Didymodon tectorus* (Müll. Hal.) Saito

18. 植物体（×1），19. 叶（×50），20. 叶尖部细胞（×400），21. 叶基部细胞（×500）

庆、贵州、云南、西藏、福建、台湾和广西；亚洲东部和东南部有分布。

北地对齿藓 *Didymodon fallax*（Hedw.）Zand., Phytologia 41：28. 1978. 图 108：6~9

形态特征　疏丛生。体黄绿带红褐色。茎高 3~5 cm，多具分枝。叶干时卷缩，湿时背仰，阔卵状披针形，上部渐尖；叶边全缘，背卷；中肋长达叶尖，红褐色。叶片上部细胞多呈多角状圆形，胞壁增厚，具 1 至多个小圆疣；基部细胞短矩形，多平滑。

生境和分布　多生于山地阴湿具土岩面、林地或林缘土壁。内蒙古、河北、山东、河南、陕西、宁夏、甘肃、新疆、上海、湖北、四川、重庆、贵州、云南、西藏和台湾；亚洲南部、中部、东北部及欧洲、非洲北部及北美洲有分布。

硬叶对齿藓 *Didymodon rigidulus* Hedw., Sp. Musc. Frond. 104. 1801. 图 108：10~17

形态特征　密集丛生。植物体高约 1~2 cm，有时具叉状分枝。叶湿时背仰，卵状披针形，上部渐尖；叶边全缘，背卷；中肋长达叶尖。叶上部细胞多角状圆形，厚壁，多疣；基部细胞稍长，长方形，平滑。常具多细胞的无性芽孢。

生境和分布　多生于高山林内岩面、石隙、冰碛石、草甸土、林地、林缘、沟边石壁或土坡。内蒙古、贵州、云南和西藏；俄罗斯（远东地区）、亚洲中部和西部、欧洲、非洲北部及美洲有分布。

短叶对齿藓 *Didymodon tectorus*（Müll. Hal.）Saito, Journ. Hattori Bot. Lab. 39：517. 1975. 图 108：18~21

形态特征　密集丛生。植物体绿色带黄棕色，高 2~3.5 cm，有时分枝。叶干时贴茎，湿时斜展，阔卵状或卵状短披针形，上部渐尖；叶边全缘，稍背卷；中肋达叶尖。叶上部细胞不规则 3~6 角状圆形，厚壁，具单个圆疣；基部细胞不规则长方形，薄壁，平滑，透明。蒴柄红色，长约 2 cm。孢蒴卵状圆柱形，黄褐色。蒴齿细长，向左旋扭。蒴盖圆锥形，具长喙。

生境和分布　多生于高山林地、林缘及沟边岩石、土壁，也见于高山灌丛地、草甸土及河滩地。辽宁、内蒙古、河北、北京、山西、山东、河南、陕西、甘肃、新疆、安徽、江苏、上海、浙江、江西、四川、贵州、云南、西藏和广西；越南有记录。

8 卵叶藓属 *Hilpertia* Zand.

疏丛生。植物体细小，色泽黄绿或褐绿色。茎直立，稀分枝。叶覆瓦状排列，干燥时贴茎，潮湿时斜展。叶片阔卵形至近圆形，强烈内卷，近于成半筒状；中肋细长，突出叶尖成毛状透明长尖。叶细胞多角形，薄壁，无疣，或上部边缘细胞具疣；基部细胞长方形，透明。雌雄同株。蒴柄粗长。孢蒴直立，卵状圆柱形。蒴齿长线形，扭曲。蒴盖长圆锥形。蒴帽兜形，平滑。孢子褐色，具细疣。

卵叶藓 *Hilpertia velenovskyi*（Schiffn.）Zand.，Phytologia 65：429. 1989. 图 109：1~4

形态特征　密集或疏丛生。植物体细小，高 6~10mm，色泽褐绿或黄绿色。茎稀少分枝。叶阔卵形或近圆形，长约 0.5~0.75 mm，先端急尖；叶边两侧强烈内卷；中肋细长，突出叶尖呈毛状透明长尖。叶上部细胞多角形，壁薄，透明；基部细胞长方形，透明，无疣。雌雄同株。孢蒴直立，卵状圆柱形。蒴齿线形。蒴盖长圆锥形。

生境和分布　多生于寒冷干燥的荒漠土坡。内蒙古及青海；欧洲。

应用价值　具强抗旱性状，为荒漠地区恢复生态的苔藓植物之一。

9 石灰藓属 *Hydrogonium*（Müll. Hal.）Jaeg.

密丛集生长。体多直立或倾立，灰绿色，稀具分枝。叶干时多紧贴，稀卷缩，三角状至卵状披针形，或长舌形，先端渐尖或圆钝，尖部平展或略呈兜形；叶边平直，有时背卷，多全缘，稀近尖部具细齿；中肋粗壮，长达叶尖或不及顶。叶上部细胞疏松，多呈整齐的四边形至六边形，壁薄，平滑，稀具细疣；基部细胞较长大，长方形，平滑，透明。雌雄异株。蒴齿左旋或直立。蒴盖具长尖直喙。常具多样的无性芽胞。

本属约 35 种，亚热带及热带地区分布。中国约 18 种。

现有学者把本属的一些植物并入扭口藓属（*Barbula*）。

分种检索表

1. 植物体较挺硬；叶卵状披针形……………………1. 砂地石灰藓 *H. arcuatum*

1. 植物体较柔弱；叶多舌形……………………2

2. 叶片较狭，长舌形；叶尖圆钝，全缘……………………2. 石灰藓 *H. ehrenbergii*

2. 叶片较宽，卵状舌形；叶具锐尖，尖部具细齿……………………3. 爪哇石灰藓 *H. javanicum*

砂地石灰藓 *Hydrogonium arcuatum*（Griff.）Wijk et Marg.，Taxon 7：289. 1958. 图 109：5~8

形态特征　密丛集生长。植物体挺硬。茎稀少分枝，下部密被褐色假根。叶倾立，卵状披针形；叶边全缘；中肋在叶尖下消失。叶细胞四边形至五边形，薄壁，平滑；叶基部细胞稍长大，不规则的狭长方形，薄壁，平滑而透明。

生境和分布　生于山地林内岩壁、土壁及树干基部。吉林、辽宁、河北、山西、河南、陕西、安徽、江苏、浙江、四川、贵州、云南、西藏、台湾和香港；尼泊尔、印度、菲律宾、印度尼西亚及日本有分布。

石灰藓 *Hydrogonium ehrenbergii*（Lor.）Jaeg.，Ber. Thaetigk. St. Gall. Naturw. Ges. 1877-1878：405. 1880. 图 109：9~12

形态特征　丛集生长。体柔弱，色泽鲜绿，高可达 8 cm。叶干时皱缩，湿时倾立，

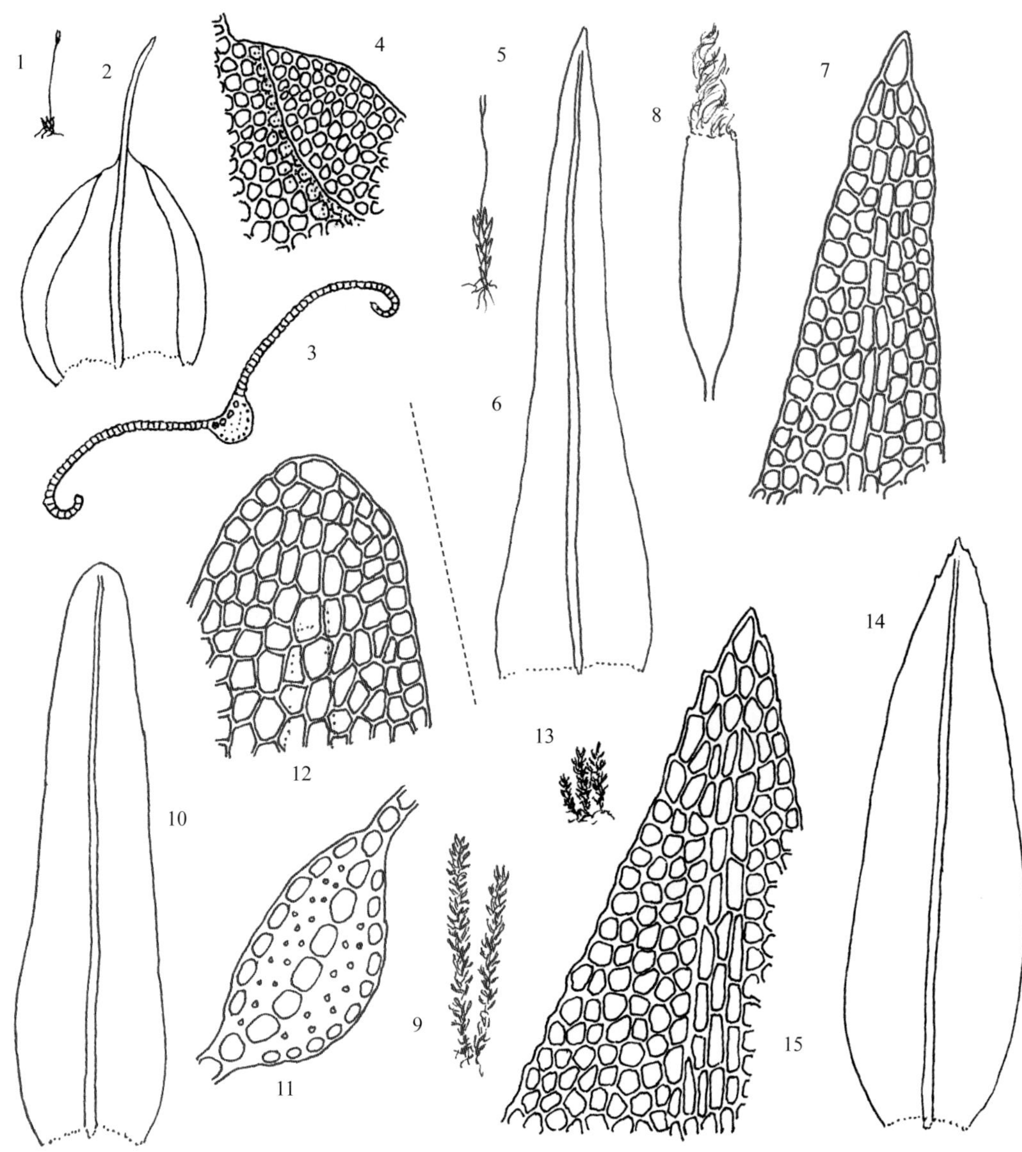

图 109

1~4. 卵叶藓 *Hilpertia velenovskyi*（Schiffn.）Zand.

1. 雌株（×1），2. 叶（×25），3. 叶的横切面（×55），4. 叶尖部细胞（×150）

5~8. 砂地石灰藓 *Hydrogonium arcuatum*（Griff.）Wijk et Marg.

5. 雌株（×1），6. 叶（×40），7. 叶尖部细胞（×250），8. 已开裂的孢蒴（×25）

9~12. 石灰藓 *Hydrogonium ehrenbergii*（Lor.）Jaeg.

9. 植物体（×1），10. 叶（×25），11. 叶横切面的一部分（×300），12. 叶尖部细胞（×250）

13~15. 爪哇石灰藓 *Hydrogonium javanicum*（Dozy et Molk.）Hilp.

13. 植物体（×1），14. 叶（×40），15. 叶尖部细胞（×250）

长舌形，尖端圆钝，有时稍呈兜形；叶边全缘，平展；中肋长达叶尖下部。叶中上部细胞呈四边形至六边形，壁薄，平滑；基部细胞较长大，透明。蒴柄红色，长约 2 cm。孢蒴直立，卵状圆柱形。蒴齿细长，齿片线形，向左一次旋扭。

生境和分布　生于低海拔至 3000 m 以上林内溪边岩石或土壁，稀见于高山冰川地石上。山西、山东、河南、陕西、四川、贵州、云南、西藏和福建；亚洲南部和西部、欧洲、非洲北部及美洲北部有分布。

爪哇石灰藓 *Hydrogonium javanicum*（Dozy et Molk.）Hilp.，Bot. Centralbl. Beih. 50（2）：632. 6c. 1933. **图 109：13~15**

形态特征　密丛集生长。体黄绿色。茎高 0.5~1 cm，常叉状分枝。叶干时贴生，湿时倾立，卵状舌形；叶边中下部平展，尖部略内凹或呈兜状，具细齿；中肋粗壮．长达叶尖下。叶细胞不规则方形至多角形，厚壁，多平滑，稀具不明显细疣。

生境和分布　多生于林内阴湿岩面、土壁、溪边土坡或林地。山西、山东、河南、安徽、江苏、上海、四川、贵州、云南、西藏、福建、台湾、海南、香港和澳门；亚洲南部热带地区有分布。

10 湿地藓属 *Hyophila* Brid.

密丛集生长。体形矮小。茎稀少分枝。叶干燥时内卷，长椭圆状舌形，尖端圆钝，具小尖头；叶边全缘或尖部具细齿；中肋粗壮，长达叶尖或稍突出于叶尖。叶上部细胞圆方形至多边状圆形，具细疣或平滑；基部细胞长方形，平滑，透明。雌雄异株。蒴柄细长，直立。孢蒴直立，长圆柱形。无蒴齿。蒴盖圆锥形，具狭长喙。蒴帽兜形。孢子形小，壁平滑。有时具多细胞芽胞。

本属约 100 余种，主要分布亚热带至热带。中国约 7 种。

分种检索表

1. 叶边上部具少数粗齿……………………………………………………1. 卷叶湿地藓 *H. involuta*

1. 叶边近于全缘……………………………………………………………2. 湿地藓 *H. javanica*

卷叶湿地藓 *Hyophila involuta*（Hook.）Jaeg.，Ber. Thaetigk. St. Gall. Naturw. Ges. 1871-1872：354. 1873. **图 110：1~6**

形态特征　密丛集生长。体高约 1 cm。叶干燥时向内卷曲，潮湿时伸展，长椭圆状舌形，尖端圆钝，具小尖头；叶边下部稍具波曲，上部具明显细齿；中肋粗壮，长达叶尖。叶中上部细胞多角状圆形，壁稍厚，无疣，仅腹面略具乳头状突起。蒴柄长 1~1.5 cm。孢蒴直立，长圆柱形。无蒴齿。蒴盖呈圆锥形，具长喙。

生境和分布　常见于海拔 1000~3000 m 的林地、林缘或沟边的石灰岩、土坡或墙上。

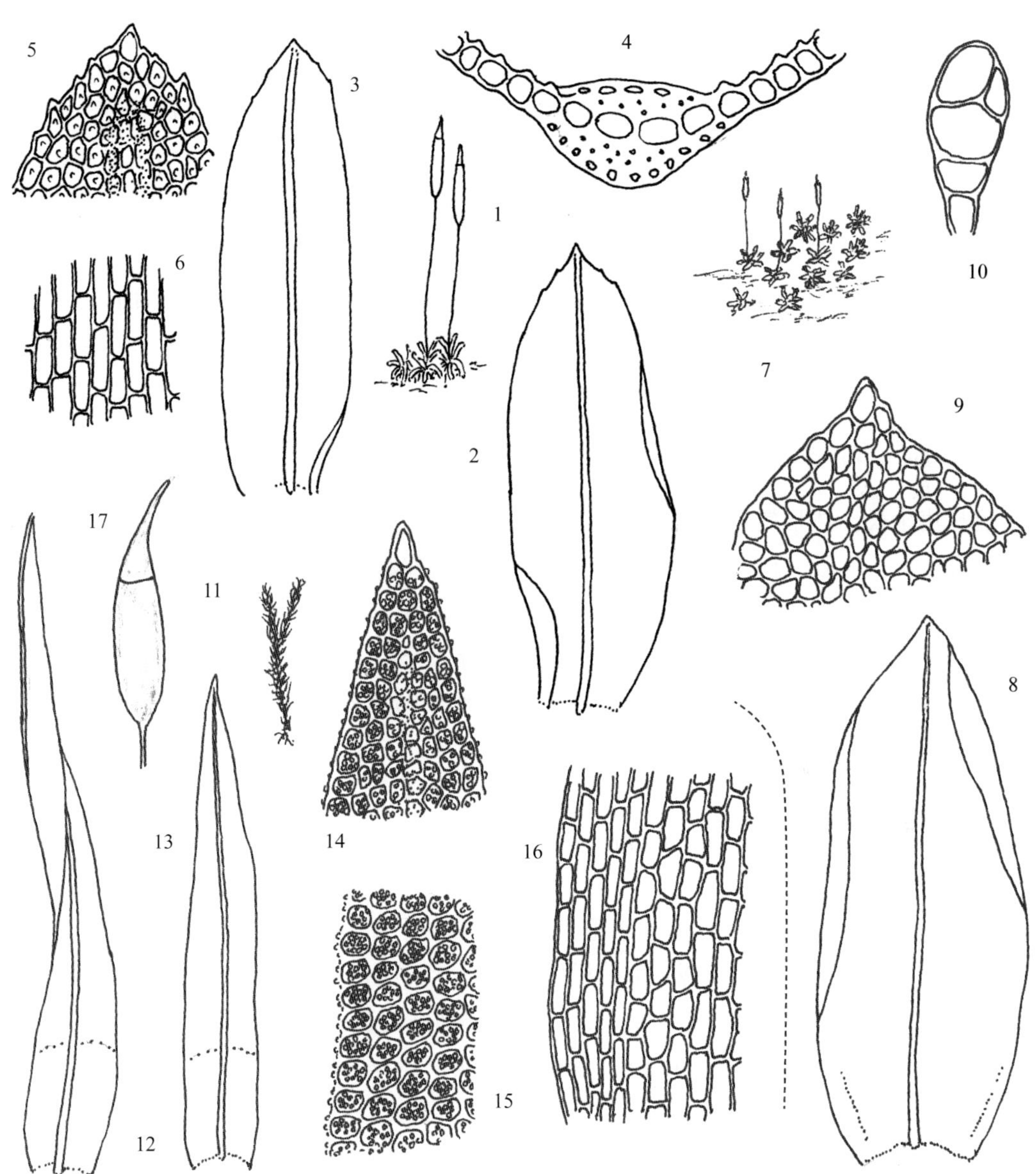

图 110

1~6. 卷叶湿地藓 *Hyophila involuta*（Hook.）Jaeg.

1. 雌株（×3），2，3. 叶（×30），4. 叶横切面的一部分（×350），5. 叶尖部细胞（×200），6. 叶基部细胞（×200）

7~10. 湿地藓 *Hyophila javanica*（Nees et Bl.）Brid.

7. 林下湿地土生植物群落（×1），8. 叶（×30），9. 叶尖部细胞（×200），10. 芽胞（×300）

11~17. 高山大丛藓 *Molendoa sendtneriana*（Bruch et Schimp.）Limpr.

11. 植物体（×1），12，13. 叶（×30），14. 叶尖部细胞（×200），15. 叶中部细胞（×350），16. 叶基部细胞（×350），17. 孢蒴（×20）

吉林、内蒙古、山西、山东、河南、上海、浙江、江西、湖南、湖北、四川、重庆、贵州、云南、西藏、福建、台湾、广东、广西、海南、香港和澳门；亚洲东部和南部，俄罗斯（远东地区），欧洲，南、北美洲及大洋洲有分布。

湿地藓 *Hyophila javanica*（Nees et Bl.）Brid.，Bryol. Univ. 1：761. 1827. 图 110：7~10

形态特征 疏丛集生。形细小。茎无分枝，高不及 1 cm。叶片干燥时内卷，椭圆状舌形，尖端圆钝，具小尖头；叶边全缘；中肋长达叶尖下。叶中上部细胞较小，多角状圆形，胞壁厚，平滑，叶基部细胞较大，长方形。蒴柄细长，直立。孢蒴长圆柱形，直立。蒴齿缺失。蒴盖圆锥形，具长喙。叶腋有时着生多细胞芽胞。

生境和分布 多生于低海拔林内沟边、阴湿岩面、土壁和墙脚。北京、山东、上海、四川、贵州、云南、福建、海南和香港；印度尼西亚（爪哇）有分布。

11 大丛藓属 *Molendoa* Lindb.

疏丛集生长。体形较粗大，色泽鲜绿或黄绿色，高可达 15 cm，易折断，稀具叉状侧枝；横切面呈三角形，有大型薄壁细胞的中轴。叶基部略宽大，上部狭长披针形，潮湿时倾立，干时卷缩；中肋强劲，长达近叶尖。叶上部细胞呈不规则的多角形至方形，绿色，壁厚，具多个细疣；叶基部细胞渐成长方形，平滑，无色透明。雌雄异株。蒴柄细长。孢蒴倒卵形。蒴盖具斜长喙。蒴帽兜形。孢子黄棕色，平滑或具密疣。

本属约 20 种，多温带地区分布。中国约 3 种。

高山大丛藓 *Molendoa sendtneriana*（Bruch et Schimp.）Limpr.，Laubm. Deutschl. 1：250. 1886. 图 110：11~17

形态特征 疏丛集生长。体形略粗大，色泽鲜绿，高达 5 cm。叶基部狭缩，向上呈狭披针形，先端渐尖；叶边全缘；中肋粗壮，长达叶尖或稍突出，呈锐尖。叶上部细胞不规则多角状圆形，每个细胞具数个圆形细疣；基部细胞较透明，长方形，多平滑。

生境和分布 生于低海拔至 3000 m 以上林地、林缘石壁、具土岩面或土坡。吉林、内蒙古、河北、北京、山西、山东、河南、陕西、宁夏、甘肃、新疆、安徽、江苏、浙江、江西、四川、贵州、云南、西藏、台湾、广东和广西；日本、印度、中亚、俄罗斯（远东地区）及美国（阿拉斯加）有分布。

12 拟合睫藓属 *Pseudosymblepharis* Broth.

疏丛集生长。体形较大，高可达 8 cm，下部稀分枝。叶干时皱缩，湿润时四散卷曲，基部较宽，呈鞘状，向上渐狭，呈狭长披针形，先端渐尖；叶边平直，全缘；中肋粗壮，长达叶尖或突出呈芒状。叶上部细胞绿色，不规则多角形，每个细胞具多个粗疣；下部细胞方形至长方形，平滑，无色，透明，沿叶边两侧向上延伸，呈明显分化的边缘。雌雄异株。蒴柄细长。孢蒴直立，圆柱形。蒴齿单层，齿片短披针形，黄色，具细疣。

本属约9种，多分布湿热地区。中国有4种。

分种检索表

1. 叶基部宽阔；中肋突出叶尖呈长刺状……1. 拟合睫藓 *P. angustata*
1. 叶基部狭窄；中肋略突出叶尖呈小尖头状……2. 细拟合睫藓 *P. duriuscula*

拟合睫藓 *Pseudosymblepharis angustata* (Mitt.) Hilp., Bot. Centralbl. Beih. 50(2): 676. 1933. 图 111：1~5

形态特征 疏丛集生长。植物体色泽鲜绿或黄绿色。叶干时强烈卷缩，狭长披针形，先端渐尖，叶基部宽阔，呈鞘状；叶边平展，全缘；中肋细长，尖端突出叶尖呈刺状。叶细胞薄壁，多边形，密被多个圆形疣；叶基部细胞明显分化，长方形，胞壁厚，多平滑，无疣，沿叶边两侧向上延伸，形成明显分化的边缘。

生境和分布 生于低海拔至3500 m的林地或阴湿的具土岩石。吉林、内蒙古、河北、山西、山东、河南、陕西、宁夏、甘肃、新疆、安徽、江苏、浙江、江西、湖北、四川、重庆、贵州、云南、西藏、福建、台湾、广东和广西；日本、印度、缅甸、印度尼西亚有分布。

细拟合睫藓 *Pseudosymblepharis duriuscula* (Wils.) Chen, Hedwigia 80: 153, 15f. 11. 1941. 图 111：6~9

形态特征 疏松丛生。体色泽鲜绿或黄绿色，稀少分枝。叶狭长披针形，干燥时卷曲，叶先端渐尖；叶边平展，全缘；中肋细长，先端突出叶尖，呈短尖头。叶上部细胞多角状圆形，每个细胞具多个圆疣；叶基部细胞稍有分化，长方形，胞壁平滑，无疣。

生境和分布 生于山区林地、具土石上、阴湿岩壁或瀑布下岩面。陕西、浙江及四川；斯里兰卡有分布。

13 盐土藓属 *Pterygoneurum* Jur.

小片状疏丛生。体形细小，色泽黄绿。茎极短，稀分枝。叶干时覆瓦状紧贴，湿时伸展，卵形、椭圆形或短舌状，内凹成瓢状；叶边全缘；中肋粗壮，突出叶尖成长毛状；叶腹面中肋上部具2~4绿色栉片。叶上部细胞不规则多角形，壁薄，具少数马蹄形疣；基部细胞长方形，薄壁，平滑。雌雄同株。蒴柄粗短。孢蒴直立，椭圆状短圆柱形。蒴盖锥形，具粗长直喙、蒴帽兜形，平滑。

本属约12种，多分布于北温带及寒带地区。中国有2种。

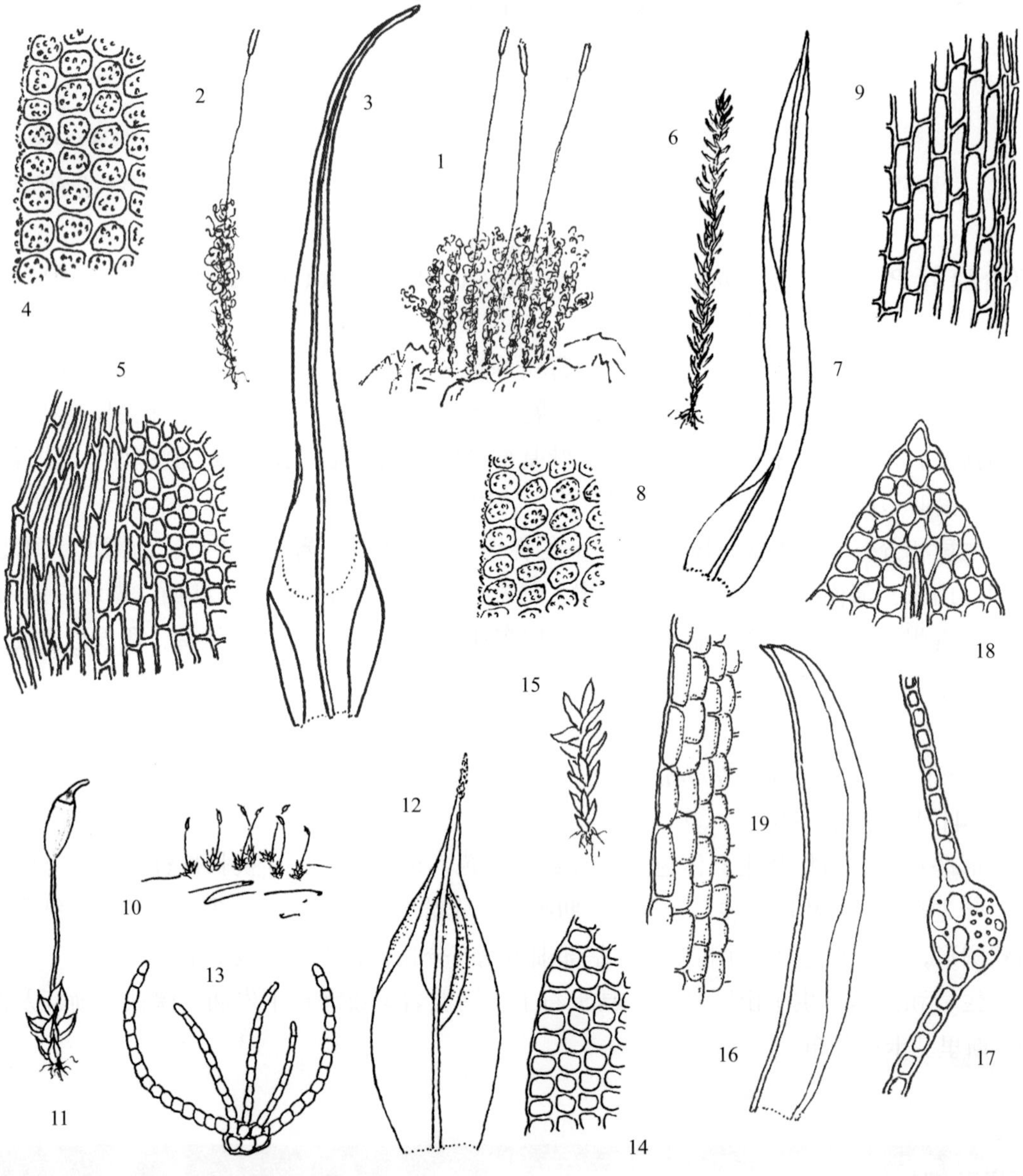

图 111

1~5. **拟合睫藓** *Pseudosymblepharis angustata*（Mitt.）Hilp.

1. 着生阴湿岩面的植物群落（×1），2. 雌株（干燥时的状态，×1），3. 叶（×15），4. 叶上部细胞（×400），5. 叶鞘部细胞（×300）

6~9. **细拟合睫藓** *Pseudosymblepharis duriuscula*（Wils.）Chen

6. 植物体（湿润时的状态，×2），7. 叶（×30），8. 叶上部细胞（×400），9. 叶基部细胞（×300）

10~14. **卵叶盐土藓** *Pterygoneurum ovatum*（Hedw.）Dix.

10. 干旱漠土生的植物群落（×1），11. 雌株（×6），12. 叶（×60），13. 叶上部的横切面（×50），14. 叶尖部细胞（×250）

15~19. **剑叶舌叶藓** *Scopelophila cataractae*（Mitt.）Broth.

15. 植物体（×5），16. 叶（×30），17. 叶横切面的一部分（×250），18. 叶尖部细胞（×350），19. 叶基部细胞（×350）

卵叶盐土藓 *Pterygoneurum ovatum*（Hedw.）Dix.，Rev. Bryol. Lichénol. 6：96. 图 111：10~14

形态特征　小片状疏丛生。植物体色泽灰绿或黄色，高 2~4 mm。叶片长卵形，强烈内凹；中肋粗壮，突出叶尖，呈透明具密齿的长毛尖，中肋腹面上部着生 2~4 绿色栉片。叶上部细胞圆方形或椭圆形，平滑或背面具马蹄形细疣；基部细胞圆方形或长方形，薄壁，平滑。蒴柄短。孢蒴远高于雌苞叶，短圆柱形。蒴帽圆锥形。

生境和分布　多生于干旱山区荒漠或具土岩面。内蒙古及河北；蒙古、俄罗斯、亚洲中部、欧洲、非洲北部及北美洲有分布。

应用价值　具强抗旱性状，为荒漠地区恢复生态的苔藓植物之一。

14 舌叶藓属 *Scopelophila*（Mitt.）Lindb.

密丛集生长。体形柔弱，基部密被黄棕色假根。茎直立，多逐年萌生新枝。叶干时平展或具纵褶，长椭圆状舌形或剑头形；中肋细，长达叶尖或在叶尖稍下处消失。叶中上部细胞不规则多角形，壁稍厚，无疣；基部细胞较长大，薄壁，平滑。雌雄异株。孢蒴直立，长卵形或长椭圆状圆柱形。蒴齿缺失。蒴盖呈圆锥形，具长喙。蒴帽兜形。

本属约 17 种，多热带及亚热带地区分布。中国 2 种。

剑叶舌叶藓 *Scopelophila cataractae*（Mitt.）Broth.，Nat. Pfl.-fam. 1（3）：436. 1902. 图 111：15~19

形态特征　密丛集生。体较柔弱，基部密被假根。茎稀少分枝。叶狭长椭圆状带形，基部狭缩，先端急尖，呈剑头形；叶边全缘，下部稍背卷，中上部平展；中肋细长，在叶尖稍下处消失。叶中上部细胞多角形，壁薄而平滑；基部细胞较长大，壁薄透明。孢蒴细圆柱形。

生境和分布　多着生山区溪谷边林地、具土岩面、石穴或石缝处。中国南北均有分布；亚洲东部和东南部有分布。

15 赤藓属 *Syntrichia* Brid.

疏丛集生长。植物体较粗，绿色，老时呈红棕色。茎常叉形分枝，基部密生假根。叶干时多旋扭，湿时平展，长舌形或剑头形，尖端钝，或具短尖头，基部近于呈鞘状；中肋粗壮，红褐色，突出叶尖成白色长毛尖或短刺尖，背面及尖部常具密刺。叶上部细胞圆方形，密被马蹄形疣；基部细胞长方形；叶边几列细胞狭长，形成明显分化边。雌雄同株。蒴柄高出。孢蒴直立，长圆柱形。蒴齿具高基膜，齿片线形，明显向左旋钮。蒴盖具斜长喙。蒴帽兜形。孢子小，具细疣。

本属约 150 种，多见于温寒地带。中国 5 种。

分种检索表

1. 叶片边缘强烈背卷；中肋背面及突出的芒尖密被粗刺 ………………………… 1. 赤藓 *S. ruralis*
1. 叶边缘平展或下部稍卷曲；中肋背面及突出的小芒尖平滑或疏被细刺 ……………… 2. 高山赤藓 *S. sinensis*

赤藓 *Syntrichia ruralis*（Hedw.）Web. et Mohr，Index Mus. Pl. Crypt. 2. 1803. 图 112：1~6

形态特征　疏丛集生。体色泽黄绿，老时呈红棕色，高可达 8 cm。叶长舌形，下部略宽，上部渐狭，具龙骨状突起；叶边强烈背卷；中肋突出叶尖呈无色透明长毛尖，密被刺状突起。叶上部细胞呈圆方形至多角形，背腹面均密被马蹄形疣；叶中部以下细胞呈狭长方形或六角形；具黄色纵条纹。蒴柄长 1~2 cm，红色。孢蒴长圆柱形。蒴齿基膜高达齿片长度的 1/2~1/3，齿片线形，红色，密具疣，向左旋扭。

生境和分布　生于山区林地、灌丛下、阴湿的岩石或土坡上。内蒙古、河北、甘肃、江苏及西藏；喜马拉雅山地区、亚洲中部、非洲、欧洲、美洲及澳大利亚有分布。

应用价值　具强抗旱性状，与本属其他种类可用于基因转移试验。

高山赤藓 *Syntrichia sinensis*（Müll. Hal.）Ochyra，Fragm. Florist. Geobot. 37. 213. 1992. 图 112：7~10

形态特征　丛集小片状生长。植物体暗绿带红棕色，高 2~3 cm，稀叉状分枝。叶长倒卵圆形；叶边全缘；中肋突出叶尖呈短毛尖，红棕色，平滑。叶细胞多角状圆形，密被马蹄形及圆形细疣。雌雄同株。蒴柄细长。孢蒴直立，圆柱形。蒴齿具高基膜，齿片长线形，向左旋扭。

生境和分布　习生多种生境，包括高山林地、腐木、树基、草甸、灌丛、阴湿石缝处及具土岩面。内蒙古、河北、山西、山东、陕西、宁夏、甘肃、青海、新疆、江苏、浙江、江西、湖北、四川、贵州、云南、西藏和福建；亚洲中部和北部、欧洲、非洲北部及北美洲有分布。

16 反纽藓属 *Timmiella*（De Not.）Limpr.

疏丛集生长。体色泽鲜绿或暗绿色，高约 1 cm，稀分枝。叶湿时平展，干时内卷，旋扭，长披针形或舌状披针形，先端急尖；尖部边缘具细齿；中肋粗壮，长达叶尖部稍下处。叶上部细胞呈多角状圆形，除叶边外均为 2 层细胞，腹面具乳头状突起；叶下部单层细胞，长方形，平滑。蒴柄细长。孢蒴长圆柱形，直立或略倾斜。蒴齿基膜矮，齿片线形，密被细疣，直立或右旋。蒴盖圆锥形，具长直喙。

本属约 14 种，分布南北半球的温寒地区。中国 2 种。

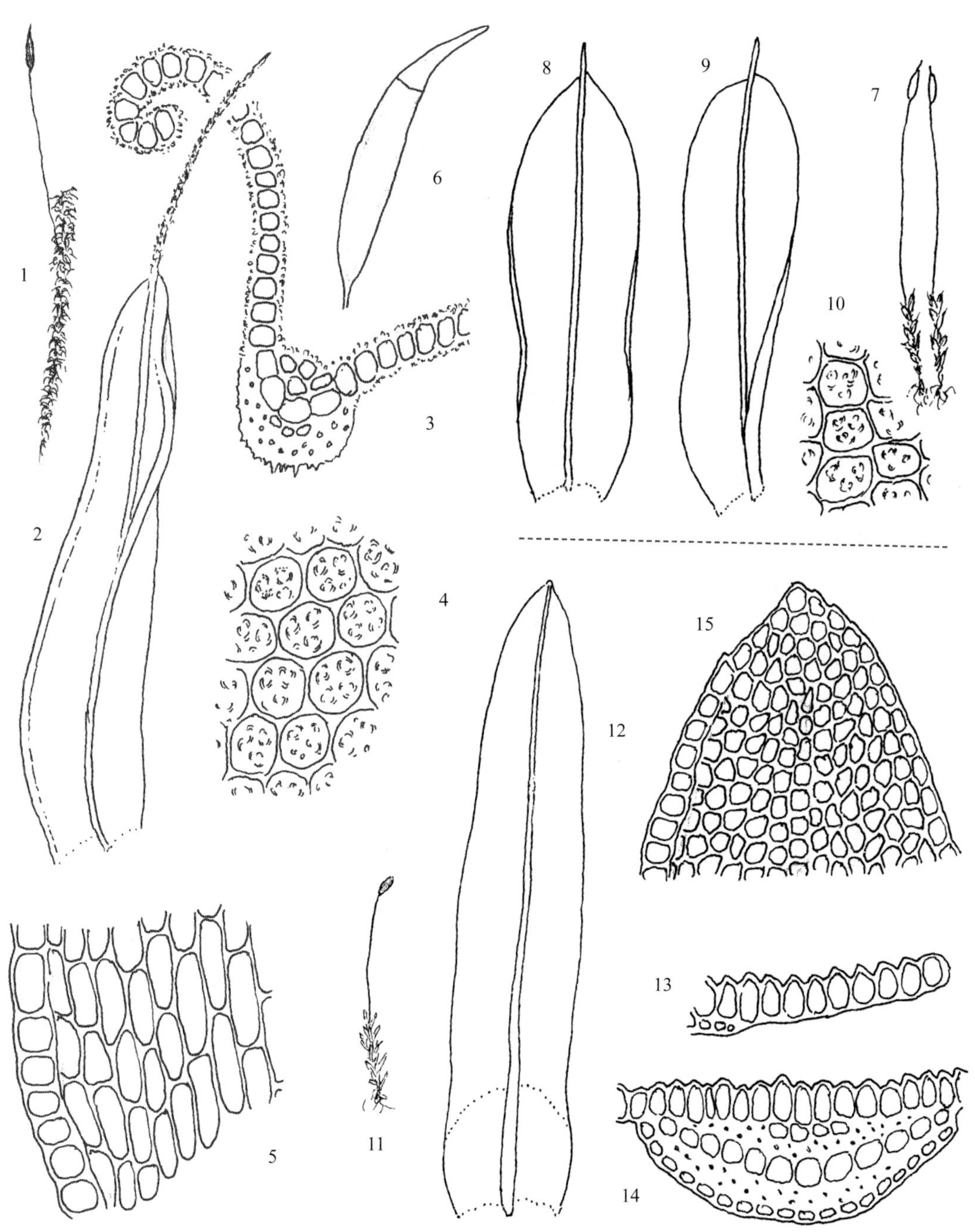

图 112

1~6. 赤藓 *Syntrichia ruralis*（Hedw.）Web. et Mohr

1. 雌株（×1），2. 叶（×20），3. 叶横切面的一部分（×300），4. 叶上部细胞（×400），5 叶基部细胞（×200），6. 孢蒴（×12）

7~10. 高山赤藓 *Syntrichia sinensis*（Müll. Hal.）Ochyra

7. 雌株（×1.5），8，9. 叶（×30），10. 叶中部细胞（×350）

11~15. 小反纽藓 *Timmiella diminuta*（Müll. Hal.）Chen

11. 雌株（×2），12. 叶（×35），13. 叶一侧的横切面（×500），14. 叶中肋的横切面（×500），15. 叶尖部细胞（×300）

小反纽藓 *Timmiella diminuta*（Müll. Hal.）Chen，Hedwigia 80：176. 1941. 图 112：11~15

形态特征 密丛集生长。植物体高约 1 cm，锈绿色，下部呈棕褐色。茎单一或束状分枝。叶长舌状披针状形，干燥时卷缩；叶边全缘，仅尖部具细齿；中肋达叶尖。叶中上部细胞双层，多角状圆形，腹面细胞具乳头状突起。孢蒴直立，圆柱形，黄绿色至棕色。蒴柄细长，常弯曲。齿片直立，上部具疣。

生境和分布 生于中等海拔至近 4 000m 的高山林地、具土岩面或林边土壁上。黑龙江、吉林、辽宁、内蒙古、河北、北京、山东、河南、陕西、甘肃、安徽、江苏、湖南、四川、重庆、贵州、云南和西藏；印度有分布。

17 纽藓属 *Tortella*（Lindb.）Limpr.

多大片丛生。植物体形较大，常分枝。叶倾立或背仰，干时强烈卷缩，狭长披针形，上部渐尖；叶边平展或呈波状，全缘或先端具细齿；中肋粗，渐向上趋细，长达叶尖或稍突出。叶上部绿色细胞多边形或圆方形，背腹面均具密疣；基部细胞狭长方形，平滑，透明，与上部细胞明显分界呈 V 形分化的角部。雌雄异株。蒴柄细长。孢蒴直立或倾立，长卵状圆柱形。蒴齿基膜低，长线形，具疣，常向左旋扭。蒴盖长圆锥形。

本属约 50 余种，主要分布南北温带至亚热带地区，稀见于寒带。中国有 3 种。

分种检索表

1. 叶狭长披针形；上部 2 层细胞；易折断……………………………………1. 折叶纽藓 *T. fragilis*
1. 叶狭长带状披针形；上部 1 层细胞；不易折断……………………………2. 长叶纽藓 *T. tortuosa*

折叶纽藓 *Tortella fragilis*（Hook. et Wils.）Limpr.，Laubm. Deutschl. 1：606. 1888. 图 113：1~4

形态特征 密丛集生长。体挺硬，高 2~6 cm，黄绿带棕色，稀分枝，密被黄棕色假根。叶狭长披针形，上部渐尖，由 2~3 层细胞构成，叶尖部硬而易断；叶边全缘；中肋突出叶尖呈短刺。叶上部细胞圆方形至多边形，壁薄，具多个疣；基部细胞长方形，平滑，无色，透明，沿叶边向上形成明显的 V 形分界线。

生境和分布 多见于海拔 2 000 m 以上林内腐木、林边土壁、具土岩面、高山流石滩或沼泽地。内蒙古、河北、山西、山东、河南、陕西、宁夏、甘肃、青海、新疆、湖南、湖北、四川、重庆、贵州、云南、西藏、福建和广西；亚洲东部、欧洲及北美洲有分布。

长叶纽藓 *Tortella tortuosa*（Hedw.）Limpr.，Laubm. Deutschl. 1：604. 1888. 图 113：5~10

形态特征 密丛生。体形略高大，常具分枝。叶狭长带状披针形，常密集丛生茎顶，干时多卷曲；中肋较细，长达叶尖稍下处消失。叶上部绿色细胞多边形或圆方形，单层，具疣；基部细胞长方形，平滑，透明，沿叶边向上延伸呈 V 形分界线。

生境和分布 生于低海拔至约 3 000 m 林内阴湿岩面、林地或沼泽地，也见于腐木或树干上。内蒙古、山西、山东、河南、陕西、宁夏、甘肃、青海、新疆、安徽、江苏、浙江、江西、湖北、四川、重庆、贵州、云南、西藏、福建、台湾和广东；亚洲、俄罗斯（高加索）、欧洲、非洲北部及美洲有分布。

18 墙藓属 *Tortula* Hedw.

密丛集生长。体矮小，色泽鲜绿至红棕色。茎稀叉状分枝，基部具红棕色假根。叶干时旋扭或略皱缩，湿时伸展，卵圆形、倒卵圆形或舌形，尖端圆钝，具小尖头或渐尖，基部有时呈鞘状；叶边全缘，常背卷；中肋粗壮，红棕色，多突出叶尖呈短刺状或白色长毛尖，上部及背面有时具刺状突起。叶上部细胞多角形至圆形，密被疣，稀平滑；基部细胞长方形，透明，平滑；叶边有时具狭长分化边。蒴柄细长。孢蒴长圆柱形，直立或略倾立。蒴齿齿片线形或不规则披针形，密被细疣，多向左旋扭。蒴盖圆锥形，具长喙。蒴帽兜形。

本属约 300 种，多分布温带及暖热带地区。中国约 14 种。

分种检索表

1. 叶边上部强烈背卷，无明显分化的边缘……………………………………1. 泛生墙藓 *T. muralis*
1. 叶边平展、具明显分化的黄色边缘………………………………………… 2. 墙藓 *T. subulata*

泛生墙藓 *Tortula muralis* Hedw., Sp. Musc. Frond. 123. 1801. 图 113：11~13

形态特征 疏丛生。植物体色泽黄绿带红棕色，高可达 15 mm，基部密被假根。叶长卵状舌形，尖部圆钝；叶边全缘，上部背卷；中肋突出叶尖呈短毛状，无色或呈黄棕色。叶上部细胞多角状圆形，背腹面均具马蹄形密疣，不透明；下部细胞呈长方形或六角形，无色透明。蒴柄高 1~2 cm。孢蒴直立，长圆柱形，或略弯曲。蒴齿细长，向左旋扭。

生境和分布 多生于中等海拔至 3 000 m 以上的林地、沟边石灰岩、具土岩面及石墙上。吉林、辽宁、内蒙古、河北、山东、河南、陕西、宁夏、甘肃、青海、新疆、江苏、上海、浙江、江西、湖南、湖北、四川、重庆、贵州、云南、西藏、福建和台湾；日本、俄罗斯（远东地区）、欧洲、非洲北部、美洲有分布。

墙藓 *Tortula subulata* Hedw., Sp. Musc. Frond. 122. 27f. 1-3. 1801. 图 113：14~21

形态特征 丛生。体略粗壮，高约 3 cm。茎稀少分枝，密被叶。茎尖部叶常成莲座状密生，倒卵圆形，或狭长匙形，先端渐尖；叶边由 1~4 列狭长、厚壁细胞形成黄色分化边；中肋突出叶尖成小尖头。上部细胞四边形至六边形，背腹面均密被马蹄形疣；叶基部细胞长方形，透明。蒴柄紫色。孢蒴直立，长圆柱形，长约 8 mm。蒴齿线形，向左旋扭。

生境和分布 常着生山区林地或背阴岩面。河北、河南、甘肃及新疆；土耳其、俄罗

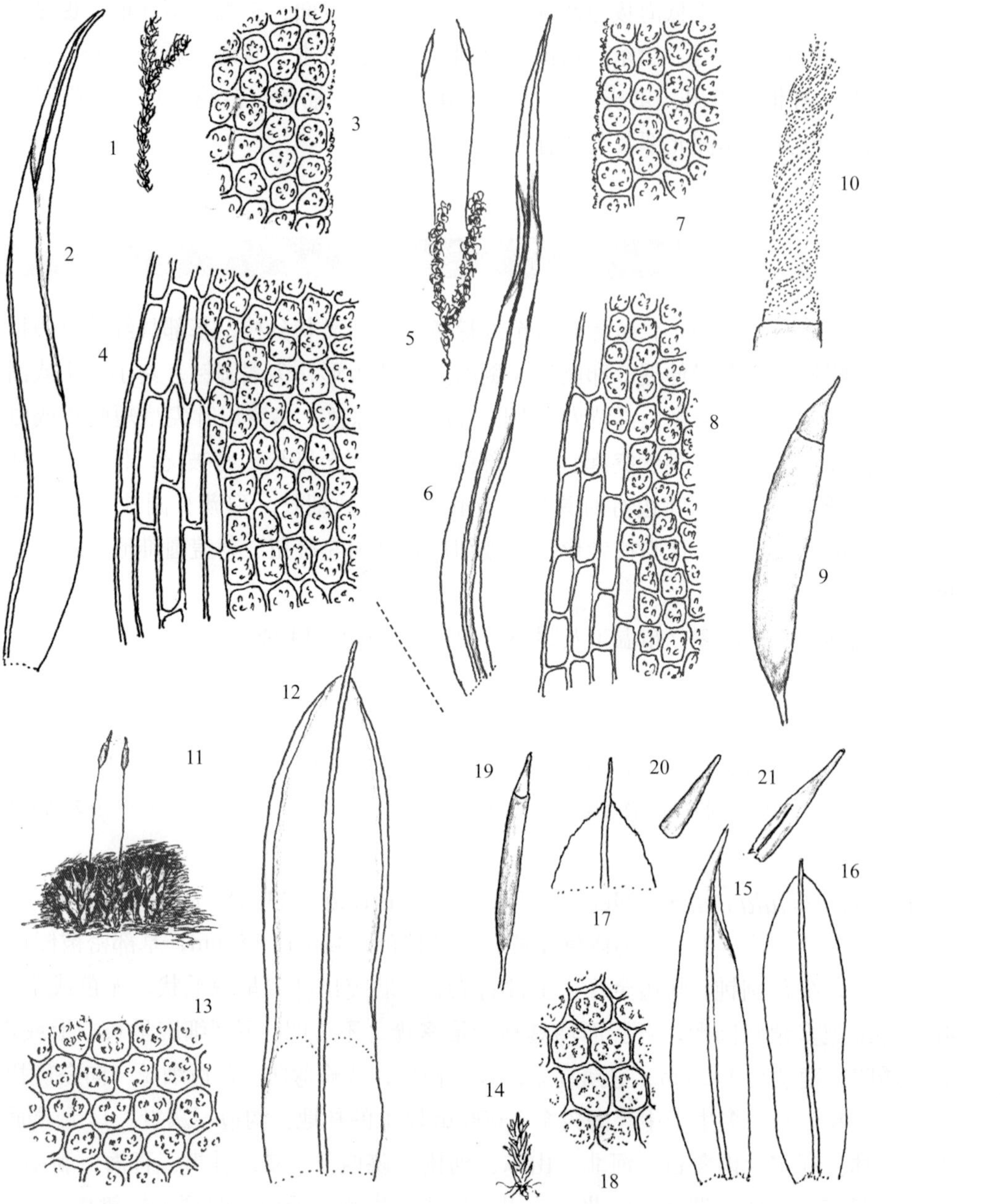

图 113

1~4. **折叶纽藓** *Tortella fragilis*（Hook. et Wils.）Limpr.

1. 植物体（×1），2. 叶（×20），3. 叶中部边缘细胞（×400），4. 叶近基部细胞（×400）

5~10. **长叶纽藓** *Tortella tortuosa*（Hedw.）Limpr.

5. 雌株（×1），6. 叶（×20），7. 叶中部边缘细胞（×400），8. 叶近基部细胞（×400），9. 孢蒴（×12），10. 蒴齿（×40）

11~13. **泛生墙藓** *Tortula muralis* Hedw.

11. 着生石灰岩上的植物群落（×1），12. 叶（×30），13. 叶中部细胞（×300）

14~21. **墙藓** *Tortula subulata* Hedw.

14. 植物体（×1），15，16. 叶（×20），17. 叶尖部（×30），18. 叶中部细胞（×300），19. 孢蒴（×10），20. 蒴盖（×10），21. 蒴帽（×10）

斯（高加索）、欧洲、非洲北部及北美洲有分布。

应用价值 具强抗旱性状，与本属其他种类可用于基因转移试验。

19 小墙藓属 *Weisiopsis* Broth.

密丛集生长。体小，茎单一或具逐年茁生新枝。叶干时卷缩，湿时倾立，椭圆状或卵状舌形，尖端圆钝，或具小尖头，基部两侧具皱褶；叶边全缘，平展；中肋长达叶尖稍下处消失，横切面具背厚壁层。叶上部细胞多边形，胞壁平滑或具疣，有时具乳头状突起；基部细胞平滑。雌雄同株。蒴柄黄色，细长。孢蒴直立，短圆柱形。蒴齿疏短，直立，平滑或具疣。蒴盖呈圆锥形，具直长喙。蒴帽兜形。

本属约 8 种，多分布于亚洲及非洲热带与亚热带。中国 2 种。

东亚小墙藓 *Weisiopsis anomala*（Broth. et Par.）Broth.，Oefv. Foerh. Finsk. Vet.-Soc. Foerh. 62A（9）：9. 1921. 图 114：1~6

形态特征 密丛集生。体绿色或黄绿色。茎高约 1.5 cm，密被假根，上部叶密生。叶狭长椭圆状舌形，基部两侧具深褶，尖端圆钝；叶边全缘，平展；中肋长达叶尖下消失。叶上部细胞不规则多边形，薄壁，具乳头突；叶基部细胞较长大，黄色，平滑。孢蒴直立，卵状圆柱形。齿片短线形，直立，密被细疣。

生境和分布 多低海拔至 2000 m 林地、树干基部或腐木上，也着生具土岩面、岩洞口或石缝中。吉林、辽宁、河北、北京、山东、安徽、江苏、上海、浙江、贵州、云南、西藏、福建、广东和广西；朝鲜及日本有分布。

20 小石藓属 *Weissia* Hedw.

密丛生。体色泽暗绿或鲜绿色。茎短小，稀具分枝，叶簇生茎顶，干时皱缩，长卵圆形、披针形或卵状披针形，尖部狭长，渐尖，或急尖，具小尖头；叶边平展或上部内卷；中肋粗壮，长达叶尖或突出成刺状。叶上部细胞多角状圆形，背腹面均密被马蹄形疣，基部细胞长方形，薄壁，平滑，透明。孢蒴卵状圆柱形或短圆柱形。蒴齿缺失，或正常发育，或形成膜状封闭蒴口，齿片披针形，具横脊并具疣。蒴盖短圆锥形，具斜长喙，稀蒴盖不分化。

本属约 130 种，广布于全球各地。中国有 6 种。

分种检索表

1. 蒴齿齿片短弱；植物体矮小；叶上部渐尖……………………………………………1. 小石藓 *W. controversa*

1. 蒴齿缺失；植物体高约 1 cm；叶尖部狭长……………………………………………2. 缺齿小石藓 *W. edentula*

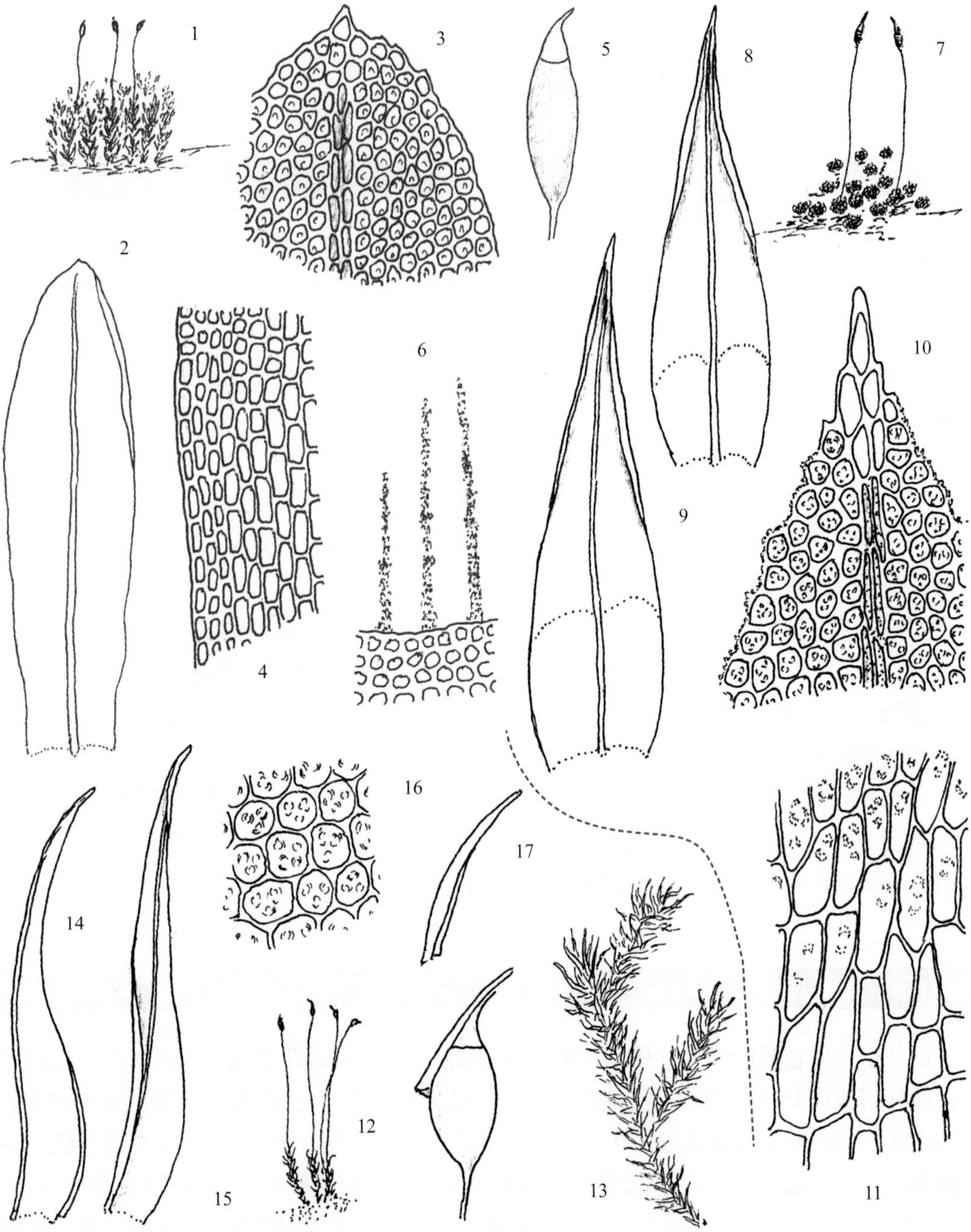

图 114

1~6. 东亚小墙藓 *Weisiopsis anomala*（Broth. et Par.）Broth.

1. 着生具土石上的植物群落（×1），2. 叶（×30），3. 叶尖部细胞（×300），4. 叶基部细胞（×300），5. 孢蒴（×25），6. 蒴齿（×200）

7~11. 小石藓 *Weissia controversa* Hedw.

7. 林地着生的植物群落（×1），8，9. 叶（×30），10. 叶尖部细胞（×350），11. 叶基部细胞（×350）

12~18. 缺齿小石藓 *Weissia edentula* Mitt.

12. 土生植物群落（×1），13. 植物体（×10），14. 雌苞叶（×30），15. 叶（×30），16. 叶中部细胞（×450），17. 蒴帽（×25），18. 孢蒴，上部被覆蒴帽（×25）

小石藓 *Weissia controversa* Hedw., Sp. Musc. Frond. 67. 1801. 图 114：7~11

形态特征 疏丛集呈小片生长。体矮小，绿色或黄绿色。茎稀少分枝。叶狭卵状披针形，上部渐尖；叶上部边内卷；中肋粗壮，突出叶尖呈刺状。叶上部细胞多角状圆形，胞壁薄，每个细胞具数个马蹄形疣；基部细胞长方形，平滑，透明。蒴柄长 5~8 mm。孢蒴直立，卵状圆柱形。齿片短，密被疣。

生境和分布 着生中等海拔至约 3 000 m 以上林地或树干基部、林缘或溪边的具土岩面或土壁上。黑龙江、吉林、辽宁、内蒙古、北京、山西、山东、河南、陕西、宁夏、甘肃、新疆、安徽、江苏、上海、浙江、江西、湖南、湖北、四川、重庆、贵州、云南、西藏、福建、台湾、广东、广西、海南、香港和澳门；亚洲、欧洲、非洲、美洲及大洋洲有分布。

缺齿小石藓 *Weissia edentula* Mitt., Journ. Proc. Linn. Soc. Bot. Suppl. 1：27. 1859. 图 114：12~18

形态特征 密丛集生长。体色泽暗绿。茎常叉状分枝，高约 1 cm，密被叶。叶片干燥时呈波状皱曲，潮湿时倾立，叶基略宽，渐上成披针形；叶边全缘，不强烈内卷；中肋长达叶尖，自叶先端突出成小尖。叶中上部细胞密被马蹄形疣，基部不规则长方形，透明，平滑。孢蒴卵状圆柱形，长 1mm。蒴齿缺失。

生境和分布 生低海拔至约 2 500 m 的林地、林边、树干基部或沟边具土岩面或土壁上。黑龙江、吉林、辽宁、内蒙古、北京、山东、河南、陕西、宁夏、新疆、安徽、江苏、上海、浙江、湖南、四川、重庆、贵州、云南、西藏、福建、台湾、广东和香港；亚洲热带地区分布。

058 缩叶藓科 PTYCHOMITRIACEAE

呈簇状生长。植物体暗绿色或黑绿色。茎直立或倾立，单一或稀疏分枝。叶多列，干燥时强烈卷缩，湿时舒展，披针形；叶边平直，全缘或中上部具齿；中肋强劲，达叶尖或突出，横切面具中央和背腹厚壁层。叶中上部细胞圆方形或近长方形，厚壁，多平滑，有时成波状；基部细胞长方形，壁薄，多呈波状加厚。蒴柄长，直立或湿时扭曲。孢蒴直立，卵圆形或长椭圆形。蒴齿单层，狭披针形或线形，不规则 2~3 裂达近基部，具细密疣。蒴盖圆锥形，具长直喙。蒴帽大，钟帽形，基部有裂瓣。

本科 5 属，主要分布亚热带地区。中国 1 属。

1 缩叶藓属 *Ptychomitrium* Fürnr.

簇状生长。体绿色或暗绿色，无光泽。茎直立，单一或稀分枝，基部有假根，具分化中轴。叶干燥时皱缩，内卷或扭曲，湿时伸展，披针形或卵状披针形；叶边平直，平滑或上部有齿突或粗锯齿；中肋单一达叶尖。叶中上部细胞小，圆方形或近方形，厚壁，有时略呈波状加厚；基部细胞长方形，壁薄或呈波状加厚。雌雄同株。蒴柄直立。孢蒴直立，卵圆形或长椭圆形，表面平滑。蒴齿细长，线形或披针形，2~3 不规则纵裂至近基部，表面具细密疣。蒴盖圆锥形。蒴帽钟帽形，表面具纵褶，平滑，基部有裂瓣。

分种检索表

1. 叶边全缘或具齿；蒴帽覆盖至孢蒴基部……2
1. 叶上部边缘具粗齿；蒴帽仅覆盖至孢蒴中部……3
2. 孢蒴环带分化；叶卵状披针形……1. 中华缩叶藓 *P. sinense*
2. 孢蒴环带不分化；叶卵状长披针形……2. 东亚缩叶藓 *P. fauriei*
3. 叶基部卵形或长椭圆形，具锐尖……5. 狭叶缩叶藓 *P. linearifolium*
3. 叶阔卵状舌形或长卵形，具钝端……4
4. 叶上部宽阔，叶边具尖齿；孢蒴长圆柱形；蒴齿 2 裂……3. 齿边缩叶藓 *P. dentatum*
4. 叶上部狭窄，叶边具钝齿；孢蒴圆卵形；蒴齿 3 裂……4. 威氏缩叶藓 *P. wilsonii*

中华缩叶藓 *Ptychomitrium sinense*（Mitt.）Jaeg.，Ber. S. Gall. Naturw. Ges. 1872-73 ：104. 1874. 图 115：1~6

形态特征 小形簇状丛生。体高 0.2~1.1 cm，绿色至褐绿色。茎单一或稀分枝。叶干时强烈卷缩，湿时伸展，卵状披针形，先端略内凹；中肋强劲，达叶尖；叶边平直。叶上部细胞不透明，圆方形至近方形，厚壁；基部短长方形至长方形，壁薄，透明。蒴柄长 2~9 mm，黄褐色。孢蒴直立，长椭圆形或长圆柱形，蒴齿单层，淡黄色，短线状披针形，两裂达基部，具密疣。

生境和分布 喜生于花岗石岩面。黑龙江、吉林、辽宁、河北、山东、河南、陕西、江苏、浙江、湖北和湖南；朝鲜、日本及北美洲有分布。

东亚缩叶藓 *Ptychomitrium fauriei* Besch.，Journ. de Bot. 12：297. 1898. 图 115：7~11

形态特征 簇状生长。高约 1 cm，暗绿或黑绿色。茎单一或稀分枝。叶干时略扭曲，湿时倾立，基部卵形，向上急成狭披针形，上部内凹；中肋单一，达叶尖；叶边平直。叶上部细胞小，不透明，圆方形，厚壁；中部细胞短长方形，壁厚；基部长方形至狭长方形。蒴柄直立，红褐色，长 3~4 mm，上部扭曲。孢蒴直立，长卵形至长圆柱形，黄褐色，长约 1 mm。蒴齿单层，长线形，两裂至近基部，表面具细疣。

生境和分布 生于高山岩石面。安徽、浙江、云南和西藏；朝鲜及日本有分布。

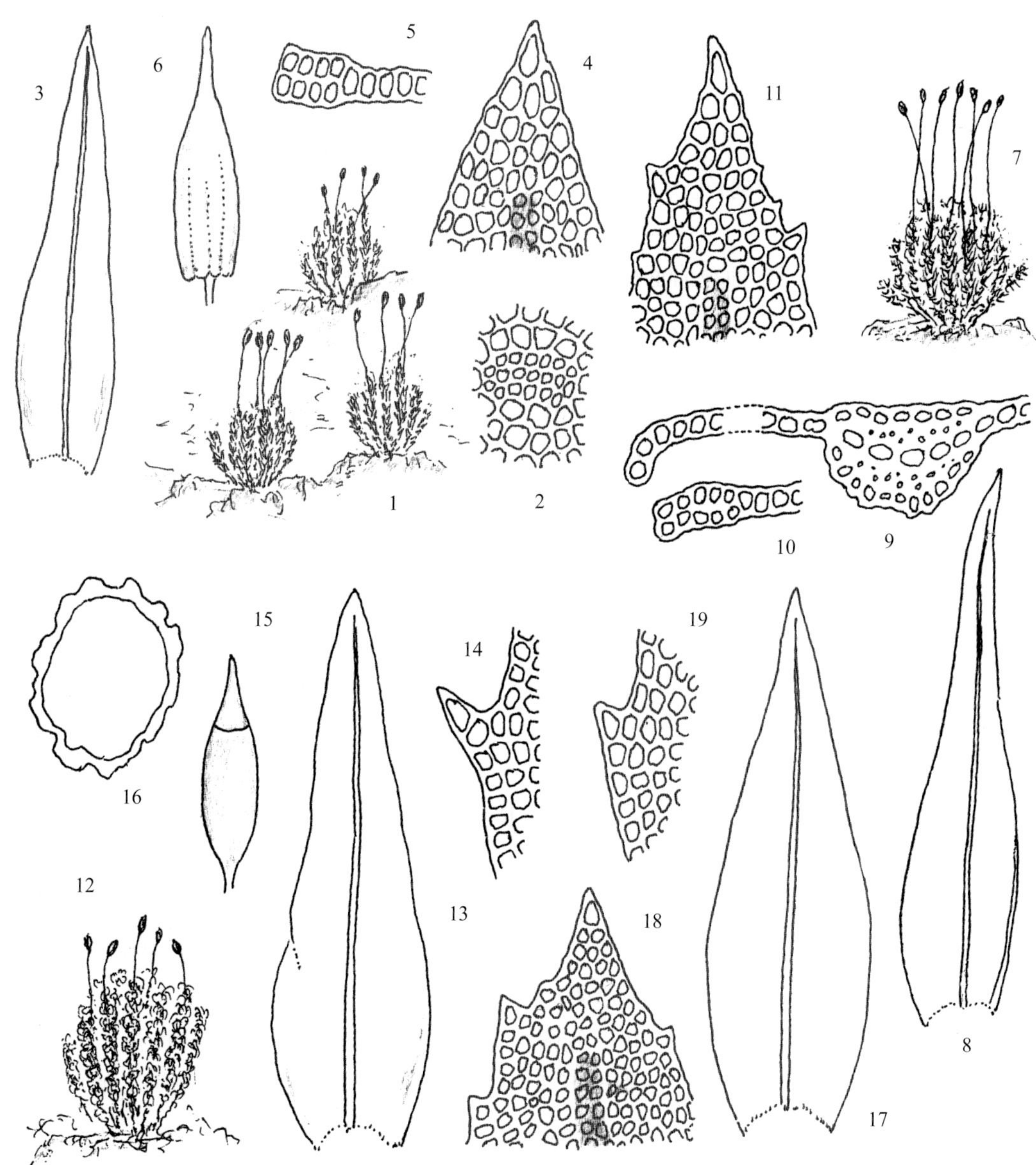

图 115

1~6. 中华缩叶藓 *Ptychomitrium sinense*（Mitt.）Jaeg.

1. 着生开旷岩面的植物群落（×1），2. 茎横切面的一部分，示具分化中轴（×150），3. 叶（×12），4. 叶尖部细胞（×250），5. 叶中部边缘细胞的横切面（×200），6. 孢蒴，被蒴帽包覆（×12）

7~11. 东亚缩叶藓 *Ptychomitrium fauriei* Besch.

7. 着生石面的植物群落（×1），8. 叶（×20），9. 叶近基部的横切面（×200），10. 叶上部边缘的横切面（×200），11. 叶尖部细胞（×250）

12~16. 齿边缩叶藓 *Ptychomitrium dentatum*（Mitt.）Jaeg.

12. 着生石面的植物群落（×1），13. 叶（×20），14. 叶中部边缘细胞（×250），15. 孢蒴（×12），16. 蒴帽的横切面（×40）

17~19. 威氏缩叶藓 *Ptychomitrium wilsonii* Sull. et Lesq.

17. 叶（×15），18. 叶尖部细胞（×250），19. 叶中部边缘细胞（×250）

齿边缩叶藓 *Ptychomitrium dentatum*（Mitt.）Jaeg.，Ber. S. Gall. Naturw. Ges. 1872-1873：102. 1874. 图 115：12~16

形态特征 簇生，绿色或黄绿色，高 1~3 cm。茎直立或倾立，多叉状分枝。叶干时略卷曲，湿时伸展，舌形或阔披针形，先端尖锐；中肋在叶尖前消失；叶边下部背卷，中上部具尖齿。叶中上部细胞不透明，圆方形或近方形，略厚；基部细胞长方形至短长方形，薄壁。蒴柄直立，黄褐色。孢蒴直立，长椭圆形。蒴齿红褐色，狭披针形，两裂达基部，表面具细密疣。

生境和分布 生于岩面或岩面薄土。河南、山西、青海、安徽、浙江、福建、江西、湖南、广西和四川；日本有分布。

威氏缩叶藓 *Ptychomitrium wilsonii* Sull. et Lesq.，Proc. Am. Ac. Arts Sci. 4：277. 1859. 图 115：17~19

形态特征 簇生。体高 1~1.5 cm，下部呈黑色。茎单一或上部叉状分枝。干时松散扭曲，卵状披针形或卵状舌形，先端粗钝；中肋达叶尖；叶边平直，中上部具多细胞粗齿。叶上部细胞不透明，圆方形，厚壁；基部长方形，透明，角部呈褐色。蒴柄直立，黄色，长 4~5 mm。孢蒴直立，卵圆形。蒴齿披针形，3 裂至近基部，具细密疣。

生境和分布 生于山地岩面。江苏、安徽、浙江、福建、江西、湖南、广东和广西；日本有分布。

狭叶缩叶藓 *Ptychomitrium linearifolium* Reim. et Sak.，Jahrb. 64：539. 1931. 图 116：1~9

形态特征 簇状生长。体形粗壮，高 3 cm，绿色或黄绿色。茎单一或叉状分枝。叶干时上部卷曲，湿时倾立，上部狭长，先端尖锐，下部内凹；中肋单一，达叶尖；叶边下部略背卷，上部有粗齿。叶上部细胞不透明，圆方形，厚壁；基部细胞长方形，近边略狭长，薄壁，透明。蒴柄直立，长 4~5 mm。孢蒴直立，椭圆形至长椭圆形，黄褐色，长 1.5~2 mm。蒴齿红褐色，细长披针形，2 裂至下部，有穿孔，表面具细密疣。蒴盖具长直喙。

生境和分布 生于山地溪边开阔岩面。河北、山西、陕西、安徽、浙江、福建、江西、湖北、湖南和云南；日本有分布。

059 紫萼藓科 GRIMMIACEAE

植株深绿色或黄绿色，裸岩或砂土上生。茎直立或倾立，两叉或多分枝，具假根。叶多列密生，干时有时扭曲，披针形、狭长披针形，稀卵圆形，先端具白色透明毛尖，或圆钝；叶边平直或背卷；中肋单一，强劲，达叶尖或在叶尖前消失。叶中上部细胞圆方形或不规则方形，壁厚，不透明，平滑或具疣，有时呈波状加厚；叶基部细胞短长方形或长方形，壁薄或波状加厚；角细胞不分化。蒴柄长短不一，直立或弯曲。孢蒴隐生或高出，直立或倾立，圆球形至长圆柱形。蒴盖具长或短喙。孢蒴壁上部平滑。蒴齿单层，齿片16，披针形或线形，2~4 裂，有时具穿孔，表面具密疣。蒴帽钟形或兜形。孢子小，圆球形，多数表面具疣。

本科 10 属，主要分布寒温地区，也见于亚热带高海拔山区。中国 7 属。

分属检索表

1. 植物体小，细弱；叶上部内卷或平展；蒴帽大，几全覆盖孢蒴，表面具纵褶 ……2
1. 植物体中等或粗壮；叶上部内凹或背突；蒴帽小，覆盖蒴盖或孢蒴上部，表面平滑 ……3
2. 叶上部平展，具白色透明毛尖……1. 缨齿藓属 *Jaffueliobryum*
2. 叶上部强烈内卷，无白色透明毛尖……2. 旱藓属 *Indusiella*
3. 茎单一或叉状分枝；基部细胞方至长方形，胞壁平或略波状；蒴齿不开裂或上部 2 裂 ……4
3. 茎具多数短分枝；叶基部细胞线形，胞壁强烈波状加厚，具壁孔；蒴齿 2 裂至基部 ……5
4. 蒴轴脱落时不与蒴盖相连；蒴帽包覆蒴盖和孢蒴上部；环带多分化 ……3. 紫萼藓属 *Grimmia*
4. 蒴轴脱落时与蒴盖相连；蒴帽小，仅包覆蒴盖；环带不分化 ……4. 连轴藓属 *Schistidinm*
5. 叶无白色透明毛尖，稀具极短透明尖；叶细胞壁具细密疣……6. 无尖藓属 *Codriophorus*
5. 叶多具白色透明毛尖；叶细胞平滑或具粗疣……6
6. 叶细胞多数平滑，稀具疣状突起……5. 砂藓属 *Racomitrium*
6. 叶细胞具明显粗疣……7. 长齿藓属 *Niphotrichum*

1 缨齿藓属 *Jaffueliobryum* Thér.

密丛生。植物体小，灰绿色。茎直立，分枝多，密生叶后呈圆条状。叶覆瓦状排列，湿润时展开，卵形或椭圆形，先端急狭收缩成细长白色毛尖；叶边平直或基部内卷；中肋单一，粗壮，突出叶尖成毛状。叶基部细胞长方形或近方形；上部方形或不规则多边形，厚壁，平滑，有时边缘具数列白色透明细胞。雌雄同株。蒴柄短于孢蒴，直立。孢蒴隐

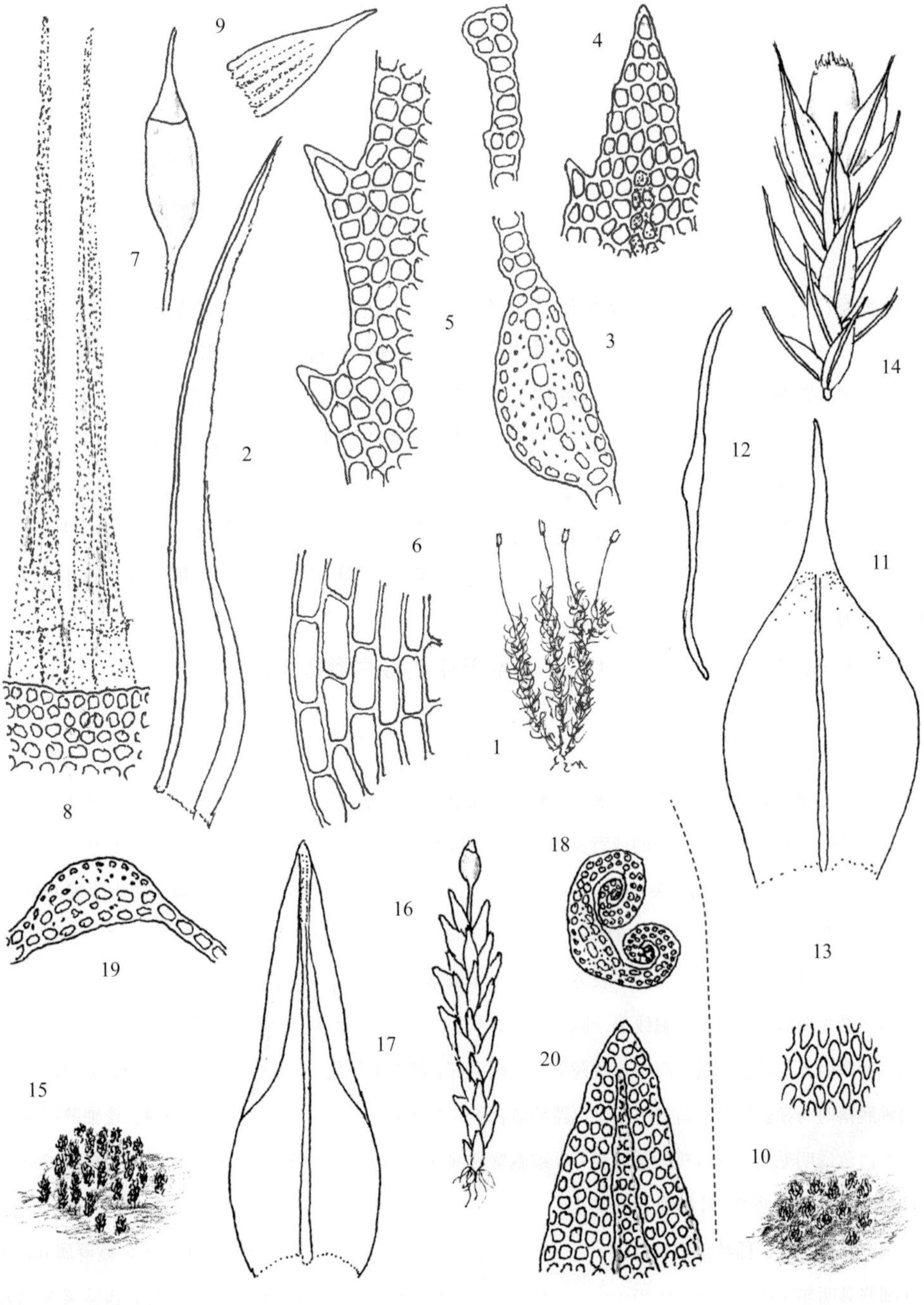

图 116

1~9. 狭叶缩叶藓 *Ptychomitrium linearifolium* Reim. et Sak.

1. 雌株（×1），2. 叶（×20），3. 叶横切面的一部分（×250），4. 叶尖部细胞（×250），5. 叶上部边缘细胞（×250），6. 叶基部细胞（×250），7. 孢蒴（×15），8 蒴齿（×200），9. 蒴帽（×15）

10~14. 缨齿藓 *Jaffueliobryum wrightii*（Sull.）Thér.

10. 高寒山地生长的植物群落（×1），11. 叶（×40），12. 叶的横切面（×50），13. 叶上部细胞（×120），14. 雌株的上部（×10）

15~20. 旱藓 *Indusiella thianschanica* Broth. et Müll. Hal.

15. 干旱山地散生的植物群落（×1），16. 雌株（×8），17. 叶（×40），18. 叶的横切面（×40），19. 叶中肋的横切面（×40），20. 叶尖部细胞（×120）

生，卵形或阔椭圆形。蒴帽大，钟状，几乎覆盖全孢蒴，有纵褶，平滑，基部具裂瓣。蒴齿披针形，上部 3~4 裂，有穿孔，具密疣。

本属 4 种，主要分布寒温地区。中国 1 种。

缨齿藓 *Jaffueliobryum wrightii*（Sull.）Thér.，Rev. Bryol. n. s. 1：193. 1928. 图 116：10~14

形态特征　密集垫状丛生。植物体高 0.5~2.0 cm，黄绿色或褐色。茎直立，具分枝，中轴分化。叶长卵形，内凹，先端具白色透明毛尖；叶边平直。叶上部细胞方形或圆六边形，具叶绿体，厚壁；近边缘 3~4 列细胞长方形，透明，薄壁；基部细胞短长方形或长方形，略透明。孢蒴蒴齿披针形，表面具疣。蒴盖具短钝喙。

生境和分布　生于海拔 1200~4500 m 干旱高山地区岩面薄砂土或开阔山坡上。内蒙古、新疆和西藏；蒙古、俄罗斯（远东地区）、美国、墨西哥及玻利维亚有分布。

应用价值　具强抗旱性状，为荒漠地区恢复生态的苔藓植物之一。

2 旱藓属 *Indusiella* Broth. et Müll.Hal.

丛集生长。体形小，挺硬，高 7~9 mm，上部黑绿色，下部褐色。茎直立，上部分枝，具分化中轴。叶干时挺硬，贴茎，基部鞘状，上部叶边内卷呈筒状，先端圆钝；中肋单一，强劲，及顶，基部占叶宽度的 1/3~1/4；叶边上部强烈内卷，细胞 2 层，背面细胞小，厚壁，不规则方形；腹面细胞大，薄壁，不规则方形或长方形；基部方形或长方形，厚壁，略透明。雌雄同株。蒴柄短，直立。孢蒴近球形或阔卵形，表面平滑。蒴齿披针形，上部 2~3 裂，有时具穿孔，具密疣。蒴盖具短钝喙。蒴帽钟帽状，覆盖孢蒴的大部分，具纵褶。

本属 1 种，主要分布寒温地区。中国 1 种

旱藓 *Indusiella thianschanica* Broth. et Müll. Hal.，Bot. Centralbl. 75（11）：322. 1898. 图 116：15~20

形态特征　种的形态特征同属。

生境和分布　生于干旱高山地区的干燥、裸露岩石面或岩面薄土。内蒙古、新疆和西藏；蒙古、俄罗斯（高加索）、美国（阿拉斯加）及非洲北部（乍得）有分布。

应用价值　具较强抗旱特性的苔藓植物，有助于荒漠地区恢复生态。

3 紫萼藓属 *Grimmia* Hedw.

密集垫状丛生。植物体深绿色至紫黑色。茎稀疏分枝或叉状分枝。叶干时贴生，有时扭曲，湿时伸展，卵形、卵状披针形或长披针形，上部内凹或呈龙骨状突起，尖部有时具白色透明毛尖；叶边平直或背卷；中肋单一，粗壮，及顶或在叶尖前消失。叶上部细胞不

规则方形或短长方形，1~4 层，不透明，厚壁，基部边缘细胞近方形至长方形，薄壁或具加厚的纵壁；中肋两侧细胞长方形，壁薄或波状加厚。蒴柄长或短于孢蒴，直立或弯曲。孢蒴直立或垂倾，隐生或高出于雌苞叶，近球形或长卵形，有时呈圆柱形，表面平滑或具纵褶。蒴齿单层，齿片 16，披针形至狭披针形，上部不规则开裂，具穿孔，表面具密疣。蒴帽较小，覆盖孢蒴上部，钟帽形或兜形。表面多具细疣。

本属约 110 种，主要分布寒温地区。中国 26 种

分种检索表

1. 蒴柄短于孢蒴，孢蒴隐生；叶具白色透明毛尖 ………… 2. 毛尖紫萼藓 *G. pilifera*

1. 蒴柄长于孢蒴；孢蒴高出雌苞叶；叶具白色透明毛尖或缺失 ………… 2

2. 蒴柄湿润时弯曲；孢蒴平列，表面具纵褶，叶上部细胞多层 ………… 6. 直叶紫萼藓 *G. elatior*

2. 蒴柄湿润时直立；孢蒴直立，表面平滑，叶上部细胞 1~2 层 ………… 3

3. 叶内凹；中肋扁平 ………… 4

3. 叶龙骨状向背面突起；中肋背部凸起 ………… 5

4. 植物体粗壮，高达 3 cm；叶卵状披针形 ………… 4. 卵叶紫萼藓 *G. ovalis*

4. 植物体矮小，高仅 1.5 cm；叶长卵形 ………… 5. 阔叶紫萼藓 *G. laevigata*

5. 叶边背卷，叶边细胞 2 层，基部细胞波形壁 ………… 1. 近缘紫萼藓 *G. longirostris*

5. 叶边平直，叶边细胞 1~2 层，基部近边缘细胞厚横壁 ………… 3. 高山紫萼藓 *G.montana*

近缘紫萼藓 *Grimmia longirostris* Hook.，Musci Exot. 1：62.1818. 图 117：1~6

形态特征 密集丛生。黄绿至褐绿色。茎达 3 cm，具中轴。叶覆瓦状排列，披针形，龙骨状背凸，先端具白色透明毛尖；叶边一侧背卷；中肋及顶或突出叶尖。叶上部两层细胞，不规则圆方形，厚壁；基部中间细胞长方形，壁波状加厚；基部边缘细胞长方形，透明，横壁厚于纵壁。蒴柄黄褐色，2~5 cm，直立。孢蒴高出雌苞叶，长卵形。蒴齿披针形，黄色或红褐色，上部 2~3 裂，具穿孔和细疣，下部平滑。

生境和分布 多生于高海拔地区开阔干燥山坡或亚高山林带裸露花岗岩上。黑龙江、吉林、山西、河南、陕西、新疆、安徽、四川、云南、西藏、台湾和广西；喜马拉雅山地区、日本、巴布亚新几内亚、俄罗斯、欧洲、北美洲和非洲北部有分布。

毛尖紫萼藓 *Grimmia pilifera* P. Beauv.，Prodr. 58. 1805. 图 117：7~12

形态特征 稀疏片状丛生。体形粗壮，黄绿或绿色，至深绿或近黑色。茎高 3~4（5）cm，中轴不分化。叶稀疏贴生，基部卵形，向上长披针形，背面凸起，先端具透明白色毛尖；叶中下部背卷，上部两层细胞；中肋及顶。上部细胞不透明，方形，波状厚壁；中部短长方形，薄壁，基部中间长方形，波状厚壁。

生境和分布 生于不同海拔裸露、光照强烈的花岗岩石上或林下石上。黑龙江、吉林、辽宁、内蒙古、河北、北京、山西、山东、河南、陕西、青海、新疆、安徽、江苏、

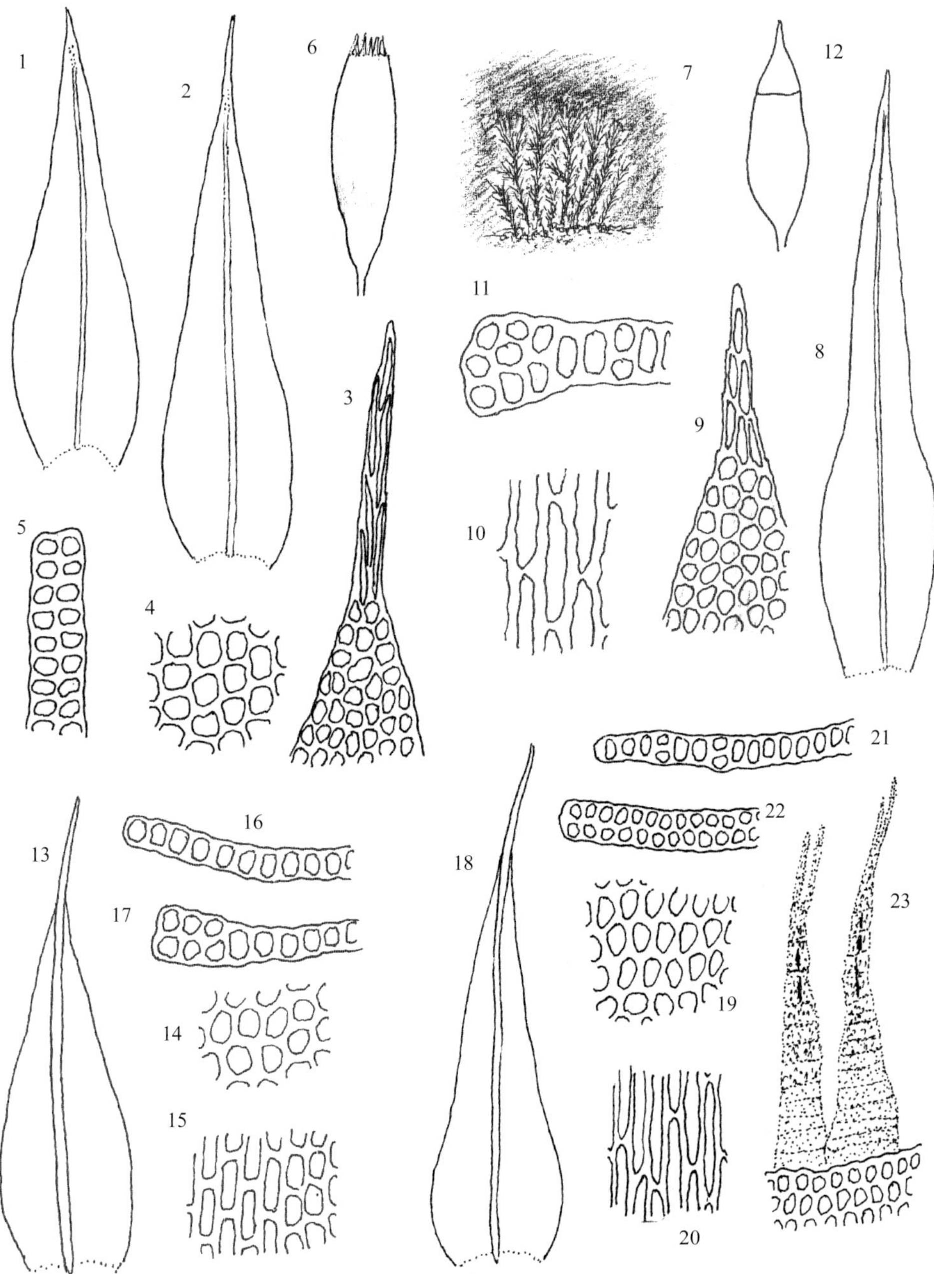

图 117

1~6. 近缘紫萼藓 *Grimmia longirostris* Hook.

1, 2. 叶（×25）, 3. 叶尖部细胞（×300）, 4. 叶中部细胞（×500）, 5. 叶边的横切面（×300）, 6. 已开裂的孢蒴（×30）

7~12. 毛尖紫萼藓 *Grimmia pilifera* P. Beauv.

7. 着生阴湿石上的植物群落（×1）, 8. 叶（×25）, 9. 叶尖部细胞（×300）, 10. 叶基部细胞（×500）, 11. 叶边的横切面（×500）, 12. 孢蒴（×20）

13~17. 高山紫萼藓 *Grimmia montana* Bruch et Schimp.

13. 叶（×25）, 14. 叶中部细胞（×400）, 15. 叶基部细胞（×400）, 16, 17. 叶边的横切面（×300）

18~23. 卵叶紫萼藓 *Grimmia ovalis*（Hedw.）Lindb.

18. 叶（×25）, 19. 叶中部细胞（×400）, 20. 叶基部细胞（×400）, 21, 22. 叶边的横切面（×300）, 23. 蒴齿（×200）

上海、浙江、江西、湖南、四川、重庆、云南、西藏和福建；日本、朝鲜、印度、俄罗斯（远东地区）及北美洲有分布。

应用价值 具强抗寒旱性状，与本属其他种类可用于基因转移试验。

高山紫萼藓 *Grimmia montana* Bruch et Schimp. in Bruch et Schimp., Bryol. Eur. 3：128.1845. 图 117：13~17

形态特征 垫状丛生，绿色或褐绿色。茎高约 1.5 cm，稀疏分枝，中轴略分化。叶基部卵形，向上呈披针形，尖部透明白色毛尖具刺；叶边平直，上部 2 层细胞；中肋及顶。叶上部细胞部两层，不透明，圆方形，厚壁；基部边缘短长方形，略透明，横壁厚于纵壁；基部中间长方形，具厚壁，平直或波状。

生境和分布 生于海拔 500~4700 m 的花岗岩石或岩面薄土。黑龙江、吉林、安徽、广西和西藏；朝鲜、欧洲及北美洲有分布。

卵叶紫萼藓 *Grimmia ovalis*（Hedw.）Lindb., Acta Soc. Sci. Fenn.10：75. 1871. 图 117：18~23

形态特征 稀疏丛生。粗壮，上部绿或黄绿色，下部深褐色。茎高 3 cm，中轴分化。叶基部卵形，向上披针形，不呈龙骨状，先端白色透明毛尖具齿；叶边平直或内曲；中肋向上渐窄，及顶。叶上部细胞 2~3 层，不透明，不规则方形，厚壁；中部略长，波状厚壁；基部边缘短长方形，横壁厚；中间细胞长方形，强烈波状。

生境和分布 生于海拔 2200~3300 m 高山地区岩面，稀见于岩面薄土。黑龙江、吉林、陕西、新疆、四川、云南和西藏；尼泊尔、印度、巴基斯坦、俄罗斯（远东地区）、欧洲、北美洲、澳大利亚及非洲有分布。

阔叶紫萼藓 *Grimmia laevigata*（Brid.）Brid., Bryol. Univ. 1：183. 1826. 图 118：1~8

形态特征 密集丛生。深绿或深褐色。高 1.5 cm，中轴分化。叶先端透明白色毛尖具齿，下部叶小，无毛尖或具短毛尖；叶边平直，全缘；中肋细弱，基部宽，在叶尖前消失。叶上部细胞 2 层，不透明，不规则圆方形，厚壁；基部近叶边细胞方形，横壁厚于纵壁；基部中肋两侧细胞长方形。

生境和分布 生于高海拔地区干燥裸露花岗岩或岩面薄土。河北、陕西、甘肃、浙江、四川、云南和西藏；蒙古、印度、巴基斯坦、斯里兰卡、新西兰、塔斯马尼亚、欧洲、北美洲及非洲有分布。

直叶紫萼藓 *Grimmia elatior* Bruch ex Bals. et De Not., Mem. R. Acc. Sc. Torino 40：340.1838. 图 118：9~13

形态特征 稀疏片状丛生。粗壮，黄绿色至深褐色。茎高 5~6 cm，具分化中轴。叶基长卵形，向上长披针形，龙骨状背凸，先端白色透明毛尖平滑或具疏齿；叶边一侧强烈

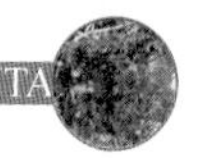

背卷；中肋粗壮，突出叶尖。叶上部细胞 2~4 层，不透明，圆方形，厚壁，具疣；叶中部细胞短长方形，波状厚壁；基部长方形，中肋两侧强烈波状加厚。雌雄异株。蒴柄弯曲，长 2~3 mm，黄褐色。孢蒴平列或下倾，椭圆形，红褐色，干时具纵褶。

生境和分布 生于非钙性岩石或岩面薄土上。河北、河南、陕西、甘肃、新疆和福建；俄罗斯、欧洲及北美洲有分布。

4 连轴藓属 *Schistidium* Brid.

丛集生长。植株绿色、黄绿色或红褐色。茎多数叉状分枝。叶干时贴生，湿时伸展，披针形至卵状披针形，上部向背面凸，尖部无或有白色透明毛尖；叶边一侧或两侧背卷，有时上部由两层细胞组成；中肋单一，强劲及顶或在先端前消失，背部有时具疣。叶上部细胞不规则方形，多单层，厚壁，有时呈波状，平滑；基部细胞短长方形，略呈波状加厚。雌苞叶明显大于茎叶。雌雄同株。蒴柄短，直立。孢蒴隐生，球形至长卵形，表面平滑。蒴齿单层，齿片 16，稀退化，披针形至狭披针形，上部不规则开裂，具穿孔，表面具密疣。蒴盖具短钝喙，与蒴轴相连。蒴帽小，兜形或钟帽形。

本属 110 种，主要分布寒温地区。中国 9 种。

分种检索表

1. 植物体绿色至黄绿色，密集垫状生长；叶中肋背部平滑 ································ 1. 圆蒴连轴藓 *S. apocarpum*
1. 植物体多红褐色，稀疏丛生；叶中肋背部明显具疣 ··· 2. 粗疣连轴藓 *S. strictum*

圆蒴连轴藓 *Schistidium apocarpum*（Hedw.）Bruch et Schimp. in Bruch et Schimp., Bryol. Eur. 3：99. 1845. 图 118：14~18

形态特征 密集垫状丛生。体形中等，绿色或深绿色。茎具分化的中轴。叶披针形，先端具白色透明毛尖；叶边一侧或两侧背卷，上部 2 层；中肋强劲，在叶尖前消失，背面平滑。叶上部细胞不规则圆方形，单层；基部近边缘细胞短长方形，略波状厚壁；基部中肋两侧长方形，壁平直。孢蒴椭圆形或长卵形。

生境和分布 喜生于碱性基质岩石间，也见于酸性石上。黑龙江、台湾、湖北、贵州、四川和西藏；广布世界各地。

粗疣连轴藓 *Schistidium strictum*（Turn.）Loeske ex Mart., K. Svensk. Vet. AK. Nat. 14：110.1956. 图 118：19~21

形态特征 稀疏丛生。纤细，红色、红褐色至深褐色。茎高 8 cm，具分枝，中轴分化。叶卵状披针形，上部龙骨状背凸，先端白色透明毛尖具齿；叶边两侧背卷，上部 2 层；中肋及顶，背面具疣状突起。叶上部细胞短长方形，波状厚壁；基部近边缘细胞长方形，壁均匀加厚；中肋两侧细胞长方形，厚壁，平直或略波状。

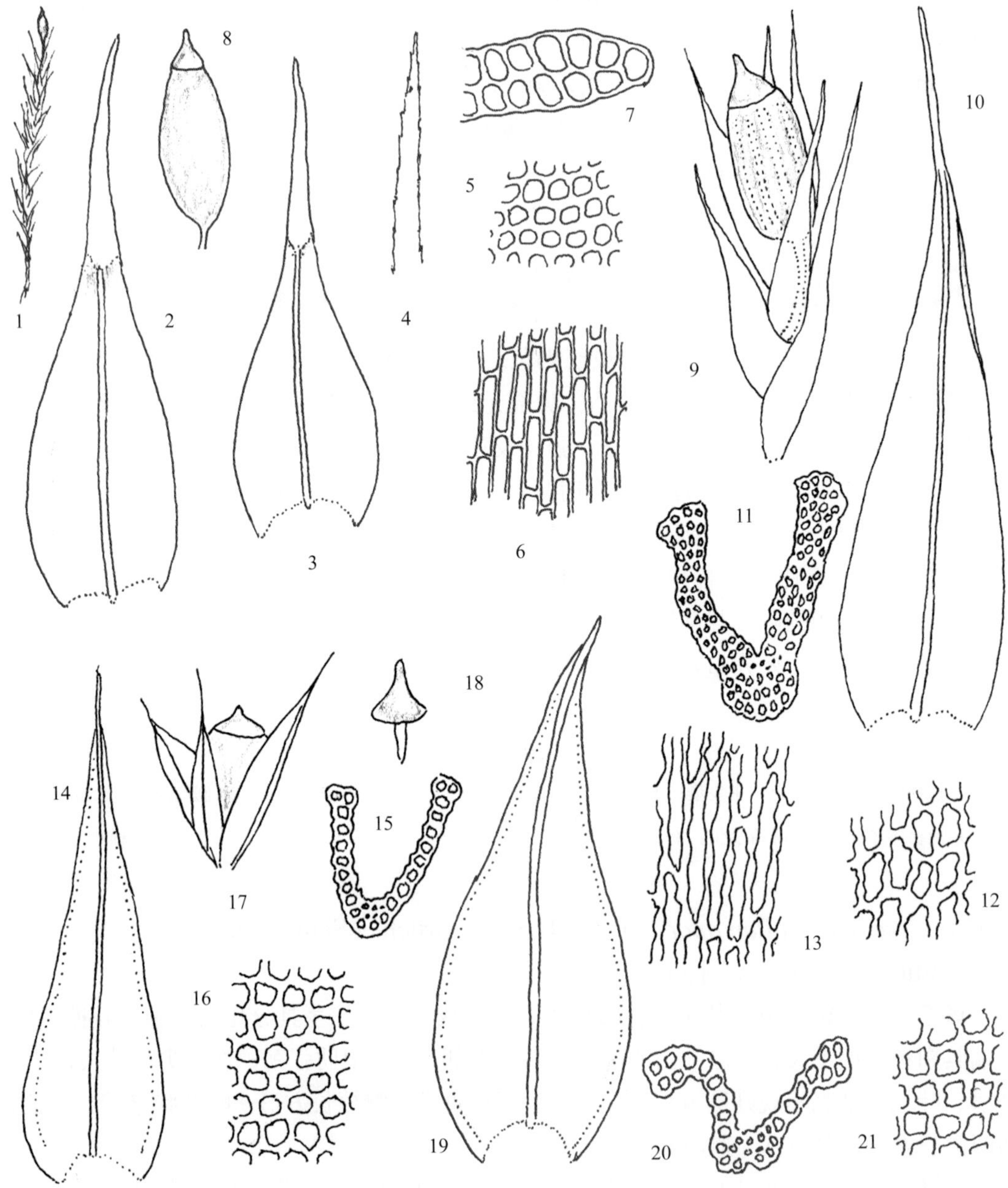

1
2
3
4
5
6
7
8
9
10
11
12
13
14
15
16
17
18
19
20
21

图 118

1~8. 阔叶紫萼藓 *Grimmia laevigata*（Brid.）Brid.

1. 雌株（×3），2，3. 叶（×30），4. 叶尖部（×60），5. 叶上部细胞（×250），6. 叶基部近中肋细胞（×250），7. 叶边的横切面（×500），8. 孢蒴（×15）

9~13. 直叶紫萼藓 *Grimmia elatior* Bruch ex Bals. et De Not.

9. 雌株上部（×15），10. 叶（×25），11. 叶的横切面（×150），12. 叶上部细胞（×300），13. 叶基部近中肋细胞（×300）

14~18. 圆蒴连轴藓 *Schistidium apocarpum*（Hedw.）Bruch et Schimp.

14. 叶（×40），15. 叶的横切面（×200），16. 叶上部细胞（×300），17. 雌苞（×15），18. 蒴盖及蒴轴（×15）

19~21. 粗疣连轴藓 *Schistidium strictum*（Turn.）Loeske ex Mart.

19. 叶（×40），20. 叶的横切面（×200），21. 叶基部外侧细胞（×300）

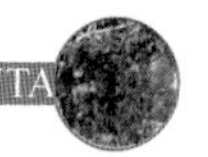

生境和分布 林地岩面或岩面薄土。黑龙江、吉林、辽宁、内蒙古、河北、陕西、宁夏、青海、新疆、浙江、湖南、湖北、四川、重庆、云南、西藏和台湾；日本、印度、喜马拉雅山地区、亚洲中部、俄罗斯（远东地区）、欧洲、北美洲、危地马拉及美国（夏威夷）有分布。

5 砂藓属 *Racomitrium* Brid.

密集生长或稀疏丛生。植株黄绿色、深绿色或褐绿色。主茎横生或倾立；无中轴，多侧生短枝。叶干时扭曲或向一侧偏斜，湿时倾立，卵状披针形或长披针形，先端有白色透明毛尖。叶边背卷，单层或 2 层细胞；中肋单一，粗壮，及顶。叶细胞多单层，上部细胞短长方形，基部细胞狭长方形，胞壁强烈波状加厚，平滑或具粗密疣；角部细胞有时分化，由大型薄壁细胞或单列平直透明细胞组成。孢蒴高出于雌苞叶，卵圆形或圆柱形，表面平滑。蒴齿单层，齿片 16，线形或狭披针形，两裂至基部，表面具密疣。环带分化。蒴盖具细长喙。蒴帽长帽形，基部瓣裂。

本属 60 种，主要分布寒温地区。中国 12 种。

分种检索表

1. 叶先端白色毛尖具粗密疣，基部长下延 ………… 1. 长毛砂藓 *R. lanuginosum*
1. 叶先端白色毛尖平滑或具疣，基部不下延或略下延 ………… 2. 异枝砂藓 *R. heterostichum*

长毛砂藓 *Racomitrium lanuginosum*（Hedw.）Brid., Mant. Musc. 79. 1819. 图 119：5~9

形态特征 大片疏松丛集生长。体形粗壮，褐绿色或灰绿色。茎匍匐，高 6~8 cm，具多数叉状分枝。叶干燥时一侧偏斜，湿润时倾立，基部长卵形，向上呈披针形，向背面突起，先端具白色透明毛尖，边缘密被粗疣和斜齿；叶边一侧背卷；中肋单一，强劲，及顶。叶细胞平滑无疣，胞壁强烈波状加厚；中上部细胞长方形；基部细胞长方形或狭长方形；近平直边缘一侧常见有一列长方至狭长方形细胞，薄壁，透明。

生境和分布 生于高山地区岩石或砂地山坡上。吉林、安徽、台湾和西藏；世界广布。

异枝砂藓 *Racomitrium heterostichum*（Hedw.）Brid., Mant. Musc.79. 1819. 图 119：10~15

形态特征 密集垫状丛生。植物体上部黄绿色，下部深褐色或黑褐色，具白色毛尖时呈灰白色。主茎长达 8~10 cm，具多数密集长和短分枝。叶卵状披针形，有时一侧偏斜，先端白色透明毛尖细长，常具刺状齿突；叶缘两侧背卷；中肋粗壮，及顶。叶细胞胞壁波状或强烈波状加厚；中上部细胞方形；基部细胞长方形；角部细胞分化不明显。

生境和分布 生于低地或低海拔山区岩面。吉林、陕西、台湾和四川；日本、欧洲西部、北美洲及非洲北部有分布。

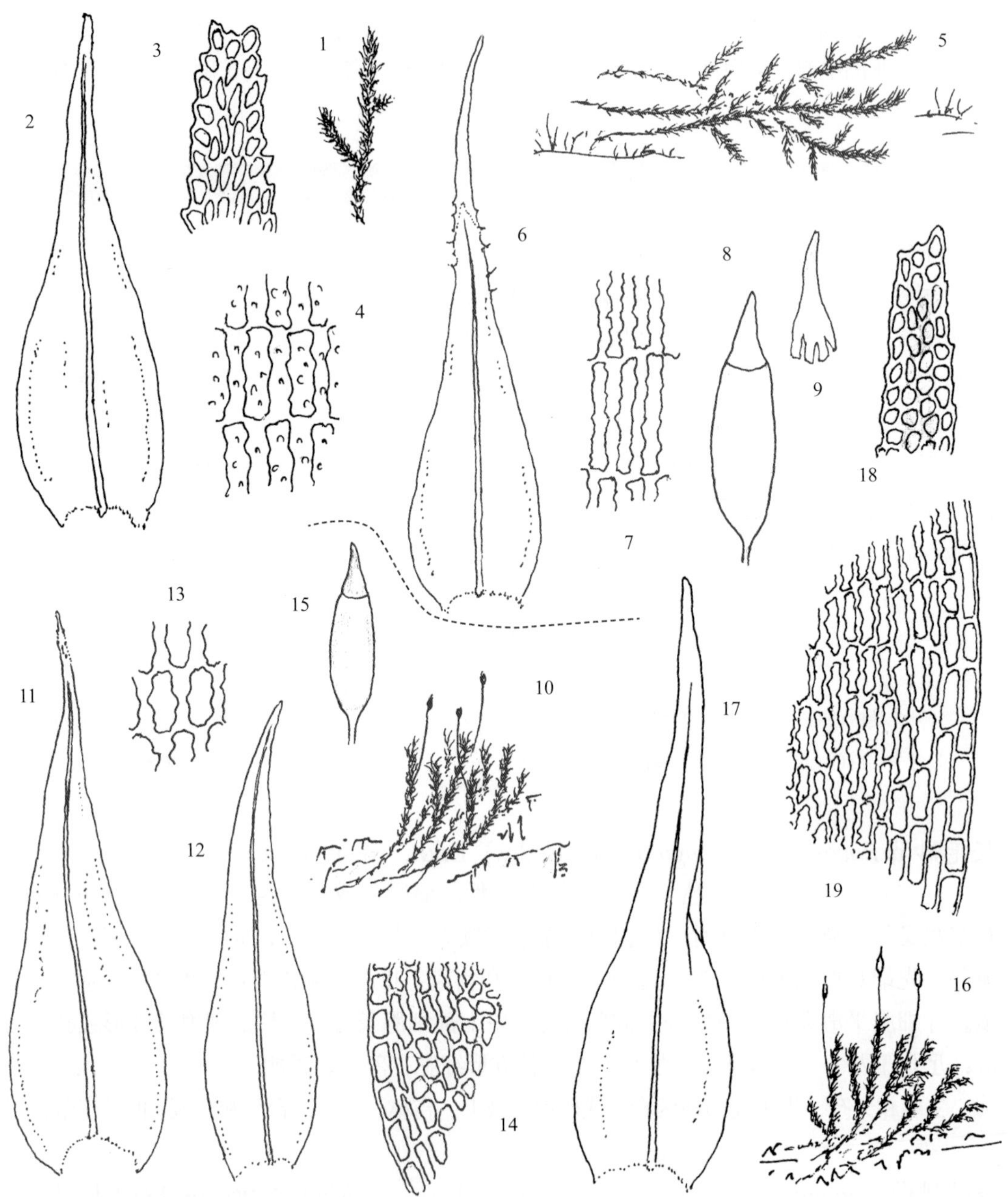

图 119

1~4. **黄无尖藓** *Codriophorus anomodontoides*（Card.）Bednarek-Ochyra et Ochyra

1. 植物体（×1），2. 叶（×25），3. 叶尖部细胞（×200），4. 叶中部细胞（×450）

5~9. **长毛砂藓** *Racomitrium lanuginosum*（Hedw.）Brid.

5. 着生草丛中的植物群落（×1），6. 叶（×25），7. 叶中部细胞（×300），8. 孢蒴（×15），9. 蒴帽（×25）

10~15. **异枝砂藓** *Racomitrium heterostichum*（Hedw.）Brid.

10. 着生岩面的植物群落（×1），11，12. 叶（×25），13. 叶中部细胞（×450），14. 叶基部细胞（×300）

16~19. **丛枝无尖藓** *Codriophorus fascicularis*（Hedw.）Bednarek-Ochyra et Ochyra

16. 着生林边石上的植物群落（×1），17. 叶（×12），18. 叶尖部细胞（×300），19. 叶基部细胞（×300）

6 无尖藓属 *Codriophorus* P. Beauv.

本属的种类曾属于砂藓属，主要区别特征是叶无白色透明毛尖，稀具极短透明尖；叶细胞壁具细密疣。其他特征与砂藓属近似。

本属 18 种，主要分布寒温地区。中国 6 种。

分种检索表

1. 茎具稀疏不规则长分枝；叶中部细胞长方形；中肋及顶 ………………………… 1. 黄无尖藓 *C. anomodontoides*

1. 茎具密集规则短分枝；叶中部细胞狭长方形；中肋不及顶 ………………………… 2. 丛枝无尖藓 *C. fascicularis*

黄无尖藓 *Codriophorus anomodontoides*（Card.）Bednarek-Ochyra et Ochyra，Biodivers. Poland 3：140. 2003. 图 119：1~4

形态特征 稀疏丛生。体形稍粗，黄绿色至深褐色。茎长 7~8 cm，具长分枝。叶披针形至长卵状披针形，基部具纵褶，先端有齿突；叶边两侧背卷；中肋细弱，在叶尖下消失。中上部细胞长方形，壁波状，具密疣；基部细胞长方形，强烈波状；角部细胞不分化，叶边具一列短长方形至长方形、透明细胞，壁薄而平直。雌雄异株。蒴柄长，红褐色，平滑，干时扭曲。孢蒴圆柱形，褐色；蒴齿单层，长线形，两裂至基部，表面具密疣。蒴盖具长喙。蒴帽钟帽状。

生境和分布 生于海拔 700~3080 m 高山岩石或岩面薄土上，有时见于溪边湿石。黑龙江、吉林、辽宁、河北、陕西、安徽、浙江、江西、湖南、湖北、四川、贵州、福建、台湾、广西、海南；日本、菲律宾、印度尼西亚及美国（夏威夷）有分布。

丛枝无尖藓 *Codriophorus fascicularis*（Hedw.）Bednarek-Ochyra et Ochyra，Biodivers. Poland 3：141. 2003. 图 119：16~19

形态特征 稀疏丛生。体形中等，黄绿色至褐色。主茎 5~6 cm，羽状分枝。叶基部长卵形，向上披针形，内凹，有时扭曲，先端尖锐，具疣状突起，无白色透明毛尖；叶边两侧背卷；中肋粗壮，在叶尖前消失。叶中上部细胞狭长方形，胞壁波状加厚，具圆疣；基部细胞狭长方形，胞壁强烈波状加厚；基部一侧具单列长方形细胞，壁平直或略波状，透明。雌雄异株。

生境和分布 生于高海拔砂土坡或岩石上。辽宁和西藏；日本、俄罗斯（远东地区），欧洲、北美洲、南美洲南部及新西兰有分布。

7 长齿藓属 *Niphotrichum*（Bednarek-Ochyra）Bednarek-Ochyra et Ochyra

本属的种类曾属于砂藓属，主要区别特征是叶细胞具明显粗疣。其他特征与砂藓属近似。

本属 8 种，主要分布寒温地区。中国 6 种。

分种检索表

1. 植物体细长，具密短分枝；叶狭长披针形……………………………………………1．长枝长齿藓 *N. ericoides*

1. 植物体稍粗，分枝一般稀疏；叶卵状披针形至卵状椭圆形……………………………………………2

2. 叶上部内凹，背略突起，具长透明毛尖；中肋不及顶，常分叉……………………2．长齿藓 *N. canescens*

2. 叶背强烈突起，具短透明尖；中肋及顶，不分叉………………………………3．东亚长齿藓 *N. japonicum*

长枝长齿藓 *Niphotrichum ericoides*（Brid.）Bednarek-Ochyra et Ochyra，Biodivers. Poland 3：138. 2003. 图 120：1~4

形态特征 松散片状。体形细长，上部黄色，下部褐色。茎匍匐，长 3~10 cm，近羽状分枝，无分化中轴。茎叶干燥时疏散排列，枝叶密集，卵披针形至狭长披针形，下部多具纵褶，先端具扭曲的白色透明毛尖；叶边背卷；中肋消失于叶尖前。叶中上部细胞短长方形至，胞壁波状，具疣；基部细胞长方形，强烈波状，具疣；角部细胞分化，长方形，薄壁。雌雄异株。蒴柄直立，深褐色，长约 15 mm。孢蒴圆柱形，深褐色，约 5 mm。蒴齿线形，长约 1.0 mm，红褐色，两裂至基部，表面具细疣。

生境和分布 生于海拔 1150~3740 m 的高山岩石上，有时见于山区林地。吉林、内蒙古、陕西、甘肃、台湾、江西、湖北、贵州、四川、云南和西藏；日本、欧洲及北美洲有分布。

长齿藓 *Niphotrichum canescens*（Hedw.）Bednarek-Ochyra et Ochyra，Biodivers. Poland 3：138. 2003. 图 120：5~12

形态特征 密集或稀疏丛生。体形粗壮，上部绿色或黄绿色，下部褐色。茎高 7~8 cm，具分枝，中轴无分化。叶阔卵状披针形，上部龙骨状背凸，先端具白色透明长毛尖，有疣；叶缘有细齿，背卷；中肋为叶长度的 2/3~3/4，先端常分叉。叶中上部细胞圆方形或短方形，具粗疣，胞壁波状；基部细胞长方形至狭长方形，强烈波状，具密疣；角部细胞明显分化，短长方形，平滑，薄壁。雌雄异株。蒴柄深褐色，约长 15 mm。孢蒴长卵形，直立，红褐色。蒴齿细长线形，两裂至基部，表面密被细疣。

生境和分布 生于高山地区岩石或砂土山坡上。黑龙江、吉林、内蒙古和陕西；日本、欧洲及北美洲有分布。

东亚长齿藓 *Niphotrichum japonicum*（Dozy et Molk.）Bednarek-Ochyra et Ochyra，Biodivers. Poland 3：138. 2003. 图 120：13~15

形态特征 疏松片状生长。植物体硬挺，黄绿色至褐色。茎无中轴。叶干时扭曲贴茎，湿时舒展，阔卵形或长卵形，具短尖，上部略具纵褶或波纹，先端白色透明毛尖短，有粗齿，无疣；叶两侧边缘背卷；中肋粗壮，在叶尖前消失。叶中上部细胞圆方形至短长方形，胞壁波状加厚，具细疣；基部细胞长方形，壁强烈波状加厚，具粗疣；角细胞分化，长方形，平滑，透明，胞壁平直。蒴柄红褐色，约 15 mm。孢蒴红褐色，直立，长卵

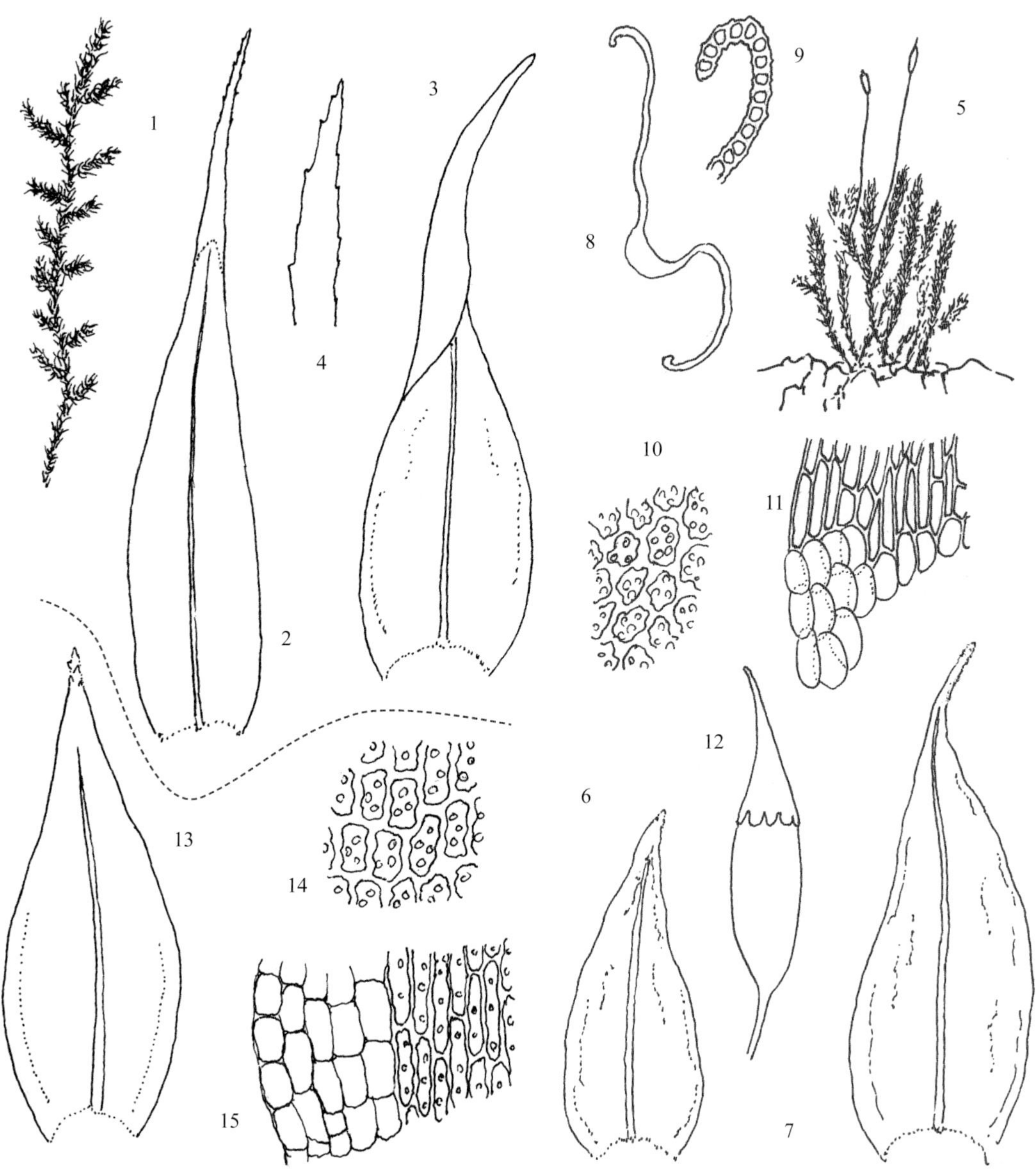

图 120

1~4. **长枝长齿藓** *Niphotrichum ericoides*（Hedw.）Bednarek-Ochyra et Ochyra

1. 植物体（×1），2，3. 叶（×20），4. 叶尖部（×300）

5~12. **长齿藓** *Niphotrichum canescens*（Hedw.）Bednarek-Ochyra et Ochyra

5. 着生岩面的植物群落（×1），6，7. 叶（×25），8. 叶的横切面（×50），9. 叶边横切面（×200），10. 叶中部细胞（×300），11. 叶基部细胞（×300），12. 孢蒴，上部覆被蒴帽（×12）

13~15. **东亚长齿藓** *Niphotrichum japonicum*（Dozy et Molk.）Bednarek-Ochyra et Ochyra

13. 叶（×25），14. 叶中部细胞（×300），15. 叶基部细胞（×250）

形。蒴齿线形，两裂至基部，表面具密疣。蒴盖具斜长喙。

生境和分布 生于低海拔地区的岩面、岩面薄土和砂地，有时见于石壁或近树基地上。黑龙江、吉林、辽宁、山东、河南、陕西、宁夏、安徽、江苏、上海、浙江、江西、湖南、湖北、四川、重庆、贵州、云南、西藏、福建和台湾；日本、朝鲜、越南、俄罗斯（西伯利亚东南部）及澳大利亚有分布。

060 葫芦藓科 FUNARIACEAE

腐沃土表疏丛生。体形矮小，直立，稀分枝；中轴多分化。茎基部密生假根。叶常丛集于茎顶，顶叶多大而呈莲座状，卵圆形、倒卵形或长椭圆状披针形，柔薄，上部具急尖或渐尖，并常突出呈小尖或细尖头；叶边平滑或具细齿，常分化狭边；中肋细弱，多在叶尖稍下处消失，稀长达叶顶部或突出叶尖。叶细胞排列疏松，不规则多角形，稀呈菱形，基部细胞多狭长方形，胞壁薄，平滑。雌雄多同株 。雄苞盘状，生于主枝顶。雌苞常生于侧枝上。蒴柄细长，直立或上部弯曲。孢蒴多呈梨形或倒卵形，直立、倾立或向下弯曲。蒴齿 2 层、单层或缺失，多具环带。外齿层的齿片与内齿层的齿条相对排列。蒴盖多半圆状。蒴帽兜形，稀冠形。孢子中等大小，平滑或具疣。

本科约 11 属，多温湿或寒冷的地区分布。中国有 5 属。

分属检索表

1. 叶片复瓦状排列，叶边分化，由狭长黄色细胞构成；中肋略突出叶尖成毛状…………1. 拟短月藓属 *Brachymeniopsis*

1. 叶片四向散列，叶边无分化，或仅边缘细胞稍狭长，不呈黄色；中肋不突出叶尖，或仅突出成小尖头………2

2. 孢蒴较长，梨形或弯葫芦形，台部较长而明显；蒴齿发育良好………………………………2. 葫芦藓属 *Funaria*

2. 孢蒴较宽短，碗形或半圆球形，台部小而不明显；蒴齿缺失…………………………3. 立碗藓属 *Physcomitrium*

1 拟短月藓属 *Brachymeniopsis* Broth.

疏丛生。形体矮小，高约 5 mm。茎直立，单一，基部疏生假根。叶密复瓦状排列，卵圆状披针形，先端渐尖；叶边全缘，平展；中肋粗壮，突出叶尖成短芒刺状。叶细胞薄壁，上部细胞呈长椭圆状多边形，长约 21~40 μm，宽 12~14 μm，近基部细胞渐成长方形，长约 45~60 μm ，宽约 16 μm，叶边细胞狭长方形，形成不明显分化的无色透明边。雌雄异胞同株。蒴柄黄红色，长约 2~2.5 mm。孢蒴直立，长倒卵形。环带永存。蒴齿缺失。

蒴盖圆锥形。蒴帽钟帽状，仅罩复胞蒴上部。孢子黄色，球形，平滑。

为中国特有属，1 种。仅见于云南丽江地区；为濒危保护类苔藓植物。生长林地、林边土坡、农田边及民房周边，在山区火烧迹地生长良好。

拟短月藓 *Brachymeniopsis gymnostoma* Broth.，Symb. Sin. 4：48. pl. 1：f. 13. 1929. 图 121：1~5

形态特征　种的特征同属所列。

生境和分布　产云南，生于低洼草地及钙质土上。

应用价值　作为中国为数不多的特有属植物，其基因组和着生的生态环境因子值得进行深入研究。

2 葫芦藓属 *Funaria* Hedw.

矮小丛集片状生长。1~2 年生藓类。茎短，叶多丛集成芽苞状，卵圆形、舌形、倒卵形、卵状披针形或椭圆状披针形，尖端渐尖或急尖；叶边全缘或具细齿；中肋及顶或稍突出于叶尖，或叶尖稍下处消失。叶细胞多角长方形或椭圆状菱形，叶基部细胞稍狭长，有时叶边细胞呈狭长方形，形成分化边缘。雌雄同株。雄苞呈花苞形，顶生。雌苞生于雄苞下的短侧枝上。孢蒴长梨形或弯葫芦形，多垂倾，具明显台部。蒴齿 2 层、单层或缺失；外齿层齿片呈狭长披针形，黄红色或棕红色；内齿层与外齿层等长或略短，黄色，具基膜或有时缺失，齿条与齿片相对着生。蒴盖圆盘状，稀呈钝端圆锥形。蒴帽往往呈兜形而膨大，具长喙。孢子圆球形，棕黄色，外壁具细密疣或粗疣。

本属约 180 余种，分布全球各地。中国有 8 种。

分种检索表

1. 孢蒴直立或倾立……………………………………3. 刺边葫芦藓 *F. mühlenbergii*
1. 孢蒴下垂或垂倾……………………………………2
2. 孢蒴台部长，蒴口大，外齿层齿片具横脊；叶片较宽大，长可达 5 mm ……………1. 葫芦藓 *F. hygrometrica*
2. 孢蒴台部短，蒴口小，外齿层齿片横脊不清楚，叶片较短小，长约 2 mm…………2. 小口葫芦藓 *F. microstoma*

葫芦藓 *Funaria hygrometrica* Hedw.，Sp. Musc. Frond. 172. 1801. 图 121：6~12

形态特征　丛集或成大片散生，色泽黄绿带红色。茎长 1~3 cm。叶多簇生茎尖端，湿时倾立，呈阔卵圆形、卵状阔披针形或倒卵状椭圆形，长约 4~5 mm，具急尖；叶边全缘，两侧边缘往往内卷；中肋及顶或突出。叶细胞壁薄，不规则长方形或多边形，边缘细胞狭长方形，基部细胞长方形。雌雄同株异苞。蒴柄细长，淡黄褐色，长约 2~5 cm，上部弯曲。孢蒴多垂倾，梨形，台部明显，干时具多数纵沟。蒴齿 2 层，外齿层齿片与内齿层齿条均呈狭长披针形。蒴盖圆盘形。蒴帽兜形，具细长喙。孢子圆球形，黄色，透明。

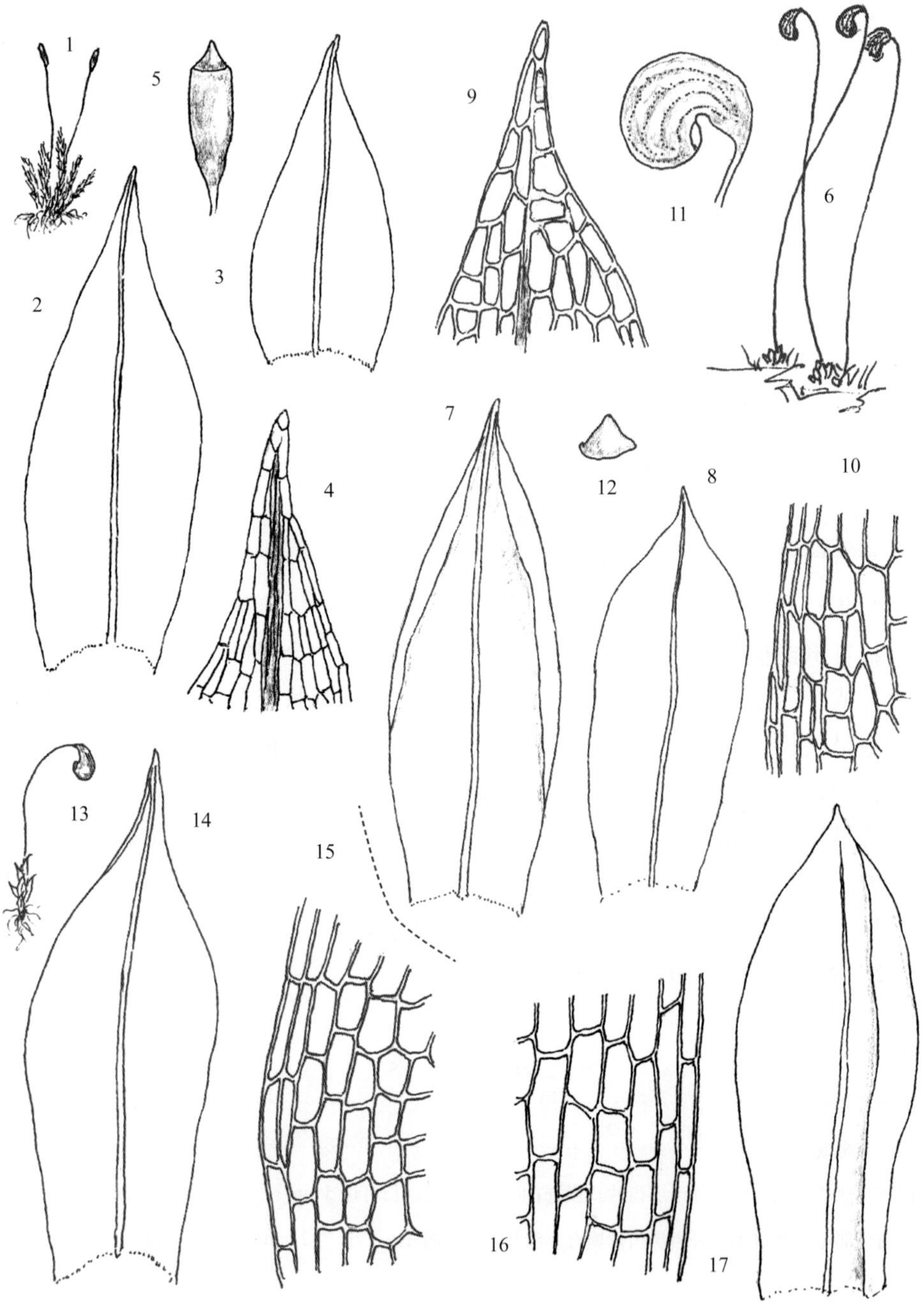

图 121

1~5. **拟短月藓** *Brachymeniopsis gymnostoma* Broth.

1. 雌株（×1），2，3. 叶（×40），4. 叶尖部细胞（×120），5. 孢蒴（×15）

6~12. **葫芦藓** *Funaria hygrometrica* Hedw.

6. 植物群落（×2），7，8. 叶（×25），9. 叶尖部细胞（×100），10. 叶基部边缘细胞（×100），11. 孢蒴（×8），12. 蒴盖（×10）

13~15. **小口葫芦藓** *Funaria microstoma* Schimp.

13. 雌株（×2），14. 叶（×30），15. 叶基部边缘细胞（×150）

16~17. **刺边葫芦藓** *Funaria mühlenbergii* Turn.

16. 叶（×25），17. 叶中部边缘细胞（×150）

生境和分布 广布中国各省份低海拔地区，尤以火烧地常见；为世界各洲分布的泛生种。

应用价值 为最常用植物学实验材料之一。并含有尿囊素（allantoine）和尿囊酸（allantoic acid）以及环腺苷酸（CAMP）和乙烯（ethylene）等生物活性物质。

小口葫芦藓 *Funaria microstoma* Schimp.，Flora 23：850. 1840. 图 121：13~15

形态特征 疏丛集成片生长。体形略小，褐绿带棕红色，高约 2cm。叶干时皱缩，湿时倾立，卵圆状披针形或倒卵圆形，具单细胞细尖；叶边全缘；中肋长达叶尖下。叶细胞长方形或椭圆状长方形，壁薄，叶基部细胞狭长方形。雌雄异苞同株。蒴柄细长，尖部向下弯曲，棕黄色。孢蒴倒梨形，台部较短而不明显，蒴壁干时具明显纵沟，蒴口直径仅 3~4 mm。蒴齿 2 层；外齿层齿片横脊不清楚；内齿层齿条长度仅为齿片的 1/2。

生境和分布 多高寒地区林地、低海拔林内开阔地、草地、岩壁、树基或林间倒木上。黑龙江、吉林、内蒙古、陕西、新疆、江苏、安徽、贵州、四川、云南和西藏；印度、欧洲、北美洲、非洲北部及澳大利亚有分布。

刺边葫芦藓 *Funaria mühlenbergii* Turn.，Ann. Bot.（Konig et Sims）2：198. 1804. 图 121：16~17

形态特征 稀疏丛集生长。体高仅 2.5~5 mm。叶多丛集茎尖端呈莲座状，椭圆形、阔卵形、或倒卵形，长可达 3 mm，尖端多狭长，成突尖；叶下部边全缘，上部具微齿；中肋粗壮，长达叶尖，稀消失于叶尖稍下处。叶上中部细胞长方形、不规则椭圆状或多角状长方形，叶基细胞狭长方形，胞壁薄而透明。雌雄同株。蒴柄红褐色。孢蒴倾立或平列，不规则梨形，具明显长台部，蒴口大，直径约 1 mm。蒴盖圆盘状，稍凸出。蒴齿 2 层。孢子圆球形。

生境和分布 习生山区空旷林地、路边、溪边土坡、或生于岩缝及墙壁上。黑龙江、吉林、辽宁、山西、陕西、新疆、江苏、贵州、四川和云南；俄罗斯（远东地区）、欧洲及北美洲有分布。

3 立碗藓属 *Physcomitrium*（Brid.）Brid.

疏丛生。体形矮小，色泽淡绿或深绿色。叶柔薄，干时多皱缩，潮湿时倾立，长倒卵形、卵圆形、卵状舌形，先端渐尖或急尖；叶边多不分化，或下部具不明显分化边，上部边缘常具细齿；中肋粗壮，长达叶尖或消失在叶尖稍下处，稀突出叶尖部。叶细胞疏松，不规则方形或长方形，叶基部细胞长方形或狭长方形，薄壁。雌雄同株。蒴柄细长。孢蒴直立，近圆球形或短梨形，台部粗短。环带由小型细胞组成而常存，或较阔大而自行卷落。无蒴齿。蒴盖盘形，平凸，在蒴盖脱落后，孢蒴口部开启呈碗状。蒴帽具长尖，成熟时下部分瓣成钟帽形，仅被覆孢蒴上部。孢子较大，具粗疣或刺状突起。

本属约 90 余种，主要分布温带地区。中国有 9 种。

分种检索表

1. 叶中肋不及顶，近达叶 2/3；蒴柄极短，孢蒴内隐；蒴盖不分化，孢蒴不规则开裂 ……4. 加州立碗藓 *P. readeri*

1. 叶中肋近及顶，孢蒴伸出；蒴盖分化 ……………………………………………………………………………………2

2. 叶边细胞稀分化；叶中部细胞六角形至长方形 ……………………………………………2. 立碗藓 *P. sphaericum*

2. 叶边细胞略狭窄，形成不明显的叶边；叶中部细胞六角形至长六角形 ……………………………………………2

3. 植物体高可达 10 mm；叶长倒卵形，中部宽阔，基部极狭窄………………………… 1. 江岸立碗藓 *P. courtoisii*

3. 植物体高仅约 5 mm；叶长卵形，中部稍宽阔，基部狭窄 ………………………… 3. 红蒴立碗藓 *P. eurystomum*

江岸立碗藓 *Physcomitrium courtoisii* Par. et Broth.，Rev. Bryol. 36：9. 1909. 图 122：1~3

形态特征 稀疏丛生。体形较大。茎高可达 10 mm 以上。叶疏生，圆卵形、长倒卵形或匙形，先端渐尖，叶基部极狭窄，内卷；叶边近全缘；中肋绿色，长达叶尖或突出成小尖头。叶基部细胞长方形，向上细胞渐短，六角形至长六角形，近叶边的细胞狭长，形成分化边。雌雄同株。蒴柄细长，黄色。孢蒴长约 1 mm。蒴盖圆锥形，顶端具短喙。

生境和分布 习生湿润林地、草丛、沟边或苗圃。中国特有。产辽宁、安徽、江苏、浙江、江西、湖南、贵州、四川和云南。

立碗藓 *Physcomitrium sphaericum*（Ludw.）Fürnr. in Hampe，Flora 20：285. 1837. 图 122：4~9

形态特征 稀疏丛生。植物体色泽淡绿，高约 5 mm。茎下部叶较小，椭圆形或卵圆形，上部叶较大，长约 4 mm，椭圆形或倒卵形，先端渐尖；叶边多全缘，或上部被疏钝齿；中肋长达叶尖，或具突出的小尖头。叶中上部细胞六角形至长方形，近叶边的细胞稍狭长，无分化边，下部细胞不规则长方形。蒴柄红褐色，长 2~3 mm。孢蒴呈半球形，红褐色。蒴盖圆锥形，具短喙。孢子黑褐色，密被小刺状突起。

生境和分布 多生于低山林地边及沟边湿土，也见于田边、土壁或花盆湿土上。吉林、江苏、福建、四川和西藏；日本、俄罗斯（远东地区）、欧洲及北美洲有分布。

应用价值 植物细胞染色体的极佳观察材料。

红蒴立碗藓 *Physcomitrium eurystomum* Sendtn.，Denkschr. Bayer. Bot. Ges. Regensburg 3：142. 1841. 图 122：10~13

形态特征 稀疏或稍密丛生。植物体不分枝，高不及 5 mm，色泽鲜绿或黄绿色。叶多呈莲座状，长卵圆形或长椭圆形，茎尖端的叶较长大，长约 4 mm，先端渐尖；叶边全缘；中肋带黄色，长达叶尖。叶中部细胞六角形至长六角形。蒴柄细长，浅黄色至红褐色。孢蒴球形或椭圆状球形，台部短。蒴盖圆锥形。蒴帽钟形，下部多瓣裂。孢子不规则圆球形，外壁深褐色，密被细刺状突起。

生境和分布 习生低海拔林内潮湿山地、沟谷边、田埂或庭院内土壁阴湿处。黑龙

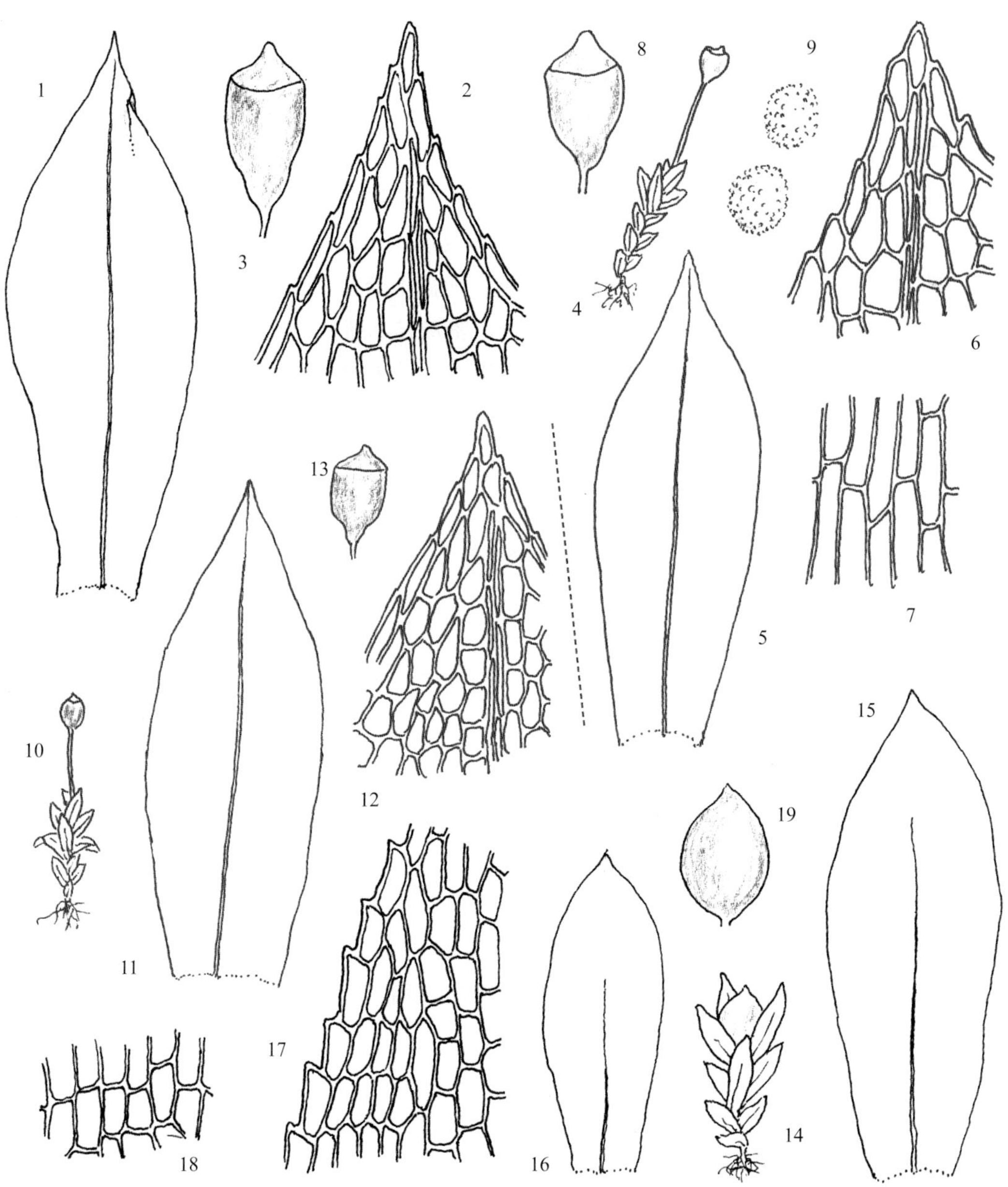

图 122

1~3. 江岸立碗藓 *Physcomitrium courtoisii* Par. et Broth.

1. 叶（×35），2. 叶尖部细胞（×120），3. 孢蒴（×20）

4~9. 立碗藓 *Physcomitrium sphaericum*（Ludw.）Fürnr.

4. 雌株（×5），5. 叶（×20），6. 叶尖部细胞（×150），7. 叶基部细胞（×150），8. 孢蒴（×15），9. 孢子（×300）

10~13. 红蒴立碗藓 *Physcomitrium eurystomum* Sendtn.

10. 雌株（×5），11. 叶（×25），12. 叶尖部细胞（×120），13. 孢蒴（×7）

14~19. 加州立碗藓 *Physcomitrium readeri*（Müll. Hal.）G. Roth

14. 雌株（×10），15，16. 叶（×40），17. 叶上部边缘细胞（×130），18. 叶中部细胞（×130），19. 孢蒴（×20）

江、内蒙古、山东、江苏、安徽、浙江、台湾、福建、广东、贵州、四川、云南和西藏；印度、日本、俄罗斯（远东地区）、中亚、欧洲及非洲有分布。

加州立碗藓 *Physcomitrium readeri*（Müll. Hal.）G. Roth, Aussereur. Laubm. 250. 21f. 4. 1911. 图 122：14~19

形态特征 稀疏丛生。体型较小，浅绿色或黄绿色。茎单一，稀分枝，高可达 1.25mm，仅被 7~8 片叶片。叶干时卷缩，湿时倾立，匙形或卵状披针形，先端急尖；叶边常外卷，基部全缘，中上部具浅钝齿；中肋不及顶，达叶 2/3 处。叶细胞，六角形至长方形。雌雄同株。蒴柄极短。孢蒴球形，内隐。蒴盖不分化，孢蒴成熟时不规则开裂。蒴齿缺失。蒴帽极小，钟形。孢子近肾形，棕色，密被柱状疣。

生境和分布 习生废弃的水稻田边，湖边及潮湿洼地。湖南、云南；澳大利亚、日本、美国（加利福尼亚州）以及欧洲有分布。

061 壶藓科 SPLACHNACEAE

着生于富氮土壤、动物粪便或遗体上，密集丛生或呈小簇状生长。茎柔弱，具大型中轴，密生假根，常在茎顶端生殖苞下生新枝。叶柔弱，阔卵形，先端钝或具长尖；边缘具齿或平滑；中肋多不及顶。叶细胞大，排列疏松，薄壁，长方形或六边形，平滑。多雌雄同株，稀雌雄异株。雄株矮小，雄苞呈头状或盘状，精子器长棒状。蒴柄直立。孢蒴多具长柱形或膨大具色泽的台部，气孔多数，大型。环带不分化。蒴齿单层，齿片 16，具明显中脊，有长纵纹和细密疣。蒴轴长存。蒴盖凸出，稀不分化。

本科 6 属，主要分布寒温地区。中国 4 属。

分属检索表

1. 孢蒴台部不膨大……………………………………………………………1. 小壶藓属 *Tayloria*
1. 孢蒴台部膨大………………………………………………………………………2
2. 叶片常有狭长尖；孢蒴台部略大于壶部…………………………2. 并齿藓属 *Tetraplodon*
2. 叶先端常圆钝或有短尖头；孢蒴台部膨大……………………………3. 壶藓属 *Splachnum*

1 小壶藓属 *Tayloria* Hook.

多密集丛生，绿色或黄绿色。茎直立，不分枝或分枝，基部常密被假根。叶密生，茎上部叶大，潮湿时直立或倾立，干燥时皱缩，卵形、舌形或剑头形，先端圆钝或具长尖；叶边平滑，或有齿；中肋不及叶尖，或突出成毛状或刺状尖。叶细胞排列疏松，多边形或短长方形，渐向基部趋长大。雌雄同株，稀异株。孢蒴多直立，常具与壶部等长或稍长于壶部的台部。齿片 16，阔披针形，有时两两并列。蒴盖多圆锥形。蒴帽基部常分裂成瓣，平滑或具黄色纤毛。

本属 47 种，主要分布寒温地区。中国 11 种。

分种检索表

1. 叶阔舌形；叶边具齿或长齿 …… 1. 南亚小壶藓 *T. indica*

1. 叶披针形；叶全缘或略具齿突 …… 2. 尖叶小壶藓 *T. acuminata*

南亚小壶藓 *Tayloria indica* Mitt.，Journ. Proc. Linn. Soc. Bot.，Suppl. 1：57. 1959. 图 123：1~4

形态特征 密集丛生。体形较粗大，黄绿色或褐绿色。茎直立，高达 2.5 cm，常在基部分枝。叶倾立，舌形，先端具短锐尖，干时皱缩，下部叶小，上部叶大；叶边平直，具 1~2 细胞构成的齿；中肋粗，突出叶先端呈小锐尖。叶上部细胞圆六边形，下部细胞长方形，中部细胞长方形，薄壁。雌雄同株。雄苞生于侧短枝上，芽状。雌苞顶生。蒴柄长 0.5~1.5 cm。孢蒴直立。蒴帽被毛。

生境和分布 生于山区林下富氮土上。广西、四川、云南和西藏；日本及印度有分布。

尖叶小壶藓 *Tayloria acuminata* Hornsch.，Flora 8：78. 1825. 图 123：5~10

形态特征 疏散群生。植物体绿色或黄绿色。茎直立，高 0.5~1 cm，下部假根红褐色。叶片披针形，渐尖，干时皱缩，湿时伸展，内凹呈龙骨形；叶边平滑或有齿；中肋黄绿色或带红色，达叶尖前。叶上部细胞薄壁，圆六边形，排列疏松，透明，边缘具 1~2 列狭长形细胞；叶基部细胞长方形。雌雄同株。蒴柄长 0.6~1.5 cm，深黄色。孢蒴倾立或直立，长圆柱形，台部细长，无环带。蒴盖拱顶形。蒴齿 16，生于蒴口内下方，有细疣。

生境和分布 生于富氮湿土或动物粪便上。山西、四川和西藏；欧洲及北美洲有分布。

2 并齿藓属 *Tetraplodon* Bruch et Schimp.

植物体形小。雌雄同株或异株。雄株常纤细，雄苞芽胞形。叶多数具长尖。孢蒴台部大于壶部，并有不同色泽。蒴盖分化。蒴帽小，圆锥形。

本属 9 种，主要分布寒温地区。中国 3 种。

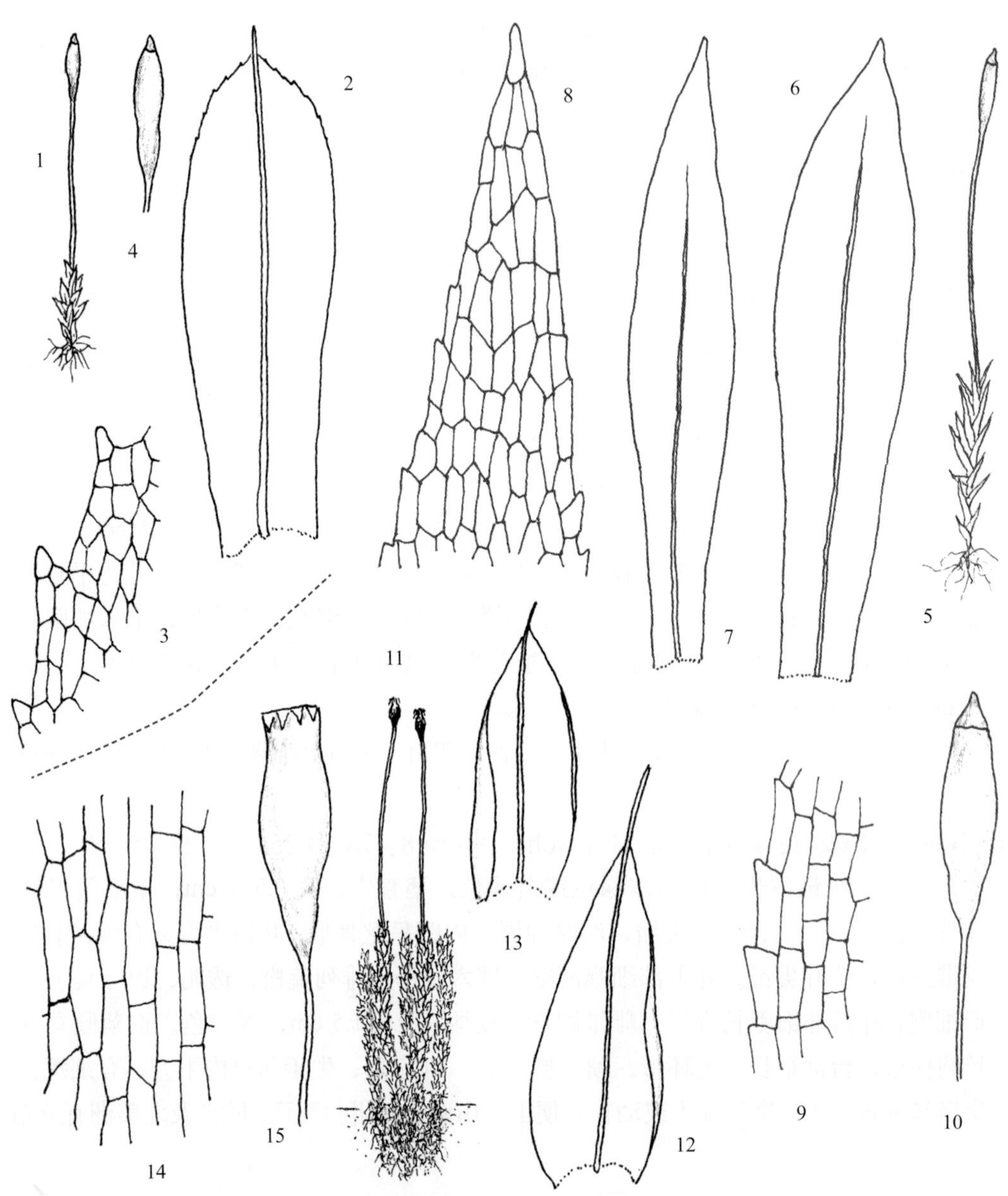

图 123

1~4. **南亚小壶藓** *Tayloria indica* Mitt.

1. 雌株（×1），2. 叶（×30），3. 叶上部边缘细胞（×120），4. 孢蒴（×5）

5~10. **尖叶小壶藓** *Tayloria acuminata* Hornsch.

5. 雌株（×5），6，7. 叶（×40），8. 叶尖部细胞（×100），9. 叶上部边缘细胞（×100），10. 孢蒴（×15）

11~15. **阔叶并齿藓** *Tetraplodon mnioides*（Hedw.）Bruch et Schimp.

11. 林下沃土上生长的植物群落（×1），12，13. 叶（×15），14. 叶基部细胞（×100），15. 已开裂的孢蒴（×15）

阔叶并齿藓 *Tetraplodon mnioides*（Hedw.）Bruch et Schimp. in Bruch et Schimp., Bryol. Eur. 3：125. 1844. 图 123：11~15

形态特征 密集丛生。植物体上部黄绿色，高 1~8 cm。茎基部有褐色假根。叶密生，直立，长椭圆形，向上突呈狭长毛尖，干燥时扭转；叶边全缘；中肋细长，消失于叶尖。叶上部细胞方形或圆六边形。雌雄异株。蒴柄坚挺，褐红色，转扭，长约 3~30 mm。孢蒴红色，后期暗红色；壶部长 1~1.5 mm；台部长为壶部的 2 倍，长 2~3.5 mm，明显粗于壶部。

生境和分布 生于鸟类粪便或腐败的尸体上。内蒙古、陕西、新疆、四川、云南和西藏；日本、俄罗斯、欧洲及北美洲有分布。

3 壶藓属 *Splachnum* Hedw.

沼泽湿地、稀疏群生藓类，多见于兽类和小动物遗体或粪便上。茎柔软，淡黄色，单一或在生殖苞下茁生新枝，基部有红褐色假根。叶片柔薄，稀疏排列，干燥时皱缩，老时带红色；倒卵形，渐尖或急尖；叶边平滑，或尖部有锯齿；中肋细柔，不及叶尖即消失。叶细胞疏松，薄壁，六边形，平滑。雌雄同株或异株。蒴柄细长，左旋。孢蒴直立，卵状倒圆柱形，革质，红棕色，台部较壶部肥大，色泽不同，成熟后仍自行膨大，呈倒卵状圆锥形，紫红色或黄色，干燥时皱缩。蒴齿由 3 层组织构成，基部相连、两齿片并列，吸湿性极强，湿时成圆锥状聚合，干时背仰。蒴盖圆凸形。蒴帽圆锥形，罩覆蒴盖上，一侧开裂。

本属 11 种，主要分布寒温地区。中国 5 种。

分种检索表

1. 孢蒴台部膨大呈圆球形或筒形，干燥时具皱纹；叶长卵形，上部边缘具尖齿 ………… 1. 大壶藓 *S. ampullaceum*

1. 孢蒴台部膨大呈伞形或裙形，平滑；叶短卵圆形，叶边近于平滑 ………………………………… 2. 黄壶藓 *S. luteum*

大壶藓 *Splachnum ampullaceum* Hedw., Sp. Musc. Frond. 53. 1801. 图 124：1~4

形态特征 稀疏群生藓类。体高 1~4cm。叶片柔弱，生于茎顶端，长披针形或狭长卵形，渐成狭长叶尖；叶边上部有刺状齿；中肋基部粗，达叶尖前消失。叶细胞大，薄壁，排列疏松，六边形。雌雄异株。蒴柄长 1.5~6.5 cm，扭卷，红色或红褐色。孢蒴壶部长 1~1.2 mm，黄褐色；台部膨大，直径为壶部的 2~3 倍，粉红色。蒴盖半球形。

生境和分布 生于鸟兽粪便土上或遗体土上。黑龙江、内蒙古、四川和云南；日本、俄罗斯、欧洲及北美洲有分布。

黄壶藓 *Splachnum luteum* Hedw., Sp. Musc. Frond. 56. 1801. 图 124：5~7

形态特征 稀疏群生。植物体高 1.5~3.5 cm。茎短，叶呈莲座状着生，柔弱，短卵圆形，上部突然或渐呈细长叶尖；叶边平滑或上部有齿突；中肋达叶尖部消失。雌雄异株。蒴柄长 2~15 cm，黄色或橘红色。孢蒴壶部褐红色，长 1~1.5 mm；台部呈伞形，直径

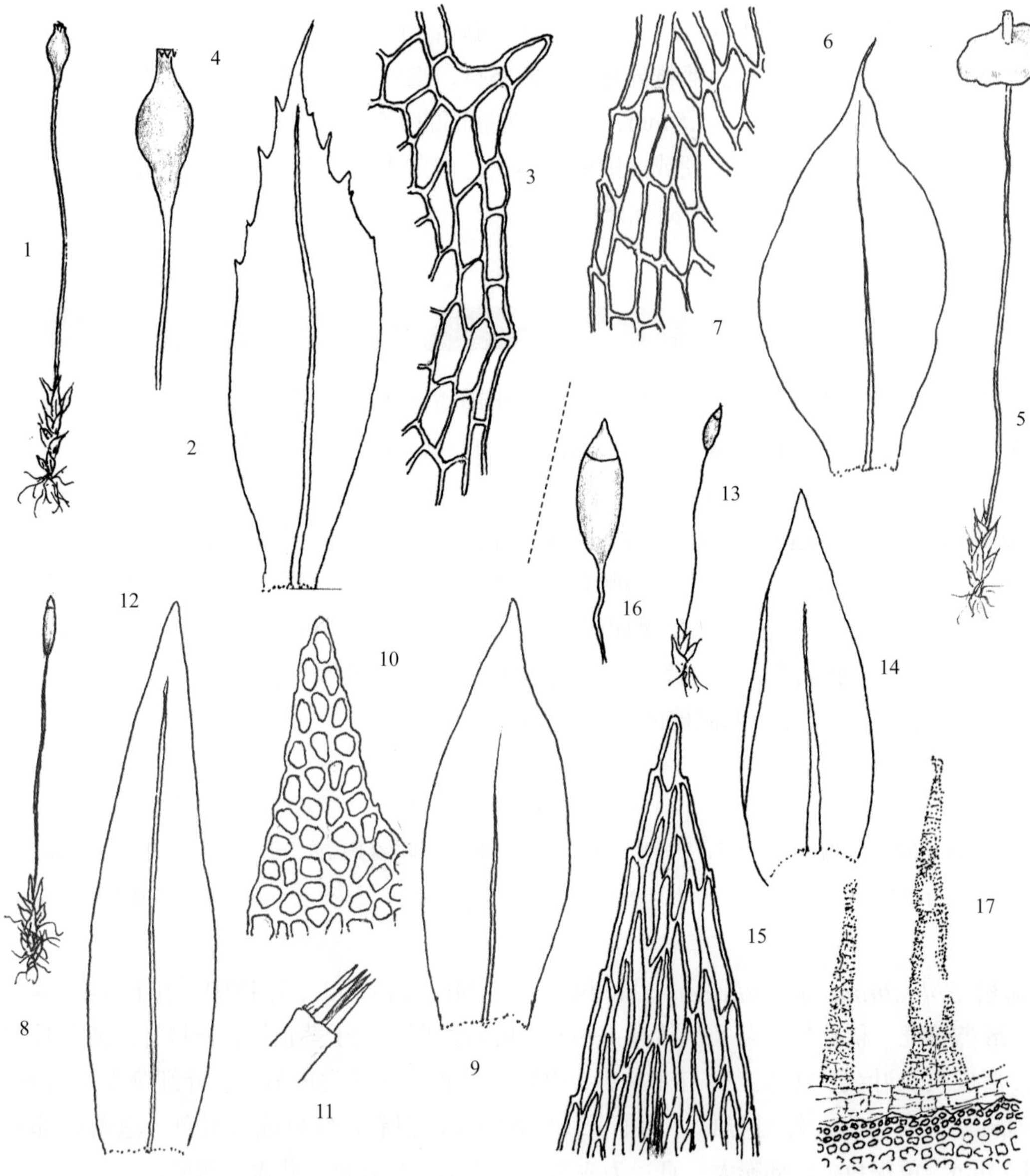

图 124

1~4. **大壶藓** *Splachnum ampullaceum* Hedw.

1. 雌株（×2），2. 叶（×15），3. 叶上部边缘细胞（×120），4. 孢蒴（×6）

5~7. **黄壶藓** *Splachnum luteum* Hedw.

5. 雌株（×3），6. 叶（×10），7. 叶上部边缘细胞（×120）

8~12. **四齿藓** *Tetraphis pellucida* Hedw.

8. 雌株（×2），9. 叶（×35），10. 叶尖部细胞（×200），11. 孢蒴口部及蒴齿（×15），12. 雌苞叶（×35）

13~17. **缺齿藓** *Mielichhoferia mielichhoferiana*（Funck）Loeske

13. 雌株（×3），14. 叶（×50），15. 叶尖部细胞（×200），16. 孢蒴（×12），17. 蒴齿（×150）

4.5~11 mm，鲜黄色，平滑。

生境和分布 生于腐败的动物遗体形成的土壤上。黑龙江、内蒙古和新疆；俄罗斯(远东地区)、欧洲及北美洲有分布。

062 四齿藓科 TETRAPHIDACEAE

密集丛生或散生。体形纤细，色泽淡绿、暗绿色或带红棕色。原丝体常宿存于植株周围。茎稀具分枝。叶疏生，多列，阔卵形或长卵状披针形，上部渐尖或急尖；叶边全缘或具小圆齿；中肋单一，长达叶中上部或在叶尖稍下处消失，有时细弱或缺失。叶中部和上部细胞绿色，多角状圆形或不规则菱形、六角形或长方形，叶基部细胞狭长方形，胞壁均平滑。雌雄异苞同株。雄苞呈花盘状。雌苞呈芽状。雌苞叶较茎叶长大，卵状披针形。蒴柄细长，直立或中部折曲。孢蒴长圆柱形或卵状圆柱形，直立。蒴齿 4 片，狭三角状披针形。蒴盖呈圆锥形。蒴帽往往具纵长皱褶，无毛，基部成瓣状深裂。

本科 2 属，分布泛北极地区。中国有 2 属。

1 四齿藓属 *Tetraphis* Hedw.

密丛集生长。细小，绿色，着生精子器后呈红棕色。叶疏生，多呈 3 列，下部叶呈阔卵形，具急尖；上部叶长椭圆状披针形；叶边全缘；中肋达叶上部或近于达叶尖。叶上部和中部细胞多角状圆形，胞壁角部加厚，叶基部细胞渐长，呈不规则长方形。原丝体呈线状，细柔。无性繁殖的芽孢杯常着生枝顶。

本属 4 种，分布寒带及北温带地区。中国有 2 种。

四齿藓 *Tetraphis pellucida* Hedw.，Sp. Musc. Frond. 43. pl. 7，f. 1：a-f. 1801. 图 124：8~12

形态特征 多密集成丛着生。体形细小。茎长达 20 mm，近基部多部裸露。叶常集生茎上部，干燥时贴茎，阔卵圆形或长椭圆形，具急宽尖；叶边全缘。蒴柄直立。孢蒴细长，圆柱形，长约 3~4 mm，略弯曲。蒴齿 4 片，棕色。蒴盖长圆锥形。环带缺失。蒴帽棕色，具褶，基部瓣裂。不育枝顶端多着生芽孢杯。

生境和分布 常见于高山针叶林下的倒腐木或树桩上，稀见于林地。黑龙江、吉林、辽宁、内蒙古、陕西、新疆、四川、云南和西藏；朝鲜、日本、俄罗斯（远东地区）、欧洲及北美洲有分布。

应用价值 为高山针叶林的一种指示植物。其蒴齿是极佳的植物学实验观察材料。

063 真藓科 BRYACEAE

多丛集成片或散生。植物体多年生，多细小，稀形大。茎短或较长，单一或分枝，基部多具密集假根。叶一般呈多列，茎下部的叶多小而稀疏，顶部叶多大而密集，卵圆形、倒卵圆形、长椭圆形至长披针形；叶边平滑或上部具齿，常由狭长细胞形成分化边缘；中肋多强劲，长达叶中部以上或及顶，有时具突出的芒状小尖头。叶细胞单层，稀边缘细胞 2~3 层，中上部细胞呈菱形、长六角形、狭长菱形至线形或蠕虫形，叶基部细胞多长方形，明显大于上部细胞。部分种类常具叶腋生或根生无性芽胞。雌雄同株或异株，生殖苞多顶生。蒴柄细长。孢蒴多垂倾、倾立或直立，呈棒槌形至梨形，稀近圆球形；台部分化明显。蒴齿多 2 层，多发育完全，少数种的外齿层发育不全或退失。蒴盖圆锥形，顶部常具短尖喙。蒴帽兜形。孢子细小，平滑或具疣。

本科约 16 属，广布各大洲。中国有 11 属。

分属检索表

1. 外齿层多缺失……………………………………………………………1. 缺齿藓属 *Mielichhoferia*

1. 外齿层发育………………………………………………………………………………………2

2. 叶较狭，长卵形、披针形、卵状披针形或狭披针形；叶细胞多线形至狭菱形……………………3

2. 叶较宽，卵形、长椭圆形、卵状长椭圆形、卵圆形或椭圆形；叶细胞多六角形、长椭圆形或长菱形…………4

3. 叶长卵状披针形或狭披针形，叶尖较宽，不被中肋充满 ……………………2. 丝瓜藓属 *Pohlia*

3. 叶卵状狭披针形，具狭长充满中肋的叶尖……………………………………7. 薄囊藓属 *Leptobryum*

4. 茎细长，叶覆瓦状贴茎；叶卵圆形或长椭圆形；孢蒴梨形或长梨形，台部不粗大 ……… 3. 银藓属 *Anomobryum*

4. 茎多种类型，叶多不呈覆瓦状贴茎；叶阔心脏形或长卵形；孢蒴圆球形或圆柱形，台部明显粗大 ……………5

5. 孢蒴台部长于壶部，平列；内齿层齿条长于外齿层的齿片……………………6. 平蒴藓属 *Plagiobryum*

5. 孢蒴台部短于壶部，直立、倾立或下倾；内外齿层等长或内齿层短于外齿层……………………………6

6. 茎多淡紫色；叶稀疏排列，呈 2~3 列斜列于茎上………………………………4. 小叶藓属 *Epipterygium*

6. 茎多淡绿色；叶密生或着生茎上部，多列……………………………………………………………7

7. 孢蒴直立或倾斜；常着生树枝上……………………………………………5. 短月藓属 *Brachymenium*

7. 孢蒴平列或下垂；多湿土生………………………………………………………………………8

8. 植物体无匍匐茎，茎直立；茎上下部的叶近于同形，均匀着生……………………………8. 真藓属 *Bryum*

8. 植物体主茎匍匐，支茎直立；下部叶小而呈鳞片状贴茎，顶部叶长大，集生呈花状… 9. 大叶藓属 *Rhodobryum*

1 缺齿藓属 *Mielichhoferia* Nees et Hornsch.

丛集成片。体形小至中等大小。叶密被或略稀疏，干时直立，紧贴，湿时倾立。叶长椭圆形至狭披针形，先端急尖至渐尖；叶边全缘或上部具细齿；中肋粗壮或细弱，长达叶近尖部或突出呈芒状。叶中部细胞线形至狭菱形，壁薄或厚壁；近边缘细胞较狭；角部细胞一般无分化。雌雄异株。雌苞生于茎基部，雌苞叶较大。孢蒴倾立至平列，长圆柱形至梨形，具大的台部，台部具气孔；具环带。蒴齿单层，外齿层齿片多缺失；内齿层基膜低，齿条基部宽，上部狭长披针形。蒴帽兜形。雄苞顶生。

本属约 90 种，温湿地区分布。中国有 4 种。

中华缺齿藓 *Mielichhoferia mielichhoferiana*（Funck）Loeske，Stud. Vergl. Morph. Phyl. Syst. Laubm. 126. 1910. 图 124：13~17

形态特征 紧密簇生。植物体柔弱，色泽黄绿，老时呈褐色，无光泽。茎高约 15 mm，单一或具分枝，下部着生褐色假根。叶干时贴茎，长椭圆形至卵圆形，长达 1.2 mm，不明显向背面突起，基部无下延；叶边全缘，平展或背卷；中肋消失于叶尖下。叶中部细胞狭长菱形或狭六角形，叶基部细胞狭长方形，叶边分化 1~3 列狭长薄壁细胞。孢蒴梨形或长梨形，干时皱缩，蒴口小。孢子球形。

生境和分布 多温寒山地岩面薄土生长。西藏；俄罗斯（远东地区）、欧洲北部、中部和北美洲有分布。

应用价值 缺齿藓属植物对重金属尤其是铜元素具较高吸附能力，为敏感指示植物。

2 丝瓜藓属 *Pohlia* Hedw.

密丛集成片或小垫状。体形小或中等大小，直立。茎下部叶小而稀，上部叶多较大，在顶部密集，长椭圆形至狭长披针形，急尖至渐尖；叶边平展至背卷，上部具细齿；中肋粗壮，至叶尖稍下处消失或贯顶，背部明显突出。叶中部细胞狭菱形至线形，薄壁，近叶基部细胞多宽短，近叶边细胞趋狭，但不形成分化边缘。雌雄有序同苞或雌雄异株。蒴柄细长，干时弯曲。孢蒴梨形、长椭圆形或长圆柱形，具明显台部，倾立、平列或下垂。环带有或缺失。蒴齿 2 层，等长，齿毛发育良好或缺失。孢子表面粗糙。

本属约 120 种，主要北温带地区分布。中国约 30 种。

分种检索表

1. 植物体不育枝常具无性芽胞……2
1. 植物体不育枝多不具无性芽胞……3
2. 叶狭长卵形或狭长披针形；叶中部细胞近线形；孢蒴台部短……4. 疣齿丝瓜藓 *P. flexuosa*
2. 叶狭长卵形；叶中部细胞狭长卵形；孢蒴台部长……8. 卵蒴丝瓜藓 *P. proligera*

3. 孢蒴台部近于与壶部等长……………………………………………………………………………………4
3. 孢蒴台部明显短于壶部……………………………………………………………………………………5
4. 叶多狭披针形；叶上部边缘具粗齿；孢子外壁具细疣 …………………………… 3. 丝瓜藓 *P. elongata*
4. 叶卵形至披针形；叶上部边缘具细齿；孢子外壁具不规则粗疣 …………………… 5. 拟长蒴丝瓜藓 *P. longicollis*
5. 叶卵形至狭长披针形…………………………………………………………………… 1. 泛生丝瓜藓 *P. cruda*
5. 叶阔卵形至卵状披针形……………………………………………………………………………………6
6. 叶中部细胞线形………………………………………………………………………… 2. 小丝瓜藓 *P. crudoides*
6. 叶中部细胞长菱形或狭长菱形……………………………………………………………………………7
7. 孢蒴长卵形；叶中部细胞长菱形 …………………………………………………… 6. 多态丝瓜藓 *P. minor*
7. 孢蒴长圆柱形；叶中部细胞狭长菱形 …………………………………………………… 7. 黄丝瓜藓 *P. nutans*

泛生丝瓜藓 *Pohlia cruda*（Hedw.）Lindb.，Musci Scand. 18. 1879. 图 125：1~6

形态特征 密丛集生长。体绿色、淡黄绿色至灰绿色，具明显光泽。茎高可达 3 cm，直立，近红色。叶卵形至狭长披针形，急尖或渐尖，中部叶宽短，上部叶狭长；叶边平展；叶边上部具细圆齿；中肋在叶尖部下消失，下部红色。叶中部细胞线形至近蠕虫形，薄壁，叶上部和基部细胞较短。雌雄多异株。内齿层基膜约为外齿层长度的 1/3，齿条明显穿孔，齿毛 2~3。

生境和分布 多山地林下及高山灌丛下、腐木或湿地具土岩面。黑龙江、吉林、辽宁、内蒙古、河北、山东、山西、陕西、新疆、江苏、安徽、浙江、台湾、广东、贵州、四川、云南和西藏；亚洲东部、非洲南部、北美洲、大洋洲及南极洲有分布。

小丝瓜藓 *Pohlia crudoides*（Sull. et Lesq.）Broth.，Nat. Pfl.-fam. 1（3）：548. 1903. 图 125：7~9

形态特征 丛集生长。体略硬挺，色泽黄绿或黄褐色，具明显光泽。茎高约 3 cm，多不分枝。叶干时贴茎，湿时倾立，下部叶长卵形，稀疏，上部叶卵状披针形，密生，顶部渐尖；叶边不明显背曲，中上部具细齿；中肋长达叶近尖部。叶中部细胞线形或蠕虫形，尖部细胞略短，叶基部细胞稍大，方形或长方形，叶边细胞不分化。

生境和分布 多着生高山林地和具土岩面。吉林、陕西、青海、新疆、台湾、四川、云南和西藏；为北半球广布种。

丝瓜藓 *Pohlia elongata* Hedw.，Sp. Musc. Frond. 171. 1801. 图 125：10~14

形态特征 疏丛集生长。体绿色或黄绿色，无光泽或略具光泽，高可达 2 cm。茎基部常生新生枝。茎上部叶披针形至狭披针形，长 1.5~5 mm，下部叶披针形；叶边上部具细齿，中下部常背卷；中肋粗壮，达叶尖部。叶中部细胞近线形，薄壁至稍厚壁；基部细胞长方形。雌雄有序同苞。孢蒴倾立或平列，棒槌形或长梨形，长可达 6 mm，台部细长。蒴齿外齿层黄褐色，具疣；内齿层基膜高度为外齿层的 1/2~1/4，齿条无穿孔，齿毛 1~2

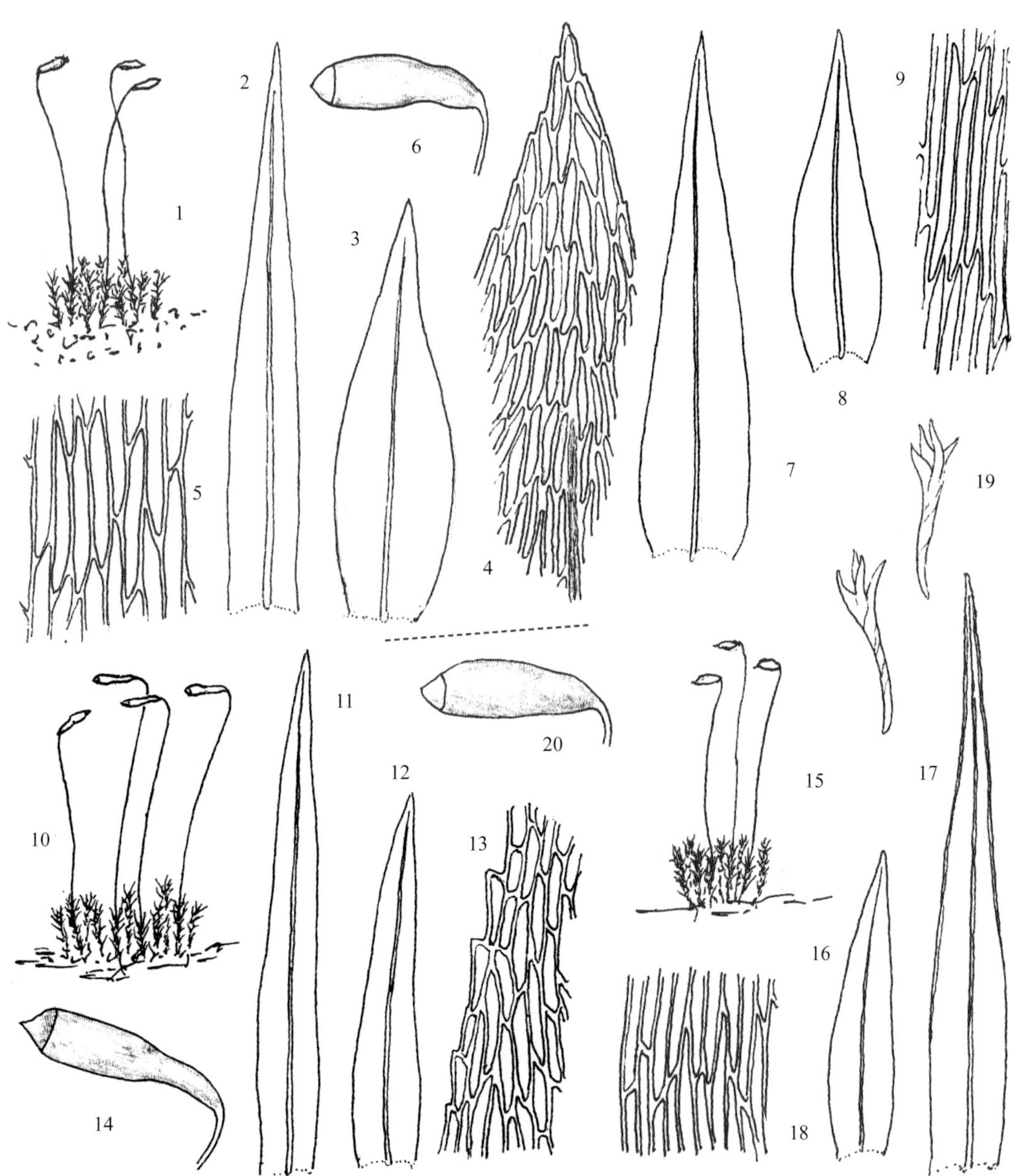

图 125

1~6. **泛生丝瓜藓** *Pohlia cruda*（Hedw.）Lindb.

1. 着生具土石上的植物群落（×1），2，3. 叶（×30），4. 叶尖部细胞（×150），5. 叶中部细胞（×150），6. 孢蒴（×8）

7~9. **小丝瓜藓** *Pohlia crudoides*（Sull. et Lesq.）Broth.

7，8. 叶（×25），9. 叶中部细胞（×150）

10~14. **丝瓜藓** *Pohlia elongata* Hedw.

10. 着生林下湿土的植物群落（×1），11，12. 叶（×15），13. 叶上部边缘细胞（×150），14. 孢蒴（×8）

15~19. **疣齿丝瓜藓** *Pohlia flexuosa* Hook.

15. 着生山地林下的植物群落（×1），16，17. 叶（×25），18. 叶中部边缘细胞（×150），19. 芽胞（×60），20. 孢蒴（×8）

或缺失。

生境和分布 习生低海拔至山地林下路边或沟边土上。黑龙江、吉林、内蒙古、河北、山东、山西、陕西、新疆、上海、安徽、台湾、福建、湖北、香港、广西、贵州、四川、云南和西藏；日本、亚洲中南部、欧洲及北美洲有分布。

疣齿丝瓜藓 *Pohlia flexuosa* Hook.，Icon. Pl. 1（1）：pl. 19，f. 5. 1837. 图 125：15~19

形态特征 丛集或稀疏丛集。植物体绿色、黄绿色至褐色，高可达 2 cm 以上，下部具褐色假根，多萌生新枝。叶稍密集，干时多扭曲，湿时倾立，狭长卵形至狭长披针形，长约 2 mm；叶边上部具细齿，平展，或有时向背部反曲；中肋长达叶近尖部，红褐色。叶细胞线形或近线形，壁稍厚或薄壁，叶尖部细胞及基部细胞稍短。芽胞有时着生叶腋，绿色或褐色，棒状，螺旋状扭曲。雌雄异株。孢蒴倾立，平列至垂倾，梨形或长卵状圆柱形。蒴齿 2 层；内齿层基膜稍低，齿条线形，具狭的穿孔，齿毛残留或缺失。

生境和分布 习生山区林地、具土岩面或土壁，在环境较干的土壁植物体多着生无性芽胞。新疆、江苏、安徽、浙江、台湾、福建、江西、湖南、广东、广西、贵州、四川、云南和西藏；亚洲东南部及美洲大部分地区有分布。

拟长蒴丝瓜藓 *Pohlia longicollis*（Hedw.）Lindb.，Musci Scand. 18. 1879. 图 126：1~6

形态特征 密集丛生。体色泽黄绿，多具光泽。茎长可达 5 cm，基部具假根。叶多着生茎上部，基部叶长卵状椭圆形，向上呈卵状长披针形；叶边多平直或稍背曲，尖部具细齿；中肋常消失于叶近尖部。叶中部细胞狭菱形，壁薄。雌雄同株。蒴柄长约 3 cm 。孢蒴棒槌形，台部与壶部近于等长。蒴盖短圆锥形。蒴齿 2 层；外齿层齿片上部具粗疣；内齿层齿条与外齿层齿片近于等长，具疣，中部具穿孔，齿毛 2。孢子球形。

生境和分布 多着生山地林下及具土岩面。黑龙江、吉林、辽宁、内蒙古、山东、台湾、四川、云南和西藏；日本、亚洲中部、俄罗斯、欧洲及北美洲有分布。

多态丝瓜藓 *Pohlia minor* Schwägr.，Sp. Musc. Frond.，Suppl. 1（2）：70. pl. 64. 1816. 图 126：7~10

形态特征 密丛集，有时与其他藓类混生。体形细小，无光泽。茎单一或基部具分枝，与孢蒴及蒴柄高达 3 cm。叶干时贴茎，湿时直展，卵状长椭圆形或阔披针形，上部渐尖，一般不及 1 mm；叶边多一侧内曲，另一侧稍背卷，上部具细齿；中肋长达叶尖部。叶中部细胞狭长菱形至蠕虫形，基部细胞长方形。孢蒴倾斜或下垂，长椭圆形至长梨形，成熟后长可达 7 mm。蒴齿 2 层；内外齿层等长，内齿层齿条线形，明显狭于外齿层齿片，有时具狭穿孔，基膜低，高不及外齿层的 1/3，无齿毛。

生境和分布 生于低地或高海拔山地林下灌丛，近水边流石滩、土面或具土岩面。黑

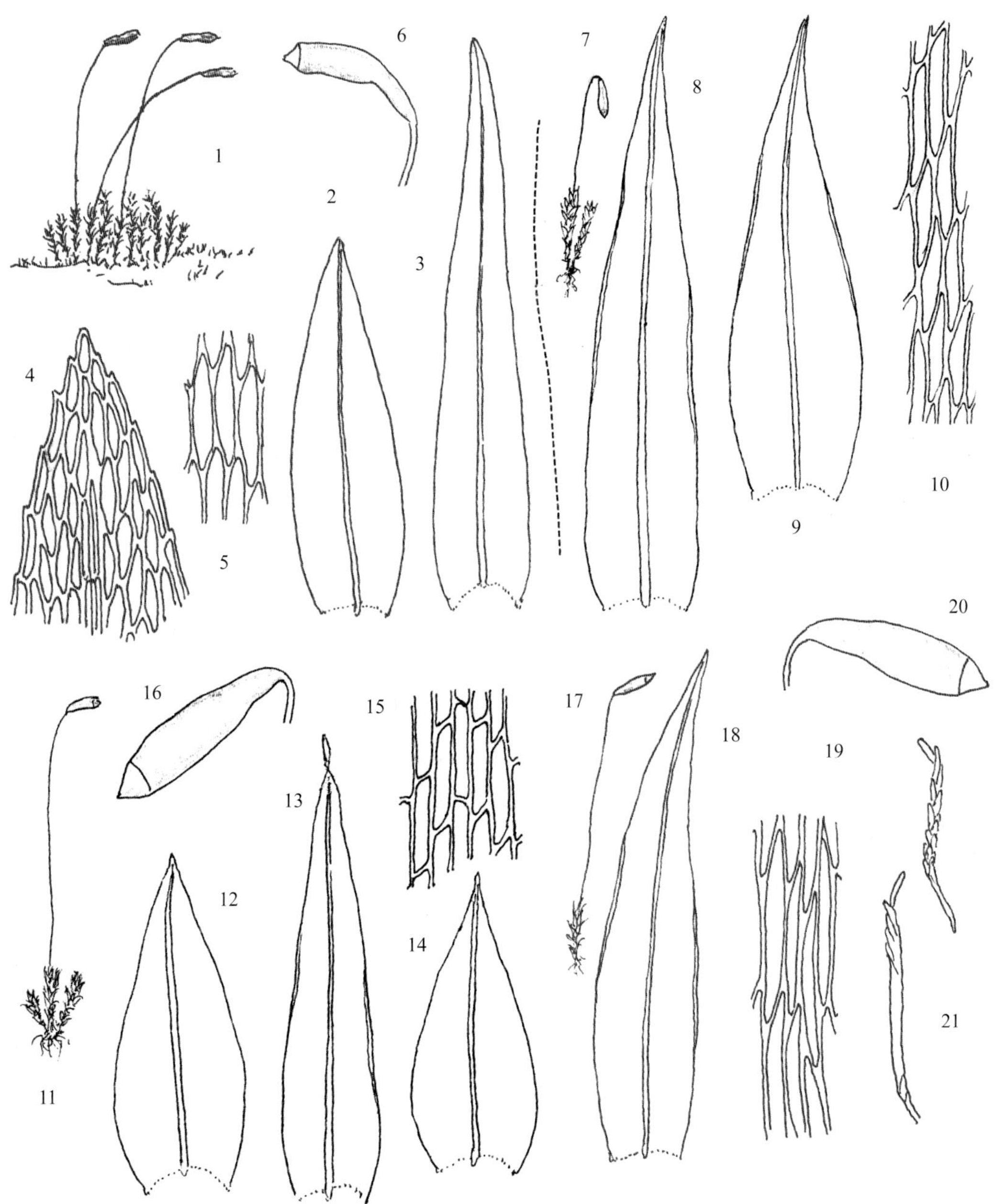

图 126

1~6. 拟长蒴丝瓜藓 *Pohlia longicollis*（Hedw.）Lindb.

1. 着生林下湿土上的植物群落（×1），2，3. 叶（×20），4. 叶尖部细胞（×120），5 叶中部细胞（×120），6. 孢蒴（×5）

7~10. 多态丝瓜藓 *Pohlia minor* Schwägr.

7. 雌株（×2），8，9. 叶（×50），10. 叶中部细胞（×200）

11~16. 黄丝瓜藓 *Pohlia nutans*（Hedw.）Lindb.

11. 雌株（×2），12~14. 叶（×30），15. 叶中部细胞（×120），16. 孢蒴（×8）

17~21. 卵蒴丝瓜藓 *Pohlia proligera*（Limpr.）Lindb. ex Arnell

17. 雌株（×2），18. 叶（×35），19. 叶中部细胞（×200），20. 孢蒴（×10），21. 芽胞（×60）

龙江、吉林、辽宁、内蒙古、陕西、青海、新疆、上海、贵州、四川、云南和西藏；日本、印度及欧洲有分布。

现有学者将此种并入丝瓜藓 *Pohia elongata* Hedw.。

黄丝瓜藓 *Pohlia nutans*（Hedw.）Lindb.，Musci Scand. 18. 1879. 图 126：11~16

形态特征 稀疏或丛集生长。植物体色泽深绿至黄褐色，无光泽。茎长约 5 mm，通常不分枝，或基部分枝。叶湿时多扭曲，基部叶卵形或阔卵形，渐上趋大，上部叶长披针形，长达 3 mm，叶尖部多旋扭；叶边多背曲，中上部边缘具细齿；中肋上部稍扭曲，背部明显凸起呈龙骨状，长达叶尖部或不明显贯顶。叶中部细胞狭菱形，壁略厚。孢蒴干时多下垂，长棒形或长圆柱形，台部短。内齿层基膜高度为外齿层的 1/2，齿条具强穿孔或开裂；齿毛 2~3，与齿条等长，具节瘤或附片。

生境和分布 多生于高海拔山地林下腐土上，也常见于岩面藓丛中。吉林、辽宁、内蒙古、陕西、新疆、上海、浙江、台湾、广东、贵州、四川、云南和西藏；亚洲东部、北美洲、大洋洲、非洲南部及南极洲有分布。

卵蒴丝瓜藓 *Pohlia proligera*（Limpr.）Lindb. ex Arnell，Bot. Not. 1894：54. 1894. 图 126：17~21

形态特征 密丛集生长。植物体高约 2 cm，色泽黄绿。茎单一或稀分枝。叶干时扭曲，湿时伸展，长卵状披针形，基部稍狭，长约 2 mm；叶边平展，尖部具细圆齿；中肋长达叶近尖部。叶细胞线形，壁薄，上部细胞略短，基部细胞与上部细胞近于同形。无性芽胞多见于新生枝中上部叶腋，线形或蠕虫形，宽 2 个细胞，具 1~3 个叶原基。

生境和分布 着生低海拔至高山林内具土岩面或林下路边土生。黑龙江、吉林、辽宁、内蒙古、山东、陕西、新疆、江苏、安徽、浙江、福建、江西、湖南、广东、广西、贵州、四川和云南；北半球广泛布种。

3 银藓属 *Anomobryum* Schimp.

密丛集生长。体形细长，色泽多灰绿，多具光泽。茎具中轴。叶干燥或湿时均覆瓦状贴茎，卵状椭圆形或椭圆形，内凹，叶尖钝至圆钝；叶边平直，全缘；中肋强，达叶中上部或叶上部。叶中部细胞线形至狭菱状六角形，壁薄，边缘细胞狭，但不形成明显的分化边。孢子体与真藓属相似。

本属约 45 种，较寒湿地区分布。中国有 4 种。

分种检索表

1. 叶中肋及顶；腋生多数红褐色芽胞；叶原基不明显或发育不全 ……………………… 1. 芽胞银藓 *A. gemmigerum*

1. 叶中肋达叶上部；腋生绿色或暗绿色芽胞；叶原基发育完全 …………………………………… 2. 银藓 *A. julaceum*

芽胞银藓 *Anomobryum gemmigerum* Broth.，Philipp. Journ. Sci. 5：146. 1910. 图 127：1~6

形态特征 紧密丛集生长。体形细长，色泽黄绿至灰绿色，具弱光泽。茎长达 4 cm，枝条多单一。叶干时紧贴，卵圆形或长椭圆形，内凹，急尖；叶边平直，全缘；中肋强，贯顶或近顶。不育枝叶腋常具多数红褐色无性芽胞，呈丛集着生。孢蒴短梨形。

生境和分布 生于山地林内具土岩面或土上。吉林、辽宁、河北、陕西、甘肃、江西、贵州、四川、云南和西藏；尼泊尔及菲律宾有分布。

银藓 *Anomobryum julaceum*（Gaertn.，Mey. et Schreb.）Schimp.，Syn. Musc. Eur. 382. 1860. 图 127：7~11

形态特征 外形与 *A. gemmigerum* 相似。紧密丛集生长。体形细长，长约 2 cm，稀具分枝，灰绿色至黄绿色，具弱光泽。叶干时紧贴，湿时呈覆瓦状排列，卵圆形或阔卵状椭圆形，内凹，尖部圆钝；叶边全缘；中肋不及叶尖即消失。叶中部细胞蠕虫形至长菱状六角形，上部细胞较短，基部细胞长方形。雌雄异株。雌苞叶长而尖。孢蒴长梨形。无性芽胞多数，簇生叶腋。

生境和分布 山区林边石缝间土生或具土岩面生长。吉林、辽宁、内蒙古、山西、陕西、台湾、广东、海南、四川和云南；世界广布种。

4 小叶藓属 *Epipterygium* Lindb.

疏丛集生。体形纤长，淡紫红色或灰绿色，稀分枝。叶卵状长椭圆形至倒卵形，基部狭，下延，尖宽短；叶边平展，全缘或上部具细齿，背部叶小而狭；中肋近红色，长达叶上部。叶细胞长菱形至六角形，薄壁，叶边细胞近线形，分化明显。能育枝叶较少分化。雌雄异株。孢蒴倾立或垂倾，卵球形，具短而粗的台部。环带宽，不常存，内齿层基膜高，具穿孔，齿毛具小节瘤。

本属约 18 种，寒湿地区分布。中国仅 1 种。

紫色小叶藓 *Epipterygium tozeri*（Grev.）Lindb.，Öfvers. Förh. Kongl. Svenska Vetensk.-Akad. 21（10）：576. 1864. 图 127：12~16

形态特征 疏松丛集生长。植物体近红色至灰绿色。茎高可达 3 cm。叶排列稀疏，背部叶 1 列，形小，长椭圆形，急尖，长约 1 mm；侧叶 2 列，形略大，长椭圆形，长约 2 mm；叶边平直，上部全缘或具稀齿；中肋红褐色，向上渐细，达叶中部或上部。叶中部

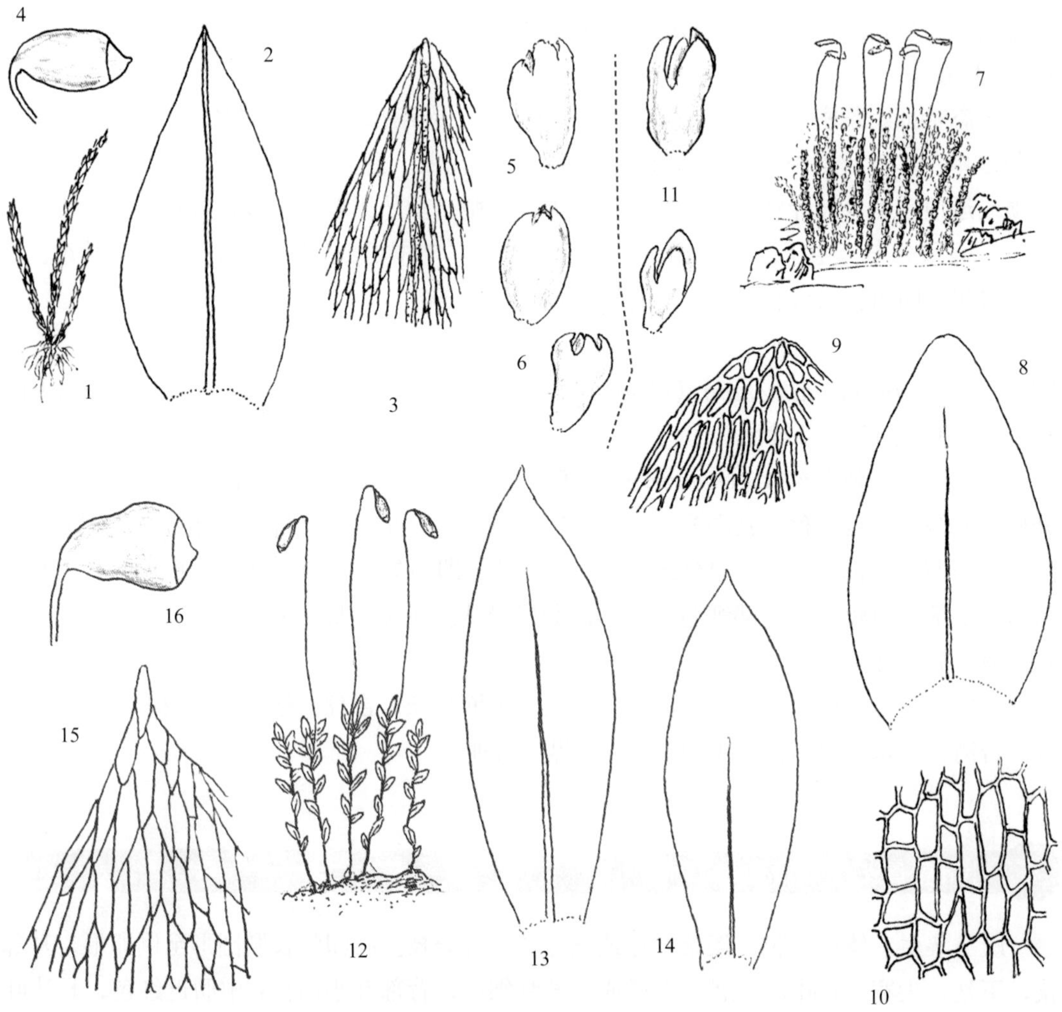

图 127

1~6. 芽胞银藓 *Anomobryum gemmigerum* Broth.

1. 植物体（×2），2. 叶（×45），3. 叶尖部细胞（×120），4. 孢蒴（×10），5，6. 无性芽胞（×120）

7~11. 银藓 *Anomobryum julaceum*（Gaertn.，Mey. et Schreb.）Schimp.

7. 着生开旷湿润岩缝的植物群落（s 1），8. 叶（×70），9. . 叶尖部细胞（×250），10. 叶基部细胞（×250），11. 芽胞（×120）

12~16. 紫色小叶藓 *Epipterygium tozeri*（Grev.）Lindb.

12. 阴湿土生的植物群落（×1），13，14. 叶（×18），15. 叶尖部细胞（×120），16. 孢蒴（×12）

细胞疏松，长菱形至狭六角形，壁薄，边缘细胞线形，1~3 列。蒴柄细长，黄色。孢蒴梨形至长梨形，台部短于壶部。环带常存。外齿层黄色，具细疣；内齿层基膜达外齿层齿片长度的 2/3，齿条不具穿孔，齿毛短。

生境和分布 着生山地寒湿林边荫蔽处、土面或具土岩面。河北、陕西、甘肃、浙江、台湾、福建、广东、四川、云南和西藏；喜马拉雅山地区、印度、日本、朝鲜、伊朗、欧洲、北美洲及非洲北部有分布。

5 短月藓属 *Brachymenium* Schwägr.

疏松或成簇生长。体形细小至稍大，黄绿色或灰绿色，老时呈褐色。植物体直立，基部多茁生新生枝。叶一般密生枝的顶部，下部稀疏，长卵圆形、倒卵状椭圆形或舌形，渐尖或具狭长尖；中肋达叶尖部或突出叶尖呈芒状。叶细胞菱形、六角形或长菱形，基部细胞多长方形。雌雄异株或雌雄同株。蒴柄细长，直立或稍弯曲。孢蒴多直立或倾立，稀横列，梨形、卵形或棒槌形，台部多明显。环带分化。蒴齿 2 层；外齿层齿片长披针形，基部棕色，上部透明无色，具疣；内齿层基膜达齿片长度的 1/2~1/3，多具疣，齿条常发育不完全，齿毛多缺失。孢子圆形，具疣。

本属约 80 种，多分布暖湿地区。中国有 14 种。

分种检索表

1. 叶卵状椭圆形，长度近 1 mm；孢蒴近椭圆形 ……………… 1. 纤枝短月藓 *B. exile*

1. 叶倒卵状长椭圆形，长度多大于 2.5 mm；孢蒴卵状长椭圆形 ……………… 2. 短月藓 *B. nepalense*

纤枝短月藓 *Brachymenium exile*（Dozy et Molk.）Bosch et S. Lac., Bryol. Jav. 1：139. 1860. 图 128：1~6

形态特征 密丛集生或稀疏丛生，有时与其他藓类混生。体形小，色泽黄绿或淡褐绿色，新生枝直立。叶倾立，卵状椭圆形，长约 1 mm，稍呈龙骨状；叶边全缘，平直或下部稍背曲；中肋突出叶尖呈芒状。叶细胞壁稍厚，上部边缘具一列不明显的长方形细胞，叶中部细胞菱形或长六角形，基部细胞方形或长方形。雌雄异株。孢蒴通常直立，近椭圆形或卵圆形。蒴盖圆锥形。外齿层发育良好。

生境和分布 生于山地路边土上或具土岩面。河北、山东、江苏、安徽、台湾、福建、广东、海南、广西、贵州、四川、云南和西藏；亚洲东南部、日本、太平洋岛域、中南美洲、马达加斯加及南非有分布。

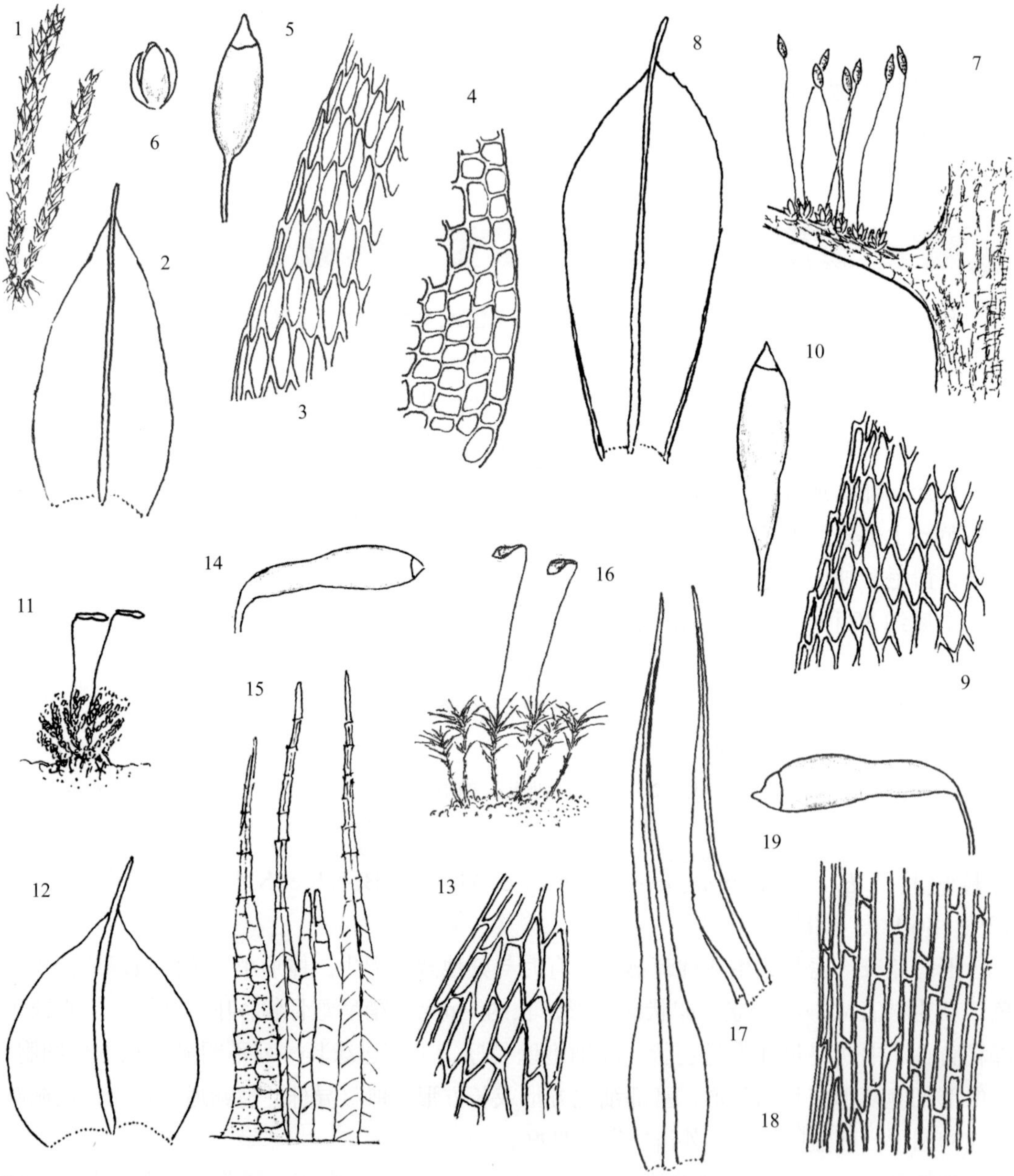

图 128

1~6. 纤枝短月藓 *Brachymenium exile*（Dozy et Molk.）Bosch et S. Lac.

1. 植物体（×5），2. 叶（×55），3. 叶上部边缘细胞（×150），4. 叶基部细胞（×150），5. 孢蒴（×6），6. 无性芽胞（×60）

7~10. 短月藓 *Brachymenium nepalense* Hook.

7. 着生树枝上的植物群落（×1），8. 叶（×25），9. 叶上部边缘细胞（×120），10. 孢蒴（×5）

11~15. 平蒴藓 *Plagiobryum zierii*（Hedw.）Lindb.

11. 着生阴湿土面的植物群落（×1），12. 叶（×45），13. 叶上部边缘细胞（×150），14. 孢蒴（×8），15. 蒴齿（×150）

16~19. 薄囊藓 *Leptobryum pyriforme*（Hedw.）Wils.

16. 阴湿土面生长的植物群落（×1），17. 叶（×25），18. 叶基部细胞（×150），19. 孢蒴（×10）

短月藓 *Brachymenium nepalense* Hook.，Sp. Musc. Frond.，Suppl. 2 2：131. pl. 135. 1824. 图 128：7~10

形态特征　簇生或群集丛生。体形中等大小，色泽黄绿至深绿色，具光泽。茎直立，新生枝多数；基部具红褐色假根。叶多丛集枝顶，呈莲座状。下部叶稀而小，干时皱缩，旋扭。叶倒卵状长椭圆形；叶全缘，仅上部边缘具齿，基部背卷；中肋粗壮，贯顶呈长芒状。叶中部细胞菱形至六角形，多壁薄，基部细胞渐呈长方形或近方形；叶上部边缘分化 1~3 列狭长细胞。雌雄同株。孢蒴直立，长梨形至近棒状，颈部粗。孢子具细疣。

生境和分布　多见于中等海拔林内树枝上。内蒙古、甘肃、陕西、山东、安徽、浙江、四川、西藏和云南；日本、亚洲东南部和南部、非洲、毛里求斯、马达加斯加和新几内亚均有记录。

6 平蒴藓属 *Plagiobryum* Lindb.

丛集生长。体形小，淡绿色或灰绿色。叶多覆瓦状排列，卵圆形至卵状长椭圆形；叶边平直，全缘；中肋及顶或突出叶尖。叶中部细胞疏松，菱形或六角形，多薄壁，近边缘细胞狭，叶基部细胞稀疏。雌雄异株。蒴柄短，直立或扭曲。孢蒴棒形至近圆柱形形，多平列，具长的台部，蒴口常斜生。蒴齿 2 层；外齿层短于内齿层，齿片狭披针形，具疣；内齿层基膜略高，齿条线形至披针形，具穿孔。齿毛缺失。

本属约 6 种，多分布于高寒地区。中国有 4 种。

平蒴藓 *Plagiobryum zierii*（Hedw.）Lindb.，Öfvers. Förh. Kongl. Svenska Vetensk.-Akad. 19（10）：606. 1862. 图 128：11~15

形态特征　丛集生长。植物体银灰色或灰绿色，高约 8 mm。茎基部分枝。叶干时覆瓦状贴茎，卵圆状心形至心形，明显呈龙骨状，顶部呈尾状尖；叶边平展，全缘。叶中部细胞多角形至长菱形，疏松，壁薄，上部细胞略透明，叶基部细胞方形或长方形。蒴柄长约 8 mm，稍曲折。孢蒴长棒形或长圆柱形，平列或稍下垂，台部长于壶部，干时皱缩，蒴口斜。孢子球形或椭圆形，黄褐色，具细疣。

生境和分布　着生山地林下树基、岩壁缝隙或高山灌丛下土面。辽宁、内蒙古、山东、陕西、新疆、广东、贵州、四川、云南和西藏；亚洲大部分地区、俄罗斯、欧洲、北美洲和非洲有分布。

7 薄囊藓属 *Leptobryum*（Bruch et Schimp.）Wils.

疏群集生长。植物体细长。茎直立，基叶小而疏生，披针形，上部叶长而丛集，狭长披针形；中肋宽阔，充满狭长的尖部或不及尖部消失。叶细胞线形，基部细胞长方形。雌雄同株或异株。蒴柄细长。孢蒴梨形，下垂，具光泽。蒴齿为真藓类型。

本属约 3~4 种，温湿山地分布。中国有 2 种。

薄囊藓 *Leptobryum pyriforme*（Hedw.）Wils.，Bryol. Brit. 219. 1855. 图 128：16~19

形态特征 疏丛集生长。植物体色泽黄绿至绿色。茎高可达 3 cm。上部叶狭长披针形下部叶较小；叶边平直，尖部具细齿；中肋宽，及顶或突出叶尖。叶细胞线形，叶基部细胞不规则方形或长方形。蒴柄纤细，长 1.5~2.5 mm。孢蒴梨形或长梨形，平列或倾垂，台部明显。蒴齿 2 层；内齿层齿条及齿毛均发育。孢子球形。

生境和分布 生于低海拔林下溪边湿润处，亦见于南方苗圃花盆中。黑龙江、吉林、内蒙古、河北、山东、山西、新疆、江苏、台湾、福建、海南、云南和西藏；世界广布种。

8 真藓属 *Bryum* Hedw.

密或疏丛集成片生长，有时呈小垫状。植物体单一或稀分枝，下部叶小而疏，上部叶大而密集。叶卵圆形、阔卵形、椭圆形或长椭圆形，渐尖、圆钝或具锐尖；叶边具细齿或全缘，下部或全部背卷或背曲，常具明显的分化边；中肋通常较粗，贯顶或在叶尖下消失。叶细胞多长菱形、六角形或狭菱形，壁薄；叶边细胞有时狭而明显分化；下部细胞形大，长六角形至长方形。雌雄异株或雌雄同株。蒴柄细长。孢蒴平列、倾斜或下垂，多具台部。蒴盖圆锥形，具细喙或圆钝。蒴齿 2 层；外齿层齿片狭披针形，下部具细密疣；内齿层基膜较高，齿条通常与外齿层等高，龙骨状突起，常具穿孔，齿毛具节瘤。孢子小，多粗糙。

本属约 500 余种，广布于各大洲。中国约 50 种。

分种检索表

1. 叶阔椭圆形或卵圆形；叶细胞宽大，排列疏松……2
1. 叶长椭圆形、卵状椭圆形或近阔舌形；叶细胞狭窄，排列较紧密……4
2. 植物体干时常呈银白色；叶片呈覆瓦状排列……1. 真藓 *B. argenteum*
2. 植物体干时常呈绿色或黄绿色；叶片多松散倾立……3
3. 叶片尖部圆钝；中肋长仅达叶的上部……2. 圆叶真藓 *B. cyclophyllum*
3. 叶片尖部具小锐尖；中肋消失于叶尖下……8. 柔叶真藓 *B. cellulare*
4. 叶边细胞无明显分化……5
4. 叶边细胞明显分化……6
5. 叶细胞长菱形……3. 高山真藓 *B. alpinum*
5. 叶细胞长线形或狭长菱形……13. 近高山真藓 *B. paradoxum*
6. 植物体叶片多簇生茎顶……5. 比拉真藓 *B. billarderi*
6. 植物体叶片分散着生茎上……7

7. 中肋及叶尖部，或略突出于叶尖……………………………………………………………………8

7. 中肋长突出叶尖呈芒状……………………………………………………………………12

8. 叶长卵状椭圆形或近长舌形……………………………………12. 拟三列真藓 *B. pseudotriquetrum*

8. 叶长卵形或长卵形……………………………………………………………………9

9. 叶上部细胞狭菱形……………………………………………………………………10

9. 叶上部细胞六角形或阔多角形……………………………………………………………………11

10. 孢蒴台部长；叶中肋突出叶尖……………………………………4. 狭网真藓 *B. algovicum*

10. 孢蒴台部短；叶中肋长突出叶尖呈芒状……………………………………6. 丛生真藓 *B. caespiticium*

11 叶中部较宽阔……………………………………………………………………13

11. 叶基部较宽阔……………………………………………………………………11. 灰黄真藓 *B. pallens*

12. 植物体高约 5 mm；叶干时卷曲……………………………………9. 刺叶真藓 *B. lonchocaulon*

12. 植物体高约 10 mm；叶干时贴茎……………………………………10. 黄色真藓 *B. pallescens*

13. 孢蒴壶部圆柱形；叶上部细胞六角形……………………………………7. 细叶真藓 *B. capillare*

13. 孢蒴壶部粗大，明显大于台部；叶上部细胞狭长菱形……………………………………14. 球蒴真藓 *B. turbinatum*

真藓 *Bryum argenteum* Hedw.，Sp. Musc. Frond. 181. 1801. 图 129：1~5

形态特征 疏松丛生或半球状簇生。植物体银白色至淡绿色，多具光泽。茎长度多变。叶干湿时均覆瓦状着生茎上，宽卵圆形或近圆形，先端具长细尖或短渐尖及钝尖，长 0.5~1 mm，上部多无色透明，下部淡绿色或黄绿色；叶边全缘；中肋近绿色，在叶尖下部消失或达叶尖部。叶上部细胞较大，无色透明，薄壁，中部细胞长椭圆形或长椭圆状六角形，薄壁或两端厚壁，下部细胞六角形或长方形，壁薄或厚；叶边不明显分化 1~2 列狭长方形细胞。蒴柄长 10~20 mm，孢蒴倾立或下垂，卵圆形或长椭圆形，成熟后呈红褐色，台部不明显。

生境和分布 喜生于阳光充足的岩面、土坡、沟谷、焚烧后的林地、农村屋顶等。黑龙江、吉林、辽宁、内蒙古、河北、山东、山西、河南、陕西、新疆、江苏、安徽、浙江、台湾、福建、江西、湖北、湖南、广东、海南、广西、贵州、四川、云南和西藏；世界广布。

应用价值 为植物学教学的极佳实验材料。

圆叶真藓 *Bryum cyclophyllum*（Schwägr.）Bruch et Schimp.，Bryol. Eur. 4：133. 1839. 图 129：6~9

形态特征 稀疏丛生。体柔弱，高约 2 cm，稀可达 4 cm，色泽灰绿、黄绿色或褐色，茎有时具新生枝。叶不密生，干时展出并旋扭，湿时倾立，长约 2 mm，长椭圆状卵圆形至阔椭圆形，叶尖部圆钝，基部较狭，不明显下延；叶边全缘；中肋达叶尖下部。叶上部细胞长椭圆状菱形，薄壁，边缘具数列狭长形细胞，形成不明显的分化边。雌雄异株。孢蒴下垂。外齿层下部黄色，上部透明。

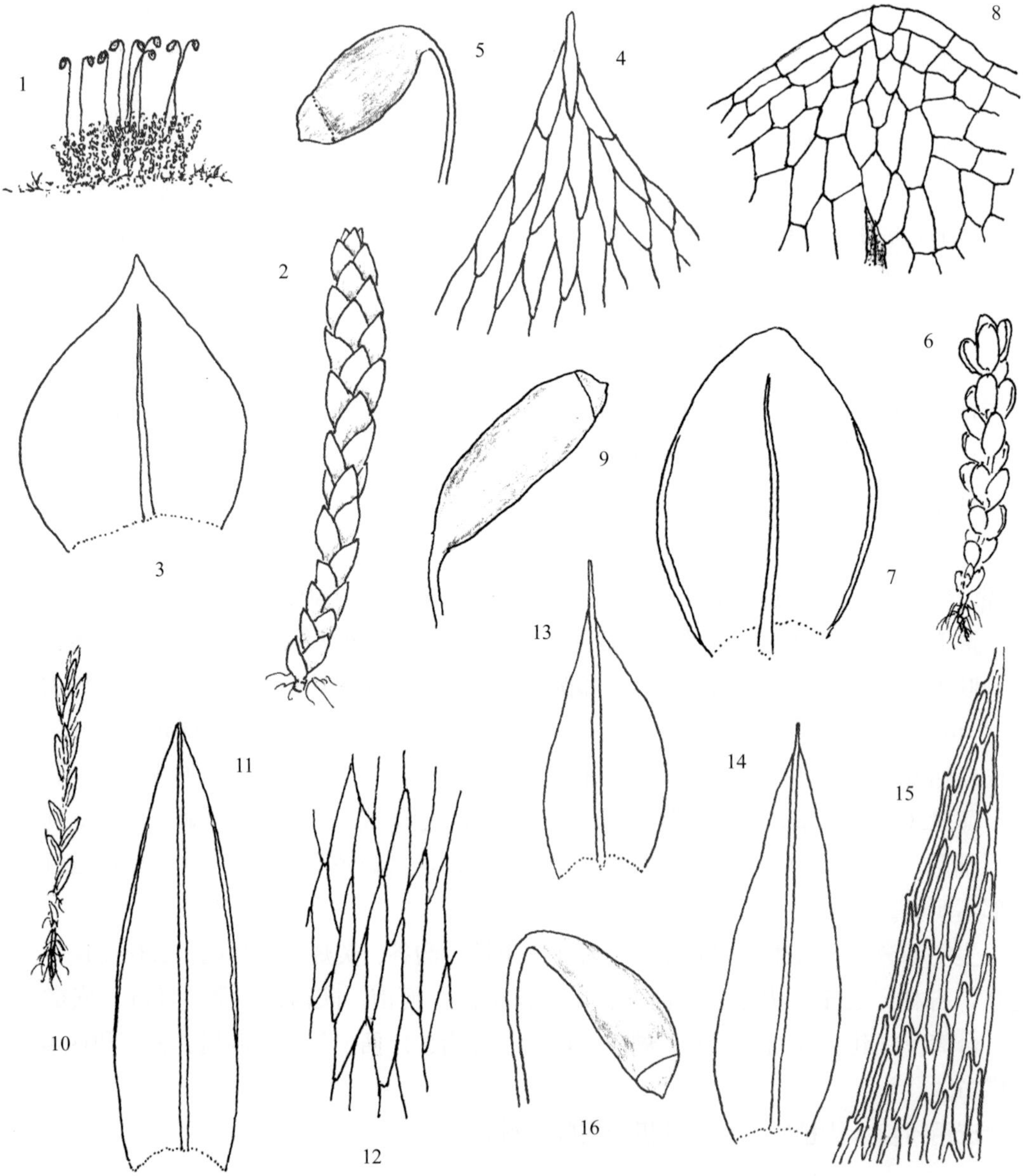

图 129

1~5. **真藓** *Bryum argenteum* Hedw.

1. 着生林边湿土上的植物群落（×1），2. 叶片覆瓦状排列的植株（×12），3. 叶（×60），4. 叶尖部细胞（×250），5. 孢蒴（×15）

6~9. **圆叶真藓** *Bryum cyclophyllum*（Schwägr.）Bruch et Schimp.

6. 植物体（×9），7. 叶（×30），8. 叶尖部细胞（×200），9. 孢蒴（×10）

10~12. **高山真藓** *Bryum alpinum* With.

10. 植物体（×6），11. 叶（×35），12. 叶中部细胞（×300）

13~16. **狭网真藓** *Bryum algovicum* Müll. Hal.

13，14. 叶（×20），15. 叶尖部细胞（×180），16. 孢蒴（×6）

生境和分布 山地林下土生。吉林、辽宁、内蒙古、山东、河南、陕西、新疆、江苏、安徽、广西、贵州、四川、云南和西藏；广布北半球大部分地区。

高山真藓 *Bryum alpinum* With.，Syst. Arr. Brit. Pl.（ed. 4）3：824. 1801. 图 129：10~12

形态特征 疏丛集生长。植物体常呈红色、黄绿色或亮黄褐色，具光泽。茎直立，高约 10 mm。茎叶稍硬挺，倾立或直展，长卵形，具明显龙骨状突起，长约 2 mm；叶边背卷，全缘或近叶尖部具齿突；中肋粗，略突出于叶尖。叶中部细胞狭长菱形，厚壁，基部细胞长方形，边缘细胞渐狭，但不形成明显的分化边。雌雄异株。孢蒴长梨形，深红色，长约 3 mm，下垂，台部渐狭。蒴齿发育良好，齿毛 2~3。

生境和分布 多生于山地林间具土岩面、林地及树基。黑龙江、吉林、辽宁、内蒙古、山东、山西、陕西、新疆、四川、云南和西藏；亚洲东南部、欧洲、美洲及非洲有分布。

狭网真藓 *Bryum algovicum* Müll. Hal.，Syn. Musc. Frond. 2：569. 1851. 图 129：13~16

形态特征 密集丛生或簇生。植物体黄绿色，老时呈褐色，长约 10 mm。叶干时不明显旋扭，湿时略贴茎或斜展，长椭圆形至卵圆形，急尖或渐尖，长达 3 mm；叶边全缘或上部具细圆齿；中肋突出叶尖呈芒状，平滑或具小齿，下部红褐色。叶中部细胞长椭圆状六角形或长椭圆形，壁薄，上部细胞多厚壁，基部细胞长方形，薄壁，多近红色，近叶边细胞较狭，分化不明显或 2~4 列线形细胞。蒴柄细长，红褐色。孢蒴长梨形至长卵圆形，湿时下垂呈鹅颈状。蒴口小，内齿层齿条常贴附于外齿层齿片，多残缺。孢子表面粗糙。

生境和分布 多着生寒湿高山草垫、灌丛、路边或具土岩面。内蒙古、陕西、青海、新疆、安徽、贵州、四川、云南和西藏；亚洲、欧洲、北美洲、大洋洲及非洲有分布。

比拉真藓 *Bryum billarderi* Schwägr.，Sp. Musc. Frond.，Suppl. 2：115. 1816. 图 130：1~3

形态特征 疏松丛集。体形多大，高可达 2 cm 以上。叶常在茎上部密集生长，下部叶较稀疏。干时旋扭或不规则皱缩，阔椭圆形、长椭圆形至倒卵状椭圆形，急尖至短渐尖；叶边下部明显背卷，全缘，上部具钝齿；中肋长达叶尖或突出叶尖呈短芒状，黄绿色或近褐色。叶中部细胞长六角形；叶边细胞线形，3~4 列，基部 5~6 列，薄壁至稍厚壁。

生境和分布 多见于山地岩面、溪边、腐木及林地。陕西、新疆、江苏、安徽、浙江、台湾、福建、江西、湖北、湖南、香港、广西、贵州、四川、云南和西藏；广布于热带及南北半球温带地区。

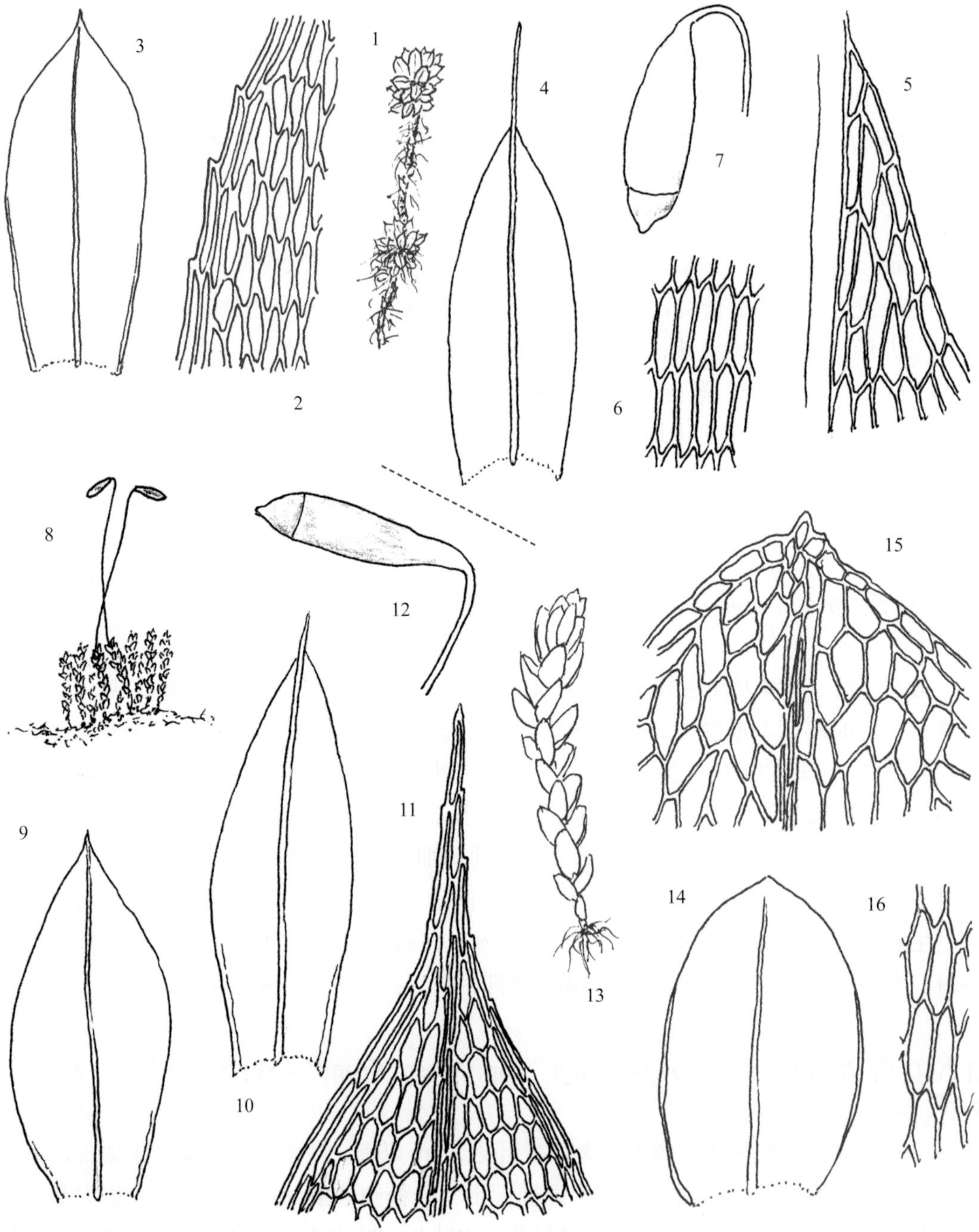

图 130

1~3. **比拉真藓** *Bryum billarderi* Schwägr.

1. 植物体湿润时的状态（×1），2. 叶（×10），3. 叶上部边缘细胞（×140）

4~7. **丛生真藓** *Bryum caespiticium* Hedw.

4. 叶（×25），5 叶尖部细胞 .（×180），6. 叶中部细胞（×250），7. 孢蒴（×10）

8~12. **细叶真藓** *Bryum capillare* Hedw.

8. 着生湿土上的植物群落（×1），9，10. 叶（×300），11. 叶尖部细胞（×140），12. 孢蒴（×10）

13~16. **柔叶真藓** *Bryum cellulare* Hook.

13. 植物体（×10），14. 叶（×45），15. 叶尖部细胞（×200），16. 叶中部细胞（×200）

丛生真藓 *Bryum caespiticium* Hedw.，Sp. Musc. Frond. 180. 1801. 图 130：4~7

形态特征　丛集生长。植物体淡黄色，略具光泽，长可达 1 cm。叶干时贴茎，不扭曲，椭圆状卵形至椭圆形，叶边中部略向背曲，全缘；中肋基部略带红色，顶端突出呈长芒尖。叶中部细胞长六角形，薄壁，近叶边缘细胞趋狭，上部细胞近似于中部细胞，下部细胞六角形；叶边细胞分化。雌雄异株。蒴柄暗褐色，长约 2 mm。孢蒴长椭圆形至梨形，台部粗，深红褐色。蒴盖突起，顶部具尖喙。

生境和分布　生于山地林下、草丛、路边土壁及具土岩面。黑龙江、吉林、辽宁、内蒙古、河北、山东、山西、河南、陕西、新疆、江苏、安徽、浙江、台湾、湖北、广东、贵州、四川、云南和西藏；世界广布。

细叶真藓 *Bryum capillare* Hedw.，Sp. Musc. Frond. 182. 1801. 图 130：8~12

形态特征　丛集生长。植物体深绿色或墨绿色，近于无光泽。茎长达 1 cm，幼时常见根生球形红褐色无性芽胞。叶干时扭曲，湿时伸展，下部叶卵圆形或长椭圆形，急尖，上部叶倒卵形、长椭圆形或舌形，中部最宽阔，长达 3 mm，向上具短尖；叶边平直或下部狭背曲，上部多全缘或具细齿；中肋突出叶尖呈短芒状。叶中上部细胞长椭圆状六角形或菱形，薄壁，下部细胞长六角形至长方形；叶边 1~2 列细胞线形，形成不明显略黄色的分化边缘。雌雄异株。孢蒴干或湿时均垂倾或平列，狭长椭圆形至近棒槌形，红褐色，台部明显。蒴盖具喙状突起。

生境和分布　生于山区林地、具土岩面及高山流石滩上。吉林、辽宁、内蒙古、山东、山西、陕西、新疆、江苏、上海、安徽、浙江、台湾、福建、江西、湖北、广东、广西、贵州、四川、云南和西藏；世界广布。

柔叶真藓 *Bryum cellulare* Hook.，Sp. Musc. Frond.，Suppl. 3（1）：pl. 214，f. a. 1827. 图 130：13~16

形态特征　密集生长。体黄绿色至红色。茎短，下部叶略小而稀，上部叶稍大而密，卵圆形或长椭圆形，长达 1.5 mm，尖宽钝或顶部具小急尖；叶边平展，全缘；中肋在叶尖下部消失或达顶。叶中上部细胞阔菱形或长六角形，壁薄，具 1~2 列不明显狭菱形细胞构成的分化边，下部细胞长方形。雌雄异株。孢蒴倾立至平列，梨形，红褐色，台部明显短于蒴壶。外齿层齿片具不明显的疣，上部透明；内齿层基膜低，齿条线形，稍短于外齿层，齿毛缺失。

生境和分布　生于温暖湿润林区地面、具土岩面或钙质土。山东、陕西、新疆、江苏、安徽、浙江、台湾、福建、广东、贵州、四川、云南和西藏；南北半球热带至较高海拔的温带湿地。

刺叶真藓 *Bryum lonchocaulon* Müll. Hal.，Flora 58（6）：93. 1875. 图 131：1~4

形态特征　丛集成片生长。体黄绿色，上部略具光泽，老时呈褐色。茎高约 5 mm。

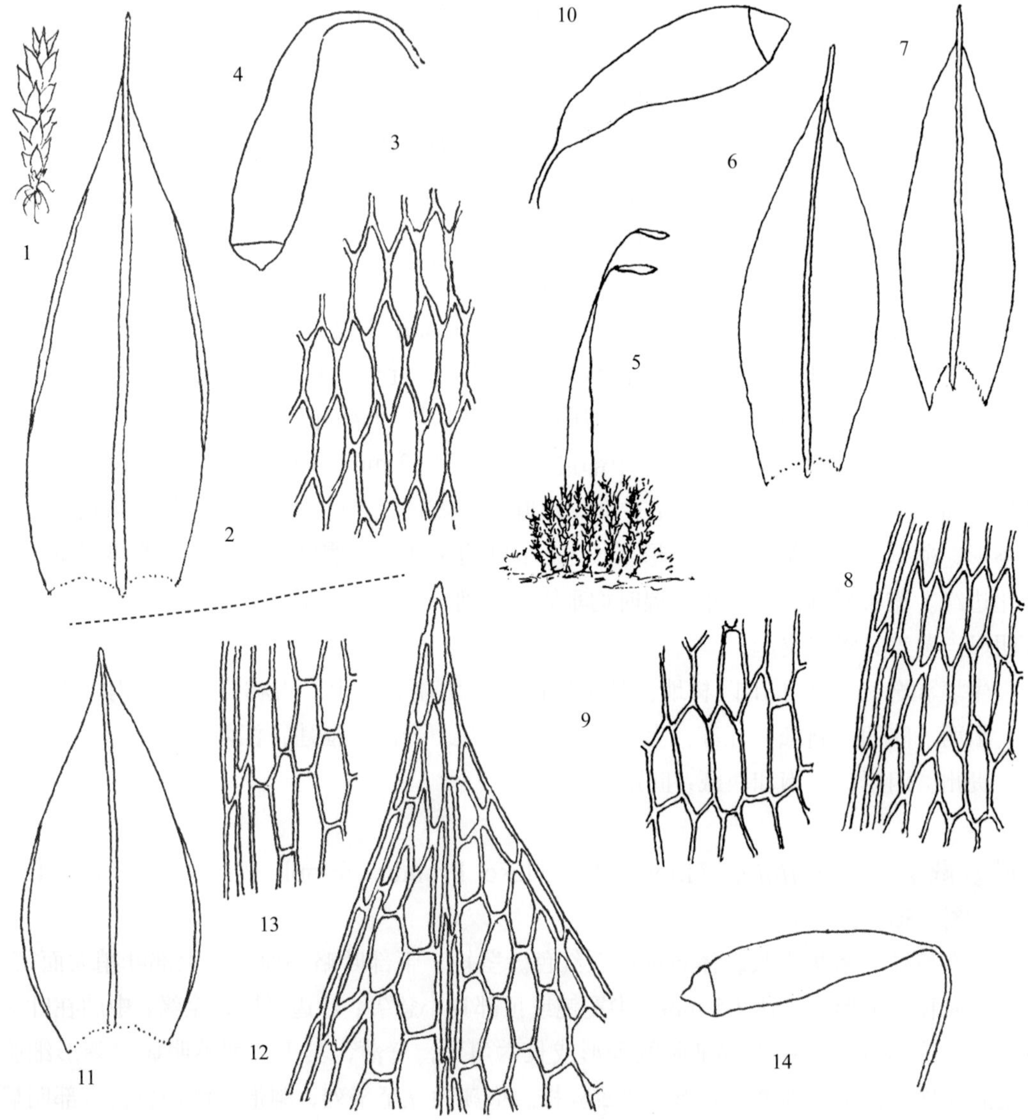

图 131

1~4 **刺叶真藓** *Bryum lonchocaulon* Müll. Hal.

1. 植物体（×2），2. 叶（×35），3. 叶中部细胞（×250），4. 孢蒴（×12）

5~10. **黄色真藓** *Bryum pallescens* Schwägr.

5. 着生湿土上的植物群落（×1），6, 7. 叶（×25），8. 叶上部边缘细胞（×200），9. 叶中部细胞（×200），10. 孢蒴（×10）

11~14. **灰黄真藓** *Bryum pallens* Sw.

11. 叶（×25），12 叶尖部细胞（×200），13 叶中部边缘细胞（×200），14. 孢蒴（×10）

叶干时略扭曲，长椭圆形，顶端渐尖，长约 2.5 mm；叶边由上至下背卷；中肋突出呈芒状。叶中部细胞长菱形，略厚壁，下部细胞长方形，略大；叶边细胞明显分化。雌雄同序。蒴柄长 10~18 mm。孢蒴长梨形至棒槌形，红褐色，台部略短于壶部。蒴齿 2 层；内齿层略短于外齿层；齿毛 2~3。蒴盖圆锥形，顶部乳头状突起。孢子具不明显的疣。

生境和分布 生于高海拔山地草丛和土生。黑龙江、吉林、辽宁、内蒙古、山东、山西、河南、陕西、新疆、江苏、浙江、江西、贵州、四川、云南和西藏；为北半球高寒地区植物。

黄色真藓 *Bryum pallescens* Schwägr.，Sp. Musc. Frond.，Suppl. 1（2）：107，pl. 75. 1816. 图 131：5~10

形态特征 疏丛集生长。植物体黄绿色，略具光泽，老时呈褐色。茎长达 1 cm，微红色。叶密集，干时贴茎，无明显扭曲，叶多长卵形，渐尖，长达 2.5 mm；叶边由上至下背卷或背曲；中肋突出叶尖呈长芒状，基部稍具红色。叶中部细胞长六边形，基部细胞长方形至长六角形；叶边细胞长线形，分化不明显或较明显。雌雄同株异序。蒴柄细长。孢蒴下垂至平列，长棒状至椭圆状梨形，台部短于壶部。外齿层下部橙色，具疣；内齿层基膜高达外齿层的 1/2；齿毛 2~3，稍短于齿条。

生境和分布 多生于山区流石滩地、路边、草丛和土上。黑龙江、吉林、辽宁、内蒙古、河北、山东、山西、河南、陕西、新疆、上海、安徽、浙江、台湾、福建、江西、广东、贵州、四川、云南和西藏；北半球温带高纬度地区、新西兰及南美洲高海拔或高纬度地区有分布。

灰黄真藓 *Bryum pallens* Sw.，Monthly Rev. 34：538. 1801. 图 131：11~14

形态特征 散生或丛集。体常绿色至褐色或呈红色，高达 10 mm 以上，下部多具假根。茎红色，多分枝。下部叶稀疏排列，上部叶稍大而密集，干时直展或稍扭曲，卵圆形至长卵圆形，短渐尖，长约 2 mm；叶边稍背曲，全缘；中肋细长，达叶近尖部或贯顶。叶中部细胞疏松六角形，下部细胞长方形或六角形，近叶边 1~2 列线形细胞构成分化边缘，壁薄。雌雄异株。孢蒴长梨形，台部与壶部等长。

生境和分布 生于山区潮湿林地、路边和土生。辽宁、内蒙古、山东、陕西、新疆、上海、安徽、湖南、贵州、四川、云南和西藏；广布北半球及南半球高海拔地区。

拟三列真藓 *Bryum pseudotriquetrum*（Hedw.）Gaertn.，Meyer et Schreb.，Oekon. Fl. Wetterau 3（2）：102. 1802. 图 132：1~5

形态特征 簇生或丛生。体粗大，黄色或深绿色，老时深褐色。茎常长达 3 cm 以上，密被假根。叶密集或稀疏着生，干时不明显旋扭，下部叶长卵圆形，上部叶长椭圆状舌形或卵状舌形，长达 2.7 mm，基部呈红色；叶上部边缘具细齿或全缘，背卷；中肋贯顶或略突出叶尖。叶中部细胞菱状六角形，薄壁，基部细胞长方形或长六角形，不明显厚壁；叶

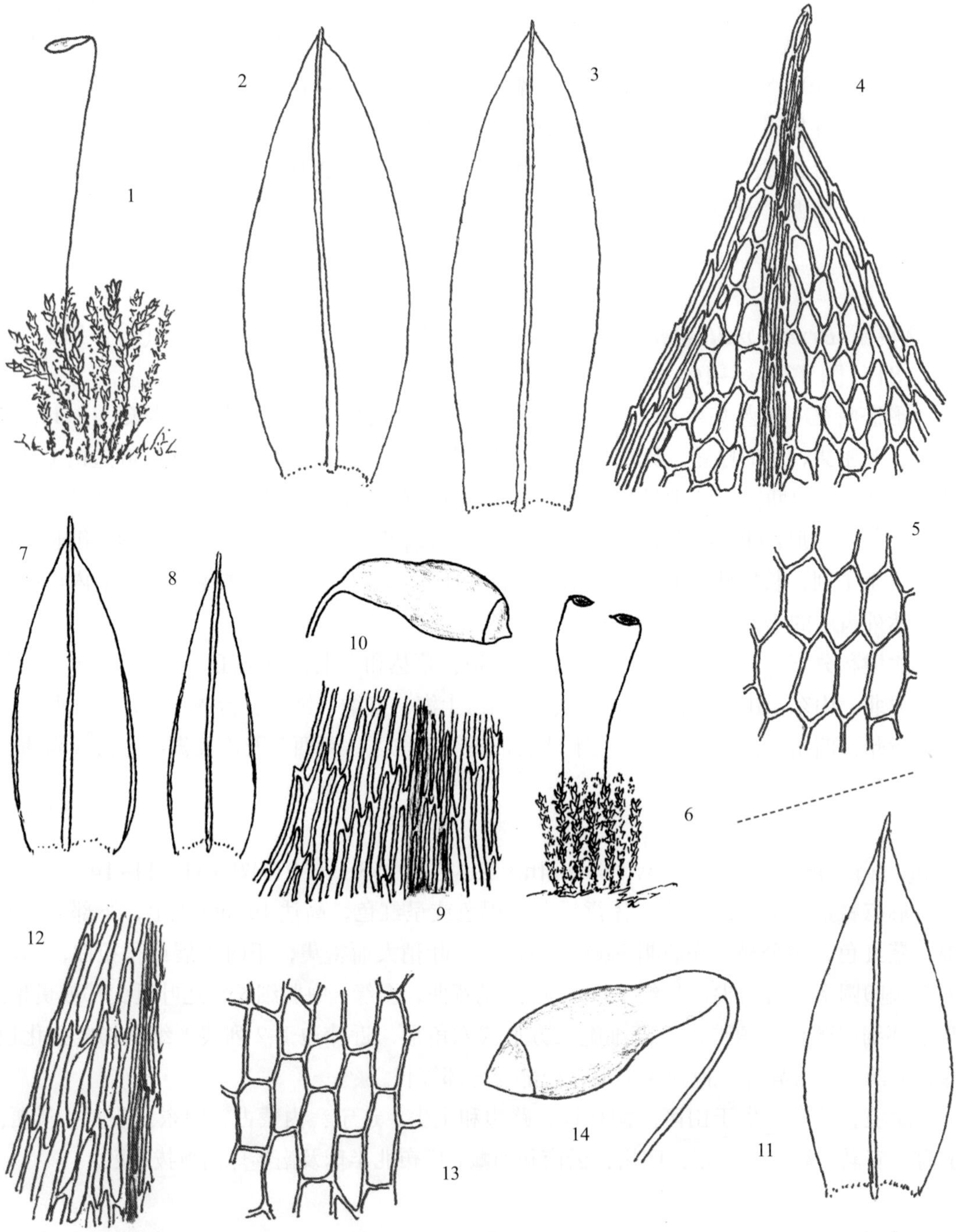

图 132

1~5. 拟三列真藓 *Bryum pseudotriquetrum* (Hedw.) Gaertn., Meyer et Schreb.

1. 着生林下湿土上的植物群落（×1），2，3. 叶（×40），4. 叶尖部细胞（×250），5. 叶中部细胞（×350）

6~10. 近高山真藓 *Bryum paradoxum* Schwägr.

6. 着生湿土上的植物群落（×1），7，8. 叶（×25），9. 叶尖部细胞（×120），10. 孢蒴（×10）

11~14. 球蒴真藓 *Bryum turbinatum* (Hedw.) Turn.

11. 叶（×15），12. 叶尖部细胞（×200），13. 叶中部细胞（×200），14. 孢蒴（×10）

边细胞在叶上部分化 1~3 列，下部 4~5 列，雌雄异株。孢蒴平列至垂倾，圆柱形，台部短于壶部，基部渐细。

生境和分布 多生于山区林下具土岩面。黑龙江、吉林、辽宁、内蒙古、河北、山东、山西、陕西、新疆、江苏、安徽、浙江、台湾、福建、湖北、四川、云南和西藏；广布南北半球温带地区。

近高山真藓 *Bryum paradoxum* Schwägr.，Sp. Musc. Frond.，Suppl. 3 1（1）：224. 1827. 图 132：6~10

形态特征 丛集生长。植物体黄绿色，老时呈黑色，无光泽。茎高可达 10 cm。叶干时紧贴，长卵形形或长椭圆状卵形，渐尖，上部叶长可达 2.8 mm；叶边狭背卷，上部边缘具细齿；中肋突出叶尖呈短芒状，下部及基部多呈红褐色。叶中上部细胞线形，薄壁或略显厚壁；下部细胞方形至六角形，疏松，红褐色，略厚壁；叶边细胞狭线形，不明显分化，壁薄。雌雄异株。孢蒴长梨形至棒形，垂倾，红褐色；台部短于壶部。

生境和分布 生于山地林缘、路边或具土岩面。辽宁、山东、河南、陕西、甘肃、安徽、台湾、贵州、云南和西藏；日本、朝鲜、印度、尼泊尔、斯里兰卡及南、北美洲有分布。

球蒴真藓 *Bryum turbinatum*（Hedw.）Turn.，Muscol. Hibern. Spic. 127. 1804. 图 132：11~14

形态特征 疏丛集生长。体色泽黄绿或黄褐色，老时褐色，无光泽，高达 4 cm。叶干时紧贴，湿时倾立，阔长椭圆形至卵圆形，长约 3 mm，上部渐尖，基部略下延；叶边平展或略背曲；中肋及顶或贯顶。叶边除基部外，分化 2~4 列线形细胞，基部细胞明显长方形或长六角形，红褐色，与上部细胞常具明显的分界。雌雄异株。孢蒴垂倾，棒形至长梨形，长约 4 mm，深褐色。内外齿层发育完全；齿毛 3~4。

生境和分布 习生高山溪边。内蒙古、河北、山西、河南、陕西、新疆、江苏、浙江、贵州、云南和西藏；北半球及非洲南部高海拔地区有分布。

9 大叶藓属 *Rhodobryum*（Schimp.）Limpr.

稀疏成片丛生。植物体形大，绿色，具光泽。主茎匍匐横展；支茎直立。叶密生茎顶部呈莲座状，茎基部叶小，鳞片状，紧贴茎下部。茎上部叶长椭圆状卵形至长椭圆状匙形，尖部宽阔，具小急尖或渐尖，稍内凹或呈龙骨状；叶上部边缘具明显粗尖齿，下部全缘，明显背卷；中肋下部较宽，渐上变细，贯顶或近叶尖部消失。叶中上部细胞呈长菱形或六角形；近叶边缘细胞狭长方形。雌雄异株。孢子体常聚生于顶部，具长柄。孢蒴平列或下垂，圆柱形，台部短或不明显。蒴盖半圆形，具小尖喙。环带形大。外齿层齿片 16，狭披针形，具细疣；内齿层齿条 16，狭披针形，具细疣，与外齿层等长，中央具穿孔，齿毛 2~3。

本属约 30 余种，多热带和亚热带分布。中国有 4 种。

分种检索表

1. 叶边具双齿；中肋横切面中部不具厚壁细胞束……………………………………………………1. 暖地大叶藓 *R. giganteum*
1. 叶边具单齿；中肋横切面中部具少数厚壁细胞束…………………………………………………………2. 大叶藓 *R. roseum*

暖地大叶藓 *Rhodobryum giganteum*（Schwägr.）Par.，Ind. Bryol. 1116. 1898. 图 133：1~5

形态特征 稀疏丛集或成片散生。植物体鲜绿色或深绿色，具光泽。叶集生茎顶部，长舌形至匙形，上部明显宽于下部，渐尖，叶基部渐狭；叶上部边缘平展或波曲，具双齿，下部边缘强烈背卷；中肋下部明显粗，渐上变细，长达叶尖部。叶中部细胞长菱形，叶边细胞不明显分化。雌雄异株。蒴柄长。孢蒴长棒形，台部不明显。孢子透明，无疣。

生境和分布 生于山地开阔林下草丛中、湿润腐殖质土或阴湿具土岩面。陕西、甘肃、安徽、浙江、台湾、福建、江西、湖北、湖南、广东、广西、贵州、四川、云南和西藏；日本、美国（夏威夷）、马达加斯加及南非有分布。

应用价值 含丰富黄酮类化合物，全草有助于增加血液中氧的含量。

大叶藓 *Rhodobryum roseum*（Hedw.）Limpr.，Laubm. Deutschl. 2（20）：445. 1892. 图 133：6~10

形态特征 丛集成片生长。植株体较小于暖地大叶藓，绿色或黄绿色。叶倒卵形至近匙形，上部极宽；叶上部边缘平展，具单列尖齿；中下部边缘背卷；中肋在近叶尖部消失。中肋横切面中部具少数厚壁细胞束，背部具 2 列大型表皮细胞。

生境和分布 多生于较温和山区林地或树基。吉林、内蒙古、山西、山东、甘肃、新疆和台湾；欧洲有分布。

应用价值 含丰富黄酮类化合物，可促进血液中氧的含量。

064 提灯藓科 MNIACEAE

疏松丛生或匍匐交织成片生长。植物体鲜绿色或暗绿色，具光泽，长可达 10 cm。茎直立或匍匐，基部被假根；不孕枝多弓形弯曲或匍匐；生殖枝直立；少数种类茎顶具丛出、纤细的鞭状枝。叶多疏生，稀簇生于枝顶，湿时倾立，干时皱缩或扭卷，多卵圆形、椭圆形或倒卵圆形，稀长舌形或狭舌形，上部渐尖、急尖或圆钝，叶基狭收缩或下延；叶分化狭边或无分化边，具单列或双列尖齿，稀全缘；中肋单一，粗壮，长达叶尖或在稍下处消失，背面先端具刺状齿或平滑。叶细胞多呈五边形至六边形，长方形或近圆形，稀呈菱

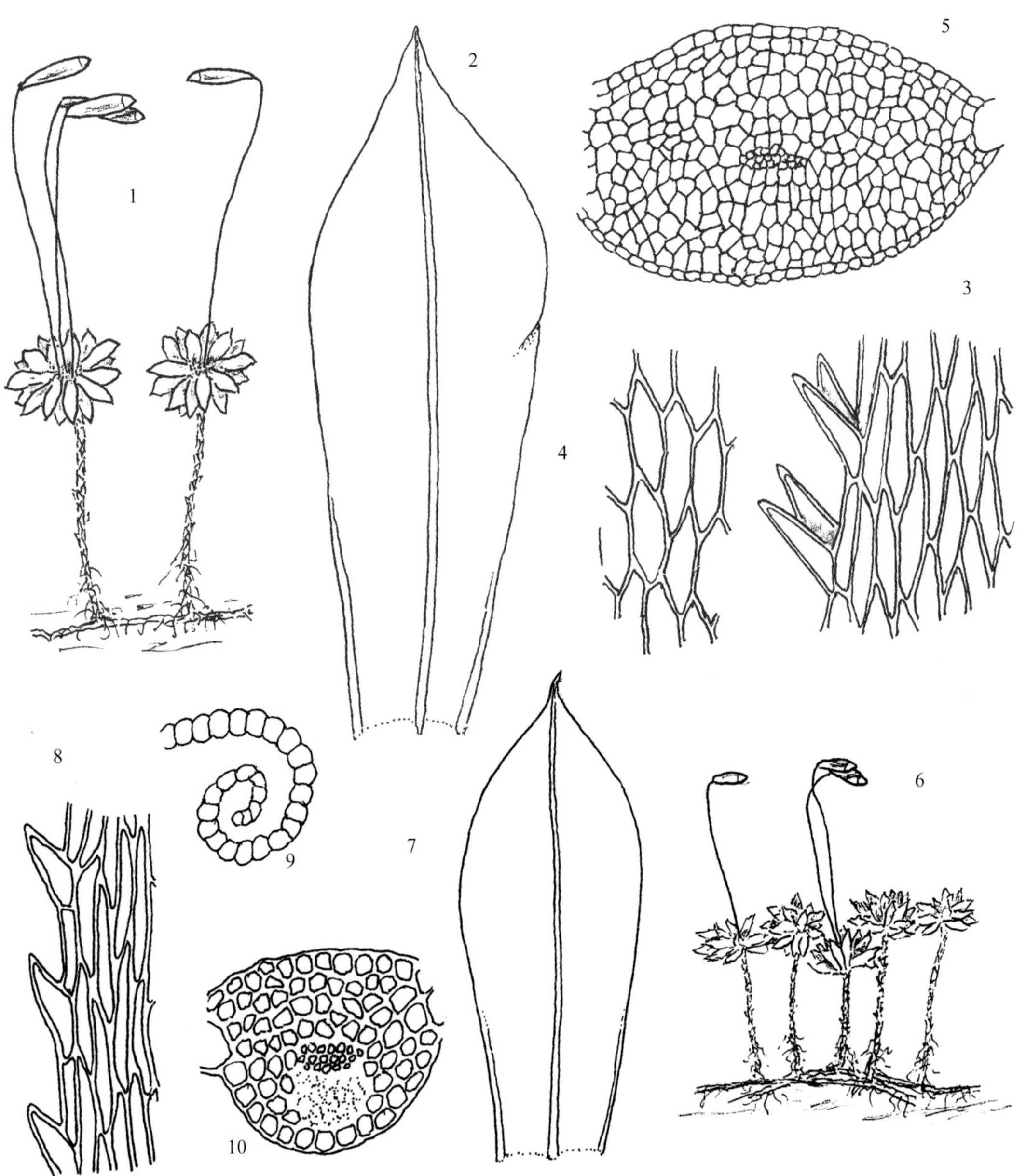

图 133

1~5. **暖地大叶藓** *Rhodobryum giganteum*（Schwägr.）Par.

1. 着生针叶林地的植物群落，示植物体具横茎，上面着生多个孢蒴（×1），2. 叶（×7），3. 叶上部边缘细胞，示具成对锐齿（×200），4. 叶中部细胞（×200），5. 叶中肋的横切面（×150）

6~10. **大叶藓** *Rhodobryum roseum*（Hedw.）Limpr.

6. 着生湿草丛中的植物群落，示植物体具横茎和孢蒴（×1），7. 叶（×7），8. 叶上部边缘细胞（×200），9. 叶近基部边缘细胞的横切面（×200），10. 叶中肋的横切面（×150）

形，胞壁多平滑，稀具疣或乳头状突起。雌雄异株或同株，孢蒴多单生，稀多数丛生。蒴柄多细长，直立。孢蒴多垂倾、平展或倾立，稀直立，卵状圆柱形，稀球形。蒴齿 2 层；外齿层齿片披针形；内齿层齿条披针形，具穿孔，基膜高；齿毛 2~3 条，具节瘤，有时齿条及齿毛缺失。孢子具粗或细的乳头状突起。

本科 12 属，多生于温寒或亚热带地区。中国有 8 属。

分属检索表

1. 叶边具齿……2
1. 叶边全缘……4
2. 茎顶端具分枝或鞭状枝丛；叶细胞具乳头或疣状突起……5. 疣灯藓属 *Trachycystis*
2. 茎顶端不具分枝或鞭状枝丛；叶细胞平滑，不具乳头或疣……3
3. 植物体多直立；叶边多具双列齿，稀具单列齿……1. 提灯藓属 *Mnium*
3. 植物体多匍匐；叶边多具单列齿……3. 匍灯藓属 *Plagiomnium*
4. 茎及叶中肋多绿色；假根仅着生茎基部；叶细胞壁多具角部加厚……2. 立灯藓属 *Orthomnion*
4. 茎及叶中肋多红色；茎密被假根；叶细胞壁等厚……4. 毛灯藓属 *Rhizomnium*

1 提灯藓属 *Mnium* Hedw.

疏丛集生长。体直立，淡绿色或深绿带红色、具暗光泽。茎稀具分枝，基部着生假根。叶片着生茎基部常呈鳞片状，渐向上叶渐大，顶部叶多较长大而丛集，卵圆形长卵圆形或长卵状舌形，干时皱缩或卷曲，湿时平展，倾立；叶边常分化一列或多列厚壁狭长细胞，具双列或单列粗齿；中肋单一，长达叶尖或在叶尖稍下处消失。叶细胞多五边形至六边形，稀呈长方形或菱形，或因角隅加厚而近于圆形。雌雄异株，稀同株。孢子体单生，稀丛生。蒴柄高出，粗壮，橙色。孢蒴倾立或下垂，稀直立，通常长卵形，有时弯曲。蒴齿 2 层；内外齿等长，外齿层齿片棕红色，披针形；内齿层橘红色，基膜为内齿层长度的 1/2，有时具穿孔；齿条披针形，多急尖，齿毛发育，具节瘤。蒴盖圆锥形，先端具喙。孢子较大，黄色或绿色，孢壁粗糙或具明显疣状突起。

约 10 余种，主要分布东南亚地区。中国有 9 种。

分种检索表

1. 植物体较粗壮；叶片具强横波纹；叶细胞呈斜长方形至斜长菱形，排成整齐的斜列……1. 刺叶提灯藓 *M. spinosum*
1. 植物体较略细；叶片无强横波纹；叶细胞四角形至六角形或近圆形，不成整齐的斜列……2
2. 叶中肋背面平滑……3. 平肋提灯藓 *M. laevinerve*
2. 叶中肋背面具刺……3
3. 叶阔卵圆形或长卵圆形……2. 偏叶提灯藓 *M. thomsonii*
3. 叶狭卵圆形或长卵状舌形……4. 长叶提灯藓 *M. lycopodioides*

刺叶提灯藓 *Mnium spinosum*（Voit.）Schwägr., Sp. Musc. Frond., Suppl. 1（2）：130. 1816. 图 134：1~4

形态特征　大片状丛集生长。体形较粗大，暗绿色带红棕色，高可达 5 cm。茎直立，无分枝，基部密具红棕色假根。叶多簇生于茎上部，干时皱缩，湿时倾立，长卵圆形，长 4~6 mm，具多数横波纹，基部狭窄，上部宽阔，渐尖；叶边明显分化，中上部边缘具长双列尖齿；中肋粗壮，长达叶尖，背面上部具明显的刺状突起。叶细胞多角状斜长方形，自中肋向叶边呈整齐的斜列；叶边 3~4 列细胞呈长线形。孢蒴多个丛生于茎顶，垂倾，卵状圆柱形。

生境和分布　喜生于海拔较高的山区林地、林边具土岩面、枯树根和腐木上。黑龙江、吉林、辽宁、内蒙古、河北、河南、陕西、甘肃、新疆、山东、安徽、浙江、福建、四川、云南和西藏；朝鲜、日本、印度、尼泊尔、蒙古及俄罗斯（伯力地区）、法国、德国、加拿大及美国有分布。

应用价值　提灯藓属植物为五倍子蚜虫的重要冬寄主植物，对五倍子产量的提升起十分重要的作用。

偏叶提灯藓 *Mnium thomsonii* Schimp., Syn. Musc. Eur. ed. 2，485. 1876. 图 134：5~9

形态特征　疏丛集生长。体形较大，高 3~5 cm。茎红色，无分枝。叶长卵圆形，两侧略不对称，常偏向一侧，长约 6 mm，叶基稍下延，尖端圆钝；具明显的分化边及双列长尖齿。叶细胞较小，多角形、方形或稍带圆形；叶边 3~4 列蠕虫形或线形细胞。孢蒴单生。

生境和分布　多生于山区林地、林边、沟边土坡、草地及石砾地上。黑龙江、吉林、辽宁、内蒙古、河北、河南、陕西、甘肃、新疆、山东、安徽、浙江、台湾、福建、江西、湖北、湖南、广西、贵州、四川、云南和西藏；尼泊尔、印度西北部、蒙古、日本、朝鲜、俄罗斯（伯力地区）有分布。

平肋提灯藓 *Mnium laevinerve* Card., Bull. Soc. Bot. Genève 1：128. 1909. 图 134：10~14

形态特征　疏松丛生。植物体略细，色泽暗绿带红棕色。茎红色，长约 1.7 cm，稀具分枝，基部密被红棕色假根。叶卵圆形或长卵圆形；叶边具双列尖齿；中肋红色，长达叶尖，背面无刺状突起。叶细胞不规则多角形，或稍带圆形，胞壁薄，仅角部加厚；叶边 2~3 列细胞呈斜长方形或线形。蒴柄黄红色，长约 1.5 cm。孢蒴单生，长椭圆形，平展或垂倾。

生境和分布　多着生山区林地，土坡、具土岩石、树基或腐木。黑龙江、吉林、辽宁、内蒙古、河北、河南、山西、陕西、甘肃、新疆、江苏、浙江、台湾、福建、江西、广西、贵州、四川、云南和西藏；不丹、印度北部、朝鲜、日本、菲律宾及俄罗斯（远东地区）。

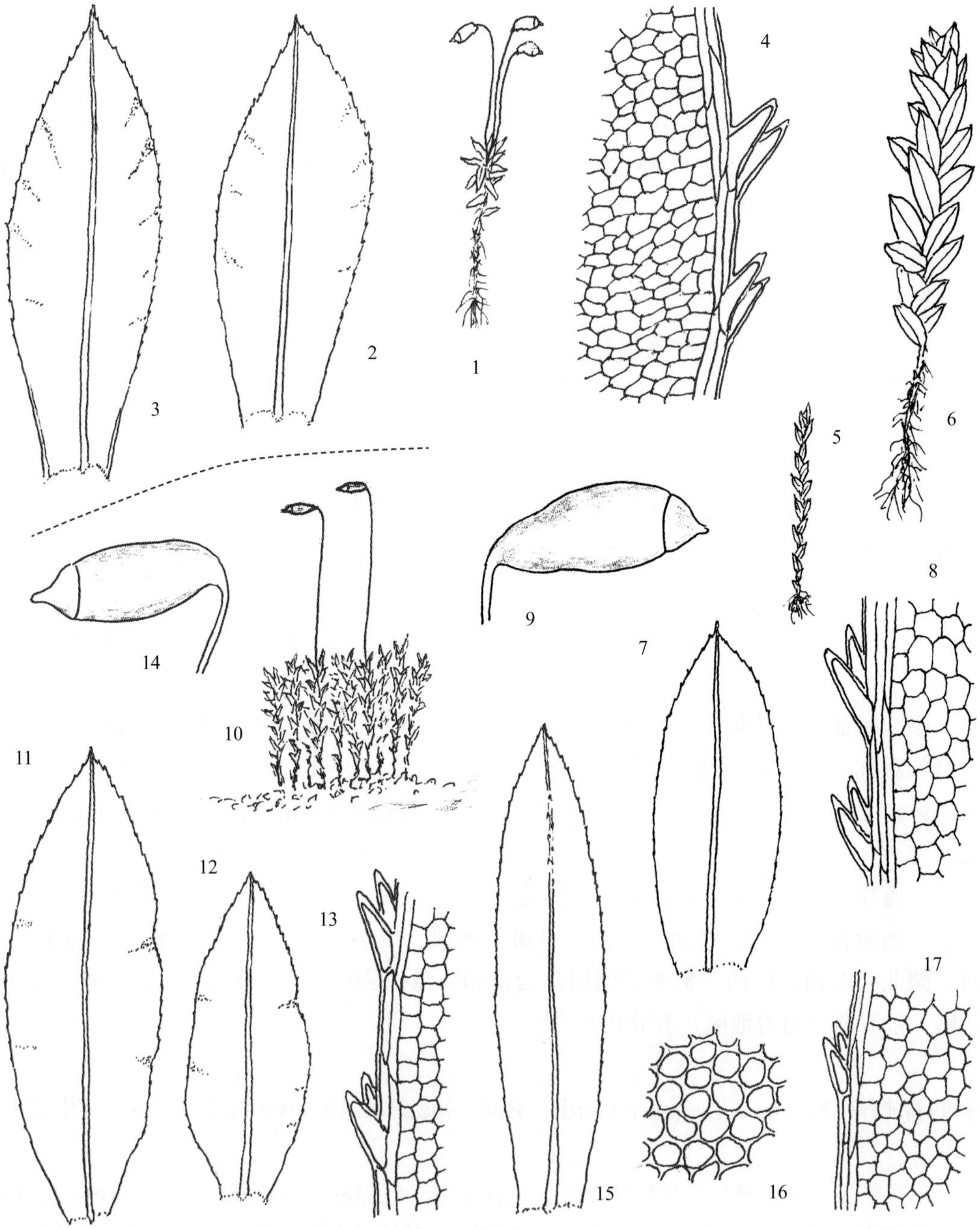

图 134

1~4. 刺叶提灯藓 *Mnium spinosum*（Voit.）Schwägr.

1. 雌株（×1），2，3. 叶（×15），4. 叶上部边缘细胞（×120）

5~9. 偏叶提灯藓 *Mnium thomsonii* Schimp.

5，6. 植物体（5. ×1；6. ×5），7. 叶（×25），8. 叶上部边缘细胞（×120），9. 孢蒴（×10）

10~14. 平肋提灯藓 *Mnium laevinerve* Card.

10. 着生湿土上的植物群落（×1），11，12. 叶（×20），13. 叶上部边缘细胞（×120），14. 孢蒴（×7）

15~17. 长叶提灯藓 *Mnium lycopodioides* Schwägr.

15. 叶（×20），16. 叶上部边缘细胞（×120），17. 叶中部细胞（×120）

长叶提灯藓 *Mnium lycopodioides* Schwägr., Sp. Musc. Frond., Suppl. 2（2）：24. pl. 160，f. 1-9. 1826. 图 134：15~17

形态特征　疏松丛生。体形较细，色泽暗绿，高可达 5cm。茎直立，红色，稀分枝。叶疏生，干燥时卷曲，长卵状舌形，长 3~5 mm，叶基较狭；叶明显分化呈红色、双列尖齿；中肋红色，长达叶尖，背面上部具刺状齿。叶细胞中等大小，不规则多角形，或稍带圆形，细胞壁薄，角部加厚；叶边明显分化 2~3 列蠕虫形或线形细胞。雌雄异株。

生境和分布　多着生中海拔山地至 3 000 m 林地、草丛、林缘沟边、土坡、具土岩面、树基及腐木。黑龙江、吉林、辽宁、内蒙古、河北、河南、山西、陕西、新疆、山东、安徽、浙江、台湾、福建、江西、湖北、广西、贵州、四川、云南和西藏；尼泊尔、印度、越南、日本、阿富汗、俄罗斯、瑞士、芬兰、挪威及北美洲有分布。

2 立灯藓属 *Orthomnion* Wils.

疏松丛集或匍匐交织生长。植物体色泽深绿，老时带红棕色。茎匍匐或斜展，密被红棕色假根。叶片密被枝上部，干时皱缩卷曲，湿时平展，卵圆形、倒卵形或阔剑头形，基部狭缩尖端圆钝或急尖，具小尖；叶边全缘或具粗齿，具明显或不明显分化的狭边；中肋基部粗壮，向上渐细，多长达叶上部或叶尖稍下处，稀达叶尖或稍突出于叶尖。叶细胞排列疏松，多椭圆状六边形，渐向叶基细胞渐狭长；叶分化边由 1 至数列狭长方形细胞组成。雌雄异株。蒴柄黄色，直立，高出于雌苞叶。孢蒴数个丛生，直立，椭圆状球形，红棕色。无环带。蒴齿 2 层；外齿层白色，齿片狭长披针形，钝端，具密疣；内齿层短，仅具基膜，齿条及齿毛均缺失。蒴盖圆锥形，具短尖喙。蒴帽长兜形，多被长纤毛。

本属 9 种，多分布于东亚及东南亚地区。中国有 7 种。

分种检索表

1. 叶分化边较不明显；叶边具齿 ……………… 3. 挺枝立灯藓 *O. handelii*
1. 叶分化边明显；叶边全缘 ……………… 2
2. 叶尖部圆钝；中肋消失于叶中部或中上部 ……………… 1. 柔叶立灯藓 *O. dilatatum*
2. 叶尖部渐尖或急尖，具明显的小尖；中肋长达叶尖稍下处消失 ……………… 2. 南亚立灯藓 *O. bryoides*

柔叶立灯藓 *Orthomnion dilatatum*（Mitt.）Chen，Feddes Repert. 58：25. 1955. 图 135：1~3

形态特征　小片状交织生长。体形粗大，密被棕色假根。营养枝匍匐，长 3~4 cm；生殖枝直立，长约 1.5 cm。叶多集生于茎上部，阔卵圆形或近椭圆形，长约 5 mm，尖部圆钝，基部狭缩；叶边全缘，具分化狭边；中肋消失于叶片中上部。叶细胞 5~6 角形，胞壁往往不规则增厚；叶边 2 列细胞呈狭长方形，叶尖部边缘细胞无明显分化。孢蒴常 2~ 5 个簇生于枝顶。蒴柄长约 1 cm。孢蒴直立。蒴帽无毛。

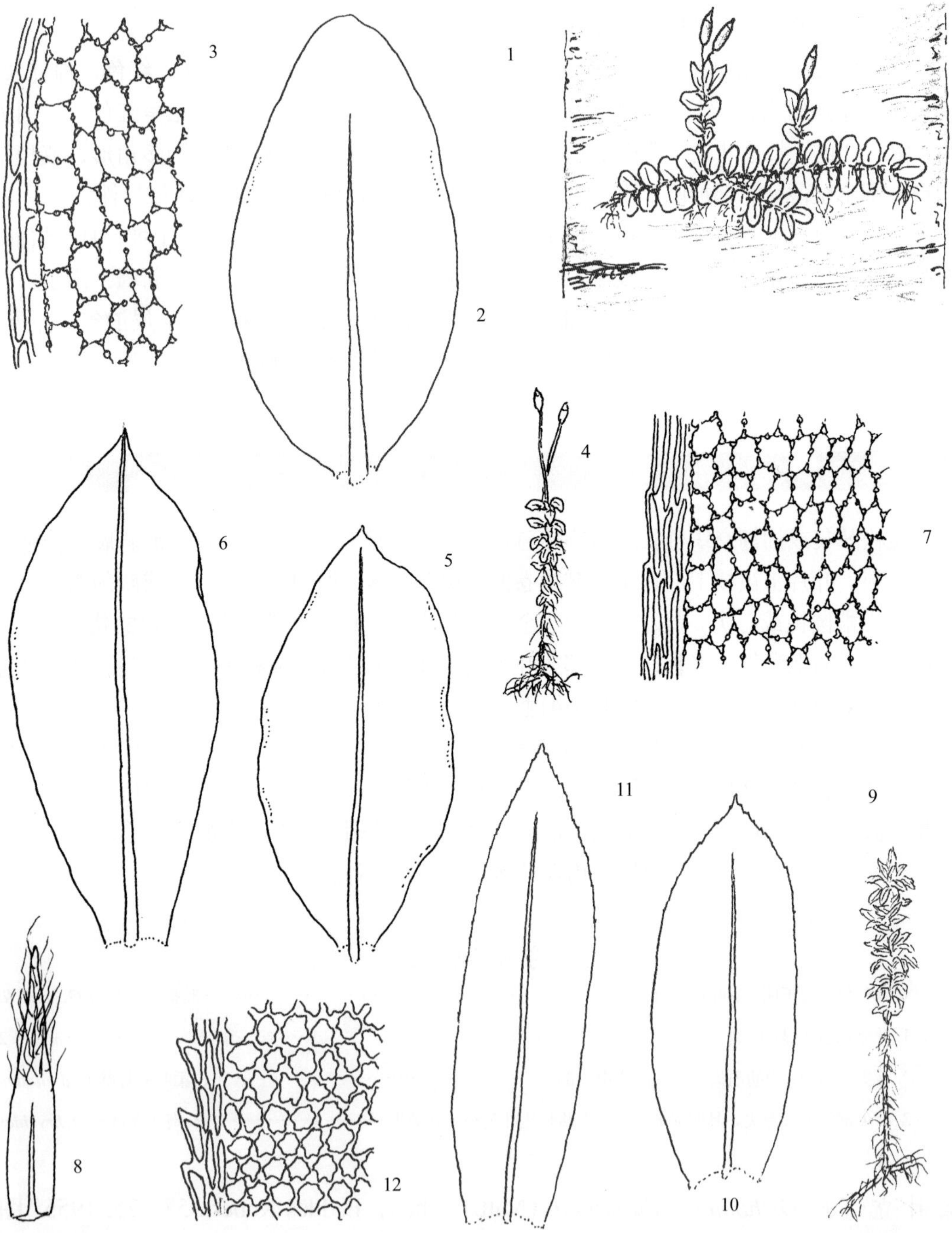

图 135

1~3. 柔叶立灯藓 *Orthomnion dilatatum*（Mitt.）Chen

1. 着生腐木上的植物群落（×1），2. 叶（×30），3. 叶上部边缘细胞（×200）

4~8. 立灯藓 *Orthomnion bryoides*（Griff.）Nork.

4. 雌株（×1），5，6. 叶（×25），7. 叶中部边缘细胞（×180），8. 蒴帽（×15）

9~12. 挺枝立灯藓 *Orthomnion handelii*（Broth.）T. Kop.

9. 植物体（×1），10，11. 叶（×20），12. 叶中部边缘细胞（×120）

生境和分布 习生暖湿山地海拔 1 000~2 500 m 间的树干、腐木或林地，稀见于具土岩面。陕西、安徽、浙江、台湾、福建、湖北、广东、海南、四川、云南和西藏；尼泊尔、印度、斯里兰卡、越南、马来西亚、印度尼西亚、菲律宾和日本有分布。

立灯藓 *Orthomnion bryoides*（Griff.）Nork.，Trans. Brit. Bryol. Soc. 3：445. 1958. 图 135：4~8

形态特征 片状丛集生长。体形较粗，直立，长 2~3 cm，下部密被假根。叶密集于茎上部，干时皱缩，湿时伸展，阔卵圆形或倒卵圆形；中肋多长达叶尖，常具短尖。叶细胞椭圆状六角形，胞壁不规则增厚，具明显壁孔；叶边 3~5 列狭长梭形或线形细胞，形成明显分化的叶边。雌雄异株。孢蒴多双出。蒴柄细长，长约 1 cm。蒴帽长兜形，中上部密被长毛。

生境和分布 多生于低海拔至约 2 000 m 温热林地、树干、腐木或岩壁。湖北、四川、云南和西藏；印度、尼泊尔、缅甸、越南和泰国有分布。

挺枝立灯藓 *Orthomnion handelii*（Broth.）T. Kop.，Ann. Bot. Fenn. 17：42. 1980. 图 135：9~12

形态特征 疏松丛生。体形较粗壮，色泽暗绿带褐色，无光泽。茎匍匐，稀具叶，密被假根；分枝直立，长可达 6 cm，下部密被棕色假根。叶集生于枝的上部，干时卷缩，湿时伸展，下部叶呈阔卵状椭圆形，中上部叶长椭圆状舌形，长可达 6 mm，叶基较阔，无明显下延，具急尖；叶边平展，分化不明显，中上部具密钝齿；中肋平滑，基部粗壮，向上渐细，消失于叶上部。叶细胞圆六角形，具多数明显的壁孔，角部波状增厚；近叶边及叶基细胞略有分化，多呈长六角状椭圆形。雌雄异株。

生境和分布 多着生山地海拔 1 800~3 000 m 间的林地、树干基部、腐木或具土岩面。中国特有，产内蒙古、山西、陕西、新疆、浙江、四川、云南和西藏。

3 匐灯藓属 *Plagiomnium* T. Kop.

多匍匐交织成片生长。植物体形大，多淡绿色或灰绿色、具暗光泽。茎横展，呈弓形弯曲，随处生假根；基部常簇生匍匐枝，在茎尖部产生鞭状枝，枝尖常下垂后着土产生假根。生殖枝直立，基叶较小而呈鳞片状，顶叶较大而多丛集成莲座形。叶卵圆形、倒卵形、长椭圆形或阔长舌形。干时多皱缩或卷曲，湿时平展，倾立或背仰，先端渐尖或圆钝，叶基较狭而下延；叶边多分化，具齿或全缘；中肋单一，长达叶尖，或在叶尖稍下处消失。叶细胞短长方形或五边形至六边形，稀菱形，有时具角隅加厚而近于圆形；叶边分化 1~4 列线形或狭长方形细胞。雌雄多异株，稀同株。

本属 25 种，温带和亚热带地区分布。中国有 17 种。

分种检索表

1. 叶片阔长舌形，多具横波纹…………4. 侧枝匐灯藓 *P. maximoviczii*

1. 叶片长卵圆形、长椭圆形或倒卵圆形，多平展，少数具横波纹…………2

2. 植物体较粗大，高可达 6 cm；直立茎顶常簇生多数小枝…………2. 皱叶匐灯藓 *P. arbusculum*

2. 植物体中等大小或较大，高不及 6 cm；直立茎顶端不簇生多数小枝…………3

3. 叶多上部宽阔，倒卵形或匙形，具锐尖…………4

3. 叶多中部宽阔，阔椭圆形或阔卵形，一般无锐尖…………5

4. 叶边齿长而尖，多含 2 个细胞…………3. 日本匐灯藓 *P. japonicum*

4. 叶边齿短，仅单个细胞…………1. 匐灯藓 *P. cuspidatum*

5. 植物体喜滴水石上生为主；叶疏列；叶边钝齿含 1~3 细胞…………8. 大叶匐灯藓 *P. succulentum*

5. 植物体喜湿土生为主；叶密生；叶边钝齿仅单个细胞或为细齿…………6

6. 叶边细胞狭窄；叶其他细胞近扁方形，横列；叶边齿细小…………5. 全缘匐灯藓 *P. integrum*

6. 叶边细胞狭窄；叶其他细胞多角形；叶边齿明显…………7

7. 叶片具明显横波纹；叶细胞角部稍加厚…………6. 钝叶匐灯藓 *P. rostratum*

7. 叶片平展；叶细胞壁薄，角部不加厚…………7. 圆叶匐灯藓 *P. vesicatum*

匐灯藓 *Plagiomnium cuspidatum*（Hedw.）T. Kop.，Ann. Bot. Fenn. 5（2）：146. 1968. 图 136：1~3

形态特征 大片疏松交织生。植物体色泽暗绿或黄绿色，无光泽。茎匍匐生长或呈弓形弯曲，疏生叶，着地的部位丛生黄棕色假根。叶阔卵圆形，或近于菱形，长约 5 mm，宽约 3 mm，叶基狭缩，基角部多下延，先端急尖，具小尖头；叶边明显分化，中上部多具单列齿，仅枝上幼叶叶边近于全缘；中肋平滑，长达叶尖，稍突出。叶细胞壁薄，仅角部稍增厚，呈多角状不规则圆形。生殖茎直立，高约 2~3 cm，叶多集生于上部，长卵状菱形或披针形。雌雄异株。孢蒴呈卵状圆柱形，多下垂。

生境和分布 常见于山区林地及海拔 2 000~3 000 m 间林边土坡、草丛、沟谷边或河滩地。黑龙江、吉林、辽宁、四川、云南和西藏；印度北部，日本、俄罗斯（伯力地区及萨哈林岛）、中亚、欧洲、非洲、北美洲及中美洲有分布。

应用价值 为五倍子蚜虫的重要冬寄主植物。植物体内还含有角鲨烯化学成分。

皱叶匐灯藓 *Plagiomnium arbusculum*（Müll. Hal.）T. Kop.，Ann. Bot. Fenn. 5（2）：146. 1968. 图 136：4~5

形态特征 疏松丛集生长。主茎匍匐，密被褐色假根；支茎直立，高可达 8 cm，上部密被叶，基部疏生假根。生殖茎顶簇生叶间常生长多数小枝呈小树状。茎叶长约 8 mm，小枝叶长度与宽度均不及茎叶的 1/2，干时皱缩，湿时伸展，狭长卵形，或带状舌形，横波纹明显，具急尖或渐尖，基部狭缩，稍下延；叶边明显分化，密具由 1~2 个细胞构成的尖齿；中肋粗壮，长达叶尖。叶细胞较小，多角状不规则圆形，胞壁角部均加厚；叶边

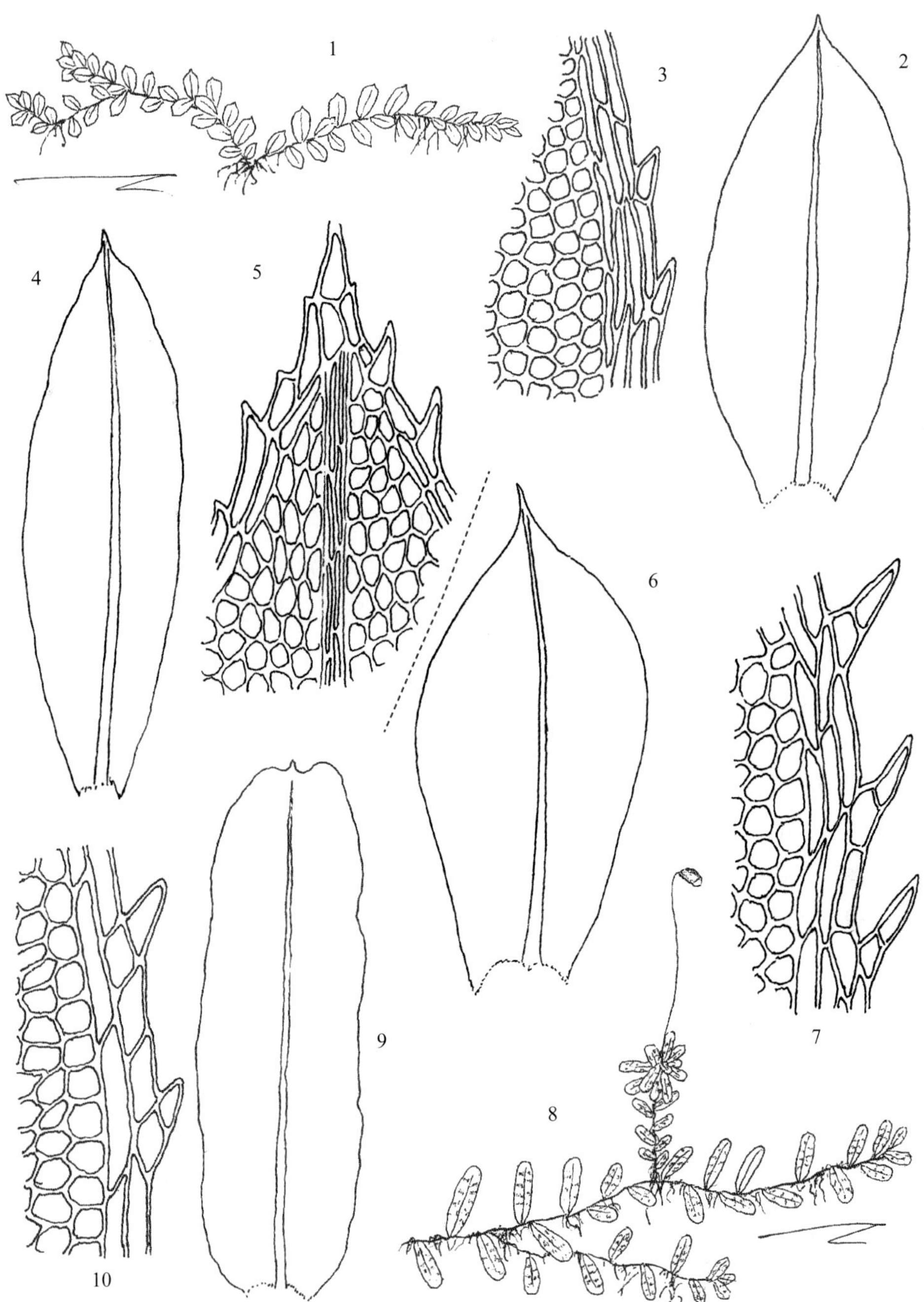

图 136

1~3. 匐灯藓 *Plagiomnium cuspidatum*（Hedw.）T. Kop.

1. 着生湿土上的植物体（×1），2. 叶（×30），3 叶中部边缘细胞（×140）

4~5. 皱叶匐灯藓 *Plagiomnium arbusculum*（Müll. Hal.）T. Kop.

4. 叶（×30），5. 叶尖部细胞（×120）

6~7. 日本匐灯藓 *Plagiomnium japonicum*（Lindb.）T. Kop.

6. 叶（×30），7. 叶中部边缘细胞（×120）

8~10，侧枝匐灯藓 *Plagiomnium maximoviczii*（Lindb.）T. Kop.

8. 植物体着生湿土上的状态（×1），9. 叶（×30），10. 叶中部边缘细胞（×140）

2~3 列细胞斜长方形至线形。孢蒴顶生，往往多个丛出。

生境和分布 习生高寒的林地、林边及沟边阴湿地上。黑龙江、吉林、内蒙古、河北、河南、山西、陕西、甘肃、青海、浙江、湖南、广东、海南、贵州、四川、云南和西藏；尼泊尔、缅甸及印度北部有分布。

日本匐灯藓 *Plagiomnium japonicum*（Lindb.）T. Kop.，Ann. Bot. Fenn. 5（2）：146. 1968. 图 136：6~7

形态特征 疏丛集生长。体形较粗壮，色泽暗绿。茎密被红棕色假根，生殖枝直立，高约 2 cm，下部被红棕色假根，上部密被叶；不育枝呈弓形弯曲，疏被叶。叶干时皱缩，湿时伸展，多阔倒卵状菱形，长约 6 mm，具宽急尖，顶端具略弯的长尖，叶基部狭缩，稍下延；叶边明显分化，中上部具长尖齿，齿多呈钩状，由 2 个细胞构成；中肋粗壮，多在叶尖稍下处消失。叶细胞形大，排列疏松，呈不规则的五角形至六角形；叶边中下部由 3~5 列斜长方形细胞构成，上部边缘仅分化 1~2 列细胞。雌雄异株。孢蒴单生或 2~3 个丛出。

生境和分布 多见于海拔 2 000~3 000 m 暗针叶林下、林边及阴湿土坡。黑龙江、吉林、辽宁、河北、陕西、山东、江苏、安徽、浙江、台湾、福建、江西、湖北、贵州、四川、云南和西藏；尼泊尔、印度东北部、朝鲜、日本及俄罗斯（东部伯力地区）有分布。

侧枝匐灯藓 *Plagiomnium maximoviczii*（Lindb.）T. Kop.，Ann. Bot. Fenn. 5（2）：147. 1968. 图 136：8~10

形态特征 疏匍匐交织生长。主茎横卧，密被棕色假根。支茎直立，高约 1.8 cm，基部密生假根，上部簇生叶呈莲座状。茎叶干时皱缩，湿时伸展，长卵状或长椭圆状舌形，长可达 8 mm，宽约 2 mm，具强横波纹，尖部宽阔圆钝，或急尖，具小尖头，叶基狭缩；叶边明显分化，密被尖齿；中肋粗壮，长达叶尖。叶细胞较小，多角状不规则圆形，胞壁角部稍加厚；叶基部细胞呈长方形，叶边中下部 2~4 列细胞呈斜长方形，尖部边缘细胞分化不明显；中肋两侧各具 1 列大型整齐排列的多边形细胞。雌雄异株。孢蒴常多个丛出。

生境和分布 喜生于山地沟边草丛、林地或林边阴湿地。黑龙江、吉林、河北、河南、陕西、甘肃、江苏、安徽、浙江、台湾、福建、江西、湖北、湖南、广东、贵州、四川、云南和西藏；朝鲜、日本、印度北部及俄罗斯（伯力地区）有分布。

全缘匐灯藓 *Plagiomnium integrum*（Bosch et S. Lac.）T. Kop.，Hikobia 6：57. 1971. 图 137：1~3

形态特征 疏松丛集交织生。主茎匍匐，密被棕色假根；支茎直主，高达 2.5 cm。叶片干时皱缩，湿时伸展，阔卵圆形至长卵圆形，长达 6 mm，具急尖，顶部具小尖头，基部收缩；叶边全缘，狭分化，稀具疏细齿；中肋长达叶尖。叶细胞椭圆状六角形或斜长方形，胞壁薄，角部稍增厚。雌雄异株。蒴柄长约 1~1.5 cm。孢蒴呈卵状长圆柱形，直立或倾立。

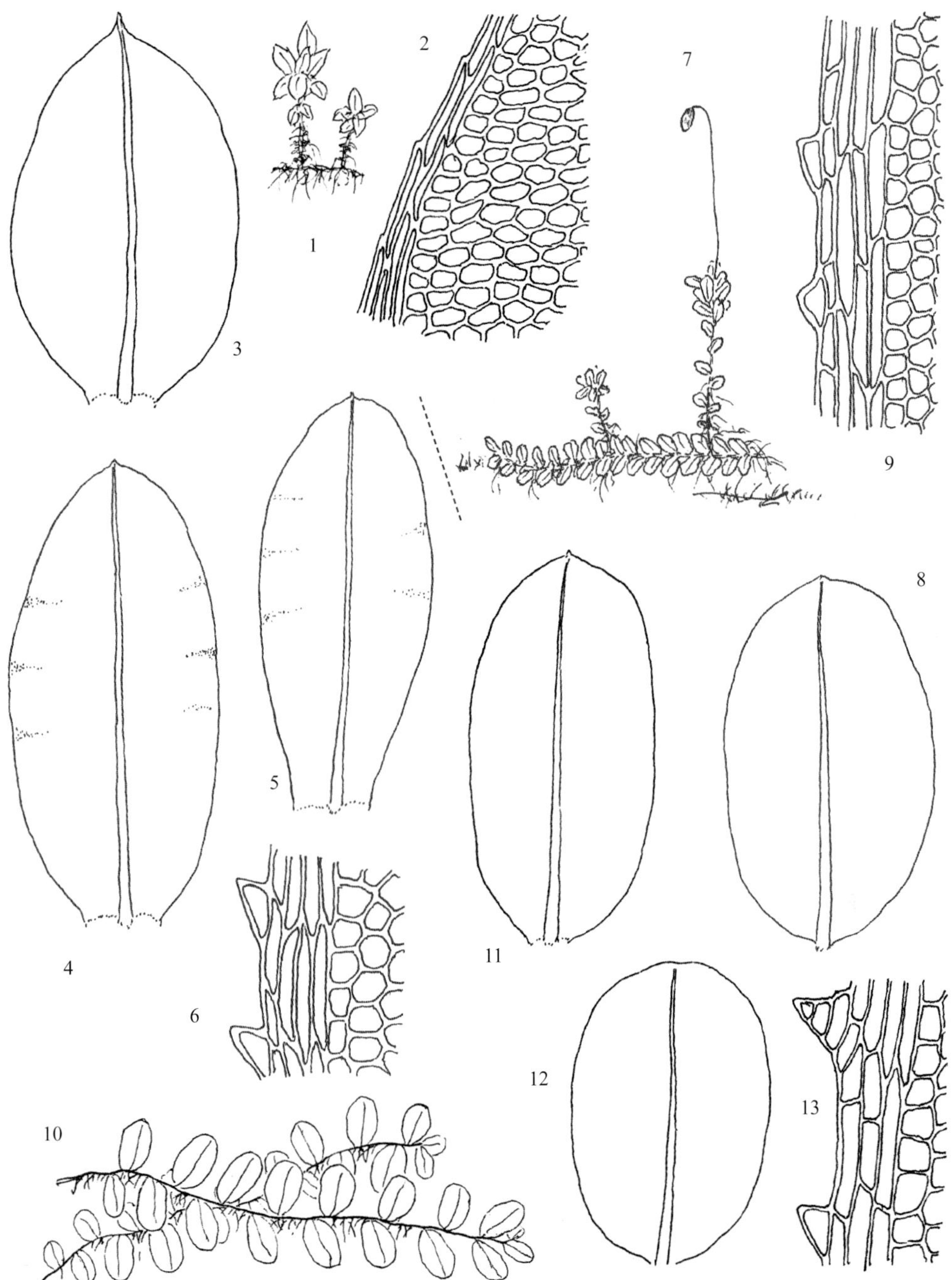

图 137

1~3. **全缘匐灯藓** *Plagiomnium integrum*（Bosch et S. Lac.）T Kop.

1. 植物体（×1），2. 叶（×25），3. 叶上部边缘细胞（×120）

4~6. **钝叶匐灯藓** *Plagiomnium rostratum*（Schrad.）T. Kop.

4，5. 叶（×35），6. 叶上部边缘细胞（×140）

7~9. **圆叶匐灯藓** *Plagiomnium vesicatum*（Besch.）T. Kop.

7. 着生湿土上的植物体（×1），8. 叶（×8），9. 叶上部边缘细胞（×120）

10~13. **大叶匐灯藓** *Plagiomnium succulentum*（Mitt.）T. Kop.

10. 交织生长的植物体（×1），11，12. 叶（×6），13. 叶上部边缘细胞（×120）

生境和分布 多生于山区湿润林地、林边、沟边土坡及腐殖土上。黑龙江、吉林、河北、山西、陕西、甘肃、新疆、安徽、浙江、台湾、福建、江西、湖北、湖南、广东、贵州、四川、云南和西藏；不丹、尼泊尔、印度北部、缅甸、马来西亚、印度尼西亚、菲律宾及日本有分布。

钝叶匐灯藓 *Plagiomnium rostratum*（Schrad.）T. Kop.，Ann. Bot. Fenn. 5（2）：147. 1968. 图 137：4~6

形态特征 成片疏松交织生长。主茎横卧，密被假根；营养枝匍匐或弓形弯曲，长约 3~5 cm，着地处簇生假根，疏生叶。生殖枝直立，高可及 4 cm，基部着生假根，顶端簇生叶。叶干燥时皱缩，湿时伸展，卵状舌形或阔椭圆形，营养枝上的叶较小，呈卵状椭圆形，尖部圆钝，具小尖头，叶基狭窄，稍下延，有时叶具横波纹；中肋长达叶尖；叶边近于全缘具钝齿。叶细胞较大，多角状椭圆形，胞壁角部稍加厚，叶边分化 3~5 列狭长细胞构成的边，中上部边缘仅具单列细胞。雌雄混生同株。

生境和分布 多生于山区林地、阴湿岩面或林边土坡上。黑龙江、吉林、辽宁、内蒙古、河北、河南、山西、陕西、甘肃、新疆、山东、江苏、安徽、浙江、台湾、福建、江西、湖北、湖南、广东、广西、贵州、四川、云南和西藏；印度西北部，缅甸，欧洲，非洲北部，南、北美洲及大洋洲有分布。

圆叶匐灯藓 *Plagiomnium vesicatum*（Besch.）T. Kop.，Ann. Bot. Fenn. 5（2）：147. 1968. 图 137：7~9

形态特征 疏丛集生。体绿色或黄绿色，匍匐，长达约 6 cm，密被棕色假根，疏被叶。支茎直立。叶干时皱缩，阔卵状椭圆形，长达 8 mm，尖部圆钝，具小尖头，叶基收缩；叶边尖部具密钝齿，中下部边全缘；中肋粗壮，长达叶尖。叶细胞较大，不规则的多角形，胞壁薄，叶边分化 3~4 列狭长细胞构成明显的分化边。雌雄异株。

生境和分布 生于低海拔至 2 500 m 山区林地、灌丛下、沟边及林边土坡。黑龙江、吉林、辽宁、内蒙古、河北、河南、山西、陕西、甘肃、新疆、山东、江苏、安徽、浙江、台湾、福建、江西、湖北、湖南、广东、贵州、四川、云南和西藏；日本、朝鲜、俄罗斯（伯力地区及萨哈林岛）及欧洲有分布。

大叶匐灯藓 *Plagiomnium succulentum*（Mitt.）T. Kop.，Ann. Bot. Fenn. 5（2）：147. 1968. 图 137：10~13

形态特征 大片状疏交织生长。体形较粗大，色泽亮绿或褐绿色。茎匍匐，疏被叶，密生假根；不孕枝匍匐或倾立，长约 4 cm。生殖枝直立，高约 1.5 cm，基部着生假根。叶阔椭圆形或长椭圆形，尖部圆钝，具小尖头；叶中上部边缘由 1~2 个小细胞构成疏钝齿，幼叶边近于全缘；中肋长达叶先端，消失于叶尖下。叶细胞较大，斜长五角形至六角形，或近于长方形，壁薄，排列整齐，往往从叶边至中肋排成平行的斜列；近叶边的 1~2 列细胞宽大，呈不规则的五角形；叶边 1~3 列狭长线形细胞分化明显。

生境和分布　多生于低海拔至 2 000 m 地带的阔叶林下沟谷滴水石上、林边土坡、路边及沟边湿地。黑龙江、吉林、辽宁、河南、山西、陕西、甘肃、山东、江苏、安徽、浙江、台湾、福建、江西、湖北、湖南、广东、海南、广西、贵州、四川、云南和西藏；尼泊尔、不丹、印度南部及东北部、缅甸、越南、泰国、印度尼西亚、马来西亚、菲律宾、朝鲜及日本有分布。

4 毛灯藓属 *Rhizomnium*（Mitt. ex Broth.）T. Kop.

密集或疏丛生。茎直立，红色或红棕色，多不具分枝，全株密被棕褐色假根。叶片多阔卵圆形、倒卵圆形或近于圆形，尖部圆钝，基部狭窄；叶边全缘，具明显或不明显分化边；中肋粗壮，长达叶尖下或在叶片中上部消失。叶细胞多规则的五角形至六角形，稀呈长方形或近于圆形，胞壁均匀增厚，或角隅加厚，壁孔多明显；叶边一至数列细胞呈狭长方形或不规则狭长菱形。孢蒴的形态构造同提灯藓属。

本属约 14 种，以寒冷地区分布为主。中国有 12 种。

分种检索表

1. 叶片阔椭圆形、阔倒卵形至圆形，多具横波纹；叶尖部圆钝，无小尖头…………3. 大叶毛灯藓 *R. magnifolium*

1. 叶片椭圆形或倒卵圆形，平展，无波纹；叶尖部多具小尖头……………………2

2. 叶分化边缘较宽，由 3~4 列线形细胞构成……………………1. 毛灯藓 *R. punctatum*

2. 叶分化边缘较窄，由 1~2 列斜长方形细胞构成……………………2. 拟毛灯藓 *R. pseudopunctatum*

毛灯藓 *Rhizomnium punctatum*（Hedw.）T. Kop.，Ann. Bot. Fenn. 5（2）：143. 1968. 图 138：1~4

形态特征　密丛集生长。体形较粗大，高约 4 cm，多暗色带红棕色，具光泽。茎直立，稀分枝，下部密被假根。叶疏生，质厚，干燥时不卷缩，略具波状皱纹，阔倒卵形或阔椭圆形，长达 7 mm，尖部圆钝，具小尖头，基部狭窄；叶边全缘；中肋粗壮，长达叶中上部，稀至叶尖下。叶细胞五边形至六边形，胞壁薄，仅角部稍加厚，一般近中肋的细胞较大，叶边细胞趋小，具 3~4 列线形细胞构成分化边。

生境和分布　多生于山区阴湿林地、林下树基、具土岩面、林边或沟边土坡。黑龙江、吉林、辽宁、内蒙古、河南、陕西、安徽、浙江、台湾、贵州、四川、云南和西藏；印度、朝鲜、日本、俄罗斯（远东地区）、德国、丹麦、捷克、斯洛伐克、美国（阿拉斯加）、加拿大、格陵兰岛及非洲北部有分布。

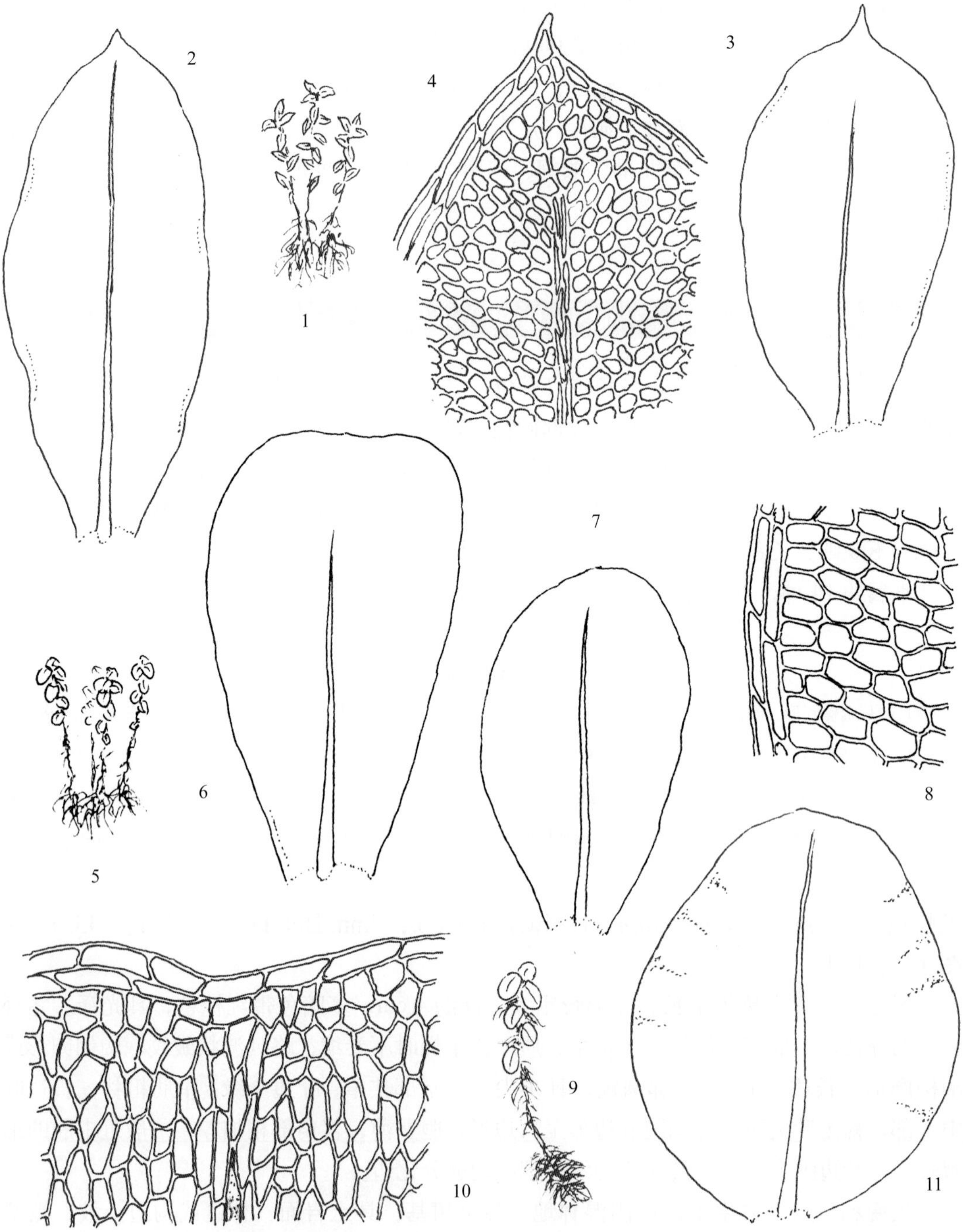

图 138

1~4. **毛灯藓** *Rhizomnium punctatum*（Hedw.）T. Kop.

1. 湿土上丛生的植物体（×1），2，3. 叶（×25），4. 叶尖部细胞（×110）

5~8. **拟毛灯藓** *Rhizomnium pseudopunctatum*（Bruch et Schimp.）T. Kop.

5. 湿土上丛生的植物体（×1），6，7. 叶（×10），8. 叶中部边缘细胞（×110）

9~11. **大叶毛灯藓** *Rhizomnium magnifolium*（Horik.）T. Kop.

9. 植物体（×1），10. 叶（×10），11. 叶尖部细胞（×150）

拟毛灯藓 *Rhizomnium pseudopunctatum*（Bruch et Schimp.）T. Kop.，Ann. Bot. Fenn. 5（2）：143. 1968. 图 138：5~8

形态特征 疏松丛生。茎直立，不分枝，高约 2 cm，上部疏生叶，基部密被假根。叶片干时稍皱缩，阔倒卵圆形，基部狭缩，不下延，叶尖圆钝，无明显的小尖头；叶边全缘；中肋粗壮，远消失于叶尖下。叶细胞多角状圆形，胞壁厚，角部特增厚；叶边 2 列细胞呈斜长方形，不明显分化狭边。孢蒴单生，近圆球形。

生境和分布 多生于高山林下冷湿的沼泽地、草甸，或阴湿的岩面薄土。吉林、辽宁、新疆、浙江、台湾、贵州和四川；俄罗斯（远东地区）、中欧、北欧、英国、瑞士、美国（阿拉斯加）及格陵兰岛均有分布。

大叶毛灯藓 *Rhizomnium magnifolium*（Horik.）T. Kop., Ann. Bot. Fenn. 10（1）：14. 1973. 图 138：9~11

形态特征 丛集生长。体粗大，高约 4 cm，多暗绿带红棕色，具光泽。茎直立，密被假根。叶疏生，团扇状圆形，具横波状皱纹，长可达 7 mm，尖部圆钝，无小尖头，基部趋狭小；叶边全缘；中肋粗壮，长达叶片中上部，稀及顶。叶细胞较大，规则五角形至六角形，胞壁薄或角部稍加厚，一般近中肋的细胞较大，近边缘细胞趋小；叶边 1~2 列细胞为大斜长方形，形成分化明显的狭边。雌雄异株。孢蒴单生。

生境和分布 多生于高海拔的云杉和冷杉林下、杜鹃－冷杉林地、高山灌丛草甸和具土岩面。黑龙江、吉林、陕西、台湾、福建、四川、云南和西藏；尼泊尔、印度西北部、朝鲜、日本、俄罗斯（伯力地区及萨哈林岛）、欧洲及北美洲有分布。

5 疣灯藓属 *Trachycystis* Lindb.

多数丛生。植物体细，暗绿色，多无光泽。茎直立，高约 2~5 cm，顶部常丛生多数细枝或鞭状枝；干燥时枝叶多皱缩，且向一侧弯曲。叶在茎下部形小，疏生，上部叶较长大，多密集，卵状披针形或长椭圆形，上部渐尖；叶边明显或不明显分化，具多数尖齿；中肋粗壮，长达叶尖，背面尖部常具多数刺状齿。叶细胞圆形至方形或多角形，胞壁上下两面均具疣或乳头突起，稀平滑；叶边细胞同形或稍狭长。枝叶与茎叶多同形；鞭状枝上的叶较小，呈鳞叶状。雌雄异株。孢蒴顶生。蒴齿 2 层，等长；外齿层棕红色，齿片披针形，渐尖；内齿层黄红色，基膜高达蒴齿片长度的 1/2；齿条披针形，具穿孔，上部多纵裂；齿毛 3，多具节瘤。蒴盖圆盘状，具短尖喙，有粗疣。

本属 3 种，多亚洲东部分布。中国有 3 种。

分种检索表

1. 植物体高约 3 cm 以下，茎的顶部多丛出多数细枝；叶干燥时卷曲；叶细胞具单个乳头突起 ··1. 疣灯藓 *T. microphylla*

1. 植物体高可达 5 cm，茎的顶部具多数小分枝；叶干燥时平展；叶细胞不具疣或乳头··· 2. 树形疣灯藓 *T. ussuriensis*

疣灯藓 *Trachycystis microphylla*（Dozy et Molk.）Lindb.，Not. Sällsk. Fauna Fl. Fenn. Förh. 9：80. 1868. 图 139：1~3

形态特征 疏丛集生长。植物体高可达 3 cm，单生或自茎顶丛出多数细枝，干燥时常向一侧弯曲。茎上部及枝的叶均呈长卵圆形，长约 2 mm，上部渐尖，叶基宽大；叶分化边不明显，细胞单层，上部具单列细齿；中肋长达叶尖，先端背面具数枚刺状齿。叶细胞较小，多角状圆形，胞壁薄，两面均具大而短的单疣或乳头状突起；叶边细胞近于同形或短长方形，无疣。茎下部的叶较小而疏生，呈卵状三角形；叶边多全缘。

生境和分布 多生于中等海拔至 3 000 m 林下、林边阴湿土坡及具土岩面。黑龙江、吉林、辽宁、河北、山东、河南、陕西、新疆、安徽、江苏、上海、浙江、江西、湖北、湖南、四川、重庆、贵州、云南、福建、台湾、广东、广西和香港；朝鲜、日本和俄罗斯（伯力地区）有分布。

树形疣灯藓 *Trachycystis ussuriensis*（Maack et Regel）T. Kop.，Ann. Bot. Fenn. 14：206. 1977. 图 139：4~6

形态特征 多密集丛生。体形较粗，色泽暗绿至黄绿色，枝干燥时多羊角状弯曲，生殖枝直立，尖部常丛生多数小枝。叶干时卷曲，湿时伸展，长卵圆形或阔卵圆形，长约 3.5 mm，上部钝尖，叶基阔；叶边中上部具单列尖齿；中肋粗壮，长达叶尖部，上部略扭曲，背面被疏刺状齿。叶细胞较小，多角状圆形，具乳头突起，胞壁厚，叶边细胞方形或长方形，无明显分化。雌雄异株。孢蒴单生，卵状圆柱形，平展或垂倾。

生境和分布 喜高山针叶林林地，含云杉、铁杉及高山栎林地、岩面，或林边土坡上。黑龙江、吉林、辽宁、内蒙古、河北、河南、山西、陕西、甘肃、新疆、山东、安徽、台湾、湖北、湖南、广东、广西、贵州、四川、云南和西藏；朝鲜、日本、蒙古及俄罗斯（伯力地区及萨哈林岛）有分布。

065 桧藓科 RHIZOGONIACEAE

常丛集群生。植物体类似针叶树幼苗，基部密生假根。茎具分化中轴，通常不分枝。叶散生茎上，茎上部叶长披针形，或狭披针形，基部叶较短小；叶边平展，具单齿或双齿；中肋消失于叶尖部，稀突出叶尖，背部常具刺。叶细胞小，圆形或六角形，稀长六边形，疏松，平滑，稀具乳头，壁厚。雌雄异株，稀同株。蒴柄细长，稀较短。孢蒴直立，倾立或平列，卵形或长圆柱形，有短台部，有时凸背或弯曲。蒴齿 2 层，稀单层。蒴盖具斜喙。蒴帽兜形。孢子形小。

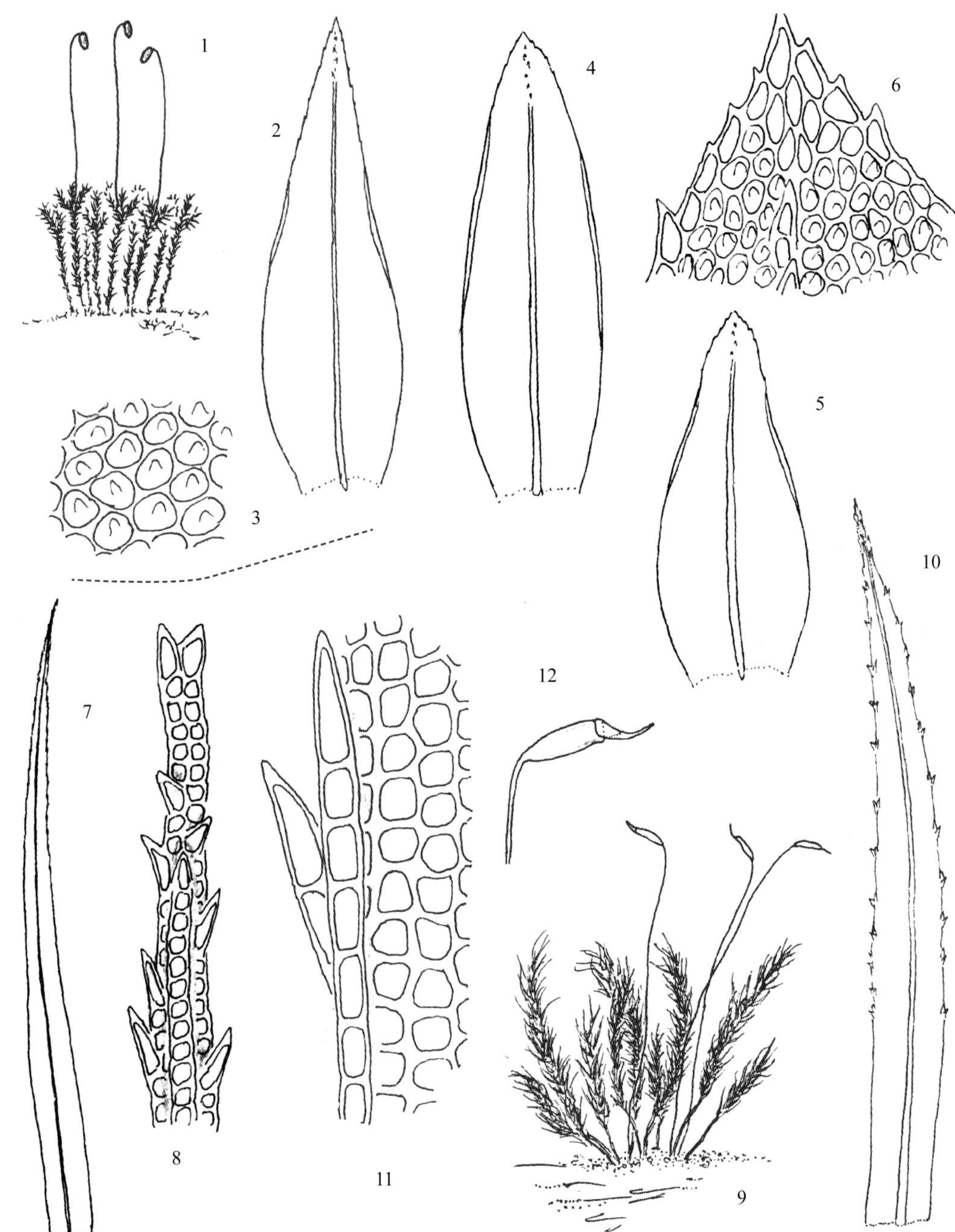

图 139

1~3. **疣灯藓** *Trachycystis microphylla*（Dozy et Molk.）Lindb.

1. 林地生长的植物群落（×1），2. 叶（×25），3. 叶中部细胞（×400）

4~6. **树形疣灯藓** T*rachycystis ussuriensis*（Maack et Regel）T. Kop.

4，5. 叶（×20），6. 叶尖部细胞（×200）

7~8. **大桧藓** *Pyrrhobryum dozyanum*（S. Lac.）Manuel

7. 叶（×8），8. 叶尖部细胞（×200）

9~12. **阔叶桧藓** *Pyrrhobryum latifolium*（Bosch et S. Lac.）Mitt.

9. 着生林内腐木上的植物群落（×1），10. 叶（×20），11. 叶上部边缘细胞（×400），12. 孢蒴（×10）

本科7属，主要分布南半球暖热地带。中国有1属。

1 桧藓属 *Pyrrhobryum* Mitt.

成片疏群生。植物体常粗硬，暗绿色，稍带红棕色，基部密生假根。茎直立，或弯曲。叶狭长披针形；叶边多加厚，具单列齿或双列齿；中肋粗壮，具中央主细胞及背腹厚壁层，背部常具齿。叶细胞同形，厚壁，圆方形或六边形。雌雄异株，稀同株。蒴柄细长。孢蒴棕色，长卵形，有时隆背或呈圆柱形，具短台部，有时具纵长褶纹。蒴齿2层。外齿层齿片基部常相连，上部披针形，渐尖，黄色或棕黄色；内齿层无色或黄色，具细疣，基膜高约为齿片长度的1/2，齿条披针形，具裂缝或孔隙；齿毛较短，有节瘤。蒴帽兜形。蒴盖具短喙或长喙。孢子形小。

本属约27种，分布暖热地区。中国有3种。

分种检索表

1. 雌、雄苞均着生茎的中部；叶狭披针形，长约10 mm……………………1. 大桧藓 *P. dozyanum*

1. 雌、雄苞均着生茎的基部；叶披针形，长约6 mm……………………2. 阔叶桧藓 *P. latifolium*

大桧藓 *Pyrrhobryum dozyanum*（S. Lac.）Manuel，Cryptog. Bryol. Lichénol. 1：70. 1980. 图139：7~8

形态特征 片状疏丛集生长。体形粗壮，黄绿色或褐绿色，有时红棕色。茎高达8 cm，有时倾立，单生或具分枝，全株密被褐色假根。叶狭披针形，长约10 mm，上部渐尖；叶边多层细胞，中上部具双列锐齿，基部平滑；中肋粗壮，背面上部具刺状齿突。叶细胞四边形至六边形，壁厚，基部细胞常带黄色。雌苞叶基部鞘状。蒴柄着生于茎中部，长3~4 cm。孢蒴圆柱形，常背曲。孢子具密疣。

生境和分布 多生于低山林下的湿地、树基凹地或具土岩面。山西、安徽、浙江、台湾、福建、江西、湖南、广东、海南、广西、贵州、四川、云南和西藏；朝鲜、日本、印度尼西亚有分布。

应用价值 盆景的极佳景观植物，在温室中培植效果更好，外观似松树的幼苗。

阔叶桧藓 *Pyrrhobryum latifolium*（Bosch et S. Lac.）Mitt.，Journ. Linn. Soc.，Bot. 10：175. 1868. 图139：9~12

形态特征 小垫状群生。植物体较小，绿色或褐绿色。茎直立或倾立，高3~5 cm，不分枝或从基部分枝，假根仅生于植株基部。叶直立或倾立，披针形，约6 mm，叶上部渐尖；叶边分化，厚3~4层细胞，中上部具双列锐齿；中肋粗，长达叶尖终止。叶细胞多边状圆形，基部细胞2~3层，黄褐色。蒴柄生茎基部，与前种明显区别。孢蒴短圆柱形，平列或倾垂。雌苞叶狭披针形，边有锐齿。蒴齿2层，发育完全。

生境和分布 多生于热带及亚热带林下的树干或腐木上。浙江、台湾、福建、湖南、广东、广西、海南、四川、云南和西藏；日本、越南、马来西亚、菲律宾、印度尼西亚有分布。

066 皱蒴藓科 AULACOMNIACEAE

成片丛集生长。植物体深绿色或灰绿色，老时呈褐色，无光泽，下部密被假根。茎直立，具小形细胞构成的分化中轴，及疏松基本组织和明显的皮部；通常在顶端生殖苞下有1~3 茁生枝，有时亦由老茎产生新枝。叶多列，顶叶较大，内凹，阔长卵形、卵状长披针形或狭长披针形；叶边上部具齿，无分化边缘；中肋通常不及叶尖即消失。叶细胞小，多角状圆形，厚壁，多数具疣。生殖苞顶生。雄苞芽胞形或盘形。雌苞叶异形。蒴柄高出。孢蒴倾立，稀直立，长卵形或圆柱形，有短台部及纵长加厚纵壁。环带常存。蒴齿通常 2 层。蒴帽狭长兜形，具长喙，易脱落。蒴盖圆锥形，有时具长喙。孢子形小。

本科 2 属，分布高寒冻原及水湿地区。中国有 1 属。

1 皱蒴藓属 *Aulacomnium* Schwägr.

多丛集成片生长。植物体通常黄绿色或灰绿色，下部密被假根。茎因逐年茁生新枝而呈丛生枝形。叶干时紧贴或一向偏曲，湿时倾立，长卵圆形、披针形或狭长披针形，上部渐尖或圆钝；叶边多背卷；中肋不及叶尖即消失。叶细胞圆形或圆多边形，壁厚，角隅强烈加厚，具中央单粗疣。雌雄异株，稀同株。雄苞芽胞形或盘形。蒴柄高出。孢蒴下垂，长卵形或长圆柱形，有短台部而凸背，具 8 列深色厚壁细胞构成的纵纹，干时成纵褶。环带 2~4 列细胞。蒴齿 2 层。外齿层齿片狭长披针形，有细长尖，黄色或棕红色；内齿层无色透明，齿条披针形，基膜高出，齿毛纤细，具节瘤。蒴盖圆锥形，喙直或斜出。茎尖端芽胞柱上常密生无性芽胞。

本属约 10 种，寒温地区生长。中国有 4 种。

分种检索表

1. 叶长椭圆状披针形，上部渐尖；叶基部细胞 2~3 层，长方形，平滑无疣，与上部细胞异形 ……1. 皱蒴藓 *A. palustre*
1. 叶长卵圆形，尖宽钝；基部细胞多角状圆形，单层，具疣，与上部细胞近同形 ……2. 异枝皱蒴藓 *A. heterostichum*

沼泽皱蒴藓 *Aulacomnium palustre*（Hedw.）Schwägr.，Sp. Musc. Frond.，Suppl. 3 1（1）：216. 1827. 图 140：1~3

形态特征 密集丛生。体形较大，绿色或黄绿色，基部假根交织。茎直立或倾立，高可达 15 cm，常分枝。叶片密覆瓦状生长，披针形或阔披针形，上部渐尖，钝端，基部略下延；叶边上部有钝齿或全缘，中部内卷；中肋单一，消失于叶尖下。叶细胞多不规则圆形，角部强烈加厚，具单个粗疣；基部细胞 2~3 层，长方形，壁薄，平滑，有时呈褐色。雌雄异株。孢蒴倾立，长卵形，老时具纵长条纹。蒴盖圆凸，具短喙。植株顶端常生长芽苞柱。

生境和分布 习生林下沼泽地或开阔地区的沼泽地，以及草丛、溪边和湿润石缝中。黑龙江、吉林、辽宁、内蒙古、陕西、新疆、湖北、四川、云南和西藏；不丹、尼泊尔、印度、日本、朝鲜、蒙古、俄罗斯（远东地区）、非洲、欧洲、美洲、澳大利亚及新西兰有分布。

应用价值 沼泽地水质的指示植物。

异枝皱蒴藓 *Aulacomnium heterostichum*（Hedw.）Bruch et Schimp.，Bryol. Eur. 4：215. 403. 1841. 图 140：4~7

形态特征 疏丛集生。植物体黄绿色或灰绿色。茎单一或分枝，高约 3 cm，基部密生假根。叶密生，干时不卷曲，长卵圆形或椭圆形，内凹，具波纹，尖端圆钝，基部不下延，长达 3 mm；叶边平展，上部具多细胞组成的粗齿；中肋强劲，终止于叶尖下。叶上部细胞不规则圆形，或四角形至六角形，厚壁，具低而小的疣或平滑，下部细胞与上部细胞同形。雌雄同株。蒴柄直立，细长。孢蒴倾立，圆柱形，稍弯曲，干燥时具纵褶。孢子褐色，具密疣。

生境和分布 常生长针叶林下湿润林地、砂石间或具土岩面，有时见于腐木上。黑龙江、吉林、辽宁、内蒙古、河南、陕西、甘肃、湖北、湖南、贵州和四川；日本、朝鲜、俄罗斯（远东地区）及北美洲东北部有分布。

067 寒藓科 MEESIACEAE

密丛集生长。植物体绿色或黄绿色。茎具分化中轴，新枝多着生生殖苞下，假根随处着生。叶多列，倾立或背仰，长卵圆形或卵状披针形；叶边尖部具细齿，稀叶边全部具齿；中肋不及叶尖即消失。叶细胞方形、六边形或圆形，壁较厚，平滑或具乳头；叶基部细胞壁薄，长方形，常无色。雌雄同株或异株。蒴柄细长，直立。孢蒴直立，长梨形，台部长，凸背，蒴口斜生。环带细胞 1~2 列。蒴齿 2 层。内外齿层等长或内齿层较长；外齿层齿片基部有时相连，钝端或平截；内齿层基膜低，齿条线形，有穿孔，齿毛退失。蒴盖

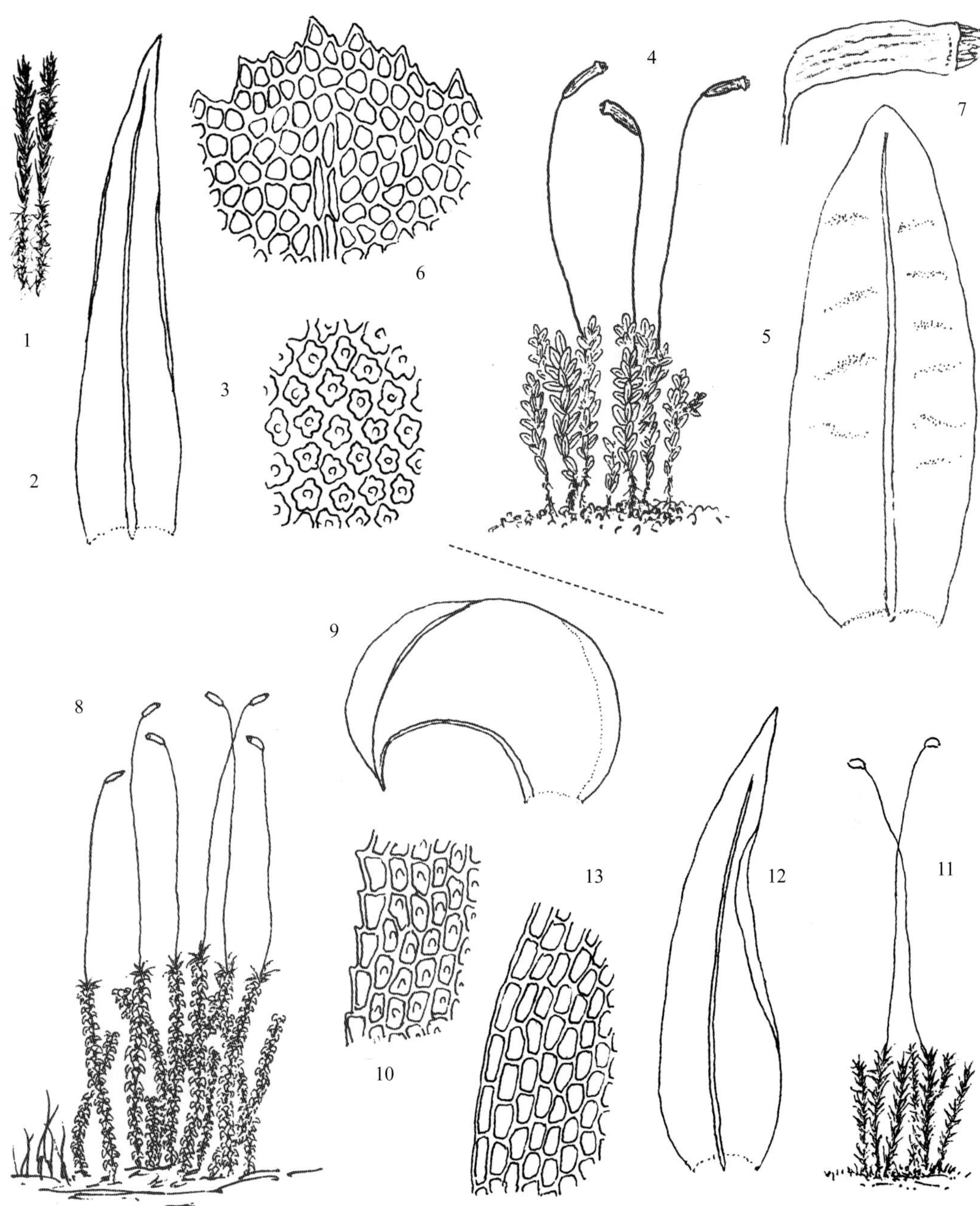

图 140

1~3. 沼泽皱蒴藓 *Aulacomnium palustre*（Hedw.）Schwägr.

1. 植物体（×1），2. 叶（×20），3. 叶中部细胞（×400）

4~7. 异枝皱蒴藓 *Aulacomnium heterostichum*（Hedw.）Bruch et Schimp.

4. 潮湿林中生长的植物群落（×1），5. 叶（×25），6. 叶尖部细胞（×250），7. 已开裂的孢蒴（×8）

8~10. 沼寒藓 *Paludella squarrosa*（Hedw.）Brid.

8. 沼泽地中生长的植物群落（×1），9. 叶（×25），10. 叶上部边缘细胞（×250）

11~13. 寒藓 *Meesia longiseta* Hedw.

11. 着生寒冷潮湿林地的植物群落（×1），12. 叶（×25），13. 叶中部边缘细胞（×250）

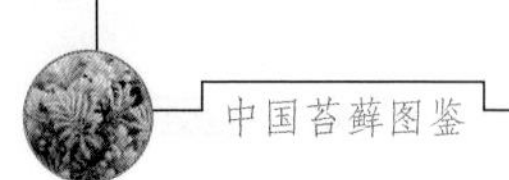

短圆锥形。蒴帽小，兜形。孢子具疣。

本科 3 属，多高寒沼泽地区分布。中国有 2 属。

分属检索表

1. 叶片强烈背仰；叶细胞背腹面均具明显乳头突起；内外齿层等长 ………………………… 1. 沼寒藓属 *Paludella*
1. 叶片倾立或稍背仰；叶细胞背腹面均平滑；内齿层远长于外齿层 ……………………………… 2. 寒藓属 *Meesia*

1 沼寒藓属 *Paludella* Brid.

属的特征同种所列。

本属 1 种，多分布北寒温带。中国有分布。

沼寒藓 *Paludella squarrosa*（Hedw.）Brid.，Sp. Musc. III：74. 1817. 图 140：8~10

形态特征　密丛生成垫状。体高可达 15 cm，色泽鲜绿或黄绿色，老时呈褐色。茎直立，稀具分枝，密被褐色假根。叶多列着生，长卵圆形，具锐尖，上部强背仰，基部下延，长 1~2 mm；叶边中下部背卷，上部具不规则细齿；中肋消失于叶尖。叶上部细胞圆形、六边形，背腹面均具乳头，基部细胞长方形，壁薄，透明，角部细胞趋短。雌雄异株。蒴柄细弱，红色。孢蒴长卵形，略背曲，黄褐色，成熟后红褐色。蒴齿 2 层；外齿层齿片 16，长披针形，浅黄色；齿条狭披针形，与齿片等长或略短于齿片，具穿孔。孢子黄色，具细疣。

生境和分布　喜生长寒冷沼泽或塔头沼泽地。黑龙江、吉林、内蒙古和云南；蒙古、俄罗斯（远东地区）、欧洲、非洲及北美洲有分布。

应用价值　沼泽地水质的指示植物。

2 寒藓属 *Meesia* Hedw.

密集或疏丛生。植物体绿色或黄绿色，老时棕色。茎常分枝，基部密生假根。叶多列，干时卷缩，湿时倾立，卵圆状披针形或狭披针形，具钝尖或急尖，基部或稍下延；叶边平直或背卷，平滑或具齿；中肋长达叶尖或在叶尖稍下处消失。叶上部细胞方形或长方形，壁薄，平滑，基部细胞长方形。雌雄异株或同株。蒴柄细长，红棕色。孢蒴倾立或平列，长梨形，略弯曲。蒴齿 2 层，外齿层短于内齿层，齿片极短。

本属约 10 种，多温带北部及稀南方高山分布。中国有 3 种。

寒藓 *Meesia longiseta* Hedw., Sp. Musc. 173. 1801. 图 140：11~13

形态特征 稀疏丛生，或成垫状生长。体色泽黄绿或黄色，有时深绿色或褐绿色，老时常呈黑褐色。茎不分枝或稀分枝；叶 3 列着生，叶腋间密被褐色假根。叶片长约 3 mm，阔卵圆状披针形，龙骨状背凸，基部下延；叶边多全缘；中肋终止于叶尖前。叶尖部细胞方形或短长方形，或不规则形，绿色；基部细胞长方形，薄壁，透明。雌雄异株。孢蒴台部与壶部等长，干燥时弯曲，长弯梨形，黄褐色。蒴齿 2 层；外齿层齿片仅为内齿层长度的 1/4，黄色，先端钝，基部相连；基膜低矮，齿条长线形，尖部相连。孢子直径约 40 μm，表面略粗糙。

生境和分布 多沼泽地、草甸及水湿的草地生长。黑龙江、吉林和内蒙古；蒙古、俄罗斯（远东地区）、欧洲、北美洲及澳大利亚有分布。

应用价值 对沼泽地的水质可起指示作用。

068 珠藓科 BARTRAMIACEAE

密集丛生或成垫状生长。植物体常密被假根。茎中轴分化，常具分枝。叶密生，卵状披针形，基部常呈鞘状，上部狭长，稀有纵褶；叶上部边缘及中肋背部均具尖齿；中肋强劲，不及叶尖，或稍突出叶尖呈芒状。叶细胞圆方形、长方形或狭长方形，通常壁较厚，但无壁孔，背腹面均具乳头，稀平滑，基部细胞同形或阔大，透明，平滑，稀角细胞分化。雌雄同株或异株。蒴柄多高出。孢蒴单生，稀 2~5 丛生，直立或倾立，稀下垂，通常球形，凸背，稀有明显的台部，口斜，具深色长纵褶，稀平滑。蒴齿 2 层，稀单层。外齿层齿片短披针形，棕黄色，或红棕色，平滑或具疣；内齿层较短，褶叠形，基膜占蒴齿长度的 1/4~1/2；齿条上部有穿孔，成熟后开裂；齿毛 1~3，或退失。蒴盖短圆锥形。蒴帽小，兜形，平滑。孢子圆形、椭圆形或肾形，具疣。

本科 10 属，以热带和亚热带地区分布为主。中国有 6 属。

分属检索表

1. 植物体粗大，长达 10 cm 以上；叶湿时上部平展……2. 热泽藓属 *Breutelia*

1. 植物体较小，长不及 10 cm；叶湿时上部倾立……2.

2. 茎三棱形；叶细胞平滑……5. 平珠藓属 *Plagiopus*

2. 茎圆形；叶细胞多具乳头突起……3

3. 孢蒴长卵形；叶细胞具单疣 …… 3. 长柄藓属 *Fleischerobryum*

3. 孢蒴多呈球形；叶细胞多具前角突疣 …… 4

4. 叶上部边缘多 2 层细胞，常具 2 列尖齿；中肋背部多具齿 …… 1. 珠藓属 *Bartramia*

4. 叶上部边缘 1 层细胞，仅具细齿；中肋背部多平滑 …… 4. 泽藓属 *Philonotis*

1 珠藓属 *Bartramia* Hedw.

常密集丛生，形成纯群落。茎单一，或分枝，无丛生枝；茎，枝密被假根。叶多列，卵状披针形或狭披针形，基部半鞘状，上部渐狭或急成长尖；叶边上部 2 层细胞，具 2 列尖齿；中肋背部多齿。叶上部细胞形小，壁厚，方形，背腹面均具乳头，基部细胞长方形，壁薄，平滑或透明。雌雄同株或异株。孢蒴多顶生，近于球形，台部不发达，凸背，斜口，干时皱缩多褶。蒴齿 2 层，稀单层或缺失。外齿层齿片具回折中缝，内面有横隔，内齿层的齿毛有时不发育或缺失。蒴盖圆锥形或短圆锥形。孢子肾形或球形，具疣。

本属约 110 钟，分布温湿地区和热带山地。中国有 6 种。

分种检索表

1. 蒴柄短，侧生；孢蒴半隐于叶片内 …… 3. 亮叶珠藓 *B. halleriana*

1. 蒴柄细长，顶生；孢蒴远高出于叶片外 …… 2

2. 叶上部细胞狭长方形；叶基鞘部明显 …… 1. 直叶珠藓 *B. ithyphylla*

2. 叶上部细胞短长方形；叶基不呈鞘状 …… 2. 梨蒴珠藓 *B. pomiformis*

直叶珠藓 *Bartramia ithyphylla* Brid., Muscol. Recent. 2（3）：132，pl. 1，f. 6. 1803. 图 141：1~5

形态特征 密丛集生。体棕绿色或黄绿色，老时多呈灰绿色。茎红褐色，密被红色假根；稀分枝。叶片近直立，狭卵状披针形，基部鞘状，无色透明；叶边平展或略卷呈半筒状，具锐齿；中肋长达叶尖。叶上部细胞狭长方形，叶边细胞 2~3 层，具疣；叶基部细胞长方形，平滑。雌雄异株。孢蒴倾立，球形，背凸，褐色，干燥时具明显纵沟。蒴盖平凸。内齿层短于外齿层，深绿色，具低基膜。孢子褐色，具长疣。

生境和分布 习生砂质黏土或具土岩面。黑龙江、吉林、辽宁、内蒙古、河南、陕西、新疆、安徽、浙江、台湾、福建、广西、贵州、四川和云南；喜马拉雅山地区、印度、日本、俄罗斯、欧洲、美洲、大洋洲及非洲有分布。

梨蒴珠藓 *Bartramia pomiformis* Hedw., Sp. Musc. Frond. 164. 1801. 图 141：6~10

形态特征 密丛集生。茎直立或倾立，单一或分枝，高达 5 cm，密被棕色假根。叶多列，干燥时弯曲，湿时伸展，狭披针形，长约 5 mm，基部宽约 0.6 mm；叶边具锐尖齿；中肋长达叶尖，上部背面具刺状齿。叶上部细胞单层，边缘 2 层，短长方形，壁加厚，两面

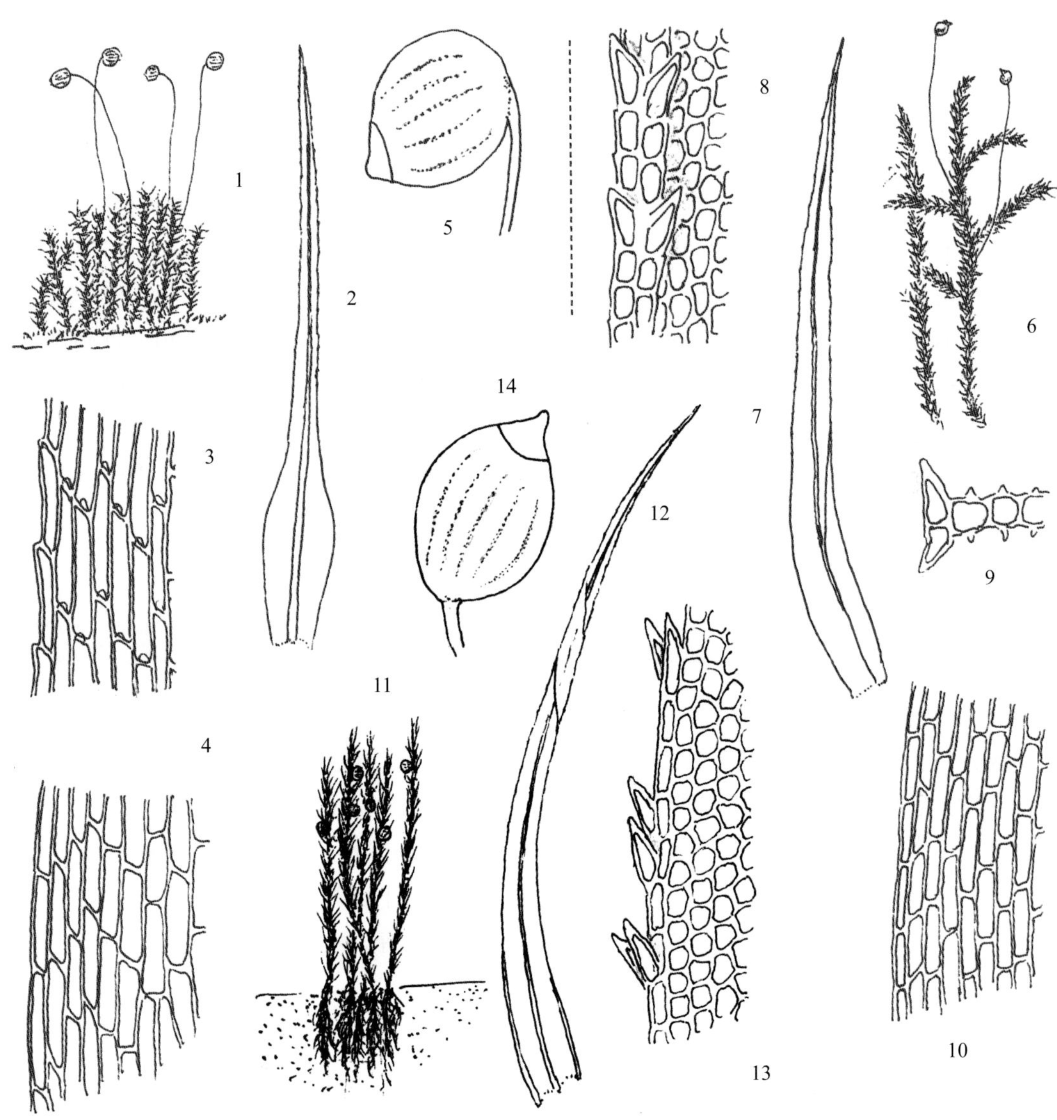

图 141

1~5. **直叶珠藓** *Bartramia ithyphylla* Brid.

1. 阴湿土生的植物群落（×1），2. 叶（×22），3. 叶上部边缘细胞（×400），4. 叶基部边缘细胞（×400），5. 孢蒴（×8）

6~10. **梨蒴珠藓** *Bartramia pomiformis* Hedw.

6. 雌株（×1），7. 叶（×15），8. 叶上部边缘细胞（×400），9. 叶上部边缘细胞的横切面（×400），10. 叶基部边缘细胞（×400）

11~14. **亮叶珠藓** *Bartramia halleriana* Hedw.

11. 湿润土生的植物群落（×1），12. 叶（×15），13. 叶上部边缘细胞（×400），14. 孢蒴（×8）

具乳头，基部细胞不规则长方形，透明。雌雄同株。蒴柄直立，红棕色，长约 1.5 cm。

生境和分布 常生于针阔混交林下阴湿林地、具土岩面或腐木上。黑龙江、吉林、辽宁、内蒙古、河北、河南、陕西、新疆、安徽、浙江、台湾、福建、江西、湖北、湖南、广东、贵州、四川和云南；日本、俄罗斯、欧洲、美洲、新西兰及非洲有分布。

珠藓 *Bartramia halleriana* Hedw.，Sp. Musc. Frond. 164. 1801. 图 141：11~14

形态特征 丛集生长，有时呈垫状。体暗黄绿色，高可达 10 cm，下部密被棕色绒毛状假根。叶干燥时扭卷，湿时多背仰，基部略阔，呈半鞘状，上部狭披针形；叶上部边缘具粗齿，基部边平滑；中肋突出呈芒状，背面具齿状刺。叶上部细胞短方形，胞壁略加厚，具疣，下部细胞长方形，基部呈黄褐色。雌雄同株。孢蒴 1~2 个簇生。蒴柄甚短。孢蒴球形，橙黄色，具深纵皱褶。蒴齿 2 层；外齿层深红色，内齿层淡黄色。孢子球形，具疣。

生境和分布 多生于中等海拔至 4 000 m 滴水石壁，稀树干生。黑龙江、吉林、辽宁、内蒙古、河北、陕西、新疆、江苏、安徽、浙江、台湾、福建、江西、湖北、贵州、四川、云南和西藏；日本、印度、欧洲、美洲、大洋洲及非洲有分布。

2 热泽藓属 *Breutelia* Schimp.

稀疏或密集群生。体形粗大，常在生殖苞下茁生新枝，或不规则多次分枝，稀单一或具少数分枝。叶片披针形或狭长披针形，基部宽阔，常有纵褶；叶边有单列齿，稀全缘；中肋细长，多数突出叶尖。叶细胞多厚壁，不规则狭长方形，稀短方形或多角形，常具疣，基部边缘多具 1~2 列疏松长方形细胞。雌雄异株。雌苞叶较小，直立。蒴柄粗短或较长，稀弯曲。孢蒴球形或阔卵形，倾立或悬垂，稀近于直立，干燥时具纵褶。蒴齿 2 层；内齿层常较短，多数具疣，齿毛不发达或退失。蒴盖小，平凸，有短喙。

本属约 50 种，多亚洲热带地区分布。中国有 4 种。

分种检索表

1. 植物体长，高 10~20 cm；叶阔卵状披针形 ························ 1. 大热泽藓 *B. arundinifolia*
1. 植物体较短小，多在 10 cm 以下；叶近三角状披针形 ························ 2. 仰叶热泽藓 *B. dicranacea*

大热泽藓 *Breutelia arundinifolia*（Duby）Fleisch.，Musci Buitenzorg 2：630. 120. 1904. 图 142：1~5

形态特征 大片丛集生长。体形大，黄绿色，有绢泽光，单一或具分枝。枝长 20 cm，粗壮，柔韧，枝常被假根。茎和枝的横切面多棱，有中轴。叶片阔卵状披针形，长约 8 mm，基部阔，中上部渐细，有多条纵长褶；叶边具齿，尖部齿成刺状。叶尖部细胞蠕虫状，中部细胞狭长方形，壁厚，背面有疣，基部边缘细胞大而透明。雌雄同株。蒴柄长 3~5 cm。孢蒴卵圆形，长约 5 mm，平列或下垂。干后具纵条纹。蒴齿 2 层。孢子近圆形，被疣。

生境和分布　习生热带和亚热带地区林内树干。浙江、台湾、广东、广西、贵州和云南；日本、印度尼西亚、菲律宾、印度及澳大利亚有分布。

仰叶热泽藓 *Breutelia dicranacea*（Müll. Hal.）Mitt.，Journ. Proc. Linn. Soc.，Bot.，Suppl. 1：64. 1859. 图 142：6~7

形态特征　丛集群生。体形略粗，色泽黄绿。茎高约 6 cm，有分枝。叶三角状披针形至阔披针形，中上部渐尖，狭长，具纵长褶皱，基部平截，呈鞘状；叶边上部具齿，下部全缘。叶细胞狭长方形、长方形、线形或斜长方形，疣多位于细胞的上端，壁较厚。

生境和分布　多高山灌丛和树枝上生长。广西、贵州、四川和云南；尼泊尔和印度有分布。

3 长柄藓属 *Fleischerobryum* Loeske

稀疏丛生。体形较大，色泽黄绿，老时红棕色。茎直立，常具分枝，干燥时枝尖多钩状下弯，密被假根。叶倾立或一向偏斜，卵圆状披针形，具长尖；叶边略内卷，除基部外均具粗齿；中肋细长，消失于叶尖或突出叶尖。叶细胞长方形，疏松，薄壁或略加厚，近于平滑或具单疣，渐向叶基细胞渐成阔菱形，叶边细胞渐成狭长方形。雌雄异株。蒴柄细长，直立或上部弯曲。孢蒴顶生，垂倾或平列，长卵形，红棕色，有长颈部，干时具纵褶。环带不分化。蒴齿 2 层；外齿层齿片披针形，渐尖，外面有回折中缝，内面有横隔；内齿层有基膜，齿条上部 2 裂，齿毛 1~2。蒴盖平凸。孢子圆肾形，有疣。

本属 4 种，分布亚洲南部湿热地区。中国有 2 种。

长柄藓 *Fleischerobryum longicolle*（Hampe）Loeske，Stud. Morph. Laubm. 127. 1910. 图 142：8~11

形态特征　疏丛集生长。体粗大，黄绿色，有绢泽光。茎长达 5 cm 以上，多单一，有中轴。叶片卵状长披针形，有纵褶，上部渐细，基部宽阔，抱茎，中部略内卷，上部平直，背仰；中肋长达叶尖或突出。叶中部细胞狭长方形或菱形，腹面疣位于中上部，背面平滑，基部细胞壁薄、大型、透明，叶基近中肋细胞狭长方形。孢蒴梨形，蒴口小。

生境和分布　习生具土湿润岩面。陕西、台湾、贵州、四川和云南；日本、印度及菲律宾有分布。

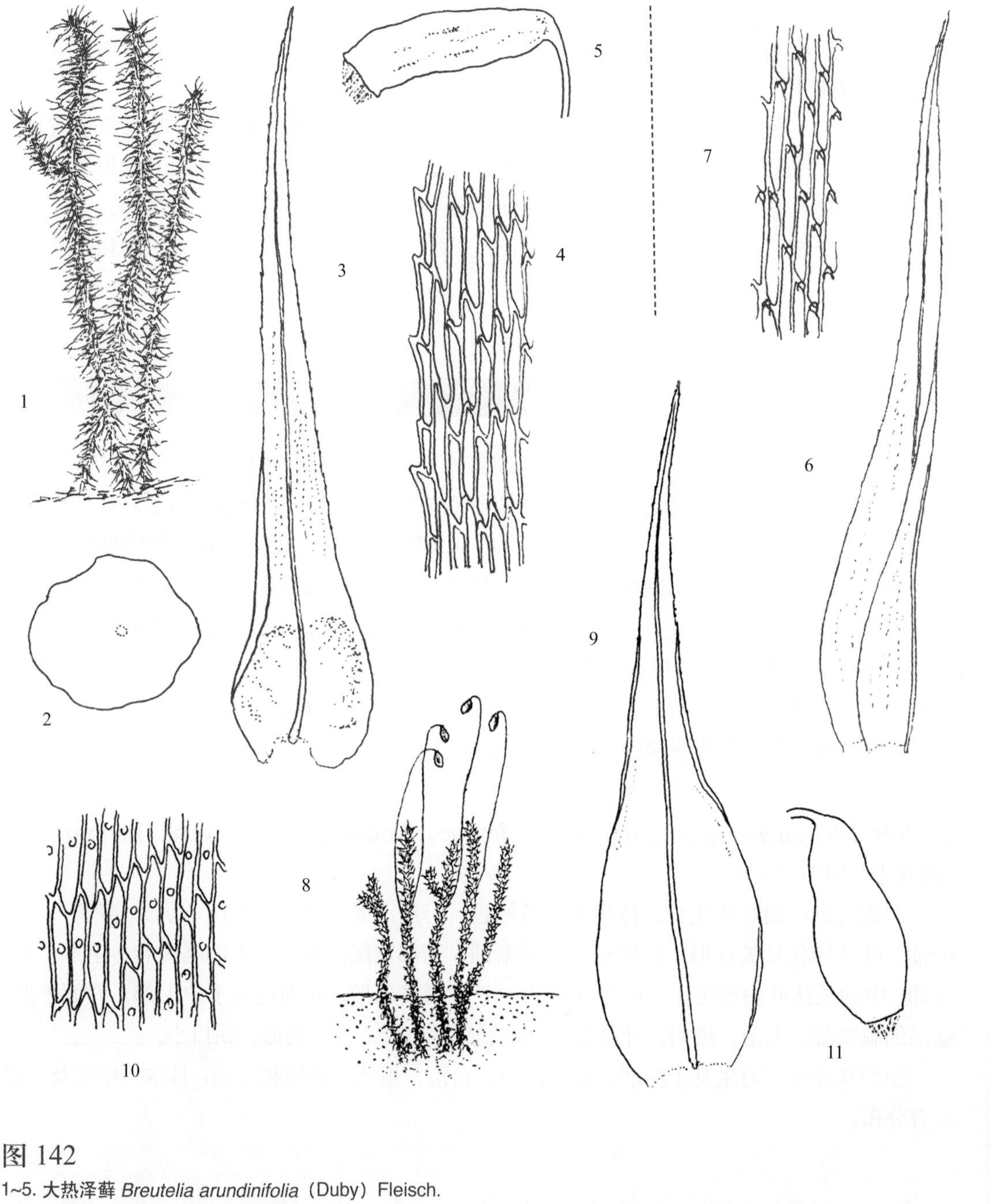

1
2
3
4
5
7
6
9
8
10
11

图 142

1~5. **大热泽藓** *Breutelia arundinifolia*（Duby）Fleisch.

1. 亚热带林中树干生的植物群落（×1），2. 茎的横切面（×30），3. 叶（×15），4. 叶中部边缘细胞（×250），5. 开裂的孢蒴（×5）

6~7. **仰叶热泽藓** *Breutelia dicranacea*（Müll. Hal.）Mitt.

6. 叶（×15），7. 叶中部细胞（×250）

8~11. **长柄藓** *Fleischerobryum longicolle*（Hampe）Loeske

8. 林内具土岩面生长的植物群落（×1），9. 叶（×40），10. 叶中部细胞（腹面观，×250），11. 已脱落蒴盖的孢蒴（×6）

4 泽藓属 *Philonotis* Brid.

密集丛生。植物体形小或略大。茎明显分化中轴及疏松单层细胞的皮部；常叉形分枝，及生殖苞下苗生芽条。叶倾立或一侧偏斜，干时紧贴茎上，长卵形，渐尖，稀圆钝，稀基部有纵褶；叶边具粗或细齿；中肋强劲，常突出叶尖，稀消失于叶尖下。叶上部细胞短或长方形，或近菱形，稀薄壁，多具前角突或乳头，稀细胞后角有疣，少数种类叶尖细胞平滑，或呈乳头突起，叶基部细胞较大，疏松。雌雄异株，稀同株。蒴柄长。孢蒴倾立或平列，近于球形，有纵褶，口部宽大。蒴齿 2 层；外齿层齿片具明显中缝及横纹；内齿层齿条常 2 裂，有斜纵纹或具疣；齿毛不甚发达。蒴盖多平凸，或短圆锥形，具短喙。蒴帽兜形。

本属 170 余种，湿热和温湿地区均分布。中国约 21 种。

分种检索表

1. 中肋消失于叶尖下，或仅达叶尖；叶边不强烈背卷 ………… 2
1. 中肋突出于叶尖；叶边强烈背卷 ………… 5
2. 叶上部细胞近方形；叶上部宽阔 ………… 4. 密叶泽藓 *P. hastata*
2. 叶上部细胞狭长方形或狭菱形；叶上部狭窄 ………… 3
3. 叶阔卵形，具短尖；叶细胞菱形 ………… 5. 珠状泽藓 *P. bartramioides*
3. 叶卵状披针形或卵状三角形，具狭长尖；叶细胞多狭长方形 ………… 4
4. 叶近卵状披针形 ………… 2. 毛叶泽藓 *P. lancifolia*
4. 叶近卵状三角形 ………… 3. 偏叶泽藓 *P. falcata*
5. 叶上部细胞近线形 ………… 1. 细叶泽藓 *P. thwaitesii*
5. 叶上部细胞狭长方形 ………… 6
6. 叶卵状披针形 ………… 6. 卷叶泽藓 *P. revoluta*
6. 叶披针形 ………… 7. 东亚泽藓 *P. turneriana*

细叶泽藓 *Philonotis thwaitesii* Mitt., Journ. Proc. Linn. Soc., Bot., Suppl. 1：60. 1859. 图 143：1~4

形态特征 密丛集生长。植物体较小，高仅 1~2 cm，色泽黄绿，有光泽，基部分枝，下部密被假根。叶片干时紧贴茎上，湿时直立，卵状披针形，长约 0.8 mm，具长尖，基部阔而平截；叶边内卷，有齿；中肋粗壮，长达叶尖，突出成长芒状。叶片上部细胞狭长方形至线形，基部细胞呈方形至长方形，腹面疣位于细胞上端，背面无疣。孢蒴近圆球形，蒴口位于孢蒴顶端。蒴柄长 10~20 mm，红色。

生境和分布 喜生于潮湿的具土石上、溪边或河滩地。吉林、山西、陕西、山东、江苏、安徽、浙江、台湾、福建、湖南、广东、海南、广西、贵州、四川、云南和西藏；日本、朝鲜及印度有分布。

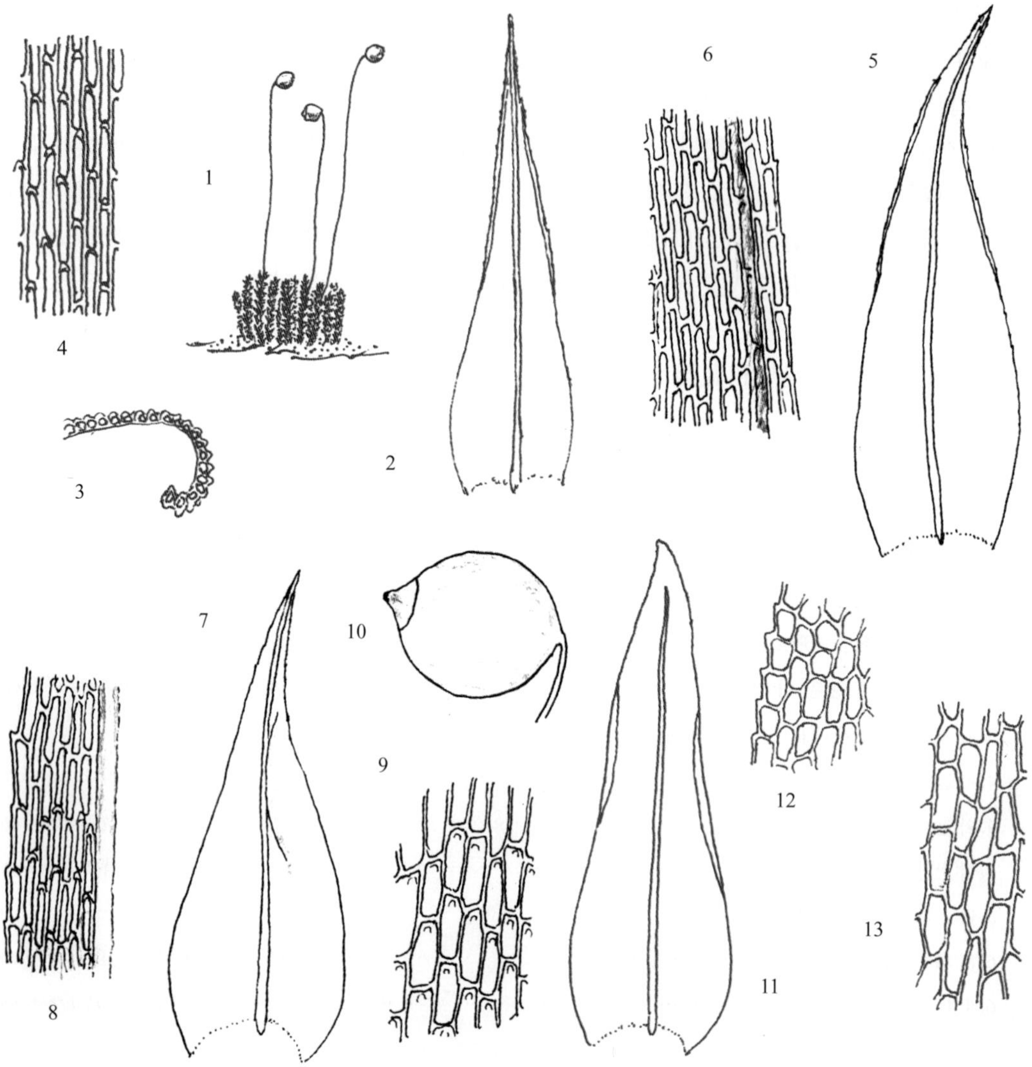

1

2

3

4

5

6

7

8

9

10

11

12

13

图 143

1~4 细叶泽藓 *Philonotis thwaitesii* Mitt.

1. 着生具土湿润岩面的植物群落（×1），2. 叶（×40），3. 叶横切面的一部分，示叶边卷曲（×250），4. 叶中部细胞（腹面观，×250）

5~6. 毛叶泽藓 *Philonotis lancifolia* Mitt.

5. 叶（×40），6. 叶中部边缘细胞（背面观，×250）

7~10. 偏叶泽藓 *Philonotis falcata*（Hook.）Mitt.

7. 叶（×40），8. 叶上部边缘细胞（×300），9. 叶中部细胞（腹面观，×300），10. 孢蒴（×8）

11~13. 密叶泽藓 *Philonotis hastata*（Duby）Wijk et Marg.

11. 叶（×100），12. 叶上部边缘细胞（×200），13 叶基部中央细胞（×200）

毛叶泽藓 *Philonotis lancifolia* Mitt., Journ. Linn. Soc., Bot. 8：151. 1865. 图 143：5~6

形态特征　密集丛生。植物体绿色或黄绿色，高 2~4 cm。叶排列紧密，长卵形，具披针形尖；叶边略内卷，上部有齿。叶尖细胞长方形或狭菱形，中下部细胞狭长方形，长约 40 μm，宽 5 μm，腹面观疣位于细胞上端。孢蒴卵圆形，红褐色，长 2~2.5 mm，平列。

生境和分布　多生于潮湿土壁或高山沼泽地。黑龙江、吉林、辽宁、内蒙古、河南、山东、江苏、安徽、浙江、台湾、福建、湖南、广东、海南、广西、贵州、四川和云南；日本、朝鲜、印度及印度尼西亚有分布。

偏叶泽藓 *Philonotis falcata*（Hook.）Mitt., Journ. Proc. Linn. Soc., Bot., Suppl. 1：62. 1859. 图 143：7~10

形态特征　小或大垫状密集生长。植物体较细，色泽黄绿或绿色，高 2~5 cm，基部被红褐色假根。叶卵状三角形，长达 2.5 mm，呈镰刀状或钩状弯曲，基部阔，龙骨状内凹，上部渐尖；叶边背卷，具细齿；中肋粗壮及顶，背部凸出。叶细胞长方形，疣位于细胞上端，上部细胞较狭长，中部细胞近方形至近圆多角形，基部细胞短而宽阔，透明。

生境和分布　多生于约 3 000 m 的高山沼泽地。内蒙古、河南、陕西、甘肃、宁夏、山东、江苏、浙江、台湾、福建、湖北、广东、贵州、四川、云南和西藏；尼泊尔、印度、朝鲜、日本、菲律宾、非洲及美国（夏威夷）有分布。

密叶泽藓 *Philonotis hastata*（Duby）Wijk et Marg., Taxon 8：74. 1959. 图 143：11~13

形态特征　密丛集生长。体形较细，柔弱，色泽黄绿，有光泽。茎高 2~4 cm，下部密被棕褐色假根。叶覆瓦状着生，倾立，椭圆状或卵状阔披针形，上部宽阔，渐尖，基部平截；叶边平展，或略内卷，上部有细齿，中部叶边有时具双层细胞；中肋粗壮，及顶或不及顶。叶上部细胞近方形或菱形，中部及下部细胞近长方形至多角形。基部细胞较透明。孢蒴圆球形或卵圆形。

生境和分布　多生于山区湿润林地或高山沼泽地。江苏、浙江、台湾、福建、广东、海南、云南和西藏；日本、菲律宾、印度尼西亚、马达加斯加及美国（夏威夷）有分布。

珠状泽藓 *Philonotis bartramioides*（Griff.）Griff. et Buck, Bryologist 92：376. 1989. 图 144：1~2

形态特征　密丛集生长。植物体直立，绿色或翠绿色，高约 2~4 cm，顶端常丛生分枝。叶多阔卵形，直立至略背仰；分枝叶较小，平展；叶边不全卷，上部具细齿，中下部全缘；中肋平直或略弯曲。叶上部细胞长菱形，中部细胞方形至长方形，前角突位于细胞顶端，叶基细胞方形或圆多角形，透明。

生境和分布　习生滴水的岩壁或潮湿土壁。陕西、台湾、福建、湖南、贵州、四川和

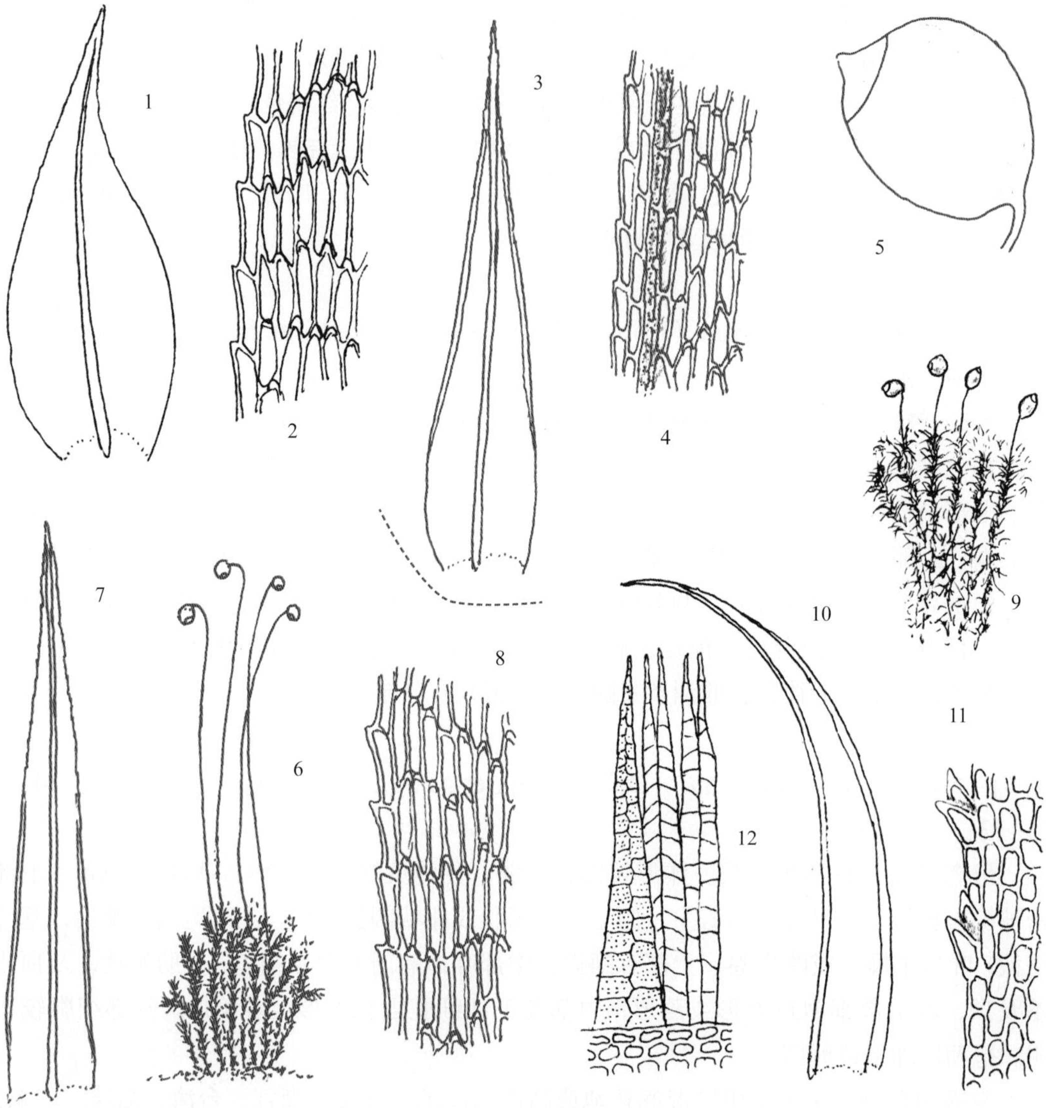

图 144

1~2. **珠状泽藓** *Philonotis bartramioides*（Griff.）Griff. et Buck

1. 叶（×35），2. 叶尖部边缘细胞（×200）

3~5. **卷叶泽藓** *Philonotis revoluta* Bosch et S. Lac.

3. 叶（×40），4. 叶中部边缘细胞（背面观，×300），5. 孢蒴（×10）

6~8. **东亚泽藓** *Philonotis turneriana*（Schwägr.）Mitt.

6. 着生潮湿具土岩面的植物群落（×1），7. 叶（×50），8. 叶中部边缘细胞（腹面观，×300）

9~12. **平珠藓** *Plagiopus oederianus*（Sw.）Crum et Anderson

9. 着生高山湿润具土岩面的植物群落（×1），10. 叶（×30），11. 叶上部边缘细胞（×250），12. 蒴齿（×150）

云南；印度及欧洲有分布。

卷叶泽藓 *Philonotis revoluta* Bosch et S. Lac.，Bryol. Jav. 1：158. 128. 1861. 图 144：3~5

形态特征 密丛集生长。植物体绿色，高达 3 cm。叶稀疏排列，背仰，卵状披针形，或三角状披针形，长约 1.5 mm，具细长尖；叶边明显内卷。叶上部细胞狭长方形或线形，中下部细胞阔长方形或长多角形，腹面疣位于细胞的上端，背面疣位于细胞的下端。孢蒴卵圆形，成熟后多红褐色，平列。孢子黄褐色，直径 16~21 μm，具疣。

生境和分布 喜生于高山滴水石上、河岸边或岩缝中。辽宁、河南、陕西、山东、安徽、浙江、台湾、福建、江西、湖北、广东、海南、广西、四川和云南；日本、印度、菲律宾及印度尼西亚有分布。

现有学者将本种并入东亚泽藓 *Philonotis turneriana*（Schwägr.）Mitt.。

东亚泽藓 *Philonotis turneriana*（Schwägr.）Mitt.，Journ. Proc. Linn. Soc.，Bot.，Suppl. 1：62. 1859. 图 144：6~8

形态特征 成片密丛集生长。体形较细，色泽黄绿或淡绿色，略有光泽。茎长约 3 cm，基部密生假根，近顶端多分枝，枝长约 2~3 mm。叶紧密贴生茎上，狭披针形，基部稍阔，平截，上部具狭长尖；叶边具细齿；中肋粗壮，长达叶尖，背面有齿突。中上部细胞长菱形至长方形，长约 40 μm，壁薄，腹面观疣位于细胞上端，背面疣状突起不明显。孢蒴近圆球形至椭圆形，成熟后平列。孢子 20~25 μm。

生境和分布 多生于湿润的具土岩面、阴土坡、溪边或河滩地。吉林、新疆、山东、江苏、安徽、台湾、福建、江西、湖北、湖南、广东、广西、贵州、四川、云南和西藏；日本、朝鲜、菲律宾、印度尼西亚及美国（夏威夷）有分布。

5 平珠藓属 *Plagiopus* Brid.

密丛集生长。体形细长，茎直立或倾立，上部叉形分枝或成丛分枝，中下部密被假根；横切面三角形，中轴不明显。叶散列或背仰，干时近于卷曲，狭披针形或卵状披针形，具长尖，仅叶基及部分边缘具 2 层细胞；叶边下部背卷，具双列尖齿；中肋强，消失于叶尖部，背部具疣状突起，近尖端有齿。叶细胞厚壁，无壁孔，方形或长方形，无乳头突起，基部细胞长方形或长多角形，基部近中肋细胞长而壁薄，近边缘细胞近于方形。雌雄同株或异株。蒴柄高出，紫红色。孢蒴直立，干时略倾斜，球形，略凸背，具纵皱纹。蒴齿 2 层；外齿层平滑；内齿层较短，淡黄色，齿条无穿孔；齿毛单一，有时不发育。蒴盖短圆锥形。孢子多肾形，有粗疣。

本属 3 种，分布北半球寒冷及高山地区。中国有 2 种。

平珠藓 *Plagiopus oederianus*（Sw.）Crum et Anderson，Mosses E. N. Amer. 1：636. 1981. 图 144：9~12

形态特征 丛集生长。体高可达 10 cm，绿色或黄褐色，下部密被假根。叶片卵状披针形，常呈折合状，基部卵圆形，上部宽阔；叶边有双列齿；中肋粗壮，长达叶尖下消失。叶中上部细胞近方形，长 14~20 μm，基部细胞较短阔，无疣状突起。孢蒴椭圆形，有纵条纹，倾立或平列。孢子椭圆形，孢壁有疣，褐色。

生境和分布 习生高山湿润的具土岩面和溪边近水湿处。吉林、辽宁、陕西、新疆、四川、云南和西藏；日本、欧洲、格陵兰岛、加拿大及美国有分布。

069 美姿藓科 TIMMIACEAE

稀疏群生。植物体深绿色，直立或倾立，基部密生假根；单一或具分枝。叶多列，卵状披针形或阔披针形，干时直立或卷曲；叶边内卷，上部有粗齿；中肋强劲，消失于叶尖，背面具齿。叶细胞多边形，腹面具乳头状突起，鞘部细胞狭长方形，近边缘趋狭，无色透明，平滑或于背面有疣。雌雄异株或同株。蒴柄细长。孢蒴长卵形，棕色，平滑或具不明显的皱纹，干时有纵长皱褶。环带分化，成熟后自行卷落。蒴齿 2 层，等长，干燥时背仰；外齿层齿片阔披针形，基部相连，外面基部黄色，具点状横纹，上部无色，有纵纹，中缝和横隔均明显；内齿层黄色，基膜高，有横纹，齿毛线形。蒴盖半圆锥形。蒴帽兜形。孢子黄色，平滑。

本科 1 属，高寒地区分布。中国有分布。

1 美姿藓属 *Timmia* Hedw.

属的形态特征同科。

本属约 8 种，多分布高寒地区。中国有 4 种。

分种检索表

1. 叶基部细胞无色或浅黄色，或呈褐色，具多疣；雌雄同株……………………………… 1. 美姿藓 *T. megapolitana*

1. 叶基部细胞呈橙色，疣多不明显；雌雄异株………………………………………………… 2. 南方美姿藓 *T. austriaca*

美姿藓 *Timmia megapolitana* Hedw., Sp. Musc. Frond. 176. 1801. 图 145：1~5

形态特征 稀疏丛生。植物体深绿色，茎直立，高 2~4 cm。叶干燥时内卷成筒状，湿润时伸展，卵状披针形，基部呈鞘状，先端急尖，长约 7 mm；叶边平展，上部具多细胞构成的粗齿；中肋粗壮，长达叶尖，背面上部具刺状疣。叶上部细胞圆方形或六边形，直径 8~13 μm，角部稍加厚，腹面呈乳头状凸起，基部细胞狭长方形，背面具 2~5 个乳头状疣，近边缘细胞狭长。雌雄同株。蒴柄长，紫红色。孢蒴椭圆形，红褐色，背曲，有时垂倾。孢子淡黄色，具疣。

生境和分布 习生高寒林地、湿润的沟边或草地，或沼泽边具土岩面。吉林、辽宁、内蒙古、山西、陕西、甘肃、新疆、四川和云南；日本、蒙古、俄罗斯（远东地区）、欧洲及北美洲有分布。

南方美姿藓 *Timmia austriaca* Hedw., Sp. Musc. Frond. 176. 1801. 图 145：6~8

形态特征 丛集生长。体形较高大，高可达 12 cm，绿色或黄绿色。茎多单一，基部丛生假根。叶硬挺，干时强烈卷曲，湿润时伸展或略背仰，卵状披针形或阔披针形，叶基鞘状；叶边上部具粗齿；中肋强劲，长达叶尖，背面先端多具刺状齿。叶上部细胞小，不规则多角形，腹面具乳头突起，背面平滑，基部细胞呈不规则长方形，橙色，不透明，疣不明显。雌雄异株。蒴柄长 20~40 mm。孢蒴椭圆状圆柱形。蒴盖圆锥形。蒴帽兜形。孢子黄色。

生境和分布 生长高山林地、具土岩面或湿润钙质土上。山西、新疆、四川、云南和西藏；日本、亚洲南部、俄罗斯、欧洲及北美洲有分布。

070 树生藓科 ERPODIACEAE

匍匐交织生长。植物体形小，茎不规则分枝或近于羽状分枝。叶 3~4 列，背腹叶常分化，呈扁平生长。叶卵状披针形；无中肋；叶边全缘。叶细胞平滑或具疣，角部细胞略有分化。雌雄同株。雌苞一般生于短枝顶端。雌苞叶稍大。孢蒴卵形或圆柱形。蒴齿缺失或仅具外齿层。蒴帽兜形或钟形，常具纵褶。孢子多形大，表面具疣。

本科 4 属，多东亚地区分布。中国有 3 属。

分属检索表

1. 叶细胞平滑……………………………………………… 3. 钟帽藓属 *Venturiella*

1. 叶细胞具细疣……………………………………………………………… 2

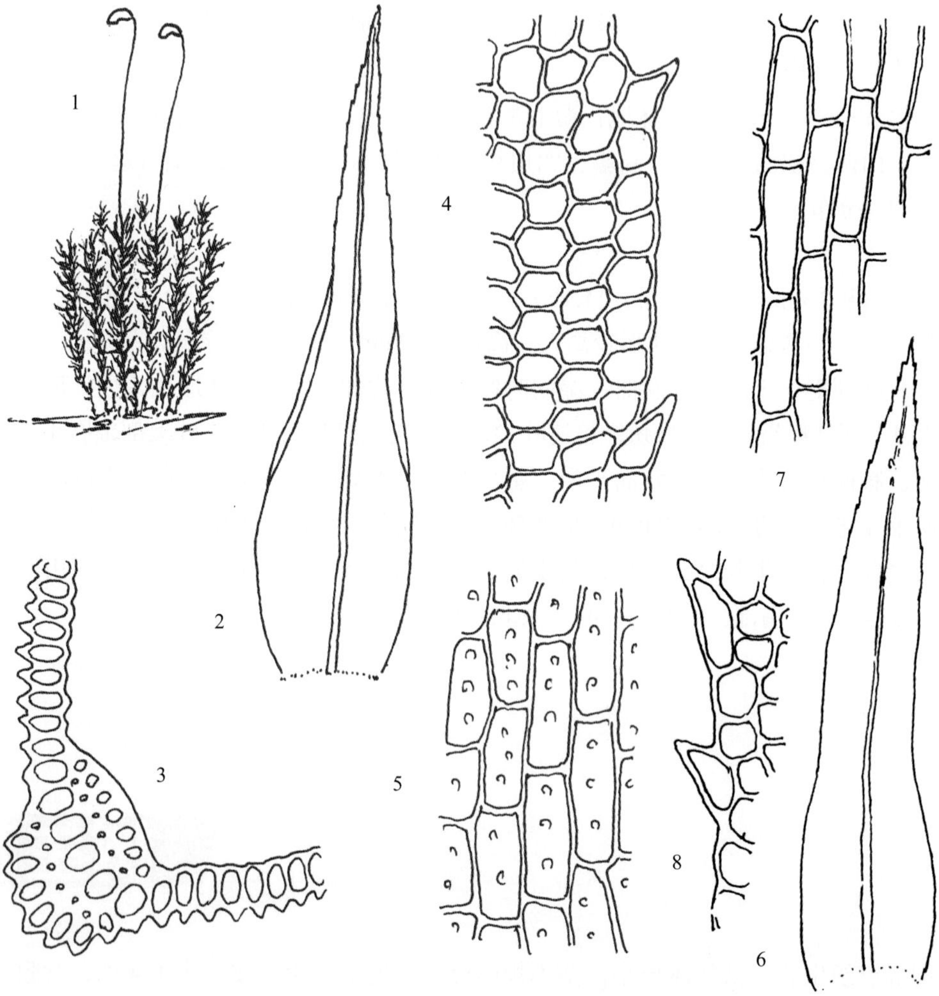

图 145

1~5. **美姿藓** *Timmia megapolitana* Hedw.

1. 着生高山林下的植物群落（×1），2. 叶（×32），3. 叶横切面，示中肋及两侧细胞（×240），4. 叶边缘细胞（×240），5. 叶基部细胞（×240）

6~8. **南方美姿藓** *Timmia austriaca* Hedw.

6. 叶（×32），7. 叶边缘细胞（×240），8. 叶基部细胞（×240）

2. 背叶与腹叶近于同形……………………………………………………………………………1. 苔叶藓属 *Aulacopilum*

2. 背叶与腹叶明显异形……………………………………………………………………………2. 细鳞藓属 *Solmsiella*

1 苔叶藓属 *Aulacopilum* Wils.

匍匐交织生长。植物体色泽暗绿至绿色。茎多不规则羽状分枝。叶卵形，背叶与腹叶近于同形，背叶小，一般两侧不对称，先端圆钝、渐尖或具急尖；无中肋；叶边全缘。叶上部细胞近于六边形、菱形或近方形，表面常具细密疣；角部细胞近长方形。雌雄同株。雌苞叶稍长，直立。蒴柄略长。孢蒴卵形，稍高出于雌苞叶；蒴齿多退失。蒴帽钟状，罩覆整个孢蒴或孢蒴上部，平滑或具纵褶。孢子表面具细密疣。

本属 7 种，主要分布温热地区。中国有 2 种。

日本苔叶藓 *Aulacopilum japonicum* Card.，Bull. Soc. Bot. Genève 1：131. 1909. 图 146：1~5

形态特征　匍匐交织生长。植物体小，多数长约 1 cm，深绿色至暗绿色，贴生树干。茎具不规则分枝，腹面着生稀疏假根。背叶与腹叶近于同形，干时扁平覆瓦状排列，湿时稍伸展。腹叶卵形，两侧略不对称，稍内凹，具短尖；背叶较对称，具钝或锐尖；叶边全缘。叶中上部细胞多六边形，每个细胞具 15~20 个细小密疣，胞壁薄；下部细胞稍宽；角部细胞近方形。雌雄同株。雌苞顶生于短枝。

生境和分布　生于林下树上。河北、江苏、福建和湖北；日本及朝鲜有分布。

2 钟帽藓属 *Venturiella* Müll. Hal.

匍匐交织成小片生长。体形小，一般深绿色至暗绿色。茎长 1~2.5 cm，不规则分枝，常具稀疏褐色假根。叶密集着生，干时覆瓦状排列；背、腹叶分化。腹叶卵状或短卵状披针形，内凹，常具无色透明毛状尖；背叶略小；叶边全缘，有时近尖部具齿突；无中肋。叶尖细胞狭长；叶中上部细胞近六边形或菱形，平滑，胞壁薄；角部细胞常呈扁方形或长方形。雌雄同株。雌苞着生分枝顶端。雌苞叶较大，卵状披针形。蒴柄短。孢蒴卵形，有时隐没于雌苞叶中。蒴齿单层，狭披针形，常成对着生。蒴盖扁圆锥形，具短喙。蒴帽钟形，具宽纵褶，几乎罩覆全蒴。孢子球形，表面具细密疣。

本属 1 种，多生于北温带。中国有分布。

钟帽藓 *Venturiella sinensis*（Vent.）Müll. Hal.，Nuovo Giorn. Bot. Ital.，n.s. 4：262. 1897. 图 146：6~9

形态特征　种的形态特征同属。

生境和分布　生于树干或树枝上。吉林、辽宁、河北、山东、山西、河南、陕西、甘

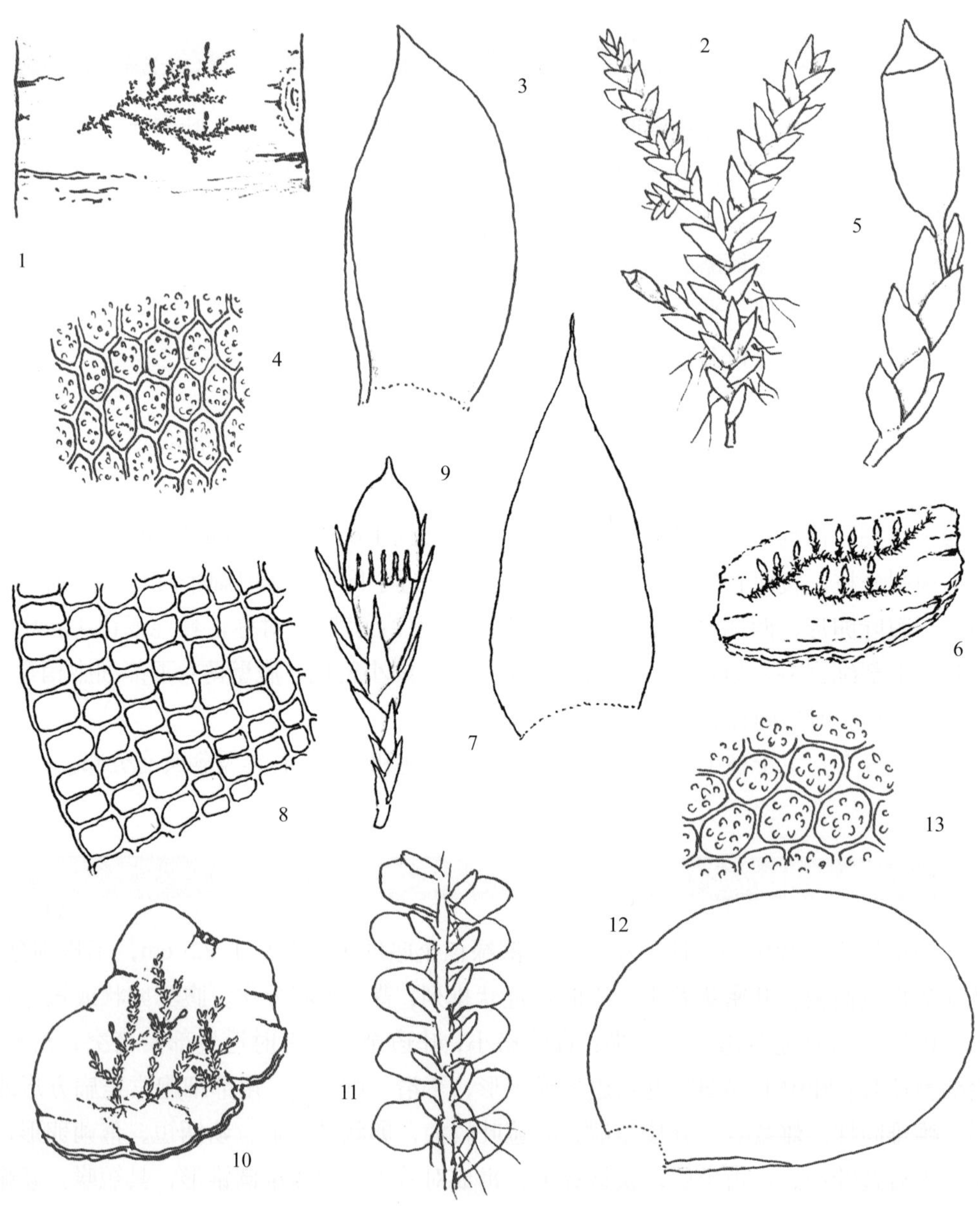

图 146

1~5. **苔叶藓** *Aulacopilum japonicum* Card.

1. 着生树干上的植物群落（×1），2. 雌株，示具孢蒴（×15），3. 背叶（×80），4. 叶中部细胞（×250），5. 具孢蒴的短枝（×30）

6~9. **钟帽藓** *Venturiella sinensis*（Vent.）Muell. Hal.

6. 附生树干上的植物群落（×1），7. 叶（×70），8. 叶基部细胞（×150），9. 具孢蒴的枝（×12）

10~13. **细鳞藓** *Solmsiella biseriata*（Aust.）Steere

10. 树皮上着生的植物群落（×1），11. 植物体的一部分（腹面观，×18），12. 背叶（×150），13. 叶中部细胞（×500）

肃、江苏、安徽、浙江、福建、湖北、湖南和四川；日本、朝鲜及北美洲有分布。

应用价值 多生长城市周边，为监测大气污染的敏感植物之一。

3 细鳞藓属 *Solmsiella* Müll. Hal.

紧密匍匐交织生长。植物体一般纤细，色泽黄绿、绿色、暗绿色至褐色。茎不规则扁平分枝至近于羽状分枝。茎叶与枝叶近似，干时覆瓦状排列，湿时伸展。叶片卵形、椭圆形或稍长，一般两侧不对称，尖部圆钝或具短尖；少数种类具背、腹叶分化，呈长舌形或狭卵状。叶中上部细胞近于短方形、六边形、菱形或卵形，平滑或具疣；基部边缘细胞稍小或略宽长。雌雄同株。雌苞着生短枝顶端。蒴柄短或稍长。孢蒴卵形或圆柱形，常略高出于雌苞叶。蒴齿常退失。蒴帽兜形或钟状，有时具纵褶，多罩覆孢蒴上部。孢子球形，表面具细疣。

本属 16 种，主要分布美洲和亚洲热带地区。中国有 1 种。

细鳞藓 *Solmsiella biseriata*（Aust.）Steere，Bryologist 37：100. 1935. 图 146：10~13

形态特征 匍匐基质交织生长。植物体形小，绿色至灰绿色。茎不规则分枝，枝条短，扁平，腹面有少数假根。背叶、腹叶异形，腹面观呈茎两侧各 2 列。腹叶近于卵圆形，尖部圆钝，两侧不对称，基部略内折；腹叶较小，长舌形，具钝尖。叶中上部细胞圆六边形，具粗密疣。雌雄同株。雌苞顶生于短枝上。雌苞叶稍大，卵状披针形，先端圆钝。蒴柄稍长，略高出于雌苞叶。孢蒴圆柱形，无蒴齿。

生境和分布 生湿热林中树干。台湾、广东和贵州；印度、泰国、斯里兰卡、印度尼西亚（爪哇）、澳大利亚、坦桑尼亚、北美洲及中南美洲有分布。

071 高领藓科 GLYPHOMITRIACEAE

小片状簇生或交织生长。体多小形。叶片多呈龙骨状对折，干时伸展，基部抱茎，上部扭曲或强烈卷曲，湿时倾立；叶边全缘，有时下部略背卷；中肋单一，达叶中部或突出于叶尖。叶细胞多厚壁，基部细胞长方形。一般雌雄同株。雌苞叶少，大型，鞘状，有时高于蒴柄。蒴柄较短。孢蒴有时隐没于雌苞叶内。孢子较大。

本科 1 属，主要分布东亚暖湿地区。中国有分布。

1 高领藓属 *Glyphomitrium* Brid.

小簇状或交织生长。体形小至中等大小，绿色、棕绿色至深褐色。茎直立或倾立，常具分枝，基部常有棕色假根。叶片长舌形、剑形或披针形，常呈龙骨状对折，具披针形尖或急尖，干时伸展，基部抱茎，上部扭曲或强烈卷曲，湿时一般倾立；叶边多全缘，有时下部略背卷；中肋单一，达叶中部以上或突出于叶尖。叶细胞近方形、六边形、椭圆形或不规则形，少数种类具疣或乳头；叶基部细胞长方形。雌雄多同株。雌苞常生于支茎顶端。雌苞叶少，大型，通常呈鞘状，有时高于蒴柄。孢蒴卵形、长卵形或圆柱形，有时隐没于雌苞叶内。蒴齿单层，齿片 16，披针形。蒴盖圆锥形，具长喙。蒴帽钟形，罩覆整个孢蒴。

本属 11 种，主要分布东亚地区。中国有 9 种。

分种检索表

1. 叶狭长卵形……………………………………………………………………………………1. 短枝高领藓 *G. humillimum*

1. 叶卵状披针形…………………………………………………………………………………2. 暖地高领藓 *G. calycinum*

短枝高领藓 *Glyphomitrium humillimum*（Mitt.）Card.，Rev. Bryol. 40：42. 1913. 图 147：1~3

形态特征 一般成小簇状树生。植物体长约 5 mm，绿色、棕绿色至深褐色。主茎匍匐，支茎常分枝，直立或倾立，密丛生，多具棕色假根。叶片狭长卵形，约长 1.8 mm，常呈龙骨状，干时叶常一向旋扭或略伸展，抱茎，湿时倾立；叶边全缘，偶有双层细胞，有时稍背卷；中肋单一，近叶尖处消失或突出于叶尖。叶细胞近方形、卵形或不规则形，厚壁；叶基部细胞近方形、长方形或不规则，胞壁稍厚。雌雄同株。内雌苞叶长可达 7 mm 以上。

生境和分布 多生于山区林内树上，有时见于岩面。福建、江西、四川和云南；日本、朝鲜及俄罗斯东南部有分布。

暖地高领藓 *Glyphomitrium calycinum*（Mitt.）Card.，Rev. Bryol. 40：42. 1913. 图 147：4~8

形态特征 成簇着生。植物体长约 1 cm，绿色、黄绿色至褐色。茎匍匐，多具分枝，常有棕色假根。叶卵状披针形，龙骨状，具披针形尖，干时叶伸展或略扭曲；叶边全缘，有时略背卷；中肋单一，达叶尖或突出于叶尖。叶细胞近方形或不规则，胞壁厚；叶基部细胞渐长，成卵状长方形，胞壁略薄。雌雄同株。孢蒴长卵形。蒴齿单层，齿片一般为宽披针形，棕红色，常两两并列，干时通常外翻。蒴帽钟形，具纵列细沟槽。孢子一般卵形或不规则形，多细胞构成，表面具粗密疣。

生境和分布 生树干或树枝上。台湾、江西和贵州；斯里兰卡有分布。

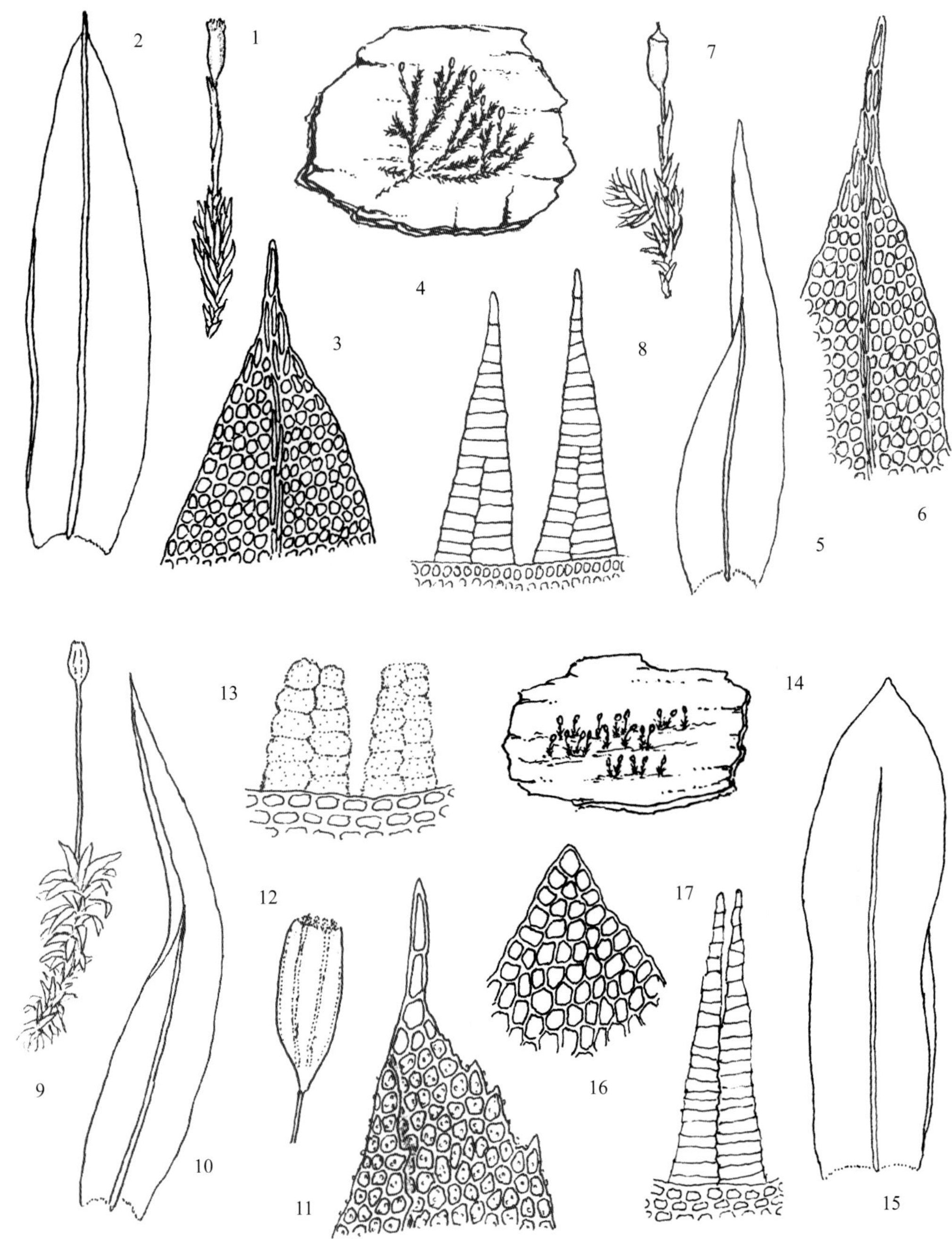

图 147

1~3. 短枝高领藓 *Glyphomitrium humillimum*（Mitt.）Card.

1. 雌枝的一部分，示孢蒴及高出的雌苞叶（×10），2. 叶（×65），3. 叶尖部细胞（×100）

4~8. 暖地高领藓 *Glyphomitrium calycinum*（Mitt.）Card.

4. 树干上着生的植物群落（×1），5. 叶（×25），6. 叶尖部细胞（×120），7. 孢蒴，雌苞也及植物体的一部分（×8），8. 蒴齿（×200）

9~13. 绿色变齿藓 *Zygodon viridissimus*（Dicks.）Brid.

9. 雌株（×10），10. 叶（×45），11. 叶尖部细胞（×120），12. 已开裂的孢蒴（×20），13. 蒴齿（×200）

14~17. 刺藓 *Rhachithecium perpusillum*（Thwait. et Mitt.）Broth.

14. 腐木上着生的植物群落（×1），15. 叶（×40），16. 叶尖部细胞（×120），17. 蒴齿（×150）

072 木灵藓科 ORTHOTRICHACEAE

常呈片交织生长。植物体直立或匍匐伸展；茎无中轴，皮部细胞厚壁，表皮细胞形小；具短或较长、单一或分叉的枝，密被假根。叶密集，干时紧贴茎上，螺旋形卷扭，湿时倾立或背仰；常卵状长披针形或阔披针形，稀舌形；叶边多全缘；中肋达叶尖或稍突出。叶上部细胞圆形或多边形，基部细胞长方形或狭长方形。雌雄同株或异株，稀叶生雌雄异株。雌苞叶多略分化，稀呈高鞘状。孢蒴顶生，隐生于雌苞叶内或高出，直立，卵形或圆柱形，稀梨形。蒴齿多两层，有时具前齿层，稀完全缺失；外齿层齿片外面具细密横纹，多有疣，内面横隔稀疏；内齿层薄壁，基膜不发达，齿条线形或披针形，稀缺失。蒴盖具直长喙。蒴帽兜形或圆锥状钟形，平滑或有纵褶，或被棕色毛，稀帽形而具分瓣。

本科 14 属，分布世界各地。中国有 8 属。

分属检索表

1. 植物体簇生或平横生长；孢蒴干时具多个脊 ··· .2
1. 植物体多交织成片平横生长；孢蒴干时多平滑 ··· 5
2. 叶基部细胞与上部细胞同形，通常呈方形或短长方形；蒴帽兜形，无纵褶 ··· 3
2. 叶基部细胞较上部细胞长，通常呈长方形或狭长形；蒴帽钟形，常有纵褶 ··· 4
3. 植物体稍大，常簇生；茎具分枝；叶干时常卷曲；叶细胞小而厚壁；孢蒴近圆柱形 ··· 1. 变齿藓属 *Zygodon*
3. 植物体细小，散生；茎稀分枝；叶干时紧贴；叶细胞疏松薄壁；孢蒴短梨形 ···2.. 刺藓属 *Rhachithecium*
4. 叶多长卵形；叶细胞常具疣或乳头，稀平滑；蒴帽钟形，有明显纵褶和多数纤毛 ··· 3. 木灵藓属 *Orthotrichum*
4. 叶多卵状披针形；叶细胞常平滑；蒴帽帽形，基部瓣裂，有少数纤毛 ···4. 卷叶藓属 *Ulota*
5. 植物体干时常火红色；叶细胞斜椭圆形，明显成行排列；蒴帽基部有裂瓣 ··· 7. 火藓属 *Schlotheimia*
5. 植物体干时绿色或暗绿色；叶细胞排列不整齐或不明显成行排列；蒴帽基部无裂瓣 ··· 6
6. 叶片干燥时直立··· 8. 直叶藓属 *Macrocoma*
6. 叶片干燥时皱缩或卷缩··· 7
7. 枝叶干时皱缩，呈一向扭曲；叶细胞多边形，近于同形；蒴帽兜形，无纵褶及纤毛；孢子形大，多细胞 ··· 5. 木衣藓属 *Drummondia*
7. 枝叶干时卷缩，向内卷曲；叶细胞圆形或方形，基部细胞长方形；蒴帽钟形，常有纵褶及棕黄色毛；孢子为单细胞 ··· 6. 蓑藓属 *Macromitrium*

1 变齿藓属 *Zygodon* Hook. et Tayl.

疏松或丛集生长。体形细小，茎单一或具分枝，密生棕红色假根。叶干时紧贴，常扭转或卷曲，湿时斜出或背仰，多阔披针形或长披针形，或长舌形而有钝尖；叶边平展，全缘，或近尖部有齿；中肋消失于叶尖处，稀突出叶尖。叶细胞圆形，或多边形，常厚壁，两面均有单疣或平滑，叶基部细胞渐成长方形，透明。雌雄异株或同株。蒴柄长，黄色。孢蒴狭长卵形，具明显纵脊。环带老时脱落。蒴齿 2 层、单层或缺失。外齿层齿片 16，两两并列，外面具宽横脊，基部有密疣形成的横纹，上部有密疣；内齿层由 8 或 16 齿条构成。无性芽胞常着生茎或叶上。

本属约 90 种，分布世界各地，主要见于南美洲。中国有 4 种。

绿色变齿藓 *Zygodon viridissimus*（Dicks.）Brid.，Bryol. Univ. 1（1）：592. 1826. 图 147：9~13

形态特征　稀疏或丛集生长。植物体鲜绿色或暗绿色，假根稀少或无。茎高达 1.5 cm，具分枝。叶片倾立至平展，干燥时卷曲，湿润时伸展，长 1~2 mm，渐向上具短尖；叶边平展，全缘，下部常卷曲；中肋消失在叶尖下。叶细胞圆形至圆方形，厚壁，两面具细密疣，基部近中肋处细胞平滑，长方形，薄壁，叶边缘的细胞渐短。雌雄异株。孢子棕色，具疣，直径 11~14 μm。叶腋处着生 5~10 个细胞的芽胞。

生境和分布　习生腐木上。河北、四川、云南和西藏；北半球北部地区有分布。

2 刺藓属 *Rhachithecium* Broth. ex Le Jolis

稀疏群生。体形细小。茎短小，直立，稀具分枝，基部有假根。叶干时紧贴茎上，湿时倾立，基部卵形或长卵形，上部剑头形，有小尖；叶边平直，全缘；中不及叶尖消失。叶细胞疏松，薄壁，圆方形或六边形，平滑，叶边细胞较小，叶基部细胞长方形，无色透明。雌雄同株。雌苞叶较长大，有高鞘部。蒴柄稍高出于雌苞叶。孢蒴直立，卵形，台部略粗，有 8 条纵脊，台部有气孔。蒴齿单层，齿片 16，两两并列，阔披针形，有横脊。蒴盖圆锥形，具短斜喙。蒴帽阔兜形，罩覆蒴壶上部，尖部粗糙，基部有时具裂瓣。孢子大型。

本属 6 种，分布温暖地区。中国有 1 种。

刺藓 *Rhachithecium perpusillum*（Thwait. et Mitt.）Broth.，Nat. Pfl.-fam. I（3）：1199. 1909. 图 147：14~17

形态特征　疏松小片状生长。植物体纤细，黄绿色，具红色绒毛状假根。茎长不超过 3 mm，直立，单一或稀疏分枝。上部叶片密集而大，直立至倾立，内凹，上部呈龙骨状，叶尖部圆钝或短渐尖；叶边平展，全缘；中肋消失于叶尖下部。叶细胞平滑，圆形至圆方形，厚壁，叶基部细胞较透明，薄壁，长方形，近叶边细胞短长方形至方形。孢蒴直立或倾斜，卵状圆柱形。孢子平滑，圆形至椭圆形，直径约 16 μm。

生境和分布 多着生树干。四川和云南；印度、斯里兰卡、墨西哥、巴西及非洲有分布。

3 木灵藓属 *Orthotrichum* Hedw.

密集簇生至疏松垫状生长。植物体黑色、褐色、橄榄绿色、绿色和黄绿色，稀呈淡灰绿色。茎通常高 1~2 cm，稀高 5~6 cm，或高达 13 cm，叉形或成簇分枝；横切面表皮细胞小，红褐色，厚壁；无中轴分化。叶干时不皱缩，直立而紧贴茎上，卵形、椭圆形至卵状披针形，长 0.6~6 mm，锐尖或圆尖，有时具钝尖，稀具毛尖；叶边外卷或背曲，稀平展或内曲，常全缘；中肋单一，在近叶尖处消失。叶细胞通常单层，部分种类为双层；角部细胞近于不分化；上部叶细胞圆方形或等径多边形，通常长 7~15 μm，稀长达 30 μm，胞壁多少加壁，每个细胞具 1~3 个分叉或不分叉的疣，稀平滑；渐向基部渐成长方形，边缘细胞略短小。芽胞有着生叶片或稀生于假根上，为圆柱形、棒形，稀球形。雌雄同株，稀异株。雌苞叶不分化。蒴柄向左扭曲。孢蒴隐生，稍高出或明显高出于雌苞叶，球形或圆柱形。

本属约 110 种，分布于世界各地，主产温带，在热带和亚热带地区局限于山区。中国有 10 余种。

分种检索表

1. 孢蒴气孔隐型……………………………………………………………………1. 丛生木灵藓 *O. consobrinum*
1. 孢蒴气孔显型……………………………………………………………………………………………2
2. 孢蒴明显高出于雌苞叶……………………………………………………………2. 中国木灵藓 *O. hookeri*
2. 孢蒴隐于或略高于雌苞叶…………………………………………………………………………………3
3. 孢蒴蒴口处具数排细胞壁异常加厚的细胞，常橘红色 ……………………4. 毛帽木灵藓 *O. dasymitrium*
3. 孢蒴蒴口处细胞无明显分化………………………………………………………………………………4
4. 植株体粗大，常 1.5~3 cm；叶片卵状披针形；叶面不着生棒状芽胞 ……………5. 条纹木灵藓 *O. striatum*
4. 植株体矮小，约 1cm；叶片长卵形；叶面常着生棒状芽胞…………………………………………………5
5. 叶片干时内凹；叶细胞具单疣；内蒴齿狭窄 ……………………………………3. 钝叶木灵藓 *O. obtusifolium*
5. 叶片干时平直；叶细胞多疣；内蒴齿宽阔…………………………………………6. 小木灵藓 *O. exiguum*

丛生木灵藓 *Orthotrichum consobrinum* Card.，Bull. Herb. Boissier，sér. 2，8：336. 1908. 图 148：1~5

形态特征 散生或成丛生长。植物体橄榄绿色至深绿色，老时褐色或黑色，高可达 1 cm，稀具分枝。叶直立或干燥时稍扭曲，卵状披针形，具锐尖，长约 1.8 mm；中肋在近

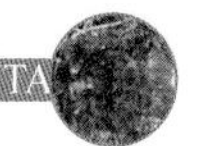

叶尖处消失；叶边全缘，平展或一侧狭背卷，有时仅下部卷曲。叶上部细胞圆方形或短长方形，有时不规则，长 9~13 μm，中等加厚，每个细胞具 1~2 个单疣；叶基部细胞长方形或菱形，中等加厚，无壁孔，沿基部边缘或角部趋短，近方形。蒴齿 2 层，有时具低前齿层；外齿层齿片外面具细疣，里面具细横纹；内齿层不相连，透明或白黄色，与外齿层同高，外面平滑，里面粗糙。

生境和分布　习生温湿山区树干，稀见于岩面。甘肃、江苏、安徽、湖南和云南；日本及朝鲜有分布。

中国木灵藓 *Orthotrichum hookeri* Mitt.，Journ. Proc. Linn. Soc.，Bot.，Suppl. 1：48. 1859. 图 148：6~8

形态特征　疏松丛生。体橄榄绿色至黄绿色，下部棕色至近黑色，高可达 3.5 cm，单一或分枝，干燥时叶片直立或卷曲，基部卵形，上部具狭长尖，长约 3.5 mm，宽 0.5~0.9 mm，上部常呈龙骨状突起，略有波纹；中肋达叶尖下部；叶边内卷。叶上部细胞圆长方形或圆方形，长 4~15 μm，厚壁，叶细胞具多疣或分叉疣；叶基部细胞长方形或菱形，厚壁，具壁孔，在近基部细胞趋宽短，叶基部边缘细胞近长方形；角部细胞有时分化大型、红色细胞。蒴齿 2 层；前齿层有时存在；外齿层橙色，外面具密疣，里面具开裂的疣；内齿层齿条与外齿层等高，外侧近于平滑，内侧具高而分叉的疣。

生境和分布　山区树干或灌丛生长，稀见于岩面。新疆、四川、云南和西藏；尼泊尔、不丹及印度有分布。

钝叶木灵藓 *Orthotrichum obtusifolium* Brid.，Muscol. Recent. 2（2）：23–24. 1801. 图 148：9~12

形态特征　密集垫状。体形小，绿色至黄绿色，基部黑褐色。茎高可达 1 cm，稀少分枝。叶直立，干燥时紧贴茎，卵形或卵状披针形，尖部圆钝，长约 1.2 mm；中肋狭窄，消失于叶尖下部。叶片上部细胞近于等径，厚壁，12~18 μm，具单疣；叶基部细胞长方形至方形，薄壁，平滑，长 20~50 μm。蒴齿 2 层，无前齿层；外齿层齿片基部具明显疣；内齿层齿条线形，与外齿层等长，被疣，具明显的中线。芽胞棍棒状或圆柱形，着生叶片背面。

生境和分布　多着生山区树干。产黑龙江、内蒙古、新疆、江西、四川和云南；日本、印度、亚洲中部和北部、美洲及欧洲中部或北部有分布。

毛帽木灵藓 *Orthotrichum dasymitrium* Lewinsky，Bryobrothera 1：169. f. 1–2. 1992. 图 148：13~16

形态特征　多密集成簇生长。植物体色泽黄棕至黄色，基部棕色。茎高达 2.5 cm，有时分枝。叶直立或干燥时稍卷曲，披针形至卵状披针形，锐尖或渐尖，上部常呈龙骨状，长约3 mm，稍具波纹，基部多下延；中肋消失于叶尖下部；叶边全缘，叶中部至下部背卷。

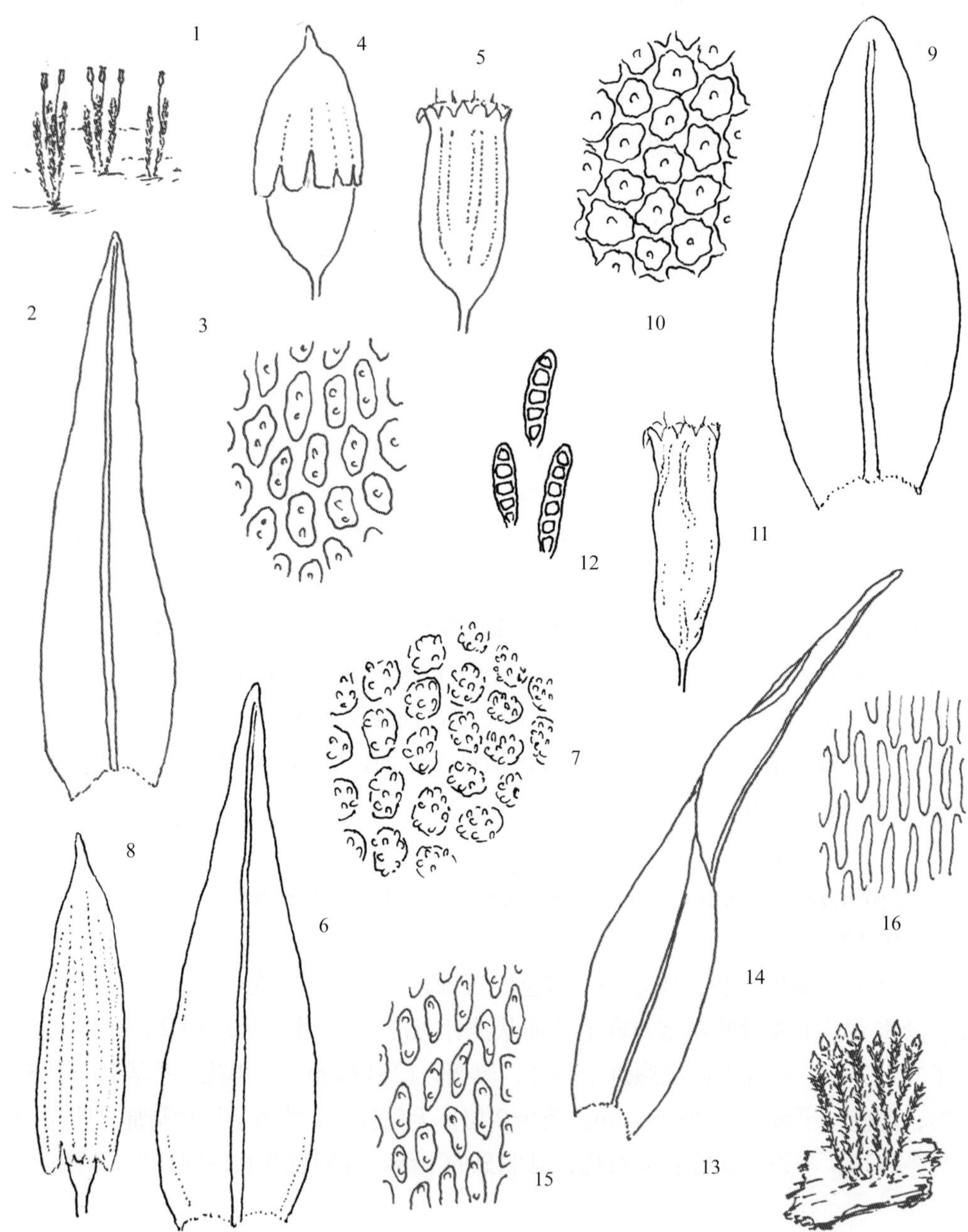

图 148

1~5. 丛生木灵藓 *Orthotrichum consobrinum* Card.

1. 着生岩面的植物群落（×1），2. 叶（×30），3. 叶中部细胞（×400），
4，5. 孢蒴（4. 具蒴帽 ×18；5. 蒴盖已脱落，×18）

6~8. 中国木灵藓 *Orthotrichum hookeri* Mitt.

6. 叶（×40），7. 叶中部细胞（×550），8. 具蒴帽的孢蒴（×20）

9~12. 钝叶木灵藓 *Orthotrichum obtusifolium* Brid.

9. 叶（×40），10. 叶中部细胞（×400），11. 蒴盖已脱落的孢蒴（×25），12. 芽胞（×140）

13~16. 毛帽木灵藓 *Orthotrichum dasymitrium* Lewinsky

13. 着生树干的植物群落（×1），14. 叶（×25），15. 叶中部细胞（×350），16. 叶基部中央细胞（×350）

叶上部细胞圆方形至短矩形，长 8~19 μm，每个细胞具 1 或 2 个单疣或叉疣；叶基部细胞长菱形，近中肋处的细胞长方形，近叶边细胞长方形，稍具壁孔，平滑，长 35~50 μm。蒴齿 2 层；未见前蒴齿；外齿层齿片黄色，披针形至三角形，具不规则的腐蚀的边缘。

生境和分布 着生山区林内树干。中国特有，产陕西、甘肃、四川和西藏。

条纹木灵藓 *Orthotrichum striatum* Hedw.，Sp. Musc. Frond. 163. 1801. 图 149：1~5

形态特征 密集丛生。植物体高约 1.5 cm，色泽黄褐至黄绿色，基部棕色或暗橄榄绿色。茎常叉状分枝。叶干燥时直立或稍扭曲，一般紧密贴生，少数茎顶部的叶尖部扭曲，卵状披针形，具长尖，长约 2.5 mm，有时中部呈龙骨状；中肋达叶尖下部；叶边全缘，外卷或内卷。叶上部细胞小而不规则，厚壁，具 1~2 个单疣，稀具分叉低疣；叶基部细胞长方形至菱形，厚壁，平滑或具壁孔；基部边缘细胞短。蒴齿 2 层，无前蒴齿；外齿层齿片披针形，橘色或黄色，干燥时背卷，上部具细疣，下部具网状疣，内侧上部具高而细的网状纹饰；内齿层长达外齿层高度的 2/3，黄色或近透明，披针形，具不规则边缘。

生境和分布 多生于山地林内树干。吉林、四川和西藏；巴基斯坦、北美洲、欧洲及非洲北部有分布。

小木灵藓 *Orthotrichum exiguum* Sull.，Man. Bot. No. N. U. States 2：633. 1858. 图 149：6~10

形态特征 多稀疏成片生长。植物体暗绿色，老时褐色或黑色。茎高 3~5 mm，稀分枝；基部有假根。叶片干燥时紧密贴生，卵状椭圆形或狭卵状椭圆形，具钝尖，长约 0.8 mm；中肋在叶尖下消失；叶边全缘，上部略背卷。叶上部细胞圆方形，长 7~15 μm，薄壁，每个细胞具高分叉的疣；叶基部细胞等径，薄壁，平滑。蒴齿 2 层，具低前齿层；外齿层齿片 8 对，成熟时分裂成 16，黄色，尖部具透明疣；内齿层齿条 8 片，披针形。

生境和分布 多生于山地林内树干。江西和四川；日本及欧洲有分布。

现有学者将本种归为小疣毛藓 *Leratia exigua*（Sull.）Goffinet。

4 卷叶藓属 *Ulota* Mohr

小形簇生。植物体绿色，直立，密被假根。叶干时卷缩并旋扭，湿时倾立或背仰，狭卵状披针形，基部较阔；叶边内卷，全缘；中肋在叶尖下部消失。叶尖部细胞六边形，基部细胞狭长方形，黄色，近叶边有多列方形、横壁加厚、无色细胞构成的分化边。雌雄同株，稀异株。雌苞叶不分化，或略分化，稀明显分化。蒴柄长，高出雌苞叶外。孢蒴直立，干时 8 条纵褶突起呈脊状；气孔生于颈部。环带宿存。蒴齿通常 2 层；内齿层具 8 条齿毛，稀 16 或缺失。蒴盖平凸或呈扁圆锥形，具长而直的喙。蒴帽圆锥状钟形，基部绽裂，多数密被金黄色毛。无性芽胞棒状，着生叶尖。

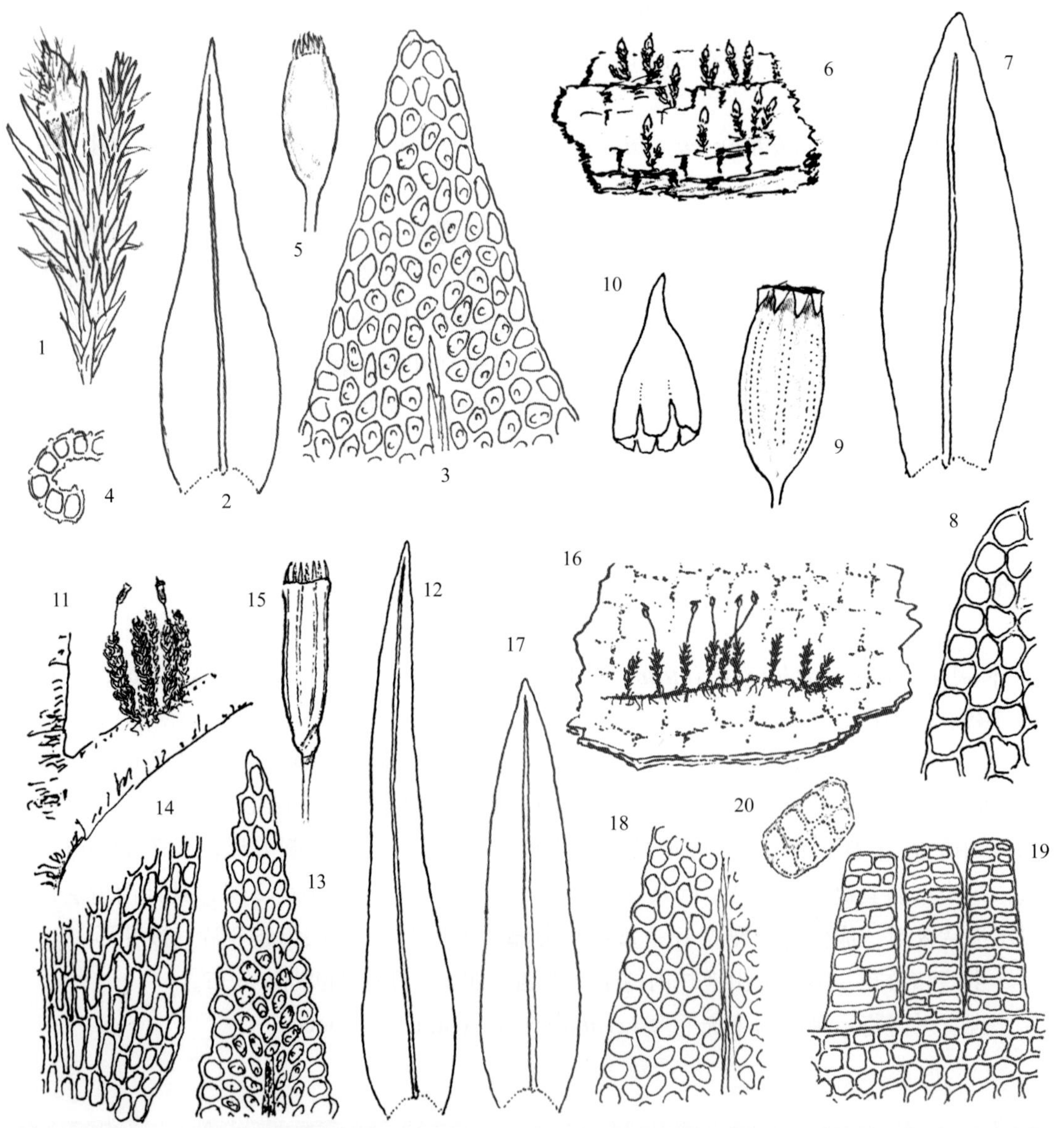

图 149

1~5. **条纹木灵藓** *Orthotrichum striatum* Hedw.

1. 雌株（×6），2. 叶（×20），3. 叶尖部细胞（×300），4. 叶边细胞的横切面（×250），5. 已开裂的孢蒴（×10）

6~10. **小木灵藓** *Orthotrichum exiguum* Sull.

6. 着生腐木上的植物群落（×1），7. 叶（×50），8. 叶尖部细胞（×400），9. 已开裂的孢蒴（×35），10. 蒴帽（×35）

11~15. **北方卷叶藓** *Ulota crispa*（Hedw.）Brid.

11. 着生树枝上的植物群落（×1），12. 叶（×15），13. 叶尖部细胞（×200），14. 叶基部细胞（×200），15. 已开裂的孢蒴（×15）

16~20. **中华木衣藓** *Drummondia sinensis* Müll. Hal.

16. 着生树皮上的植物群落（×1/2），17. 叶（×25），18. 叶上部细胞（×300），19. 蒴齿（×130），20. 多细胞的孢子（×300）

本属约 40 种，分布湿热地区为主。中国有 8 种。

北方卷叶藓 *Ulota crispa*（Hedw.）Brid.，Muscol. Recent. Suppl. 4：112. 1819. 图 149：11~15

形态特征　小簇状生长。体形小，色泽黄绿，老时色较深。茎高达 2 cm，稀少分枝。叶干燥时强烈卷缩，湿润时伸展，卵状披针形或狭卵状披针形，先端急尖或渐尖，基部宽而内凹，长 2~3 mm；叶边平直或背卷；中肋强劲，终止于叶尖下。叶上部细胞圆形至卵圆形，直径 8~10 μm，具单疣或叉形疣，叶基部近中肋处细胞为狭长方形至长方形，叶边 4~10 列细胞短长方形，透明，仅横壁加厚。孢子具细疣，直径 22~25 μm。

生境和分布　习生树干和树枝上。安徽、浙江、台湾、福建、江西、湖北和四川；亚洲东部、欧洲及南、北美洲有分布。

5 木衣藓属 *Drummondia* Hook.

丛集成片生长。体匍匐，平展，具直立等长分枝；枝单一或继续分枝，随处生棕色假根。叶干时直立，紧贴茎或螺形一向扭转，湿时倾立或散列，长卵形、披针形或卵状披针形，具长尖或略钝；叶边平直；中肋稍粗，消失于叶尖部。叶细胞圆多边形，平滑，基部近中肋处细胞稍大。雌雄同株或异株。雌苞叶同形或略长，舌形。蒴柄细长。孢蒴卵形，薄壁，脱盖后易皱缩。环带不分化。蒴齿单层。齿片短截，不分裂，有密横隔，平滑。蒴盖圆锥形，具斜喙。蒴帽兜形。孢子多细胞，圆形或长卵形，绿色，平滑或有粗疣。

本属 6 种，分布亚热带和温带山区。中国有 1 种。

中华木衣藓 *Drummondia sinensis* Müll. Hal.，Nuovo Giorn. Bot. Ital.，n. s. 3：105. 1896. 图 149：16~20

形态特征　匍匐成片生长。植物体色泽暗绿至橄榄绿色。主茎长可达 14 cm，着生有多数直立而末端分叉的枝条，高 0.5~1.5 cm。茎叶与枝叶不明显分化，多扭曲，长约 2 mm，卵状披针形，向上渐尖；叶边上部有时 2 层细胞。枝叶直立，贴生，干燥时稍扭曲，椭圆形至舌状披针形，内凹呈龙骨状；叶边全缘；中肋消失于叶尖下，有时具小芒尖或锐尖。叶上部细胞宽 6~13 μm，椭圆状圆形至方圆形，平滑，厚壁；基部细胞长方形，近叶边细胞方形。孢子球形，直径 50~70 μm，或长方形。

生境和分布　多山区树干生、稀着生岩面。吉林、河北、河南、陕西、江苏、安徽、福建、江西、湖南、四川和云南；日本、印度及俄罗斯有分布。

6 蓑藓属 *Macromitrium* Brid.

多大片匍匐蔓生。植物体通常形大，暗绿色或棕褐色，随处有棕红色假根。茎具多数直立或蔓生、长或短的分枝。叶湿时直立或背仰，干时紧贴茎上或卷曲，披针形、卵状披针形或长舌形，钝端或渐尖，或有长尖，基部略内凹或有纵褶；中肋粗，在叶尖处消失或稍突出，稀成毛状尖。叶上部细胞圆方形或圆六边形，平滑或具疣，基部细胞长方形，常厚壁，胞腔较狭，平滑或细胞侧壁有疣，中肋附近细胞常薄壁，疏松而透明，有时基部细胞呈圆形，稀狭长方形。雌雄同株、异株，或假同株。雌苞叶长大或与叶同形。蒴柄长，稀甚短，有时粗糙。孢蒴近于球形或长卵圆形，有气孔。蒴齿 2 层或单层，稀缺失。孢子常不等大，具疣。

本属约 300 种，分布温暖地区。中国有 8 种。

分种检索表

1. 蒴齿缺失……………………………………………………………………………… 3. 缺齿蓑藓 *M. gymnostomum*

1. 蒴齿发育…… 2

2. 叶片尖部钝或圆钝；叶细胞壁薄 ……………………………………………………… 4. 钝叶蓑藓 *M. japonicum*

2. 叶片渐尖或锐尖；叶细胞壁薄或厚 ………………………………………………………………………… 3

3. 蒴柄长于 1 cm………………………………………………………………………… 2. 长柄蓑藓 *M. microstomum*

3. 蒴柄长不及 1 cm……………………………………………………………………………………………… 4

4. 叶片上部多渐尖；叶细胞稍具乳突；叶基部细胞狭长方形 ……………………………… 1. 福氏蓑藓 *M. ferriei*

4. 叶片上部锐尖；叶细胞明显乳突；叶基部细胞长方形或近于狭长方形 ……………………5. 黄肋蓑藓 *M. comatum*

福氏蓑藓 *Macromitrium ferriei* Card. et Thér.，Bull. Acad. Int. Géogr. Bot. 18：250. 1908. 图 150：1~5

形态特征　密片状生长。植物体褐绿色或黄绿色，老时黑褐色。主茎匍匐，分枝密集；枝直立，尖部圆钝，长可达 1.5 cm，上部常具短枝。叶片密着生；茎叶背仰或直展，卵状披针形，黄色，长 1~1.5 mm，渐尖，明显呈龙骨状，基部黄褐色；叶边背曲；中肋达叶尖。叶中部细胞六边形或长方形，长 8~12 μm，厚壁，透明，具 1 至数个粗疣；基部细胞近线形，长 15~20 μm。枝叶干燥时卷缩，湿润时伸展，黄色，椭圆状披针形或卵状披针形，长约 2.5 mm。孢子圆形，具细疣，直径 15~32 μm。

生境和分布　生于湿热山地林内树干、树枝或阴湿岩面。江苏、安徽、浙江、台湾、福建、江西、海南、广西、四川、云南和西藏；日本及朝鲜有分布。

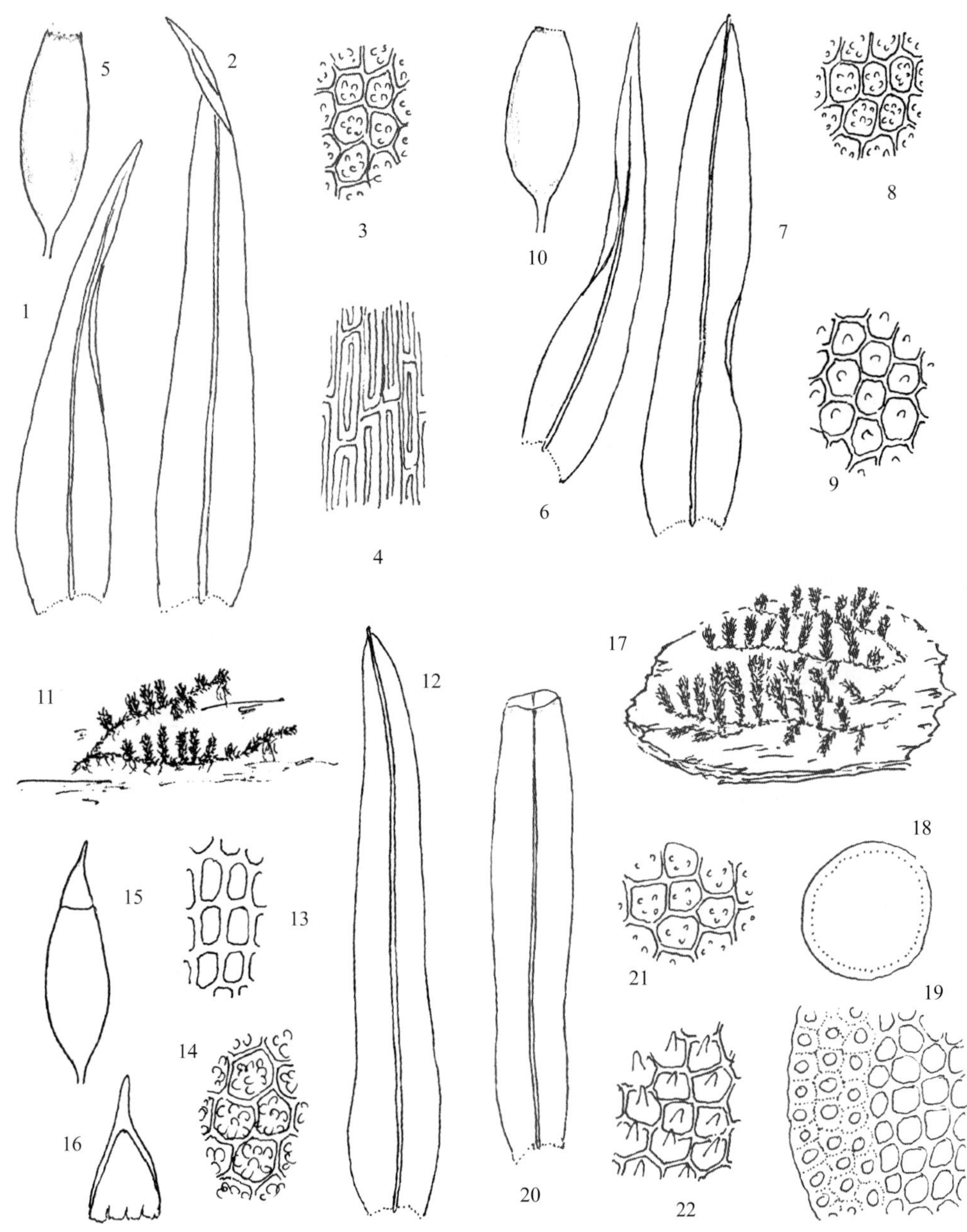

图 150

1~5. 福氏蓑藓 *Macromitrium ferriei* Card. et Thér.

1. 茎叶（×35），2. 枝叶（×35），3. 叶中部细胞（×450），4. 叶基部细胞（×450），5. 已开裂的孢蒴（×15）

6~10. 长柄蓑藓 *Macromitrium microstomum*（Hook. et Grev.）Schwägr.

6. 茎叶（×45），7. 枝叶（×45），8. 茎叶中部细胞（×450），9. 枝叶中部细胞（×450），10. 已开裂的孢蒴（×15）

11~16. 缺齿蓑藓 *Macromitrium gymnostomum* Sull. et Lesq.

11. 着生背阴岩面的植物群落（×1），12. 枝叶（×40），13. 茎叶中部细胞（×600），14 枝叶中部细胞（×600），15. 孢蒴（×12），16. 蒴帽（×12）

17~22. 钝叶蓑藓 *Macromitrium japomnicum* Dozy et Molk.

17. 着生树上的植物群落（×1），18. 茎的横切面（×70），19. 茎横切面的一部分（×300），20. 枝叶（×60），21，22. 枝叶中部细胞（×400）

长柄蓑藓 *Macromitrium microstomum*（Hook. et Grev.）Schwägr.，Sp. Musc. Frond.，Suppl. 2（1）：69. pl. 173. 1826；(2)：130. 1827. 图150：6~10

形态特征 密集成片。植物体黄绿色，基部暗绿色。茎长达 10 cm，顶端钝；枝条直立，单一或具少数小分枝，长可达 5 mm。茎叶背仰，卵状披针形或椭圆状披针形，长 0.7~1.5 mm，叶尖部直立，渐尖或狭尖，呈龙骨状，基部红棕色；叶边背卷；中肋粗，消失于近叶尖下，黄棕色。叶中部细胞不透明，方六边形，直径 5~6.5 μm，角隅加厚，具 3~5 个小疣；下部细胞透明，黄色，线形，长 10~20 μm，厚壁，无疣。枝叶干燥时多螺旋状排列，扭曲，湿润时伸展，狭舌形或卵状披针形，长 1~1.5 mm。

生境和分布 着生暖热林区树干和枝上。海南、广西、四川和云南；日本、菲律宾及印度尼西亚（爪哇）有分布。

缺齿蓑藓 *Macromitrium gymnostomum* Sull. et Lesq.，Proc. Amer. Acad. Arts 4：278. 1859. 图 150：11~16

形态特征 密匍匐丛集生长。体黑褐色或红褐色，幼枝呈黄色。主茎长展；枝条直立，单一，长可达 5 mm，具短分枝，顶端圆钝。茎叶椭圆状阔披针形，龙骨状，长可达 1.2 mm；中肋黄棕色，达叶尖部。叶上部细胞略不透明，圆形，具不明显的疣；中部细胞透明，长方形，厚壁。枝叶干燥时卷曲，披针形或卵状披针形，长 1.3~2.0 mm，龙骨状，锐尖或渐尖。孢子圆形，具细疣，直径 20~28 μm。

生境和分布 习生山地林内树干或阴岩面。广西、贵州、四川和云南；日本及朝鲜有分布。

钝叶蓑藓 *Macromitrium japonicum* Dozy et Molk.，Ann. Sci. Nat.，Bot.，sér. 3，2：311. 1844. 图 150：17~22

形态特征 成片丛集生长。植物体暗绿色或黄绿色，基部黑褐色。茎多直立分枝，钝端，单一，长可达 10 mm。茎叶背卷，三角状卵形基部，渐向上收缩成椭圆状披针形尖部，尖端略内卷，基部宽阔，黄褐色，长 1~2 mm；中肋粗，达叶尖下部。叶中部细胞圆六边形，壁厚，具 2~4 个疣，稀平滑；下部细胞长方形，厚壁，平滑。枝叶干燥时内曲或内卷，湿润时尖部仍内曲，舌形或长舌形，宽钝或圆钝。孢子近球形或卵形，具密疣，直径 20~30 μm。

生境和分布 多山区树干或阴岩面生长。陕西、山东、四川和云南；日本有分布。

黄肋蓑藓 *Macromitrium comatum* Mitt.，Trans. Linn. Soc. London，Bot. 3：163. 1891. 图 151：1~4

形态特征 密集片状簇生。体黄绿色，基部黑褐色。主茎具稀少直立分枝，末端钝，长约 1 cm。茎叶湿润时倾立，黄色，卵状宽披针形，长约 1.5 mm，叶锐尖，内曲，呈龙骨状；中肋达叶尖部，黄色或黄棕色。枝叶干燥时卷缩，湿润伸展或略背曲，近狭卵状椭圆形，长 2~3 mm，具狭锐尖、圆钝或渐尖，多内曲；叶边平直或一侧背曲；中肋达叶尖。叶中部细胞六角形，长 10~13 μm，胞壁薄，透明，具多个细疣、单个尖疣或叉疣。

生境和分布　多生于湿热林内树干。陕西、海南、四川和云南；日本及朝鲜有分布。

现学者已将本种并入福氏蓑藓 *Macromitrium ferriei* Card. et Thér.。

7 火藓属 *Schlotheimia* Brid.

成片匍匐交织生长。体形细或大型，火红色或铁锈色。茎随处生假根，有多数直立或倾立的枝；枝单一或再分枝。叶多长舌形，具小短尖，有时呈披针形，具长尖，湿时直立或背仰，干时紧贴，常呈螺旋状一向扭卷，上部常具横波纹；叶边多全缘；中肋稍突生，有时成芒状。叶上部细胞圆形或菱形，胞壁常加厚，近于平滑；基部细胞线形。雌苞叶不分化或较长大。蒴柄直立，稀弯曲，有时极短。孢蒴直立，卵形或圆柱形，平滑或有沟槽。蒴齿 2 层；外齿层齿片狭长披针形，钝端，有密横脊和疣，沿中缝纵裂，干时背曲；内齿层齿条短而狭，淡色，有纵长纹，有时退失。蒴盖半圆球形，具细长喙。蒴帽钟形，无纵褶，稀具毛，基部通常有分瓣。

本属约 130 种，分布热带和亚热带地区。中国有 3 种。

分种检索表

1. 叶卵状舌形，长约 2 mm 或稍短 ············ 1. 南亚火藓 *S. grevilleana*

1. 叶长舌形，长约 3 mm ············ 2. 小火藓 *S. pungens*

南亚火藓 *Schlotheimia grevilleana* Mitt.，Journ. Proc. Linn. Soc.，Bot.，Suppl. 1：53. 1859. 图 151：5~9

形态特征　成片匍匐交织生长。植物体较粗，黄棕色，具光泽。主茎匍匐，着生直立的短枝，长约 6 mm，基部具假根。叶密生，卵状舌形，长约 2 mm，干燥时多螺旋状扭曲。叶边平展，全缘；中肋稍突出叶尖部。叶上部细胞菱形或斜卵形，长 5~8 μm，胞壁稍加厚，平滑，基部细胞趋长，具壁孔。孢蒴圆柱形，平滑或略具细沟。

生境和分布　多山地林内倒木生长。浙江、安徽、福建、海南、四川和云南；印度、斯里兰卡、菲律宾及非洲中南部有分布。

小火藓 *Schlotheimia pungens* Bartr.，Ann. Bryol. 8：14. f. 8. 1936. 图 151：10~11

形态特征　片状交织生长。体形粗大，红色，具光泽。主茎平展，密具分枝；枝直立，长约 2 cm，基部具红色假根。枝上密被叶片，干燥时螺旋状卷曲，湿润时伸展，椭圆状长舌形，呈龙骨状，具小尖，长约 3 mm，具横波纹；叶边平展，尖部有小圆齿；中肋褐色，突出于叶尖。叶细胞菱形，厚壁，黄色，基部细胞线形。

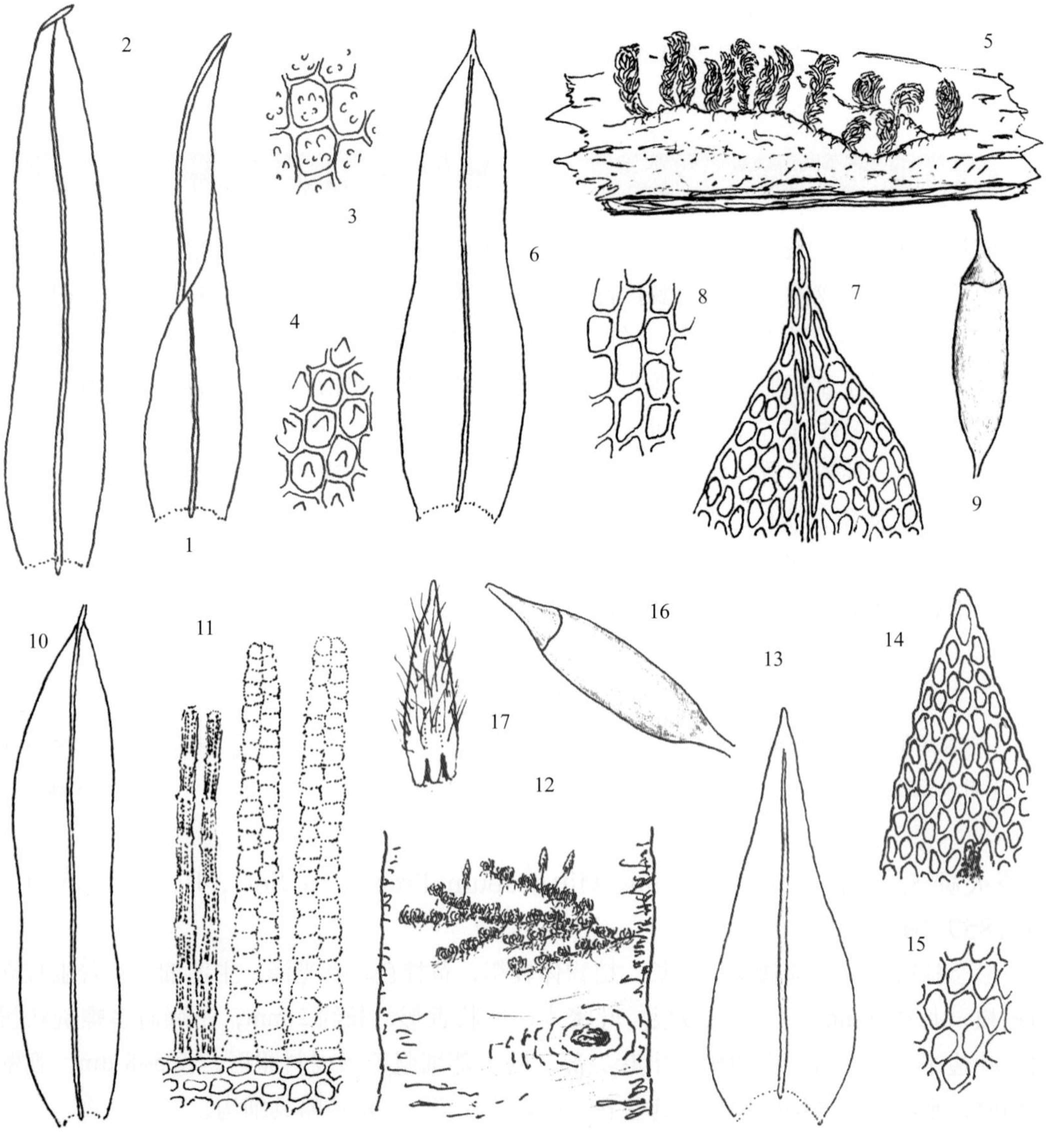

图 151

1~4. **黄肋蓑藓** *Macromitrium comatum* Mitt.

1. 茎叶（×30），2. 枝叶（×30），3. 茎叶中部细胞（×450），4. 枝叶中部细胞（×450）

5~9. **南亚火藓** *Schlotheimia grevilleana* Mitt.

5. 着生腐木上的植物群落（×1），6. 叶（×25），7. 叶尖部细胞（×300），8 叶中部细胞（×400），9. 孢蒴（×15）

10~11. **小火藓** *Schlotheimia pungens* Bartr.

10. 叶（×25），11. 蒴齿（×120）

12~17. **细枝直叶藓** *Macrocoma sullivantii*（Müll. Hal.）Grout

12. 着生树干上的植物群落（×1/2），13. 叶（×60），14. 叶尖部细胞（×500），15. 叶中部细胞（×500），16. 孢蒴（×15），17. 蒴帽（×15）

生境和分布 多湿热山地树干生长。中国特有，产浙江、台湾、福建、江西、海南、广西、贵州、四川和西藏。

8 直叶藓属 *Macrocoma*（Müll. Hal.）Grout

匍匐交织生长。植物体蔓生。茎疏生羽状分枝。叶干时直立，紧贴茎上，卵状披针形，渐尖；叶边全缘，平展；中肋不及叶尖即消失。叶上部细胞圆方形，厚壁，平滑或有低疣，基部细胞狭卵形。雌雄同株。蒴柄长约 5 mm。孢蒴直立，球形或短圆柱形，蒴口较小。蒴齿 2 层。蒴盖圆锥形。蒴帽钟形，具毛。

本属约 11 种，热带和亚热带地区分布。中国有 1 亚种。

细枝直叶藓 *Macrocoma sullivantii*（Müll. Hal.）Grout，Bryologist 47：5. 1944. 图 151：12~17

形态特征 密集片状。植物体纤细，褐色或橄榄绿色，幼枝部分呈绿色。主茎匍匐，分枝不规则，通常有多数直立的短分枝，长约 1 cm。叶片干燥时直立贴茎，湿润时伸展，呈龙骨状，长 0.7~1.3 mm，披针形或卵状披针形，先端锐尖，稀呈宽渐尖；叶边平展，上部全缘，下部背卷，边缘具细胞突起；中肋明显，在叶尖部下消失，有时背部生假根。叶上部细胞宽 6~10 μm，厚壁，近中肋处细胞大，近边缘处小，圆方形，平滑；叶尖下部细胞扁平，中部细胞膨起；基部细胞壁强烈突起呈乳头状，边缘细胞圆形或椭圆形。

生境和分布 多中等海拔山地林内树干附生。台湾、江西、湖北、四川、云南和西藏；日本、朝鲜、印度、斯里兰卡、墨西哥及南美洲有分布。

073 卷柏藓科 RACOPILACEAE

小片状交织生长。体形细小或略大，绿色、暗绿色、黄绿色至褐色。茎横切面呈椭圆形，腹面常密生假根；羽状或不规则分枝。叶异形，干时常背卷或扭曲，湿时伸展；侧叶较大，2 列，卵形或长卵形，两侧不对称；叶边全缘或具齿，有时具分化的边缘；中肋单一，略粗壮，突出叶尖呈芒状或近叶尖部消失。叶细胞卵圆形、近方形或不规则形，平滑或具单疣，排列紧密或疏松，基部细胞一般略长大。背叶 2 列，通常左右交错倾斜排列，近于两侧对称，长三角形或呈卵状披针形，叶边平滑或具齿；中肋单一，多粗壮，常突出叶尖呈长芒尖。雌雄异株或同株异苞。蒴柄较长，平滑。孢蒴圆柱形或长卵形，直立或横展，干时具纵褶。蒴齿 2 层：外齿层齿片狭披针形，具横隔与细密疣；内齿层基膜较高，齿条透明，具横隔，有时具细密疣，中缝常具穿孔，齿毛一般2~3。蒴盖近半球形，多具长喙。蒴帽长兜状或钟形，基部有时浅裂。孢子多球形，表面具细疣。

本科2属，分布于温热地区。中国有1属。

1 卷柏藓属 *Racopilum* P. Beauv.

匍匐交织群生。体形细至中等大小，绿色、暗绿色、黄绿色至褐色，腹面常密生红棕色假根。茎羽状分枝或不规则分枝。叶异形。侧叶2列，较大，多长卵形或椭圆形，一般不对称，渐尖或具急尖，干时多背卷或略扭曲；叶上部边缘有时具齿；中肋单一，常突出叶尖呈芒状。叶细胞近方形、六角形或不规则形，排列紧密或疏松，基部细胞有时略长，平滑或具单疣。背叶略小，通常左右交错斜列，长卵形或三角状披针形。多雌雄异株，稀雌雄同株。蒴齿2层：内外齿层一般等长。

本属约50余种，多分布热带、亚热带地区。中国约6种。

分种检索表

1. 叶细胞具乳头状疣；基部细胞多方形或短长方形 ··························· 2. 疣卷柏藓 *R. convolutaceum*

1. 叶细胞平滑；基部细胞趋狭长 ··························· 2

2. 植物体绿色或暗绿色；叶干时伸展或略扭曲；孢蒴直立 ··························· 1. 直蒴卷柏藓 *R. orthocarpum*

2. 植物体棕黄色；叶干时内卷；孢蒴横展 ··························· 3. 毛尖卷柏藓 *R. cuspidigerum*

直蒴卷柏藓 *Racopilum orthocarpum* Mitt.，Journ. Linn. Soc. Bot. Suppl. 1：136. 1859. 图152：1~7

形态特征 片状交织生长。植物体中等大小，黄绿色。茎不规则羽状分枝，横切面厚壁细胞多层。侧叶多长卵形，不对称，长约1.3~1.5 mm，上部渐尖或具急尖，干时一般背卷；叶上部边缘常具细齿或齿突；中肋单一，常突出叶尖呈芒状。叶细胞平滑，近方形、六角形或不规则形，长15~17 μm，基部细胞略长，疏松。背叶多较小，长卵形、心脏状或三角状披针形，两侧近于对称；中肋突出叶尖呈长芒状或毛状。

生境和分布 生于湿热山区林内树干或具土岩面。广西和云南；东喜马拉雅山地区、缅甸、越南和斯里兰卡有分布。

疣卷柏藓 *Racopilum convolutaceum*（Müll. Hal.）Reichdt.，Reise Novara 1（3）：194. 1870. 图152：8

形态特征 小片状交织生长。植株体纤细至中等大小，绿色，匍匐。茎不规则分枝，具异型叶：2列较大的侧叶，茎中央1列略小的背叶，通常左右交错斜列。侧叶多长卵形，两侧不对称，叶干时略扭曲，湿时伸展；叶边全缘或具细齿；中肋单一，突出叶尖呈芒状。叶细胞多具明显乳头状疣；基部细胞多方形或短矩形，胞壁薄。背叶较小，长卵状或三角状披针形，近于对称，排列稀疏；中肋突出叶尖呈芒状。

生境和分布 生于高山的滴水土面。台湾、广西、四川、云南和西藏；澳大利亚、新西兰、智利和太平洋岛屿有分布。

毛尖卷柏藓 *Racopilum cuspidigerum*（Schwägr.）Aongstr.，Oefv. K. Vet. Ak. Foerh. 29（4）：10. 1872. 图 152：9~11

形态特征 交织片状生长。体形中等大小，浅黄绿色至褐色。茎多羽状分枝；横切面厚壁细胞层较宽，中间薄壁细胞约占 1/2。侧叶为长卵形，长度约 2 mm，两侧不对称，渐尖，叶上部边缘常具细齿或齿突；中肋单一，强劲，常突出叶尖呈芒状。叶细胞平滑，近方形、六角形或不规则形，长约 6~13 μm，有时基部细胞略长，排列稍疏松。背叶多较小，一般为长卵形、心脏状披针形或三角状披针形。

生境和分布 多生于约海拔 1 000 m 山区岩面及树干。台湾、广东、广西、贵州和云南；喜马拉雅山地区、泰国和巴布亚新几内亚有分布。

074 虎尾藓科 HEDWIGIACEAE

成片丛集生长。植物体硬挺，灰绿色、暗绿色或黄绿色；老时棕黄色，稀红棕色，无光泽。茎直立或尖部倾立，不规则分枝或羽状分枝；无中轴；横茎与茎下部叶多腐朽或呈鳞片状；有时具鞭状枝。叶干时常紧贴，覆瓦状排列，湿时倾立或背仰，通常宽卵形，多内凹，具纵褶，常具白尖；叶边多全缘，有时略背卷；叶基部略下延；一般无中肋。叶上部细胞卵圆形、近方形、线形或不规则形，常厚壁，具疣；下部细胞渐大，或平滑，基部细胞多为长方形；角部细胞有时近方形，常带橙黄色。雌雄多同株。雌苞侧生。雌苞叶有时具纤毛。孢蒴多卵形或圆柱形，多隐生雌苞叶中。蒴齿缺失或仅具外齿层，稀齿片不规则。蒴盖微凸或呈圆锥形，稀呈扁平形。蒴帽钟形，平滑。孢子多为四分体，表面具疣或具长条形纹饰。

本科 5 属，以温带分布为主。中国有 3 属。

分属检索表

1. 茎不规则分枝，匍匐生长，上部常倾立；叶无中肋；蒴齿缺失 ································ 1. 虎尾藓属 *Hedwigia*

1. 茎规则二回至多回羽状分枝，常匍匐生长，有时垂倾；叶中肋单一；蒴齿单层 ·········· 2. 蔓枝藓属 *Bryowijkia*

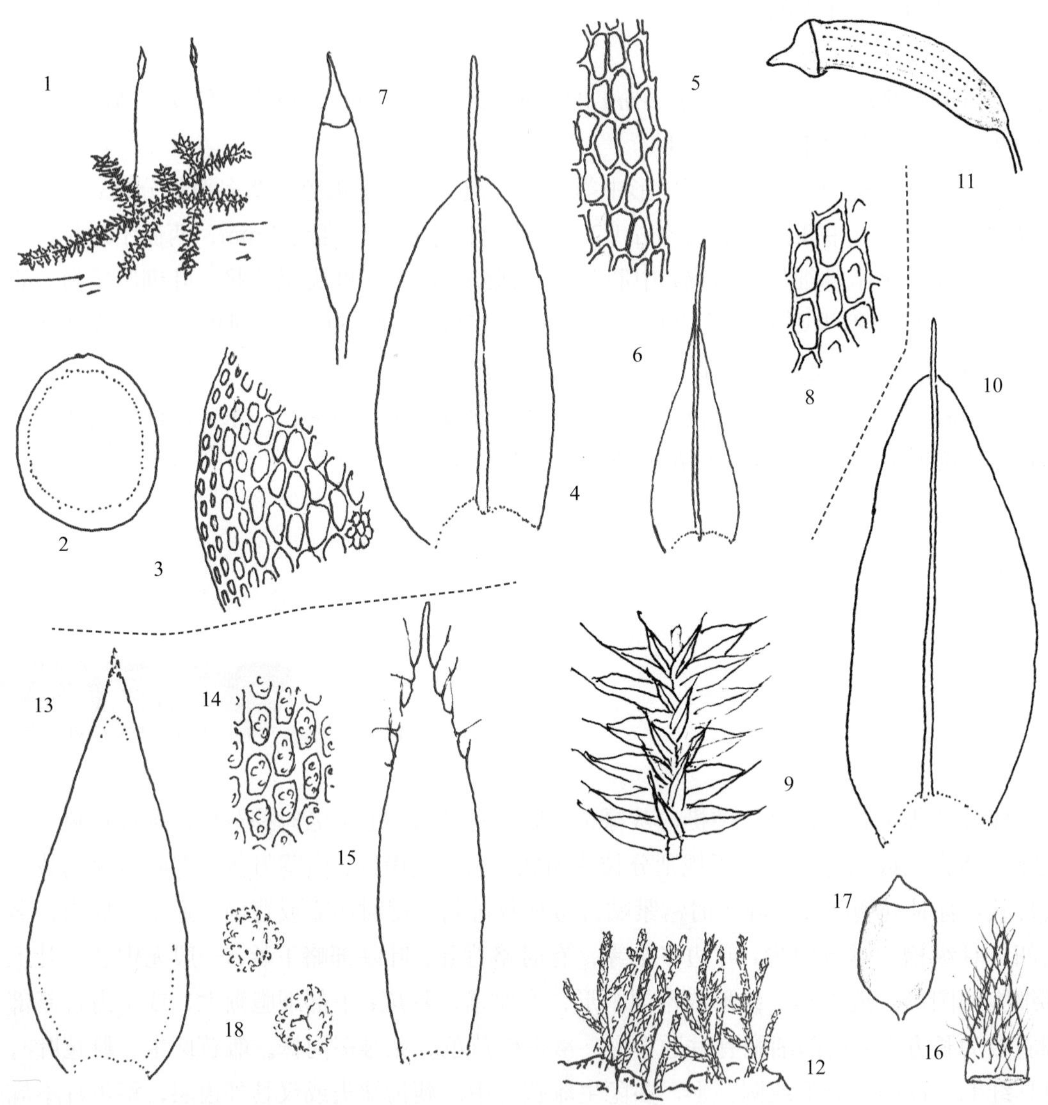

图 152

1~7. **直蒴卷柏藓** *Racopilum orthocarpum* Mitt.

1. 着生树干的植物群落（×1），2. 茎的横切面（×70），3. 茎横切面的一部分（×150），4. 侧叶（×35），5. 侧叶中部边缘细胞（×350）6. 背叶（×35），7. 幼嫩孢蒴（×10）

8. **疣卷柏藓** *Racopilum convolutaceum*（Muell. Hal.）Reichdt.

8. 侧叶中部细胞（×350）

9~11. **毛尖卷柏藓** *Racopilum cuspidigerum*（Schwägr.）Aongstr.

9. 植物体的一部分（背面观，×12），10. 侧叶（×40），11. 成熟孢蒴（×10）

12~18. **虎尾藓** *Hedwigia ciliata*（Hedw.）P. Beauv.

12. 着生开旷岩面的植物群落（×1），13. 叶（×25），14. 叶中部细胞（×400），15. 内雌苞叶（×25），16. 蒴帽（×10），17. 孢蒴（×10），18. 孢子（×320）

1 虎尾藓属 *Hedwigia* P. Beauv.

丛集成片生长。体硬挺，多灰绿色，有时呈深绿色、棕黄色至黑褐色。茎直立或倾立，不规则分枝，不具鞭状枝。叶干时覆瓦状贴生，湿润时背仰，卵状披针形，内凹，具长或短的披针形尖，尖部多透明或白色，具密刺状齿；叶边全缘，有时略背卷；中肋缺失。叶上部细胞卵状方形至椭圆形，具粗疣或叉状疣；基部细胞方形、长方形或不规则长方形，常具多疣；有时角部细胞分化。雌雄同株异苞。雌苞侧生。雌苞叶较大，长椭圆状披针形，上部边缘常具透明纤毛。蒴柄短。孢蒴近球形，隐没于雌苞叶中。蒴齿缺失。蒴盖稍凸，多红色，具短喙。蒴帽小，兜形，仅罩覆蒴盖。孢子多黄色，球形，表面具条形纹饰。

本属 3 种，分布于南北温带地区。中国 1 种。

虎尾藓 *Hedwigia ciliata*（Hedw.）P. Beauv.，Prodr. Aethéogam. 15. 1805. 图 152：12~18

形态特征 丛集交织生长。体硬挺，灰绿色、深绿色至黑褐色。分枝不规则，一般长 3~5 cm。叶干时覆瓦状贴生，湿时倾立。叶卵状披针形，略内凹，长 1.3~2.3 mm，上部具长或短的披针形宽尖，多透明，具齿；叶边全缘，有时略背卷；中肋缺失。叶上部细胞近方形至卵圆形，长 8~18 μm，具 1~2 个粗疣或叉状疣；基部细胞方形至不规则长方形，具多疣，向下渐平滑；角部细胞有时分化。

生境和分布 多生于海拔 1 000 m 以上的向阳岩面。内蒙古、陕西、甘肃、安徽、湖北、四川、云南和西藏；全世界广泛分布。

应用价值 植物体含芹菜配质 –7–O– 葡糖苷，其耐干旱的特性为重要遗传性状。

2 蔓枝藓属 *Bryowijkia* Nog.

交织蔓生。植物体较大，略硬挺，常垂倾。茎 2~3 回密羽状分枝，干时先端略向腹面卷曲。叶湿时倾立或向一侧偏斜；茎叶较疏，阔卵状椭圆形，略内凹，具纵褶，基部稍下延，有长或短尖；叶边平滑，下部有时背卷；中肋达叶中部以上。叶细胞长卵形或线形，具细密疣，角部细胞分化明显，短方形，数列，黄色，平滑。枝叶密生，长卵形，急尖，具纵长褶；叶边分化。雌雄异株。雌苞顶生。蒴柄极短。孢蒴球形，表面棕色，全隐于雌苞叶中。蒴齿单层；外齿层齿片长，不规则，中脊不明显，横脊大小不一；内齿层缺失。蒴盖小，具短喙。蒴帽易脱落。孢子一般球形，绿色或棕色，具细疣；在孢蒴内，单细胞及多细胞的孢子常混生，有时孢子在孢蒴内萌发。

本属 1 种，亚洲东南部生长。中国有分布。

蔓枝藓 *Bryowijkia ambigua*（Hook.）Nog.，Journ. Hattori Bot. Lab. 37：241.1973. 图 153：1~7

形态特征　种的形态特征同属。

生境和分布　常生于海拔 1 850~3 000 m 林内具土岩面、树干或树枝上。四川、云南和西藏；喜马拉雅山地区、印度北部、缅甸、泰国和越南有分布。

075 隐蒴藓科 CRYPHAEACEAE

匍匐或成片垂倾生长。体形纤细或粗壮，主茎横展；支茎直立或蔓生，不规则分枝，或羽状分枝，稀具假鳞毛。叶干燥时覆瓦状贴生，潮湿时倾立，叶基部卵圆形，略下延，上部渐尖，具短尖或长尖，略内凹；叶边全缘或近尖部具齿；中肋单一，消失于叶尖下。叶细胞卵形、椭圆形或菱形，厚壁，平滑，叶基部细胞长菱形或近线形，稀具壁孔。雌苞生短枝顶端。内雌苞叶多具高鞘部。蒴柄短。孢蒴直立，长卵形。环带分化。蒴齿 2 层；外齿层齿片披针形；内齿层基膜低，齿条线形或狭长披针形，稀折叠或具穿孔。蒴盖圆锥形，具短喙。蒴帽小，钟形或兜形，表面粗糙，稀平滑。

本科 12 属，分布温带地区。中国 5 属。

分属检索表

1. 主茎长，支茎树形分枝；叶细胞长菱形；孢蒴略高出 ……………… 4. 残齿藓属 *Forsstroemia*

1. 主茎短，支茎不呈树形分枝；叶细胞六边形或短菱形；孢蒴常隐于雌苞叶内 ……………… 2

2．植物体长可达 10 cm 以上；叶片上部边缘具粗齿 ……………… 3. 毛枝藓属 *Pilotrichopsis*

2. 植物体较短小；叶片上部边缘不具粗齿 ……………… 3

3. 孢蒴长卵形或长圆柱形；叶中部细胞线形；孢子形小，具细疣 ……………… 1. 隐蒴藓属 *Cryphaea*

3. 孢蒴近于球形；叶中部细胞卵形；孢子形大，平滑 ……………… 2. 球蒴藓属 *Sphaerotheciella*

1 隐蒴藓属 *Cryphaea* Mohr et Weber

植物体小至中等，黄绿色或带褐色。主茎短；支茎垂倾或倾立，不规则分枝。叶干燥时覆瓦状排列，潮湿时倾立，卵形或长卵形，具短尖或披针形尖；叶边背卷，全缘或尖部有齿；中肋单一，达叶片中部以上。叶上部细胞卵形或卵圆形，厚壁，叶下部及基部细胞近线形或长菱形，具壁孔，角部细胞方形或菱形。雌雄异苞同株。内雌苞叶多长卵形。蒴柄短。孢蒴隐生，长卵形或长圆柱形，棕红色。蒴齿 2 层，淡黄色；外齿层齿片狭长披针

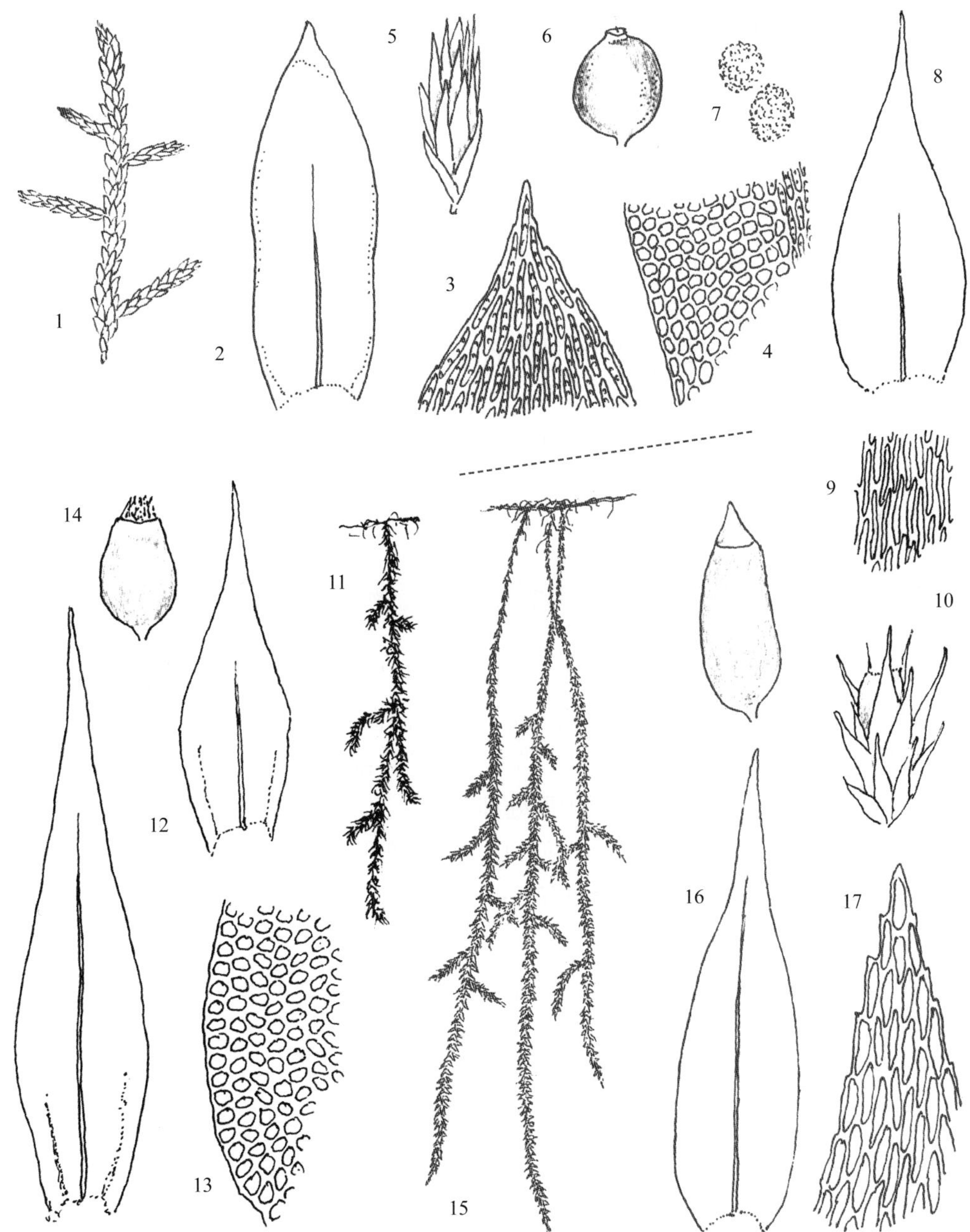

图 153

1~7. 蔓枝藓 *Bryowijkia ambigua*（Hook.）Nog.

1. 植物体的一部分（×4），2. 叶（×50），3. 叶尖部细胞（×300），4. 叶基部细胞（×300），5. 雌苞（×7），6. 孢蒴（×12），7. 孢子（×250）

8~10. 中华隐蒴藓 *Cryphaea sinensis* Bartr.

8. 叶（×50），9. 叶中部细胞（×400），10. 雌苞（×15）

11~14. 球蒴藓 *Sphaerotheciella sphaerocarpa*（Hook.）Fleisch.

11. 植物体（×1），12. 叶（×40），13. 叶基部细胞（×400），14. 已开裂的孢蒴（×20）

15~18. 毛枝藓 *Pilotrichopsis dentata*（Mitt.）Besch.

15. 着生干燥石壁上的植物群落（×1），16. 叶（×25），17. 叶尖部细胞（×400），18. 孢蒴（×10）

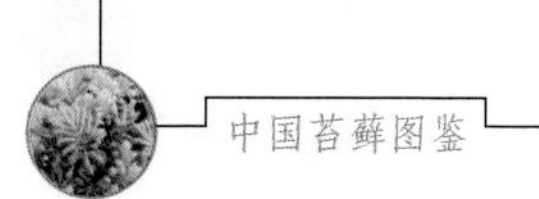

形，外面有密横脊；内齿层齿条线形，与齿片等长，无齿毛。蒴盖圆锥形，有短尖。蒴帽圆锥形。

本属 34 种，分布温热地区。中国有 3 种。

中华隐蒴藓 *Cryphaea sinensis* Bartr.，Ann. Bryol. 8：15. 1935. 图 153：8~10

形态特征 簇生。体直立，易折断；稀疏羽状分枝，长约 1 cm；具假鳞毛。茎叶卵圆状椭圆形，上部渐尖，基部下延，内凹：叶边略背卷，尖端具小圆齿；中肋长达叶中部消失。叶细胞线形，具前角突，叶边细胞方形或短方形，2~5 列，角部细胞方形。枝叶中肋消失于叶上部。雌雄异苞同株。内雌苞叶长椭圆形，具狭长尖，中肋突出叶尖呈芒状。蒴柄长 0.25 mm。孢蒴长卵形，褐色。

生境和分布 生于海拔 1000~3000 m 山地林下树干或岩面。中国特有，产甘肃、贵州和四川。

2 球蒴藓属 *Sphaerotheciella* Fleisch.

交织成片生长。体形细长，黄绿色。主茎匍匐，叶片多脱落，被红棕色假根；支茎垂倾，不规则羽状分枝。叶干燥时紧密覆瓦状排列，潮湿时倾立，卵圆形或长椭圆状披针形，略内凹，上部急尖；叶边全缘，基部背卷，上部具细齿；中肋消失于叶中部上方。叶细胞长卵形或长菱形，厚壁，叶基近中肋处细胞狭长卵形，角细胞方形。雌雄异苞同株。内雌苞叶长卵形。孢蒴近球形，隐于雌苞叶中。蒴帽兜形，一侧开裂。

本属 1 种，亚洲东部特有属。中国有分布

球蒴藓 *Sphaerotheciella sphaerocarpa*（Hook.）Fleisch.，Hedwigia 55：282. 1904. 图 153：11~14

形态特征 种的形态特性同属。

生境和分布 生于海拔 2000~3800 m 的林内树枝上。云南和西藏；印度、尼泊尔及不丹有分布。

3 毛枝藓属 *Pilotrichopsis* Besch.

成束悬垂生长。体硬挺，黄褐色。茎、枝纤长，不规则稀疏分枝。叶基部卵圆形，略下延，上部阔披针形；叶边下部略背卷，上部有粗齿；中肋消失于叶尖下。叶细胞长椭圆形，基部细胞近中肋处近线形，角部细胞扁圆方形，排列整齐；胞壁等厚。雌雄异苞同株。雌苞着生短枝顶端。孢蒴完全隐生于雌苞叶中，长卵形，淡棕色。蒴齿 2 层，淡黄色；外齿层齿片长披针形，具横脊和粗疣；内齿层齿条线形，齿毛不发育。蒴盖圆锥形，

具短尖。蒴帽兜形，易脱落。

本属 1 种，分布亚洲东部。中国有分布。

毛枝藓 *Pilotrichopsis dentata*（Mitt.）Besch.，Journ. Bot. 13：38. 1899. 图 153：15~18

形态特征 悬垂生长。茎暗绿色，无光泽。长约 12cm，羽状分枝；分枝长约 2cm，单一；无中轴。叶基部卵圆形，略下延，上部阔披针形，上部具粗齿，下部背卷；中肋单一，长达叶尖。叶细胞厚壁，中部细胞长菱形或椭圆形，平滑，基部近中肋处细胞线形，叶角部细胞整齐方形。

生境和分布 多生长海拔 950~2000 m 的常绿阔叶林下树干、树枝、腐木或岩面薄土上。安徽、浙江、福建、江西、湖南、广西、贵州和西藏；日本及菲律宾有分布。

4 残齿藓属 *Forsstroemia* Lindb.

疏束状生长。体形纤细或粗壮，黄绿色或黄褐色。主茎贴生基质；假鳞毛披针形或线形，腋毛多个细胞。支茎羽状分枝；无中轴。叶覆瓦状排列，长卵形具短尖或卵圆形具狭长尖，内凹；叶边背卷，平展或尖端有细齿；中肋单一或分叉，达叶中部。叶细胞长菱形，胞壁等厚，角部细胞不规则菱形、六角形或近于方形。雌雄异苞同株，稀雌雄异株。内雌苞叶有高鞘部，具狭长尖。蒴柄略高于雌苞叶，红色，平滑。孢蒴隐生或高出，直立，长卵形。蒴齿 2 层；外齿层齿片狭长披针形，具细密疣，有中缝和穿孔；内齿层不发育。蒴盖圆锥形，具短喙。蒴帽兜形，被直立毛，稀平滑。

本属 13 种，广布世界各地。中国 6 种。

分种检索表

1. 叶细胞菱形或狭长菱形；中肋细弱，短弱或分叉 ……………… 1. 残齿藓 *F. trichomitria*
1. 叶细胞等轴形或长椭圆形；中肋单一，长达叶中部以上 ……………… 2
2. 植物体长达 2 cm；叶卵圆形；孢蒴常见 ……………… 2. 匍枝残齿藓 *F. producta*
2. 植物体长不及 1 cm；叶阔椭圆状披针形；孢蒴稀见 ……………… 3. 拟隐蒴残齿藓 *F. cryphaeoides*

残齿藓 *Forsstroemia trichomitria*（Hedw.）Lindb.，Oefv. K. Vet. Ak. Foerh. 19：605. 1863. 图 154：1~4

形态特征 密集成簇生长。体形粗壮，淡绿色，具光泽。支茎不规则分枝或呈羽状分枝。叶披针形、卵状披针形至近三角形，先端急尖或渐尖，有时具细尖。中肋细弱，单一，长达叶片中部，有时中肋分叉。叶基近中肋处细胞较长。蒴柄长 0.36~3 mm。孢蒴常伸出雌苞叶外，圆球形或短圆柱形，褐色。蒴齿 2 层；外齿层齿片披针形，平滑，淡黄色；内齿层退失，基膜低。蒴帽兜形，被稀疏柔毛。

生境和分布生于海拔 850~2400 m 的树干或岩面。黑龙江、吉林、河南、陕西、甘肃、广东和西藏；尼泊尔、日本、朝鲜、俄罗斯（远东地区）、北美洲东北部及南美洲有分布。

匍枝残齿藓 *Forsstroemia producta*（Hornsch.）Par.，Ind. Bryol. 498. 1896. 图 154：5~8

形态特征 簇状生长。体黄绿色。主茎长 1.5~2 cm，羽状分枝；无鞭状枝。叶覆瓦状排列，卵圆形，上部渐狭或呈细尖而扭曲或呈急尖；叶边平展，全缘或仅尖部具齿突；中肋粗壮，达叶中上部，常分叉。叶中部细胞短菱形，厚壁，叶基中肋两侧细胞稍狭长。内雌苞叶渐尖或呈毛状。孢蒴隐生或裸露于雌苞叶外。外齿层平滑或具疣，齿片有穿孔；内齿层残存或缺失。蒴盖平凸，具喙。蒴帽具疏或密毛。

生境和分布 生于海拔 600~3000 m 的林内树基或树干上，稀见于岩面。陕西、甘肃、浙江、四川、云南和西藏；美国东部、中南美洲、埃塞俄比亚、卢旺达、肯尼亚、坦桑尼亚、乌干达、南非及澳大利亚东部有分布。

拟隐蒴残齿藓 *Forsstroemia cryphaeoides* Card.，Bull. Soc. Bot. Geneve ser. 2，1：132. 1909. 图 154：9~16

形态特征 簇生。体形细弱，深绿色。支茎长 1~10cm，单一或分枝。茎叶阔椭圆状披针形，上部渐尖，叶基下延，内凹，无纵褶；叶边全缘；中肋单一，长达叶片 2/3。叶上部细胞不规则长方形或方形，中部细胞椭圆形或卵圆状六角形，壁厚，叶边细胞近方形，角部细胞方形或长方形，横列。枝叶较小。孢蒴隐生或略高出，圆柱形或长卵形，棕红色。蒴帽兜形，平滑。

生境和分布 生于海拔 600~1900 m 的林内树干或具土岩面。辽宁、陕西、安徽和浙江；日本、朝鲜及俄罗斯东南部有分布。

076 白齿藓科 LEUCODONTACEAE

大片群生。体形粗壮或纤细，黄绿色或绿色，具光泽。主茎匍匐；支茎倾立或弓形弯曲，圆条形，横切面圆形，中轴分化或不分化；无鳞毛或有假鳞毛。叶多列，倾立或一向偏曲，心脏状卵形或长卵形，上部具短尖或细长尖；叶边平展或仅尖部具齿；中肋不明显、单一，或缺失，稀双中肋。叶细胞厚壁，平滑；菱形、长菱形或扁方形。雌雄异株。蒴柄平滑。孢蒴直立，卵状长圆柱形。环带分化。蒴齿 2 层；外齿层齿片披针形，灰白或黄色，外有横脊，具疣；内齿层基膜低，齿条常不发育或完全退失，无齿毛。蒴盖圆锥形，有斜喙。蒴帽兜形，平滑或有少数纤毛。

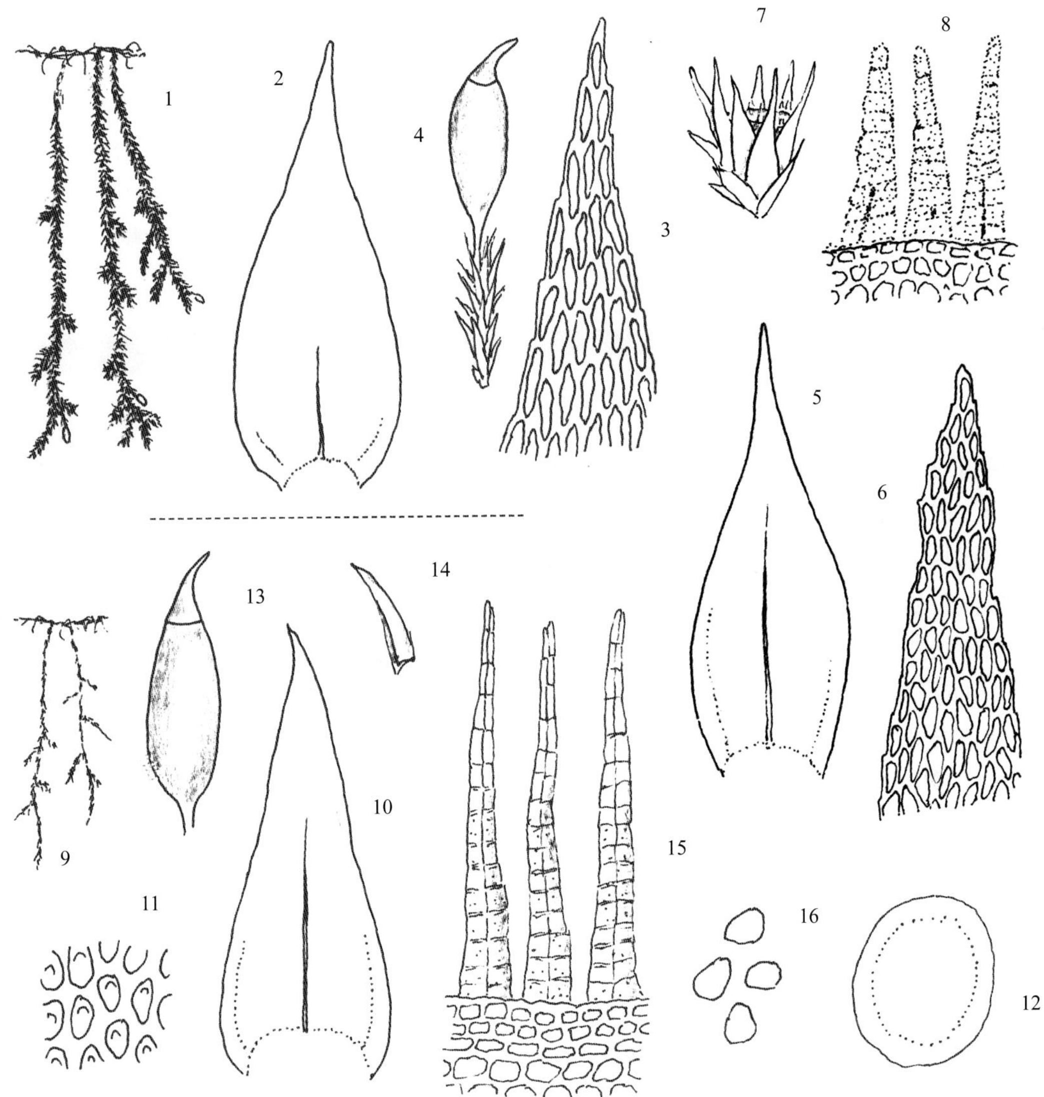

图 154

1~4. **残齿藓** *Forsstroemia trichomitria*（Hedw.）Lindb.

1. 倾垂生长的植物体（×1），2. 茎叶（×20）3. 叶尖部细胞（×200），4. 雌苞（×8）

5~8. **匍枝残齿藓** *Forsstroemia producta*（Hornsch.）Par.

5. 叶（×50），6. 叶尖部细胞（z 400），7. 雌苞，示孢蒴已开裂（×10），8. 蒴齿（×300）

9~16. **拟隐蒴残齿藓** *Forsstroemia cryphaeoides* Card.

9. 植物体（×1），10. 茎叶（×60），11. 叶中部细胞（×400），12. 茎的横切面（×100），13. 孢蒴（×15），14. 蒴帽（×15），15. 蒴齿（×400），16. 孢子（×200）

本科 7 属，分布温热地区。中国有 4 属。

分属检索表

1. 叶不具密纵褶；叶上部细胞背面具前角突……3. 拟白齿藓属 *Pterogoniadelphus*
1. 叶多具纵褶；叶细胞平滑……2
2. 叶无中肋……1. 白齿藓属 *Leucodon*
2. 叶具单中肋……3
3. 植物体较粗大；叶尖圆钝，多纵长褶……2. 单齿藓属 *Dozya*
3. 植物体较细；叶尖细长，无纵长褶……4. 疣齿藓属 *Scabridens*

1 白齿藓属 *Leucodon* Schwaegr.

成大片悬垂或倾立生长。体形粗壮或纤细，黄绿色至黄褐绿色。主茎细，支茎尖部上倾，稀疏或不规则分枝；横切面呈圆形，中轴分化或不分化。稀具鞭状枝。假鳞毛丝状或披针形，稀缺失。腋毛高 3~7 个细胞，基部淡褐色，上部无色透明。茎叶长卵形或狭椭圆形，上部具短尖或长尖，内凹，具多数纵褶；叶边平滑或尖端具细齿；无中肋。叶中部细胞菱形、长菱形或线形，厚壁，叶角部细胞较短，方形或椭圆形。枝叶与茎叶近似。鞭状枝叶三角状披针形。雌雄异株。内雌苞叶具高鞘部。蒴柄细长。孢蒴卵形或长卵形。蒴齿 2 层，白色，有时具前齿层；外齿层齿片狭披针形，被细疣或粗疣；内齿层退化或有时消失。蒴盖圆锥形。蒴帽长兜形，平滑。

本属 37 种，以南北温带地区分布为主。中国有 16 种和 1 变种。

分种检索表

1. 植物体具鞭状枝……4. 鞭枝白齿藓 *L. flagelliformis*
1. 植物体不具鞭状枝，或稀具鞭状枝……2
2. 支茎长达 20 cm 以上；孢蒴黄色；内齿层齿条低；孢子薄壁……1. 垂悬白齿藓 *L.pendulus*
2. 支茎长约 5 cm；孢蒴褐色或黑褐色；内齿层膜状或残存；孢子厚壁……3
3. 叶阔卵圆形，具短锐尖……4
3. 叶长椭圆形，具长披针形尖……5
4. 植物体略细；叶中部细胞壁厚，具壁孔……3. 白齿藓 *L. sciuroides*
4. 植物体略粗大；叶中部细胞壁薄，无壁孔……2. 偏叶白齿藓 *L. secundus*
5. 茎叶狭卵状披针形……5. 陕西白齿藓 *L. exaltatus*
5. 茎叶卵圆形或长卵形，具短尖或狭长尖……6
6. 茎不具中轴；叶中部细胞近线形，胞壁波形加厚……7. 中华白齿藓 *L. sinensis*
6. 茎具中轴；叶中部细胞狭长菱形，胞壁等厚……6. 长叶白齿藓 *L. subulatus*

垂悬白齿藓 *Leucoden pendulus* Lindb.，Acta Soc. Sc. Fenn.. 10：273. 1872. 图 155：1~3

形态特征　大片悬垂群生。体淡绿色或棕褐色。支茎长 5~20 cm，多分枝，悬垂而呈弧形弯曲，无中轴分化；具少数鞭状枝；腋毛高 4~5 个细胞，基部 2 个棕色，上部 2~3 个无色，透明。茎叶贴生，卵圆形，先端渐尖，具纵褶，略内凹。雌雄异株。内雌苞叶基部鞘状，具短尖。蒴柄黄色，长 3~4 mm。孢蒴黄色或淡黄棕色，卵圆形，台部短，有气孔。无前齿层。

生境和分布　多生于中等海拔至 3500 m 针叶林或针阔混交林下树干或树枝上。黑龙江、吉林和陕西；日本、朝鲜及俄罗斯（远东地区）有分布。

偏叶白齿藓 *Leucodon secundus*（Harv.）Mitt.，Musci Ind. Ori. 124. 1859. 图 155：4~7

形态特征　疏松片状垂倾生长。体褐绿色，支茎长 3~6 cm，具分枝；中轴分化。假鳞毛少，披针形；腋生毛 4~6 个细胞，平滑，基部 2~4 个方形，淡褐色，上部 2~3 个椭圆形，透明。茎叶偏向一侧或直立，基部阔卵形，渐尖，具纵褶，略内凹；叶边全缘或尖端具细齿。叶细胞长菱形或狭菱形，平滑，叶基中部细胞线形，有壁孔，角部细胞占叶长度 1/4~2/5，方形。雌雄异株。内雌苞叶内卷。蒴柄红褐色，平滑。孢蒴红褐色，卵状球形，无气孔。蒴盖具短喙。孢子具细疣。

生境和分布　生于中等海拔至 4 000 m 的针阔混交林林内腐木、树干及岩面薄土。陕西、安徽、浙江、江西、湖南、四川、云南和西藏；尼泊尔及印度东部有分布。

白齿藓 *Leucodon sciuroides*（Hedw.）Schwägr.，Sp. Musc. Suppl. 1：1. 1816. 图 155：8~9

形态特征　疏松生长。体黄绿色。支茎短弱，长 1~4 cm；具分枝；具中轴。假鳞毛狭披针形或披针形；腋毛高 4~5 个细胞，平滑，基部 2 个淡褐色，上部 2~3 个透明。茎叶卵圆形，上部渐尖，内凹，具纵褶；叶边下部全缘，尖端具细齿。叶细胞狭菱形，上部细胞平滑，有时具疣，厚壁，叶基中部细胞具壁孔，角部细胞方形，占叶长度的 1/2。孢子具细疣。

生境和分布　生于中海拔至 2 700 m 的林内岩面或树干。黑龙江、内蒙古、河北、山东、山西、河南、陕西、甘肃、青海、四川和云南；尼泊尔、日本、俄罗斯及欧洲有分布。

鞭枝白齿藓 *Leucodon flagelliformis* Müll. Hal.，Nuovo Giorn. Bot. Ital. n. s. 3：112. 1896. 图 155：10~12

形态特征　悬垂生长。体淡褐色或黄褐色，具鞭状枝。支茎长可达 15 cm，多分枝；无中轴分化；假鳞毛稀少，披针形；腋毛高 4 个细胞，基部 2 个淡褐色，上部 2 个透明。茎叶干燥时紧贴或偏向一侧，潮湿时倾立，长卵状披针形，上部渐尖，具纵褶，略内凹；叶边平展，全缘或尖端具细齿。叶中部细胞平滑，薄壁；叶基中部细胞有壁孔，角部细胞

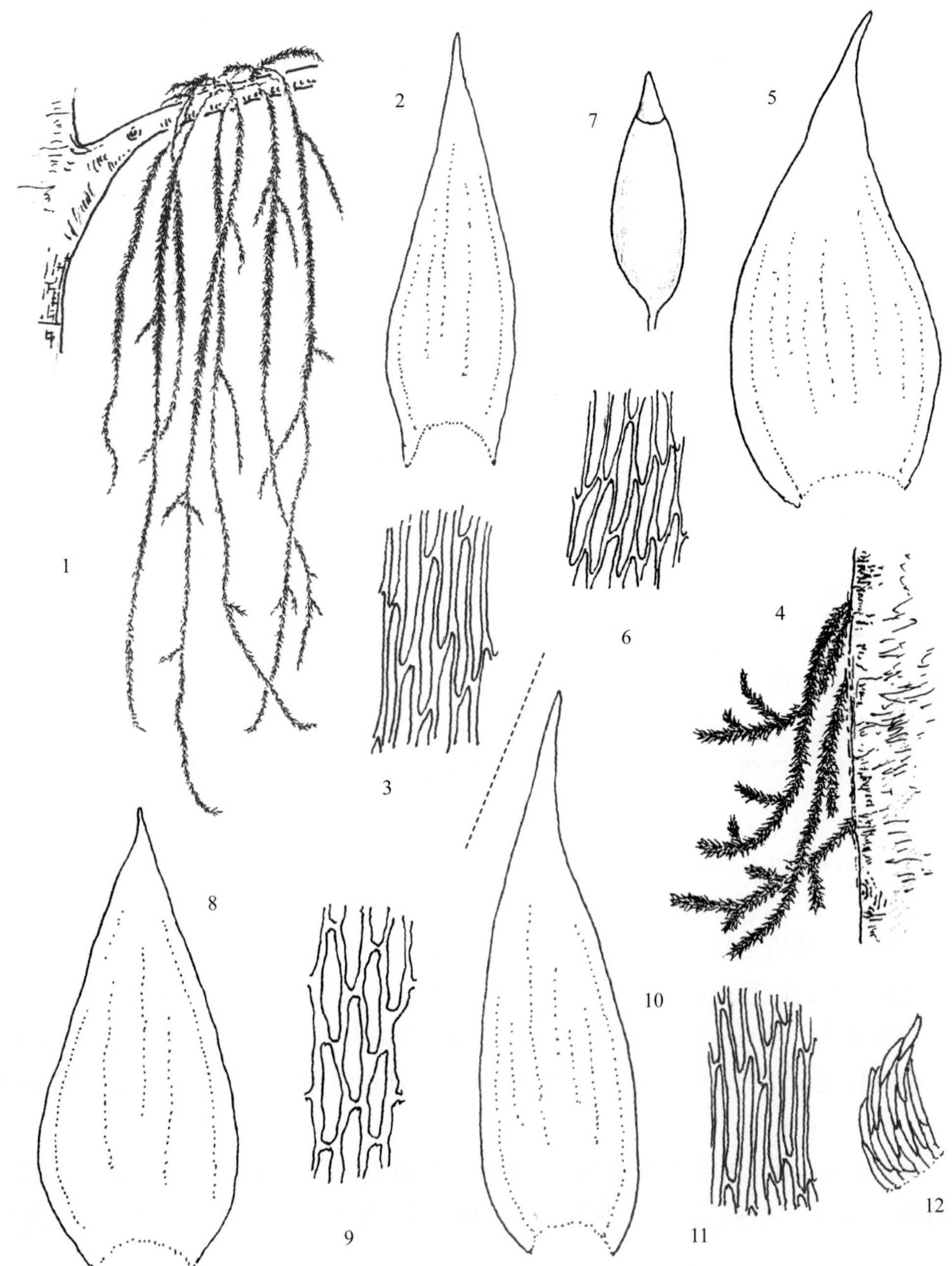

图 155

1~3. 垂悬白齿藓 *Leucodon pendulus* Lindb.

1. 从树枝上下垂的植物群落（×1），2. 茎叶（×40），3. 叶中部细胞（×400）

4~7. 偏叶白齿藓 *Leucodon secundus*（Harv.）Mitt.

4. 着生树干上的植物群落（×1），5. 茎叶（×40），6. 叶中部细胞（×400），7. 孢蒴（×15）

8~9. 白齿藓 *Leucodon sciuroides*（Hedw.）Schwägr.

8. 茎叶（×50），9. 叶中部细胞（×550）

10~12. 鞭枝白齿藓 *Leucodon flagelliformis* Müll. Hal.

10. 茎叶（×50），11. 叶中部细胞（×450），12. 假鳞毛（×250）

方形。雌雄异株。蒴柄长 7~10 mm，平滑，红褐色。孢蒴卵状球形，红褐色，无气孔。

生境和分布常生于海拔 1 000~3 000 m 林内树干或树枝上，稀生于岩面。中国特有，产河南、陕西和甘肃。

陕西白齿藓 *Leucodon exaltatus* Müll. Hal.，Nuovo Giorn. Bot. Ital. n. s. 3：112. 1896. 图 156：1~4

形态特征　大型成片生长。植物体硬挺，淡绿色。支茎长 10~15 cm；无中轴。鞭状枝少数。假鳞毛狭披针形或披针形；腋毛高 4~5 个细胞，基部 2~3 个褐色，上部 2 个细胞透明。茎叶卵状披针形，上部渐尖，具纵褶，直立或呈镰刀状一向弯曲；叶边平展，全缘或尖部具细齿。叶尖部细胞狭菱形，平滑，厚壁，中下部细胞线形，具壁孔；角部细胞方形，占叶长度的 1/4~1/7。孢子圆球形，具鸡冠状疣。

生境和分布　着生海拔 1 000~4 450 m 林内的树干，稀见于岩面。陕西、甘肃、湖北、四川、云南和西藏；日本及朝鲜有分布。

长叶白齿藓 *Leucodon subulatus* Broth.，Symb. Sin. 4：75. 1929. 图 156：5~7

形态特征　成片生长。植物体上部黄色，下部淡黑褐色，支茎长 3~4 cm；具中轴；鞭状枝和下垂枝均缺失。茎叶长卵状披针形，渐尖，具纵褶；叶边全缘。叶细胞狭长菱形，厚壁，壁孔明显；角部细胞占叶长度的 1/7~1/8，方形。蒴柄长约 1.2 cm，黄褐色，平滑。孢蒴长圆柱形。孢子具细疣。

生境和分布　着生海拔 1 600~4 000 m 的黄栎林、高山栎林和冷杉林树干或岩面。中国特有，产四川、云南和西藏。

中华白齿藓 *Leucodon sinensis* Thér.，Bull. Ac. Int. Geogr. Bot. 18：252. 1908. 图 156：8~10

形态特征　成片贴基质生长。植物体黄绿色或褐绿色。茎长约 4 cm，无中轴；鞭状枝稀少；假鳞毛狭披针形。茎叶卵状披针形，具长尖；叶边平展，仅尖端具细齿。叶细胞狭菱形，上部细胞平滑，角部细胞方形，平滑，带红色，占叶长度的 1/3。雌雄异株。内雌苞叶披针形，长达孢蒴基部或包被孢蒴。蒴柄长 4~6 mm，平滑。孢子具细疣。

生境和分布　生于低海拔至中等海拔的林内树干，稀生于岩面。陕西、甘肃、安徽、浙江、福建、江西、湖北、湖南、贵州、四川和云南；日本及不丹有分布。

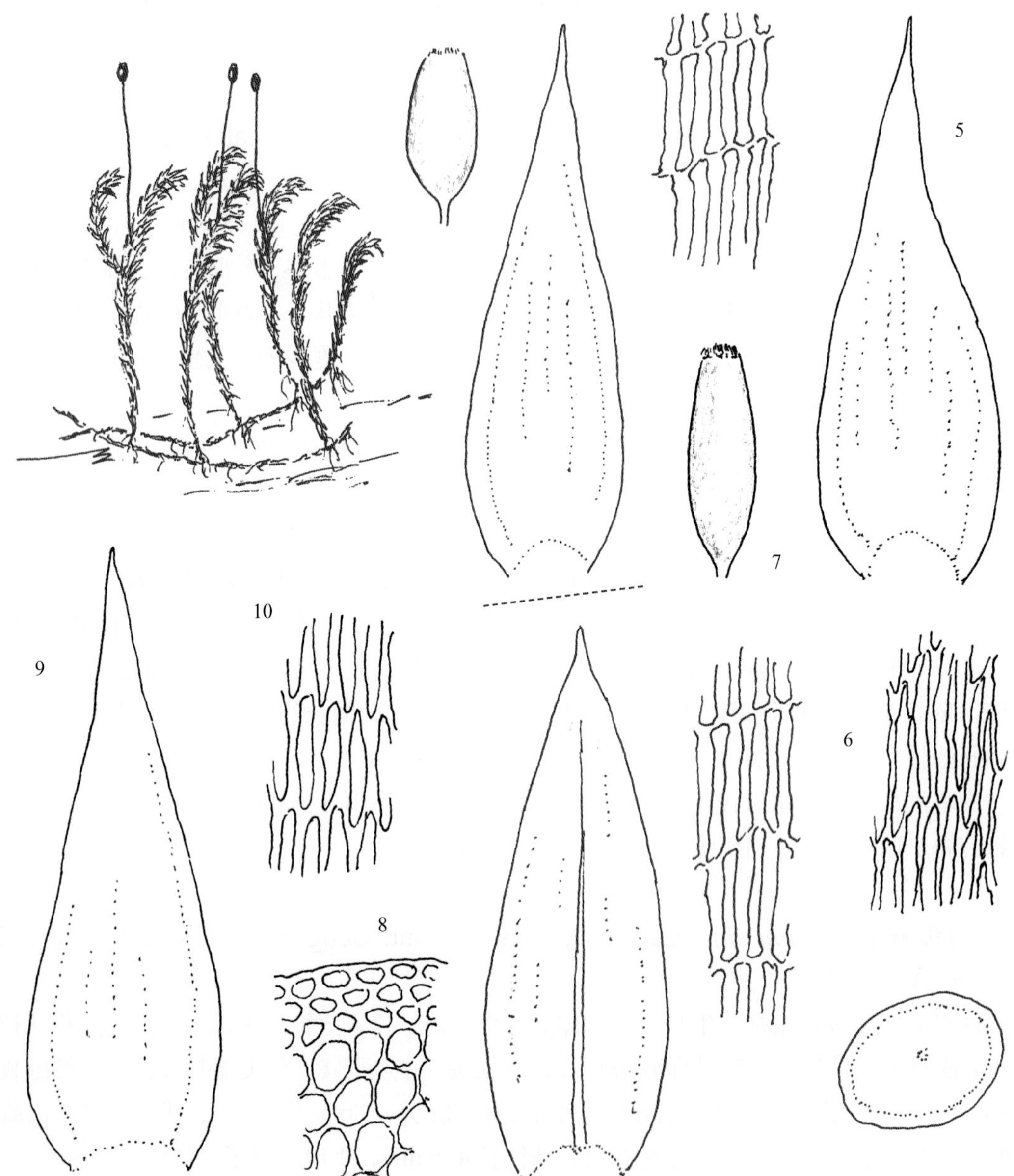

图 156

1~4. **陕西白齿藓** *Leucodon exaltatus* Müll. Hal.

1. 着生岩面的植物群落（×1），2. 茎叶（×20），3. 叶中部细胞（×400），4. 已开裂的孢蒴（×8）

5~7. **长叶白齿藓** *Leucodon subulatus* Broth.

5. 茎叶（×40），6. 叶中部细胞（×450），7. 已开裂的孢蒴（×10）

8~10. **中华白齿藓** *Leucodon sinensis* Thér.

8. 茎横切面的一部分（×450），9. 茎叶（×40），10. 叶中部细胞（×450）

11~13. **单齿藓** *Dozya japonica* S. Lac.

11. 茎的横切面（×50），12. 茎叶（×20），13. 叶中部细胞（×400）

2 单齿藓属 *Dozya* S. Lac.

小片状交织生长。体粗大，黄绿色。主茎细长，匍匐。支茎直立，密集，有稀疏长分枝或密短分枝。叶干燥时覆瓦状排列，潮湿时倾立，基部卵圆形，向上具锐尖，基部略窄，内凹，具纵褶；叶边内曲，平滑；中肋细长，消失于叶尖下。叶尖部细胞狭长椭圆形，沿中肋两侧向下细胞渐长，叶角部细胞多列，椭圆形，渐成方形或扁方形，厚壁，平滑。雌雄异株。内雌苞叶大，有高鞘部，具狭长尖，无中肋。蒴柄硬梃，平滑。孢蒴直立，长卵形，干时具纵褶。蒴齿单层；内齿层不发育，外齿层齿片披针形，黄色，平滑。蒴盖圆锥形，具短喙。蒴帽圆锥形，尖部平滑。孢子球形，具细密疣。

本属 1 种，主要分布温带地区。中国有分布。

单齿藓 *Dozya japonica* S. Lac. in Miq.，Ann. Musc. Bat. Luqd. Bot. 2：296. 1866. 图 156：11~13

形态特征　种的形态特征同属。

生境和分布　生于低海拔至 3 000 m 的林内树干。黑龙江、吉林、辽宁、贵州、四川和云南；日本及朝鲜有分布。

3 拟白齿藓属 *Pterogoniadelphus* Fleisch.

疏松片状生长。植物体粗壮，黄绿色或淡褐色，具光泽。主茎横卧或匍匐，具稀疏鳞片状小叶，密被假根。具鞭状枝和直立或倾立的支茎，单一，稀叉状分枝；中轴分化或无中轴；无假鳞毛。叶覆瓦状排列，阔卵形，具短尖，内凹；叶边平展，全缘或仅尖端具细齿；无中肋。叶上部细胞长菱形，背面平滑或具前角突，厚壁，中部细胞短菱形或纺锤形，厚壁，叶边缘和叶基角部细胞方形。雌雄异株。孢蒴红褐色，圆柱形，台部具气孔。蒴齿 2 层；外齿层齿片 16，披针形，具密疣；内齿层膜状，被疣，或退化。蒴盖具长喙。孢子中等大小，具细疣。

本属 4 种，亚热带地区分布。中国有 1 种。

卵叶拟白齿藓 *Pterogoniadelphus esquirolii*（Thér.）Ochyra et Zijistra，Taxon 53：811. 2004. 图 157：1~4

形态特征　疏松片状生长。体黄绿色或淡褐色。支茎圆柱形，具中轴。有鞭状枝。腋毛下部 2 个细胞淡褐色，上部 2~3 个透明。假鳞毛少，披针形。叶干时紧贴，潮湿时倾立，阔卵圆形，具短尖，内凹；叶边全缘，尖部具细齿；无中肋。叶上部细胞长菱形，背面具疣或前角突，中部细胞短菱形，厚壁，叶基中部细胞线形，具不明显壁孔，角部细胞方形。

生境和分布　生于低海拔至近 2 000 m 的山地干燥岩面或树干。陕西、浙江、福建、湖南、广西、贵州、云南和西藏；日本有分布。

4 疣齿藓属 *Scabridens* Bartr.

稀疏簇生。体黄绿色或褐绿色，老时棕褐色。主茎横展，易折断。支茎密集，直立，单一或有稀疏分枝。叶密生，干燥时倾立，不卷曲，长椭圆形，上部渐成长尖，内凹，无纵褶，基部略窄，叶角部略呈耳状下延；叶边下部平滑，狭背卷，上部边缘平展，有粗齿；中肋粗壮，褐色，长达叶上部消失。叶上部细胞菱形或线形，胞壁略厚，基部细胞狭长，红棕色，角部细胞方形，厚壁，多列，红棕色。雌雄异苞同株。蒴柄细长，红色，平滑。孢蒴倒卵形，直立，棕色，干时无条纹。蒴齿单层；内齿层不发育；外齿层齿片披针形，基部平滑，透明，上面被粗密疣。蒴盖圆锥形，具短喙。蒴帽圆锥形，一侧开裂。孢子棕色，具疣。

本属 1 种，为中国特有属。

疣齿藓 *Scabridens sinensis* Bartr.， Ann. Bryol. 8：16. 1936. 图 157：5~8

形态特征 种的形态特征同属。

生境和分布 着生海拔 1 500~3 000 m 山地林内树干。中国特有，产贵州、四川和云南。

077 毛藓科 PRIONODONTACEAE

稀疏群生。热带树生藓类，体形较粗大，有时具光泽。主茎匍匐伸展，密生棕色假根；支茎直立，单一，或有多数不规则密分枝，无鳞毛；中轴分化。叶密集，干时紧贴或卷缩，湿时倾立，叶基长卵形，上部披针形，具短尖，或狭长渐尖，内凹，或有波纹；叶边平展，具不规则粗齿；中肋单一，长达叶尖或不及叶尖即消失。叶上部细胞圆方形或椭圆形，有时呈长方形，平滑或有疣，下部细胞渐长，长椭圆形或狭长形，平滑，角细胞分化，由多列椭圆形或方形细胞群组成。雌雄异苞同株或异株。孢蒴直立，平滑，无棱脊。蒴齿 2 层，或仅外齿层发育。外齿层齿片外面有回折中缝，横脊不突出，具粗密疣；内齿层基膜低，齿毛不发育。蒴盖圆锥形，有短斜喙。蒴帽兜形。孢子中等大小。

本科 3 属，主产亚洲、南美洲及非洲南部。中国 1 属。

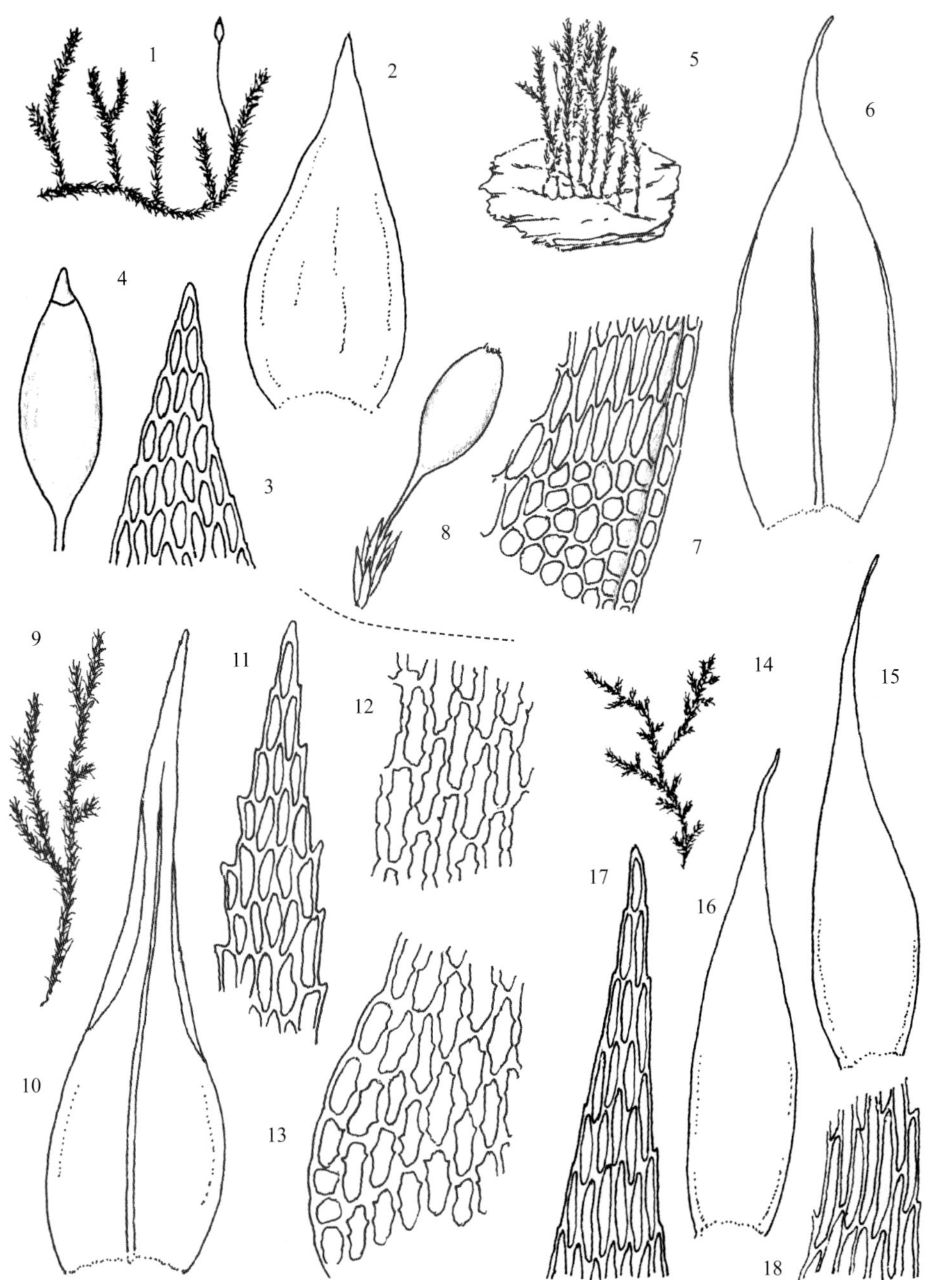

图 157

1~4. 卵叶拟白齿藓 *Pherogoniadelphus esquirolii*（Thér.）Ochyra et Zijistra

1 雌株．(×1)，2. 叶（×15），3. 叶尖部细胞（×300），4. 孢蒴（×15）

5~8. 疣齿藓 *Scabridens sinensis* Bartr.

5. 着生树干上的植物群落（×1），6. 茎叶（×40），7. 叶基部细胞（×300），8. 孢蒴（×10）

9~13. 台湾藓 *Taiwanobryum speciosum* Nog.

9. 植物体（×1），10. 茎叶（×20）11. 叶尖部细胞（×250），12. 叶中部细胞（×250），13. 叶基部细胞（×250）

14~18. 栅孔藓 *Palisadula chrysophylla*（Card.）Toy.

14. 植物体（×1），15，16. 枝叶（×60），17. 叶尖部细胞（×300），18. 叶中部边缘细胞（×300）

1 台湾藓属 *Taiwanobryum* Nog.

稀疏群生。体形较粗大，黄绿色，略有光泽。主茎细长，匍匐横生；支茎稀疏，直立或倾垂；有稀少分枝，顶端圆钝，稀呈鞭状延伸。叶长卵状披针形形，稍内凹，有少数纵褶；叶边下部平滑，略背卷，上部平展，具粗齿；中肋细长，消失于叶尖前。叶细胞长六边形或狭长卵形，向基部细胞渐长而阔，边缘及角部细胞狭小，壁厚，侧壁常波曲。雌雄异株。蒴柄细长，具乳头。孢蒴直立，长卵形。蒴齿仅外齿层发育，齿片狭长披针形，有粗或细密疣。孢子球形，黄棕色，被细密疣。

本属 2 种，主要分布亚洲热带地区。中国 1 种。

台湾藓 *Taiwanobryum speciosum* Nog.，Trans. Nat. Hist. Soc. Formosa 26：143. 1936. 图 157：9~13

形态特征 种的形态特征同属。

生境和分布 习生湿热山区林内树干。台湾和广西；日本及菲律宾有分布。

078 金毛藓科 MYURIACEAE

密而交织生长。植物体多粗大，金黄色或铁锈色光泽。茎横切面圆形，无分化中轴，有透明基本组织和长形周边细胞。主茎匍匐；支茎常直立或倾立，单出或有分枝；分枝钝尖。叶密生，基部圆形或卵圆形，上部突狭或渐成长尖；叶边上部常有齿，下部平滑；无中肋。叶细胞狭长菱形或线形，厚壁，平滑，常有壁孔；角细胞分化，圆形，棕黄色。雌雄异株。雌苞顶生于侧生短枝上。蒴柄细长，平滑。孢蒴长卵形，直立，对称。蒴齿 2 层；外齿层齿片阔披针形，有细长尖，黄色透明，平滑，中缝有不连续、大小不等的穿孔，内面有稀疏横隔；内齿层仅有不高出的基膜。蒴盖圆锥形，有斜长喙。蒴帽兜形，平滑。孢子不规则球形，有细密疣。

本科 5 属，亚洲暖地分布。中国有 2 属。

分属检索表

1. 叶狭长卵圆形，上部渐尖；角细胞多透明，薄壁；孢蒴内齿层一般退化或缺失 ………… 1. 栅孔藓属 *Palisadula*

1. 叶长椭圆形，上部突成长尖；角细胞多棕色，厚壁；孢蒴内齿层基膜低 ………………… 2. 金毛藓属 *Oedicladium*

1 栅孔藓属 *Palisadula* Toy.

紧密垫状生长。植物体色泽黄绿至褐色，主茎匍匐，支茎短而直立，常在主茎末端平展少数分枝；假根具疣；横切面无中轴；假鳞毛叶状，边缘具刺状小齿。茎上叶小。茎叶上部细胞趋短，厚壁，褐色，中部细胞狭六边形，平滑，胞壁多加厚，常具壁孔；角细胞数少，透明，薄壁。雌雄异株。雄苞和雌苞通常生于主茎上，极少生于支茎。蒴柄细长，平滑。孢蒴直立，对称。蒴齿 2 层；外齿层透明，齿片具网状纹饰；内齿层退化或缺失。蒴帽兜形。芽胞丝状，具疣，常生于枝条上部的叶腋。

本属有 2 种，分布亚洲东部。中国有 1 种。

栅孔藓 *Palisadula chrysophylla*（Card.）Toy.，Acta Phytotax. Geobot. 6：171. 1937. 图 157：14~18

形态特征 常呈紧密垫状。植物体绿色至黄绿色，老时呈褐色；主茎匍匐；假鳞毛叶状，稀少，边缘具刺状齿。支茎直立，由主茎末端延生，短茁。叶卵状披针形；边缘具细齿；中肋短。叶细胞狭六边形，胞壁多加厚，常具壁孔；角细胞形大，透明，薄壁，近叶基部细胞常厚壁，褐色。雌雄异株。蒴柄细长。孢蒴短圆柱形，直立。外齿层透明，齿片阔披针形；内齿层退化至缺失。蒴盖具长喙。蒴帽兜形。孢子具细疣。芽胞丝状，具疣，常生于支茎上部的叶腋。

生境和分布 着生湿热山地林内岩面、树干或腐木上。福建、江西、香港、海南和广西；日本有分布。

2 红毛藓属 *Oedicladium* Mitt.

密丛集。体略粗，金黄色、黄绿色或红棕色，具光泽。主茎匍匐，被稀疏假根；支茎密生，直立或倾立，一回分枝或稀少短分枝，或为长叉状分枝。叶片干燥时贴生，湿润时近于直立，长卵形或长披针形，强烈内凹，上部突狭窄或渐成狭长细尖；叶边平展，上部具粗齿或细齿，背曲。叶细胞常厚壁，狭长菱形，平滑，有明显壁孔，近基部细胞较疏松；角细胞多近方形，棕色，厚壁。雌雄异株。蒴柄细长，平滑。孢蒴直立，长卵形，有短台部，蒴壁平滑，棕色。蒴齿 2 层。外齿层淡黄色，齿片披针形，横脊密集，平滑，中缝有长穿孔；内齿层基膜低，无齿条。蒴盖扁圆锥形，具细长斜喙。蒴帽兜形，平滑。孢子黄棕色，有密疣。

本属约 12 种，分布于亚洲暖地。中国有 2 种。

红毛藓 *Oedicladium rufescens*（Reinw. et Hornsch.）Mitt.，Journ. Linn. Soc. Bot. 10：195. 1869. 图 158：1~3

形态特征 疏松垫状生长。体形大，灰绿色或褐绿色。主茎皮层由厚壁细胞组成；假鳞毛叶状，具明显刺状细齿。支茎密集，斜向或直立；分枝有或无。茎叶卵形，深内凹，向上急狭成长尖；叶边近全缘或上部具细齿。叶细胞长六边形，长 40~65 μm，胞壁明显加厚，具壁孔；角部细胞大型，透明，薄壁。雌雄异株。孢蒴近球形。蒴齿 2 层；外齿层齿片 16，透明，沿中缝有穿孔；内蒴齿退化或缺失。孢子直径 28~40 μm，具细疣。枝上部常具有疣的丝状芽胞。

生境和分布 多山区林内树干生。广东和广西；斯里兰卡、菲律宾、马来西亚、新喀里多尼亚及澳大利亚有分布。

079 扭叶藓科 TRACHYPODACEAE

成片密集或疏松生长。体形甚纤细至粗壮，黄绿色至褐绿色，稀鹅黄色或黑褐色，多无光泽。主茎贴生基质；支茎密集或稀疏至 1~2 回羽状分枝，稀不规则成层或树形分枝。叶干燥时疏生，少数背仰，披针形至卵状披针形，尖部常扭曲，具纵褶或横波纹，少数具叶耳；叶边多具细齿或粗齿；中肋单一，纤细。叶细胞六角形至线形，具单疣、多疣或密细疣，稀平滑，叶边细胞有时异形。孢蒴球形或圆柱形。蒴齿 2 层；齿毛发育或缺失。孢子多具疣，直径可达 45 μm。

本科 6 属，全球热带、亚热带地区分布。中国有 5 属。

分属检索表

1．植物体多羽状分枝；茎叶与枝叶异形……2．异节藓属 *Diaphanodon*

1．植物体不规则分枝；茎叶与枝叶不明显异形……3

2．叶上部背仰，基部抱茎……3．拟木毛藓属 *Pseudospiridentopsis*

2．叶上部不背仰，基部不抱茎……2

3．叶细胞具密细疣……4．扭叶藓属 *Trachypus*

3．叶细胞具单疣或中央成列疏疣……4

4. 叶卵状披针形，一般无叶耳；叶细胞具单疣或多疣……1．绿锯藓属 *Duthiella*

4. 叶卵状狭长披针形，多具叶耳；叶细胞具单疣或平滑……5．拟扭叶藓属 *Trachypodopsis*

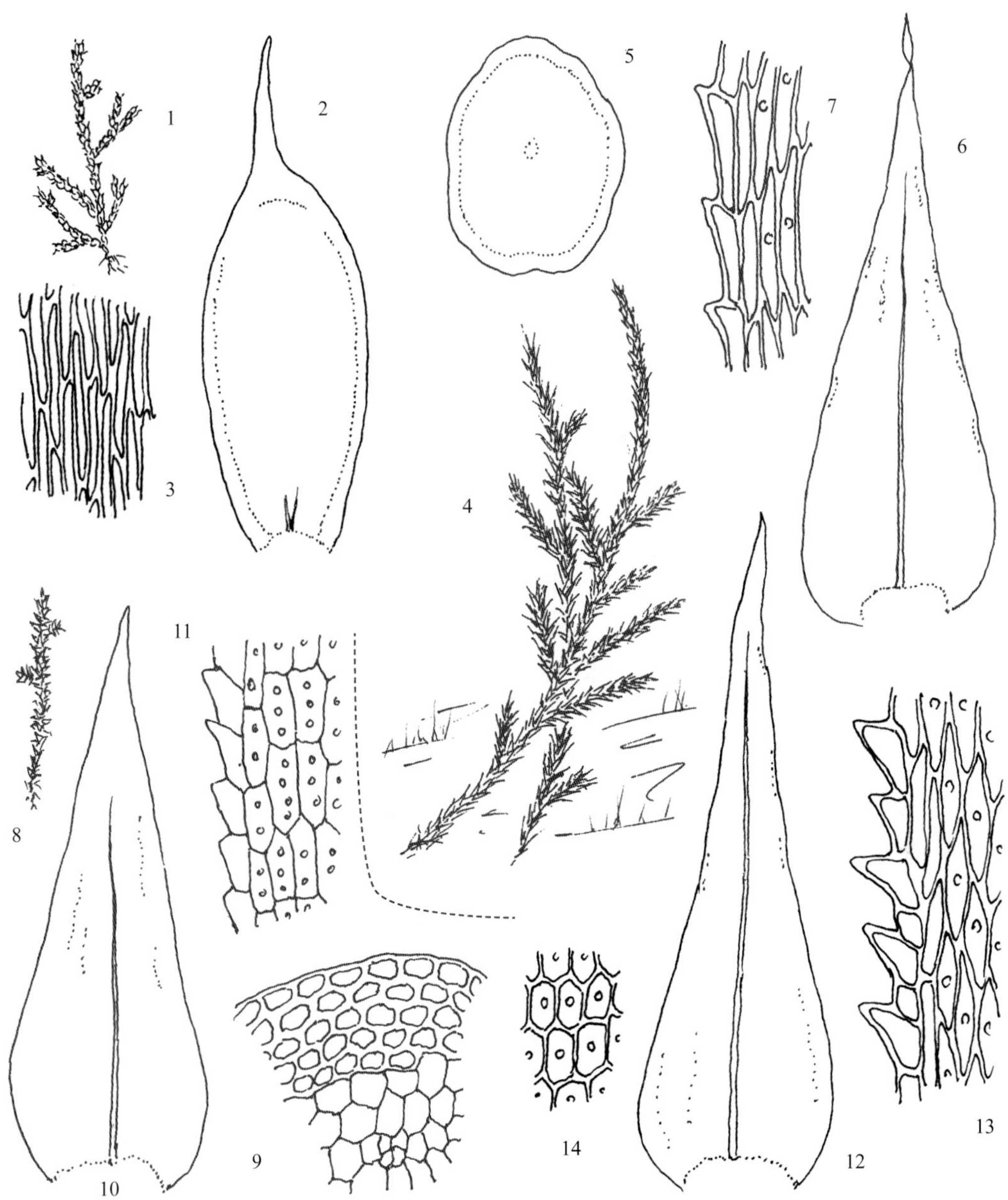

图 158

1~3. 红毛藓 *Oedicladium rufescens*（Reinw. et Hornsch.）Mitt.

1. 植物体（×2），2. 叶（×40），3. 叶中部细胞（×250）

4~7. 美绿锯藓 *Duthiella speciosissima* Broth. ex Card.

4. 着生山区林地的植物群落（×1），5. 茎的横切面（×90），6. 茎叶（×35），7. 叶中部边缘细胞（×300）

8~11. 软枝绿锯藓 *Duthiella flaccida*（Card.）Broth.

8. 植物体（×1），9. 茎横切面的一部（×150），10. 叶（×40），11. 叶中部边缘细胞（×300）

12~14. 台湾绿锯藓 *Duthiella formosana* Nog.

12. 茎叶（×35），13. 叶中部边缘细胞（×300），14. 叶中部近中肋细胞（×300）

1 绿锯藓属 *Duthiella* Broth.

多扁平交织成片生长。体柔弱，绿色至暗绿色，无光泽，主茎匍匐，不规则羽状分枝。茎叶卵状披针形至阔卵状披针形，基部一般无叶耳；叶边上部具粗齿；中肋单一，细弱。叶细胞菱形至长菱形，稀呈方形，薄壁，具单疣或多个细疣。枝叶与茎叶近似，但形小。雌苞侧生支茎或枝上。孢蒴长卵形，略呈弓形。蒴齿内齿层齿毛3，具结节。

本属6种，亚洲南部和东部分布。中国有5种。

分种检索表

1．每一叶细胞具多个细疣……2．软枝绿锯藓 *D. flaccida*

1．每一叶细胞具单个细疣……2

2．茎叶尖部常扭曲；叶边细胞无明显分化……1．美绿锯藓 *D. speciosissima*

2．茎叶尖部不明显扭曲；叶边细胞形大……3．台湾绿锯藓 *D. formosana*

美绿锯藓 *Duthiella speciosissima* Broth. ex Card., Bull. Soc. Bot. Geneve, ser. 2, 5：317. 1913. 图158：4~7

形态特征　成片疏松交织生长。体形稍粗，色泽暗绿至黄绿色，略具光泽；不规则分枝；密被叶片。叶阔卵状披针形，上部扭曲；叶边齿明显；中肋细弱，长达叶尖下。叶细胞菱形至狭长卵形，每个细胞具单疣，边缘细胞狭长，平滑，角部细胞近长方形。蒴柄长约5 cm。

生境和分布　生于海拔800~1 000 m湿热林地和林下石壁。甘肃、河南、安徽、湖北、江西、海南、重庆和四川；日本有分布。

软枝绿锯藓 *Duthiella flaccida*（Card.）Broth., Nat. Pfl.-fam. 1（3）：1010. 1908. 图158：8~11

形态特征　多扁平交织成小片生长。柔弱，色泽暗绿至黄绿色，无光泽。茎不规则羽状分枝。叶干燥时平横伸展，卵状阔披针形，长1~5 mm；叶边具细齿；中肋达叶片上部。叶细胞长六角形至狭长菱形，每个细胞具2~6个成列细疣，胞壁略厚，角部细胞近方形。蒴柄深褐色，长可达3 cm。孢蒴长圆柱形。

生境和分布　生于海拔1 300~3 000 m的山地具土岩石面。甘肃、浙江、台湾、广西、贵州、四川和云南；日本、印度、菲律宾及新几内亚有分布。

台湾绿锯藓 *Duthiella formosana* Nog.，Trans. Nat. His. Soc. Formosa 24：469. 1934. 图 158：12~14

形态特征　多成片疏松交织生长。体形稍粗大，绿色至棕绿色。支茎不规则羽状分枝。叶卵状披针形，具弱纵褶，基部两侧圆钝，尖部扭曲不明显；叶边上部具明显锐齿。叶细胞长六角形，基部细胞趋狭长，背腹面均具单疣；叶边细胞狭长，明显分化，平滑无疣。

生境和分布　生于海拔 2 100~3 700 m 的林地和树基。四川、云南西北部和西藏东南部；日本有分布。

2 异节藓属 *Diaphanodon* Ren. et Card.

常交织成片生长。体形大，黄绿色至褐绿色。支茎倾立，密 1~2 回羽状分枝，有时呈层状；无鳞毛着生。茎叶与枝叶异形。茎叶阔卵状披针形；叶边具锐齿；中肋粗壮，达叶上部。叶细胞长菱形至六角形，具单疣；叶边细胞平滑；角部细胞近方形。枝叶明显小于茎叶，卵形，内凹。蒴柄高出。上部具乳头。孢蒴近于呈球形，老时红棕色。蒴齿 2 层；基膜低，齿毛缺失。

本属 1 种，亚洲南部和喜马拉雅山地区分布。中国有分布。

异节藓 *Diaphanodon blandus*（Harv.）Ren. et Card.，Bull. Soc. Roy. Bot. Belg. 38（1）：23. 1900. 图 159：1~4

形态特征　种的形态特征同属。

生境和分布　生于海拔 1 300~2 600 m 的温湿林内树干和岩面。四川、云南和西藏；尼泊尔、缅甸、印度、斯里兰卡及印度尼西亚有分布。

应用价值　生于高海拔地区，可作为环境变化指示植物。

3 拟木毛藓属 *Pseudospiridentopsis*（Broth.）Fleisch.

常大片状疏松生长。体形粗壮，黄绿色至褐绿色，有时呈黑褐色，具强绢泽光，茎匍匐伸展，尖部上倾；不规则疏羽状分枝，钝端。叶阔卵状披针形，长可达 8 mm，上部明显背仰，基部抱茎，具明显叶耳；叶边具不规则粗齿；中肋消失于叶尖下。叶细胞卵形至长菱形，胞壁强烈加厚，每个细胞具单粗疣，基部细胞长方形至线形，平滑。蒴柄细长。孢蒴卵圆形。

本属 1 种，喜马拉雅山地区和亚洲东南部分布。中国有分布。

拟木毛藓 *Pseudospiridentopsis horrida* (Mitt. ex Card.) Fleisch., Musc. Fl. Buitenzorg 3: 730. 1908. 图 159：5~7

形态特征 种的形态特征同属。

生境和分布 生于海拔 800~2 200 m 的湿热林地、树干、土坡和具土岩面。浙江、贵州、云南和西藏；日本、不丹、尼泊尔、印度及菲律宾有分布。

应用价值 植物体粗壮，大片疏松生长，在温室中具装饰作用。

4 扭叶藓属 *Trachypus* Reinw. et Hornsch.

密片状生长。体纤细至中等大小，色泽黄绿至褐绿色，有时呈鹅黄色或带黑褐色，无光泽。支茎密不规则羽状分枝或不规则分枝；有时具鞭状枝。叶卵状披针形至披针形，具弱纵褶，尖部常扭曲；叶边具细齿；中肋单一，细弱。叶细胞菱形或线形，沿胞壁密被细疣。蒴柄具刺疣。孢蒴球形或卵形。蒴齿齿毛未发育。蒴盖具细长喙。蒴帽被黄色纤毛。

本属 5 种，亚洲热带和亚热带山地、非洲、中南美洲和太平洋岛屿分布。中国有 3 种。

分种检索表

1．植物体纤细；茎叶多狭披针形……………………………………………………………… 1．小扭叶藓 *T. humilis*

1．植物体稍粗；茎叶卵状披针形………………………………………………………………2．扭叶藓 *T. bicolor*

小扭叶藓 *Trachypus humilis* Lindb., Acta Soc. Sc. Fenn. 10：230. 1872. 图 159：8~11

形态特征 密集片状或垫状生长。体纤细，黄绿色或褐绿色，稀呈黑色，无光泽。支茎多密羽状分枝；常具鞭状枝。茎叶卵状披针形，长达 2 mm，有时具透明白尖，具弱纵褶或平展；叶边具细齿；中肋单一，细弱。叶细胞六角形至线形，胞壁厚，具细密疣。枝叶短小。

生境和分布 生于海拔 1 100~3 700 m 温暖湿润林中树干或岩面。安徽、浙江、云南和西藏；朝鲜、日本、亚洲热带及澳大利亚有分布。

扭叶藓 *Trachypus bicolor* Reinw. et Hornsch., Nov. Acta Leop. Can.14，2，Suppl. 708. 1829. 图 159：12~16

形态特征 密集或疏松交织片状生长。体形一般稍粗，绿色至褐绿色，有时呈鹅黄色和黑色，无光泽。支茎密羽状分枝或不规则疏羽状分枝。叶卵状披针形或阔卵状披针形，长达 5 mm，尖部有时偏曲或具透明白尖，常具弱纵褶；叶边全缘或具细齿；中肋细弱，达叶片上部。叶细胞六角形至线形，胞壁厚，具多数细疣。枝叶小于茎叶。

生境和分布 生于海拔 1 100~3 200 m 湿热林中树干和阴湿岩面。安徽、浙江、江西、湖南、贵州、四川、云南和西藏；亚洲、中南美洲和大洋洲有分布。

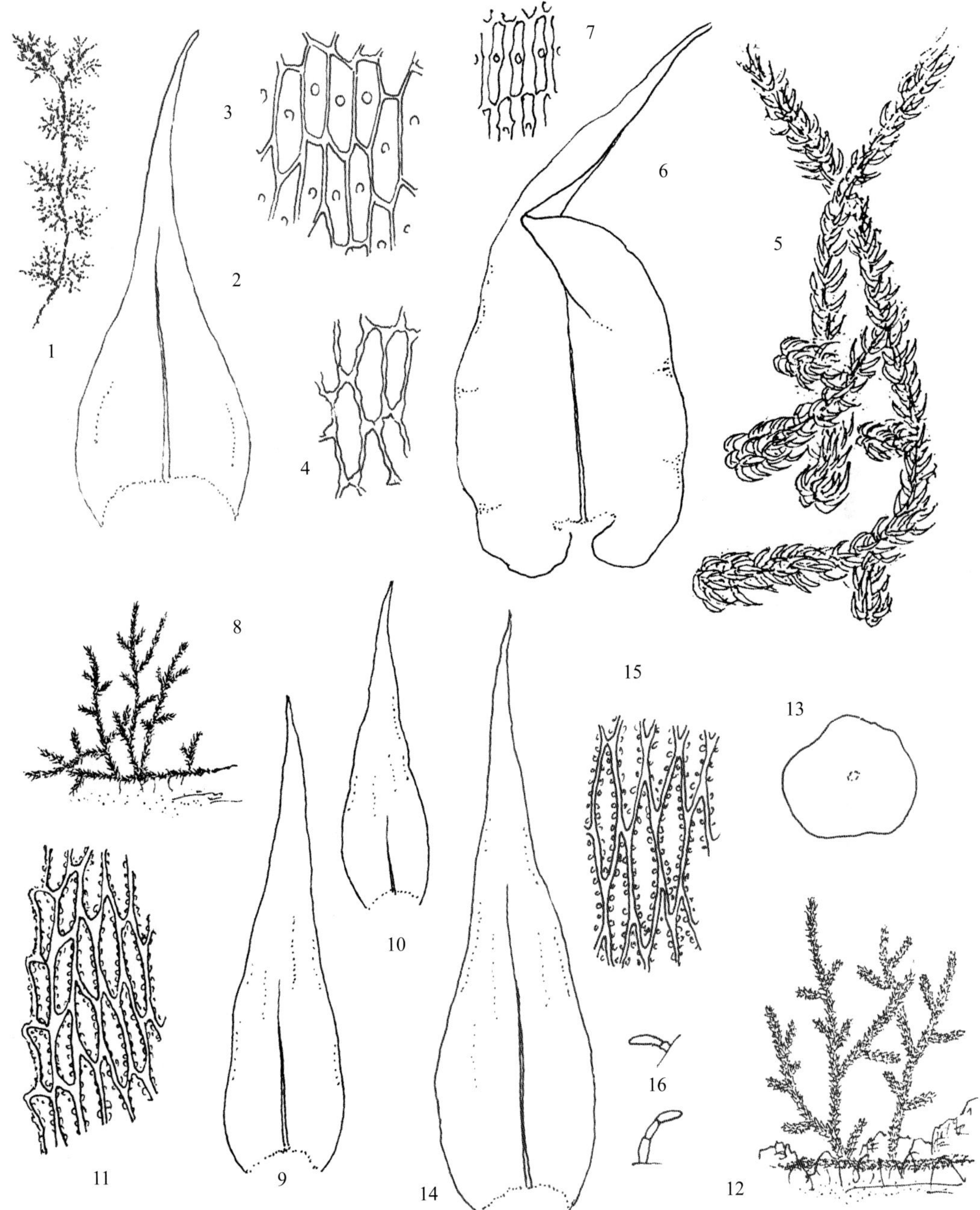

图 159

1~4. 异节藓 *Diaphanodon blandus*（Harv.）Ren. et Card.

1. 植物体（×1），2 茎叶（×35），3. 叶中部细胞（×250），4. 叶基部细胞（×250）

5~7. 拟木毛藓 *Pseudospiridentopsis horrrida*（Card.）Fleisch.

5. 着生林边的植物体（×1.5），6. 茎叶（×35），7. 叶中部细胞（×250）

8~11. 小扭叶藓 *Trachypus humilis* Lindb.

8. 着生具土岩面的植物群落（×1），9. 茎叶（×50），10. 枝叶（×50），11. 叶中部边缘细胞（×300）

12~16. 扭叶藓 *Trachypus bicolor* Reinw. et Hornsch.

12. 着生岩面的植物群落（×1），13. 茎的横切面（×50），14. 茎叶（×50），15. 叶中部细胞（×300），16. 腋毛（×50）

5 拟扭叶藓属 *Trachypodopsis* Fleisch.

疏松成片交织生长。体粗大，绿色至褐绿色，无光泽或略具光泽。支茎不规则羽状分枝或不规则稀疏分枝。叶疏松着生，卵状披针形至阔卵状披针形，上部多扭曲，具纵纹，基部宽阔，具叶耳或大叶耳；叶边上部具粗齿；中肋单一，消失于叶片上部。叶细胞长菱形至六角形，上部细胞壁等厚，基部细胞长卵形，胞壁强烈加厚，具明显壁孔，叶边细胞有时略分化，具单疣或平滑。枝叶小而狭长。雌雄异株。蒴柄细长。孢蒴圆球形。蒴齿2层；内齿层短，齿条有穿孔，齿毛不发育。

本属5种，主要分布亚洲和中美洲。中国有4种。

分种检索表

1．植物体中等大小；叶基两侧叶耳小……………………………1．拟扭叶藓卷叶变种 *T. serrulata* var. *crispatula*

1．植物体较粗大；叶基两侧叶耳大……………………………………………………………………………2

2．茎叶狭卵状披针形，叶尖部占叶长度的1/2 ……………………………… 4．台湾拟扭叶藓 *T. formosana*

2．茎叶卵状披针形，叶尖部占叶长度的1/3 ………………………………………………………………3

3．叶下部长卵形，叶耳部细胞不疏松；叶细胞平滑 ………………………2．大耳拟扭叶藓 *T. auriculata*

3．叶下部阔卵形，叶耳部细胞疏松；叶细胞具单疣 ………………………3．疏耳拟扭叶藓 *T. laxoalaris*

拟扭叶藓卷叶变种 *Trachypodopsis serrulata*（P. Beauv.）Fleisch. var. *crispatula*（Hook.）Zant.，Blumea 9（2）：521. 1959. 图 160：1~2

形态特征　常呈大片疏松生长。体形中等或稍粗壮，榄绿色至褐绿色，略具暗光泽。支茎不规则羽状分枝或叉状分枝。叶疏松着生茎上，有时一向偏曲，卵状披针形或阔卵状披针形，长可达4 mm，多具明显纵褶，基部具小叶耳；叶边具粗齿或细齿；中肋单一，达叶片上部。叶细胞六角形至线形，具单疣；叶边细胞稍狭长，不形成分化边缘；基部细胞壁厚而具壁孔。蒴齿齿毛不发育。

生境和分布　多着生海拔1 300~3 100 m潮湿温热的林中树干、阴湿岩面及土面。湖北、四川、云南和西藏；老挝、尼泊尔、缅甸、印度、菲律宾、印度尼西亚及中美洲有分布。

大耳拟扭叶藓 *Trachypodopsis auriculata*（Mitt.）Fleisch.，Hedwigia 45：67.1906. 图 160：3~7

形态特征　疏松丛集成片生长。体粗壮，褐绿色至褐色，具暗光泽。支茎稀不规则羽状分枝。叶阔卵状披针形，长可达5 mm，具多数深纵褶，叶基具大而卷曲的叶耳；叶边齿粗或细；中肋单一，消失于叶尖下。叶细胞狭长卵形至近狭长菱形，具单疣或平滑；基部细胞壁强烈加厚，具壁孔；叶边细胞不分化。雌苞生支茎上部。蒴柄长达2 cm。孢蒴圆球形。蒴盖具短斜喙。

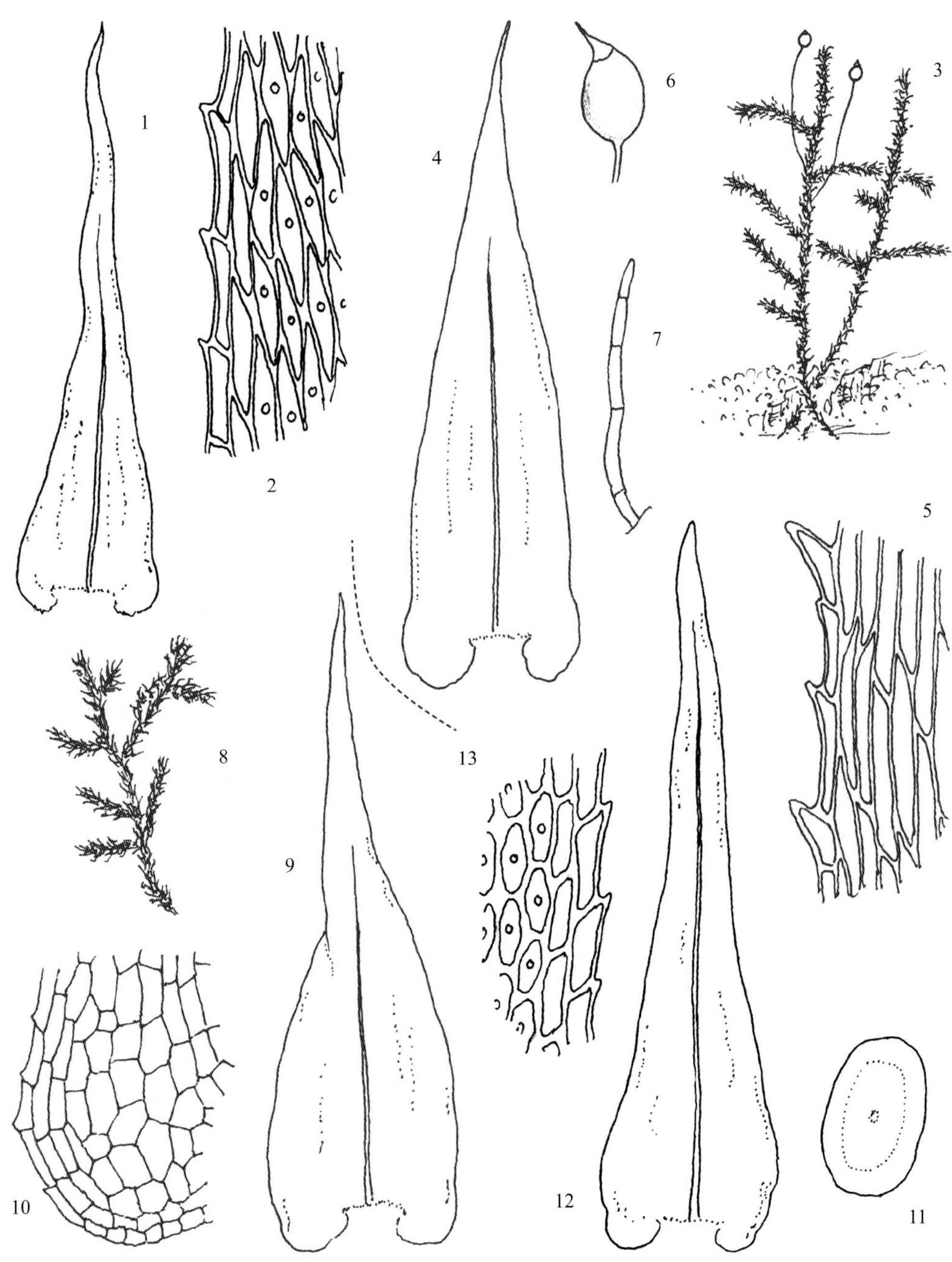

图 160

1~2. **拟扭叶藓卷叶变种** *Trachypodopsis serrulata*（P. Beauv.）Fleisch. var. *crispatula*（Hook.）Zant.

1. 茎叶（×25），2. 叶中部细胞（×300）

3~7. **大耳拟扭叶藓** *Trachypodopsis auriculata*（Mitt.）Fleisch.

3. 着生山地岩面的植物群落（×1），4. 茎叶（×25），5. 叶中部边缘细胞（×300），6. 孢蒴（×10），7. 腋毛（×300）

8~10. **疏耳拟扭叶藓** *Trachypodopsis laxoalaris* Broth.

8. 植物体（×1），9. 茎叶（×30），10. 叶基部细胞（×300）

11~13. **台湾拟扭叶藓** *Trachypodopsis formosana* Nog.

11. 茎的横切面（×60），12. 茎叶（×25），13. 叶中部边缘细胞（×300）

生境和分布 生于海拔 1 300~3 100 m 湿热林中树干及林地。台湾、海南、广西、四川、云南和西藏；印度和斯里兰卡有分布。

疏耳拟扭叶藓 *Trachypodopsis laxoalaris* Broth., Wiss. Erg. Deut. Zentr. Afr. Exp. 2, 1：160. 1910. 图 160：8~10

形态特征 疏松成小片生长。植物体较粗大，黄绿色，具弱光泽。支茎长约 10 cm，匍匐伸展或垂倾；具不明显中轴。不规则羽状分枝。叶干时倾立或平展，阔卵状披针形，基部具大叶耳，上部渐狭成狭长披针形尖，多扭曲，具不规则纵褶；叶边上部具粗齿；中肋单一，粗壮，至于叶尖下部。叶细胞狭长菱形，具单疣，叶边细胞不分化，叶基角细胞多数，膨大，疏松，透明，边缘细胞狭长。

生境和分布 海拔 1 500 m 林下生长。四川、湖北、安徽和甘肃；非洲中东部有分布。

台湾拟扭叶藓 *Trachypodopsis formosana* Nog.，Journ. Hattori Bot. Lab. 2：59. 1947. 图 160：11~13

形态特征 疏松成片生长。植物体粗壮，黄绿色或带棕色，具暗光泽。支茎长可达 15 cm，具分化中轴。不规则羽状分枝，硬挺。叶密集，干时倾立或平展，湿时平展，基部卵形，上部狭长披针形，具强烈纵褶，叶尖部扭曲，叶耳稍阔大而明显；叶边具细齿；中肋近叶尖部消失；叶细胞狭长菱形或线形，部分细胞具单疣稀具 2 个疣；叶边细胞不分化；角细胞大，方形或长方形，厚壁，具壁孔。

生境和分布 多树干及岩面生长。中国特有，产西藏、云南、四川、贵州、湖北和台湾。

080 蕨藓科 PTEROBRYACEAE

稀疏或密集成片，或成簇状垂倾生长。植物体多大型，粗壮或坚挺，具光泽。主茎细长而匍匐，有稀疏假根或鳞叶；支茎单一，或不规则分枝、羽状分枝或树形分枝，分枝直立或分层垂倾。叶干时紧贴或常扭曲，基部阔卵形，不下延，稀心形下延，上部圆钝或有长尖，或狭长披针形、渐尖或有细长毛状尖。叶细胞近线形，多平滑，稀有前角突，近基部细胞较疏松，角细胞有时分化或呈棕色。多雌雄异株。蒴柄红色，多平滑。孢蒴隐生或高出雌苞叶，卵圆形，直立。蒴齿 2 层。外齿层齿片披针形，外面横脊不常发育，或不规则加厚，具横纹或有疣；内齿层多退化，基膜低，或具线形、稀呈折叠状的齿条；齿毛多缺失。蒴盖圆锥形。蒴帽小，兜形或帽形。孢子多形大，具疣。

本科 27 属，热带、亚热带地区分布。中国有 14 属。

分属检索表

1. 植物体一般不分枝；叶无中肋或 2 短肋……1. 绳藓属 *Garovaglia*
1. 植物体多分枝；叶具单中肋或 2 短肋……2
2. 叶椭圆形，强烈内凹，上部突收缩成尾尖；中肋不明显……7. 拟金毛藓属 *Eumyurium*
2. 叶长卵形椭圆形或卵状披针形，具钝尖或披针形尖；中肋单一或 2 短肋……3
3. 植物体支茎不规则 1~2 回羽状分枝……4
3. 植物体支茎不规则分枝或 1~2 回不规则羽状分枝……5
4. 分枝粗而疏；叶卵状披针形……3. 蕨藓属 *Pterobryon*
4. 分枝细而密；叶长卵形，具宽尖……5. 滇蕨藓属 *Pseudopterobryum*
5. 植物体常具细长鞭状枝；叶尖细长；叶角部细胞常具色泽……4. 拟蕨藓属 *Pterobryopsis*
5. 植物体无细长鞭状枝；叶尖短或长；叶角部细胞不具色泽……6
6. 叶尖宽钝；中肋单一……2. 耳平藓属 *Calyptotheium*
6. 叶尖细长；中肋 2，短弱……6. 小蔓藓属 *Meteoriella*

1 绳藓属 *Garovaglia* Endl.

小片状倾垂生长。体形粗大，多硬挺。主茎细长，匍匐横生，在分枝处常有丛生假根；支茎密生，倾立，基部有时裸露，但多密被叶片，略呈扁平形，单一或有稀疏而不规则的分枝；枝端圆钝。茎叶卵圆形，有短尖或突狭成细长尖，干燥时紧贴，或近于背仰，湿润时倾立，内凹，有纵长褶；叶边平直，多具粗齿；中肋 2，或缺失。叶细胞线形或近线形，近基部细胞排列疏松，壁孔极明显，角部细胞常分化。孢蒴隐生雌苞叶内，卵形或长卵形，棕色，平滑。蒴齿 2 层；外齿层齿片披针形，淡黄色或棕红色，中脊深开裂，具疣，内面横隔细弱；内齿层基膜不高出，齿条与外齿层齿片近于等长，披针形，有节瘤及细疣。蒴盖近于扁平，有短直喙。蒴帽钟形，多瓣开裂，平滑。孢子形状不规则。

本属约 19 种，多热带地区分布。中国有 3 种。

分种检索表

1. 植物体粗大；叶阔卵状披针形……1. 南亚绳藓 *G. elegans*
1. 植物体略小；叶阔椭圆形……2. 绳藓 *G plicata*

南亚绳藓 *Garovaglia elegans*（Dozy et Molk.）Bosch. et S. Lac.，Bryol. Jav. 2：281. 1863. 图 161：1~5

形态特征　疏松成簇或小片状倾垂生长。支茎长可达 5~10 cm 以上，单一或分叉，鲜绿色，具光泽，下部褐色。叶片疏松着生，倾立，干燥时扭曲，宽卵状披针形，具多数深

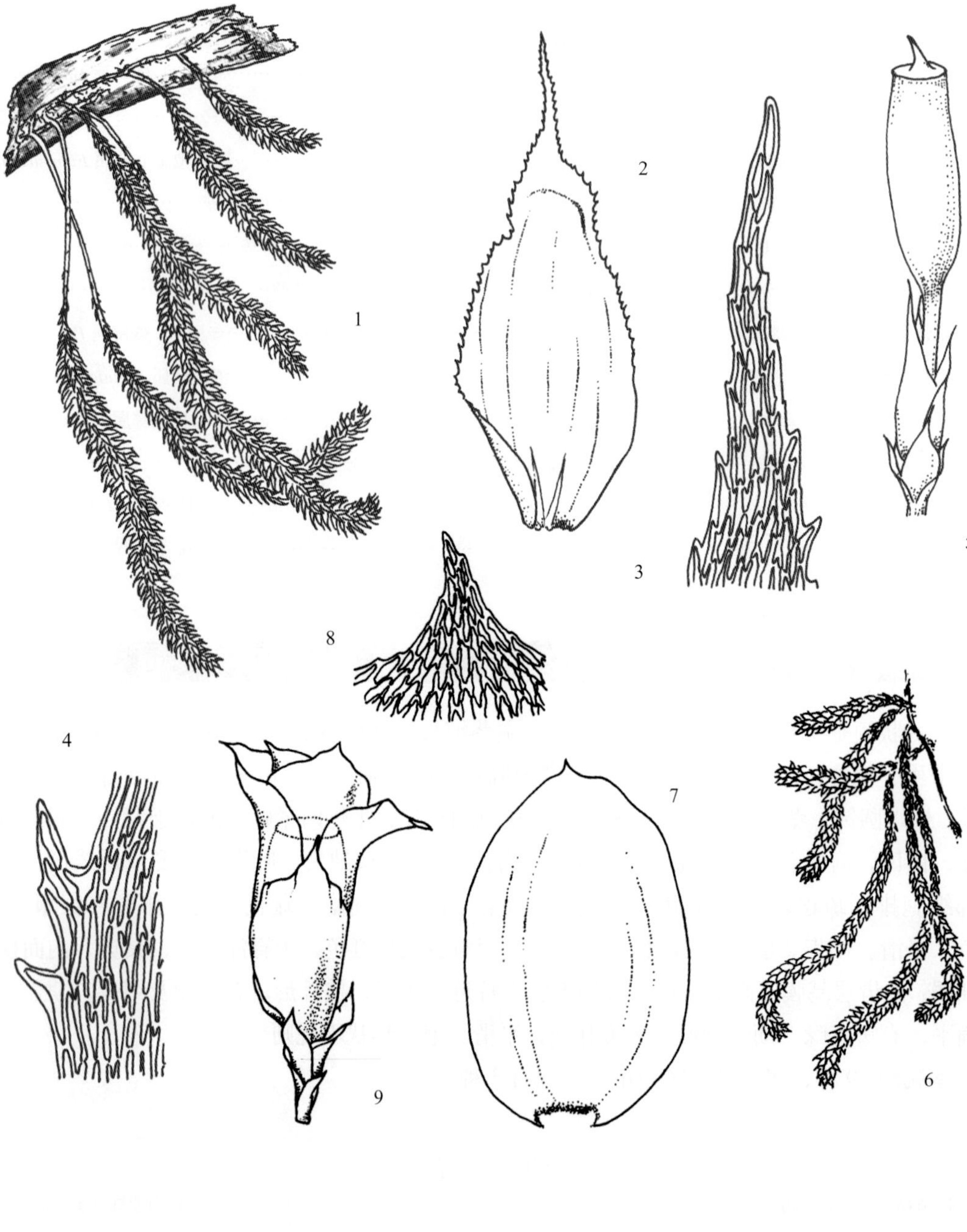

图 161

1~5. 南亚绳藓 *Garovaglia elegans*（Dozy et Molk.）Bosch et S. Lac.

1. 植物体（×1），2. 叶片（×10），3. 叶尖部细胞（×200），4. 叶中部边缘细胞（×200），5. 具雌苞叶的孢蒴（×15）

6~9. 绳藓 *Garovaglia plicata*（Brid.）Bosch et S. Lac.

6. 植物体（×1），7. 叶片（×10），8. 叶尖部细胞（×200），9. 具雌苞叶的孢蒴（×15）

纵褶，向上渐尖，长可达 7 mm；叶边下部背卷，上部有粗齿；中肋短弱。叶细胞菱形，具壁孔，宽 8~10 μm，长度可达宽度的 6~10 倍，近基部细胞趋短，但不形成分化的角部细胞。蒴齿外齿层齿片具疣，中缝多开裂；内齿层齿条纤细，与外齿层等高，基膜极低。

生境和分布　着生湿热山地林内树干、岩面或石壁。台湾、广东、海南、广西、云南和西藏；越南、菲律宾、印度尼西亚及大洋洲（加罗林群岛）有分布。

绳藓 *Garovaglia plicata*（Brid.）Bosch et S. Lac.，Bryol. Jav. 2：79. 1863. 图 161：6~9

形态特征　成簇倾垂生长。主茎密生假根。支茎粗，直立或弯曲，末端黄绿色，下部褐色，长可达 8 cm，偶有短分枝，连叶宽 6~8 mm。叶密集着生，阔卵圆形，具短急尖，有多数纵褶；叶边尖部多具细齿。叶细胞具壁孔，叶尖部细胞长菱形，中部细胞略长，下部细胞渐宽短。雌苞生于极短的侧枝上。蒴柄隐于雌苞叶中。孢蒴椭圆状圆柱形。蒴盖圆锥形。蒴齿 2 层，内齿层齿条线形。蒴帽小型，钟状。

生境和分布　生潮湿炎热山区林内树干。海南和云南；印度北部、印度尼西亚及斯里兰卡有分布。

2 耳平藓属 *Calyptothecium* Mitt.

交织成大片悬垂生长。体形粗大，具绢丝光泽。主茎匍匐伸展，密被红棕色假根，具小形疏列而紧贴的鳞叶，有时具鞭状枝。支茎下垂，多具稀疏不规则分枝，有时呈密集规则分枝或羽状分枝；稀有鳞毛。叶疏松或密集四向倾立，扁平排列，多卵形或舌状卵形，两侧不对称，尖部短阔，具横波纹，常有纵长皱褶；叶边全缘，或上部具细齿；单中肋，长达叶片中部或在叶尖下消失，稀缺失。叶细胞薄壁或厚壁，有壁孔，平滑，近尖部细胞狭菱形，基部细胞疏松，红棕色，角部细胞不明显分化。雌雄异株。孢蒴隐生于雌苞叶内，卵形或长卵形。蒴齿 2 层。蒴盖圆锥形。蒴帽仅罩覆蒴盖，基部多瓣开裂，或一侧开裂，平滑或具毛。孢子形大，具细疣。

本属约 40 种，热带、亚热带地区分布。中国有 7 种。

分种检索表

1. 植物体长可达 30 cm；不规则羽状分枝；叶内凹，中肋弱，达叶 1/2 处……………………1. 急尖耳平藓 *C. hookeri*
1. 植物体长小于 10 cm；不规则分枝或稀分枝；叶平展，中肋达叶 2/3 处……………………2. 长尖耳平藓 *C. wightii*

急尖耳平藓 *Calyptothecium hookeri*（Mitt.）Broth.，Nat. Pfl.-fam. 1（3）：839. 1906. 图 162：1~3

形态特征　疏片状着生。植物体形大，茎红色；枝条下垂，长 10~30 cm，分枝稀疏而短，小枝长约 1 cm。叶片长约 6 mm，尖端圆钝或钝尖，基部具叶耳；叶边具细齿；中肋单一，细弱，长达叶片中部。叶细胞长菱形，平滑，近尖部细胞菱形，中部细胞偶尔有 1

或 2 个疣，基部细胞壁孔明显，叶基中部细胞呈红色，叶耳部细胞深褐色，宽短。雌苞着生短侧枝上。内雌苞叶大于外雌苞叶，具长尖。蒴柄甚短。蒴齿前齿层甚短；外齿层齿片披针形，中部以下相连；内齿层齿条线形，中部以下相连，短于齿片。孢子卵形。

生境和分布　着生山区林中树枝或石上。甘肃、台湾、福建、江西、四川、云南和西藏；日本、尼泊尔、缅甸、印度及泰国有分布。

长尖耳平藓 Calyptothecium wightii（Mitt.）Fleisch.，Hedwigia 45：62. 1905. 图 162：4~7

形态特征　疏松簇状生长。植物体中等大小，硬挺。主茎匍匐，枝茎稀疏分枝，长 5~10 cm。叶直立或伸展，卵形，基部心形，具明显叶耳，尖端渐尖；叶边具细齿；中肋单一，长可达叶片 3/4 处；叶细胞菱形，平滑，厚壁，具明显壁孔，基部细胞壁孔明显，叶耳部细胞狭窄，略短，无明显界限。孢蒴隐生。孢蒴卵球形。

生境和分布　着生林中树干或岩面。云南、西藏、台湾和香港；斯里兰卡、印度、尼泊尔、缅甸、孟加拉国、泰国、越南和印度尼西亚有分布。

3 蕨藓属 *Pterobryon* Hornsch.

稀疏或密片状生长。体形粗大，绿色，有时呈淡黄色或黄褐色，分枝密集而常呈树形，主茎匍匐伸展，密被棕色假根；支茎横展或悬垂，有稀疏小型背仰的基叶，上部有密羽状分枝；分枝多倾立，背腹略呈扁平，或具疏生小枝。枝叶倾立，长卵形或卵状披针形，有短尖或长尖，略内凹，具明显纵褶；叶边尖部多具锐齿；中肋单一，不及叶尖或近叶尖部消失。叶细胞平滑，具弱壁孔，线形或狭长六边形，基部细胞较疏松，棕色，角细胞不分化，或近于分化。雌雄异株。孢蒴隐于雌苞叶内，多阔卵形，棕色。蒴齿 2 层。有时具前齿层。蒴盖扁平或圆锥形，有短直喙。蒴帽小，平滑。孢子圆形，有细密疣。

本属约 7 种，分布热带及亚热带山区。中国 2 种。

树形蕨藓 *Pterobryon arbuscula* Mitt.，Trans. Linn. Soc. London Bot. ser. 2，3：171. 1891. 图 162：8~10

形态特征　疏或密丛集生长。体形大，黄褐色至褐绿色，略具光泽。主茎匍匐；支茎平卧或悬垂，长约 7 cm；枝条长约 2 cm。茎叶狭卵状披针形，基部向上急尖或渐尖，干燥时具纵褶；叶边平展，上部有细齿；中肋单一，长达叶尖下。枝叶与茎叶相似。叶上部细胞多具壁孔；中部细胞长六边形或近于线形，薄壁；角部细胞不分化。雌苞叶椭圆形，急狭成长尖。孢蒴隐生，卵形至近球形，棕色。孢子具细疣。

生境和分布　南部山区树干附生。浙江、台湾、广西和云南；日本及朝鲜有分布。

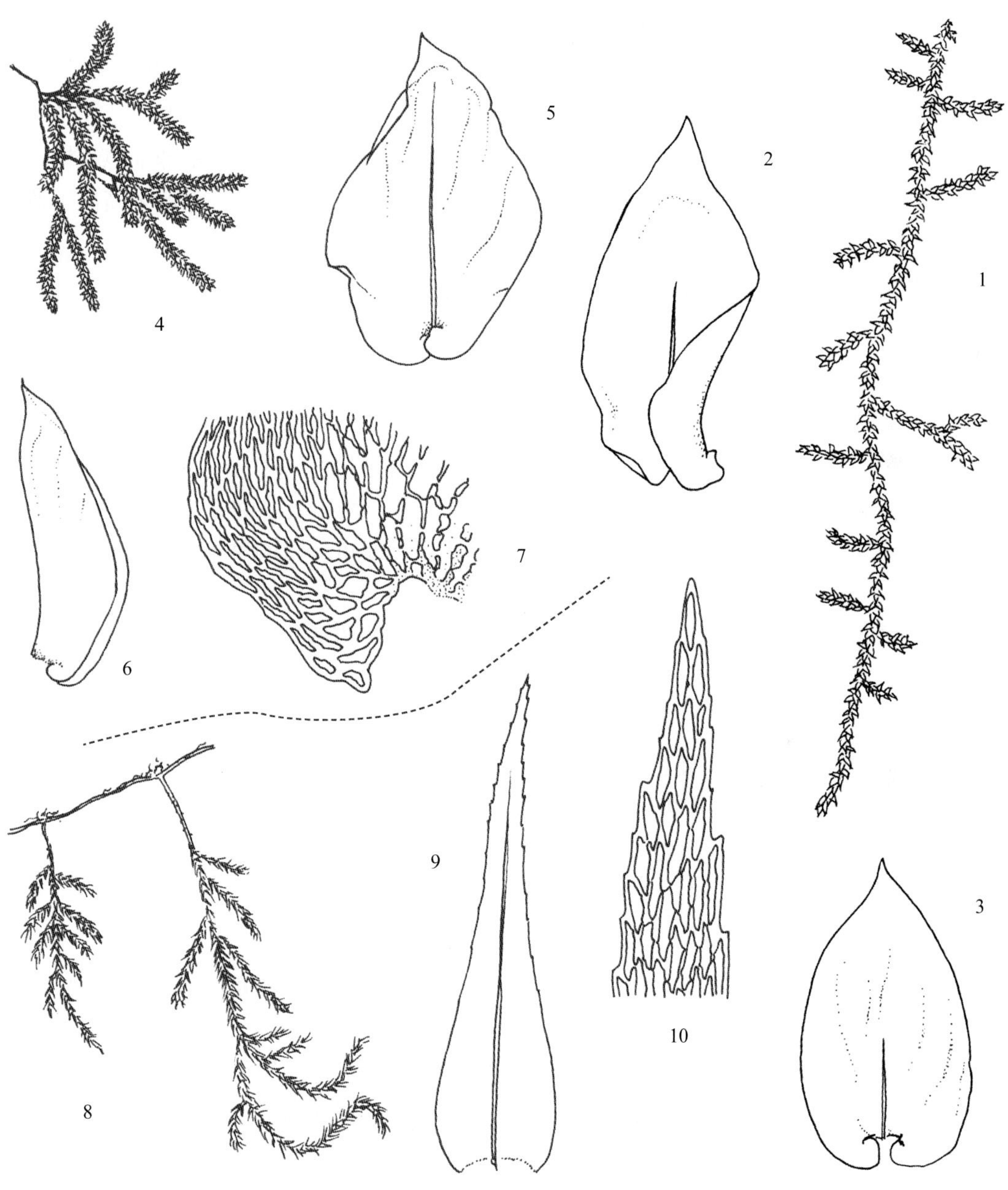

图 162

1~3. 急尖耳平藓 *Calyptothecium hookeri*（Mitt.）Broth.

1. 植物体（×1），2~3. 叶片（×30）

4~7. 长尖耳平藓 *Calypothecium wightii*（Mitt.）Fleisch.

4. 植物体（×1），5~6. 叶片（×30），7. 叶基部细胞（×400）

8~10. 树形蕨藓 *Pterobryon arbuscula* Mitt.

8. 植物体（×1），9. 叶（×40），10. 叶尖部细胞（×400）

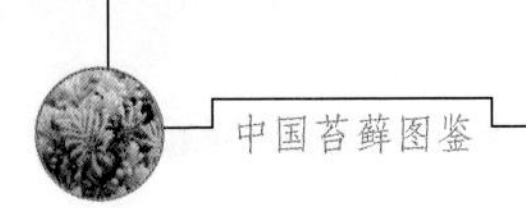

4 拟蕨藓属 *Pterobryopsis* Fleisch.

交织群生。植物体细长或粗壮，具光泽。主茎匍匐；支茎倾立或下垂，不规则分枝或树形分枝，有时具鞭状枝，尖部呈尾状，或具圆条形或等长的分枝。叶干时覆瓦状排列或疏松贴生，卵形，渐上成短尖，稀急尖，强烈内凹；叶边全缘或近尖部具细齿；中肋单一，长达叶片中部，稀具双中肋或缺失。叶细胞菱形或线形，平滑，近基部细胞疏松，红棕色，有壁孔，角部细胞常分化，厚壁。雌雄异株。蒴柄短，或稍长。孢蒴多高出于雌苞叶。蒴齿2层。蒴盖圆锥形，有短喙。

本属约30种，热带和亚热带地区分布。中国有5种。

分种检索表

1. 植物体无鞭状枝；叶卵圆形，扁平 ······························ 1. 南亚拟蕨藓 *P. orientalis*

1. 植物体常具鞭状枝；叶长椭圆形，内凹，具细长尖 ······························ 2. 拟蕨藓 *P. crassicaulis*

南亚拟蕨藓 *Pterobryopsis orientalis*（Müll. Hal.）Fleisch.，Hedwigia 59：217. 1917. 图163：1~3

形态特征 悬垂成片生长。黄绿色或深绿色，直立，树形分枝，高约6 cm。叶密生，倾立至伸展，卵形或宽卵形，较平展，短渐尖或急尖；叶边平，上部具细齿；中肋单一，至叶2/3处。叶细胞线形，厚壁，具壁孔；角部细胞明显分化，方形，多列，深红棕色。雌苞着生短侧枝上。雌苞叶直立，较狭窄。蒴柄直立。孢蒴直立，卵状圆柱形。蒴齿外齿层发育良好，透明，平滑；内齿层齿条线形，与外齿层等长。

生境和分布 生树干或岩面。陕西、甘肃、四川和云南；尼泊尔、印度、缅甸、泰国、印度尼西亚及越南有分布。

拟蕨藓 *Pterobryopsis crassicaulis*（Müll. Hal.）Fleisch.，Hedwigia 45：57. 1905. 图163：4~6

形态特征 成簇状倾垂生长。支茎尖部上倾，长可达6 cm，单一或稀少分枝，上部黄绿色，下部棕色，尖部细长，具光泽；常具鞭状枝。叶片阔椭圆形，深内凹，具细长尖；叶边上部具细齿，内卷，下部全缘；中肋单一，达叶片中部。叶细胞线形，壁厚，具壁孔，平滑；叶基角部细胞明显分化，常具色泽。雌苞叶卵状披针形，渐成长毛尖。蒴柄短。孢蒴椭圆状圆柱形。蒴齿灰黄色，透明，平滑；内齿层缺失。蒴盖圆锥形，具短喙。

生境和分布 习生山地湿热林内树干或倒木上。海南和广西；斯里兰卡及印度尼西亚有分布。

应用价值 为热带山地典型代表植物之一。

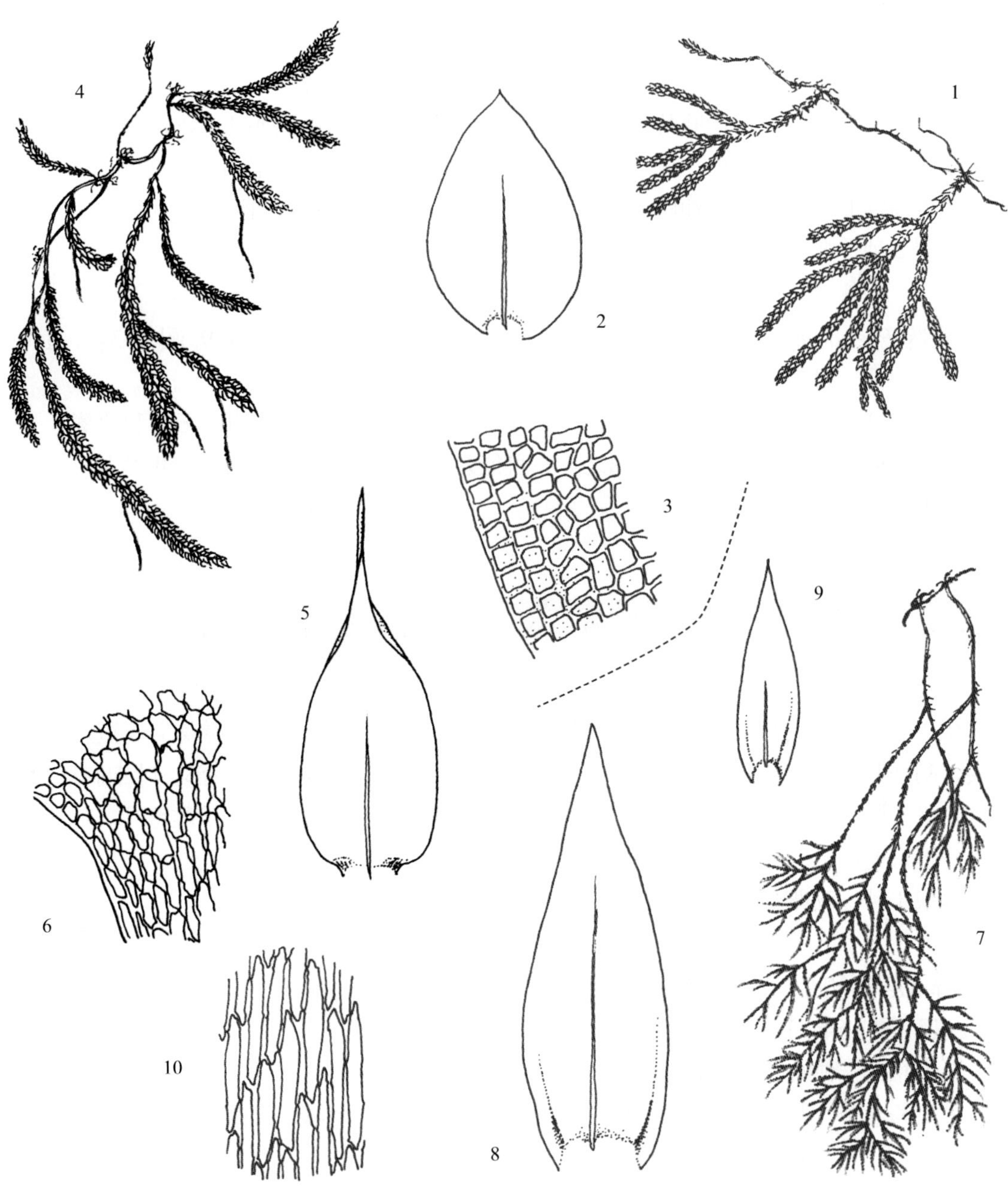

图 163

1~3. 南亚拟蕨藓 *Pterobryopsis orientalis*（Müll. Hal.）Fleisch.

1. 植物体（×1），2. 叶片（×40），3. 叶基部细胞（×550）

4~6. 拟蕨藓 *Pterobryopsis crassicaulis*（Müll. Hal.）Fleisch.

4. 植物体（×1），5. 叶片（×40），6. 叶基部细胞（×550）

7~10. 大滇蕨藓 *Pseudopterobryum laticuspis* Broth.

7. 植物体（×1），8. 茎叶（×40），9. 枝叶（×40），10. 叶中部细胞（×550）

5 滇蕨藓属 *Pseudopterobryum* Broth.

稀疏成片丛集。主茎匍匐延伸；支茎密被叶片，下部单一，上部密树状两回羽状分枝。茎叶长卵状披针形，具狭长尖，基部狭窄，内凹，有纵褶；叶边略背曲，上部具细齿；中肋单一，细弱，长达叶片上部。叶细胞线形，平滑，角部细胞多数，小而呈方形或菱形，略膨起。枝叶较小，强烈内凹。雌雄异株。孢蒴隐生于雌苞叶内，卵形。蒴齿 2 层。蒴盖圆锥形，具斜喙。蒴帽圆锥形，有疣，基部绽裂，边缘有细齿。

本属 2 种，多南方高海拔山区分布。中国特有。

大滇蕨藓 *Pseudopterobryum laticuspis* Broth.，Symb. Sin. 4：80. 1929. 图 163：7~10

形态特征　同属描述。支茎长 5~8 cm，上部密二回羽状分枝。

生境和分布　习生南部山地树干、腐木或石壁。中国特有，产四川、云南和西藏。

应用价值　中国苔藓植物特有属之一，可能系喜马拉雅山系隆起后所产生的类群，在科学上极具探讨价值。

6 小蔓藓属 *Meteoriella* Okam.

成片悬垂生长。体形较粗，硬挺，暗绿色，有时具黑色，具绢丝光泽。主茎匍匐；支茎密生，长下垂并具疏羽状分枝。叶阔卵形或心形，强烈内凹，上部突狭窄成短急尖或长尖，基部叶耳明显，抱茎；叶边平展，近于全缘；中肋 2，达叶片中下部。叶细胞线形，厚壁，平滑，壁孔明显，角部细胞不分化。雌雄异株。蒴柄弯曲，高出于雌苞叶。孢蒴近于圆球形，蒴口小。蒴齿单层。

本属 1 种，亚洲东部特有。中国有分布。

小蔓藓 *Meteoriella soluta*(Mitt.) Okam., Journ. Coll. Sci. Imp. Univ. Tokyo 36(7)：18. 1915. 图 164：1~4

形态特征　种的形态特征同属。

生境和分布　着生亚热带地区林内树干或岩面。安徽、台湾、江西、贵州、四川和云南；日本、印度北部及越南有分布。

7 拟金毛藓属 *Eumyurium* Nog.

疏松丛集成片生长。体形稍粗壮，硬挺，黄绿色或茶褐色，略具光泽。主茎匍匐，着生稀疏假根；支茎垂倾，多 1 回不规则羽状分枝，干燥时枝尖稍内卷。叶湿润时倾立，干燥时疏松贴生，阔卵形，强烈内凹，上部突狭成细长毛尖，常具少数浅纵褶；叶边内卷，近于全缘；中肋 2，短弱。叶细胞线形，具壁孔，叶角部细胞方形，浅黄棕色，胞壁强烈加厚，具明显壁孔。雌雄异株。雌苞侧生枝上。蒴柄细长，棕黄色。孢蒴长卵形。蒴齿 2 层；外齿层淡黄色，齿片披针形，上部具细疣，近基部有横纹；内齿层透明，柔薄，齿毛不发育。蒴盖具斜长喙。蒴帽兜形。孢子黄色，圆形至椭圆形，具细疣。

本属 1 种，亚洲东部分布。中国有分布。

拟金毛藓 *Eumyurium sinicum*（Mitt.）Nog.，Journ. Hattori Bot. Lab. 2：65. 1947. 图 164：5~7

形态特征　疏松丛集。主茎匍匐，长约 10 cm。茎横切面椭圆形；中轴分化不明显。支茎直立或渐上倾，扭曲，尖部圆钝或锐尖，单一或具少数分枝。叶干燥时紧贴，宽椭圆形，上部具短尖，明显内凹；全缘或上部具细齿；中肋细，短弱，分叉，稀单一。叶中部细胞线形，具壁孔；角部细胞短。内雌苞叶椭圆形，具毛状尖，无中肋。

生境和分布　习生湿热山区树上。云南、西藏、广东、海南和台湾；朝鲜和日本有分布。

应用价值　作为东亚特有苔藓植物属之一，对中国苔藓区系的形成具重要意义。

081 蔓藓科 METEORIACEAE

多束状或片状下垂生长。体形纤细或粗壮，色泽黄绿、褐绿色或呈黑色，多具暗光泽。主茎匍匐；支茎具不规则分枝或不规则羽状分枝；叶腋具少数假鳞毛和腋毛。叶覆瓦状或扁平贴生，一般呈心形、阔椭圆形或卵状披针形，基部宽阔，有时具叶耳，多纵褶或波纹，叶尖部常突收缩成短尖或长毛尖；叶边具细齿或粗齿；中肋单一，纤细，消失于叶上部，稀分叉或缺失。叶细胞卵形、菱形至线形，上部细胞多薄壁，基部细胞壁多强烈加厚，壁孔明显，角部细胞不规则方形，每个细胞具单粗疣、细疣或成列细疣，稀胞腔内壁密被细疣。雌苞侧生。蒴柄平滑或粗糙。孢蒴长卵形或圆柱形。蒴齿 2 层；齿毛缺失或退化。蒴盖圆锥形。蒴帽兜形或帽形，多被纤毛。孢子具疣。

本科 20 属，热带和亚热带地区分布。中国有 18 属。

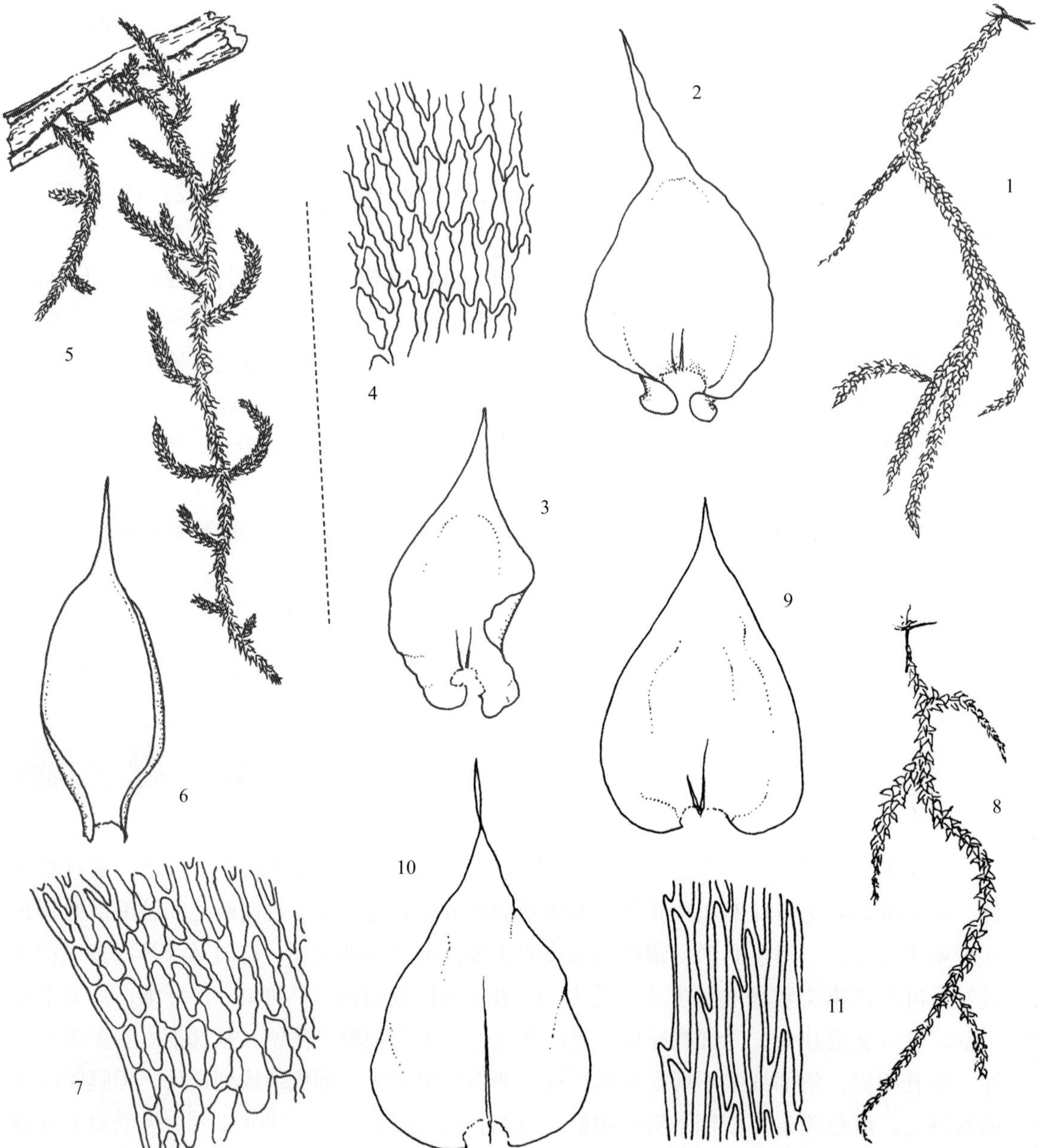

图 164

1~4. 小蔓藓 *Meteoriella soluta*（Mitt.）Okam.

1. 植物体（×1），2~3. 叶片（×25），4. 叶基部细胞（×300）

5~7. 拟金毛藓 *Eumyrium sinicum*（Mitt.）Nog.

5. 植物体（×1），6. 叶片（×25），7. 叶基部细胞（×300）

8~11. 气藓 *Aerobryum speciosum* Dozy et Molk.

8. 植物体（×1），9~10. 叶片（×30），11. 叶中部边缘细胞（×300）

分属检索表

1．叶干燥时多紧贴茎和枝，多内凹……2
1．叶干燥时多不紧贴茎和枝，不内凹……4
2．叶细胞具多疣……14．隐松箩藓属 *Cryptopapillaria*
2．叶细胞具单疣，稀无疣……3
3．叶上部渐狭成毛尖……2．毛扭藓属 *Aerobryidium*
3．叶上部圆钝，突收缩成长或短尖……15. 蔓藓属 *Meteorium*
4．叶上部背仰或波曲……5
4．叶上部不背仰或波曲……6
5．茎和枝较粗；叶细胞平滑或具疣……10．粗蔓藓属 *Meteoriopsis*
5．茎和枝较细；叶细胞具成列细疣……13．反叶藓属 *Toloxis*
6．植物体较粗大，连叶片宽度一般在 3 mm 以上……7
6．植物体较细，连叶片宽度一般不超过 3 mm……11
7．植物体多黄绿色；茎和枝上叶排列呈圆条形……8
7．植物体多灰绿色或淡绿色；茎和枝上叶呈扁平排列……10
8. 叶基两侧具大叶耳……16．耳蔓藓属 *Neonoguchia*
8. 叶基两侧不具大叶耳……9
9. 叶细胞卵形，每个细胞具单疣；蒴柄高出于雌苞叶……12．垂藓属 *Chrysocladium*
9. 叶细胞线形，每个细胞具 1~3 疣；蒴柄不高出于雌苞叶……11．多疣藓属 *Sinskea*
10．叶中部细胞线形，平滑，胞壁薄而等厚……1．气藓属 *Aerobryum*
10．叶中部细胞卵形至长卵形，具疣，胞壁强烈加厚，具明显壁孔……5．灰气藓属 *Aerobryopsis*
11．叶无中肋或具 2 短肋；叶细胞平滑或具单疣……4．拟悬藓属 *Baebellopsis*
11．叶具中肋；叶细胞具多个疣，稀具单疣……12
12．叶细胞透明……13
12．叶细胞不透明……15
13．茎和枝基部扁平被叶……6．假悬藓属 *Pseudobarbella*
13．茎和枝不扁平被叶……14
14．每一叶细胞具单个细疣；环带不分化……3．悬藓属 *Barbella*
14．每一叶细胞具 2~3 个细疣；环带由 2 列小型厚壁细胞组成……7．新丝藓属 *Neodicladiella*
15．叶多扁平排列；叶细胞疣位于胞腔中央；蒴帽兜形，具纤毛……9．丝带藓属 *Floribundaria*
15．叶不呈扁平排列；叶细胞疣沿胞壁内壁；蒴帽僧帽形，无纤毛……8．细带藓属 *Trachycladiella*

1 气藓属 *Aerobryum* Dozy et Molk.

束状疏松下垂生长。体形粗壮，色泽黄绿色或绿色，具明显绢泽光。支茎悬垂，长达 10 cm 以上；不规则疏羽状分枝。叶疏松倾立或近于横展，阔卵形或心脏状卵形，具短细尖，常扭曲；叶边具细齿；中肋纤细，达叶片中部。叶细胞线形，平滑，角部细胞无分化。雌雄异株或假雌雄异苞同株。蒴柄红棕色，上部弯曲。孢蒴卵形或长卵形。环带分化，宽阔。蒴齿 2 层；内齿层齿毛 2~3，具节瘤。蒴帽兜形，具疏毛。

本属 1 种，主要分布亚洲南部山区。中国有分布。

气藓 *Aerobryum speciosum* Dozy et Molk.，Ned. Kruick. Arch. 2（4）：280. 1851. 图 164：8~11

形态特征 成束悬垂生长。叶阔卵形或心脏状卵形，具短尖；叶细胞线形，平滑。

生境和分布 常生长海拔 1 100~3 600 m 的潮湿炎热林中树干和岩面。广东、广西、四川、云南和西藏；日本、越南、印度、泰国、斯里兰卡、菲律宾及巴布亚新几内亚有分布。

2 毛扭藓属 *Aerobryidium* Fleisch. ex Broth.

小片状稀疏贴生基质。体形较粗壮或略细，绿色至褐绿色，略具光泽。支茎垂倾，多不规则羽状分枝。叶长卵形至卵状披针形，通常具扭曲毛状尖；叶边近全缘或具细齿；中肋细弱，消失于叶片中部以上。叶细胞狭菱形至线形，具单疣。雌雄异株。蒴柄有时具疣。孢蒴卵形或长卵形。蒴齿 2 层；外齿层具横纹和密疣；内齿层齿条具细疣，齿毛短或退化。蒴帽兜形，具少数纤毛。

本属 4 种，主要见于亚洲东南部。中国有 3 种。

毛扭藓 *Aerobryidium filamentosum*（Hook.）Fleisch.，Nat. Pfl.-fam. 1（3）：821. 1906. 图 165：1~4

形态特征 成片交织或垂倾生长。稍粗壮，绿色或黄绿色，有时呈棕黑色，具光泽。支茎不规则疏羽状分枝；枝连叶宽 3~4 mm。茎叶椭圆状披针形，内凹，常具波状扭曲的毛状尖，尖部长度有时超过叶长度的 1/2；叶边具细齿；中肋达叶中部以上。叶中部细胞狭菱形至线形，长 50~70 μm，中央具单疣。孢蒴长卵形。孢子直径 20~25 μm。具密疣。

生境和分布 多生于中等海拔至 2 700 m 的湿热山地岩面或树干。台湾、云南和西藏；喜马拉雅山地区、越南、印度、缅甸、泰国、马来西亚，斯里兰卡、印度尼西亚及菲律宾有分布。

3 悬藓属 *Barbella* Fleisch.

成束悬垂生长。体形纤细，柔弱，色泽黄绿，具弱光泽。主茎匍匐；支茎基部扁平被叶，上部悬垂生长，具稀少短分枝。茎叶干时贴生，湿润时疏展，卵状椭圆形、卵形或椭圆形，上部成披针形尖或毛状尖；叶边具细齿；中肋细弱，达叶片中部。叶细胞线形至长菱形，每个细胞具单个细疣，薄壁，基部细胞长方形或方形，胞壁加厚。枝叶与茎叶近似，形略小。雌苞着生茎或枝上。蒴柄平滑或粗糙。孢蒴椭圆形或椭圆状圆柱形。蒴齿内外齿层等长。蒴帽帽形，基部瓣裂，或呈兜形，平滑或被纤毛。

本属 5 种，亚洲、北美洲和大洋洲分布。中国有 5 种。

悬藓 *Barbella compressiramea*（Ren. et Card.）Fleisch.，Nat. Pfl.-fam. 1（3）：824. 1906. 图 165：5~8

形态特征 小片状悬垂生长。主茎密羽状分枝，黄绿色，略具光泽。茎叶卵状披针形，上部渐尖，长约 2 mm；叶边具细齿；中肋单一，消失于叶片中部。叶细胞线形，长约 60 μm，中央具单个细疣，薄壁，叶基及角部细胞近长方形，透明。枝叶卵状椭圆形。孢蒴椭圆形。外齿层齿片狭披针形，密被疣；内齿层齿条具穿孔。孢子直径 15~20 μm。

生境和分布 生于海拔 2 000~3 000 m 林中树干和枝上。台湾和云南；尼泊尔、印度、缅甸和菲律宾有分布。

4 拟悬藓属 *Barbellopsis* Broth.

片状成束悬垂生长。体形柔弱，一般黄绿色至绿色，略具光泽。支茎羽状分枝或不规则分枝，稍硬挺，疏松或密扁平被叶；枝端呈细鞭状。茎叶三角状披针形至长卵状披针形，具长毛尖；叶边具齿；中肋多缺失，稀不明显。枝叶与茎叶相似，狭窄。叶中部细胞长六角形或线形，具单疣或无疣；角部细胞短而明显分化。叶腋纤毛短，由短而透明细胞组成。雌雄异株。蒴柄平滑。孢蒴卵形或长卵形。环带分化。蒴齿 2 层；内齿层齿毛常缺失。蒴帽钟形，罩覆孢蒴上部。

本属 2 种，亚洲热带、太平洋岛屿和大洋洲分布。中国有 1 种。

拟悬藓 *Barbellopsis trichophora*（Mont.）Buck，Mem. New York Bot. Gard. 82：265. 1998. 图 165：9~11

形态特征 树枝上成束悬垂生长。支茎不规则羽状分枝；枝一般呈扁平形，钝端或渐尖而呈细鞭枝状。叶长三角状或长椭圆状披针形，长约 3 mm，略内凹；叶边平直或稍波曲，全缘或具齿；中肋多缺失，稀具不明显或细弱单一中肋。枝叶与茎叶近似，支茎尖部叶片常具长毛尖。叶中部细胞线形，长 100~120 μm，通常平滑；角部细胞方形，壁稍厚，具壁孔。孢子球形，具细密疣。

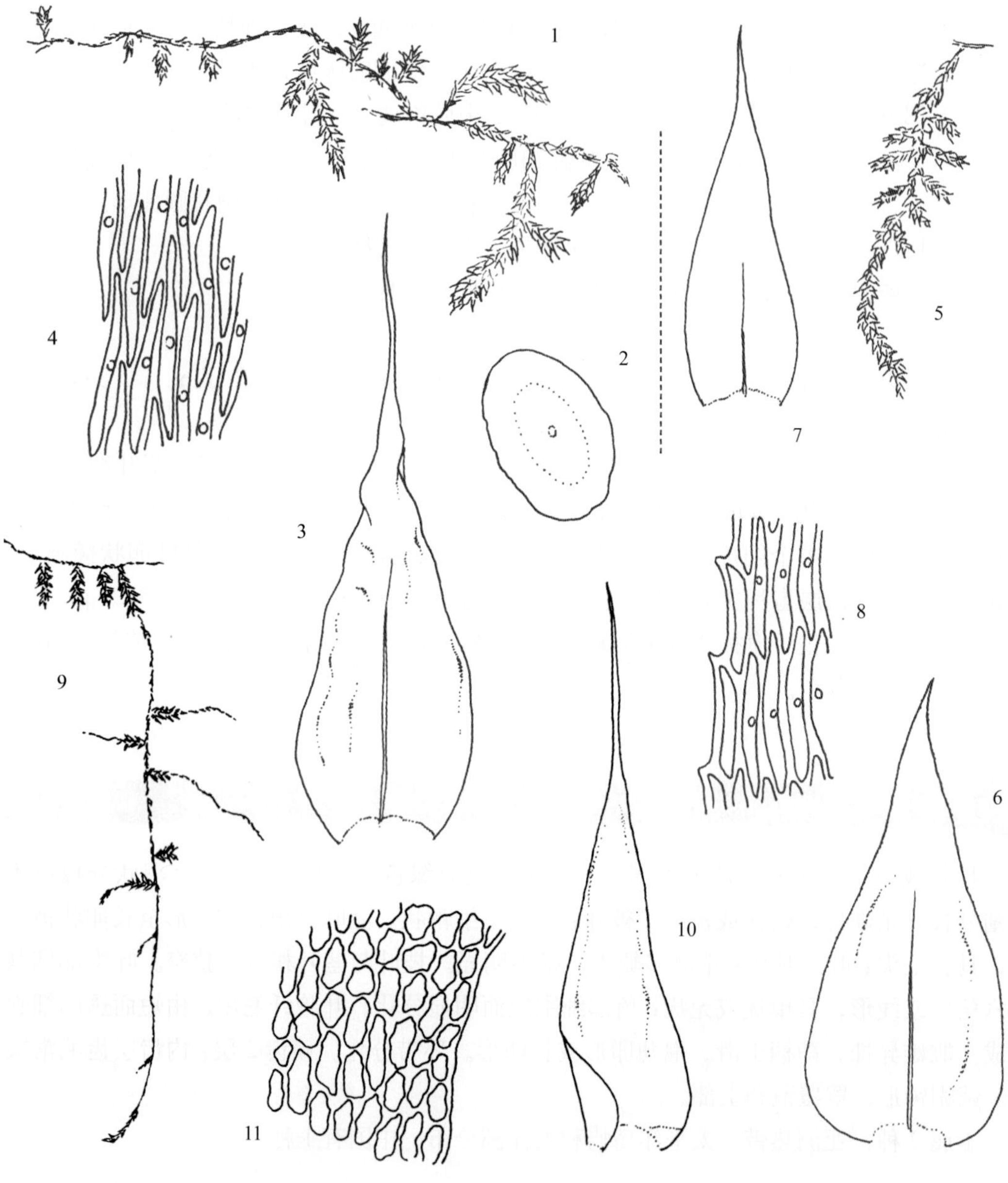

图 165

1~4. 毛扭藓 *Aerobryidium filamentosum*（Hook.）Fleisch.

1. 植物体（×1），2. 茎横切（×150），3. 叶片（×25），4. 叶中部细胞（×350）

5~8. 悬藓 *Barbella compressiramea*（Ren. et Card.）Fleisch.

5. 植物体（×1），6. 茎叶（×40），7. 茎叶（×40），8. 叶中部边缘细胞（×350）

9~11. 拟悬藓 *Barbellopsis trichophora*（Mont.）Buck

9. 植物体（×1），10. 叶片（×30），11. 叶基部细胞（×500）

生境和分布 生于中等海拔至约 2 200 m 的山地林中树枝上。台湾、四川、云南和西藏；日本、喜马拉雅山地区、印度、泰国、斯里兰卡、印度尼西亚、菲律宾、巴布亚新几内亚及澳大利亚有分布。

5 灰气藓属 *Aerobryopsis* Fleisch.

疏松大片状垂倾生长。体形大或中等大小，色泽灰绿或黄绿色，有时呈黑褐色，具光泽。支茎下垂；分枝短钝，疏而不规则。茎叶一般扁平贴生，向外展出，阔卵形或卵状椭圆形，基部呈心脏形，上部渐尖或具细长扭曲的尖部；叶边具细齿；中肋细长，一般达叶上部。叶细胞菱形、长菱形至线形，具单疣，胞壁多厚而具明显壁孔，角部细胞方形或近于方形。枝叶与茎叶近似。雌雄异株。内雌苞叶基部呈鞘状，具短或长尖。蒴柄略粗糙。孢蒴椭圆状圆柱形。蒴齿 2 层；内齿层齿条与外齿层齿片等长，具穿孔，齿毛缺失，基膜低。蒴帽兜形，平滑。

本属 14 种，热带和亚热带地区分布。中国有 8 种。

分种检索表

1. 体形中等大小；茎叶卵状椭圆形，多具扭曲毛尖 ………………………… 1. 扭叶灰气藓 *A. parisii*

1. 体形粗大；茎叶阔卵形，向上渐尖或成毛尖 ……………………………………………… 2

2. 叶较平，尖部短钝；叶细胞壁多等厚，无壁孔 ………… 2a. 大灰气藓原亚种 *A. subdivergens* var. *subdivergens*

2. 叶多波纹，尖部较细，呈毛尖状；叶细胞壁多波曲，具壁孔……………………………………………… 2b. 大灰气藓长尖亚种 *A. subdivergens* subsp. *scariosa*

扭叶灰气藓 *Aerobryopsis parisii*（Card.）Broth., Nat. Pfl.-fam. 1（3）: 820. 1906. 图 166：1~4

形态特征 成束悬垂生长。体形柔软，灰绿色或黄绿色，略具光泽。主茎和支茎不扁平被叶；支茎长达 10 cm 以上，不规则稀疏羽状分枝。茎叶卵状椭圆形，内凹，向上渐狭成扭曲的披针形毛尖；叶边强烈波曲，下部具齿，上部近于全缘；中肋达叶上部。叶细胞长六角形，长 25~30 μm，上部细胞具单疣。雌苞着主枝上。孢子球形，具细疣，直径 12~15μm。

生境和分布 生于中等海拔至近 1 000 m 的林中树干及灌木上。浙江、台湾和福建；日本及菲律宾有分布。

大灰气藓 *Aerobryopsis subdivergens*（Broth.）Broth., Nat. Pfl.-fam. 1（3）: 820. 1906.

a. 大灰气藓原亚种 *Aerobryopsis subdivergens*（Broth.）Broth. subsp. *subdivergens* 图 166：5~9.

形态特征 成片悬垂生长。体形粗大，灰绿色，老时呈黑色，具绢泽光。茎稀疏不

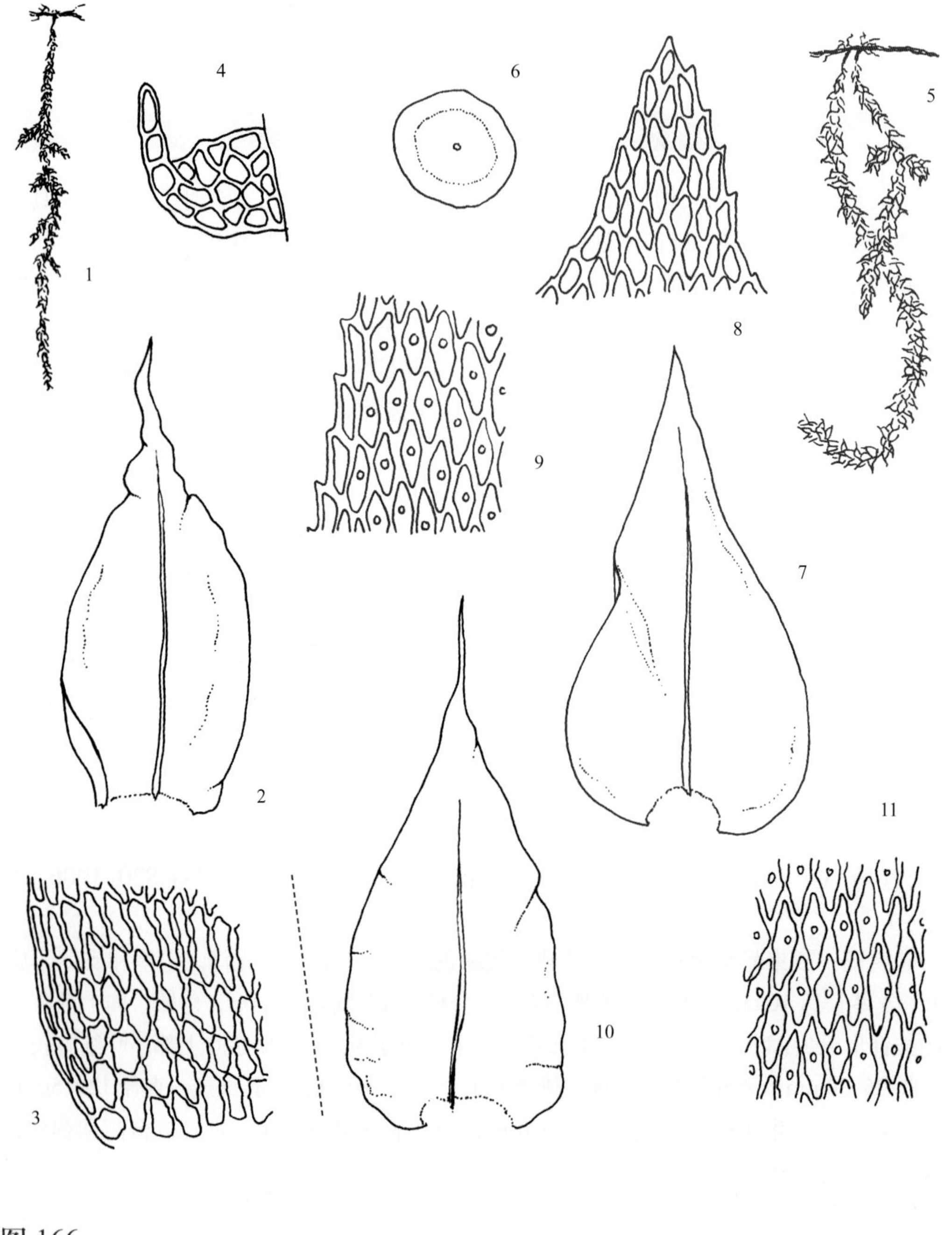

图 166

1~4. **扭叶灰气藓** *Aerobryopsis parisii*（Card.）Broth.

1. 植物体（×1），2. 叶片（×25），3. 叶基部细胞（×300）4. 假鳞毛（×200）

5~9. **大灰气藓原亚种** *Aerobryopsis subdivergens*（Broth.）Broth. subsp. *subdivergens*

5. 植物体（×1），6. 茎横切（×30），7. 叶片（×25），8. 叶尖部细胞（×300），9. 叶中部边缘细胞（×300）

10~11. **大灰气藓长尖亚种** *Aerobryopsis subdivergens*（Broth.）Broth. subsp. *scariosa*（Bartr.）Nog.

10. 叶片（×25），11. 叶中部细胞（×300）

规则羽状分枝，扁平被叶。茎叶阔卵形，长 3~4 mm，渐尖或呈毛尖，着生处狭窄；叶边上部具细齿；中肋细弱，达叶近尖部。叶细胞长菱形至狭菱形，具单粗疣，基部细胞具明显壁孔，平滑。雌苞着生枝上。蒴柄长约 1.5 cm，上部粗糙。孢子球形，直径 15~20 μm，具细密疣。

生境和分布　生于南方中海拔湿热林中树枝或阴湿岩面。浙江、台湾和海南；日本有分布。

b．**大灰气藓长尖亚种** *Aerobryopsis subdivergens*（Broth.）Broth. subsp. *scariosa*（Bartr.）Nog.，Journ. Hattori Bot. Lab. 41：301. 1976. 图 166：10~11

形态特征　茎叶卵状椭圆形，向上成披针形，尖部较细，呈毛尖状，有时尖部扭曲，长约 3 mm。叶细胞长菱形，胞壁波形，具壁孔。

生境和分布　树干，稀生于土上。安徽、江西、湖南、湖北、重庆、贵州、云南、西藏、广东、福建和台湾；日本、菲律宾和美国（夏威夷）有分布。

6 假悬藓属 *Pseudobarbella* Nog.

疏成片悬垂生长。体形细柔至中等大小，色泽黄绿至黄褐色，略具光泽。支茎悬垂，疏或密分枝，扁平被叶。茎叶干燥或湿润时均扁平展出，卵状披针形至椭圆状披针形；叶边具粗齿或细齿；中肋纤细，达叶片中上部。叶细胞线形，具单疣至多个成列细疣，薄壁，角部细胞方形至长方形。枝叶与茎叶近似，较宽短。雌雄异株。雌苞着生支茎或枝上。蒴柄上部粗糙。孢蒴椭圆状圆柱形。环带分化。蒴齿 2 层；内外齿层等长，或齿条略短。

本属 8 种，主要分布亚洲东南部。中国有 4 种。

分种检索表

1. 茎叶由狭椭圆形至卵形基部，向上成锐尖或毛尖……………………1. 短尖假悬藓 *P. attenuata*

1. 茎叶由卵形至卵状心脏形基部，向上成阔披针形或狭披针形尖部……………………2

2. 叶长卵状披针形，具多数深纵褶……………………2. 波叶假悬藓 *P. laosiensis*

2. 叶卵形，具短尖和少数浅纵褶……………………3．假悬藓 *P. levieri*

短尖假悬藓 *Pseudobarbella attenuata*（Thwait. et Mitt.）Nog.，Bull. Nat. Sci. Mus.（Tokyo）16：312. 1973. 图 167：1~4

形态特征　悬垂生长。体形中等大小，黄绿色至黄褐色，具光泽。支茎密分枝，连叶宽 3~4 mm。茎叶由卵形基部向上成短锐尖或毛尖，长达 3 mm；叶边中上部具细齿；中肋达叶上部。叶细胞线形，长 70~90 μm，具单疣；角部细胞方形至长方形。孢蒴圆柱形。孢子直径 20~30 μm。

生境和分布 生于低海拔至 2 700 m 的丘陵、山地林中树枝上。台湾和云南；日本、越南、泰国、马来西亚、斯里兰卡、印度尼西亚及菲律宾有分布。

波叶假悬藓 *Pseudobarbella laosiensis*（Broth. et Par.）Nog.，Journ. Hattori Bot. Lab. 41：346. 1976. 图 167：5~8

形态特征 悬垂生长。植物体细长，柔弱，灰绿色至黄褐色，无光泽。支茎可达 10 cm 以上，稀疏羽状分枝，分枝长 0.5~1 cm。基部叶密集扁平，先端圆条形。茎叶由卵形基部向上渐成长披针形尖；叶边平展或略波曲；中肋细弱，消失于叶中部。叶细胞狭长六角形或近于线形，长约 50 μm，具单疣；角部细胞略分化。枝叶扁平展出，卵状椭圆形，上部渐尖，略波曲；中肋消失于叶上部。孢蒴圆柱形，具长台部。

生境和分布 湿热沟谷树干或树枝悬垂生长，稀着生在常绿阔叶林或蕨类叶面。江西、福建、海南和台湾；日本、印度尼西亚及老挝有分布。

假悬藓 *Pseudobarbella levieri*（Ren. et Card.）Nog.，Journ. Hattori Bot. Lab. 3：86，f.36. 1948. 图 167：9~11

形态特征 大片悬垂生长。体黄绿色至黄褐色，具光泽。支茎密不规则羽状分枝。叶扁平展出，茎叶心脏状短披针形，略内凹，具少数不规则纵褶；叶边上部具粗齿，下部具细齿；中肋消失于叶片中部。叶细胞线形，具单疣；基部细胞长方形或方形，平滑。枝叶与茎叶近似，稍宽。内雌苞叶狭披针形。孢蒴具台部。孢子直径约 20 μm。

生境和分布 生于海拔 1 600~1 900 m 湿热山地林中树枝及岩面。福建、台湾和云南；喜马拉雅山地区和日本有分布。

7 新丝藓属 *Neodicladiella*（Nog.）Buck

成束悬垂生长。体形纤弱，多黄绿色，略具光泽。支茎悬垂，稀具短分枝。茎叶狭卵状披针形；叶边上部具细齿；中肋细弱，消失于叶片中部。叶细胞线形，具细疣，胞壁薄；叶基角部细胞近于呈方形，平滑。枝叶明显小于茎叶。雌雄异株。蒴柄略粗糙。孢蒴具环带。蒴齿 2 层；齿片具穿孔。蒴帽僧帽形，平滑。

本属 2 种，亚洲东部和北美东部分布。中国有分布。

分种检索表

1. 茎叶和枝叶无细长毛尖；叶中部细胞具单疣 …… 1. 鞭枝新丝藓 *N. flagellifera*
1. 茎叶和枝叶具细长毛尖；叶中部细胞具 1~3 疣 …… 2. 新丝藓 *N. pendula*

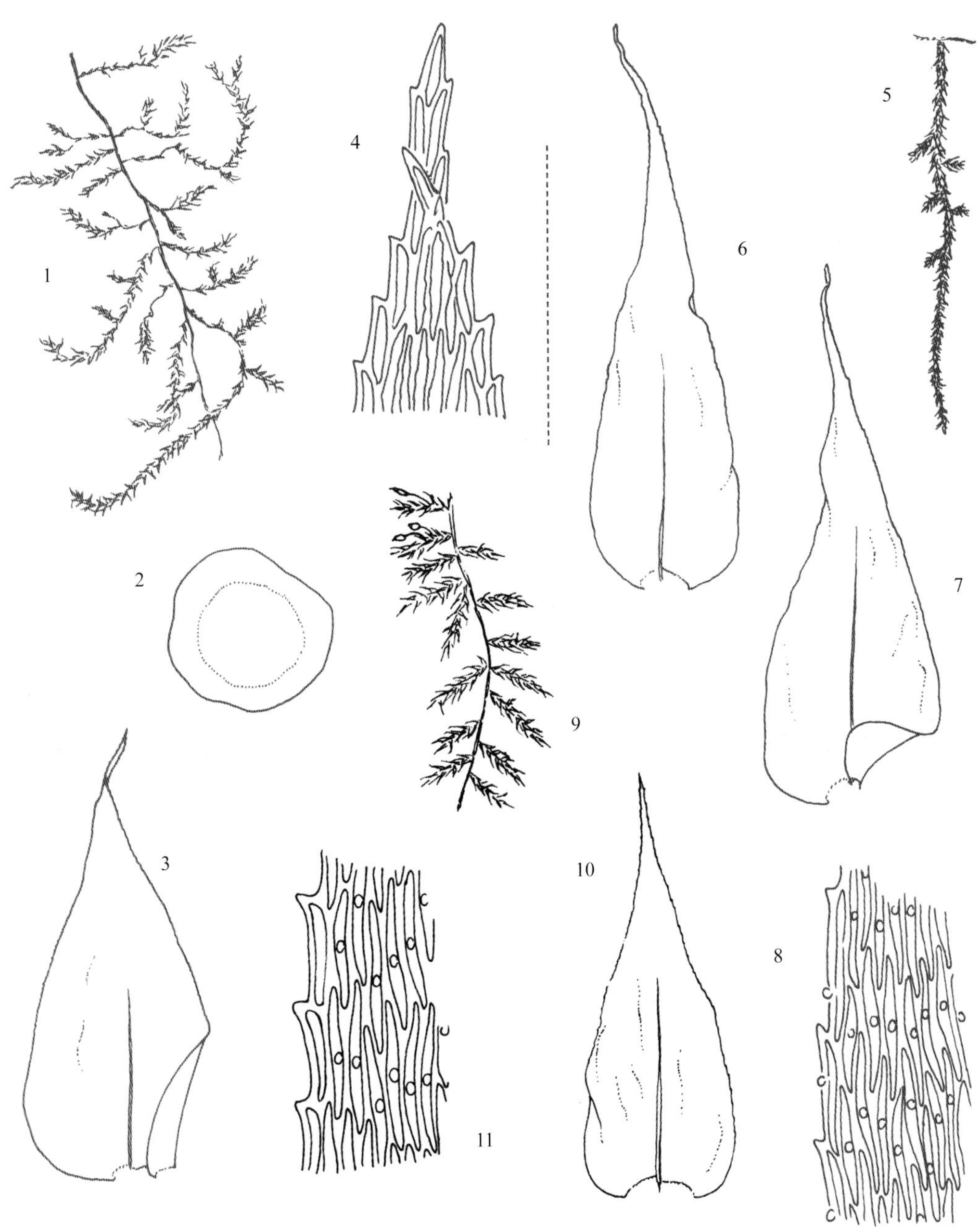

图 167

1~4. 短尖假悬藓 *Pseudobarbella attenuata*（Thwait. et Mitt.）Nog.

1. 植物体（×1），2. 茎横切面（×150），3. 叶片（×25），4. 叶尖部细胞（×320）

5~8. 波叶假悬藓 *Pseudobarbella laosiensis*（Broth. et Par.）Nog.

5. 植物体（×1），6~7. 叶片（×25），8. 叶中部边缘细胞（×320）

9~11. 假悬藓 *Pseudobarbella levieri*（Ren. et Card.）Nog.

9. 植物体（×1），10. 叶片（×25），11. 叶中部边缘细胞（×320）

鞭枝新丝藓 *Neodicladiella flagellifera*（Card.）Huttunen et Quandt，Syst. Assoc. Special 71：159. 2007. 图 168：1~5

形态特征　悬垂生长。植物体纤细，暗绿色或黄绿色，无光泽。主茎匍匐，支茎基部扁平被叶，渐成细长下垂的枝，稀疏分枝。茎叶贴生或疏展出，椭圆形或卵状椭圆形，内凹，先端渐成披针形尖或毛尖，常扭曲；叶边具疏不规则齿，基部边缘常背卷；中肋达叶片上部。叶细胞线形或狭长菱形，具单个细疣；角部细胞方形或近于方形，明显分化，胞壁厚，具壁孔。枝叶较狭，具细长毛尖。孢蒴圆柱形，褐色。

生境和分布　溪边小树枝或灌丛上。贵州、浙江、广西和台湾；缅甸、越南、泰国、印度、斯里兰卡、菲律宾及印度尼西亚有分布。

新丝藓 *Neodicladiella pendula*（Sull.）Buck，Journ. Hattori Bot. Lab. 75：62. 1994. 图 168：6~9

形态特征　悬垂生长。植物体纤长，黄绿色或淡黄褐色，略具光泽。主茎匍匐，支茎纤细，悬垂，稀分枝。茎叶狭卵状披针形，具长尖；叶边具细齿。叶细胞线形，具 2~3 个细疣，胞壁薄；角部细胞方形或不规则方形。枝叶小于茎叶，具细长毛尖。雌雄异株。

生境和分布　生于海拔约 1 000 m 山地沟谷林中树枝、灌木或草本上。安徽和浙江；日本、美国东部及墨西哥有分布。

应用价值　本种为东亚和北美间共同分布的苔藓植物，可作为研究两大洲间植物关系的材料。

8 细带藓属 *Trachycladiella*（Fleisch.）Menzel

疏散悬垂生长。植物体较硬挺，多色泽黄绿至黄褐色，无光泽。支茎具稀疏不规则羽状分枝。茎叶卵状披针形至卵三角状披针形，有时具毛状尖，多波曲；叶边具细齿；中肋细弱，消失于叶片中部以上。叶上部细胞菱形，下部细胞线形，沿两侧胞壁具密细疣，叶边缘细胞有时平滑。叶腋纤毛由少数细胞组成。雌雄异株。蒴柄略粗糙。孢蒴具环带。蒴齿 2 层；内齿层齿条具脊及穿孔，齿毛退化。

本属 2 种，喜马拉雅山地区及亚洲东南部分布。中国有 2 种。

细带藓 *Trachycladiella aurea*（Mitt.）Menzel in Menzel et Schultze-Motel，Journ. Hattori Bot. Lab. 75：75. 1944. 图 168：10~12

形态特征　成疏松片状悬垂生长。体较硬挺，色泽黄绿至橙黄色，有时略呈红色，无光泽。支茎多扁平被叶，不规则疏分枝。茎叶长卵状披针形至卵三角状披针形，常具波纹和弱纵褶，基部两侧略下延；叶边具细齿，下部常波曲；中肋细弱，透明。叶细胞长菱形至线形，不透明，沿胞壁具密细疣，中部细胞长 30~35 μm，边缘上部细胞常透明，无疣。蒴柄长约 2 mm，平滑。孢蒴长椭圆形。蒴齿 2 层；内齿层齿毛缺失。孢子被细疣。

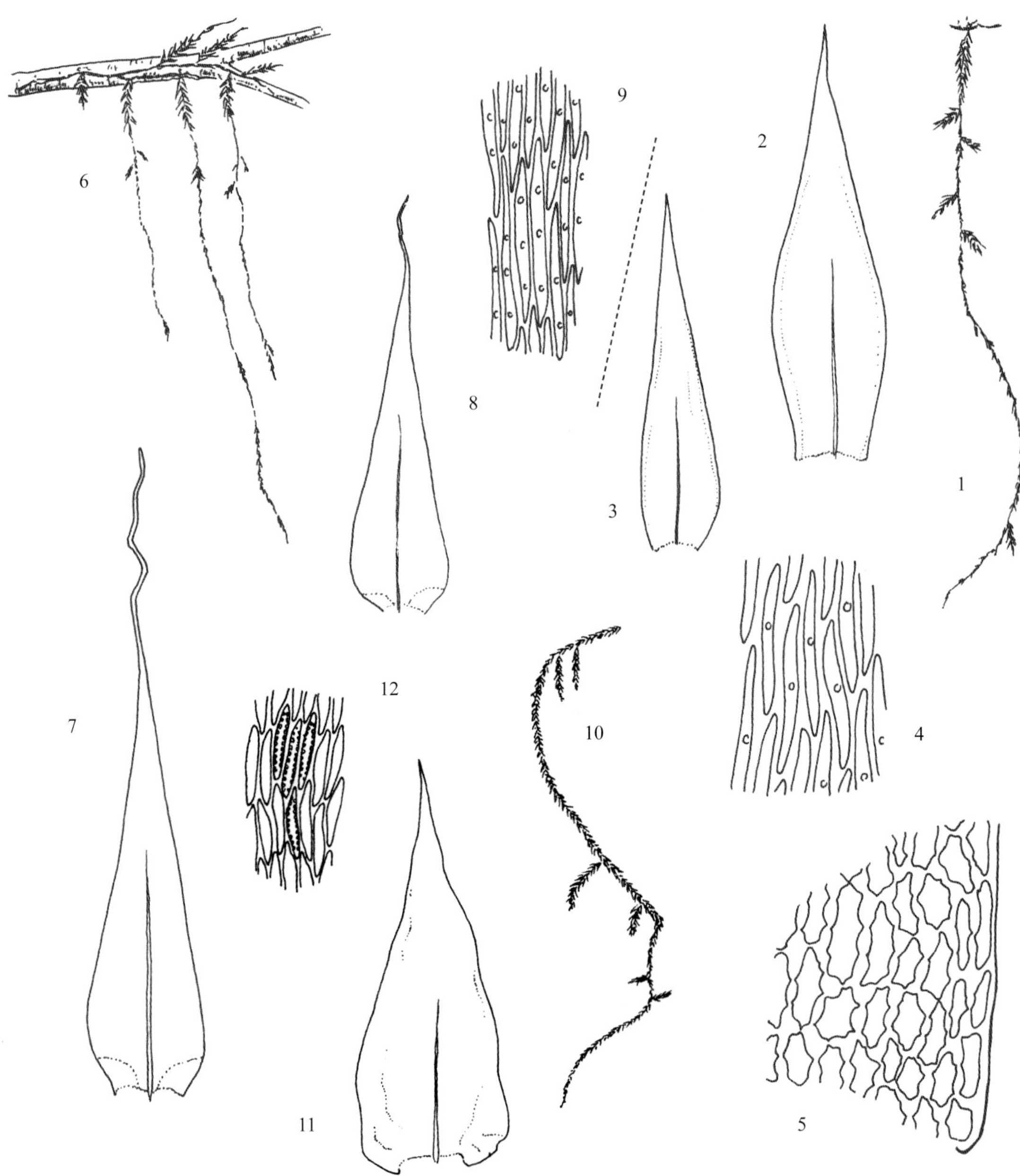

图 168

1~5. 鞭枝新丝藓 *Neodicladiella flagellifera*（Card.）Huttunen et Quandt

1. 植物体（×1），2. 茎叶（×25），3. 枝叶（×25），4. 叶中部细胞（×350），5. 叶基部细胞（×350）

6~9. 新丝藓 *Neodicladiella pendula*（Sull.）Buck

6. 植物体（×1），7. 主枝叶（×25），8. 叶片（×25），9. 叶中部细胞（×350）

10~12. 细带藓 *Trachycladiella aurea*（Mitt.）Menzel

10. 植物体（×1），11. 叶片（×25），12. 叶中部细胞（×350）

生境和分布　生于南部中等海拔至 2 500 m 的丘陵、山地林中树枝及阴湿岩面上。浙江、台湾、福建、四川和云南；日本、喜马拉雅山地区、缅甸、印度尼西亚及菲律宾有分布。

9 丝带藓属 *Floribundaria* Fleisch.

小片状悬垂生长。体形细弱或稍粗，色泽黄棕至黄褐色，无光泽。支茎疏分枝或不规则羽状分枝，多扁平被叶。茎叶卵状披针形或披针形，多具细长毛尖，基部稍宽；叶边具细齿或粗齿；中肋纤弱，单一，达叶中部以上。叶细胞常不透明，菱形至线形，薄壁，一般具多个疣，位于细胞中央，稀成两列或散生。叶基角部细胞略分化。枝叶略小于茎叶。雌雄异株。蒴柄平滑。孢蒴椭圆形。蒴齿 2 层；内齿层齿条具穿孔，基膜高，齿毛缺失。蒴帽兜形，被毛或无毛，基部开裂。

本属 18 种，热带和亚热带南部分布。中国有 5 种。

分种检索表

1．叶细胞通常具 1~3 个疣……………………………… 2．假丝带藓 *P. pseudofloribunda*

1．叶细胞具多疣……………………………………………………………… 2

2．叶长卵状披针形；叶细胞疣位于中央，成单列 ……………………1．丝带藓 *F. floribunda*

2．叶短卵状披针形；叶细胞疣成 2 列或散生……………………3．疏叶丝带藓 *F. walkeri*

丝带藓 *Floribundaria floribunda*（Dozy et Molk.）Fleisch.，Hedwigia 44：302.1905. 图 169：1~2

形态特征　成束悬垂生长。细弱，黄绿色至橙黄色，无光泽。支茎长可达 10 cm；不规则羽状分枝。茎叶长卵状披针形；叶边具细齿；中肋单一，消失于叶片中部以上。叶细胞较透明，中部细胞近于呈线形，长 35~45 μm，中央具 3~6 个呈单列细疣。枝叶与茎叶近似。雌雄异株。内雌苞叶无中肋。蒴柄长约 2 mm，顶端粗糙。孢蒴短圆柱形或卵状椭圆形。孢子直径约 15 μm。

生境和分布　生于海拔 1700~2500 m 的南部山地林中树枝、叶面及阴湿石壁上。台湾、四川和云南；日本、喜马拉雅山地区、印度、泰国、斯里兰卡、印度尼西亚、菲律宾、巴布亚新几内亚、大洋洲和非洲有分布。

假丝带藓 *Floribundaria pseudofloribunda* Fleisch.，Hedwigia 44：302. 1905. 图 169：3~7

形态特征　树枝悬垂生长。体形略粗，色泽黄橙至灰绿色，略具光泽。支茎不规则羽状分枝。茎叶卵状披针形，长可达 2 mm，尖部有时扭曲；叶边具细齿；中肋单一，消失于叶片上部。叶细胞线形，中部细胞长 25~30 μm，每个细胞具 1~3 个细疣，叶边细胞多平滑。枝叶小而狭。雌苞着生枝上。内雌苞叶具细长毛尖。蒴柄平滑。

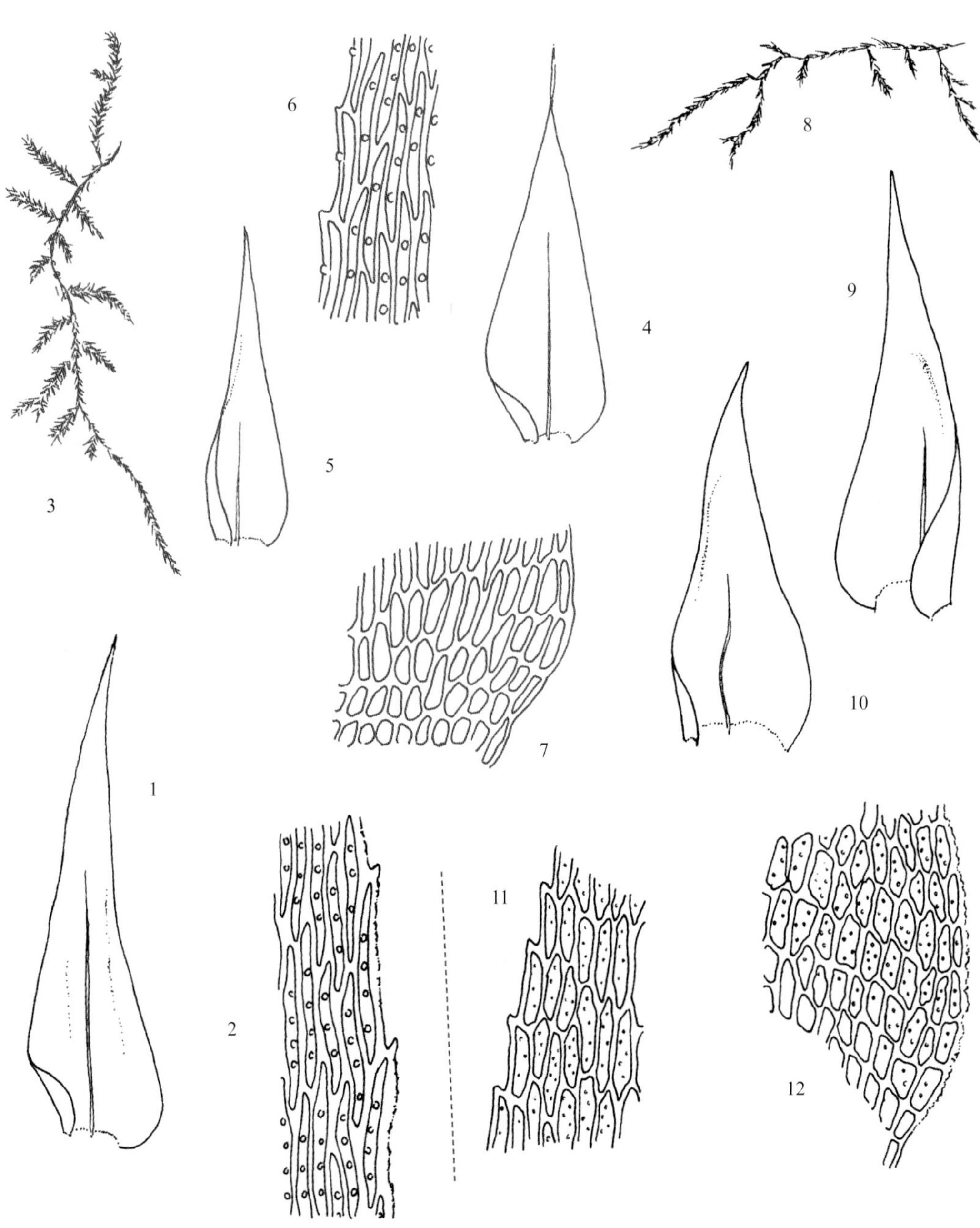

图 169

1~2. 丝带藓 *Floribundaria floribunda*（Dozy et Molk.）Fleisch.

1. 枝叶（×30），2. 叶中部边缘细胞（×350）

3~7. 假丝带藓 *Floribundaria pseudofloribunda* Fleisch.

3. 植物体（×1），4. 茎叶（×30），5. 枝叶（×25），6. 叶中部边缘细胞（×350），7. 叶基部细胞（×300）

8~12. 疏叶丝带藓 *Floribundaria walkeri*（Ren. et Card.）Broth.

8. 植物体（×1），9~10. 叶（×30），11. 叶中部边缘细胞（×350），12. 叶基部细胞（×300）

生境和分布　生于中等海拔至约2 000 m的山地林中树干、树枝或石上。台湾、广西、贵州和四川；印度、泰国、马来西亚、印度尼西亚、菲律宾及巴布亚新几内亚有分布。

疏叶丝带藓 *Floribundaria walkeri*（Ren. et Card.）Broth.，Nat. Pfl. -fam. 1（3）：822. 1906. 图 169：8~12

形态特征　多树枝悬垂生长。体纤弱，黄绿色，无光泽。支茎稀疏不规则羽状分枝，扁平被叶。茎叶卵状短披针形，上部渐尖，基部狭窄；叶边具细齿和疣。叶细胞多不透明，狭长菱形至菱形，长约 30 μm，具 2 列状细疣；角部细胞长方形或近于呈方形，平滑无疣。

生境和分布　生于海拔 800~2 600 m 的山地林中树枝或腐枝上。云南和西藏；喜马拉雅山地区、老挝、印度及菲律宾有分布。

10 粗蔓藓属 *Meteoriopsis* Fleisch. ex Broth.

疏松片状交织或下垂生长。体形一般略粗壮，色泽黄绿至褐色，略具光泽或无光泽。支茎不规则羽状或不规则分枝；分枝疏松或密集，先端钝或渐尖。叶三角状披针形或卵圆状披针形，上部常背仰，具短尖或长尖，基部抱茎；叶边有时波曲，具齿；中肋细弱，达叶片中部或近叶尖。叶细胞长菱形或近线形，多具单疣，或 2~3 个疣；基部细胞趋短，有时具壁孔。雌雄异株。蒴柄短，平滑。孢蒴卵形或长卵形。环带分化，常存。蒴齿 2 层。蒴盖具直喙或斜喙。蒴帽兜形，平滑或具纤毛，基部瓣裂。孢子具细密疣。

本属 3 种，分布亚洲热带和亚热带地区及大洋洲。中国有 3 种。

分种检索表

1．叶多呈卵圆状披针形，常具细长毛尖，强烈背仰……………… 1．反叶粗蔓藓 *M. reclinata*

1．叶多呈短三角状披针形，尖部渐尖，有时略背仰……………… 2．粗蔓藓 *M. squarrosa*

反叶粗蔓藓 *Meteoriopsis reclinata*（Müll. Hal.）Fleisch. in Broth.，Nat. Pfl.-fam. 1（3）：826. 1906. 图 170：1~3

形态特征　成片悬垂生长。体形较粗壮，黄绿色或黄褐色，略具光泽。支茎不规则分枝；分枝略呈圆条形，先端钝。茎叶卵圆状披针形，长 2~3.5 mm，内凹，背仰，具短或长毛尖，基部抱茎；叶边齿粗或细，有时波曲；中肋单一，细弱，达叶中部。叶中部细胞长菱形至线形，一般中央具单个乳头状疣，稀 2 个；基部细胞一般具壁孔。雌雄异株。蒴柄短，平滑。孢蒴长卵形。蒴齿 2 层；齿毛退失。蒴帽兜形，具多数纤毛。

生境和分布　生于低海拔至 3 600 m 的亚高山林区及石灰岩地区。台湾、福建、广东、四川和云南；亚洲东南部、巴布亚新几内亚、太平洋岛屿及澳大利亚有分布。

粗蔓藓 *Meteoriopsis squarrosa*（Hook.）Fleisch., Nat. Pfl. -fam. 1（3）: 826. 1906. 图 170：4~6

形态特征　成片悬垂生长。体形稍小，黄绿色或棕黄色，稍硬挺，略具光泽。主茎匍匐，支茎细长，悬垂，不规则羽状分枝；小枝常稍弓形弯曲，疏松或密被叶，先端钝。叶长卵状披针形，具披针形短尖或狭长尖，尖部明显背仰，基部抱茎；叶边具细齿，常波曲；中肋单一，细弱，达叶片中部。叶中部细胞长菱形，具 2~5 个细疣；基部细胞稍小，壁稍厚；角部细胞短，不分化。雌雄异株。孢蒴长卵形，棕色，直立。

生境和分布　生于高山、亚高山林区及石灰岩地区。云南、江西、贵州、重庆和台湾；尼泊尔、不丹、印度、斯里兰卡、缅甸、泰国、越南、老挝、菲律宾及印度尼西亚有分布。

11 多疣藓属 *Sinskea* Buck

疏松片状悬垂生长。体形纤长，黄绿色至棕黄色，有时呈黑褐色，无光泽。主茎横展；支茎多悬垂，不规则分枝。茎叶长卵状至心脏状披针形，有时略背仰；叶边具细齿或锐齿；中肋达叶中部消失。叶细胞狭长菱形至线形，具 1~3 个成列细疣或稀具多疣，壁厚，常具壁孔。叶腋纤毛多由 5 个透明狭长细胞组成。雌雄异株。孢蒴卵形，隐生于雌苞叶内。环带分化。蒴齿 2 层。蒴帽平滑。孢子具细密疣。

本属 2 种，分布亚洲东南部和大洋洲。中国有 2 种。

分种检索表

1. 植物体略小，叶中部细胞多 1~2 个疣，稀 3 个……………………………………1. 小多疣藓 *S. flammea*

1. 植物体略大，叶中部细胞多具 3 个或多个疣……………………………………2. 多疣藓 *S. phaea*

小多疣藓 *Sinskea flammea*（Mitt.）Buck，Journ. Hattori Bot. Lab. 75：64. 1994. 图 170：7~9

形态特征　成片交织下垂生长。体棕黄色至黄褐色，无光泽。支茎不规则分枝。茎叶长卵状披针形，长约 3.5 mm，常具毛尖；叶上部边缘一般具粗齿；中肋细长，达叶片中部。叶中部细胞线形，长 40~60 μm，一般具 2~3 个细疣，厚壁，角部细胞宽短。雌雄异株。孢蒴卵形，略高出于雌苞叶。蒴齿 2 层；内齿层齿毛退化。孢子直径约 55 μm。

生境和分布　生于海拔 1 600~3 000 m 的山地林中树枝上。台湾、广西、四川和云南；尼泊尔、印度及泰国有分布。

多疣藓 *Sinskea phaea*（Mitt.）Buck，Journ. Hattori Bot. Lab. 75：64. 1994. 图 170：10~12

形态特征　悬垂生长。植物体棕黄色、黄褐色至暗褐色，无光泽。主茎匍匐，支茎长

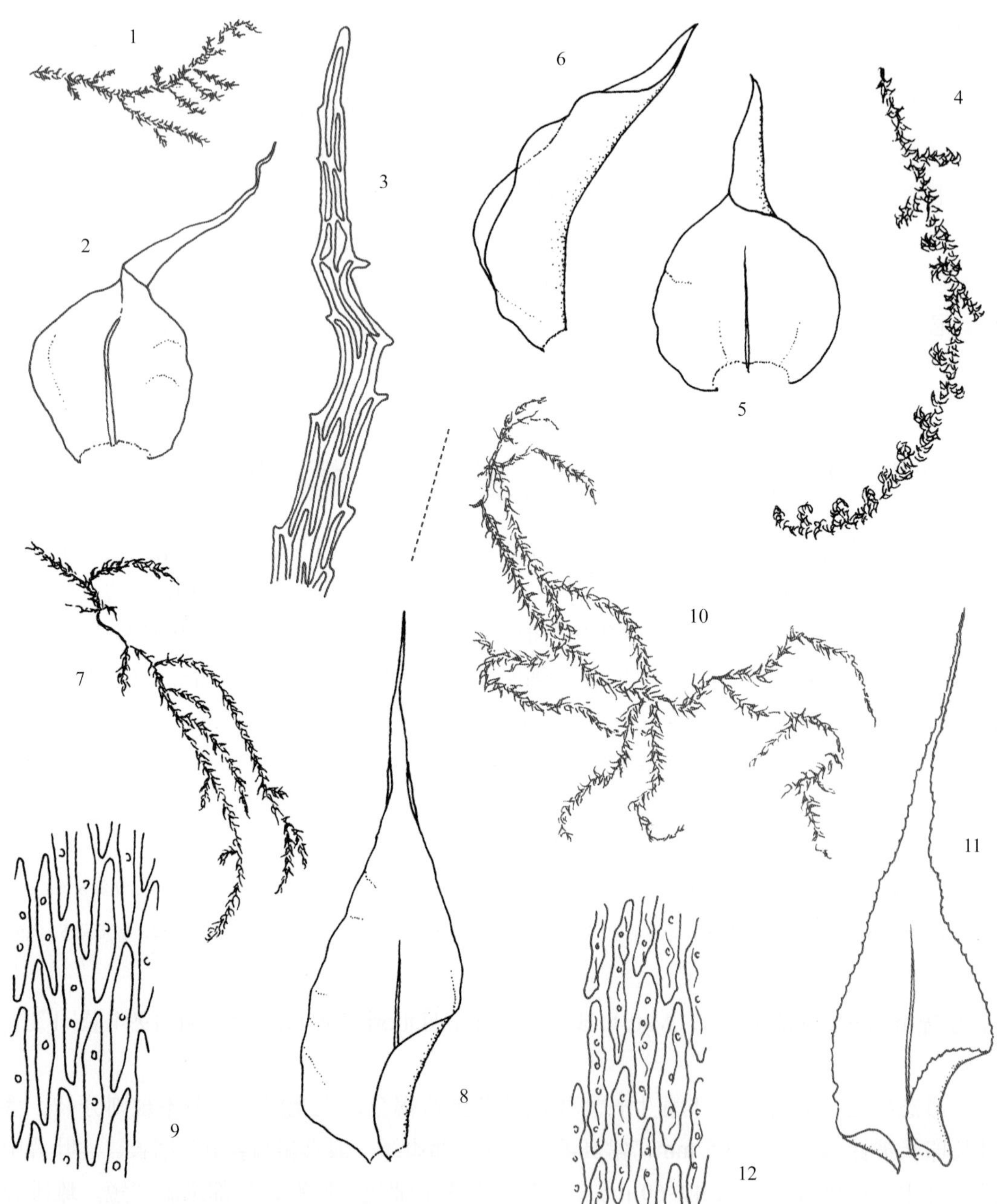

图 170

1~3 反叶粗蔓藓 *Meteoriopsis reclinata*（Müll. Hal.）Fleisch.

1. 植物体（×1），2. 叶（×30），3. 叶尖部细胞（×300）

4~6. 粗蔓藓 *Meteoriopsis squarrosa*（Hook.）Fleisch.

4. 植物体（×1），5~6. 叶（×30）

7~9. 小多疣藓 *Sinskea flammea*（Mitt.）Buck

7. 植物体（×1），8. 叶（×30），9. 叶中部细胞（×350）

10~12. 多疣藓 *Sinskea phaea*（Mitt.）Buck

10. 植物体（×1），11. 叶（×30），12. 叶中部细胞（×350）

可达 10 cm，长悬垂，不规则分枝，枝、茎干时常稍弯曲，略硬挺，枝端渐细或钝头。茎叶长卵状披针形，具长尖，呈毛状，稍背仰，基部略呈心形，干与湿时均倾立；叶上部边缘具锐齿；中肋单一，细长，达叶片中部。叶中部细胞线形，一般具单列 3 个疣，稀多个疣，厚壁，下部细胞稍狭长，具明显壁孔，角部细胞明显分化。雌雄异株。孢蒴长卵形，直立，隐生。

生境和分布　山坡林下树枝或岩面生长。云南、四川、重庆、贵州、湖南、广西和台湾；尼泊尔、印度、印度尼西亚及澳大利亚有分布。

12 垂藓属 *Chrysocladium* Fleisch.

成片悬垂生长。体形较粗，一般色泽黄绿，有时呈橙黄色或黑褐色，具弱光泽。支茎下垂，稀疏不规则羽状分枝。茎叶阔卵形至卵状心脏形，基部向上呈披针形，常背仰，基部呈耳状，抱茎；叶边齿尖锐；中肋单一，细长，消失于叶上部。叶中部细胞长菱形至线形，中央具单粗疣，基部细胞壁孔明显。雌雄异株。蒴柄表面具乳头状密疣。孢蒴长卵形。蒴齿 2 层；外齿层齿片狭披针形，具横脊及细密疣；内齿层齿条具粗疣，齿毛退失。蒴盖圆锥形，具斜长喙。蒴帽兜形，多具疏或密纤毛。孢子球形，具密疣。

本属 1 种，亚洲南部分布。中国广泛分布。

垂 藓 *Chrysocladium retrorsum*（Mitt.）Fleisch.，Musci Fl. Buitenzorg 3：829. 1908. 图 171：1~4

形态特征　种的形态特征同属。

生境和分布　生于低海拔至约 3 000 m 的湿热山地岩面或树干。浙江、台湾、福建、湖南、广东、海南、广西、贵州、四川、云南和西藏；日本、越南、印度、斯里兰卡及菲律宾有分布。

13 反叶藓属 *Toloxis* Buck

小片悬垂生长。体柔弱，黄绿色，无光泽。支茎具羽状分枝。叶密生，倾立；茎叶卵状披针形，具宽基部，两侧叶耳明显；叶边强波曲。叶细胞椭圆状菱形至线形，具一列细疣，耳部细胞菱形或长方形。枝叶与茎叶近似。叶腋纤毛具单个褐色基部细胞及成列透明短细胞。雌雄异株。蒴柄短而粗糙。蒴齿 2 层；内齿层齿条线形，具穿孔，齿毛缺失，基膜高出。

本属 3 种，主要分布亚洲东南部和东部。中国有 1 种。

扭叶反叶藓 *Toloxis semitorta*（Müll. Hal.）Buck，Bryologist 97（4）：436. 1994. 图 171：5~8

形态特征　片状下垂生长。体色泽黄绿，老时带黑色；支茎长可达 20 cm，扭曲。茎

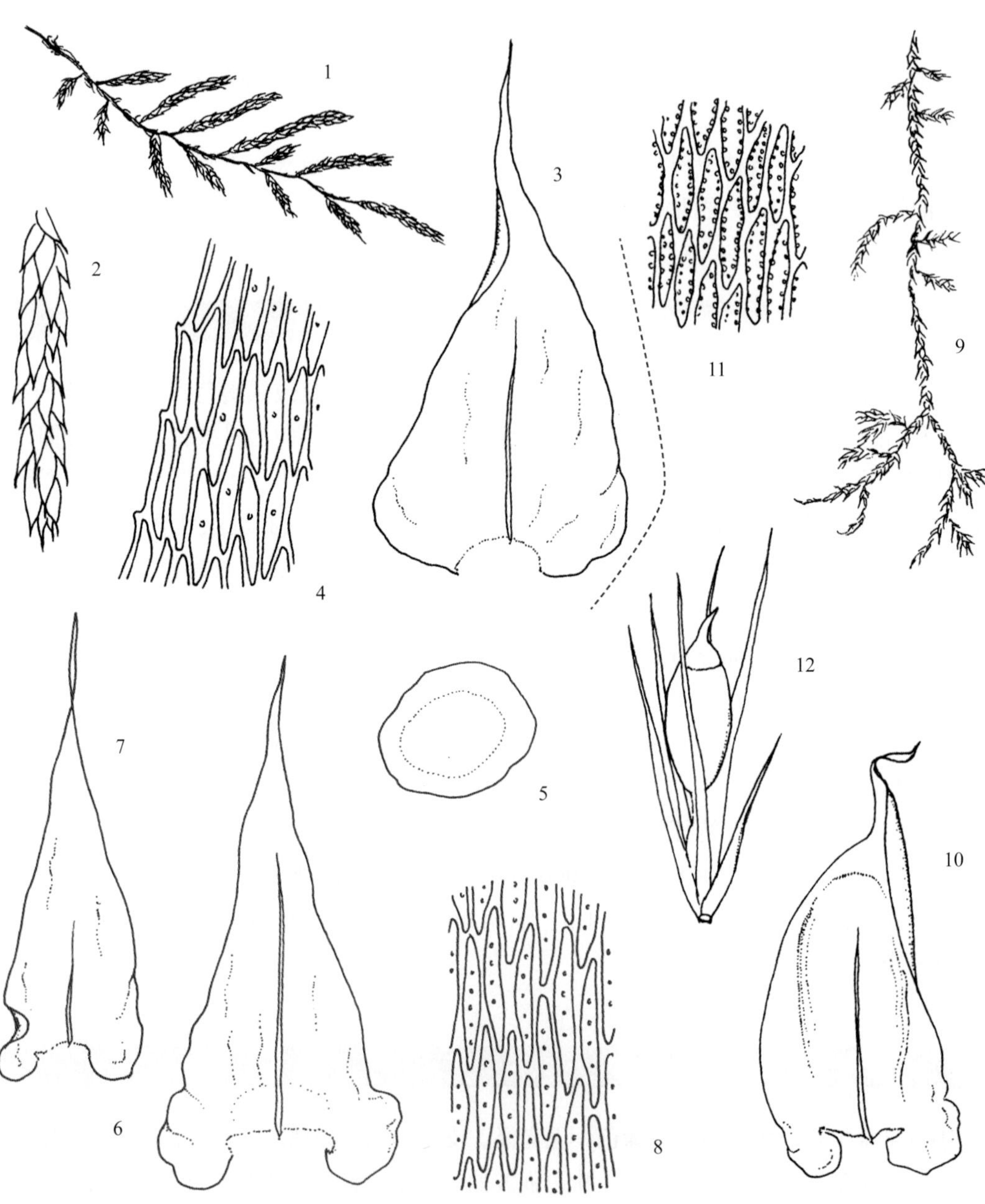

图 171

1~4. **垂藓** *Chrysocladium retrorsum*（Mitt.）Fleisch.

1. 植物体（×1），2. 枝（×5），3. 叶（×35），4. 叶中部边缘细胞（×350）

5~8. **扭叶反叶藓** *Toloxis semitorta*（Müll. Hal.）Buck

5. 茎横切（×120），6. 茎叶（×30），7. 枝叶（×30），8. 叶中部细胞（×350）

9~12. **扭尖隐松萝藓** *Cryptopapillaria feae*（Fleisch.）Menzel

9. 植物体（×1），10. 叶（×30），11. 叶中部细胞（×350），12. 雌苞（×10）

叶长约 2 mm，上部渐尖，尖部多扭卷，基部具大型波状圆叶耳，具数条深纵褶；叶基部边缘具不规则粗齿；中肋消失于叶中部上方。叶中部细胞狭长菱形，长 30~35 μm，中央具单列多数小疣。

生境和分布 生于海拔 2 500~3 000 m 的山地林中树干或倒木上。台湾和广东；喜马拉雅山地区、印度、缅甸、泰国、印度尼西亚、斯里兰卡及菲律宾有分布。

14 隐松箩藓属 *Cryptopapillaria* Menzel

成片悬垂生长。植物体柔弱或稍硬挺，灰绿色，无光泽。支茎下垂。茎叶常贴生，阔卵形，具较宽叶尖，叶基心脏形，两侧多具叶耳；中肋单一，消失于叶中部或略超过中部。叶细胞狭长菱形至线形，密细疣位于胞壁内两侧。雌雄异株。蒴柄短而粗糙。孢蒴卵形，隐生雌苞叶内。蒴齿 2 层；内齿层具低基膜。蒴帽僧帽形，被纤毛。

本属 5 种，分布世界湿热山地。中国有 3 种。

扭尖隐松箩藓 *Cryptopapillaria feae*（Fleisch.）Menzel，Willdenowia 22：181. 1992. 图 171：9~12

形态特征 多树枝悬垂生长。体形稍粗，暗绿色，有时带黑色，略具光泽。支茎被叶呈圆条形，钝端。茎叶卵状椭圆形至长卵状椭圆形，长约 2 mm，具多数不规则纵褶，基部两侧具明显叶耳；叶边多波曲；中肋达叶片 2/3 处。叶细胞狭长菱形至线形，长约 25 μm，沿纵壁具密细疣；叶基中央细胞平滑，透明。雌苞着生枝上；雌苞叶狭长披针形，具深纵褶。孢蒴卵圆形。

生境和分布 生于低海拔至约 1 500 m 的山地林中树干、树枝或岩面。海南和云南；越南、喜马拉雅山地区、印度、缅甸及泰国有分布。

15 蔓藓属 *Meteorium*（Brid.）Dozy et Molk.

多大片状悬垂生长。体多粗大，色泽暗绿至褐绿色，一般无光泽。支茎密或稀疏不规则分枝至不规则羽状分枝；具中轴。茎叶干时覆瓦状排列，阔卵状椭圆形至卵状三角形，上部多呈兜状内凹，突收缩成短或长毛尖，近基部趋宽，成波曲叶耳，具长短不一的纵褶；叶边内曲，全缘；中肋单一，消失于叶片中部至上部。叶细胞卵形、菱形至线形，胞壁厚，常具壁孔，每个细胞背腹面各具一圆粗疣，叶耳细胞椭圆形至线形，基部细胞胞壁强烈加厚，具明显壁孔。雌雄异株。蒴柄密被疣。孢蒴卵形至卵状椭圆形。蒴齿 2 层；内外齿层等长，齿条脊部具穿孔。蒴帽兜形，被长纤毛。

本属约 37 种，亚洲南部、东部和大洋洲分布。中国有 5 种。

分种检索表

1．叶上部渐尖或近渐尖，呈披针形尖或毛尖……2
1．叶上部平截或圆钝，突收缩成短或长毛尖……3
2．植物体暗绿色，多具黑色色泽；茎叶和枝叶疏松着生；叶细胞长卵形至线形……2．蔓藓 *M. polytrichum*
2．植物体灰绿色；茎叶和枝叶紧密贴生；叶细胞多圆卵形……3．细枝蔓藓 *M. papillarioides*
3．茎叶和枝叶干燥时紧密覆瓦状排列，阔椭圆形，上下近于等宽……1．川滇蔓藓 *M. buchananii*
3．茎叶和枝叶干燥时相互贴生或略疏松，长椭圆形，基部宽阔……4．粗枝蔓藓 *M. subpolytrichum*

川滇蔓藓 *Meteorium buchananii*（Brid.）Broth.，Nat. Pfl. -fam. 1（3）：818. 1906. 图 172：1~3

形态特征 疏松大片状悬垂生长。植物体色泽灰绿，稀老时呈黑色，无光泽。支茎稀疏不规则羽状分枝。茎叶干燥时覆瓦状排列，阔椭圆形至阔卵形，上部圆钝，兜形，具短毛尖，基部宽阔，有时呈耳状；叶边内卷，全缘或上部边缘具细齿或粗齿；中肋消失于叶片中部。叶中部细胞长菱形，胞壁强烈不规则加厚，具单粗疣。枝叶小而狭。内雌苞叶椭圆状披针形。孢子直径 15~20 μm。

生境和分布 生于低海拔至近 2 000 m 的山地树干和树枝上。甘肃、山东、江苏、浙江、四川、云南和西藏；尼泊尔、印度及泰国有分布。

细枝蔓藓 *Meteorium papillarioides* Nog.，Journ. Jap. Bot. 13：788，f.2. 1937. 图 172：4~7

形态特征 成片交织下垂生长。硬挺，暗绿色至黄绿色，老时一般不呈黑色，无光泽。支茎悬垂，先端锐尖。茎叶干燥时紧贴茎上，卵形至长卵形，具不规则纵褶，基部呈小耳状，上部渐尖至披针形，有时扭曲；叶边具细齿；中肋消失于叶上部。叶细胞卵形至菱形，具单粗疣，中肋基部两侧细胞斜长方形。

生境和分布 生于低海拔至约 1 800 m 丘陵、山地阴湿岩面。河南、浙江、江西、福建、湖南、广西、四川、云南和西藏；日本有分布。

蔓藓 *Meteorium polytrichum* Dozy et Molk.，Musci Fr. Ined. Archip. Ind. 6：161. 1848. 图 172：8~11

形态特征 疏松成片生长。体硬挺，色泽暗绿至深绿色，老时具黑色，无光泽。支茎长可达 10 cm 以上。茎叶卵形至椭圆状卵形，叶基两侧呈耳状，略具波曲，向上渐呈短毛尖，具深纵褶；叶边具细齿或全缘；中肋达叶上部。叶细胞不透明，中部细胞线形，长可达 40 μm 以上，中央具单疣，叶基部细胞较短，无疣。雌苞着生枝上。蒴柄长达 7 mm，表面粗糙。

生境和分布 生于海拔 1 000 m 左右的山地湿热林中树干和树枝上。安徽、浙江和福建；越南、印度、斯里兰卡、印度尼西亚、菲律宾、巴布亚新几内亚及澳大利亚有分布。

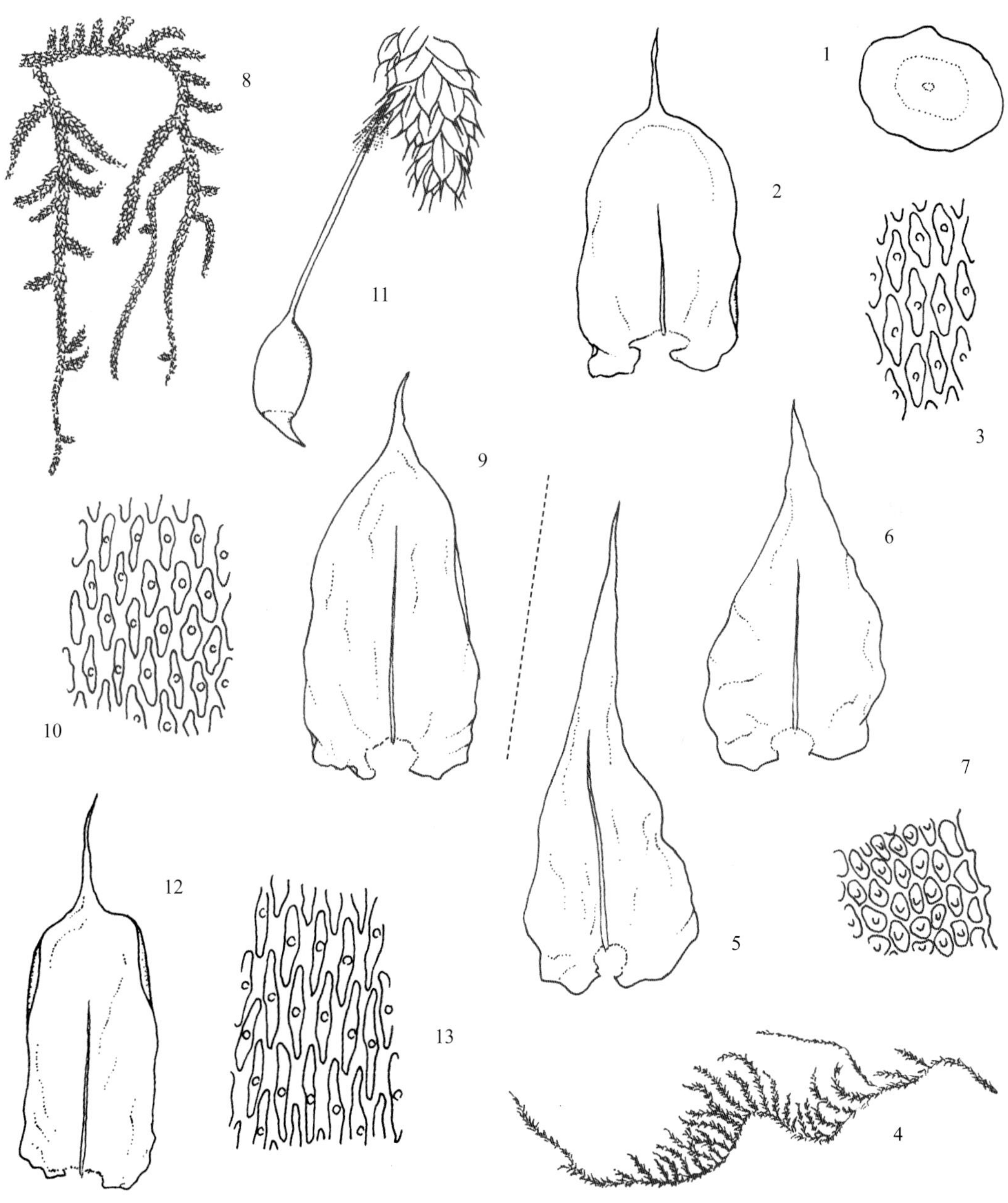

图 172

1~3. 川滇蔓藓 *Meteorium buchananii*（Brid.）Broth.

1. 茎横切（×30），2. 枝叶（×20），3. 叶中上部细胞（×300）

4~7. 细枝蔓藓 *Meteorium papillarioides* Nog.

4. 植物体（×1），5. 主枝叶（×20），6. 枝叶（×20），7. 叶中部边缘细胞（×300）

8~11. 蔓藓 *Meteorium polytrichum* Dozy et Molk.

8. 植物体（×1），9. 枝叶（×20），10. 叶中部边缘细胞（×300），11. 雌苞（×8）

12~13. 粗枝蔓藓 *Meteorium subpolytrichum*（Besch.）Broth.

12. 枝叶（×20），13. 叶中部边缘细胞（×300）

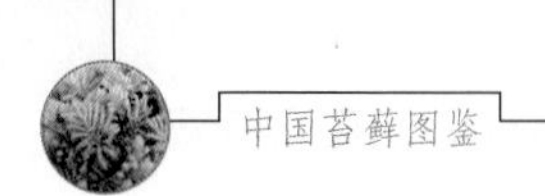

粗枝蔓藓 *Meteorium subpolytrichum*（Besch.）Broth.，Nat. Pfl. -fam. I（3）：818. 1906. 图 172：12~13

形态特征 疏松成片生长。体形粗而硬挺，暗绿色至褐绿色，无光泽。支茎不规则分枝；枝钝端。茎叶疏松覆瓦状排列，阔卵状椭圆形，内凹，尖部圆钝而突收缩呈细长毛尖，约为叶长度的 1/3，基部两侧近于呈耳状，不规则皱缩；叶边具细齿；中肋达叶片上部。叶中部细胞线形，长达 40 μm，基部细胞长方形或长椭圆形，胞壁强烈加厚，壁孔明显。

生境和分布 生于海拔 1 000~2 500 m 的山地林中树干及腐木上。台湾和西藏；菲律宾有分布。

16 耳蔓藓属 *Neonoguchia* Lin

小簇状倾垂生长。体形较粗短，绿色至暗褐色，略具光泽。支茎悬垂，不规则羽状分枝。茎叶卵状披针形或椭圆状披针形，渐上成长尖，具弱纵褶，基部两侧呈明显圆形耳；中肋单一，消失于叶上部；叶边具齿或近于全缘。叶中部细胞线形，长40~70 μm，具单疣，壁厚，具壁孔。枝叶略小。叶腋纤毛由 3 个透明细胞及褐色基部细胞组成。雌雄异株。

本属 1 种，仅限于中国分布。

耳蔓藓 *Neonoguchia auriculata*（Thér.）S. -H. Lin，Yushania 5（4）：27. 1988. 图 173：1~4

形态特征 种的形态特征同属。

生境和分布 生于海拔 1 800~3 000 m 的山地林中树干或岩面上。中国特有，产台湾和云南。

应用价值 作为中国特有苔藓植物属之一，对研究中国苔藓植物区系的形成富有意义。

082 带藓科 PHYLLOGONIACEAE

丛集簇生。植物体色泽灰绿、黄绿色至浅绿色，具明显光泽。主茎匍匐，常具少数鳞片状叶；支茎扁平或圆条形，单一或不规则疏分枝，偶有假鳞毛，稀具鞭状枝。叶长卵圆形或长舌形，略平展、内凹或呈对折状，两侧对称或不对称，呈扁平式两列状，具短尖；叶边全缘或具细齿；中肋单一或 2 条，长或细弱，稀缺失。叶细胞线形，薄壁，角细胞明显分化为方形或不规则长菱形，常具红棕色，厚或薄壁。雌雄异株。蒴柄短，多平滑。孢

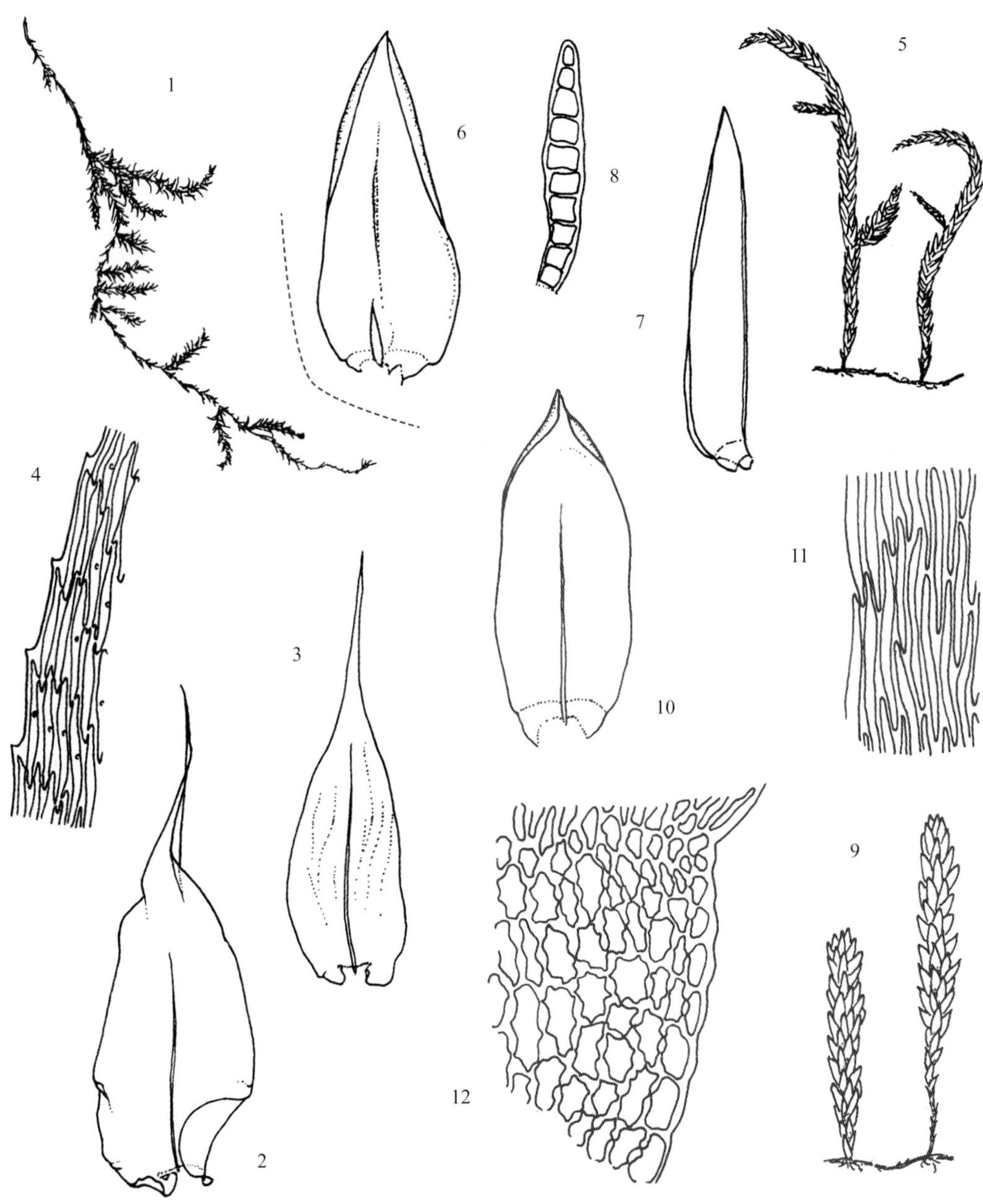

图 173

1~4. 耳蔓藓 *Neonoguchia auriculata*（Thér.）S.-H. Lin

1. 植物体（×1），2. 茎叶（×15），3. 枝叶（×15），4. 叶中部边缘细胞（×160）

5~8. 平尖兜叶藓 *Horikawaea dubia*（Tix.）S.-H. Lin

5. 植物体（×1），6~7. 枝叶（×18），8. 芽胞（×170）

9~12. 兜叶藓 *Horikawaea nitida* Nog.

9. 植物体（×1），10. 枝叶（×18），11. 叶中部细胞（×300），12. 叶基部细胞（×300）

蒴卵球形，常隐于雌苞叶中。蒴齿 1~2 层；齿片长披针形，外面具回折中脊和横隔，常具穿孔；内齿层常缺失或发育不全；有时具前齿层。蒴盖圆锥形。蒴帽兜形或钟形，稀具疏纤毛。孢子球形或多角形，多具疣。叶腋有时具多细胞梭形或棒槌形无性芽胞。

本科 4 属，热带和亚热带分布。中国有 1 属。

1 兜叶藓属 *Horikawaea* Nog.

小簇状生长。植物体灰绿色、黄绿色至浅绿色，具光泽。主茎匍匐，有少数鳞片状叶；支茎扁平或圆条形，不分枝或稀疏不规则分枝，稀具丝状假鳞毛，有时具鞭状枝。茎具透明的薄壁细胞和周边的厚壁细胞，中轴不分化。叶长卵圆形或长舌形，尖短或细长，略平展、内凹或对折，对称或不对称，呈扁平两列状；叶边全缘或具细齿；中肋单一，稀分叉，或中肋 2，短弱，稀缺失。叶细胞多长蠕虫形，平滑，壁薄或厚；角细胞方形或不规则长方形，深色，壁厚或薄，一般具壁孔。无性芽胞棕色，多簇生叶腋，梭形或棒槌形。

本属 3 种，热带和亚热带地区分布。中国有 3 种。

分种检索表

1. 植物体长可达 5 cm；叶多不呈对折状；鞭状枝不常见……………………………………………… 1. 兜叶藓 *H. nitida*

1. 植物体长不及 3 cm；叶多呈对折状；鞭状枝常见……………………………………………… 2. 平尖兜叶藓 *H. dubia*

兜叶藓 *Horikawaea nitida* Nog.，Journ. Hiroshima Univ. B（2），Bot. 3：47. 1937. 图 173：9~12

形态特征 丛集群生。植物体灰绿色至浅黄绿色，具光泽。主茎匍匐，具少数鳞片状叶；支茎扁平，长 1~2 cm，单一或稀疏不规则分枝，多垂倾，稀有丝状假鳞毛，有时具鞭状枝。叶长卵圆形或长舌形，长 2.5~3 mm，宽 0.6~1 mm，略平展、内凹或对折，具短尖或稍长尖，常扁平两列；叶边全缘或具细齿；中肋单一，稀分叉，或短双肋。叶细胞长蠕虫形，长 65~130 μm，宽 4~5 μm，平滑，薄壁；角细胞多方形或不规则长方形，深色，厚壁，常具壁孔。有时叶腋簇生棕色棒槌形无性芽胞。雌苞叶近圆形，具急尖。

生境和分布 多生于林下树干或石灰岩面。台湾、云南和西藏；印度（阿萨姆）及越南有分布。

平尖兜叶藓 *Horikawaea dubia*（Tix.）S.-H. Lin，Journ. Hattori Bot. Lab. 55：299. 1984. 图 173：5~8

形态特征 本种与上种的区别是，植物体较小，支茎连叶宽 2~4 mm，长不超过 3 cm。鞭状枝常见；枝叶常对折。

生境和分布 树上或岩面。江西、四川、贵州、云南、广东、海南和台湾；越南有分布。

083 平藓科 NECKERACEAE

片状垂倾生长。体形多数粗大，稀植物体短小，色泽黄绿至褐绿色，绢泽光强或弱。主茎匍匐，密披假根。支茎直立或倾立，1~3 回羽状分枝。叶扁平着生，舌形、长卵形、匙形至圆卵形，常具横波纹，叶尖多圆钝或具短尖，叶基一侧内折或具小瓣，两侧多不对称；叶尖部边缘具粗齿或全缘；中肋单一或具 2 短肋，稀无中肋。叶细胞菱形至线形，平滑，稀具疣。雌雄多异株或同株。孢蒴侧生茎或枝上；隐生或高出于雌苞叶。蒴齿 2 层；外齿层齿片狭披针形，常有穿孔，外面有疣或横纹，稀平滑；内齿层齿条披针形，齿毛常缺失，基膜多发育良好。

本科约 10 属，主要分布热带和亚热带地区。中国有 6 属。

分属检索表

1. 植物体稀分枝或不规则分枝，少数呈羽状分枝，具强光泽……2
1. 植物体多 1~3 回羽状分枝或树形分枝，具弱光泽……3
2. 茎叶多呈阔卵形至阔舌形；中肋单一……5. 扁枝藓属 *Homalia*
2. 茎叶多圆形至圆卵形；中肋缺失……6. 拟扁枝藓属 *Homaliadelphus*
3. 支茎直立或垂倾，呈扁平树形分枝，稀为不规则羽状分枝……4
3. 支茎下垂或倾立，不呈树形分枝……5
4. 植物体高 1~2 cm，1~2 回羽状分枝……3. 平枝藓属 *Circulifolium*
4. 植物体高可达 5cm 以上，1~3 回羽状分枝……4. 树平藓属 *Homaliodendron*
5. 叶上部宽阔，先端平截或圆钝……2. 拟平藓属 *Neckeropsis*
5. 叶上部一般趋狭窄，先端具尖头……6
6. 茎多具假鳞毛；叶常具横波纹或不规则波纹；叶中部细胞多卵形或椭圆形……1. 平藓属 *Neckera*
6. 茎不具假鳞毛；叶常具不规则弱齿；叶中部细胞长菱形……7. 亮蒴藓属 *Schevockia*

1 平藓属 *Neckera* Hedw.

片状交集生长。体形中等大小至大型，色泽黄绿至褐绿色，具弱绢泽光。支茎倾立或垂倾，一回羽状分枝或稀二回羽状分枝；分枝钝端或渐尖，稀形成鞭状枝。叶片一般扁平着生，阔卵形至卵状长舌形，具横波纹或不规则波纹，少数种类无波纹；中肋单一或短弱分叉。叶细胞卵形至菱形，下部细胞线形或长方形，壁厚而具明显壁孔，角部细胞近方形至卵形。雌苞多着生支茎；内雌苞叶基部呈鞘状。孢蒴隐生或高出于雌苞叶。齿毛常缺失。蒴帽兜形，具少数纤毛。

本属约 70 种，亚洲、欧洲和北美洲热带至温带地区分布。中国有 15 种。

分种检索表

1. 叶片不呈扁平排列；叶上部狭长舌形至阔带形，尖部具不规则粗齿；中肋单一，粗壮，可达叶上部…… 10. 粗肋平藓 *N. undulatifolia*

1. 叶片多扁平排列；叶卵形，上部短阔舌形，尖部具细齿；中肋 2，短弱，或为单中肋消失于叶中部以上……2

2. 茎常被多数假鳞毛；茎叶基部两侧边缘背卷或内卷 ……………………………8. 四川平藓 *N. setschwanica*

2. 茎一般被疏假鳞毛；茎叶基部仅腹侧边缘内卷 ……………………………………………………………3

3. 蒴柄细长，远高出于雌苞叶……………………………………………………………………………4

3. 蒴柄短，隐于雌苞叶内……………………………………………………………………………………6

4. 植物体长度多在 5 cm 以下；茎叶阔卵形，中肋 2，短弱……………………………7. 曲枝平藓 *N. flexiramea*

4. 植物体长度可达 5 cm 或 5 cm 以上；茎叶卵状舌形，中肋单一，长达叶中部以上…………………………5

5. 叶多呈卵状舌形，两侧边缘常内卷；内雌苞叶上部突趋窄呈舌形 …………………… 1. 齿叶平藓 *N. crenulata*

5. 叶多呈长卵状舌形，一般仅一侧边缘内卷；内雌苞叶上部不突趋窄 …………………… 9. 多齿平藓 *N. polyclada*

6. 茎叶扁平贴生，无波纹……………………………………………………………………………………7

6. 茎叶不扁平贴生，多具强波纹……………………………………………………………………………8

7. 叶卵形至长卵形；中肋单一,一般达叶中部以上…………………………………………2. 短肋平藓 *N. goughiana*

7. 叶阔卵形至长卵状舌形；中肋 2，短弱，稀单一 ………………………………………… 5. 阔叶平藓 *N. borealis*

8. 叶基两侧长下延 ………………………………………………………………………… 6. 延叶平藓 *N. decurrens*

8. 叶基两侧不呈长下延 ……………………………………………………………………………………9

9. 叶具 2 短肋；内雌苞叶披针形……………………………………………………………… 4 平藓 *N. pennata*

9. 叶具单中肋，多长达叶中部以上；内雌苞叶狭长披针形 ………………………………… 3. 短齿平藓 *N. yezoana*

齿叶平藓 *Neckera crenulata* Harv. in Hook.，Icon. Pl. Rar. 1：21. 1836. 图 174：1~4

形态特征 疏松片状生长。植物体较硬挺，色泽黄绿，略具光泽。支茎密羽状分枝，长可达 8 cm。茎叶卵状舌形，具不规则强波纹，长达 3 mm 以上，内凹，具钝尖；叶边上部齿粗；中肋可达叶片 2/3 处。叶细胞六角形至狭长六角形，胞壁加厚，中部细胞长 45~60 μm，基部细胞狭长卵形，胞壁波状加厚，具壁孔。枝叶较小，长椭圆形，尖部圆钝。雌雄异株。内雌苞叶披针形。蒴齿齿条中脊具穿孔。

生境和分布 生于海拔 1 800~3 100 m 湿润林内树干。台湾、云南和西藏；缅甸、泰国及越南有分布。

现有学者将该种归为齿叶台湾藓 *Taiwanobryum crenulatum*（Harv.）Olsson，Enroth et Quandt。

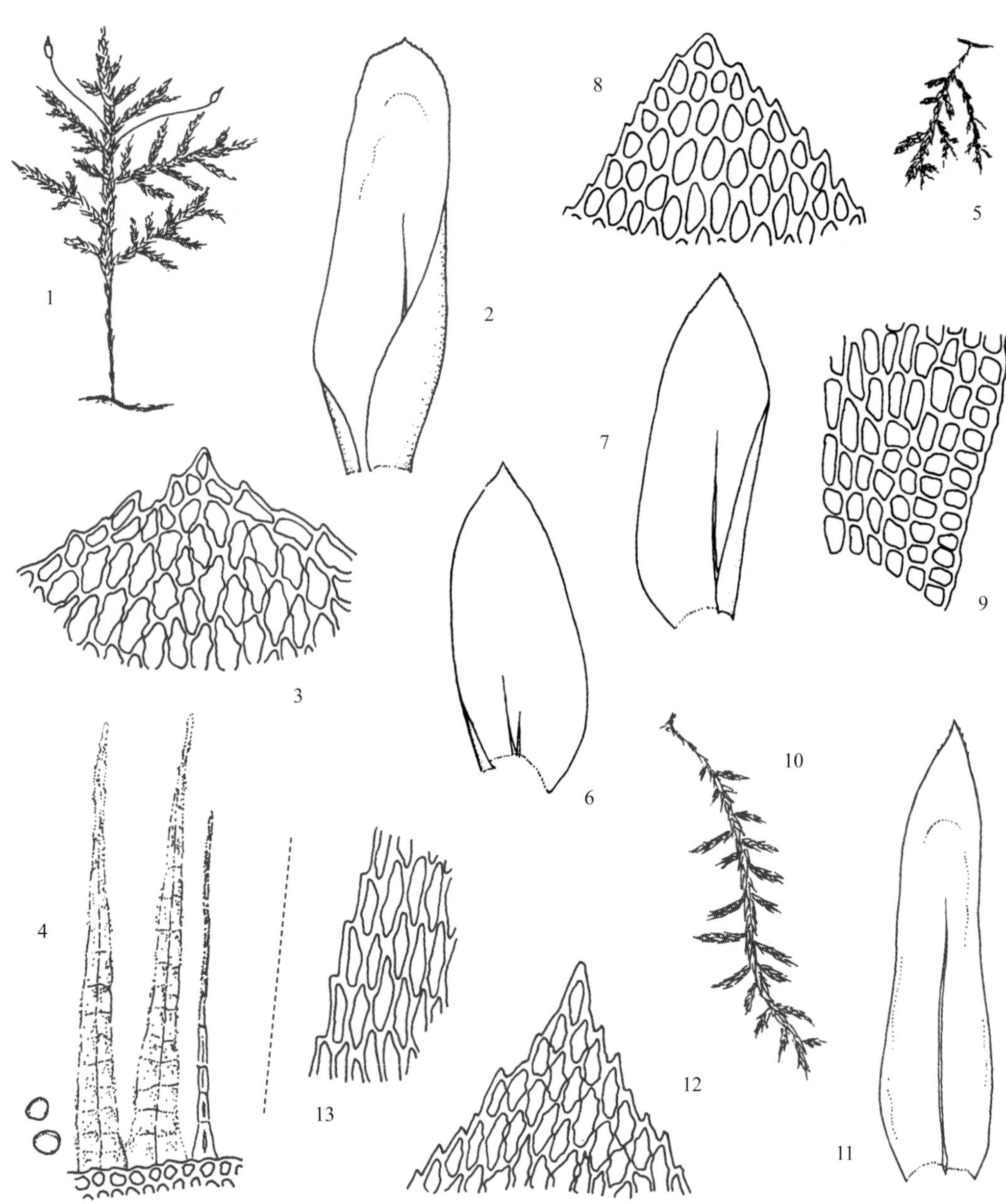

图 174

1~4. 齿叶平藓 *Neckera crenulata* Harv.

1. 植物体（×1），2. 枝叶（×25），3. 叶尖部细胞（×300），4. 蒴齿一部分（×180）

5~9. 短肋平藓 *Neckera goughiana* Mitt.

5. 植物体（×1），6~7. 茎叶（×30），8. 叶尖部细胞（×320），9. 叶基部边缘细胞（×320）

10~13. 短齿平藓 *Neckera yezoana* Besch.

10. 植物体（×1），11. 茎叶（×30），12. 叶尖部细胞（×320），13. 叶中部边缘细胞（×320）

短肋平藓 *Neckera goughiana* Mitt., Journ. Proc. Linn. Soc., Bot. Suppl. 1：120. 1859. 图 174：5~9

形态特征 小片状生长。体长 2~3 cm；不规则 1~2 回疏羽状分枝。茎横切面近圆形，具 3 层厚壁皮层细胞及薄壁的髓部细胞，中轴不明显。茎叶卵形至长卵形，稀呈长舌形，长 1~1.2 mm，无波纹，具钝尖；叶边上部具细齿；中肋单一，消失于叶上部，稀为 2 短肋。叶细胞卵形至长六角形，基部中央细胞狭长菱形，胞壁等厚。内雌苞叶狭长披针形。

生境和分布 生于低海拔林内树干和石面。甘肃、河南和江西；日本及印度有分布。

现有学者将该种归为短肋残齿藓 *Forsstroemia goughiana*（Mitt.）Olsoon, Enroth et Quandt。

短齿平藓 *Neckera yezoana* Besch., Ann. Sc. Nat. Bot. Ser. 7, 17：358. 1893. 图 174：10~13

形态特征 常成疏松片状生长。体粗大，色泽灰绿至褐绿色；支茎长达 5 cm，密羽状分枝，钝端。叶疏松生长，不相互紧贴；茎叶卵状椭圆形至卵状舌形，具不规则波纹，先端锐尖或具宽小尖，内凹；叶边尖部具齿；中肋单一，消失于叶片 2/3 处。叶细胞菱形至狭长菱形，厚壁，具壁孔；角部细胞圆卵形至长椭圆形，胞壁角部加厚。内雌苞叶卵状狭披针形。孢蒴隐生于雌苞叶内。孢子直径 25~40 μm。

生境和分布 生于低海拔至 2 000 m 以上的林内树干。陕西、安徽、浙江、湖北、湖南、贵州、四川和西藏；朝鲜及日本有分布。

现有学者将该种归为短齿残齿藓 *Forsstroemia yezoana*（Besch.）Olsoon, Enroth et Quandt。

平藓 *Neckera pennata* Hedw., Spec. Musc. 200. 1801. 图 175：1~4

形态特征 常成大片状生长。体形中等大小，黄绿色至褐绿色，略具光泽，支茎疏或密扁平羽状分枝，钝端。茎叶阔长椭圆状披针形至舌形，长可达 3 mm，两侧明显不对称，具多数强波纹；叶边具细齿；中肋 2，短弱。叶细胞椭圆状菱形至线形，胞壁薄，中部细胞长 40~50 μm，基部细胞胞壁略加厚。雌苞隐生于苞叶内。蒴齿发育良好。孢子直径约 20 μm。

生境和分布 习生海拔 1 000~3 800 m 林内树干或阴湿岩面。黑龙江、陕西、新疆、安徽、浙江、台湾、四川、云南和西藏；北半球广布，澳大利亚及新西兰有分布。

阔叶平藓 *Neckera borealis* Nog., Journ. Hattori Bot. Lab. 16：124. 1956. 图 175：5~8

形态特征 小片状生长。体形中等大小，黄绿色至灰绿色，具弱光泽，呈扁平片状生长。支茎不规则羽状分枝，枝尖常呈鞭枝状；假鳞毛着生枝条基部。茎叶阔卵形至阔舌形，有时一向偏曲，具钝尖，基部一侧常内褶；叶边尖部具细齿；中肋 2，短弱或单一。叶上部细胞菱形至狭菱形，基部细胞狭长方形，角部细胞长方形，厚壁。枝叶狭而呈长卵

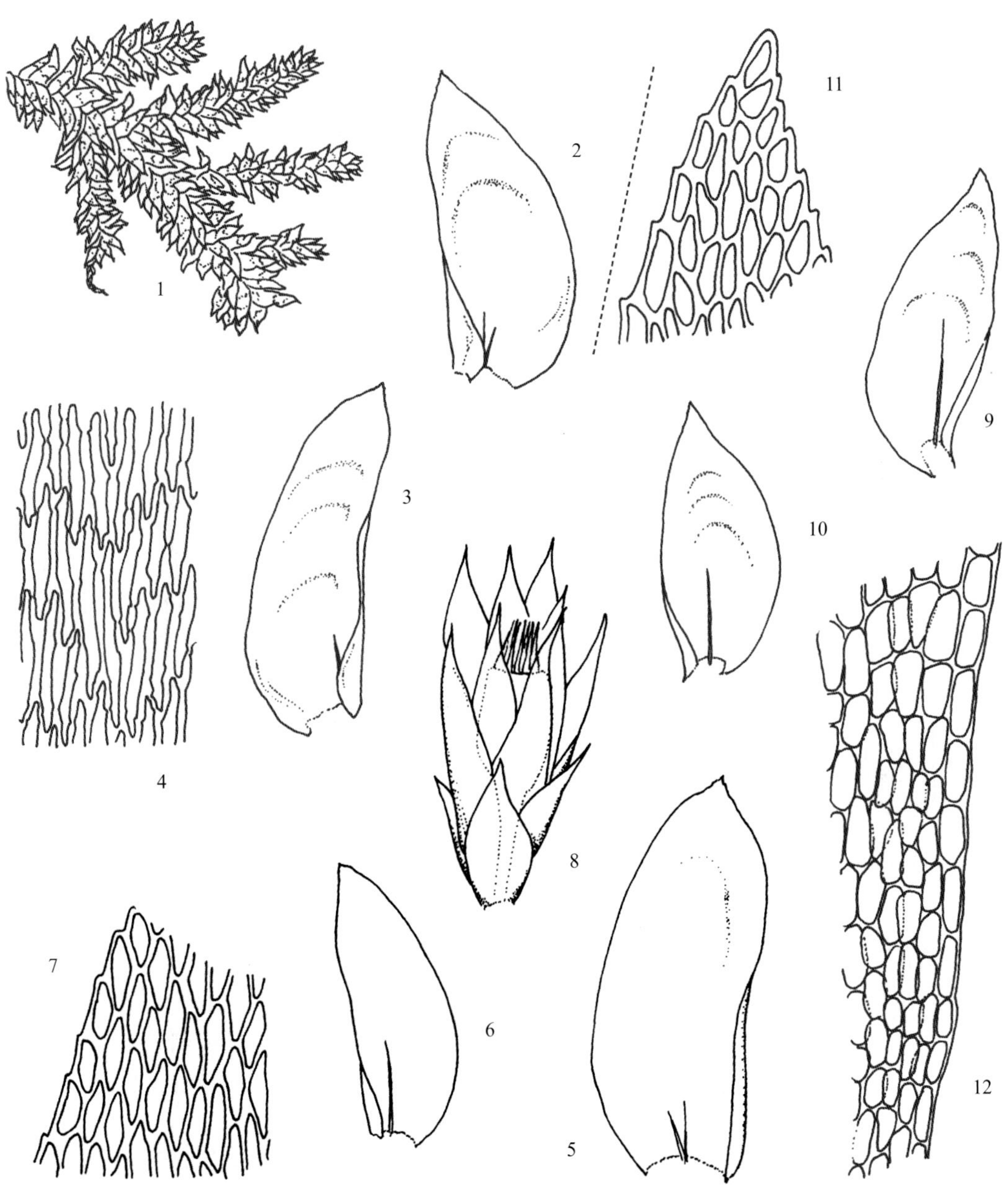

图 175

1~4. 平藓 *Neckera pennata* Hedw.

1. 植物体（×1），2~3. 叶（×20），4. 叶中部细胞（×400）

5~8. 阔叶平藓 *Neckera borealis* Nog.

5. 茎叶（×25），6. 枝叶（×25），7. 叶中部边缘细胞（×400），8. 雌苞（×20）

9~12. 延叶平藓 *Neckera decurrens* Broth.

9. 茎叶（×20），10. 枝叶（×20），11. 叶尖部细胞（×400），12. 叶基部细胞（×400）

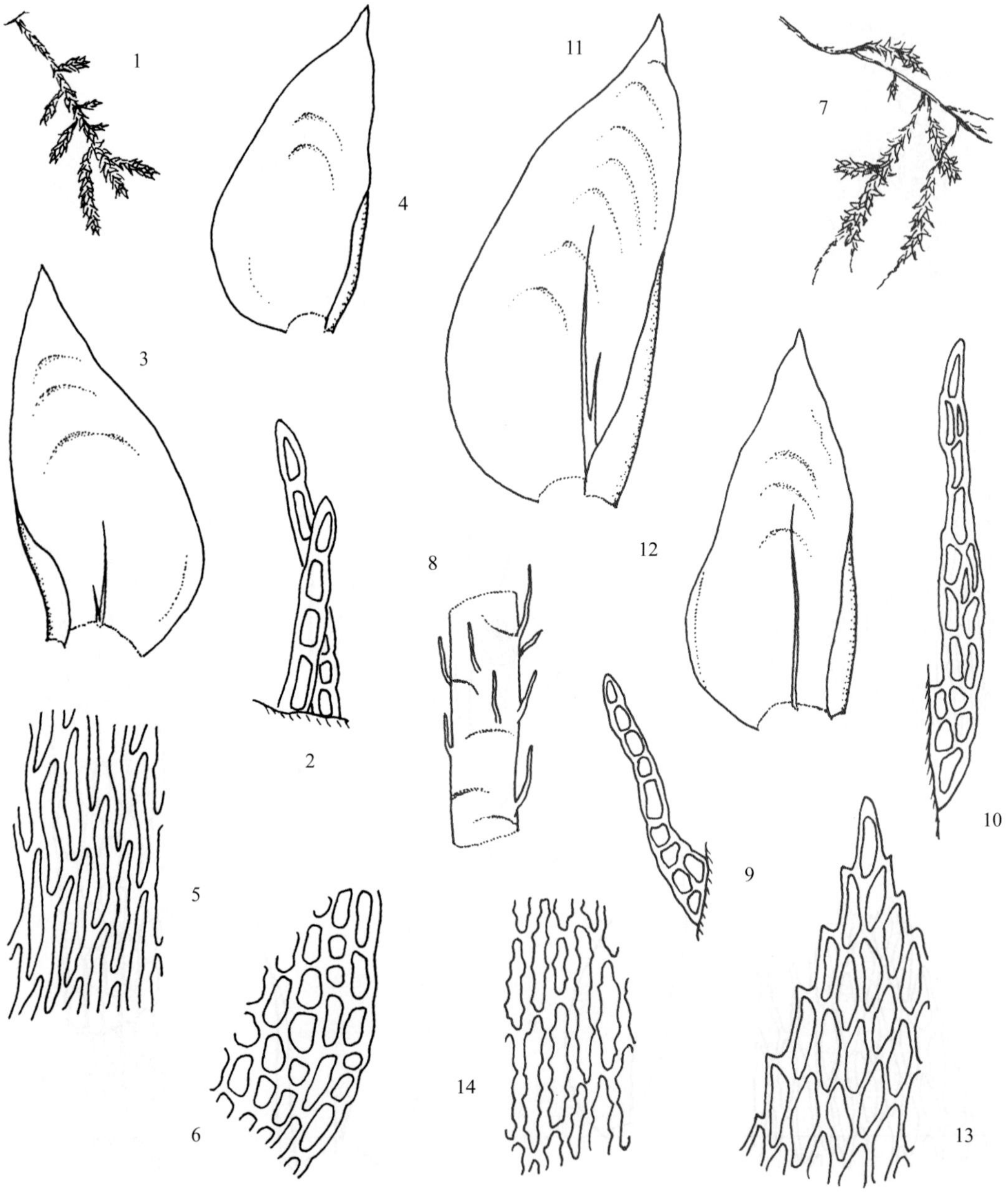

图 176

1~6. **曲枝平蘚** *Neckera flexiramea* Card.

1. 植物体（×1），2. 假鳞毛（×450），3. 茎叶（×30），4. 枝叶（×30），5. 叶中部细胞（×400），6. 叶基部细胞（×400）

7~14. **四川平蘚** *Neckera setschwanica* Broth.

7. 植物体（×1），8. 茎的一部分，示着生多数假磷毛（×45），9~10. 假鳞毛（×300），11. 茎叶（×30），12. 枝叶（×30），13. 叶尖部细胞（×400），14. 叶基部细胞（×400）

形至狭舌形。蒴柄甚短。孢蒴椭圆状卵形。蒴齿 2 层；内层呈膜状。孢子直径 12~18 μm。

生境和分布　生于海拔 3 000 m 左右树基或石壁。陕西、甘肃、青海和四川；日本北部及俄罗斯（远东地区）有分布。

延叶平藓 *Neckera deurrens* Broth.，Symb. Sin. 4：86. 1929. 图 175：9~12

形态特征　成片倾垂生长。植物体纤长，黄绿色，具光泽。支茎长可达 7 cm，不规则羽状分枝。茎叶卵状椭圆形，内凹，具多数横波纹，基部狭窄，两侧明显下延；叶边全缘或上部具细齿；中肋 2，短弱，稀单一。叶细胞卵形、菱形至狭长卵形，中部细胞长 40~50 μm，基部细胞具壁孔。枝叶卵形，具锐尖。雌雄异株。

生境和分布　生于海拔约 1 000 m 林内树干和阴岩面。中国特有，产湖南、贵州和云南。

曲枝平藓 *Neckera flexiramea* Card.，Bull. Soc. Bot. Geneve ser. 2，3：277. 1911. 图 176：1~6

形态特征　疏松小片状生长。体形中等大小，色泽灰绿。支茎多垂倾，扭曲，具稀疏短分枝。茎叶平展，不紧贴，卵形至卵状椭圆形，上部渐尖，两侧明显不对称，有时向一侧偏曲，长约 1~1.5 mm，具少数横波纹；叶边上部具细齿；中肋 2，短弱，稀单一。叶上部细胞卵状椭圆形；中部细胞近线形，长 30~40 μm，胞壁等厚。雌雄异株。蒴柄细长，高出于雌苞叶。孢蒴卵形至卵状椭圆形。孢子直径 25~35 μm。

生境和分布　生于中等海拔湿热林内树干或阴岩面。安徽、广西和四川；日本及朝鲜有分布。

四川平藓 *Neckera setschwanica* Broth.，Sitzungsber Ak. Wiss. Wien. Math. Nat. Kl. Abt. 1，131：215. 1923. 图 176：7~14

形态特征　大片状下垂生长。体形中等大小，黄绿色至褐绿色。支茎不规则羽状分枝；密被狭披针形假鳞毛。茎叶长卵形，具明显横波纹，基部一侧内折，另一侧背曲；叶边仅尖部具齿；中肋单一，达叶 2/3 处。叶尖部细胞长菱形，中部细胞狭长卵形，胞壁强烈加厚，具明显壁孔，直径约长 40 μm。叶基角部细胞方形，厚壁，红棕色。常着生多细胞丝状芽胞。

生境和分布　生于中等海拔至约 3 200 m 林内岩面。中国特有，产四川、云南和西藏。

多枝平藓 *Neckera polyclada* Müll. Hal.，Nuov. Giorn. Bot. Ital. n. s. 3：114. 1896. 图 177：1~7

形态特征　疏松成片生长。体形粗大，硬挺，灰绿色。主茎匍匐，支茎倾立，达 7 cm，密羽状分枝或疏分枝，尖部宽钝；具少数丝状假鳞毛。小枝扁平，尖部尾尖状。茎叶卵状长舌形，基部略下延，内凹，上部略具波纹，基部一侧内折；叶尖部具钝齿；中肋单

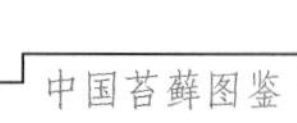

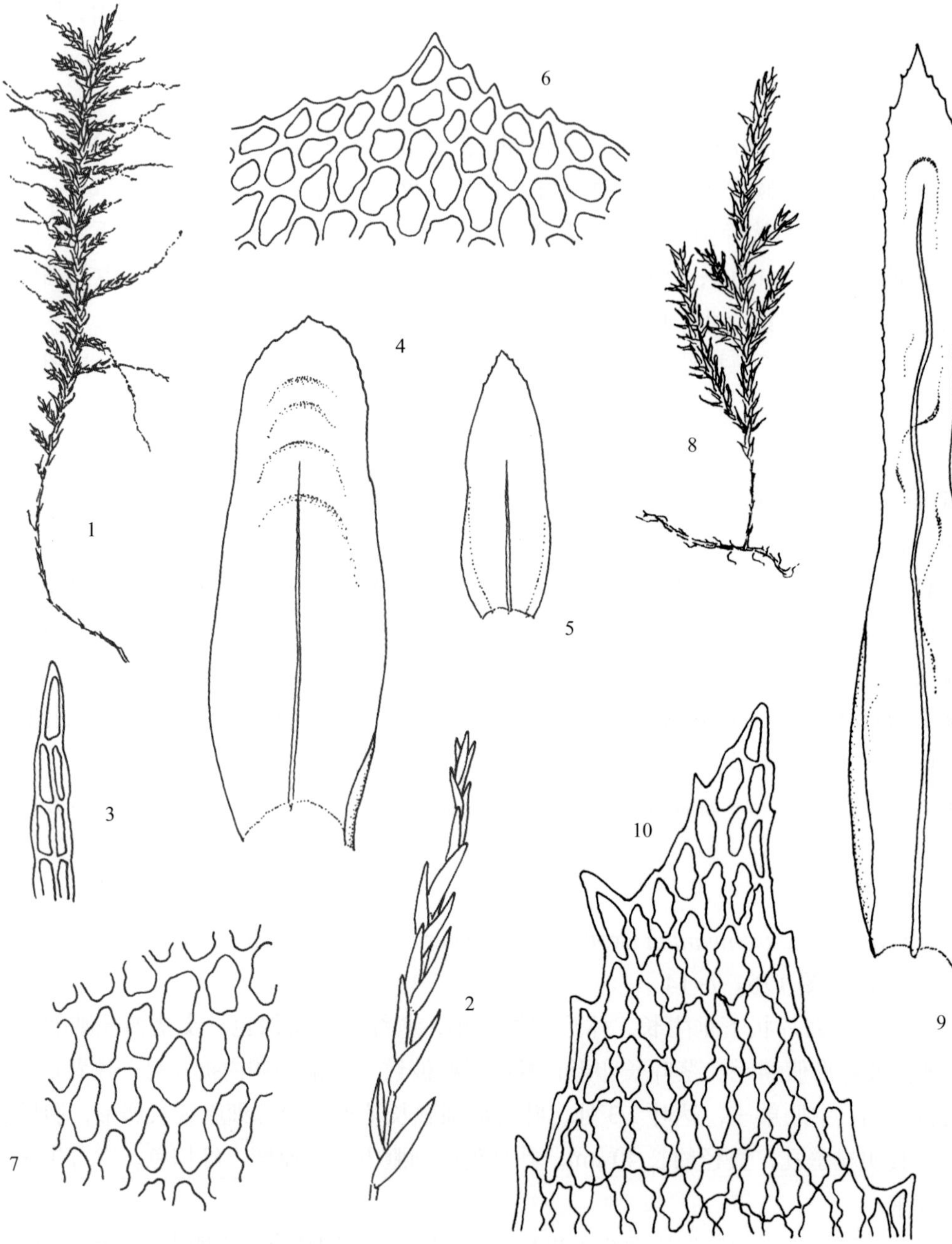

图 177

1~7. **多枝平藓** *Neckera polyclada* Müll. Hal.

1. 植物体（×1），2. 鞭状枝（×10），3. 假鳞毛（×230），4. 茎叶（×25），5. 鞭状枝叶（×25），6. 叶尖部细胞（×450），7. 叶中部细胞（×450）

8~10. **粗肋平藓** *Neckera undulatifolia*（Tix.）Enroth

8. 植物体（×1），9. 茎叶（×25），10. 叶尖部细胞（×450）

一，达叶尖部。叶上部细胞菱形或椭圆形，中部细胞线形至狭长卵形，胞壁波状加厚，具明显壁孔。孢蒴隐生。

生境和分布 生于山地石灰岩石壁和树干上。四川、陕西和甘肃；日本有分布。

粗肋平藓 *Neckera undulatifolia*（Tix.）Enroth，Ann. Bot. Fennici 29：249. f. 1. 1992. 图 177：8~10

形态特征 疏松成片生长。体形较粗大，黄绿色，无光泽。主茎匍匐，支茎长 7~8 cm，密羽状分枝或不规则疏分枝，尖部宽钝；假鳞毛稀少。茎叶阔卵状基部，向上成阔长舌形，上部具不规则短波纹，具锐尖；叶边上部具粗齿，一侧常内折；中肋单一，粗壮，达叶 3/4 处，上部多扭曲。叶上部细胞椭圆形，胞壁极厚，中下部细胞狭椭圆形，具明显壁孔；角部细胞圆方形，边缘具数列近线形细胞。

生境和分布 生于石灰岩山地砂质阴石壁上。贵州和广西；越南有分布。

2 拟平藓属 *Neckeropsis* Reichardt.

大片悬垂生长。形体小或较粗大，多黄绿色至暗绿色，具光泽。支茎可达 10 cm 以上，倾立或下垂，稀分枝或短羽状分枝，钝端。茎叶一般阔舌形，具强横波纹，先端平截或圆钝，或具小钝尖，基部狭窄，有时具小圆耳，一侧内褶；叶边具细齿或全缘；中肋单一，粗壮，稀短弱。叶细胞多角形至长菱形，近基部细胞近于呈线形，胞壁等厚至具壁孔。枝叶与茎叶略异形。雌苞着生短枝顶。蒴柄极短。孢蒴卵形至短圆柱形。蒴齿 2 层；外齿层齿片披针形，具细疣；内齿层多少透明，具疣。孢子球形，浅黄色至褐色。

30 种，主要分布亚洲热带和亚热带地区，少数种类见于北美洲南部。中国有 8 种。

分种检索表

1. 叶平展，一般无波纹……………………………………3. 光叶拟平藓 *N. nitidula*
1. 叶具强横波纹……………………………………2
2. 叶先端较平截；具 2 短中肋……………………………………3
2. 叶先端圆钝或平截；具单中肋……………………………………4
3. 雌苞叶长约 1.5 mm；叶中肋达叶长度的 1/3 左右……………………………………1. 东亚拟平藓 *N. calcicola*
3. 雌苞叶长约 4.5 mm；叶中肋一般不及叶长度的 1/4……………………………………2. 截叶拟平藓 *N. lepineana*
4. 叶具波纹；叶中肋较细，消失于叶中部……………………………………4. 短枝拟平藓 *N. obtusata*
4. 叶不具波纹；叶中肋粗壮，长达叶尖部……………………………………5 舌叶拟平藓 *N. semperiana*

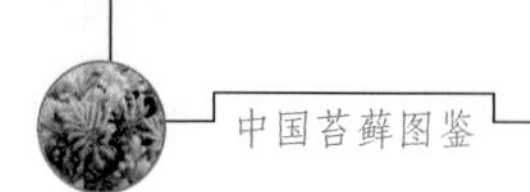

东亚拟平藓 *Neckeropsis calcicola* Nog.，Journ. Hattori Bot. Lab. 16：124. 1956. 图 178：1~4

形态特征 大片疏松垂倾生长。体粗壮，淡绿色至黄绿色，略具光泽。支茎下垂，长可达 10 cm，具稀疏短枝。叶阔舌形，上下近于等宽，先端平截，多具小尖头，具多数强横波纹；中肋细弱，达叶片中部，稀短而分叉；叶边尖部具细齿。叶细胞椭圆形至长菱形，胞壁厚。孢蒴略高出于雌苞叶，卵状椭圆形。蒴帽兜形，被少数纤毛。孢子直径约 15 μm。

生境和分布 生于低海拔至 3 600 m 湿润林中树干及阴湿岩面。湖北和云南；日本有分布。

截叶拟平藓 *Neckeropsis lepineana*（Mont.）Fleisch.，Musc. Fl. Buitenzorg 3：879. 155. 1908. 图 178：5~8

形态特征 大片悬垂生长。体粗大，色泽淡黄绿至褐色，略具光泽。支茎垂倾，疏生不规则羽状分枝。叶阔舌形，先端平截至略圆钝，具强横波纹；叶边尖部具不规则齿；中肋 2，一般短弱。叶细胞六角形至长菱形，厚壁。孢蒴隐生雌苞叶内，卵状椭圆形。

生境和分布 生于低海拔至 2 100 m 的林中树干和岩面。浙江、台湾和云南；广布非洲、亚洲及太平洋岛屿。

光叶拟平藓 *Neckeropsis nitidula*（Mitt.）Fleisch.，Musc. Fl. Buitenzorg 3：882. 1908. 图 178：9~12

形态特征 小片状生长。淡绿色至灰绿色，具强光泽。支茎扁平被叶，疏分枝至羽状分枝，先端圆钝，稀呈鞭状枝。茎叶阔舌形或倒卵形，两侧不对称，尖部常圆钝，具小钝尖；叶边具细齿；中肋细弱，达叶片中部，稀短弱而分叉。叶细胞菱形至长卵形，中部细胞长 20~45 μm，厚壁，或薄壁具厚角，有时具壁孔。孢蒴隐生雌苞叶内，卵形或长卵形。

生境和分布 生于海拔约 1 800 m 的林中树干。浙江、江苏、福建、香港和云南；日本及朝鲜有分布。

短枝似平藓 *Neckeropsis obtusata*（Mont.）Fleisch. in Broth.，Nat. Pfl.-fam. 2，11：187. 1925. 图 178：13~14

形态特征 疏松小片状生长。植物体淡绿色或黄绿色，具弱光泽；支茎稀疏不规则羽状分枝，长可达 10 cm。茎叶阔舌形，两侧不对称，基部略收缩，先端圆钝；叶边仅上部具细齿；中肋消失于叶中部。叶尖部细胞方形至菱形，厚壁，中部细胞椭圆形至狭长方形，近基部细胞长椭圆形，壁厚，具壁孔。枝叶与茎同形，略小于茎叶。雌雄异株。内雌苞叶卵状批针形。孢蒴长卵形。

生境和分布 生于海拔约 1000 m 的阴石壁和石面。广西、湖北、四川和甘肃；越南及菲律宾有分布。

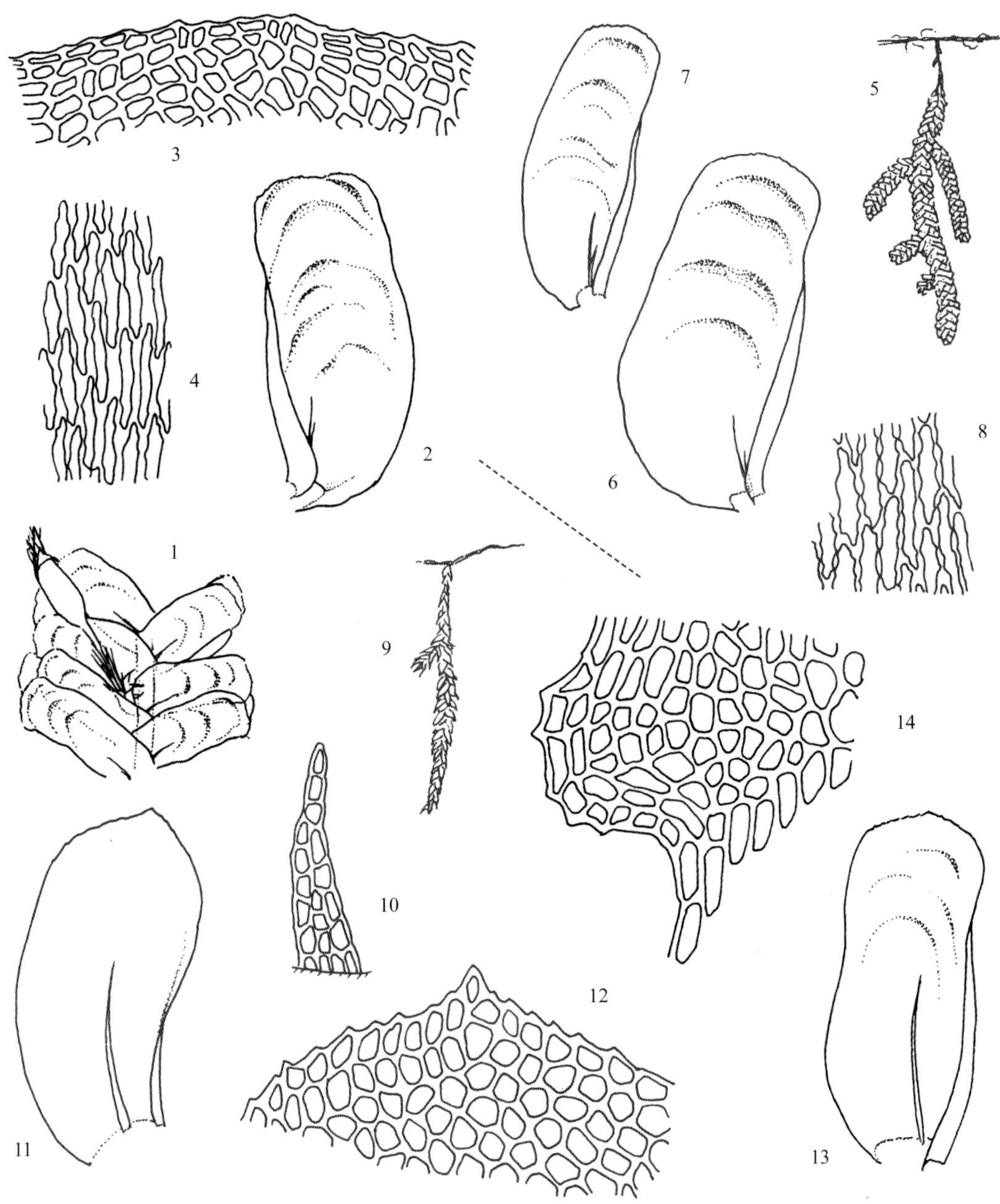

图 178

1~4. **东亚拟平藓** *Neckeropsis calcicola* Nog.

1. 枝的一部分，示着生雌苞（×6），2. 叶（×20），3. 叶尖部细胞（×300），4. 叶中部细胞（×300）

5~8. **截叶拟平藓** *Neckeropsis lepineana*（Mont.）Fleisch.

5. 植物体（×1），6. 茎叶（×20），7. 枝叶（×20），8. 叶中部细胞（×300）

9~12. **光叶拟平藓** *Neckeropsis nitidula*（Mitt.）Fleisch.

9. 植物体（×1），10. 假鳞毛（×150），11. 叶（×20），12. 叶尖部细胞（×300）

13~14. **短枝拟平藓** *Neckeropsis obtusata*（Mont.）Fleisch.

13. 叶（×20），14. 叶基部细胞（×300）

舌叶拟平藓 *Neckeropsis semperiana*（Müll. Hal.）Touw，Blumea 9（2）：414，Pl. 18. 1962. 图 179：1~4

形态特征 疏松小片状生长。植物体淡黄绿色，具弱光泽；支茎稀疏不规则羽状分枝，长可达 8 cm。茎叶阔舌形，上下近等宽，两侧不对称，基部略收缩，先端圆钝或平截，具小尖头；叶边上部具细齿；中肋粗壮，消失于叶尖下 6~8 个细胞处。叶上部细胞六角形至多角形，厚壁，中部细胞长菱形，近基部细胞近线形。枝叶与茎同形，略小于茎叶。雌雄异株。孢蒴卵形。

生境和分布 生于热带沟谷阴石壁。广西、贵州和海南；越南、泰国及菲律宾有分布。

3 平枝藓属 *Circulifolium* Olsson，Enroth et Quandt

该属 2010 年依据分子证据从树平藓属（*Homaliodendron* Fleisch.）分出，与树平藓属的主要区别为植物体形小，假鳞毛丝状，叶片排列扁平，叶边具多个细胞构成的齿，叶尖圆钝或平截，叶细胞不具壁孔，以及雌苞叶叶尖圆钝。

现全世界仅 2 种，主要分布在亚洲和大洋洲热带地区。中国有 2 种。

分种检索表

1. 植物体高 1~2 cm，1~2 回羽状分枝……………………………………………………1. 小平枝藓藓 *C. exiguum*

1. 植物体高可达 5~10 cm，2~3 回羽状分枝……………………………………………2. 钝叶平枝藓 *C. microdendron*

小平枝藓 *Circulifolium exiguum*（Bosch et S. Lac.）Olsson，Enroth et Quandt，Org. Divers. Evol. 10：120. 2010. 图 179：5~10

形态特征 稀疏小片生长。植物体形小，黄绿色至灰绿色，具绢丝状光泽。支茎直立至倾立，长 1~2 cm，疏羽状分枝，分枝末端常呈尾尖状。茎叶多卵状舌形，两侧不对称，先端圆钝，基部一侧内折；中肋单一，达叶中部以上。叶细胞六角形至菱形，中部细胞壁等厚。枝叶明显小于茎叶。雌雄异株？内雌苞叶椭圆状舌形，尖部具齿。蒴柄长超过 1 mm。

生境和分布 生于低海拔至约 1 850 m 山地树干及阴湿岩面。安徽、福建、江西、湖北、广东、海南、贵州、四川和云南；日本、亚洲东南部及澳大利亚有分布。

平枝藓 *Circulifolium microdendron*（Mont.）Olsson，Enroth et Quandt，Org. Divers. Evol. 10：120. 2010. 图 179：11~14

形态特征 大片状倾垂生长。植物体大型，色泽黄绿至灰绿色，具强光泽。支茎 2~3 回扁平羽状分枝呈扇形；假鳞毛丝状。茎叶紧密贴生，阔舌形，多两侧不对称，叶基趋

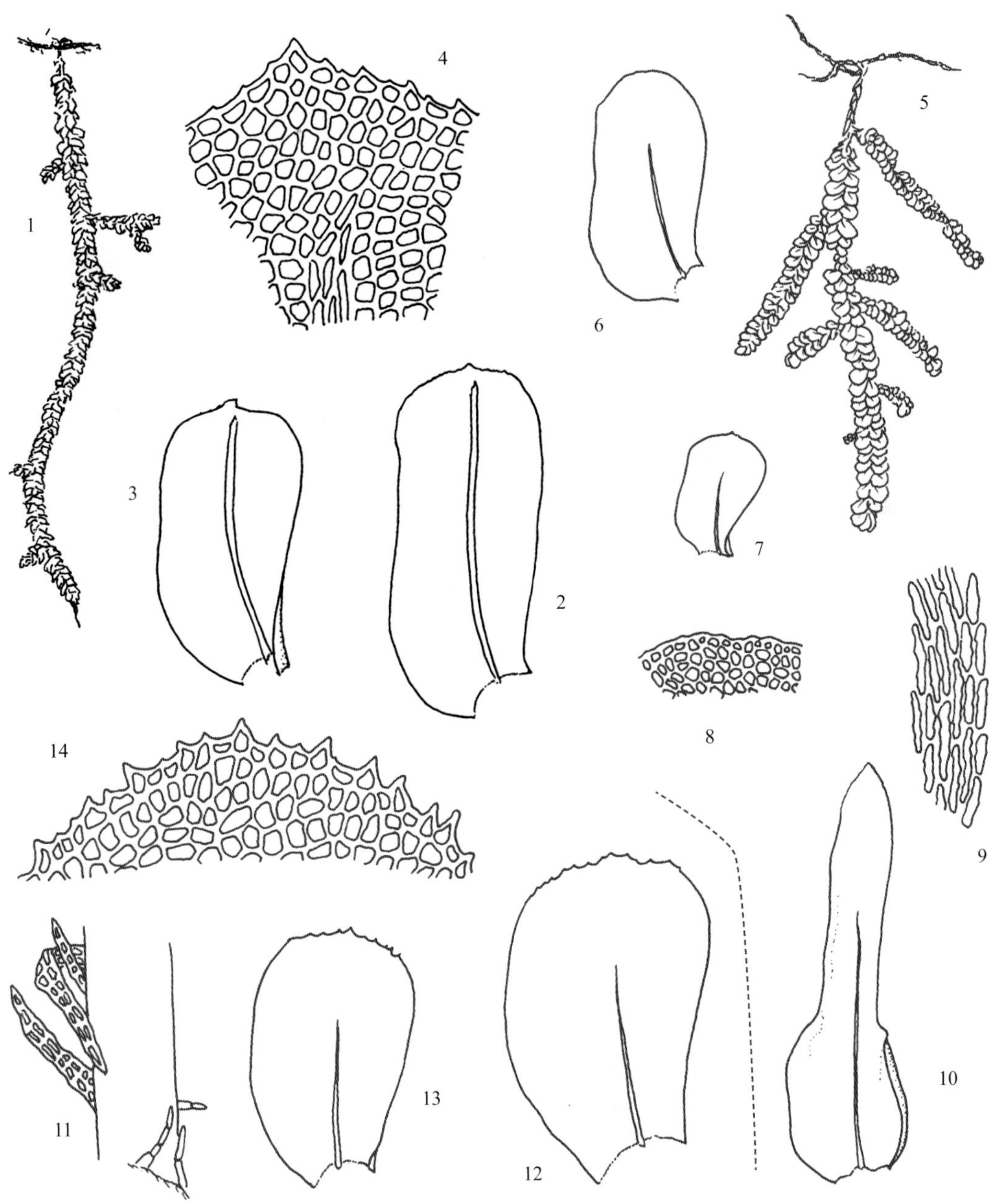

图 179

1~4. 舌叶拟平藓 *Neckeropsis semperiana*（Müll. Hal.）Touw

1. 植物体（×1），2. 茎叶（×20），3. 枝叶（×20），4. 叶尖部细胞（×300）

5~10. 小平枝藓 *Circulifolium exiguum*（Bosch et S. Lac.）Olsson，Enroth et Quandt

5. 植物体（×4），6. 茎叶（×20），7. 枝叶（×20），8. 叶尖部细胞（×300），9. 叶基部细胞（×300），10. 雌苞叶（×300）

11~14. 平枝藓 *Circulifolium microdendron*（Mont.）Olsson，Enroth et Quandt

11. 茎的一部分，示假鳞毛和腋毛（×150），12. 茎叶（×20），13. 枝叶（×20），14. 叶尖部细胞（×300）

窄，一侧狭内褶；叶边全缘，尖部具不规则细齿；中肋细弱，达叶中部以上。叶细胞方形、多角形至长菱形，中部细胞薄壁。雌雄异株。蒴柄长可达 2 mm。孢蒴长圆柱形。孢子被细疣。

生境和分布 生于南方海拔 600~2 000 m 山地沟谷树干或阴湿石壁。台湾、海南和云南；日本、印度、越南、印度尼西亚及菲律宾有分布。

4 树平藓属 *Homaliodendron* Fleisch.

成片倾垂生长。体形阔大，稀小形，黄绿色或褐绿色，具绢泽光。支茎直立或倾立，1~3 回扁平羽状分枝成树形至扇形；横切面呈圆形或椭圆形，无分化中轴，皮层具多层厚壁细胞，髓部薄壁。茎叶卵形至阔舌形，尖部圆钝或锐尖；叶边全缘，或尖部具细齿至粗齿；中肋单一，一般不达叶上部。叶细胞圆方形至卵状菱形，胞壁等厚，下部细胞长方形至长椭圆形，胞壁波状加厚。枝叶明显小于茎叶，长度约为茎叶的 1/2，与茎叶近似或异形。雌雄异株。内雌苞叶卵状披针形。蒴柄细长。孢蒴卵形。蒴齿外齿层齿片狭披针形，具疣和横纹；内齿层齿条具穿孔，齿毛缺失。蒴盖圆锥形。蒴帽兜形，多被纤毛。

20 余种，主要分布亚洲热带和亚热带地区，少数种类亦见于澳大利亚。中国有 8 种。

分种检索表

1．叶扇形、椭圆状舌形至阔卵状椭圆形，具锐尖或钝尖……1．树平藓 *H. flabellatum*

1．叶阔舌形或卵状舌形，先端宽阔圆钝……2

2．叶细胞具粗疣……3．疣叶树平藓 *H. papillosum*

2．叶细胞平滑……3

3. 叶先端宽钝；茎基叶较宽……2．西南树平藓 *H. montageanum*

3. 叶先端锐尖；茎基叶略狭……4．刀叶树平藓 *H. scalpellifolium*

树平藓 *Homaliodendron flabellatum*（Sm.）Fleisch.，Hedwigia 45：74. 1906. 图 180：1~5

形态特征 大片群生。形体大，灰绿色至黄绿色，具光泽。支茎 2~3 回羽状分枝；假鳞毛披针形。茎叶扇形至椭圆状舌形，长可达 3 mm，两侧不对称，具短钝尖；叶边上部具不规则粗齿；中肋达叶上部，有时上部分叉。叶细胞六角形至多边形，近基部细胞具壁孔。枝叶阔匙形至倒卵形；中肋短弱。雌苞着生主侧枝上。孢蒴卵形。外齿层齿片狭披针形，具细疣；内齿层齿条与齿片近似，具低基膜。

生境和分布 多生于低海拔至 2 500 m 林内岩面。海南和云南；亚洲东南部广布。

应用价值 植物体形具极佳观赏性，可在大型温室中树干上培植。

西南树平藓 *Homaliodendron montagneanum*（Müll. Hal.）Fleisch.，Hedwigia 45：74. 1906. 图 180：6~8

形态特征 疏松成片生长。体形较大，黄绿色，具光泽。支茎上部 1~3 回羽状分枝；假鳞毛稀少，叶状，阔三角形至披针形。茎叶卵状舌形，两侧不对称，干时具长纵褶，先端圆钝，具锐齿；中肋粗壮，达叶 2/3 处；中肋消失于叶中部。叶上部细胞不规则六角形，壁厚，中部细胞长，具壁孔。枝叶与尖部茎叶相似，但叶尖稍长。雌雄异株。孢蒴卵形。

生境和分布 生于海拔 2 000 m 的常绿阔叶林树干或树枝上。云南、广东和台湾；尼泊尔、印度南部、缅甸、泰国和印度尼西亚有分布。

疣叶树平藓 *Homaliodendron papillosum* Broth.，Sitzungsber Akad. Wiss. Wien Math. Nat. K. Abt. 1，131：216. 1923. 图 180：9~12

形态特征 成片倾垂生长。体形中等大小，色泽灰绿至黄绿色，光泽不明显。支茎上部 1~3 回羽状分枝；假鳞毛纤细。茎叶卵形至舌形，两侧不对称，先端钝，具小尖和粗齿；中肋粗壮，达叶 2/3 处或叶尖下。叶细胞不规则六角形至短菱形，壁厚，背面常具单个粗疣。枝叶小而与茎叶近似。雌雄异株。蒴柄长 2~3 mm，平滑。孢蒴卵形或长卵形。环带缺失。蒴齿发育良好。

生境和分布 生于海拔 650~2 200 m 湿热林内树干。安徽、江西、贵州和云南；尼泊尔、不丹及越南北部有分布。

刀叶树平藓 *Homaliodendron scalpellifolium*（Mitt.）Fleisch.，Hedwigia 45：75. 1906. 图 180：13~15

形态特征 常大片生长。体形大，黄绿色至暗绿色，具光泽。支茎倾立，长可达 10 cm，1~3 回扁平羽状分枝，常呈圆扇形；横切面呈椭圆形，皮层由 8~12 层厚壁细胞组成。茎叶阔卵状椭圆形，常两侧不对称而呈刀形，叶基趋窄，一侧内褶；叶边尖部具不规则粗齿；中肋单一，细弱，达叶中部。叶细胞菱形至长六角形，中部细胞长约 50 μm，胞壁略呈波状加厚。枝叶小于茎叶。雌雄异株。蒴柄略高出于雌苞叶，略粗糙。孢子具细疣。

生境和分布 生长南方海拔 700~2 200 m 林内溪边岩面和树干。安徽、浙江、福建、四川和云南；尼泊尔、印度、越南、老挝、泰国、斯里兰卡、印度尼西亚、菲律宾及新喀里多尼亚有分布。

应用价值 小型雀类常取它来做鸟窝以繁衍后代。

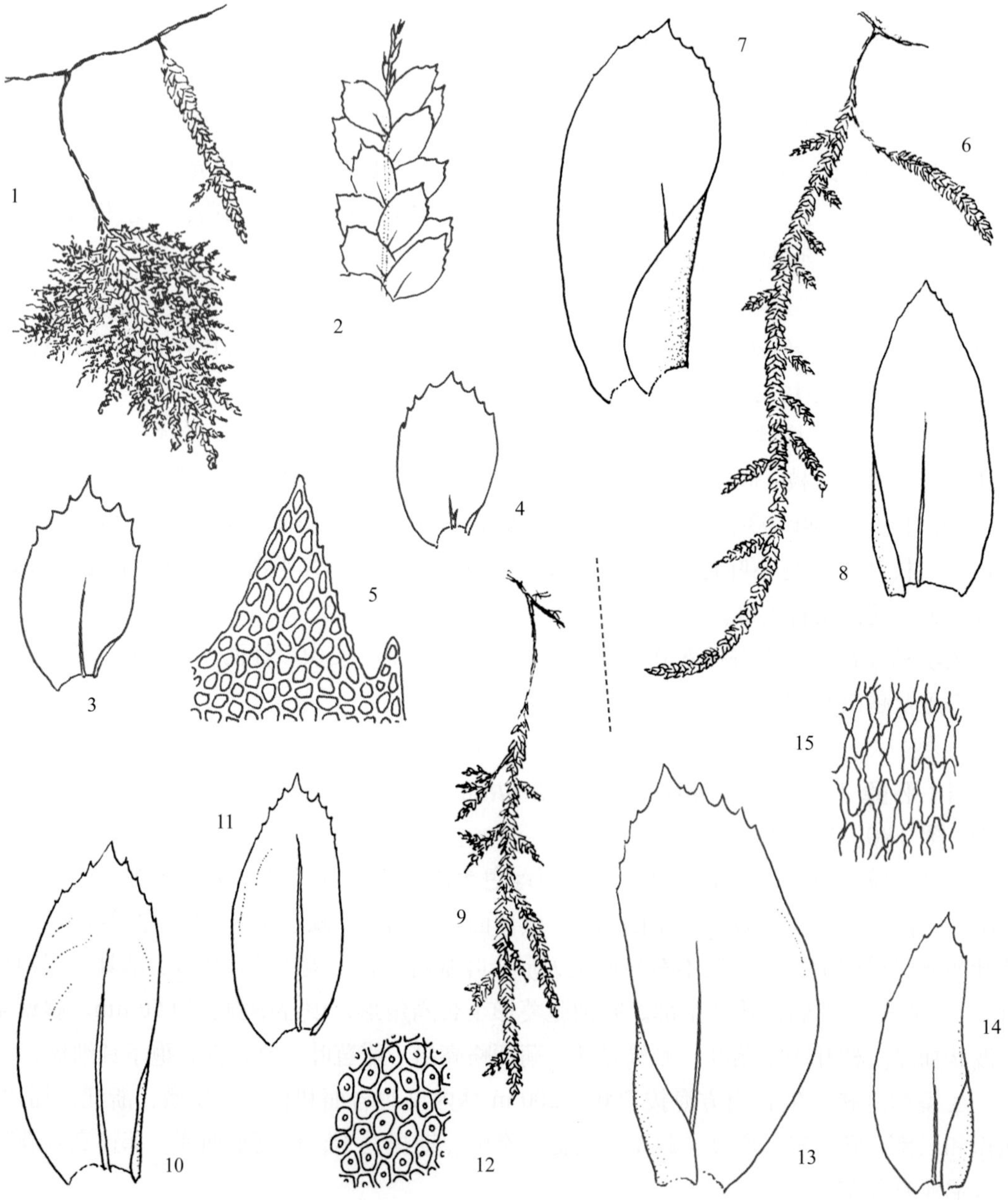

图 180

1~5. 树平藓 ***Homaliodendron flabellatum*** **(Sm.) Fleisch.**

1. 植物体（×1），2. 枝的一部分，示顶端着生芽条（×10），3. 茎叶（×20），4. 枝叶（×20），5. 叶尖部细胞（×200）

6~8. 西南树平藓 ***Homaliodendron montagneanum*** **(Müll. Hal.) Fleisch.**

6. 植物体（×1），7. 茎叶（×20），8. 枝叶（×20）

9~12. 疣叶树平藓 ***Homaliodendron papillosum*** **Broth.**

9. 植物体（×1），10. 茎叶（×20），11. 枝叶（×20），12. 叶中部细胞（×200）

13~15. 刀叶树平藓 ***Homaliodendron scalpellifolium*** **(Mitt.) Fleisch.**

13. 茎叶（×20），14. 枝叶（×20），15. 叶中下部细胞（×200）

5 扁枝藓属 *Homalia*（Brid.）Bruch et Schimp.

小片状交集生长。体黄绿色至褐绿色，具绢泽光。主茎匍匐，老时叶片脱落；无分化中轴；支茎羽状分枝或不规则分枝，有时分枝尖部趋细而呈尾尖状；无假鳞毛。叶扁平贴生，呈覆瓦状，阔卵形至阔舌形，无波纹，尖部圆钝，基部狭而一侧略内褶；叶边仅尖部具细齿；中肋单一，消失于叶片上部，稀短弱或为短双中肋。叶细胞多六边形，叶基中部细胞狭长方形，厚壁，一般无壁孔。雌雄同株或异株。蒴柄细长，平滑。孢蒴长卵形。环带分化。蒴齿2层；外齿层齿片披针形，淡黄色，尖部透明，外面密被横条纹或斜纹；内齿层黄色，齿条呈折叠状，齿毛退化。孢子平滑。

本属7种，亚热带和温带山地分布。中国有1种及2变种。

扁枝藓 *Homalia trichomanoides*（Hedw.）Schimp., Bryol. Univ. 2：812. 1827. 图 181：1~5

形态特征 成小片生长。体形中等大小，黄绿色，具光泽。支茎横切面呈椭圆形，皮部由2~4层小形厚壁细胞组成；单一或不规则分枝，枝短钝。茎叶椭圆形，略呈弓形弯曲，具钝尖或锐尖；叶边一侧常内褶，上部具细齿；中肋达叶中部，稀分叉。叶上部细胞方形至菱形，中部细胞长六角形至椭圆形。枝叶小，与茎叶同形。雌雄异苞同株。

生境和分布 生于低海拔至近2 500 m树干或背阴岩面。黑龙江、河北、陕西、山东、上海、浙江、台湾、福建、湖北、湖南、广东、四川和云南；日本有分布。

应用价值 植物体中含里白烯、尿囊素、β-谷甾醇、胡萝卜苷等化合物。

6 拟扁枝藓属 *Homaliadelphus* Dix. et P. Varde

小片交集生长。植物体中等大小，黄绿色至褐绿色，具明显光泽。支茎不规则短羽状分枝。叶紧密贴生，圆形至圆卵形，基部腹面具狭椭圆形瓣；叶边全缘或具细齿；中肋无。叶细胞方形至菱形，基部中央细胞狭长菱形，多具壁孔。雌雄异株。内雌苞叶椭圆状狭舌形。蒴柄平滑。孢蒴椭圆形或圆柱形。蒴齿2层；外齿层齿片披针形，淡黄色，透明；内齿层齿条狭披针形，具低基膜。蒴盖圆锥形。蒴帽被纤毛。孢子具细疣。

本属2种，热带和亚热带地区分布。中国有1种及1变种。

分种检索表

1. 茎叶卵圆形至椭圆形，长约1.5 mm ······ 1. 拟扁枝藓 *H. targionianus*

1. 茎叶圆形至圆卵形，长约1 mm ······ 2. 夏氏拟扁枝藓圆叶变种 *H. sharpii* var. *rotundatus*

拟扁枝藓 *Homaliadelphus targionianus*（Mitt.）Dix. et P. Varde, Rev. Bryol. n. s. 4：142. 1932. 图 181：10~13

形态特征 成小片状生长。主茎紧贴基质；中轴不分化。支茎稀分枝。叶4列，扁

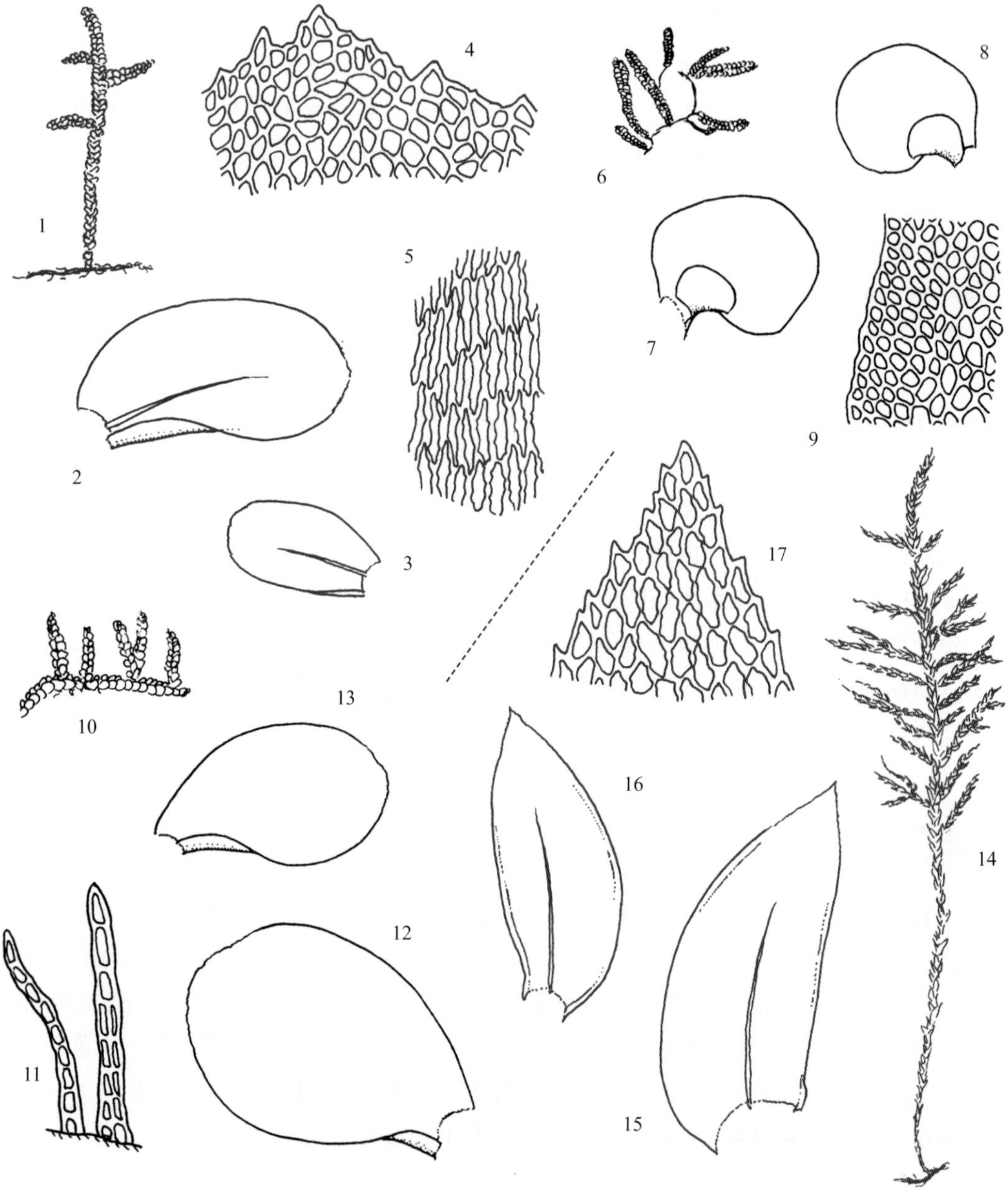

图 181

1~5. **扁枝藓** *Homalia trichomanoides*（Hedw.）Schimp.

1. 植物体（×1），2. 茎叶（×25），3. 枝叶（×25），4. 叶尖部细胞（×250），5. 叶基部细胞（×250）

6~9. **夏氏拟扁枝藓圆叶变种** *Homaliadelphus sharpii*（Williams）Sharp var. *rotundatus*（Nog.）Iwats.

6. 植物体（×1），7~8. 叶（×25），9. 叶中部边缘细胞（×250）

10~13. **拟扁枝藓** *Homaliadelphus targionianus*（Mitt.）Dix. et P. Varde

10. 植物体（×1），11. 假鳞毛（×150），12. 茎叶（×25），13. 枝叶（×25）

14~17. **亮蒴藓** *Shevockia inunctocarpa* Enroth et M.-C. Ji

14. 植物体（×1），15. 茎叶（×15），16. 枝叶（×15），17. 叶尖部细胞（×250）

平贴生，卵圆形至卵状椭圆形，两侧不对称，腹侧基部一般具舌状瓣；叶边全缘；中肋缺失。叶细胞方形至菱形，基部细胞长菱形至菱形，壁孔明显。雌苞着生短侧枝上。蒴柄一般不超过 5 mm。孢蒴圆柱形。

生境和分布　生于海平面至 3 600 m 山地树干。山东、上海、浙江、安徽、台湾、福建、江西、湖北、贵州、四川和云南；日本、印度及泰国有分布。

夏氏拟扁枝藓圆叶变种 *Homaliadelphus sharpii*（Williams）Sharp var. *rotundatus*（Nog.）Iwats.，Bryologist 61：75. f. 28. 35. 1958. 图 181：6~9

形态特征　扁平成片紧密贴生。体形较小，绿色至黄绿色，具绢泽光泽。支茎不规则疏分枝。茎叶圆形，稀略呈圆卵形，前端宽圆钝，基部一侧多具半月形瓣，着生处狭窄；叶边全缘。叶上部细胞圆方形至多角形，壁等厚，下部细胞椭圆形至卵形，胞壁强烈加厚。

生境和分布　生于海拔 360 m 至近 2 000 m 林内树干及阴湿岩面。甘肃、福建和云南；日本有分布。

7　亮蒴藓属 *Schevockia* Enroth et M. -C. Ji

疏松丛集生长。植物体粗大，暗黄绿色或褐绿色，具弱光泽。主茎匍匐，支茎长可达 10 cm，上部不规则分枝或近羽状分枝；横切面无中轴。茎叶长卵形，两侧明显不对称，常具不规则弱纵褶，尖部具疏粗齿；叶边一侧或两侧内卷；中肋粗壮，达叶上部，稀分叉。叶尖部细胞菱形至卵形，厚壁，具壁孔，中部细胞狭长菱形，厚壁，基部细胞长椭圆形或长方形，厚壁，具壁孔。孢蒴圆卵形。

本属 1 种，热带和亚热带地区分布。中国有 1 种。

亮蒴藓 *Schevockia inunctocarpa* Enroth et M.-C. Ji，Journ. Hattori Bot. Lab. 100：70. 2006. 图 181：14~17

形态特征　本种特征同属的描述。

生境和分布　高海拔针阔混交林树干上。中国特有，产云南。

应用价值　为中国特有苔藓植物属之一，对研究苔藓区系具重大意义 ..。

084 木藓科 THAMNOBRYACEAE

常大片疏松丛集生长。形体大，粗挺，色泽黄绿至褐绿色，无光泽或具光泽。主茎匍匐，密被红棕色假根；支茎直立或倾立，上部呈树形分枝或1~2回羽状分枝。茎基叶鳞片状，贴生支茎下部。茎叶卵形至卵状椭圆形，具钝尖或披针形尖，多内凹，稀平展或具波纹；叶边下部全缘，上部具齿；中肋粗壮，长达叶片近尖部，稀背面具刺。叶细胞六角形至多边形，壁厚，叶下部细胞长方形至六角形，胞壁有时波状加厚。雌雄异株。蒴柄细长，平滑或稍粗糙。蒴齿2层。外齿层齿片披针形；内齿层齿条与外齿层等长，基膜高出。

本科4属，北半球亚热带至热带地区为主，稀分布温带和大洋洲。中国有3属。

分属检索表

1．植株高度可达5 cm以上，多具弱光泽；茎叶尖阔钝，多具粗齿……………………1．木藓属 *Thamnobryum*

1．植株高度多在5 cm以下，无光泽；茎叶尖趋狭，具锐尖或披针形尖……………………2

2．茎多具假鳞毛；枝尖一般不弯曲……………………3. 羽枝藓属 *Pinnatella*

2．茎无假鳞毛；枝尖多弯曲……………………2 弯枝藓属 *Curvicladium*

1 木藓属 *Thamnobryum* Nieuwl.

疏松片状生长。体粗壮，色泽多黄绿，具弱光泽，疏松丛集生长。支茎直立，上部呈树形分枝。茎叶阔卵形至卵状椭圆形，常内凹；叶边上部具齿；中肋粗壮，长达叶片上部，背面尖部有时突出成刺。叶细胞多六角形至圆多角形，厚壁，叶基中央细胞狭长方形，部分种类胞壁波状加厚。枝叶较茎叶狭小。蒴柄细长。孢蒴椭圆形或卵状椭圆形，具台部。蒴齿2层；内外齿层等长，齿毛呈线形。蒴帽兜形，平滑。

本属约40种，非洲外各大洲均有分布。中国有4种。

分种检索表

1．茎叶强烈内凹；中肋背面前端多具刺……………………1. 木藓 *T. subseriatum*

1．茎叶内凹；中肋背面前端平滑或具刺……………………2. 南亚木藓 *T. subserratum*

木藓 *Thamnobryum subseriatum*（Mitt. et S. Lac.）Tan，Brittonia 41：42. 1989. 图 182：1~6

形态特征　丛集成大片生长。形大，硬挺，暗绿色或褐绿色。支茎上部羽状分枝，再行树形分枝，无中轴分化；假鳞毛线形，或片形。茎叶卵形，强烈内凹，锐尖；叶边尖部具不规则粗齿；中肋达叶尖部，背面常具粗齿。叶细胞菱形至圆六角形，胞壁厚。孢蒴椭圆形或长椭圆形，略呈弓形弯曲。孢子直径 10~12 μm。

生境和分布　生于海拔 1 700~2 400 m 的岩面或树干基部。吉林、辽宁、山东、陕西、浙江、贵州、湖北和台湾；日本、俄罗斯(远东地区)以及欧洲、北美洲和非洲地区都有分布。

应用价值　常大片着生在岩石上，形似袖珍小树，构成林下景观。

南亚木藓 *Thamnobryum subserratum*（Hook.）Nog. et Iwats.，Journ. Hattori Bot. Lab. 36：470. 1972. 图 182：7~12

形态特征　疏松片状丛集生长。形大，硬挺，色泽暗绿至褐绿色。支茎上部不规则分枝至树形分枝；假鳞毛线形，或片形。茎叶阔卵形至卵形，内凹；叶边尖部具不规则粗齿；中肋近叶尖部消失，背面上部平滑，稀具刺。叶细胞圆六角形至多角形，基部中央细胞长方形至长椭圆形，有时胞壁波状加厚。枝叶狭卵形。蒴柄长约 2 cm。孢蒴卵形，略呈弓形弯曲。

生境和分布　生于低海拔至约 1800 m 的阴湿石上或树干。浙江、湖北、湖南、四川和云南；日本、喜马拉雅山地区、印度、斯里兰卡、印度尼西亚及菲律宾有分布。

应用价值　常大片着生在岩石上，形成林下突出景观。

2 弯枝藓属 *Curvicladium* Enroth

疏松片状生长。体形较粗，色泽暗绿，老时呈褐绿色，无光泽。主茎匍匐；支茎直立，长可达 10 cm 以上；横切面呈卵形或近圆形，由多层小形厚壁细胞和大型薄壁的髓部组成；中轴分化；1~2 回近羽状分枝。茎和枝尖常呈弓形弯曲。茎基叶三角形，叶边狭内卷。茎叶疏松贴生，卵状舌形，叶尖宽钝；叶边尖部具粗齿，基部狭内卷；中肋单一，粗壮，不及叶尖部。叶尖部细胞卵形至不规则形，基部细胞椭圆形至长方形，胞壁等厚或具壁孔。雌雄异株。雌苞侧生于茎，有时着生主枝。蒴柄上部具乳头突起。孢蒴卵形至近圆柱形。蒴齿 2 层；外齿层齿片 16，披针形，密被疣；内齿层齿条狭披针形，密被尖疣。蒴帽被疏纤毛。孢子具细疣。

本属 1 种，主要分布喜马拉雅山地区。中国有分布。

弯枝藓 *Curvicladium kruzii*（Kindb.）Enroth，Ann. Bot. Fennici 30：110. 1993. 图 182：13~17

形态特征　种的形态描述同属。

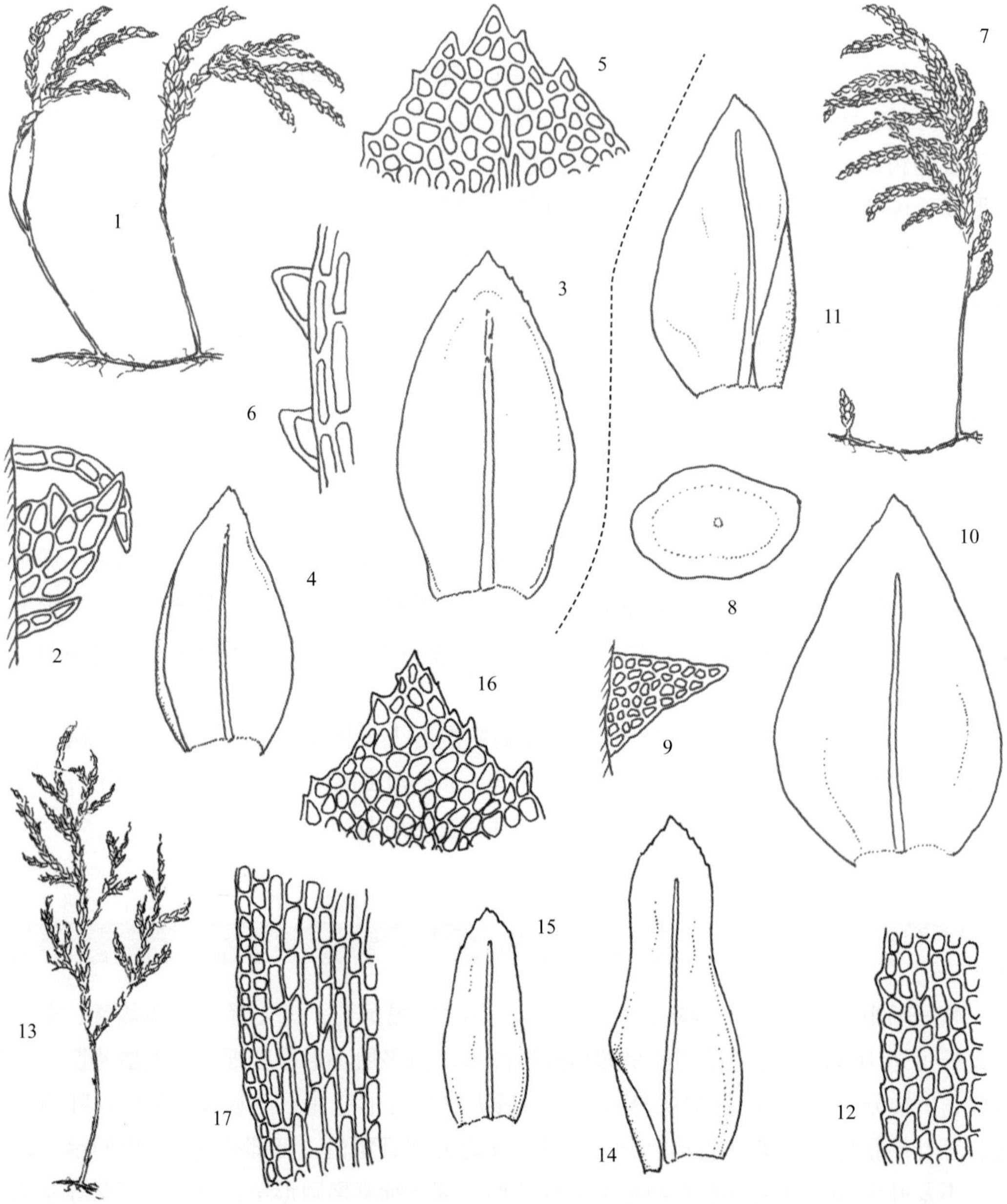

图 182

1~6. **木藓** *Thamnobryum subseriatum*（Mitt. et S. Lac.）Tan

1. 植物体（×1），2. 假鳞毛（×150），3. 茎叶（×25），4. 枝叶（×25），5. 叶尖部细胞（×250），6. 叶中肋背面突起（×450）

7~12. **南亚木藓** *Thamnobryum subserratum*（Hook.）Nog. et Iwats.

7. 植物体（×1），8. 茎横切面（×100），9. 假鳞毛（×150），10. 茎叶（×25），11. 枝叶（×25），12. 叶中部边缘细胞（×250）。

13~17. **弯枝藓** *Curvicladium kurzii*（Kindb.）Enroth

13. 植物体（×1），14. 茎叶（×30），15. 枝叶（×30），16. 叶尖部细胞（×250），17. 叶基部边缘细胞（×250）

生境和分布 生于海拔 1 800~2 500 m 树干或树枝上。云南；尼泊尔、不丹、印度及泰国有分布。

应用价值 为中国苔藓植物特有属之一，对区系研究极具价值。

3 羽枝藓属 *Pinnatella* Fleisch.

小片状丛集生长。体形大或中等大小，稀小形，色泽多黄绿或褐绿色，无光泽。支茎直立或倾立，上部 1~2 回扁平羽状分枝；假鳞毛披针形，有时成簇生长。茎叶卵形至长卵形，稀呈阔舌形，内凹；叶边仅尖部具少数齿；中肋粗壮，消失于叶片近尖部，稀为 2 短肋。叶细胞圆多角形、菱形或椭圆形，壁厚，基部中央细胞长方形至狭长椭圆形，厚壁至波状加厚。枝叶一般短而小，多卵形。雌雄异株。蒴柄略粗糙。孢蒴卵形；蒴齿 2 层。

本属约 15 种，分布亚洲东南部、中南美洲和非洲南部。中国有 8 种。

分种检索表

1．叶下部近叶边分化多列由长方形细胞组成的嵌条……1．异苞羽枝藓 *P. alopecuroides*

1．叶下部近叶边不分化异形细胞组成的嵌条……2

2．茎叶长舌形，两侧不对称；中肋短弱……3．卵叶羽枝藓 *P. anacamptolepis*

2．茎叶长卵形或阔卵形，具短尖，两侧近于对称；中肋单一，长达叶片上部……3

3．植物体形小，长不及 4 cm；茎叶尖部宽短……2．小羽枝藓 *P. ambigua*

3．植物体形大，长可达 5 cm；茎叶尖部狭长……4．东亚羽枝藓 *P. makinoi*

异苞羽枝藓 *Pinnatella alopecuroides*（Mitt.）Fleisch.，Hedwigia 45：84. 1906. 图 183：1~5

形态特征 成片疏松丛集生长。硬挺，色泽黄绿至褐绿色。支茎羽状分枝或不规则羽状分枝，长达 2 cm 以上。茎叶疏松贴生或内卷，阔卵状披针形；叶边尖部具疏齿；中肋达叶尖下消失。叶细胞圆六角形至圆方形，厚壁，自尖部以下近边缘分化数列狭长方形细胞的嵌条。雌苞着生短侧枝上。蒴柄长约 1 cm。孢蒴圆卵形。

生境和分布 生于中等海拔至 1 600 m 树干。云南；缅甸、印度、泰国、越南、斯里兰卡、巴布亚新几内亚、澳大利亚及新喀里多尼亚有分布。

小羽枝藓 *Pinnatella ambigua*（Bosch et S. Lac.）Fleisch.，Hedwigia 45：81. 1906. 图 183：6~9

形态特征 疏松丛集。体形纤长，黄绿色。主茎匍匐；支茎直立或倾立，不规则羽状分枝；有时枝条尖端延伸成鞭枝状，长可达 4 cm；假鳞毛披针形或成片状。茎叶卵形至近三角状卵形，内凹，叶边尖部具齿突；中肋粗壮，消失于叶上部。叶上部细胞圆六角形或多角形，壁薄，平滑，叶边细胞较小，近基部细胞长方形。枝叶长卵形。雌苞着生枝上。

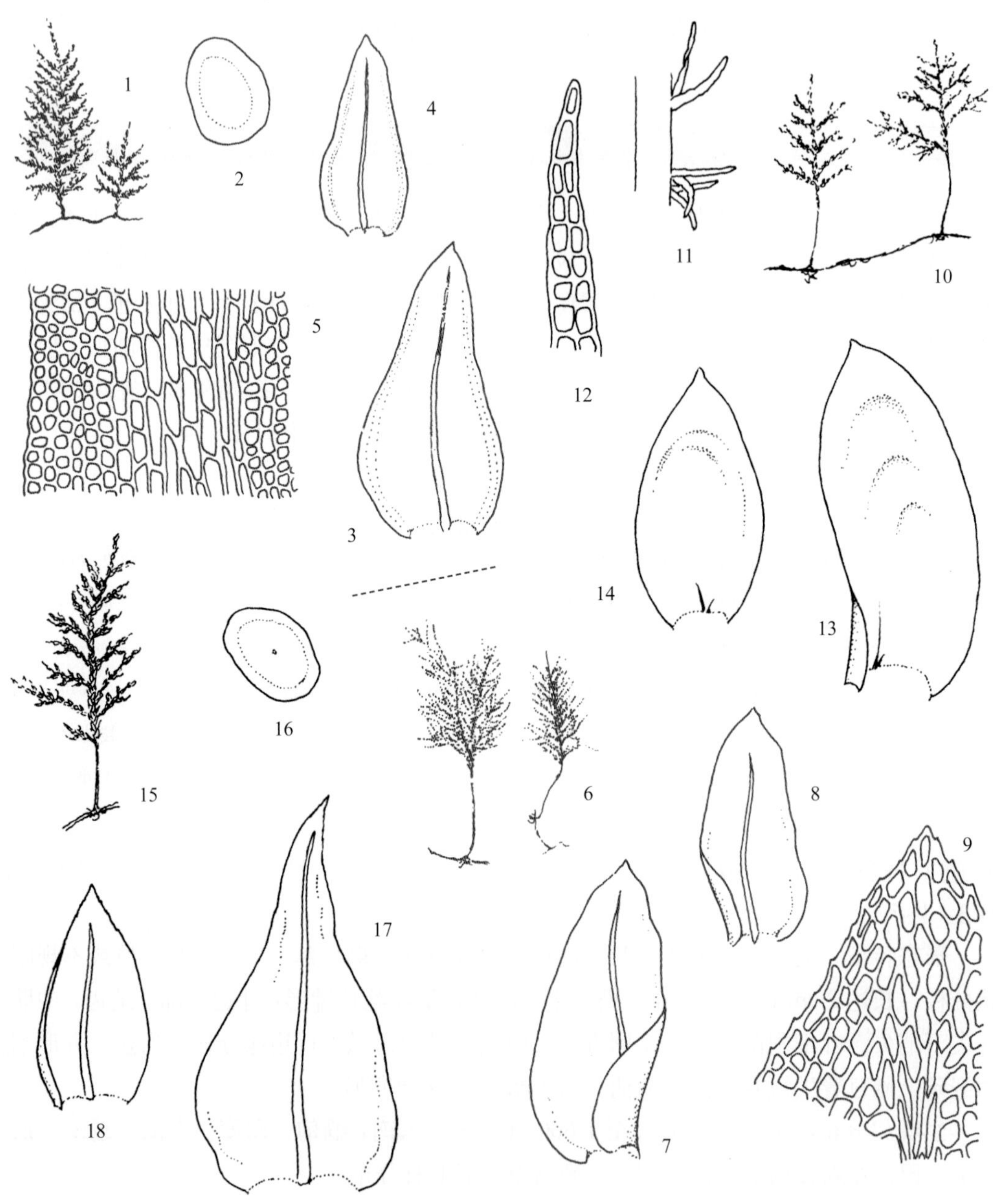

图 183

1~5. 异苞羽枝藓 *Pinnatella alopecuroides*（Mitt.）Fleisch.

1. 植物体（×1），2. 茎横切面（×50），3. 茎叶（×25），4. 枝叶（×25），5. 叶中部边缘细胞，示嵌条（×300）

6~9. 小羽枝藓 *Pinnatella ambigua*（Bosch et S. Lac.）Fleisch.

6. 植物体（×1），7. 茎叶（×25），8. 枝叶（×25），9. 叶尖部细胞（×300）

10~14. 卵叶羽枝藓 *Pinnatella anacamptolepis*（Müll. Hal.）Broth.

10. 植物体（×1），11. 茎的一部分，示簇生假鳞毛（×40），12. 假鳞毛（×150），13. 茎叶（×25），14. 枝叶（×25）

15~18. 东亚羽枝藓 *Pinnatella makinoi*（Broth.）Broth.

15. 植物体（×1），16. 茎横切面（×50），17. 茎叶（×25），18. 枝叶（×25）

内雌苞叶狭披针形。

生境和分布 生于海拔约 1 000 m 林中树干。台湾、海南、广西、云南和西藏；不丹、缅甸、印度尼西亚及菲律宾有分布。

卵叶羽枝藓 *Pinnatella anacamptolepis*（Müll. Hal.）Broth.，Nat. Pfl. -fam. 1（3）：857. 1906. 图 183：10~14

形态特征 疏松倾垂生长。体形中等大小至较粗壮，绿色至黄绿色，略具光泽，支茎长达 5 cm，上部密二回羽状分枝；常具披针形假鳞毛。茎叶多长舌形或长卵形，两侧不对称，一侧基部常内折；叶边全缘；中肋单一，及叶中部或上部，有时中肋短而成双。叶细胞卵状六角形，厚壁，叶基中部细胞狭长椭圆形，胞壁多波状加厚。枝叶约为茎叶长度的 1/2，卵形，内凹。

生境和分布 生于中等海拔湿热林中树干。台湾、广东、海南和西藏；日本、越南、泰国、印度尼西亚、马来西亚、菲律宾、斯里兰卡及巴布亚新几内亚有分布。

东亚羽枝藓 *Pinnatella makinoi*（Broth.）Broth.，Nat. Pfl. -fam. 1（3）：858. 1906. 图 183：15~18

形态特征 大片疏松生长。体较大，暗绿色至褐绿色，近于无光泽。支茎直立或倾立，一般长约 5 cm，上部 1~2 回密羽状至树形分枝。茎叶卵形至阔卵形，具锐尖，强烈内凹；叶边上部具齿；中肋粗壮，长达近叶尖处。叶细胞椭圆形至菱形，长 5~12 μm，角部细胞短而呈方形，厚壁。枝叶与茎叶近于同形，形小而狭。

生境和分布 生于低海拔阴湿岩面或树干。浙江、台湾和云南；日本、越南及菲律宾有分布。

085 细齿藓科 LEPTODONTACEAE

稀疏小片状或簇状生长。体形小或近中等大小，黄绿色或褐绿色，不具光泽或略具光泽。主茎横展，具多数鳞毛；支茎单一，或一回羽状分枝。叶阔椭圆形，内凹，具不规则波纹；叶边全缘，上部具细齿；中肋粗壮，达叶片上部。叶细胞圆方形至长方形，厚壁，近叶基部细胞呈长椭圆形。雌雄异株或雌雄同株异苞。蒴齿 2 层；内齿层发育不全。

本科 3 属，亚洲东部和南部地区生长。中国有分布。

1 尾枝藓属 *Caduciella* Enroth

稀疏小片状生长。体色泽黄绿，或褐绿色，暗光泽。主茎匍匐，叶片多脱落；支茎一般倾立，甚少分枝或一回羽状分枝，尖部常呈尾尖状；假鳞毛披针形，常成簇生长。茎叶阔卵形至阔长卵形，内凹，具不规则横波纹；叶边近全缘；中肋单一，消失于叶片上部，有时分叉。叶细胞圆六角形或圆方形，具乳头，基部细胞近长椭圆形至长方形，壁厚，无壁孔。孢子体不详。

本属 2 种，分布亚洲南部和东部暖湿地区。中国有 2 种。

尾枝藓 *Caduciella mariei*（Besch.）Enroth，Journ. Bryol. 16：611. 1991. 图 184：1~8

形态特征 稀疏倾立簇生。体形小，多黄绿色。支茎高约 2 cm；单一或一回羽状分枝；假鳞毛披针形；枝尖常着生鞭状枝。叶扁平着生茎上，阔卵形，具少数不规则波纹；叶边具细齿；中肋粗壮，尖部常分叉。叶细胞圆六角形至圆方形，胞壁厚，近基部细胞长椭圆形。

生境和分布 习生海拔约 1 000 m 山地林内阴湿树干。云南；菲律宾有分布。

应用价值 亚洲热带雨林代表种。

086 船叶藓科 LEMBOPHYLLACEAE

疏片状或簇状生长。体形粗壮或形稍小，硬挺，黄绿色或暗绿色，具暗光泽。主茎横展，密被棕红色假根。支茎倾立或直立，上部有时呈弓形弯曲；树形分枝或不规则羽状分枝；一般无鳞毛。茎横切面多圆形，有疏松的基本组织和厚壁的周边细胞分化，中轴不明显或缺失。茎叶匙形至倒长卵形，或近椭圆形；叶边上部多具细齿或粗齿；中肋短弱，稀单一，达叶中部。叶细胞六角形、菱形至线形，壁厚或薄，角部细胞小而呈圆形或方形。雌雄异株或假雌雄同株。蒴柄细长。孢蒴卵形至圆柱形，平展，或略呈弓形弯曲。蒴齿 2 层；外齿层齿片具密横条纹或无横条纹；内齿层基膜高出，齿条与齿毛发育良好。蒴帽兜形，平滑。

本科 14 属，多分布温带及亚热带地区。中国有 3 属。

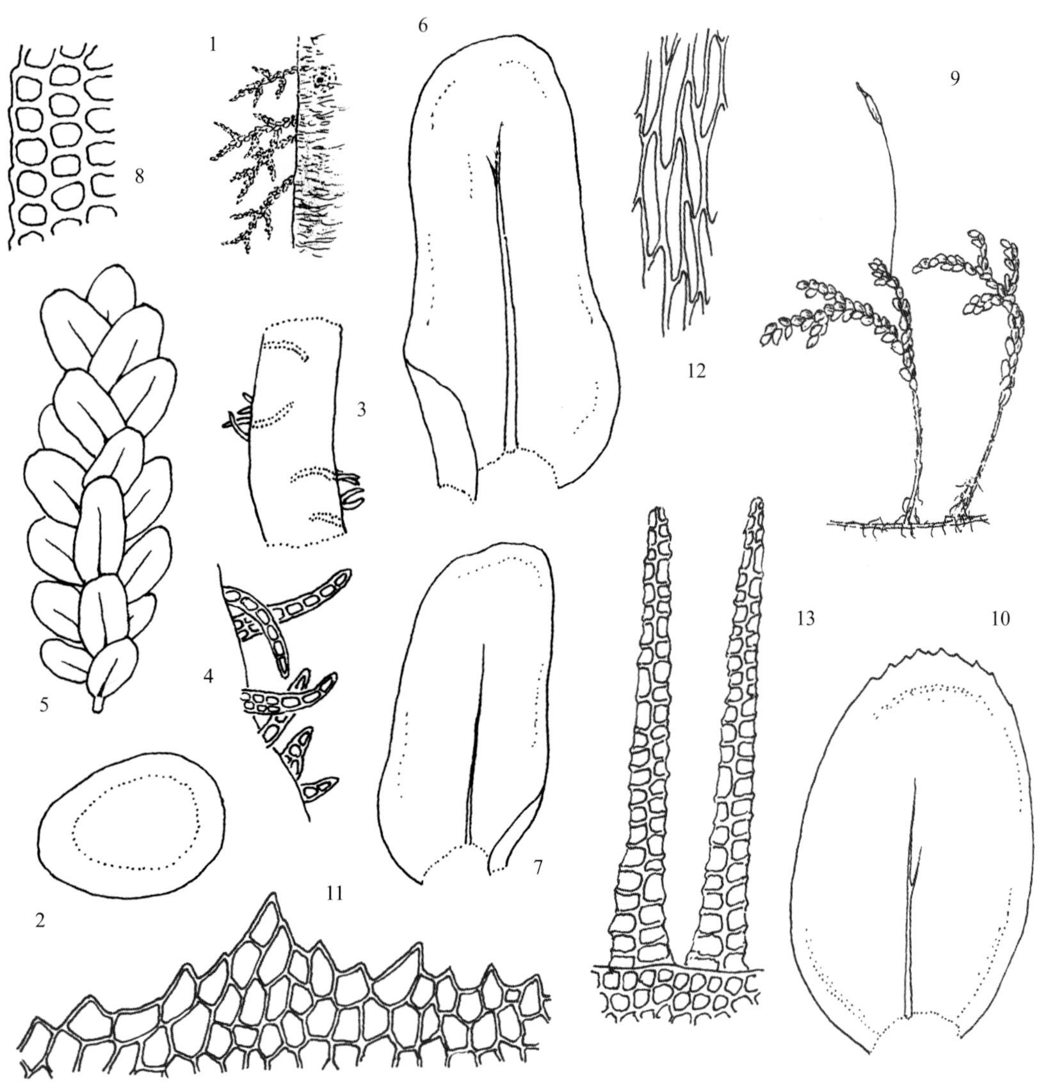

图 184

1~8. 尾枝藓 *Caduciella mariei*（Besch.）Enroth

1. 着生树干的植物群落（×1），2. 茎的横切面（×110），3. 茎的一部分，示着生假鳞毛（×210），4. 假鳞毛（×430），5. 枝（×35），6. 茎叶（×65），7. 枝叶（×65），8. 叶中部边缘细胞（×320）

9~13. 船叶藓 *Dolichomitra cymbifolia*（Lindb.）Broth.

9 雌株（×1），10. 茎叶（×30），11. 叶尖部细胞（×320），12. 叶中部细胞（×320），13. 齿片（×320）

分属检索表

1．叶尖狭长；蒴齿齿片外面具横条纹……3．猫尾藓属 *Isothecium*

1．叶尖圆钝或具短尖；蒴齿齿片外面无横条纹……2

2．茎叶阔圆卵形，上部具粗齿；蒴帽覆被孢蒴大部分……1．船叶藓属 *Dolichomitra*

2．茎叶长卵形，上部具细齿；蒴帽覆被孢蒴上部……2．拟船叶藓属 *Dolichomitriopsis*

1 船叶藓属 *Dolichomitra* Broth.

疏片状生长。体形粗壮，绿色至黄绿色，具绢泽光。支茎直立，下部被鳞片状茎基叶，上部呈树形分枝；分枝尖部圆钝，常弯曲。茎叶阔卵形或圆卵形，强烈内凹，尖部具粗齿；中肋单一，上部常分叉。叶细胞狭菱形至线形；角部细胞方形。雌雄异株。孢蒴长圆柱形，台部粗短。蒴齿 2 层；外齿层齿片狭披针形，基部相互连合，具疣；内齿层齿条披针形，与齿片近于等长，齿毛缺失。蒴帽狭长兜形，覆盖及孢蒴基部及蒴柄。

本属 1 种，东亚特有。中国有分布。

船叶藓 *Dolichomitra cymbifolia*（Lindb.）Broth.，Nat. Pfl. -fam. 1（3）：868. 1907. 图 184：9~13

形态特征　种的形态特征同属。

生境和分布　多生于海拔 1 500~1 800 m 山区林中树根或岩石上。安徽、浙江和贵州；朝鲜及日本有分布。

应用价值　亚洲东部苔藓特有属之一，对研究中国苔藓区系十分重要。

2 拟船叶藓属 *Dolichomitriopsis* Okam.

小簇状垂倾生长。体形较小或中等大小，绿色至黄绿色，具弱光泽。支茎直立至倾立，下部被鳞片状茎基叶，上部不规则羽状分枝；分枝尖部常呈匍枝状。叶卵形至圆卵形，内凹，具钝尖或锐尖；叶边近于全缘或具细齿；中肋单一，消失于叶片中部，上部常分叉。叶细胞狭菱形至线形，角部细胞方形或近方形，厚壁。雌雄异株。孢蒴长卵形，红棕色。蒴齿 2 层；外齿层齿片狭披针形，基部相互连合，被细疣；内齿层无齿毛，基膜高约为外齿层的 1/6，无齿毛。蒴盖圆锥形，具细喙。蒴帽兜形，覆盖及孢蒴基部。

本属 3~4 种，均分布亚洲东部。中国有 1 种。

尖叶拟船叶藓 *Dolichomitriopsis diversiformis*（Mitt.）Nog.，Journ. Jap. Bot. 22：83. 1948. 图 185：1~8

形态特征　疏松簇状生长。体形中等大小，多灰绿色，略具光泽。支茎不规则分枝。茎叶卵形，内凹，具短锐尖；叶边尖部具细齿；中肋达叶上部的 2/3 处。叶细胞卵形至线

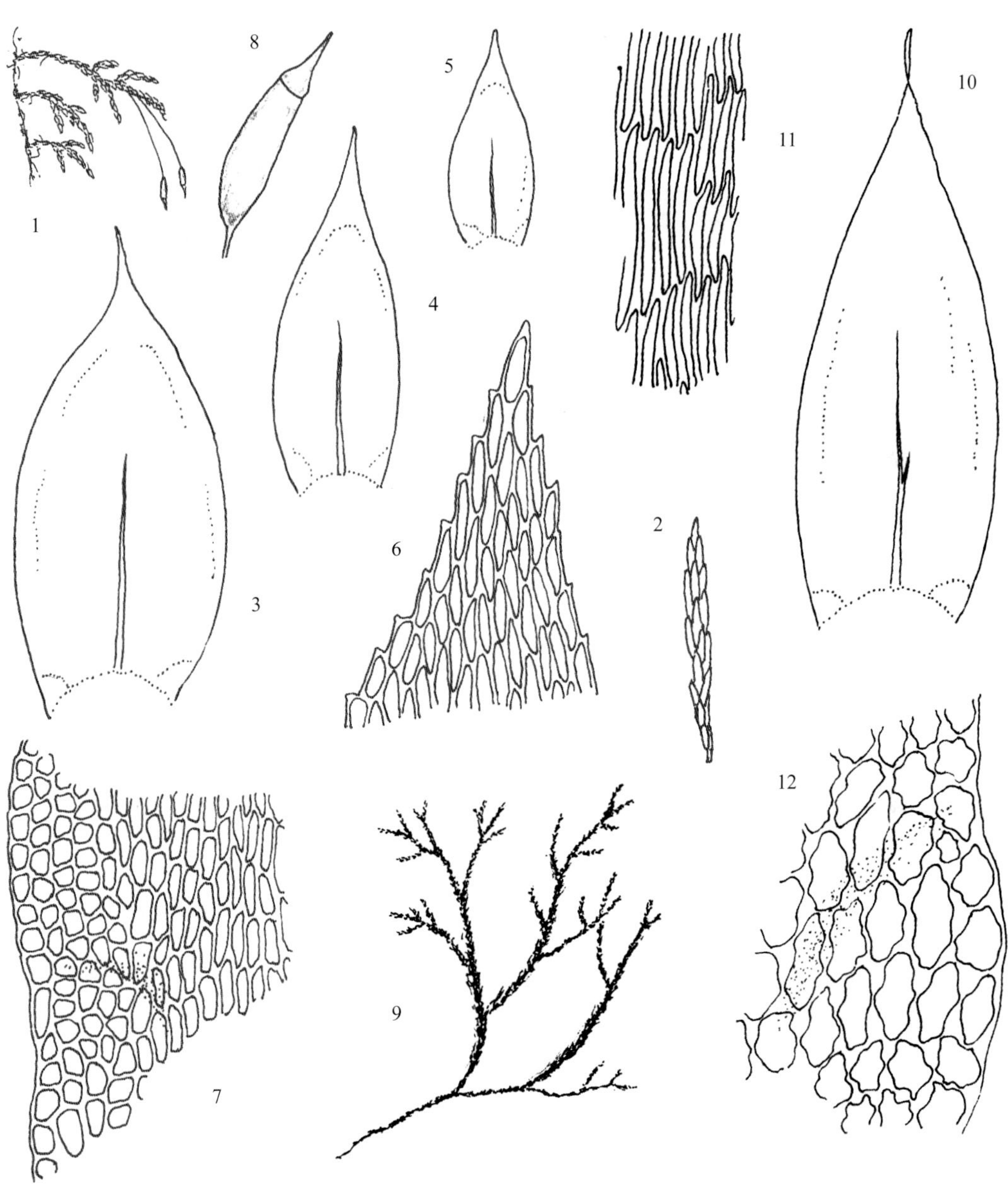

图 185

1~8. 尖叶拟船叶藓 *Dolichomitriopsis diversiformis*（Mitt.）Nog.

1. 雌株（×1），2. 枝（×3），3. 茎叶（×30），4. 枝叶（×30），5. 小枝叶（×30），6. 叶尖部细胞（×330），7. 叶基部细胞（×330），8. 孢蒴（×12）

9~12. 异猫尾藓 *Isothecium subdiversiforme* Broth.

9 植物体（×1），10. 茎叶（×33），11. 叶中部细胞（×320），12. 叶基部细胞（×330）

形，中部细胞长 30~40 μm，角部细胞近方形，厚壁。枝叶椭圆形至卵形。蒴柄细长，可达 1.8 cm，红棕色。孢蒴圆柱形，长约 3 mm。孢子直径约 15 μm。

生境和分布 多生于海拔 1 000~1 300 m 山地林中树干或阴湿岩面。安徽、浙江和贵州；朝鲜及日本有分布。

应用价值 亚洲东部苔藓特有属之一，对探讨中国苔藓区系十分重要。

3 猫尾藓属 *Isothecium* Brid.

小片状疏松丛集生长。外形略粗或中等大小，绿色至淡棕色，略具光泽。支茎上部树形分枝至不规则羽状分枝；分枝多稍弯曲而锐尖。茎叶倾立，卵状披针形至长卵状披针形，强烈内凹，具短尖或长尖；叶边上部具齿；中肋单一，消失于叶片上部。叶细胞菱形至线形，厚壁；角部细胞四边形至六边形至近方形，膨起，有时具两层细胞。雌雄多异株。孢蒴直立或平列，卵形或长椭圆形。环带分化。蒴齿 2 层；外齿层黄色，外面具横条纹，齿片披针形。内齿层透明或淡黄色，齿条与外齿层等长，披针形，齿毛通常发育。

本属约 20 种，多温带山区分布。中国有 1 种。

异猫尾藓 *Isothecium subdiversiforme* Broth.，Hedwigia 38：237. 1899. 图 185：9~12

形态特征 疏松丛集生长。体色泽灰绿，略具光泽。支茎上部不规则羽状分枝。上部茎叶长卵形，内凹，先端渐尖或钝尖，两侧基部膨起；叶边上部具粗齿；中肋达叶片上部，上部常分叉。叶中部细胞线形至蠕虫形，长 20~30 μm；角部细胞长椭圆形，胞壁强烈加厚，具壁孔。雌雄异株。蒴柄长 1~1.5 cm，平滑。孢蒴圆柱形，棕褐色。蒴齿 2 层；内齿层基膜高，齿毛 1~2，短弱。孢子直径 12~17 μm。

生境和分布 喜生于海拔 700~1 000 m 山地林中树干或阴岩面。台湾和湖南；日本有分布。

087 水藓科 FONTINALIACEAE

多水生，基部着生基质，上部随水漂动。植物体色泽暗绿；不规则分枝或近于羽状分枝。叶多呈三列状，阔卵形至狭披针形，先端钝至渐尖，内凹或强内卷，脊部向背面突起，基部略下延；叶边全缘，或尖部具齿；中肋缺失，或单一，贯顶或突出于叶尖。叶上部细胞椭圆状六角形至线形，平滑，下部细胞狭长方形，多具壁孔和色泽；角细胞有时分化。雌雄异株。雌苞着生茎或主枝。蒴柄短或细长。孢蒴卵形至圆柱形，多隐生或稀高出于雌苞叶。蒴齿 2 层；外齿层齿片 16，狭披针形，暗红色至褐色，尖部有时成对相连；内齿层齿条上部呈格状。蒴盖短圆锥形。蒴帽钟形或兜形。孢子绿色，平滑或具细密疣。

本科 3 属，主要分布温带地区。中国有 2 属。

1 水藓属 *Fontinalis* Hedw.

属的特征参阅科的描述。主要性状为叶无中肋，蒴帽呈圆锥状钟形。

本属 20 种，分布温带地区。中国 2 种

水藓 *Fontinalis antipyretica* Hedw., Sp. Musc. Frond. 298. 1801. 图 186：1~4

形态特征 束状根着水生。形体稍大，绿色至暗绿色，无光泽。茎长可达 30 cm 以上，不规则羽状分枝。茎叶三列生，椭圆状卵形至长卵形，尖端圆钝至锐尖，基部狭，脊部明显而呈对折状；叶边全缘。叶细胞菱形至长菱形，壁薄；叶基中部细胞狭长菱形至狭长方形。孢蒴卵形。蒴齿 2 层；外齿层齿片尖部相连或分离，脊部具穿孔；内齿层齿条上部呈格状。孢子直径 15~20 μm。

生境和分布 习生溪水中的岩石或树根。内蒙古和新疆；日本、亚洲中部和北部、欧洲、北美洲、格陵兰岛及非洲有分布。

应用价值 为温寒溪涧监测水质的重要指示植物。此外，植物体内含有半乳糖葡萄糖甘乳聚糖（galactoglucomannan）、b 乙醇、正庚 -2- 酮和正辛 -2- 酮。

088 万年藓科 CLIMACIACEAE

常稀疏成片生长。体形粗大，硬挺，绿色或暗绿色。主茎匍匐横展，密被棕色假根；支茎直立，下部无分枝，主茎和支茎下部叶呈鳞片状，紧密贴生；支茎上部 1 至多回树形分枝，枝条呈圆条形，多具尾状尖。茎叶与枝叶异形；茎叶一般宽卵形，枝叶为阔卵状披针形，尖端宽钝或锐尖，基部两侧多呈耳状；叶边全缘或具齿；中肋单一，消失于叶尖下，枝叶中肋背面上部有时具锐齿。叶细胞狭菱形或狭长方形，基部细胞大而呈方形，有时透明。雌雄异株。蒴柄细长。孢蒴长卵形或长圆柱形。蒴齿 2 层；外齿层齿片狭长披针形，棕红色，具密横纹；内齿层齿条淡黄色，基膜高，脊部有连续穿孔。蒴盖圆锥形。蒴帽长兜形。孢子具不规则网纹。

本科 2 属，多温带地区生长。中国有分布。

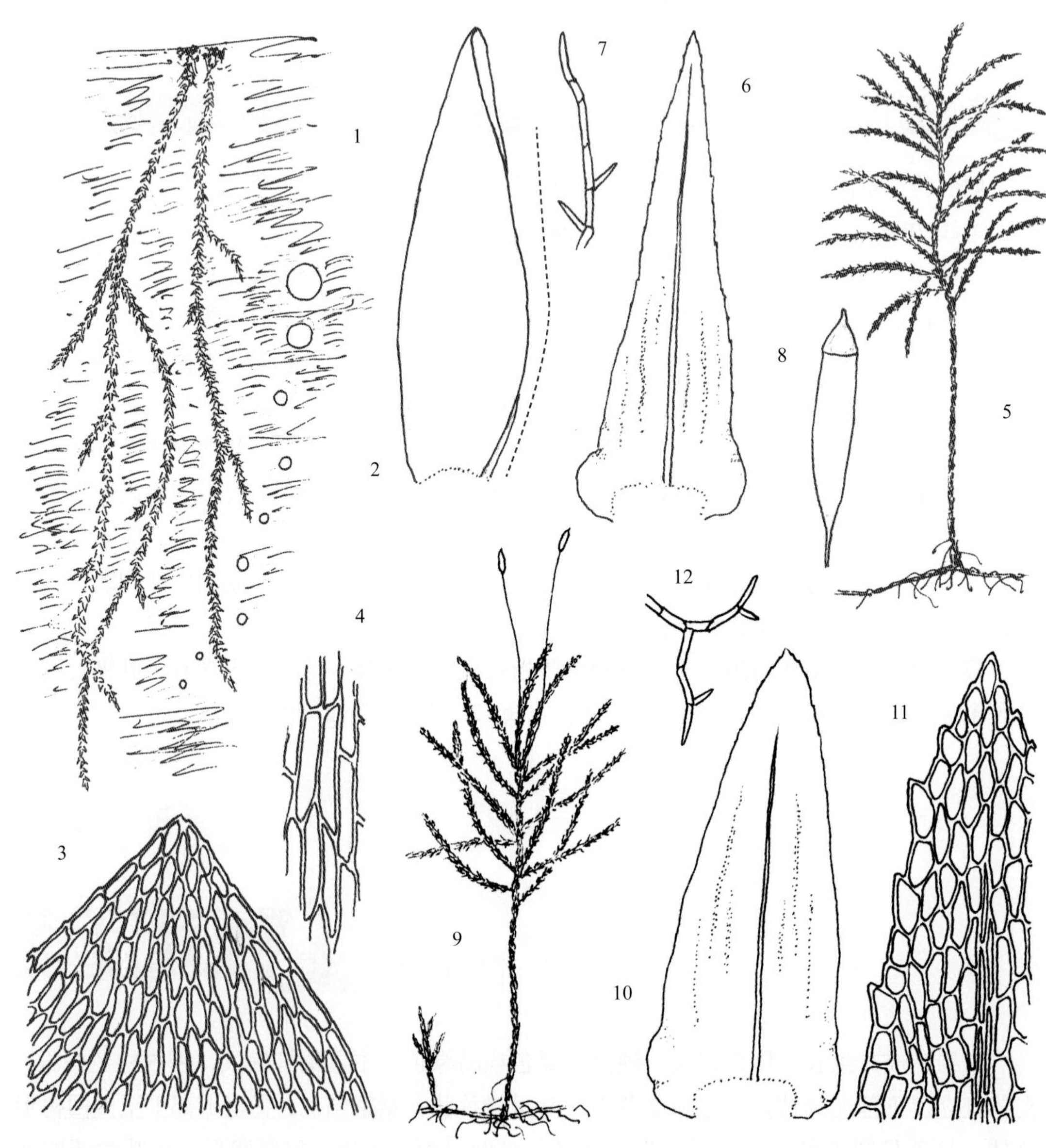

图 186

1~4. **水藓** *Fontinalis antipyretica* Hedw.

1. 着生溪涧的植物群落（×1/2），2. 叶（侧面观，×20），3. 叶尖部细胞（×150），4. 叶中部细胞（×150）

5~8. **东亚万年藓** *Climacium japonicum* Lindb.

5. 植物体（×1），6. 枝叶（×20），7. 鳞毛（×150），8. 孢蒴（×8）

9~12. **万年藓** *Climacium dendroides*（Hedw.）Web. et Mohr

9. 雌株（×1），10. 枝叶（×20），11. 枝叶尖部细胞（×150），12. . 鳞毛（×150）

分属检索表

1. 支茎上部分枝略粗；枝叶基部多不下延；叶角部细胞不规则方形或长方形，壁稍厚 …… 1. 万年藓属 *Climacium*

1. 支茎上部分枝细；枝叶基部常下延；叶角部细胞大型、透明、壁薄 ………………………… 2. 树藓属 *Pleuroziopsis*

1 万年藓属 *Climacium* Web. et Mohr

稀疏或成片生长。体形粗大，绿色或暗绿色，略具光泽。支茎直立，下部被覆鳞片状叶；上部1~2回树形分枝，常着生分枝的假鳞毛。茎叶与枝叶异形。茎叶宽卵形，略内凹，先端圆钝，基部宽阔；叶边全缘；中肋单一，消失于叶上部。枝叶长卵状披针形，先端略宽，基部宽阔呈耳状，略下延；叶边上部具粗齿；中肋消失于叶近尖部，背面上部常具少数粗刺。叶细胞狭菱形或虫形，薄壁；基部细胞大，厚壁，具明显壁孔；角部细胞方形或长方形。雌雄异株。蒴柄细长。孢蒴长卵形或长圆柱形。蒴齿2层。蒴盖圆锥形。蒴帽兜形。孢子红褐色，表面具细疣或粗网格。

本属3种，见于北温带山地。中国有2种。

分种检索表

1. 植株上部枝条近于横展，尖端多呈尾尖状；枝叶基部叶耳明显，中肋背面上部常具齿…· 1. 东亚万年藓 *C. japonicum*

1. 植株上部枝条近于直立或倾立，尖端通常粗钝；枝叶基部叶耳不明显，中肋背面平滑……2. 万年藓 *C. dendroides*

东亚万年藓 *Climacium japonicum* Lindb.，Acta Soc. Sc. Fenn. 10：232. 1872. 图 186：5~8

形态特征　成片丛集或散生。体形粗大，色泽黄绿、深绿色至绿色，略具光泽。主茎匍匐横生，密被红棕色假根；横切面近于圆形，中轴分化。支茎直立，长6~10 cm，上部枝条多横生，向一侧偏曲；分枝先端常渐细呈尾尖状。茎叶阔卵形；叶边全缘；中肋细长，消失于近叶尖部。枝叶卵状披针形，纵褶多数，基部两侧具明显叶耳；叶上部边缘具粗齿，下部常波曲；中肋尖端背面常具少数棘刺。茎叶中部细胞近于虫形。孢蒴长圆柱形，多呈弓形弯曲。蒴齿2层。蒴盖圆锥形。孢子表面具细疣。

生境和分布　山地湿润林下成片散生。黑龙江、吉林、辽宁、陕西、甘肃、安徽、湖北和四川；日本、朝鲜及俄罗斯有分布。

应用价值　温室中，可用于盆景极佳点缀材料。

万年藓 *Climacium dendroides*（Hedw.）Web. et Mohr，Naturh. Reise Sweden：96. 1804. 图 186：9~12

形态特征　成片丛集生长。体形粗壮，绿色至黄绿色，略具光泽。主茎横展，密被红棕色假根；支茎直立，长6~8 cm，上部多分枝，枝条直立或倾立，先端较钝。茎上部叶长卵形，具长纵褶，先端宽钝，边缘具齿。枝叶狭长舌形至卵状披针形，具长纵褶，上部宽钝至锐尖；基部圆钝，叶缘上部具齿；中肋消失于叶尖下。叶尖部细胞六角形，中部细胞长虫形至狭长六角形，壁薄，基部细胞疏松，透明蒴柄长 2~3 cm。孢蒴长圆柱形或椭圆状圆柱形。

生境和分布 多寒冷山区林下成片生长。黑龙江、吉林、辽宁、四川、云南和西藏；北半球温带地区广布，南达新西兰。

应用价值 同上。

2 树藓属 *Pleuroziopsis* Britt.

成片疏松丛集生长。体形粗大，树形，绿色至黄绿色，老时褐绿色，具弱光泽。主茎匍匐横展，着生棕色假根。支茎直立，下部密被鳞片状叶，顶部 2- 多回羽状分枝；分枝圆条形；鳞毛具分枝。茎叶阔卵形，内凹，先端具小尖，基部略下延；叶边全缘；中肋消失于叶上部。枝叶长卵形，钝尖，基部长下延；叶边上部具粗齿；中肋不及叶尖即消失。叶上部细胞狭长菱形至长虫形，壁等厚，基部细胞方形或长方形；角部细胞形大，透明，薄壁，排列疏松。雌雄异株。雌苞着生茎顶。蒴柄红棕色。孢蒴卵形或长卵形，弓形弯曲。蒴齿 2 层。孢子绿色，平滑。

本属 1 种，分布北太平洋地区。中国有分布。

树藓 *Pleuroziopsis ruthenica*（Weinm.）Britt.，Canad. Rec. Sc. 6：19. 1894. 图 187：1~5

形态特征 种的形态特征同属。

生境和分布 习生于寒冷针叶林林地。黑龙江、吉林和西藏；日本、朝鲜及俄罗斯有分布。

应用价值 为生长良好的寒冷针叶林林地指示植物。

089 油藓科 HOOKERIACEAE

小片状贴生基质。体形小至中等大小，多柔弱，有时具光泽。茎直立或匍匐横生，不规则分枝或疏羽状分枝。叶 4~8 列，腹叶和背叶紧贴，侧叶卵状舌形、卵状披针形、卵形或长卵形；叶边平展，平滑或有齿；中肋单一或成双，稀缺失。叶细胞通常阔菱形或六边形，平滑或具疣，基部细胞稍长大，常深色，角细胞不分化；叶边有时分化狭长细胞。雌雄同苞同株，或雌雄异株。蒴柄细长，平滑或具疣。孢蒴多倾立或平列，通常对称。蒴齿

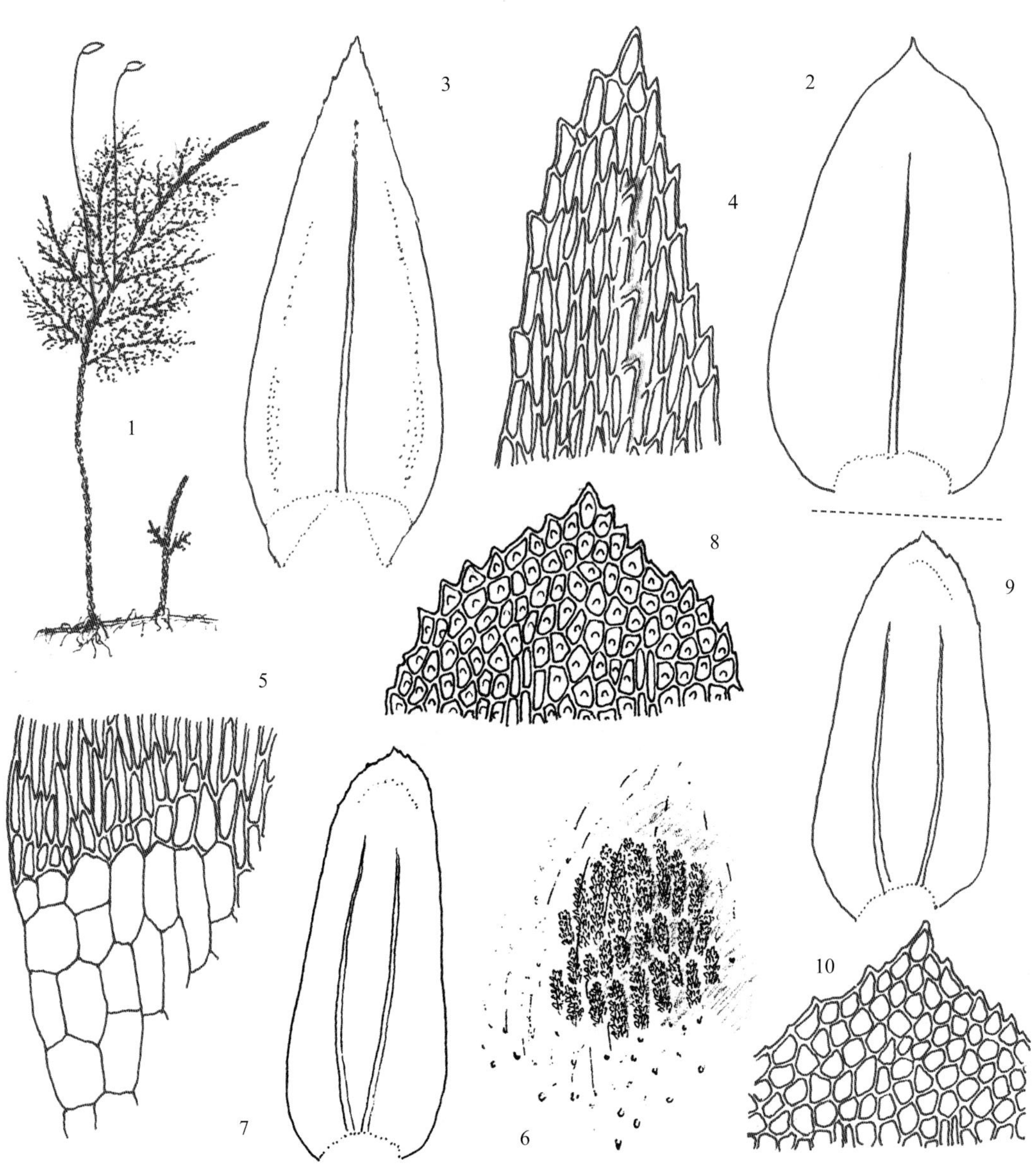

图 187

1~5. 树藓 *Pleuroziopsis ruthenica*（Weinw.）Britt.

1. 雌株（×1），2. 茎叶（×42），3. 枝叶（×110），4. 枝叶尖部细胞（×300），5. 枝叶基部细胞（×300）

6~8. 强肋藓 *Callicostella papillata*（Mont.）Mitt.

6. 着生滴水石壁上的植物群落（×1），7. 叶（×38），8. 叶尖部细胞（×250）

9~10. 无疣强肋藓 *Callicostella prabaktiana*（Müll. Hal.）Bosch et S. Lac.

9. 叶（×38），10. 叶尖部细胞（×20）

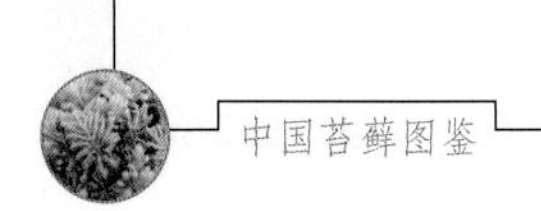

2层；外齿层齿片狭长披针形，外面有疣或横纹；内齿层有疣，基膜高或低，齿毛不甚发育或完全消失。蒴盖圆锥形，有细长喙。蒴帽钟形，基部有短裂片或流苏，稀具毛。孢子细小或中等大小。

本科27属，多分布世界热带和亚热带地区。中国有9属。

分属检索表

1. 叶中肋单一……2
1. 叶中肋2，粗壮、短弱或缺失……3
2. 叶片扁平，异形；叶上部细胞圆六角形或多边形；外齿层具条纹……4. 黄藓属 *Distichophyllum*
2. 叶片不扁平，同形；叶上部细胞菱形或椭圆形；外齿层密被疣……3. 小黄藓属 *Daltonia*
3. 中肋粗，长达叶片中部或中部以上……6
3. 中肋短弱，或缺失……7
6. 植物体绿色或黄绿色；中肋粗壮，长达叶上部；叶上部细胞圆六角形至短菱形……1. 强肋藓属 *Callicostella*
6. 植物体黄绿色；中肋细弱，仅达叶中部；叶上部细胞长纺缍形……6. 拟油藓属 *Hookeriopsis*
7. 蒴柄具刺状毛；叶边细胞有时明显分化……2. 毛柄藓属 *Calyptrochaeta*
7. 蒴柄平滑；叶边细胞不分化……5. 油藓属 *Hookeria*

1 强肋藓属 *Callicostella*（Müll. Hal.）Mitt.

密小片状贴生。植物体多柔弱，中等大小，浅黄色、深绿色至黄褐色。茎匍匐，近羽状分枝，密被假根。叶异型，腹叶和背叶斜列，紧贴，侧叶较大而斜立，干时皱缩，湿时平展，阔卵形至长卵形，先端圆钝或突短尖，上部有齿；中肋2，粗壮，达叶上部，背面具刺疣或平滑。叶细胞卵状六角形或不规则多边形，具疣或平滑，基部细胞长方形，多平滑。蒴柄侧生，细长，平滑或具弱疣。孢蒴平展或下倾，卵状圆柱形，两侧不对称，台部长而粗，口部强烈收缩。蒴齿2层。蒴盖圆锥形，具细长喙。蒴帽钟形，基部有短裂瓣。孢子细小。

本属约100种，分布南美洲、非洲及亚洲热带地区。中国2种。

分种检索表

1. 叶细胞具疣……1. 强肋藓 *C. papillata*
1. 叶细胞无疣……2. 无疣强肋藓 *C. prabaktiana*

强肋藓 *Callicostella papillata*（Mont.）Mitt.，Journ. Linn. Soc. Bot. Suppl. 1：136. 1859. 图187：6~8

形态特征　成片贴生。体浅黄色或深绿色，老时呈深褐色。茎匍匐生长，近羽状分枝，假根密生。叶片卵形至卵状长舌形，长1.5~2 mm，尖端宽阔或突渐尖，有时具短尖；

叶边平展，上部具齿；中肋 2，粗壮，达叶上部，背面上部具刺疣。叶细胞卵状六边形，具单疣，直径 13~16 μm，胞壁略加厚，基部细胞长方形至长椭圆形，腹叶细胞多平滑。雌苞叶卵状披针形，无中肋。蒴柄长 1~2 cm，平滑或具细疣。孢子圆形。

生境和分布　生于低海拔湿热林下阴湿树根、土面、流水石上或腐木。台湾、广东、香港、海南、云南和西藏；泛热带地区分布。

无疣强肋藓 *Callicostella prabaktiana*（Müll. Hal.）Bosch et S. Lac.，Bryol. Jav. 2：40. 1862. 图 187：9~10

形态特征　植物体近似强肋藓，仅叶细胞无疣、孢子直径 11~13 μm 相区分。

生境和分布　多生于低海拔炎热潮湿林下溪边石上、沙土或树干上。广东和海南；马来西亚有分布。

2 毛柄藓属 *Calyptrochaeta* Desv.

疏松小片状生长。植物体深绿色或褐绿色，常有光泽。茎单一或分叉，扁平，上部叶腋常密生棕色、单列细胞芽孢，基部具棕色假根。叶 6 列，异形，茎、枝基部叶排列疏松，上部叶片密集，背、腹叶卵形，短渐尖；侧叶大而两侧不对称，卵形或倒卵形，尖短，基部较窄；叶边具多数锐齿；中肋 2，短弱，不等长。叶细胞疏松，平滑，上部细胞菱形或纺缍形，基部细胞长方形；叶边 2~5 列细胞狭长、黄色。蒴柄侧生，密被刺状毛。孢蒴平展或下垂，卵形，具长台部。蒴齿 2 层；外齿层齿片披针形，外面中央具槽，内面有突出横隔；内齿层齿条有细密疣，基膜高；齿毛不发育。蒴盖圆锥形，具长喙。蒴帽钟形，边缘有多数长纤毛。孢子细小。

本属约 30 种，中南美洲和澳大利亚、太平洋地区分布。中国 2 种。

分种检索表

1. 叶边具细齿；上部叶细胞卵状六角形，薄壁……1. 日本毛柄藓 *C. japonica*
1. 叶边具粗齿；上部叶细胞多长菱形或纺锤形，厚壁……2. 多枝毛柄藓 *C. ramosa*

日本毛柄藓 *Calyptrochaeta japonica*（Card. et Thér.）Iwats. et Nog.，Journ. Hattori Bot. Lab. 46：236. 1979. 图 188：1~7

形态特征　疏丛集生长。体绿色，干时黄绿色。茎单一或分枝，具扁平、干时扭曲的叶片，长 3 cm。叶多异形，侧叶较大，长卵形，长 2~3 mm，背、腹叶较小，阔卵形，先端急尖或短尖；中肋 2，短弱。叶细胞平滑，短卵形至菱形，长约 45 μm，壁薄，基部细胞较长；叶边平展，具细齿，由 1~2 列狭长细胞构成分化边。雌苞叶小，卵形，长约 1 mm，具长尖。

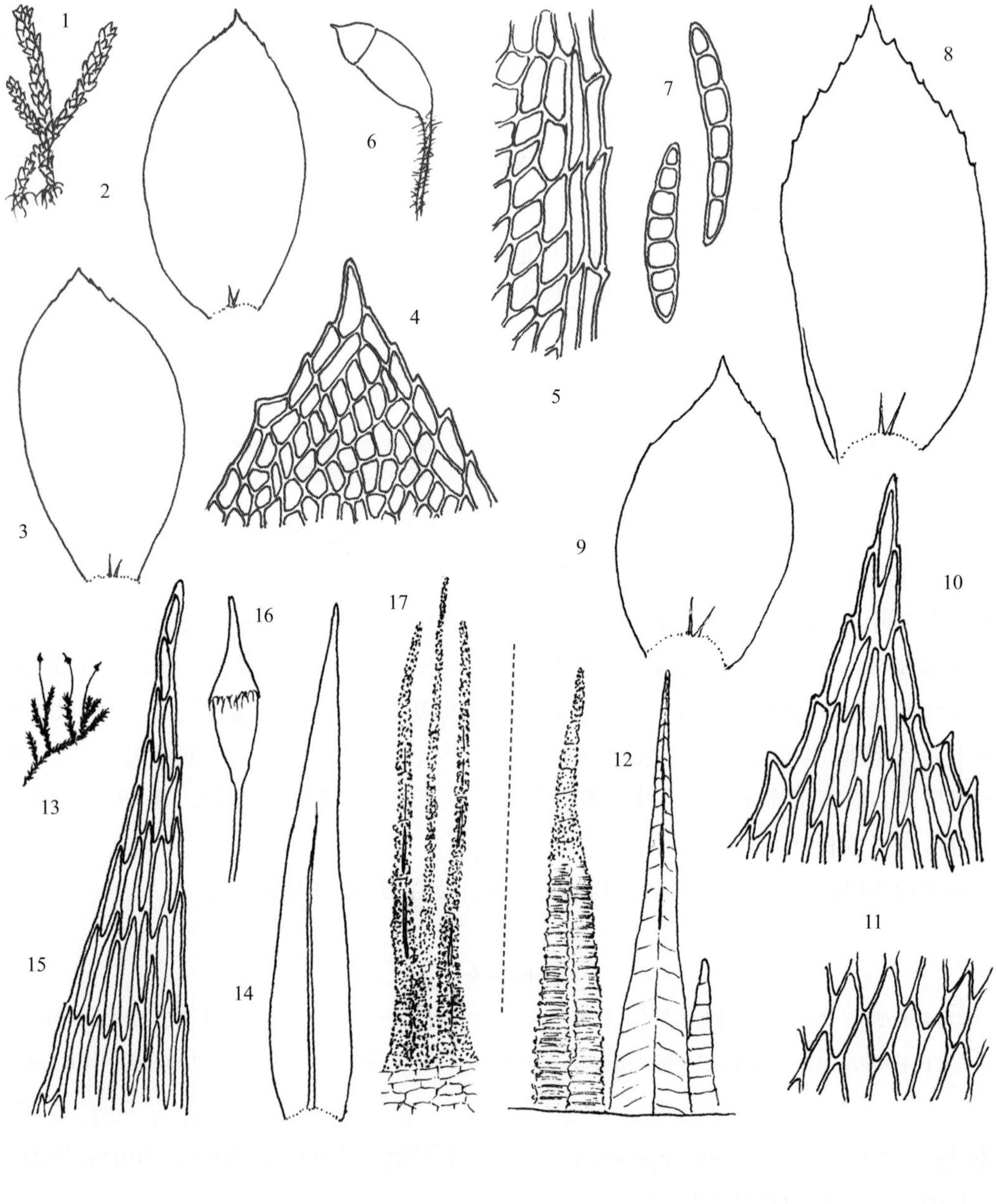

图 188

1~7. 日本毛柄藓 *Calyptrochaeta japonica*（Card. et Thér.）Iwats. et Nog.

1. 植物体（×1），2，3. 叶（×70），4. 叶尖部细胞（×75），5. 叶中部边缘细胞（×85），6. 孢蒴（×10），7. 芽胞（×170）

8~12. 多枝毛柄藓 *Calyptrochaeta ramosa*（Fleisch.）Tan et Robinson

8，9. 叶（×18），10. 叶尖部细胞（×180），11. 叶中部细胞（×180），12. 蒴齿（×180）

13~17. 狭叶小黄藓 *Daltonia angustifolia* Dozy et Molk.

13. 雌株（×1），14. 叶（×42），15. 叶尖部细胞（×240），16. 孢蒴，上部被覆蒴帽（×20），17. 蒴齿（×240）

生境和分布 生于低海拔至2 300 m林下沙土、潮湿石壁和树基。台湾、福建、湖南、海南、广西和贵州；日本有分布。

多枝毛柄藓 *Calyptrochaeta ramosa*（Fleisch.）Tan et Robinson，Smithsonian Contr. Bot. 75：10. 1990. 图 188：8~12

形态特征 疏丛集生长。体绿色，干时黄绿色。茎单一或分枝，具扁平、干时扭曲的叶片，长3 cm。叶多异形，侧叶较大，长卵形，长2~3 mm，背、腹叶较小，阔卵形，先端急尖或短尖；中肋2，短弱。叶细胞平滑，短卵形至菱形，长约45 μm，壁薄，基部细胞较长；叶边平展，具细齿，由1~2列狭长细胞构成分化边。雌苞叶小，卵形，长约1 mm，具长尖。

生境和分布 生于低海拔至2 300 m林下沙土、潮湿石壁和树基。台湾、福建、湖南、海南、广西和贵州；日本有分布。

3 小黄藓属 *Daltonia* Hook. et Tayl.

密丛集生长。体形纤弱，小形至中等大小，绿色至黄褐色，多具光泽。茎匍匐或倾立，单一或分枝，基部密生褐色假根。叶片卵形或披针形，渐尖或具短尖；叶边近全缘；中肋单一，有时呈龙骨状，近达叶上部。叶上部细胞纺锤形或菱形，基部细胞较长，边缘细胞狭长，平滑，厚壁，浅黄色。雌雄混生同株，或异苞同株。蒴柄细长，红色。孢蒴卵形或长卵形；蒴齿2层；外齿层齿片长披针形，有密疣，具中脊；内齿层有密疣，基膜低，齿条线形，龙骨状，中缝有穿孔。蒴盖圆锥形，具细长喙。蒴帽圆锥状帽形，基部具长缨络边。孢子有疣。

本属约54种，热带地区分布。中国3种。

狭叶小黄藓 *Daltonia angustifolia* Dozy et Molk.，Ann. Sci. Nat. Bot. ser. 3，2：302. 1844. 图 188：13~17

形态特征 丛集生长，稀成小片。植物体小，干时褐色；茎单一，直立或基部分枝，长4~6 mm，横切面外层具色泽，内层细胞透明，无色，无中轴分化。叶干时扭曲，湿时直立展出，狭披针形至阔披针形，长1.5~2 mm，渐尖，具明显分化边缘；中肋单一，有时呈龙骨状突起，近达叶上部。叶细胞平滑，长卵形、纺缍形至狭菱形，长22~33 μm，厚壁，尖端细胞较短，基部细胞长而较疏松，叶边由2~4列线形细胞组成。孢子直径10~11 μm。

生境和分布 生于海拔约2 000 m湿热林下树干或树枝上，稀附生石上。台湾、贵州和四川；亚洲东部及澳大利亚有分布。

4 黄藓属 *Distichophyllum* Dozy et Molk.

密集成片贴生。体形多柔软，黄绿色，有时具光泽。茎扁平，常倾立或垂倾，少分枝，基部或全株被稀疏棕色假根。叶 6~8 列，异形，背叶常较小，背腹叶紧贴，侧叶较大，斜列，长卵形、舌形或匙形，尖端圆钝或具短尖，稀具长毛尖；叶边平展或波曲，全缘；中肋单一，达叶上部或中部；叶细胞平滑，圆形或阔六角形，基部细胞较长而大。雌雄同株异苞。蒴柄细长，棕红色，平滑或具疣。孢蒴多下倾，卵形或长圆柱形，具明显台部，平滑。蒴齿 2 层。蒴盖圆锥形，具长喙。蒴帽圆锥状帽形，平滑或粗糙，先端有时具纤毛，基部常成流苏状。孢子细小。

本属约 100 种，分布湿热地区。中国有 13 种、7 变种。

分种检索表

1. 叶匙形……………………………………………………………………………… 4. 万氏黄藓 *D. wanianum*

1. 叶长卵形或舌形……………………………………………………………………………………2

2. 叶边狭窄，由 1~3 列狭长形至线形的细胞构成 ………………………………… 1. 东亚黄藓 *D. maibarae*

2. 叶边略宽，由 2~4 列厚壁、长形至线形细胞构成 ……………………………………………………4

3. 叶上部近边缘的 3~5 列细胞较小 ………………………………………………… 3. 卷叶黄藓 *D. cirratum*

3. 叶上部近边缘细胞不分化或仅 1~2 列细胞较小 ……………………………2. 厚角黄藓 *D. collenchymatosum*

东亚黄藓 *Distichophyllum maibarae* Besch.，Journ. Bot. 13：40. 1899. 图 189：1~5

形态特征 密集成片贴生。体形变化较大。叶片干时皱缩或略具波纹，阔长卵形，长 1~2 mm，侧叶和顶叶较大，长或短舌形，叶先端圆钝，具急尖或短渐尖，有时具细微齿；叶边平展，全缘，具 1~3 列线形细胞构成的分化边缘；中肋单一，近达叶上部。叶上部细胞近六角形，长 11~20 μm，中部细胞方形至圆六角形，长 16~34 μm，薄壁，基部细胞长方形。孢子平滑或具弱疣。

生境和分布 生于低海拔至 2 500 m 湿热林下湿土壁、溪边石壁或腐木上。浙江、台湾、福建、江西、湖南、广东、香港、海南、广西、贵州、四川和云南；印度、马来西亚及中南半岛有分布。

应用价值 热带、亚热带指示类群。

厚角黄藓 *Distichophyllum collenchymatosum* Card.，Bull. Soc. Bot. Genive，ser. 2，3：278. 1911. 图 189：6~9

形态特征 密集贴生。体形细小至中等大小，常不规则分枝；枝扁平，长可达 6cm。叶干时皱缩而卷曲，长卵形至阔舌形，长 1.5~3 mm，具短尖或渐尖；叶边全缘，平展或具波纹；中肋达近叶上部。叶细胞大，圆六角形，直径为 34~56 μm，壁薄而角部略加厚，近同形，仅叶尖和边缘细胞略小，基部细胞方形，叶边具 2~3 列线形、薄壁细胞。芽孢呈

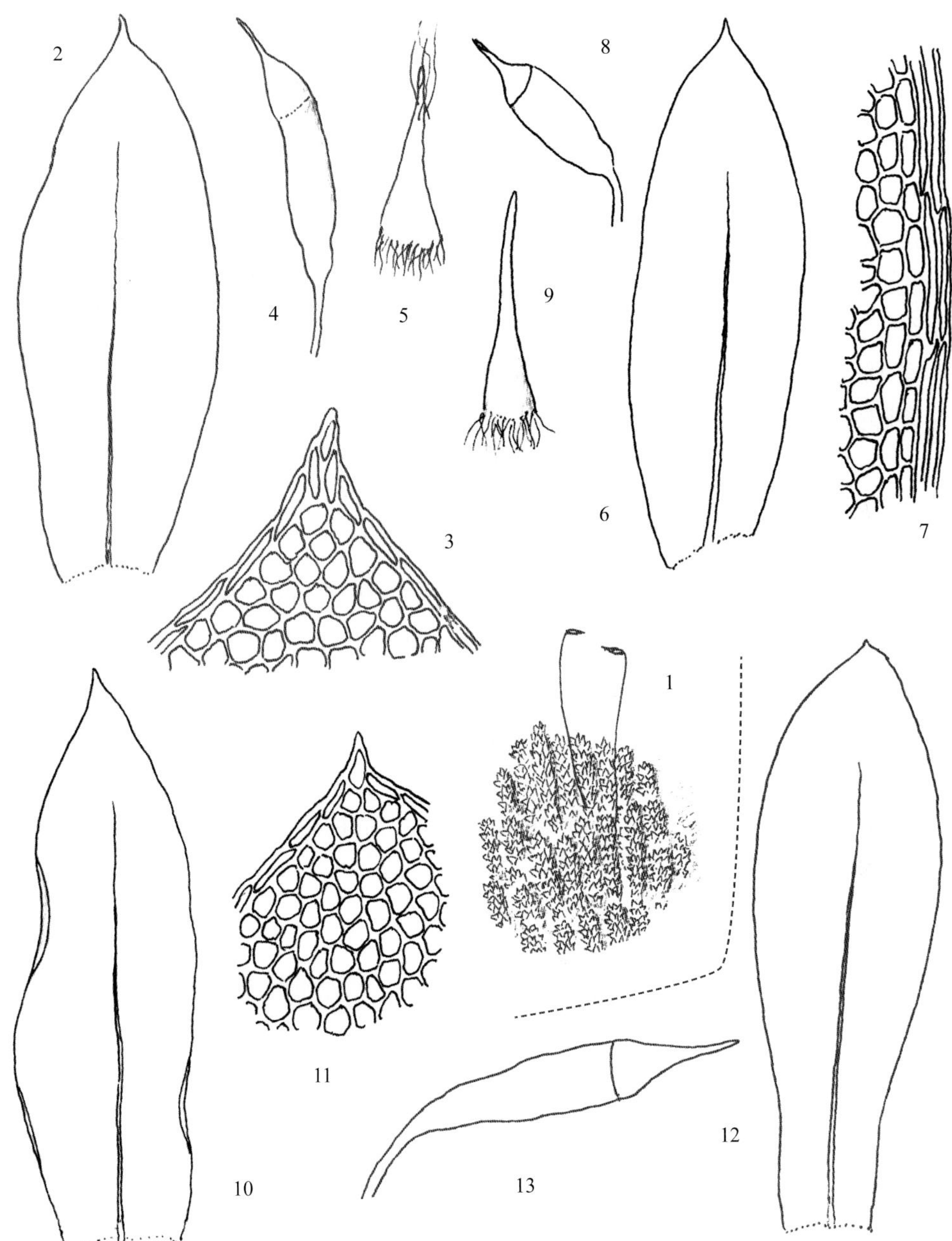

图 189

1~5. 东亚黄藓 *Distichophyllum maibarae* Besch.

1. 着生阴湿土壁的植物群落（×1），2. 叶（×50），3. 叶尖部细胞（×200），4. 孢蒴（×25），5. 蒴帽（×25）

6~9. 厚角黄藓 *Distichophyllum collenchymatosum* Card.

6. 叶（×40），7. 叶边细胞（×200），8. 孢蒴（×20），9. 蒴帽（×20）

10~11. 卷叶黄藓 *Distichophyllum cirratum* Ren. et Card.

10. 叶（×42），11. 叶尖部细胞（×200）

12~13. 万氏黄藓 *Distichophyllum wanianum* Tan et P. -J. Lin

12. 叶（×52），13. 孢蒴（×25）

丝状，着生叶片中肋的基部。

生境和分布 生于低海拔至 1 200 m 林下或路边湿石和腐木上。浙江、台湾、福建、湖南、广东、香港、海南、广西、贵州和云南；日本、朝鲜及菲律宾有分布。

卷叶黄藓 *Distichophyllum cirratum* Ren. et Card.，Rev. Bryol. 23：104. 1896. 图 189：10~11

形态特征 密丛集生长。植物体细小至中等大小。茎平卧，长可达 6 cm，不规则分枝。叶疏列，干时皱缩或扭曲，卵形、长椭圆形至舌形，长 2~2.5 mm，先端钝或具短尖；叶边全缘，波曲，具明显分化边缘；中肋强，单一，长达叶片中上部。叶细胞六角形至多边形，宽 18~22 μm，近叶边 3~5 列细胞较小。

生境和分布 生于湿热山地林下岩面薄土上。海南和广西；泰国及马来西亚有分布。

万氏黄藓 *Distichophyllum wanianum* Tan et P.-J. Lin，Trop. Bryol. 10：57-59. 1995. 图 189：12~13

形态特征 簇集生长。体形细小，长 1.6 cm，连叶宽 2 mm。叶片干时强皱缩或卷曲，湿时平展，阔匙形，基部狭长，叶尖圆钝，有时具小尖头；叶边平展，上部波状，由 1~3 列厚壁、线形细胞构成明显分化边缘；中肋单一，长达叶上部。叶尖细胞较小，中部细胞方形至多边形，宽 11~18 μm，基部细胞长方形，长 33~67 μm。雌苞叶小，长椭圆形至匙形，具小尖头，有中肋。

生境和分布 生于低海拔至 2 300 m 湿热密林内的树枝、树基和岩面薄土上。中国特有，产广东、海南和云南。

5 油藓属 *Hookeria* Smith

小片状紧贴生长。植物体柔弱，扁平生长，灰绿色，具光泽。茎单一或具疏分枝。叶多列，背、腹叶斜列，紧贴；背叶两侧对称，侧叶不对称，卵形、阔卵形至卵状披针形，具阔短尖或渐尖；叶边平展，全缘，不分化或仅具 1 列狭长细胞；无中肋。叶细胞疏松，菱形、卵状六边形至短方形，壁薄，透明。雌雄异苞同株。蒴柄红色或橙红色，平滑。孢蒴平列或下垂，长卵形。蒴齿 2 层。蒴盖圆锥形，具直喙。蒴帽钟形，基部分瓣。孢子细小。芽孢多着生叶片尖端。

本属约 10 种，热带地区分布。中国 1 种。

尖叶油藓 *Hookeria acutifolia* Hook. et Grev.，Edinburgh Journ. Sci. 2：225. 1825. 图 190：1~4

形态特征 成片扁平紧密贴生。植物体柔弱，灰绿色，长 2~5 cm，单一，稀分枝。叶异型，干时略皱缩，湿时平展，卵形、阔卵形或卵状披针形，长 4~7 mm，先端阔急尖或渐尖，常着生芽孢或假根；中肋缺失。叶细胞大，透明，卵状六边形或短方形，长94~188 μm，叶尖细胞较短。雌苞侧生，雌苞叶卵状披针形。孢蒴长卵形，长1~2 mm。蒴盖具长喙。孢子具细疣。

生境和分布　多生于低海拔至2 500 m湿热山地林下荫湿地面、石壁和腐木上。江苏、安徽、浙江、台湾、福建、江西、湖南、广东、香港、海南、广西、贵州、四川、云南和西藏；亚洲、北美洲东部和西北部沿海地区、南美洲北部及非洲有分布。

6 拟油藓属 *Hookeriopsis*（Besch.）Jaeg. et Sauerb.

小片状疏松生长。植物体中等大小至大型，绿色、黄色，老时红棕色，常具光泽。茎匍匐横生，不规则多次分枝；枝条扁平。叶异形，两侧稍不对称，形成背、腹和侧面3行扁平排列，干时易断裂，侧叶多卵状长椭圆形，阔急尖至渐尖，有时具短尖；腹叶和背叶紧贴，斜列，小于侧叶，多渐尖，无分化边缘，先端多有齿；中肋2，长达叶片中部。叶细胞卵形或狭菱形，基部细胞较长，平滑或胞壁具孔纹。蒴柄细长，红色，平滑。孢蒴倾列或平列，长卵形，棕色。蒴齿2层。蒴盖圆锥形，具细长尖。蒴帽钟形，基部有短裂瓣。孢子细小。

本属约100种，主要分布非洲及美洲中部和南部。中国1种。

并齿拟油藓 *Hookeriopsis utacamundiana*（Mont.）Broth.，Nat. Pfl.-fam. 1（3）：942. 1907. 图190：5~9

形态特征　片状疏松贴生。体浅绿色至红褐色。茎匍匐，长3~7 cm，连叶宽3~4 mm。叶扁平排列，背叶和腹叶小于侧叶，干时扭曲；侧叶多长卵形，两侧不对称，长1.5~2 mm，先端阔短尖至渐尖；叶边不明显分化，具不规则齿，基部一侧内褶；中肋2，长达叶中部，先端具刺。叶细胞狭菱形，长56~90 μm，尖端细胞较短，基部细胞近长方形，壁薄，平滑或有时具孔纹。雌苞叶卵形，渐尖，边缘齿少。孢子圆形，具弱疣。

生境和分布　生于低海拔至约2 400 m南部丘陵或山地密林下地面、树基或腐木上。台湾、广东、香港、广西、贵州和云南；广泛分布于亚洲东部和太平洋岛屿。

090 刺果藓科 SYMPHYODONTACEAE

疏松丛集生长。体纤细至大型，黄绿色至金黄色，老时呈红棕色。主茎匍匐；支茎伸展或悬垂，不规则羽状分枝或2~3回羽状分枝。茎叶紧贴或扁平着生。茎叶与枝叶近似或异形，扁平或内凹，有时干时具波纹，卵形至长卵形、卵状披针形或舌形，叶尖平截或圆钝，具细尖、急尖或渐尖；叶边平展或略内折，上部具细齿或规则至不规则粗齿，下部近全缘或全缘，基部略下延；中肋2，不等长，达叶片中部。叶尖细胞长菱形，中部细胞狭长菱形，常具前角突，角部细胞圆方形或六角形，胞壁稍加厚。雌雄异株。蒴柄细长，紫红色，上部粗糙或具疣。孢蒴直立，长卵形或圆柱形，外壁具棘状刺或密疣。孢子球形，黄色至黄褐色，具细或粗疣。

本科1属，热带地区分布。中国5种。

1 刺果藓属 *Symphyodon* Mont.

属的形态特征同科。

本属约15种，分布热带山区。中国5种。

分种检索表

1. 叶卵状披针形，上部狭窄，渐尖……1. 刺果藓 *S. perrottetii*

1. 叶卵状舌形，上部宽阔，平截……2. 矮刺果藓 *S. pygmaeus*

刺果藓 *Symphyodon perrottetii* Mont., Ann. Sci. Nat. Bot., ser. 2, 16: 279. 1841. 图190：10~13

形态特征 小片状交织生长。植物体中等至粗大，黄绿色，老时略带褐色或红色，具光泽。茎匍匐，1~2回羽状分枝。叶片疏松排列，茎叶与枝叶略分化，茎叶长卵形或长椭圆状披针形，宽阔渐尖；叶边具锯齿或粗齿。枝叶较小，干时多具波纹，长卵形至长椭圆状披针形，先端渐尖；叶边上部具大型细胞构成规则粗齿，下部近全缘，边缘常内折；中肋2，达叶中部。叶尖细胞略短，中部细胞线形，具明显前角突，角细胞长方形，厚壁。雌雄异株。蒴柄红棕色，上部具疣。孢蒴直立，长圆柱形，外壁具密刺。孢子直径约17 μm，具疣。

生境和分布 附生热带雨林内树枝、叶面和潮湿石面。台湾、海南、广西和云南；广布东南亚各地区。

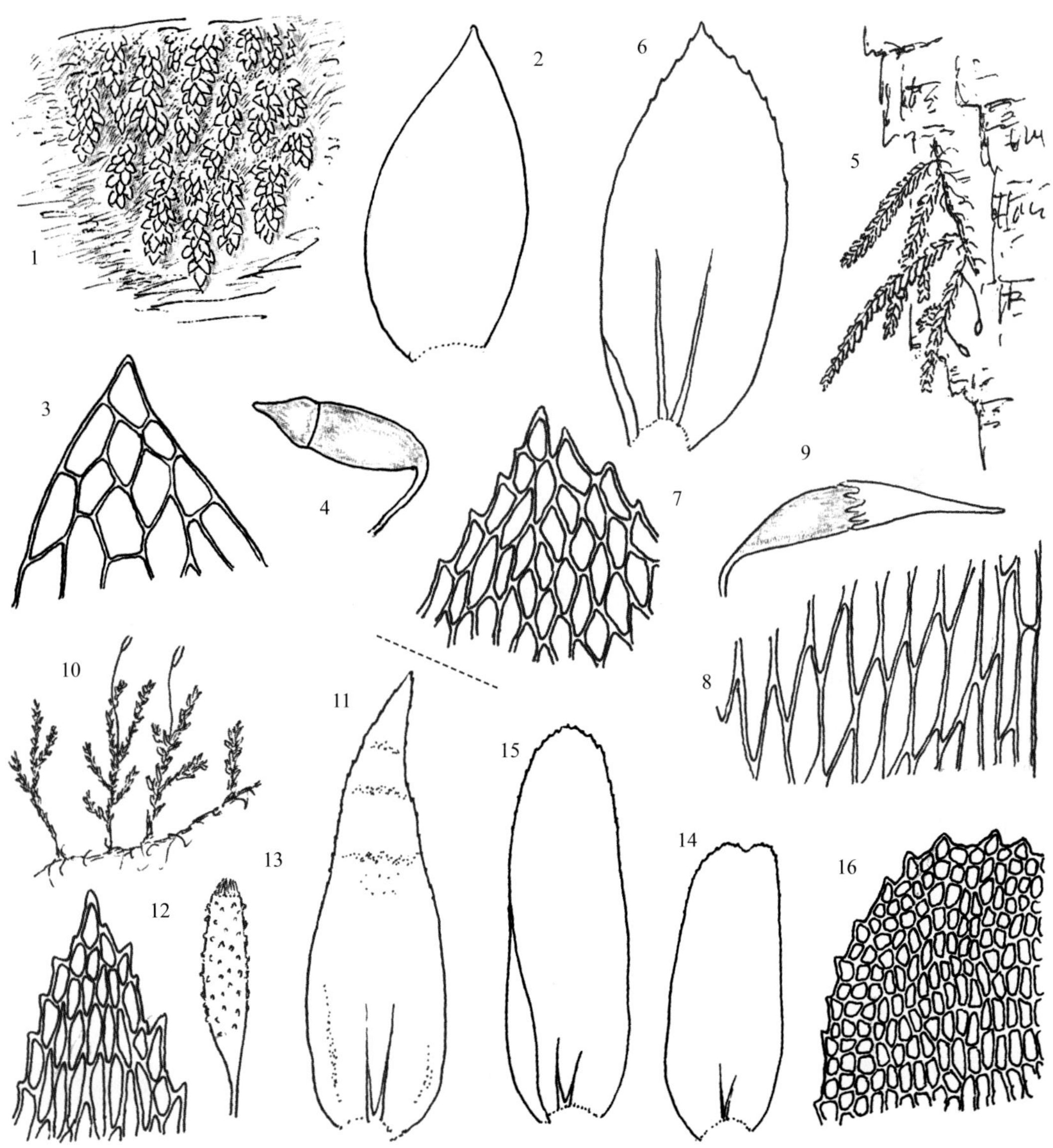

图 190

1~4. **尖叶油藓** *Hookeria acutifolia* Hook. et Grev.

1. 着生湿热林边土壁的植物群落（×1），2. 茎侧叶（×12），3. 叶尖部细胞（×120），4. 孢蒴（×8）

5~9. **并齿拟油藓** *Hookeriopsis utacamundiana*（Mont.）Broth.

5. 阴湿石壁生的植物群落（×1），6. 茎叶（×30），7. 叶尖部细胞（×250），8. 叶基部细胞（×250），9. 孢蒴及蒴帽（×12）

10~13. **刺果藓** *Symphyodon perrottetii* Mont.

10. 雌株（×1），11. 茎叶（×40），12. 叶尖部细胞（×250），13. 已开裂的孢蒴（×8）

14~16. **矮刺果藓** *Symphyodon pygmaeus*（Broth.）S. He et Snider

14. 茎叶（×40），15. 枝叶（×45），16. 叶尖部细胞（×200）

矮刺果藓 *Symphyodon pygmaeus*（Broth.）S. He et Snider，Bryobrothera 1：285. 1992. 图 190：14~16

形态特征 小片状生长。体形中等大小，黄绿色，具光泽。主茎匍匐，2~3 回羽状分枝，长 3.5~5 cm。茎叶长卵形至舌形，先端圆钝或平截，长 1~1.2 mm；叶边上部具粗齿，下部具细齿或近全缘；中肋 2，不等长，短弱。叶尖细胞较短，中部细胞线形，长 40~50 μm，前角突弱，角细胞近方形或短长方形。雌雄异株。孢蒴直立，长卵形，具密疣。

生境和分布 附生热带雨林内树枝上。海南和云南；尼泊尔、印度、泰国、美国（夏威夷）、马达加斯加及非洲东部有分布。

091 白藓科 LEUCOMIACEAE

稀疏交织生长。体形纤细，较柔软，多具光泽。茎匍匐横展，稀悬垂生长；不规则分枝或近于羽状分枝。叶干时皱缩，湿时平展，长卵圆形，渐上呈披针形，具短尖或长尖，两侧略不对称；叶边全缘；无中肋，稀具不明显短双中肋。叶细胞疏松，长菱形、狭长六边形或线形，基部细胞较短，角细胞不分化，薄壁。雌雄同株、雌雄异株或同株异苞。蒴柄细长，上部略粗糙，下部平滑，红色。孢蒴卵形或长卵形，平列或近于垂倾。蒴齿 2 层；齿片狭长披针形，中央有狭而透明纵沟，外面具密横脊和横纹，内面有密横隔；内齿层齿条折叠形，中缝无穿孔或有连续穿孔，无齿毛或不甚发育，有密疣，基膜稍高出。蒴盖圆锥形，有短或细长喙。孢子细小，近于平滑。

本科 3 属，热带及亚热带地区分布。中国 1 属。

1 白藓属 *Leucomium* Mitt.

小片状生长。植物体短小至纤长，黄绿色，具光泽。茎不规则分枝至羽状分枝。叶贴茎生长至倾立，多卵状披针形，内凹；叶边全缘；中肋多缺失。叶细胞一般狭长菱形，壁薄。雌苞着生短侧枝。孢蒴圆柱形，多平列。蒴齿 2 层；齿片与齿条均呈披针形，基膜高出。孢子棕色，透明。

本属约 5 种，分布亚洲南部、中南美洲、澳大利亚和非洲南部。中国 1 种。

白藓 *Leucomium strumosum*（Hornsch.）Mitt.，Journ. Linn. Soc. Bot. 12：502. 1869. 图 191：1~3

形态特征 小片状交织生长。植物体色泽较暗，湿时叶片排列紧密，干时疏松，常多卷曲。叶卵状披针形，渐尖，长 1.5~2 mm。蒴柄长 8~18 mm，弯曲，顶部具疣。孢蒴约长 0.8 mm。蒴盖与蒴壶等长。孢子直径约 8~10 μm。蒴帽具毛。

生境和分布 生于湿热山地林地、岩面、树干或腐木上。海南、云南和西藏；泛热带地区有分布。

092 孔雀藓科 HYPOPTERYGIACEAE

小片状倾垂生长。植物体小形至中等，较柔弱，淡黄绿色至暗绿色，一般无光泽。主茎平横伸展，具褐色假根；支茎下部单一或具稀疏分枝，上部多扁平羽状或扁平树形分枝，稀单一。茎横切面多具中轴。叶三列；侧叶两列，扁平排列，卵形或长卵形，稀为卵状披针形，两侧不对称，边缘常分化；腹叶小而近圆形；中肋单一，有时分叉。叶细胞多菱形，平滑，角细胞不分化。雌雄异株或异苞同株。孢蒴高出，多倾立或下垂，稀直立。蒴齿 2 层；外齿层有时退失，齿片多具密横条纹，中脊回折，内面横隔发育良好；内齿层有折叠基膜和齿条。蒴盖具喙。蒴帽钟帽形或圆锥形，平滑。孢子微小，具细疣。

本科 6 属，主要分布热带或亚热带地区。中国有 4 属。

分属检索表

1. 植物体支茎单一或有稀疏不规则分枝……4. 雉尾藓属 *Cyathophorella*
1. 植物体支茎 1~2 回羽状分枝……2
2. 侧叶长舌形；中肋及顶或稍突出；叶细胞多具疣及角隅加厚……1. 雀尾藓属 *Lopidium*
2. 侧叶一般卵形，中肋达叶上部；叶细胞无疣，无角隅加厚……3
3. 支茎呈扇形；叶具分化边缘……2. 孔雀藓属 *Hypopterygium*
3. 支茎羽状分枝；叶不具分化边缘……3. 树雉尾藓属 *Dendrocyathophorum*

1 雀尾藓属 *Lopidium* Hook. f. et Wils.

树干或具土岩面匍匐生长，植物体主茎纤长。支茎与主茎垂直，单一或规则羽状分枝，黄绿色或暗绿色，无光泽。支茎无中轴。侧叶卵状舌形，两侧不对称，多钝端，具刺状尖；中肋强，近叶尖处消失。叶细胞小，卵形或圆形，常有单个明显的乳头状疣，厚壁，具角隅加厚。腹叶小，三角形或卵状披针形，两侧对称，具细长尖，近于全缘。雌雄同株或异苞同株。内雌苞叶基部椭圆形，渐上成狭长尖；中肋强劲，达叶尖或稍突出于叶尖。蒴柄短，上部具细乳头疣。孢蒴直立或略垂倾。环带不分化。蒴齿 2 层。齿片狭长披针形，外侧上部具疣，下部有密横条纹；内齿层基膜低，齿条狭披针形，无齿毛。蒴帽兜形。孢子具细疣。

分布温热地区，约 16 种。中国有 3 种。习生林地、腐殖土面、树干或树基。

东亚雀尾藓 *Lopidium struthiopteris*（Brid.）Broth.，Nat. Pfl.-fam. 2，11：271. 1925. 图 191：4~8

形态特征 多于树枝匍匐贴生。植物体黄绿色或暗绿色，无光泽。主茎纤长；支茎具规则羽状分枝；无分化中轴。侧叶舌形，两侧不对称，长 1.0~2.2 mm，宽 0.2~0.5 mm，先端具短尖；中肋及顶；叶边近于全缘，下部常由 1~2 列狭长细胞构成分化边。叶细胞多卵圆形，一般直径 7~15 μm，胞壁角隅明显增厚。腹叶小，卵状披针形，两侧对称，有细长尖；叶边近于全缘。雌雄异苞同株或雌雄同株。

生境和分布 多生于树干、土上或石面。台湾、海南和西藏；日本有分布。

2 孔雀藓属 *Hypopterygium* Brid.

主茎匍匐，常成片贴生，有棕色假根。支茎下部直立，具稀疏鳞叶或裸露无叶，少数种类密被棕色假根，上部倾立，1~2 回或稀 3 回羽状分枝，常呈孔雀开屏形。侧叶阔卵形、椭圆形或卵状舌形，两侧不对称；多数有狭长细胞构成的分化边缘，上部常具齿；中肋单一，在叶尖下部消失。叶细胞菱形或卵状六边形，疏松排列，平滑，薄壁或加厚，基部细胞渐长。腹叶紧贴，阔卵形或卵形，两侧对称，有长尖，具分化边。雌雄异苞同株或雌雄异株。内雌苞叶基部略长或呈鞘状，上部具长尖，叶边全缘。蒴柄细长，平滑，有时稍扭曲。孢蒴卵圆形或长卵形，平展或垂倾。环带宽，易脱落或常存。蒴齿 2 层；外齿层外面具弱中脊和密横纹；内齿层基膜高，齿条宽，齿毛 2~3。蒴帽平滑，兜形或圆锥形。芽胞多数，常着生枝上。

分布于热带、亚热带地区，约 9 种。中国有 3 种。

分种检索表

1. 侧叶阔卵形；叶边齿细；腹叶中肋突出于叶尖 ······ 1. 黄边孔雀藓 *H. flavolimbatum*
1. 侧叶近心脏形；叶边近全缘；腹叶中肋仅及叶中部 ······ 2. 南亚孔雀藓 *H. tamarisci*

黄边孔雀藓 *Hypopterygium flavolimbatum* Müll. Hal.，Syn. Musc. Frond. 2（6）：10. 1851（1850）. 图 191：9~13

形态特征 小片状疏松贴生。主茎横生，密被假根；支茎下部直立，上部倾立，呈扁平树状分枝，高约 3~4 cm，连叶宽约 3 mm。侧叶阔卵形，两侧略不对称，顶端具短锐尖；叶边由 1~2 列狭长细胞构成明显的分化边缘，上部具细齿；中肋单一，长达叶片的 3/5 处。叶细胞菱状六边形。腹叶近卵形，先端具短尖；叶边由 1~2 列狭长细胞构成分化边缘；中

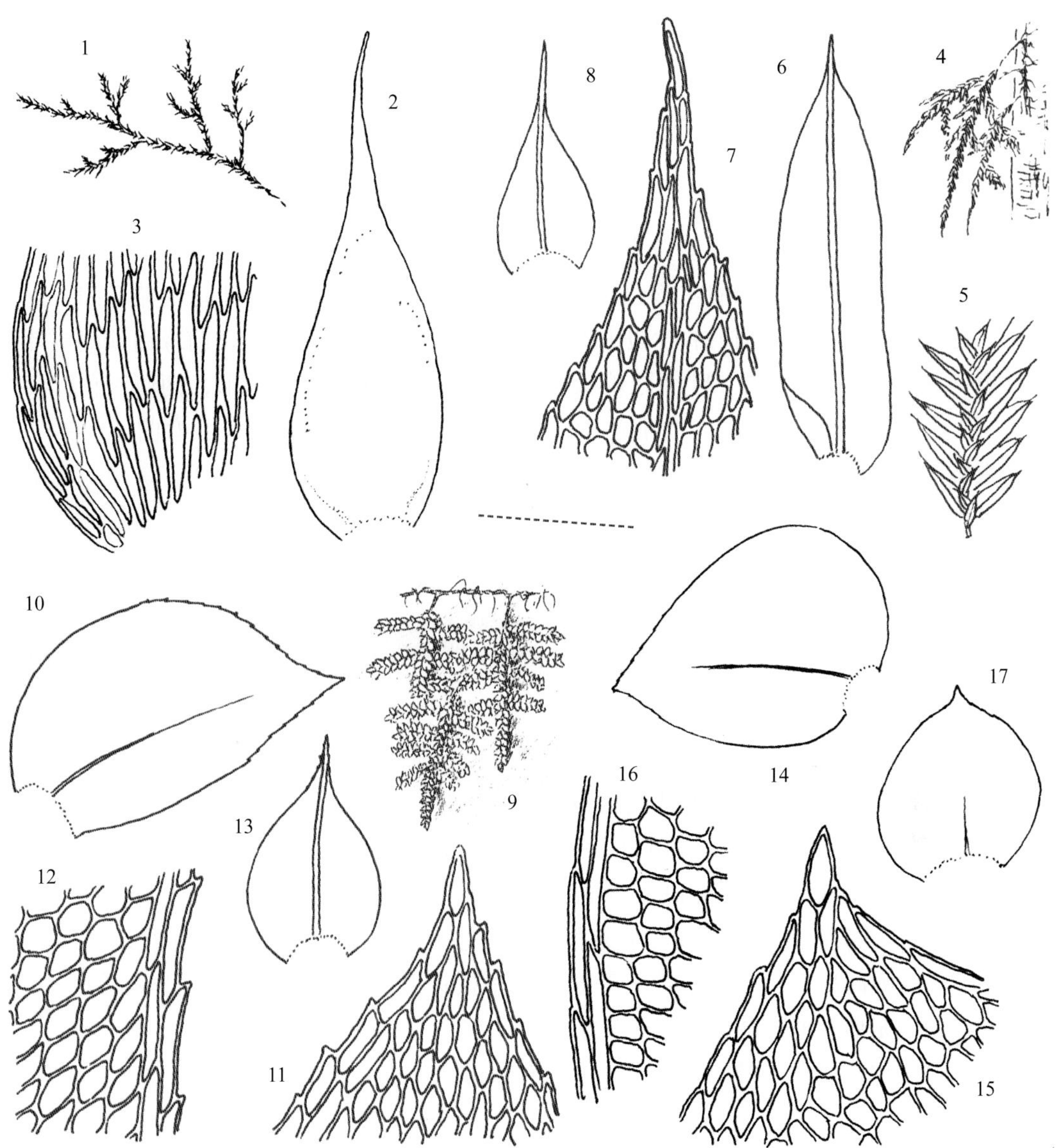

图 191

1~3. **白藓** *Leucomium strumosum*（Hornsch.）Mitt.

1. 雌株（×1），2. 茎叶（×35），3. 叶基部细胞（×150）

4~8. **东亚雀尾藓** *Lopidium struthiopteris*（Brid.）Broth.

4. 着生树干的植物群落（×1），5. 枝的一部分（腹面观，×10），6. 枝侧叶（×40），7. 侧叶尖部细胞（×250），8. 枝腹叶（×45）

9~13. **黄边孔雀藓** *Hypopterygium flavolimbatum* Müll. Hal.

9. 着生林内阴湿土壁的植物群落（×1），10. 茎侧叶（×30），11. 侧叶尖部细胞（×250），12. 侧叶中部边缘细胞（×250），13. 腹叶（×30）

14~17. **南亚孔雀藓** *Hypopterygium tamarisci*（Sw.）Müll. Hal.

14. 茎侧叶（×30），15. 侧叶尖部细胞（×250），16. 侧叶中部边缘细胞（×250），17. 枝腹叶（×30）

肋于叶尖下消失或突出于叶尖。蒴柄直立。孢蒴长椭圆形，倾立。蒴盖圆锥形，具长喙。

生境和分布 习生南部山地湿润腐木、树干、岩面或土面。陕西、安徽、台湾、福建、江西、重庆、广西、贵州和云南；日本及朝鲜有分布。

应用价值 姿态及植物体形态优美，具有很好的观赏性。

南亚孔雀藓 *Hypopterygium tamarisci*（Hedw.）Müll. Hal.，Syn. Musc. Frond. 2：8. 1850. 图 191：14~17

形态特征 成片倾垂生长。主茎匍匐；支茎倾立，扁平树形分枝，黄绿色，高达 4~5 cm；支茎基部叶疏生，叶腋着生褐色茸毛状假根。侧叶覆瓦状贴生，干燥时略皱缩，湿时倾立，近心脏形，两侧不对称；叶边由 1~2 列狭长细胞构成分化边缘，前缘由顶端至叶基多具齿；中肋达叶片 2/3 处。叶细胞菱状六边形。腹叶扁圆形或卵圆形，两侧对称，具细长尖；叶边缘分化，具微齿；中肋不及顶。蒴柄长 2~3 cm，上部呈鹅颈状弯曲。

生境和分布 生于山地湿润树干或岩面。黑龙江、浙江、广东、广西、贵州、四川和云南；朝鲜、日本及北美洲西部有分布。

3 树雉尾藓属 *Dendrocyathophorum* Dix.

小片倾垂生长。植物体柔弱，黄绿色，无光泽。主茎匍匐横生，有稀疏鳞片状叶，密被棕色假根。支茎下部单一，上部不规则羽状分枝，扁平，枝端钝。茎侧叶密集，长椭圆形，两侧不对称，渐尖；叶边上部具粗齿，边缘不分化；中肋单一，短弱，或分叉。叶细胞长六边形，薄壁，基部细胞较阔大。腹叶阔卵形，两侧对称，具短尖；叶边上部具齿；中肋单一，短弱。枝叶与茎叶相似，形较小。雌雄异苞同株。蒴柄细长，平滑，直立。孢蒴红棕色，平列或下垂。蒴齿 2 层；外齿层齿片披针形，外侧下方具密横纹，上部具细疣；内齿层基膜高出，与外齿层齿片等长，齿条披针形，呈折叠状，具疣。蒴盖圆锥形，具斜喙。蒴帽兜形。孢子球形，表面具密疣。

本属仅 1 种，亚洲热带地区分布。中国有分布。

树雉尾藓 *Dendrocyathophorum decolyi*（Fleisch.）Kyuijer，Lindbergia 20：89. 1995. 图 192：1~6

形态特征 疏片状生长。体形柔弱，高 2~5 cm；主茎与支茎基部具绒毛状的棕色假根。支茎下部有稀疏小形叶片，上部不规则疏羽状分枝，扁平。叶 3 列，疏松排列，干燥时卷曲。侧叶 2 列，卵状披针形，渐尖；叶边上部具明显粗齿。叶细胞长菱形，壁薄，具壁孔，下部细胞渐宽短，基部两列狭长细胞构成分化边，其他部分边缘分化不明显。腹叶 1 列，阔卵形或椭圆形，两侧对称，具尾状尖；中肋短，单一，或分叉。雌苞叶小而狭窄。蒴柄长 6~8 mm。

生境和分布 生于湿热山地林内岩面或薄土上。重庆、四川、云南和西藏；日本、印度、越南、泰国、菲律宾及巴布亚新几内亚有分布。

4 雉尾藓属 *Cyathophorum* P. Beauv.

小簇状生长。植物体细长。主茎短，匍匐生长，具多数假根。支茎平横展出，单一或稀分枝；枝端呈尾尖状；叶腋常具单列细胞的芽胞。侧叶卵形或长卵形，具长锐尖；叶边全缘或具锐齿；中肋短，单一、有时分叉或完全缺失。叶细胞菱形、卵形或长六边形，平滑，薄壁，常有壁孔；叶边具狭长细胞构成的分化边。腹叶紧贴茎上，阔卵形或卵圆形，全缘或尖部具齿；中肋短或缺失。雌雄异株。孢蒴卵圆形。蒴齿 2 层；外齿层齿片披针形，具不明显的回折中脊，透明，外侧具细密疣；内齿层基膜高出，齿条狭披针形，无齿毛。蒴帽覆盖长喙，边缘具裂瓣，有时具毛。

本属约 20 种，分布于湿热地区。中国有 8 种。

分种检索表

1. 叶边具细齿…………………………………………………………………………… 1. 短肋雉尾藓 *C. hookerianum*

1. 叶边具大型刺状齿………………………………………………………………………2. 粗齿雉尾藓 *C. adiantum*

短肋雉尾藓 *Cyathophorum hookerianum*（Griff.）Fleisch., Musci Fl. Buitenzorg 3：1094. 1908. 图 192：7~9

形态特征 小簇状生长。体形小，黄绿色，高 2.5 cm，一般无分枝。顶端呈尾状尖，叶腋间常着生多数常具分枝的红褐色芽胞，基部被绒毛状假根。叶三列，侧叶 2 列，卵状披针形，两侧不对称；叶边近全缘，由 3 列狭长细胞组成；中肋单一，短弱。叶细胞菱形，多具壁孔。腹叶小，卵圆形，对称，边缘具皱褶。

生境和分布 生于南部湿热山地林内树干、腐木和岩面。安徽、浙江、台湾、福建、江西、广东、海南、广西、四川、云南和西藏；日本、老挝和菲律宾分布。

应用价值 形态优美，具有观赏价值。

粗齿雉尾藓 *Cyathoporum adiantum*（Griff.）Mitt., Journ. Proc. Linn. Soc., Bot., Suppl. 2：147. 1859. 图 192：10~13

形态特征 成簇下垂生长。主茎横展，具绒毛状假根。支茎直立或倾立，通常不分枝，有时在近顶部分枝，一般高约 6 cm；顶部有时产生成束橘红色丝状芽胞。叶片平展，侧叶卵圆形，两侧稍不对称，渐尖；叶边具分化边缘，无色透明，具尖齿，消失于近基部。腹叶卵形，渐尖。叶细胞狭菱形；近基部边缘细胞渐狭长。蒴柄短，长约 2 mm。孢蒴圆柱形。蒴齿 2 层，发育正常。

生境和分布 生于南部山地树干、树基和岩面。台湾、广东、海南、广西和云南；喜马拉雅山地区、日本、越南和泰国有分布。

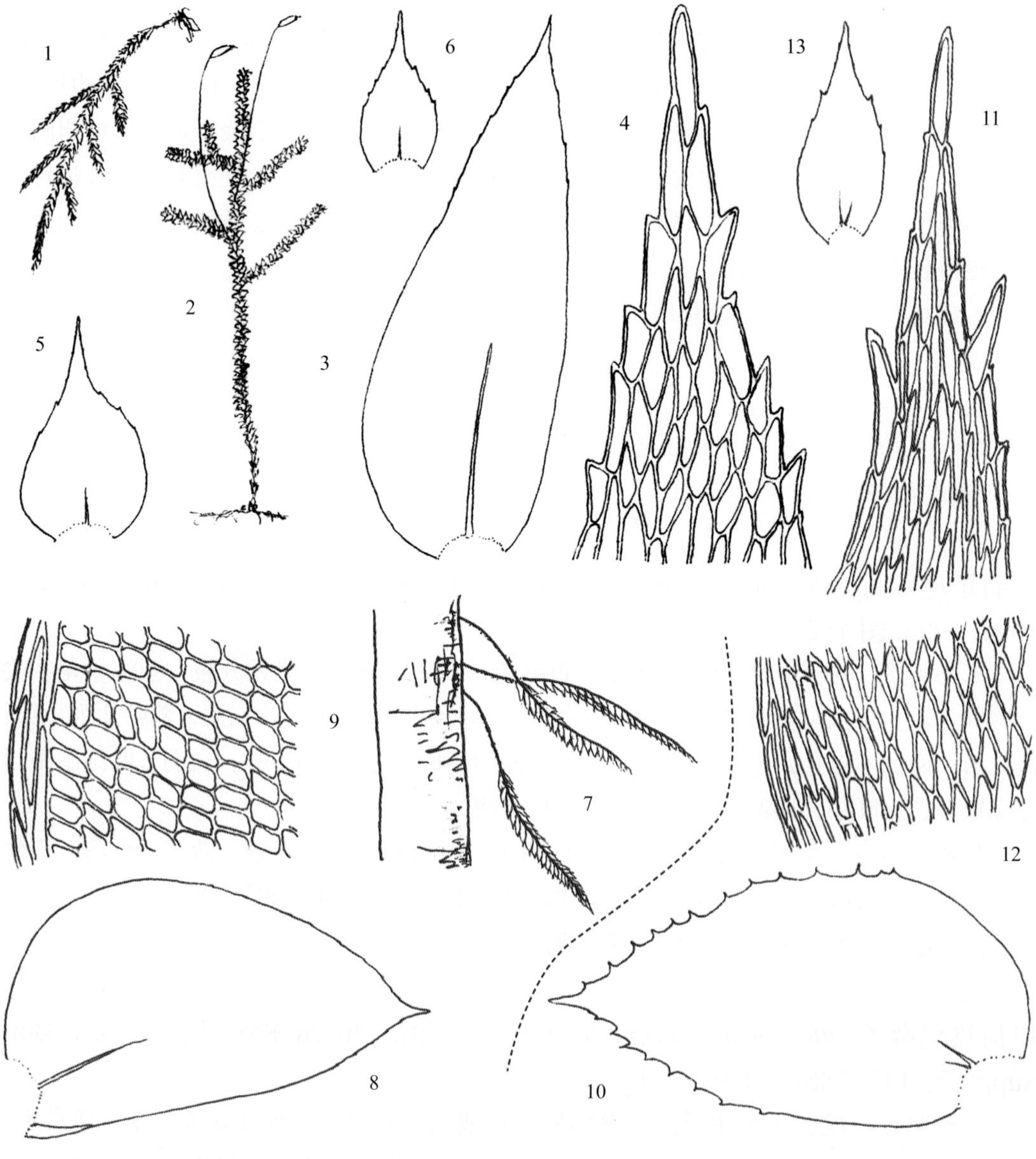

图 192

1~6. **树雉尾藓** *Dendrocyathophorum decolyi*（Fleisch.）Kruijer

1. 倾垂生长的植物群体（×1），2. 雌株（×2），3. 茎侧叶（×17），4. 叶尖部细胞（×130），5. 茎腹叶（×15），6. 枝腹叶（×15）

7~9. **短肋雉尾藓** *Cyathophorum hookeriana*（Griff.）Fleisch.

7. 着生小树干上的植物群落（×1），8. 侧叶（×10），9. 侧叶中部细胞（×130）

10~13. **粗齿雉尾藓** *Cyathophorum adiantum*（Griff.）Mitt.

10. 侧叶（×10），11. 侧叶尖部细胞（×90），12. 侧叶基部细胞（×90），13. 腹叶（×10）

093 鳞藓科 THELIACEAE

疏交织生长。体形细弱，黄绿色，具弱光泽。茎匍匐，先端倾立，不规则一回羽状分枝，或不规则丛集分枝，枝常呈圆条状。叶匙形或卵圆状兜形，先端圆钝或具小毛尖；叶边内曲，全缘，稀具毛或齿；中肋短弱，单一或分枝，或不明显至缺失。叶细胞卵形或长六角形，多数背面具单一粗疣。雌雄异株。蒴柄短或细弱，平滑，红色或红褐色。孢蒴直立，长卵形，稀背曲而倾立或平列。蒴齿2层；内外齿层多等长，或内齿层退化；齿条细长条形，中缝有穿孔；齿毛细长或缺失。蒴盖扁圆锥形，具短喙。蒴帽兜形，平滑。孢子细小。

本科3属，分布温带地区。中国有2属。

分属检索表

1. 植物体稀疏分枝；叶覆瓦状排列，卵圆状瓢形，具小尖或圆钝；孢蒴卵形，直立 ……1. 小鼠尾藓属 *Myurella*

1. 植物体不规则羽状分枝；叶倾立，长卵形或具狭长毛尖；孢蒴卵形，倾立 …………2. 粗疣藓属 *Fauriella*

1 小鼠尾藓属 *Myurella* Bruch et Schimp.

小片状交织生长。植物体纤细，鲜绿色或暗绿色。茎倾立或直立，不规则分枝、叉状分枝或束状分枝；枝钝端，具鞭状枝；无鳞毛。叶覆瓦状排列，卵圆形，先端急尖、渐尖或圆钝；叶边内曲，全缘，平滑或具不规则尖齿；中肋单一、分叉或缺失。叶细胞椭圆形或菱形，胞壁略厚，具不明显壁孔，基部细胞长方形或方形，平滑或有前角突或具单粗疣。雌雄异株。蒴柄长1~2 cm。孢萌卵形或短圆柱形，黄棕色，直立。蒴齿2层、等长；外齿层齿片长披针形，黄色或淡黄色；内齿层基膜高，淡黄色，有细疣；齿条长披针形，齿毛线形，短于齿条。

本属4种，分布温带地区。中国有3种。

分种检索表

1. 紧密丛生，垫状；叶阔卵圆形，紧密覆瓦状，先端钝，或具短尖 …………1. 小鼠尾藓 *M. julacea*

1. 稀疏丛集生长，不呈垫状；叶瓢形，松散覆瓦状排列，先端有短毛尖 …………2

2. 叶背面具粗刺状疣；叶边有粗长齿，叶尖长 …………2. 刺叶小鼠尾藓 *M. sibirica*

2. 叶背面具低矮疣；叶边有细齿，叶尖短 …………3. 细枝小鼠尾藓 *M. tenerrima*

小鼠尾藓 *Myurella julacea*（Schwaegr.）Bruch et Schimp.，Bryol. Eur. 6：41. 1853. 图 193：1~4

形态特征 密集垫状。植株鲜绿色，干时黄色，具光泽。茎匍匐，倾立，分枝直立。叶片卵圆形或长椭圆形，深内凹，先端圆钝或有小尖；叶边内曲，平滑或有细齿；中肋不明显，或具 2 短肋。叶上部细胞菱形或长椭圆形，下部细胞短而呈长椭圆形，背面平滑或有低疣，角部细胞短方形或方形。雌雄异株。蒴柄长达 1.5 cm，红褐色。孢蒴短柱形或长卵形。蒴盖圆拱形。孢子具细疣。芽胞腋生，棒锤形，成簇生长。

生境和分布 着生高寒地区砂石质土或湿石上。吉林、河北、内蒙古、甘肃和西藏；北温带地区广泛分布。

刺叶小鼠尾藓 *Myurella sibirica*（Müll. Hal.）Reim.，Hedwigia 76：292. 1937. 图 193：5~8

形态特征 疏松丛集生长。植物体黄绿色。茎匍匐，先端上倾，呈细长鞭状，不规则疏分枝。叶卵形，内凹，先端渐呈细长毛尖，基部收缩；叶边有粗齿，内曲；中肋缺失，或具单一或分叉的短中肋。叶上部细胞常为菱形或六边形，背面具单个疣状突起，基部细胞短长椭圆形，角部细胞长方圆形或方形。蒴柄细弱，红褐色。孢蒴长椭圆形或倒卵形，直立。

生境和分布 生于砂质土或具土湿石上。辽宁、河北、陕西、四川和西藏；俄罗斯、欧洲、日本及北美洲有分布。

细枝小鼠尾藓 *Myurella tenerrima*（Brid.）Lindb.，Musc. Scand. 37. 1879. 图 193：9~11

形态特征 疏松丛集。体色泽黄绿或鲜绿色，具光泽。茎匍匐，纤细；分枝不规则。叶覆瓦状贴生，阔卵形，内凹，具短毛尖；叶边内曲，具细齿；中肋缺失，或具不明显的单一或分叉的短中肋。叶上部细胞六角形，具单个粗疣，下部细胞不规则，角部细胞方形或长方形，胞壁略加厚。蒴柄长 1~1.5 cm，红褐色。孢蒴直立，倒卵形或短圆柱形。孢子具细疣。

生境和分布 生于高寒地区砂土或湿石上。内蒙古、新疆和青海；俄罗斯、欧洲及北美洲有分布。

2 粗疣藓属 *Fauriella* Besch.

密交织成片生长。体纤细，柔弱，色泽淡黄绿或淡黄色，无光泽或具弱光泽。茎匍匐伸展，有稀疏束状假根，具不规则羽状分枝；鳞毛稀少，披针形或近于呈片状。叶卵形，内凹，有时具毛状尖；叶边内卷，具粗齿或细齿；中肋缺失或具两短肋。叶细胞长椭圆形或菱形，具单个高疣，基部细胞狭长，角部常有几个方形细胞。蒴柄细长。孢蒴小，卵形，常平列，红褐色。蒴齿 2 层，等长；外齿层齿片长披针形，黄色，内齿层黄色，基膜高出，具穿孔，齿毛 3，短于齿条。蒴盖圆锥形。

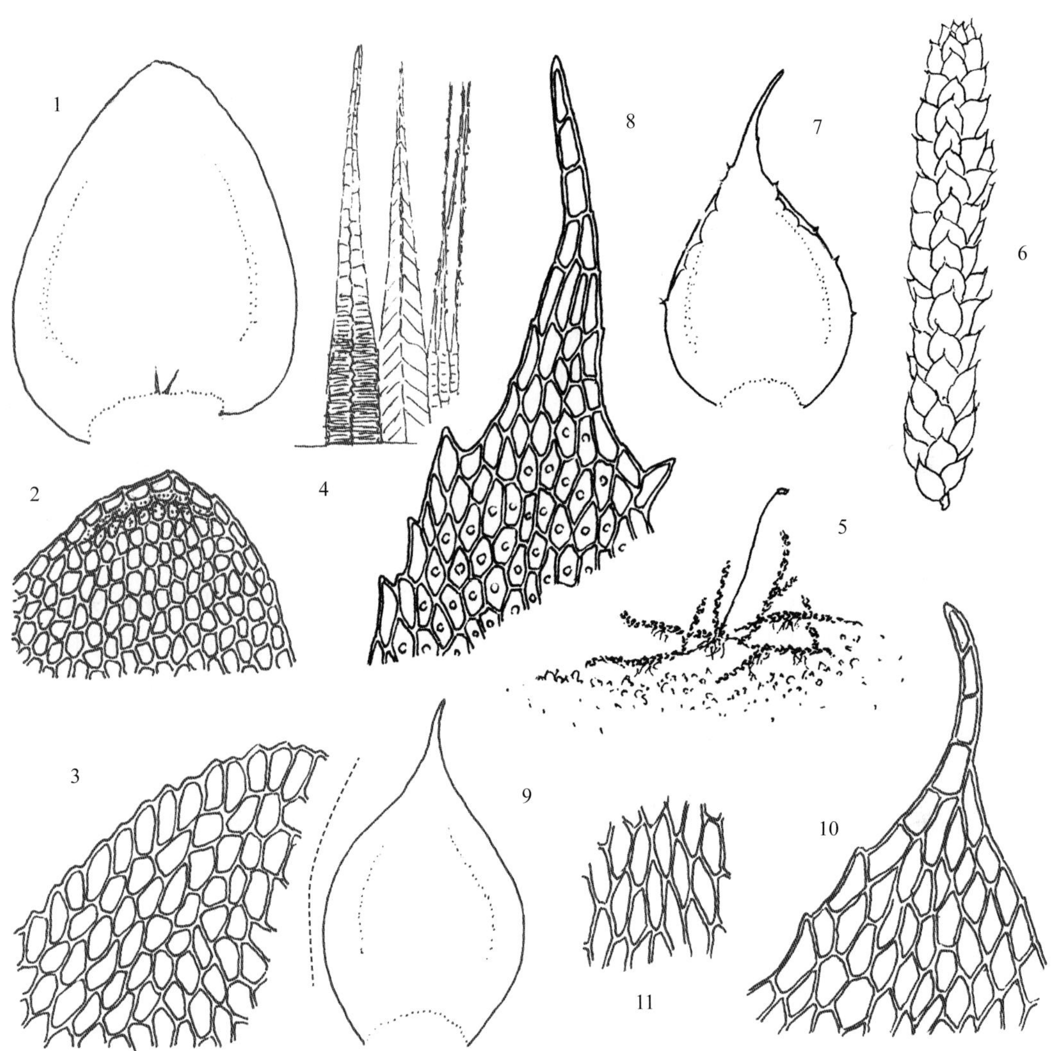

图 193

1~4. 小鼠尾藓 *Myurella julacea*（Schwaegr.）Bruch et Schimp.

1. 叶（×120），2. 叶尖部细胞（×250），3. 叶中上部边缘细胞（×400），4. 蒴齿（×250）

5~8. 刺叶小鼠尾藓 *Myurella sibirica*（Müll. Hal.）Reim.

5. 着生林内阴湿土面的植物群落（×1），6. 植物体的一部分（×22），7. 茎叶（×70），8. 叶尖部细胞（×300）

9~11. 细枝小鼠尾藓 *Myurella tenerrima*（Brid.）Lindb.

9. 叶（×70），10. 叶尖部细胞（×300），11. 叶中部细胞（×300）

本属 5 种，亚热带和温带地区分布。中国有 3 种。

分种检索表

1. 体形纤细，柔弱；叶呈鳞片状，具短急尖；叶细胞短椭圆形 ………………………………… 1. 小粗疣藓 *F. tenerrima*
1. 体形稍硬；叶紧密覆瓦状着生，渐呈短尖；叶细胞狭长椭圆形 ……………………………………… 2. 粗疣藓 *F. tenuis*

小粗疣藓 *Fauriella tenerrima* Broth.，Akad. Ak. Wiss. Wien. Math. Nat. Kl. Abt. 1，131：217. 1923. 图 194：1~5

形态特征 平横成片生长。体形纤细，色泽淡绿或带黄色，具光泽。茎匍匐，不规则稀疏分枝，枝条不等长。叶疏生，干燥时贴茎，湿时倾立，卵形，内凹，具短尖；叶边有细胞突出形成的细齿；中肋缺失。叶细胞圆菱形，壁略厚，背面有一大圆疣，基部细胞短，长方形，角部细胞短方形。

生境和分布 常生于阔叶林下岩面、树干或腐木上。安徽、湖南、广西和贵州；日本有分布。

粗疣藓 *Fauriella tenuis*（Mitt.）Card. in Broth.，Nat. Pfl.-fam. 11：282. 1925. 图 194：6~11

形态特征 密集丛生呈小垫状。体淡绿色或黄绿色，无光泽。茎分枝纤细而不等长，先端钝。叶呈覆瓦状着生，卵圆形，渐尖，内凹；叶边内卷，具细胞突出的细齿；中肋缺失或具短中肋。叶细胞圆菱形，壁略加厚，背面具单个大乳头突起，角部细胞方形。雌雄异株。蒴柄长 1~1.5 cm，红褐色。孢蒴小，倾立或平列。蒴帽兜形。

生境和分布 生于林下树干或腐木上。吉林、浙江和安徽；日本有分布。

094 碎米藓科 FABRONIACEAE

小片状交织生长。植物体甚纤细，色泽鲜绿或亮绿色，多具光泽。茎匍匐，一回或两回分枝，分枝直立或倾立。叶干时紧贴，湿时倾立，卵形或卵状披针形，略内凹，多具长毛尖，无皱褶，基部不下延；中肋单一，短而细弱，稀中肋缺失。叶细胞多数长菱形，平滑，薄壁，叶基部两侧细胞方形或扁方形。雌雄异株或雌雄同株。孢蒴高出，直立，卵形或圆柱形。环带常存，少数自行脱落。蒴齿单层或 2 层。外齿层齿片成对排列，外面具稀疏横脊，内面无横隔，稀齿片退失；内齿层缺失或齿条为披针形，有时基膜呈折叠状。蒴盖扁圆锥形，钝尖或有喙。蒴帽小，兜形。孢子细小。

本科 8 属，主要分布温带地区。中国有 8 属。

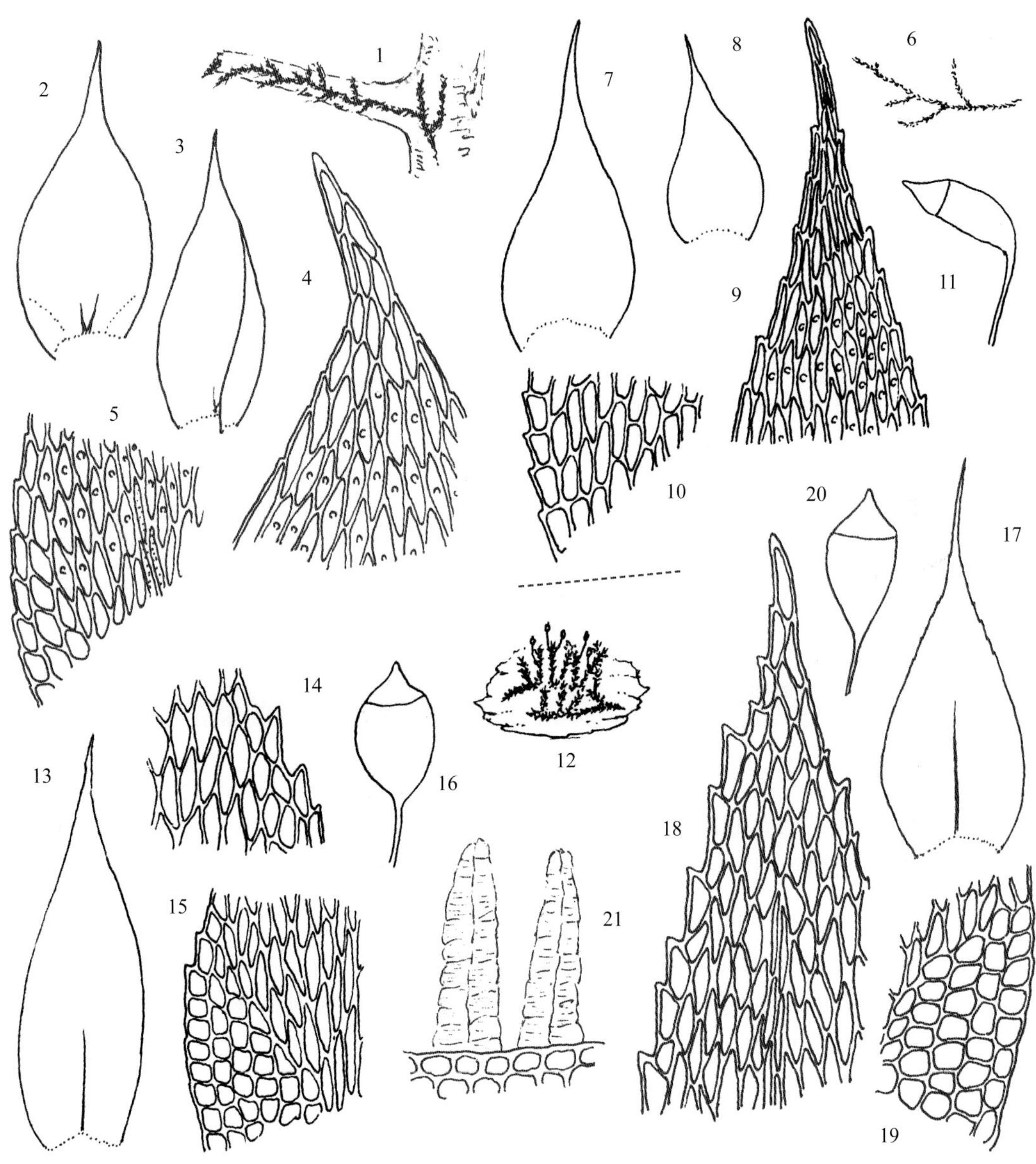

图 194

1~5. **小粗疣藓** *Fauriella tenerrima* Broth.

1. 树枝上着生的植物群落（×1），2，3. 叶（×150），4. 叶尖部细胞（×200），5. 叶基部细胞（×200）

6~11. **粗疣藓** *Fauriella tenuis*（Mitt.）Card.

6. 植物体（×1），7，8. 叶（×90），9. 叶尖部细胞（×200），10. 叶基部细胞（×200），11. 孢蒴（×30）

12~16. **东亚碎米藓** *Fabronia matsumurae* Besch.

12. 树干上着生的植物群落（×1），13. 叶（×110），14. 叶上部边缘细胞（×200），15. 叶基部细胞（×200），16. 孢蒴（×30）

17~21. **八齿米藓** *Fabronia ciliaris*（Brid.）Brid.

17. 叶（×110），18. 叶尖部细胞（×250），19. 叶基部细胞（×250），20. 孢蒴（×30），21. 蒴齿（×220）

分属检索表

1. 叶中肋 2 或单一，短弱，不及叶中部……2
1. 叶中肋单一，长达叶中部以上……4
2. 叶基部卵形；中肋单一，为叶长度的 1/3……7. 柔齿藓属 *Habrodon*
2. 叶基部宽阔；中肋 2 或不明显……7
3. 植物体较小；叶上部渐成短尖……6. 拟附干藓属 *Schwetschkeopsis*
3. 植物体略粗大；叶上部渐狭窄成长尖……8. 小柔齿藓属 *Iwatsukiella*
4. 蒴齿齿片宽短；叶边齿较粗大……1. 碎米藓属 *Fabronia*
4. 蒴齿齿片长披针形；叶边齿较细小……5
5. 植物体粗大；叶边背卷，尖部具粗齿；中肋粗壮……4. 小绢藓属 *Rozea*
5. 植物体细弱；叶边不背卷，尖部具细齿；中肋细弱……6
6. 蒴柄细长，达 1.5 cm……3. 拟无毛藓属 *Juratzkaeella*
6. 蒴柄细长，不及 0.5cm……7
7. 蒴齿齿片干时背卷；叶近基部宽阔……2. 反齿藓属 *Anacamptodon*
7. 蒴齿齿片干时不背卷；叶中部宽阔……5. 附干藓属 *Schwetschkea*

1 碎米藓属 *Fabronia* Raddi

平展交织生长。体细弱，色泽鲜绿或亮绿色，稀暗绿色，具光泽。茎不规则分枝，枝呈圆条形。叶疏生或覆瓦状排列，卵形或卵状披针形，多具毛状叶尖；叶边多具粗齿，有时具长毛尖；中肋多短弱，或不明显。叶细胞长菱形或长六边形，叶角部细胞多方形，稀不分化。雌雄同株。内雌苞叶鞘状，具细长尖，边缘具齿或纤毛；无中肋。蒴柄短或稍细长，黄色，平滑。孢蒴直立，倒卵形或梨形，台部短，脱盖后蒴口大，亮棕色。蒴齿单层，稀缺失。齿片对水湿极敏感，潮湿时内卷，干时背仰，成对相连，阔舌形，钝尖，棕色，有时中缝绽裂或具穿孔。蒴盖短圆锥形。

本属 62 种，温带和亚热带分布。中国有 11 种。

分种检索表

1. 叶长卵形；孢蒴无蒴齿……1. 东亚碎米藓 *F. matsumurae*
1. 叶阔卵形；孢蒴具蒴齿……2. 八齿碎米藓 *F. ciliaris*

东亚碎米藓 *Fabronia matsumurae* Besch.，Journ. de Bot. 13：40. 1899. 图 194：12~16

形态特征 稀疏交织生长。植物体细小，绿色，具光泽。茎匍匐伸展，不规则分枝；枝直立。叶片螺旋状着生，常呈两列状，长卵形，渐尖；叶边平直，中部以上具不整齐锐齿；中肋单一，达叶中部。叶细胞大，上部呈菱形，薄壁，基部短，角部细胞方形，排列整齐。雌雄同株。蒴柄长 4~7mm，黄棕色，干燥时扭曲。孢蒴卵圆形，具短台部。蒴盖平凸。蒴齿缺失。蒴帽兜形，平滑。

生境和分布 着生潮湿岩面薄土或树干。黑龙江、吉林、内蒙古、河北、山东、陕西、湖北、云南和西藏；日本及俄罗斯（远东地区）有分布。

八齿碎米藓 *Fabronia ciliaris*（Brid.）Brid., Bryol. Univ. 2：171. 1827. 图 194：17~21

形态特征 交织小片状生长。体形纤细，黄绿色，有光泽。茎匍匐，不规则分枝；分枝短，倾立。叶阔卵状披针形，先端突呈细毛尖；叶边有不规则细胞突出的齿；中肋细弱，达中部以下。叶细胞菱形，角部细胞方形，薄壁。雌雄异苞同株。孢蒴小，开裂后呈杯状；蒴齿单层，披针形，有疣。

生境和分布 生于低山阔叶树干、树皮裂缝中。吉林、河北、浙江、湖南、广西、云南和西藏；日本及朝鲜有分布。

2 反齿藓属 *Anacamptodon* Brid.

密集交织生长。体形纤细，色泽深绿，老时黄绿色或棕绿色、具光泽。茎匍匐，具假根；枝条短，稀疏分枝；直立或倾立，密被叶片。叶一向偏斜，长卵形，内凹，向上渐呈长尖；叶边具齿或全缘；中肋粗壮，长达叶片中部。叶细胞绿色，长菱形或六边形，基部细胞方形。雌雄同株异苞。蒴柄细长，直立，紫红色，干时成螺旋状扭转。孢蒴直立，卵形，干时蒴口下部内缢。环带宽，常存。蒴齿 2 层，着生蒴口内面深处。外齿层齿片常成对相连，湿时直立，干时反卷，阔披针形，棕色，具疣，内面具疏横隔。内齿层基膜缺失，齿条短于齿片，线形，棕色，近于平滑。蒴盖基部圆锥形，具直喙或斜喙。蒴帽兜形。

本属 12 种，主要分布温带地区。中国有 3 种。

分种检索表

1. 植物体略粗；叶中肋达叶片中部；叶边细胞单层 ……………………………… 1. 柳叶反齿藓 *A. amblystegioides*
1. 植物体细弱；叶中肋消失于叶尖；叶边细胞 2 层 ……………………………………… 2. 华东反齿藓 *A. fortunei*

柳叶反齿藓 *Anacamptodon amblystegioides* Card., Bull. Soc. Bot. Geneve ser. 2, 3：279. 1891. 图 195：1~5

形态特征 密集交织生长。体形细弱，色泽黄绿或绿色。茎匍匐伸展，先端上仰，不规则分枝，枝短。叶片干燥时不紧贴，湿时四散倾立，卵状披针形，渐呈长尖；叶边平直，全缘或有细齿突；中肋粗，通常消失于叶尖。叶细胞长椭圆形或菱形，渐向基部趋短，角部有数列方形细胞。孢蒴小，短圆柱形。蒴盖短圆锥形，具短喙。蒴齿 2 层。

生境和分布 生于林内阔叶林树干基部。吉林、新疆、台湾和云南；日本有分布。

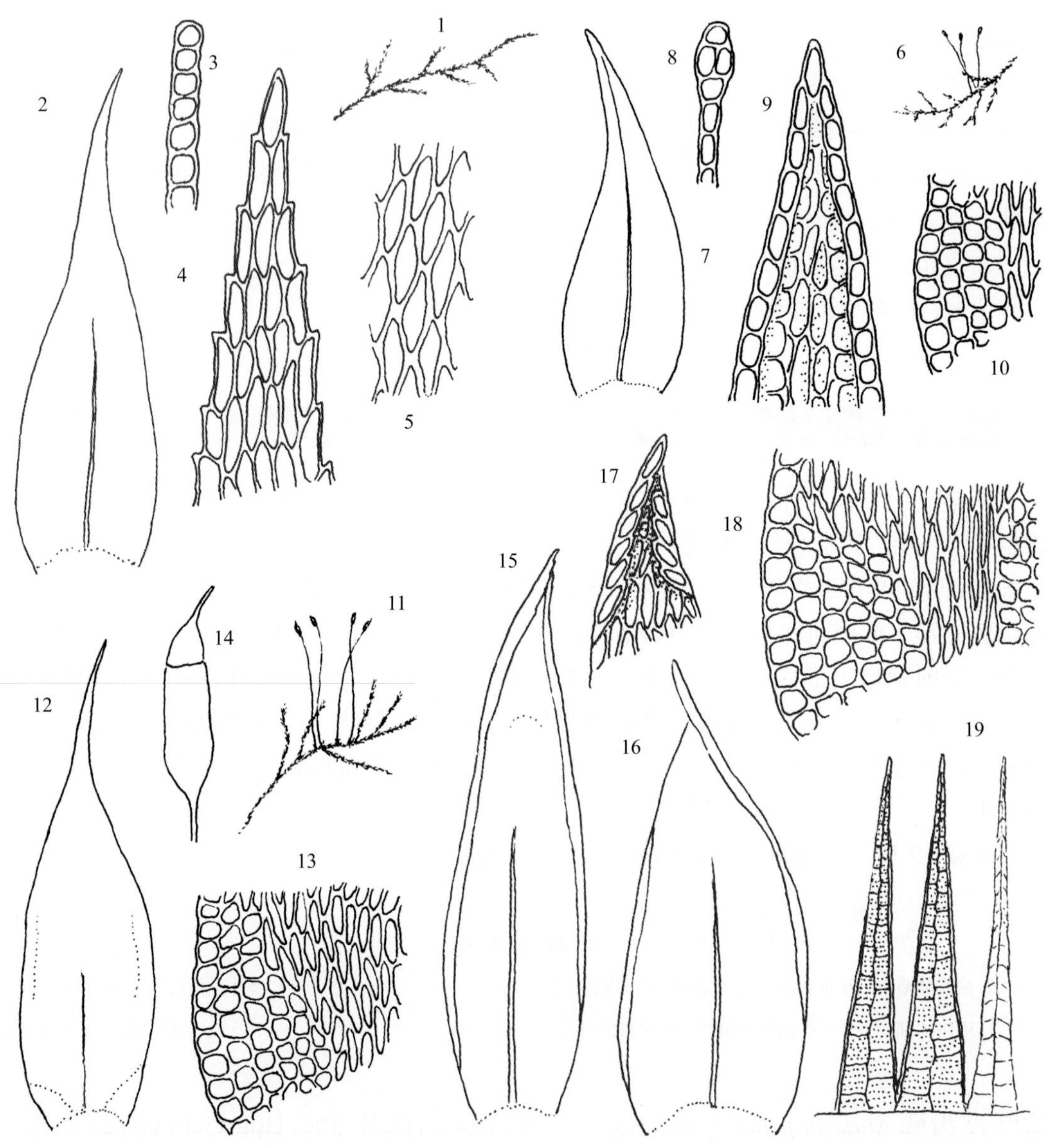

图 195

1~5. 柳叶反齿藓 *Anacamptodon amblystegioides* Card.

1. 植物体（×1），2. 叶（×30），3. 叶边的横切面（×250），4. 叶尖部细胞（×250），5. 叶中部细胞（×250）

6~10. 华东反齿藓 *Anacamptodon fortunei* Mitt.

6. 雌株（×1），7. 叶（×25），8. 叶边的横切面（×200），9. 叶尖部细胞（×200），10. 叶基部细胞（×200）

11~14. 拟无毛藓 *Juratzkaeella sinensis*（Broth.）Buck

11. 雌株（×1），12. 叶（×30），13. 叶基部细胞（×200），14. 孢蒴（×20）

15~19. 翼叶小绢藓 *Rozea pterogonioides*（Harv.）Jaeg.

15，16. 叶（×12），17. 叶尖部细胞（×250），18. 叶基部细胞（×250），19. 蒴齿（×250）

华东反齿藓 *Anacamptodon fortunei* Mitt.，Journ. Linn. Soc. Bot. 8：152. 1864. 图 195：6~10

形态特征　匍匐交织生长。体形纤细，色泽黄绿至棕绿色，具光泽。茎密被假根，不规则羽状分枝；枝密，直立或倾立。叶密生，内凹，基部卵形，向上成披针形；叶边全缘；中肋粗，达叶尖。叶细胞长菱形或六边形，叶边细胞 2 层，基部长方形。雌雄同株。蒴柄长约 5 mm，直立，红褐色，干时呈螺旋状扭转。孢蒴直立，卵形。蒴盖圆锥形。

生境和分布　生于温寒阔叶林或针阔混交林下树干。河北；日本有分布。

3 拟无毛藓属 *Juratzkaeella* Buck

丛集生长。体形中等，细弱，色泽黄绿或鲜绿色，具光泽。茎长 1~3.5 cm，不规则分枝；横切面无中轴；假鳞毛片状。茎叶与枝叶卵状披针形，平展或略内凹，基部不下延；叶边平直，全缘；中肋单一，细弱，消失于叶片中部。叶中上部细胞长纺锤形或狭长菱形，角部细胞方形，多列。雌雄同株。蒴柄细长，直立，棕红色，平滑。孢蒴直立，短圆柱形，黄棕色或红棕色。蒴盖短圆锥形。蒴齿 2 层；外齿层齿片披针形，齿条与齿片等长，有稀疣，无齿毛。蒴帽兜形。孢子球形，有细疣。

本属 1 种。中国特有。

拟无毛藓 *Juratzkaeella sinensis*（Broth.）Buck，Rev. Bryol. Lichenol. 43：313. 1977. 图 195：11~14

形态特征　丛集生长。体形细，绿色，具绢丝光泽。茎匍匐；单一或近羽状分枝。叶疏松覆瓦状排列，卵状披针形，内凹，叶尖毛状；叶边平展，上部有齿突；中肋细弱，达叶片中部。叶细胞狭长卵形，角细胞方形。雌雄同株。内雌苞叶基部鞘状，向上成披针形，无中肋。

生境和分布　山地林内附生树干或石上。中国特有，产江苏、上海、云南和西藏。

4 小绢藓属 *Rozea* Besch.

成小片生长。体形纤细或粗壮，柔弱，绿色、浅黄绿色或红棕色，具光泽。茎匍匐，叉状或簇状分枝；枝密集，钝端。枝叶覆瓦状贴生，有时一向偏曲，长卵形或阔卵状披针形，内凹，有纵长褶，具短急尖或长尖；叶边背卷，尖部具齿；中肋单一，消失于叶中部。叶细胞长椭圆形或狭长菱形，多平滑，稀有疣或前角突，基部细胞短。雌雄同株或异株。蒴柄细长，红色。孢蒴长圆柱形，红棕色，具短台部。蒴齿 2 层；外齿层齿片披针形，黄色，具明显回折中脊，有密横纹；内齿层淡黄色，平滑，基膜低，齿条狭披针形，与外层齿片等长，呈折叠形，齿毛短弱。蒴盖圆锥形。孢子细小。

本属 7 种，热带和亚热带地区分布。中国有 3 种。

翼叶小绢藓 *Rozea pterogonioides*（Harv.）Jaeg.，Thätigk. St. Gall. Naturw. Ges.1876-2877：274. 1878. 图 195：15~19

形态特征 成片生长。植物体略细，色泽黄绿，稍具光泽。茎长达 1.2 cm，匍匐，不规则分枝；枝圆条形。叶干时紧贴，湿时倾立，长卵形或狭卵形，常内凹，有纵褶；叶边上部平直，有时背曲，尖部有齿；中肋单一，长达叶上部。叶细胞长菱形，角部细胞方形，排列疏松，薄壁。雌雄异株。

生境和分布 生于海拔 1 900~3 700 m 山地林下树干基部。云南、四川和西藏；尼泊尔、不丹及印度有分布。

5 附干藓属 *Schwetschkea* Müll. Hal.

交织成片。体形纤细，匍匐。茎不规则羽状分枝；分枝短，直立或倾立，干时弯曲。叶密生，卵状披针形，叶尖细长，有时一向弯曲，湿时倾立；叶边平展，具细齿；中肋细，达叶片中部。叶细胞长六边形，叶角部细胞方形或短方形。雌雄同株。内雌苞叶卵状披针形，向上成细狭长尖。蒴柄细弱，旋扭，红棕色。孢蒴直立，长卵形，蒴口下部内缢。环带分化。蒴齿 2 层；外齿层齿片长披针形，黄棕色，下部疏生横脊，平滑，上部具疣；内齿层基膜低，齿条与齿片等长或稍短，狭披针形，有细疣，无齿毛。蒴盖半圆球形，具斜长喙。孢子中等大小。

本属 18 种，亚热带地区分布。中国有 5 种。

分种检索表

1. 体形纤细；叶长卵形，具披针形尖；蒴柄红褐色 ······························ 1. 华东附干藓 *S. courtoisii*

1. 体形较粗；叶长倒卵形，具长渐尖；蒴柄黄褐色 ······························ 2. 疏叶附干藓 *S. matsumurae*

华东附干藓 *Schwetschkea courtoisii* Broth. et Par.，Rev. Bryol. 35：127. 1908. 图 196：1~7

形态特征 匍匐贴生基质。体纤细，色泽黄绿或褐绿色。茎不规则分枝；枝长 3~4 mm，多倾立，渐尖。叶片干燥时呈一向偏曲，卵状披针形或披针形，渐尖；枝叶小，卵形，突成短尖；叶边全缘或上部具齿；中肋细弱，长达叶片中部。叶中部细胞长六边形，角部有数列扁方形细胞，薄壁，平滑。雌雄同株。蒴柄细弱，红褐色，直立，长 2~3 cm。孢蒴卵形，略弯。蒴齿 2 层，内外齿层等长。孢子直径 18μm。

生境和分布 着生低海拔林内树干上。中国特有，产江苏、上海和贵州。

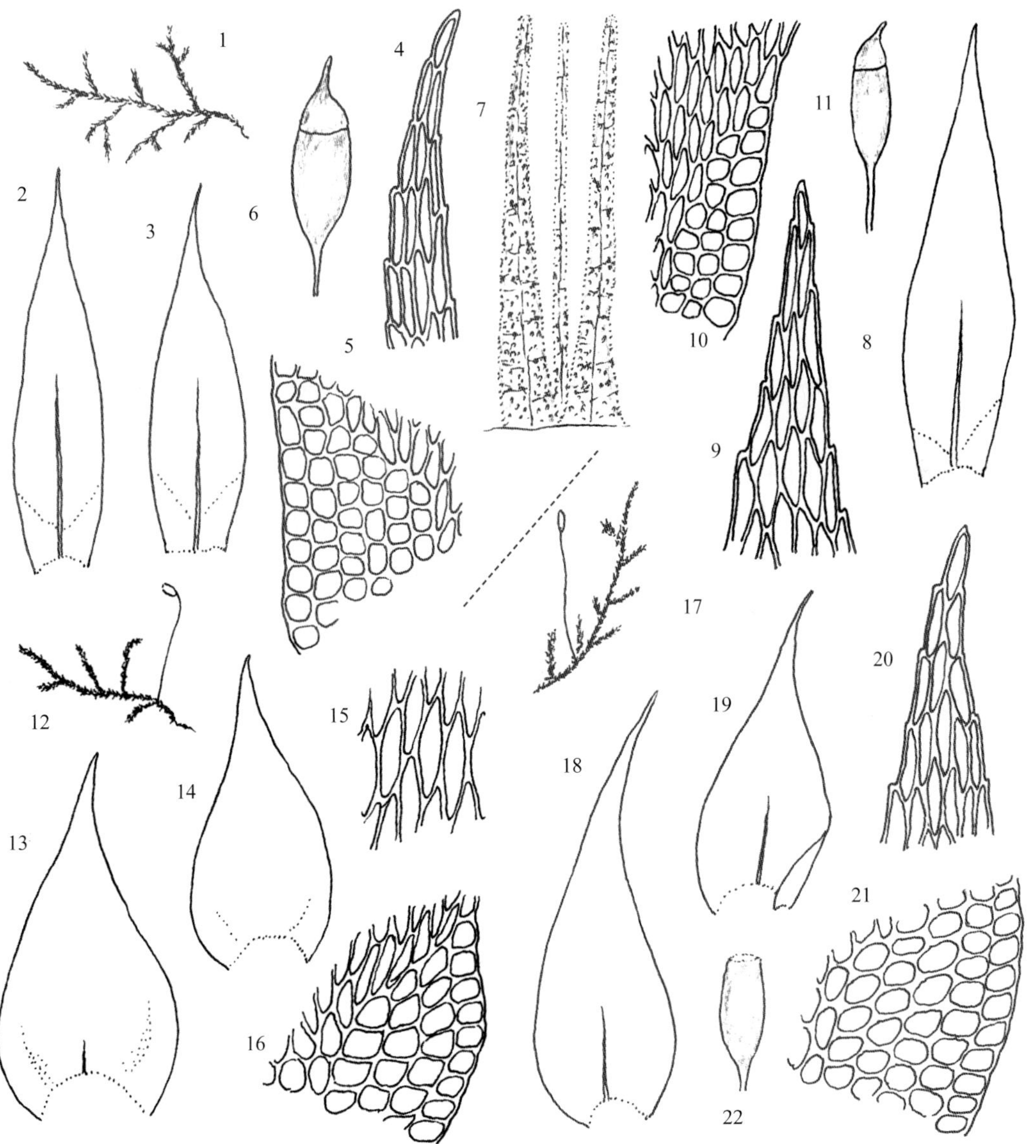

图 196

1~7. 华东附干藓 *Schwetschkea courtoisii* Broth. et Par.

1. 植物体（×1），2，3. 叶（×40），4. 叶尖部细胞（×250），5. 叶基部细胞（×250），6. 孢蒴（×12），7. 蒴齿（×250）

8~11. 疏叶附干藓 *Schwetschkea laxa*（Wils.）Jaeg.

8. 叶（×30），9. 叶尖部细胞（×250），10. 叶基部细胞（×250），11. 孢蒴（×12）

12~16. 拟附干藓 *Schwetschkeopsis fabronia*（Schwägr.）Broth.

12. 雌株（×1），13，14. 叶（×25），15. 叶中部细胞（×250），16. 叶基部细胞（×250）

17~22. 柔齿藓 *Habrodon perpusillus*（De Not.）Lindb.

17. 雌株（×1），18，19. 叶（×40），20. 叶尖部细胞（×250），21. 叶基部细胞（×250），22. 已开裂的孢蒴（×10）

疏叶附干藓 *Schwetschkea laxa*（Wils.）Jaeg.，Ber. Thätigk. St. Gall. Naturw. Ges. 1876-1877：22. 1878. 图 196：8~11

形态特征　树干紧密贴生。体形纤细，黄绿色，有弱光泽。茎不规则分枝；枝条倾立，长 3~5 mm。叶长卵状披针形，基部狭，中部阔，渐向上呈锐长尖；叶边平直，常有前角突；中肋细弱，达叶片中上部。叶细胞菱形，薄壁，尖部细胞狭长，角部细胞方形。雌雄同株。蒴柄长 2~3 mm，黄褐色，平滑。外齿层齿片披针形，有细疣。孢子直径 18~30μm。

生境和分布　生于阔叶林下或针阔混交林下树干上。江苏、福建、湖南、四川和云南；日本有分布。

6 拟附干藓属 *Schwetschkeopsis* Broth.

小片状匍匐交织生长。体形纤细，挺硬，绿色或黄绿色，具光泽。茎羽状分枝或不规则羽状分枝；分枝短，直立或倾立，密被叶片。鳞毛稀疏，披针形或线形。枝叶干时呈覆瓦状贴生，卵形，具短披针形尖，内凹；叶边具细齿；中肋缺失。叶细胞狭长六边形或长菱形，背面具弱前角突，下部细胞短，叶角部有数列扁方形细胞。雌雄异株或同株。内雌苞叶基部鞘状，向上渐成披针形或毛状尖。蒴柄细长，橙黄色。孢蒴直立，卵圆形。蒴齿 2 层；外齿层齿片披针形，黄色；内齿层透明，基膜约为齿条的 1/3，平滑；齿条中央具穿孔，密被细疣；齿毛退化。蒴盖基部圆锥形，上部具喙。

本属 4 种，温热地区分布。中国有 2 种。

拟附干藓 *Schwetschkeopsis fabronia*（Schwägr.）Broth.，Nat. Pfl.-fam. 1（3）：878. 1907. 图 196：12~16

形态特征　成片匍匐贴生。体纤细，硬挺，绿色或黄绿色，具光泽。茎匍匐，密被假根；枝密被叶片，有时再生短分枝。鳞毛稀疏，披针形，稀呈线形。枝叶短卵状披针形，内凹；边缘具细齿；中肋缺失。叶细胞长六边形至菱形，背面具前角突；叶角部细胞方形。雌雄异株或雌雄同株。蒴柄橙黄色。孢蒴台部短。蒴齿外齿层齿片外面具回折中脊，有密横纹，内面被横隔；内齿层基膜平滑，齿条宽，中央具裂缝，被细疣。

生境和分布　生于温寒山地阔叶林下树干。黑龙江、吉林、辽宁、山东、陕西、云南和西藏；朝鲜、日本及北美洲有分布。

7 柔齿藓属 *Habrodon* Schimp.

片状交织生长。植物体纤细；匍匐，不规则分枝短而直立。叶片覆瓦状排列，湿时倾立，卵形，内凹，上部急尖或渐呈毛尖；叶边全缘，或具细齿；中肋短弱。叶细胞长卵形、菱形或狭长椭圆形，角部有数列扁方形细胞。雌雄异株。内雌苞叶边缘常有粗齿。蒴柄细长，黄褐色或紫红色。孢蒴直立，长卵圆形，干时具纵长褶。蒴齿单层，内层缺失；外齿层齿片仅在脱落前彼此尖端相连，狭披针形，纵脊和横脊均高出，无细疣，内有横纹，黄色。蒴盖圆锥形，具短直钝喙。蒴帽直立，兜形。营养繁殖为梭形多细胞的芽孢。

本属 2 种，温带分布为主。中国有 1 种。

柔齿藓 *Habrodon perpusillus*（De Not.）Lindb.，Oefv. K. Vet. Ak. Foerh. 20：401. 1863. 图 196：17~22

形态特征 成片交织生长。体形纤细，绿色，无光泽。茎不规则分枝；分枝短直。叶片卵形或卵圆形，内凹，上部细长；叶边略有齿突；中肋短弱。叶上部细胞卵圆形或长菱形，中下部细胞菱形或方形。蒴柄黄色或紫红色，旋扭。孢蒴口部不缢缩，台部短，有纵长褶。蒴齿 2 层；内层蒴齿完全缺失或发育不完全；外齿层齿片狭长披针形。

生境和分布 生于温热林区树干或岩石上。辽宁、四川和西藏；亚洲西部、欧洲、北美洲及非洲北部有分布。

8 小柔齿藓属 *Iwatsukiella* Buck et Crum

本属植物原隶属于柔齿藓属 (*Habrodon*)，根据其叶片角部细胞分化少，芽孢明显，假鳞毛呈叶状，以及蒴齿双层而齿片外面下部平滑，上部具疣等特征，Buck 和 Crum（1978）将其独立成属。

本属 1 种，亚洲东部分布。中国有分布。

小柔齿藓 *Iwatsukiella leucotricha*（Mitt.）Buck et Crum，Journ. Hattori Bot. Lab. 44：352. 1978. 图 197：1~4

形态特征 交织成小片生长。体纤细，绿色。主茎不规则羽状分枝。叶湿时背仰，干时覆瓦状，圆形或圆卵形，具多个细胞构成的毛尖，基部不下延；叶边全缘，中肋缺失或不明显。叶细胞椭圆形，壁略厚，基部两侧斜列。假鳞毛片状。雌雄异株。蒴柄 5~7mm，红色或红褐色，旋扭。孢蒴直立，长椭圆形；蒴壁薄。环带 1~2 列。蒴齿 2 层；外齿层齿片下部平滑或有细条纹，上部具疣；内齿层基膜低。蒴盖短圆锥形，先端钝。蒴帽兜形。

生境和分布 生于较干燥的针叶林或针阔混交林内的树干。吉林、四川、云南、西藏；日本有记录。

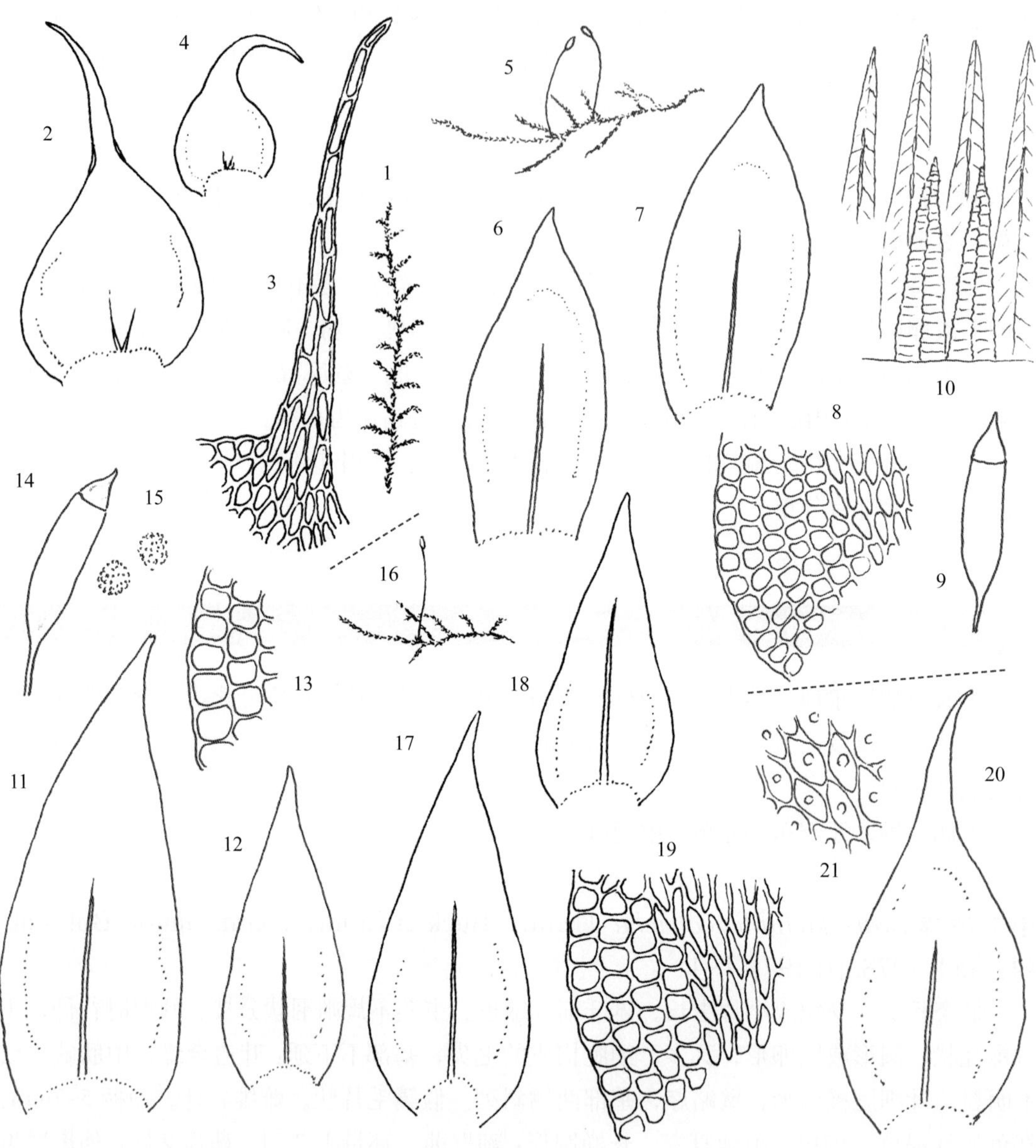

图 197

1~4. **小柔齿藓** *Iwatsukiella leucotrichia*（Mitt.）Buck et Crum

1. 植物体（×1），2. 茎叶（×60），3. 茎叶尖部细胞（×250），4. 枝叶（×30）

5~10. **异齿藓** *Regmatodon declinatus*（Hook.）Brid.

5. 雌株（×1），6，7. 叶（×40），8. 叶基部细胞（×250），9. 孢蒴（×10），10. 蒴齿（×120）

11~15. **多蒴异齿藓** *Regmatodon orthostegius* Mont.

11，12. 叶（×60），13. 叶中部边缘细胞（×300），14.. 孢蒴（×15），15. 孢子（×160）

16~19. **中华细枝藓** *Lindbergia sinensis*（Müll. Hal.）Broth.

16. 雌株（×1），17，18. 叶（×50），19. 叶基部细胞（×300）

20~21. **细枝藓** *Lindbergia brachyptera*（Mitt.）Kindb.

20. 叶（×50），21. 叶中部细胞（×350）

095 薄罗藓科 LESKEACEAE

疏松片状交织生长。体形纤细，匍匐；分枝密，多不规则，直立或倾立；鳞毛缺失或稀少。茎叶和枝叶近于同形，卵形或卵状披针形；中肋粗壮，多单一，长达叶片中上部，稀较短或缺失。叶细胞多等轴形，稀长方形或长卵形，平滑或具单疣。雌雄同株。雌苞生于茎上。蒴柄长，平滑或具疣。孢蒴多数直立，有时倾立，两侧不对称；气孔显型。蒴齿2层；外齿层齿片披针形或短披针形，具横隔或脊；内齿层多变化，具基膜，齿条或齿毛常发育不完全。蒴帽兜形，稀具毛。蒴盖钝圆锥形，具短喙。孢子圆球形，细小。

本科15属，亚热带和温带分布。中国有11属。

分属检索表

1. 蒴齿内齿层明显长于外齿层；植物体硬挺 …… 1. 异齿藓属 *Regmatodon*
1. 蒴齿内外齿层等长或内齿层稍短；植物体多柔弱 …… 2
2. 枝叶阔卵形，叶尖短；中肋近于贯顶 …… 7. 拟草藓属 *Pseudoleskeopsis*
2. 枝叶卵形，具披针形尖；中肋仅及叶尖下部 …… 3
3. 体较大；叶多纵褶；叶细胞长菱形 …… 8. 褶藓属 *Okamuraea*
3. 体略细；叶多无纵褶；叶细胞长菱形 …… 4
4. 植物体密被鳞毛 …… 6. 多毛藓属 *Lescuraea*
4. 植物体被鳞毛，但不密生 …… 5
5. 叶细胞具单疣，或平滑 …… 6
5. 叶细胞不具疣 …… 7
6. 茎叶基部宽阔；中肋达叶尖下或中部以上 …… 3. 薄罗藓属 *Leskea*
6. 茎叶基部不特宽阔；中肋仅及叶中上部 …… 2. 细枝藓属 *Lindbergia*
7. 叶尖狭长；中肋达叶上部 …… 4. 细罗藓属 *Leskeella*
7. 叶尖宽短；中肋仅达叶中上部或短弱 …… 5. 假细罗藓属 *Pseudoleskeela*

1 异齿藓属 *Regmatodon* Brid.

疏松成片生长。植物体挺硬，绿色或黄绿色。茎匍匐，不规则分枝或羽状分枝；枝条短，有时呈鞭状；鳞毛稀少。茎叶具短尖；枝叶覆瓦状排列，湿时倾立，长卵形或卵状披针形，略内凹；叶边全缘或上部具稀齿；中肋单一，达叶中部或稍长。叶细胞菱形，厚壁，角部细胞不分化，叶基部边缘有数列方形小细胞。雌雄同株。内雌苞叶细长，渐尖。

蒴柄红棕色，平滑或有粗疣，内齿层基膜低，齿条长，约为外齿层齿片的2~3倍，渐尖，折叠状，中缝具穿孔。蒴盖圆锥形，先端圆钝。孢子球形，表面有粗疣。

本属4种，分布亚热带地区。中国有4种。

分种检索表

1. 枝叶长卵形；中肋达叶中部或中部以上；蒴柄具疣 ……………………………… 1. 异齿藓 *R. declinatus*

1. 枝叶卵形；中肋仅达叶中部；蒴柄平滑 …………………………………………… 2. 多蒴异齿藓 *R. orthostegius*

异齿藓 *Regmatodon declinatus*（Hook.）Brid.，Bryol. Univ. 2：294. 1827. 图 197：5~10

形态特征 成片疏松交织生长。体形细小，硬挺，褐绿色。主茎匍匐；具不规则分枝，枝尖常弯曲。叶长卵形；叶边直或略内曲，平滑；中肋粗壮，达叶中部及以上。叶细胞厚壁，不规则菱形，基部两侧具数列方形或扁方形细胞。雌雄同株。蒴柄直立，红棕色、具疣。孢蒴对称，圆柱形。蒴齿2层；外齿层短，先端钝，具横膈；内齿层齿条对折，有疣及穿孔。蒴盖具圆钝喙。蒴帽勺形。孢子圆球形，棕色，具密粗疣。

生境和分布 生于湿热林下树干和石上。浙江、福建、海南、广西、贵州、四川和西藏；尼泊尔及印度有分布。

多蒴异齿藓 *Regmatodon orthostegius* Mont.，Ann. Sc. Nat. Bot. ser. 2，17：248. 1842. 图 197：11~15

形态特征 密集片状生长。植物体硬挺，色泽黄绿至褐绿色。主茎具不规则分枝，分枝不等长，圆条状，末端略弯。叶片长卵形，渐尖；边略背曲，平滑；中肋单一，达叶片中部。叶细胞厚壁，中上部细胞菱形或圆方形，基部边缘细胞呈扁方形。雌雄异株。蒴柄红棕色，平滑，直立。孢蒴圆柱形，有时同一个雌苞中2~3个。孢子圆球形，具密粗疣。

生境和分布 生于山地湿热林内树干基部。四川、云南和西藏；印度及泰国有分布。

2 细枝藓属 *Lindbergia* Kindb.

小片状交织生长。体形细弱，色泽鲜绿或棕绿色，无光泽。茎多不规则分枝；鳞毛稀少或缺失。叶覆瓦状排列，湿时倾立，卵形或长卵形，具锐尖，基部略下延；叶边全缘，稀上部有细齿；中肋单一，粗壮，达叶尖下部。叶细胞薄壁，卵圆形或不规则菱形，平滑或具单疣；叶基部有扁方形细胞。雌雄同株。蒴柄直立。孢蒴长卵形，直立，稀弯曲，蒴口小。环带有时分化。蒴齿2层；外齿层齿片披针形，略呈黄色，基部常相连，先端钝，无条纹，表面具疣；内齿层具细疣，基膜稍高，无齿毛与齿条。蒴盖圆锥形。孢子圆形或卵形，有粗疣。

本属19种，以温带地区分布为主。中国有5种。

分种检索表

1. 叶长卵形；叶细胞平滑 ………………………………………………………… 1. 中华细枝藓 *L. sinensis*

1. 叶圆卵形；叶细胞具具单个圆疣 ……………………………………………… 2. 细枝藓 *L. brachyptera*

中华细枝藓 *Lindbergia sinensis*（Müll. Hal.）Broth.，Nat. Pfl.-fam. 1（3）：993. 1907. 图 197：16~19

形态特征 成小片生长。体形细弱，绿色或黄绿色。主茎具不规则分枝。叶密覆瓦状排列，湿时倾立；茎叶阔卵形或三角状长卵形，基部心形，先端急尖或渐尖；枝叶卵形；叶边平直，全缘；中肋单一，稍粗，达叶中上部。叶中部细胞多边形或圆方形，厚壁，平滑；基部边缘细胞扁方形。雌雄同株。蒴柄黄棕色。孢蒴直立，圆柱形。蒴齿单层；齿片短披针形，具横隔，表面具密疣。

生境和分布 生于温寒山区林内树干上。中国特有，产黑龙江、辽宁、河北、陕西、江苏、福建、云南和西藏。

细枝藓 *Lindbergia brachyptera*（Mitt.）Kindb.，Eur. N. Am. Bryin. 1：13. 1897. 图 197：20~21

形态特征 疏松贴生基质。体形中等，色泽暗绿或褐色，无光泽。茎具多数假根和不规则分枝；分枝细弱，先端渐尖；鳞毛少。叶干燥时贴茎生长，或向一侧偏曲，湿润时伸展，圆卵形或长卵形，突成长尖；叶边平直，无齿，有时基部边缘略背曲；中肋单一，粗壮，达叶长度近 2/3。叶细胞厚壁，中上部细胞圆菱形，每个细胞具单疣，基部两侧有数列扁方形细胞。雌雄同株。孢蒴短圆柱形。蒴齿单层，淡黄色，齿片阔披针形，具疣。

生境和分布 生于温湿林下树干。辽宁、四川、云南和西藏；日本、欧洲及北美洲有分布。

3 薄罗藓属 *Leskea* Hedw.

片状交织生长。体形纤细，深绿色，无光泽。茎匍匐，有稀疏假根，羽状分枝或不明显羽状分枝；分枝短；鳞毛稀少，细长或短披针形。叶贴茎，湿时直立或倾立，有时一侧偏曲，卵形，渐上呈短尖或长尖，常有短皱褶；叶边常背卷，全缘或叶尖有细齿；中肋单一，粗壮，达叶中上部。叶上部细胞圆形或六边形，有单疣，稀多疣；中部细胞菱形，基部细胞近方形。雌雄同株。蒴柄细长。孢蒴长圆柱形，稍弯曲或垂倾。蒴齿 2 层；外齿层齿片有长尖，基部具横纹，上部具疣；内齿层具细疣，基膜低，齿毛发育不全。蒴盖圆锥形。孢子小，表面具细疣。

本属 24 种，以温带分布为主。中国有 5 种。

分种检索表

1. 体形较大；鳞毛多；叶细胞具单疣；中肋背面平滑 ··························1. 薄罗藓 *L. polycarpa*

1. 体形细小；鳞毛少；叶细胞平滑；中肋背面粗糙 ··························2. 粗肋薄罗藓 *L.scabrinervis*

薄罗藓 *Leskea polycarpa* Ehrh. ex Hedw.，Sp. Musc. Frond. 225. 1801. 图 198：1~5

形态特征　密集或疏松小片状生长。植物体绿色或暗绿色，匍匐，近于羽状分枝；鳞毛披针形或宽披针形。叶紧贴茎生长，卵形，向一侧明显偏斜，下部具两纵褶；叶边全缘，有时上部具小齿，基部略背卷；中肋单一，粗壮，消失于叶尖下。叶细胞圆多边形或阔椭圆形，两面各具单个低疣；叶基部边缘细胞扁长方形。雌雄同株。蒴柄直立。孢蒴直立，圆柱形。蒴齿 2 层。孢子圆球形，具不明显疣。

生境和分布　多生山区树基或石上。新疆、台湾和西藏；日本、俄罗斯、欧洲及北美洲有分布。

粗肋薄罗藓 *Leskea scabrinervis* Broth. et Par.，Rev. Bryol. 33：26. 1906. 图 198：6~10

形态特征　匍匐小片状生长。体形细小，绿色或黄绿色。主茎具短而密的一回或两回分枝，倾立，小枝往往呈弧形弯曲。叶卵状披针形，上部略向一侧偏斜；叶边全缘；中肋粗壮，达叶上部终止，背面粗糙。叶中部细胞圆六边形；叶边细胞略扁平。内雌苞叶披针形，基部半鞘状；中肋粗，突出成长尖。孢蒴直立，长圆柱形。蒴盖具短喙。蒴齿 2 层；外齿层齿片披针形，两裂至近基部，表面具粗疣；内齿层齿条短披针形，表面具疣细。

生境和分布　生于暖湿山区树皮或土生。中国特有，产河南、上海和福建。

4 细罗藓属 *Leskeella*（Limpr.）Loeske

密交织成片。体形纤细，色泽深绿或棕色，无光泽。主茎具短枝。叶覆瓦状排列，湿时直立或一向偏斜，基部长卵形，常具 2 条纵褶；叶边全缘；中肋单一，长达叶上部。叶上部细胞圆形或六边形，平滑，壁略厚，近中部细胞椭圆形，角部细胞方形。雌雄异株。孢蒴直立，少数略弯曲，圆柱形或长圆柱形。环带常存。蒴齿 2 层；外齿层齿片短披针形，外面有横纹或斜纹，先端有疣或平滑；内齿层黄色，具细疣，齿条形状不规则，多数呈披针形，折叠状，基膜高出；齿毛缺失，稀发育不全。蒴盖短圆锥形。孢子小，红棕色，有细密疣。

本属 5 种，主要分布温带地区。中国有 1 种。

细罗藓 *Leskeella nervosa*（Brid.）Loeske，Moosfl. Harz. 255. 1903. 图 198：11~13

形态特征　密集交织成片。体形纤细，绿色或褐绿色，无光泽。茎匍匐；无鳞毛；分枝密，不规则分枝或近羽状分枝。叶覆瓦状排列，湿时伸展；茎叶基部卵形，向上突成细长尖，下部常有纵褶；叶边下部略背卷；中肋粗壮，达叶中上部。叶上部细胞圆多边形，

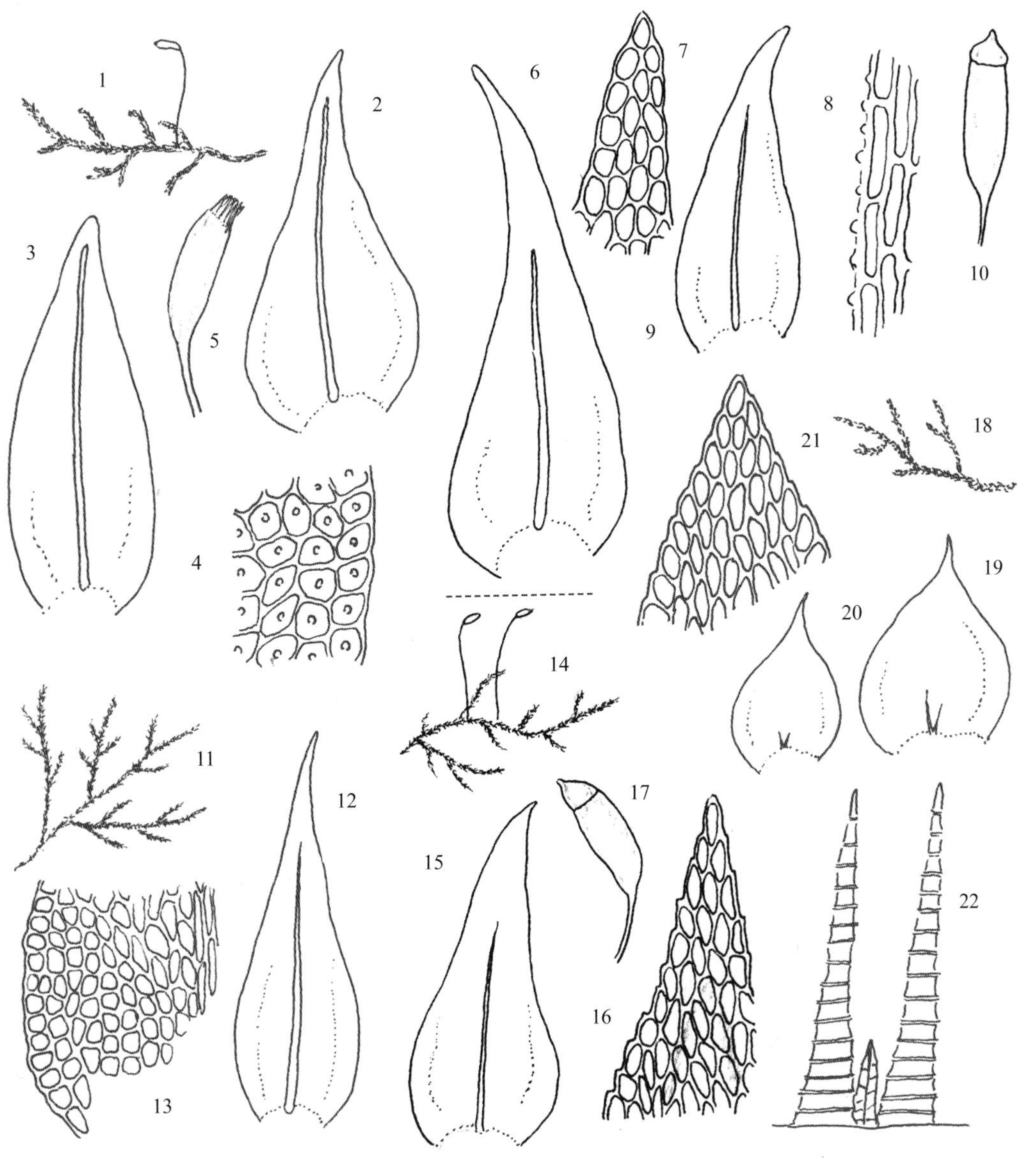

图 198

1~5. 薄罗藓 *Leskea polycarpa* Ehrh. ex Hedw.

1. 雌株（×1），2. 茎叶（×60），3. 枝叶（×60），4. 叶中部边缘细胞（×450），5. 已开裂的孢蒴（×10）

6~10. 粗肋薄罗藓 *Leskea scabrinervis* Broth. et Par.

6. 茎叶（×70），7. 叶尖部细胞（×300），8. 叶中肋侧面观，示背面具疣（×300），9. 枝叶（×60），10. 孢蒴（×10）

11~13. 细罗藓 *Leskeella nervosa*（Brid.）Loeske

11. 植物体（×1）12. 叶（×60），13. 叶基部细胞（×300）

14~17. 假细罗藓 *Pseudoleskeella catenulata*（Brid. ex Schrad.）Kindb.

14. 雌株（×1），15. 叶（×60），16. 叶尖部细胞（×300），17. 孢蒴（×10）

18~22. 瓦叶假细罗藓 *Pseudoleskeella tectorum*（Brid.）Kindb.

18. 植物体（×1），19，20. 叶（×35），21. 叶尖部细胞（×300），22. 蒴齿（×150）

中部椭圆形，基部细胞近方形。枝叶略狭小，中肋弱。雌雄异株。蒴柄直立，红色。孢蒴短圆柱形，直立或倾立。蒴盖短圆锥形，具斜喙。孢子球形，褐色，具细疣。

生境和分布　生于温寒山区树干、林下湿石或湿腐殖质上。黑龙江、吉林、河北、山东、陕西、新疆、四川、云南和西藏；日本、欧洲、北美洲及格陵兰岛有分布。

5 假细罗藓属 *Pseudoleskeella* Kindb.

成片交织生长。植物体纤细，柔弱或硬挺易碎，色泽深绿或棕色，无光泽或略具光泽。茎匍匐，具规则或不规则羽状分枝；假鳞毛狭条形或披针形。茎叶覆瓦状排列，湿时倾立，基部心脏形，略下延，上部急狭成长宽尖；叶边基部平直或背卷，全缘；中肋单一，长达叶中部或不等分叉，有时短弱或完全缺失。叶中部以上细胞长椭圆形或菱形，基部边缘细胞扁方形，壁略厚。枝叶较小，渐尖。雌雄异株。蒴柄细长。孢蒴倾立，长圆柱形，弯曲，红棕色。蒴齿 2 层；外齿层齿片狭披针形，黄色，外面有密横纹，内面有密横隔；内齿层淡黄色，具细疣，基膜高出，齿条与齿片等长，成折叠状；齿毛 2，有时缺失。孢子小，近于平滑。

本属 8 种，分布温带地区。中国有 3 种。

分种检索表

1. 植物体分枝短，叶中肋单一，达中上部……………………………………………………… 1. 假细罗藓 *P. catenulata*
1. 植物体分枝疏且长；叶中肋多分叉，短弱 …………………………………………………… 2. 瓦叶假细罗藓 *P. tectorum*

假细罗藓 *Pseudoleskeella catenulata*（Brid. ex Schrad.）Kindb., Eur. N. Am. Bryin. 1：48. 1897. 图 198：14~17

形态特征　稀疏或密集匍匐生长。体柔弱，色泽深绿或黄绿色；不规则羽状分枝；分枝短，末端弯曲；假鳞毛狭披针形。叶卵形基部向上渐成锐尖；中肋单一，达叶中部以上，有时顶端分叉。叶细胞平滑，不规则短菱形，基部近边缘细胞方形或扁方形，近中肋细胞为长方形。雌雄异株。蒴柄长，黄褐色。孢蒴倾立，背曲，黄褐色或略呈红色。蒴齿 2 层；外齿层齿片狭披针形；内齿层齿毛发育良好。孢子圆球形，表面具细疣。

生境和分布　多附生温寒山区岩石上，有时也见于腐木和树干。辽宁、内蒙古和新疆；日本、欧洲、格陵兰岛及北美洲有分布。

瓦叶假细罗藓 *Pseudoleskeella tectorum*（Brid.）Kindb.，Eur. N. Am. Bryin. 1：48. 1897. 图 198：18~22

形态特征　小片状匍匐基质生长。体形纤细，硬挺，绿色或黄绿色，老时褐绿色，无光泽。茎不规则分枝。叶宽卵形基部向上突成细尖或钝尖，具不明显纵褶；中肋短，从基部或中部分叉，不及叶中部消失；叶边全缘。叶细胞不规则圆方形或短菱形，平滑，角部细胞扁方形。雌雄异株。蒴柄直立。孢蒴直立或倾斜，圆柱形。蒴齿 2 层；内齿层齿毛缺失。孢子球形，表面有密疣。

生境和分布　生于北部山区岩石、腐木或树干上。黑龙江、吉林、辽宁、内蒙古、河北、新疆、四川和云南；俄罗斯（远东地区）、欧洲及北美洲有分布。

6 多毛藓属 *Lescuraea* Bruch et Schimp.

成片生长。植物体柔弱，色泽鲜绿或黄绿色，略具光泽。主茎匍匐，具分枝；鳞毛密生或稀疏，短丝状或三角状披针形。茎叶基部卵形，向上渐尖；叶边平直或背卷，上部具细齿；中肋粗壮，单一，长达叶尖下。叶细胞壁薄，长轴形或长方形，具前角突，角细胞方形。枝叶略狭小。雌雄异株。蒴柄长，平滑。孢蒴直立，对称或倾斜。蒴齿 2 层；外齿层齿片狭长披针形，下部具横纹，表面平滑或具疣；内齿层膜质，平滑或具细疣，基膜高或低，齿毛通常缺失。蒴盖圆锥形。孢子中等大小，具疣。

本属 40 种，温带地区分布。中国有 6 种。

弯叶多毛藓 *Lescuraea incurvata*（Hedw.）Lawt.，Bull. Torr. Bot. Cl. 84：290. 1957. 图 199：1~6

形态特征　密集小片状生长。体形中等，无光泽。茎分枝稀疏；鳞毛披针形，密生。茎叶贴茎排列，向一侧偏曲，卵状披针形，内凹，渐尖；叶边背曲，尖端具细齿；中肋粗壮，近于贯顶，背部具小齿。叶中部细胞圆六边形至长椭圆形，具前角突，基部细胞六边形，角部细胞近方形，薄壁。雌雄异株。蒴柄棕褐色。孢蒴倒卵状长椭圆形。蒴齿 2 层。孢子圆球形。

生境和分布　生于高海拔的湿润地面、岩石或树基上。内蒙古、四川、云南和西藏；日本、欧洲及北美洲有分布。

7 拟草藓属 *Pseudoleskeopsis* Broth.

疏松片状交织。植物体略粗壮，暗绿色或黄绿色，有时棕绿色，无光泽。茎分枝密，短钝；鳞毛稀疏，狭披针形。叶疏松贴生，略向一侧偏斜，卵形或长卵形，基部稍下延，顶端多圆钝或锐尖；叶边平展，具钝齿或细齿；中肋粗，长达叶尖下，稍扭曲。叶细胞卵圆形或斜菱形，平滑或有细疣，下部细胞渐成短长方形，角细胞方形或扁方形。雌雄同株。蒴柄细长。孢蒴倾立或平列，长卵形或长圆柱形，稍呈弓状弯曲。蒴齿 2 层；外齿层齿片狭长披针形，黄色，外面有密横纹，内面有多数横隔；内齿层淡黄色，具细疣，基膜高出，折叠形，齿条与齿片等长，有狭长穿孔或裂缝；齿毛 1~2。蒴帽兜形。

本属 9 种，亚热带地区分布。中国有 2 种。

图 199

1~6. 弯叶多毛藓 *Lescuraea incurvata*（Hedw.）Lawt.

1. 植物体（×1），2，3. 叶（×75），4. 叶尖部细胞（×300），5. 叶中部细胞（×300），6. 鳞毛（×300）

7~15. 拟草藓 *Pseudoleskeopsis zippelii*（Dozy et Molk.）Broth.

7. 雌株（×1），8. 茎叶（×40），9，10. 枝叶（×40），11. 枝叶尖部细胞（×200），12. 叶中部细胞（×400），13. 孢蒴（×12），14. 蒴齿（×300），15. 蒴帽（×12）

16~21. 尖叶拟草藓 *Pseudoleskeopsis tosana* Card.

16. 茎叶（×40），17，18. 枝叶（×40），19. 枝叶尖部细胞（×300），20. 枝叶中部细胞（×300），21. 孢蒴（×8）

分种检索表

1. 枝叶阔心脏形；叶中部细胞卵圆形至椭圆形 ……………………………… 1. 拟草藓 *P. zippelii*

1. 枝叶阔卵形；叶中部细胞狭长卵形至线形 ……………………………… 2. 尖叶拟草藓 *P. tosana*

拟草藓 *Pseudoleskeopsis zippelii*（Dozy et Molk.）Broth.，Nat. Pfl.-fam. 1（3）：1003. 1907. 图 199：7~15

形态特征 成片疏松贴生基质。植物体黄绿色至暗绿色，硬挺。茎匍匐，分枝不规则，常呈束状，干燥后稍下弯。茎叶三角状卵形，边缘具圆齿；中肋粗壮，贯顶。枝叶阔卵形，钝端，叶边常有齿突；中肋在叶尖消失。叶中上部细胞圆六边形或菱形，基部边缘细胞近方形，中肋两侧细胞短长方形。

生境和分布 生于湿润的岩石或树干，常见于溪流边湿岩石上。辽宁、江苏、安徽、浙江、福建、湖南、广东、香港、海南、广西、贵州和云南；日本、朝鲜、菲律宾及泰国有分布。

尖叶拟草藓 *Pseudoleskeopsis tosana* Card.，Bull. Soc. Bot. Geneve ser. 2，5：317. 1913. 图 199：16~21

形态特征 成片疏松交织生长。植物体黄绿色至褐绿色，硬挺。茎匍匐，分枝短。茎叶三角状卵形，边缘具圆齿；中肋粗壮，贯顶。枝叶阔卵形，钝端，叶边常有齿突；中肋在叶尖消失。叶上部细胞圆六边形或菱形，中部细胞狭长卵形至线形，基部边缘细胞近方形，中肋两侧细胞短长方形。

生境和分布 生于湿润的岩石上。海南、山东和浙江；日本有分布。

8 褶藓属 *Okamuraea* Broth.

稀疏成片交织生长。植物体绿色或黄绿色，略具光泽。主茎具不规则分枝或呈束分枝，直立或弯曲，呈圆条形，渐尖，有时末端呈鞭状。叶疏松贴茎，湿时倾立，卵形或长卵形，具狭长锐尖，内凹，基部略下延，两侧有多数纵长褶；叶边全缘，基部边缘背卷；中肋单一，长达叶片中部上方消失。叶细胞菱形或长菱形，壁略厚，无疣，角细胞多数，近于呈方形。雌雄异株。蒴柄长，红色，平滑。孢蒴直立或略垂倾，长卵形。蒴齿 2 层；外齿层齿片 16，狭长披针形，基部常愈合，外面无条纹，被密疣，内面有密横隔；内齿层透明，具细疣，基膜高出，无齿条和齿毛。蒴盖具短喙。蒴帽被疏毛。孢子卵圆形，有密疣。

本属 5 种，湿热地区分布。中国有 3 种、1 变种和 1 变型。

分种检索表

1. 植株分枝短，先端钝，具无性芽孢；叶卵形，渐尖 ……………………… 1. 短枝褶藓 *O. brachydictyon*

1. 植株分枝长，先端尖细，具鞭状枝；叶披针形，有长尖 ………………… 2. 褶藓 *O. hakoniensis*

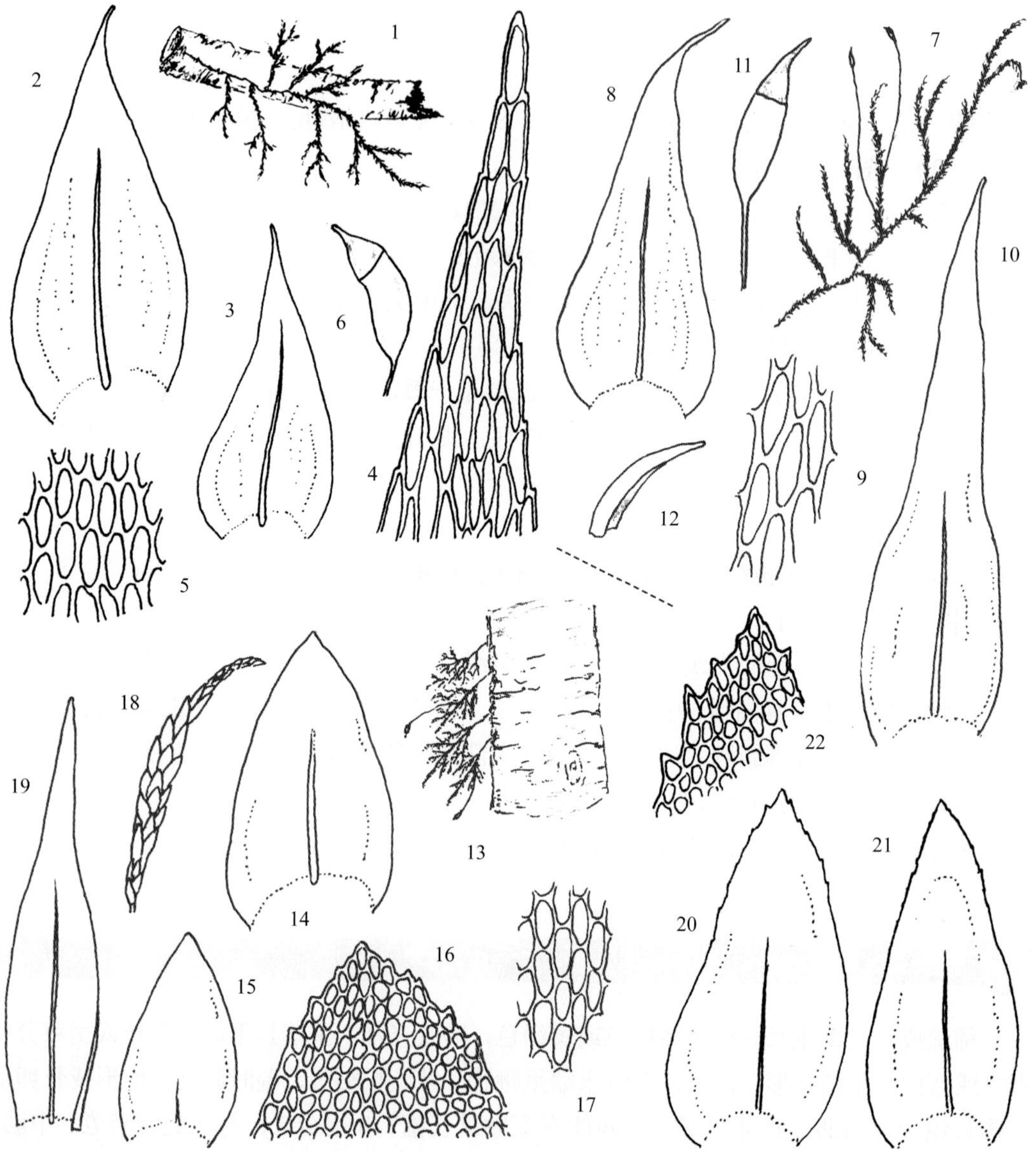

图 200

1~6. **短枝褶藓** *Okamuraea brachydictyon*（Card.）Nog.

1. 树枝上着生的植物群落（×1），2. 茎叶（×40），3. 枝叶（×40），4. 叶尖部细胞（×300），5. 叶中部细胞（×300），6. 孢蒴（×8）

7~12. **褶藓** *Okamuraea hakoniensis*（Mitt.）Broth.

7. 雌株（×1），8. 枝叶（×30），9. 叶中部细胞（×300），10. 内雌苞叶（×40），11. 孢蒴（×10），12. 蒴帽（×10）

13~19. **瓦叶藓** *Miyabea fruticella*（Mitt.）Broth.

13. 着生树干上的植物群落（×1），14. 茎叶（×40），15. 枝叶（×40），16. 叶尖部细胞（×200），17. 叶基中央细胞（×300），18. 枝，干燥时的状态（×15），19. 内雌苞叶（×45）

20~22. **羽枝瓦叶藓** *Miyabea thuidioides* Broth.

20. 茎叶（×40），21. 枝叶（×40），22. 叶尖部细胞（×200）

短枝褶藓 *Okamuraea brachydictyon*（Card.）Nog., Journ. Hattori Bot. Lab. 9：10. 1953. 图 200：1~6

形态特征 匍匐贴生基质。体形较小，褐绿色或黄绿色，稍具光泽。主茎具多数假根密集的短分枝；分枝直立或倾立。叶密生，先端钝尖，有时枝先端有簇生芽孢的短枝，无鞭状枝。叶片卵形或卵状披针形，具纵褶，向上渐尖；叶边平直，全缘；中肋细弱，一般达叶片 2/3 处终止。叶中部细胞椭圆形，胞壁较厚，上部细胞略长，基部细胞短，有时和角部细胞同形，角部细胞方形或近于方形。

生境和分布 生于岩石或树干上。吉林、辽宁、浙江、湖北、广东和四川；日本及朝鲜有分布。

褶 藓 *Okamuraea hakoniensis*（Mitt.）Broth., Nat. Pfl.-fam. 1（3）：1133，1908. 图 200：7~12

形态特征 密集成簇生长。茎匍匐，长可达 7 cm，分枝长 1~2 cm，有少而短的鞭状枝。叶卵形或长卵形，具明显纵褶，向上成狭尖或披针形尖；叶边平直，全缘；中肋单一，细弱，达叶中部以上。叶中部细胞长椭圆形，壁较厚，顶端细胞略狭长，基部细胞短，壁厚，椭圆形或近于方形，角部细胞近方形。蒴齿 2 层；外齿层齿片披针形，具横隔，表面具细疣；内齿层基膜高，无齿条和齿毛分化。蒴盖具斜长喙。蒴帽具疏长毛。

生境和分布 多生于树干或石面。黑龙江、吉林、辽宁、安徽、浙江、湖北、广西、贵州、四川和西藏；日本及不丹有分布。

096 牛舌藓科 ANOMODONTACEAE

疏松丛集或交织生长。植物体倾立或匍匐，亮绿色或黄绿色，老时呈褐绿色。主茎横展；支茎直立或倾立；不规则羽状分枝或不规则分枝，尖部有时卷曲，常着生细长鞭状枝；中轴分化或缺失；鳞毛一般缺失。茎叶与枝叶近于同形，干燥时贴茎或卷曲，基部卵形或椭圆形向上呈舌形或披针形，有少数横波纹；叶边平展或波曲，具细齿或细疣状突起，稀具不规则粗齿；中肋单一，消失于叶片上部或近尖部。叶细胞圆六角形、菱形或卵状菱形，胞壁薄，平滑或具多数细疣或单个疣。叶基中央细胞长大而透明。枝叶与茎叶近似。雌雄异株。蒴柄细长。孢蒴卵形至卵状圆柱形。蒴盖圆锥形。蒴齿内齿层齿条一般发育良好，或退化，或缺失。

本科 7 属，主要分布温带和亚热带地区。中国有 4 属。

分属检索表

1. 植物体较粗大；枝干燥时多卷曲；叶阔披针形或卵状披针形 ……………………………4．羊角藓属 *Herpetineuron*

1．植物体相对较小或纤细；枝干燥时多不卷曲；叶舌形或阔卵形 ……………………………………………………………2

2．茎叶与枝叶多阔卵形；叶细胞平滑……………………………………………………………1．瓦叶藓属 *Miyabea*

2．茎叶与枝叶呈长舌形，稀卵状披针形；叶细胞具密疣，稀单疣 ……………………………………………………………3

3．植物体多黄绿色；叶上部宽阔，尖部多圆钝 ………………………………………………3．牛舌藓属 *Anomodon*

3．植物体多深绿色；叶上部狭窄，多具锐尖……………………………………………………2．多枝藓属 *Haplohymenium*

1 瓦叶藓属 *Miyabea* Broth.

稀疏小片状生长。体纤细，硬挺，暗绿色，无光泽。支茎树形分枝或不规则羽状分枝；中轴不分化；鳞毛缺失。茎叶与枝叶近似，干燥时覆瓦状排列，卵形或阔卵形，锐尖；叶边仅尖部具疏粗齿；中肋单一，消失于叶中上部；叶中部细胞菱形、六角形。枝叶略小。雌雄异株。蒴柄纤细。孢蒴卵形。蒴齿内齿层缺失；外齿层齿片 16，平滑或具疣。蒴盖具长喙。蒴帽兜形。孢子近于球形，密被细疣。

本属 3 种，亚洲东部分布。中国有 3 种。

分种检索表

1. 植物体多不规则羽状分枝……………………………………………………………………1. 瓦叶藓 *M. fruticella*

1. 植物体多规则羽状分枝…………………………………………………………………… 2. 羽枝瓦叶藓 *M. thuidioides*

瓦叶藓 *Miyabea fruticella*（Mitt.）Broth.，Nat. Pfl.-fam. 1（3）：985. 1907. 图 200：13~19

形态特征 疏松丛集生长。支茎规则羽状分枝或不规则羽状分枝。茎叶阔卵形，具锐尖，长约 1 mm；叶边仅尖部具少数疏齿；中肋消失于叶片中部。叶细胞胞壁等厚，基部细胞近六角形，厚壁。枝叶卵形。雌苞叶狭卵形至披针形。蒴柄平滑，长约 1 mm。孢蒴红褐色。

生境和分布 生于海拔约 1 000 m 林中树干或阴岩面。内蒙古、安徽、台湾和湖北；日本及朝鲜有分布。

应用价值 亚洲东部特有属的代表种，对中国苔藓植物的区系形成研究极具价值。

羽枝瓦叶藓 *Miyabea thuidioides* Broth.，Oefv. Finsk. Vet. Soc. Foerh. 62：32. 1921. 图 200：20~22

形态特征 疏松丛集。植物体稍大，黄绿色至淡黄褐色。支茎可达 10 cm，规则羽状分枝；中轴不分化。茎叶卵形至阔卵形，内凹；叶边仅上部具疏齿；中肋消失于叶片 1/2~2/3 处。叶中部细胞菱形至圆方形，胞壁强烈加厚，基部细胞平滑，稀略具突起。

生境和分布 附生山地林内树干。河南和浙江；日本有分布。

2 多枝藓属 *Haplohymenium* Dozy et Molk.

疏松片状生长。体形纤细，多黄绿色至褐绿色，垂倾。茎无鳞毛；中轴分化或不分化；不规则羽状分枝或不规则分枝。茎叶与枝叶近于同形，卵状舌形或卵状披针形，尖部锐尖或圆钝；叶边具细齿或圆疣状突起，尖部稀具齿；中肋单一，多消失于叶片上部。叶细胞六角形或圆六角形，薄壁，具多数粗疣，叶基中肋两侧细胞较长而透明。雌雄同株。蒴柄长 1.5~5 mm。孢蒴卵形。蒴齿内齿层较短，平滑，仅具低基膜。

本属约 8 种，多温带或亚热带山区分布。中国有 6 种。

分种检索表

1. 枝叶狭披针状舌形……………………………………………………………2. 台湾多枝藓 *H. formosanum*
1. 枝叶短卵状披针形………………………………………………………………………………………2
2. 植物体形较小；枝叶尖略长，狭长…………………………………………1. 暗绿多枝藓 *H. triste*
2. 植物体形较大；枝叶尖短，宽阔……………………………………………3. 多枝藓 *H. sieboldii*

暗绿多枝藓 *Haplohymenium triste*（Cés.）Kindb.，Rev. Bryol. 26：25. 1899. 图 201：1~5

形态特征 疏松交织生长。甚纤细，黄绿色至褐绿色。茎常不规则羽状分枝；中轴分化。茎叶干燥时倾立，基部卵形至阔卵形，向上呈短舌形或披针形尖；叶边具密疣状突起；中肋达叶中部或上部；叶中部细胞直径约 10 μm，每个细胞具多数密疣状突起。雌雄异株。蒴柄细长，约 1.5 mm。孢蒴卵形。

生境和分布 生于海拔 600~1 000 m 林中树干或石面。内蒙古、新疆、安徽、台湾、湖北和西藏；俄罗斯（远东地区）、日本、朝鲜、美国（夏威夷）、欧洲及北美洲有分布。

台湾多枝藓 *Haplohymenium formosanum* Nog.，Trans. Nat. Hist. Soc. Formosa 26：43. 1936. 图 201：6~9

形态特征 疏松交织生长。甚纤细，黄绿色，老时呈暗黄绿色。茎多规则羽状分枝；中轴分化。茎叶卵状披针形；中肋消失于叶片中部；叶边具密疣。叶中部细胞圆六角形，直径 5~15 μm，具 3 至多个疣。枝叶湿时背仰，上部常扭曲。雌雄异株。雌苞叶狭卵状披针形。蒴柄长 5 mm。孢子具细疣状突起。

生境和分布 附生于树干。中国特有，产台湾和四川。

现有学者将本种并入暗绿多枝藓 *Haplohymenium triste*（Cés.）Kindb.。

多枝藓 *Haplohymenium sieboldii*（Dozy et Molk.）Dozy et Molk.，Musc. Frond. Ined. Archip. Ind. 4：127，t. 40. 1846. 图 201：10~14

形态特征 疏松交织生长。柔弱，黄绿色至褐绿色。主茎匍匐，支茎不规则羽状分枝；中轴不分化。茎叶干时贴生，湿时倾立，略内凹，基部卵形，渐上成短锐尖；中肋消

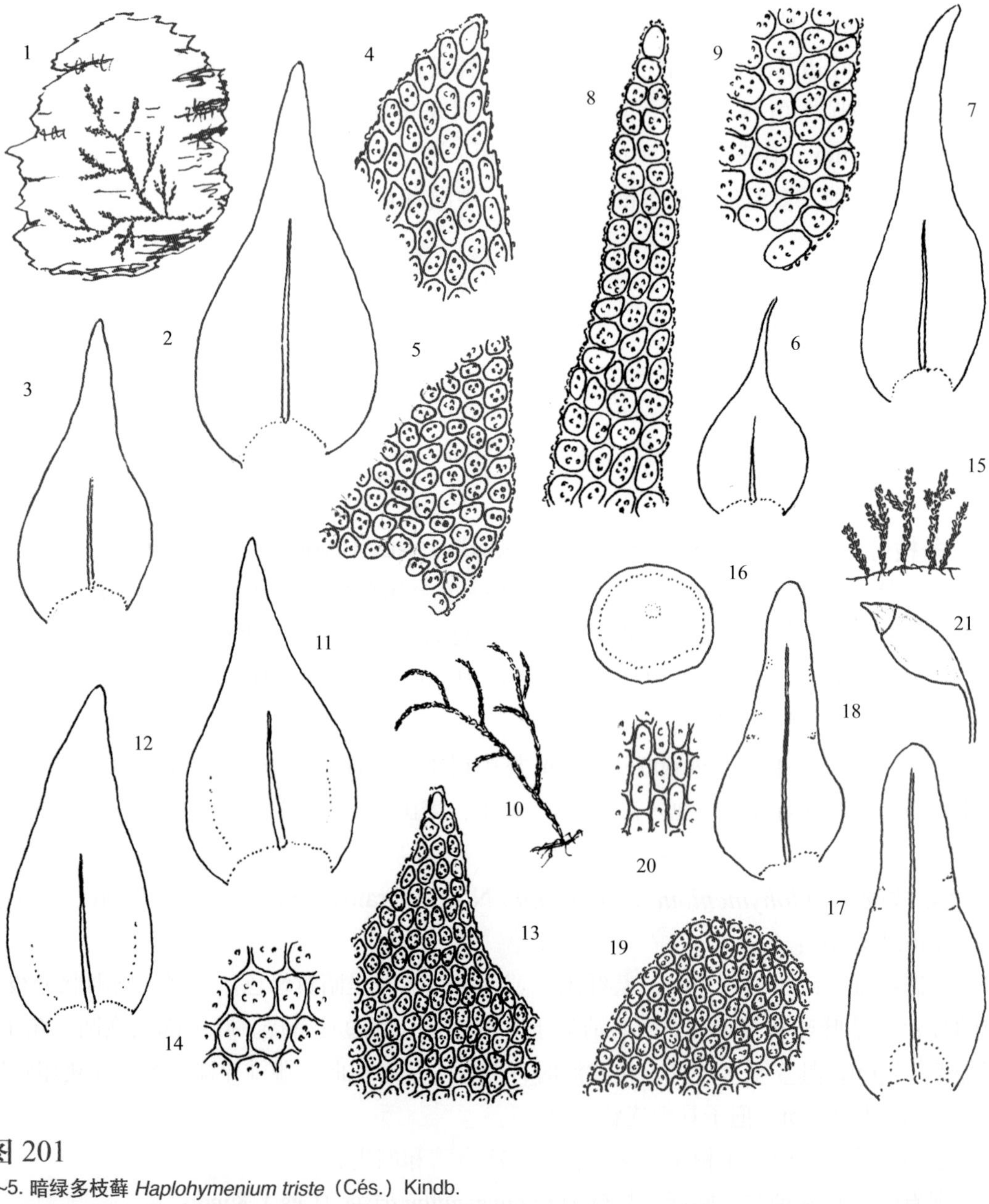

图 201

1~5. 暗绿多枝藓 *Haplohymenium triste*（Cés.）Kindb.

1. 着生树干上的植物群落（×1），2. 茎叶（×70），3. 枝叶（×70），4. 叶尖部细胞（×400），5. 叶基部细胞（×400）

6~9. 台湾多枝藓 *Haplohymenium formosanum* Nog.

6. 茎叶（×70），7. 枝叶（×70），8. 叶尖部细胞（×400），9. 叶基部细胞（×400）

10~14. 多枝藓 *Haplohymenium sieboldii*（Dozy et Molk.）Dozy et Molk.

10. 植物体干燥时的状态（×1），11. 茎叶（×25），12. 枝叶（×25），13. 叶尖部细胞（×250），14 叶基部细胞（×600）

15~21. 小牛舌藓 *Anomodon minor*（Hedw.）Lindb.

15. 植物体（×1），16. 茎的横切面（×60），17. 茎叶（×25），18. 枝叶（×25），19. 叶尖部细胞（×250），20. 叶基部中央细胞（×250），21. 孢蒴（×10）

失于叶片上部；叶边具疣状突起。叶中部细胞圆方形至六角形，薄壁，具多个疣。枝叶卵形至长卵形。雌雄异株。雌苞叶长椭圆形，具狭披针形尖。孢蒴长卵形。

生境和分布　一般着生树干，稀岩面生长。河南、台湾；朝鲜和日本也有分布。

3 牛舌藓属 *Anomodon* Hook. et Tayl.

疏松或密集成片生长。多粗大，稀形小，黄绿色，老时呈暗绿色。主茎匍匐；支茎直立或倾立，常萌生匍匐枝。叶干燥时贴茎，或尖部卷曲；茎叶与枝叶近于同形，由阔卵形基部向上呈阔舌形，先端多圆钝，稀锐尖或具齿，基部两侧有时具小叶耳；叶边常波曲；中肋多消失于叶片近尖部。叶细胞六角形或近圆六角形，胞壁等厚，具多数粗疣，个别种类具单尖疣，叶基中肋两侧细胞长方形或长椭圆形，透明。雌雄异株。蒴柄细长。孢蒴卵形至圆柱形。蒴齿外齿层淡黄色或黄褐色，具密疣。蒴盖圆锥形。蒴帽平滑，稀上部具疣。

本属 20 余种，欧洲、亚洲、北美洲和非洲北部分布。中国有 7 种、2 亚种及 2 变种。

分种检索表

1. 叶细胞具单疣……3. 单疣牛舌藓 *A. abbreviatus*
1. 叶细胞具多疣……2
2. 叶基部两侧具小叶耳……2. 皱叶牛舌藓 *A. rugelii*
2. 叶基部两侧无小叶耳……3
3. 植物体形大；茎叶长约 2 mm，叶上部具短舌形……1. 小牛舌藓 *A. minor*
3. 植物体形小；茎叶长 2.5~6 mm，叶上部具长舌形……4. 牛舌藓 *A. viticulosus*

小牛舌藓 *Anomodon minor*（Hedw.）Lindb.，Bot. Not. 1865（7）：126. 1865. 图 201：15~21

形态特征　疏松丛集生长。体形纤细，淡绿色，老时呈褐色；支茎直立或倾立，多不规则羽状分枝。茎叶尖部宽钝，长约 2 mm；叶边略具齿；中肋顶端常分叉，消失于叶尖下。叶中部细胞圆方形至六角形，直径 5~15 μm，每个细胞具密疣。雌雄异株。雌苞叶卵状狭披针形。孢蒴长卵形。蒴齿外齿层齿片黄褐色，具粗疣状突起，上部透明；内齿层齿条退化。

生境和分布　生于低海拔至 2 700 m 林内，背阴具土岩面。内蒙古、河北、陕西、河南、湖北、重庆、四川、云南和西藏；日本、朝鲜、尼泊尔、不丹及印度有分布。

皱叶牛舌藓 *Anomodon rugelii*（Müll. Hal.）Keissl.，Ann. Naturh. Hofmus. Wien 15：214. 1900. 图 202：1~4

形态特征　丛集生长。中等大小或形小，黄绿色至黄褐色。支茎倾立，不规则羽状分枝；中轴缺失。茎叶基部两侧具小圆耳，叶尖圆钝，稀具小尖；叶边全缘，稀上部具细

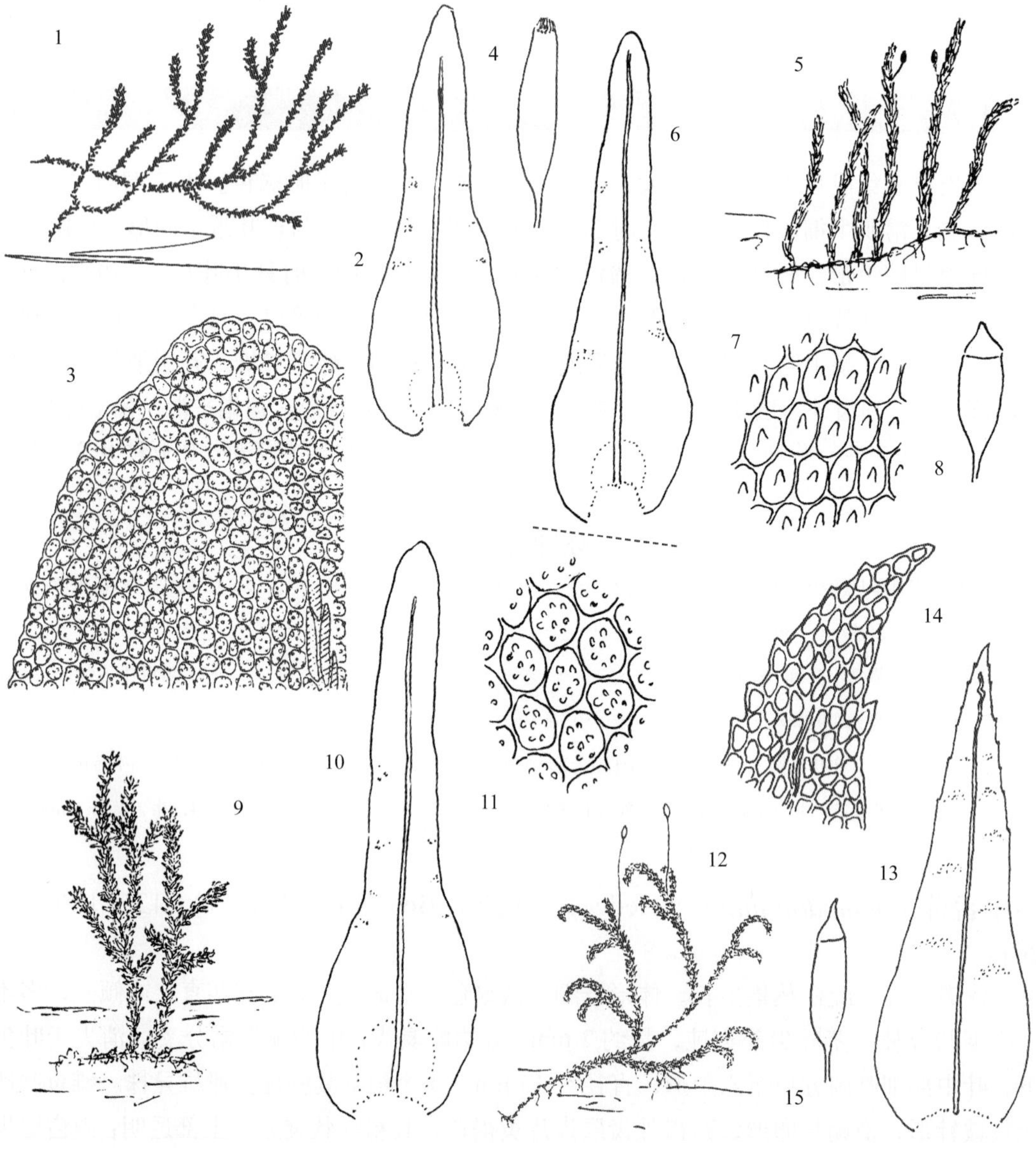

图 202

1~4. **皱叶牛舌藓** *Anomodon rugelii*（Müll. Hal.）Keissl.

1. 植物体（×1），2. 茎叶（×30），3. 叶尖部细胞（×250），4. 已开裂的孢蒴（×10）

5~8. **单疣牛舌藓** *Anomodon abbreviatus* Mitt.

5. 着生林内岩面的植物群落（×1），6. 茎叶（×30），7. 叶中部细胞（×600），8. 孢蒴（×10）

9~11. **牛舌藓** *Anomodon viticulosus*（Hedw.）Hook. et Tayl.

9. 植物体（×1），10. 茎叶（×40），11. 叶中部细胞（×600）

12~15. **羊角藓** *Herpetineuron toccoae*（Sull. et Lesq.）Card.

12. 植物体干燥时的状态（×1），13. 茎叶（×40），14. 叶尖部细胞（×350），15. 孢蒴（×6）

齿；中肋背面平滑或具疣；叶中部细胞具 5~10 个疣。枝叶狭卵状披针形。雌雄异株。蒴齿内齿层常短或缺失。

生境和分布 生于海拔约 1300 m 林内树干，稀具土岩面。吉林、辽宁、浙江、湖北、广东、四川和云南；日本、朝鲜、越南、印度、俄罗斯（远东地区）、欧洲及北美洲有分布。

单疣牛舌藓 *Anomodon abbreviatus* Mitt.，Trans. Linn，Soc. Bot. ser. 2，3：187. 1891. 图 202：5~8

形态特征 密集交织成片。形体大，黄绿色至绿色，老时黄褐色。支茎长可达 10 cm；单一，稀分枝，长 2~3 cm；中轴不分化。茎叶基部卵形，上部长舌形，长 2.5~5 mm；叶边具疣状突起；中肋消失于叶片近尖部；叶中部细胞圆方形至圆六角形，厚壁，具单个刺状疣。枝叶略小于茎叶。雌雄异株。孢蒴卵形，直立，红棕色。

生境和分布 海拔 2000 m 以上的树干、岩面或倒木上生长。山东、河南和西藏；日本、朝鲜有分布。

牛舌藓 *Anomodon viticulosus*（Hedw.）Hook. et Tayl.，Musc. Brit. 79：22. 1818. 图 202：9~11

形态特征 丛集交织成片。形体大，暗黄绿色至棕色。支茎长可达 10 cm；枝疏生，长 1~3 cm；中轴分化。茎叶椭圆状长舌形，长 2.5~6 mm；叶边具疣状突起；中肋不及叶尖即消失；叶中部细胞圆六角形至六角形，直径 10~22 μm，具密疣。枝叶略小于茎叶。雌雄异株。雌苞叶卵状披针形。

生境和分布 生于海拔约 1 500 m 的山区石壁和具土岩面。吉林、山西、陕西、台湾、湖北、四川和云南；俄罗斯（远东地区）、日本、朝鲜、越南、印度、巴基斯坦、欧洲及非洲北部有分布。

4 羊角藓属 *Herpetineuron*（Müll. Hal.）Card.

疏松丛集生长。体形多粗壮，稀中等大小，黄绿色至褐绿色。主茎匍匐，常具匍匐枝；支茎直立至倾立，不规则疏分枝，干燥时枝尖多向腹面卷曲。茎叶卵状披针形或阔披针形，具多数横波纹，上部渐尖；叶边上部具不规则粗齿；中肋粗壮，尖部扭曲，消失于近叶尖部；叶细胞六角形，厚壁，平滑。枝叶与茎叶近似，较小而狭窄。雌雄异株。蒴柄红棕色。孢蒴卵状圆柱形。蒴齿外齿层齿片披针形，中缝具穿孔，被密疣；内齿层灰白色，齿条短线形，密被疣。蒴帽平滑。

本属 1 种，亚洲、南美洲、北美洲、大洋洲及非洲等地均有分布。广布于中国南北各地。

羊角藓 *Herpetineuron toccoae*（Sull. et Lesq.）Card., Bot. Centralbl. Beih. 19 (2)：127. 1905. 图 202：12~15

形态特征 种的形态特征同属。

生境和分布 生于海拔 500~1 000 m 阴湿林内石壁或岩面。黑龙江、内蒙古、山东、安徽、江苏、台湾、湖南、重庆和云南；日本、朝鲜、菲律宾、印度尼西亚、泰国、印度、斯里兰卡、南美洲、北美洲、新喀里多尼亚及非洲有分布。

097 羽藓科 THUIDIACEAE

多大片匍匐交织成片，稀小片生长。体形细弱至粗壮，色暗绿、黄绿色或褐绿色，稀呈灰绿色，无光泽。茎不规则分枝或 1~3 回羽状分枝；多具鳞毛，单一或分枝，稀呈片状。茎叶与枝叶多异形，或近同形而大小相异，干时贴茎或略皱缩，湿润时倾立，卵形、长卵形、圆卵形或卵状三角形，上部渐尖或具毛尖；叶边全缘、具细齿或粗齿，或具疣状突起；中肋多单一，达叶片上部，有时突出叶尖，稀短弱而分叉。叶细胞多六角形或圆多角形，厚壁，表面具单疣、多疣或密细疣，稀平滑，基部细胞长方形，多平滑。雌雄同株或同株异苞。雌苞叶通常呈卵状披针形，稀上部边缘具长纤毛。蒴柄细长，平滑或具疣状突起。孢蒴多卵形。蒴齿 2 层；内齿层齿条和齿毛多发育。孢子球形。蒴盖有时具长喙。蒴帽兜形。稀具纤毛。

本科 19 属，多分布温带及暖温带，少数种见于热带。中国有 14 属。

分属检索表

1．体形细弱；叶片中肋 2，短弱或不明显 ………… 2
1．体形大或粗壮，稀纤细；叶片中肋单一，多长达叶片上部，稀突出叶尖 ………… 3
2．叶卵形或阔卵形；叶细胞长菱形 ………… 1．叉羽藓属 *Leptopterigynandrum*
2．叶长卵形或阔卵形，稀为卵状三角形或卵状披针形；叶细胞近于蠕虫形 ………… 2．薄羽藓属 *Leptocladium*
3．植物体不规则羽状分枝；鳞毛多不分枝；茎叶与枝叶较近似，大小具差异 ………… 4
3．植物体规则羽状分枝；鳞毛单一或分枝；茎叶与枝叶多异形 ………… 5
4．叶细胞多不透明，具单疣或多疣 ………… 4．麻羽藓属 *Claopodium*
4．叶细胞较透明，具单疣 ………… 5．小羽藓属 *Haplocladium*
5．羽状分枝不规则，或 2~3 回羽状分枝；植物体较细、柔软 ………… 6
5．羽状分枝多一回；植物体较粗壮、硬挺 ………… 7
6．植物体多型大；蒴柄平滑 ………… 7．羽藓属 *Thuidium*
6．植物体细弱；蒴柄上部密被疣、刺或平滑 ………… 6．鹤嘴藓属 *Pelekium*

7. 叶细胞具多个疣……………………………………………………………8. 硬羽藓属 *Rauiella*

7. 叶细胞具单疣，有时平滑……………………………………………………………8

8. 叶边具粗齿或基部具长纤毛……………………………………………………………9

8. 叶边仅尖部具粗齿……………………………………………………………10

9. 茎叶基部宽阔；叶细胞具粗刺疣……………………………………10. 毛羽藓属 *Bryonoguchia*

9. 茎叶基部呈卵形或圆卵形；叶细胞具单个圆疣或平滑……………11. 沼羽藓属 *Helodium*

10. 植物体分枝长约 0.5 cm；齿条与齿毛均缺失……………………………3. 虫毛藓属 *Boulaya*

10. 植物体分枝长约 1 cm；齿条发育……………………………………………………………11

11. 植物体不具光泽；叶纵褶较少；叶细胞具疣……………………………9. 山羽藓属 *Abietinella*

11. 植物体具光泽；叶具多数纵褶；叶细胞平滑……………………12. 锦丝藓属 *Actinothuidium*

1 叉羽藓属 *Leptopterigynandrum* Müll. Hal.

交织成片生长。体形纤细，色黄绿至褐绿色，无光泽，干燥时硬挺。茎叶与枝叶分化不明显，干燥时覆瓦状排列，多为卵形、长卵形至阔卵形，尖部常一向偏曲；叶边全缘；中肋 2，短弱。叶细胞六角形至长卵形，角部细胞多数，方形。雌雄异株。蒴柄纤细。孢蒴长卵形。蒴齿 2 层；内齿层齿毛缺失。蒴盖圆锥形。

本属约 7 种，分布亚洲东部、喜马拉雅山地区及南美洲。中国有 4 种。

近年有学者将该属移至薄罗藓科（Leskeaceae）。

分种检索表

1. 叶多阔圆卵形；叶细胞狭长……………………………………3. 全缘叉羽藓 *L. subintegrum*

1. 叶多长卵形或阔卵形；叶细胞宽阔……………………………………………………………2

2. 叶细胞菱形或长卵形……………………………………………1. 卷叶叉羽藓 *L. incurvatum*

2. 叶细胞六角形或近方形……………………………………………2. 叉羽藓 *L. austro-alpinum*

卷叶叉羽藓 *Leptopterigynandrum incurvatum* Broth., Sitzunsber. Ak. Wiss. Wien Math. Kl. Abt. 1, 133：577. 1924. 图 203：1~7

形态特征 密集片状生长。体纤细，硬挺，暗黄绿色，无光泽。茎上部倾立，羽状分枝。叶干燥时覆瓦状排列，多长卵形，上部呈阔披针形尖，干燥时略向一侧偏曲；叶边全缘，近基部略卷曲；中肋 2，短弱。叶细胞菱形，胞壁厚，叶基角部细胞方形或近圆形。枝叶较狭而小。雌雄异株。蒴柄长约 1 cm，橙红色。孢蒴椭圆形，直立。外齿层齿片平滑，上部具结节；内齿层无齿毛。

生境及分布 生于海拔 2 800~4 200 m 温寒林中树干和岩面。青海、四川和云南；亚洲东部其他地区有分布。

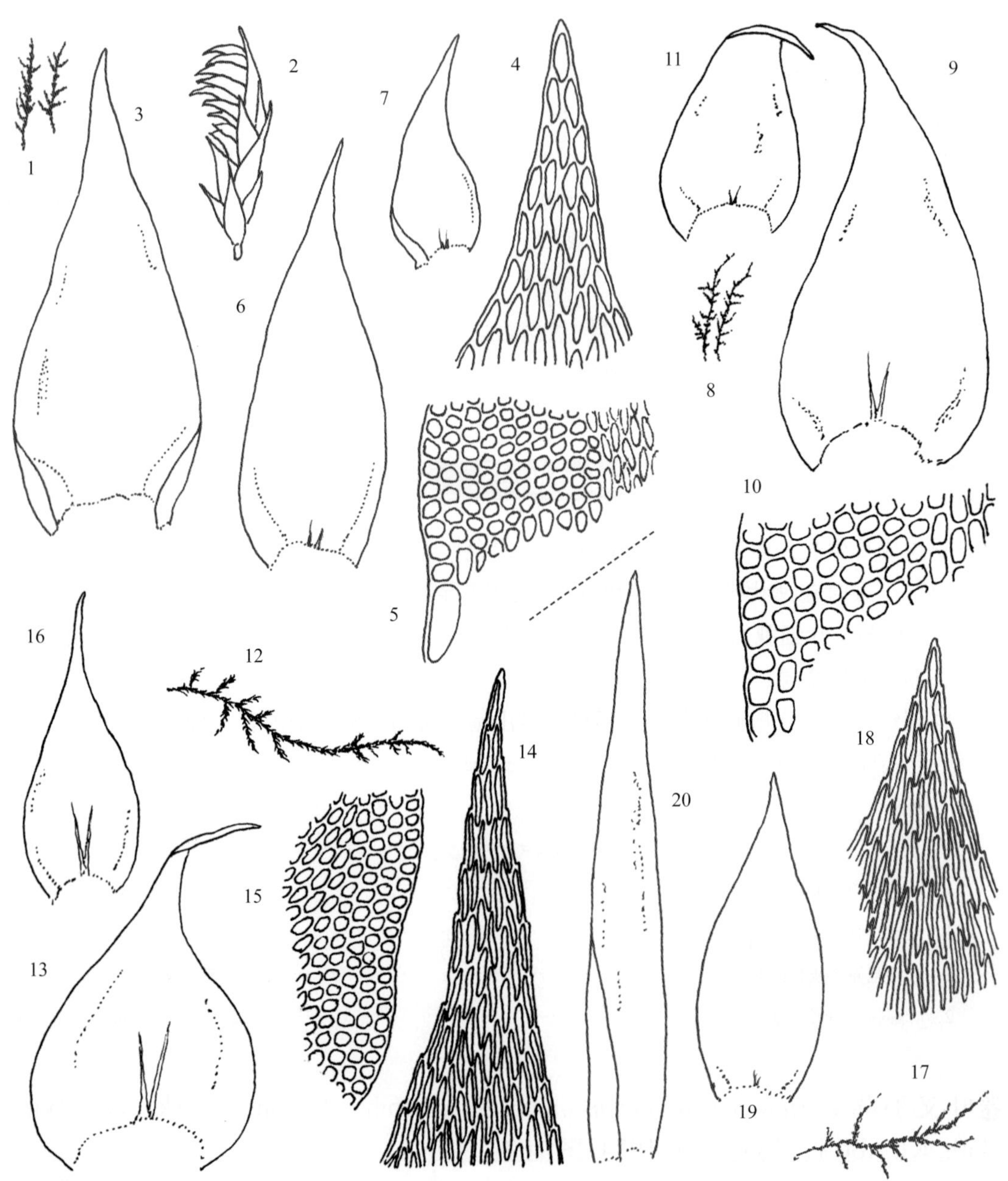

图 203

1~7. **卷叶叉羽藓** *Leptopterigynandrum incurvatum* Broth.

1. 植物体（×1），2. 植物体的一部分（×15），3. 茎叶（×60）. 4. 叶尖部细胞（×150），5. 叶基部细胞（×150），6. 枝叶（×60），7. 小枝叶（×50）

8~11. **叉羽藓** *Leptopterigynandrum austro-alpinum* Müll. Hal.

8. 植物体（×1），9. 茎叶（×45），10. 茎叶基部细胞（×300），11. 枝叶（×45）

12~16. **全缘叉羽藓** *Leptopterigynandrum subintegrum*（Mitt.）Broth.

12. 植物体（×1），13. 茎叶（×50），14. 叶尖部细胞（×250），15. 茎叶基部细胞（×250），16. 枝叶（×50）

17~20. **薄羽藓** *Leptocladium sinense* Broth.

17. 植物体（×1），18. 茎叶尖部细胞（×300），19. 枝叶（×60），20. 雌苞叶（×40）

叉羽藓 *Leptopterigynandrum austro-alpinum* Müll. Hal.，Hedwigia 36：114. 1897. 图 203：8~11

形态特征　紧密成片生长。体形纤细，稍硬挺，色泽黄绿。茎长达 5 cm 以上，近于羽状分枝。叶阔卵形，具狭披针形尖部，呈强烈一向偏曲；叶边近全缘；中肋多短弱。叶细胞六角形或近于呈方形，胞壁角部略加厚。

生境和分布　着生海拔 2 900~4 500 m 林中树干或含石灰质岩面。青海、四川和云南；俄罗斯（远东地区）及蒙古有分布。

全缘叉羽藓 *Leptopterigynandrum subintegrum*（Mitt.）Broth.，Nat. Pfl. -fam. 2，11：309. 1925. 图 203：12~16

形态特征　密集交织生长。植物体硬挺，褐绿色。茎匍匐，不规则羽状分枝；枝平直伸展。茎叶明显较宽于枝叶，干时疏松覆瓦状排列。茎叶卵形至卵状三角形，向上渐成细长尖；叶边全缘，仅基部背卷；中肋 2，消失于叶片中部。叶细胞长菱形至卵圆形，角部细胞圆方形或椭圆形。

生境和分布　高海拔林地树干或树干基部，稀生于岩面。青海、四川和西藏；俄罗斯、蒙古、印度、美国（阿拉斯加、科罗拉多）、玻利维亚及南非有分布。

2　薄羽藓属 *Leptocladium* Broth.

密交织生长。体形纤细，硬挺，色泽黄绿，茎不规则羽状分枝；枝单一，钝端。茎叶与枝叶近于同形。茎叶卵形或长卵形，具短尖，长可达 0.5 mm；叶边全缘；中肋 2，短弱。叶细胞平滑，或略具前角突起，角部细胞近于呈方形。枝叶卵形。雌雄异苞同株。内雌苞叶狭长披针形；中肋不明显。蒴柄长约 1 cm，成熟时呈红棕色。孢蒴椭圆形，褐色。蒴齿外齿层齿片阔披针形，具横纹。蒴盖钝圆锥形。

本属 1 种，中国特有。

近年有学者将该属移至薄罗藓科（Leskeaceae）。

薄羽藓 *Leptocladium sinense* Broth.，Symb. Sin. 4：97. 3f. 13. 1929. 图 203：17~20

形态特征　种的形态描述同属。

生境和分布　生于海拔 3 800~4 050 m 的岩面。云南西北部。

应用价值　中国特有苔藓植物属之一，是探讨苔藓植物区系形成的重要佐证材料。

3 虫毛藓属 *Boulaya* Card.

疏松片状生长。体形较粗大，色泽黄绿、绿色至棕绿色。茎规则羽状分枝；鳞毛披针形至线形，多分枝。茎叶与枝叶异形。茎叶阔心脏形，上部披针形，一向偏曲；叶边具齿；中肋单一。叶细胞菱形至卵形，厚壁，多具单个尖疣。枝叶卵形至长卵形。雌雄异株。雌苞叶基部鞘状，具狭长披针形尖。蒴柄细长，平滑。孢蒴卵形，直立。蒴齿外齿层齿片披针形，上部透明，具细疣；内齿层长度为外齿层的 1/2，齿条与齿毛缺失。蒴盖具喙。蒴帽兜形。

本属 2 种，见于亚洲东部。中国 1 种。

虫毛藓 *Boulaya mittenii*（Broth.）Card.，Rev. Bryol. 39：2. 1912. 图 204：1~5

形态特征 种的形态特性参阅属的描述。

生境和分布 生于海拔 1 000~3100 m 寒温山区树基及岩面。黑龙江和西藏；俄罗斯(远东地区)、日本及朝鲜有分布。

4 麻羽藓属 *Claopodium*（Lesq. et Jam.）Ren. et Card.

疏松交织成小片状生长。体形细弱或中等大小，色泽翠绿或黄绿色，无光泽。茎不规则分枝或羽状分枝，稀具疣；中轴缺失。茎叶与枝叶近于同形。茎叶卵状披针形，或三角状卵形至披针形；叶边有时略背卷，具齿；中肋粗，消失于叶尖下或稍突出。叶细胞菱形至长卵形，多不透明，具单粗疣或多个细疣，边缘细胞多长而平滑，基部细胞透明。枝叶较短小。雌雄异株。蒴柄平滑或粗糙。孢蒴长卵形。蒴齿 2 层。内外齿层等长，齿毛 2~3。具结节。蒴盖具长喙。蒴帽兜形。

本属 8 种，以亚热带地区分布为主。中国有 7 种。

近年有学者将该属移至薄罗藓科（Leskeaceae）。

分种检索表

1．叶边多向背面卷曲……………………3．大麻羽藓 *C. assurgens*

1．叶边多平展……………………2

2．叶细胞具多数细疣……………………5．多疣麻羽藓 *C. pellucinerve*

2．叶细胞具单疣……………………3

3．叶边细胞无明显分化……………………4．细麻羽藓 *C. gracillimum*

3．叶边细胞多分化……………………4

4．茎叶卵状披针形；叶中部细胞长菱形……………………1．狭叶麻羽藓 *C. aciculum*

4．茎叶阔圆卵状披针形；叶中部细胞近方形……………………2．齿叶羽藓 *C. prionophyllum*

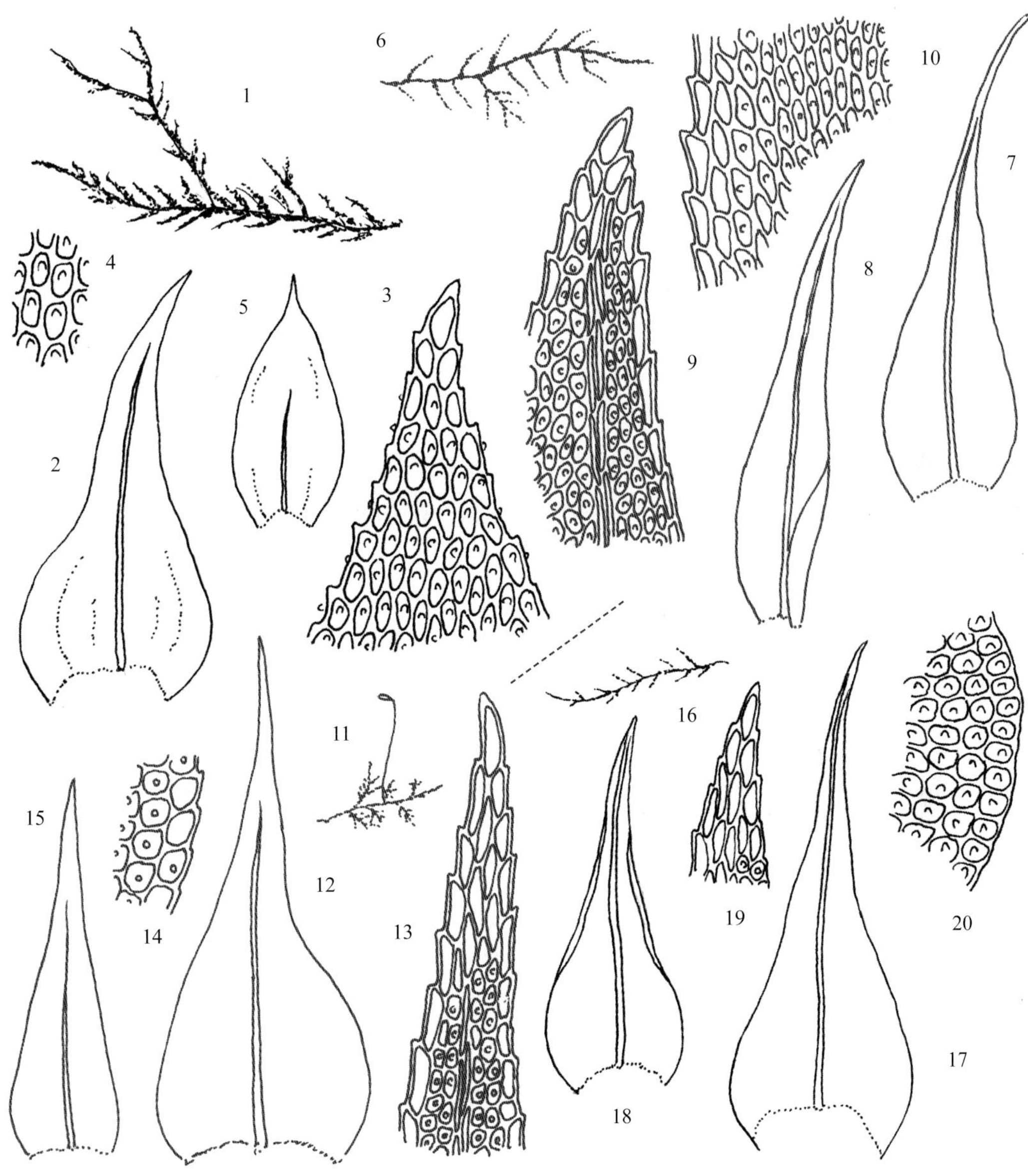

图 204

1~5. **虫毛藓** *Boulaya mittenii*（Broth.）Card.

1. 植物体（×1），2. 茎叶（×25），3. 叶尖部细胞（×400），4. 叶中部细胞（×400），5. 枝叶（×25）

6~10. **狭叶麻羽藓** *Claopodium aciculum*（Broth.）Broth.

6. 植物体（×10），7. 茎叶（×80），8. 枝叶（×40），9. 叶尖部细胞（×350），10. 叶基部细胞（×350）

11~15. **齿叶麻羽藓** *Claopodium prionophyllum*（Müll. Hal.）Broth.

11. 雌株（×1），12. 茎叶（×55），13. 叶尖部细胞（×300），14. 叶中部边缘细胞（×400），15. 枝叶（×55）

16~20. **大麻羽藓** *Claopodium assurgens*（Sull. et Lesq.）Card.

16. 植物体（×1），17. 茎叶（×70），18. 枝叶（×70），19. 叶尖部细胞（×400），20. 叶基部细胞（×400）

狭叶麻羽藓 *Claopodium aciculum*（Broth.）Broth., Nat. Pfl. -fam. 1（3）：1009. 1908. 图 204：6~10

形态特征 多交织成小片状。体形纤细，翠绿色至黄绿色。茎长 1~2 cm；不规则羽状分枝；中轴分化；无鳞毛。叶多疏松生长；茎叶披针形至卵状披针形；叶边具齿；中肋细长，近于贯顶。叶细胞长卵形至菱形，薄壁，中央具单圆疣。雌雄异株。孢子直径 10~15 μm。

生境和分布 生于低海拔至 2 000 m 林内阴湿土面及具土岩面。陕西、江苏、福建、台湾、海南和香港；日本、朝鲜及老挝有分布。

齿叶麻羽藓 *Claopodium prionophyllum*（Müll. Hal.）Broth., Nat. Pfl. -fam. 1（3）：1009. 1908. 图 204：11~15

形态特征 成片状伸展生长。体形中等，暗绿色至黄绿色，老时基部呈褐色。茎细弱，匍匐，长可达 10 cm，不规则羽状分枝；中轴分化；鳞毛稀少，鳞片状。叶干时略内卷或贴生，湿时倾立；茎叶卵状披针形；叶边具齿；中肋细长，近于贯顶。叶细胞六角形，薄壁，中央具单疣。枝叶与茎叶相似。雌雄异株。蒴柄细，长 1~2 cm。孢蒴卵圆形，平列或垂倾。

生境和分布 多石灰岩面生长，稀土生。陕西、江苏、上海、浙江、湖北、四川、贵州、云南、福建、广东、广西、台湾和海南；日本、朝鲜、印度尼西亚、美国（夏威夷）及斐济有分布。

大麻羽藓 *Claopodium assurgens*（Sull. et Lesq.）Card., Bull. Soc. Bot. Geneve ser. 2, 3：283. 1911. 图 204：16~20

形态特征 疏松小片状生长。体形稍大，柔软，多黄绿色至翠绿色。茎长达 5 cm；不规则羽状分枝；中轴分化；鳞毛缺失。茎叶与枝叶明显分化。茎叶干时常卷曲，卵形至卵状三角形基部，向上呈狭披针形；叶边中上部多背卷；中肋多贯顶。叶中部细胞卵形至圆方形，具单个中央粗疣。枝叶约为茎叶长度的 1/2。雌雄异株。蒴柄红棕色，被细疣状突起。孢蒴圆柱形。

生境和分布 生于低海拔至 2 500 m 林内树根、湿土和阴湿岩面。陕西、福建、台湾、广东、海南、香港、四川和云南；日本、印度及印度尼西亚有分布。

细麻羽藓 *Claopodium gracillimum*（Card. et Thér.）Nog., Journ. Hattori Bot. Lab. 27：33. 1964. 图 205：1~5

形态特征 常与其他藓类植物混生。甚纤细，黄绿色至绿色。茎长约 1.5 cm；不规则羽状分枝；中轴分化；鳞毛少。茎叶多卵形，尖短钝；叶边具细齿；中肋消失于叶片近尖部。叶细胞六角形至菱形，长 12~20 μm，壁薄，具单个细疣。枝叶小而短。

生境和分布 生于低海拔至 1 900 m 背阴湿热草丛下和具土岩面。台湾、广东、海南和四川；日本南部有分布。

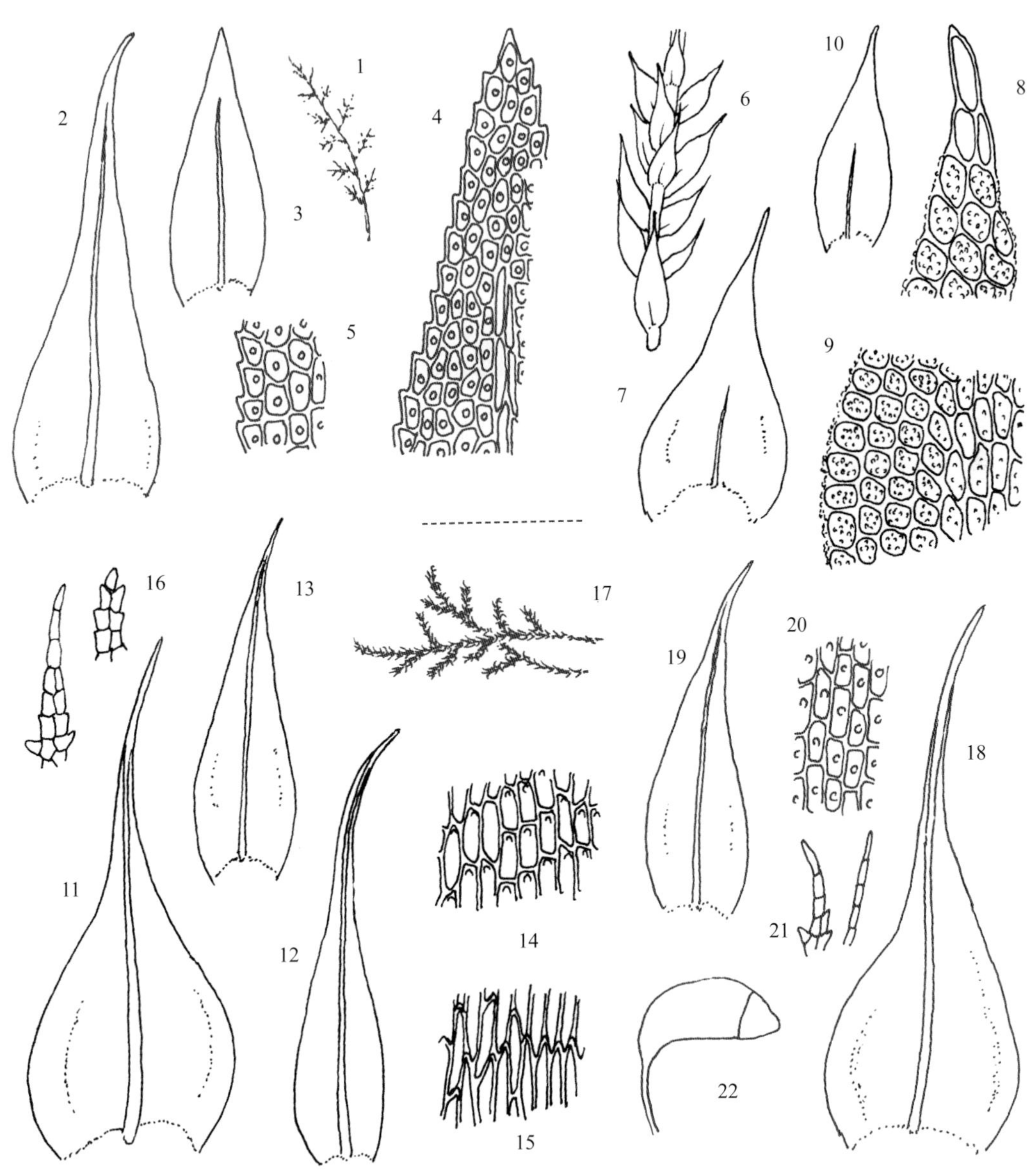

图 205

1~5. 细麻羽藓 *Claopodium gracillimum*（Card. et Thér.）Nog.

1. 植物体（×2），2. 茎叶（×80），3. 枝叶（×80），4. 枝叶尖部细胞（×350），5. 枝叶中部边缘细胞（×350）

6~10. 多疣麻羽藓 *Claopodium pellucinerve*（Mitt.）Best

6. 植物体的一部分（×25），7. 茎叶（×50），8. 茎叶尖部细胞（×350），9. 茎叶基部细胞（×350），10. 枝叶（×50）

11~16. 小羽藓 *Haplocladium angustifolium*（Hampe et Müll. Hal.）Broth.

11. 茎叶（×50），12. 枝叶（×50），13. 小枝叶（×50），14，15. 叶中部细胞（×300），16. 鳞毛（×250）

17~22. 细叶小羽藓 *Haplocladium microphyllum*（Hedw.）Broth.

17. 植物体（×1），18. 茎叶（×50），19. 枝叶（×50），20. 叶中部细胞（×300），21. 鳞毛（×250），22. 孢蒴（×10）

多疣麻羽藓 *Claopodium pellucinerve*（Mitt.）Best，Hedwigia 3：19. 1900. 图 205：6~10

形态特征　与其他藓类或单独成小片生长。体纤细至中等大小，色泽黄绿至褐绿色，茎长可达 5 cm；不规则羽状分枝；中轴分化；茎与枝上密被细疣。茎叶与枝叶异形。茎叶基部卵形至心脏形，渐上呈毛状尖；叶边密被细疣；中肋细弱，消失于叶片中部或上部，背面具疣。叶细胞多角形至近椭圆形，薄壁，每个细胞密被 10 多个细疣。枝叶椭圆形，具锐尖。

生境和分布　生于海拔 1 600~3 400 m 湿寒林内树基和阴岩面。内蒙古、陕西、湖北、四川和云南；日本、朝鲜、巴基斯坦及印度有分布。

5 小羽藓属 *Haplocladium*（Müll. Hal.）Müll. Hal.

疏松交织成小片状生长。体形中等大小至较纤细，多黄绿色，老时呈褐绿色。茎羽状分枝至不规则羽状分枝；鳞毛多变化。茎叶与枝叶异形。茎叶阔卵形，具短或长披针形尖；叶边平展或略背卷；中肋单一，不及叶尖或突出于叶尖。叶细胞不规则方形、卵形至菱形，厚壁，具单个圆疣或前角突起。枝叶明显小于茎叶。雌雄同株异苞。蒴柄细长，平滑。孢蒴圆形至长圆柱形，多平展。蒴齿 2 层；齿毛 2~3，具结节。蒴帽圆锥形，具短喙。蒴帽平滑。

本属约 7 种，广布温带地区，稀见于非洲。中国有 5 种。

分种检索表

1. 茎叶与枝叶具短尖 ………………………………………… 3. 东亚小羽藓 *H. strictulum*
1. 茎叶与枝叶具细长尖 ………………………………………… 2
2. 叶细胞疣多位于细胞前端 ………………………………………… 1. 狭叶小羽藓 *H. angustifolium*
2. 叶细胞疣多位于细胞中央 ………………………………………… 2. 细叶小羽藓 *H. microphyllum*

小羽藓 *Haplocladium angustifolium*（Hampe et Müll. Hal.）Broth.，Nat. Pfl.-fam. 1（3）：1008. 1907. 图 205：11~16

形态特征　体形和叶形与细叶小羽藓甚近似，但中肋常突出叶尖。叶细胞有时呈狭菱形，具前角突。蒴齿与细叶小羽藓近似。

生境和分布　生于低海拔至 3 000 m 倒木、树基和城墙上。吉林、辽宁、内蒙古、山西、陕西、江苏、上海、浙江、福建、台湾、湖北、四川和云南；俄罗斯（远东地区）、日本、朝鲜、缅甸、越南、喜马拉雅山地区、印度、巴基斯坦、欧洲及非洲有分布。

细叶小羽藓 *Haplocladium microphyllum*（Hedw.）Broth.，Nat. Pfl.-fam. 1（3）：1007. 1907. 图 205：17~22

形态特征　常呈大片状生长。体形中等大小，色泽黄绿或绿色。茎长可达 5 cm 以上；多规则羽状分枝；中轴分化；鳞毛密生茎上。茎叶阔卵形基部渐上成狭披针形尖；叶边具齿；中肋一般消失于叶尖下。叶中部细胞六角形至卵形，长 5~20 μm，具单个尖疣。枝叶卵形，具披针形尖。雌雄异苞同株。孢蒴弓形弯曲，干燥时口部下方收缩。蒴齿 2 层，发育良好。孢子直径约 15 μm，具细疣。

生境和分布　生于低海拔至 2 800 m 湿热林下、树基和倒木上。吉林、辽宁、内蒙古、陕西、江苏、台湾、湖北、广东、四川和云南；日本、朝鲜、印度、俄罗斯、欧洲和北美洲有分布。

应用价值　常用以对环境监测，系大气污染重金属元素的极佳指示植物。

东亚小羽藓 *Haplocladium strictulum*（Card.）Reim.，Hedwigia 76：199. 1937. 图 206：1~5

形态特征　疏松交织生长。体形小，或中等大小，色泽暗绿或深褐色。茎常规则羽状分枝；中轴分化；鳞毛密生，多分枝。茎叶卵形或卵状三角形，具短披针形尖，具少数纵褶；中肋较粗，多长达叶近尖部，背面具刺状疣。叶中部细胞菱形至多角形，厚壁，每个细胞具单个前角疣。孢蒴长圆柱形，老时呈弓形。孢子具细疣。

生境和分布　常寒温林区石生。辽宁和内蒙古；日本及朝鲜有分布。

6 鹤嘴藓属 *Pelekium* Mitt.

与其他藓类混生或呈小片状生长。体形细小，柔弱，色泽黄绿至暗绿色。茎长度一般不及 5 cm；1~2 回羽状分枝或不规则分枝；中轴多数分化；鳞毛密生或疏生，长 1~10 个细胞，稀分枝，顶端平截或尖锐，少数种的茎被疣。茎叶与枝叶异形，或大小有明显差异。茎叶多疏生，基部宽阔，向上呈披针形，有时上部背仰；叶边多具细齿或粗齿，部分种类背卷；中肋粗壮，多不及叶尖，背部常有突起。叶细胞六角形至菱形，背腹面均具单粗尖疣、细疣或多数细疣。枝叶一般小而短钝。雌苞叶全缘或具齿，稀具少数长纤毛。蒴柄长可达 2.5 cm，平滑或少数种类具疣、乳头，或上部粗糙。孢蒴蒴齿灰藓型。蒴盖圆锥形。蒴帽兜形。孢子平滑或具细疣。

本属约 25 种，多见于热带或亚热带地区。中国有 10 种。

分种检索表

1. 叶细胞具 2~4 个细疣；内雌苞叶具长纤毛……3．密毛鹤嘴藓 *P. gratum*
1. 叶细胞具单疣；内雌苞叶无纤毛……2
2. 鳞毛多片形或呈单列细胞，顶细胞平截；内雌苞叶中部宽阔……1. 红毛鹤嘴藓 *P. versicolor*
2. 鳞毛呈单列细胞，稀分叉，顶细胞尖锐；内雌苞叶基部宽阔……2. 尖毛鹤嘴藓 *P. fuscatum*

红毛鹤嘴藓 *Pelekium versicolor*（Müll. Hal.）Touw，Journ. Hattori Bot. Lab. 90：205. 2001. 图 206：6~10

形态特征　小片交织生长。植物体细小，黄绿色至暗绿色，或呈棕色。长达 4 cm。

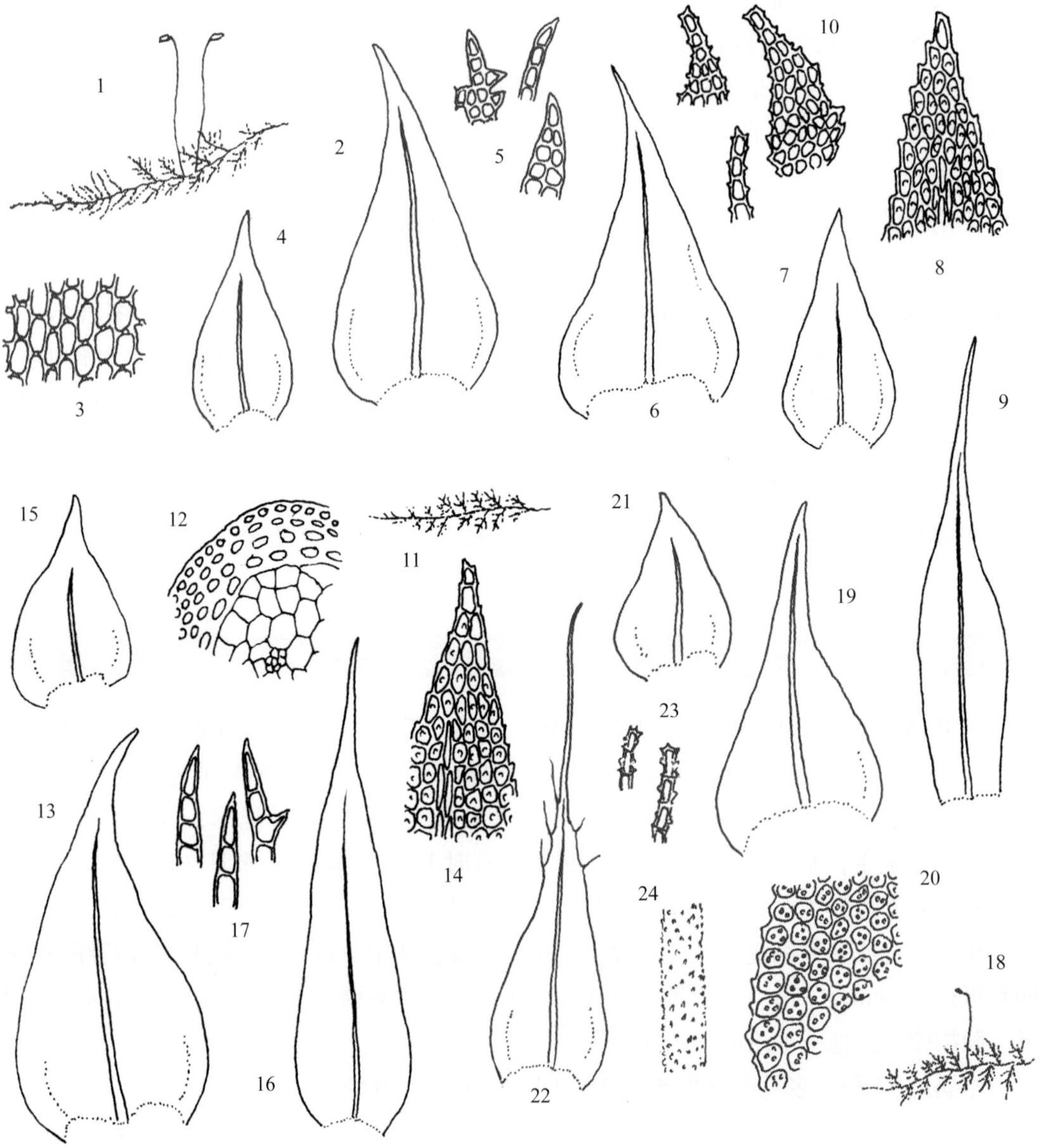

图 206

1~5. 东亚小羽藓 *Haplocladium strictulum*（Card.）Reim.

1. 雌株（×1），2. 茎叶（×70），3. 茎叶中部细胞（×300），4. 枝叶（×65），5. 鳞毛（×250）

6~10. 红毛鹤嘴藓 *Pelekium versicolor*（Müll. Hal.）Touw

6. 茎叶（×60），7. 枝叶（×70），8. 枝叶尖部细胞（×250），9. 内雌苞叶（×50），10. 鳞毛（×250）

11~17. 尖毛鹤嘴藓 *Pelekium fuscatum*（Besch.）Touw

11. 植物体（×1）12. 茎横切面的一部分（×200），13. 茎叶（×60），14. 茎叶尖部细胞（×250），15. 枝叶（×60），16. 内雌苞叶（×80），17. 鳞毛（×250）

18~24. 密毛鹤嘴藓 *Pelekium gratum*（P. Beauv.）Touw

18. 雌株（×2），19. 茎叶（×60），20 茎叶基部细胞（×180），21. 枝叶`（×60），22. 内雌苞叶（×50），23. 鳞毛和假鳞毛（×250），24. 蒴柄的一部分（×85）

茎稀疏或密 2 回羽状分枝，偶见强侧枝；中轴分化；鳞毛密生茎上，多单一，长 2~6 个细胞，尖端细胞常平截，具疣状突起，稀锐尖，极少分叉；假鳞毛片状。茎叶稀疏着生，三角状心形至阔三角状心形，向上突成或渐成披针形，尖部常一侧偏曲；叶边基部背卷；中肋粗壮，消失于叶片尖部。枝叶密生，卵形或三角状卵形。叶细胞多角形至长方形，背腹面各具单个尖疣。内雌孢叶上部长披针形，叶边具细齿，稀具纤毛。孢蒴椭圆形，倾垂或平列。

生境和分布 多湿润林地倒木或腐木生，偶见于石面或土生。贵州、福建、广东、广西和云南；亚洲东部和东南部、大洋洲、非洲有分布。

尖毛鹤嘴藓 *Pelekium fuscatum*（Besch.）Touw，Journ. Hattori Bot. Lab. 90：203. 2001. 图 206：11~17

形态特征 交织成片生长。植物体纤细，黄绿色。茎羽状分枝；中轴分化；鳞毛密生茎上，单列 3~6 个细胞，常分叉，顶端细胞锐尖。茎叶大而疏生，卵形基部渐上成披针形尖；叶边具齿；中肋消失于叶尖下；叶细胞方六角形，中央具单个疣。枝叶密生，干时卷曲，湿时倾立，长卵形。雌雄异苞同株。蒴柄长约 2.5 cm。孢蒴倾立至平列，卵状圆柱形。

生境和分布 树干、岩面或土生。贵州和云南；印度、不丹、缅甸和泰国也有分布。

密毛鹤嘴藓 *Pelekium gratum*（P. Beauv.）Touw，Journ. Hattori Bot. Lab. 90：205. 2001. 图 206：18~24

形态特征 小片状生长。纤细，色泽灰绿、黄绿色至暗绿色，长达 4 cm。茎二回羽状分枝；鳞毛线形，有时分枝，密生茎和枝基部。茎叶卵状披针形或三角状披针形；中肋背面具前角突起；每个叶细胞具单个尖疣或 2~4 个细疣。内雌苞叶具长芒状尖，上部边缘具 8~10 个单列细胞组成的纤毛。蒴柄密被前角突疣。孢蒴卵形至短圆柱形；齿毛 1~3。蒴盖长达 1 mm。孢子直径 10~20 μm。

生境和分布 着生低海拔至 1 150 m 湿热林内湿土、石灰岩面及树生。海南和云南；亚洲东部和东南部、大洋洲、非洲中西部及马达加斯加有分布。

7 羽藓属 *Thuidium* Bruch et Schimp.

多疏松交织成大片状。体形大，稀纤细，绿色、黄绿色或灰绿色，无光泽，茎匍匐伸展，尖部略倾立，一般 2~3 回羽状分枝；鳞毛密生茎或枝上，由单列或多列细胞组成，常分枝。茎叶与枝叶异形，或大小相异。茎叶卵形或卵状心脏形，多具披针形尖，常具纵褶；中肋不及顶，稀突出于叶尖。叶细胞六角形至多角形，胞壁等厚，具单疣或多数细疣。枝叶卵形或长卵形，内凹。雌苞叶具细长尖，有时叶边具纤毛。蒴柄细长，平滑，稀具密疣。孢蒴卵状圆柱形，倾立至平列。蒴齿 2 层。蒴帽平滑，稀被纤毛。

本属约 60 种，多分布温带和亚热带地区。中国有 11 种。

有报道称短肋羽藓（*Thuidium kanedae*）对金黄色葡萄球等具抑制作用，体内含有羊齿 -7- 烯（fene-7-ene）和 lupeol，羽藓（*Thuidium tamariscinum*）植物体内含 hop-21-ene 三萜类化合物和 24-methylenecyeloartanaol 甾醇类化合物。

分种检索表

1．茎叶具狭长披针形尖部；内雌苞叶边缘多具长纤毛，少数无纤毛而仅具齿 ……………………………… 2

1．茎叶尖部较短而宽；内雌苞叶边缘多具齿，少数种具长纤毛 ……………………………… 3

2．茎叶顶端通常由 6~10 个单列细胞组成毛尖；内雌苞叶叶边上部具多数长纤毛……… 1．大羽藓 *T. cymbifolium*

2．茎叶顶端通常由 3~5 个单列细胞组成毛尖；内雌苞叶叶边上部具齿 ……………… 2．绿羽藓 *T. assimile*

3．茎中轴不分化；茎叶卵状三角形；叶细胞具星状疣……………………………3．灰羽藓 *T. pristocalyx*

3．茎中轴分化；茎叶阔卵圆形，叶细胞具单疣或 2~3 个疣 ……………………4．拟灰羽藓 *T. glaucinoides*

大羽藓 *Thuidium cymbifolium*（Dozy et Molk.）Dozy et Molk.，Bryol. Jav. 2：115. 1867. 图 207：1~8

形态特征 常交织成大片状生长。形大，色泽鲜绿至暗绿色。茎长可达 10 cm，规则 2 回羽状分枝；中轴分化；鳞毛密生茎和枝上，常具分枝。茎叶三角状卵形，向上突成狭长披针形，顶端由 6~10 个单列细胞组成毛尖；叶边背卷或背曲；中肋长达叶尖部；叶中部细胞菱形至椭圆形，直径约 5~20 μm，具单个刺疣。枝叶卵形至长卵形。雌雄异株。内雌苞叶边缘具长纤毛。蒴齿 2 层；内齿层齿毛 2~3，基膜高约为蒴齿的 1/2。孢子直径约 20 μm。

生境和分布 生于低海拔至 2 100 m 不同类型林地、腐木、树基和阴湿具土岩面。全国各山区；世界各地广布。

应用价值 具有一定的药用价值，富含维生素 B_2；另有报道称切碎后可喂养家禽。

绿羽藓 *Thuidium assimile*（Mitt.）Jaeg.，Ber. S. Gall. Naturn. Ges. 1876-1877：260. 1878. 图 207：9~13

形态特征 成大片生长。体型粗大或稍细弱，黄绿色，规则多回羽状分枝；鳞毛丝状，常叉状分枝。茎叶卵状披针，一般具 3 至多个由单列细胞组成的透明尖；叶边下部多背卷，具齿；中肋消失于叶尖下。叶细胞直径约 7 μm，具单疣。内雌苞叶狭披针形，具齿，无纤毛。

生境和分布 生于海拔 1 000~3 200 m 温湿林地或树干。吉林、内蒙古、陕西、青海、河南、湖北、贵州、四川和云南；俄罗斯（远东地区）、日本、欧洲及北美洲有分布。

灰羽藓 *Thuidium pristocalyx*（Müll. Hal.）Jaeg.，Ber. S. Gall. Naturw. Ges. 1876-1877：257. 1878. 图 207：14~17

形态特征 疏松大片状生长。形大，色泽淡黄绿或暗绿色；规则羽状分枝；鳞毛稀

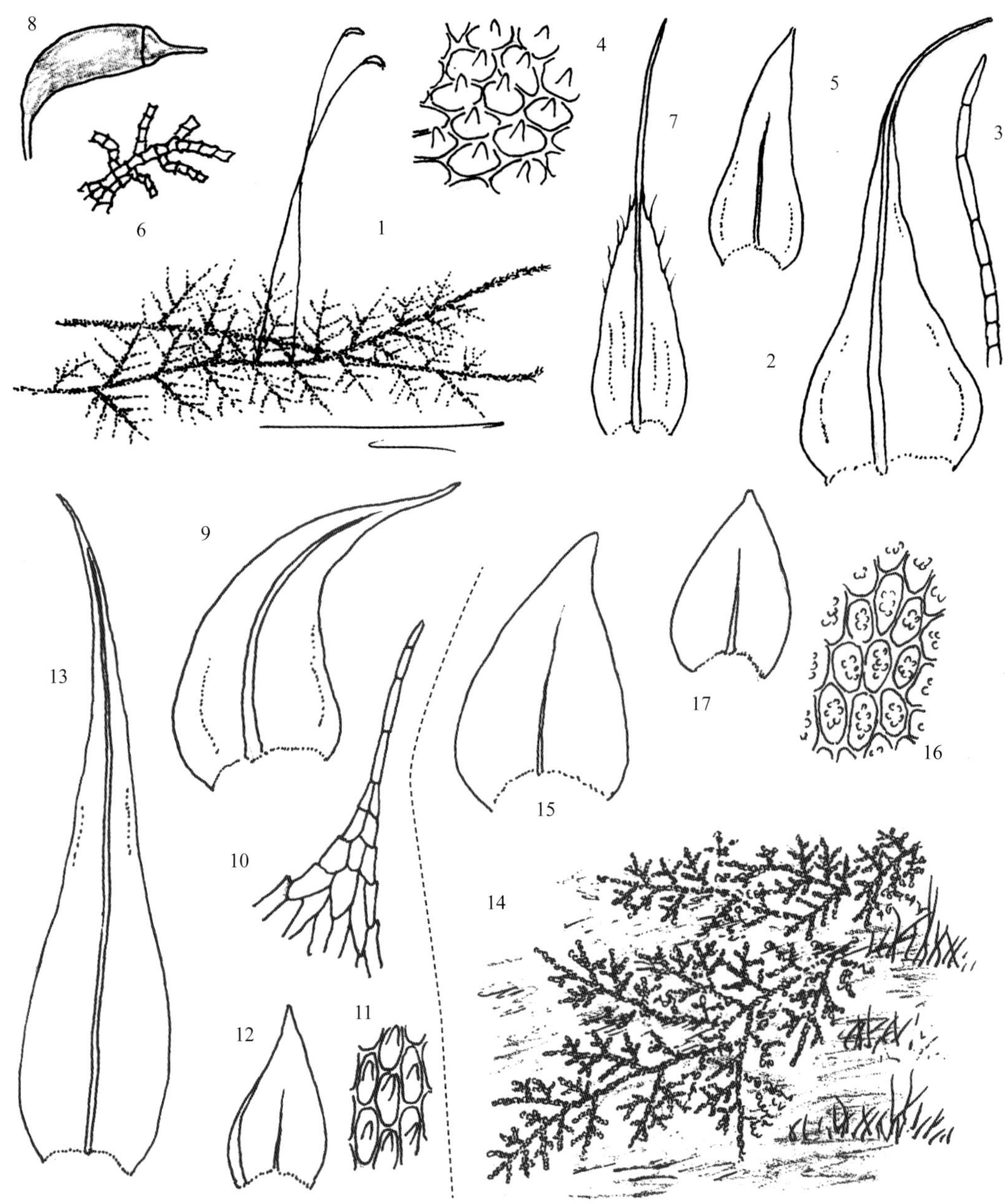

图 207

1~8. **大羽藓** *Thuidium cymbifolium*（Dozy et Molk.）Dozy et Molk.

1. 雌株（×1）2. 茎叶（×45），3. 茎叶尖部细胞（×450），4. 茎叶中部细胞（×450），5. 枝叶（×40），6. 鳞毛（×150），7. 内雌苞叶（×25），8. 孢蒴（×75）

9~13. **绿羽藓** *Thuidium assimile*（Mitt.）Jaeg.

9. 茎叶（×40），10. 茎叶尖部细胞（×400），11. 茎叶中部细胞（×400），12. 枝叶（×35），13.. 内雌苞叶（×90）

14~17. **灰羽藓** *Thuidium pristocalyx*（Müll. Hal.）Jaeg.

14. 温暖湿润草丛下的植物群落（×1），15. 茎叶（×65），16. 茎叶中部细胞（×450），17. 枝叶（×80）

少，披针形或线形。茎叶卵形至三角状卵形，具钝尖，长可达 1.5 mm；中肋消失于叶片 2/3 处。叶中部细胞卵形至菱形，厚壁，每个细胞中央具星状疣。枝叶卵形至阔卵形。雌雄异株。雌苞叶狭卵状披针；尖部具齿，下部全缘。蒴柄长可达 5 cm。

生境和分布　多生于低山湿热林地、石壁和树基。浙江、台湾、江西、广东、海南和云南；日本、朝鲜、菲律宾、印度尼西亚、马来西亚、斯里兰卡及印度有分布。

拟灰羽藓 *Thuidium glaucinoides* Broth.，Philipp. Journ. Sci. C. 3：26. 1908. 图 208：1~4

形态特征　疏松交织生长。体粗大，色泽淡黄绿至淡褐绿色，规则 2 回羽状分枝；枝长约 5~10 mm；中轴分化；鳞毛密生茎和枝上。茎叶阔卵形至卵状三角形，具短披针形尖；叶边具齿；中肋达叶 3/4 处，背面具刺状疣。叶中部细胞长卵形至椭圆形，具单疣或 2~3 个疣。枝叶卵形至阔卵形。雌雄异株。内雌苞叶披针形，具长毛尖；叶边具齿。

生境和分布　生于南部低海拔至 1400 m 的林地、腐木、草丛及阴湿石上。福建、台湾、广东、香港、广西和云南；日本、缅甸、泰国、越南、马来西亚、印度尼西亚、菲律宾及南太平洋有分布。

8 硬羽藓属 *Rauiella* Reim.

疏松交织生长。纤细，褐绿色或黄绿色，无光泽。茎规则羽状分枝；中轴不分化；鳞毛多数，线形或卵形，常分叉，尖部具多个疣状突起。茎叶与枝叶异形。茎叶基部卵形或心脏形，具狭披针形尖；叶边全缘或具细齿；中肋粗，不达叶尖。叶细胞椭圆形至圆方形，厚壁，具 2 至多疣。枝叶卵形至卵状三角形，具锐尖。雌苞叶披针形，无纤毛。蒴柄长达 1 cm 以上，平滑。孢蒴长卵形至圆柱形。蒴齿 2 层；齿毛 2~3。孢子近球形，密被细疣。蒴帽兜形。

本属约 10 余种，分布亚洲东部、北美洲、中南美洲和非洲中部温带山区。中国有 1 种。

东亚硬羽藓 *Rauiella fujisana*（Par.）Reim.，Hedwigia 76：287. 1937. 图 208：5~9

形态特征　疏松交织生长。体形纤细，干时较硬挺，暗绿色或绿色；鳞毛密生。茎叶三角形至三角状卵形，向上突成披针形尖；中肋达叶上部，背部具尖疣状突起；叶中部细胞具 2~6 个疣。枝叶卵形至三角状卵形。内雌苞叶狭长披针形，具细长毛尖。孢蒴圆柱形。

生境和分布　生于海拔 1 000~1 200 m 寒温林内树干基部，稀腐木或岩面。吉林、内蒙古、河北和陕西；日本及朝鲜有分布。

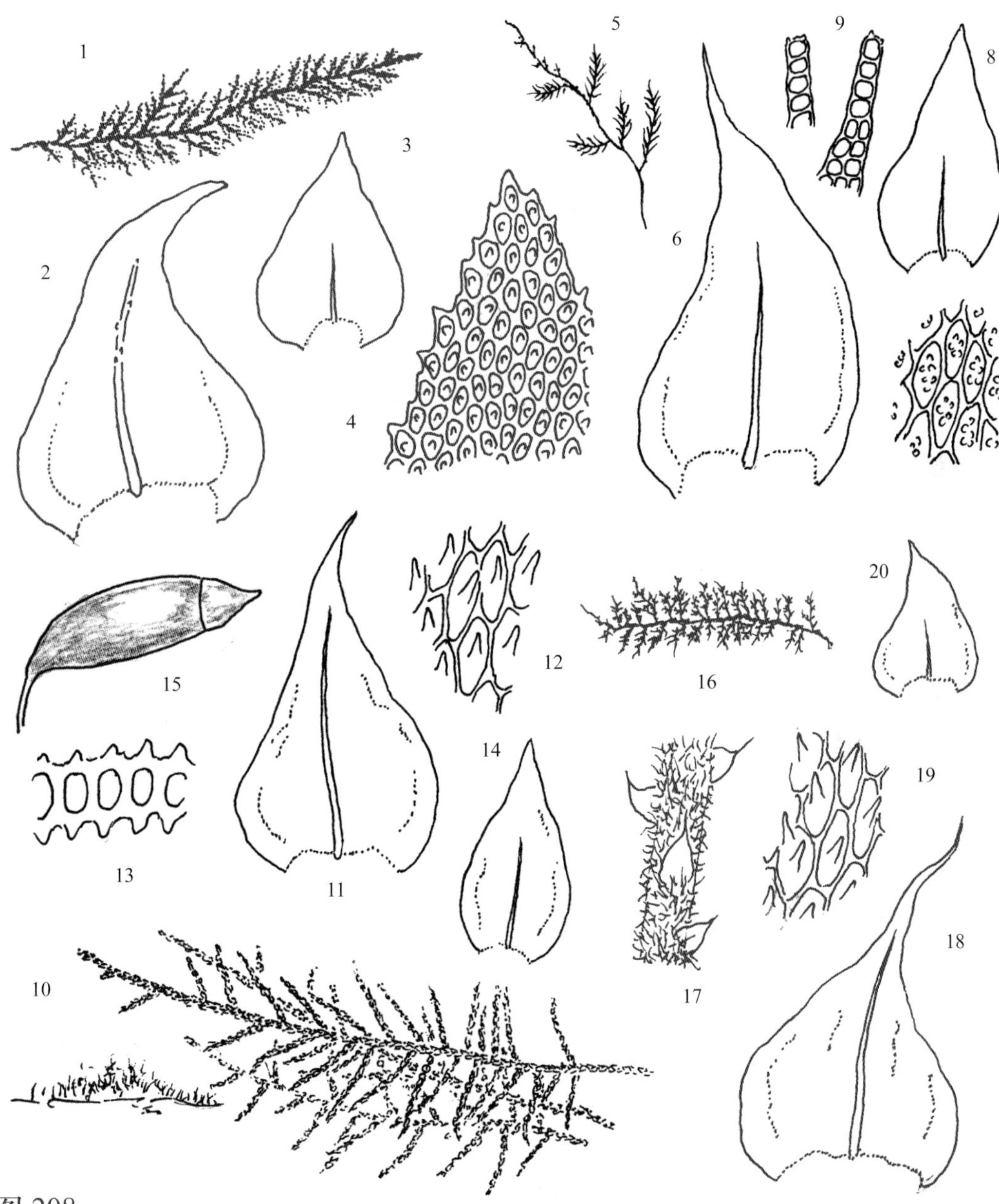

图 208

1~4. 拟灰羽藓 *Thuidium glaucinoides* Broth.

1. 植物体（×1），2. 茎叶（×50），3. 枝叶（×50），4. 枝叶尖部细胞（×350）

5~9. 东亚硬羽藓 *Rauiella fujisana*（Par.）Reim.

5. 植物体（×1），6. 茎叶（×60），7. 叶中部细胞（×350），8. 枝叶（×60），9. 鳞毛（×300）

10~15. 山羽藓 *Abietinella abietina*（Hedw.）Fleisch.

10. 北方针叶林林地着生的植物群落（×1），11. 茎叶（×15），12. 茎叶中部细胞（×550），13. 叶横切面的一部分，示叶细孢背腹面均具疣状突起（×150），14. 枝叶（×15），15. 孢蒴（×15）

16~20. 毛羽藓 *Bryonoguchia molkenboeri*（S. Lac.）Twats. et Inoue

16. 植物体（×1），17 茎的一部分，示密被鳞毛（×5），18. 茎叶（×25），19. 枝叶中部细胞（×350），20. 枝叶（×25）

9 山羽藓属 *Abietinella* Müll. Hal.

外形多变异，一般较粗大而硬挺，黄绿色，无光泽，丛集成片状生长。茎倾立，一回羽状分枝；鳞毛密被，多分枝。枝多钝端，有时呈尾尖状。茎叶与枝叶异形。茎叶心脏状卵形，上部呈披针状，具多数纵褶；叶边具粗齿；中肋粗壮，达叶片上部；叶细胞卵状六角形至菱形，具单粗疣。枝叶短小。雌雄异株。内雌苞叶卵状披针形，具多数长纵褶。蒴柄平滑。孢蒴圆柱形，弓形弯曲。环带分化。内外齿层近于等长，齿毛缺失。蒴盖圆锥形。蒴帽兜形。

分布在温带林区，2 种。中国有 2 种。

山羽藓 *Abietinella abietina*（Hedw.）Fleisch.，Musc. Fl. Buitenzorg 4：1497. 1922. 图 208：10~15

形态特征 疏松丛集成大片生长。体形粗壮，倾立或直立，长可达 10 cm，规则羽状分枝；枝长度可达 1 cm；中轴分化；鳞毛披针形至线形，具分枝。茎叶阔卵形，渐上呈披针形，具少数深纵褶，长约 1.5 mm；中肋背部具疣。叶中部细胞长 10~12 μm，厚壁，每个细胞具单疣。枝叶干时贴生，卵形至阔卵形，内凹。

生境和分布 习生于海拔 1 300~3 600 m 向阳针叶林林地和干燥岩面。黑龙江、吉林、内蒙古、山西、甘肃、陕西、青海、新疆、湖北、四川和云南；日本、朝鲜、俄罗斯（萨哈林）、欧洲及北美洲有分布。

应用价值 含 hop-22 (29) -ene 三萜类化合物及菜油甾醇 (campesterol) 甾醇类化合物。

10 毛羽藓属 *Bryonoguchia* Iwats. et Inoue

疏松交织成片生长。体形中等大小，色泽黄绿至亮绿色。茎匍匐，规则 2~3 回羽状分枝；中轴不分化；密生披针形至线形鳞毛。茎叶与枝叶异形。茎叶干燥时扭曲，卵形或心脏状卵形，具短尖或披针形尖；叶边全缘或具粗齿，基部常着生鳞毛；中肋背面具少数疣或鳞毛；叶中部细胞菱形至椭圆形，厚壁，具单疣。枝叶三角状卵形，内凹。内雌苞叶椭圆状披针形，上部具长纤毛。蒴柄平滑。孢蒴圆柱形，平列。蒴盖圆锥形。蒴帽兜形。孢子直径 10~15 μm，具细疣。

本属 2 种，分布亚洲东部地区。中国有 2 种。

毛羽藓 *Bryonoguchia molkenboeri*（S. Lac.）Iwats. et Inoue，Misc. Bryol. Lichenol. 5（7）：107. 1970. 图 208：16~20

形态特征 大片疏松交织生长。体长可达 10 cm；分枝呈鞭枝状，常具多数假根。茎叶阔卵形，具披针形尖，有少数纵褶；中肋消失于叶片上部；叶中部细胞菱形至椭圆形，长约 20 μm，每个细胞具单尖疣。枝叶具短尖。

生境和分布 生于海拔 3 000 m 的寒冷湿润林地、倒木或湿地面。吉林和西藏；日本、朝鲜及俄罗斯（远东地区）有分布。

11 沼羽藓属 *Helodium* Warnst.

丛集成片生长。体较粗壮，绿色或黄绿色，无光泽或略具光泽。茎单一或分叉，具规则羽状分枝；鳞毛密集，单列细胞或分叉。茎叶卵状披针形或心脏状披针形，向上突成披针形尖，具弱纵褶；叶边有时内卷，基部平滑或具长纤毛；中肋长达叶尖部。叶中部细胞椭圆状六角形，或长卵状六角形，具单个疣。枝叶与茎叶同形，但明显小于茎叶。雌雄多异苞同株。内雌苞叶披针形，部分种类叶边具齿或纤毛。蒴柄平滑。孢蒴卵状圆柱形，呈弓形或平展。蒴齿 2 层；齿片黄褐色，齿毛 3。蒴帽平滑。

本属 4 种，分布欧洲、亚洲和北美洲温带山地。中国有 2 种。

分钟检索表

1．茎叶心脏形，具细长多弯曲的披针形叶尖，近基部边缘具纤毛……………………1．东亚沼羽藓 *H. sachalinense*

1．茎叶椭圆形，具披针形叶尖；近基部边缘无纤毛 ……………………………………………2．沼羽藓 *H. paludosum*

东亚沼羽藓 *Helodium sachalinense*（Lindb.）Broth.，Nat. Pfl.-fam. 1（3）：1018. 1908. 图 209：1~6

形态特征 成片交织生长。体形稍小，色黄绿或绿色。茎具分化中轴；不规则羽状分枝；鳞毛披针形或线形，不规则分枝。茎叶干燥时贴茎生长，叶基心脏形、卵形或三角形，向上突成披针形多弯曲的尖部，近基部边缘具少数纤毛；中肋消失于叶上部。叶细胞菱形或圆卵形，厚壁，每个细胞具单疣。枝叶卵形，具细长尖。雌雄异株。

生境和分布 生于海拔 1 600~1 900 m 针叶林地、沼泽地或腐木。黑龙江、吉林、辽宁、内蒙古和新疆；日本、朝鲜及俄罗斯（萨哈林）有分布。

沼羽藓 *Helodium paludosum*（Aust.）Broth.，Nat. Pfl.-fam. 1（3）：1019. 1908. 图 209：7~11

形态特征 疏松成片生长。较粗壮，色泽黄绿至黄褐色。茎规则羽状分枝；中轴不分化；鳞毛常分枝。茎叶椭圆形至卵形，渐上成披针形，长约 1~1.5 mm，略具纵褶；叶边具细齿；中肋消失于叶上部。叶中部细胞狭长六角形或阔虫形，长 15~30 μm，每个细胞上方具一细疣。雌苞叶卵状披针形。

生境和分布 生于高山湿冷林地或沼泽地。黑龙江、吉林和内蒙古；俄罗斯（远东地区）、日本及北美洲有分布。

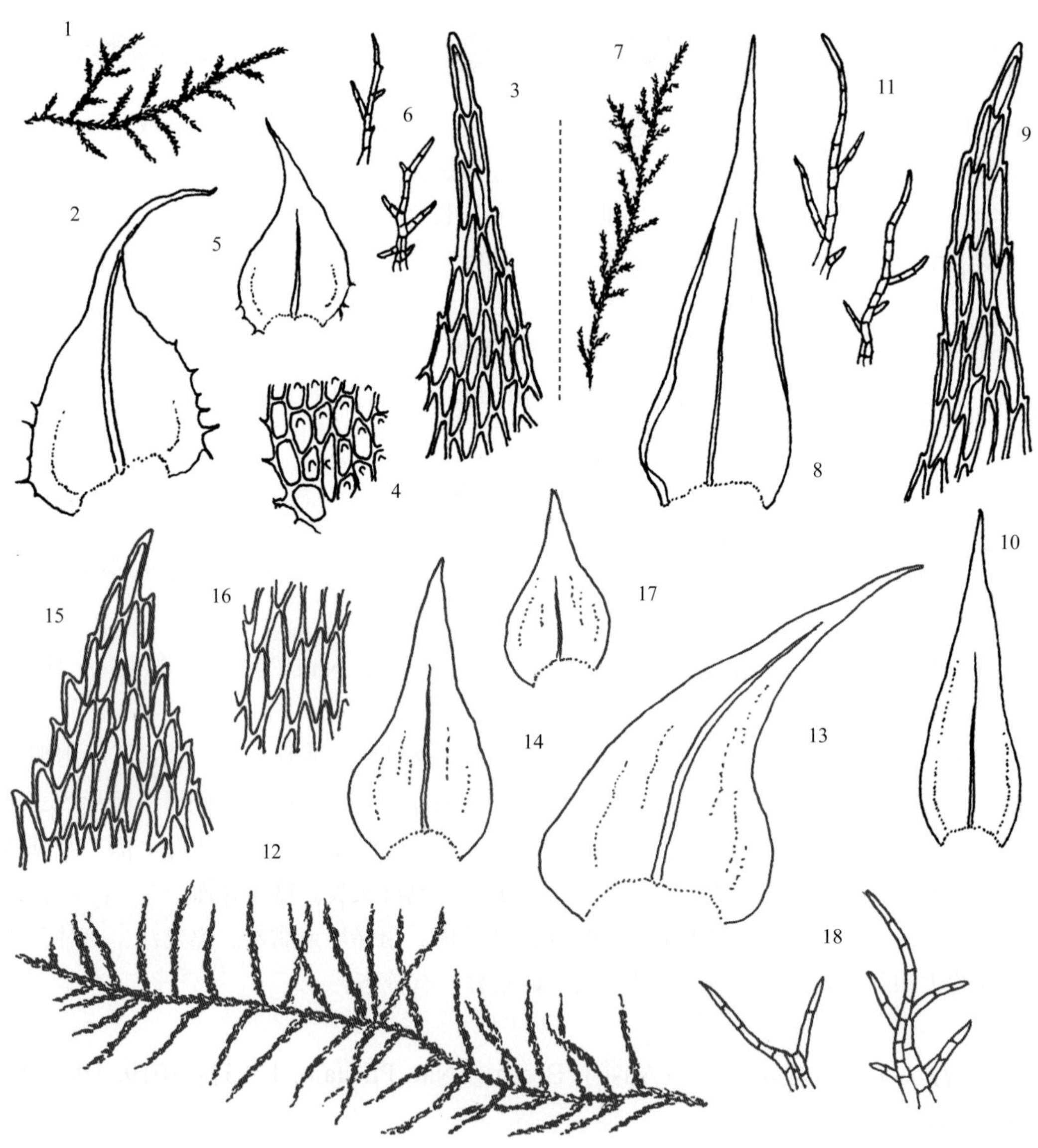

图 209

1~6. **东亚沼羽藓** *Helodium sahalinense*（Lindb.）Broth.

1. 植物体（×1）, 2. 茎叶（×25）, 3. 枝叶尖部细胞（×200）, 4. 枝叶基部细胞（×200）, 5. 枝叶（×25）, 6. 鳞毛（×180）

7~11. **沼羽藓** *Helodium paludosum*（Aust.）Broth.

7. 植物体（×1）, 8. 茎叶（×30）, 9. 茎叶尖部细胞（×300）, 10. 枝叶（×40）, 11. 鳞毛（×180）

12~18. **锦丝藓** *Actinothuidium hookeri*（Mitt.）Broth.

12. 植物体（×1）, 13. 茎叶（×20）, 14. 枝叶（×20）, 15. 枝叶尖部细胞（×200）, 16. 枝叶基部细胞（×200）, 17. 小枝叶（×20）, 18. 鳞毛（×80）

12 锦丝藓属 *Actinothuidium*（Besch.）Broth.

丛集大片状生长。体极粗大，硬挺，多黄绿色，略具光泽。茎直立至倾立，密集一回羽状分枝；鳞毛密生，多分枝；红棕色假根常着生下部。茎叶阔心脏形，向上成披针形，常一向偏曲，具多条纵褶；叶边上部略背卷，具粗齿；中肋消失于叶上部；叶中部细胞菱形至长六角形，无疣状突起，略具前角突，胞壁薄而透明。枝叶形小而短，强烈内凹。雌雄异株。蒴柄长可达 5 cm。孢蒴长圆柱形，略呈弓形弯曲。环带分化。蒴齿 2 层。

本属 1 种，分布高海拔山区。中国有较广分布。

锦丝藓 *Actinothuidium hookeri*（Mitt.）Broth.，Nat. Pfl.-fam. 1（3）：1019. 1908. 图 209：12~18

形态特征 体形大小多变异；枝尖多呈尾尖状；叶上部边缘具粗齿；叶细胞平滑。

生境和分布 生于海拔 800~5 500m 的云杉、冷杉或杂木林林地，稀树干或石生。吉林、河北、四川、云南和西藏；尼泊尔及印度北部有分布。

应用价值 东亚特有苔藓植物属之一。为针叶林林地重要地被植物，常大片生长对水土保持起积极作用。

098 柳叶藓科 AMBLYSTEGIACEAE

疏松或密丛集或交织生长。植物体纤细或较粗壮，略具光泽。茎倾立或直立，稀匍匐横生，不规则分枝或不规则羽状分枝。茎横切面圆形或椭圆形，中轴无或有，皮层细胞常为小形厚壁细胞，有时皮层细胞膨大透明。鳞毛多缺失，常具丝状或片状假鳞毛。茎叶平直或镰刀形弯曲，基部阔椭圆形或卵形，稀略下延，上部披针形，圆钝、急尖或渐尖；叶边全缘或略具齿；中肋通常单一或分叉，稀为 2 短肋或缺失。叶中部细胞阔长方形、六边形、菱形或线形，多平滑，少数具疣或前角突；叶基部细胞较宽短，细胞壁常加厚或具壁孔；多数种类有明显分化的角部细胞，小或膨大，薄壁透明或厚壁，无色或具色泽。枝叶与茎叶同形，常较小，中肋较弱。雌雄同株或异株，雌雄苞多生于茎顶。孢蒴圆柱形或椭圆形，倾立或平列，有时弓形弯曲。蒴齿 2 层，为灰藓型蒴齿。

本科 39 属，广泛分布于北温带地区。中国有 19 属。

分属检索表

1. 叶边由 2 至多层细胞组成……………………………………………………1. 厚边藓属 *Sciaromiopsis*

1. 叶边单层细胞…………………………………………………………………………………2

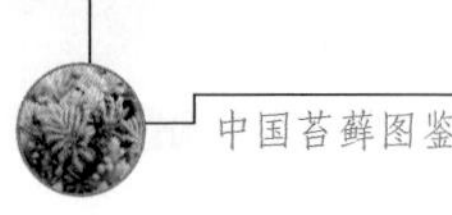

2. 茎着生多数鳞毛……………………………………………………………………… 2. 牛角藓属 *Cratoneuron*

2. 茎无鳞毛或稀具假鳞毛……………………………………………………………………………………… 3

3. 植物体粗壮，长可达 10 多厘米，或更长；羽状分枝或近羽状分枝 ……………………………………… 4

3. 植物体多细弱，稀纤长；分枝不规则 ……………………………………………………………………… 8

4. 叶片镰刀形弯曲，具狭长细尖；中肋单一；叶角部细胞形略大，壁薄，不明显透明 …………………… 5

4. 叶片宽阔，具圆钝尖，稀狭长，呈镰刀形弯曲；叶角部细胞大型，薄壁，透明 ………………………… 7

5. 植物体多着生湿地；假鳞毛多；蒴齿齿毛 1~3 ……………………………………… 10. 三洋藓属 *Sanionia*

5. 植物体常水生；假鳞毛少；蒴齿齿毛 2~3 …………………………………………………………………… 6

6. 叶片尖部不具齿…………………………………………………………………… 9. 镰刀藓属 *Drepanocladus*

6. 叶片尖部具齿…………………………………………………………………………… 11. 范氏藓属 *Warnstorfia*

7. 叶片中肋单一…………………………………………………………………………… 12. 湿原藓属 *Calliergon*

7. 叶片具 2 短肋或中肋不明显…………………………………………………… 13. 大湿原藓属 *Calliergonella*

8. 中肋粗，贯顶……………………………………………………………………… 4. 湿柳藓属 *Hygroamblystegium*

8. 中肋细弱，多不及叶中上部……………………………………………………………………………………… .9

9. 叶基部宽，叶尖阔钝…………………………………………………………………… 14. 水灰藓属 *Hygrohypnum*

9. 叶基部宽，叶上部细长………………………………………………………………………………………… 10

10. 中肋多不明显 ……………………………………………………………………………… .5. 细柳藓属 *Platydictya*

10. 中肋单一，稀短弱 ………………………………………………………………………………………… 11

11. 茎叶阔卵状披针形或阔心状披针形 ……………………………………………………………………… 12

11. 茎叶卵状披针形 …………………………………………………………………………………………… 13

12. 叶尖短；中肋 2，短弱；叶角部细胞数多………………………………………… 7. 细湿藓属 *Campylium*

12. 叶尖细长；中肋 2，短弱，或单一；叶角部细胞数少………………………… 8. 拟细湿藓属 *Campyliadelphus*

13. 湿地生；叶基部卵形；叶细胞菱形 …………………………………………… 3. 柳叶藓属 *Amblystegium*

13. 水生；叶基部椭圆形；叶细胞狭菱形 ………………………………………… 6. 薄网藓属 *Leptodictyum*

1 厚边藓属 *Sciaromiopsis* Broth.

根着丛集漂流生长。植物体纤细或粗壮，硬挺，绿色或棕绿色，略具光泽。茎不规则分枝；分枝略长展，上部直立或倾立，不分枝，或不规则羽状分枝。茎横切面为椭圆形，具中轴；皮层细胞 2~3 层，厚壁。叶倾立或向一侧偏曲，基部卵形，略下延，上部渐成长尖，长 1.7~2.2 mm；叶边平展，上部有细齿；中肋粗壮，达叶尖或突出成短尖。叶细胞长菱形，长 20~70 μm，宽 4~10 μm，薄壁，叶基着生处细胞疏松，角部细胞疏松六边形，膨大；叶边细胞狭长，多层，形成明显分化的边缘。

本属 1 种，仅分布中国。

厚边藓 *Sciaromiopsis sinensis*（Broth.）Broth.，Akad. Wiss. Wien Sitzungsber. Math. Nat. Kl. Abt. 1，133：580. 1924. 图 210：1~4

形态特征　种的形态特征同属。

生境和分布　溪流间水生。中国特有，产贵州、四川、云南和西藏。

应用价值　为溪间水质最佳指示植物。

2 牛角藓属 *Cratoneuron*（Sull.）Spruce

从集成片或垫状生长。形体中等或形大，柔软或较硬挺，有时粗壮，色泽暗绿、绿色或黄绿色，无光泽。茎倾立或直立；羽状分枝，少数不规则羽状分枝，稀不分枝，常密生褐色假根；分枝短，干燥时略弯曲；鳞毛片状，多数或稀少，不分枝。茎叶疏生，宽卵形或卵状短披针形，上部常急尖；多数叶边具粗齿；中肋粗壮，长达叶尖部或突出于叶尖。叶细胞薄壁，长六边形；叶角部细胞分化明显，强烈凸出，透明无色或带黄色，薄壁或厚壁。枝叶与茎叶同形，较短窄。雌雄同株。蒴柄红褐色。孢蒴长柱形。蒴盖具圆锥形短尖。孢子表面粗糙。

本属 1 种，仅分布中国。

牛角藓 *Cratoneuron filicinum*（Hedw.）Spruce，Cat. Musc. Amaz. And. 21. 1867. 图 210：5~9

形态特征　种的形态特征同属。

生境和分布　喜钙质和水湿的生境。黑龙江、吉林、辽宁、内蒙古、河北、山东、山西、河南、陕西、甘肃、青海、新疆、江苏、安徽、台湾、湖北、湖南、四川、云南和西藏；尼泊尔、不丹、印度、巴基斯坦、日本、俄罗斯（高加索）、欧洲、北美洲、中南美洲、非洲北部及新西兰有分布。

应用价值　在清洁溪间常大片生长，系水质最佳指示植物之一。

3 柳叶藓属 *Amblystegium* Bruch et Schimp.

小片状交织生长。体形纤细，绿色或黄绿色，有时呈棕黄色，无光泽或略有光泽。茎匍匐，下部簇生假根；不规则分枝或羽状分枝；假鳞毛片状。茎叶倾立，卵状披针形，具长尖；叶边平展，全缘或仅叶尖具明显或不明显齿；中肋单一，长达叶片中部或中部以上。叶中部细胞菱形或六边形，基部细胞短长方形，排列疏松，有时角部细胞较少，方形。雌雄异株。内雌苞叶披针形，具长尖或纵褶，中肋单一。蒴柄细长，干燥时扭转。孢蒴长圆柱形，拱形弯曲。环带分化。蒴齿 2 层；外齿层齿片横脊突出；内齿层齿条有狭穿孔，上部具疣，齿毛 1~3，具节瘤或节条。孢子小，具细疣。

本属约 20 种，主要分布温寒地区。中国有 2 种。

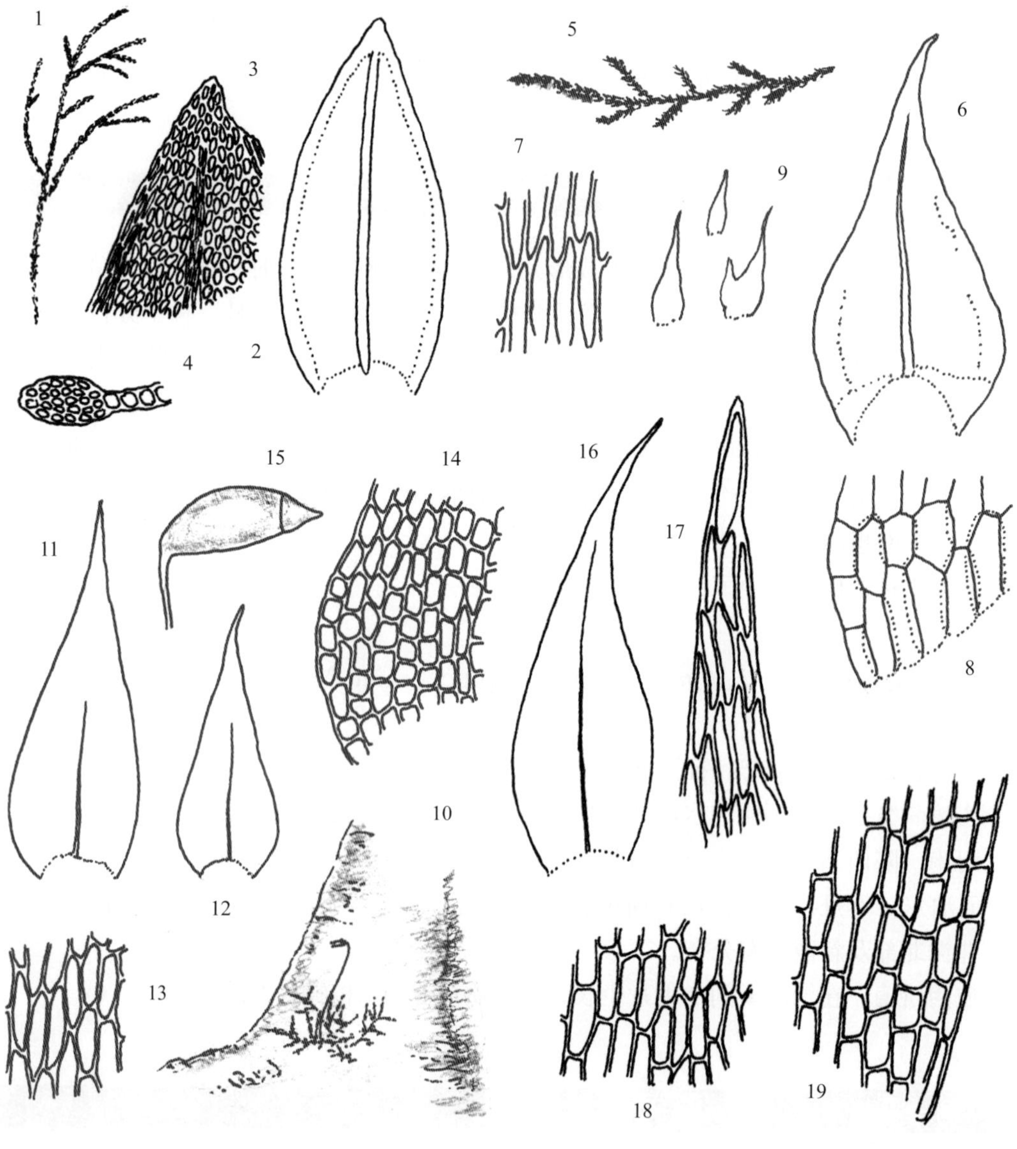

图 210

1~4. **厚边藓** *Sciaromiopsis sinensis*（Broth.）Broth.

1. 植物体干燥时的状态（×1），2. 茎叶（×60），3. 叶尖部细胞（×150），4. 叶边的横切面（×200）

5~9. **牛角藓** *Cratoneuron filicinum*（Hedw.）Spruce

5. 植物体（×1），6. 茎叶（×30），7. 叶中部细胞（×300），8. 叶基部细胞（×300），9. 鳞毛（×30）

10~15. **柳叶藓** *Amblystegium serpens*（Hedw.）Bruch et Schimp.

10. 着生林内阴湿树基的植物群落（×1），11. 茎叶（×50），12. 枝叶（×50），13. 叶中部细胞（×400），14. 叶基部细胞（×300），15. 孢蒴（×6）

16~19. **多姿柳叶藓** *Amblystegium varium*（Hedw.）Lindb.

16. 茎叶（×40），17. 叶尖部细胞（×300），18. 叶中部细胞（×300），19. 叶基部细胞（×300）

分种检索表

1. 叶多平展；中肋细弱，达叶片长度的 1/2~2/3 ………………………………………………… 1. 柳叶藓 *A. serpens*

1. 叶尖常向一侧弯曲；中肋长达叶尖下 ……………………………………………………………… 2. 多姿柳叶藓 *A. varium*

柳叶藓 *Amblystegium serpens*（Hedw.）Bruch et Schimp.，Bryol. Eur. 6：53. pl. 564. 1853. 图 210：10~15

形态特征 密交织成小片生长。体形细小，绿色或黄绿色。茎匍匐；叶稀疏着生，不规则分枝；横切面圆形，中轴小；假鳞毛叶状。茎叶直立或向外倾立，卵状披针形，长 0.5~0.8 mm；中肋细弱，单一，平直，达叶片长度的 1/2~2/3；叶边平展，具细齿。叶中部细胞长菱形或长椭圆形，长 15~30 μm，上部细胞较长，基部细胞较宽，长方形，角部细胞数多，方形。枝叶与茎叶同形，较窄小。雌雄同株。内雌苞叶长披针形，急成短尖。蒴柄红色，细弱，长 1~3 cm。

生境和分布 习生树基、腐木和湿土上。黑龙江、吉林、辽宁、内蒙古、河北、山东、陕西、甘肃、青海、新疆、江苏、浙江和云南；日本、朝鲜、巴基斯坦、印度、俄罗斯、欧洲、美洲、非洲北部及新西兰有分布。

多姿柳叶藓 *Amblystegium varium*（Hedw.）Lindb.，Musci Scand. 32. 1879. 图 210：16~19

形态特征 交织成片生长。植物体形小，黄色或棕绿色。茎匍匐，长 2~5 cm，不规则分枝；横切面圆形，中轴小，皮层细胞厚壁；假鳞毛叶状。茎叶直立，长卵形或卵状披针形，长 1.6~1.2 mm，渐尖，叶基稍下延；叶边稍具齿；中肋达叶尖下，上部常扭曲。叶中部细胞菱形，壁较厚，长 20~35 μm，上部细胞较窄，基部细胞较大，角部细胞短方形，分化不明显。

生境和分布 生于温寒山区低地土壤、岩石和树干基部。黑龙江、吉林、内蒙古、河北、新疆和云南；日本、印度、欧洲、俄罗斯（高加索）、北美洲、非洲北部及澳大利亚有分布。

4 湿柳藓属 *Hygroamblystegium* Loeske

交织成片生长。植物体硬挺，色泽深绿或黄绿色，无光泽。茎不规则分枝；无鳞毛。叶直立，或一向弯曲，基部卵形或长椭圆形，渐成阔披针形；全缘或具齿；中肋粗壮，达叶尖终止，或突出于叶尖。叶细胞壁厚，长菱形或长六边形，角细胞阔短，方形或长方形。雌雄同株。

本属约 20 种，温带地区分布。中国有 2 种。

湿柳藓 *Hygroamblystegium tenax*（Hedw.）Jenn.，Man. Moss W. Pennsylvania 277. 39. 1913. 图 211：1~6

形态特征 交织成片生长。植物体小，色深绿或黄绿色，挺硬或细弱。茎不规则分枝。茎叶卵形或卵状披针形，稍弯曲，长 1~1.5 mm，渐尖；中肋基部黄色，长达叶片尖部，有时贯顶或突出于叶尖。叶细胞菱形或长菱形，长宽比为 2~3：1，叶基着生处细胞膨大，带黄色，成 2~3 列。枝叶弯曲，卵形。

生境和分布 生于高山溪流中或溪流边岩石或土上。辽宁、河南、山西和陕西；印度、俄罗斯（高加索）、欧洲、北美洲及非洲北部有分布。

应用价值 为溪间水质重要指示植物之一。

5 细柳藓属 *Platydictya* Berk.

小片状交织生长。植物体甚纤细，淡绿色或深绿色，无光泽。茎不规则分枝；随处有假根固着基质上；假鳞毛丝状或片状；茎横切面圆形，无中轴。茎叶直立，披针形或狭披针形；叶边平展，全缘或具齿；中肋单一，极短，不明显。叶细胞菱形或长六边形，角部细胞数多，常为扁长方形。雌雄同株或异株。内雌苞叶披针形。蒴柄纤细，干燥时扭转，橙黄色或紫色。孢蒴数多，直立，长卵形或圆柱形，两侧对称或略呈弓形，稀倾立。环带分化。蒴齿 2 层；齿毛多数单一或发育不全，有时缺失，稀 1~3，具节瘤。孢子小，平滑或具疣。

本属约 7 种，温带分布。中国有 2 种。

细柳藓 *Platydictya jungermannioides*（Brid.）Crum，Michigan Bot. 3：60. 1964. 图 211：7~12

形态特征 密交织生长。体形细小，柔弱，色深绿或黄绿色。茎长约 1~1.5 cm，叶稀疏着生；不规则分枝。茎叶直立，平直或稍弯曲，卵状披针形或披针形，渐尖，长 0.2 ~0.35 mm；叶边平直，具齿，基部齿密；中肋无或极不明显。叶上部细胞菱形，中部细胞菱形，长 20~40 μm，角部细胞正方形或长方形，与基部细胞界限不明显。

生境和分布 生于阴湿岩石、土壤和树基上，喜钙质阴湿生境。内蒙古、山西、江苏、云南和西藏；日本、俄罗斯（高加索）、欧洲及北美洲有分布。

6 薄网藓属 *Leptodictyum*（Schimp.）Warnst.

疏松交织生长。体形大小多变异，色泽黄绿或绿色。茎匍匐，不规则分枝；茎横切面圆形，中轴小；假鳞毛丝状或片状。茎叶直立，长卵形，上部渐成披针形；中肋单一，达叶上部，有时中肋末端扭曲。叶中部细胞长菱形或菱形；角部细胞分化。雌雄同株或雌雄异株。内雌苞叶中肋单一，粗壮，长达叶尖。蒴柄细长，干燥时扭转，红色或紫色。孢蒴

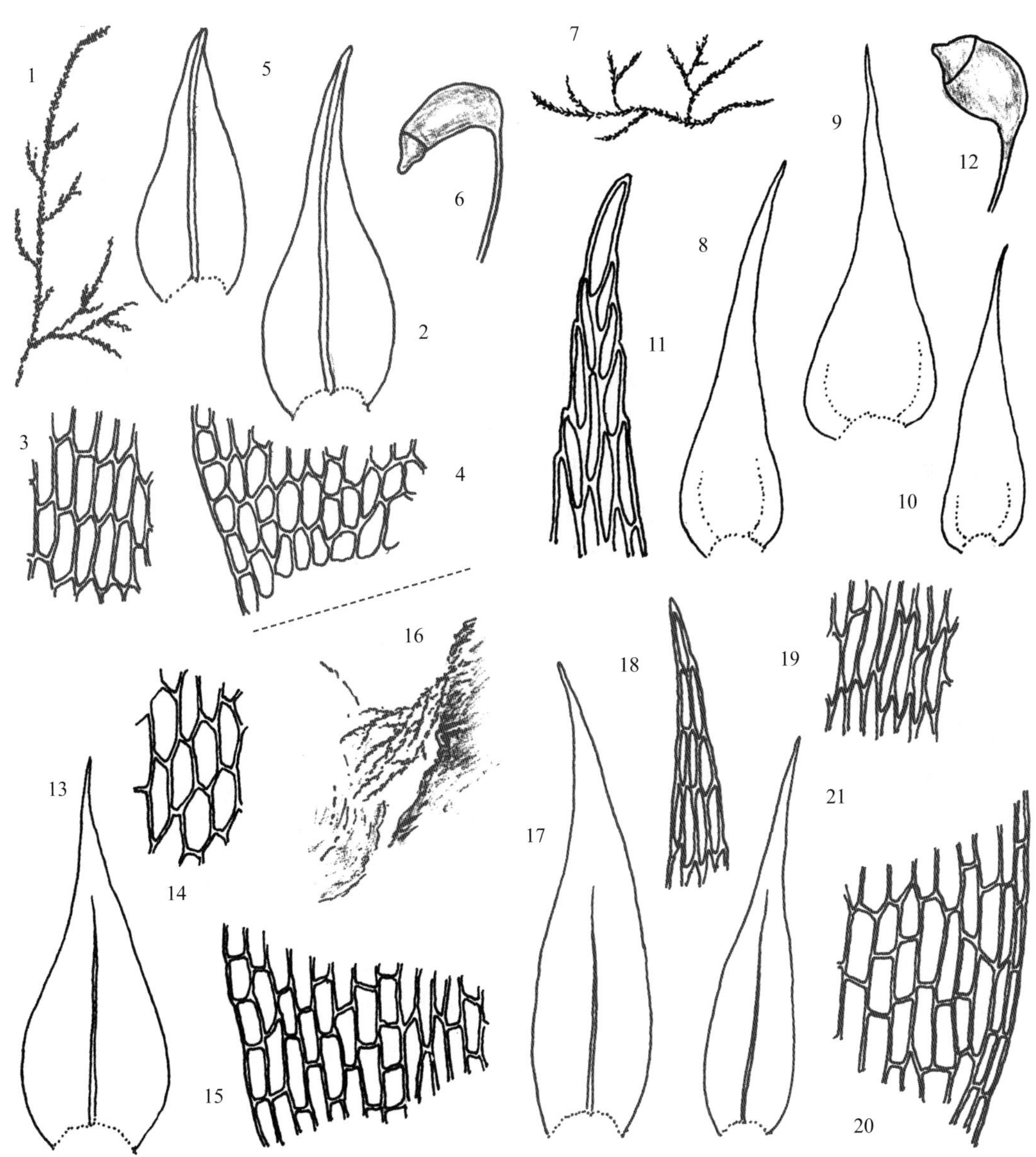

图 211

1~6. 湿柳藓 *Hygroamblystegium tenax*（Hedw.）Jenn.

1 植物体 .（×1），2. 茎叶（×30），3. 茎叶中部细胞（×200），4. 茎叶基部细胞（×200），5. 枝叶（×30），6. 孢蒴（×15）

7~12. 细柳藓 *Platydictya jungermannioides*（Brid.）Crum

7. 植物体（×8），8~10. 叶（×80），11. 叶尖部细胞（×400），12. 孢蒴（×30）

13~15. 曲肋薄网藓 *Leptodictyum humile*（P. Beauv.）Ochyra

13. 叶（×40），14. 叶中部细胞（×200），15. 叶基部细胞（×200）

16~21. 薄网藓 *Leptodictyum riparium*（Hedw.）Warnst.

16. 着生溪边石上的植物群落（×1），17. 茎叶（×18），18. 茎叶尖部细胞（×150），19. 茎叶中部细胞（×150），20. 茎叶基部细胞（×150），21. 枝叶（×18）

长圆柱形，倾立，背部弯曲，干燥时或孢子散发后蒴口内缢。蒴齿 2 层；齿毛 2~3，常具节瘤。蒴盖圆锥形。孢子具细疣。

本属约 8 种，温带地区分布。中国有 2 种。

分种检索表

1. 叶卵状短披针形；叶细胞长六边形；雌雄同株 ……………………………………………… 1. 曲肋薄网藓 *L. humile*

1. 叶长卵状披针形；中肋平直；叶细胞狭长菱形；雌雄异株 ……………………………………2. 薄网藓 *L. riparium*

曲肋薄网藓 *Leptodictyum humile* (P. Beauv.) Ochyra, Fragm. Flor. Geobot. 26 (2–4, Suppl.)：385. 1981. 图 211：13~15

形态特征 疏松成小片生长。体形细弱，绿色或黄绿色。茎匍匐，长 2.5~3.5 cm，稀疏不规则分枝；横切面圆形，中轴小。茎叶直立，卵形，急成小尖，叶基不下延，长约 1.3 mm；叶平展，叶边平滑或稍具齿；中肋单一，长达叶片 1/2~3/4 处，有时弯曲。叶上部细胞平滑，长六角形，长 30~60 μm，角部细胞大，正方形或长方形。

生境和分布 生于潮湿土壤上。黑龙江、吉林、辽宁、内蒙古、江苏、江西和西藏；日本、俄罗斯、欧洲及北美洲有分布。

薄网藓 *Leptodictyum riparium*（Hedw.）Warnst.，Krypt. Fl. Brandenburg 2：878. 1906. 图 211：16~21

形态特征 基部着生石上，上部漂流。体形略粗，黄色或绿色。茎匍匐，长 5~10 cm；不规则分枝。叶片直立或倾立，形态变化大，平展或稍弯曲，长 2.5~4.0 mm，长披针形，稀为卵状披针形；叶边全缘；中肋单一，细弱，达叶片 1/2~3/4 处。叶中部细胞短菱形或长菱形，薄壁，长 60~80 μm，基部细胞长方形，排列疏松，角部细胞分化不明显，长方形。枝叶与茎叶同形，较小。孢子直径 9~13 μm，具细疣。

生境和分布 生于溪流或沼泽地边缘，有时半沉水生长。黑龙江、吉林、辽宁、内蒙古、河北、河南、陕西、新疆、江苏、浙江、贵州和云南；日本、朝鲜、俄罗斯、欧洲、北美洲、非洲及大洋洲有分布。

应用价值 为水质良好的指示植物，南方水井中常生长。

7 细湿藓属 *Campylium*（Sull.）Mitt.

疏松交织生长。体形细小，绿色、黄色或棕色。茎单一或不规则分枝；横切面皮层细胞 1~2 层，形小、厚壁；中轴小；假鳞毛片状、披针形或三角形。茎叶基部卵状心形或宽三角形，向上渐成长尖，叶尖扭曲；叶边具齿；中肋单一，分叉或具 2 短肋，不超过叶片中部。叶中部细胞线形，细胞末端具前角突；基部细胞较短，厚壁，具孔；角部细胞膨大，透明，长方形。枝叶较窄小。雌雄同株。内雌苞叶披针形。蒴柄红色。孢蒴平列，椭圆形。蒴齿 2 层；外齿层基部具横纹，上部具疣；内齿层基膜高出，上部具疣，下部平滑，齿毛 1~4，与齿条等长，具节瘤。

本属约 30 种，分布温湿地区为主。中国有 3 种。

粗毛细湿藓 *Campylium hispidulum*（Brid.）Mitt.，Journ. Linn. Soc. Bot. 12：631. 1869. 图 212：1~4

形态特征 小片状交织生长。体形细弱，亮绿色或黄色。茎匍匐，不规则分枝；横切面椭圆形，中轴小，皮层细胞小，厚壁，1~2 层；假鳞毛叶状。茎叶背仰，长约 0.8 mm，基部宽卵形或心形，向上突成长披针形尖；中肋缺失或具短肋；叶边平展，具细齿。叶中部细胞短，长 18~35 μm，角部细胞方形。雌雄同株。内雌苞叶长披针形。蒴柄短，长 1.5~2.5 cm。孢蒴长圆柱形，多弯曲。内齿层齿毛 2~3，与齿条等长。

生境和分布 生于含碱性的土壤、岩石、沼泽和树基。黑龙江、吉林、辽宁、内蒙古、河北、山西、陕西、青海、新疆、浙江、湖北、云南和西藏；日本、欧洲及北美洲有分布。

8 拟细湿藓属 *Campyliadelphus*（Kindb.）Chopra

小片状交织。植物体形小或中等大小，绿色，带黄色或金黄色，干燥时略具光泽。茎匍匐，有时倾立或直立，不规则羽状分枝；横切面皮层细胞 2~3 层，中轴小；假鳞毛片状。茎叶卵状心形或三角状心形向上渐尖或急尖，常扭转；叶边近于平滑；中肋单一，达叶片中部或尖部，或具 2 短肋。叶细胞狭长方形或线形；基部细胞长方形，厚壁；角部细胞小，多数，宽长方形或长方形，厚壁，无明显界限。枝叶与茎叶同形，较窄小。雌雄异株。蒴柄红色。孢蒴平列，椭圆形。蒴帽圆锥形。蒴齿 2 层；外齿层齿片基部具横纹，上部具疣和齿；内齿层发育完全。孢子具疣。

本属 3 种，以温带地区分布为主。中国有 3 种。

分种检索表

1. 叶中肋单一或分叉，消失于叶中上部……………………………………………………3
1. 叶具两短中肋……………………………………………………………………………2
2. 叶密集着生茎上，上部背仰，渐尖成长披针形 ……………………1. 仰叶拟细湿藓 *C. stellatus*
2. 叶稀疏着生茎上，从叶基向外倾立，突成长披针形细尖 ……………2. 多态拟细湿藓 *C. protensus*
3. 叶渐尖；角部细胞膨大，透明；中肋有时分叉 ……………………3. 阔叶拟细湿藓 *C. polygamus*
3. 叶急尖；角部细胞常不膨大或仅稍膨大；中肋不分叉 ………………4. 拟细湿藓 *C. chrysophyllus*

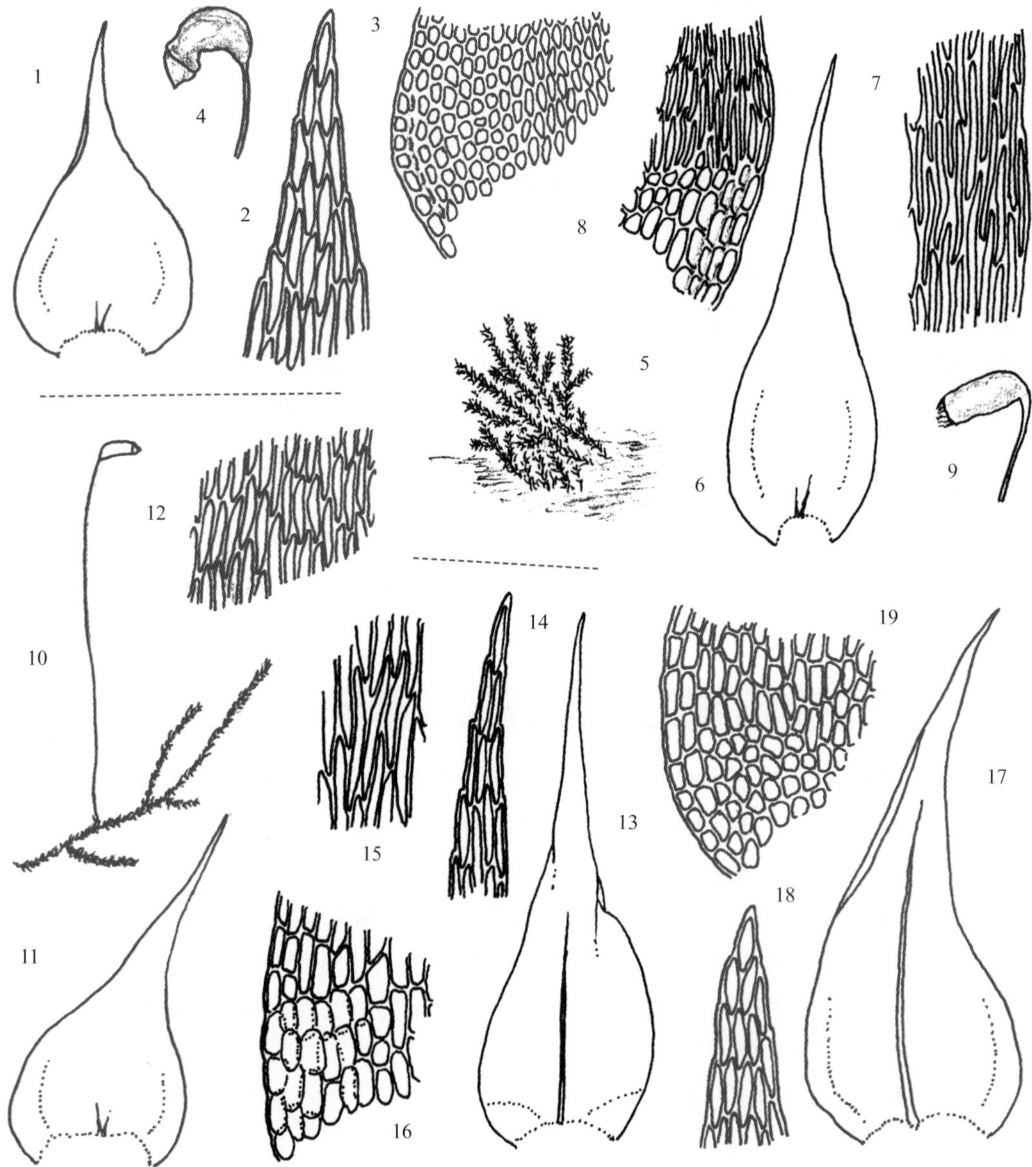

图 212

1~4. 细湿藓 *Campylium hispidulum* (Brid.) Mitt.

1. 茎叶（×50），2. 叶尖部细胞（×300），3. 叶基部细胞（×300），4. 孢蒴（×10）

5~9. 仰叶拟细湿藓 *Campyliadelphus stellatus* (Hedw.) Kanda

5. 着生阴湿土面的植物群落（×1），6. 茎叶（×35），7. 叶中部细胞（×350），8. 叶基部细胞（×350），9. 已开裂的孢蒴（×10）

10~12. 多态拟细湿藓 *Campyliadelphus protensus* (Brid.) Kanda

10. 雌株（×4），11. 茎叶（×40），12. 叶中部细胞（×300）

13~16. 阔叶拟细湿藓 *Campyliadelphus polygamus* (Bruch et Schimp.) Kanda

13. 茎叶（×25），14. 叶尖部细胞（×300），15. 叶中部细胞（×300），16. 叶基部细胞（×300）

17~19. 拟细湿藓 *Campyliadelphus chrysophyllus* (Brid.) Chopra

17. 茎叶（×35），18. 叶尖部细胞（×300），19. 叶基部细胞（×300）

仰叶拟细湿藓 *Campyliadelphus stellatus*（Hedw.）Kanda，Journ. Sci. Hiroshima Univ.，ser. b，div. 2，bot. 15：269. 1975. 图 212：5~9

形态特征　密集或稀疏交织生长。植物体略粗，长达 5~10 cm，黄色或褐绿色，具光泽，茎直立或倾立，不规则分枝；横切面椭圆形，中轴小，皮层细胞小，厚壁，2~3 层；假鳞毛形态多异，叶状。茎叶背仰，卵形或卵状三角形，长 2~2.5 mm，渐上成细长扭曲叶尖，叶边无齿；中肋 2，短弱。叶中部细胞长 50~70 μm，厚壁，具壁孔，角部细胞明显分化，近方形，无色或淡褐色。雌雄同株。内雌苞叶长披针形，突成长尖或线形尖，具纵褶。

生境和分布　生于沼泽边湿土或潮湿岩面。黑龙江、吉林、内蒙古、河南、甘肃、青海、新疆、江西、湖北、四川和云南；日本、朝鲜、欧洲、北美洲、非洲北部及大洋洲有分布。

多态拟细湿藓 *Campyliadelphus protensus*（Brid.）Kanda，Journ. Sci. Hiroshima Univ.，ser. b，div. 2，bot. 15：263. 1975. 图 212：10~12

形态特征　紧密交织生长。植株体形细弱，黄绿色，具光泽。茎匍匐或倾立，不规则羽状分枝。茎叶背仰，从宽卵形或心形基部向上突狭呈长披针形尖；叶边平展，全缘；中肋 2，短弱或中肋不明显，有时中肋终止于叶片中部以下。叶中部细胞狭长，基部细胞较短阔，厚壁具壁孔，角部细胞褐色，厚壁，短方形或圆形，界限明显。

生境和分布　湿润土生。黑龙江、吉林、辽宁、内蒙古、新疆和贵州；日本、俄罗斯(远东地区)、欧洲、北美洲和大洋洲有分布。

阔叶拟细湿藓 *Campyliadelphus polygamus*（Bruch et Schimp.）Kanda，Journ. Sci. Hiroshima Univ.，ser. b，div. 2，bot. 15：267. 1975. 图 212：13~16

形态特征　小片状交织生长。体形略粗，黄色或金黄色，具光泽。茎匍匐或直立，长 2~6 cm，不规则分枝；横切面椭圆形，中轴小，皮层细胞 1~2 层，厚壁；假鳞毛叶状，多为三角形。叶披针形，渐成长尖，长 2~3 mm；叶边平滑；中肋细弱，单一或分叉，达叶片 1/3~1/2 处。叶中部细胞线形，长 40~80 μm，基部细胞壁稍厚，具壁孔，角部细胞椭圆形，膨大，形成明显黄色叶耳。

生境和分布　生于湿土上。黑龙江、吉林、辽宁、内蒙古、河北、山东、山西、河南、陕西、甘肃、新疆、江苏、江西、湖北、湖南、四川和西藏；日本、俄罗斯（远东地区)、欧洲、北美洲、非洲北部、大洋洲及南极洲有分布。

拟细湿藓 *Campyliadelphus chrysophyllus*（Brid.）Chopra，Taxon. Indian Mosses 443. 1975 图 212：17~19

形态特征　稀疏或密集丛生。体形细小，绿色、黄绿色或褐绿色，带光泽，茎匍匐，长 5~10 cm，不规则分枝；横切面圆形，中轴小，皮层细胞小，3~4 层，厚壁或外层细胞膨大；假鳞毛叶状，形态变化大。茎叶背仰，心状或卵状披针形，尖部细长，长 1.2~1.5

mm；叶边全缘或仅基部具不明显齿突；中肋单一，达叶片中部或中部以上。叶细胞六角形，角部细胞为一群短长方形厚壁细胞。雌雄异株。蒴柄红色，弓形弯曲。孢蒴红色，长柱形。

生境和分布 喜生于钙质岩面、湿土、腐木和树基。黑龙江、吉林、辽宁、内蒙古、河北、山东、山西、河南、陕西、安徽、江西、湖北、贵州、云南和西藏；日本、朝鲜、印度、俄罗斯（高加索）、欧洲、北美洲、墨西哥及非洲北部有分布。

现有学者认为本种应归入细湿藓属（*Campylium*）。

9 镰刀藓属 *Drepanocladus*（Müll. Hal.）Roth

成束集生或成垫状生长。植物体通常略粗，绿色、黄绿色或棕色，略具光泽。茎匍匐、倾立或直立，不规则疏分枝或规则疏羽状分枝；假鳞毛片状。茎叶常为镰刀形弯曲或钩状弯曲，多内凹，常具纵褶，披针形或卵状披针形，叶尖短或狭长，叶基稍下延；叶边平直；中肋单一，达叶中部或叶尖，稀突出叶尖。叶中部细胞线形，平滑；基部细胞宽短，多厚壁而具壁孔；角部细胞常明显分化，无色透明，薄壁，有时带色泽，厚壁，多形成明显叶耳，稀角部细胞不分化。雌雄异株，稀雌雄同株。内雌苞叶长披针形，具纵长皱褶。蒴柄细长。孢蒴倾立或平列，卵形，拱形弯曲，干燥时或孢子散发后蒴口内缢。

本属约 20 种，温带地区分布。中国有 7 种。

分种检索表

1. 叶尖细长；角部细胞数多，多薄壁 ······································ 1. 镰刀藓 *D. aduncus*
1. 叶尖宽短；角部细胞数少，厚壁 ······································ 2. 粗肋镰刀藓 *D. sendtneri*

镰刀藓 *Drepanocladus aduncus*（Hedw.）Warnst., Bot. Centralbl. Beih. 13：400. 1903. 图 213：1~4

形态特征 上部漂流基部根着基质。柔弱，黄绿色。茎长 10~20 cm，不规则分枝或疏羽状分枝；横切面圆形，中轴小，皮层细胞 1~2 层，加厚或薄壁膨大；假鳞毛少，叶状。茎叶形态多变，卵状披针形，多呈镰刀形弯曲，长 1~3 mm；叶边内卷，全缘；中肋单一，细弱或粗壮，达叶片中上部。叶细胞线形，基部细胞较宽短，长菱形，具壁孔或无，角部细胞明显分化，膨起，黄色或透明。枝叶较窄小，弯曲。

生境和分布 多生于沼泽地。黑龙江、吉林、辽宁、内蒙古、甘肃、青海、新疆、浙江、云南和西藏；日本、印度、俄罗斯、欧洲、北美洲、非洲北部及大洋洲有分布。

应用价值 可作北方山区溪流水质重要指示植物之一。

粗肋镰刀藓 *Drepanocladus sendtneri*（Schimp.）Warnst.，Bot. Centralbl. Beih. 13：400. 1903. 图 213：5~8

形态特征　湿水生或半沉水生。体略粗，黄绿色或黄褐色，倾立或直立。茎长达 30 cm，匍匐，倾立或直立，疏羽状分枝或不规则分枝；具中轴，无透明皮层。叶片镰刀形弯曲，卵状披针形，内凹，有时具纵褶，长 1.5~2.5 mm；叶边近平滑；中肋强劲，常达叶尖部。叶中部细胞线形，宽 7~9 μm，基部细胞棕色，厚壁，具壁孔，角部细胞少，长方形，壁厚，具壁孔，常形成不明显叶耳。

生境和分布　生于钙质沼泽和湖泊中，湿水生或半沉水。黑龙江、内蒙古和云南；日本、欧洲、美洲、大洋洲及非洲北部有分布。

应用价值　对水质的敏感性，可作中国北部山区溪流水质的指示植物。

10 三洋藓属 *Sanionia* Loeske

稀疏平展或密集丛生。植物体黄棕色或绿色，具光泽。茎长 5~10 cm，稀疏近羽状分枝或不规则分枝，末端小枝成弧形弯曲；茎横切面长椭圆形，皮层细胞正方形或六边形，厚壁，3~4 层，中轴小。假鳞毛大而多，叶状。茎叶镰刀形弯曲，有皱褶，基部渐上成细长尖，长 3.5~5 mm；叶边内卷，上部具齿；中肋细弱，终止于叶中部或上部。叶细胞线形，基部细胞长方形，厚壁，具壁孔，角部细胞小，多边形，薄壁。枝叶小而窄。雌雄同株。蒴柄红棕色，长 2~3 cm。孢蒴长柱形，弓形弯曲，倾立或直立。内齿层齿条开裂，透明，上部具疣；齿毛短，有时与外齿等长，1~3，常具节瘤。蒴盖圆锥形。孢子直径 12~18 μm，具疣。

本属 3 种，温带地区分布。中国有 1 种。

三洋藓 *Sanionia uncinata*（Hedw.）Loeske，Hedwigia 46：309. 1907. 图 213：9~13

形态特征　种的形态特征同属。

生境和分布　多生于湿土、具土岩石、腐木和树基，有时见于沼泽。黑龙江、吉林、辽宁、内蒙古、河北、山西、陕西、甘肃、青海、新疆、台湾、湖北、四川、云南和西藏；尼泊尔、印度、巴基斯坦、日本、欧洲、美洲、非洲、大洋洲及南极洲有分布。

11 范氏藓属 *Warnstorfia*（Broth.）Loeske

常漂浮于水中。体形中等大小或形大，绿色、黄绿色或红棕色，规则分枝或近于规则羽状分枝。茎匍匐或直立；横切面圆形，中轴小，皮层细胞 1~4 层，厚壁；假鳞毛片状。茎叶直展或镰刀形弯曲，形状多变，卵状狭披针形，具长叶尖，无褶；叶边具齿；中肋单一，长达叶片中部以上或达叶尖，稀突出于叶尖。叶中部细胞线形，基部细胞较宽；角部细胞方形或长方形，膨大，常排列成行，形成明显小叶耳。枝叶与茎叶同形，窄小。雌雄

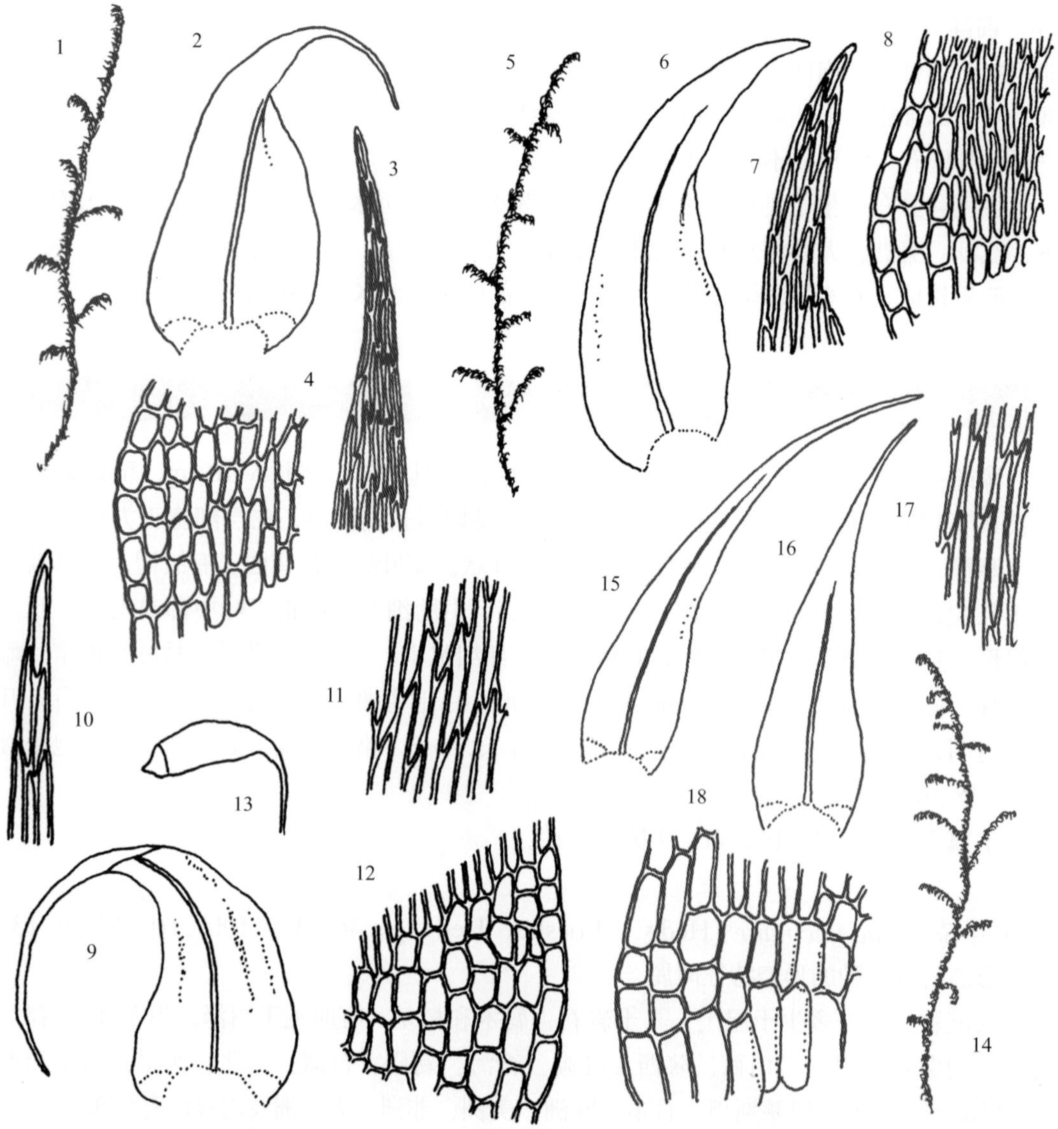

图 213

1~4. **镰刀藓** *Drepanocladus aduncus*（Hedw.）Warnst.

1. 植物体（×1），2. 茎叶（×40），3. 茎叶尖部细胞（×250），4. 茎叶基部细胞（×250）

5~8. **粗肋镰刀藓** *Drepanocladus sendtneri*（Schimp.）Warnst.

5. 植物体（×1），6. 茎叶（×30），7. 茎叶尖部细胞（×250），8. 茎叶基部细胞（×250）

9~13. **三洋藓** *Sanionia uncinata*（Hedw.）Loeske

9. 茎叶（×30），10. 茎叶尖部细胞（×250），11. 茎叶中部细胞（×250），12. 茎叶基部细胞（×250），13. 孢蒴（×5）

14~18. **范氏藓** *Warnstorfia exannulata*（Bruch et Schimp.）Loeske

14. 植物体（×1），15. 茎叶（×20），16. 枝叶（×20），17. 茎叶中部细胞（×200），18. 茎叶基部细胞（×250）

同株或异株。内雌苞叶卵状披针形，无褶。蒴柄棕红色，扭曲。孢蒴长椭圆形，平列。蒴齿2层；齿毛2~3，与齿条等长，具节瘤。孢子大，具密疣。

本属10种，分布温带地区。中国有2种。

范氏藓 *Warnstorfia exannulata*（Bruch et Schimp.）Loeske，Hedwigia 46：310. 1907. 图213：14~18

形态特征 密丛集或成束生长。植物体绿色、黄褐色或紫色。茎长达25 cm，规则羽状分枝或不规则羽状分枝，枝镰刀形弯曲，稀尖部平直；横切面近圆形，中轴小，皮层薄壁细胞较小，圆六边形，表皮细胞加厚或膨大。茎叶形态多变，常镰刀形弯曲，卵状披针形，长1.5~3 mm；叶边平展，或稀尖部内卷，近全缘或具齿突；中肋粗壮，长达叶尖或止于叶尖前，稀突出叶尖。叶细胞线形，中部细胞长25~55 μm；叶角部具明显叶耳，由长方形的大型无色薄壁细胞或褐色厚壁细胞构成，1~2列。枝叶较短小。雌雄异株。

生境和分布 习生沼泽地或高山林内溪流中，或湿地生长。黑龙江、吉林、内蒙古、青海、新疆、贵州、四川和云南；尼泊尔、印度、日本、俄罗斯（高加索）、欧洲、北美洲、新西兰及非洲北部有分布。

应用价值 山涧水质的指示植物之一。

12 湿原藓属 *Calliergon*（Sull.）Kindb.

成片交织生长。体形中等大小或形大，绿色、黄绿色或棕红色，略具光泽。茎直立或匍匐，具中轴，皮层细胞小而厚壁；分枝稀疏，不规则或近规则羽状分枝，幼枝常直而钝；假鳞毛片状。茎叶倾立或覆瓦状排列，长卵形、卵形或卵圆形，略内凹，尖端圆钝；中肋单一，长达叶尖。叶中部细胞线形，在叶尖部近中肋处常具短而透明、排列疏松的细胞；角部细胞由大型透明细胞构成，膨大成叶耳状。枝叶较窄小。雌雄同株或异株。蒴柄细长，红色或紫色。孢蒴倾立或平列，长卵形或长圆柱形，多拱形弯曲。蒴齿2层；内齿层基膜高出，齿毛2~3，具节瘤。蒴盖短圆锥形。蒴帽兜形。孢子具细疣。

本属6种，温带地区分布。中国有5种。

分种检索表

1. 植物体粗大，具多数长分枝；茎叶卵形……………………3. 大叶湿原藓 *C. giganteum*

1. 植物体较细长，分枝稀少而短弱；茎叶阔卵形或长卵形……………………2

2. 茎叶阔卵形；中肋长达叶尖下……………………1. 湿原藓 *C. cordifolium*

2. 茎叶长卵形；中肋长达叶片2/3处……………………2. 黄色湿原藓 *C. stramineum*

湿原藓 *Calliergon cordifolium*（Hedw.）Kindb.，Canad. Rec. Sci. 6：72. 1894. 图 214：1~5

形态特征 稀疏丛集生。植物体绿色或黄绿色，直立或倾立；横切面圆形或六边形，表皮细胞小，厚壁，2~3 层；稀疏不规则分枝，枝短；茎和枝先端尖锐。茎叶疏生，直立，阔卵状心形，长 1.8~3.5 mm，先端钝，常成兜形；叶边平滑；中肋单一，达叶尖前终止。叶细胞虫形或狭六边形，在尖部近中肋处常有一些短而透明，排列疏松的细胞；叶尖细胞短卵形或菱形；角细胞为一群薄壁无色细胞，达叶中肋两侧，向外凸出成叶耳状。

生境和分布 常见于沼泽和湖泊，或湿地。黑龙江、吉林、辽宁、内蒙古、山东、新疆和西藏；尼泊尔、日本、俄罗斯、欧洲、格陵兰岛、北美洲及大洋洲有分布。

应用价值 水湿生境的指示植物之一。

黄色湿原藓 *Calliergon stramineum*（Brid.）Kindb.，Canad. Rec. Sci. 6：72. 1894. 图 214：6~10

形态特征 稀疏生长，有时混生于泥炭藓中。体形细长，黄绿色或草黄绿色，具光泽。茎长 10~20 cm，直立或倾立；不分枝或分枝极少。茎叶长卵形，覆瓦状贴茎，长 2~2.5 mm，先端钝，兜形，具弱纵褶，叶基下延；叶边平滑；中肋单一，长达叶片 2/3 处。叶上部细胞菱形或短方形，中部细胞长为线形，叶基部细胞较中部细胞短，角部细胞无色，薄壁，与其他细胞界限明显。

生境和分布 常生于沼泽地，与泥炭藓常混生。黑龙江、吉林、内蒙古和陕西；日本、欧洲、俄罗斯及北美洲有分布。

应用价值 可作北方水湿生境的指示植物之一。

大叶湿原藓 *Calliergon giganteum*（Schimp.）Kindb.，Canad. Rec. Sci. 6：72. 1894. 图 214：11~14

形态特征 稀疏丛集交织生。色泽深绿或黄绿色，具光泽。茎直立，长可达 30 cm；横切面圆形或六边形，表皮细胞厚壁，2~3 层；羽状分枝。茎和枝先端尖锐。茎叶疏生，直立，长 1.5~3.0 mm，卵形或卵状心脏形，先端钝或呈兜形；叶边平滑；中肋单一，终止于叶尖前。叶细胞线状菱形，叶角部为一群方形或短方形、无色透明的大型细胞，向外凸出成叶耳状。枝叶窄小。

生境和分布 习生于典型泥炭沼泽地。黑龙江、吉林、内蒙古和新疆；俄罗斯、欧洲及北美洲有分布。

应用价值 可作北方山区水湿生境检测的指示植物。

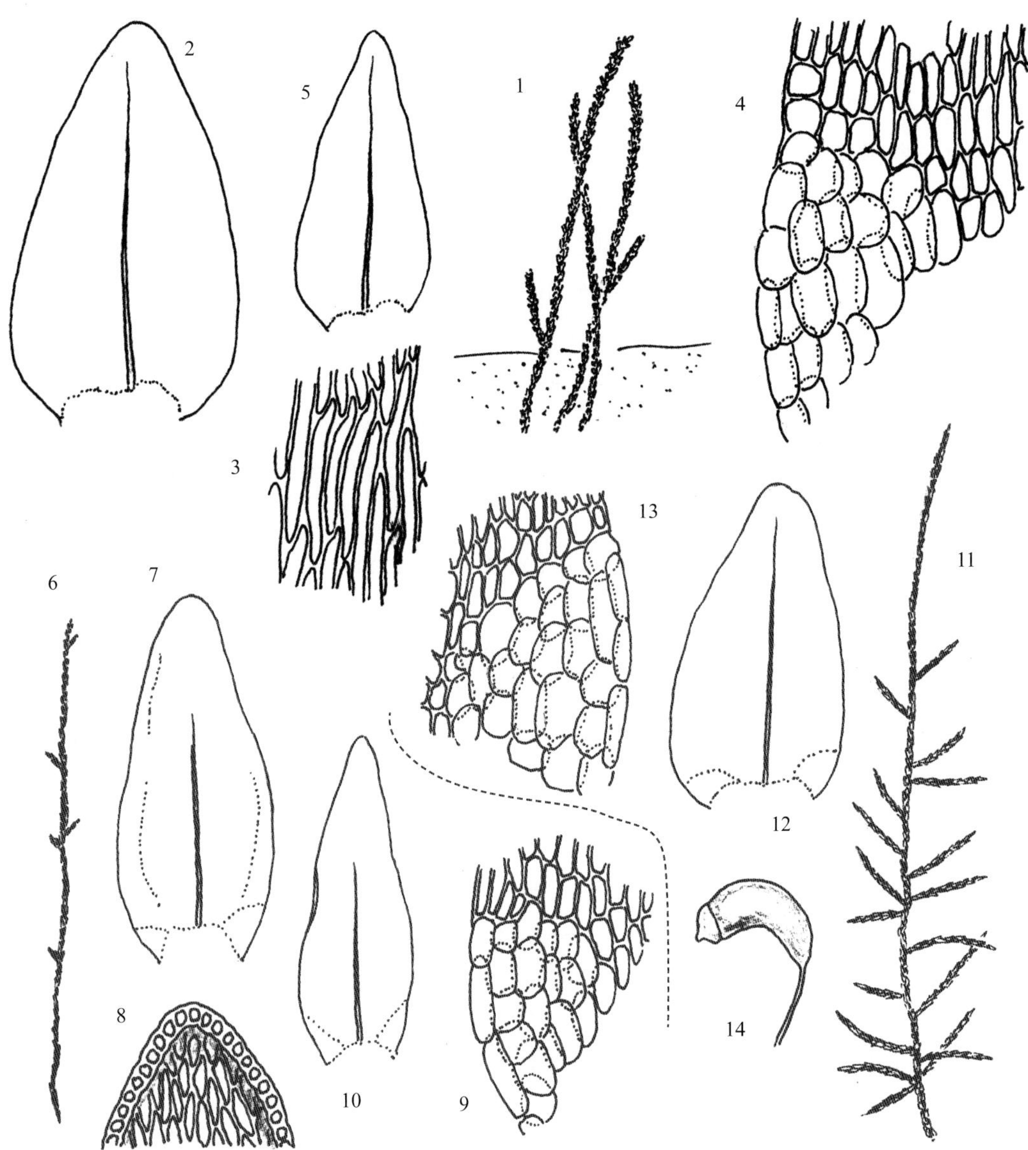

图 214

1~5. 湿原藓 *Calliergon cordifolium*（Hedw.）Kindb.

1. 沼泽地着生的植物体（×1），2. 茎叶（×20），3. 茎叶中部细胞（×200），4. 茎叶基部细胞（×150），5. 枝叶（×20）

6~10. 黄色湿原藓 *Calliergon stramineum*（Brid.）Kindb.

6. 植物体（×1），7. 茎叶（×30），8. 茎叶尖部细胞（×150），9. 茎叶基部细胞（×120），10. 枝叶（×30）

11~14. 大湿原藓 *Calliergon giganteum*（Schimp.）Kindb.

11. 植物体（×1），12. 茎叶（×15），13. 茎叶基部细胞（×120），14. 孢蒴（×7）

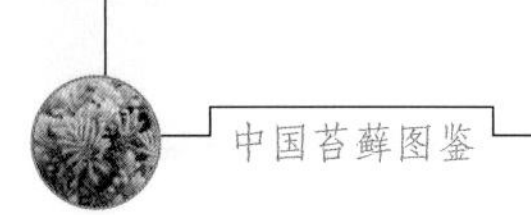

13 大湿原藓属 *Calliergonella* Loeske

疏松交织成大片状生长。体形粗大，绿色或黄绿色，具光泽。茎近于羽状分枝；横切面椭圆形，中轴小，皮层细胞膨大，透明；假鳞毛片状。茎叶倾立，基部略狭而下延，向上成阔长卵形或镰刀状披针形，上部渐尖或圆钝，具小尖；叶边全缘或具齿；中肋 2，短弱或缺失。叶中部细胞线形，近基部细胞宽短，具壁孔；角部细胞分化明显，疏松透明，薄壁，由一群明显膨起的细胞组成叶耳。枝叶较茎叶窄小。雌雄异株。内雌苞叶阔披针形，具纵褶，无中肋。蒴柄细长，紫红色。孢蒴长圆柱形，平列，干燥时呈弓形弯曲。蒴齿 2 层；齿毛 2~4。蒴盖短圆锥形。蒴帽兜形。孢子大，具密疣。

本属 2 种，温寒地区分布。中国有分布。

分种检索表

1. 叶片卵状披针形，具锐尖；叶边具齿 ………………………… 1. 弯叶大湿原藓 *C. lindbergii*

1. 叶片宽卵形，叶尖圆钝，具小尖；叶边无齿 ………………………… 2. 大湿原藓 *C. cuspidata*

弯叶大湿原藓 *Calliergonella lindbergii*（Mitt.）Hedenäs，Lindbergia 16：167. 1990. 图 215：1~5

形态特征 疏松交织生长。体淡绿色、黄色或褐色，有光泽。茎直立，不规则分枝；茎横切面圆形或椭圆形，中轴小，表皮被覆无色薄壁透明细胞；假鳞毛叶状。叶片一向钩形或镰刀形弯曲，阔卵状披针形，长 1~2.5 mm；叶边平展或略内曲，全缘或上部具细齿；中肋 2。叶细胞线形，壁薄，中部细胞线形，角部细胞为多数大而圆形、薄壁透明细胞，成叶耳状。雌雄异株。蒴盖基部圆锥形，具短尖。孢子 13~22 μm，具疣。

生境和分布 多生于湿冷林地、沼泽地、草甸子或林下溪旁。黑龙江、吉林、辽宁、内蒙古、陕西、安徽、浙江、江西、湖北、四川和云南；日本、俄罗斯、欧洲及北美洲有分布。

大湿原藓 *Calliergonella cuspidata*（Hedw.）Loeske，Hedwigia 50：248. 1911. 图 215：6~9

形态特征 稀疏大片状生长。体形中等或大型，长达 10 cm，绿色或黄绿色，带光泽。茎近羽状分枝，枝和茎顶端渐尖；茎横切面椭圆形，中轴小，表皮细胞较大，具明显的透明皮层细胞；假鳞毛大而稀少。茎叶阔卵形或心状卵形，长 2~3 mm，上部呈兜形，钝端，具小尖；叶边全缘；中肋 2，短弱或缺失。叶中部细胞线形，长约 90 μm，基部细胞宽短，加厚；角部细胞界限明显，薄壁，透明，形成明显叶耳。枝叶较小，渐成短尖。

生境和分布 喜生于酸性沼泽和低洼湿地。黑龙江、吉林、辽宁、内蒙古、陕西、四川、云南和西藏；尼泊尔、不丹、印度、日本、俄罗斯、欧洲、北美洲、大洋洲和非洲北部有分布。

应用价值 可作沼泽水质的指示植物。

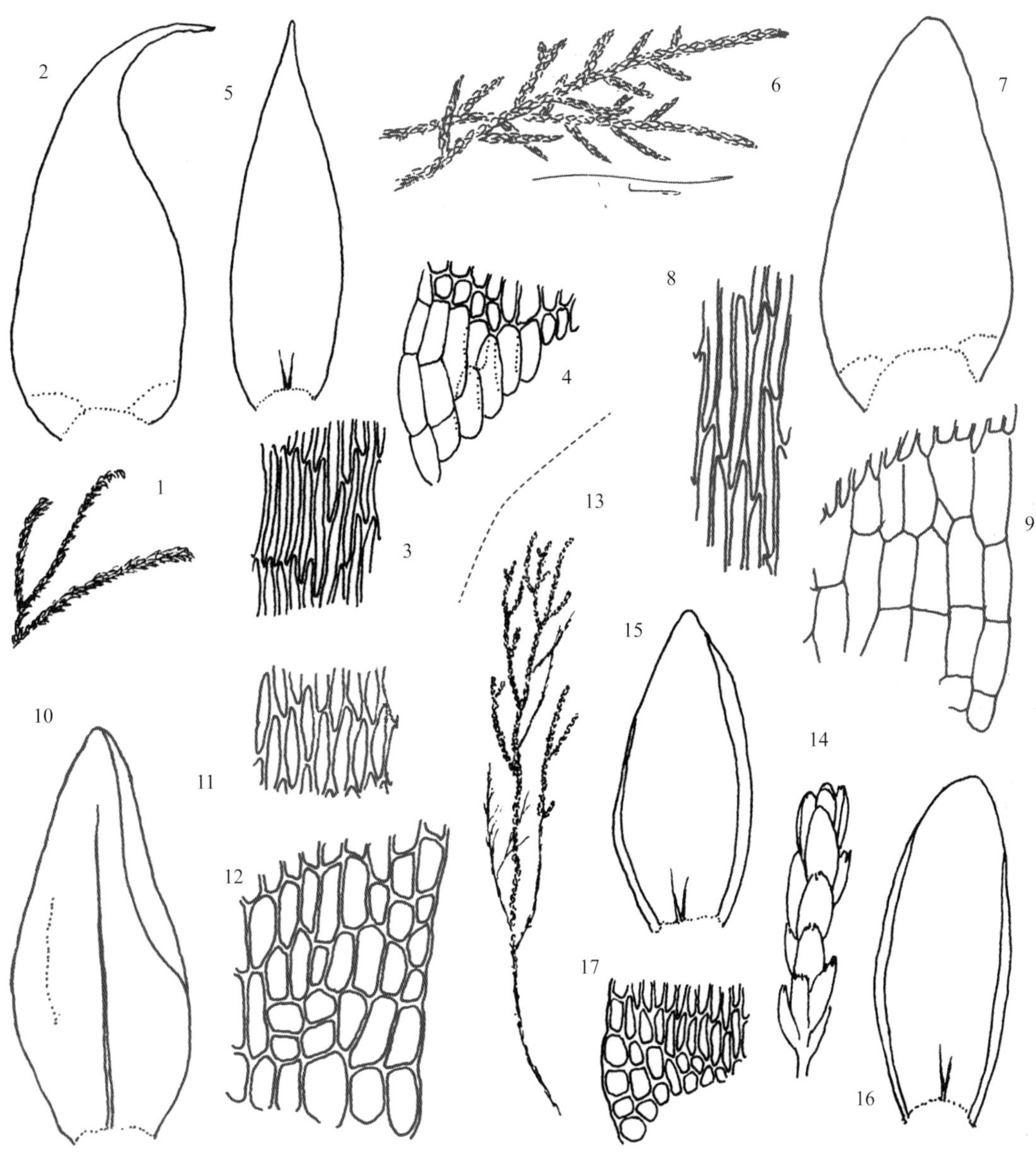

图 215

1~5. **弯叶大湿原藓** *Calliergonella lindbergii*（Mitt.）Hedenäs

1. 植物体（×1），2. 茎叶（×20），3. 茎叶中部细胞（×120），4. 茎叶基部细胞（×100），5. 枝叶（×20）

6~9. **大湿原藓** *Calliergonella cuspidata*（Hedw.）Loeske

6. 沼泽地生的植物体（×1），7. 茎叶（×35），8. 茎叶中部细胞（×150），9. 茎叶基部细胞（×120）

10~12. **水灰藓** *Hygrohypnum luridum*（Hedw.）Jenn.

10. 茎叶（×30），11. 茎叶中部细胞（×200），12. 茎叶基部细胞（×150）

13~17. **长枝水灰藓** *Hygrohypnum fontinaloides* Chen

13. 植物体（×1），14. 植物体的尖部（×11），15，16. 枝叶（×50），17. . 枝叶基部细（×120）

14 水灰藓属 *Hygrohypnum* Lindb.

疏松丛集或片状交织生长。植物体中等大小，多绿色或黄绿色，有时带红色或金黄色，多具光泽。茎细长，假根稀疏或无，老茎基部常无叶片；分枝稀疏或不规则分枝；茎常具中轴，皮层细胞小形、厚壁或透明膨大；假鳞毛片状，较少或缺失。叶四散倾立或覆瓦状排列，有时向一侧弯曲，卵状短披针形或阔卵形，尖端圆钝或具小尖；叶边平展，全缘或具齿；中肋短弱，常不等分叉，稀单一，不分叉或长达叶尖。近叶尖部细胞短菱形，叶中部细胞为长菱形、狭长方形或虫形；角部细胞方形或长方形，透明或呈黄色。雌雄同株，稀异株。蒴柄红色，干燥时扭转。孢蒴椭圆形，拱形弯曲。

本属约 30 种，分布温寒地区。中国有 7 种。

分种检索表

1. 叶长卵形或近长卵形……2
1. 叶圆卵形或近圆卵形……5
2. 中肋单一，长达叶上部……1. 水灰藓 *H. luridum*
2. 中肋短弱……3
3. 植物体细长，达可 25 cm；叶边内卷……2. 长枝水灰藓 *H. fontinaloides*
3. 植物体较短，长不及 10 cm；叶边不内卷……4
4. 叶上部锐尖，常一向偏曲……3. 扭叶水灰藓 *H. eugyrium*
4. 叶上部宽钝，平直……6. 高山水灰藓 *H. alpestre*
5. 叶近长圆卵形，具向一侧偏曲的锐尖；中肋多单一，分叉……4. 褐黄水灰藓 *H. ochraceum*
5. 叶近圆形，叶尖短钝，平直；中肋多单一，或 2 短肋……5. 柔叶水灰藓 *H. molle*

水灰藓 *Hygrohypnum luridum*（Hedw.）Jenn.，Man. Mosses W. Pennsylvania 287. 1913. 图 215：10~12

形态特征 片状交织生长。体形小，绿色，稀黄绿色或黑绿色。茎不规则分枝；横切面中轴小；枝渐尖；无假鳞毛。茎叶卵形，长 1~1.5 mm，略弯曲，叶尖钝，具小锐尖；中肋单一，达叶片中部以上，或不达中部，有时分叉；叶边内卷，全缘。叶中部细胞长菱形，长 30~35 μm，上部细胞较短，角部细胞小而数多，正方形，无色或带黄色。枝叶与茎叶同形。

生境和分布 习生于山涧钙质湿石上。吉林、辽宁、内蒙古、河北、山东、山西、陕西、甘肃、青海、新疆、江苏、湖北、四川、云南和西藏；日本、印度、俄罗斯（高加索)、欧洲及北美洲有分布。

长枝水灰藓 *Hygrohypnum fontinaloides* Chen，Feddes Repert. 58：32. 1955. 图 215：13~17

形态特征 水生或漂浮于水中，基部固着于基质，稀湿地生长。植物体细长，鲜绿色或深绿色，长可达 25 cm，不规则分枝，枝长短不一。茎和老枝下部叶早脱落，无假根。茎叶与枝叶同形，覆瓦状着生，下部叶由于水的冲击常撕裂，长卵状椭圆形，先端圆钝，内凹；叶边内卷，平滑；中肋短，细弱，分叉。叶中部细胞线形，长 24~30 μm，基部细胞长 48~65 μm，角部细胞短方形。

生境和分布 生于小溪或沼泽边，或石生、腐木生或树基生。中国特有，产黑龙江、辽宁和内蒙古。

应用价值 可作山涧溪流水质的指示植物。

扭叶水灰藓 *Hygrohypnum eugyrium*（Bruch et Schimp.）Loeske，Verh. Bot. Vereins Prov. Brandenburg 46：198. 1905. 图 216：1~3

形态特征 片状生长。植物体绿色、黄绿色或棕绿色，具光泽。茎匍匐，长达 5 cm，不规则分枝，基部常裸露无叶；茎中轴小，皮层细胞小，2~3 层，厚壁；无假鳞毛。茎叶长卵形，具长锐尖，直立或镰刀形弯曲，长 1.5~1.7 mm；中肋 2，长不及叶中部；叶边先端具齿。叶中部细胞蠕虫形，长约 50 μm，尖部细胞较短，叶基着生处细胞黄色，厚壁，具壁孔，角部细胞突膨大，薄壁，无色或黄色，形成明显叶耳。枝叶细长，一向弯曲。雌雄同株。

生境和分布 着生林内小溪旁石上。黑龙江、吉林、辽宁、内蒙古、陕西、江苏、安徽、浙江、湖北、湖南、贵州和广西；日本、欧洲及北美洲有分布。

褐黄水灰藓 *Hygrohypnum ochraceum*（Wils.）Loeske，Moosfl. Harz. 321. 1903. 图 216：4~7

形态特征 疏松成小片生长。体形中等，长达 10 cm，黄绿色。茎匍匐，稀疏不规则分枝，有时尖部弯曲；中轴小，具透明皮层；假鳞毛少，叶状。茎叶形态多变，常镰刀形弯曲，长约 2 mm，宽卵形、长椭圆形或阔卵形，向上渐成长或短钝尖，尖部常内卷；中部强劲，长达叶片中部，分叉；叶边全缘，或尖部具细齿。叶近尖部细胞较短，中部细胞蠕虫状，长 60~70 μm，厚壁，角部细胞明显分化，形大、透明、长方形细胞。枝叶与茎叶同形。

生境和分布 生于山涧溪流中水速较急的岩石上。黑龙江、吉林、内蒙古、山东、山西、陕西和西藏；日本、朝鲜、俄罗斯、欧洲及北美洲有分布。

应用价值 可作山区水质指示植物。

柔叶水灰藓 *Hygrohypnum molle*（Hedw.）Loeske，Moosfl. Harz. 320. 1903. 图 216：8~13

形态特征 小片状生长。体形小，绿色或黄绿色，具光泽。茎匍匐；不规则分枝，枝长约 2~3 cm。叶直立，上部常背仰，椭圆形或近圆卵形，叶尖宽钝，长 0.8~2 mm；叶边全缘或近尖部具齿；中肋 2，或单一，细弱，达叶上部。叶中部细胞线形，长 45~60 μm，叶边和叶尖细胞较短，基部近中肋处细胞较宽，厚壁，具壁孔；角部细胞变化较大，近方

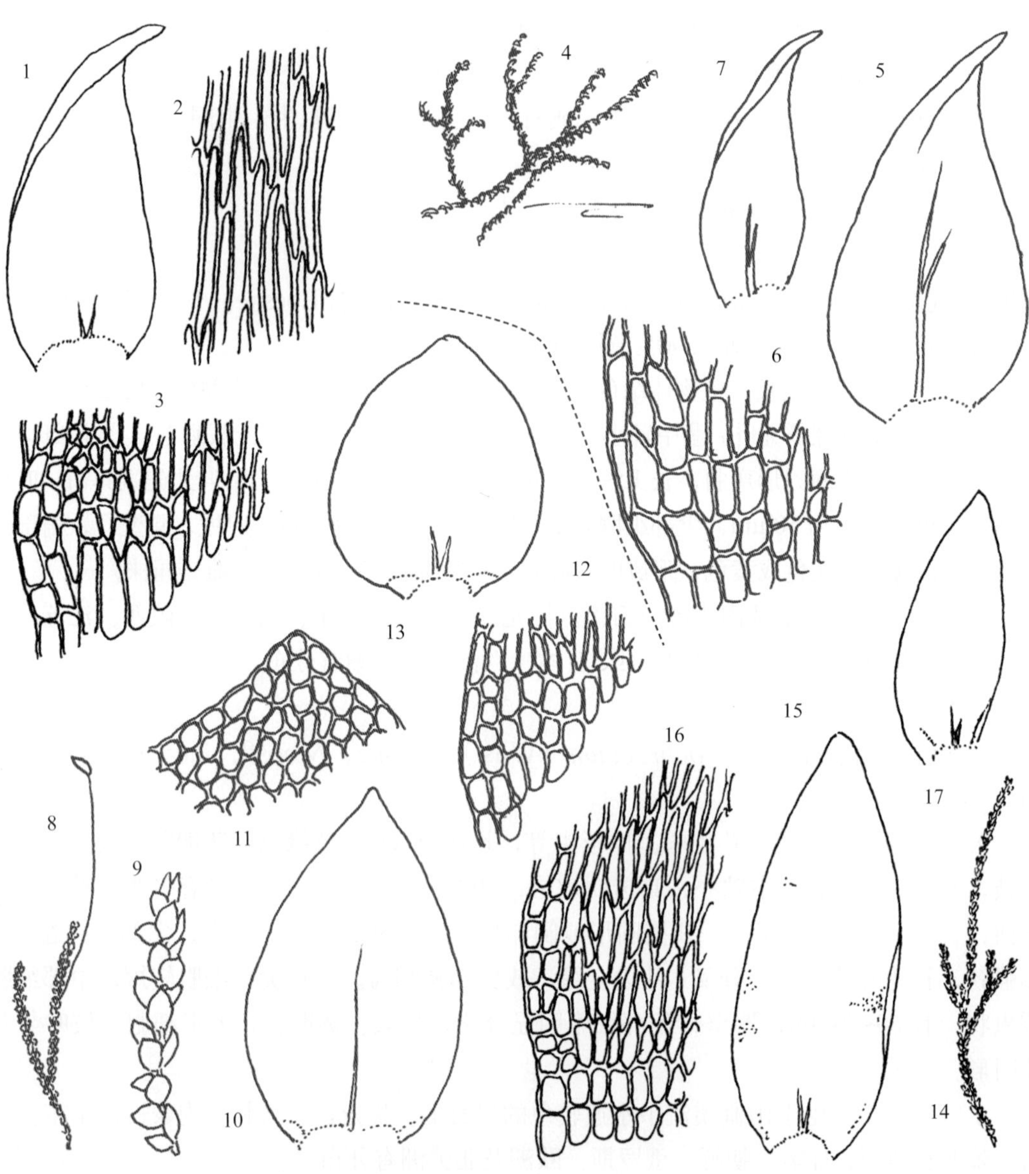

图 216

1~3. 扭叶水灰藓 *Hygrohypnum eugyrium*（Bruch et Schimp.）Broth.

1. 茎叶（×45），2. 茎叶中部细胞（×230），3. 茎叶基部细胞（×230）

4~7. 褐黄水灰藓 *Hygrohypnum ochraceum*（Wils.）Loeske

4. 水湿石上生长的植物体（×1），5. 茎叶（×25），6. 茎叶基部细胞（×230），7. 枝叶（×25）

8~13. 柔叶水灰藓 *Hygrohypnum molle*（Hedw.）Loeske

8. 雌株（×1），9. 植物体的一部分（×5），10. 茎叶（×25），11. 茎叶尖部细胞（×250），12. 茎叶基部细胞（×250），13. 枝叶（×30）

14~17. 高山水灰藓 *Hygrohypnum alpestre*（Hedw.）Loeske

14. 植物体（×1），15. 茎叶（×30），16. 茎叶基部细胞（×200），17. 枝叶（×25）

形或短长方形，形成小而具色泽的不明显区域。雌雄同株。

生境和分布 生于山涧溪流中岩石上。吉林、辽宁、陕西、新疆、福建、江西和云南；印度、俄罗斯（远东地区）、格陵兰岛、欧洲及北美洲有分布。

应用价值 可作山涧溪流水质的指示植物。

高山水灰藓 *Hygrohypnum alpestre*（Hedw.）Loeske，Verh. Bot. Vereins Prov. Brandenburg 46：198. 1905. 图 216：14~17

形态特征 疏松丛集生长。植株体中等大小，绿色或黄褐色，具光泽。茎不规则分枝，枝直立；茎横切面椭圆形，中轴小，皮层细胞小而厚壁；假鳞毛片状。茎叶直立，长椭圆形或阔长椭圆形，先端圆钝或具短尖，有时略呈兜形；叶边全缘或尖部具齿；中肋 2，较长。叶中部细胞狭菱形，尖部细胞较短；角部细胞近方形，与其他细胞区分明显。枝叶与茎叶形状相似，较大。雌雄同株。

生境和分布 生于高山溪边或泉水边石生。辽宁和陕西秦岭南坡；俄罗斯、欧洲和北美洲也有分布。

应用价值 可作山区水质的指示植物。

099 青藓科 BRACHYTHECIACEAE

疏松或紧密交织成片。体形纤细或粗壮，略具光泽。茎多匍匐或斜生，不规则分枝或规则羽状分枝；无鳞毛，假鳞毛大多缺失。叶紧贴或直立伸展，或略呈镰刀状偏曲，宽卵形至卵状披针形，常具皱褶，先端渐尖、少数锐尖或圆钝；中肋单一，多达叶中部，稀背面先端具刺。叶细胞大多呈菱形至线形，平滑或背部具前角突起，角部细胞近方形，有时形成明显的角部分化。雌苞侧生。雌苞叶分化。蒴柄长，平滑或粗糙。孢蒴卵球形或长椭圆状圆柱形，向下弯至横展，稀直立。环带常分化。蒴盖圆锥形，具钝或小尖喙。蒴齿 2 层；外齿层齿片 16，狭披针形，基部常愈合，呈红色，下部常具条纹和横脊；内齿层多与齿片等长，齿条常呈线形，基膜高，齿毛发达，少数退化或缺失。蒴帽兜形，平滑无毛。孢子圆球形。

本科约 20 属，广布世界各地。中国有 12 属。

分属检索表

1. 叶在枝上紧密覆瓦状排列呈圆条形，枝尖端渐呈鼠尾状；叶圆形或匙形，强烈内凹 ···· 8. 鼠尾藓属 *Myuroclada*

1. 叶在枝上不紧密覆瓦状排列呈圆条形，枝尖端不呈鼠尾状；叶通常不呈圆形，不强烈内凹 ························ 2

2. 常湿地或沼泽生长，直立；叶倾立，具多数深纵褶，腹面中肋处着生多数假根……2. 毛青藓属 *Tomenthypnum*

2. 土生或石生，多匍匐伸展；叶平展，或具 2~4 皱褶，腹面中肋处不长假根……3

3. 叶角部细胞明显分化；雌苞叶数多，背卷；蒴盖具短喙……5. 青藓属 *Brachythecium*

3. 叶角部细胞分化或不明显分化；雌苞叶数少，直立伸展；蒴盖具长喙……4

4. 枝叶中肋背面尖端常具 1 至多个刺状突起……9. 美喙藓属 *Eurhynchium*

4. 枝叶中肋背面尖端不具刺状突起……5

5. 中肋粗壮；叶细胞背面常具明显的前角突……6. 燕尾藓属 *Bryhnia*

5. 中肋粗壮或纤细；叶细胞不具前角突……6

6. 叶上部突收缩呈长毛尖，下部强内凹……7. 毛尖藓属 *Cirriphyllum*

6. 叶上部渐呈长尖，下部不强内凹……7

7. 叶基部具明显叶耳；枝叶中肋突出叶尖……1. 斜蒴藓属 *Camptothecium*

7. 叶基部无明显叶耳；枝叶中肋不突出叶尖……8

8. 茎叶常具多数纵褶……9

8. 茎叶一般不具纵褶……10

9. 叶卵状短披针形；茎叶尖部约为叶长度的 1/4~1/6……3. 同蒴藓属 *Homalothecium*

9. 叶狭长披针形；茎叶尖部约为叶长度的 1/2……4. 褶叶藓属 *Palamocladium*

10 体形多扁平；叶卵形至卵状披针形，两侧对称；蒴柄平滑……10. 长喙藓属 *Rhynchostegium*.

10. 体形不扁平；叶狭披针形，两侧常不对称；蒴柄粗糙……11. 细喙藓属 *Rhynchostegiella*

1 斜蒴藓属 *Camptothecium* Schimp.

紧密交织生长。体形稍大或中等大小，绿色或黄绿色，具光泽。茎不规则羽状分枝。枝叶倾立，卵状披针形至三角状披针形，具多数纵长褶皱，先端渐狭成长尖；叶基部边缘全缘，中部以上具细齿；中肋单一，长达叶尖。叶中部细胞线形，基部细胞卵圆形或方形。雌雄异株。蒴柄细长，粗糙，略扭曲。孢蒴垂倾或平列，长卵形或长圆柱形，有时略弯曲。环带分化。蒴齿 2 层，等长。外齿层齿片狭长披针形，外侧密生横隔；内齿层近于分离，基膜低，齿条宽，中缝具穿孔，齿毛发育完整，有节瘤。蒴盖圆锥形，具短喙。孢子棕黄色，被疣。

本属 3 种，温带地区分布。中国有 2 种。

分种检索表

1. 茎叶基部宽阔，耳状；中肋纤细……1. 耳叶斜蒴藓 *C. auriculatum*

1. 茎叶基部略窄，不呈耳状；中肋较粗壮……2. 斜蒴藓 *C. lutescens*

耳叶斜蒴藓 *Camptothecium auriculatum*（Jaeg.）Broth.，Nat. Pfl.-fam. 2，11：353. 1925. 图 217：1~6

形态特征 密交织成片生长。体形稍粗，长约 10 cm；不规则密分枝。茎叶长卵状披针形，长 1.89~2.2 mm，先端渐狭，常偏曲，叶基部下延，卵形或成耳状，具深褶皱；叶边上部具粗齿，基部全缘；中肋纤细，达叶中部或中部以上。枝叶三角状卵形基部向上渐成披针形，基部心形或耳状，具褶皱；叶边常具细齿。叶中部细胞线形，末端锐尖，长 35~52 μm，角部细胞分化不达中肋，长方形，疏松，壁略增厚。

生境和分布 习生阴湿土表、石上或树基。陕西、甘肃、新疆、浙江、江西、四川、云南和西藏；日本有分布。

现有学者将此种归入青藓属（*Brachythecium*）。

斜蒴藓 *Camptothecium lutescens*（Hedw.）Bruch et Schimp.，Bryol. Eur. 6：36. 558. 1853. 图 217：7~11

形态特征 大片交织生长。植物体黄绿色，匍匐；不规则羽状分枝。枝细长，小枝较短，枝渐狭。叶紧密排列，倾立，长椭圆状披针形，先端狭长渐尖，具多条纵褶；叶基截形或略呈心形；中肋细长，近于达叶尖；叶边具齿。叶中部细胞线形，角部狭分化，不达中肋，细胞方形至多边形。雌雄异株。

生境和分布 湿冷林区具土石面、林地或腐木生。黑龙江、吉林、辽宁、陕西、内蒙古、新疆、浙江、江西、西藏和云南；中亚、欧洲、非洲北部和美洲有分布。

2 同蒴藓属 *Homalothecium* Schimp.

交织呈片状生长。体形纤细至稍粗，黄褐色或绿色，干燥时具光泽。枝密生，常弯曲或直立；常具假鳞毛。叶覆瓦状排列，宽卵形或披针形，先端锐尖或渐尖，常具 2~4 条皱褶；叶边全缘或具细齿；中肋单一，达叶长度的 2/3。叶上部细胞线形或狭菱形，平滑或有时背部具不明显的前角突；叶基近中肋的细胞宽短，黄色，具壁孔，角部细胞小，近方形，有时呈短矩圆形。雌雄异株。蒴柄较长，红色或橙红色。孢蒴直立或下倾，椭圆状卵形至椭圆状圆柱形。蒴齿外齿层齿片披针形，下部具横条纹，边分化，背部具宽横脊；内齿层基膜低或中等高度，齿条宽阔，龙骨状，具穿孔，齿毛具节瘤或齿毛缺失。蒴盖圆锥形，具斜喙。

本属约 10 种，多分布暖湿地区。中国有 2 种。

分种检索表

1. 叶卵状披针形，具长尖……………………………………………………………………… 1. 无疣同蒴藓 *H. laevisetum*

1. 叶长卵形，具短锐尖…………………………………………………………………… 2. 白色同蒴藓 *H. leucodonticaule*

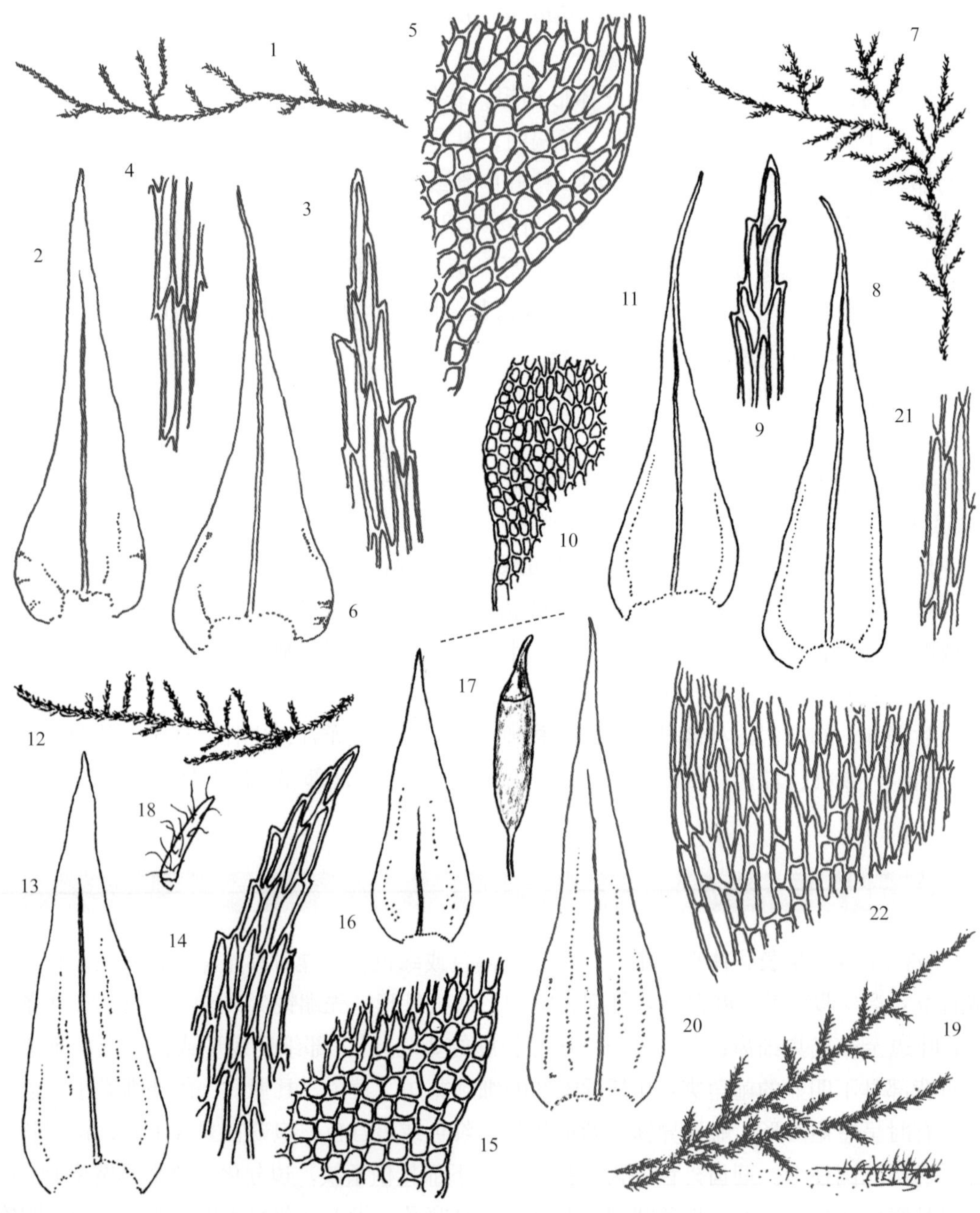

图 217

1~6. 耳叶斜蒴藓 *Camptothecium auriculatum*（Jaeg.）Broth.

1. 植物体（×1），2. 茎叶（×50），3. 茎叶尖部细胞（×600），4. 茎叶中部细胞（×600），5. 茎叶基部细胞（×400），6. 枝叶（×50）

7~11. 斜蒴藓 *Camptothecium lutescens*（Hedw.）Bruch et Schimp.

7. 植物体（×1），8. 茎叶（×50），9. 茎叶尖部细胞（×400），10. 茎叶基部细胞（×250），11. 枝叶（×50）

12~18. 无疣同蒴藓 *Homalothecium laevisetum* S. Lac.

12. 植物体（×1），13. 茎叶（×50），14. 茎叶尖部细胞（×500），15. 茎叶基部细胞（×400），16. 枝叶（×50），17. 孢蒴（×7），18. 蒴帽（×7）

19~22. 毛青藓 *Tomentypnum nitens*（Hedw.）Loeske

19. 植物体（×1），20. 茎叶（×50），21. 茎叶中部细胞（×600），22. 茎叶基部细胞（×600）

无疣同蒴藓 *Homalothecium laevisetum* S. Lac., Ann. Mus. Bot. Lugduno-Batavi 2: 298. pl. 9. 1866. 图 217：12~18

形态特征　紧密交织生长。体色泽黄绿至淡绿色。茎常密生枝，枝单一，稀具多个小枝，干燥时叶在枝上紧贴呈圆条形，具钝或锐尖，偶呈鞭状。茎叶宽卵状披针形，具多数皱褶。枝叶卵状披针形至卵状长披针形，具长渐尖，深皱褶 2~3；叶边具粗齿、细齿或全缘；中肋纤细，渐尖，达叶长度的 2/3~3/4。枝叶中部细胞线形；叶基部细胞和角部细胞呈方形或狭长方形，胞壁局部增厚，厚角，不透明。

生境和分布　着生温湿林内岩面、树基和薄土上。辽宁、河北、河南、陕西、甘肃、江苏、湖南、浙江、安徽、湖北、贵州、四川、云南、西藏、广西；日本和朝鲜分布。

白色同蒴藓 *Homalothecium leucodonticaule*（Müll. Hal.）Broth., Nat. Pfl.-fam. I (3)：1135. 1908. 图 218：1~4

形态特征　紧密交织成片生长。体形稍粗，色泽黄绿，略具光泽。茎密分枝，干燥时枝圆条形，枝端圆钝或渐尖。茎叶紧密覆瓦状，潮湿时直立伸展，宽长卵形，具锐尖，长 2.2~2.4 mm，常具 2 至多条纵褶，基部平截；叶边中部以上具细齿，尖部齿较明显，基部全缘；中肋长达叶上部。叶中部细胞线形，长 52~70 μm；角部细胞分化达中肋，方形或多边形，壁厚，不透明。枝叶与茎叶同形，略小。

生境和分布　生于山地林下薄土。河南、江苏、浙江、安徽、江西、福建、湖南、云南和西藏；日本及朝鲜有分布。

3　毛青藓属 *Tomentypnum* Loeske

疏松片状交织生长。体形较粗，色泽黄绿至黄褐色，硬挺。茎羽状分枝，枝直立，密被金黄褐色假根。茎叶与枝叶同形，长卵状披针形，倾立或略偏曲，具强纵褶，长 1.5~2.0 mm，具细长尖；叶边全缘；中肋细长，达叶长度的 3/4~4/5 处，背面生有密集分枝的假根。叶上部细胞线形，长 50~59 μm，壁略增厚，叶基部细胞宽短，具壁孔；角部细胞稀分化。雌雄异株。蒴柄细长，平滑。孢蒴长椭圆状圆柱形，下倾至平展，弯曲，两侧不对称。环带由 3 列细胞组成。蒴盖圆锥形，具尖喙。蒴齿外齿层齿片披针形，暗红褐色，下部具细横条纹，上部具疣，具边和横隔；内齿层黄褐色，具细疣，与外齿层齿片等长。蒴帽平滑。

本属 1 种，温带地区生长。中国有分布。

毛青藓 *Tomentypnum nitens*（Hedw.）Loeske, Deutsche Bot. Monatsschr. 22（6）：82. 1911. 图 217：19~22

形态特征　种的形态特征同属。

生境和分布　多温寒林区林下湿地或沼泽地生长，常与其他藓类混生。黑龙江、辽宁、内蒙古和新疆。主要分布北温带寒冷地区。

应用价值 可作中国北部林区的林地代表植物之一。

4 褶叶藓属 *Palamocladium* Müll. Hal.

疏松交织成片生长。体形略粗，绿色或黄绿色，具光泽，干燥时稍硬挺。主茎密生假根；不规则羽状分枝，枝上倾。叶倾立，干燥时常略呈镰刀状弯曲，披针形至卵状披针形，基部圆钝，向上渐狭成长细尖，多具皱褶；叶边上部常具齿，基部具细齿；中肋单一，达叶上部。叶细胞狭长椭圆形、线形或蠕虫形，壁厚，常具壁孔；角部细胞较小，方形，分化明显。雌雄异株。蒴柄细长，平滑。孢蒴直立，长椭圆状圆柱形，平滑。环带分化。外齿层齿片披针形，具疣，下部具横条纹，无横脊或略具横脊；内齿层黄色，具高基膜，齿条龙骨状，具细疣，齿毛发育、缺失或退化。蒴盖具长喙，基部圆锥形。蒴帽无毛。

本属 4 种，温热地区分布。中国有 2 种。

分种检索表

1. 茎叶长卵状披针形；叶角部细胞分化达中肋 ························ 1. 褶叶藓 *P. leskeoides*
1. 茎叶三角状披针形；叶角部分化细胞略少，不及中肋 ························ 2. 深绿褶叶藓 *P. euchloron*

褶叶藓 *Palamocladium leskeoides*（Hook.）Britt.，Bull. Torrey Bot. Cl. 40：673.1914. 图 218：5~8

形态特征 紧密交织生长。体形粗壮，色泽黄绿，具光泽。茎密分枝，枝长约 3 cm，枝端渐尖，直立或弯曲，单一或再分枝。茎叶与枝叶近于同形，长卵状披针形，长 1.9~2.3 mm，具长尖，干燥时具多数纵褶，叶基部近于心形；叶边平直，上部具粗齿，基部全缘；中肋纤细，消失于叶上部。叶中部细胞线形，长 48~65 μm，基部近中肋处有几列椭圆形细胞，角部细胞小，圆形或多边形，壁厚。

生境和分布 常生于山地林内岩面或树基。黑龙江、吉林、辽宁、内蒙古、河北、陕西、江苏、安徽、浙江、台湾、福建、湖北、湖南、广西、贵州、四川和云南；日本、朝鲜及菲律宾有分布。

深绿褶叶藓 *Palamocladium euchloron*（Müll. Hal.）Wijk et Marg.，Taxon 9：52. 1960. 图 218：9~12

形态特征 交织成片生长。植物体粗壮，色泽黄绿或深绿色。叶直展；茎叶三角状披针形，先端成狭长毛尖，中部常具不规则褶皱，叶基平截；叶边通常具齿。叶基近中肋处有多排椭圆形细胞，具壁孔，角部细胞椭圆形或矩圆形，厚壁，不达中肋。孢蒴长圆柱形，直立。蒴柄长。

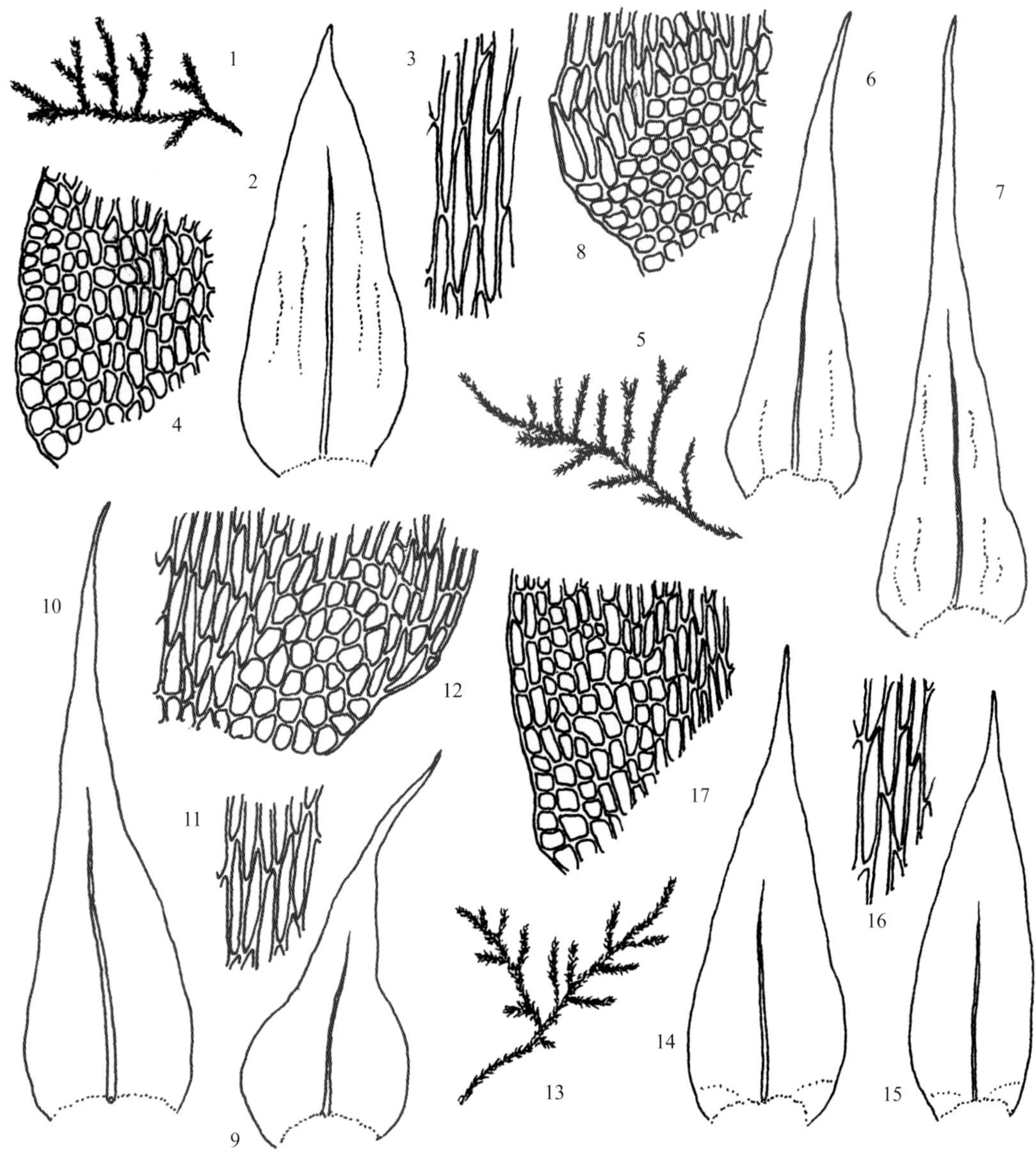

图 218

1~4. 白色同蒴藓 *Homalothecium leucodonticaule*（Muell. Hal.）Broth.

1. 植物体（×1），2. 茎叶（×60），3. 叶中部细胞（×500），4. 叶基部细胞（×250）

5~8. 褶叶藓 *Palamocladium leskeoides*（Hook.）Britt.

5. 植物体（×1），6. 茎叶（×55），7. 枝叶（×55），8. 叶基部细胞（×250）

9~12. 深绿褶叶藓 *Palamocladium euchloron*（Muell. Hal.）Wijk et Marg.

9. 茎叶（×60），10. 枝叶（×60），11. 叶中部细胞（×400），12. 叶基部细胞（×350）

13~17. 灰白青藓 *Brachythecium albicans*（Hedw.）Bruch et Schimp.

13. 植物体（×1），14. 茎叶（×60），15. 枝叶（×60），16. 叶中部细胞（×400），17. 叶基部细胞（×350）

生境和分布 湿热林内石生。辽宁、河南、陕西、甘肃、新疆、浙江、安徽、福建、福建、江西、四川、湖南、西藏、贵州和云南；南亚、中亚及欧洲中部也有分布。

5 青藓属 *Brachythecium* Bruch et Schimp.

多密交织成片生长。植物体平展，绿色、黄绿色或淡绿色，常具光泽，茎有时倾立、直立，或呈弧形弯曲；规则羽状分枝或不规则羽状分枝。茎叶与枝叶异形或同形。茎叶宽卵形、卵状披针形或三角状心脏形，具急尖或渐尖，基部心脏形，下延或不下延。叶边下部全缘或上部有齿；中肋单一，细弱或强劲，长达叶中部以上，稀近叶尖。叶中部细胞狭长菱形或线形，平滑；基部细胞较短，排列疏松，近方形或矩形。枝叶多披针形或阔披针形。雌雄同株或异株，内雌苞叶较长，具细长尖。蒴柄平滑或有疣。孢蒴倾立或平展，少数直立，椭圆形，稀呈弓形弯曲，环带分化。蒴齿 2 层，等长。外齿层齿片下部有横纹，上部有疣，具密生横隔；内齿层齿条披针形，具穿孔，齿毛具节瘤。蒴盖圆锥形。孢子细小，平滑或具疣。

本属约 100 余种，广泛分布世界各地。中国有 43 种。

分种检索表

1. 多水湿生境生长；叶较宽阔，无狭长尖……17. 溪边青藓 *B. rivulare*
1. 多湿润生境生长；叶宽阔或狭长，具狭长尖……2
2. 茎叶和枝叶均呈狭卵状披针形；中肋近于贯顶……14. 长肋青藓 *B. populeum*
2. 茎叶和枝叶多阔卵状披针形；中肋仅达叶中部……3
3. 干燥时，叶上部背仰；蒴柄上部具疣……16. 弯叶青藓 *B. reflexum*
3. 干燥时，叶上部不背仰；蒴柄上部平滑……4
4. 体形较细……20. 钩叶青藓 *B. uncinifolium*
4. 体形较粗壮……5
5. 茎叶基部极宽阔，上部突狭成长尖……6
5. 茎叶基部宽阔，上部一般渐狭成长尖……10
6. 叶长卵状披针形；叶角部细胞疏松……7
6. 叶阔心状披针形；叶角部细胞小，近方形……8
7. 植物体形大；叶基部边缘细胞狭长形……18. 卵叶青藓 *B. rutabulum*
7. 植物体中等大小；叶基部边缘细胞不异形……10. 粗枝青藓 *B. helminthocladum*
8. 叶中部细胞长菱形……15. 匍枝青藓 *B. procumbens*
8. 叶中部细胞线形……9
9. 枝叶下部心形……2. 勃氏青藓 *B. brotheri*
9. 枝叶下部椭圆形……10. 粗枝青藓 *B. helminthocladum*

10. 植物体色泽淡绿；叶干燥时贴茎；角细胞疏松 ……………………………… 1. 灰白青藓 *B. albicans*

10. 植物体色泽深绿；叶干燥时不贴茎；角细胞排列紧密 ……………………………… 11

11. 体形较细 ……………………………… 20. 钩叶青藓 *B. uncinifolium*

11. 体形较粗 ……………………………… 12

12. 叶尖部短；茎叶上部渐尖 ……………………………… 8. 冰川青藓 *B. glaciale*

12. 叶尖部长；茎叶上部为叶长度 1/3~1/4 ……………………………… 13

13. 叶角部细胞数较少 ……………………………… 13. 羽枝青藓 *B. plumosum*

13. 叶角部细胞数较多 ……………………………… 14

14. 叶卵状长披针形，纵褶多；叶中部细胞长线形 ……………………………… 4. 尖叶青藓 *B. coreanum*

14. 叶卵状披针形，纵褶少；叶中部细胞线形 ……………………………… 15

15. 茎叶和枝叶分化明显 ……………………………… 19. 褶叶青藓 *B. salebrosum*

15. 茎叶和枝叶大小相异，分化不明显 ……………………………… 16

16. 叶角部细胞疏松，形大 ……………………………… 17

16. 叶角部细胞紧密，形小 ……………………………… 18

17. 叶角部边缘分化 2 列线形细胞 ……………………………… 11. 皱叶青藓 *B. kuroishicum*

17. 叶角部边缘无异形细胞分化 ……………………………… 12. 毛尖青藓 *B. piligerum*

18. 茎叶和枝叶尖均为长毛状；角部边缘细胞狭长形 ……………………………… 3. 多褶青藓 *B. buchananii*

18. 茎叶和枝叶尖不全为长毛状；角部边缘细胞不分化 ……………………………… 5. 多枝青藓 *B. fasciculirameum*

19. 叶角部分化细胞仅限于叶的基部 ……………………………… 7. 圆枝青藓 *B. garovaglioides*

19. 叶角部分化细胞充满整个角部 ……………………………… 9. 石地青藓 *B. glareosum*

灰白青藓 *Brachythecium albicans*（Hedw.）Bruch et Schimp.，Bryol. Eur. 6：23. 553. 1853. 图 218：13~17

形态特征 疏松交织成片。体形中等大小，长 4~5 cm，色泽灰绿或黄绿色，略具光泽。茎匍匐或斜生，枝长 0.7~1.0 cm，圆条形，干燥时叶不紧贴。茎叶卵状披针形，长 1.5~1.7 mm，叶基下延不明显，上部渐尖或锐尖；叶边全缘。枝叶湿时斜展，长卵形至卵状披针形，略具褶皱，具锐尖或渐尖；叶边全缘或先端具细齿，叶基下延不明显；中肋长达叶中部或中部以上。叶上部和中部细胞狭菱形，长 40~80 μm，角部细胞近于方形，分化达中肋。

生境和分布 生于温湿林内石上、树干和水边。陕西、四川、云南和西藏；俄罗斯(高加索地区)、格陵兰岛、北美洲、欧洲及新西兰有分布。

勃氏青藓 *Brachythecium brotheri* Par.，Ind. Bryol. 2：139. 1904. 图 219：1~5

形态特征 片状交织生长。茎匍匐，稀疏或密分枝。枝单一，或具小分枝。茎叶干燥或潮湿时均倾立或背卷，阔卵形，长 1.3~1.9 mm，尖部常扭曲，叶尖狭长，基部略下延；叶边全缘或具稀疏齿；中肋细弱，达叶中部。枝叶潮湿或干燥时均倾立，卵状披针形，先

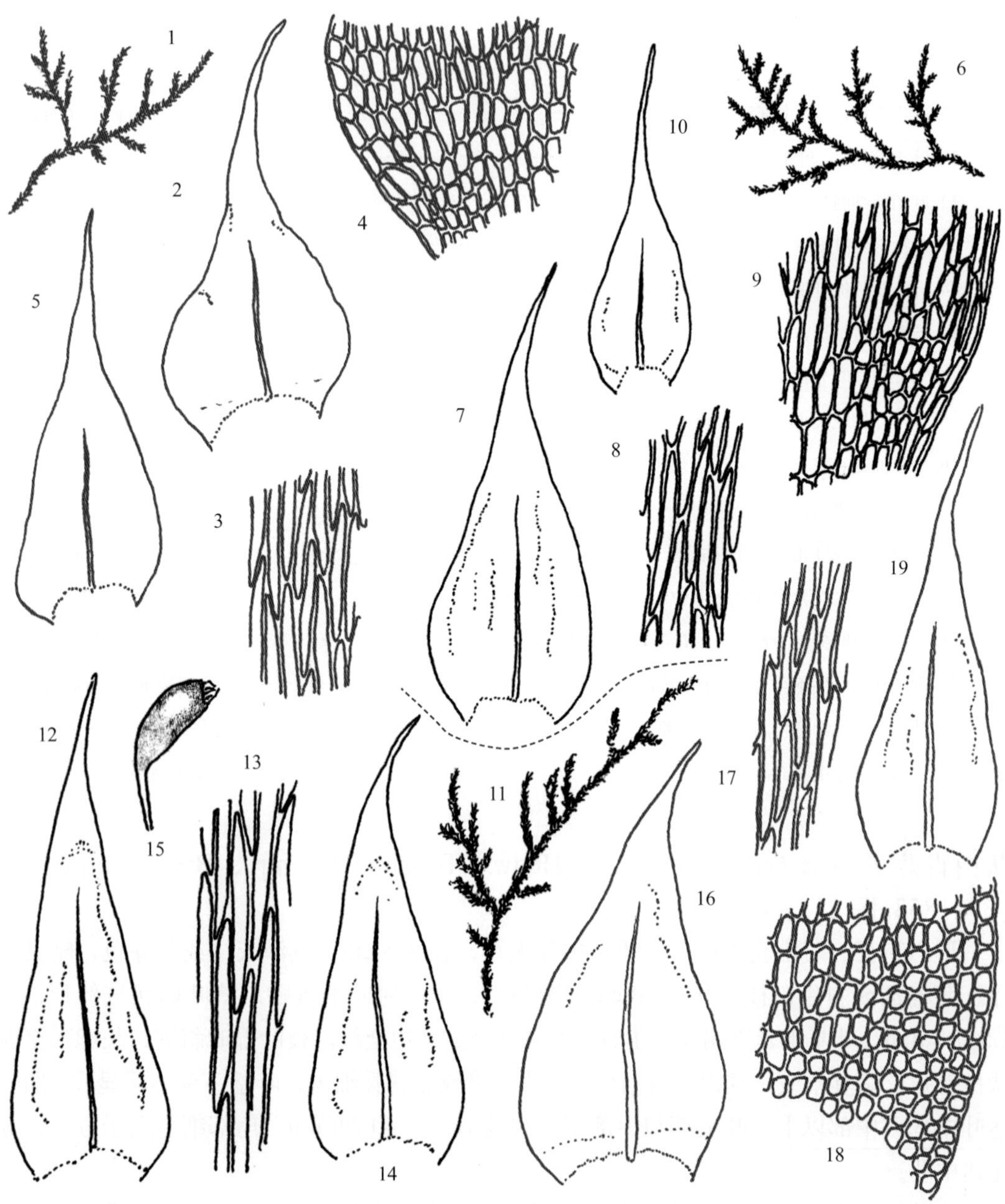

图 219

1~5. 勃氏青藓 *Brachythecium brotheri* Par.

1. 植物体（×1），2. 茎叶（×60），3. 茎叶中部细胞（×500），4. 茎叶基部细胞（×200），5. 枝叶（×60）

6~10. 多褶青藓 *Brachythecium buchananii*（Hook.）Jaeg.

6. 植物体（×1），7. 茎叶（×60），8. 茎叶中部细胞（×450），9. 茎叶基部细胞（×200），10. 枝叶（×60）

11~15. 尖叶青藓 *Brachythecium coreanum* Card.

11. 植物体（×1），12. 茎叶（×50），13. 茎叶中部细胞（×500），14. 枝叶（×40），15. 孢蒴（×7）

16~19. 多枝青藓 *Brachythecium fasciculirameum* Müll. Hal.

16. 茎叶（×60），17. 茎叶中部细胞（×600），18. 茎叶基部细胞（×200），19. 枝叶（×60）

端略扭曲；叶基部边缘常背卷，上部具齿，下部具细齿；中肋长达叶片1/2~2/3处。叶中部细胞线形，长45~80 μm，薄壁；角部细胞长方形或六角形，薄壁。

生境和分布　山地湿土生和岩面生。河北、陕西、四川和云南；日本有分布。

现有学者将本种归入拟青藓属（*Sciuro-hyprum*）。

多褶青藓 *Brachythecium buchananii*（Hook.）Jaeg.，Ber. Thätigk. St. Gallischen Naturwiss. Ges. 1876–77：341. 1878. 图 219：6~10

形态特征　交织成片生长。植物体中等大小，匍匐；不规则分枝，枝渐尖。茎叶卵形，先端渐尖或急尖形成长尖；叶边全缘，叶基边缘略背卷；中肋超过叶中部。枝叶与茎叶同形，但较小。叶中部细胞近于线形，末端尖锐，壁薄；基部细胞较宽，长菱形或长方形，壁略增厚；角部细胞近于方形至长方形，形成宽阔的区域。

生境和分布　生于山间林内湿土上，岩面或树基。黑龙江、内蒙古、陕西、安徽、江苏、四川和云南；日本、朝鲜和喜马拉雅山地区有分布。

尖叶青藓 *Brachythecium coreanum* Card.，Bull. Soc. Bot. Genève，sér. 2，3：289. 1911. 图 219：11~15

形态特征　成片生长。植物体形大。茎匍匐，弯曲，密被叶；羽状分枝。茎叶干燥时伸展，长卵状披针形，渐尖，基部短下延，内凹，具不规则深皱褶；上部边缘具细齿，下部近于全缘；中肋纤细，达叶中部以上。枝叶皱褶较茎叶深，上部边缘具细齿。叶中部细胞线形，薄壁，基部及角部细胞较短而宽，长六角形至近于方形。

生境和分布　冷杉林下石生。陕西、新疆、江苏、湖南、安徽、西藏、云南和广西；日本和朝鲜有分布。

多枝青藓 *Brachythecium fasciculirameum* Müll. Hal.，Nuovo Giorn. Bot. Ital.，n. s. 4：269. 1897. 图 219：16~19

形态特征　片状生长。体形稍大，规则羽状分枝，长6~8.5 cm。枝干燥时叶紧贴呈圆条形，长0.7~2 cm。茎叶阔卵形至三角状披针形，长1.20~1.60 mm，内凹，先端形成长毛尖。枝叶卵状披针形，内凹，基部略下延，内卷，有2至多条纵褶。茎叶与枝叶叶边均全缘；中肋细长，达叶中部以上；角部细胞方形、多边形或长方形，分化达中肋。枝叶中部细胞线状菱形，长54~75 μm。

生境和分布　常生于山地石上和树基。中国特有，产吉林、辽宁、陕西、广西、四川和云南。

台湾青藓 *Brachythecium formosanum* Tak.，Journ. Hattori Bot. Lab. 15：2. 1955. 图 220：1~5

形态特征 紧密片状交织。植物体纤细，色泽黄绿至深绿色，具光泽。主茎匍匐，疏生叶，随处生褐色假根；不规则分枝，枝直立至斜生，先端渐尖。叶干燥时紧贴，潮湿时伸展。茎叶卵形，上部渐尖，叶基略下延，内凹，具褶皱；中肋达叶中部；叶下部边缘略背卷，上部具细齿。枝叶卵形、椭圆形，具长尖。叶中部细胞菱形至狭菱形，壁薄。基部细胞疏松，角部细胞透明，方形。

生境和分布 常生于山区具土石面、墙上或土坡。吉林、辽宁、内蒙古、河北、陕西、江苏、浙江、安徽、西藏、四川、湖南、广东和云南有分布。中国特有种。

圆枝青藓 *Brachythecium garovaglioides* Müll. Hal.，Nuovo Giorn. Bot. Ital.，n.s. 4：270. 1897. 图 220：6~9

形态特征 片状交织生长。植物体形大，淡黄绿色。主茎匍匐；不规则分枝。叶在茎或枝上排列疏松；枝略扁平，单一或上部具少数小枝。茎叶长卵形至长椭圆形，上部常具不规则纵褶；急成长毛尖，长 2.5~3.5 mm，内凹；叶边上部具细齿，基部全缘；中肋纤细，达叶中部以上。枝叶与茎叶同形，略小。叶中部细胞线形，长 100~165 μm，末端锐尖，角部细胞长方形，分化达中肋。

生境和分布 常生于湿热林内树干、石面、土壁和地面。陕西、浙江、福建、湖北、四川和云南；日本有分布。

冰川青藓 *Brachythecium glaciale* Bruch et Schimp.，Bryol. Eur. 6：15. 542. 1853. 图 220：10~14

形态特征 交织成片生长。植株体较粗壮，不规则分枝。叶干燥时紧贴，覆瓦状排列，潮湿时伸展，内凹，具浅褶皱或无褶皱；茎叶阔卵形，具短渐尖或渐尖，叶基略下延呈心形，叶上部边缘具齿；中肋达叶 1/2，或略短。叶中部细胞长线形，叶基部细胞菱形，角部细胞分化不达中肋，方形或长方形，壁不增厚。雌苞叶直立。蒴柄具疣。孢蒴弯曲，卵状椭圆形；蒴盖圆锥形。

生境和分布 常生于高海拔、高山或寒冷的林区。黑龙江、陕西、安徽、贵州、四川和西藏；日本、欧洲和北美洲有分布。

现有学者将本种归入拟青藓属（*Sciuro-hyprum*）。

石地青藓 *Brachythecium glareosum*（Spruce）Bruch et Schimp.，Bryol. Eur. 6：23. 552. 1853. 图 220：15~18

形态特征 成片生长。植物体中等大小。主茎匍匐，淡绿色，具光泽；多回分枝，或不规则羽状分枝，枝圆条形，先端渐尖或圆钝。叶干燥时紧贴，潮湿时伸展。茎叶宽卵形，内凹，具深褶皱，先端具突收缩的长毛尖；叶边全缘，中肋纤细，先端渐尖，达叶中

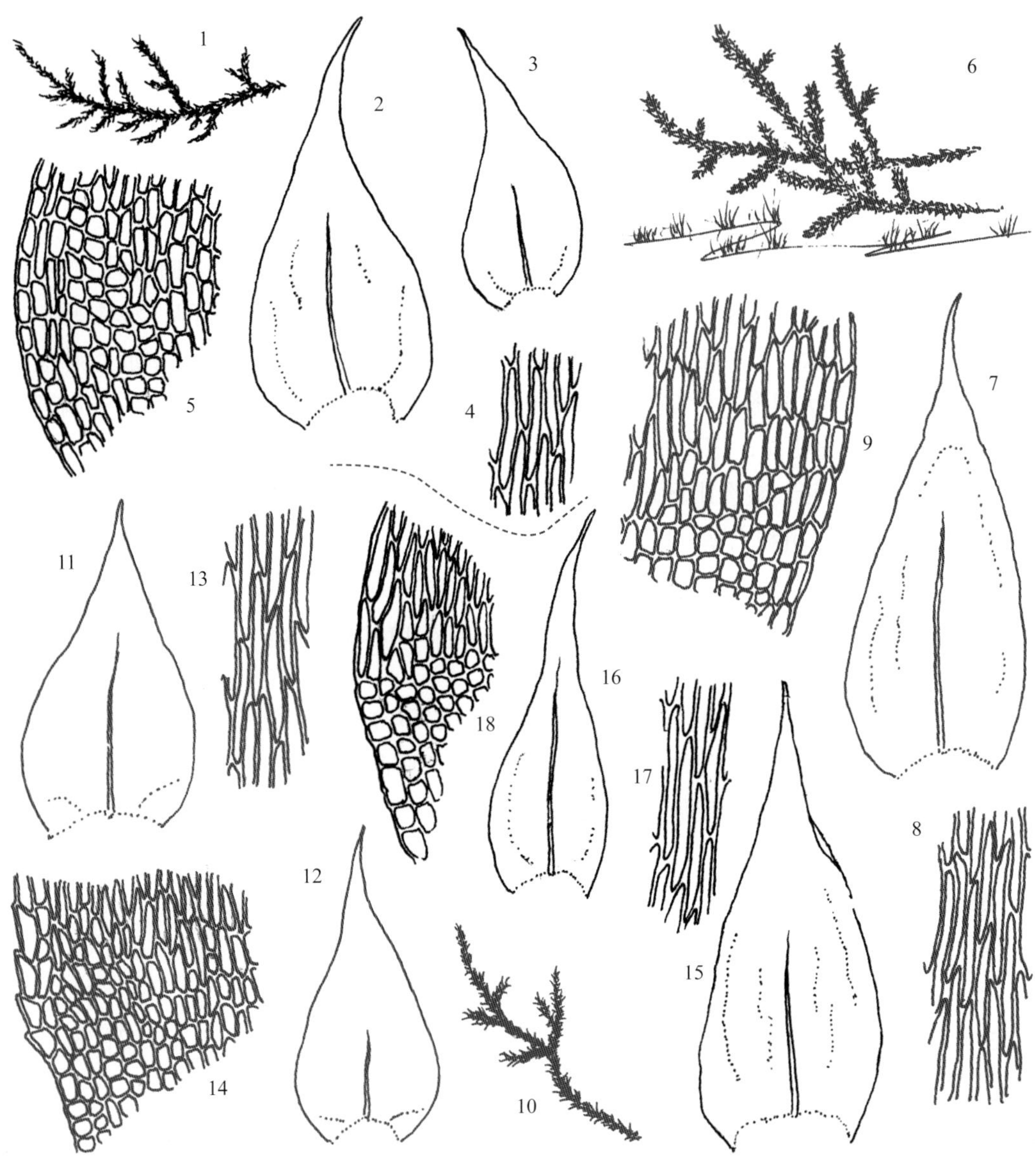

图 220

1~5. 台湾青藓 *Brachythecium formosanum* Tak.

1. 植物体（×1），2. 茎叶（×60），3. 枝叶（×60），4. 叶中部细胞（×500），5. 叶基部细胞（×300）

6~9. 圆枝青藓 *Brachythecium garovaglioides* Müll. Hal.

6. 林地草丛中着生的植物群落（×1），7. 茎叶（×35），8. 叶中部细胞（×200），9. 叶基部细胞（×200）

10~14. 冰川青藓 *Brachythecium glaciale* Bruch et Schimp.

10. 植物体（×1），11. 茎叶（×35），12. 枝叶（×35），13. 叶中部细胞（×350），14. 叶基部细胞（×200）

15~18. 石地青藓 *Brachythecium glareosum*（Spruce）Bruch et Schimp.

15. 茎叶（×60），16. 枝叶（×60），17. 叶中部细胞（×500），18. 叶基部细胞（×200）

部以上；角部细胞分化，长方形。枝叶卵状披针形，叶尖较长，具纵深褶皱，叶边上部具细齿。叶尖部细胞略长；叶中部细胞线形，末端尖锐，透明，薄壁；叶基部细胞较疏松。蒴柄淡红色，平滑无疣。

生境和分布 寒湿山区林内树生。吉林、辽宁、河南、内蒙古、陕西、新疆、四川和云南；日本、俄罗斯（远东地区）和北美洲有分布。

粗枝青藓 *Brachythecium helminthocladum* Broth. et Par., Rev. Bryol. 31：63. 1904. 图 221：1~5

形态特征 大片状交织生长。体形中等大小，色泽黄绿；不规则多回分枝。枝密生叶，圆条形。茎叶干燥时紧贴茎，阔卵形至长卵形，长 1.8~2.6 mm，内凹，略具褶皱；先端急尖或渐尖成毛状；叶基略下延；叶边平直，上部具细齿，下部全缘；中肋达叶中部。枝叶长卵形或椭圆状卵形，叶尖常扭曲。叶中部细胞近线形，长 53~75 μm，末端圆钝，薄壁；角部细胞分化明显，细胞略膨大，长六角形至长方形。

生境和分布 生于湿冷山区岩石、土面或树基。黑龙江、辽宁、内蒙古、陕西、浙江、安徽、贵州、四川和云南；日本有分布。

皱叶青藓 *Brachythecium kuroishicum* Besch., Ann. Sci. Nat., Bot., sér. 7, 17：373. 1893. 图 221：6~11

形态特征 成片生长。体形纤细，长 5~7 cm；不规则分枝。茎叶卵状三角形，长 1~1.6 mm，内凹，具褶皱，先端急尖，常扭曲；叶边平直，全缘；中肋达叶中部。枝叶卵状披针形，叶尖毛状，直立或偏曲。叶中部细胞斜菱形或近线形，长 45~60 μm，末端圆钝，壁薄；基部细胞方形或长方形，形成明显角部。雌雄异株。

生境和分布 常生于山区路边石上、土表或树干。内蒙古、陕西、福建、贵州、四川和云南；日本有分布。

毛尖青藓 *Brachythecium piligerum* Card., Bull. Soc. Bot. Genève ser. 2, 3：240. 1911. 图 221：12~15

形态特征 成片状生长。茎不规则分枝，枝直立或倾立。茎叶密集，干燥时略紧贴，长卵状披针形至长椭圆形，内凹，略具褶皱；先端渐尖至毛尖状；叶边全缘；中肋超过叶中部。枝叶长椭圆形或长卵形，先端渐尖或急尖成针状；叶边全缘或上部具细齿。叶中部细胞线形，末端尖锐；角部狭窄，细胞呈长方形至方形，薄壁。蒴柄平滑。孢蒴长椭圆形，弯曲，具不明显的台部。

生境和分布 湿热山地树基生、石面和土表生。黑龙江、吉林、辽宁、内蒙古、陕西、安徽、江苏、浙江、江西、福建、西藏和云南；日本有分布。

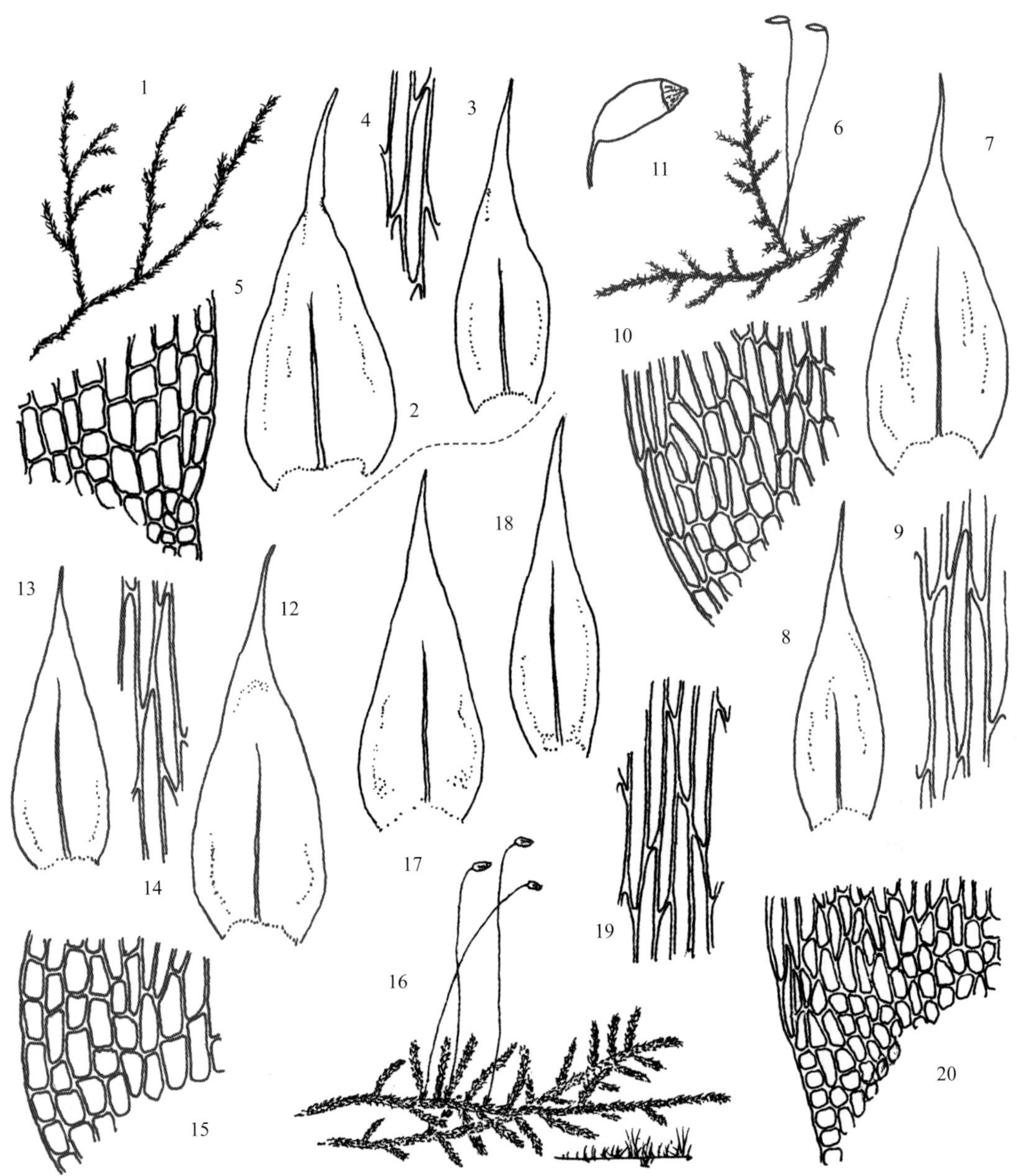

图 221

1~5. **粗枝青藓** *Brachythecium helminthocladum* Broth. et Par.

1. 植物体（×1），2. 茎叶（×50），3. 枝叶（×50），4. 叶中部细胞（×500），5. 叶基部细胞（×300）

6~11. **皱叶青藓** *Brachythecium kuroishicum* Besch.

6. 雌株（×1），7. 茎叶（×50），8. 枝叶（×40），9. 叶中部细胞（×500），10. 叶基部细胞（×300），11. 已开裂的孢蒴（×7）

12~15. **毛尖青藓** *Brachythecium piligerum* Card.

12. 茎叶（×50），13. 枝叶（×40），14. 叶中部细胞（×500），15. 叶基部细胞（×300）

16~20. **羽枝青藓** *Brachythecium plumosum*（Hedw.）Bruch et Schimp.

16. 林下湿润土生的植物群落（×1），17. 茎叶（×40），18. 枝叶（×40），19. 叶中部细胞（×500），20. 叶基部细胞（×400）

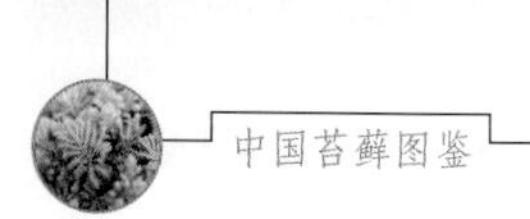

羽枝青藓 *Brachythecium plumosum*（Hedw.）Bruch et Schimp.，Bryol. Eur. 6：8. 1853. 图 221：16~20

形态特征 成片状交织生长。植物体色泽淡绿，略具光泽。主茎羽状分枝或不规则羽状分枝；枝直立，单一。茎叶直立伸展，卵状披针形，渐尖，长约 1.80mm，内凹，具 2 条纵褶；叶边平直，全缘或上部具细齿；中肋略超出叶中部。枝叶干燥时倾立，卵状披针形，渐成一细长尖，内凹，基部收缩，常有 2 条弧形褶皱。茎叶中部细胞线形，长 80~90 μm，薄壁；基部细胞较短而宽，长方形；角部细胞分化明显，方形。雌雄异株。

生境和分布 生于湿热林内土表、岩面薄土或树干。黑龙江、吉林、辽宁、内蒙古、河北、山东、陕西、甘肃、新疆、江苏、安徽、浙江、福建、江西、湖北、湖南、广西、贵州、四川、云南和西藏；北半球广泛分布。

长肋青藓 *Brachythecium populeum*（Hedw.）Bruch et Schimp.，Bryol. Eur. 6：7. 535. 1853. 图 222：1~5

形态特征 片状交织生长。色泽暗绿，略具光泽。茎匍匐；羽状分枝，枝单一，斜倾，干燥时多呈圆条形，渐尖。茎叶卵状披针形，渐尖，长 1.4~1.6 mm，平展或内凹，略具褶皱，叶基平截；叶边全缘或具细齿；中肋粗壮，长达叶尖。枝叶狭披针形，最宽处近叶基部，呈心脏形或截形。叶中部细胞长斜菱形或近线形，长 36~55 μm，宽 6~7 μm，角部细胞近方形至长方形，壁略增厚。

生境和分布 习生湿热林内岩面薄土。吉林、辽宁、河北、河南、陕西、新疆、山东、安徽、浙江、江西、湖北、湖南、四川和西藏；亚洲及欧洲广泛分布。

现有学者将本种归入拟青藓属（*Sciuro-hyprum*）。

匍枝青藓 *Brachythecium procumbens*（Mitt.）Jaeg.，Ber. Thätigk. St. Gallischen Naturwiss. Ges. 1876–77：341. 1878. 图 222：6~10

形态特征 紧密交织生长。植物体纤细或中等大小，色泽黄绿，略具光泽。主茎匍匐，弯曲，不规则斜生枝；枝单一或具分枝，圆条形。叶覆瓦状排列，直立伸展。茎叶阔卵形，内凹，具褶皱，先端具短毛尖。枝叶圆卵形至圆卵状披针形，长 1.30~1.70 mm，叶基下延；叶上部边缘具齿；中肋单一，达叶长度的 2/3 或 3/4。叶中部细胞菱形至长菱形，长 45~65 μm，宽 6~8 μm；基部细胞排列疏松，角部细胞膨大，方形至长方形。

生境和分布 多生林区石灰岩岩面。陕西、新疆、安徽、江西、云南和西藏；尼泊尔、日本及朝鲜有分布。

弯叶青藓 *Brachythecium reflexum*（Stark.）Bruch et Schimp.，Bryol. Eur. 6：12. 1853. 图 222：11~15

形态特征 疏松交织生长。植物体纤细，暗绿色。主茎匍匐，常有簇生的假根；规则羽状分枝，枝单一。茎叶干燥时贴茎，阔三角形或三角状卵形，叶基常下延；叶先端突狭

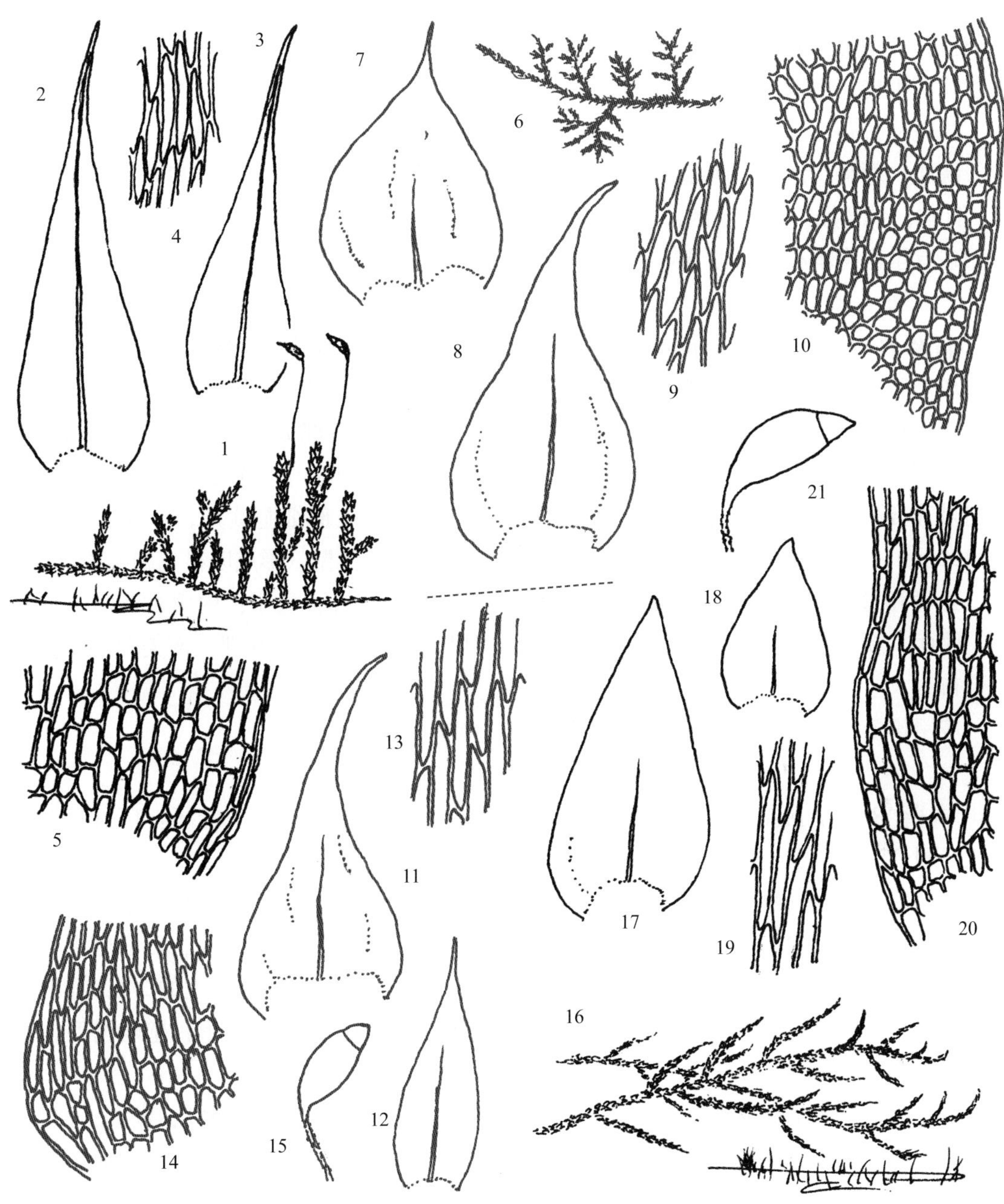

图 222

1~5. 长肋青藓 *Brachythecium populeum*（Hedw.）Bruch et Schimp.

1. 雌株（×1），2. 茎叶（×60），3 枝叶（×60），4. 叶中部细胞（×400），5. 叶基部细胞（×300）

6~10. 匍枝青藓 *Brachythecium procumbens*（Mitt.）Jaeg.

6. 植物体（×1），7. 茎叶（×40），8. 枝叶（×40），9. 叶中部细胞（×400），10. 叶基部细胞（×300）

11~15. 弯叶青藓 *Brachythecium reflexum*（Stark.）Bruch et Schimp.

11. 茎叶（×60），12. 枝叶（×50），13. 叶中部细胞（×500），14. 叶基部细胞（×300），15. 孢蒴（×7）

16~21. 溪边青藓 *Brachythecium rivulare* Schimp.

16. 溪边具土石上生长的植物体（×1），17. 茎叶（×40），18. 枝叶（×30），19. 叶中部细胞（×500），20. 叶基部细胞（×200），21. 孢蒴（×12）

窄成一长尖，背卷或偏曲；叶边全缘；中肋纤细，达叶尖下消失。枝叶卵状披针形，叶边具细齿。叶中部细胞近线形至狭菱形；角部细胞分化不达中肋，呈长方形或椭圆形，略膨大。蒴柄粗糙。孢蒴长椭圆形，深褐色。

生境和分布 多生于林下岩面、腐木及土表等各种生境。黑龙江、吉林、辽宁、内蒙古、陕西、新疆、河北、西藏、江苏、浙江、安徽、福建、江西、湖南、贵州、四川和云南；日本、俄罗斯（远东地区）、克什米尔地区、欧洲、北美洲和格陵兰岛有分布。

现有学者将本种归入拟青藓属（*Sciuro-hyprum*）。

溪边青藓 *Brachythecium rivulare* Schimp.，Bryol. Eur. 6：17. pl. 546. 1853. 图 222：16~21

形态特征 疏松片状交织生长。体形大，茎弯曲，枝斜出，长可达 5~10 cm，渐尖。茎叶干燥时贴茎，潮湿时伸展，阔卵形，长 1.5~2.1 mm，尖部宽阔，锐尖，基部明显下延，内凹，平展或略具褶皱；叶边全缘或中部以上具小圆齿；中肋较弱，达叶中部或略超过叶中部。枝叶卵形，较小于茎叶，长 1~1.7 mm。叶中部细胞线形，末端尖锐，长 80~120 μm，薄壁；角部细胞膨大，长方圆形或长六角形，薄壁，形成明显宽阔的角部。

生境和分布 多生林内岩面、溪边石上。黑龙江、吉林、辽宁、内蒙古、河北、河南、陕西、新疆、安徽、浙江、福建、湖北、四川和云南；亚洲、欧洲、南美洲及北美洲有分布。

应用价值 可作溪涧水质的指示植物。含 cycloeucalenol。

卵叶青藓 *Brachythecium rutabulum*（Hedw.）Schimp.，Bryol. Eur. 6：15. pl. 543. 1853. 图 223：1~5

形态特征 密片状交织生长。体形稍大，主茎长 5~8 cm 或更长；分枝密集，单一或具小分枝，枝端渐尖。茎叶阔卵形，长 1.8~2.1 mm，具狭而短的叶尖，基部阔心脏形，略下延，内凹，具褶皱；叶边具细圆齿，或近于全缘；中肋细弱，达叶长度的 2/3。叶中部细胞阔菱形，长 43~60 μm，先端略锐尖，薄壁；近基部细胞疏松，菱形，壁略增厚，角部细胞方形至方圆形。枝叶卵形至卵状披针形，先端渐尖。

生境和分布 着生林内树干、岩面和土表。辽宁、陕西、安徽、浙江、湖北、湖南、贵州、四川、云南和西藏；喜马拉雅山地区、俄罗斯、欧洲、叙利亚、阿尔及利亚及北美洲有分布。

褶叶青藓 *Brachythecium salebrosum*（Web. et Mohr）Schimp.，Bryol. Eur. 6：20. 1853. 图 223：6~12

形态特征 片状交织生长。植物体色泽浅绿，中等大小。主茎匍匐；羽状分枝，枝单一，渐尖。茎叶干燥时紧贴，潮湿时伸展；茎叶与枝叶同形，茎叶略宽阔，卵形至椭圆形，先端渐尖或锐尖，内凹，基部收缩，具 2 条较短纵褶；叶边先端有细齿，叶基具微齿；中肋达叶中部或略超过中部。叶中部细胞长线形，末端尖锐，薄壁；角部细胞分化不

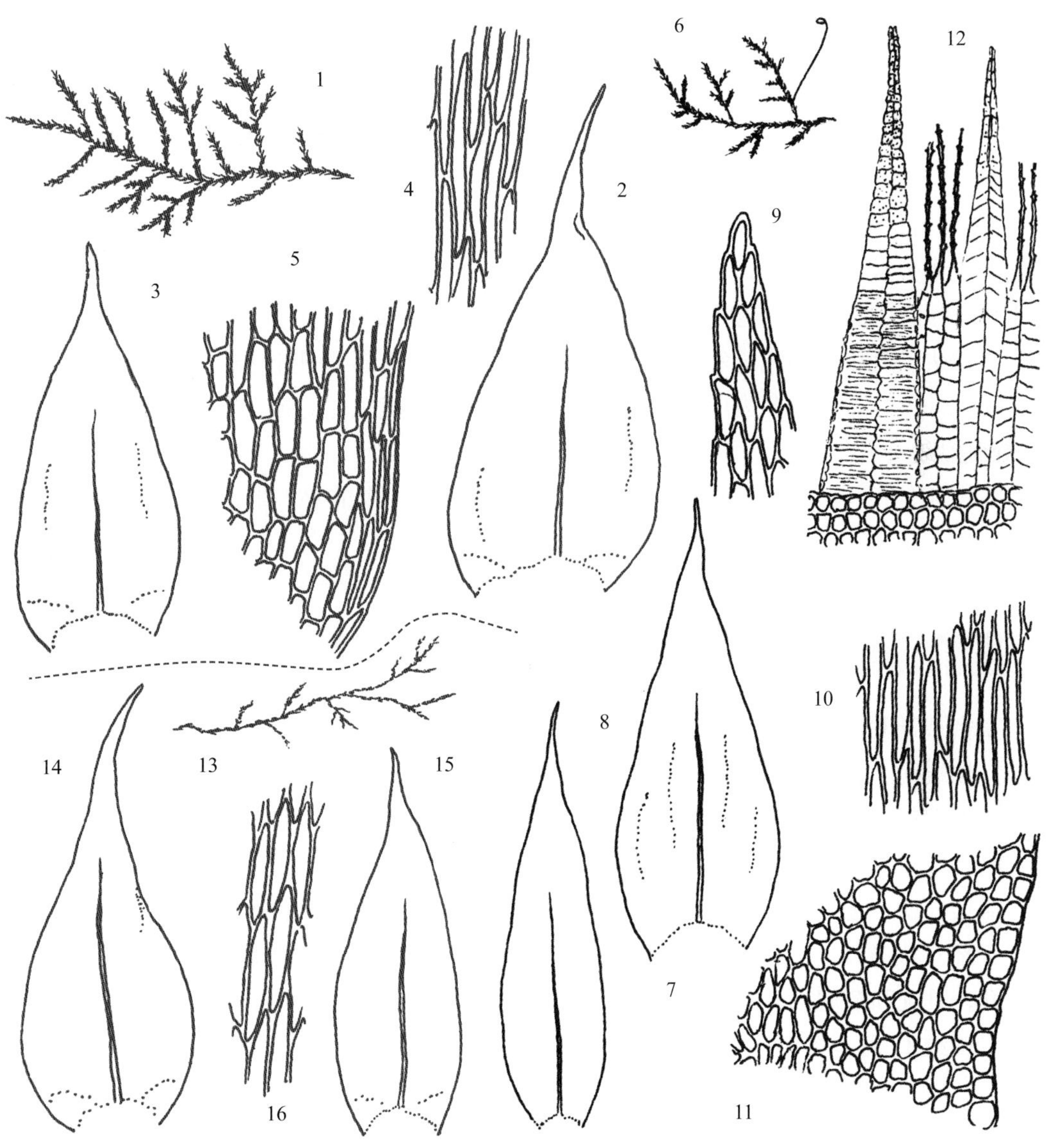

图 223

1~5. 卵叶青藓 *Brachythecium rutabulum*（Hedw.）Schimp.

1. 植物体（×1），2. 茎叶（×50），3. 枝叶（×60），4. 叶中部细胞（×600），5. 叶基部细胞（×400）

6~12. 褶叶青藓 *Brachythecium salebrosum*（Web. et Mohr）Schimp

6. 雌株（×1），7. 茎叶（×60），8. 枝叶（×65），9. 叶尖部细胞（×500），10. 叶中部细胞（×500），11. 叶基部细胞（×200），12. 蒴齿（×300）

13~16. 钩叶青鲜 *Brachythecium unciniifolium* Broth. et Par.

13. 植物体（×1），14. 茎叶（×50），15. 枝叶（×60），16. 叶中部细胞（×500）

达中肋，方形、长方形或六角形，薄壁。雌苞叶背卷，无中肋。

生境和分布 着生林内树干生和土生。吉林、河北、河南、陕西、新疆、四川、西藏、云南和广西；亚洲、俄罗斯（高加索）、欧洲、亚速尔群岛、摩洛哥、塔斯马尼亚和北美洲分布。

钩叶青藓 *Brachythecium uncinifolium* Broth. et Par.，Rev. Bryol. 31（3）：64. 1904. 图 223：13~16

形态特征 成片交织生长。植株体中等大小，色泽暗绿至黄绿色。主茎纤细，匍匐；稀疏不规则分枝，枝单一，渐尖。茎叶卵形，先端渐尖或趋狭成毛尖，偏曲或背卷；叶基常下延；叶边全缘；中肋达叶中部以上或近于达叶尖。枝叶卵形至狭椭圆形，先端偏曲，渐尖或急尖。叶中部细胞长斜菱形或线形，末端圆钝；角部细胞分化达中肋，并从基部沿叶边向上伸展，方形或多边形。蒴柄红褐色，上部具稀疏粗糙的疣，下部平滑。孢蒴长椭圆状圆柱形。

生境和分布 习生于林间石面、树基或林地。黑龙江、吉林、北京、陕西、江苏、浙江、安徽、江西、福建、西藏和云南；日本有分布。

6 燕尾藓属 *Bryhnia* Kaur.

紧密或疏松交织成片。植物体纤细至中等大小，色泽黄绿或深绿色，略具光泽。茎匍匐，枝端向上斜倾，近于羽状分枝或稀呈树形分枝。茎叶较枝叶略大，阔卵形或卵状披针形，先端锐尖、急短尖或细长尖，叶基下延；叶边上部被齿；中肋较粗壮，止于叶先端下。叶上部细胞短椭圆状菱形至菱形，背部具前角突起，基部细胞较宽阔，角部细胞分化。雌雄异株。蒴柄长。孢蒴长椭圆状圆柱形，有时弯曲，平滑；外齿层齿片褐色至红褐色，下部具横条纹，上部色淡，具疣和横脊；内齿层淡黄褐色，基膜高，齿条呈龙骨状，具穿孔，具疣和节瘤。

本属约 12 种，多湿冷地区分布。中国有 5 种。

分种检索表

1. 叶紧密覆瓦状排列，卵形，强烈内凹，先端锐 ………………………………………………… 1. 短尖燕尾藓 *B. hultenii*
1. 叶疏松着生，卵状披针形，不强烈内凹，先端渐尖 ………………………………………2. 燕尾藓 *B. novae-angliae*

短尖燕尾藓 *Bryhnia hultenii* Bartr.，Moss Fl. N. Amer. 3（4）：264. 1934. 图 224：1~3

形态特征 密片状生长。植物体中等大小；密羽状分枝，枝呈圆条形，长约 2 cm，渐尖。茎叶覆瓦状排列，卵形至阔卵形，内凹，先端钝或宽，渐尖，具小尖头；叶基下延，稀具褶皱；叶边具细齿或不规则齿；中肋超过叶中部以上，渐尖。枝叶略小于茎叶。叶中部细胞阔菱形至菱形，末端圆钝，壁薄，背面略具前角突起；叶先端和边缘细胞较短；叶基细胞长六边形或近于线形；角部细胞分化明显，膨大，方形至长形，薄壁。

生境和分布　习生于湿冷山区林内树干和石面。黑龙江、辽宁、陕西、西藏和云南；日本有分布。

燕尾藓 *Bryhnia novae–angliae*(Sull. et Lesq.)Grout, Bull. Torrey Bot. Club 25(5)：229. 1898. 图 224：4~9

形态特征　疏交织生长。植物体形大，长 6~8 cm；近于不规则羽状分枝或稀疏分枝。茎叶干燥时常扭曲，阔卵形，长 1.2~1.6 mm，先端急狭成长尖，有时扭曲；叶基略下延，内凹，具两条纵褶；叶边具细齿或微齿；中肋较强劲，达叶中部以上。枝叶与茎叶同形，较小，卵状披针形，具褶皱；叶边具细齿；中肋末端有时具不明显刺状突起。叶中部细胞狭长菱形，长 45~63 μm，薄壁，叶基角部细胞膨大，透明，长方形至圆六角形。

生境和分布　习生山区石面、树干基部或土表。吉林、河北、陕西、新疆、江苏、安徽、福建、江西、湖北、湖南、四川、云南和西藏；亚洲、欧洲及北美洲有分布。

7 毛尖藓属 *Cirriphyllum* Grout

多交织成片生长。体形纤细或略粗，淡黄绿色或深绿色，大多具光泽。茎匍匐至上倾；不规则分枝至近于规则羽状分枝；枝直立，多圆条形。叶干燥时常覆瓦状排列，椭圆形或卵形，有时呈披针形，深内凹，无或略具褶皱，渐尖或急成长毛尖，叶基略下延；叶边平直，全缘或具细齿；中肋单一，达叶长度的 1/2~2/3。叶上部细胞线形，平滑；角部细胞方形至短长方形。雌雄异株。蒴柄长，多粗糙。孢蒴下倾至横展，长椭圆形至椭圆状圆柱形，不对称；外齿层齿片披针形，下部具横条纹，上部具疣和横脊；内齿层基膜高，具细疣，齿条龙骨状，具穿孔，齿毛具节瘤。环带分化。蒴盖圆锥形。蒴帽无毛。

本属约 10 种，分布温带地区。中国有 2 种。

分种检索表

1. 茎叶长椭圆状匙形，内凹，略具褶皱……………………………… 1. 阔叶毛尖藓 *C. cirrosum*

1. 茎叶阔卵状披针形，略内凹，具褶皱……………………………… 2. 毛尖藓 *C. piliferum*

阔叶毛尖藓 *Cirriphyllum cirrosum* (Schwägr.) Grout, Bull. Torrey Bot. Club 25 (5)：223. 1898. 图 224：10~13

形态特征　交织成片生长。茎不规则羽状分枝；枝直立伸展，单一。叶覆瓦状排列，长椭圆形，内凹，长 2.3~2.7 mm，略具褶皱，先端波曲，突趋窄成一细长毛尖；叶边上部具粗齿；中肋达叶中部或中部以上。枝叶与茎叶同形，略小。叶中部细胞线形，末端圆钝，多呈蠕虫状，长 85~103 μm，薄壁；角部细胞六角形或长方形，排列疏松，分化明显。

生境和分布　多生于温湿林内树干、石灰岩面、土表和腐木上。吉林、内蒙古、山

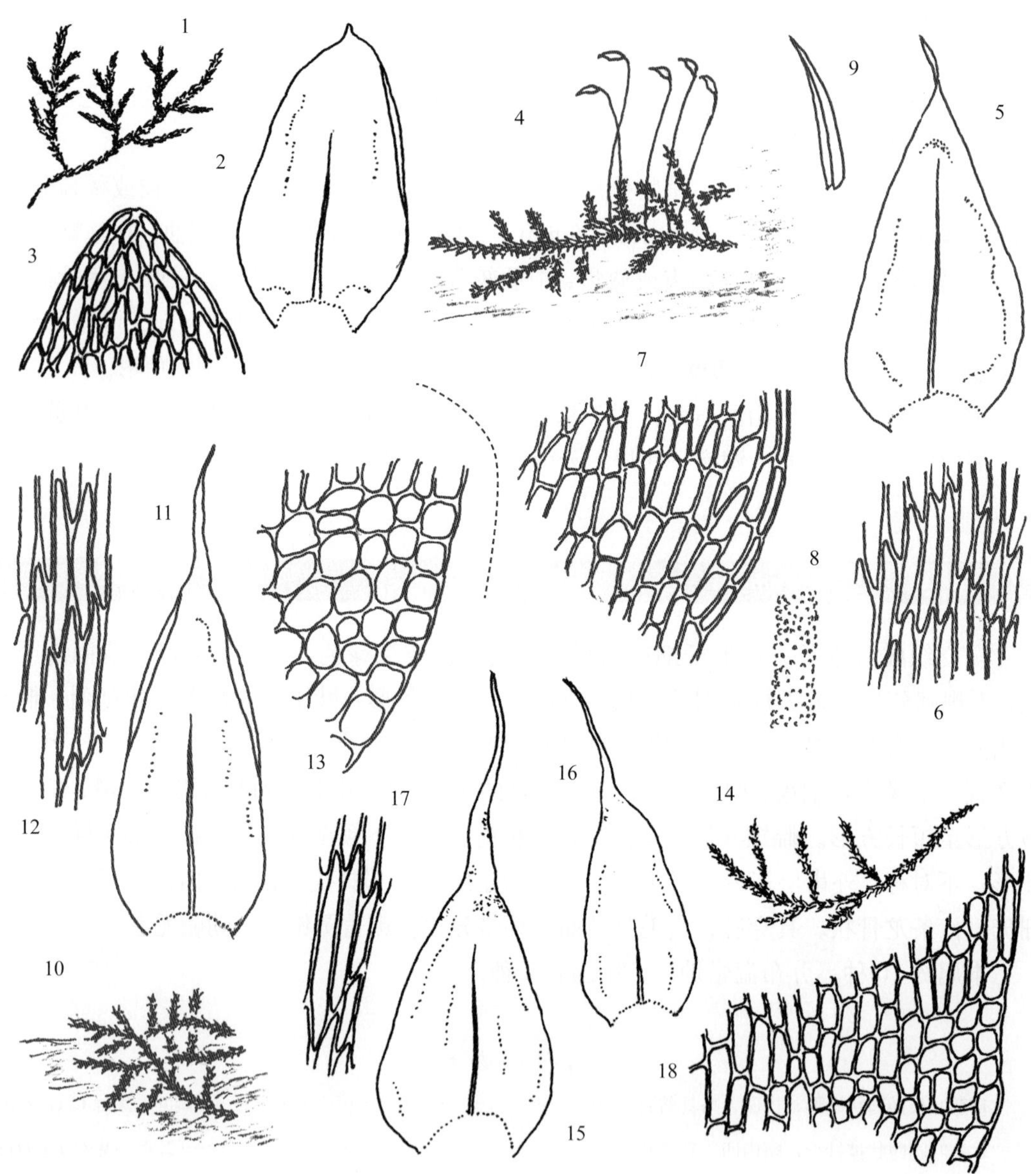

图 224

1~3. 短尖燕尾藓 *Bryhnia hultenii* Bartr.

1. 植物体（×1），2. 茎叶（×80），3. 叶尖部细胞（×400）

4~9. 燕尾藓 *Bryhnia novae-angliae*（Sull. et Lesq.）Grout

4. 林地着生的植物体（×1），5. 茎叶（×50），6. 叶中部细胞（×400），7. 叶基部细胞（×500），8. 蒴柄的一部分，示具密疣（×18），9. 蒴帽（×8）

10~13. 阔叶毛尖藓 *Cirriphyllum cirrosum*（Schwägr.）Grout

10. 湿土生的植物体（×1），11. 茎叶（×30），12. 叶中部细胞（×350），13. 叶基部细胞（×300）

14~18. 毛尖藓 *Cirriphyllum piliferum*（Hedw.）Grout

14. 植物体（×1），15. 茎叶（×30），16. 枝叶（×30），17. 叶中部细胞（×250），18. 叶基部细胞（×200）

西、陕西、甘肃、新疆、浙江、贵州、四川、云南和西藏；日本、俄罗斯、土耳其及北美洲有分布。

毛尖藓 *Cirriphyllum piliferum*（Hedw.）Grout，Bull. Torrey Bot. Club 25（5）：225. 1898. 图 224：14~18

形态特征　疏松片状生长。体纤长，不规则分枝或稀羽状分枝。枝单一，先端渐尖，干燥时弯曲。茎叶相互贴生，卵状披针形或宽卵形，先端渐尖或形成长而扭曲的毛尖，内凹，具纵褶皱；叶边具细齿，或近于全缘；中肋弱，止于叶中部或中部以下。叶中部细胞近于线形至线状菱形，末端略圆钝，薄壁；角部细胞疏松，圆方形或方形。枝叶干燥时紧贴，披针形；上部边缘具细齿；中肋止于叶中部之下。

生境和分布　温湿山区林下常见于腐木和石上。黑龙江、吉林、内蒙古、陕西、甘肃、新疆、浙江、安徽、湖南、四川、西藏、贵州和云南；日本、俄罗斯（远东地区）和北美洲有分布。

8 鼠尾藓属 *Myuroclada* Besch.

疏松成片生长。体形大，色泽鲜绿。茎匍匐，随处生假根。枝直立或倾立，密被覆瓦状排列的叶，先端渐尖，呈鼠尾状。枝叶圆形或阔椭圆形，强烈内凹，基部心形，略下延，先端圆钝，有时具小尖头；叶边近于全缘，有时上部具细齿；中肋单一，渐尖，达叶中部。叶中部细胞菱形或长菱形，角部细胞长方形或六角形，壁薄或略增厚。雌苞叶卵状披针形，具小尖头。蒴柄长 1~3 cm，红褐色，平滑。孢蒴倾立，长椭圆形，呈弓形弯曲，红褐色，老时转黑色。外齿层齿片狭披针形，具细疣，基部具条纹；内齿层与外齿层等长，齿条龙骨状，上部毛状，具穿孔，齿毛 2，较短。蒴盖具长斜喙。蒴帽兜形。孢子表面粗糙。

本属 1 种，广布世界各地。中国有分布。

鼠尾藓 *Myuroclada maximowiczii*（Borszcz.）Steere et Schof.，Bryologist 59：1. 1956. 图 225：1~5

形态特征　种的形态特征同属。

生境和分布　生于低海拔水沟旁石壁和岩面薄土。黑龙江、吉林、辽宁、陕西、江苏、浙江、江西、四川和云南；日本、朝鲜、俄罗斯、欧洲及北美洲有分布。

9 美喙藓属 *Eurhynchium* Schimp.

疏松或紧密交织生长。体形纤细或稍粗壮，色淡绿或深绿色，干燥时常具光泽。茎匍匐或倾立；不规则羽状分枝或呈树状，枝圆条形或扁平。茎叶和枝叶同形或异形；茎叶阔卵形或近于呈心脏形，内凹，常具褶皱，先端短渐尖、阔渐尖或具长尖，叶基略下延或明显下延；中肋达叶中部以上，背部先端常具刺状突起。叶细胞平滑，线形或近线形；叶尖部细胞常较中部细胞短，短菱形，基部细胞较宽短，角部细胞分化，方形或圆方形。枝叶先端有时扭曲。蒴柄长，粗糙或平滑。孢蒴下弯或平展，卵状圆柱形至圆柱形。外齿层齿片下部具横条纹，先端具疣，具分化边或具横脊；内齿层具细疣，与齿片等长，基膜高，齿条披针形，先端渐尖，龙骨状，具穿孔，齿毛多发育，具节瘤或附片。蒴帽平滑。

本属约 50 种，湿热地区分布。中国有 10 种。

分种检索表

1. 植物体呈树形分枝；茎叶肾形或半圆形；枝叶卵状心形 …… 2. 树状美喙藓 *E. arbuscula*
1. 植物体不呈树形分枝；茎叶椭圆形、卵形、卵状披针形；枝叶多卵形 …… 2
2. 具叶枝扁平 …… 5. 密叶美喙藓 *E. savatieri*
2. 具叶枝圆条形 …… 3
3. 叶先端渐尖至长毛尖 …… 3. 尖叶美喙藓 *E. eustegium*
3. 叶先端锐尖 …… 4
4. 植株体形大，具光泽；茎叶阔三角形 …… 1. 短尖美喙藓 *E. angustirete*
4. 植株体形小，不具光泽；茎叶阔卵圆形 …… 4. 宽叶美喙藓 *E. hians*

短尖美喙藓 *Eurhynchium angustirete*（Broth.）T. Kop.，Memoranda Soc. Fauna Fl. Fenn. 43：53. f. 12. 1967. 图 225：6~9

形态特征 交织成片生长。植物体形大，色泽淡绿，具光泽。茎圆条形，常具成束生长的假根；规则或不规则羽状分枝，枝先端渐尖。茎叶阔卵形，先端锐尖，略具褶皱；叶边具细齿；中肋上部细弱，达叶中上部，背部常具刺状突起。叶中部细胞线形或蠕虫形，薄壁；角部细胞分化，略膨大，叶基部细胞呈圆方状菱形或长方圆形，壁略加厚。枝条略扁平，枝叶卵形至阔卵形，先端锐尖或钝尖；叶边具齿，中部以上齿较大。

生境和分布 湿热山地土生。山东、陕西、湖南和四川；亚洲东部和欧洲分布。

树状美喙藓 *Eurhynchium arbuscula* Broth.，Nat. Pfl.~fam. I（3）：1157. f. 816. 1909. 图 225：10~14

形态特征 交织成片生长。体形大，色泽淡绿至深绿色。主茎粗壮；分枝多，枝直立或倾立，分枝再生多数羽状分枝，外观呈树形。茎叶疏生，长 1.3~1.45 mm，肾形或半圆形，略具褶皱，先端急尖成毛尖；叶边具细齿，基部略背卷；中肋纤细，达叶尖。叶中部

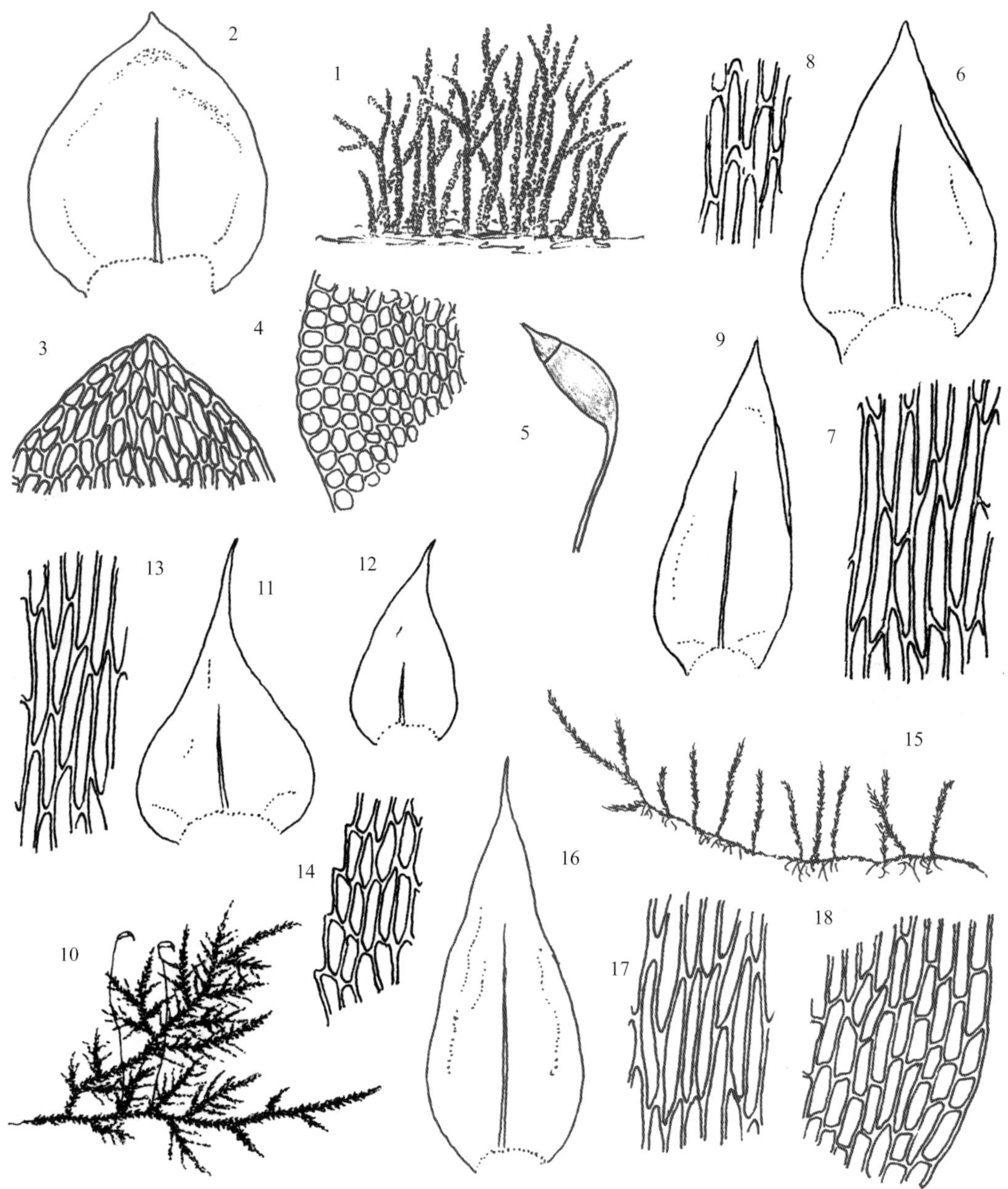

图 225

1~5. 鼠尾藓 *Myuroclada maximowiczii*（Borszcz.）Steere et Schof.

1. 岩面薄土上着生的植物群落（×1），2. 茎叶（×50），3. 叶尖部细胞（×300），4. 叶基部细胞（×300），5. 孢蒴（×7）

6~9. 短尖美喙藓 *Eurhynchium angustirete*（Broth.）T. Kop.

6. 茎叶（×18），7. 茎叶中部细胞（×400），8. 枝叶中部细胞，示中肋背面具突起（×250），9. 枝叶（×22）

10~14. 树状美喙藓 *Eurhynchium arbuscula* Broth.

10. 雌株（×1），11. 茎叶（×50），12. 枝叶（×60），13. 茎叶中部细胞（×400），14. 枝叶尖部边缘细胞（×400）

15~18. 尖叶美喙藓 *Eurhynchium eustegium*（Besch.）Dix.

15. 植物体（×1），16. 茎叶（×22），17. 叶中部细胞（×300），18. 叶基部细胞（×300）

细胞长菱形，长 20~37 μm，末端圆钝。枝叶阔心状卵形，长 0.95~1.0 mm，具短小尖；叶边具齿；中肋达叶尖下，背部先端具刺。

生境和分布 生于湿热松林下腐木、岩面或土表。浙江、湖南、四川、云南和西藏；日本有分布。

尖叶美喙藓 *Eurhynchium eustegium*（Besch.）Dix.，Journ. Bot. 75：126. 1937. 图 225：15~18

形态特征 成片交织生长。植物体形大，色泽黄绿，成熟时呈深绿色，略具光泽。茎不规则分枝，枝渐尖。茎叶疏生，卵状披针形，渐尖，先端长而尖。枝叶披针形，小于茎叶，干燥时直立伸展，具短渐尖或锐尖，基部收缩，干燥时略具褶皱；叶边被细齿，基部略内卷；中肋达叶长度的 2/3，先端背部具刺状突起。茎叶和枝叶中部细胞线状菱形或近于线形，薄壁；角部细胞圆方形至方形。

生境和分布 习生于湿润林内岩面或树基。黑龙江、吉林、辽宁、内蒙古、北京、河北、河南、陕西、湖南、江苏、江西、湖南、四川、贵州、西藏、云南和广西；日本有分布。

宽叶美喙藓 *Eurhynchium hians*（Hedw.）S. Lac.，Ann. Mus. Bot. Lugduno-Batavi 2：299. 1866. 图 226：1~5

形态特征 成片生长。体形小，不具光泽，坚挺。主茎匍匐，常稀疏分枝。枝单一，密生叶，略呈扁平状。茎叶稀疏，阔卵圆形，具锐尖或小尖，基部略呈心形；叶边略背卷；中肋长达叶上部，先端背部具一小齿。叶中部细胞长菱形或近线形，两端锐尖，薄壁；叶基细胞长方形，壁略厚。蒴柄红褐色，粗糙。孢蒴垂倾，红褐色，外齿层齿片线状披针形，黄色。蒴盖具长喙。

生境和分布 常生于湿润林地、石面和树干。黑龙江、吉林、辽宁、河南、山东、陕西、江苏、浙江、江西、湖北、四川、贵州和云南；日本、俄罗斯（高加索）和北美洲有分布。

密叶美喙藓 *Eurhynchium savatieri* Schimp. ex Besch.，Ann. Sci. Nat.，Bot.，sér. 7，17：378. 1893. 图 226：6~10

形态特征 密交织成片生长。植物体纤细，淡绿色，具光泽；密羽状分枝，枝扁平，末端钝。茎叶和枝叶同形，长卵形；叶边平直，具细齿；中肋至叶上部消失，末端具刺状突起。叶中部细胞长线形；角部细胞分化少，椭圆形至长方形。蒴柄长，粗糙，具疣，红褐色。孢蒴平展，圆柱形；外齿层齿片上部具疣，下部具横条纹，内齿层满被细疣。干燥时蒴口部强烈收缩。

生境和分布 常生于湿润林地、树基和岩面。黑龙江、河南、山东、陕西、新疆、浙江、安徽、江西、湖南、湖北、四川、贵州、西藏、云南和广西；日本有分布。

图 226

1~5. 宽叶美喙藓 *Eurhynchium hians*（Hedw.）S. Lac.

1. 植物体（×1），2. 茎叶（×40），3. 枝叶（×40），4. 叶尖部细胞（×400），5. 叶基部细胞（×300）

6~10. 密叶美喙藓 *Eurhynchium savatieri* Schimp. ex Besch.

6. 茎叶（×60），7. 枝叶（×55），8. 叶尖部细胞（×600），9. 叶基部细胞（×500），10. 孢蒴（×4）

11~15. 缩叶长喙藓 *Rhynchostegium contractum* Card.

11. 雌株（×1），12. 茎叶（×40），13. 枝叶（×60），14. 叶中部细胞（×400），15. 叶基部细胞（×300）

16~19. 狭叶长喙藓 *Rhynchostegium fauriei* Card.

16. 植物体（×1），17. 茎叶（×50），18. 枝叶（×50），19. 叶基部细胞（×350）

10 长喙藓属 *Rhynchostegium* Schimp.

成片交织生长。体形纤细至粗壮。茎匍匐，多不规则分枝。茎叶与枝叶近于同形，卵状披针形至阔卵形，或椭圆形，常内凹，上部渐尖，具长毛尖，或宽钝；叶边全缘或具齿；中肋延伸至叶中部或超过叶中部，先端背部无刺状突起。叶中部细胞狭长菱形至线形；角部细胞较宽短，呈长方形或方形。雌雄同株。蒴柄红色，平滑。孢蒴倾立或平展，卵圆形，稍呈拱形弯曲，或呈规则的长圆柱形。蒴齿2层；外齿层齿片下部具横条纹，上部具疣，内面有横隔；内齿层基膜高，齿条披针形，具裂缝，齿毛具节瘤。蒴盖圆锥形，具喙。蒴帽平滑。

本属约130种，主要分布湿润地区。中国有10余种。

分种检索表

1. 叶上部渐尖至长渐尖……………………………………………………………………2
1. 叶上部锐尖或具小尖头…………………………………………………………………4
2. 叶披针形至狭长披针形…………………………………………2. 狭叶长喙藓 *R. fauriei*
2. 叶卵形至阔卵形…………………………………………………………………………3
3. 枝叶卵形，角部细胞长方圆形……………………………………1. 缩叶长喙藓 *R. contractum*
3. 枝叶卵状披针形，角部细胞长方形至椭圆形 ……………………4. 淡叶长喙藓 *R. pallidifolium*
4. 叶长卵形…………………………………………………………3. 斜枝长喙藓 *R. inclinatum*
4. 叶阔椭圆形至近圆形……………………………………………5. 水生长喙藓 *R. riparioides*

缩叶长喙藓 *Rhynchostegium contractum* Card.，Bull. Soc. Bot. Genève ser. 2，4：381. 1912. 图226：11~15

形态特征　疏松片状交织生长。植物体淡绿色至黄绿色。茎叶卵形，具毛状尖，常偏曲，上部边缘具细齿，近基部全缘；中肋长达叶中部以上。枝叶与茎叶同形但略小，先端常偏曲；叶边具粗齿，中肋渐尖。叶中部细胞长线形，末端尖锐；角部细胞分化，横跨叶基，细胞排列疏松，长方圆形或六角形。蒴柄红褐色。孢蒴椭圆形，多弯曲，内齿层齿毛2条。

生境和分布　生于湿热林内岩面。河南、陕西、浙江、安徽、湖南、四川、贵州、云南；日本和朝鲜有分布。

狭叶长喙藓 *Rhynchostegium fauriei* Card.，Bull. Soc. Bot. Genève ser. 2，4：381. 1912. 图226：16~19

形态特征　疏松交织生长。植物体纤细，色泽浅绿。茎匍匐，弯曲，不规则分枝，枝端偏曲。茎叶伸展，卵状披针形，略呈镰刀状偏曲，叶尖细长；叶边具微齿；中肋达叶长度的2/3。叶中部细胞线形，末端圆钝，平滑，基部细胞较短而宽；角部细胞分化，方形至长方形。枝叶狭卵状披针形，具细长尖。

生境和分布 生于山地林内岩面、树干或腐木。内蒙古、陕西、浙江、安徽、福建、四川和云南；朝鲜有分布。

斜枝长喙藓 *Rhynchostegium inclinatum*（Mitt.）Jaeg.，Ber. Thätigk. St. Gallischen Naturwiss. Ges. 1876–77：366. 1878. 图 227：1~5

形态特征 匍匐交织成片，暗绿色；羽状分枝。枝条扁平。茎叶长卵形至短卵状披针形，长 1.50~1.90 mm；叶边均具齿，近基部齿小；中肋达叶长度的 3/4。枝叶小于茎叶，卵状披针形，先端锐尖，有时扭曲；叶边均具齿。叶中部细胞线形，长 70~80 μm，末端锐尖；叶基细胞排列疏松，方圆形或六角形。蒴柄长 1.5~2 cm。孢蒴垂倾，椭圆形，褐色；外齿层齿片三角状披针形；内齿层齿毛 2。蒴盖具弯曲喙。孢子平滑。

生境和分布 生于林内树干或土表。河南、陕西、安徽、广西、贵州、云南和西藏；日本有分布。

淡叶长喙藓 *Rhynchostegium pallidifolium*（Mitt.）Jaeg.，Ber. Thätigk. St. Gallischen Naturwiss. Ges. 1876–77：369. 1878. 图 227：6~8

形态特征 匍匐交织生长。体形中等大小，茎疏生叶；密或疏分枝，枝扁平着生叶片，长约 1 cm，单一或具少数小枝。茎叶阔卵状披针形，先端渐尖，长 2.2~3.2mm；叶边上部具疏齿；中肋达叶长度的 1/2~2/3。枝叶长椭圆形，先端有时扭曲；叶边具疏齿；中肋延伸至叶长度的 2/3。叶中部细胞线形，长 110~175 μm，叶基部细胞圆方形，排列疏松。

生境和分布 生湿润林内岩面薄土和树基。黑龙江、吉林、河南、陕西、甘肃、新疆、江苏、安徽、浙江、江西、湖北、广东、香港、贵州、四川、云南和西藏；日本有分布。

水生长喙藓 *Rhynchostegium riparioides*（Hedw.）Card.，Bull. Soc. Bot. France 60：231. 1913. 图 227：9~12

形态特征 疏松交织成片。植物体色泽暗绿。茎匍匐，叶稀疏生长，有时露裸无叶；稀疏分枝，枝直立或倾立，单一或具少数小枝，枝上叶密生。茎叶和枝叶同形，枝叶略小。叶阔卵形至近圆形，长 1.3~1.6 mm，宽 0.8~1.4 mm，具小圆钝尖，基部收缩，略背卷；叶边均具细齿，平展或波状皱褶；中肋达叶中部以上。叶上部细胞较短，斜菱形，中部细胞线形至狭菱形，长 68~100 μm，宽 6~7 μm，壁薄，角部细胞长矩形至椭圆形。

生境和分布 喜生于小溪边流水石上。吉林、辽宁、陕西、江苏、浙江、湖北、湖南、广东、广西和四川；广泛分布北半球。

应用价值 对着生地水质检测十分敏感。

现有学者把本种归为水喙藓 *Torrentaria riparioides*（Hedw.）Ochyra。

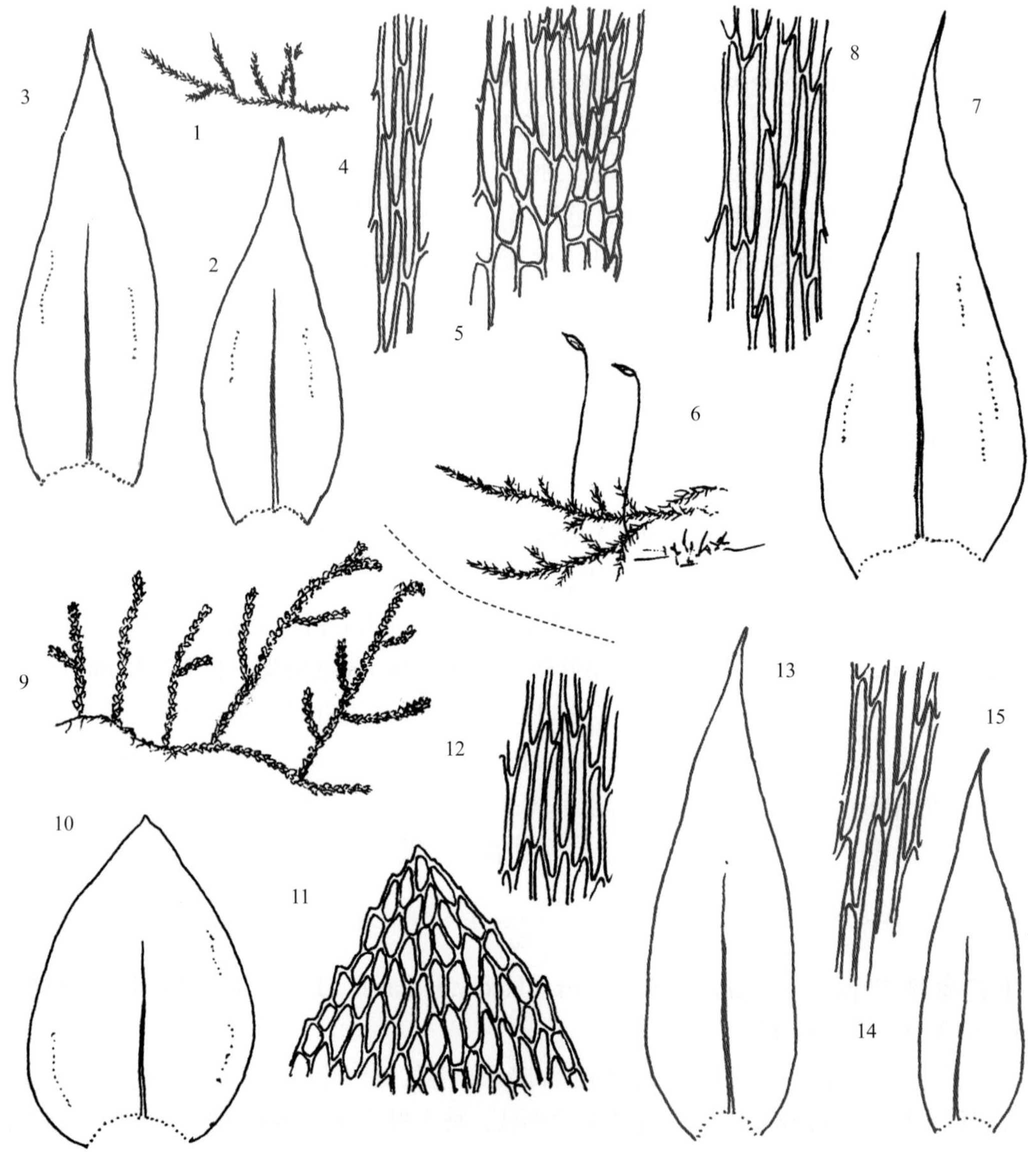

图 227

1~5. 斜枝长喙藓 *Rhynchostegium inclinatum*（Mitt.）Jaeg.

1. 植物体（×1），2. 茎叶（×60），3. 枝叶（×60），4. 叶中部细胞（×380），5. 叶基部细胞（×380）

6~8. 淡叶长喙藓 *Rhynchostegium pallidifolium*（Mitt.）Jaeg.

6. 雌株（×1），7. 茎叶（×50），8. 叶中部细胞（×400）

9~12. 水生长喙藓 *Rhynchostegium riparioides*（Hedw.）Card.

9. 植物体（×1），10. 茎叶（×50），11. 叶尖部细胞（×400），12. 叶中部细胞（×400）

13~15. 日本细喙藓 *Rhynchostegiella japonica* Dix. et Thér.

13. 茎叶（×60），14. 枝叶（×60），15. 叶中部细胞（×400）

11 细喙藓属 *Rhynchostegiella*（Schimp.）Limpr.

疏松小片状生长。植物体纤细或中等大小，绿色或黄绿色，具光泽。茎柔弱，具多数假根；不规则或近于羽状分枝，枝短，密生叶。叶在枝上扁平排列，潮湿时倾立；茎叶和枝叶同形或异形。茎叶长卵形或长椭圆形；枝叶狭长披针形，略内凹；叶边全缘或上部具细齿；中肋单一，消失于叶中部或上部。叶中部细胞线形；角部细胞分化或略有分化，呈方形或长方形。雌雄同株。蒴柄细长，红色，扭曲。孢蒴直立或平展，卵圆形或圆柱形。蒴齿 2 层；外齿层齿片基部具横条纹，平滑或上部具疣，内面具横隔；内齿层基膜高，齿条披针形，有穿孔，齿毛具节瘤。蒴盖圆锥形，具长喙。

本属约 50 种，温湿地区分布。中国有 2 种。

分种检索表

1. 叶长椭圆状披针形至椭圆形；蒴柄有疣……………………………………1. 日本细喙藓 *R. japonica*

1. 叶卵状披针形；蒴柄无疣……………………………………2. 光柄细喙藓 *R. laeviseta*

日本细喙藓 *Rhynchostegiella japonica* Dix. et Thér.，Rev. Bryol.，n. s. 4：167. 1932. 图 227：13~15

形态特征　交织成小片状生长。植物体较细，色泽暗绿。茎匍匐，不规则分枝或近羽状分枝。叶疏伸展，枝扁平。茎叶长椭圆状披针形至椭圆形，内凹，先端渐尖，无褶皱；上部边缘具细齿，下部全缘；中肋达叶长度的 1/2，上部渐尖，背部无刺状突起。叶中部细胞呈线形，平滑。角部细胞短而膨大，排列疏松，呈圆方形。枝叶小于茎叶，两侧不对称；叶边具细齿。蒴柄有疣。

生境和分布　林内湿润石面、树基和土生。陕西、新疆、湖南、云南和广东；日本有分布。

光柄细喙藓 *Rhynchostegiella laeviseta* Broth.，Symb. Sin. 4：109. 1929. 图 228：1~5

形态特征　紧密交织生长。体纤细，色泽黄绿，具光泽。茎匍匐，长 2~3 cm，密被褐色假根；羽状分枝，枝长 0.9~1.1 cm，单一或具小枝。茎叶倾立，长卵状披针形，长 1.6~2.1 mm，渐尖；叶边平直，全缘，先端具细齿；中肋纤细，消失于叶中部以上。叶中部细胞线形或长菱形；角部细胞分化，方形至圆方形，数少而小。蒴柄平滑。

生境和分布　生于山地林内树干、土表和石面。中国特有，产陕西、新疆、浙江、江西、湖南、四川和云南。

100 绢藓科 ENTODONTACEAE

多扁平交织成大片。植物体常具较强光泽。茎匍匐或倾立，规则疏羽状分枝，密生叶；无鳞毛；具中轴。茎叶与枝叶近于同形，两侧对称或稍不对称，长卵形、阔卵形或稀呈卵状披针形，先端圆钝或具长尖；中肋多 2 短肋，稀中肋不明显或长达叶中部。叶中部细胞狭菱形至线形，平滑，角部细胞数多，方形。雌雄同株或异株。蒴柄长 0.5~4 cm，平滑。孢蒴直立，对称，有时略弯曲，稍不对称；环带分化或缺失。蒴齿 2 层。外齿层齿片狭披针形或阔披针形，黄色至红褐色，生于孢蒴口部内下方，外壁背面具疣或条纹，稀平滑，具回折中缝或穿孔；内齿层基膜不发达，齿条多呈线形，齿毛缺失或退化。孢子形小，直径不超过 55 μm。

本科 6 属，温带和亚热带分布。中国有 5 属。

分属检索表

1. 植物体枝条上的叶紧密排列呈圆条形……2
1. 植物体枝条上的叶紧密覆瓦状排列呈扁平形……4
2. 叶卵状长披针形；中肋不明显……3. 斜齿藓属 *Mesonodon*
2. 叶卵形，具锐尖；中肋明显，为 2 短肋，或不明显……3
3. 叶上部较宽；角细胞多列，排列紧密；多无中肋……1. 赤齿藓属 *Erythrodontium*
3. 叶上部狭窄；角细胞 3~4 列，排列较疏松；中肋 2，明显……2. 叉肋藓属 *Trachyphyllum*
4. 孢蒴长圆柱形至椭圆形；叶平展或略内凹，上部钝或渐尖……4. 绢藓属 *Entodon*
4. 孢蒴近圆球形；叶强烈内凹，上部突狭呈短尖……5. 螺叶藓属 *Sakuraia*

1 赤齿藓属 *Erythrodontium* Hampe

疏松大片状生长。体形较粗，硬挺，绿色或黄绿色，稀棕色，稍具绢丝光泽。茎匍匐，不规则羽状分枝。枝上密生叶，呈鼠尾状。叶干燥时紧密覆瓦状排列，阔卵形或长卵形，内凹，先端急尖，具小尖头或渐尖；中肋 2，短弱或消失。叶细胞平滑，长椭圆形或狭长菱形，叶基部细胞渐分化成圆形、方形或扁方形。雌雄异苞同株，稀雌雄异株。蒴柄细长，红色或黄色。孢蒴直立，长圆柱形，黄棕色。环带不分化。蒴齿着生蒴口内面深处；外齿层齿片阔披针形；内齿层无高出的基膜。蒴盖基部圆锥形，具长喙。孢子小，具粗疣。

本属约 25 种，分布于湿热地带。中国 1 种。

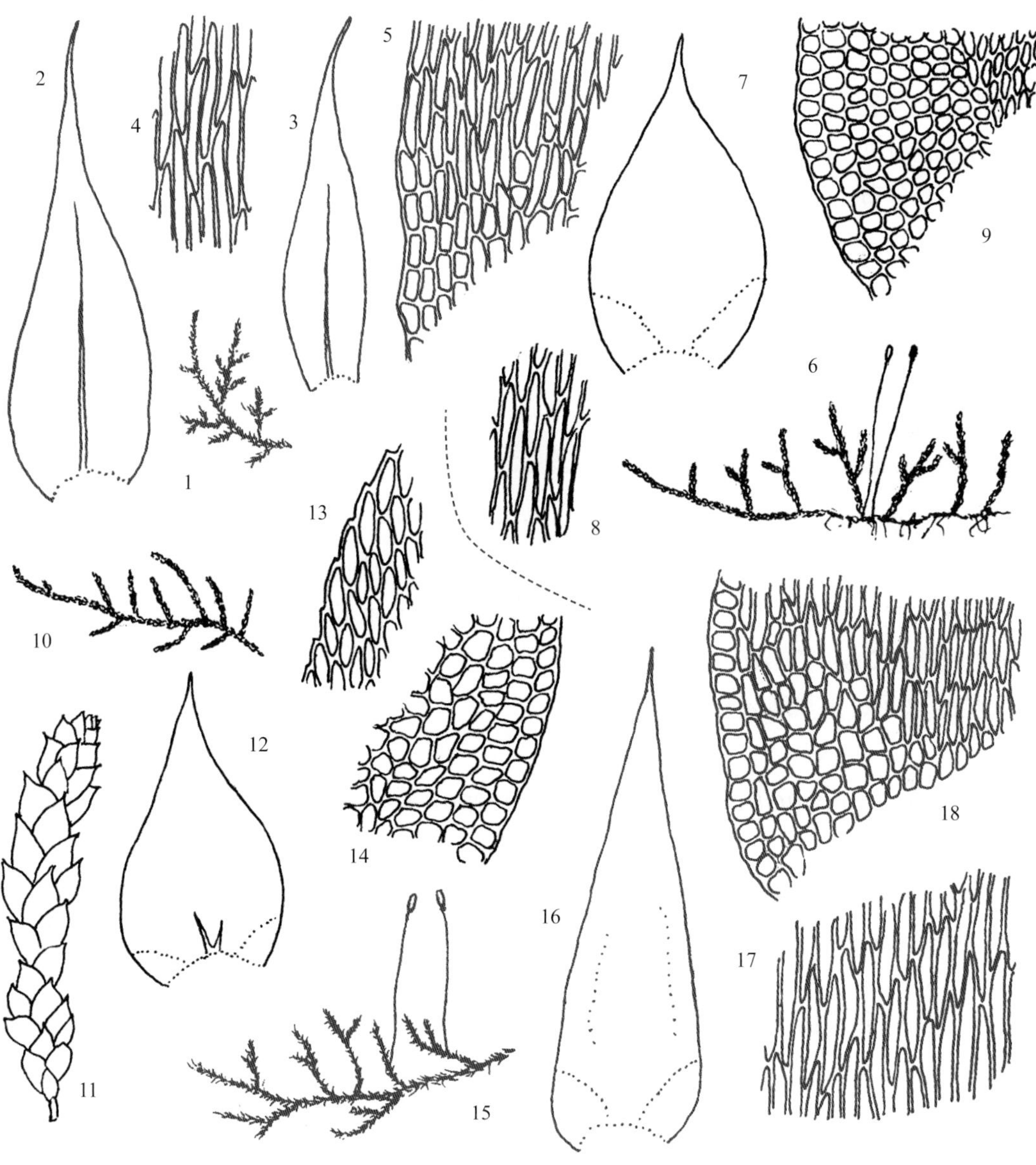

图 228

1~5. 光柄细喙藓 *Rhynchostegiella laeviseta* Broth.

1. 植物体（×1），2. 茎叶（×50），3. 枝叶（×60），4. 叶中部细胞（×400），5. 叶基部细胞（×400）

6~9. 穗枝赤齿藓 *Erythrodontium julaceum*（Schwägr.）Par.

6. 雌株（×1），7. 枝叶（×60），8. 叶中部细胞（×400），9. 叶基部细胞（×300）

10~14. 叉肋藓 *Trachyphyllum inflexum*（Harv.）Gepp.

10. 枝物体（×1），11. 枝（×15），12. 叶（×65），13. 叶上部边缘细胞（×600），14. 叶基部细胞（×600）

15~18. 黄色斜齿藓 *Mesonodon flavescens*（Hook.）Buck

15. 雌株（×1），16. 叶（×50），17. 叶中部细胞（×250），18. 叶基部细胞（×250）

穗枝赤齿藓 *Erythrodontium julaceum*（Hook. ex Schwägr.）Par.，Ind. Bryol. 436. 1896. 图 228：6~9

形态特征 疏松丛集成大片生长。植物体挺硬，具光泽。主茎匍匐，长可达 8 cm 以上。枝密集而短小，直立。叶密覆瓦状排列，阔卵形，内凹，长约 1.6 mm，先端急尖成小尖头；叶边全缘，仅先端具细齿；无中肋。叶细胞平滑，长椭圆形至线形，基部由卵状长方形细胞组成，沿两侧叶边向上伸展。孢子体生于主茎或主枝上。

生境和分布 生于低海拔至 3 600 m 较干燥林地岩石和树干。陕西、甘肃、浙江、湖南、广东、海南、广西、四川和云南；印度、越南、斯里兰卡、印度尼西亚及菲律宾有分布。

应用价值 为南方干热林区的代表性藓类植物，显示该地区定期有干旱性季节。

2 叉肋藓属 *Trachyphyllum* Gepp.

呈片状交织生长。植物体纤细至一般大小，稍硬挺，黄色至褐色。主茎匍匐；枝短、圆形，先端钝，干燥时弯曲。叶内凹；中肋 2，分叉。叶细胞长椭圆形或菱形，先端或中部具疣状突起；角细胞分化明显，方形至扁方形。孢子体不常见。蒴柄纤长。孢蒴横生，长卵形。蒴齿 2 层。

本属 12 种，湿热地区分布。中国 1 种。

叉肋藓 *Trachyphyllum inflexum*（Harv.）Gepp，Cat. Welw. Afr. 2：299. 1901. 图 228：10~14

形态特征 大片生长。植物体较纤细，色泽黄绿至暗绿色。主茎匍匐；不规则分枝，枝短，圆条形，直立或倾立，干燥时弯曲。叶密生，干燥时紧贴茎上，卵状心形，内凹，先端急尖，具小尖头；叶边多平滑；中肋短，分叉。叶中部细胞长菱形，先端细胞具疣，叶基中部细胞卵状长方形，角部细胞下延，由少数较大的方形细胞组成。孢蒴卵形，横生。蒴齿 2 层。

生境和分布 生于低海拔至 4 000 m 山地林下岩石或树干。安徽、浙江、四川、云南和西藏；尼泊尔、印度、缅甸、泰国、柬埔寨、越南、印度尼西亚、菲律宾、澳大利亚、新卡里多尼亚、摩洛哥及马达加斯加分布。

3 斜齿藓属 *Mesonodon* Hampe

疏松交织生长。体形粗壮或中等大小，具光泽。主茎匍匐；不规则羽状分枝，枝直立，粗壮，先端钝。叶卵状披针形，上部渐尖，具褶皱；中肋无。叶细胞线形，角细胞长方形至方形，沿叶边向上延伸。蒴柄长，平滑。孢蒴直立，卵状圆柱形。外齿层齿片具条纹；内齿层退化。

本属约 10 种，分布热带、亚热带地区。中国 1 种。

黄色斜齿藓 *Mesonodon flavescens*（Hook.）Buck，Journ. Hattori Bot. Lab. 48：115. 1980. 图 228：15~18

形态特征 紧密交织生长。植物体色泽黄绿或褐色，具光泽。茎匍匐，不规则羽状分枝；枝短，斜生或直立，密生叶呈圆形。叶覆瓦状排列，湿时伸展，干燥时紧贴，具皱褶，卵状披针形，内凹，具长尖；叶边平直；中肋无。叶细胞狭长菱形，叶基两侧细胞明显分化，长方形或方形。孢子体生于主茎上。蒴柄平滑。孢蒴直立，卵状圆柱形。蒴齿 2 层；外齿层齿片下部具条纹，着生蒴口内；内齿层齿条不发达，线形。蒴盖圆锥形。蒴帽兜形。孢子具疣。

生境和分布 多生于山地林内树干，稀见于岩面。安徽、云南和西藏；东南亚温暖地带、中南美洲、大洋洲及非洲有分布。

4 绢藓属 *Entodon* Müll. Hal.

扁平片状生长。植物体中等大小至粗壮，绿色或黄绿色，具光泽。茎匍匐或倾立，规则羽状分枝或近羽状分枝。枝较短，扁平或圆条形。叶卵形、披针形或椭圆形，先端钝或渐尖，内凹，叶基不下延；叶边平直，或基部略背卷，全缘或上部具细齿；中肋 2，短弱。叶细胞线形，通常叶先端细胞较短；角细胞在叶基两侧明显分化，长方形或方形，有时延伸至中肋处。雌雄同株，少数异枝。雌苞叶披针形至长椭圆状披针形，基部鞘状。蒴柄长。孢蒴直立，圆柱形。蒴齿着生蒴口内侧；外齿层齿片狭披针形，外侧具条纹或疣；内齿层具低基膜，齿条线形，与齿片等长或略短。蒴盖圆锥形。蒴帽兜形，平滑无毛。孢子球形，具疣。

本属 140 余种，分布世界各大洲。中国 28 种和 2 变种。

分种检索表

1. 蒴柄黄色至黄褐色；环带缺失……2
1. 蒴柄红色或紫褐色至栗色；具环带……4
2. 叶狭长，长与宽比为 4~5：1……2. 长叶绢藓 *E. longifolius*
2. 叶较宽阔，长与宽比为 2~3：1……3
3. 叶尖部钝或稍钝，具小尖头……4. 钝叶绢藓 *E. obtusatus*
3. 叶尖部锐尖或渐尖……4
4. 齿片满被具条纹或下部具条纹，上部具疣；齿条具条纹或具疣……1. 长柄绢藓 *E. macropodus*
4. 齿片具条纹或疣，齿条平滑……5

5. 齿片具横纹、斜纹或纵纹及疣……5. 皱叶绢藓 *E. plicatus*

5. 齿片具横纹、斜纹或纵纹，无疣……3. 绿叶绢藓 *E. viridulus*

6. 叶角部由 2~4 层方形细胞组成……15

6. 叶角部由单层细胞组成……7

7. 具叶的茎和枝呈扁平状……8

7. 具叶的茎和枝不呈扁平状……12

8. 叶强烈内凹，先端圆钝……8. 密叶绢藓 *E. compressus*

8. 叶略内凹，先端渐尖或急尖……9

9. 植物体纤细，茎长约 2 cm，枝叶呈披针形……9. 细绢藓 *E. giraldii*

9. 植物体较大，茎长 3~10 cm，枝叶阔披针形，阔卵形或长卵形……10

10. 内齿层齿条短或略短于外齿层齿片……11. 亚美绢藓 *E. sullivantii*

10. 内齿层齿条与外齿层齿片等长……11

11. 外齿层齿片具由细疣排列成的横条纹或斜条纹……10. 绢藓 *E. cladorrhizans*

11. 外齿层齿片基部 2~3 节片具横条纹，上部均为纵条纹……13. 亮叶绢藓 *E. schleicheri*

12. 叶中肋较粗，近于达叶中部……12. 横生绢藓 *E. prorepens*

12. 叶中肋较细弱，不及叶片中部……13

13. 外齿层齿片下半部具横纹或斜行的条纹，上半部具纵行的条纹……16. 深绿绢藓 *E. luridus*

13. 外齿层齿片不具条纹而具疣……14

14. 外齿层齿片基部 3~4 节片有由细疣排成横行或斜行，以上为纵条纹，最先端 1~2 节片平滑……
……15. 陕西绢藓 *E. schensianus*

14. 外齿层齿片基部 7~8 节片平滑，上部各节片均具粗疣……14. 广叶绢藓 *E. flavescens*

15. 叶角部由 2 层方形细胞组成……6. 厚角绢藓 *E. concinnus*

15. 叶角部由 3~4 层方形细胞组成……7. 多胞绢藓 *E. caliginosus*

长柄绢藓 *Entodon macropodus*（Hedw.）Müll. Hal.，Linnaea 18：707. 1845. 图 229：1~6

形态特征 片状交织生长。植物体扁平，色泽淡绿至黄绿色，有时呈褐色，具光泽。茎长 5 cm 以上，匍匐；稀疏羽状分枝。茎及枝扁平被叶。叶椭圆形、披针形或椭圆状卵形，长 2.0~2.2 mm，具短而宽的小尖；叶边具细齿。枝叶与茎叶相似，均具两条短中肋，但枝叶较狭，先端具锐齿。雌雄同株。蒴柄黄色，细长。孢蒴直立，圆柱形，长 2~4 mm，淡褐色。无环带。

生境和分布 生于低海拔至 2 600 m 山地林中树干、树基、腐木或岩石上，稀生于土面。黑龙江、吉林、内蒙古、陕西、江苏、安徽、浙江、福建、江西、湖南、广东、香港、海南、广西、贵州、四川、云南和西藏；尼泊尔、印度北部、缅甸、老挝、越南、日本及美洲有分布。

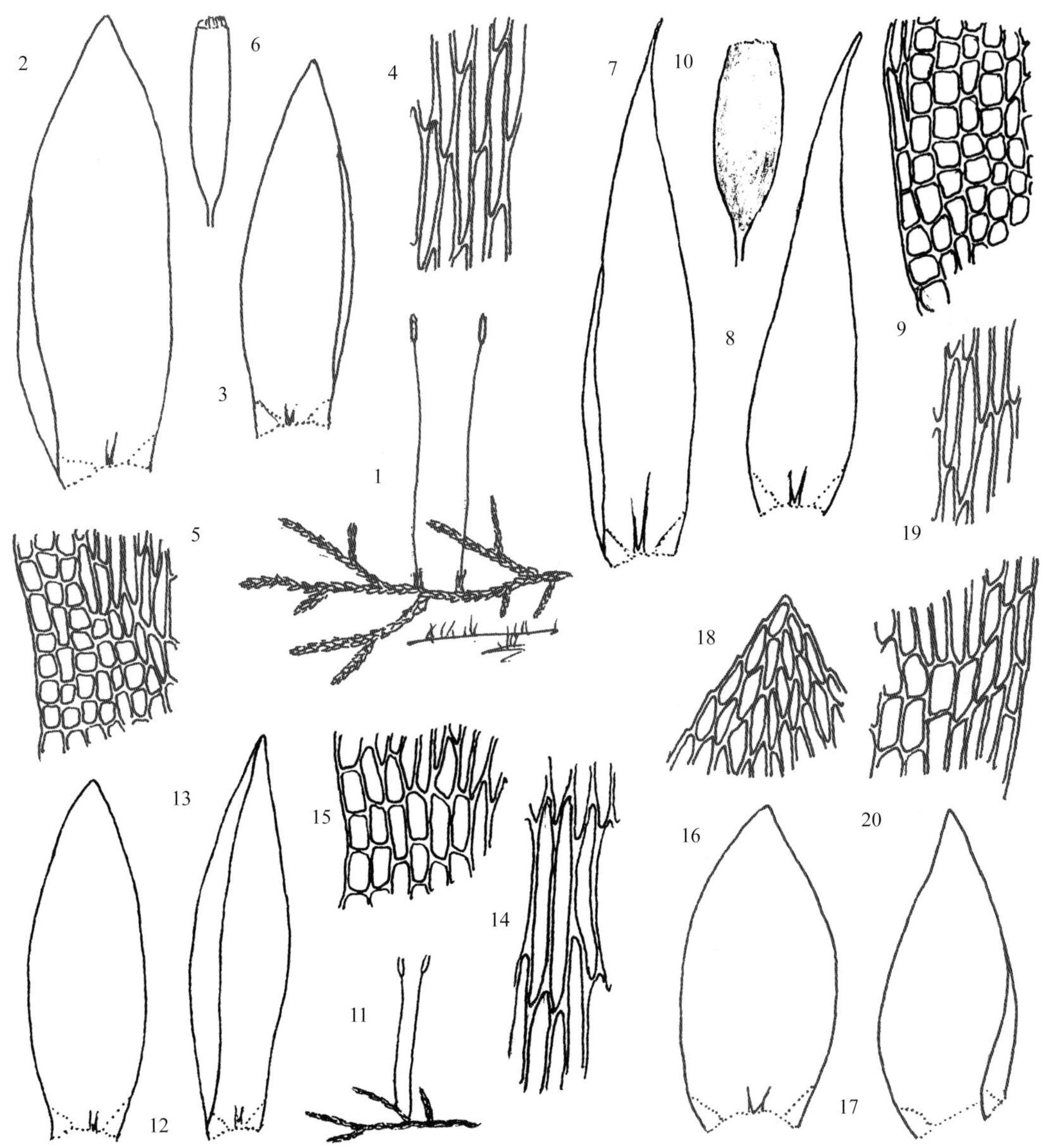

图 229

1~6. 长柄绢藓 *Entodon macropodus*（Hedw.）Müll. Hal.

1. 雌株（×1），2. 茎叶（×30），3. 枝叶（×30），4. 叶中部细胞（×280），5. 叶基部细胞（×200），6. 已开裂的孢蒴（×5）

7~10. 长叶绢藓 *Entodon longifolius*（Müll. Hal.）Jaeg.

7. 茎叶（×40），8. 枝叶（×40），9. 叶基部细胞（×250），10. 已开裂的孢蒴（×12）

11~15. 绿叶绢藓 *Entodon viridulus* Card.

11. 雌株（×1），12，13. 叶（×50），14. 叶中部细胞（×400），15. 叶基部细胞（×400）

16~19. 钝叶绢藓 *Entodon obtusatus* Broth.

16. 茎叶（×50），17. 枝叶（×50），18. 叶尖部细胞（×300），19. 叶中部细胞（×300）20. 叶基部细胞（×300）

长叶绢藓 *Entodon longifolius*（Müll. Hal.）Jaeg.，Ber. St. Gall. Naturw. Ges. 1876–77：295. 1878. 图 229：7~10

形态特征 交织成片生长。植物体色泽黄绿至绿色，具光泽。茎长 3~5 cm；不规则羽状分枝，枝长 0.5~1.0 cm，密生叶，具叶的茎和枝呈扁平状。茎叶与枝叶同形，狭长披针形，长 2.0~2.5 mm，长与宽比为 4~5：1。叶中部细胞线形，叶尖部细胞较短；角细胞数多，方形。

生境和分布 生于低海拔至 2 200 m 山地林中树干。湖南、广东、广西、贵州、云南和西藏；印度有分布。

绿叶绢藓 *Entodon viridulus* Card.，Bull. Soc. Bot. Genève ser. 2，3：287. 1911. 图 229：11~15

形态特征 交织成大片生长。植物体中等大小，绿色，具光泽。茎近羽状分枝。叶在茎和枝上略呈扁平排列。茎叶长椭圆形，内凹，先端略钝，基部收缩，内凹；叶边上部具细齿，中部以下边缘略背卷。枝叶与茎叶相似。叶中部细胞线形，尖部细胞渐短；角部由多数方形细胞组成，细胞膨大，不延伸至中肋。蒴柄黄色。外齿层齿片狭披针形，基部 6~7 节片具横纹，上部为斜纹或纵纹，尖部平滑。

生境和分布 生于林内石上或土上。辽宁、安徽、浙江、江西、福建、广东、广西、海南、四川和云南；日本和朝鲜有分布。

钝叶绢藓 *Entodon obtusatus* Broth.，Akad. Wiss. Wien Sitzungsber.，Math.-Naturwiss. Kl.，Abt. 1，1，131：216. 1923. 图 229：16~19

形态特征 交织成片生长。体形小，黄绿色，具光泽。茎长约 2 cm，分枝稀疏；枝扁平，疏生叶。背部叶舌形，先端急尖，具小尖头或略钝；侧面叶卵状舌形或长椭圆形，先端钝，长 0.8~1.0 mm；叶边上部具细齿；中肋 2，不明显或缺失。叶中部细胞线形，向上渐短，叶角部由多数方形或长方形细胞组成。蒴柄黄色。孢蒴长椭圆状圆柱形。蒴齿外齿层齿片狭披针形，基部 3~4 节片具横条纹或斜条纹，上部节片为纵条纹，尖部 1~2 节片平滑。

生境和分布 生于林内树干。吉林、陕西、浙江、台湾、福建、湖南、香港、海南、四川和云南；日本及印度有分布。

皱叶绢藓 *Entodon plicatus* Müll. Hal.，Linnaea 18：706. 1845. 图 230：1~5

形态特征 成片交织生长。植物体绿色，具光泽，扁平。茎叶长椭圆状卵形，无中肋或具 2 条甚短的中肋。叶中部细胞线形，基部细胞方形，数多，扩展及中肋。蒴柄黄色。孢蒴长椭圆状圆柱形。环带缺失；外齿层齿片三角状披针形，基部 1~3 节片具横条纹，上部转纵或斜条纹，渐上则转为疣，最先端 1~2 节片平滑无疣；内齿层齿条呈线形，较齿片短，平滑。

生境和分布　生于树基或岩石上。吉林、安徽、广西和云南分布；印度有分布。

厚角绢藓 *Entodon concinnus*（De Not.）Par.，Ind. Bryol. 2：103. 1904. 图 230：6~11

形态特征　交织成大片生长。植物体粗壮，黄色或褐绿色，具光泽。茎匍匐，长达 10 cm；羽状分枝，枝大多单一，长 1.0~1.5 cm，稍弯曲，先端急尖或渐尖。叶在茎和枝上呈螺旋状排列，潮湿时伸展，内凹，钝端或稀具小尖头；叶边全缘，基部背卷，先端呈兜状。叶中部细胞线状虫形；角部不透明，由 2 层方形细胞组成。蒴柄红褐色。孢蒴外齿层齿片狭披针形，基部褐色，向上渐淡，基部 4~5 节片具横或斜条纹，其余具疣。

生境和分布　生于海拔 1 600~4 200 m 山地林下土坡、树基或石面。吉林、内蒙古、河南、陕西、新疆、安徽、浙江、湖北、贵州、四川、云南和西藏；欧洲及北美洲有分布。

应用价值　较高海拔湿润林区的代表性藓类植物。

多胞绢藓 *Entodon caliginosus*（Mitt.）Jaeg.，Ber. Thätigk. St. Gallischen Naturwiss. Ges. 1876–77：285. 1878. 图 230：12~15

形态特征　交织成片生长。植物体粗壮或中等大小，黄绿色或褐绿色，具光泽。茎匍匐，羽状分枝；枝通常单一，弯曲，先端急尖或渐尖。叶在茎及枝上螺旋状排列。茎叶阔椭圆状卵形，内凹，先端钝；叶边背卷。叶中部细胞线形；叶角部不透明，由 3~5 层方形细胞构成。蒴柄红褐色。孢蒴圆柱形；外齿层齿片狭披针形，基部具横或斜条纹，渐上具疣；内齿层齿条线形，平滑，与齿片等长。

生境和分布　生山地岩面、土生或树基。河北、内蒙古、陕西、浙江、四川和云南；尼泊尔和日本有分布。

密叶绢藓 *Entodon compressus*（Hedw.）Müll. Hal.，Linnaea 18：707. 1844. 图 230：16~19

形态特征　大片状交织生长。植物体色暗绿或橄榄绿色，有时呈黄绿色或亮绿色，具光泽。茎匍匐，长 2~3 cm；近羽状分枝。具叶的茎和枝扁平，枝长 8~10 mm。茎叶长椭圆形，强烈内凹，长 1.5~1.8 mm，先端钝；中肋 2，短弱，有时缺失。叶中部细胞线形，长 60~65 μm，向上渐短；角细胞透明，方形，数多，由叶边延伸至中肋处。枝叶与茎叶相似，较狭小。

生境和分布　多生于低海拔至 900 m 丘陵或山地林中树干、树枝、岩面或土坡。黑龙江、吉林、辽宁、内蒙古、河北、陕西、新疆、江苏、浙江、福建、江西、广东、广西、贵州、四川和云南；东亚各国及北美洲有分布。

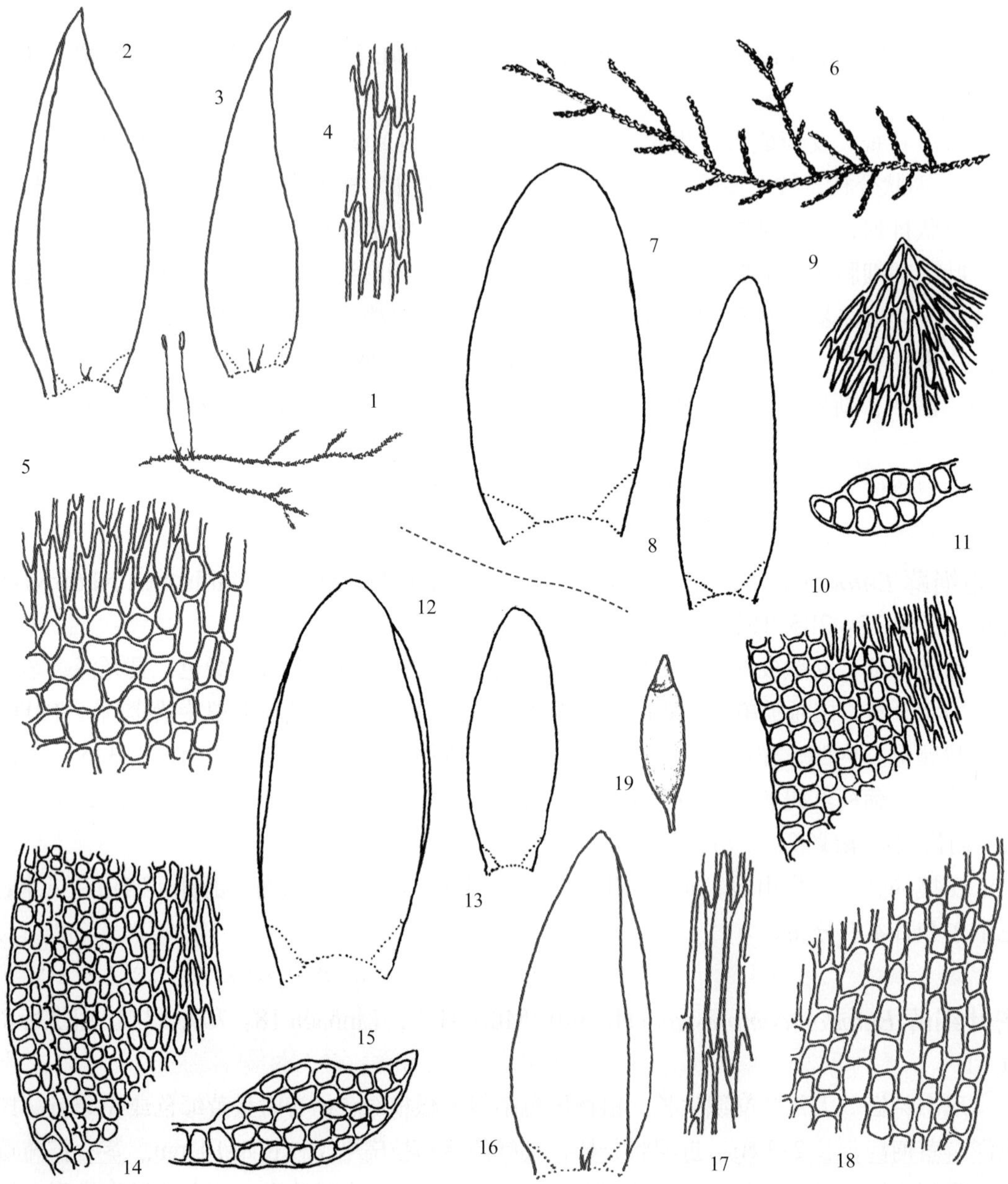

图 230

1~5. 皱叶绢藓 *Entodon plicatus* Müll. Hal.

1. 雌株（×1），2. 茎叶（×35），3. 枝叶（×30），4. 叶中部细胞（×500），5. 叶基部细胞（×500）

6~11. 厚角绢藓 *Entodon concinnus*（De Not.）Par.

6. 植物体（×1），7. 茎叶（×35），8. 枝叶（×35），9. 叶尖部细胞（×250），10. 叶基部细胞（×250），11. 叶角部横切面，示具 2 层细胞（×250）

12~15. 多胞绢藓 *Entodon caliginosus*（Mitt.）Jaeg.

12. 茎叶（×30），13 枝叶 .（×30），14. 叶角部细胞（×250），15. 叶角部横切面，示具多层细 胞（×250）

16~19. 密叶绢藓 *Entodon compressus*（Hedw.）Müll. Hal.

16. 茎叶（×50），17. . 叶中部细胞（×350），18. 叶基部细胞（×350），19. 孢蒴（×8）

细绢藓 *Entodon giraldii* Müll. Hal., Nuovo Giorn. Bot. Ital., n. s. 4：264. 1897. 图 231：1~4

形态特征　小片状交织生长。植物体纤细，色泽暗绿或黄绿色。茎匍匐，近羽状分枝；枝疏生，先端渐尖，干燥时略弯曲，潮湿时伸展。茎和枝上密生叶，扁平。茎叶阔三角状卵形。枝叶长椭圆形，先端具细齿或圆齿。叶中部细胞线形，向叶尖渐短；基部细胞数多，方形或长方形，延伸至中肋。蒴柄红褐色。孢蒴直立，对称。

生境和分布　生于山区林内树干或树枝上。黑龙江、辽宁、吉林、河北、北京、陕西、浙江、广东、四川和云南；日本和朝鲜有分布。

绢藓 *Entodon cladorrhizans*（Hedw.）Müll. Hal., Linnaea 18：707. 1844. 图 231：5~7

形态特征　大片状交织生长。植物体黄绿色，有时呈黄褐色，具光泽。叶在茎及枝上扁平排列。茎叶平展，阔长椭圆形，长约 2 mm，先端锐尖。枝叶与茎叶同大，同形。叶中部细胞线形，角细胞数多，呈方形或长方形。蒴柄橙褐色或深红色。孢蒴长椭圆状圆柱形，长 2 mm，深褐色。蒴齿 2 层；外齿层齿片具细疣，稀具条纹；内齿层齿条平滑。孢子直径 13~20 μm，具粗疣或细疣。

生境和分布　生于低海拔至 2 900 m 丘陵、山地的湿岩面。黑龙江、吉林、内蒙古、安徽、浙江、福建、江西、湖南、广西、四川、云南和西藏；亚洲东部、欧洲及北美洲有分布。

亚美绢藓 *Entodon sullivantii*（Müll. Hal.）Lindb., Contr. Fl. Crypt. As. 233. 1872. 图 231：8~12

形态特征　交织成片生长。植物体呈绿色，具光泽。茎匍匐，长 3~7 cm；不规则分枝或近羽状分枝，枝长 5~15 mm，渐尖。茎叶长卵形，内凹，长 1.8~2.0 mm，具锐尖，基部略收缩；叶边具圆齿；中肋 2，强劲。叶中部细胞线形，长约 50 μm，角细胞方形或矩形，透明，数多。枝叶较茎叶狭，先端具锐齿。蒴柄细长，红褐色至橙色。

生境和分布　多生于低海拔至 2 700 m 丘陵、山地林下地面、树干基部或岩面。黑龙江、辽宁、河南、江苏、安徽、浙江、江西、湖南、广东、广西、贵州、四川、云南和西藏；日本及北美洲有分布。

应用价值　从植物地理学表明，本种系东亚和北美植物区系关系的重要依据。

横生绢藓 *Entodon prorepens*（Mitt.）Jaeg., Ber. Thätigk. St. Gallischen Naturwiss. Ges. 1876–77：294. 1878. 图 231：13~17

形态特征　交织成片。植物体黄绿色，具光泽。茎匍匐，长 2~3 cm；羽状分枝，枝长 0.5~1.0 cm，密生叶，呈圆条状。茎叶阔长卵形，长 1.3 mm，内凹；中肋 2。枝叶长卵形，先端渐尖，略钝；中肋 2，强劲，达叶长度的 1/2~1/3；叶边全缘或先端具细齿。叶中部细

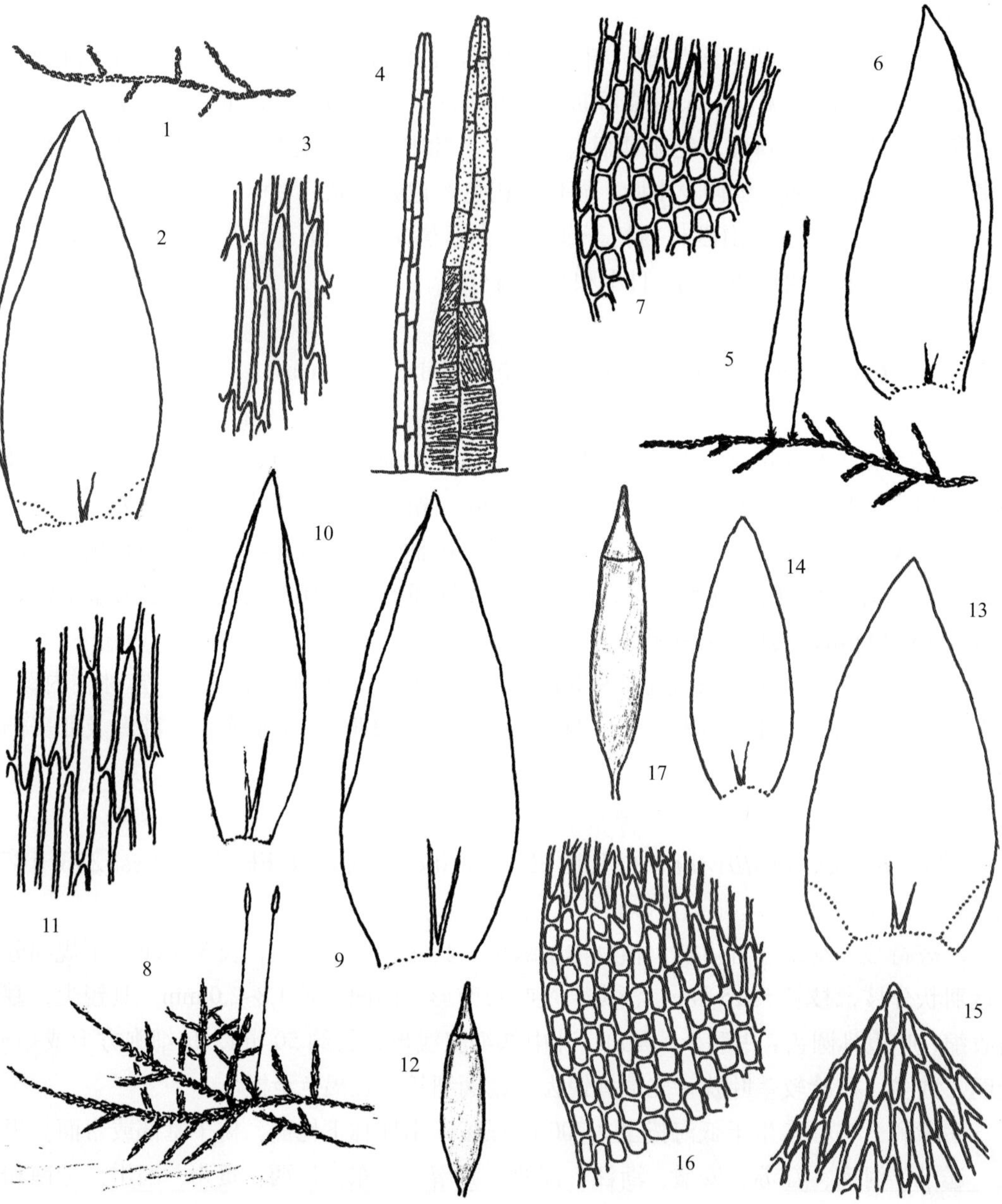

图 231

1~4. 细绢藓 *Entodon giraldii* Müll. Hal.

1. 植物体（×1），2. 茎叶（×55），3. 叶中部细胞（×350），4. 蒴齿（×300）

5~7. 绢藓 *Entodon cladorrhizans*（Hedw.）Müll. Hal.

5. 雌株（×1），6. 茎叶（×50），7. 叶基部细胞（×200）

8~12. 亚美绢藓 *Entodon sullivantii*（Müll. Hal.）Lindb.

8. 雌株（×1），9. 茎叶（×50），10. 枝叶（×50），11. 叶中部细胞（×300），12. 孢蒴（×10）

13~17. 横生绢藓 *Entodon prorepens*（Mitt.）Jaeg.

13. 茎叶（×30），14. 枝叶（×30），15. 叶尖部细胞（×200），16. 叶基部细胞（×200），17. 孢蒴（×12）

胞线形，长 55~77 μm；角细胞数多，方形或长方形，沿叶边高 15~20 个细胞。蒴柄红色，直立。孢蒴直立或稍倾斜，卵形至长卵形。

生境和分布　常生于海拔 3 000 m 以下丘陵、山地的石上或土面。吉林、内蒙古、陕西、安徽、江西、福建、湖北、湖南 、广东、广西、四川和云南；印度有分布。

亮叶绢藓 *Entodon schleicheri*（Schimp.）Demet., Nuovo Giorn. Bot. Ital., n. s. 5：192. 1898. 图 232：1~4

形态特征　交织成片。植物体黄绿色，具光泽。茎匍匐，不规则羽状分枝。枝短小，略扁平或多少呈圆条状。茎叶长椭圆形，内凹，长 2.0~2.5 mm，渐尖或先端具小尖头；叶边基部略内卷，全缘；中肋 2，短弱或缺失。叶中部细胞线形。雌苞叶较小，基部稍呈鞘状，上部渐尖。蒴柄红色，直立。孢蒴圆柱形，褐色，长 2.0~2.5 mm。蒴齿 2 层。

生境和分布　生于海拔 1 400~3 500 m 山地林下石上。黑龙江、吉林、内蒙古、河北、山西、陕西、甘肃、新疆、安徽、江西、广东、贵州、四川和云南。

广叶绢藓 *Entodon flavescens*（Hook.）Jaeg.，Ber. Thätigk. St. Gallischen Naturwiss. Ges. 1876–77：293. 1878. 图 232：5~9

形态特征　紧密交织成片。植物体绿色或黄绿色，具光泽。茎匍匐，密羽状分枝，叶在其上紧密螺旋状排列。枝单一，先端渐尖。茎叶基部宽阔，呈三角状卵形，先端渐尖，仅先端具微齿；中肋 2，短小，不明显。叶中部细胞线形，向上渐短；角细胞方形，数多，近于达中肋。枝叶长椭圆形，边缘具锐齿。蒴柄红褐色。孢蒴直立，对称，有时略倾斜。

生境和分布　多生于林内岩面或土面。黑龙江、吉林、辽宁、安徽、福建、广西、广东、四川和云南；尼泊尔、不丹、印度、菲律宾、朝鲜、日本等有分布。

陕西绢藓 *Entodon schensianus* Müll. Hal.，Nuovo Giorn. Bot. Ital.，n. s. 3：109. 1896. 图 232：10~11

形态特征　交织成片生长。植物体黄绿色，具光泽。茎匍匐；近羽状分枝，圆条状。枝上密生叶。茎叶卵形，先端具细齿；中肋 2，短小。枝叶卵状披针形，干燥时紧密覆瓦状排列，先端具微齿。叶中部细胞线形。角部细胞数多，方形或长方形，从叶基部沿叶边缘向上高约 15 个细胞。蒴柄红色。孢蒴圆筒形，褐色。

生境和分布　常生于山地树基部。吉林、河北、陕西、湖南、广西、西藏、四川和云南有分布，中国特有种。

深绿绢藓 *Entodon luridus*（Griff.）Jaeg.，Ber. Thätigk. St. Gallischen Naturwiss. Ges. 1876–77：294. 1878. 图 232：12~15

形态特征　疏松交织成片生长。体形粗壮，绿色或黄绿色，有时呈红褐色，略具光泽，茎匍匐，长可达 15 cm，近羽状分枝。枝长 2~2.5 cm，先端急尖或渐尖，密生叶。叶

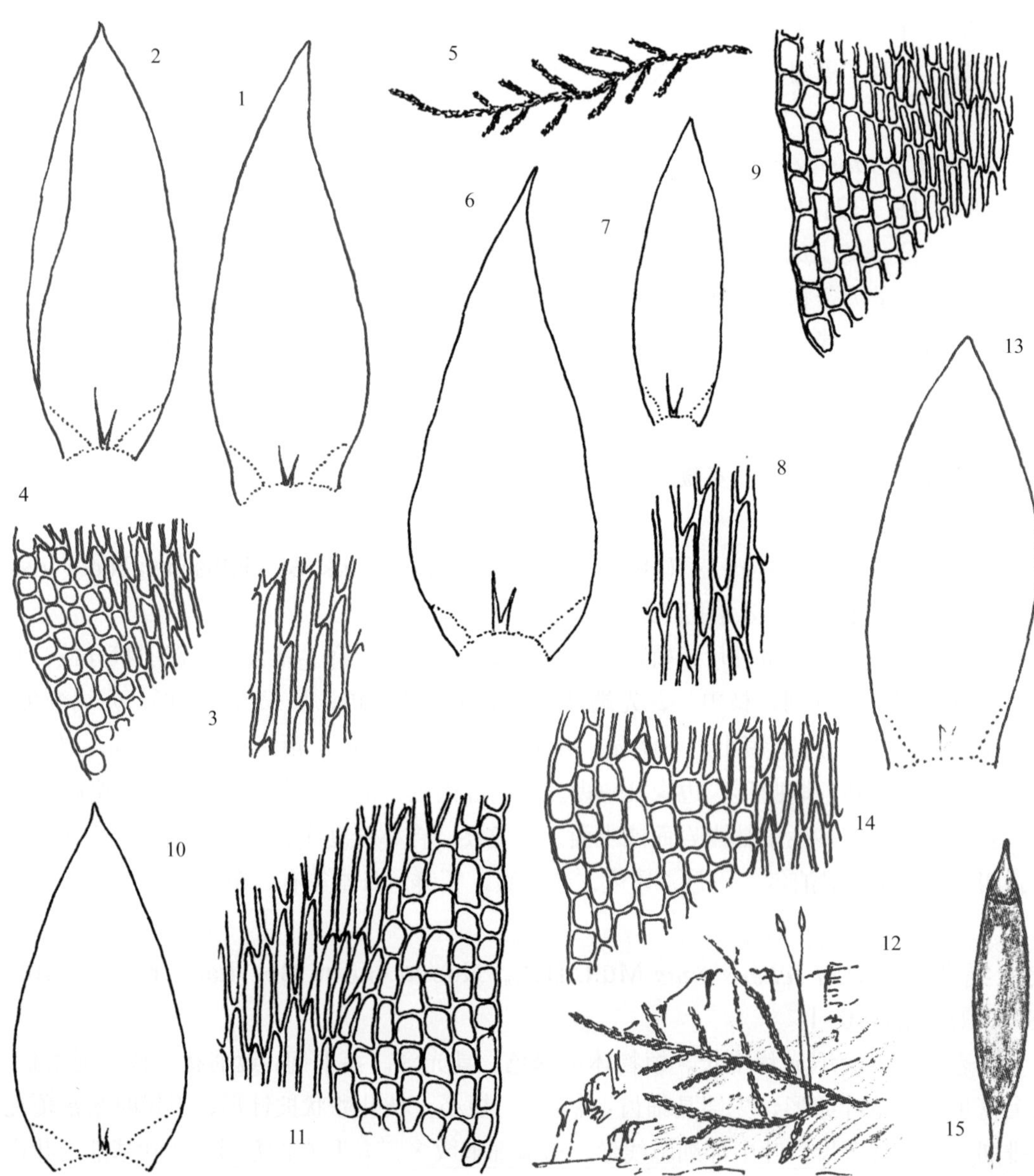

图 232

1~4. **亮叶绢藓** *Entodon schleicheri*（Schimp.）Demet.

1. 茎叶（×35），2. 枝叶（×25），3. 叶中部细胞（×250），4. 叶基部细胞（×150）

5~9. **广叶绢藓** *Entodon flavescens*（Hook.）Jaeg.

5. 植物体（×1），6. 茎叶（×40），7. 枝叶（×40），8. 叶中部细胞（×300），9. 叶基部细胞（×300）

10~11. **陕西绢藓** *Entodon schensianus* Müll. Hal.

10. 茎叶（×35），11. 叶基部细胞（×350）

12~15. **深绿绢藓** *Entodon luridens*（Griff.）Jaeg.

12. 着生岩面的植物体（×1），13. 枝叶（×35），14. 叶基部细胞（×250），15. 孢蒴（×10）

干燥时紧贴，潮湿时伸展。茎叶长椭圆形，先端略钝，具小尖头；叶边全缘或具细齿，略背卷。叶中部细胞线形，向上渐短；角细胞方形，透明，近中肋细胞未分化。蒴柄红色或红褐色。

生境和分布　生于低海拔至 3 000 m 丘陵、山地林中树干或岩面。黑龙江、辽宁、内蒙古、河北、河南、陕西、安徽、浙江、福建、湖南、广东、广西、贵州、四川和云南；朝鲜、日本及俄罗斯（远东地区）分布。

5 螺叶藓属 *Sakuraia* Broth.

疏松交织成小片生长。植物体中等大小或稍粗，黄绿色，有时呈红色，具光泽。茎匍匐，长可达 10 cm；密不规则分枝，枝长 0.5~1.5 cm，先端渐尖或钝。茎叶卵形至长椭圆形，长 1.40~1.55 mm，内凹，先端具长尖，叶基部收缩；叶边全缘；中肋 2，短弱，达叶长度的 1/5。叶中部细胞线形，角细胞方形，数多，沿叶边向上伸展，但不达中肋。枝叶与茎叶同形，稍大，内凹。蒴柄红褐色。孢蒴常呈卵形或长椭圆形，红褐色。蒴齿 2 层；外齿层齿片呈狭披针形，内、外均具疣；内齿层齿条线形，淡黄色，具疣。环带由 2~4 列厚壁细胞组成，黄褐色。蒴盖圆锥形，具喙。蒴帽兜形。孢子形状不规则，具疣。

本属 1 种，生长于亚洲东部。中国有分布。

螺叶藓 *Sakuraia conchophylla*（Card.）Nog.，Journ. Jap. Bot. 26：52. 1951. 图 233：1~5

形态特征　种的形态特征同属。

生境和分布　生于山地林中树干或腐木上。安徽、浙江、江西、湖北、四川和云南；东亚特有。

应用价值　亚洲东部特有属之一，为研究中国植物区系提供重要依据。

101 棉藓科 PLAGIOTHECIACEAE

松散或密集交织成片。植物体形纤细或形稍大，多具亮光泽，茎匍匐，不规则分枝，有时具鞭状枝；分枝多扁平；无鳞毛。茎叶和枝叶相似，椭圆形、披针形或宽卵形，先端圆钝、急尖或渐尖，有时内凹，背面和腹面叶多数对称；侧面叶通常较大，两侧不对称，基部内折；中肋 2，分叉，不等长，少数缺失。叶细胞椭圆形、菱形或狭长菱形，平滑；角细胞稍短而阔，明显分化，由 1~8 列长方形或方形透明细胞组成，有时明显下延。雌雄异苞同株或雌雄异株。蒴柄细长，直立或弯曲，平滑。孢蒴直立、倾斜或平列，卵球形、椭圆形或圆柱形，不对称。蒴盖圆锥形。蒴齿 2 层。齿片 16，披针形，多基部相连，具横细条纹，腹面有横隔；内蒴齿分离，具高基膜，齿条龙骨状，齿毛发育或缺失。蒴帽兜形，平滑，无毛。

本科 1 属，主要分布于寒温带。中国有分布。

1 棉藓属 *Plagiothecium* Bruch et Schimp.

属的形态特征同科。

本属约 90 种，主要分布于温带。中国有 16 种。

分种检索表

1. 植物体形大；叶具强横波纹 ······ 10. 波叶棉藓 *P. undulatum*
1. 植物体形小或中等大小；叶无横波纹或具弱横波纹 ······ 2
2. 叶基部宽下延，由长方形及球形或圆形透明细胞组成 ······ 1. 棉藓 *P. denticulatum*
2. 叶基部狭下延，由长方形及狭长透明或不透明细胞组成 ······ 3
3. 叶扁平展开，具弱横波纹 ······ 4. 扁平棉藓 *P. neckeroideum*
3. 叶不呈扁平展开，无明显横波纹 ······ 4
4. 叶阔卵圆形，两侧较对称 ······ 7. 圆条棉藓 *P. cavifolium*
4. 叶卵圆形或狭卵圆形，两侧明显不对称 ······ 5
5. 叶长卵圆形 ······ 6
5. 叶狭长卵形或卵状披针形 ······ 8
6. 叶下延角细胞呈三角形 ······ 2. 直叶棉藓 *P. euryphyllum*
6. 叶下延角细胞呈条形 ······ 7.
7. 植物体形小；叶中部细胞线形；角细胞透明 ······ 3. 弯叶棉藓 *P. curvifolium*
7. 植物体形大；叶中部细胞长六角形；角细胞不透明 ······ 9. 垂蒴棉藓 *P. nemorale*
8. 叶狭长卵形；孢蒴椭圆形 ······ 6. 光泽棉藓 *P. laetum*
8. 叶长卵形；孢蒴圆柱形 ······ 9
9. 叶两侧明显不对称，上部渐尖；角细胞单列 ······ 5. 台湾棉藓 *P. formosicum*
9. 叶两侧不明显对称，叶尖纤细；角细胞多列 ······ 8. 长喙棉藓 *P. succulentum*

棉藓 *Plagiothecium denticulatum*（Hedw.）Bruch et Schimp., Bryol. Eur. 5：190. 1851. 图 233：6~8

形态特征　密集或疏松片状生长。植物体柔弱，色泽黄绿或绿色，有时深绿色，通常具光泽。茎背腹扁平，长 5 cm 以上，不规则分枝；横切面椭圆形，中轴不明显，外层细胞壁薄。叶平展，通常略内凹，多两侧明显不对称，逐渐或突狭窄成短而背仰的尖部，

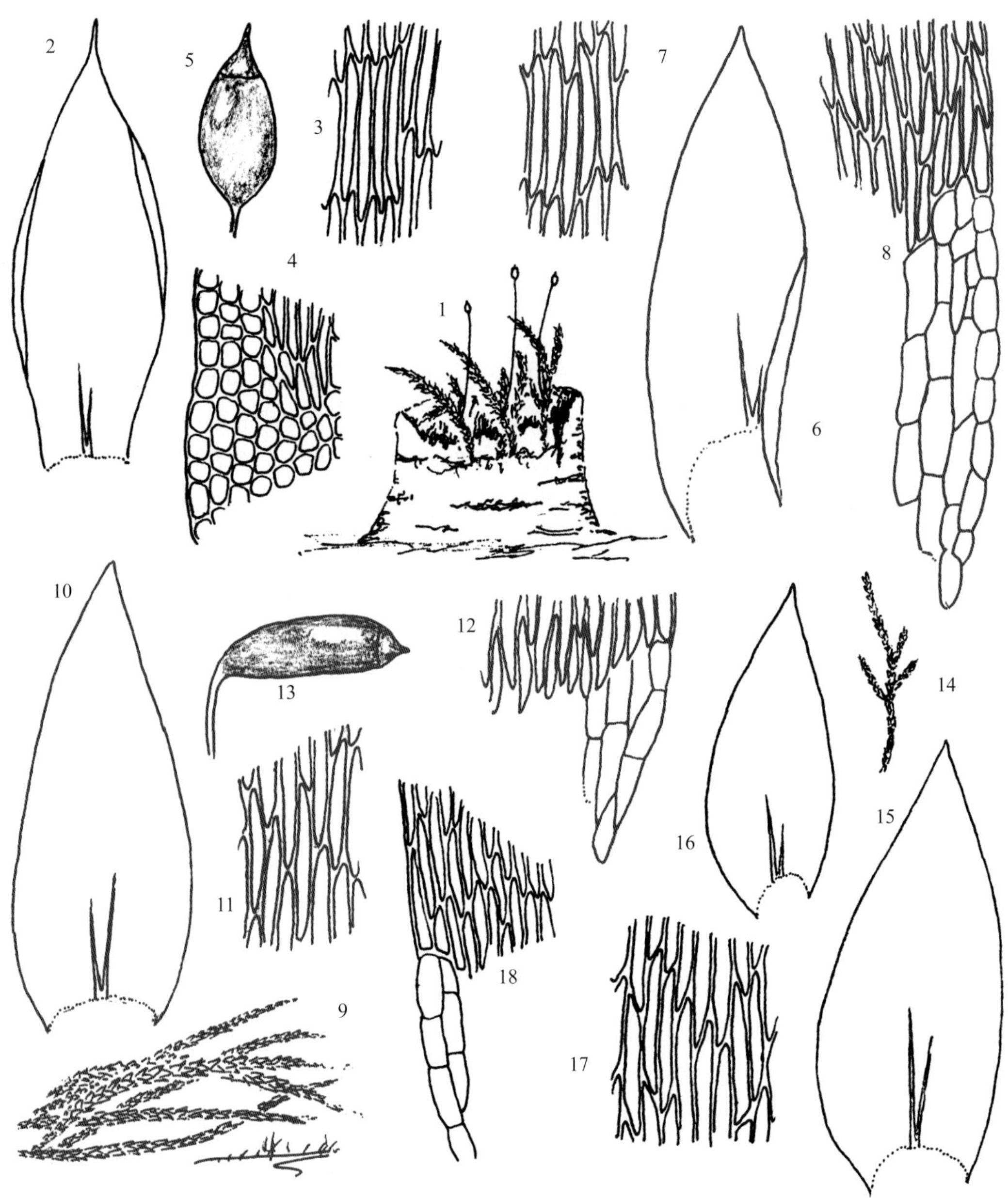

图 233

1~5. **螺叶藓** *Sakuraia conchophylla*（Card.）Nog.

1. 着生林内腐木上的植物群落（×1），2. 茎叶（×25），3. 叶中部细胞（×300），4. 叶基部细胞（×300），5. 孢蒴（×7）

6~8. **棉藓** *Plagiothecium denticulatum*（Hedw.）Bruch et Schimp.

6. 叶（×70），7. 叶中部细胞（×350），8. 叶基部细胞（×350）

9~13. **直叶棉藓** *Plagiothecium euryphyllum*（Card. et Thér.）Iwats.

9. 着生林边土壁上的植物群落（×1），10. 叶（×55），11. 叶中部细胞（×350），12. 叶基部细胞（×350），13. 孢蒴（×10）

14~18. **弯叶棉藓** *Plagiothecium curvifolium* Schlieph. ex Limpr.

14. 植物体（×1），15 茎叶（×45），16. 枝叶（×45），17. 叶中部细胞（×350），18. 叶基部细胞（×350）

长 1.0~2.0 mm，基部宽，下延，由长方形细胞和多数圆形、膨大的细胞组成；中肋细，多分叉，稀达叶中部；叶边有时狭背曲，尖部有细齿，下部全缘；叶中部细胞线形至狭长菱形，长 80~120 μm，近尖部细胞短窄，基部细胞较宽短，多具壁孔。叶腋常着生丝状芽胞。

生境和分布 生于海拔 1 500~3 090 m 的土表、岩面或腐木上。吉林、内蒙古、陕西、江西和西藏；日本、俄罗斯、欧洲及北美洲有分布。

直叶棉藓 *Plagiothecium euryphyllum*（Card. et Thér.）Iwats.，Journ. Hattori Bot. Lab. 33：348. 1970. 图 233：9~13

形态特征 松散片状生长。体形中等大小，浅绿色或黄绿色，略具光泽。茎匍匐，不规则分枝；横切面中轴发育，皮层细胞薄壁，近中央细胞厚壁。枝匍匐或倾立 。叶两侧略不对称，卵圆形至椭圆形，尖部宽短，急尖，干时略皱缩，近叶尖多具横波纹，长 1.3~2.4 mm，基部下延，由长方形细胞组成透明的角部，明显与其他较厚壁的基部细胞相异；中肋 2 ，较粗壮，可达叶中部以上。叶中部细胞线形，薄壁，长 80~140 μm，近基部细胞褐色，较宽，厚壁，具壁孔，近叶尖部细胞较短。叶腋常着生由 3~4 细胞构成的芽胞。

生境和分布 生于海拔 800~1 900 m 的岩面或树干基部。江苏、安徽、浙江、台湾、福建、江西、湖南、香港和贵州；日本及朝鲜有分布。

应用价值

弯叶棉藓 *Plagiothecium curvifolium* Schlieph. ex Limpr.，Laubm. Deutschl. 3：269. 1897. 图 233：14~18

形态特征 通常密集生长。植物体黄绿色或绿色，具明显光泽。茎匍匐，横切面椭圆形，中轴不明显，皮层细胞透明、薄壁；不规则分枝，枝长 0.5~1.5 cm，扁平。叶卵圆形，渐狭窄成锐短尖，多两侧明显不对称，基部以上 1/3 处较宽，长 1~1.5 mm；叶边平展或狭背卷，全缘或尖部具少数齿，角部由 2~4 列透明、长方形和三角形的薄壁细胞组成；中肋叉状。叶中部细胞线形，长 80~160 μm，尖部细胞短，基部细胞宽短，通常具壁孔。

生境和分布 生于低海拔至 2 700 m 林地。江苏、浙江、福建和湖南；日本、欧洲、非洲及北美洲有分布。

扁平棉藓 *Plagiothecium neckeroideum* Bruch et Schimp.，Bryol. Eur. 5：194. pl. 505. 1851. 图 234：1~4

形态特征 外形与平藓属 (*Neckera*) 的种类十分相似，通常叶明显扁平伸展。茎匍匐，长 10 cm，具少数的假根；横切面椭圆形，无中轴，中央细胞透明、薄壁；不规则疏分枝。腹面叶与背面叶两侧明显不对称，或对称，侧面叶两侧明显不对称，卵圆形至披针形，先端急尖至渐尖，长 1.5~2.3 mm，上部具弱的横波纹，基部一侧明显下延；叶边平展，全缘，尖部具明显齿；中肋 2，一般达叶长度 1/3~1/4。叶细胞线形，长 70~100 μm，薄壁，基部细胞较宽，透明，薄壁。叶尖部通常具丝状的芽胞或假根。

生境和分布 生于低海拔至 2 660 m 的树干基部、腐木、岩面或林地。陕西、安徽、浙江、台湾、福建、江西、贵州、四川、云南和西藏；尼泊尔、印度、泰国、印度尼西亚、菲律宾、日本、俄罗斯及欧洲有分布。

台湾棉藓 *Plagiothecium formosicum* Broth. et Yas.，Rev. Bryol. 53：3. 1926. 图 234：5~8

形态特征 密集生长。体形小至中等大小，柔软，黄绿色或灰绿色，略具光泽。茎匍匐；横切面中轴小，皮层细胞薄壁；不规则分枝，扁平被叶。叶柔弱，通常具褶，长卵形，长 1.3~1.6 mm，渐狭成急尖，两侧明显不对称，通常呈弓形弯曲，叶基部向上 1/3~1/4 处最宽；中肋叉状，不等长；叶边平直或狭背曲，全缘或有时近叶尖有少数齿。叶近尖部细胞较宽短；中部细胞线形，长 80~130 μm，基部细胞具壁孔，角部狭窄下延，细胞数少，常膨大，具长方形或狭窄三角形薄壁细胞。叶尖部常具假根或芽胞。

生境和分布 生于海拔 2 700~3 350 m 林地或腐木上。陕西、台湾、福建、四川、云南和西藏。

光泽棉藓 *Plagiothecium laetum* Bruch et Schimp.，Bryol. Eur. 5：185. 495. 1851. 图 234：9~14

形态特征 片状交织生长。植物体淡绿色或黄绿色，具光泽。茎长 2 cm，略呈圆条状。叶稀疏，直立或倾立，通常具弱横波纹，有时呈镰刀状偏向一侧，先端向基部弯曲，长 0.7~1.7 mm，椭圆状卵形或卵状披针形，细长渐尖，通常不对称；叶边平展，或近叶尖部狭背曲，通常全缘，有时尖部有细齿。叶细胞平滑，基部细胞壁有壁孔，中部细胞长 90~160 μm，角部下延部分呈三角形，由 1~3 列垂直的长形细胞组成，末端为单个细胞。芽胞为 3~6 个细胞。

生境和分布 生于海拔 1 500~3 250 m 林下土表、树干或腐木上。吉林、内蒙古、陕西、云南和西藏；俄罗斯、欧洲中部及北美洲有分布。

圆条棉藓 *Plagiothecium cavifolium*（Brid.）Iwats.，Journ. Hattori Bot. Lab. 33：360. 1970. 图 234：15~20

形态特征 疏片状交织生长。体形小至中等大小，淡绿色或黄绿色，常具明显光泽。茎横切面圆形或略呈椭圆形，具中轴，中央细胞薄壁；不规则分枝，分枝倾立或直立，密集，多呈圆条状，近枝端常扁平。叶覆瓦状排列，两侧近于对称，或有时略不对称，卵圆形或椭圆形，长 1.3~2.0 mm，明显内凹，向上突急尖或渐尖，通常尖部后弯；叶边全缘或尖部具明显齿；中肋 2，较短，达叶的中部。叶尖部细胞较宽短；中部细胞线形，长 60~120 μm；叶基部狭下延，由 2~3 列长方形或线形细胞组成，胞壁略增厚。叶腋常着生多数芽胞。

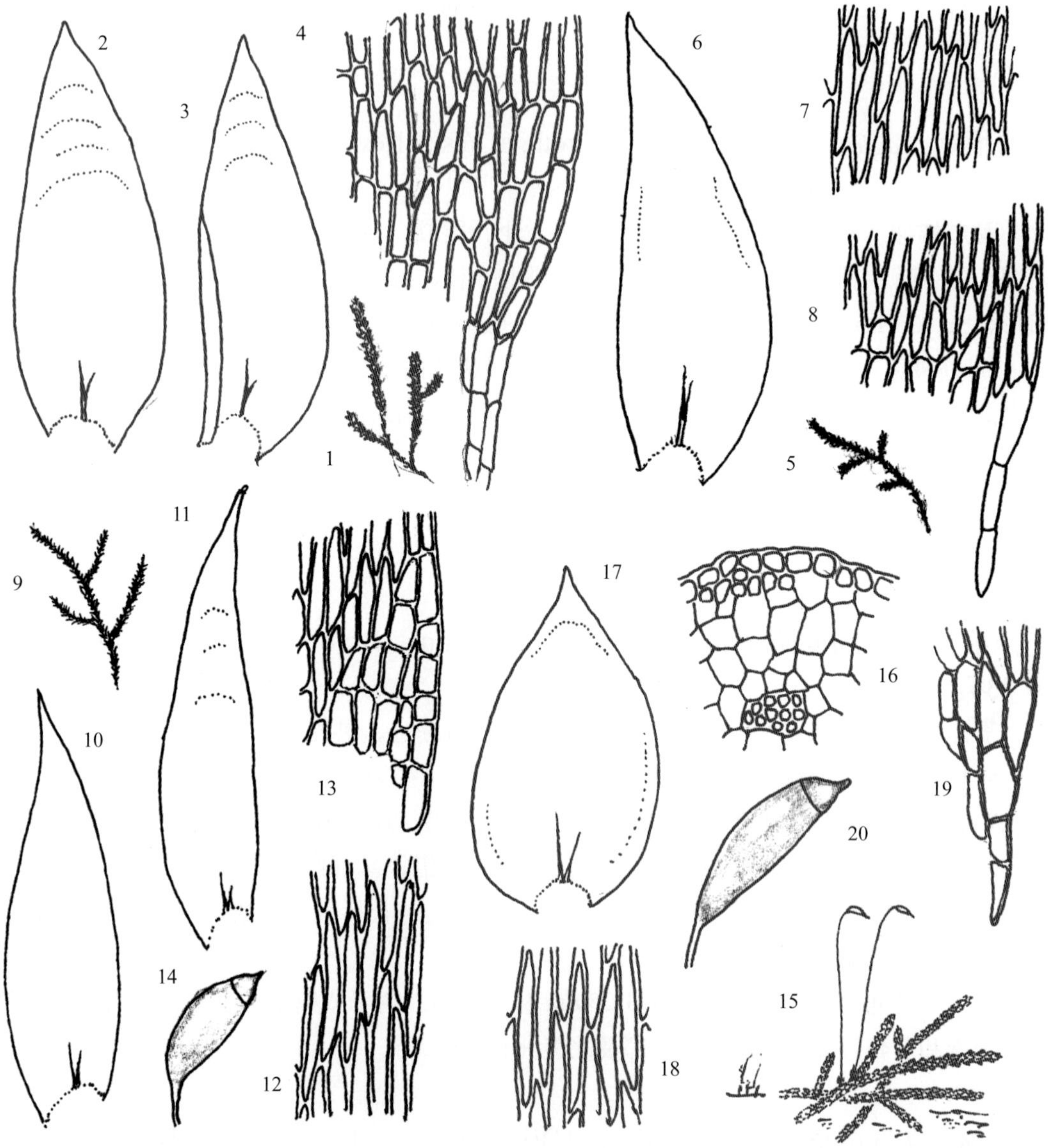

图 234

1~4. 扁平棉藓 *Plagiothecium neckeroideum* Bruch et Schimp.

1. 植物体（×1），2，3. 叶（×45），4. 叶基部细胞（×250）

5~8. 台湾棉藓 *Plagiothecium formosicum* Broth. et Yas.

5. 植物体（×1），6. 叶（×50），7. 叶中部细胞（×250），8. 叶基部细胞（×250）

9~14. 光泽棉藓 *Plagiothecium laetum* Broth. et Schimp.

9. 植物体（×1），10，11. 叶（×45），12. 叶中部细胞（×250），13. 叶基部细胞（×250），14. 孢蒴（×12）

15~20. 圆条棉藓 *Plagiothecium cavifolium*（Brid.）Iwats.

15. 着生林下湿土上的植物群落（（×1），16. 茎横切面的一部分（×400），17. 叶（×45），18. 叶中部细胞（×300），19. 叶基部细胞（×300），20. 孢蒴（×20）

生境和分布 生于海拔900~3 200 m林下土表、岩面或腐木上。吉林、内蒙古、山东、陕西、甘肃、安徽、浙江、福建、湖南、香港、四川、云南和西藏；尼泊尔、日本、朝鲜、俄罗斯、欧洲及北美洲有分布。

长喙棉藓 *Plagiothecium succulentum*（Wils.）Lindb.，Bot. Not. 1865：43. 1865. 图 235：1~3

形态特征 疏片状生长。体形粗，有光泽，深绿色或黄绿色。主茎匍匐或倾立。叶多两侧对称，有时具纵褶，内凹，基部卵圆形，向上呈长舌状披针形，渐狭成细尖，或背曲的尖，长 2~3 mm；叶边平展或略背曲，多全缘，或近尖部具齿；中肋 2，分叉，基部宽。叶细胞薄壁，叶中部细胞长菱形，长 120~200 μm，基部细胞较宽短，叶基角部由长方形和线形细胞组成。雌雄同株。孢子直径 12~14 μm，近于平滑。叶腋常具丛生的芽胞。

生境和分布 生于海拔 1 200~3 500m 林下土表、岩面或树干。吉林、河南、陕西、安徽、浙江、福建、江西、湖南、广东、广西、四川、云南和西藏；欧洲有分布。

垂蒴棉藓 *Plagiothecium nemorale*（Mitt.）Jaeg.，Ber. Thätigk. St. Gallischen Naturwiss. Ges. 1876–77：451. 1878. 图 235：4~8

形态特征 片状交织生长。体形中等大小，暗绿色或黄绿色，通常无光泽。茎横切面圆形，中轴发育，皮层细胞薄壁；不规则分枝。分枝大部上倾，长 1.5~3.0 cm。叶干时常强烈皱缩或不皱缩，卵圆形，两侧多数对称，略内凹，长 2.4~3.5 mm，渐狭成小尖，叶基部狭下延，由长方形和线形细胞组成；叶边平展，稀背曲，近于全缘，先端具少数不明显的齿；中肋 2，基部宽，常达叶中部，或中部以上。叶中部细胞长六边形或长菱形，长 60~100 μm，先端细胞较短，基部细胞较宽。叶尖上常着生多数丝状芽胞。

生境和分布 生于低海拔至3 500 m林地或岩面。吉林、内蒙古、陕西、江苏、安徽、浙江、台湾、福建、江西、广东、香港、四川、云南和西藏；印度、日本、朝鲜、俄罗斯、欧洲及非洲有分布。

波叶棉藓 *Plagiothecium undulatum*（Hedw.）Bruch et Schimp.，Bryol. Eur. 5：195. 1851. 图 235：9~13

形态特征 疏片状交织生长。体形较大，浅绿色或灰白色，有时黄绿色，无光泽或略具光泽。茎长达 10 cm 以上，扁平，有时直立而呈圆条状。叶覆瓦状排列，长 2~5 mm，宽 1~2.3 mm，卵形至卵状披针形，少数呈椭圆状披针形，急尖至渐尖，内凹，略对称，近叶先端具明显横波纹；叶边平展，全缘或近叶尖部具粗齿或细齿；中部细胞长 96~175 μm，叶基下延部分呈三角形，由 1~3 列长方形细胞组成，胞壁具壁孔。雌雄异株。

生境和分布 生于海拔 1 500~3 600 m 林地。东北、西北部、云南和西藏；俄罗斯、欧洲及北美洲有分布。

应用价值 植物体内含正二十六醇。

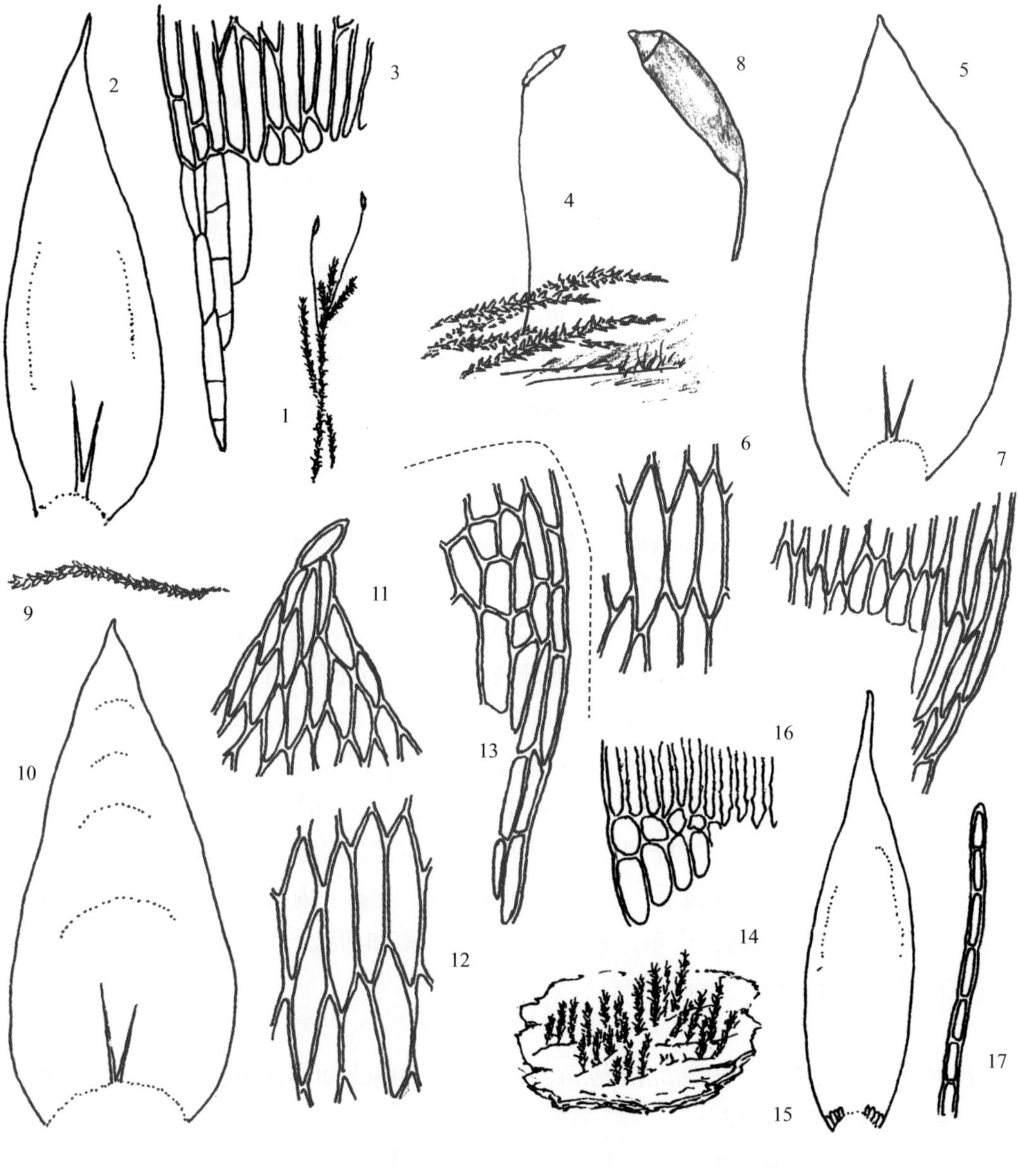

图 235

1~3. 长喙棉藓 *Plagiothecium succulentum*（Wils.）Lindb.

1. 雌株（×1），2. 叶（×35），3. 叶基部细胞（×300）

4~8. 垂蒴棉藓 *Plagiothecium nemorale*（Mitt.）Jaeg.

4. 林地生植物体（×1），5. 叶（×35），6. 叶中部细胞（×300），7. 叶基部细胞（×250），8. 孢蒴（×7）

9~13. 波叶棉藓 *Plagiothecium undulatum*（Hedw.）Bruch et Schimp.

9. 植物体（×1），10. 叶（×55），11. 叶尖部细胞（×400），12. 叶基部细胞（×300），13 叶基部下延细胞（×300）

14~17. 三列疣胞藓 *Clastobryum glabrescens*（Iwats.）Tan，Iwats. et Norris

14. 着生树干上的植物群落（×1），15. 枝叶（×60），16. 叶基部细胞（×250），17. 芽胞（×250）

102 锦藓科 SEMATOPHYLLACEAE

交织成片生长。体形纤细或粗壮，柔软或硬挺，黄色、黄绿色、绿色或黄棕色，多有绢丝光泽；茎横切面多呈圆形，无中轴分化，有疏松而厚壁的基本组织，周围有 2 至多层小型厚壁细胞。主茎匍匐横展，倾立或直立，多不规则分枝，稀羽状分枝；枝圆条形或扁平。茎叶与枝叶多同形，稀略有差异，两侧对称，无纵长皱褶，各属之间的叶形变化较大；中肋 2，甚短或完全退失。叶细胞多狭长菱形，平滑或具疣，叶角部细胞分化明显。雌雄多异苞同株或雌雄异株。 雌苞着生于茎或枝的顶端。孢蒴倾立或悬垂，卵圆形或长卵圆形，常不对称，薄壁。蒴齿多数 2 层，稀内齿层缺失；外齿层齿片分裂至基部，形式多变，外面多具横纹，稀平滑，内面多具横隔；内齿层与外齿层分离（花锦藓属除外），基膜高，齿条多呈狭长披针形，折叠如龙骨状，稀线形，多具齿毛。蒴盖圆锥形。蒴帽多兜形，平滑。

本科 35 属，分布热带及亚热带地区。中国有 23 属。

分属检索表

1. 叶片角细胞数列，方形或长方形，排列疏松整齐，不膨大 ······ 18. 丝灰藓属 *Giraldiella*

1. 叶片角细胞多单列，稀多列，多椭圆形，稀呈方形或长方形，膨大 ······ 2

2. 植物体稍粗壮，1~2 回羽状分枝，叉形分枝或稀树状分枝；茎叶与枝叶稍异形 ······ 3

2. 植物体较纤细，1~2 回不规则羽状分枝；茎叶与枝叶同形 ······ 8

3. 植物体枝条末端形成明显的鞭状枝 ······ 7. 鞭枝藓属 *Isocladiella*

3. 植物体枝条末端无鞭状枝 ······ 4

4. 叶基下延 ······ 2. 拟疣胞藓属 *Clastobryopsis*

4. 叶基不下延 ······ 5

5. 植物体具多数假根 ······ 3. 牛尾藓属 *Struckia*

5. 植物体仅有稀疏假根 ······ 6

6. 植物体有少量不规则的长枝；叶长卵圆形，急尖 ······ 4. 厚角藓属 *Gammiella*

6. 植物体无长枝，仅有不规则的短枝；叶卵状披针形，渐尖 ······ 7

7. 植物体多附生树干上，有稀疏假根 ······ 5. 拟金灰藓属 *Pylaisiopsis*

7. 植物体多着生腐木上，常密被鳞毛 ······ 6. 腐木藓属 *Heterophyllium*

8. 茎上往往具线形无性芽胞；叶角部细胞通常为数列，呈卵形、椭圆形或长方形，与上部细胞的形态虽有分化，但不特别膨大 ······ 1. 疣胞藓属 *Clastobryum*

8. 茎上不具无性芽胞；叶角部细胞多单列，呈卵形或长椭圆形，往往特别膨大，多黄色，稀形小而透明 ······ 9

9. 叶细胞平滑……10

9. 叶细胞具疣、前角突或壁孔……15

10. 植物体不规则的 2~3 回羽状分枝；茎叶和枝叶异形……11

10. 植物体规则分枝；茎叶和枝叶同形，仅大小不同……12

11. 茎叶上部不波曲，具短尖或长毛尖；叶边具细齿……8. 刺枝藓属 *Wijkia*

11. 茎叶上部强波曲，具长舌状尖；叶边具粗齿……9. 拟金枝藓属 *Pseudotrismegistia*

12. 外层齿片无条纹……10. 花锦藓属 *Chionostomum*

12. 外层齿片具条纹……13

13. 角细胞少数，4~5 个，不形成连续的一列达叶中肋……12. 毛锦藓属 *Pylaisiadelpha*

13. 角细胞超过 6 个，形成连续的一列并达叶中肋……14

14. 叶尖有齿；孢蒴外壁细胞无角隅加厚，沿纵向壁加厚……11. 小锦藓属 *Brotherella*

14. 叶尖全缘或具微齿；孢蒴外壁细胞具角隅加厚……16

15. 叶平展或稍内凹，边缘平展或稍卷曲；角细胞小，卵形或椭圆形……13. 锦藓属 *Sematophyllum*

15. 叶强烈内凹，边缘内卷；角细胞大，常弯曲，呈肾形……15. 顶胞藓属 *Acroporium*

16. 叶细胞具成列的疣；叶卵形，多具短尖……17. 麻锦藓属 *Taxithelium*

16. 叶细胞具单疣或具壁孔；叶内凹，尖部渐成毛尖；角细胞薄壁……17

17. 叶上部呈兜形，尖部有时收缩成长尖；角细胞常厚壁……14. 拟刺疣藓属 *Papillidiopsis*

17. 叶内凹，尖部渐成毛尖；角细胞薄壁……16. 刺疣藓属 *Trichosteleum*

1 疣胞藓属 *Clastobryum* Dozy et Molk.

小片状生长。体纤细，或稍粗壮，柔软，黄绿色、稀呈红色或红棕色，常具光泽。茎细长，匍匐，具簇生的假根；不规则密羽状分枝，有时具狭长的鞭状枝。枝条短或较长，直立或倾立，稀垂倾，圆条形，有时呈扁平形，枝顶的叶腋产生具粗疣的无性芽胞。叶疏松或密集排列，狭长卵形，内凹，无皱褶，具短尖或呈卵状披针形，渐尖；中肋缺失；叶细胞狭长菱形，角细胞稍膨大，厚壁，紫红色。雌雄异株。蒴柄细，扭卷，紫红色。孢蒴直立，长卵圆形。环带缺失。蒴齿 2 层。外齿层齿片干燥时向外背卷，披针形，平滑，内面具低横隔；内齿层在蒴口处平展；基膜低；齿条短，且不规则。蒴盖顶端具短而弯的喙。

本属约 13 种，多分布亚洲和美洲热带地区。中国有 1 种。

三列疣胞藓 *Clastobryum glabrescens*（Iwats.）Tan，Iwats. et Norris，Hikobia 11：151. 1992. 图 235：14~17

形态特征 常成垫状生长。主茎平卧，长 1~2 cm，向上产生直立的枝条，长约 1 cm。叶片在茎上呈明显的三列状排列，卵状披针形，长 1~1.5 mm，上部内凹，渐尖，部分叶片的尖部扭曲；叶边上部具细齿，下部具较粗的齿。叶细胞线形，长 60~80 μm，平滑，有时具前角突，壁孔稀少，叶边细胞渐短；角细胞卵圆形，厚壁，带紫红色。枝条上部叶腋处具无性繁殖的芽条，平滑。雌雄同株。

生境和分布 附生湿热林内树干。台湾和广西；日本、菲律宾及印度尼西亚（婆罗洲）有分布。

2 拟疣胞藓属 *Clastobryopsis* Fleisch.

小片状交织生长。植物体黄绿色或红色。主茎匍匐生长；枝条平展，柔弱；丝状芽胞常聚生于枝条的顶端。叶卵状披针形，全缘，基部下延；角细胞明显分化，由一群有色或透明的细胞组成，方形或长方形，多为厚壁细胞。蒴柄直立或稍扭曲，平滑。孢蒴卵形。外齿层细胞沿纵壁加厚，中缝有穿孔；内齿层齿条呈线形，基膜低。

本属 6 种，分布热带和亚热带地区。中国有 3 种。

分种检索表

1. 植物体纤细；叶长不及 2 mm；叶边平展或狭内卷……1. 拟疣胞藓 *C. planula*

1. 植物体较粗；叶长度达 2.5 mm；叶边叶尖部强烈内卷……2. 短肋拟疣胞藓 *C. brevinervis*

拟疣胞藓 *Clastobryopsis planula*（Mitt.）Fleisch.，Musci Fl. Buitenzorg 4：1180. 1923. 图 236：1~6

形态特征 匍匐生长成垫状。茎多分枝，直立，枝条平展。茎叶和枝叶阔卵形或卵状披针形，长超过 2.0 mm，基部下延，具短尖；中肋短弱，有时极不明显；茎叶边缘卷曲，长 1.33~1.82 mm；宽 0.28~0.42 mm。枝叶平展，边缘具弱齿。叶细胞狭菱形或菱形，长 30~45 μm；叶角部由一群膨大、方形或长方形、薄壁或厚壁的细胞组成，向上渐成狭长菱形。枝条顶部叶腋处具丰富的芽胞，芽胞多平滑，由 8~12 个细胞组成。

生境和分布 多见于树干。福建、广西、贵州、四川、云南和西藏；尼泊尔、印度北部、日本、印度尼西亚（爪哇）及菲律宾有分布。

短肋拟疣胞藓 *Clastobryopsis brevinervis* Fleisch.，Musci Fl. Buitenzorg 4：1185. 1923. 图 236：7~12

形态特征 密交织生长。植物体淡绿色，极纤细，密分枝。叶卵状披针形，上部渐尖，基部下延。叶中部细胞狭长菱形至线形；基部角细胞方形，多列，分化不明显。芽胞线形，含多个单列细胞。

生境和分布 湿热林内树枝和树干上。贵州和广西；日本和印度尼西亚有分布。

3 牛尾藓属 *Struckia* Müll. Hal.

密丛集成簇生长。植物体粗壮，较柔软，灰绿色，具银色光泽。茎匍匐，密生红色成簇的假根；具不规则分枝；枝密集，直立，呈圆条形，末端渐细，有时呈鞭枝状。叶干燥时覆瓦状紧贴生，湿润时直立或倾立，卵形，尖部狭长或近于呈毛状；叶边基部稍内曲，上部具细齿或全缘；中肋 2，较短。叶细胞狭长菱形或线形，角细胞多列，方形，透明。雌雄异苞同株。内雌苞叶直立，基部鞘状，向上渐狭呈披针形。蒴柄细，红色或橙黄色，干燥时往往扭曲。孢蒴直立，卵圆形。蒴齿单层，外齿层齿片狭披针形，黄色，密被疣，分节甚长，中缝有时具穿孔；内齿层一般缺失。蒴盖圆锥形，顶端圆钝。孢子被密疣。

本属 2 种，亚洲热带地区分布。中国有 1 种。

牛尾藓 *Struckia argentata*（Mitt.）Müll. Hal.，Arch. Ver. Freund. Naturg. Mecklenburg 47：129. 1893. 图 236：13~16

形态特征 成矮垫状生长。植物体中等大小，灰绿色，具光泽。主茎匍匐，具红色假根；枝条末端渐细。枝叶倾立，卵状披针形，内凹，狭渐尖，成尾尖状，长约 1.6 mm；叶边近全缘；中肋短，分叉。叶细胞线形，尖部细胞长约 80 μm，中部细胞长约 80 μm，基部细胞不规则长方形，排列疏松。雌雄同株。孢蒴生于枝的基部。蒴帽小，圆锥形。蒴齿单层。环带分化。孢子直径约 25 μm，具粗疣。

生境和分布 湿热林地树枝着生。福建和云南；尼泊尔及印度有分布。

4 厚角藓属 *Gammiella* Broth.

疏松片状生长。体形粗壮，柔软，黄绿色，具光泽。茎匍匐，有少数不规则匍匐的长枝及稍呈规则羽状的短枝。枝圆条形，末端钝，往往向下弯曲。叶干燥时呈覆瓦状紧贴，湿润时近于直立，长椭圆状卵形，内凹，基部稍下延，上部急狭呈短尖；叶边平展，仅尖部稍内曲，全缘或尖部有微齿；中肋 2，甚短或缺失。叶细胞线形，平滑；基部细胞较宽短，棕黄色；角细胞多列，黄色，方形，厚壁，稍透明，形成大型稍内凹而有明显分化的角部。雌雄异苞同株。蒴柄细，红色，平滑。孢蒴直立，圆柱形，具短台部，薄壁。蒴齿 2 层；外齿层齿片阔披针形，钝头，黄色，下部平滑，尖部具细疣，内面密生横隔；内齿层透明，具细疣，基膜不高出，齿条宽短，尖端钝，折叠成龙骨形，齿毛缺失。蒴盖圆锥形，有钝尖。

本属 6 种，多生于树干上。中国有 4 种。

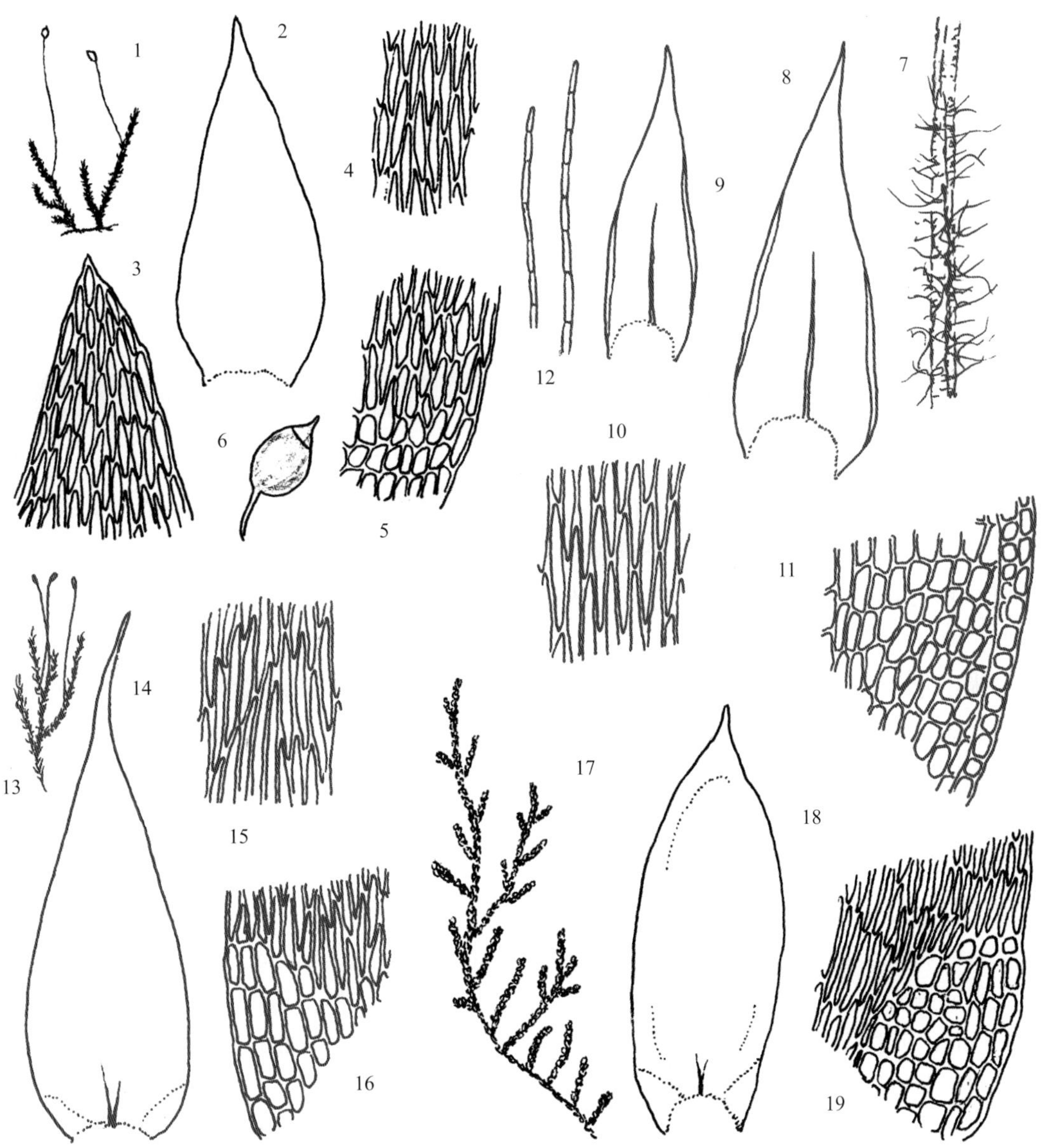

图 236

1~6. 拟疣胞藓 *Clastobryopsis planula*（Mitt.）Fleisch.

1. 雌株（×1），2. 叶（×30），3. 叶尖部细胞（×200），4. 叶中部细胞（×200），5. 叶基部细胞（×200），6. 孢蒴（×10）

7~12. 短肋拟疣胞藓 *Clastobryopsis brevinervis* Fleisch.

7. 着生树枝上的植物群落（×1），8. 茎叶（×55），9. 枝叶（×55），10. 叶中部细胞（×300），11. 叶基部细胞（×300），12. 芽胞（×140）

13~16. 牛尾藓 *Struckia argentata*（Mitt.）Müll. Hal.

13. 雌株（×1），14. 茎叶（×40），15. 叶中部细胞（×200），16. 叶基部细胞（×200）

17~19. 厚角藓 *Gammiella pterogonioides*（Griff.）Broth.

17. 植物体（×1），18. 茎叶（×45），19. 叶基部细胞（×300）

厚角藓 *Gammiella pterogonioides*（Griff.）Broth.，Nat. Pfl.-fam. 1（3）：1067. 1908. 图 236：17~19

形态特征　垫状生长。体形大，不规则分枝。枝长 10 mm，连叶宽 1.2~2mm。枝叶扁平，长椭圆形，长 1.25~1.75 m，内凹，尖部突狭成小尖；叶边平展，具微齿或近于全缘。叶细胞狭长菱形至线形，两端锐尖，长 50~70 μm；角细胞数多，方形或长方形，厚壁，形成明显的有色细胞群。

生境和分布　生长湿润腐木或石缝中。四川和云南；喜马拉雅山地区、越南、老挝、柬埔寨有分布。

5　拟金灰藓属 *Pylaisiopsis* Broth.

疏松丛集交织生长。体形粗壮，硬挺，麦秆色或黄褐色，略具光泽。茎纤长，匍匐，有稀疏假根，不规则分枝；枝条短而直立，或稍长而弯曲。叶密生，多向倾立，卵状披针形，具狭长尖；叶边不卷曲，近于全缘；中肋 2，短弱。叶细胞狭长菱形，近基部细胞较宽短，多棕黄色，角细胞多列，方形。雌雄异苞同株。蒴柄细长，红色。孢蒴直立，粗卵圆形，厚壁，棕色。蒴齿 2 层；外齿层齿片狭长披针形，外面有粗横脊，但无条纹，仅尖部具疣；内齿层与外齿层分离，基膜低，齿条与外齿层齿片等长，较宽，上部往往两裂；齿毛甚短。蒴盖短圆锥形，顶端钝。孢子形大。

本属 1 种，分布亚洲东部。中国有分布。

拟金灰藓 *Pylaisiopsis speciosa*（Mitt.）Broth.，Nat. Pfl.-fam. 1（3）：1232. 619. 1909. 图 237：1~4

形态特征　垫状生长。植物体粗壮，色泽黄绿至棕色，具光泽，呈主茎匍匐，分枝不规则或呈弓形。叶片密集生长于茎上，内凹，阔卵状披针形，具一长而狭窄的尖部，长 3~4.1 mm；叶边全缘；中肋 2，短弱。叶细胞线形，厚壁，尖部细胞 长约 58 μm ，角部细胞透明，向边缘渐成短方形，长约 40 μm。

生境和分布　附生山地树干。云南和西藏；喜马拉雅东部地区分布。

应用价值　东亚特有苔藓植物属之一，为研究中国植物区系的重要材料。

6　腐木藓属 *Heterophyllium*（Schimp.）Kindb.

片状交织生长。植物体较粗壮，绿色、黄绿色或棕绿色，具光泽。茎多匍匐伸展；具多数鳞毛；常有不明显的羽状分枝。叶倾立，或向一侧弯曲，卵状披针形，稍内凹，具长尖；中肋短弱或缺失。叶细胞线形；基部细胞带黄色，角细胞疏松，常膨大成方形或长方形，黄色或黄棕色，形成内凹而有明显界线的角部。雌雄异苞同株或雌雄异株。孢蒴直立或倾立，对称或稍弯曲。蒴齿 2 层；外齿层齿片狭长披针形，外面具横条纹，内面具明显的横隔；内齿层黄色或透明，基膜高出，齿条较宽，齿毛发育良好。

本属约 30 种，热带和亚热带地区分布。中国 1 种。

腐木藓 *Heterophyllium affine*（Hook.）Fleisch.，Musci Fl. Buitenzorg 4：1177. 1923. 图 237：5~10

形态特征 成片生长。植物体近于羽状分枝至不规则分枝，枝条短或长，长 1~3 cm，多扁平；假鳞毛发育良好，大而呈叶状，深裂。叶直立至倾立，有时弯曲，宽披针形至卵状椭圆形，渐成毛状尖；叶边全缘，仅叶尖部有齿。叶细胞长菱形至线形；角细胞多数，方形或长方形，厚壁，有色。蒴柄长超过 4 cm，平滑。孢蒴椭圆形至圆柱形，倾斜至弓形。蒴盖圆锥形。

生境和分布 多着生林内树干、岩面或石上。台湾、福建、湖南、海南、广西和四川；广泛分布于亚洲、中南美洲、北美洲及太平洋岛屿。

7 鞭枝藓属 *Isocladiella* Dix.

密成片交织生长。植物体主茎长而匍匐，无中轴分化；近于密集羽状分枝；枝条直立至上倾；假鳞毛丝状。枝叶覆瓦状排列，卵形，强烈内凹；中肋短或缺失。叶中部细胞长菱形，平滑或偶尔有不明显的疣；角部由一群方形和长方形具壁孔的细胞组成。蒴柄长而细，平滑。孢蒴椭圆形，稍呈弓形。蒴盖具长喙。蒴齿外齿层齿片狭披针形，具密集细疣；内齿层基膜低，齿条线形，具密细疣，无齿毛。蒴帽钟形，平滑。

本属 2 种，分布亚洲和大洋洲地区。中国有 1 种。

鞭枝藓 *Isocladiella surcularis*（Dix.）Tan et Mohamed，Cryptogamie，Bryol. Lichenol. 11：357. 1990. 图 237：11~13

形态特征 成片交织生长。体形小，匍匐；假鳞毛线形；枝条密生，直立，有时呈弓形，近于羽状分枝，长 5~15 mm，常具多数呈尾状的鞭状枝；鞭枝细，通常长达 5 mm。枝叶阔卵圆形，锐尖，通常明显内凹，两侧对称，长 0.6~1.1 mm；叶边全缘；中肋极短或缺失。叶中部细胞狭纺锤形，长 50~70 μm。胞壁中等加厚，平滑，偶具弱疣；基部成方格状，由大约 10 个方形或长方形的厚壁细胞组成，常褐色。

生境和分布 多山地树干附生。福建、江西、广东、香港、海南、广西、贵州和云南；日本、越南、老挝、柬埔寨、斯里兰卡、马来西亚及澳大利亚有分布。

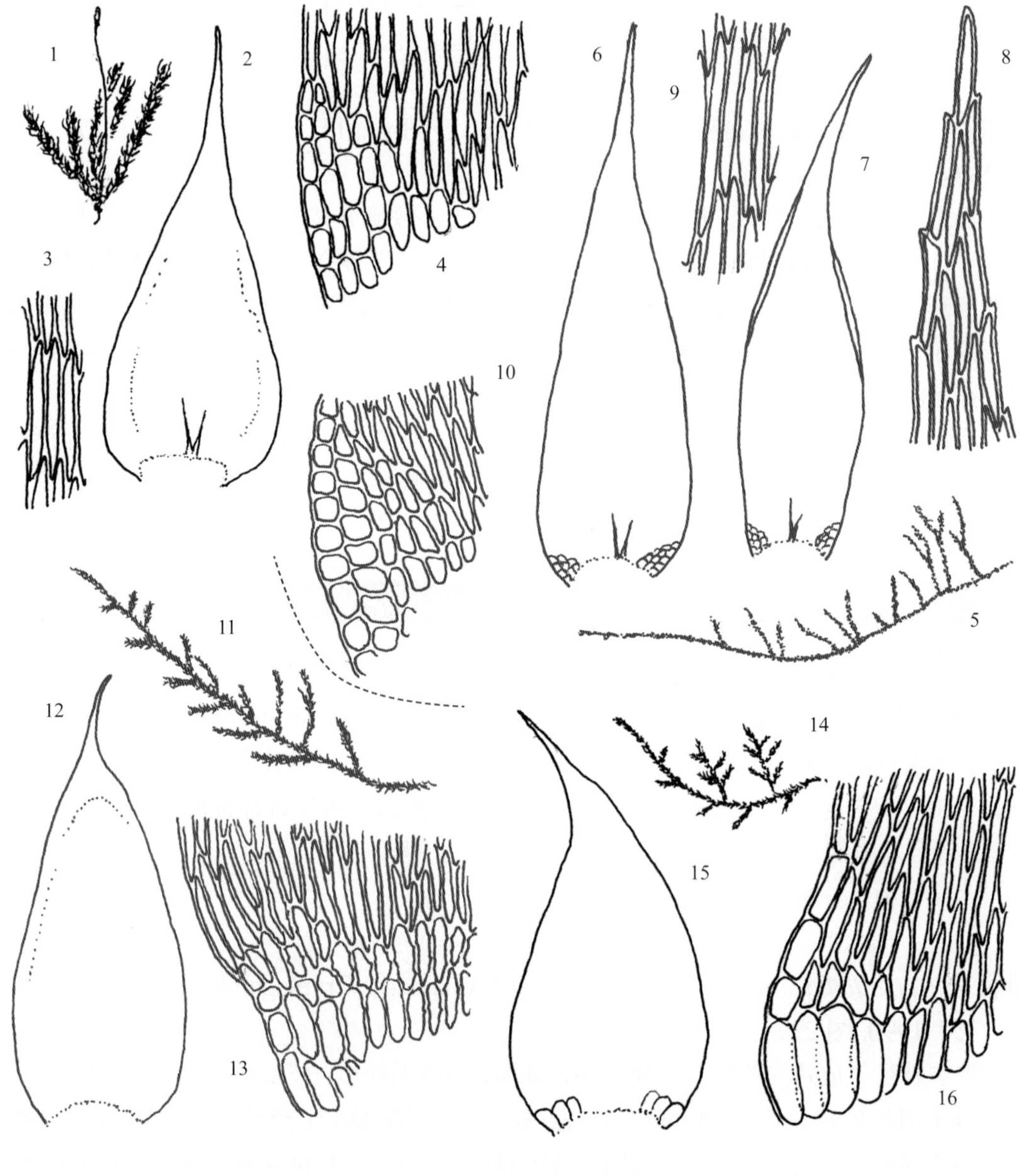

图 237

1~4. 拟金灰藓 *Pylaisiopsis speciosa*（Mitt.）Broth.

1. 雌株（×1），2. 茎叶（×18），3. 叶中部细胞（×300），4. 叶基部细胞（×300）

5~10. 腐木藓 *Heterophyllum affine*（Mitt.）Fleisch.

5. 植物体（×1），6. 茎叶（×65），7. 枝叶（×65），8. 叶尖部细胞（×400），9. 叶中部细胞（×400），10. 叶基部细胞（×400）

11~13. 鞭枝藓 *Isocladiella surcularis*（Dix.）Tan et Mohamed

11. 植物体（×1），12. 茎叶（×75），13. 叶基部细胞（×300）

14~16. 弯叶刺枝藓 *Wijkia deflexifolia*（Ren. et Card.）Crum

14. 植物体（×1），15. 茎叶（×60），16. 叶基部细胞（×400）

8 刺枝藓属 *Wijkia*（Mitt.）Crum

常交织成片生长。体形纤细或粗壮，稍硬挺，色泽淡绿或黄绿色，有时呈棕黄色，具光泽。茎匍匐，不规则 1~2 回羽状分枝；枝平展或倾立，有时稍弯曲；茎及枝尖均平直而锐尖；稀有鳞毛。叶干燥时紧贴，潮湿时直立或倾立。茎叶阔卵圆形，内凹，渐尖或上部急狭成长毛状；叶边全缘或上部具细齿；中肋 2，短或缺失。叶细胞狭长菱形，薄壁，通常平滑，稀具单疣，或背面具前角突，叶基部细胞常呈金黄色，厚壁，有壁孔，角部有 1 列明显分化的细胞，形大，长椭圆形，呈金黄色或棕黄色，有时透明，其余为少数小型、薄壁而透明的短轴形细胞。雌雄异株或叶生异株。孢蒴圆柱形。环带分化。蒴齿 2 层；外齿层齿片外面下部有横纹，上部有疣，内面有高出的横隔；内齿层具折叠的基膜，齿毛 1~2，与齿条等长。

本属约 29 种，多亚洲热带地区分布。中国有 4 种。

分种检索表

1. 茎叶向上渐成狭长弯曲的叶尖 ……………… 1. 弯叶刺枝藓 *W. deflexifolia*

1. 茎叶向上急狭成长尖，尖部平直或扭曲 ……………… 2

2. 植物体较小；茎叶的尖部短，具齿 ……………… 2. 角状刺枝藓 *W. hornschuchii*

2. 植物体较大；茎叶的尖部细长，全缘 ……………… 3. 毛尖刺枝藓 *W. tanytricha*

弯叶刺枝藓 *Wijkia deflexifolia*（Ren. et Card.）Crum，Bryologist 74：171. 1971. 图 237：14~16

形态特征　垫状生长。体形较粗壮，不规则 2~3 回羽状分枝，枝条末端呈尾尖状，棕绿色。茎叶倾立，宽卵形至椭圆状卵形，渐尖，内凹，长 1~2 mm；叶边平展，全缘或下部具细齿，近尖部有细齿。枝叶小，卵状披针形，内凹，急尖至短渐尖。叶细胞线形，长 40~60 μm，厚壁；角细胞大而薄壁，3~4 个。雌苞叶大，长渐尖，上部有齿。蒴柄长达 3 cm。孢蒴平列，卵状椭圆形 。蒴盖圆锥形至具长喙。蒴齿 2 层，内齿层具 2~3 齿毛。孢子直径 15~20 μm。

生境和分布　着生山地腐木、树干或树枝上。浙江、台湾、福建、海南、广西、贵州、四川、云南和西藏；喜马拉雅山地区、印度、越南、老挝、柬埔寨及菲律宾有分布。

角状刺枝藓 *Wijkia hornschuchii*（Dozy et Molk.）Crum，Bryologist 74：172. 1971. 图 238：1~4

形态特征　垫状。绿色至黄棕色，多少具光泽，2~3 回羽状分枝；枝细长。茎叶直立，椭圆状卵形或倒卵形，长 1 mm，内凹，常急狭成一短而具齿的尖，基部收缩；叶边平展或卷曲，上部具细齿。枝叶小且基部较茎叶狭，内凹，叶尖短。叶细胞线形至蠕虫形，长 75~135 μm，薄壁，近尖部处趋短，近基部细胞呈椭圆形，厚壁；角细胞少、膨大、透明或稍呈黄色，有一个大的薄壁细胞。

生境和分布 生长于南部山区石上或腐木上。安徽、浙江、台湾、福建、江西、湖北、湖南、广东、广西、贵州、四川、云南和西藏；日本有分布。

毛尖刺枝藓 *Wijkia tanytricha*（Mont.）Crum，Bryologist 74：174. 1971. 图 238：5~8

形态特征 交织成片生长。体形粗壮，具光泽。主茎匍匐，无中轴，1~2 回羽状分枝，末端多弯曲。叶干时紧贴茎上，湿时倾立；茎叶大而疏松，卵圆形，全缘，先端急尖，呈长尾状扭曲，长约 1.4 mm；中肋 2，甚短弱。叶细胞线形，长约 76 μm；叶基有一列明显膨大金黄色细胞。枝叶紧密覆瓦状着生，小而渐尖；叶边中下部具齿，尖部全缘。

生境和分布 生长于湿热林内树干或腐木上。台湾、广东、广西、四川、云南和西藏；印度北部、越南及印度尼西亚有分布。

9 拟金枝藓属 *Pseudotrismegistia* Akiy. et Tsubota

本属是由金枝藓属（*Trismegistia*）分出的小属，其主要形态特征是植物体和叶形与金枝藓属中的其他种相异。现仅 1 种，分布南亚地区。

拟金枝藓 *Pseudotrismegistia undulata*（Broth. et Yas.）Akiy. et Tsubota，Acta Phytotax. Geobot. 52：86. 2001. 图 238：9~12

形态特征 疏松丛集成片生长。体形粗壮，具光泽。主茎匍匐，长达 5 cm，不规则分枝。叶湿时倾立，长椭圆状披针形至舌形，上部明显狭窄，具强波纹；叶边下部具细齿，上部具粗锐齿；中肋不明显。叶细胞狭长菱形，长约 50~80 μm；叶基角部有一群明显膨大的圆卵形细胞。

生境和分布 生长于热带林内树干或枯木上。海南、台湾、广西和云南；泰国、越南、老挝和柬埔寨有分布。

10 花锦藓属 *Chionostomum* Müll. Hal.

交织成片生长。体形较粗壮或柔软，淡绿或黄绿色，或黄棕色，具光泽。茎匍匐；密被假根；稍规则的羽状分枝；枝条直立，钝端，较短而不分枝或较长而有稀疏的分枝。叶密生，干燥时疏松贴生，潮湿时直立或倾立，有时略呈一向弯曲，长椭圆形，内凹，具短尖；叶边稍卷曲，全缘；中肋 2，短弱或缺失。叶细胞平滑，上部细胞菱形，下部细胞较长而窄；叶基细胞较短且有壁孔，金黄色；叶角部有一列膨大、透明或棕黄色细胞，其上方具少数较小而近于方形的细胞，构成明显分化的角部。雌雄异苞同株。孢蒴直立或稍倾立，长圆柱形；外齿层齿片具明显分化的边缘，内面密被横隔；内齿层贴附于外齿层，基

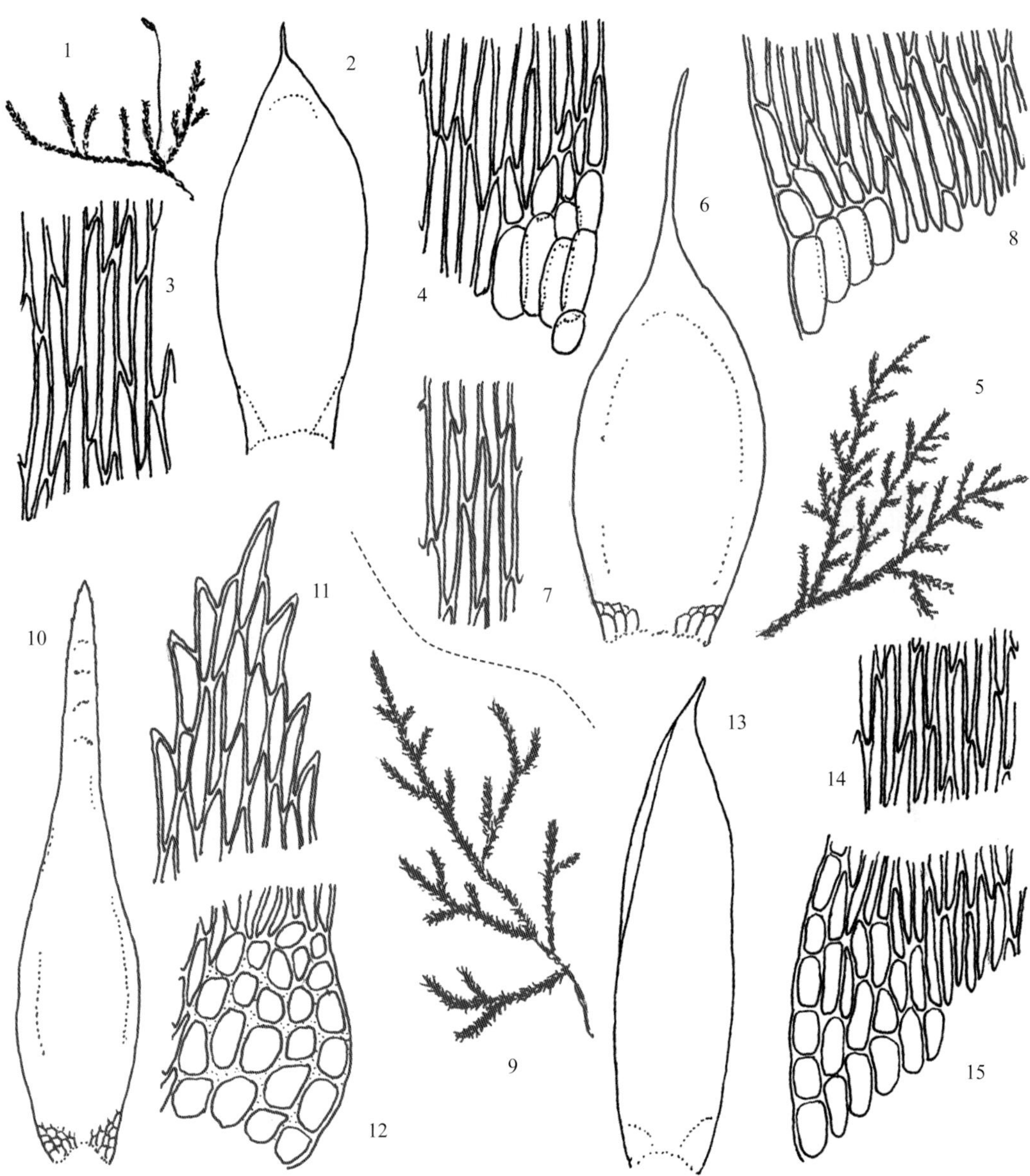

图 238

1~4. 角状刺枝藓 *Wijkia hornschuchii*（Dozy et Molk.）Crum

1. 雌株（×1），2. 茎叶（×80），3. 叶中部细胞（×350），4. 叶基部细胞（×350）

5~8. 毛尖刺枝藓 *Wijkia tanytricha*（Mont.）Crum

5. 植物体（×1），6. 茎叶（×65），7. 叶中部细胞（×350），8. 叶基部细胞（×250）

9~12. 拟金枝藓 *Pseudotrismegistia undulata*（Broth. et Yas.）Akiy. et Tsubota

9. 植物体（×1），10. 茎叶（×30），11. 叶尖部细胞（×300），12. 叶基部细胞（×300）

13~15. 花锦藓 *Chionostomum rostratum*（Griff.）Müll. Hal.

13. 叶（×25），14. 叶中部细胞（×250），15. 叶基部细胞（×250）

膜低，齿条线形，与齿片近于等长，具疣；齿毛缺失。

本属 3 种，分布亚洲东南部。中国有 2 种。

花锦藓 *Chionostomum rostratum*（Griff.）Müll. Hal.，Linnaea 36：21. 1869. 图 238：13~15

形态特征 成垫状生长。植物体中等大小。茎不规则分枝；分枝短，长不及 10 mm。叶干时疏松直立，湿时倾立，长椭圆形，急尖至短渐尖，深内凹，有时具纵褶，长不及 2 mm；叶边全缘，上部卷曲，近尖部具微齿。叶细胞狭长至线形，长 65~110 μm，近尖部成狭菱形，薄壁；角部为一列膨大有色细胞。雌苞叶小，狭披针形。雌雄同株。

生境和分布 一般着生树枝上。海南、广西和云南；斯里兰卡、印度、越南、老挝、柬埔寨及马来西亚有分布。

11 小锦藓属 *Brotherella* Loeske ex Fleisch.

交织成片生长。纤细或较粗壮，色泽黄绿或深绿色，稀略呈棕绿色，具光泽。茎匍匐，密分枝。叶一向弯曲，近镰刀形，基部长卵圆形，内凹，具长尖；叶边稍卷曲，上部具细齿；中肋多缺失。叶细胞菱形或狭长菱形，基部呈黄色，角细胞膨大，金黄色，上方有少数短细胞，多透明。雌雄异株，稀雌雄异苞同株或叶生雄苞异株。孢蒴长卵圆形，多倾立，稍弯曲或呈圆柱形。蒴齿 2 层；外齿层齿片狭披针形，外面具横条纹，内面具横隔；内齿层黄色，基膜较高，齿毛往往退化。

本属约 50 种，热带和亚热带山区分布。中国有 7 种。

分种检索表

1. 茎叶阔卵圆形，基部宽，尖部强烈弯曲……3. 曲叶小锦藓 *B. curvirostris*

1. 茎叶长卵形或长椭圆形，中部或基部上方宽，尖部直立或弯曲……2

2. 植物体丛集生长成片状；多数主要枝条长而细……2. 垂蒴小锦藓 *B. nictans*

2. 植物体不丛集生长成片状；主要枝条不细长……3

3. 植物体不呈扁平；茎叶长椭圆形……1. 赤茎小锦藓 *B. erythrocaulis*

3. 植物体扁平；茎叶卵形……4. 南方小锦藓 *B. henonii*

赤茎小锦藓 *Brotherella erythrocaulis*（Mitt.）Fleisch.，Musci Fl. Buitenzorg 4：1245. 1923. 图 239：1~3

形态特征 片状生长。体形中等大小至大型，棕绿色。主茎匍匐，常呈红色，长约 5 cm，连叶宽约 2 mm；羽状分枝或不规则羽状分枝；分枝等长，长 0.5~1 cm。茎叶长椭圆形，长约 1 mm，近基部最宽，具明显弓形弯曲叶尖；叶边下部全缘，尖部有少数小齿。叶细胞狭椭圆形至线形，长 55~70 μm；角细胞少，多 2~3 个，稍膨大至膨大，有色泽。

生境和分布　生于阴湿石上。浙江、台湾、福建、江西、广东、广西、贵州、四川、云南和西藏；印度及喜马拉雅山地区有分布。

垂蒴小锦藓 *Brotherella nictans*（Mitt.）Broth.，Nat. Pfl.-fam. 2，11：425. 1925. 图 239：4~7

形态特征　成片状生长。主茎匍匐横展，不规则分枝；枝条短至长，多少平展。茎叶长卵圆形，先端成长尖；叶边尖部有齿；无中肋。叶细胞线形至长菱形，平滑；角部分化成几个型大而膨起的细胞。孢子体生于主茎上。蒴柄细，直立。孢蒴直立或稍倾斜，卵状圆柱形。蒴盖圆锥形，具短斜喙。

生境和分布　腐木或树干基部生长。浙江、江西、福建、广西、贵州、四川和云南；喜马拉雅山地区、越南、柬埔寨和老挝有分布。

曲叶小锦藓 *Brotherella curvirostris*（Schwägr.）Fleisch.，Nova Guinea 12（2）：120. 1914. 图 239：8~11

形态特征　成片状生长。植物体中等大小至粗壮。主茎匍匐，长可达 5 cm，连叶宽约 2 mm，羽状或近于羽状分枝，平展；枝条等长，长 0.5~1 cm。茎叶宽卵圆形，长约 1 mm，基部最宽，具强烈弯曲的叶尖；枝叶卵状披针形，长超过 1 mm，渐成长毛尖；叶边下部全缘，尖部具少数小齿。叶细胞狭椭圆形至线形，长 55~70 μm；角细胞数少，稍膨大至膨大，具色泽，相连的细胞有时膨大。

生境和分布　生于山地岩面或树干上。四川、云南和西藏；喜马拉雅山地区、印度、越南、老挝及柬埔寨有分布。

南方小锦藓 *Brotherella henonii*（Duby）Fleisch.，Nova Guinea 12（2）：120. 1914. 图 239：12~16

形态特征　成片交织生长。植物体黄棕色。茎匍匐，近于羽状分枝，连叶宽约 1~2 mm；枝条短，长达 10 mm，平展。茎叶光泽，直立外倾，长约 2 mm，椭圆状披针形，先端收缩成短或长的尖，多数直立，有时有弯曲；叶尖有不规则的齿。枝叶较茎叶窄，长约 1.75 mm，稍弯曲，内凹，渐尖，终止于具齿的钝尖；叶边上部边缘有齿。叶细胞线形，长 90~120 μm；角部细胞膨大，具色泽。

生境和分布　生于湿热林内岩面、土坡、树干和腐木上。浙江、福建、江西、湖南、广东、广西、贵州、四川、云南和西藏；日本及朝鲜有分布。

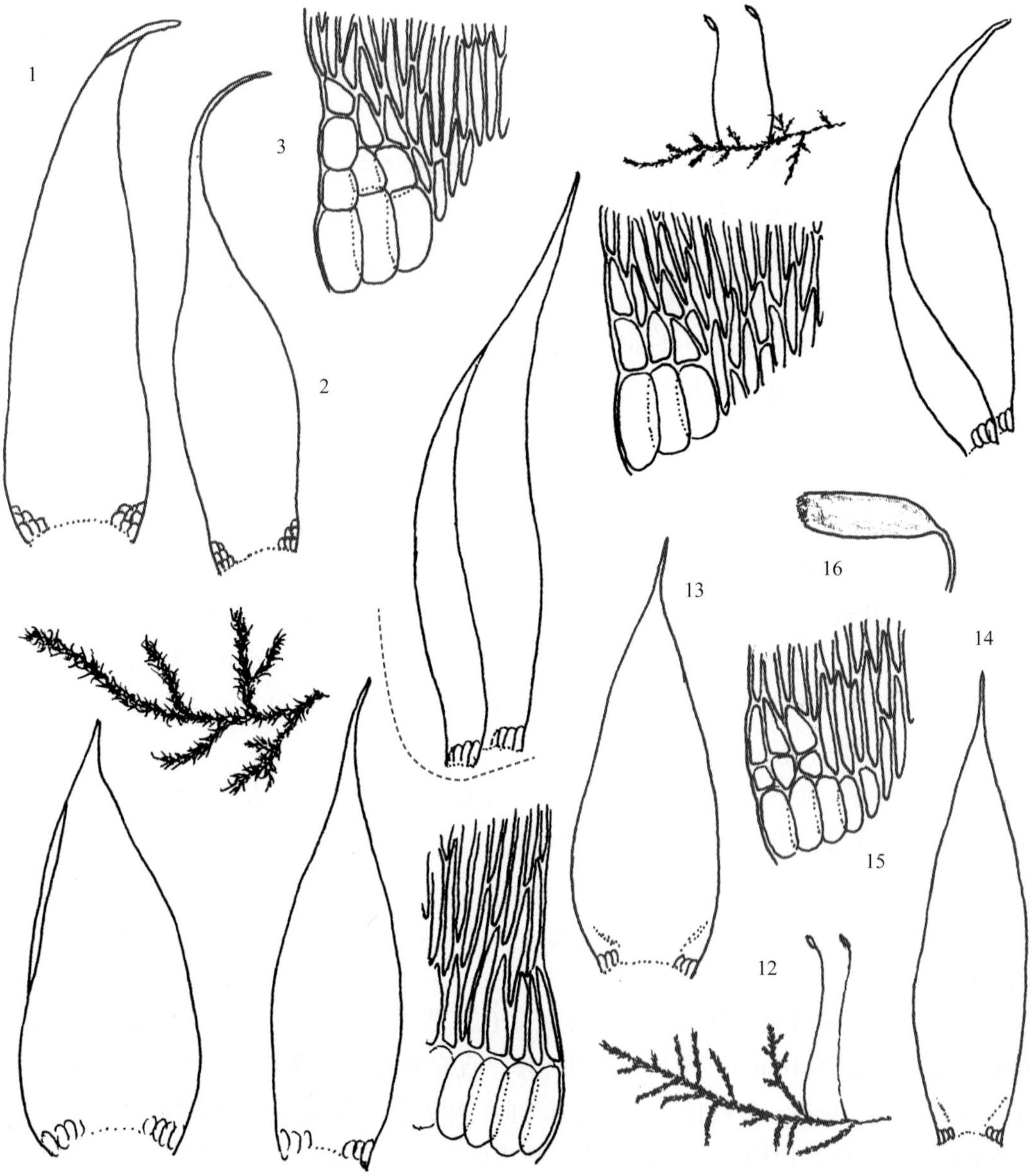

图 239

1~3. **赤茎小锦藓** *Brotherella erythrocaulis*（Mitt.）Fleisch.

1. 茎叶（×80），2. 枝叶`（×80），3. 叶基部细胞（×350）

4~7. **垂蒴小锦藓** *Brotherella nictans*（Mitt.）Broth.

4. 雌株（×1），5. 茎叶（×105），6. 枝叶（×105），7. 叶基部细胞（×300）

8~11. **曲叶小锦藓** *Brotherella curvirostris*（Schwägr.）Fleisch.

8. 植物体（×1），9. 茎叶（×35），10. 枝叶（×35），11. 叶基部细胞（×300）

12~16. **南方小锦藓** *Brotherella henonii*（Duby）Fleisch.

12. 雌株（×1），13. 茎叶（×50），14. 枝叶（×50），15. 叶基部细胞（×300），16. 孢蒴（×8）

12 毛锦藓属 *Pylaisiadelpha* Buck.

成片交织生长。植物体纤细，主茎匍匐伸展，排列紧密，羽状分枝；枝短而直立。叶片镰刀形弯曲，呈卵状披针形，向上渐形成具齿的长尖；中肋缺失。叶细胞线形，角细胞分化。雌雄异株。孢蒴直立或稍弯曲。蒴柄长。蒴齿发育正常，基膜较低；无齿毛。蒴盖具长喙。

本属 4 种，常生于干旱环境中的树干基部至上部。中国 2 种。

短叶毛锦藓 *Pylaisiadelpha yokohamae*（Broth.）Buck，Yushania 1（2)：13. 1984. 图 240：1~5

形态特征 成片状生长。植物体形小，绿色，具光泽；分枝稀少，不规则，枝条长而纤细。叶片不贴茎生长。叶直立，或稍弯曲，卵状披针形，长不及 1 mm，具长尖，内凹；叶边平展。叶细胞椭圆形至线形，长 30~60 μm；叶基角部呈三角形，具少数膨大的细胞，附近细胞稍膨大，具色泽，常透明。芽孢生于叶腋，条形，由一列长方形的细胞组成，厚壁，棕色，具疣。

生境和分布 生于山地岩面、树生、土面和腐木上。黑龙江、辽宁、浙江、福建、江西、广东、广西、云南和西藏；日本和朝鲜有分布。

13 锦藓属 *Sematophyllum* Mitt.

多密集交织生长。体形纤细或粗壮，具光泽。茎匍匐，具不规则分枝或羽状分枝。叶四向倾立，有时上部叶略呈一向偏曲，卵形或长椭圆形，稍内凹，顶部有时钝或具短宽尖，有时急尖或渐尖，尖部成长毛状；中肋不明显或缺失。叶尖部细胞菱形或长椭圆形，平滑，中部细胞狭长菱形，角细胞较长而膨大，构成明显分化的角部。雌雄异苞同株，稀雌雄异株。蒴柄细长，红色，平滑。孢蒴直立或平列，卵圆形或长卵圆形。蒴齿 2 层；外齿层齿片狭长披针形，外面具横条纹，内面具明显的横隔；内齿层黄色，基膜高，齿条与齿片等长，在中缝处成龙骨形；齿毛 1~2，短于齿条，有时退化。蒴盖基部拱圆形，具长喙。孢子不规则球形，黄绿色，平滑或近于平滑。

本属约 150 种，分布温热地区。中国有 3 种。

分种检索表

1. 叶多呈阔长椭圆形，上部较宽，具细短尖；叶基部角细胞数少，长卵形 ······················ 1. 矮锦藓 *S. subhumile*

1. 叶多呈长椭圆形，上部渐尖，具细尖；叶基部角细胞数多，圆卵形 ·························· 2. 锦藓 *S. subpinnatum*

矮锦藓 *Sematophyllum subhumile*（Müll. Hal.）Fleisch.，Musci Buitenzorg 4：1264. 1923. 图 240：6~8

形态特征 簇生成片状。植物体纤细，淡黄色至棕色。主茎匍匐，不规则稀疏分枝。叶干时紧贴茎上，湿时倾立，阔长椭圆形，内凹，上部较宽，具细短尖，长约 1~1.25 mm；叶边全缘，有时叶尖部具细齿，叶片中部有时背卷；无中肋。叶细胞长菱形，近尖部呈长方形，上部数列为正方形，叶基部角细胞数少，长卵形。

生境和分布 石上或树干上。浙江、安徽、福建、江西、香港、广西、四川、贵州和云南；尼泊尔、印度、缅甸、泰国和印度尼西亚有分布。

锦藓 *Sematophyllum subpinnatum*（Brid.）Britt.，Bryologist 21：28. 1918. 图 240：9~13

形态特征 簇生成片状。体形纤细或粗壮，黄褐色，稍具光泽。叶干时紧贴茎上，湿时倾立，长椭圆形，上部渐尖，具细尖，长 1~1.5 mm，基部较窄，具 2 短肋；叶细胞长菱形，叶基部角细胞数多，圆卵形。

生境和分布 喜岩面、土生和树干生长。浙江、台湾、福建、广东、香港、海南、广西、贵州和云南；泛热带至亚热带地区广布。

14 拟刺疣藓属 *Papillidiopsis* Buck et Tan

本属主要特点为叶片强烈内凹，叶尖狭窄或内卷，叶基趋狭；叶边上部内卷。叶细胞具单疣；角部细胞厚壁。雌苞叶细胞平滑。

本属 7 种，以亚洲热带地区分布为主。中国有 3 种。

褶边拟刺疣藓 *Papillidiopsis macrosticta*（Broth. et Par.）Buck et Tan，Acta Bryolichen. Asiatica 1：12. 1989. 图 240：14~16

形态特征 紧密交织生长。植物体不规则 1~2 回羽状分枝。叶片狭长卵形，强烈内凹，叶尖狭窄或内卷，叶基趋狭；叶边上部内卷。叶细胞狭长卵形，具单疣；角部细胞厚壁，数少。雌苞叶细胞平滑。

生境和分布 湿热林内树干生长。广东、香港和台湾；马来半岛、印度尼西亚和菲律宾有分布。

15 顶胞藓属 *Acroporium* Mitt.

交织成片生长。体形纤细或较粗壮，稀挺硬，略具光泽。茎匍匐，假根疏生或缺失；枝条密集，倾立或直立，多呈羽状排列；茎及枝条的尖端往往由于叶片紧密贴生而呈芽条状细尖。叶多列，卵状阔披针形或长卵形，直立或倾立，有时明显向一侧偏斜，内凹，叶基近于呈心脏形。叶片角部细胞狭长菱形，多平滑，稀有疏小疣，壁厚而具壁孔，角部 1

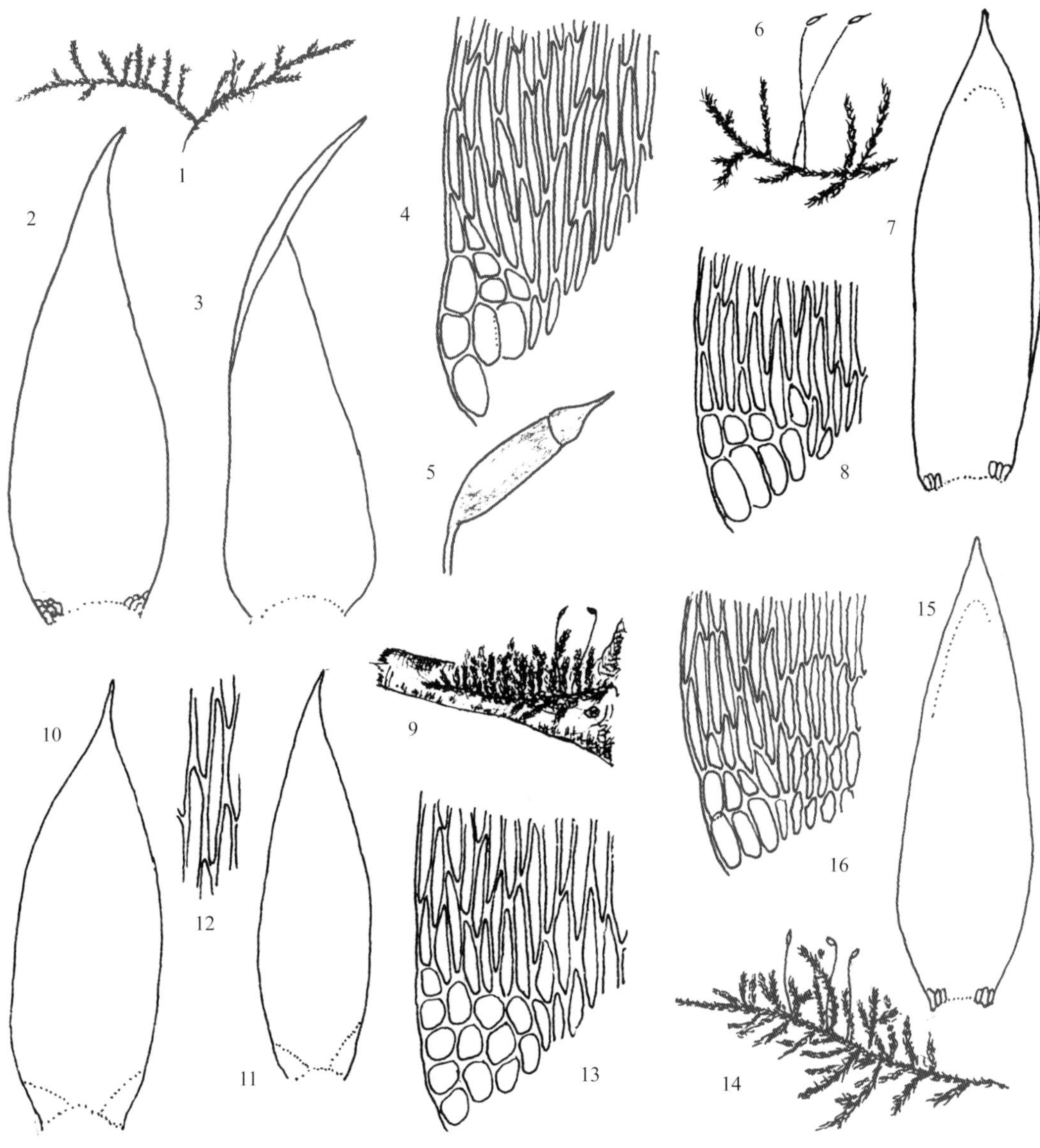

图 240

1~5. 短叶毛锦藓 *Pylaisiadelpha yokohamae*（Broth.）Buck

1. 植物体（×1），2. 茎叶（×130），3. 枝叶（×130），4. 叶基部细胞（×350），5. 孢蒴（×20）

6~8. 矮锦藓 *Sematophyllum subhumile*（Müll. Hal.）Fleisch.

6. 雌株（×1），7. 茎叶（×50），8. 叶基部细胞（×300）

9~13. 锦藓 *Sematophyllum subpinnatum*（Brid.）Britt.

9. 着生树枝上的植物群落（×1），10. 茎叶（×60），11. 枝叶（×60），12. 叶中部细胞（×250），13. 叶基部细胞（×250）

14~16. 褶边拟刺疣藓 *Papillidiopsis macrosticta*（Broth. et Par.）Buck et Tan

14. 雌株（×1），15. 茎叶（×40），16. 叶基部细胞（×200）

列细胞长而膨大，透明或呈黄色，稀暗褐色，构成明显分化的角部。雌雄异株，稀雌雄同株。蒴柄细长，上部多具乳头状突起，稀平滑。孢蒴卵形或长圆柱形，台部短；外壁细胞有时具乳头突起。蒴齿 2 层；外齿层齿片披针形，外面具回折中缝，中、下部具横条纹，上部具疣；内齿层黄色，基膜高出，齿条与齿片等长，在中缝处成龙骨状；齿毛单一。

本属约 75 种，分布热带及亚热带地区。中国有 7 种。

分种检索表

1. 叶片宽卵形至卵状椭圆形，具短尖……………………………………………………… 1. 心叶顶胞藓 *A. secundum*

1. 叶片长卵形，具长尖，常弯曲………………………………………………………… 2. 疣柄顶胞藓 *A. strepsiphyllum*

心叶顶胞藓 *Acroporium secundum* (Reinw. et Hornsch.) Fleisch., Musci Fl. Buitenzorg 4: 1283. 1923. 图 241：1~5

形态特征 低矮片状生长。体形小，多分枝。叶卵状椭圆形，长 1~1.25 mm，内凹，急尖或短渐尖。叶细胞线形，长 40~65 μm，厚壁，具壁孔。雌雄异株。雌苞叶由阔卵形基部向上急狭成长尖。蒴柄长 15 mm，具疣。孢蒴倒卵形，长约 1 mm。

生境和分布 湿热林内树干附生。台湾、广东、海南、广西和云南；日本、越南、老挝、柬埔寨、马来半岛、菲律宾及印度尼西亚有分布。

疣柄顶胞藓 *Acroporium strepsiphyllum* (Mont.) Tan in Touw, Journ. Hattori Bot. Lab. 71: 353. 1992. 图 241：6~8

形态特征 疏松垫状或交织成片生长。体形细小至大型，不规则分枝，枝条长达 2.5 cm。叶片倾立，椭圆状披针形，常弯曲，长 2~3 mm，具长尖。叶细胞线形，长 45~70 μm，厚壁，壁孔明显。雌苞叶急狭成短或长尖，边缘鞘部有微齿。蒴柄长 15 mm 以上，下部平滑，上部有疣。

生境和分布 多着生树干基部或树枝。台湾、广东、海南和云南；亚洲热带地区及大洋洲有分布。

16 刺疣藓属 *Trichosteleum* Mitt.

成片交织生长。植物体纤细或较粗壮，绿色或黄绿色，稀呈黄色或棕黄色，无光泽或稍具光泽。茎匍匐伸展，具簇生假根；不规则密分枝或近羽状分枝。枝单一或有稀疏短分枝，枝端略钝。叶卵状披针形、长披针形或长椭圆形，稀呈卵形，上部具狭长尖，直立或倾立，有时一向偏曲，内凹，无皱褶；叶边多内卷，上部具细齿；中肋缺失。叶细胞长椭圆形或狭长菱形，通常薄壁，稀厚壁，具单疣；叶基部细胞黄色，厚壁，具壁孔；角部有少数膨大长椭圆形细胞，透明或黄色，明显分化。雌雄异苞同株。蒴柄纤细，上部多粗糙，稀平滑。孢蒴多悬垂，形小；外壁细胞 常有乳头状突起。蒴齿 2 层；外齿层齿片狭披

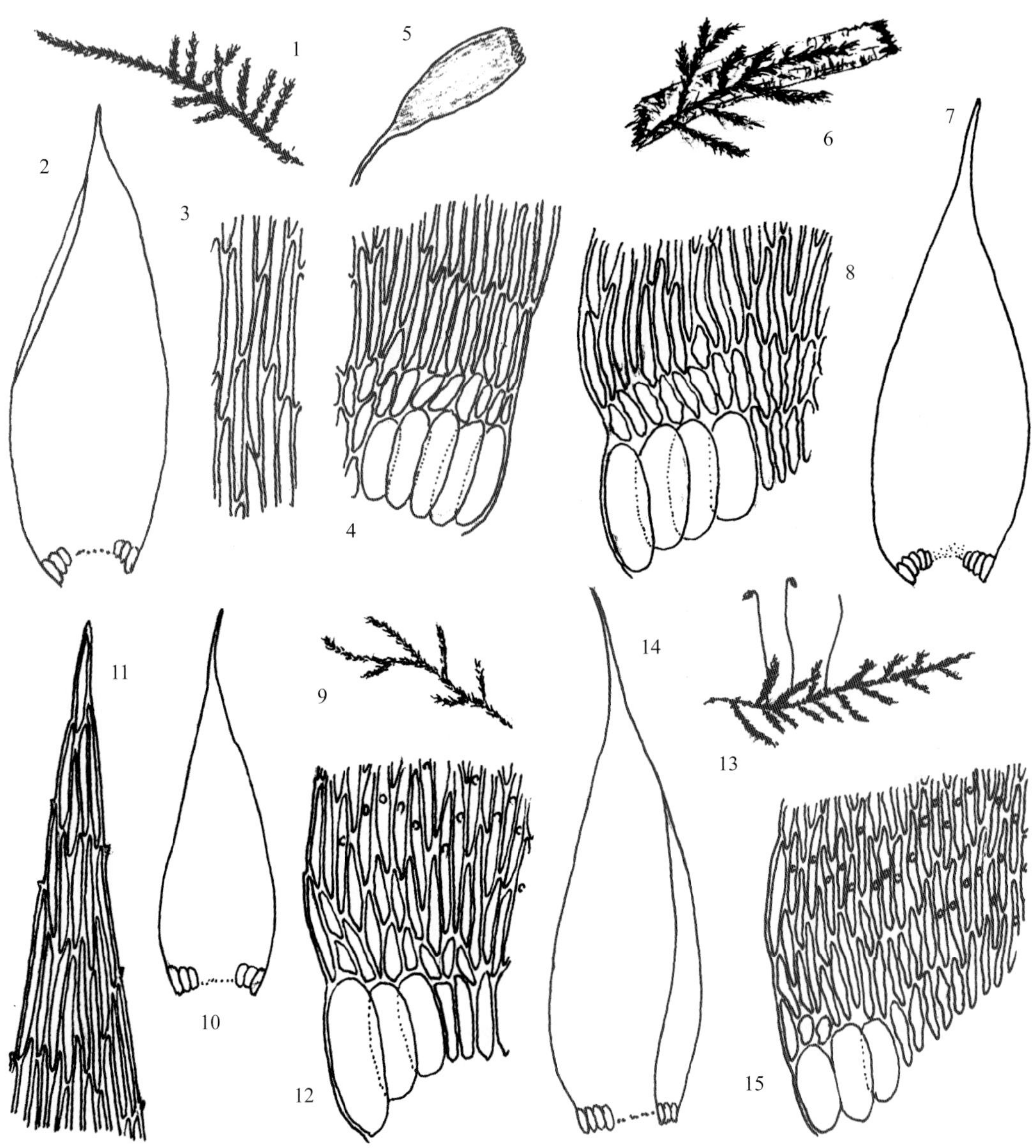

图 241

1~5. 心叶顶胞藓 *Acroporium secundum*（Reinw. et Hornsch.）Fleisch.

1. 植物体（×1），2. 茎叶（×35），3. 叶中部细胞（×300），4. 叶基部细胞（×300），5. 孢蒴（×20）

6~8. 疣柄顶胞藓 *Acroporium strepsiphyllum*（Mont.）Tan

6. 着生树枝上的植物体（×1），7. 茎叶（×35），8. 叶基部细胞（×300）

9~12. 乳突刺疣藓 *Trichosteleum mammosum*（Müll. Hal.）Jaeg.

9. 植物体（×1），10. 茎叶（×50），11. 叶尖部细胞（×250），12. 叶基部细胞（×250）

13~15. 长喙刺疣藓 *Trichosteleum stigmosum* Mitt.

13. 雌株（×1），14. 茎叶（×70），15. 叶基部细胞（×250）

针形，外面具“之”字形脊，下部具横条纹，上部具疣；内齿层齿条与齿片等长，黄色，基膜高，具疣，中缝处成龙骨状，有穿孔；齿毛通常单一，具节瘤，有时退化。

本属约 85 种，分布热带及亚热带地区。中国有 5 种。

分种检索表

1. 叶卵形，上部渐成细尖，稀具长毛尖……………………………………………………1. 乳突刺疣藓 *T. mammosum*

1. 叶椭圆状披针形，具细长毛尖………………………………………………………………2. 长喙刺疣藓 *T. stigmosum*

乳突刺疣藓 *Trichosteleum mammosum*（Müll. Hal.）Jaeg.，Ber. St. Gall. Naturw. Ges. 1876~77：1878. 图 241：9~12

形态特征　小片状生长。植物体疏羽状分枝。茎叶卵形，上部渐成细尖，稀具长毛尖；叶边具细齿。叶细胞近线形，壁薄，具单个细疣；叶基部细胞趋短而平滑；角部细胞多 3 个，大型，薄壁，与其他细胞明显区分。

生境和分布　湿热山地树干生长。浙江、安徽和海南；亚洲东南部有分布。

长喙刺疣藓 *Trichosteleum stigmosum* Mitt.，Journ. Linn. Soc. Bot. 10：181. 1868. 图 241：13~15

形态特征　丛生或簇生。亮绿色或棕色。茎匍匐，不规则分枝；枝条直立，长 4~10 mm。茎叶和枝叶紧贴至倾立，椭圆状披针形，长 1~2 mm，强烈内凹，向上呈长渐尖至长尾尖，弯曲；叶边平展，有时尖部稍内卷。叶细胞椭圆状线形，有时呈纺锤形，长 20~55 μm，厚壁，具单疣；角细胞多 2~3 个，形大，薄壁，有色。雌苞叶小于营养叶，披针形，具长尖 。蒴柄长约 12 mm，平滑。孢蒴卵圆形，长约 1 mm，悬垂。蒴盖具长喙。

生境和分布　多树干或腐木生长。福建、江西、广东、香港、海南和广西；菲律宾、巴布亚新几内亚及大洋洲有分布。

17 麻锦藓属 *Taxithelium* Spruce ex Mitt.

片状交织生长。纤细或稍粗壮，绿色、黄色或带灰白色，无光泽或略具光泽。茎匍匐，具较规则羽状分枝；枝较短，扁平，尖端略钝或成细尖；鳞毛缺失。叶紧密多列，长椭圆形或长卵状椭圆形，具短尖，稍内凹；叶边具细齿，稀全缘，有时上部具粗齿；中肋缺失。叶细胞狭长菱形，具多个单列细疣，稀仅具前角突起或近于平滑，叶基部细胞较短，排列疏松；角细胞分化明显。雌雄异苞同株或雌雄异株。蒴柄细长，多平滑。孢蒴稍倾斜，拱背状卵圆形，台部短。环带留存。蒴齿 2 层；外齿层齿片基部愈合，上部披针形，棕黄色，外面中下部具横条纹，尖部透明且具疣；内齿层基膜高出，齿条阔披针形，具疣，成龙骨状，中缝有连续穿孔，齿毛多单一，稀 2 条，通常短于齿条。

本属约 100 种，分布亚热带及热带地区。中国有 4 种。

分种检索表

1. 叶阔椭圆形，尖部宽短；角细胞数少 ………………………………………………………… 1. 尼泊尔麻锦藓 *T. nepalense*

1. 叶狭椭圆形，尖部宽短；角细胞数多 ………………………………………………………… 2. 短茎麻锦藓 *T. lindbergii*

尼泊尔麻锦藓 *Taxithelium nepalense*（Schwägr.）Broth.，Monsunia 1：51. 1899. 图 242：1~4

形态特征 密集片状交织生长。体形略粗，黄绿色，无光泽或稍具光泽。主茎具不规则长短不等的枝条。枝条通常圆条形，有时略扁平。叶密生，直立展出，叶阔椭圆形，尖部宽短，内凹，长约 1.15 mm；叶边近尖部有弱细齿；无中肋。叶细胞狭纺锤形，长约 38 μm，具明显单列细疣，叶基部细胞与上部细胞同形，疣较大；角细胞平滑，方形或长方形，不膨大，多个。

生境和分布 习生潮湿林内腐木或树干上。香港和海南；缅甸、泰国、马来西亚、印度尼西亚、巴布亚新几内亚、斐济、塔斯马尼亚及非洲中部有分布。

短茎麻锦藓 *Taxithelium lindbergii*（Jaeg.）Ren. et Card.（Broth. et Par.）Broth.，Nat. Pfl.-fam. 1（3）：1092. 1908. 图 242：5~9

形态特征 小片状交织生长。茎叶卵状披针形，向上渐狭成钝尖，内凹。枝叶阔椭圆形，尖部宽短，或渐形成短尖，内凹；叶边具细齿。叶片中部细胞薄壁，上部细胞具 3~5 个不明显的疣；角细胞多数，透明，长方形至正方形，薄壁。雌苞叶三角状披针形，无中肋，下部细胞长方形，透明。孢蒴圆柱形。蒴齿 2 层，内外蒴齿近于等长。孢子小，平滑。

生境和分布 林内潮湿岩面、树干和腐木生长。海南；日本有分布。

18 丝灰藓属 *Giraldiella* Müll. Hal.

大片状交织生长。植物体较粗壮，绿色，具明显绢丝光泽。茎匍匐，具不规则分枝；枝条短，往往密集，直立或倾立，带叶枝条呈圆条形，末端圆钝。枝叶干燥时紧贴，稍向一侧偏斜，湿润时倾立，长椭圆形，强烈内凹，上部渐呈短毛尖；叶边全缘，基部稍内卷；中肋 2，短弱。叶细胞线形，叶角细胞方形，多数，透明，分化明显。雌雄异苞同株。蒴柄红色，直立，干时上部扭曲。孢蒴直立或稍倾立，长椭圆形，辐射对称，干燥时蒴壁具不明显纵条纹。蒴齿 2 层；外齿层齿片狭长披针形，棕黄色，外面不具横条纹，上部有密刺状疣；内齿层淡黄色，具疣，基膜高出，齿条长披针形，不透明，密被疣，折叠中缝具穿孔；齿毛单一。

本属 1 种，仅见于中国。

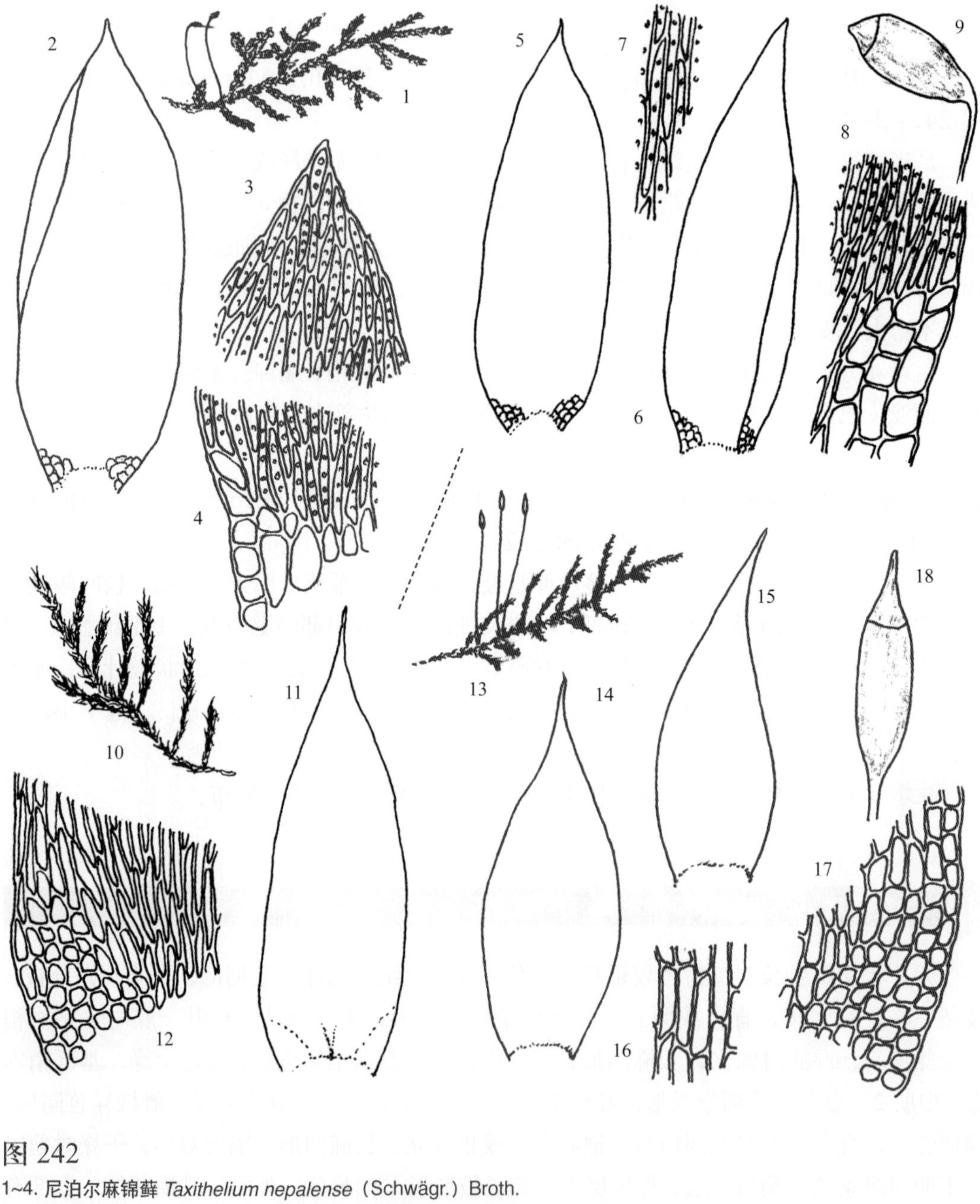

图 242

1~4. 尼泊尔麻锦藓 *Taxithelium nepalense*（Schwägr.）Broth.

1. 雌株（×1），2. 茎叶（×55），3. 叶尖部细胞（×500），4. 叶基部细胞（×500）

5~9. 短茎麻锦藓 *Taxithelium lindbergii*（Jaeg.）Ren. et Card.

5，6. 枝叶（×45），7. 叶中部细胞（×350），8. 叶基部细胞（×350），9. 孢蒴（×30）

10~12. 丝灰藓 *Giraldiella levieri* Müll. Hal.

10. 植物体（×1），11. 叶（×40），12. 叶基部细胞（×300）

13~18. 平锦藓 *Platygyrium repens*（Brid.）Bruch et Schimp.

13. 雌株（×1），14. 茎叶（×90），15. 枝叶（×90），16. 叶中部细胞（×350），17. 叶基部细胞（×350），18. 孢蒴（×12）

丝灰藓 *Giraldiella levieri* Müll. Hal., Nouv. Giorn. Bot. Ital. n. s. 5：191. 1898. 图 242：10~12

形态特征 疏松片状交织生长。叶长 2.2~2.5 mm。叶细胞长 85~105 μm。雌苞叶长 2.0~2.5 mm。内齿层齿条明显高于外齿层齿片。孢子圆形，直径 21~24 μm。

生境和分布 附生于树枝或竹枝上。中国特有，产陕西、甘肃、江西、湖南、海南、贵州、四川、云南和西藏。

应用价值 为中国的特有属，是探讨中国苔藓植物区系形成的重要依据。

103 灰藓科 HYPNACEAE

密集交织成片。体形纤细或粗壮。茎多匍匐，稀直立，规则羽状分枝或不规则分枝；横切面圆形或椭圆形，中轴分化或不明显分化，皮层细胞大型；鳞毛多缺失。茎、枝叶多同形，稀异形，长卵圆形、卵圆形或卵状披针形，具长尖，稀短尖，常一向弯曲呈镰刀状，稀平展或具褶；双中肋短或不明显。叶细胞长轴形，少数细胞为长六边形，平滑，稀具疣；角部细胞多数，分化，透明，膨大，或由一群方形或长方形细胞组成。雌雄异株或雌雄异苞同株。蒴柄长，多平滑。孢蒴直立或平列，卵圆形或圆柱形。环带分化。蒴齿 2 层；外齿层齿片披针形，有长尖，外面有横脊，内面有横隔；内齿层基膜高出，齿条宽，齿毛分化，有节瘤。蒴盖圆锥形。蒴帽兜形，平滑。孢子小，平滑或有密疣。

本科 52 属，分布世界各地。中国有 21 属。

分属检索表

1. 植物体形大，较规则羽状分枝……………………19. 毛梳藓属 *Ptilium*
1. 植物体形小，不规则羽状分枝……………………2
2. 枝多呈圆条形；叶角部细胞数多……………………3
2. 枝一般呈扁平；叶角部细胞数相对较少……………………5
3. 叶干燥时紧密贴茎……………………4. 美灰藓属 *Eurohypnum*
3. 叶干燥时略贴生，不紧密贴茎……………………4
4. 叶卵形或长卵形，具短细尖……………………3. 毛灰藓属 *Homomallium*
4. 叶长卵状披针形，具宽而弯向一侧的叶尖……………………15. 拟灰藓属 *Hondaella*
5. 植物体上叶疏松着生；叶透明，宽阔，具钝尖……………………14. 明叶藓属 *Vesicularia*
5. 植物体上叶着生较紧；叶不透明，相对较狭，具长或短尖……………………6

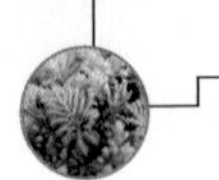

6. 叶边强内卷……………………………………………………………………………7. 拟硬叶藓属 *Stereodontopsis*

6. 叶边一般不内卷……………………………………………………………………………………………7

7. 叶扁平排列；叶尖短钝……………………………………………………………………………………8

7. 叶不呈扁平排列；叶尖较长………………………………………………………………………………10

8. 茎上常着生假鳞毛；叶尖细长………………………………………………………10．同叶藓属 *Isopterygium*

8. 茎上无假鳞毛；叶尖宽阔…………………………………………………………………………………9

9. 植物体有时具芽胞；叶角部细胞少…………………………………………12. 拟鳞叶藓属 *Pseudotaxiphyllum*

9. 植物体不具芽胞；叶角部细胞数多……………………………………………13. 鳞叶藓属 *Taxiphyllum*

10. 植物体较粗；叶上部常具波纹或扭曲…………………………………………17. 粗枝藓属 *Gollania*

10. 植物体略细；叶上部不具波纹，也不扭曲…………………………………………………………11

11. 茎叶与枝叶同形或略分化…………………………………………………………………………12

11. 茎叶与枝叶异形……………………………………………………………………………………13

12. 叶角部细胞数少………………………………………………………………1. 平锦藓属 *Platygyrium*

12. 叶角部细胞数多………………………………………………………………2. 金灰藓属 *Pylaisia*

13. 湿地生藓类植物………………………………………………………………8. 扁灰藓属 *Breidleria*

13. 中生或较干旱藓类植物……………………………………………………………………………14

14. 植物体不规则羽状分枝……………………………………………………………………………15

14. 植物体不规则分枝…………………………………………………………………………………16

15. 茎和枝上具假鳞毛……………………………………………………6. 假丛灰藓属 *Pseudostereodon*

15. 茎和枝上不具假鳞毛……………………………………………………………5. 灰藓属 *Hypnum*

16. 孢蒴直立…………………………………………………………………16. 长灰藓属 *Herzogiella*

16. 孢蒴平展……………………………………………………………………………………………17

17. 叶常一向弯曲；角细胞膨大………………………………………………………18. 梳藓属 *Ctenidium*

17 叶不向弯曲；角细胞不膨大……………………………………………………17. 水梳藓属 *Hyocomium*

1 平锦藓属 *Platygyrium* Schimp.

扁平贴生。植物体绿色或棕黄色，具光泽。茎匍匐，不规则羽状分枝；分枝短。茎叶和枝叶相似。叶密集，干燥时覆瓦状排列，潮湿时倾立，卵状披针形或长披针形，基部略下延，上部锐尖；叶边全缘，背卷；中肋 2，短弱或不明显。叶细胞平滑，叶细胞菱形至狭长菱形，角细胞方形。雌雄异株。蒴柄紫红色，平滑。孢蒴直立，圆柱形。环带常存。蒴齿 2 层；外齿层齿片狭长披针形，黄褐色，具宽边，外面有高出的横脊，无条纹；内齿层黄色，平滑，无基膜或略高出，齿条狭长线形，中缝有穿孔或裂缝。蒴盖圆锥形，有短斜喙。蒴帽兜形，几罩覆全蒴，平滑。孢子小型，黄色，有细疣。无性芽条着生枝端。

本属 4 种，主要分布温带地区。中国有 1 种。

平锦藓 *Platygyrium repens*（Brid.）Bruch et Schimp.，Bryol. Eur. 5：98，pl. 458.1851. 图 242：13~18

形态特征 植物体纤细，黄绿色。茎匍匐，不规则分枝；枝圆条形；叶腋密生繁殖小枝。叶密生，干燥时紧贴，潮湿时倾立，长卵圆状披针形，内凹，具短渐尖；叶边平展；无中肋。叶细胞长菱形，角细胞数少，方形。蒴柄红棕色。孢蒴直立，圆柱形。孢子黄绿色，具细疣。

生境和分布 生于亚高山或平原地带林下腐木、树干或河岸边。黑龙江、吉林、辽宁、内蒙古和四川；蒙古、日本、俄罗斯、欧洲、北美洲、非洲有分布。

现有学者将本属归入毛锦藓科。

2 金灰藓属 *Pylaisia* Bruch et Schimp.

体形纤细或中等大小，黄色、淡绿色或深绿色，具光泽。茎匍匐；不规则分枝或近于羽状分枝；分枝短，尖部通常弯曲。茎叶和枝叶形小，干燥时紧贴，潮湿时倾立，卵状披针形或长椭圆状披针形，具短尖或长尖，先端渐尖；叶边全缘或上部有齿；中肋 2，短弱或无中肋。叶细胞线形或菱形，角细胞方形，数多。雌雄异苞同株。蒴柄细长，平滑。孢蒴直立，卵形或长圆柱形。蒴齿 2 层；外齿层齿片狭长披针形，淡色或黄色，有多数密横条纹，内面具横隔；内齿层基膜低，齿条狭长披针形，与齿片等长或稍短，齿毛不发育。蒴盖圆锥形，具短喙。蒴帽兜形，平滑。孢子球形，橙黄色，有密疣。

本属约 30 种，多分布温带地区。中国有 8 种。

有学者把本属归入金灰藓科。

分种检索表

1. 叶上部狭尖较短，平直伸展……………………………………………………………………1

1. 叶上部狭尖较长，向一侧弯曲……………………………………………………………………2

2. 茎叶和枝叶近于同形；叶角部细胞数少，5~8 列……………………………1. 金灰藓 *P. polyantha*

2. 茎叶和枝叶不同形；叶角部细胞数多，10~20 列………………………….2. 北方金灰藓 *P. selwynii*

3. 茎叶阔卵状披针形；孢蒴长卵形…………………………………………3. 东方金灰藓 *P. brotheri*

3. 茎叶椭圆状披针形；孢蒴圆柱形…………………………………………4. 弯叶金灰藓 *P.falcata*

金灰藓 *Pylaisia polyantha*（Hedw.）Schimp. in Bruch et Schimp.，Bryol. Eur. 5：88. 1851. 图 243：1~5

形态特征 平展。植株小，绿色或黄绿色，稍具光泽。茎不规则或近羽状分枝；分枝常弯曲，具叶枝呈圆条形。叶密生，卵状披针形，尖细长，内凹；叶边平滑或尖端具细齿；中肋 2，短弱。叶细胞狭长菱形，角部细胞数少，5~8 列，方形，沿叶边向上延伸。雌雄同株。蒴柄直立，红褐色。孢蒴直立，圆柱形。蒴齿 2 层；外齿层齿片中上部具疣；内齿层齿条无穿孔或具狭裂缝，具疣，有时顶端 2 裂，与齿片常完全分离，无齿毛。蒴盖

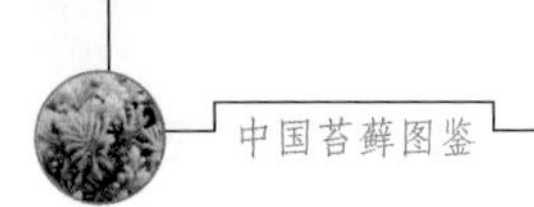

圆锥形，具短尖。环带分化。孢子黄绿色，具细疣。

生境和分布 生于平原至亚高山林下腐木、树干基部或树皮上，稀岩面或腐殖质土上。黑龙江、吉林、辽宁、内蒙古、河北、山西、河南、陕西、甘肃、安徽、江西、贵州、四川、云南和西藏；蒙古、日本、朝鲜、俄罗斯、欧洲、北美洲及非洲北部有分布。

北方金灰藓 *Pylaisia selwynii* Kindb., Ottawa Naturalist 2：156. 1889. 图 243：6~11

形态特征 小片状生长。体形纤细，绿色或黄绿色，稍具光泽，匍匐生长。茎不规则羽状分枝，常弯曲。叶密生；茎叶与枝叶同形，卵状披针形，先端渐尖；叶边平滑，或尖部有细齿；中肋 2，短或无。叶细胞狭长线形，角部细胞 10~20 列，方形。孢蒴直立，圆柱形，干时皱缩。蒴齿 2 层；外齿层齿片狭长披针形，淡黄色，平滑或有时具疣；内齿层基膜低，齿条长于齿片，常沿中缝处分裂并附着在齿片上，具疣，无齿毛。孢子黄绿色，具细疣。

生境和分布 林下树干生。黑龙江、吉林、内蒙古、河北和云南；蒙古、朝鲜、北美洲及欧洲有分布。

东亚金灰藓 *Pylaisia brotheri* Besch., Ann. Sci. Nat., Bot., ser. 7，17：369.1893. 图 243：12~16

形态特征 小片生长。纤细或粗壮，平展，黄绿色。茎匍匐，不规则或羽状分枝；分枝短，干燥时向内弯曲，呈圆条形。叶镰刀状一向弯曲；茎叶卵状披针形，内凹，基部宽，向上渐呈细长尖；叶边平滑；中肋 2，短弱或无。叶细胞线形，平滑，角部细胞 7~14 列，小方形或不规则多角形，沿叶边上延。枝叶略狭。雌雄异苞同株。孢蒴直立，长卵形。蒴齿 2 层；外齿层齿片狭长披针形，上部平滑；内齿层齿条中下部附着于齿片上，上部分离，基膜低，齿条与齿片等长，被密疣，无齿毛。

生境和分布 生于针阔混交林下腐木和树干上。吉林、内蒙古、河北、陕西、江西、湖南、四川、云南和西藏；日本及朝鲜有分布。

弯叶金灰藓 *Pylaisia falcata* Bruch et Schimp., Bryol. Eur. 5：89. 1851. 图 243：17~20

形态特征 体大，似灰藓，茎匍匐，规则或不规则分枝，多扁平；枝倾立，弯曲。茎叶向一侧弯曲，卵状至椭圆状披针形，略内凹；叶边平展，全缘或近尖部具细齿；中肋 2，短弱或无。叶细胞狭长线形，角部细胞 6~10 列，方形，沿边缘上延 2~6 个细胞。枝叶较狭。雌雄同株。孢蒴直立，圆柱形。蒴齿 2 层；齿条略长于齿片，并附着在齿片上，具密疣，无齿毛。蒴盖圆锥形，具短斜喙。孢子具密疣。

生境和分布 林下腐木或树干上。四川、云南；不丹、印度、墨西哥及南美洲有分布。

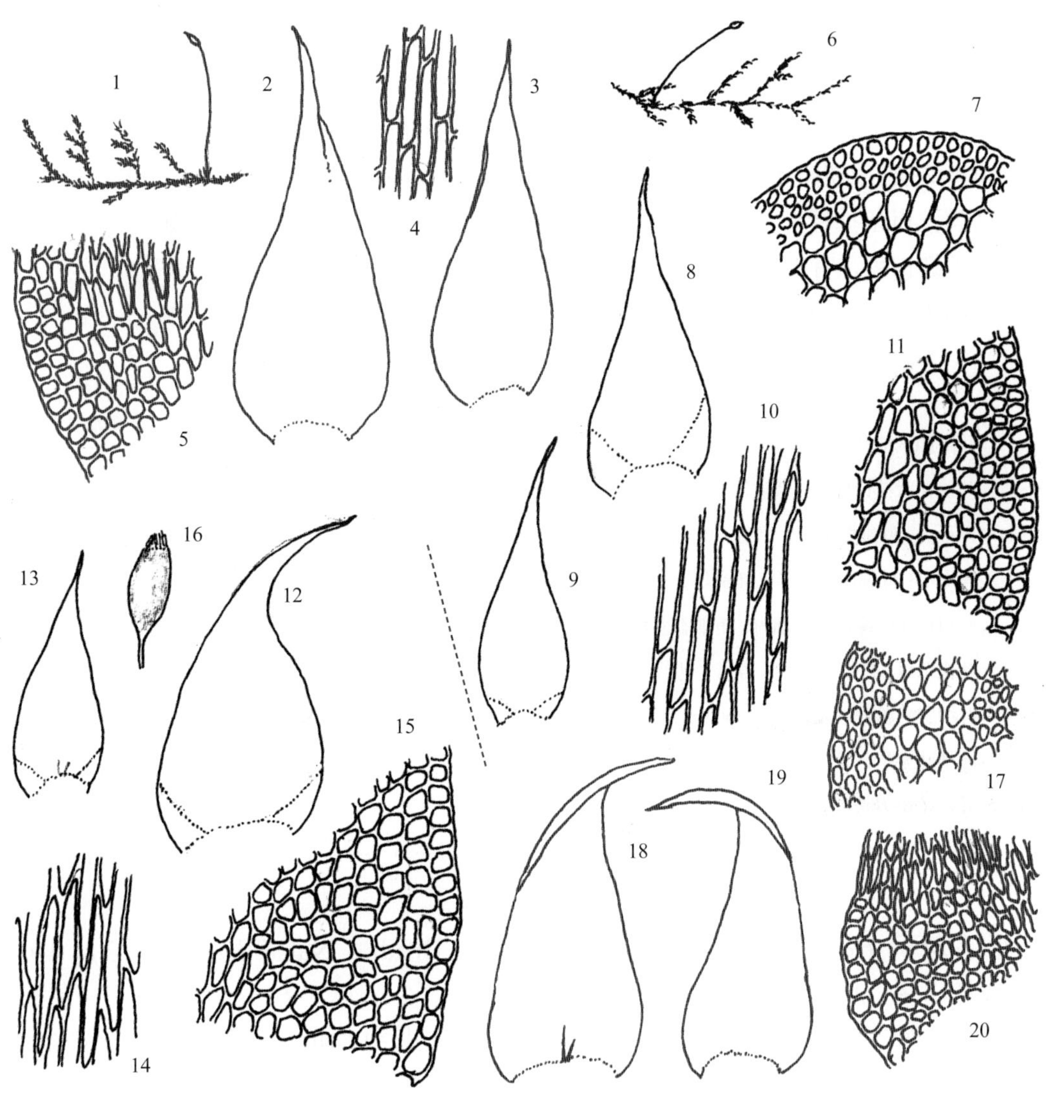

图 243

1~5. 金灰藓 *Pylaisia polyantha*（Hedw.）Schimp.

1. 雌株（×1），2. 茎叶（×95），3. 枝叶（×95），4. 叶中部细胞（×300），5. 叶基部细胞（×250）

6~11. 北方金灰藓 *Pylaisia selwyii* Kindb.

6. 雌株（×1），7. 茎横切面的一部分（×250），8. 茎叶（×75），9. 枝叶（×75），10. 叶中部细胞（×350），11. 叶基部细胞（×250）

12~16. 东亚金灰藓 *Pylaisia brotheri* Besch.

12. 茎叶（×90），13. 枝叶（×50），14 叶中部细胞（×350），15. 叶基部细胞（×250），16. 已开裂的孢蒴（×7）

17~20. 弯叶金灰藓 *Pylaisia falcata* Bruch et Schimp.

17. 茎横切面的一部分（×250），18. 茎叶（×75），19. 枝叶（×75），20. 叶基部细胞（×250）

3 毛灰藓属 *Homomallium*（Schimp.）Loeske

疏松或密成片贴生。植物体细弱，绿或黄绿色，稍具光泽。茎匍匐，不规则分枝或近羽状分枝；分枝短；具假鳞毛。叶卵圆形或长披针形，内凹；叶边平展，全缘或尖端具细齿；中肋 2，细弱，或缺失或单一。叶细胞狭长菱形或线形，平滑或有前角突，角细胞明显分化，形小而方，沿叶边向上延伸。蒴柄细长，红色。孢蒴倾立或平列，长卵形，弯曲。蒴齿 2 层；外齿层齿片长披针形，有回折中缝，横脊有密横纹，内面有横隔；内齿层有高基膜，齿条披针形，折叠而有穿孔，齿毛 2~3，有疣和节瘤。蒴盖具短尖喙。蒴帽兜形。孢子红棕色，有细疣。

本属 12 种，温寒地区分布。中国有 7 种。

分种检索表

1. 叶阔卵状披针形，先端急尖……………………………………………………………2
1. 叶狭卵状披针形或卵状披针形，先端渐尖……………………………………………3
2. 体形大；叶细胞线形，平滑；角细胞方形，边缘一列 15~25 个 ……………1. 南亚毛灰藓 *H.simlaense*
2. 体形小；叶细胞长菱形，具前角突，角细胞方形，边缘一列 20~30 个…………2. 东亚毛灰藓 *H.connexum*
3. 叶边近于全缘，或有细齿；角细胞多数，方形，边缘一列细胞 15~25 个………………4
3. 叶边全缘；角细胞少数，方形，边缘一列细胞 5~15 个 ……………………………6
4. 叶细胞疏松，透明，长 40~60 μm，平滑 ……………………………3. 华中毛灰藓 *H. plagiangium*
4. 叶细胞小形，长 30~50 μm，具前角突 ……………………………4. 贴生毛灰藓 *H. japonico-adnatum*
5. 叶常呈镰刀状弯曲；叶细胞平滑，角细胞方形，不透明……………………5. 毛灰藓 *H. incurvatum*
5. 叶不呈镰刀状弯曲；叶细胞具前角突；角细胞方形，透明 …………………6. 云南毛灰藓 *H. yuennanense*

南亚毛灰藓 *Homomallium simlaense*（Mitt.）Broth., Nat. Pfl-fam. I（3）: 1027. 1908. 图 244：1~5

形态特征　匍匐交织生长。形大，黄绿色。茎，枝长约 1 cm；叶卵圆状披针形或长卵圆状披针形，具短尖或渐尖，内凹；叶边平展，近全缘；中肋短弱。叶中部细胞狭长菱形，薄壁，平滑，角细胞方形,4~7 列，沿叶边 15~25 个，不透明。蒴柄长约 1.8 cm，黄色或红褐色，扭曲。孢蒴平列，弯曲，干时口部下强烈收缩。蒴齿层完全。蒴盖圆锥形。孢子平滑。

生境和分布　生于海拔 2 700~4 850m 林下岩面。宁夏、四川、重庆、云南和西藏；巴基斯坦和印度有分布。

东亚毛灰藓 *Homomallium connexum*（Card. ）Broth., Nat. Pfl.-fam. 1（3）: 1027. 1908 图 244：6~10

形态特征　匍匐片状交织生长。体形细弱，黄绿色或深绿色；羽状分枝或不规则分枝，有时具鞭状枝。茎、枝叶相似，阔卵状披针形或卵圆状披针形，内凹，具短尖或长尖，基部

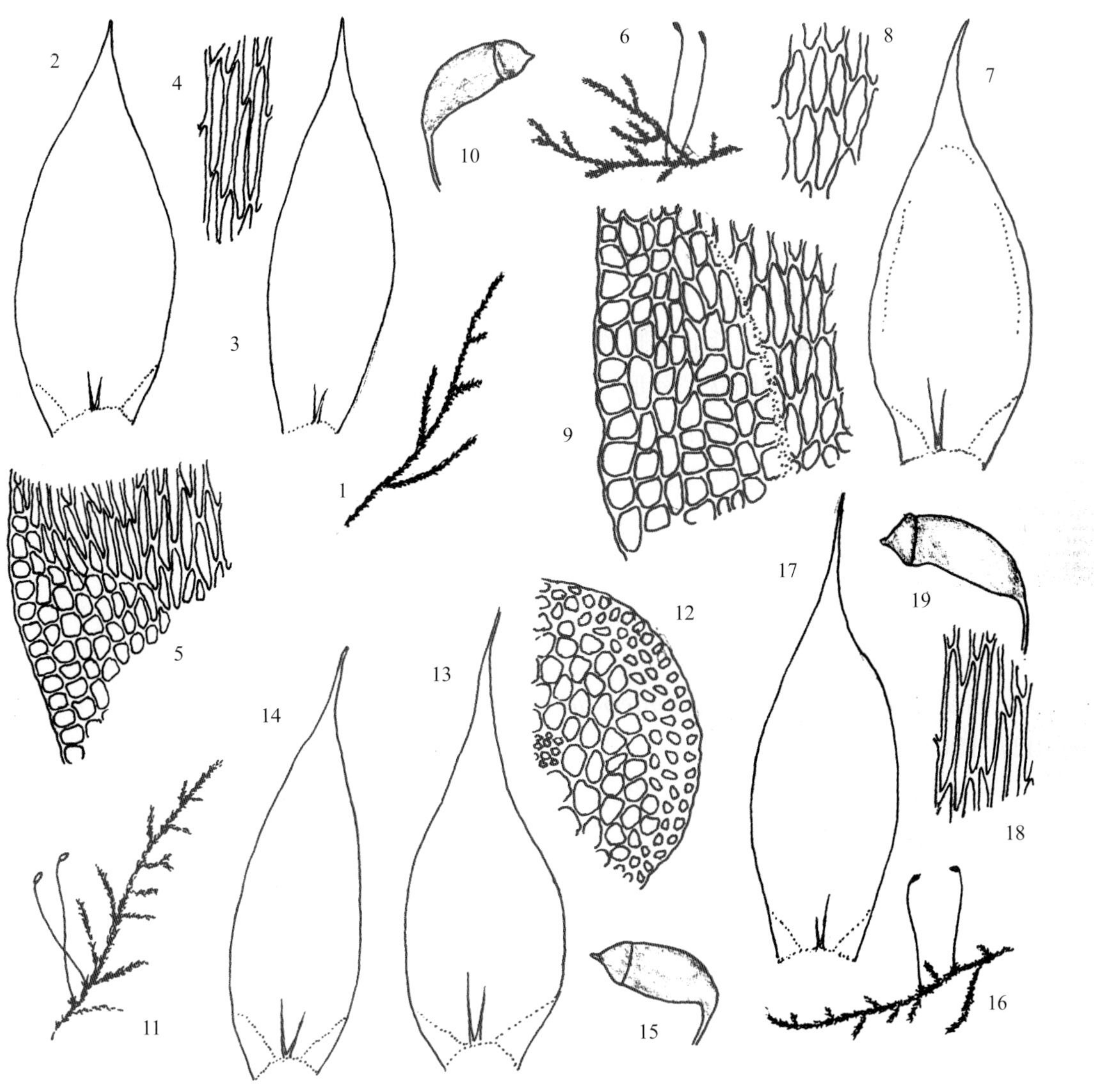

图 244

1~5. 南亚毛灰藓 *Homomallium simlaense*（Mitt.）Broth.

1. 植物体（×1），2. 茎叶（×75），3. 枝叶（×75），4. 叶中部细胞（×350），5. 叶基部细胞（×350）

6~10. 东亚毛灰藓 *Homomallium connexum*（Card.）Broth.

6. 雌株（×1），7. 茎叶（×60），8. 叶中部细胞（×300），9. 叶基部细胞（×260），10. 孢蒴（×6）

11~15. 华中毛灰藓 *Homomallium plagiangium*（Müll. Hal.）Broth.

11. 雌株（×1），12. 茎横切面的一部分（×250），13. 茎叶（×75），14. 枝叶（×75），15. 孢蒴（×10）

16~19. 贴生毛灰藓 *Homomallium japonico-adnatum*（Broth.）Broth.

16. 雌株（×1），17. 茎叶（×75），18. 叶中部细胞（×350），19. 孢蒴（×10）

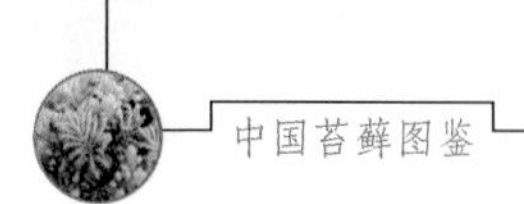

带红褐色；中肋 2，稀单一或上部分叉，常达叶长度的 1/3~1/2。叶中部细胞六角形或狭菱形，平滑或有时具前角突，角细胞方形，多数，6~10 列，沿叶边 20~30 个。雌雄异株。孢蒴红褐色或紫色，平列，长卵形，干燥时口部弓形弯曲或收缩。齿毛 1~3。孢子被细疣。

生境和分布 生于低海拔至 4 300 m 的山地林下腐木、树干或岩面薄土。内蒙古、山西、陕西、宁夏、新疆、安徽、浙江、湖北、湖南、四川、云南和西藏；日本、朝鲜及俄罗斯（远东地区）有分布。

华中毛灰藓 *Homomallium plagiangium*（Müll. Hal.）Broth.，Nat. Pfl.-fam. 1（3）：1027.1908. 图 244：11~15

形态特征 贴生基质生长。植物体细长，淡绿色。茎具不规则分枝；茎、枝叶近于同形，卵圆状披针形或长卵圆状披针形，先端渐尖，近于全缘；中肋 2 或无中肋。叶细胞狭菱形，平滑，角细胞多数，疏松，方形且透明，5~7 列，沿叶边缘 15~30 个。雌苞叶大，基部较宽，具长尖。蒴柄短或细长，红色。孢蒴小，直立或平列，圆柱形。蒴齿 2 层。孢子具细疣。

生境和分布 生于海拔 950~4 950 m 的山地林下树干、腐木或岩面，有时也见于石灰岩上。产河北、山西、陕西和西藏；俄罗斯（远东地区）有分布。

贴生毛灰藓 *Homomallium japonico-adnatum*（Broth.）Broth.，Nat. Pfl.-fam. I（3）：1027. 1908. 图 244：16~19

形态特征 多丛集交织生长。纤细，黄绿色。茎密集分枝或不规则分枝；枝长可达 5 cm。叶卵状披针形或长卵圆状披针形，内凹；叶边平展或上部内卷，全缘；中肋为叶长的 1/4。叶中部细胞狭菱形或线形，具前角突，角细胞不透明，4~6 列，沿叶边 15~25 个。蒴柄长 1~1.5 cm，黄或红褐色。孢蒴平列，干时弓形弯曲，口部以下收缩。蒴盖圆锥形。孢子近于平滑。

生境和分布 林下石壁上。山东、浙江、湖北、西藏和云南；朝鲜和日本有记录。

毛灰藓 *Homomallium incurvatum*（Brid.）Loeske，Hedwigia 46：314. 1907. 图 245：1~5

形态特征 匍匐小片状生长。体形纤细，绿色，黄绿色或褐绿色，稍具光泽。茎羽状分枝或不规则分枝；分枝常弯曲，稀具鞭状枝。茎、枝叶相似，狭卵状披针形，内凹，先端渐狭成长尖；叶边平滑；中肋 2，短弱。叶中部细胞狭长菱形，平滑，角细胞少数，由小方形细胞组成，4~7 列，沿叶边 8~15 个，不透明。蒴柄长，橙红色或褐黄色。孢蒴平列，褐黄色或褐色，弓形弯曲。齿毛 1~3。孢子具细疣。

生境和分布 生于低海拔至 4 300 m 的林下岩面、树干或腐木上。黑龙江、内蒙古、河北、甘肃、新疆、江西、贵州、四川、云南和西藏；蒙古、日本、俄罗斯、欧洲及北美洲有分布。

云南毛灰藓 *Homomallium yuennanense* Broth.，Symb. Sin. 4：123. 1929. 图 245：6~9

形态特征　片状交织生长。体纤细，黄绿色，稍具光泽。茎有红褐色假根；羽状分枝或不规则分枝。分枝直立或弯曲。叶内凹，阔卵圆形，尖端具长尖；叶边全缘，略背卷；2 中肋短弱，或单一，或消失；中部细胞狭菱形或狭长线形，具前角突，叶基部细胞黄色，角细胞小方形，褐色，3~5 列，沿叶边缘高 6~13 个细胞。雌苞叶尖端具齿。蒴柄长 1~1.2cm，红褐色，平滑。孢蒴平列，不对称，长圆形，褐色。孢子具细疣。

生境和分布　生于亚高山和高山地区流滩石缝中、草地、河谷岸边岩面薄土、树干或灌丛中。中国特有。产宁夏、甘肃、四川、云南和西藏。

4 美灰藓属 *Eurohypnum* Ando

疏松交织成片状。植物体粗壮，灰绿色或黄绿色。茎横切面椭圆形，中轴分化明显，皮层细胞厚壁，小形，3~4 层；不规则分枝，分枝呈圆柱形，长短不等。茎、枝叶相似，阔卵形或卵状长椭圆形，内凹，上部渐尖或急狭成短尖；叶边平展，下部背卷，上部具细齿；中肋 2，不明显，或无中肋。叶中部细胞线形，角细胞多数，近方形或直角形。雌雄异株。蒴柄长，右旋。孢蒴近于直立，长椭圆形。蒴齿外齿层齿片阔披针形，淡黄色，外面具横脊，上面无色透明，具疣；内齿层齿条龙骨状，透明，具细疣，具穿孔，齿毛单一或发育不全，具节瘤。孢子具细疣。

本属 1 种，多生于亚洲温寒地区。中国有分布。

美灰藓 *Eurohypnum leptothallum*（Müll. Hal.）Ando，Bot. Mag.（Tokyo）79：761. 1966. 图 245：10~14

形态特征　种的形态特征同属。

生境和分布　生于低海拔至 5 400 m 的平原或高山地带的常绿落叶针阔混交林、高山草甸等岩面薄土上，稀生于树根、树干或腐木上。中国南北各地；蒙古、日本、朝鲜及俄罗斯有分布。

应用价值　本种在中国青海为麝所喜食，同时系青麸杨寄生肚倍蚜虫越冬寄主。

5 灰藓属 *Hypnum* Hedw.

交织成大片生长。植物体纤细或粗壮，黄绿色、金黄色或稀带红色，具光泽。茎不规则或规则羽状分枝，分枝末端呈钩状或镰刀状；中轴分化或缺失，表皮细胞有时大型和透明；假鳞毛披针形或卵圆形，稀呈丝状，有时缺失。叶直立或呈两列镰刀状一向偏斜或卷曲，卵状披针形或基部呈心脏形，上部呈披针形，具短尖或细长尖，多内凹；叶边平展或背卷，全缘或上部具齿；中肋 2，短弱，缺失或较长。叶细胞长线形，平滑，稀具前角突，基部细胞厚壁，有明显壁孔，黄褐色，角细胞明显分化，方形或多边形，膨大，透明。蒴

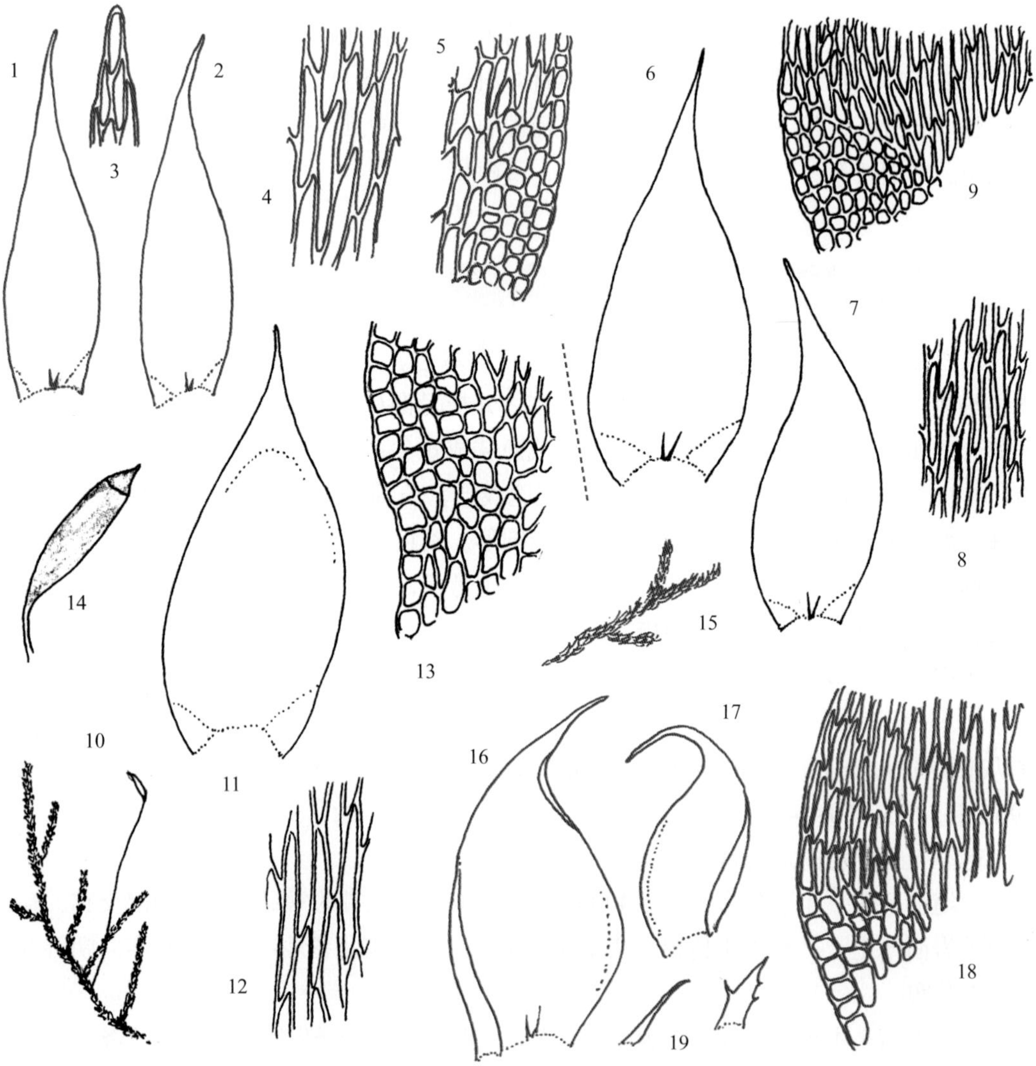

图 245

1~5. 毛灰藓 *Homomallium incurvatum*（Brid.）Loeske

1，2. 茎叶（×50），3. 叶尖部细胞（×250），4. 叶中部细胞（×250），5. 叶基部细胞（×250）

6~9. 云南毛灰藓 *Homomallium yunnanense* Broth.

6. 茎叶（×50），7. 枝叶（×50），8. 叶中部细胞（×350），9. 叶基部细胞（×350）

10~14. 美灰藓 *Eurohypnum leptothallum*（Müll. Hal.）Ando

10. 雌株（×1），11. 茎叶（×60），12. 叶中部细胞（×350），13. 叶基部细胞（×350），14. 孢蒴（×12）

15~19. 多毛灰藓 *Hypnum recurvatum*（Lindb. et Arn.）Kindb.

15. 植物体的一部分（×1），16. 茎叶（×90），17. 枝叶（×90），18. 叶基部细胞（×350），19. 假鳞毛（×90）

柄细长，平滑。孢蒴倾立或平列，直立或稍下垂，长卵形或圆柱形，略弯。蒴齿 2 层：外齿层齿片基部愈合，狭长披针形，黄色或褐色，透明，有回折中缝，横脊间有条纹，上部常具疣；内齿层黄色，透明，具疣，基膜高出，齿条折叠状，披针形，中缝有连续穿孔，齿毛 1~3，细长，具疣和节瘤。蒴帽兜形。孢子黄绿色，具疣。

本属约 43 种，分布温带地区。中国有 20 种、1 变种和 2 变型。

分种检索表

1. 茎表皮细胞分化明显，大型、透明、薄壁……2

1. 茎表皮细胞不分化，形小、厚壁……3

2. 植物体纤细；茎表皮细胞大型、透明，外壁薄……9. 弯叶灰藓 *H. hamulosum*

2. 植物体中等大小；茎表皮细胞大型，外壁非薄壁……10. 尖叶灰藓 *H. callichroum*

3. 角细胞分化明显，多数，方形（沿叶边 6~15 列）……4

3. 角细胞不分化或很少分化（沿叶边 6 列以下）……7

4. 叶具长尖，常一向弯曲……5

4. 叶具短尖，叶边具齿……6

5. 植物体规则 2 回羽状分枝；叶边平展……14. 拟梳灰藓 *H. submolluscum*

5. 植物体不规则分枝或羽状分枝；叶边从基部至叶尖均背卷……3. 卷叶灰藓 *H. revolutum*

6. 植物体中等大小；叶阔卵状披针形；角部与叶基细胞无明显分界……4. 直叶灰藓 *H. vaucheri*

6. 植物体小或大型；叶椭圆状披针形；角部与叶基细胞有明显分界……5. 灰藓 *H. cupressiforme*

7. 植物体纤细，小型……8

7. 植物体粗壮，大型或中等大小……9

8. 茎、枝上有多数假鳞毛；叶边近于全缘；角细胞薄壁……1. 多毛灰藓 *H. recurvatum*

8. 茎、枝上假鳞毛数少；叶边具细齿；角细胞厚壁……2. 黄灰藓 *H. pallescens*

9. 植物体粗壮；孢蒴长约 4 mm……12. 长蒴灰藓 *H. macrogynum*

9. 植物体中等大；孢蒴长度小于 3.5 mm 以下……10

10. 茎叶一般长 2~3 mm，镰刀状弯曲……11

10. 茎叶长 1~1.2 mm，强镰刀状弯曲……13

11. 不规则分枝；叶具纵褶，叶边背卷；雌苞叶不具纵褶……7. 长喙灰藓 *H. fujiyamae*

11. 规则羽状分枝；叶无纵褶或稍具纵褶，叶边平展；雌苞叶具纵褶……12

12. 植物体金黄色或带红色；叶基部不呈心脏形；叶细胞长 60~90 μm；角细胞少数；孢子大，直径 25~30μm……11. 湿地灰藓 *H. sakuraii*

12. 植物体一般黄绿色；叶基部心脏形或近于心脏形；叶细胞长 40~60μm；角细胞数多；孢子小，直径 12~18μm……8. 大灰藓 *H. plumaeforme*

13. 茎无中轴分化；茎叶角部不凹入，由小型或有时大型带色的厚壁细胞所组成；孢蒴近于直立或稍倾斜……6. 暗绿灰藓 *H. tristo-viride*

13. 茎有中轴分化；茎叶角部凹入，由大型透明薄壁细胞所组成；孢蒴倾立或平列，弓形弯……13. 南亚灰藓 *H. oldhamii*

多毛毛灰藓 *Hypnum recurvatum*（Lindb. et Arn.）Kindb.，Enum. Bryin Exot. 100. 1891. 图 245：15~19

形态特征 密交织生长。纤细，小形，黄色，淡绿色或黄褐色。茎横切面圆形或阔椭圆形，有不明显中轴；假鳞毛多数，狭披针形或丝状。茎叶阔卵状披针形，镰刀状弯曲，内凹，具长尖，叶基稍下延；叶边背卷可达 2/3 以上，全缘；中肋细弱。叶中部细胞厚壁，基部细胞有壁孔，角细胞方形，薄壁，边缘 4~10 列。雌雄同株。内雌苞叶具褶。蒴柄黄或红褐色。孢蒴黄褐色，直立或倾立，干时蒴口下收缩，蒴齿发育正常。蒴盖圆锥形，具短喙。

生境和分布 生于海拔 1600~3700 m 的林下岩面或灌木丛中。陕西、云南和西藏；蒙古、俄罗斯（远东地区）、芬兰、德国及美国有分布。

黄灰藓 *Hypnum pallescens*（Hedw.）P. Beauv.，Prodr.：67. 1805. 图 246：1~5

形态特征 紧密交织。体暗绿色至黄绿色。茎横切面阔椭圆形，中轴稍发育；分枝扁平或近长圆柱形；假鳞毛数少，披针形。叶镰刀状弯曲，卵圆状披针形，不下延，具长或短尖。茎叶上部具细齿，下部全缘且背卷；中肋细弱。叶中部细胞具不明显前角突，角细胞近方形或正方形，边缘 8~15 列，不透明。枝叶具细齿。雌雄同株。孢蒴黄褐色或栗色，倾立或平列，弓形弯曲。蒴盖圆锥形，具较长斜喙。

生境和分布 生于海拔 1 250~3 500 m 的山地阔叶林、针阔混交林下岩面薄土、土坡、腐木及树干基部。黑龙江、吉林、辽宁、内蒙古、陕西、甘肃、新疆、四川、云南和西藏；日本、朝鲜、俄罗斯、欧洲及北美洲有分布。

卷叶灰藓 *Hypnum revolutum*（Mitt.）Lindb.，Oefv. K. Vet. Ak. Foerh. 23：542. 1867. 图 246：6~9

形态特征 成片交织生长。植物体中等，黄绿色或黄褐色。茎横切面椭圆形；中轴稍发育，表皮细胞外壁较薄，内凹；分枝扁平或近圆柱形；假鳞毛披针形或卵圆形。叶镰刀形弯曲，茎、枝叶同形，卵状披针形或长椭圆状披针形，具纵褶，叶边均背卷。叶中部细胞较短，薄壁或厚壁，基部细胞有壁孔，角细胞近方形，边缘 8~15 列细胞，常有较大的透明细胞。

生境和分布 生于海拔 1 500~5 000 m 的针阔混交林地、草甸、灌丛、岩面薄土、树根、树干及腐木上。内蒙古、河北、山西、山东、陕西、宁夏、甘肃、青海、新疆、江苏、江西、湖南、四川、重庆、贵州、云南、西藏；蒙古、俄罗斯、欧洲及北美洲有分布。

直叶灰藓 *Hypnum vaucheri* Lesq.，Mém. Soc. Sci. Nat. Neuchâtel 3（3）：48. 1846. 图 246：10~13

形态特征 成片贴基质生长。中等大小，黄绿或暗绿色。茎长 3~6 cm，茎横切面椭

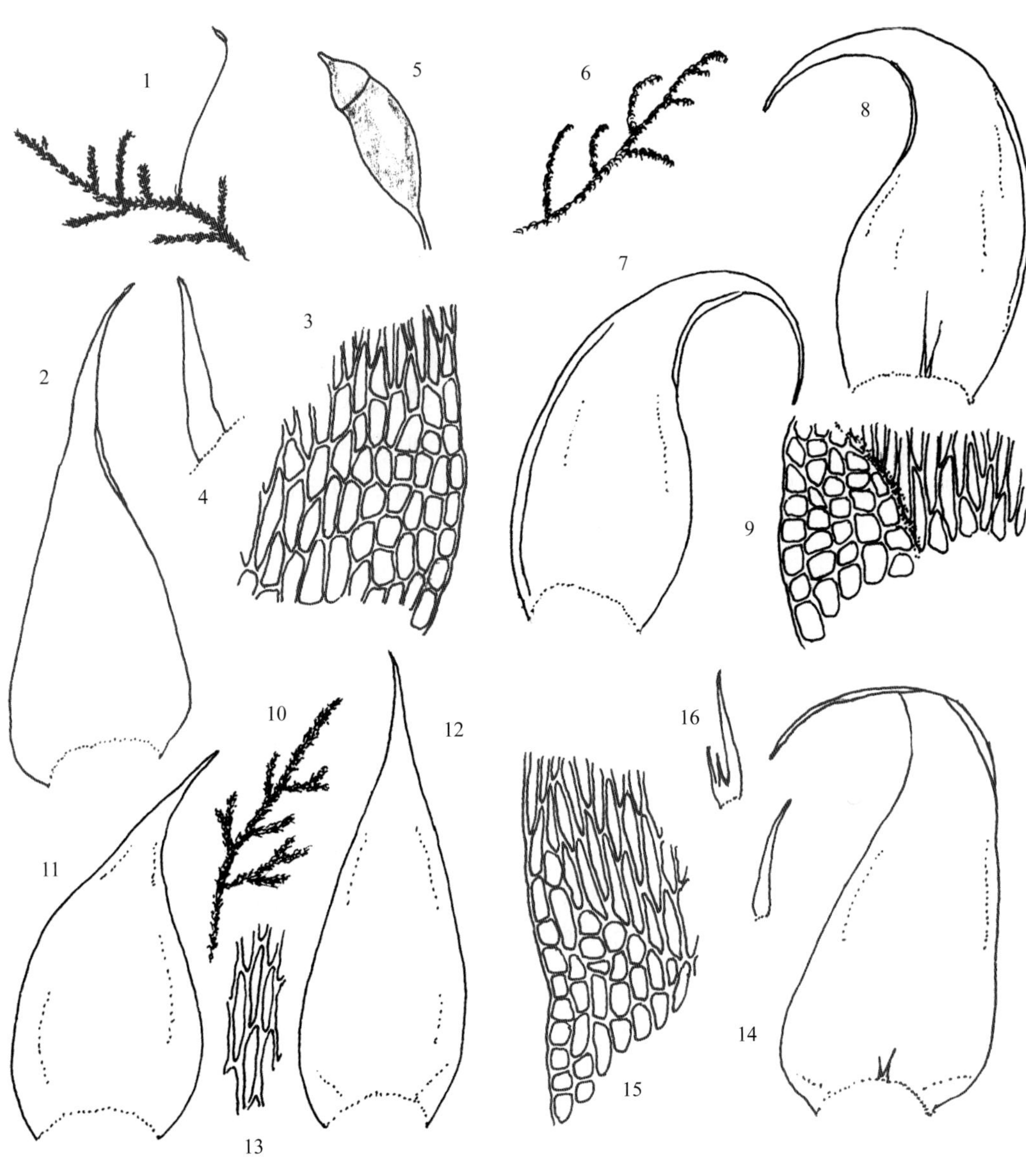

图 246

1~5. 黄灰藓 *Hypnum pallescens*（Hedw.）P. Beauv.

1. 雌株（×1），2. 茎叶（×80），3. 叶基部细胞（×350），4. 假鳞毛（×130），5. 孢蒴（×10）

6~9. 卷叶灰藓 *Hypnum revolutum*（Mitt.）Lindb.

6. 植物体（×1），7，8. 茎叶（×60），9. 叶基部细胞（×350）

10~13. 直叶灰藓 *Hypnum vaucheri* Lesq.

10. 植物体（×1），11. 茎叶（×70），12. 枝叶（×70），13. 叶中部细胞（×350）

14~16. 灰藓 *Hypnum cupressiforme* Linn. ex Hedw.

14. 茎叶（×75），15. 叶基部细胞（×350），16. 假鳞毛（×90）

圆形，中轴弱，表皮细胞外壁薄，凹陷；分枝扁平或圆柱形；假鳞毛少，圆方形，具齿。叶镰刀状弯曲，阔椭圆状或长椭圆状披针形，具短尖，无纵褶；叶边平展，有时上部内卷，平滑或上部具齿；中肋短弱。叶中部细胞长菱形，稍厚壁，有壁孔，叶基细胞或带黄色；叶角常有透明细胞。

生境和分布 生于松林下岩面薄土、石缝中及树干上。内蒙古、山西、陕西、宁夏、甘肃、新疆、贵州、西藏；巴基斯坦、蒙古、日本、俄罗斯、欧洲、北美洲和非洲有分布。

灰藓 *Hypnum cupressiforme* Linn. ex Hedw.，Sp. Musc. Frond. 219. 1801. 图 246：14~16

形态特征 成片交织生长。体形中等，绿色至黑褐色，有光泽。茎横切面圆形，有中轴，表皮细胞小，厚壁；假鳞毛片状或披针形。叶长椭圆状披针形，有时呈狭披针形，镰刀状弯曲，无纵褶，叶边内曲，全缘或尖端具细齿。叶细胞狭长菱形，薄壁或厚壁，基部细胞宽短，厚壁，有壁孔；角细胞分化明显，小型厚壁，边缘 6~15 列。雌雄异株。孢子具细疣。

生境和分布 生于低海拔至 4 000 m 的林地、岩面薄土、树干、树枝和腐木上。全国各地均有；日本、朝鲜、蒙古、印度、俄罗斯、欧洲、非洲、北美洲、南美洲及大洋洲有分布。

应用价值 中国北方林内常见藓类植物之一，对林地水土保持起十分重要的作用。

暗绿灰藓 *Hypnum tristo-viride*（Broth.）Par.，Index Bryol. Suppl. 1：214. 1900. 图 247：1~4

形态特征 小片状交织生长。植株纤细，黄色或褐绿色，匍匐。茎无中轴；规则羽状分枝，扁平；假鳞毛披针形。叶镰刀状弯曲，椭圆状或三角状披针形，不对称，无纵褶，渐尖，叶边缘下部背卷，尖端有细齿；中肋短弱。叶基部细胞黄色或褐橙色，厚壁，有壁孔；角细胞较大，边缘有 2~3 列小型、近方形的细胞。枝叶尖细齿明显。蒴柄黄红色，长 0.6~3.5 cm。孢蒴黄褐色，直立或倾立，圆柱形，长 1~2 mm。蒴盖具短喙。无环带。孢子平滑。

生境和分布 常着生山地林内腐木上。浙江、江西、四川、贵州、台湾有分布；朝鲜和日本有分布。

有学者将其归入毛锦藓属：暗绿毛锦藓 *Pylaisiadelpha tristoviridis*（Broth.）Afonina。

长喙灰藓 *Hypnum fujiyamae*（Broth.）Par.，Index Bryol. Suppl. 1：202. 1900. 图 247：5~9

形态特征 大片状交织生长。植株粗大，色泽黄绿或黄褐色。茎长达 15 cm 以上；横切面皮层细胞厚壁，中轴稍发育；不规则分枝或羽状分枝，扁平，稀近于圆柱形；假鳞毛

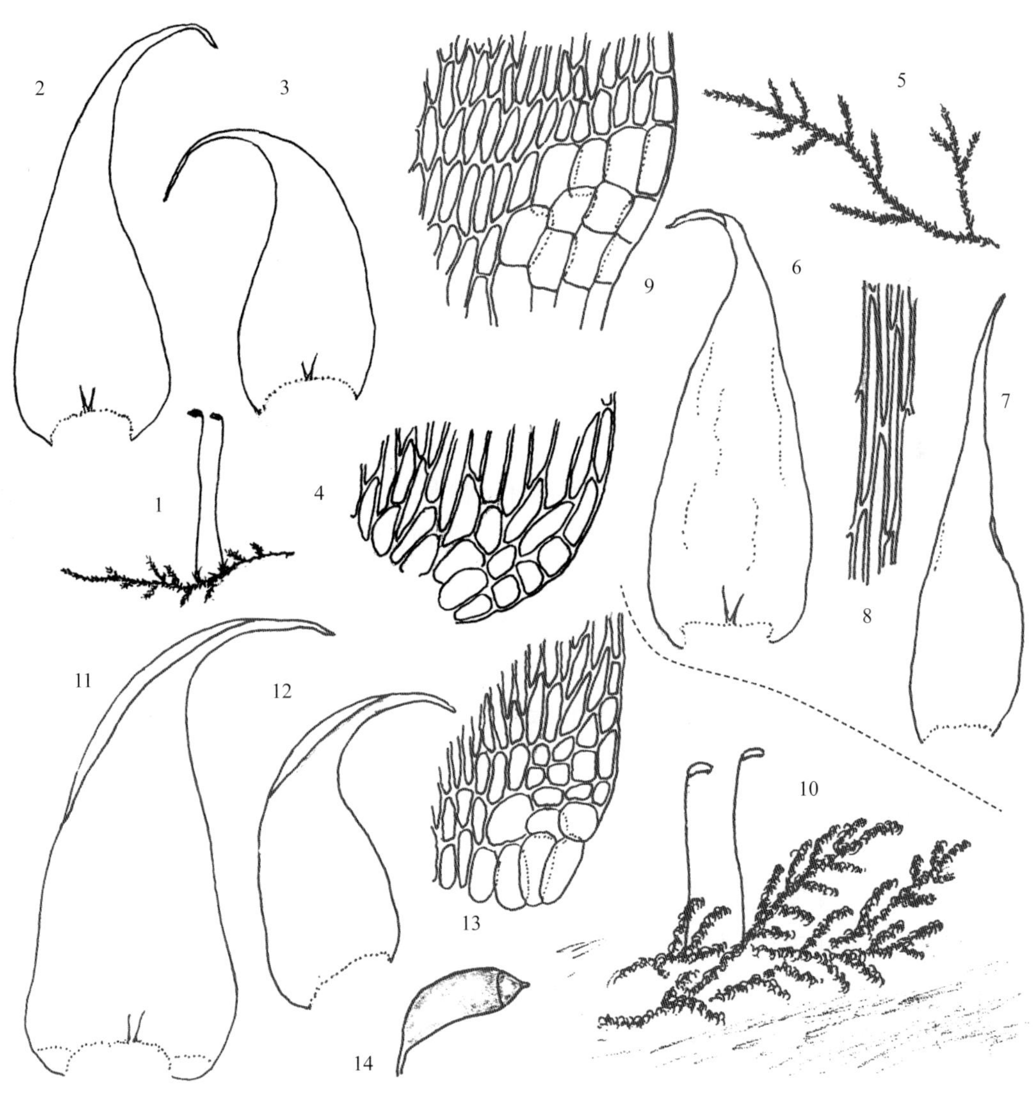

图 247

1~4. **暗绿灰藓** *Hypnum tristo-viride*（Broth.）Par.

1. 雌株（×1），2. 茎叶（×125），3. 枝叶（×125），4. 叶基部细胞（×450）

5~9. **长喙灰藓** *Hypnum fujiyamae*（Broth.）Par.

5. 植物体（×1），6. 茎叶（×50），7. 枝叶（×50），8. 叶中部细胞（×450），9. 叶基部细胞（×450）

10~14. **大灰藓** *Hypnum plumaeforme* Wils.

10. 雌株（×1），11. 茎叶（×75），12. 枝叶（×75），13. 叶基部细胞（×450），14. 孢蒴（×6）

披针形或卵圆形。叶镰刀状偏向一侧，三角状或卵圆状披针形，渐尖，具纵褶；叶边有时背卷，尖端具细齿；中肋短弱。叶基部细胞厚壁，具壁孔，有时褐黄色，角细胞薄壁，无色或带褐色。枝叶小。雌苞叶不具纵褶。蒴柄长 1.5~4.5 cm，黄红色或褐色。孢蒴褐色，近直立，稍弯曲，平滑。蒴盖具长喙。无环带。孢子近于平滑。

生境和分布 生于低海拔至 800 m 林下土面上、树干基部以及树皮上。河南和福建；朝鲜和日本有分布。

大灰藓 *Hypnum plumaeforme* Wils.，London Journ. Bot. 7：277. 1848. 图 247：10~14

形态特征 大片状交织生长。体形大，黄绿色或绿色，有时褐色。茎长；横切面圆形，皮层 4~5 层厚壁细胞，中部薄壁；略有中轴，分枝扁平或近圆柱形；假鳞毛少，黄绿色，丝状或披针形。茎叶基部不下延，阔椭圆状或近心脏形，上部阔披针形，尖端一向弯曲，具纵褶；叶边平展，尖端具细齿。叶细胞线形，厚壁，基部细胞短，有壁孔；角细胞大，薄壁，透明。

生境和分布 生于近海平面至 4 400m 的林下腐木、树干、树枝、岩面薄土、石壁、石缝、草丛及沙土上。吉林、内蒙古、河北、山东、河南、陕西、甘肃、新疆、安徽、江苏、上海、浙江、江西、湖南、湖北、四川、重庆、贵州、云南、西藏、福建、台湾、广东、广西、海南、香港；尼泊尔、越南、日本、朝鲜、菲律宾及俄罗斯（远东地区）有分布。

应用价值 在中国南方马尾松林，大灰藓是重要的指示植物，尤其对酸性土壤的指示作用十分灵敏。在盆景中，常用以配景。在日本，分析此种富含维生素 B_2，用于喂养小鸡。

弯叶灰藓 *Hypnum hamulosum* Bruch et Schimp.，Bryol. Eur. 6：96，590. 1854. 图 248：1~5

形态特征 密集交织成垫状。体形柔弱，黄绿色，稍具光泽。茎横切面表皮细胞大，外壁常撕裂，略分化中轴；假鳞毛少，披针形。茎叶强烈镰刀形弯曲，卵状披针形，有时下部背卷；中肋短弱。叶细胞线形，基部细胞有时具壁孔，角细胞少数或分化不明显，多角形，无色透明。雌雄异株或同株。蒴柄黄色或红色。孢蒴稍弯曲，橘黄色。蒴齿蒴齿发育完全。孢子褐绿色，具细疣。

生境和分布 生于海拔 1 000~4 800 m 地带林下树干、岩面、石缝、山顶部裸岩和草甸中。黑龙江、吉林、辽宁、内蒙古、河北、山西、河南、陕西、宁夏、甘肃、新疆、安徽、江苏、上海、浙江、江西、湖南、湖北、四川、重庆、贵州、云南、西藏；日本、俄罗斯（远东地区）、欧洲及北美洲有分布。

尖叶灰藓 *Hypnum callichroum* Brid.，Bryol. Univ. 2：631. 1827. 图 248：6~9

形态特征 片状密集交织群生。植物体柔弱，绿或黄绿色，稍具光泽。茎横切面表皮细胞大，薄壁，透明，具中轴；分枝常弓形弯曲；假鳞毛片状或披针形。茎叶阔椭圆状披针形，镰刀状弯曲，基部狭窄，下延；叶边平直，全缘；中肋短弱或不明显。叶细胞狭长

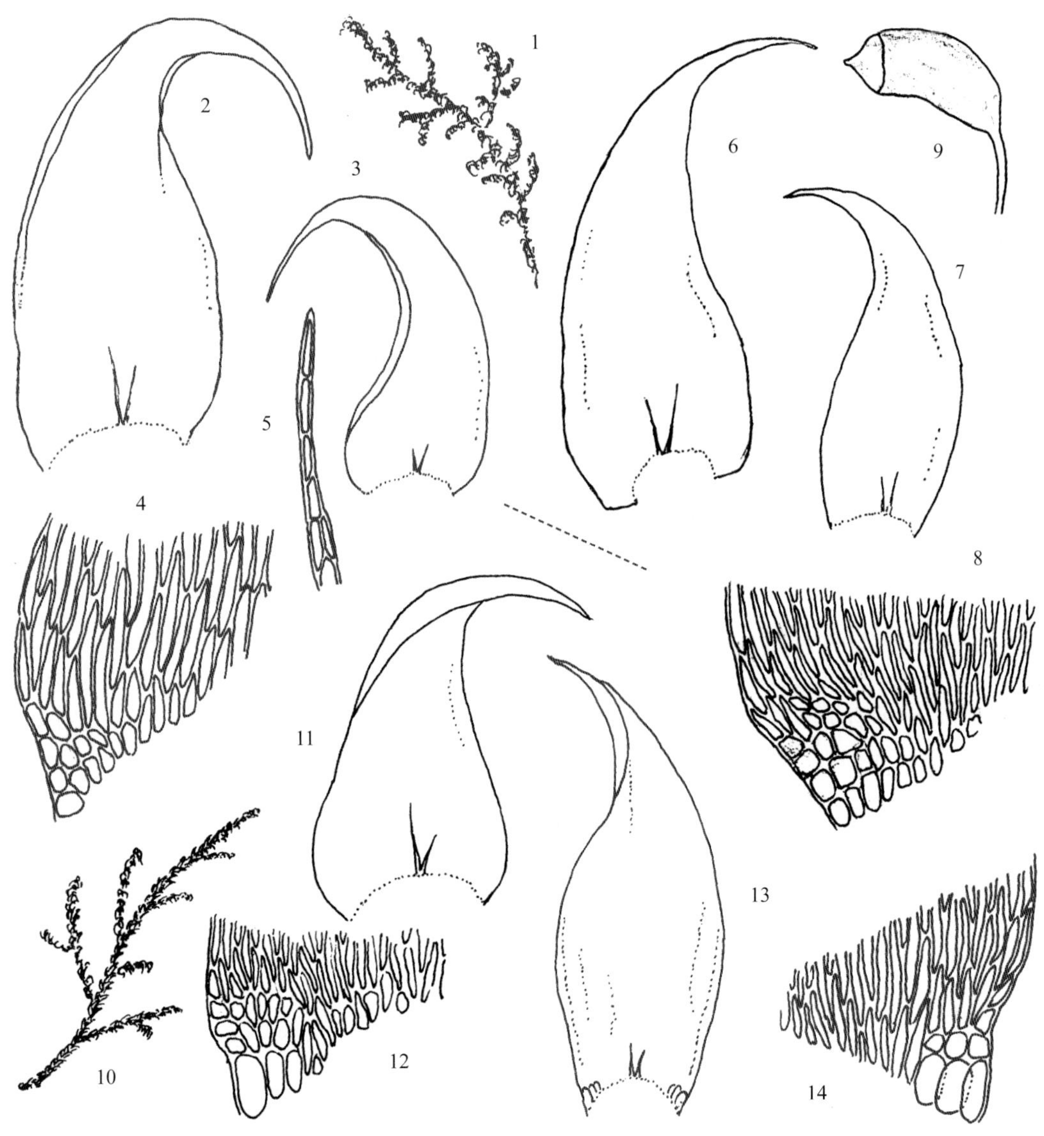

图 248

1~5. 弯叶灰藓 *Hypnum hamulosum* Bruch et Schimp.

1. 植物体（×1），2. 茎叶（×60），3. 枝叶（×60），4. 叶基部细胞（×250），5. 假鳞毛（×450）

6~9. 尖叶灰藓 *Hypnum callichroum* Brid.

6. 茎叶（×60），7. 枝叶（×60），8. 叶基部细胞（×250），9. 孢蒴（×300）

10~12. 湿地灰藓 *Hypnum sakuraii*（Sak.） Ando

10. 枝物体（×1），11. 茎叶（×70），12. 叶基部细胞（×250）

13~14. 长蒴灰藓 *Hypnum macrogynum* Besch.

13. 茎叶（×90），14. 叶基部细胞（×250）

菱形，基部细胞短，厚壁，角细胞分化明显，长椭圆形或长方形，向外凸出。孢子绿色，近于平滑。

生境和分布 生于低海拔至4 000 m的山地林下岩面、土壤、腐木及树干上。黑龙江、吉林、内蒙古、河北、山西、河南、陕西、宁夏、甘肃、新疆、江苏、上海、江西、湖南、四川、重庆、贵州、云南、西藏；日本、俄罗斯、欧洲及北美洲有分布。

湿地灰藓 *Hypnum sakuraii*（Sak.）Ando, Journ. Sci. Hiroshima Univ., ser. b, div. 2, bot. 8：185. 1958. 图 248：10~12

形态特征 成片交织生长。植株粗壮，金色或红褐色。茎横切面皮层细胞黄色或褐红色，厚壁，外层有时薄壁，中轴略分化；假鳞毛少，宽阔。叶镰刀状弯向一侧，卵圆状披针形，具短尖，叶边平展，有细齿；中肋2，短弱。叶基部细胞黄色或褐红色，角细胞凹入，大型透明。枝叶小，角部细胞大型透明，中部厚壁，有时具前角突。

生境和分布 生于低海拔至2 780 m潮湿岩面薄土、腐殖质土、腐木或树皮上。陕西、河南、安徽、四川、重庆、贵州、云南和福建；日本有记录。

长蒴灰藓 *Hypnum macrogynum* Besch., Ann. Sci. Nat., Bot., ser. 15：91. 1892. 图 248：13~14

形态特征 片状交织群生。植物体粗壮。茎规则稀疏羽状分枝，横切面皮层细胞3层，厚壁；中轴有分化。茎叶镰刀状弯曲，阔椭圆状披针形，叶基近椭圆形，具纵褶；叶边平展，稀下部背卷，近全缘或尖端有细齿。叶基部细胞黄褐色，角细胞分化不明显，由一列大而透明的细胞和近边缘2~3列小的方形细胞所组成。雌雄异株。孢蒴长约4mm，干燥时稍弯曲。

生境和分布 生于海拔940~4 500 m的山地林下树干、树基部和腐木、草甸和岩面薄土。江西、广东、贵州、四川、云南和西藏；尼泊尔、不丹、缅甸及印度北部有分布。

南亚灰藓 *Hypnum oldhamii*（Mitt.）Jaeg., Adumbr. 2：595. 1875-1876. 图 249：1~6

形态特征 匍匐交织生长。体形中等，黄色或褐绿色。茎横切面皮层细胞多4层，厚壁，黄褐色，中部细胞透明，多厚壁；中轴略分化；分枝短；假鳞毛稀少。茎叶镰刀状或近于呈环形弯曲，卵圆状披针形或三角状披针形；叶边平展，尖端具细齿。叶中部细胞线形，厚壁，角细胞凹入，由大型透明和少数近方形细胞组成。枝叶纤细，狭窄，环形弯曲。

生境和分布 生于海拔570~4500 m常绿阔叶林、针叶林下岩壁、土壤、腐殖质土、树干、树枝及溪流潮湿地区。安徽、浙江、江西、湖南、四川、重庆、贵州、云南、西藏、福建、广东、广西、海南；日本及朝鲜有分布。

拟梳灰藓 *Hypnum submolluscum* Besch.，Ann. Sci. Nat.，Bot.，sér. 7，15：93. 1892. 图 249：7~10

形态特征 交织片状生长。中等大小，长约 5 cm。茎横切面皮层细胞黄色，中部厚壁；中轴有分化；羽状分枝。叶常一向弯曲；茎叶卵状披针形，渐尖，尖端近于环状弯曲，基部近心脏形，有时具纵褶；叶边平展，尖端具细齿；中肋 2，短弱。叶基部金黄色，角细胞不凹入，由 1 个较大透明细胞和小方形细胞组成。枝叶小；边缘平直；角细胞有分化，具 1 大型透明细胞。

生境和分布 常见滴水岩面、土上、树干及腐木上。四川、贵州、云南、西藏；印度有分布。

6 假丛灰藓属 *Pseudostereodon*（Broth.）Fleisch.

密集交织成片。植物体粗壮，硬挺，金黄色或褐绿色，具光泽。茎匍匐，无假根，有 2~3 向上倾立的主枝，密集而有规则的羽状分枝；假鳞毛生于新枝附近。茎叶镰刀状一向偏斜，基部阔心脏形，上部阔披针形，渐成细长尖；叶边全缘；中肋不等分叉，长达叶片中部或具 2 短中肋。叶细胞狭长形，平滑，基部细胞渐成长方形，常黄棕色，角细胞多数，圆方形，棕黄色。雌雄异株。蒴柄细长，橙红色，干时扭转。孢蒴倾立，长卵形。蒴齿发育良好。

本属 1 种，温带地区生长。中国有分布。

假丛灰藓 *Pseudostereodon procerrimum*（Mol.）Fleisch.，Musci Fl. Buitenzorg 4：1376. 1923. 图 249：11~15

形态特征 种的形态特征同属。

生境和分布 生于海拔 1 200~4 800 m 的山地针阔混交林下岩面、土壤、草丛、树干基部、树干及腐木上。产黑龙江、吉林、内蒙古、陕西、甘肃、新疆、青海、四川、云南和西藏；蒙古、俄罗斯、欧洲及北美洲有分布。

7 拟硬叶藓属 *Stereodontopsis* Williams

成片交织生长。植物体中等，黄绿色。茎匍匐或直立，具假根；不规则羽状分枝，具多数鞭状枝。叶镰刀状一向弯曲，卵状披针形，稍具纵褶；叶边全缘或尖端具细齿；中肋不明显。叶细胞长线形，角细胞疏松，方形或圆六角形。雌雄异株。内雌苞叶直立，无纵褶，卵状披针形，渐呈毛状尖；全缘或尖端具细齿。蒴柄上部具疣。孢蒴直立，近于对称，圆柱形。蒴齿单层，狭披针形，具纵隔，中脊和横隔有细疣。蒴帽密生长毛。

本属 2 种，湿热地区分布。中国有 1 种。

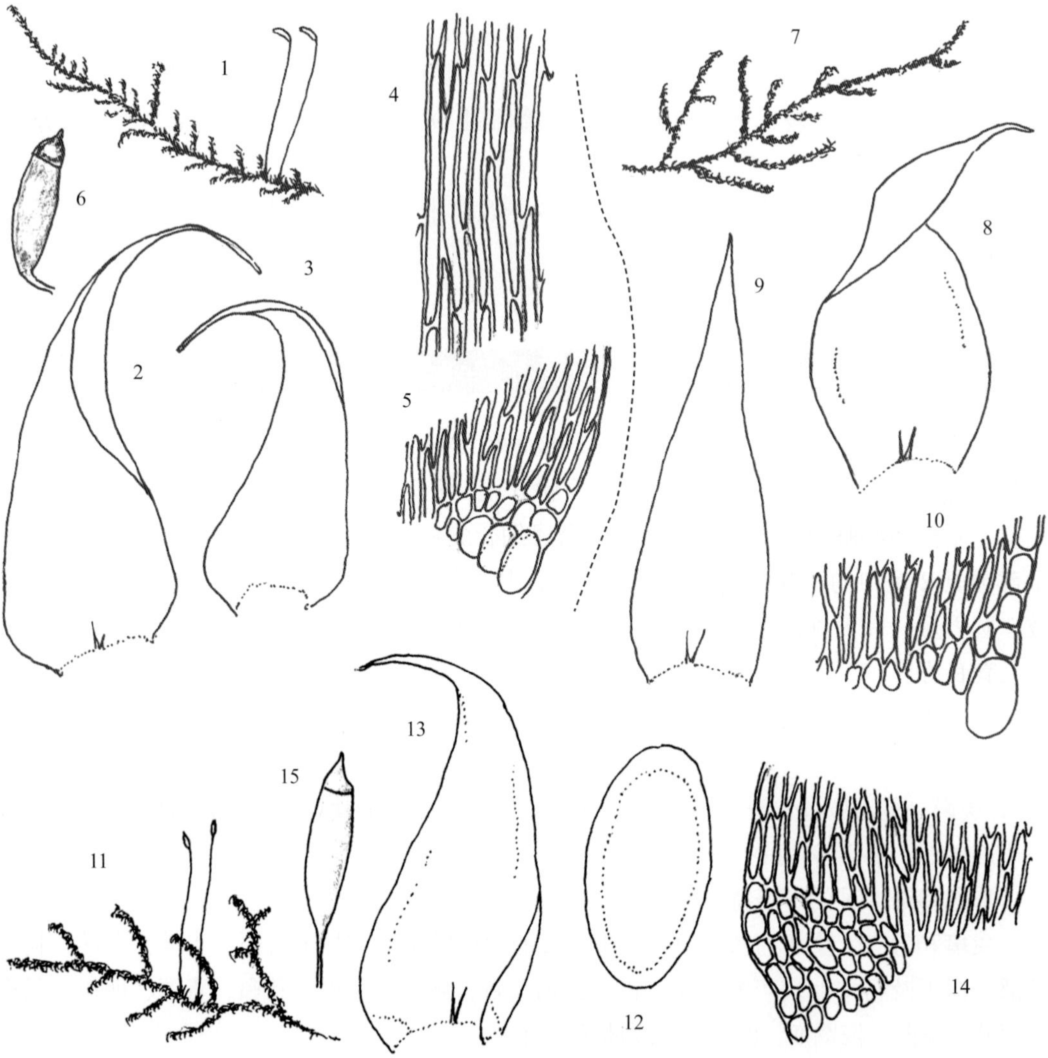

图 249

1~6. 南亚灰藓 *Hypnum oldhamii*（Mitt.）Jaeg.

1. 雌株（×1），2. 茎叶（×105），3. 枝叶（×105），4. 叶中部细胞（×350），5. 叶基部细胞（×250），6. 孢蒴（×5）

7~10. 拟梳灰藓 *Hypnum submolluscum* Besch.

7. 植物体（×1），8. 茎叶（×60），9. 枝叶（×60），10. 叶基部细胞（×250）

11~15. 假丛灰藓 *Pseudostereodon procerrimum*（Mol.）Fleisch.

11. 雌株（×1），12. 茎的横切面（×150），13. 茎叶（×60），14. 叶基部细胞（×250），15. 孢蒴（×5）

大拟硬叶藓 *Stereodontopsis pseudorevoluta*（Reim.）Ando，Hikobia 3（4）：295. 1963. 图 250：1~7

形态特征　交织成片生长。体形粗壮，褐色。茎横切面卵圆形或椭圆形，皮层细胞 2~4 层，形小，厚壁，带褐色，无中轴；假鳞毛小，披针形；分枝长常弯曲。茎叶卵状披针形或长椭圆状披针形，先端渐尖，内凹，镰刀状一向弯曲；叶边背卷，全缘，或叶上部具不明显细齿；中肋 2，短弱。叶中部细胞长线形，强厚壁，具壁孔，叶基部细胞带褐色，角细胞疏松，透明或带褐色，近于圆方形，厚壁。枝叶小于茎叶，中部细胞强厚壁。

生境和分布　生于海拔 700 m 左右的林下岩面、土壤或茶树上。安徽、福建、广东、广西和香港；日本有分布。

8 扁灰藓属 *Breidleria* Loeske

水湿生或半水湿生。植物体粗壮，丛集生。茎略分枝，稀不规则分枝；茎横切面表皮细胞疏松透明，薄壁。叶片有背腹分化，背部叶短，腹部叶和侧叶长，明显呈镰刀状弯曲，卵圆状披针形，细长渐尖，基部不下延或略下延，中肋 2，短弱。叶细胞长线形，角细胞短，厚壁或薄壁。雌雄同株或雌雄异株。内雌苞叶具褶。蒴柄长。孢蒴倾立或平列，椭圆形或短圆柱形，弓形。蒴盖圆锥形，具喙。

本属 2 种，分布温带地区。中国有 2 种。

扁灰藓 *Breidleria pratensis*（Spruce）Loeske，Stud. Morph. Syst. Laubm. 172. 1910. 图 250：8~10

形态特征　成片交织生长。植物体粗大，黄绿色至褐绿色。茎平展，倾立或直立；横切面表皮细胞大，透明，薄壁，中轴分化；不规则分枝或近羽状分枝。假鳞毛片状。叶片疏松扁平排列，卵状披针形，内凹，无褶，顶端一向偏斜，急尖至渐尖；叶边平展，上部具细齿；中肋 2，短弱。叶细胞线性，薄壁；基部细胞宽短，角细胞小，方形至短长方形，厚壁，不膨大。雌雄异株。孢蒴倾立或平列，干时弓形，平滑。蒴盖圆锥形，具长喙。

生境和分布　高海拔林地岩石、土壤、树干或林下腐殖质生。黑龙江、吉林、辽宁、河北、陕西、甘肃、贵州、四川和云南；日本、蒙古、俄罗斯、欧洲和北美洲有分布。

9 偏蒴藓属 *Ectropothecium* Mitt.

成片状交织生长。植物体纤细或粗壮，色泽黄绿或棕绿色，具光泽。茎匍匐；枝倾立，多呈扁平形，通常短而单一；无鳞毛或稀具披针形或细长鳞毛。叶略呈一向偏斜或呈镰刀形；茎叶卵形或倒卵状披针形，不对称，叶基不下延；中肋 2，短弱或缺失。叶细胞长线形或狭长菱形，有时具前角突；叶基部细胞短而宽；角细胞数少，形小，正方形或长方形。雌雄同株或雌雄异株。蒴柄细长。孢蒴平直或下垂，卵形至长圆柱形，外壁有时粗

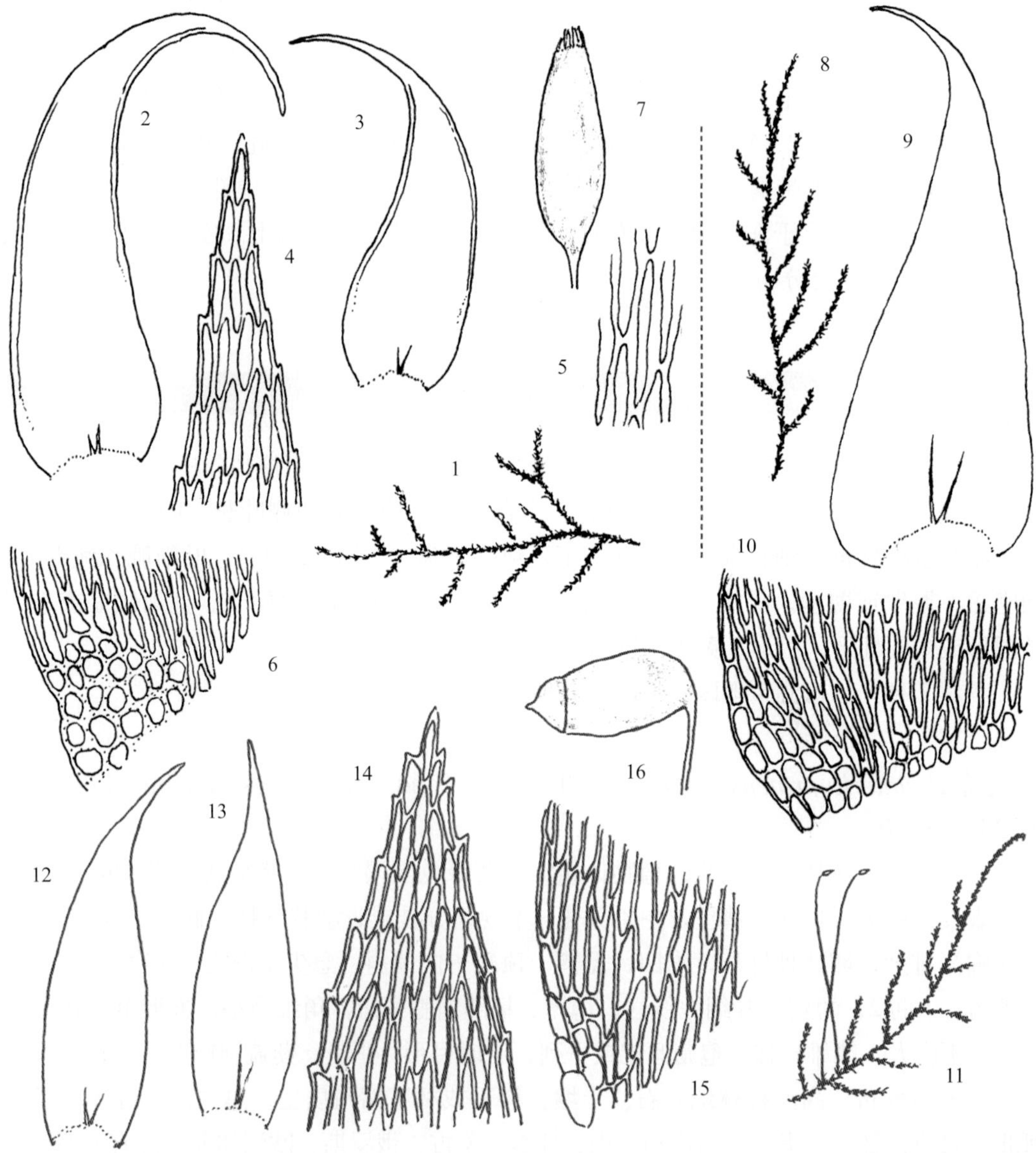

图 250

1~7. 大拟硬叶藓 *Stereodontopsis pseudorevoluta*（Reim.）Ando

1. 植物体（×1），2. 茎叶（×75），3. 枝叶（×75），4. 叶尖部细胞（×450），5. 叶中部细胞（×450），6. 叶基部细胞（×300），7. 已开裂的孢蒴（×10）

8~10. 扁灰藓 *Breidleria pratensis*（Spruce.）Loeske

8. 植物体（×1），9. 茎叶（×60），10. 叶基部细胞（×300）

11~16. 平叶偏蒴藓 *Ectropothecium zollingeri*（Müll. Hal.）Jaeg.

11. 雌株（×1），12，13. 茎叶（×70），14. 叶尖部细胞（×450），15. 叶基部细胞（×450），16. 孢蒴（×15）

糙。蒴齿 2 层；外齿层齿片狭长披针形，外面具横脊和条纹；内齿层基膜高出，齿条折叠或呈狭条形，齿毛 2~4。蒴盖大。蒴帽平滑，被单细胞纤毛。孢子细小，常平滑。

本属约 205 种，分布热带和亚热带地区。中国有 16 种。

分种检索表

1. 植物体大型，粗壮；蒴柄长约 5 cm ………………………… 4. 大偏蒴藓 *E. penzigianum*

1. 植物体多纤细；蒴柄长 1~2 cm ………………………… 2

2. 茎叶扁平排列，叶尖钝或圆钝 ………………………… 3. 钝叶偏蒴藓 *E. obtusulum*

2. 茎叶直立展出并弯曲，叶尖渐尖 ………………………… 3

3. 不规则分枝或羽状分枝；茎叶卵圆状披针形，尖略短；叶细胞具前角突，角细胞大型，2~8 个 ………………………… 1. 平叶偏蒴藓 *E. zollingeri*

3. 分枝较密；茎叶阔卵圆状长椭圆形，具长尖；叶细胞平滑，角细胞数少，一般仅 1 个大细胞 ………………………… 2. 密枝偏蒴藓 *E. wangianum*

平叶偏蒴藓 *Ectropothecium zollingeri*（Müll. Hal.）Jaeg.，Ber. S. Gall. Naturw. Ges. 1877-1878：272. 1880. 图 250：11~16

形态特征　成片交织生长。植物体黄绿色或暗绿色。茎横切面中轴分化，皮层细胞厚壁；假鳞毛小叶状。茎叶卵圆状披针形，常不对称，基部不下延；叶边上部具细齿；中肋 2，基部分叉，为叶长度 1/5~1/4。叶中部细胞长线形，平滑或具前角突，角细胞方形，具 2~8 较大无色透明细胞。雌雄异苞同株。孢子圆球形。

生境和分布　生于低海拔至 2 840 m 的林下树基或腐木上，有时也生于岩面和土上。安徽、江苏、浙江、江西、湖南、湖北、四川、重庆、贵州、云南、西藏、福建、台湾、广东、海南、香港、澳门；亚洲热带地区有分布。

密枝偏蒴藓 *Ectropothecium wangianum* Chen，Sunyatsenia 6：192. 1941. 图 251：1~6

形态特征　密交织生长。体形稍粗壮，淡绿色，具光泽。茎密羽状分枝；分枝等长。茎叶阔卵圆状长椭圆形，内凹，尖端长，有细齿；中肋 2，为叶长度 1/3。叶上部细胞长线形，壁稍厚，基部细胞疏松，平滑，角细胞少数，较小，方形或长方形，透明。枝叶小。雌雄同株异苞。蒴柄红色。孢蒴卵圆状长椭圆形。蒴齿齿片外面具橙黄色横条纹，中间有黄色龙骨状突起；齿毛 2，纤细，着生于短基膜上。孢子褐色，近平滑。

生境和分布　生于海拔 950~1100 m 林下岩面、沙地或腐木上。贵州、西藏、海南有分布。

钝叶偏蒴藓 *Ectropothecium obtusulum*（Card.）Iwats.，Journ. Hattori Bot. Lab. 30：111. 1967. 图 251：7~13

形态特征　成片交织生长。淡绿色，具光泽。茎长约 5 cm；横切面表皮细胞小，厚

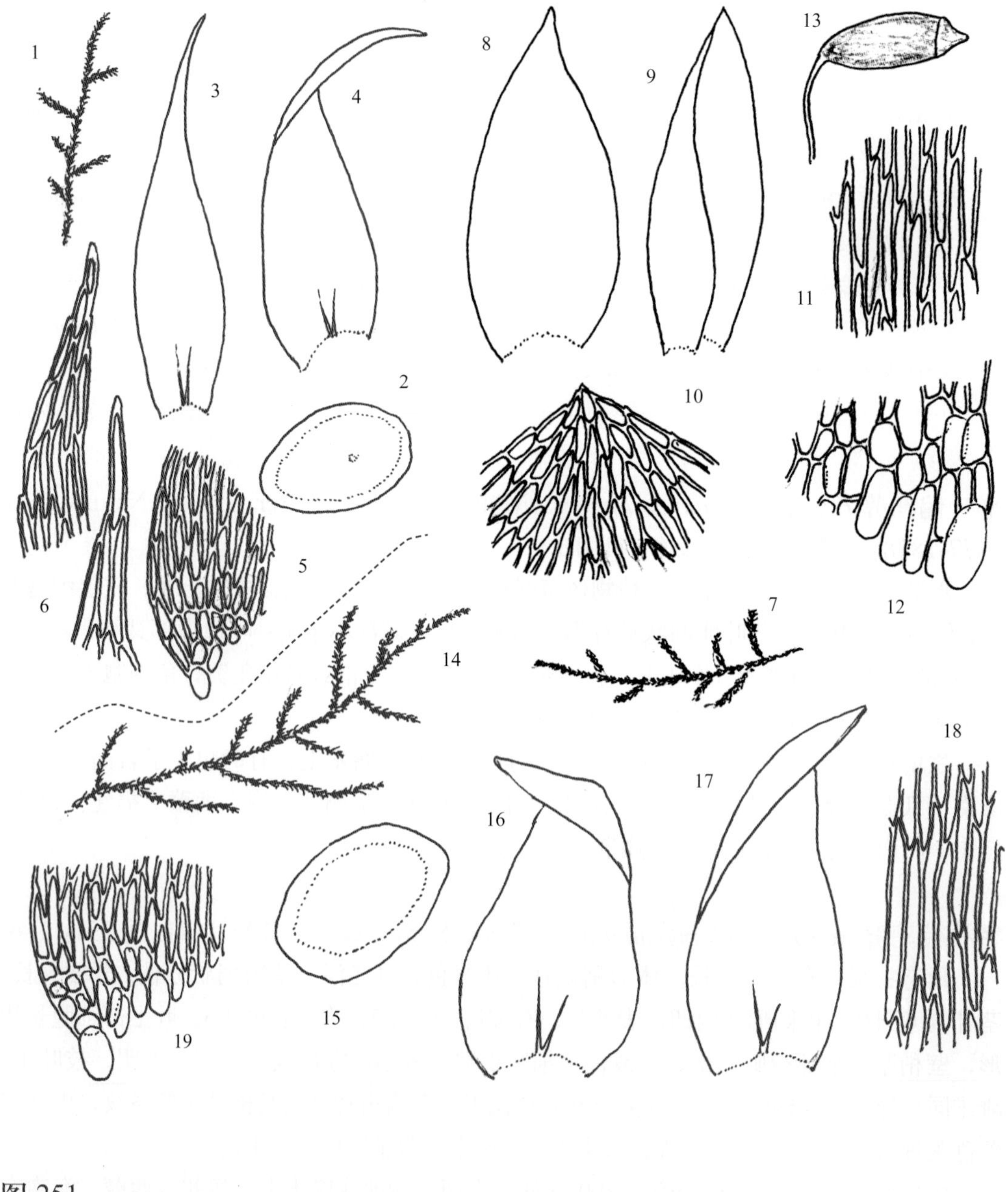

图 251

1~6. **密枝偏蒴藓** *Ectropothecium wangianum* Chen

1. 植物体（×1），2. 茎的横切面（×150），3，4. 枝叶（×60），5. 叶基部细胞（×150），6. 假鳞毛（×450）

7~13. **钝叶偏蒴藓** *Ectropothecium obtusulum*（Card.）Iwats.

7. 植物体（×1），8，9. 茎叶（×30），10. 叶尖部细胞（×400），11. 叶中部细胞（×400），12. 叶基部细胞（×450），13. 孢蒴（×10）

14~19. **大偏蒴藓** *Ectropothecium penzigianum* Fleisch.

14. 植物体（×1），15. 茎的横切面（×150），16，17. 茎叶（×50），18. 叶中部细胞（×450），19. 叶基部细胞（×250）

壁；中轴不明显或无；分枝不规则，多扁平；假鳞毛片状或丝状。茎叶阔卵圆形或长椭圆形，具宽短钝尖，内凹，两侧稍不对称；叶边平展，全缘；中肋 2，短弱。枝叶扁平。叶中部细胞线形，叶角部方形或长方形细胞，叶基有一较大长圆形透明无色细胞，薄壁。雌雄同株。孢蒴平列，具长台部。蒴盖圆锥形，具长喙。

生境和分布 生于海拔 200~800 m 林下花岗岩上。湖南、广东、广西和香港；日本有分布。

大偏蒴藓 *Ectropothecium penzigianum* Fleisch.，Hedwigia 44：328. 1905. 图 251：14~19

形态特征 大片状交织生长。植物体大，黄绿色或红黄色，具光泽。茎长 15~25 cm；中轴略分化；假鳞毛小，披针形。叶宽卵圆形，渐尖，一向弯曲，内凹，具不明显纵褶；叶边具细齿；中肋 2，不明显。叶细胞长线形，厚壁，具前角突，角细胞向下延伸，无色透明。雌雄异株。内雌苞叶基部被毛。孢蒴齿毛 3~4，无色透明，具疣。孢子黄褐色，被疣。

生境和分布 生于海拔 900~1700 m 林下树干、腐木、岩面薄土或砂土上。湖南、江西、云南、西藏、福建和广东；印度尼西亚有分布。

10 同叶藓属 *Isopterygium* Mitt.

扁平片状生长。茎横切面皮层细胞小，厚壁；假鳞毛丝状；不规则分枝。叶基部长椭圆形、卵状长椭圆形，向上渐狭或突趋狭；叶边平展，上部具齿或全缘；中肋短弱或缺失。叶细胞线形，薄壁；角细胞小或不分化。雌雄同株或雌雄异株。内雌苞叶长椭圆状阔披针形。蒴柄直立，平滑。孢蒴长卵圆形，有较长台部。蒴齿 2 层，发育良好。蒴盖具短喙。蒴帽狭兜形，平滑。孢子小，平滑或近于平滑。芽胞线形。

本属约 145 种，多生于热带和亚热带地区。中国有 12 种。

分种检索表

1. 雌雄同株；分枝密集或规则羽状分枝；叶边全缘，平滑 ……………………………3. 纤枝同叶藓 *I. minutirameum*
1. 雌雄异株；不规则分枝或羽状分枝；叶边具齿 …………………………………………………………………… 2
2. 植物体色淡；叶上部具长尖，叶边上部具细齿 ………………………………………… 1. 淡色同叶藓 *I. albescens*
2. 植物体黄绿色；叶上部宽短，渐尖；叶边全具细齿 ……………………………………2. 齿边同叶藓 *I. serrulatum*

淡色同叶藓 *Isopterygium albescens*（Hook.）Jaeg.，Ber. S. Gall. Naturw. Ges. 1876-1877：433. 1878. 图 252：1~6

形态特征 扁平交织片状生长。体形纤细，色淡，具光泽；不规则分枝；假鳞毛丝状。叶疏松排列，卵圆状披针形，先端具长尖，内凹；叶边上部具细齿；中肋 2，短弱或不明显。叶中部细胞长线形，厚壁，叶尖有一列长方形带褐色的厚壁细胞，叶下部细胞宽短，带褐色，厚壁；角细胞不明显分化。雌雄异株或雌雄同株异苞。蒴柄红褐色。孢蒴平列或垂倾，台部较长，褐色，蒴齿齿毛 2，较短。

生境和分布　生于低海拔至 2 900 m 的林下路边土上和树干。浙江、台湾、福建、江西、广东、海南、贵州、云南和西藏；日本、尼泊尔、印度及印度尼西亚有分布。

齿边同叶藓 *Isopterygium serrulatum* Fleisch.，Musci Fl. Buitenzorg 4：1433. 1923. 图 252：7~9

形态特征　扁平片状生长。植物体黄绿色，具光泽。茎不规则分枝；枝扁平，有时成簇。叶卵圆状披针形，内凹，长约 1.34 mm，宽约 0.58 mm，先端宽短，渐尖；叶边平展。叶上部和下部均具细齿；中肋 2，短弱。叶细胞狭长菱形，基部细胞不规则方形或长方形。

生境和分布　生于海拔 650~2 100 m 的林下溪谷边土上、岩面、树干及树基。江苏、安徽、江西、湖南、广东、云南和西藏；印度有分布。

纤枝同叶藓 *Isopterygium minutirameum*（Müll. Hal.）Jaeg.，Ber. S. Gall. Naturw. Ges. 1876-1877：434. 1878. 图 252：10~15

形态特征　小片状生长。体形纤细，色泽黄绿或褐绿色，具光泽。茎规则羽状分枝；假鳞毛丝状；分枝短。叶阔披针形，具细长尖，内凹；叶边全缘，尖部具不明显细齿；中肋 2，短弱或不明显。叶中部细胞线形，薄壁；叶基部细胞长方形或方形，角细胞不分化。雌雄同株。

生境和分布　生于海拔 550~3 950 m 林内树干、腐木、岩面及土上。浙江、台湾、福建、江西、广西、四川、云南和西藏；日本、印度、斯里兰卡、马来西亚、菲律宾及印度尼西亚有分布。

11 拟同叶藓属 *Isopterygiopsis* Iwats.

片状交织生长。植物体扁平，形小，绿色或黄绿色。茎匍匐；表皮细胞大，薄壁，无色透明，近羽状分枝；枝顶常具圆条形匍匐枝。假鳞毛缺失。茎叶与枝叶同形，长椭圆状披针形，基部不下延；中肋 2，短弱。叶细胞平滑，狭长菱形，角细胞不分化。雌雄异株。孢蒴直立，长圆柱形，具短台部。蒴齿 2 层。外齿层上部无色透明，具疣，内面有横膈，边缘分化；内齿层无色透明，基膜高，中缝有穿孔，具细疣。齿毛单一，纤细。蒴盖圆锥形，具斜喙。蒴帽兜形，平滑无毛。孢子球形，表面粗糙。

本属 3 种，主要分布温带地区。中国有 2 种。

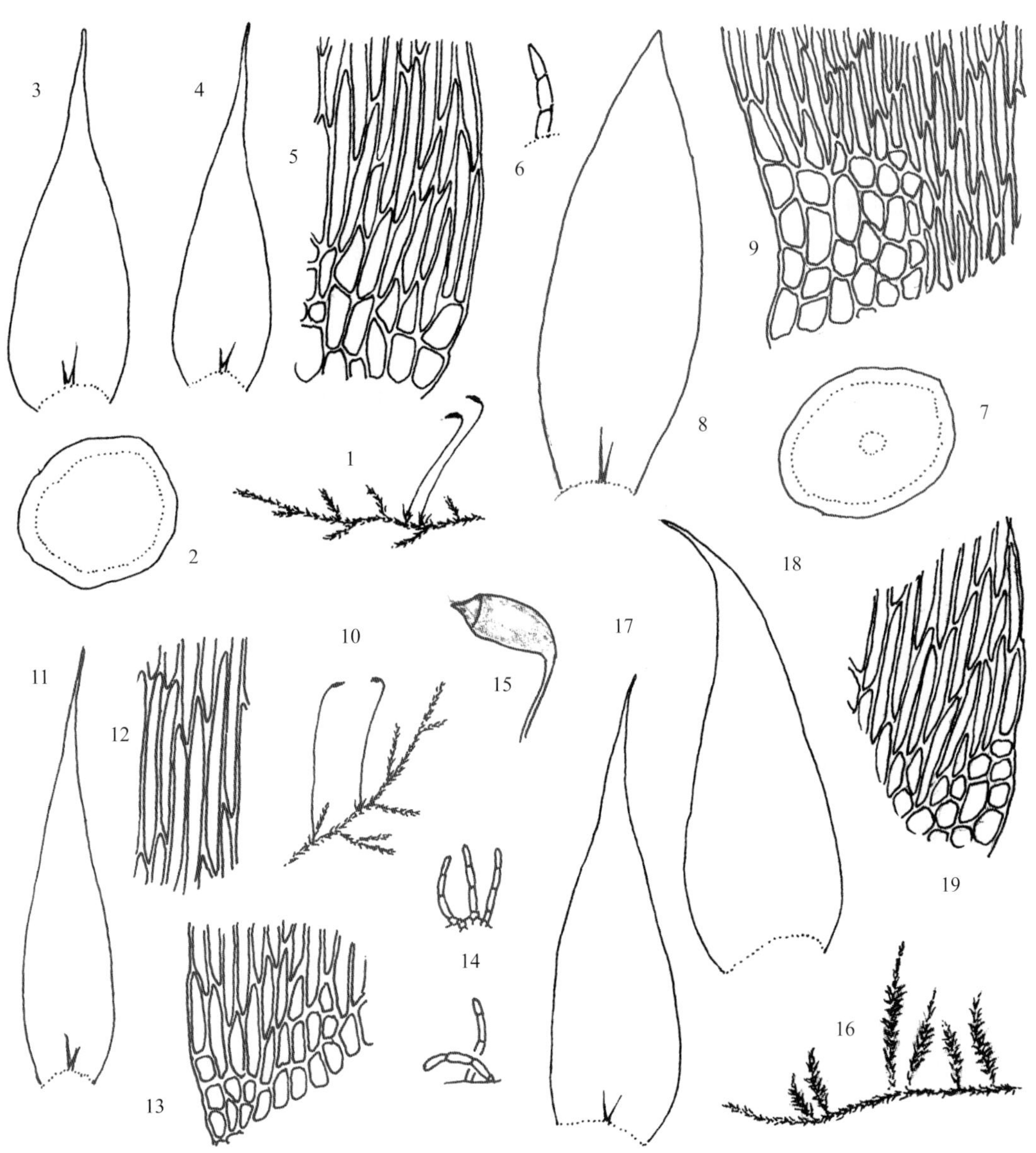

图 252

1~6. 淡色同叶藓 *Isopterygium albicans*（Hook.）Jaeg.

1. 雌株（×1），2. 茎的横切面（×250），3. 茎叶（×75），4. 枝叶（×75），5. 叶基部细胞（×450），6. 假鳞毛（×250）

7~9. 齿边同叶藓 *Isopterygium serrulatum* Fleisch.

7. 茎的横切面（×250），8. 茎叶（×50），9. 叶基部细胞（×450）

10~15. 纤枝同叶藓 *Isopterygium minutirameum*（Muell. Hal.）Jaeg.

10. 雌株（×1），11. 茎叶（×75），12. 叶中部细胞（×450），13. 叶基部细胞（×250），14. 假鳞毛（×250），15. 孢蒴（×10）

16~19. 美丽拟同叶藓 *Isopterygiopsis pulchella*（Hedw.）Iwats.

16. 植物体（×1），17，18. 叶（×50），19. 叶基部细胞（×250）

美丽拟同叶藓 *Isopterygiopsis pulchella*（Hedw.）Iwats.，Journ. Hattori Bot. Lab. 63：450. 1987. 图 252：16~19

形态特征 纤细，绿色或黄绿色。茎匍匐；表皮细胞小，薄壁；中轴分化。腋生毛 2 个细胞高；不规则稀疏分枝。叶披针形或卵圆状披针形；中肋 2，短弱。叶细胞狭长线形，薄壁，平滑，基部短；角细胞略分化，由 1~3 个方形细胞构成，有时不分化。雌雄同株。孢蒴直立或倾立，略弯曲。外齿层上部具疣或有时呈网状，内齿层无穿孔，齿毛短，有节瘤或退化。无性芽生叶腋，长 3~4 个细胞。

生境和分布 多腐木生。吉林、新疆、西藏；蒙古、俄罗斯、欧洲、非洲、北美洲和新西兰有分布。

12 拟鳞叶藓属 *Pseudotaxiphyllum* Iwats.

小片状交织生长。茎匍匐，不规则分枝；横切面表皮细胞小，厚壁；无假鳞毛。叶片不对称；叶边平展，顶端具细齿。无性芽胞生于叶腋。雌雄异株。蒴柄长，平滑。孢蒴倾立或平列。环带分化。蒴齿发育。

分种检索表

1. 叶尖宽钝；叶基角部细胞不明显分化；常具条状芽胞 ······························1. 东亚拟鳞叶藓 *P. pohliaecarpum*

1. 叶尖较狭；叶基角部细胞明显分化；无条状芽胞 ··2. 密叶拟鳞叶藓 *P. densum*

东亚拟鳞叶藓 *Pseudotaxiphyllum pohliaecarpum*（Sull. et Lesq.）Iwats.，Journ. Hattori Bot. Lab.63：449. 1987. 图 253：1~6

形态特征 扁平交织生长。植物体大，淡绿色，常带红色；无假鳞毛。叶疏松，阔卵圆形，具短尖；叶边具细齿；无中肋或 2 短肋。偶见单中肋。叶尖部细胞短，菱形；叶中部细胞狭长线形，薄壁；叶基部细胞长方形，壁略厚，角细胞不分化。雌雄异株。孢蒴平列，具长台部。蒴齿 2 层；齿毛长于齿片。叶腋有成簇无性芽胞，扭卷，顶端有 2~4 个细胞突起。

生境和分布 湿润林地、岩石、树干或腐木上。辽宁、山东、安徽、浙江、江苏、江西、湖南、贵州、福建、广东、广西、台湾和云南；日本、越南、老挝有分布。

密叶拟鳞叶藓 *Pseudotaxiphyllum densum*（Card.）Iwats.，Journ. Hattori Bot. Lab. 63：449. 1987. 图 253：7~9

形态特征 植物体小，淡绿色至黄绿色。茎长 1cm。叶多少扁平，密集。叶卵圆形，尖端渐尖；叶边上部具细齿；中肋不明显。叶中部细胞长线形，薄壁，角部加厚，叶基细胞渐宽，长方形或菱形，厚壁，角细胞不分化。无性芽胞不常见。

生境和分布 多着生林地、岩石、树干和腐木上。福建、广东、广西、江西、贵州、海南和云南；日本有分布。

13 鳞叶藓属 *Taxiphyllum* Fleisch

扁平交织生长。植物体柔弱，扁平，鲜绿色，具光泽。茎多分枝；生叶枝扁平。外观近于呈两列状着生，长卵形，具短尖或长尖；叶边均具细齿；中肋2，短弱或缺失。叶细胞长菱形，常有前角突。雌雄异株。内雌苞叶长卵形，急狭成芒状尖。蒴柄细长。孢蒴直立或平列，长卵形，有长台部。蒴齿2层；外齿层齿片外面具纵褶和横脊，下部黄色，有横纹，上部透明，具疣；内齿层淡黄色，平滑，呈折叠形，齿毛2，与齿片等长，有节瘤。蒴盖具长喙。蒴帽兜形，平滑。

本属约30种，亚热带和温带地区分布。中国有10种。

分种检索表

1. 茎叶和枝叶与茎、枝成斜角状伸展；叶边上部具细齿……1. 鳞叶藓 *T. taxirameum*

1. 茎叶和枝叶与茎、枝成直角状伸展；叶边上部具粗齿……2. 陕西鳞叶藓 *T. giraldii*

鳞叶藓 *Taxiphyllum taxirameum*（Mitt.）Fleisch.，Musci Fl. Buitenzorg 4：1435. 1923. 图 253：10~14

形态特征 扁平片状疏松交织生长。体形中等，黄绿色。茎分枝少；假鳞毛三角形。茎叶和枝叶斜展，呈两列状扁平排列，卵圆状披针形，先端宽，渐尖，基部一侧常内折，两侧不对称，略下延，内凹；叶边具细齿；中肋2，短弱或不明显。叶尖部细胞长椭圆形或菱形，中部细胞狭长菱形，角细胞方形或长方形。雌雄异株。蒴柄细弱。孢蒴长椭圆形，平列.

生境和分布 生于低海拔至3 000 m针阔混交林下土上和岩面，也见于树干或腐木上。黑龙江、吉林、辽宁、内蒙古、北京、山东、河南、陕西、宁夏、甘肃、安徽、江苏、上海、浙江、江西、湖南、湖北、四川、重庆、贵州；尼泊尔、印度、斯里兰卡、菲律宾、日本、朝鲜、北美洲东部、中南美洲及澳大利亚有分布。

陕西鳞叶藓 *Taxiphyllum giraldii*（Müll. Hal.）Fleisch.，Musci Fl. Buitenzorg 4：1435. 1923. 图 253：15~20

形态特征 片状交织生长。体形中等，扁平，暗绿色。茎分枝长短不等，顶端钝。叶密生，与茎、枝成直角，扁平；阔卵状披针形，两侧不对称，渐尖，具短尖头，略内凹；叶边上部具粗齿；中肋2，达叶片1/3处或不明显。叶细胞狭菱形，不透明，有前角突，薄壁，基部细胞较短，长椭圆形，角细胞数少，方形。

生境和分布 生于平地至2 900 m林下岩面薄土或土壤，有时也生于树干基部或树干。黑龙江、辽宁、河北、山东、河南、陕西、甘肃、云南和西藏；日本有分布。

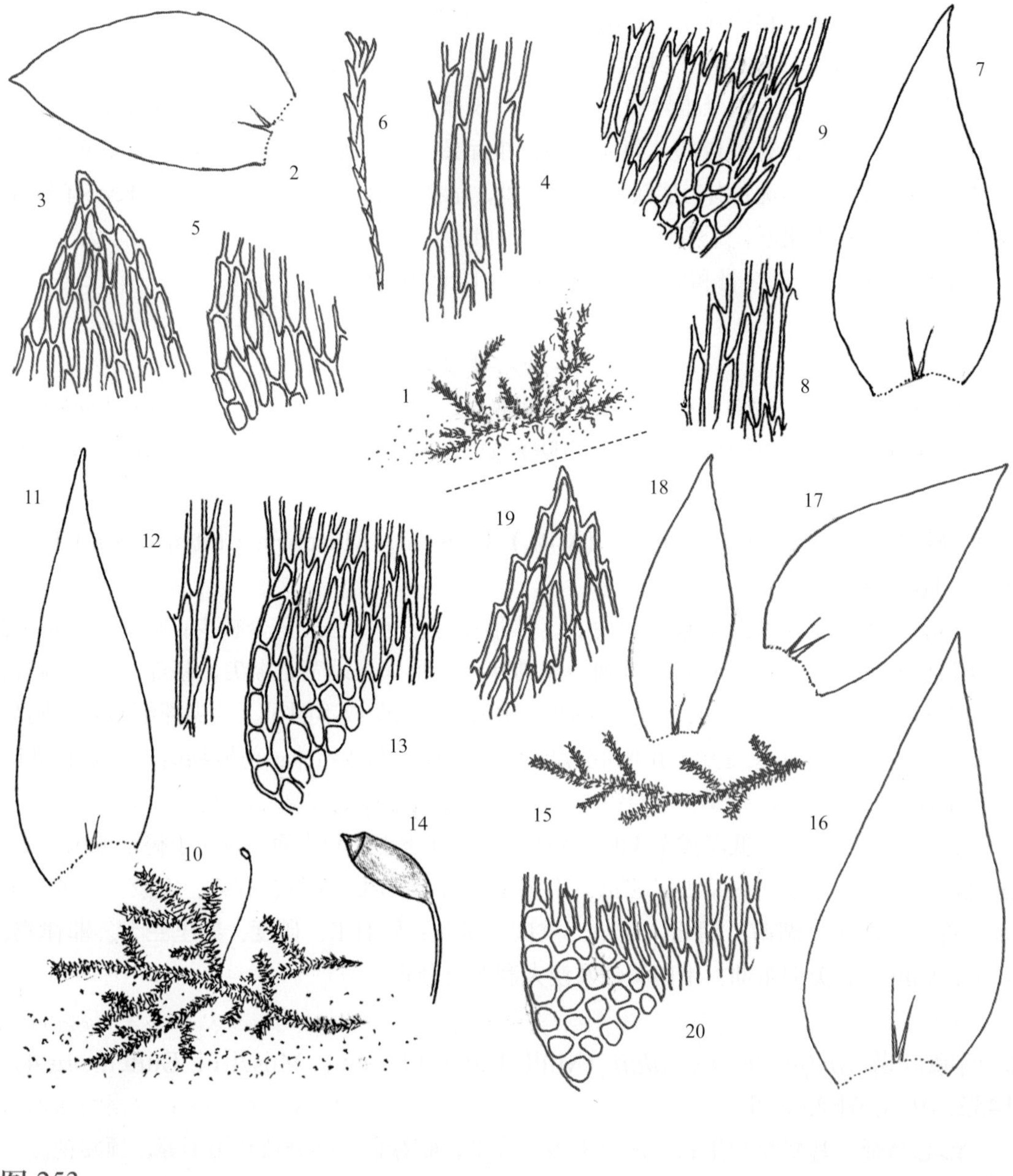

图 253

1~6. **东亚拟鳞叶藓** *Pseudotaxiphyllum pohliaecarpum*（Sull. et Lesq.）Iwats.

1. 林下湿土生植物群落（×1），2. 茎叶（×40），3. 叶尖部细胞（×300），4. 叶中部细胞（×300），5. 叶基部细胞（×300），6. 无性芽胞（×120）

7~9. **密叶拟鳞叶藓** *Pseudotaxiphyllum densum*（Card.）Iwats.

7. 茎叶（×60），8. 叶中部细胞（×300），9. 叶基部细胞（×300）

10~14. **鳞叶藓** *Taxiphyllum taxirameum*（Mitt.）Fleisch.

10. 阴湿土面生雌株（×1），11. 茎叶（×60），12. 叶中部细胞（×300），13. 叶基部细胞（×（300），14. 孢蒴（×10）

15~20. **陕西鳞叶藓** *Taxiphyllum giraldii*（Müll. Hal.）Fleisch.

15. 植物体（×1），16. 茎叶（×60），17，18. 枝叶（×60），19. 叶尖部细胞（×300），20. 叶基部细胞（×300）

14 明叶藓属 *Vesicularia*（Müll. Hal.）Müll. Hal.

片状交织生长。体形纤小，淡绿色或深绿色。茎单一或规则分枝，稀羽状分枝；枝短，扁平。茎横切面无中轴分化。叶密集，倾立或偏斜，稀镰刀状，基部不下延，阔卵圆形或卵圆形，具短尖、长尖或毛状尖；叶边平展，全缘或仅尖部有齿；中肋 2，短弱或缺失。叶细胞疏松，卵形、六边形或近于菱形六边形，平滑，角细胞不分化。雌雄同株。蒴柄细长，平滑。孢蒴平列或垂倾，卵形、长卵形或壶形，干时下部常缢缩。环带分化。蒴齿 2 层；发育良好。蒴盖平凸或圆锥形，稀有短喙。蒴帽狭兜形。孢子平滑。

本属约 116 种，分布热带和亚热带地区。中国有 12 种。

分种检索表

1. 叶长椭圆状卵形，具阔钝尖……………………………………………………1. 暖地明叶藓 *V. ferriei*
1. 叶近卵圆形或阔卵圆形，具短尖或长毛尖……………………………………………………2
2. 叶阔卵形，具单列细胞短尖……………………………………………………2. 明叶藓 *V. montagnei*
2. 叶卵形，具狭长细尖……………………………………………………3. 长尖明叶藓 *V. reticulata*

暖地明叶藓 *Vesicularia ferriei*（Card. et Thér.）Broth.，Nat. Pfl.-fam. 1（3）：1237. 1908. 图 254：1~5

形态特征 疏松小片状生长。体暗绿色，长可达 19 cm。茎近羽状分枝。分枝长可达 1 cm。叶长椭圆状卵形，具阔钝尖，内凹，两侧不对称；叶边上部具细齿；中肋 2，较短或无中肋。叶细胞菱形或长六角形，基部细胞近长方形，角细胞不明显。孢蒴下垂，卵圆形，蒴盖基部圆锥形，具短喙。

生境和分布 生于海约 1 000 m 林地或岩面薄土上。江西、福建、湖南、海南、云南和西藏；日本有分布。

明叶藓 *Vesicularia montagnei*（Schimp.）Broth.，Nat. Pfl.-fam. 1（3）：1094. 1908. 图 254：6~10

形态特征 片状交织生长。体形中等，暗绿色。茎不规则分枝；背面叶阔卵圆形或卵圆形，具短尖，侧面叶阔卵圆形，具短毛尖；叶边全缘；无中肋。叶中部细胞扁六角形，薄壁；叶边有一列狭长菱形细胞。侧面叶具长尖，枝叶与茎叶相似，通常具短钝尖。雌雄异苞同株。内雌苞叶狭披针形，具狭长尖。

生境和分布 生于海拔 600~1 800 m 林下树干或岩面。台湾、湖南、云南和西藏；日本、印度、斯里兰卡、泰国、越南、印度尼西亚、菲律宾及澳大利亚有分布。

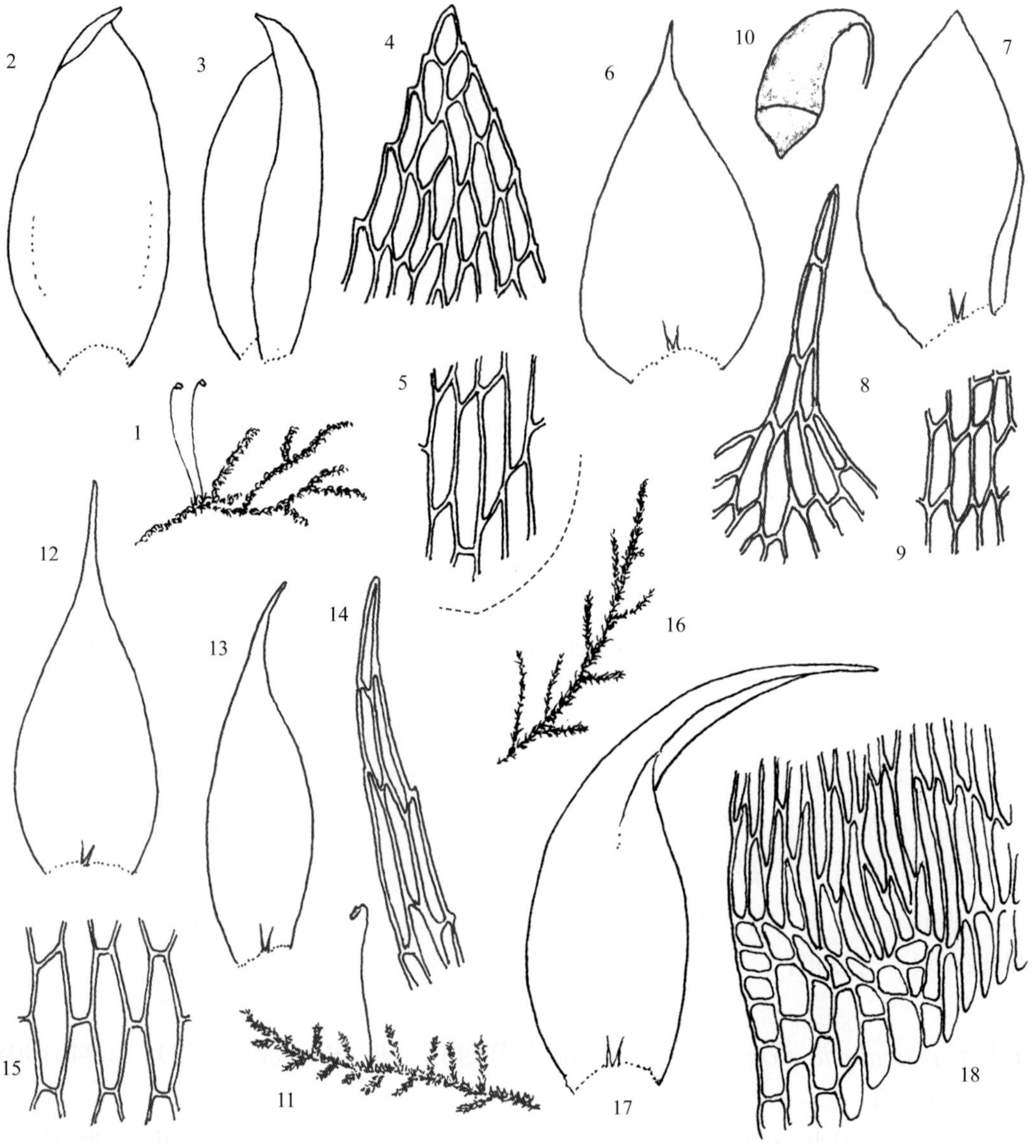

图 254

1~5. **暖地明叶藓** *Vesicularia ferriei*（Card. et Thér.）Broth.

1. 雌株（×1），2，3. 茎叶（×30），4. 叶尖部细胞（×230），5. 叶中部细胞（×230）

6~10. **明叶藓** *Vesicularia montagnei*（Schimp.）Broth.

6. 茎叶（×40），7. 枝叶（×45），8. 叶尖部细胞（×200），9. 叶中部细胞（×200），10. 孢蒴（×12）

11~15. **长尖明叶藓** *Vesicularia reticulata*（Dozy et Molk.）Broth.

11. 雌株（×1），12. 茎叶（×40），13. 枝叶（×40），14. 叶尖部细胞（×200），15. 叶中部细胞（×200）

16~18. **绢光拟灰藓** *Hondaella entodontea*（Müll. Hal.）Buck

16. 植物体（×1），17. 枝叶（×60），18. 叶基部细胞（×350）

长尖明叶藓 *Vesicularia reticulata*（Dozy et Molk.）Broth.，Nat. Pfl.–fam. 1（3）：1094. 1908. 图 254：11~15

形态特征 疏松片状生长。黄绿色或暗绿色，多具光泽。茎密羽状分枝。叶扁平排列。茎叶阔卵圆形，突成狭长尖；叶上部边缘具细齿；中肋短，细弱。叶中部细胞椭圆状六角形或菱状六角形，薄壁，叶边有一列狭长形细胞；角部细胞与中部细胞相似，狭长菱形。枝叶与茎叶相似。雌雄同株异苞。

生境和分布 生于海拔 600~3 100 m 林下树干基部、腐木、土壤或岩面。陕西、台湾、福建、广东、海南、贵州、云南和西藏；日本、菲律宾、印度、泰国、马来半岛、印度尼西亚及土耳其有分布。

15 拟灰藓属 *Hondaella* Dix. et Sak.

植物体外形似绢藓，黄绿色，着生树皮，密集成片。茎匍匐，横切面椭圆形，中轴略分化或不分化。不规则分枝，常圆条形，有时具鞭状枝。茎叶直立，披针形，略弓形弯曲，内凹，有褶，中肋 2，短弱。叶细胞狭线形或狭菱形，平滑，基部细胞短，角细胞明显分化，方形，多数。雌雄异株，内雌苞叶无中肋，蒴柄短，干时右旋。孢蒴直立，卵形，棕黄色或黑色。蒴齿 2 层，外齿层中缝有回折纹，内面有高横膈，内齿层齿条短于齿片，折叠形，上部开裂，有密疣，齿毛有节瘤和疣。朔盖圆锥形，具短喙，蒴帽下部有裂瓣，孢子黄色，有细疣。

本属 2 种，中国有分布。

绢光拟灰藓 *Hondaella entodontea*（Müll. Hal.）Buck，Brittonia 36（1）：87. 1984. 图 254：16~18

形态特征 疏松片状生长。体中等大小，黄绿色，具丝绢光泽。茎匍匐，扁平，横切面椭圆形，皮部细胞 2~4 层，小，厚壁。中轴无分化；不规则分枝，分枝短。叶密生，干时一向偏斜，椭圆状披针形，先端狭长，具纵褶；叶边全缘；中肋短，2 或不明显。叶细胞长线形，角细胞方形或长方形。蒴柄黄色，平滑，孢蒴圆柱形，直立。蒴齿单层，外齿层发育，内齿层缺失。

生境和分布 树干或岩石上，山西、陕西、四川和西藏有分布。中国特有。

16 长灰藓属 *Herzogiella* Broth.

疏松或群集生长。植物体淡绿色或黄绿色。茎横切面椭圆形，表皮细胞形大，薄壁；无鳞毛；无芽胞；分枝不规则。叶平展，卵圆状披针形或长椭圆状披针形，渐成细尖，基部下延或不下延；叶边平展，1/3~1/2 以上具细齿；中肋 2，短弱。叶细胞线形，平滑，角细胞稀少或多数，透明，薄壁。雌雄同株。蒴柄平滑。孢蒴长椭圆形或圆柱形，具纵褶。

环带分化。蒴齿 2 层；外齿层齿片披针形，黄色或黄褐色，外面具回折中缝，或密横脊，内面有突出的横隔，上部透明，具疣；内齿层齿条长线形，中缝有穿孔，透明，具疣，基膜高，齿毛 1~3。蒴盖圆锥形，有短喙。蒴帽兜形。孢子球形，有细疣。

本属约 10 种，温带地区分布。中国有 5 种。

分种检索表

1. 叶基明显下延；角细胞由多数、透明、大型细胞所组成……………………………… 1. 明角长灰藓 *H. striatella*

1. 叶基略下延；角细胞由 1 个或多个、透明、大型细胞所组成……………………………………………… 2

2. 叶长约 2 mm；叶中部细胞宽 4~6 μm，薄壁，通常无壁孔 ……………………………… 2. 沼生长灰藓 *H. turfacea*

2. 叶长可达 3.5 mm；叶中部细胞宽 8~10 μm，常具壁孔 ……………………………… 3. 齿边长灰藓 *H. perrobsta*

明角长灰藓 *Herzogiella striatella*（Brid.）Iwats.，Journ. Hattori Bot. Lab. 33：374. 1970. 图 255：1~5

形态特征 密集群生。体形中等，淡绿色或黄褐色。茎横切面表皮细胞薄壁。叶密生，倾立或偶尔扁平，长卵状披针形，先端长渐尖，有时基部抱茎，内凹，叶基明显下延，干燥时有时具不明显纵褶；叶边中部以上具细齿；中肋 2，短弱或不明显。叶细胞长线形，基部下延部分 2~4 列，无色或红色长方形薄壁细胞群。雌雄同株。

生境和分布 生于海拔 940~4 000 m 冷杉林、云杉林林地、岩面、树干或腐木。陕西、安徽、江西和四川；亚洲东部和北部、加拿大、美国及欧洲有分布。

沼生长灰藓 *Herzogiella turfacea*（Lindb.）Iwats.，Journ. Hattori Bot. Lab. 33：375. 1970；图 255：6~10

形态特征 疏松群集。纤细或粗壮，绿色或黄绿色，具光泽。茎匍匐，长 2~4 cm，横切面表皮细胞薄壁；不规则分枝。叶多少扁平，长卵形或长卵状披针形，具狭长尖，叶基部内凹；叶边上部具细齿，中下部具微齿；中肋 2，短弱。叶中部细胞狭长菱形，薄壁，基部细胞较短，角细胞薄壁，透明，长方形或方形。雌雄异苞同株。蒴盖圆锥形，有短喙。

生境和分布 习生海拔 1 400~4 050 m 针阔混交林下腐木、树干及岩面。吉林、陕西、江西、四川、贵州和云南；日本、朝鲜、俄罗斯（远东地区）、欧洲北部和北美洲有分布。

齿边长灰藓 *Herzogiella perrobusta*（Broth. ex Card.）Iwats.，Journ. Hattori Bot. Lab. 33：377. 1970. 图 255：11~15

形态特征 成片群集。粗壮，暗黄绿色或褐色。茎长约 4 cm 以上；横切面表皮细胞薄壁，中轴略分化；不规则分枝；叶初生枝呈 2 列，有时呈镰刀状弯向一侧，长卵状披针形或卵圆状披针形，尖端狭长，基部不对称，稍下延；叶边从基部至叶尖具锐齿；中肋 2，短弱。叶中部细胞狭菱形或线形，具壁孔，基部细胞短，常具壁孔，角部下延有 1~2 个长方形透明薄壁细胞。

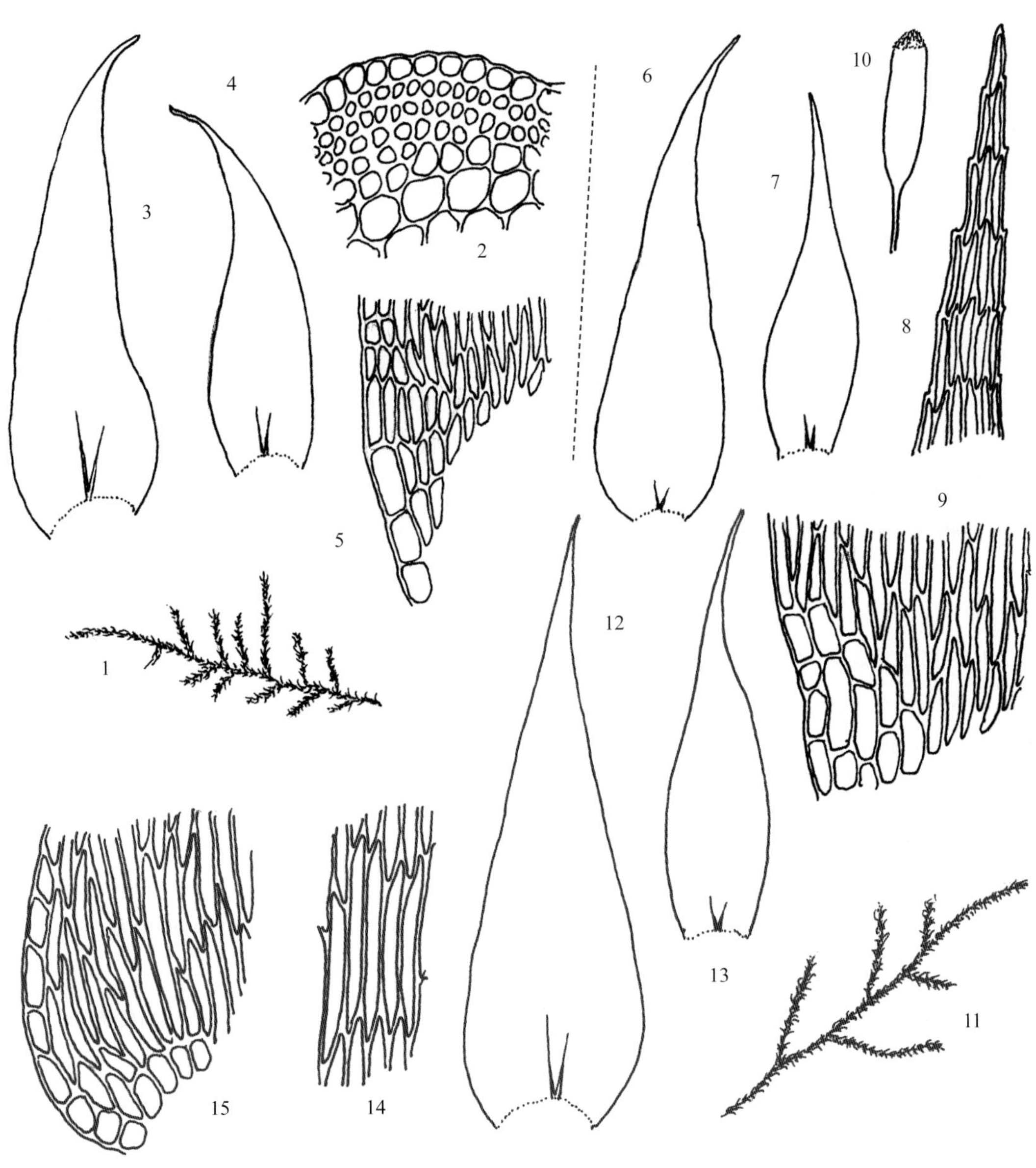

图 255

1~5. 明角长灰藓 *Herzogiella striatella*（Brid.）Iwats.

1. 植物体（×1），2. 茎横切面的一部分（×350），3. 茎叶（×75），4. 枝叶（×75），5. 叶基部细胞（×350）

6~10. 沼生长灰藓 *Herzogiella turfacea*（Lindb.）Iwats.

6. 茎叶（×75），7. 枝叶（×75），8. 叶尖部细胞（×350），9. 叶基部细胞（×350），10. 已开裂的孢蒴（×15）

11~15. 齿边长灰藓 *Herzogiella perrobusta*（Broth. ex Card.）Iwats.

11. 植物体（×1），12. 茎叶（×60），13. 枝叶（×60），14. 叶中部细胞（×350），15. 叶基部细胞（×350）

生境和分布 生于海拔2300~3900 m常绿阔叶林树干。贵州、云南和西藏；日本和朝鲜有分布。

17 粗枝藓属 *Gollania* Broth.

大片状疏松交织生长。植物体形大，粗壮，黄绿色或黄褐色，有光泽。茎不规则分枝或羽状分枝；假鳞毛披针形或卵形，稀三角形。茎扁平或近圆条形。茎叶有分化，直立，或镰刀状弯曲，卵圆形、长椭圆形或卵状披针形，具短尖或长尖，基部下延，内凹或平展；叶边背卷，具齿；中肋2，长或短，基部分离或相连。叶中部细胞线形，薄壁或厚壁，稀具壁孔，叶基部细胞较大，壁厚，有时具壁孔，角细胞分化，短方形或圆六边形。侧面叶镰刀状弯曲，尖端渐尖。枝叶较小，狭窄。雌雄异株。蒴柄细长，平滑，常旋转。孢蒴平列，有短台部，卵形或长圆柱形。蒴齿2层；发育良好。蒴盖圆锥形有短尖。蒴帽兜形。孢子黄棕色，平滑或具细疣。

本属约20种，温带和亚热带地区分布。中国有15种。

分种检索表

1. 茎叶分化明显；具叶茎扁平，叶向一侧弯曲或背仰……2
1. 茎叶不分化或略分化；具叶茎呈圆条形或近于圆条形，叶向两侧开展……7
2. 背面叶阔卵状披针形，突趋狭而弯曲，具短尖……3
2. 背面叶卵状披针形或长卵圆状披针形，狭或具长尖……4
3. 侧面叶背仰；叶中部细胞厚壁，具前角突……5. 多变粗枝藓 *G. varians*
3. 侧面叶略偏向一侧；叶中部细胞薄壁，平滑……6. 中华粗枝藓 *G. sinensis*
4. 角细胞略有分化，向上延伸少于8列细胞……7. 皱叶粗枝藓 *G. ruginosa*
4. 角细胞明显分化，向上延伸多于8列细胞……5
5. 叶边平展或仅基部背卷……4. 大粗枝藓 *G. robusta*
5. 叶边下部明显背卷，或除叶尖外均背卷……6
6. 背面叶通常长于2 mm，强镰刀状弯曲；中肋为叶长度的1/4~1/3；叶中部细胞厚壁，具壁孔……9. 密枝粗枝藓 *G. turgens*
6. 背面叶长度小于2 mm，直立或略镰刀状弯曲；中肋为叶长度的1/6~1/4；叶中部细胞薄壁……1. 陕西粗枝藓 *G. schensiana*
7. 背面叶向上渐趋狭，具长叶尖……8. 粗枝藓 *G. neckerella*
7. 背面叶向上突趋狭，具短叶尖……8
8. 叶边上部具细齿；中肋为叶长1/3；内雌苞叶细胞薄壁……2. 日本粗枝藓 *G. japonica*
8. 叶边上部全缘；中肋为叶长1/5；内雌苞叶细胞厚壁，具壁孔……3. 菲律宾粗枝藓 *G. philippinensis*

陕西粗枝藓 *Gollania schensiana* Dix. ex Higuchi，Journ. Hattori Bot. Lab. 59：29. 1985. 图 256：1~5

形态特征 疏松片状生长。体形中等，淡黄绿色或淡褐绿色，稍具光泽。茎横切面椭圆形；假鳞毛披针形；不规则分枝或羽状分枝。茎和枝稍呈圆条形，分枝长短不等。茎叶稍偏向一侧，基部宽 2~6 细胞；背叶阔椭圆状披针形，略弯向一侧，内凹，渐尖或具长尖，基部近于心脏形，略下延，稍具纵褶，叶边平展，上部具细齿，下部全缘；中肋 2，短弱，为叶长度的 1/6~1/4。叶中部细胞狭长线形，薄壁，平滑，角细胞明显分化，8~10 列。

生境和分布 生于海拔 960~3 100 m 侧柏林、松林、桦木林、杉林下岩面。河南、陕西、甘肃和四川；不丹、尼泊尔及印度北部有分布。

日本粗枝藓 *Gollania japonica*（Card.）Ando et Higuchi，Hikobia，Suppl. 1：192. 1981. 图 256：6~10

形态特征 成大片状交织生长。中等大小，淡黄绿色或淡褐绿色。茎平展，长约 5 cm；横切面椭圆形；假鳞毛三角形，基部宽 4~13 个细胞。具叶茎圆条形。茎叶略分化；背面叶直立或微镰刀状弯曲，阔卵圆形，具钝短尖，基部稍下延，叶边上部平展，具细齿，基部背卷；中肋 2。叶中部细胞长线形，稀具前角突，薄壁，平滑，基部细胞较大，壁厚，有壁孔，角细胞分化，3~5 列，高 4~5 个细胞。

生境和分布 生于低海拔至 3 100 m 林下湿地或沟谷间岩面、腐木、草丛中或腐殖质土上。甘肃、四川、重庆、贵州、云南和西藏；尼泊尔和日本有分布。

菲律宾粗枝藓 *Gollania philippinensis*（Broth.）Nog.，Acta Phytota. Geobot. 20：241. 1962. 图 256：11~14

形态特征 疏松交织成片。深黄绿色，稀金黄色。茎长可达 7 cm；分枝长短不等；横切面圆形；假鳞毛三角形，基部宽 5~11 个细胞。茎叶不明显分化；背叶直立，稀略弯曲或叶尖背仰，阔卵圆形，强烈内凹，突具短尖，基部稍下延；叶边平展，基部以上明显背卷，全缘；中肋 2，细弱，为叶长度的 1/5~1/4，基部分离。叶中部细胞长线形，厚壁，平滑，角细胞中等大小，稀明显分化，3~5 列，高 6~8 个细胞。枝叶小。内雌苞叶尖部背仰。

生境和分布 生于海拔 700~3 600 m 的温带和寒带林中岩面，稀见于土壤上。浙江、台湾、江西、四川和云南；菲律宾有分布。

大粗枝藓 *Gollaniaro robusta* Broth.，Sitzungsber. Akad. Wiss. Wien Math. Nat. Kl. Abt. 1，133：582. 1924. 图 256：15~18

形态特征 成片交织生长。体形粗壮，淡黄色或淡褐绿色。茎横切面椭圆形；假鳞毛披针形，基部宽 3~8 个细胞；分枝近圆条形，不等长。茎背叶直立或略弯向一侧，阔椭圆状披针形，向上渐狭，具细长尖；叶边平展或略背卷，上部具粗齿；中肋 2，长达叶片 1/3~1/2。叶中部细胞线形，厚壁，稀具前角突，角细胞明显分化，8~10 列，高 8~12 个细胞。

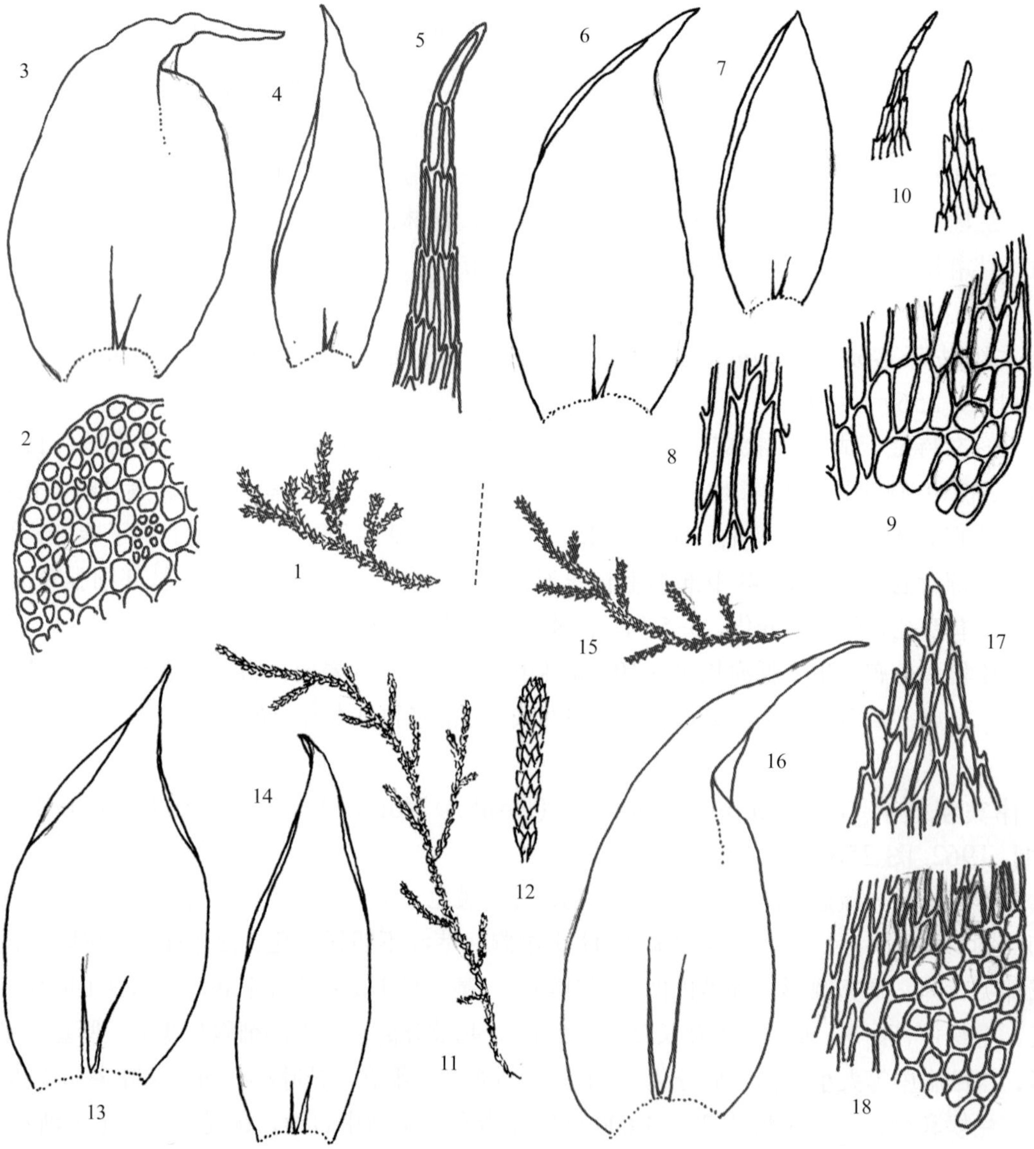

图 256

1~5. 陕西粗枝藓 *Gollania schensiana* Dix. ex Higuchi

1. 植物体（×1），2. 茎横切面的一部分（×350），3. 茎叶（×60），4. 枝叶（×60），5. 叶尖部细胞（×350）

6~10. 日本粗枝藓 *Gollania japonica*（Card.）Ando et Higuchi

6. 茎叶（×60），7. 枝叶（×60），8. 叶中部细胞（×350），9. 叶基部细胞（×350），10. 假鳞毛（×300）

11~14. 菲律宾粗枝藓 *Gollania philippinensis*（Broth.）Nog.

11. 植物体（×1），12. 枝（×3），13. 茎叶（×60），14. 枝叶（×60）

15~18. 大粗枝藓 *Gollania robusta* Broth.

15. 植物体（×1），16. 茎叶（×35），17. 叶尖部细胞（×350），18. 叶基部细胞（×350）

生境和分布 生于海拔 1 000~4 460 m 地带常绿和落叶阔叶林、红松林、云杉林、落叶松林下石壁、岩面、土壤、腐木或树干上。河南、陕西、安徽、台湾、湖北、贵州、四川、云南和西藏。

多变粗枝藓 *Gollania varians*（Mitt.）Broth.，Nat. Pfl.-fam. 1（3）：1055. 1908. 图 257：1~3

形态特征 疏松片状生长。体形中等大小，淡黄绿色，有时淡红色。茎平展，长达 4 cm；横切面椭圆形；假鳞毛披针形，基部宽 4~8 个细胞。分枝不规则或羽状分枝，圆条形，长短不等，长约 1.5 cm。茎叶有分化；背叶直立或略弯曲，阔卵圆状披针形，叶基稍下延，具短而钝尖。

生境和分布 生于海拔 700~4 300 m 针阔混交林或高山砾石荒漠的岩面、腐殖质土及腐木上。河南、陕西、甘肃、浙江、湖北、四川和云南；日本及朝鲜有分布。

中华粗枝藓 *Gollania sinensis* Broth. et Par.，Rev. Gén. Bot. 30：351. f. 3. 1918. 图 257：4~8

形态特征 大片状交织生长。大型，淡黄绿或淡褐绿色。茎长约 3 cm；茎着生叶片呈扁平或近于圆条形；假鳞毛卵状披针形，基部宽 5~8 个细胞。枝圆条形。茎叶有分化；背面叶直立或微弯，阔长卵状披针形，向上收缩呈短尖，稍具纵褶，叶边平展，上部具细齿，下部全缘；中肋达叶长度的 1/4~1/2。叶中部细胞长线形，薄壁，稀有前角突，角细胞明显分化，5~7 列，高 6~8 排细胞。腹面叶叶尖平展。枝叶小。

生境和分布 生于海拔 650~3 650 m 林下岩面、枯枝落叶上，稀见于树干。中国特有，产陕西、甘肃、江西、四川、重庆、贵州、云南和西藏。

皱叶粗枝藓 *Gollania ruginosa*（Mitt.）Broth.，Nat. Pfl.-fam. 1（3）：1055. 1908. 图 257：9~13

形态特征 疏松交织成片状。体形中等或形小，淡褐绿色，具光泽。茎横切面圆形；假鳞毛披针形，尖端呈丝状，基部宽 3~7 个细胞。枝近于呈圆条形，长短不等。茎叶有分化；背叶略弯向一侧，狭长卵圆状披针形，具长尖，叶基近心脏形，常下延，具纵褶，尖部具多数横皱纹；叶边平展或背卷，上部具不规则细齿；中肋 2，为叶长度的 1/4~1/3。叶中部细胞长线形，厚壁，具前角突，角细胞略有分化，3~5 列，高 4~6 个细胞。

生境和分布 生于海拔 600~4 200 m 暖温带或寒温带林内岩面、沙土、腐殖质土、树干和腐木上。中国各地；日本、朝鲜、印度西北部、不丹及俄罗斯有分布。

粗枝藓 *Gollania neckerella*（Müll. Hal.）Broth.，Nat. Pfl.-fam. 1（3）：1055. 1908. 图 257：14~17

形态特征 疏松成片生长。体形粗壮，淡黄绿色或淡褐色，具光泽。茎横切面圆形；

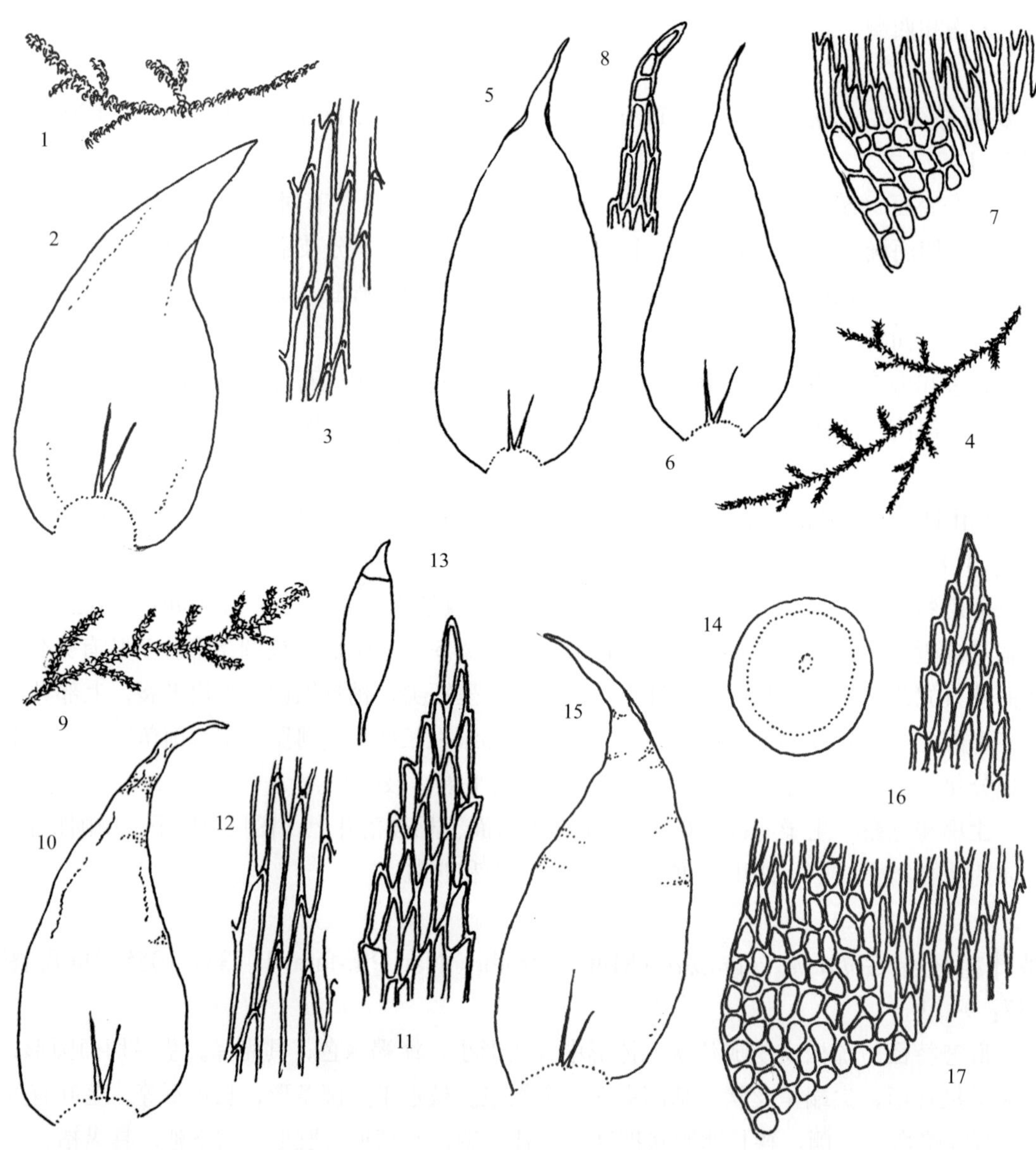

图 257

1~3. 多变粗枝藓 *Gollania varians*（Mitt.）Broth.

1. 植物体（×1），2. 茎叶（×60），3. 叶中部细胞（×400）

4~8. 中华粗枝藓 *Gollania sinensis* Broth. et Par.

4. 植物体（×1），5. 茎叶（×35），6. 枝叶（×35），7. 叶基部细胞（×350），8. 假鳞毛（×350）

9~13. 皱叶粗枝藓 *Gollania ruginosa*（Mitt.）Broth.

9. 植物体（×1），10. 茎叶（×50），11. 叶尖部细胞（×450），12. 叶中部细胞（×450），13. 孢蒴（×12）

14~17. 粗枝藓 *Gollania neckerella*（Müll. Hal.）Broth.

14. 茎的横切面（×120），15. 茎叶（×50），16. 叶尖部细胞（×350），17. 叶基部细胞（×350）

被叶茎扁平；假鳞毛披针形，基部宽 2~9 个细胞。背叶弯曲，卵状披针形，强烈内凹，具狭长尖，基部心脏形；叶基部边缘背卷。上部具不规则细齿，下部近于全缘；中肋 2，短弱，为叶长度的 1/6~1/5。叶中部细胞长线形，薄壁，平滑或具前角突；角细胞分化明显，5~7 列，高 10~14 个细胞。

生境和分布 山地林内腐木上。黑龙江、河南、陕西、甘肃、湖北、四川、云南和西藏；日本有分布。

密枝粗枝藓 *Gollania turgens*（Müll. Hal.）Ando，Bot. Mag. Tokyo 79：769. 1966. 图 258：1~4

形态特征 交织成片生长。中等，淡绿黄色。茎横切面椭圆形；假鳞毛披针形，基部宽 5~7 个细胞；分枝规则密羽状，枝扁平。背叶镰刀状弯向一侧，狭卵状披针形，具狭长尖，具纵褶；叶边平展，尖部具不规则细齿；中肋 2，粗壮，基部离生，为叶长 1/4~1/3。叶中部细胞长线形，厚壁，有壁孔，平滑；角细胞明显分化，6~8 列，高 8~10 个细胞。

生境和分布 生于海拔 1800~3730 m 林下岩面、腐殖质土、腐木及树干上。山西、陕西、四川和云南；尼泊尔、日本、俄罗斯、加拿大及美国有分布。

18 梳藓属 *Ctenidium*（Schimp.）Mitt.

匍匐交织或倾立丛集生长。植物体茎的横切面中轴略分化，皮层厚 3~5 层细胞；假根具细疣；分枝稀疏或密集，枝末端假鳞毛呈三角形，稀卵圆形；腋生毛由 2~4 个短而透明细胞组成。叶紧密排列，呈镰刀状一向偏斜，基部阔心脏形，下延，上部呈披针形；叶边具齿；中肋 2，短弱。叶细胞长线形，有前角突，角细胞方形或长方形，有时膨大。枝叶卵状披针形，较狭窄。雌雄异株。蒴柄长，红色。孢蒴倾立或平列，卵形或长卵形，弓形弯曲。蒴齿 2 层：外齿层齿片基部愈合，长披针形，有密横脊，上部无色透明，具疣；内齿层黄色，具疣，基膜低，齿条狭长披针形，中缝有连续穿孔，齿毛 2~3，细长，具节瘤。蒴帽多数有毛。孢子棕黄色，近平滑。

本属约 24 种，温带地区分布。中国有 11 种。

分种检索表

1. 茎叶与枝叶近于同形……2
1. 茎叶与枝叶不同形……3
2. 叶上部狭长部分为叶全长的 2/3；叶细胞具前角突……1. 梳藓 *C. molluscum*
2. 叶上部狭长部分为叶全长的 1/3；叶细胞不具前角突……2. 弯叶梳藓 *C. lychnites*
3. 茎叶尖细长；枝叶卵形；叶角细胞长下延……3. 齿叶梳藓 *C. serratifolium*
3. 茎叶一枝具短毛尖；叶角细胞略下延……4. 毛叶梳藓 *C. capillifolium*

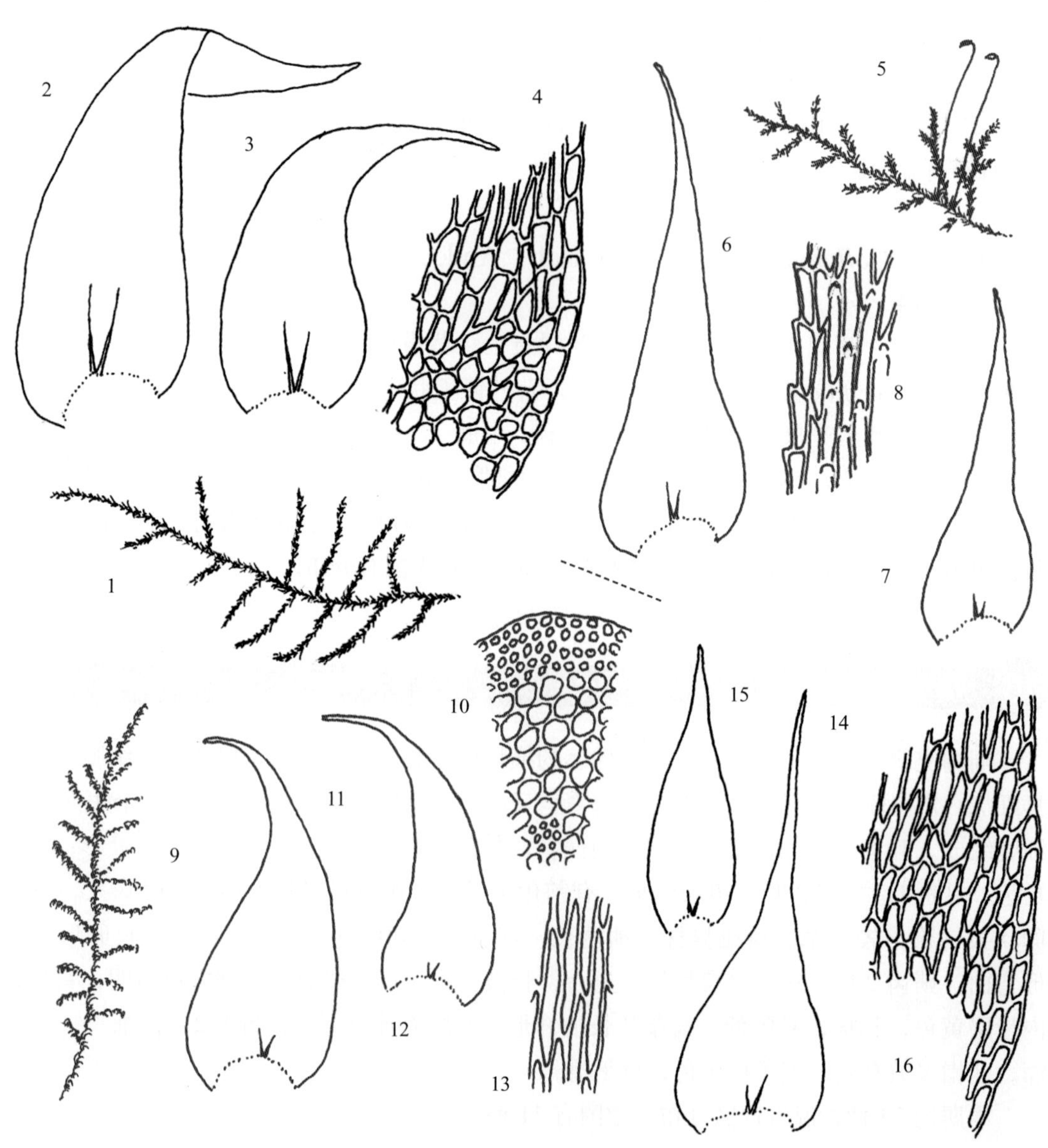

图 258

1~4. 密枝粗枝藓 *Gollania turgens*（Müll. Hal.）Ando

1. 植物体（×1），2. 茎叶（×50），3. 枝叶（×50），4. 叶基部细胞（×350）

5~8. 梳藓 *Ctenidium molluscum*（Hedw.）Mitt.

5. 雌株（×1），6. 茎叶（×50），7. 枝叶（×50），8. 叶中上部边缘细胞（×350）

9~13. 弯叶梳藓 *Ctenidium lychnites*（Mitt.）Broth.

9. 植物体（×1），10. 茎横切面的一部分（×450），11. 茎叶（×60），12. 枝叶（×60），13. 叶中部细胞（×350）

14~16. 齿叶梳藓 *Ctenidium serratifolium*（Card.）Broth.

14. 茎叶（×50），15. 枝叶（×50），16. 叶基部细胞（×350）

梳藓 *Ctenidium molluscun*（Hedw.）Mitt., Journ. Linn. Soc. London Bot. 12：509.1869. 图 258：5~8

形态特征 匍匐交织成片生长。体形小至中等大小，黄绿色或黄褐色，稍具光泽。茎长约 3 cm，规则羽状分枝；分枝密集，尖端钩状弯曲，假鳞毛三角状披针形。茎叶强镰刀状弯曲，卵圆状或三角状披针形，具狭长尖，叶基下延；叶边基部稍背卷；中肋 2。叶细胞线形，常具前角突，厚壁；角细胞分化，短方形，厚壁具壁孔。枝叶强镰刀状弯曲，狭卵状披针形，具长尖。

生境和分布 生于海拔 700~3 400 m 针叶林下岩面、树干、树枝、腐木或枯枝落叶上。黑龙江、吉林、辽宁、内蒙古、新疆、江西、湖南、广东、贵州、四川、云南和西藏；日本、俄罗斯、欧洲、北美洲及非洲北部有分布。

弯叶梳藓 *Ctenidium lychnites*（Mitt.）Broth., Nat. Pfl.-fam. 1（3）：1048. 1908. 图 258：9~13

形态特征 片状生长。体形中等，黄绿色。茎长约 3 cm，近羽状分枝；枝密集；假鳞毛三角形。茎叶尖部稀向外伸展，卵圆状或三角状披针形，具长尖，叶基稍下延，略具纵褶；叶边略背卷，稀具微波纹；中肋 2，短弱。叶细胞长线形，中部细胞前角突不明显，厚壁；角细胞分化，长方形或椭圆形，厚壁。枝叶卵圆状披针形，略呈镰刀状弯曲。

生境和分布 生于低海拔至 1 800 m 林下薄土。浙江、台湾、福建和云南；印度和斯里兰卡有分布。

齿叶梳藓 *Ctenidium serratifolium*（Card.）Broth., Nat. Pfl.-fam. I（3）：1048. 1908. 图 258：14~16

形态特征 小片状交织生长。形小或中等大小，淡黄绿色或黄绿色。茎长 2~3 cm，分枝密集或稀疏；直立或弯曲；假鳞毛三角形或狭三角形，具短尖。茎叶直立或开展，略呈镰刀状弯曲，狭三角状披针形或卵圆状披针形，具狭长毛尖，有时扭曲，叶基下延部分较短；叶边上部背卷，具齿；中肋 2。叶细胞线形，稀具壁孔，厚壁，角细胞长方形，厚壁，下延无分化。枝叶略扁平，狭卵圆状披针形。

生境和分布 生于 400~1 600 m 林下岩面、树干或腐木上。安徽、浙江、江西、湖南、贵州、台湾、广东、广西、海南、香港；泰国、越南和日本有分布。

毛叶梳藓 *Ctenidium capillifolium*（Mitt.）Broth., Nat. Pfl.-fam. 1（3）：1048. 1908. 图 259：1~4

形态特征 体形中等大小，粗壮，淡黄绿色。茎略倾立；羽状或近羽状分枝，分枝倾立；假鳞毛狭三角形或阔卵圆形。茎叶狭卵圆状或阔三角状披针形，常不对称，有时尖部扭曲，基部常内凹，下延部短而渐狭；叶边上部略背卷；中肋 2，为叶长度的 1/5。叶细胞线形，稀具壁孔；角细胞方形，厚壁，下延部分长方形。枝叶狭卵状披针形，不对称，长尖端扭曲。

生境和分布 生于海拔400~2 200 m林下树干、腐木、岩面或石灰岩上，也见于林地。安徽、江苏、浙江、江西、湖南、湖北、四川、重庆、贵州、云南、福建、广东、香港；日本及朝鲜有分布。

19 毛梳藓属 *Ptilium* De Not.

疏松成片交织或呈垫状。体形粗壮，硬挺。茎直立或匍匐，扁平密羽状分枝；分枝镰刀状弯曲；假鳞毛多数，狭披针形。叶密集，镰刀形或螺旋形弯曲，上部狭长披针形，有多数深纵褶，基部阔卵形，不下延；叶边中上部有细齿；中肋2。叶细胞狭长线形或蠕虫形，平滑，基部细胞短，有壁孔；角细胞方形或短菱形。雌雄异株。内雌苞叶直立，有深长纵褶，无中肋。蒴齿2层；外齿层齿片长披针形，基部愈合，外面有狭边缘和横条纹，渐上有粗密疣，内面有粗横隔，突出于边缘外；内齿层黄色，基膜高出，有刺疣，齿条狭披针形，中缝有穿孔，齿毛2~4，透明，有节瘤。蒴盖凸半圆形，具粗短而有疣的尖部。孢子绿色，具疣。

本属1种，高寒山区分布。中国有1种。

毛梳藓 *Ptilium crista-castrensis*（Hedw.）De Not.，Cronac. Briol. Ital. 2：178. 1867. 图259：5~8

形态特征 种的形态特征同属。

生境和分布 生于海拔1 100~4 200 m针叶林、针阔混交林下，喜沼泽地或溪边腐殖质土、岩面、腐木及树基。黑龙江、吉林、辽宁、内蒙古、河北、山西、陕西、甘肃、新疆、江西、湖北、四川、贵州、云南、西藏、台湾；尼泊尔、不丹、印度北部、蒙古、朝鲜、日本、俄罗斯、欧洲及北美洲有分布。

应用价值 植物体多年生长后呈垫状，对林地的水土保持起十分积极的作用。

104 塔藓科 HYLOCOMIACEAE

稀疏或密集交织成片。体形中等至大型，坚挺，绿色至棕黄色。茎匍匐；支茎多倾立，不规则或规则羽状分枝，常明显分层；茎横切面具中轴；茎、枝上具分枝鳞毛或小叶状假鳞毛，稀无鳞毛。茎叶与枝叶常异形，倾立、背仰或向一侧偏斜，基部常抱茎。茎叶卵状披针形、阔卵状披针形或三角状心形，有时具纵或横皱褶，上部渐尖、急尖至圆钝；

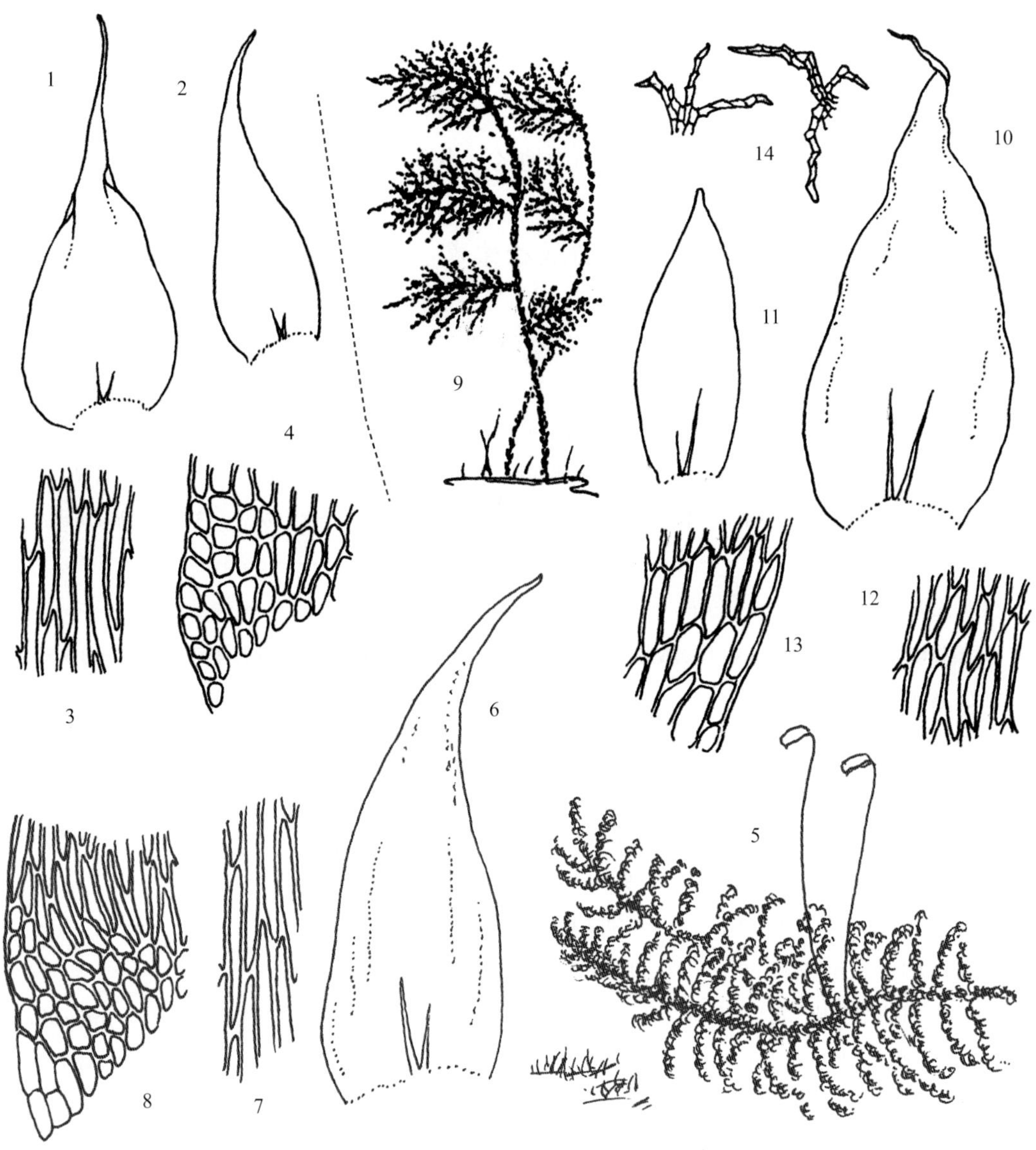

图 259

1~4. 毛叶梳藓 *Ctenidium capillifolium*（Mitt.）Broth.

1. 茎叶（×60），2. 枝叶（×60），3. 叶中部细胞（×450），4. 叶基部细胞（×450）

5~8. 毛梳藓 *Ptilium crista-castrensis*（Hedw.）De Not.

5. 高海拔林地生长的植物体（×1），6. 茎叶（×50），7. 叶中部细胞（×450），8. 叶基部细胞（×450）

9~14. 塔藓 *Hylocomium splendens*（Hedw.）Schimp.

9. 寒冷阴湿针叶林地生长的植物体（×1），10. 茎叶（×40），11. 枝叶（×40），12. 叶中部细胞（×350），13. 叶基部细胞（×350），14. 鳞毛（×120）

叶边具齿；中肋1或2，强劲或细弱。叶细胞线形或长蠕虫形，平滑、具疣或前角突，角部细胞常呈方形或近方形。雌雄异株。蒴柄细长。孢蒴卵形或长卵形。蒴齿2层；外齿层齿片狭长披针形，具淡色边，外具横脊，下部脊间有横纹、网纹或细疣，上部为细密疣；内齿层齿条披针形，基膜高，齿毛1~4，有时缺失。蒴帽兜形或帽形。孢子球形，表面具细疣或近于平滑。

本科15属，多分布温带或亚热带高山地区。中国有12属。

分属检索表

1. 茎、枝上常具鳞毛……2

1. 茎、枝上无鳞毛……4

2. 茎叶具强烈皱褶；枝叶多具单中肋……2. 星塔藓属 *Hylocomiastrum*

2. 茎叶无皱褶或具极少数皱褶；枝叶多具双中肋或无肋……3

3. 支茎上具分层的2~3回羽状分枝；叶细胞常具前角突；鳞毛的分枝多数由两列细胞构成……1. 塔藓属 *Hylocomium*

3. 支茎不规则分枝或不规则羽状分枝；叶细胞平滑；鳞毛的分枝多数由一列细胞构成……3. 假蔓藓属 *Loeskeobryum*

4. 叶先端常圆钝或呈钝尖……5

4. 叶先端一般不圆钝……6

5. 植物体常羽状分枝，枝先端不呈尾尖状；叶阔心脏形或三角形，不内凹或稍内凹；具强单肋、双肋或无中肋，有时分叉；角细胞不明显分化……5. 新船叶藓属 *Neodolichomitra*

5. 植物体不规则分枝，枝先端常呈尾尖状；叶长卵形，明显内凹；具短弱双肋；角细胞红褐色，明显分化……6. 赤茎藓属 *Pleurozium*

6. 茎叶具强烈皱褶，镰刀状弯曲；茎叶与枝叶均具长单中肋……7. 垂枝藓属 *Rhytidium*

6. 茎叶不强烈皱褶，有时仅尖部镰刀状弯曲；茎叶与枝叶多双中肋……7

7. 植物体大型；茎叶排列紧密，一般宽度超过1mm……8

7. 植物体略小；茎叶排列疏松，一般宽度不足0.8 mm……9

8. 茎叶卵状披针形或三角状披针形，尖较长……4. 拟垂枝藓属 *Rhytidiadelphus*

8. 茎叶心脏形，具短尖……9. 南木藓属 *Macrothamnium*

9. 茎叶最宽处位于叶基部；具明显长下延……8. 薄壁藓属 *Leptocladiella*

9. 茎叶最宽处位于叶中部；一般不具长下延……10. 薄膜藓属 *Leptohymenium*

1 塔藓属 *Hylocomium* Bruch et Schimp.

疏松交织成大片生长。体形中等至大型，坚挺，色泽黄绿、橄榄绿色、黄色至棕红色，具光泽。主茎多2~3回羽状分枝、树形或有明显层次；横切面无中轴；茎和枝上密被鳞毛。茎叶卵圆形或阔卵圆形，抱茎，具扭曲长尖；中肋2，短弱，稀缺失。叶细胞线形，略具壁孔，背面具明显的疣或前角突；基部细胞宽短，黄褐色，厚壁，具壁孔；角细胞不分化。枝叶卵状披针形或卵形，内凹，叶尖披针形或圆钝。雌雄异株。蒴柄棕红色。孢蒴卵形，具台部和气孔。环带分化。蒴齿发育良好。蒴帽圆锥形，具斜长喙。孢子小，黄色，具细疣。

本属 1 种，广泛分布北半球温暖及寒冷地区。中国有分布。

塔藓 *Hylocomium splendens*（Hedw.）Schimp.，Bryol. Eur. 5：173. 1852. 图 259：9~14

形态特征　种的形态特征同属。

生境和分布　常在海拔 2 300 m 以上的林地成片生长。新疆、台湾、四川、云南和西藏；亚洲东部至中部、欧洲、冰岛、格陵兰岛、北美洲西部、新西兰及非洲北部有分布。

应用价值　系针叶林林地水土保持十分重要的藓类。据新疆大学调查天山图瓦族人还用其作为盖房木料间的主要填充物之一。

2 星塔藓属 *Hylocomiastrum* Broth.

疏松交织成片生长。植物体大型，绿色、黄绿色至棕绿色。主茎横生；支茎不规则羽状分枝；横切面中轴分化；密生由多细胞组成的鳞毛。茎叶宽卵圆形、卵状三角形或卵圆形，渐尖，具深纵褶；叶边上部具刺状齿，下部具粗齿或细齿；中肋强劲，单一或双中肋，有时末端具刺。叶中部细胞狭椭圆形或蠕虫形，厚壁；基部细胞橙黄色，具壁孔；角细胞不分化。枝叶宽卵圆形或卵状披针形；中肋单一。雌雄异株。雌苞着生主茎上。蒴柄黄色或红色。孢蒴卵球形，基部气孔显形。蒴盖圆锥形。蒴齿 2 层；孢子球形，黄色，具细疣或平滑。

本属 3 种，以温带地区分布为主。中国有 3 种。

分种检索表

1. 茎叶三角形阔心脏形，枝叶阔卵形；中肋强劲……………………………………1. 喜马拉雅星塔藓 *H. himalayanum*
1. 茎叶、枝叶为阔卵形或狭卵形，具披针形尖；中肋细弱……………………………………2. 星塔藓 *H. pyrenaicum*

喜马拉雅星塔藓 *Hylocomiastrum himalayanum*（Mitt.）Broth.，Nat. Pfl.-fam. 2，11：486. 1925. 图 260：1~6

形态特征　疏松交织成片。暗绿色。支茎红色，略粗，具中轴；2~3 回羽状分枝，枝倾立，达 15 cm 以上；鳞毛细胞短，假鳞毛具不规则叉状齿。茎叶心脏形，枝叶阔卵状披针形，具纵皱褶；叶边具多细胞粗齿；中肋单一，强劲，达叶中部以上。叶细胞不规则线形，具前角突，基部细胞宽短，具壁孔。孢蒴卵形，有时短台部，横生或倾立。蒴盖圆锥形，具短喙。

生境和分布　常生于高山针叶林或阔叶林下，稀着生具土岩面。台湾、四川、云南和西藏；喜马拉雅山地区、日本及朝鲜有分布。

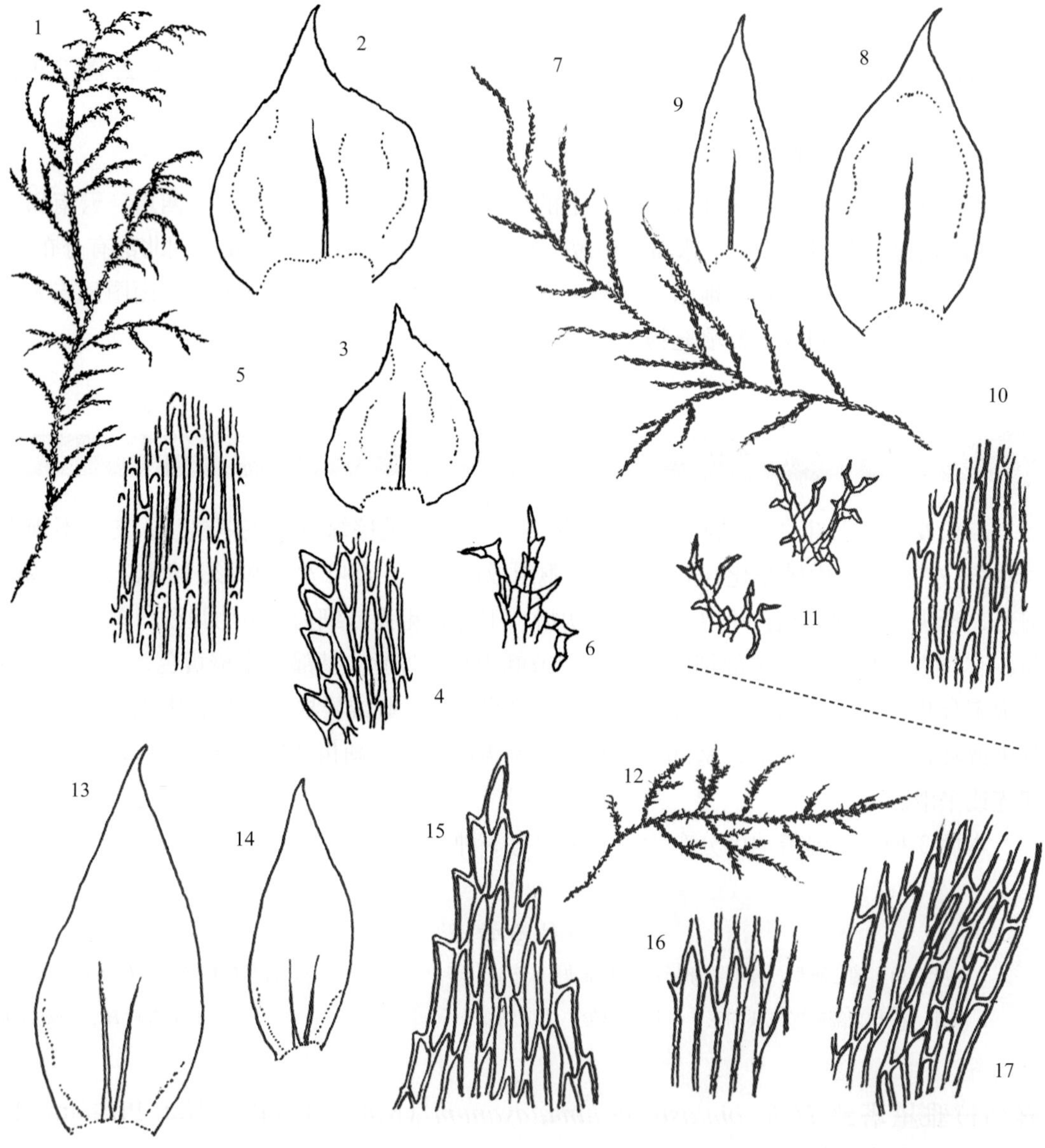

图 260

1~6. 喜马拉雅星塔藓 *Hylocomiastrum himalayanum*（Mitt.）Broth.

1. 植物体（×1），2. 茎叶（×30），3. 枝叶（×30），4. 叶边缘细胞（×350），5. 叶中部细胞（×350），6. 鳞毛（×120）

7~11. 星塔藓 *Hylocomiastrum pyrenaicum*（Spruce）Fleisch. ex Broth.

7. 植物体（×1），8. 茎叶（×25），9. 枝叶（×25），10. 叶中部细胞（×350），11. 鳞毛（×120）

12~17. 假蔓藓 *Loeskeobryum brevirostre*（Brid.）Fleisch. ex Broth.

12. 植物体（×1），13. 枝叶（×40），14. 小枝叶（×40），15. 叶尖部细胞（×350），16. 叶中部细胞（×350），17. 叶基部细胞（×350）

应用价值　多在高山林地成片生长，为林地水土保持起重要作用。

星塔藓 *Hylocomiastrum pyrenaicum*（Spruce）Fleisch. ex Broth., Nat. Pfl.-fam. 2, 11：487. 1925. 图 260：7~11

形态特征　成片疏松交织生长。体形大，长可达 10 cm，坚挺，绿色、深绿色至棕绿色。支茎倾立，具中轴，表皮细胞厚壁；茎上具分枝鳞毛，鳞毛细胞略短。分枝粗壮，圆条形。茎叶阔卵状披针形，稀具纵褶；基部略下延；中肋单一，达叶片上部。叶中部细胞具前角突，基部细胞稍短宽，角细胞略膨大。枝叶卵状披针形。雌雄异株。蒴柄 1.5~3 cm。孢蒴卵形，通常倾立。蒴帽兜形，平滑。

生境和分布　多生于潮湿的林地或岩面。吉林、陕西、四川和西藏；朝鲜、日本、俄罗斯、中亚地区、欧洲、冰岛、美国（阿拉斯加）、阿留申群岛及非洲北部有分布。

应用价值　可作为高山针叶林林地指示植物之一。

3 假蔓藓属 *Loeskeobryum* Fleisch. ex Broth.

疏松交织成片。形大而粗壮，黄绿色、金黄色、暗绿色或褐绿色，具光泽。主茎平展，不规则或规则羽状分枝；横切面中轴分化；鳞毛密生茎上。茎叶阔卵形，向上渐尖，内凹，具纵褶或波纹；叶边上部具齿，下部稀有锐齿；中肋 2，不及叶长度的 1/3。叶中部细胞狭长菱形至线形，厚壁，具壁孔；基部细胞狭长，金黄色；角细胞不分化；叶片角部细胞小，长方形或菱形。枝叶卵圆形至椭圆状披针形，渐狭成锐尖。雌雄异株。蒴柄红棕色，平滑。孢蒴倾斜或平列，椭圆形。蒴盖具斜喙。蒴帽兜形，平滑，无毛。

本属 2 种，主要分布温带地区。中国有 2 种。

假蔓藓 *Loeskeobryum brevirostre*（Brid.）Fleisch. ex Broth., Nat. Pfl.-fam.2, 11：483. 1925. 图 260：12~17

形态特征　交织呈垫状。植物体中等，绿色、黄绿色或褐色。主茎横展，支茎弓形，不规则叉状分枝或近于 2 回羽状分枝，基部不分枝；鳞毛密生。茎叶宽圆卵形，向上渐尖，叶尖扭曲，具纵褶；叶边平展，上部具粗齿，近基部具细齿；中肋 2。叶细胞长菱形，平滑，壁薄，基部细胞具壁孔。枝叶较小于茎叶，卵状披针形。孢子具细疣。

生境和分布　着生山地岩面、树枝或腐木上。陕西、安徽、台湾及四川；日本、俄罗斯（高加索）、欧洲、北美洲、中美洲至太平洋地区及非洲北部有分布。

应用价值　在林地大片生长，对森林涵养水源具有重要作用。

4 拟垂枝藓属 *Rhytidiadelphus*（Lindb. ex Limpr.）Warnst.

疏松成大片。体形中等或粗壮，硬挺，灰绿色、绿色至黄绿色，具光泽，支茎单一或不规则分枝；假鳞毛仅见于茎上枝的着生处。茎叶卵状或阔卵状披针形或心状披针形，先端背仰或向一侧弯曲，具明显纵长皱褶；中肋 2，长达中部以上。叶细胞线形，有前角突，基部细胞具壁孔，红褐色，角细胞略分化。枝叶卵状披针形，叶边全缘或具细齿；中肋 2，短弱。雌雄异株。蒴柄细长。孢蒴卵形。蒴齿 2 层；外齿层齿片狭披针形，橘红色，具横脊，中下部具浅边，外侧具横纹，上部常具疣；内齿层棕黄色，基膜稍高，具横隔，齿条常具连续穿孔，齿毛 1~3。蒴帽圆锥形，具短喙，或呈兜形。孢子球形，具细疣。

本属 5 种，温带地区分布。中国有 3 种。

分种检索表

1. 叶片具纵褶；叶背面具疣状小齿 ………… 3. 拟垂枝藓 *R. triquetrus*
1. 叶片不具纵褶或仅在基部具纵褶；叶背面平滑 ………… 2
2. 中肋达叶长度的 2/3；叶片宽卵形，具短渐尖 ………… 1. 仰尖拟垂枝藓 *R. japonicus*
2. 中肋达叶长度的 1/4~1/3；叶片狭卵形，具狭长尖 ………… 2. 拟垂枝藓 *R. squarrosus*

仰尖拟垂枝藓 *Rhytidiadephus japonicus*（Reim.）T. Kop.，Hikobia 6：19. 1971. 图 261：1~5

形态特征 疏松成片。主茎粗壮，红棕色，长可达 15 cm；枝条短，并具小枝条。茎叶阔卵圆形至圆形，急狭成短尖，基部无下延，棕色；叶边上部具齿。枝叶宽展，叶边具锐齿。叶中部细胞线形，薄壁，基部细胞长方形，厚壁，角部细胞分化，长方形或六边形，具壁孔。蒴柄长 30~40 mm，扭曲。孢蒴平列，卵状椭圆形；蒴盖圆锥形。蒴齿外层下部黄棕色，上部透明；齿条与齿片等长；齿毛 3，相互愈合。

生境和分布 生于林地岩面。吉林、四川、贵州和福建；日本、朝鲜和美国（阿拉斯加）有分布。

拟垂枝藓 *Rhytidiadelphus squarrosus*（Hedw.）Warnst.，Krypt. Fl. Brandenburg 2：918, 926. 1906. 图 261：6~9

形态特征 疏松交织成垫状生长。体大型，常粗壮，鲜绿色或黄绿色，干燥时呈灰绿色，多具光泽。主茎可达 15 cm，顶端倾立，呈稀疏而不规则的 2 回羽状分枝；茎和枝均为橘红色。茎叶心脏状卵形或圆形，向上急狭成长尖，尖部背仰，无纵褶；叶边具齿；中肋达叶长度的 1/4。叶细胞线形，壁薄，平滑；角细胞膨大，椭圆形。蒴齿齿毛 3。孢子具细疣。

生境和分布 着生寒冷山区腐殖土上。吉林和四川；日本、朝鲜、俄罗斯（远东地区）、欧洲、美国（阿拉斯加）、太平洋岛屿、新西兰及非洲北部有分布。

应用价值 植物体内常含有铅（lead）、镉（cadmium）和砷（arsenic）等重金属元素。

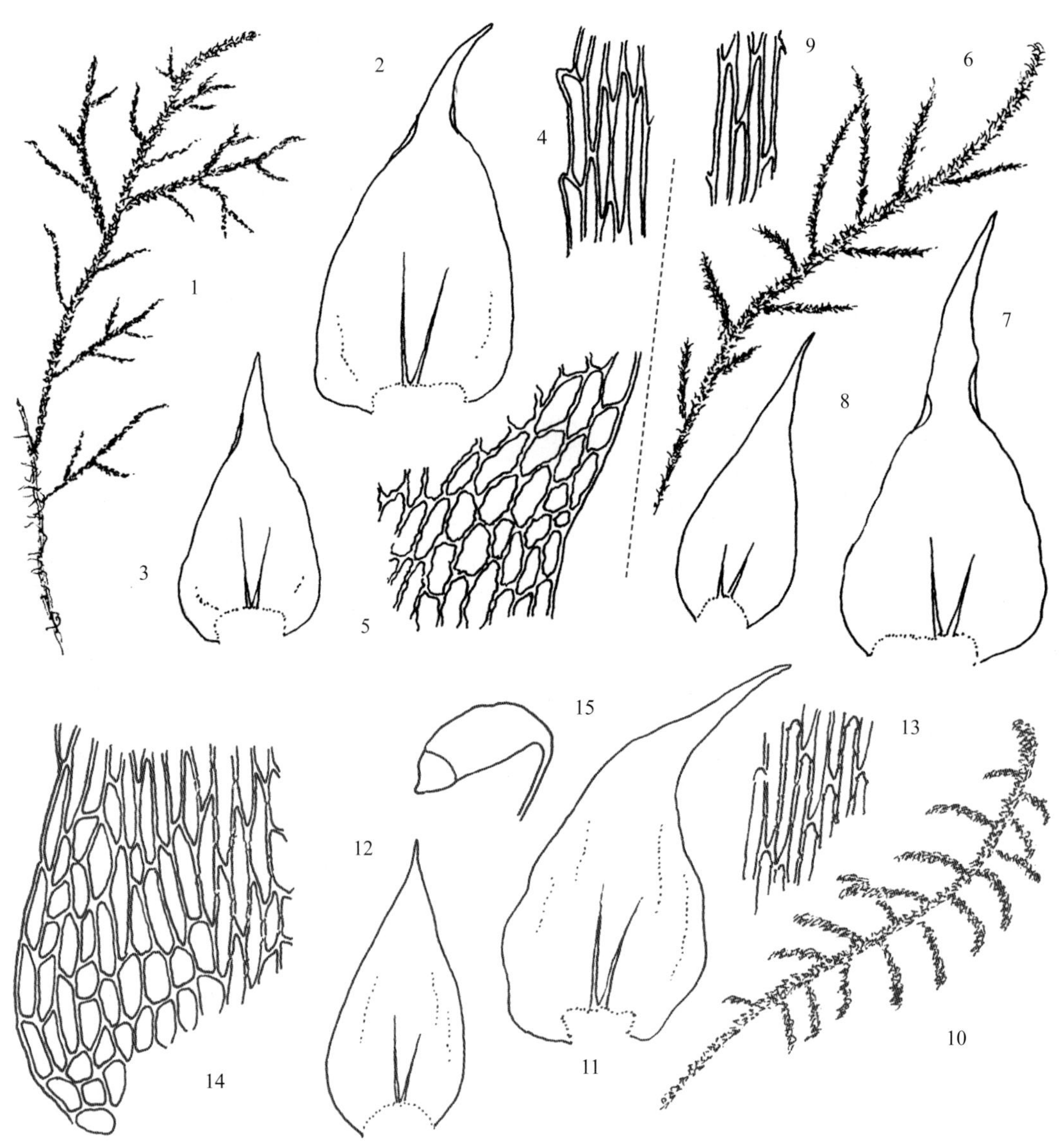

图 261

1~5. 仰尖拟垂枝藓 *Rhytidiadelphus japonicus*（Reim.）T. Kop.

1. 植物体（×1），2. 枝叶（×25），3. 小枝叶（×25），4. 叶中部边缘细胞（×250），5. 叶基部细胞（×250）

6~9. 拟垂枝藓 *Rhytidiadelphus squarrosus*（Hedw.）Warnst.

6. 植物体（×1），7. 枝叶（×25），8. 小枝叶（×25），9. 叶中部细胞（×250）

10~15. 大拟垂枝藓 *Rhytidiadelphus triquetrus*（Hedw.）Warnst.

10. 植物体（×1），11. 茎叶（×15），12. 枝叶（×15），13. 叶中部细胞（×250），14. 叶基部细胞（×250），15. 孢蒴（×8）

大拟垂枝藓 *Rhytidiadelphus triquetrus* (Hedw.) Warnst., Krypt. Fl. Brandenburg 2：920. 1906. 图 261：10~15

形态特征 疏松成片生长。茎红棕色，分枝长达 10 cm，羽状分枝。枝条先端具小尾尖或圆钝。茎叶基部卵圆形，上部具狭锐尖；叶边齿粗；中肋 2，达叶中部。枝叶卵形。叶中部细胞线形，多壁厚，具壁孔；上部细胞背腹面均具前角突起，有时呈刺状；基部细胞长方形，具壁孔，无疣；角部细胞不分化。蒴柄细长。孢蒴平列或悬垂，椭圆形，红棕色。蒴盖圆锥形，具小喙。

生境和分布 习生湿润林地腐木或腐殖土。黑龙江、吉林、辽宁、内蒙古、河北、北京、河南、陕西、宁夏、甘肃、新疆、浙江、江西、四川、重庆、云南、西藏；朝鲜、日本、俄罗斯、欧洲、北美洲及非洲有分布。

应用价值 常在针叶林林地大片生长，对林地保持水土起积极作用。

5 新船叶藓属 *Neodolichomitra* Nog.

疏松成片。体形大，硬挺，粗壮，绿色、黄绿色至褐绿色，具光泽，主茎匍匐；支茎直立或倾立，具中轴；无鳞毛；常 2~3 回不规则羽状分枝。茎叶大，近圆形、阔心脏形或卵圆状披针形，内凹，尖部圆钝、短至长尖；叶边全缘至具粗齿；中肋单一、分叉、至双中肋，或达叶片中部以上。叶细胞长蠕虫形至线形，有时具前角突，基部细胞短，有壁孔，红棕色，角细胞略分化。枝叶小，多为宽卵形至心脏形，具钝尖至长尖。雌雄异株。蒴柄细长。孢蒴背曲。蒴齿 2 层；外齿层齿片狭长披针形，外面具密横纹，尖部常具细疣；内齿层基膜高约为齿条的 1/2，具横隔，中缝常具狭穿孔，齿毛 1~3，具细疣。蒴盖具短喙。蒴帽圆锥形。孢子球形，表面具细疣。

本属 1 种，为亚洲东部特有属。中国有分布。

新船叶藓 *Neodolichomitra yunnanensis*（Besch.）T. Kop.，Hikobia 6（1~2）：53. 1971. 图 262：1~5

形态特征 种的形态特征同属。

生境和分布 喜生林下腐木和岩面。陕西、甘肃、台湾、海南、贵州、四川和云南；日本有分布。

6 赤茎藓属 *Pleurozium* Mitt.

疏松成片生长。植物体硬挺，多黄色，具光泽。茎匍匐，具不规则羽状分枝，先端常倾立，多锐尖。叶卵圆形，内凹，有时具纵长褶，密生或稀疏覆瓦状排列；叶尖部圆钝或具小短尖；叶基部边缘常略内曲，具细齿或齿突；中肋 2，或退化。叶细胞线形或长菱形，多略厚壁，平滑，基部细胞渐短，壁厚，具壁孔，角细胞近方形，常呈橙红色。雌雄异株。蒴柄细长，棕红色。孢蒴长卵形或近长圆柱形，倾立或略垂倾。蒴齿 2 层；外齿层齿片狭长披针形，具横脊，略具分化的浅色边缘，外面具细密网纹，尖部常具细疣；内齿层齿条棕黄色，基膜稍高，具横隔，中缝常具多数连续穿孔，齿毛 1~3。蒴盖圆锥形，具短喙。蒴帽兜形，平滑。孢子球形，表面具细疣。

本属 1 种，分布寒温带。中国有分布。

赤茎藓 *Pleurozium schreberi*（Brid.）Mitt.，Journ. Linn. Soc. Bot. 12：537. 1869. 图 262：6~10

形态特征　种的形态特征同属。

生境和分布　喜生岩面或树干基部。内蒙古、青海、新疆、四川、贵州、云南、西藏；日本、朝鲜、俄罗斯（远东地区）、欧洲、南美洲及北美洲有分布。

应用价值　多在高山林地大片生长，为针叶林代表植物之一。天山图瓦族人用其作为盖房木料间的主要填充物之一。

7 垂枝藓属 *Rhytidium*（Sull.）Kindb.

疏生或密集成片。体形粗壮，硬挺，绿色、褐绿色或棕黄色。支茎不规则羽状分枝；具中轴；假鳞毛仅着生茎上。茎叶长卵状披针形，镰刀状弯曲；具横纹及纵褶；叶边具齿；中肋单一，达叶中部。叶细胞线形或蠕虫形，厚壁，背腹面均具前角突或粗疣，中肋两侧基部细胞长方形，具壁孔；角细胞分化，方形或不规则，沿叶边向上延伸。雌雄异株。蒴柄红褐色，平滑。孢蒴长卵形。蒴齿 2 层；外齿层齿片 16，狭长披针形，橙黄色，外面具横脊，中脊平直或呈回折形，上部具细疣，基部愈合；内齿层基膜高出，齿条狭长，中缝有连续穿孔，齿毛 2，长线形或具结节。蒴盖高圆锥形。蒴帽兜形，平滑或具少数纤毛。

本属 1 种，分布温带地区。中国有分布。

垂枝藓 *Rhytidium rugosum*（Hedw.）Kindb.，Bih. Kongl. Svensk. Vet. Ak. Handl. 7（9）：15. 1883. 图 262：11~16

形态特征　种的形态特征同属。

生境和分布　多着生针叶林林地或具土岩面。吉林、内蒙古、河北、宁夏、青海、台湾、四川、云南和西藏；喜马拉雅山地区、日本、朝鲜、俄罗斯（远东地区）、欧洲、北美洲及南美洲有分布。

应用价值　天山图瓦族人用其作为盖房木料间的主要填充物之一。

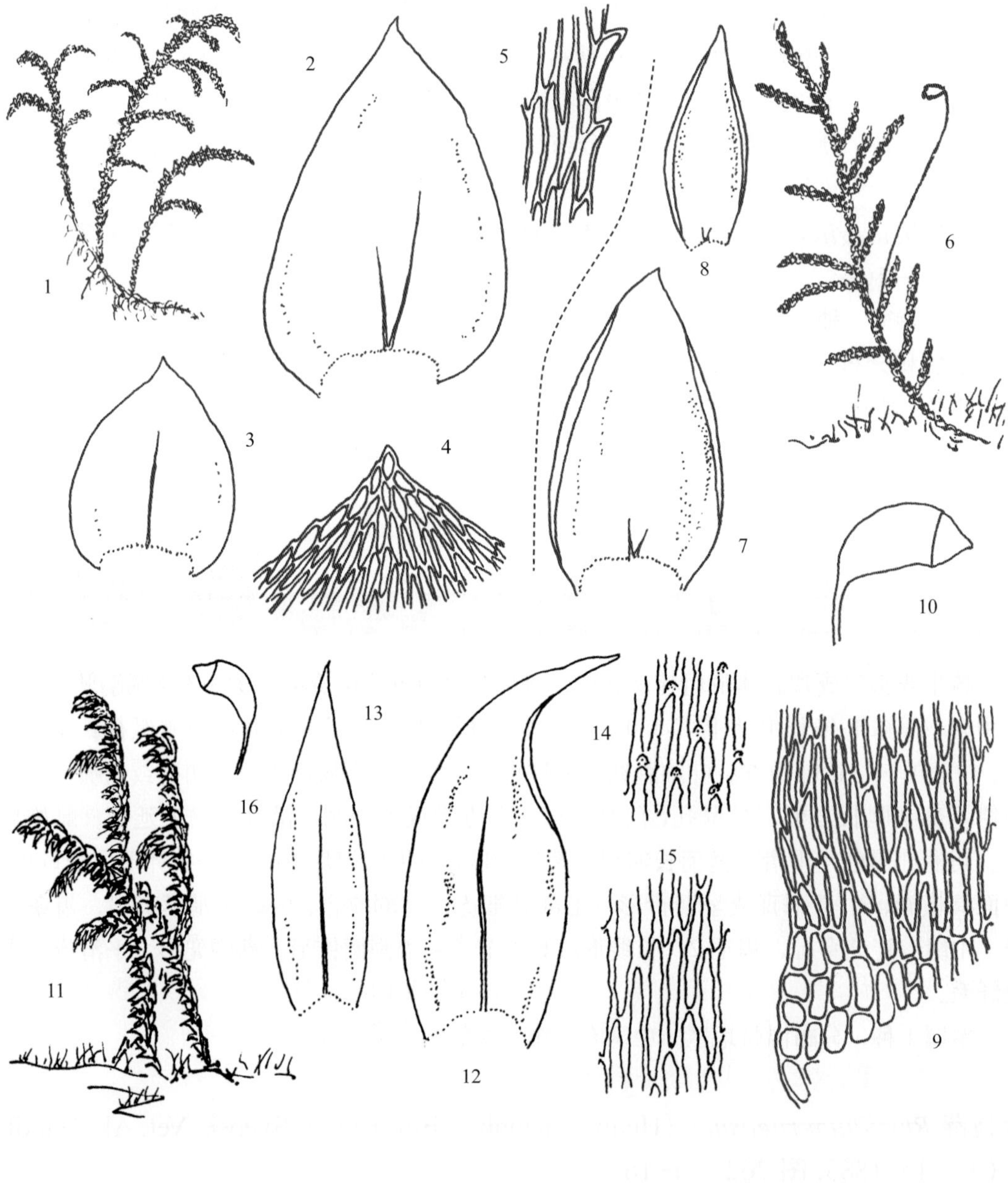

图 262

1~5. 新船叶藓 *Neodolichomitra yunnanensis*（Besch.）T. Kop.

1. 植物体（×1），2. 茎叶（×35），3. 枝叶（×30），4. 叶尖部细胞（×150），5. 叶上部边缘细胞（×300）

6~10. 赤茎藓 *Pleurozium schreberi*（Brid.）Mitt.

6. 雌株（×1），7. 茎叶（×15），8. 枝叶（×15），9. 叶基部细胞（×250），10. 孢蒴（×10）

11~16. 垂枝藓 *Rhytidium rugosum*（Hedw.）Kindb.

11. 植物体（×1），12. 茎叶（×20），13. 枝叶（×20），14. 叶上部细胞（背面观，示具前角突，×300），15. 叶近基部细胞（×300），16. 孢蒴（×5）

8 薄壁藓属 *Leptocladiella* Fleisch.

丛集成片生长。体形小至中等，榄绿色至黄绿色。主茎匍匐伸展；横切面表皮细胞透明、形大、薄壁，无中轴。支茎羽状分枝，无鳞毛；假鳞毛披针形。茎叶宽卵圆形或卵圆形，基部略呈耳状，具弱纵褶，明显狭下延；中肋2，短弱，达叶片长度的1/6~1/3。叶细胞线形，壁略厚，具前角突；角细胞分化，膨大，透明。枝叶卵形、卵状椭圆形或卵状披针形。雌雄异株。孢蒴倾立，椭圆状球形。环带不分化。蒴盖具短喙。蒴齿2层；外齿层齿片披针形，黄色，有分化的边缘，外面具横脊；内齿层淡黄色，具疣，基膜高为内齿层的1/3~1/2，齿条中缝无穿孔或具狭穿孔；齿毛单一或退化。孢子球形，表面具细疣。

本属3种，主要分布亚热带地区。中国有2种。

薄壁藓 *Leptocladiella psilura*（Mitt.）Fleisch.，Musci Fl. Buitenzorg 4：1205. 1923. 图263：1~5

形态特征 丛集生长。体长3~10cm。茎叶干燥时覆瓦状紧贴茎上，卵形或椭圆状卵形，锐尖或急狭呈渐尖，基部狭下延，内凹，具纵褶；叶边上部具小圆齿；中肋常在基部分叉。叶中部细胞狭长，薄壁，末端具前角突；基部细胞渐短；角细胞大，长方形或方形，分化明显。枝叶较小于茎叶，椭圆形，锐尖；叶边上具锐齿；中肋单一，常分叉，末端具小刺。蒴柄长可达3 cm。孢蒴倾斜，椭圆状圆柱形，不对称。

生境和分布 着生高山林地土面。四川、云南和西藏；尼泊尔、印度及缅甸有分布。

9 南木藓属 *Macrothamnium* Fleisch.

丛集交织生长。植物体中等至大型，色泽黄绿或黄褐色。主茎匍匐；支茎呈树形，不规则或规则1~3回羽状分枝；中轴略分化；假鳞毛三角形或披针形。茎叶心脏形、肾形或阔卵形，具钝尖、锐尖或渐尖，基部下延或不下延，具不明显的纵褶；叶边基部背卷；中肋2，达叶片长度的1/4~1/2。叶中部细胞狭椭圆形至线形，平滑或稀具细疣，基部具壁孔；角细胞不分化至明显膨大。枝叶卵圆形或椭圆形，中肋较弱。雌雄异株。雌苞生于主茎。蒴柄长，红色。孢蒴直立，对称，具短台部，干燥时口部收缩；基部具显型气孔。蒴盖圆锥形。蒴齿2层；蒴帽兜形，平滑，无毛。

本属5种，主要分布亚洲热带地区。中国有4种。

分种检索表

1\. 茎叶基部明显下延；中肋长达叶长度的1/2 ……………… 1. 爪哇南木藓 *M. javense*

1\. 茎叶基部一般不下延；中肋不及叶长度的1/3 ……………… 2. 南木藓 *M. macrocarpum*

爪哇南木藓 *Macrothamnium javense* Fleisch.，Hedwigia 44：311. 1905. 图 263：6~9

形态特征 疏松或紧密交织成垫状生长。体形粗壮，呈树形，长达 10 cm。枝条具小尖。茎叶基部心脏形或半圆形，具宽尖或钝尖，尖部多外曲，角部长下延，抱茎，内凹；叶边上部具尖齿；中肋 2，达叶长度的 1/2。叶中部细胞狭长，薄壁；基部细胞疏松；角细胞大而多，长方形或不规则形，膨大，薄壁。枝叶卵形或卵状椭圆形。内雌苞叶椭圆状披针形，具长毛尖，上部具齿，无中肋。蒴柄长约 4~5 mm，扭曲。孢蒴平列，椭圆形。内齿层齿条与外齿层等长，龙骨状，具穿孔；齿毛长。

生境和分布 高山林内树干生长。四川、云南和西藏；斯里兰卡、菲律宾、马来西亚及巴布亚新几内亚有分布。

南木藓 *Macrothamnium macrocarpum*（Reinw. et Hornsch.）Fleisch.，Hedwigia 44：308. 1905. 图 263：10~14

形态特征 匍匐成片生长。茎长达 10 cm；中轴略分化；常有鞭状枝；假鳞毛贝壳状。茎叶近于呈圆形，钝尖；中肋 2，短弱。枝叶阔椭圆形。叶中部细胞线形，具壁孔；基部细胞长方形；角细胞疏松排列。雌雄异株。雌苞生于主茎。蒴柄长可达 5 cm。孢蒴倾斜或平列，椭圆状圆柱形。蒴盖具小尖。蒴齿 2 层；外齿层齿片狭披针形，橘红色，具细疣，下部具横纹，黄色；内齿层齿条狭披针形，与外齿层齿片等高；齿毛 2~3，具结节瘤。

生境和分布 着生岩面、腐木和树皮上。安徽、浙江、江西、湖南、贵州、云南、西藏、福建、台湾、广西、香港；喜马拉雅山地区、日本、泰国、斯里兰卡、菲律宾、印度尼西亚及美国（夏威夷）有分布。

10 薄膜藓属 *Leptohymenium* Schwägr.

成片丛集交织。体形中等，黄色至褐绿色。主茎匍匐，不规则羽状分枝；具鞭状枝；无鳞毛。茎叶阔卵形或卵圆状披针形，略下延，具纵褶；叶边上部具细齿，基部内卷；中肋 2，达叶中部。叶细胞线形，略具前角突；角细胞短方形，薄壁，透明。枝叶长卵形，双中肋。雌雄异株。蒴柄细长。孢蒴卵形或长圆柱形，淡棕色。蒴齿 2 层；外齿层齿片狭披针形，具横脊，外面无横条纹；内齿层基膜稍高，齿条具回折中缝，有狭穿孔，具横隔，上部具细疣；齿条略长于齿片。蒴盖圆锥形。蒴帽兜形，平滑。孢子球形，表面具细疣。

本属 8 种，以热带地区分布为主。中国有 3 种。

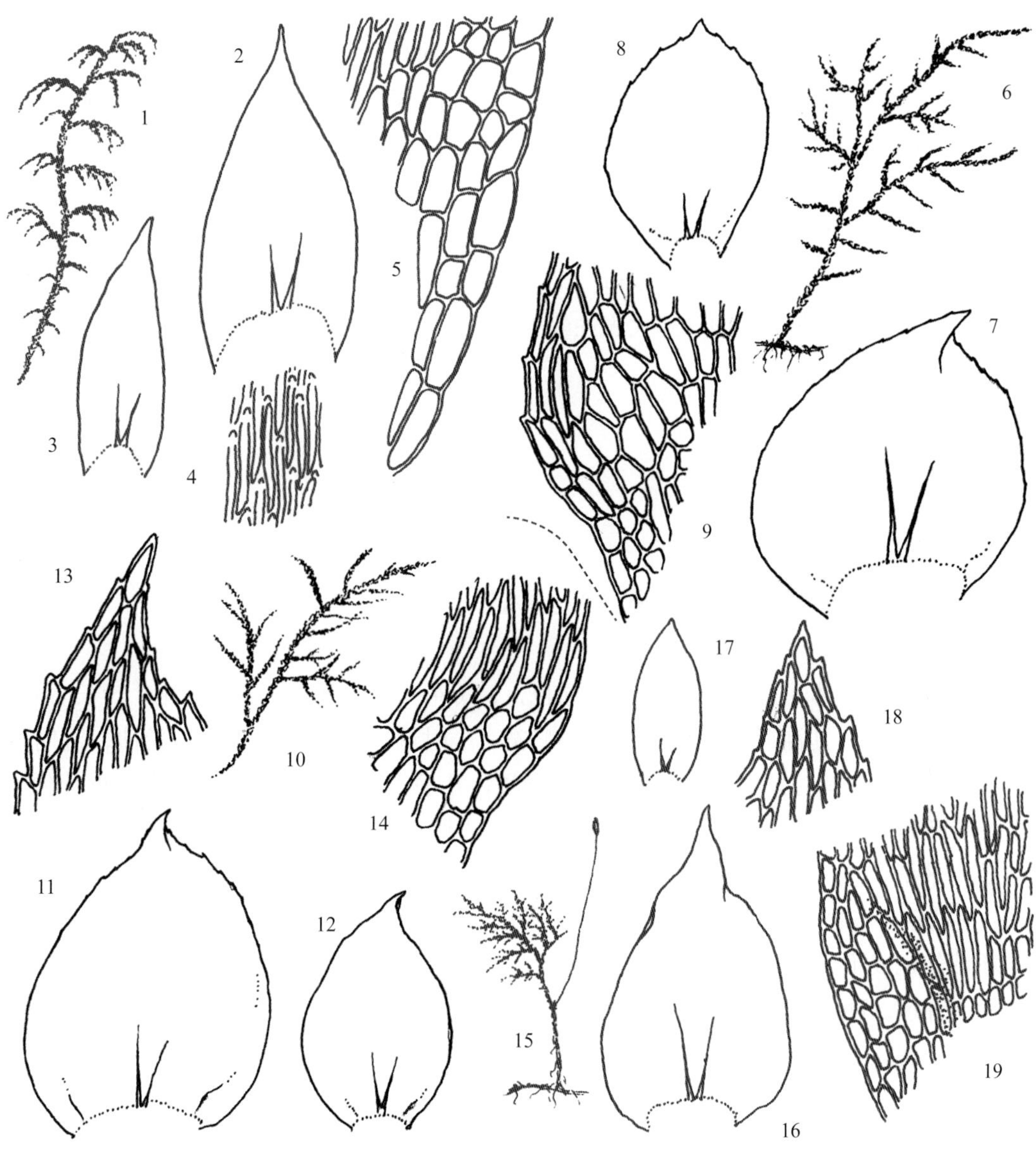

图 263

1~5. 薄壁藓 *Leptocladiella psilura*（Mitt.）Fleisch.

1. 植物体（×1），2. 茎叶（×30），3. 枝叶（×35），4. 叶中部细胞（×150），5. 叶近基部细胞（×180）

6~9. 爪哇南木藓 *Macrothamnium javense* Fleisch.

6. 植物体（×1），7. 茎叶（×35），8. 枝叶（×30），9. 叶基部细胞（×200）

10~14. 南木藓 *Macrothamnium macrocarpum*（Reinw. et Hornsch.）Fleisch.

10. 植物体（×1），11. 茎叶（×25），12. 小枝叶（×25），13. 叶尖部细胞（×200），14. 叶基部细胞（×200）

15~19. 薄膜藓 *Leptohymenium tenue*（Hook.）Schwaegr.

15. 雌株（×1），16. 茎叶（×30），17. 小枝叶（×35），18. 叶尖部细胞（×200），19. 叶基部细胞（×200）

薄膜藓 *Leptohymenium tenue*（Hook.）Schwägr.，Sp. Musc. Suppl. 3（1）：246 c. 1828. 图 263：15~19

形态特征 密集交织成垫状。体形粗壮，硬挺，褐绿色，具光泽。主茎匍匐。支茎近树形分枝，高 1.5~3.0 cm，基部叶片缺失，上部密被叶。叶片倾立或平展，椭圆形或卵形；叶边近尖部具细齿；中肋短。叶细胞长菱形，细胞两端突起形成前角突；角细胞分化，不规则长方形，透明。蒴柄细长。孢蒴对称，卵状圆柱形。蒴盖圆锥形，具短喙，有时弯曲。

生境和分布 生于高山林地树干上。四川、云南和西藏；喜马拉雅山地区、缅甸、泰国、菲律宾、墨西哥及危地马拉有分布。

应用价值 中国西南高山森林代表性藓类之一。

105 短颈藓科 DIPHYSCIACEAE

丛集或散生。体形矮小，灰绿至暗绿色，高 0.4~4cm。茎直立；无中轴；叶长舌形、长剑形或阔带形，具钝或锐尖，有时基部略宽；干时倾立，略卷曲或强烈卷曲，湿时伸展；叶边多全缘，有时具细齿或齿突；中肋宽阔，几乎占满叶片，突出于叶尖或近叶尖部消失。叶细胞单层至多层，卵形、近方形，或不规则多角形，有时背腹面均具疣，基部细胞略长，平滑，透明。雌雄异株或异苞同株。雌苞顶生。雌苞叶短或长，长卵圆形或长剑形；中肋单一，突出叶尖呈长芒状。蒴柄极短。孢蒴斜卵圆形，两侧对称，隐生雌苞叶内。环带分化或不分化。蒴齿单层或 2 层，呈白色膜状折叠的圆锥筒形，常具细疣。蒴盖圆锥形或钟形。蒴帽小，平滑。

本科 1 属，主要分布亚热带地区。中国有分布。

1 短颈藓属 *Diphyscium* Mohr

属的形态特征同科。

本属 15 种，多分布亚热带地区。中国有 6 种及 1 变种。

分种检索表

1. 叶上部横切面呈椭圆形或三角形；中肋界限不明显 ………… 4. 厚叶短颈藓 *D. lorifolium*

1. 叶上部横切面不呈椭圆形或三角形；中肋界限明显 ………… 2

2. 叶上部边缘具粗齿……………………………………………………………………3. 齿边短颈藓 *D. longifolium*

2. 叶上部边缘不具粗齿……………………………………………………………………………………3

3. 多数叶片中部宽不足 0.4 mm……………………………………………………………1. 短颈藓 *D. foliosum*

3. 多数叶片中部宽 5~8 mm……………………………………………………………2. 东亚短颈藓 *D. fuvifolium*

短颈藓 *Diphyscium foliosum*（Hedw.）Mohr，Ind. Musc. Pl. Crypt. 3. 1803. 图 264：1~6

形态特征　散生或群集。植株矮小，深绿色至暗绿色。茎高 1~2 mm。叶长舌形，上部兜形，具尖；中肋强劲，不达叶尖。叶中上部细胞卵圆形，2 层，背腹面具疣，厚壁；基部细胞平滑，透明，薄壁。雌雄异株。雌苞叶先端开裂；中肋粗，突出呈长芒状。孢蒴斜卵形，不对称，黄绿色至棕色。蒴齿 2 层；外齿层不明显；内齿层齿条愈合呈折叠的圆锥筒形。

生境和分布　散生或群集于林下岩面、倒木或林地。台湾、湖南和四川；日本、俄罗斯（高加索地区）、欧洲、格陵兰岛及北美洲有分布。

东亚短颈藓 *Diphyscium fulvifolium* Mitt.，Trans. Linn. Soc. London Bot. 2，3：143. 1891. 图 264：7~10

形态特征　疏生或丛集成片生长。植株高 0.5~2 cm，鲜绿色至暗绿色，有时黄褐色。叶长舌形，具短尖，叶边近全缘；中肋强劲，突出或消失于近尖部。叶中上部细胞不规则卵状方形，两层，背腹面具疣，厚壁；基部细胞透明，平滑，壁薄。雌苞叶膜状，先端边缘具纤毛或裂片；中肋突出呈长芒状。孢蒴斜卵形，不对称。蒴齿 2 层。

生境和分布　着生于具土岩面、朽木或林地。江苏、安徽、浙江、台湾、福建、江西、湖北、湖南、广东、广西、贵州、四川和云南；日本、朝鲜及菲律宾有分布。

齿边短颈藓 *Diphyscium longifolium* Griff.，Calcutta Journ. Nat. Hist. 2：477. 1842. 图 264：11~13

形态特征　散生或群集。植物体绿色至暗绿色，高 0.5~1 cm。叶长卵状披针形或长剑形，长 5~7 mm，叶上部边缘具多细胞的齿；中肋粗，突出叶尖。叶细胞卵状方形或不规则形，两层，背腹面平滑，厚壁；基部细胞平滑，透明。雌雄异株。雌苞叶先端具细裂片，中肋突出呈长芒状。芒尖长 5mm。孢蒴不对称，隐生。

生境和分布　着生林下岩面或林地。云南；喜马拉雅山地区、印度、亚洲东南部、太平洋岛屿及中南美洲有分布。

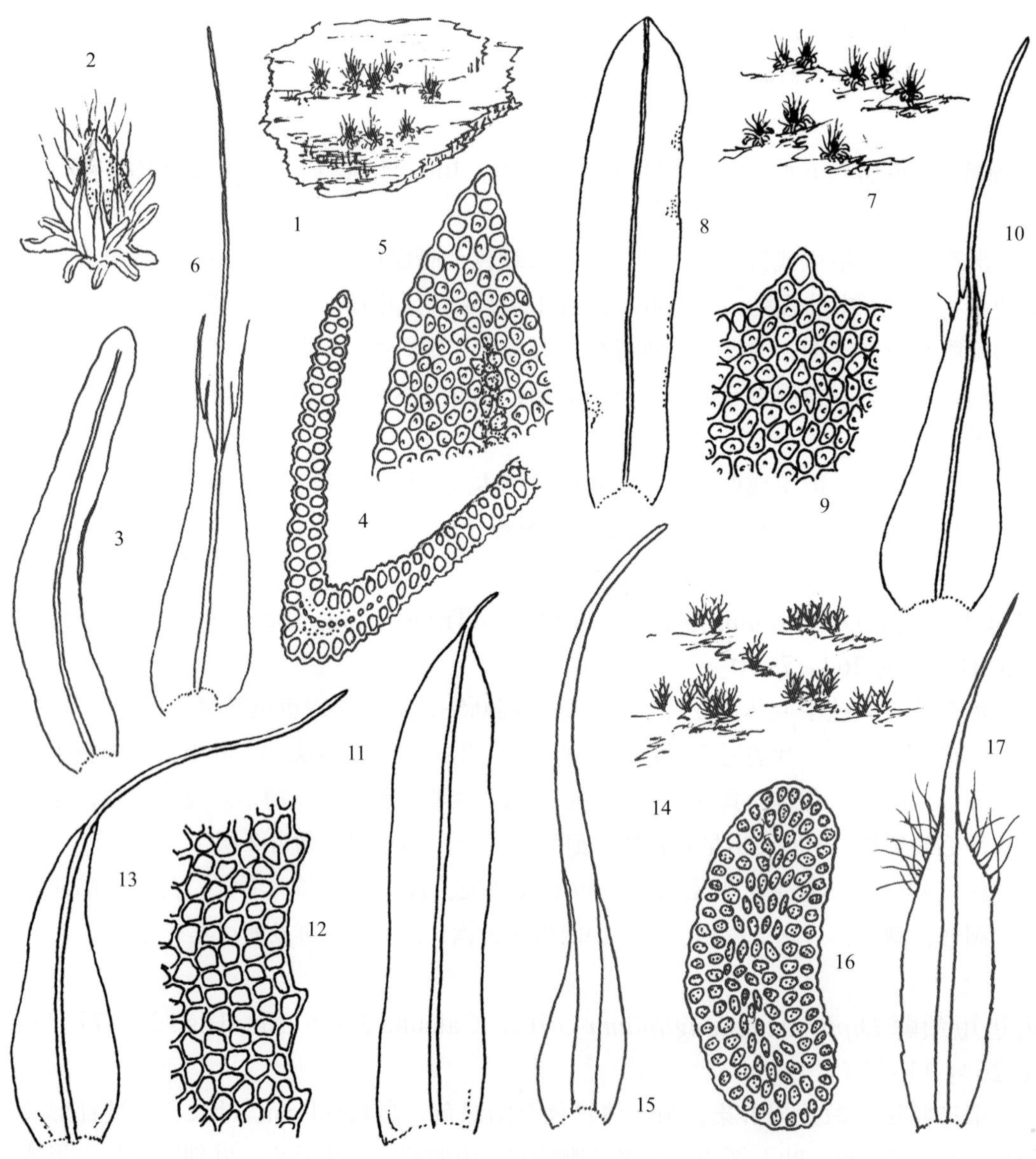

图 264

1~6. 短茎藓 *Diphyscium foliosum*（Hedw.）Mohr

1. 着生林内腐姆上的植物群落（×1），2. 雌株（×10），3. 叶（×30），4. 叶横切面的一部分（×250），5. 叶尖部细胞（×200），6. 内雌苞叶（×25）

7~10. 东亚短茎藓 *Diphyscium fulvifolium* Mitt.

7. 湿润林地生的植物群落（×1），8. 叶（×30），9. 叶尖部细胞（×200），10. 内雌苞叶（×30）

11~13. 齿边短茎藓 *Diphyscium longifolium* Griff.

11. 中部叶（×30），12. 叶上部边缘细胞（×200），13. 内雌苞叶（×25）

14~17. 厚叶短茎藓 *Diphyscium lorifolium*（Card.）Magombo

14. 寒冷林下生植物群落（×1）15. 叶（×40），16. 叶中部横切面（×200），17. 雌苞叶（×40）

厚叶短颈藓 *Diphyscium lorifolium*（Card.）Magombo，Novon 12：502. 2002. 图 264：14~17

形态特征 散生或丛集成片。体矮小，灰绿色至暗绿色。茎高3~5 mm。叶密簇生，基部卵圆形，上部为带状狭披针形，横切面呈三角形或椭圆形，先端圆钝，易折断；叶边有时具齿；中肋占满叶片，横切面具绿色细胞。叶细胞多层，基部中肋两侧单层，透明。雌雄异株。雌苞叶阔舌形；叶边具齿，边缘具密长毛；中肋突出呈长芒状。孢蒴斜卵形。环带不分化。蒴齿外齿层退化；内齿层膜质，呈折叠圆锥筒状，表面具疣。蒴盖圆锥形，钝尖或具短喙。

生境和分布 生于寒冷林下潮湿岩面。吉林和辽宁；日本、朝鲜及克什米尔地区有分布。

106 烟杆藓科 BUXBAUMIACEAE

林下腐木、林地或火烧迹地多单个散生。原丝体常存，绿色，具分枝，常交织成片。配子体极度退化，孢子体发达并高度分化。雌雄异株。雄株蚌壳状，透明，着生原丝体上。雌株略大，高约 1 mm，具无色透明的假根。营养叶退化，雌苞叶薄膜状，阔卵形或卵状披针形；叶边缘常分瓣或具纤毛，无中肋；叶细胞单层，长方形至卵状六边形。蒴柄粗壮，高 1~2 cm，硬挺，红棕色，具密疣，蒴足基部膨大埋于茎内。密生无色假根。孢蒴棕红色至灰黄色，扁卵形或长卵状锥形，不对称，上部倾立，具明显背腹分化，背面近于平截，横生或斜生，烟斗状。蒴口窄，具短台部，气孔显型。蒴齿 2 层；外齿层短，由有横隔的齿片组成；内齿层多膜质，纵长褶叠，呈圆锥筒状，外面具横条纹及密疣，脊部有时棕色。蒴盖长圆锥形。蒴帽小，圆锥形，仅罩覆蒴盖尖端。

本科仅 1 属，北半球分布。中国有分布。

1 烟杆藓属 *Buxbaumia* Hedw.

属的形态特征同科。

本属 12 种，寒冷山区分布。中国有 3 种。

分种检索表

1. 孢蒴近于卵状圆锥形，不具明显背腹分化；无斑点……………………………………1. 筒蒴烟杆藓 *B. minakatae*
1. 孢蒴扁卵形，具明显背腹分化，背面略平；常具斑点……………………………………2. 花斑烟杆藓 *B. punctata*

筒蒴烟杆藓 *Buxbaumia minakatae* Okam.，Bot. Mag. Tokyo 25：30. f. 1. 1911. 图 265：1~5

形态特征　疏生。配子体极度退化。雄株小，蚌壳状。雌株稍大，高不及 1 mm。叶阔卵形或卵状披针形，透明；叶边具长纤毛；无中肋。叶细胞单层，长方或长卵形。孢子体高约 10 mm。蒴柄棕红色，具粗密疣，长 2.5~5 mm。孢蒴黄褐色至褐色，卵状圆柱形，无背腹分化，台部不明显，具气孔。环带分化。蒴齿 2 层；外齿层退化，具横纹；内齿层白色膜状，呈圆锥形，具 16 条脊。

生境和分布　生于高山林地或林下腐木上。吉林、陕西和台湾；日本、朝鲜、俄罗斯及北美洲有分布。

花斑烟杆藓 *Buxbaumia punctata* Chen et Lee，Acta. Phytotax. Sinica 9（3）：277. pl. 19. 1964. 图 265：6~9

形态特征　雄株蚌壳状；精子器球形，单生。雌株大。叶长不及 1 mm，5~8 片，柔薄，无色透明；叶边具纤毛；无中肋。叶细胞单层，长方形或长卵圆形。孢子体高 8~15 mm。蒴柄粗壮，长 2.5~5 mm，棕红色，具密疣。孢蒴棕红色至褐色，长卵形，斜生，长 4~8. mm，宽 1~2.7 mm，不对称，明显背腹分化，背面平，具棕红色斑点；具气孔。蒴齿 2 层。

生境和分布　多生于高山林地或林下腐木上。陕西、四川、云南和西藏；喜马拉雅山地区有分布。

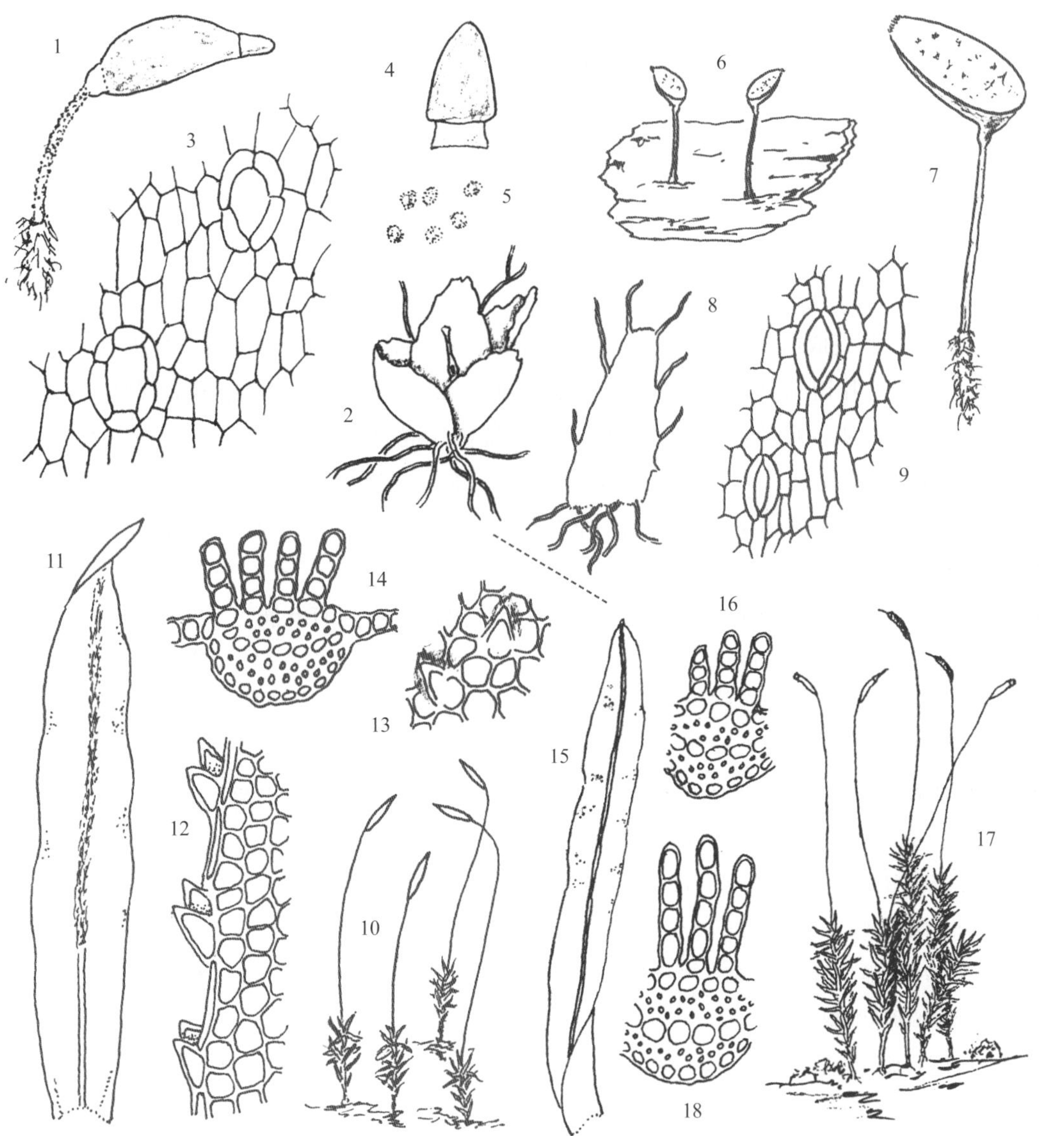

图 265

1~5. 筒蒴烟杆藓 *Buxbaumia minakatae* Okam.

1. 雌株（×25），2. 雌苞（×70），3. 孢蒴基部气孔（×240），4. 蒴帽和蒴盖（×230），5. 孢子（×230）

6~9. 花斑烟杆藓 *Buxbaumia punctata* Chen et Lee

6. 山地林内腐木上着生的植物群落（×1.5），7. 雌株（×5），8. 雌株基部叶（×60），9. 孢蒴基部的气孔（×150）

10~14. 小仙鹤藓 *Atrichum crispulum* Schimp. ex Besch.

10. 林边土生的植物群落（×1），11. 叶（×15），12. 叶上部边缘细胞（×200），13. 叶细胞，示背面具刺（×200），14. 叶横切面的一部分（×150）

15~16. 小胞仙鹤藓 *Atrichum rhystophyllum*（Müll. Hal.）Par.

15. 叶（×15），16. 叶横切面的一部分（×150）

17~18. 仙鹤藓多蒴变种 *Atrichum undulatum*（Hedw.）P. Beauv. var. *gracilisetum* Besch.

17. 潮湿林地生植物群落（×1），18. 叶横切面的一部分（×200）

107 金发藓科 POLYTRICHACEAE

多丛集成大片或阴湿土壁生，少数原丝体长存。体形多粗壮，硬挺，嫩绿色，深绿色或褐绿色。茎稀分枝或上部呈树形分枝；具中轴。叶在茎下部多脱落，上部密集，由近于鞘状基部向上多突成阔披针形或长舌形，横切面多层细胞，稀单层，腹面具纵列的栉片，背面常有棘刺；叶边常具齿。叶细胞近卵圆形或方形，少数叶边分化；鞘部细胞呈长方形或扁方形，多透明。雌雄异株，稀同株。雄苞盘状。孢蒴顶生，卵形、圆柱形，常具 4~6 棱，稀为球形或扁圆形，具气孔。蒴柄单生或簇生。蒴口常具蒴膜。蒴齿单层，32 片或 64 片，稀 16 片或缺失，由细胞形成，常红棕色。蒴帽兜形、长圆锥形或钟形，常被金黄色纤毛。

本科 17 属，主要分布温带地区，少数种类产热带。中国有 6 属。

分属检索表

1. 叶腹面栉片着生中肋上……2
1. 叶腹面除叶边外满布栉片……3
2. 叶具明显横波纹；叶边细胞分化，多具双齿……1. 仙鹤藓属 *Atrichum*
2. 叶无明显横波纹；叶边细胞不分化，全缘或具不规则齿……2. 小赤藓属 *Oligotrichum*
3. 植物体上部近于树形分枝……4. 树发藓属 *Microdendron*
3. 植物体上部不呈树形分枝……4
4. 孢蒴扁卵形或扁圆形……3. 异蒴藓属 *Lyellia*
4. 孢蒴圆柱形，或具钝棱圆柱形，稀呈球形……5
5. 孢蒴通常无气孔，台部不明显……5. 小金发藓属 *Pogonatum*
5. 孢蒴通常有气孔，台部明显……6
6. 蒴膜肉质……6. 拟金发藓属 *Polytrichastrum*
6. 蒴膜薄膜状……7. 金发藓属 *Polytrichum*

1 仙鹤藓属 *Atrichum* P. Beauv.

丛集成片生长。体形小至中等，嫩绿色、绿色或暗绿色。茎直立，稀少分枝；具中轴；基部密生棕红色假根。叶剑形或长舌形，常具多数横波纹，背面有斜列棘刺，先端钝尖或锐尖；叶边常波曲，具双齿；中肋粗壮，常达叶尖或突出于叶尖；栉片多数，呈纵列密布叶片中肋腹面。叶细胞多圆方形或六边形，下部细胞呈长方形；叶边细胞分化 1~3 列狭长细胞。雌雄异株。稀雌雄同株。蒴柄细长。孢蒴长圆柱形，单生或多个簇生。蒴齿单层，齿片32，棕红色。蒴盖圆锥形，具长喙。蒴帽兜形。孢子具细疣。

本属20种，分布亚热带和温带地区。中国有7种。

分种检索表

1．孢蒴单生……………………………………………………………………………………………………2

1．孢蒴多2~5丛生………………………………………………3．仙鹤藓多蒴变种 *A. undulatumvar. gracilisetum*

2．叶细胞直径大；叶腹面栉片高1~3个细胞……………………………………………1．小仙鹤藓 *A. crispulum*

2．叶细胞直径小；叶腹面栉片高可达7个细胞……………………………………2．小胞仙鹤藓 *A. rhystophyllum*

小仙鹤藓 *Atrichum crispulum* Schimp. ex Besch.，Ann. Sci. Nat. Bot. ser. 7，17：351. 1893. 图 265：10~14

形态特征　疏松丛集成大片生长。体形较大，高可达8 cm，绿色至暗绿色。叶干燥时强烈卷曲，狭长舌形，背面具少数斜列的棘刺。叶中部细胞近六边形，直径18~26 μm；叶边缘分化1~3列狭长形细胞；中肋腹面栉片2~6列，高1~4个细胞。雌雄异株。孢子球形，黄绿色，直径12~16 μm，具细疣。

生境和分布　生于海拔1 700~3 100 m的林地。辽宁、浙江、广西、贵州、四川、云南和西藏；朝鲜、日本和泰国有分布。

小胞仙鹤藓 *Atrichum rhystophyllum*（Müll. Hal.）Par.，Ind. Bryol. Suppl. 17. 1900. 图 265：15~16

形态特征　丛集成片生长。体形小，高一般不及2 cm。叶背面具棘刺；叶中部细胞直径12~16 μm；叶边狭长细胞1~2列；腹面栉片4~6列，高2~7个细胞。孢子球形，直径12~30 μm，表面具细疣。

生境和分布　海拔1 800~2 500 m林内岩面薄土和草丛下生长。湖南、四川、云南和西藏；日本及朝鲜有分布。

仙鹤藓多蒴变种 *Atrichum undulatum*（Hedw.）P. Beauv. var. *gracilisetum* Besch.，Hag.，Rev. Bryol. 18：6. 1891. 图 265：17~18

形态特征　植物体高1~2 cm。叶长达8 mm，背面具斜列棘刺；叶中部细胞直径17~25μm；叶边狭长细胞1~3列；腹面栉片4~5列，高3~6个细胞。孢蒴长圆柱形，2~5个簇生。孢子直径10~17μm，表面具细疣。

生境和分布　生于海拔1 700~2 700 m林地或岩面。黑龙江、吉林、辽宁、四川和云南；喜马拉雅山地区、日本及朝鲜有分布。

2 小赤藓属 *Oligotrichum* Lam. et Cand.

丛集生长。体形矮小，黄绿色、褐绿色或褐红色。茎无中轴，具多数假根。叶卵形至卵状披针形，无鞘部，内凹；叶边全缘或具疏齿；中肋粗，长达叶尖，稀呈芒状，腹面中上部密生纵列波状栉片，背面具短梳状栉片或棘刺。叶细胞单层，中部细胞卵圆形、方形或不规则形，基部细胞近于长方形，胞壁厚。雌雄异株。孢蒴圆柱形或长卵形，直立或倾立；有内外气室，蒴轴具翅状突起。蒴齿 32，色淡。蒴盖短圆锥形。蒴帽兜形，具稀疏或密纤毛。

本属 28 种，主要分布温带地区。中国有 6 种。

分种检索表

1. 叶背腹面均具栉片……2
1. 叶背面栉片少或无……3
2. 叶阔卵状披针形；叶边一般平展……1. 高栉小赤藓 *O. aligerum*
2. 叶狭卵状披针形；叶边上部多内卷……2. 花栉小赤藓 *O. crossidioides*
3. 叶狭卵状披针形；叶腹面栉片 5~6 列，高 3~6 个细胞……3. 半栉小赤藓 *O. semilamellatum*
3. 叶阔卵状披针形；叶腹面栉片多 3~8 列，高 5~8 个细胞……4. 台湾小赤藓 *O. suzukii*

高栉小赤藓 *Oligotrichum aligerum* Mitt., Journ. Linn. Soc. London 8：48. 1865. 图 266：1~5

形态特征 多丛集生长。高 0.5~1.5 cm，褐绿色至褐红色。茎无明显中轴。叶阔卵状披针形，长达 3.5 mm；叶边具粗钝齿；中肋腹面纵列 6~9 片波状栉片，高 5~10 个细胞；叶背面具多数高 2~5 个细胞的栉片及刺。叶中部细胞卵圆形或近方形，直径 10~15 μm，基部细胞近长方形。孢蒴卵状圆柱形；蒴齿色淡，32 片。孢子球形，具细疣。

生境和分布 生于海拔 1 600~3 700 m 的林地或岩面。吉林、台湾、云南和西藏；日本及北美洲有分布。

花栉小赤藓 *Oligotrichum crossidioides* Chen et Wan ex Xu et Xiong, Acta Bot. Yunnanica 6（2）：179. 1984. 图 266：6~10

形态特征 疏丛集成片。体高 1~1.5 cm，褐绿色至褐红色。叶卵状披针形，长 2.5~3.5 mm；叶边全缘，内卷；中肋腹面栉片 8~11 列，高 4~6 个细胞；叶背面栉片密布，高 1~3 个细胞。叶中部细胞卵状方形，直径 8~10 μm。孢子具细疣。

生境和分布 生于海拔 3 000~3 700 m 林地或岩面。中国特有，产云南和西藏。

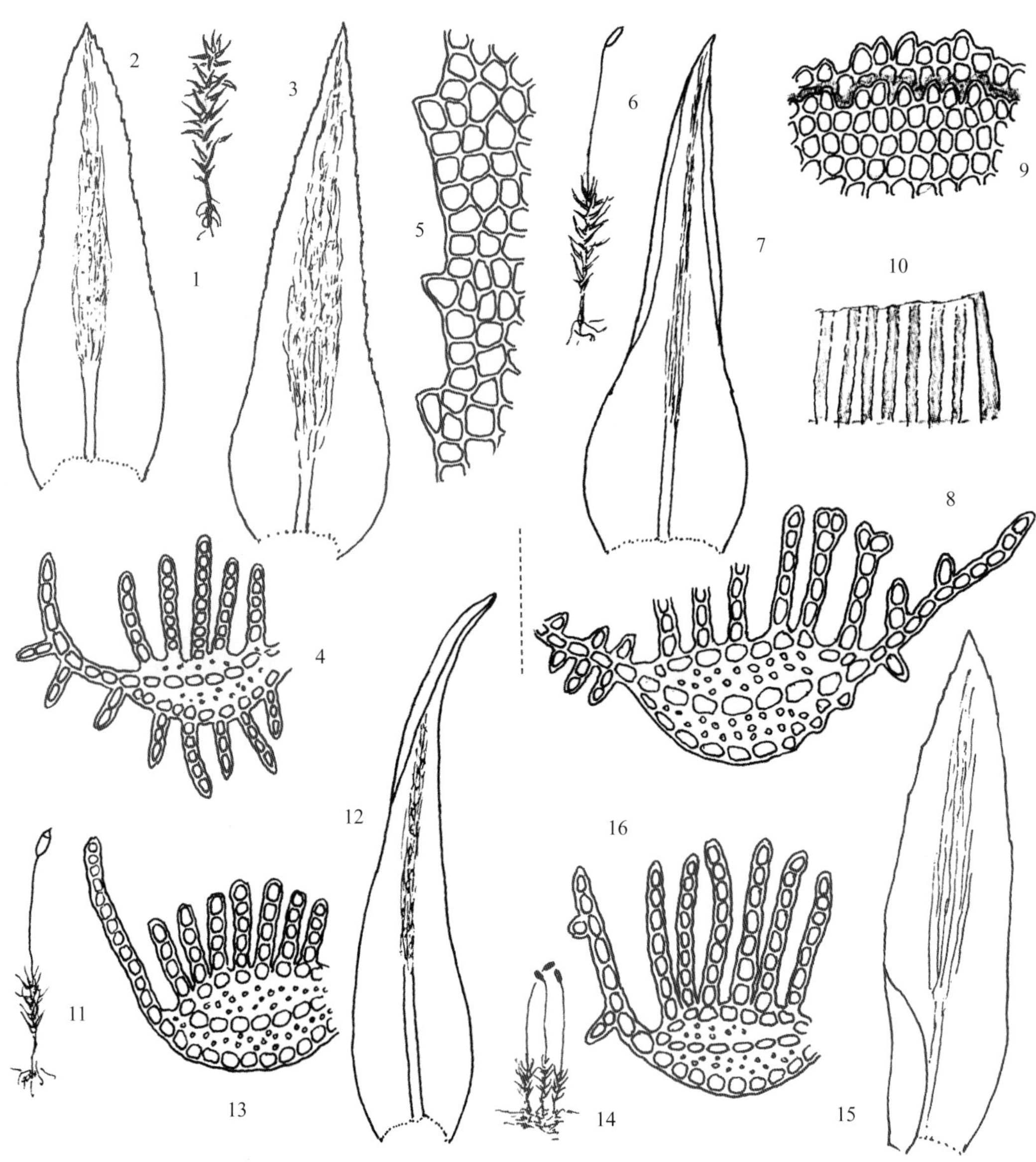

图 266

1~5. 高栉小赤藓 *Oligotrichum aligerum* Mitt.

1. 植物体（×1），2，3. 叶（×25），4. 叶横切面的一部分（×150），5. 叶边缘细胞（×200）

6~10. 花栉小赤藓 *Oligotrichum crossidioides* Chen et Wan ex Xu et Xiong

6. 雌株（×1），7. 叶（×20），8. 叶横切面的一部分（×200），9. 栉片上部（侧面观，×250），10. 叶的一部分，示纵列的栉片（腹面观，×150）

11~13. 半栉小赤藓 *Oligotrichum semilamellatum*（Hook. f.）Mitt.

11. 雌株（×1），12. 叶（×20），13. 叶横切面的一部分（×150）

14~16. 台湾小赤藓 *Oligotrichum suzukii*（Broth.）Chuang

14. 雌株（×1），15. 叶（×20），16. 叶横切面的一部分（×200）

半栉小赤藓 *Oligotrichum semilamellatum*（Hook. f.）Mitt.，Journ. Linn. Soc. Bot. Suppl. 1：150.1859. 图 266：11~13

形态特征　多丛集生长。体高 1~3 cm。茎中轴不明显。叶狭卵状披针形，尖部边缘常内曲；叶边上部具不规则齿；中肋腹面具 5~6 列波状栉片，高 3~6 个细胞；叶背面上部具高 1~3 个细胞的栉片。叶中部细胞卵方形，直径 10~15μm。孢子直径 9~15μm。

生境和分布　生于海拔 2 500 m 左右的林地。云南；喜马拉雅山地区有分布。

台湾小赤藓 *Oligotrichum suzukii*（Broth.）Chuang，Journ. Hattori Bot. Lab. 37：430. 1973. 图 266：14~16

形态特征　丛集生长。体形小，高 0.5~1 cm。叶阔卵状披针形，由基部向上渐尖，长 1~1.5 mm；叶边具圆齿；中肋腹面具 3~8 列平直栉片，高达 5~8 个细胞；叶背面栉片和棘刺稀少。叶中部细胞卵圆形、卵方形或不规则形，直径 8~15μm。蒴帽顶部具少数纤毛。孢子直径约 14μm。

生境和分布　生于海拔 1 600~2 700 m 湿润林地。中国特有，产台湾。

3 异蒴藓属 *Lyellia* Brown

疏丛集生长。体形中等大小至大型，较粗挺，多暗绿色。茎稀少分枝，下部叶脱落，上部密生叶片，干燥时强烈卷曲。叶基部卵形，上部狭长披针形；叶边具单齿或双齿；中肋粗壮，长达叶尖；叶腹面上部密被 2~4 个细胞高的栉片。叶中部细胞卵形，厚壁，常为 2 层。雌雄异株。蒴柄粗挺。孢蒴扁卵形或扁圆形，具脊，呈背腹面或左右对称；蒴口收缩；蒴齿缺失；气孔生孢蒴基部。蒴盖圆锥形。蒴帽小，兜形。孢子球形或卵形，表面具细疣。

本属 4 种，温带地区分布。中国有 2 种。

分种检索表

1．体形较大，高可达 7 cm；孢蒴扁卵形，呈背腹分化……………………………………1．异蒴藓 *L. crispa*

1．体高不超过 5 cm；孢蒴扁圆形，呈左右对称……………………………………2．宽果异蒴藓 *L. platycarpa*

异蒴藓 *Lyellia crispa* Brown，Trans. Linn. Soc. London 12（2）：562. 1819. 图 267：1~8

形态特征　多疏丛集生长。体形中等至大型，高 3~7 cm，暗绿色。茎稀少分枝。叶干燥时强烈卷曲，上部狭长披针形，一般为双层细胞，腹面密生高 2~4 个细胞的 20~30 列栉片；叶边具单齿或双齿；中肋达叶尖，背面上方常具齿。雌雄异株。孢蒴扁卵形，呈背腹分化，蒴口上方具环状棱脊；无蒴齿。蒴盖圆锥形，喙呈钩状弯曲。蒴帽兜形，平滑，仅罩覆蒴盖喙部。

生境和分布　生于海拔 900~2 500 m 湿润林地或石上。云南和西藏；喜马拉雅东部及北美洲有分布。

宽果异蒴藓 *Lyellia platycarpa* Card. et Thér.，Arch. Bot. 1：67. 1927. 图 267：9~13

形态特征　疏松丛集成片。体形较小，一般不及 5 cm。叶腹面上部密生高 3~5 个细胞、呈 20~25 列栉片；叶边齿小；中肋长达叶尖，背面尖部具粗齿。孢蒴扁圆形，呈左右对称。孢子直径 10~17μm。

生境和分布　生于海拔 2 600~3 600 m 湿润林地或岩面。中国特有，产陕西、四川、云南和西藏。

4 树发藓属 *Microdendron* Broth.

丛集或散生。多大型，粗壮，高 3~10 cm，暗绿色，直立，茎下部裸露，上部具多数近于等长分枝；横切面具明显分化的中轴。叶多卵状披针形，干燥时强烈卷曲；叶边具粗齿；中肋长达叶尖，背面尖部具粗棘刺。叶片腹面除基部外密被纵列栉片，20~40 列，一般高 2 个细胞，稀达 5 个细胞。雌雄异株。雄苞花盘状。孢蒴长圆柱形；齿片 32。蒴盖圆锥形，具短喙。蒴帽密被金黄色纤毛。孢子球形，直径 8.5~15μm，具细疣。

本属 1 种，为中国特有属。对研究中国苔藓植物区系十分有意义。

树发藓 *Microdendron sinense* Broth.，Symb. Sin. 4：137. 1929. 图 267：14~17

形态特征　种的形态特征同属

生境和分布　生于海拔 3 000~4 150 m 高山阴湿林地。四川、云南和西藏；不丹有分布。

5 小金发藓属 *Pogonatum* P. Beauv.

密集成片生长，少数原丝体长存而营养体退化。体形中等大小，稀矮小或粗大。茎直立，稀分枝；具中轴；上部密集叶片，下部叶脱落，被红棕色假根。叶干时贴茎或卷曲，卵状披针形，2 层细胞；叶边具粗齿或细齿；中肋贯顶，或突出于叶尖；叶片腹面密被纵列的栉片，顶细胞多分化，稀栉片少或缺失。叶上部细胞近同形、多角形或方形，叶鞘部细胞透明，单层，长方形。雌雄同株或异株。雌苞叶略分化。蒴柄硬挺，一般长 2~3 cm。孢蒴多圆柱形，稀具多个不明显的脊，台部不明显；蒴齿通常 32 片。蒴盖具喙。蒴帽兜形，被密长纤毛。

本属 57 种，广泛分布各大洲。中国有 20 种及 4 变种。

分种检索表

1．配子体退化；原丝体常存……………………………………………………2

1．配子体发育良好；原丝体不常存………………………………………………3

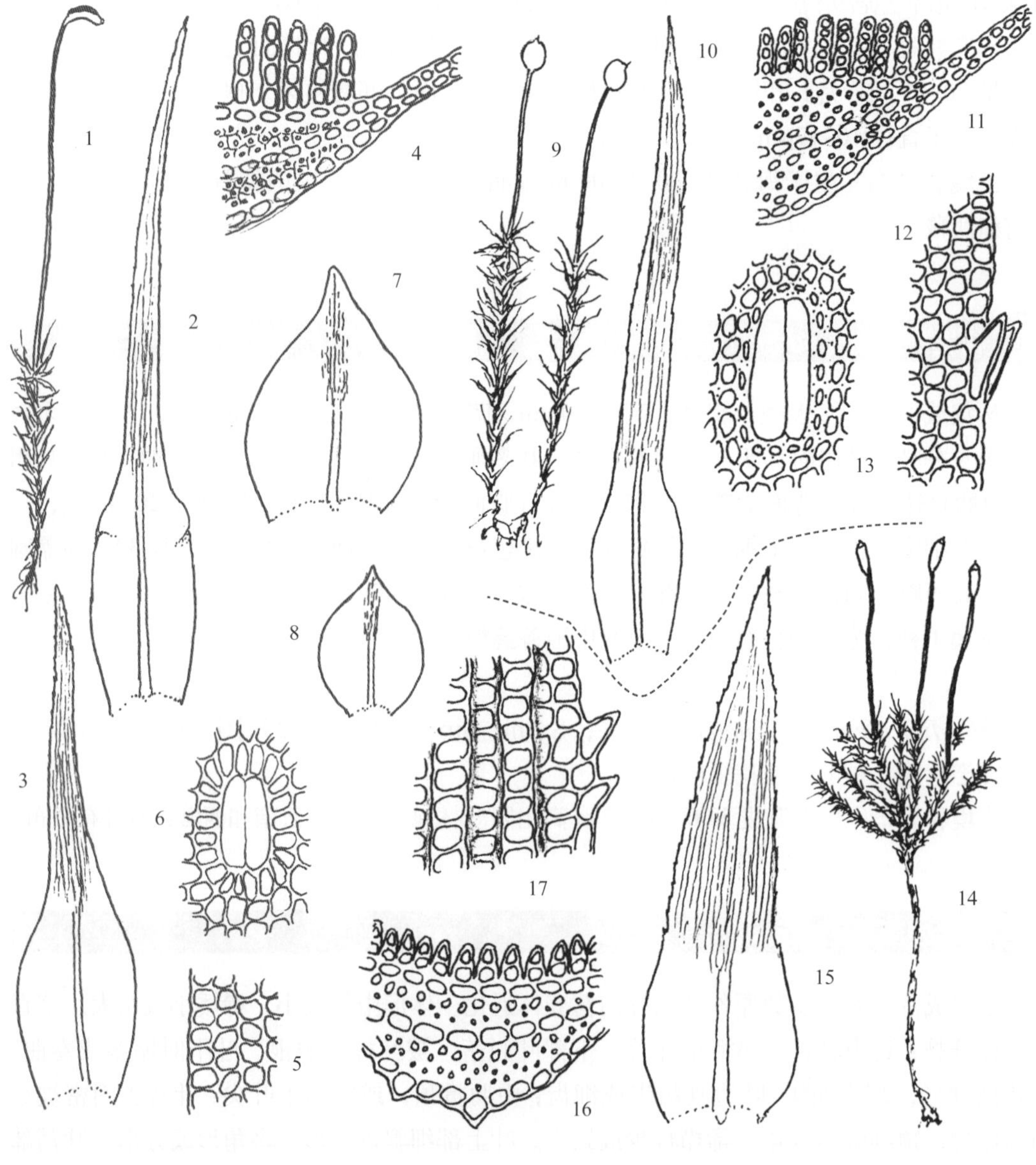

图 267

1~8. 异蒴藓 ***Lyellia crispa*** **Brown**

1. 雌株（×1），2，3. 叶（×15），4. 叶横切面的一部分（×120），5. 叶中部边缘细胞（×150），6. 孢蒴基部的气孔（×150），7，8. 雄苞叶（×15）

9~`13. 宽果异蒴藓 ***Lyellia platycarpa*** **Card. et Thér.**

9. 雌株（×1），10. 叶（×15），11. 叶横切面的一部分（×120），12. 叶中部边缘细胞（×120），13. 孢蒴基部的气孔（×150）

14~17. 树发藓 ***Microdendron sinense*** **Broth.**

14. 雌株（×1），15. 枝叶（×30），16. 叶横切面的一部分（×250），17. 叶中部边缘细胞（腹面观，×350）

2．内雌苞叶中肋粗壮；蒴柄平滑……………………………………………………1．苞叶小金发藓 *P. spinulosum*

2．内雌苞叶中肋短弱；蒴柄密被疣……………………………………………………2．穗发小金发藓 *P. camusii*

3．叶腹面栉片低矮，或仅着生中肋或中肋两侧……………………………………………………4

3．叶腹面栉片高，除叶鞘部及叶边外密被纵列的栉片……………………………………………………5

4．植物体高不及 6 cm；叶干时强烈卷曲；栉片高 2~6 个细胞……………………5．川西小金发藓 *P. nudiusculum*

4．植物体高可达 10 cm；叶干时扭曲或略卷曲；栉片高 1~2 个细胞……………13．南亚小金发藓 *P. proliferum*

5．叶或基部叶的鞘部具不规则齿或毛……………………………………………4．半栉小金发藓 *P. subfuscatum*

5．叶或基部叶的鞘部全缘……………………………………………………6

6．叶边细胞双层……………………………………………………7

6．叶边细胞单层……………………………………………………10

7．植物体高可达 10 cm……………………………………………………8

7．植物体高一般仅 5 cm，稀达 10 cm……………………………………………………9

8．叶腹面栉片顶细胞多成双，被细密疣……………………………………10．东北小金发藓 *P. japonicum*

8．叶腹面栉片顶细胞单个，平滑……………………………………………11．刺边小金发藓 *P. cirratum*

9．叶腹面栉片高 3~5 个细胞，顶细胞单个或成双，或下部细胞成双…………3．双珠小金发藓 *P. pergranulatum*

9．叶腹面栉片高 2~4 个细胞，顶细胞单个……………………………………12．扭叶小金发藓 *P. contortum*

10．叶腹面栉片顶细胞成双，呈瓶状……………………………………………6．小口小金发藓 *P. microstomum*

10．叶腹面栉片顶细胞单个，不呈瓶状……………………………………………………11

11．栉片顶细胞薄壁……………………………………………………7．东亚小金发藓 *P. inflexum*

11．栉片顶细胞厚壁……………………………………………………12

12．栉片顶细胞圆方形，平滑……………………………………………8．全缘小金发藓 *P. perchaetiale*

12．栉片顶细胞椭圆形或圆卵形，被密疣……………………………………………9．疣小金发藓 *P. urnigerum*

苞叶小金发藓 *Pogonatum spinulosum* Mitt.，Journ. Linn. Soc. London 8：156. 1864. 图 268：1~5

形态特征　散生于成片绿色原丝体上。体形小，茎高约 2 mm；无中轴分化。叶呈鳞片状，腹面无栉片，紧密贴生，近尖部具不规则齿或粗齿；中肋达叶尖。雌雄异株。雌苞叶披针形或狭椭圆形；叶边全缘；中肋突出于叶尖或不及顶。蒴柄长可达 4 cm 以上。孢蒴圆柱形，外壁细胞具圆锥形乳头。蒴齿狭长椭圆形或披针形，基膜与齿片近于等长。

生境和分布　生于海拔 800~2 200 m 林边土壁、山坡土壁和林地。黑龙江、吉林、山东、河南、安徽、江苏、浙江、江西、湖南、湖北、四川、重庆、贵州、云南、福建、广西；日本、朝鲜及菲律宾有分布。

穗发小金发藓 *Pogonatum camusii*（Thér）Touw，Journ. Hattori Bot. Lab. 60：26. 1986. 图 268：6~11

形态特征　原丝体常存。茎叶卵形，或卵状三角形至卵状披针形；叶边上部具粗齿；

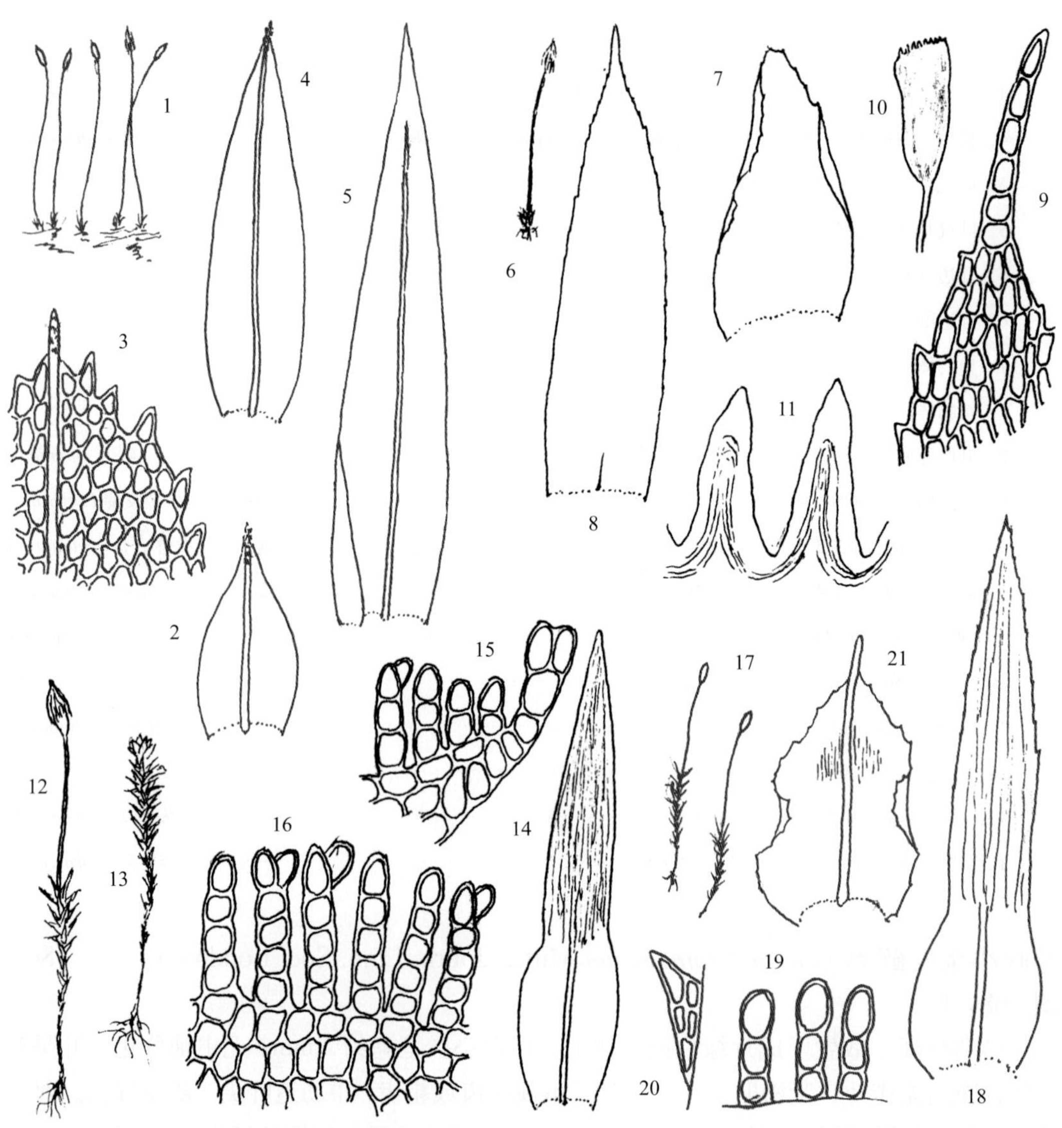

图 268

1~5. 苞叶小金发藓 *Pogonatum spinolosum* Mitt.

1. 阴湿土壁生的植物群落（×1），2. 基部叶（×15），3. 叶尖部细胞（×250），4，5. 内雌苞叶（×15）

6~11. 穗发小金发藓 *Pogonatum camusii*（Thér.）Touw

6. 雌株（×1），7. 基部叶（×18），8. 上部叶（×18），9. 叶尖部细胞（×120），10. 已开裂的孢蒴（×8），11. 蒴齿（×250）

12~16. 双珠小金发藓 *Pogonatum pergranulatum* Chen

12. 雌株（×1），13. 雄株（×1），14. 叶（×8），15. 叶边缘部分的横切面（×250），16. 叶腹面栉片的横切面（×250）

17~21. 半栉小金发藓 *Pogonatum subfuscatum* Broth.

17. 雌株（×1），18. 叶（×12），19. 叶腹面栉片的横切面（×250），20. 叶背面的刺状突起（×300），21. 基部叶（×12）

中肋细弱；腹面无栉片。叶细胞长方形或不规则六角形，胞壁薄。蒴柄多扭曲，密被疣。孢蒴短圆柱形，具多个圆钝脊，长约 2 mm。蒴齿约 36 片，齿片阔舌形。蒴盖具短喙。蒴帽兜形，被金黄色纤毛。孢子平滑，直径约 8 μm。

生境和分布　生于海拔约 1000 m 林边阴湿土壁。台湾和海南；日本及菲律宾有分布。

双珠小金发藓 *Pogonatum pergranulatum* Chen，Feddes Report. 58（1/3）：34. 1955. 图 268：12~16

形态特征　疏松丛集成片。体形中等大小。茎高可达 5 cm。叶卵状披针形；叶边具粗齿，厚两层细胞；腹面栉片高 3~5 个细胞，顶细胞单个或成双，或下部细胞双生。蒴柄高 4~5 cm。孢蒴短圆柱形，长 3 mm。蒴盖具长斜喙。

生境和分布　生于海拔 2 000~4 100 m 高山林下或路边。中国特有，产四川、云南和西藏。

半栉小金发藓 *Pogonatum subfuscatum* Broth.，Symb. Sin. 4：134. 1929. 图 268：17~21

形态特征　疏松成片生长。茎高 2~4 cm。基部叶阔卵形至卵状阔披针形；叶边具不规则细齿或粗齿；中肋粗壮，突出于叶尖，背面具多个粗齿；栉片着生叶腹面上部，多高 3~4 个细胞，顶细胞不分化。上部叶片卵状阔披针形。雌雄异株。蒴柄长 2 cm。孢蒴圆柱形，长约 2 mm。

生境和分布　生于海拔 2 800~4 200 m 针阔混交林林地。台湾、四川、云南和西藏；亚洲南部有分布。

川西小金发藓 *Pogonatum nudiusculum* Mitt.，Musc. Ind. Or. 153. 1859. 图 269：1~5

形态特征　疏松丛集成片生长。植物体中等大小，高约 3 cm。茎上部叶卵状披针形，干时强卷曲，长达 7 mm；叶边尖部具锐齿；中肋突出于叶尖，背面上部具粗刺；叶腹面中肋两侧栉片高 2~6 个细胞，顶细胞横切面呈圆形，平滑。叶细胞多角形至长方形。孢蒴圆柱形，胞壁平滑。蒴齿 32 片，具棕色条纹。孢子圆球形，透明，直径 7~10μm。

生境和分布　生于海拔 2500~4300 m 山坡和林下土坡。台湾、贵州、四川、云南和西藏；尼泊尔、不丹、印度、斯里兰卡及菲律宾有分布。

小口小金发藓 *Pogonatum microstomum*（Schwägr.）Brid.，Bryol. Univ. 2：745. 1827. 图 269：6~9

形态特征　疏松丛集成片。体形高约 5 cm，稀形小。叶阔卵圆状披针形，上部有时内卷；中肋红棕色，背面上部具刺；腹面栉片高 2~5 个细胞，顶细胞形大，为双瓶状细胞，顶端厚壁。孢蒴一般单生，有时 2~3 个着生于同一雌苞，长圆柱形。蒴盖具长喙。孢子直径 8~15μm。

生境和分布　生于海拔 3 000~4 400 m 林地及土坡，稀着生具土石上。四川、云南和

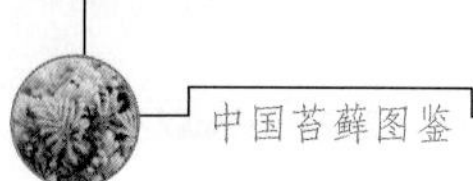

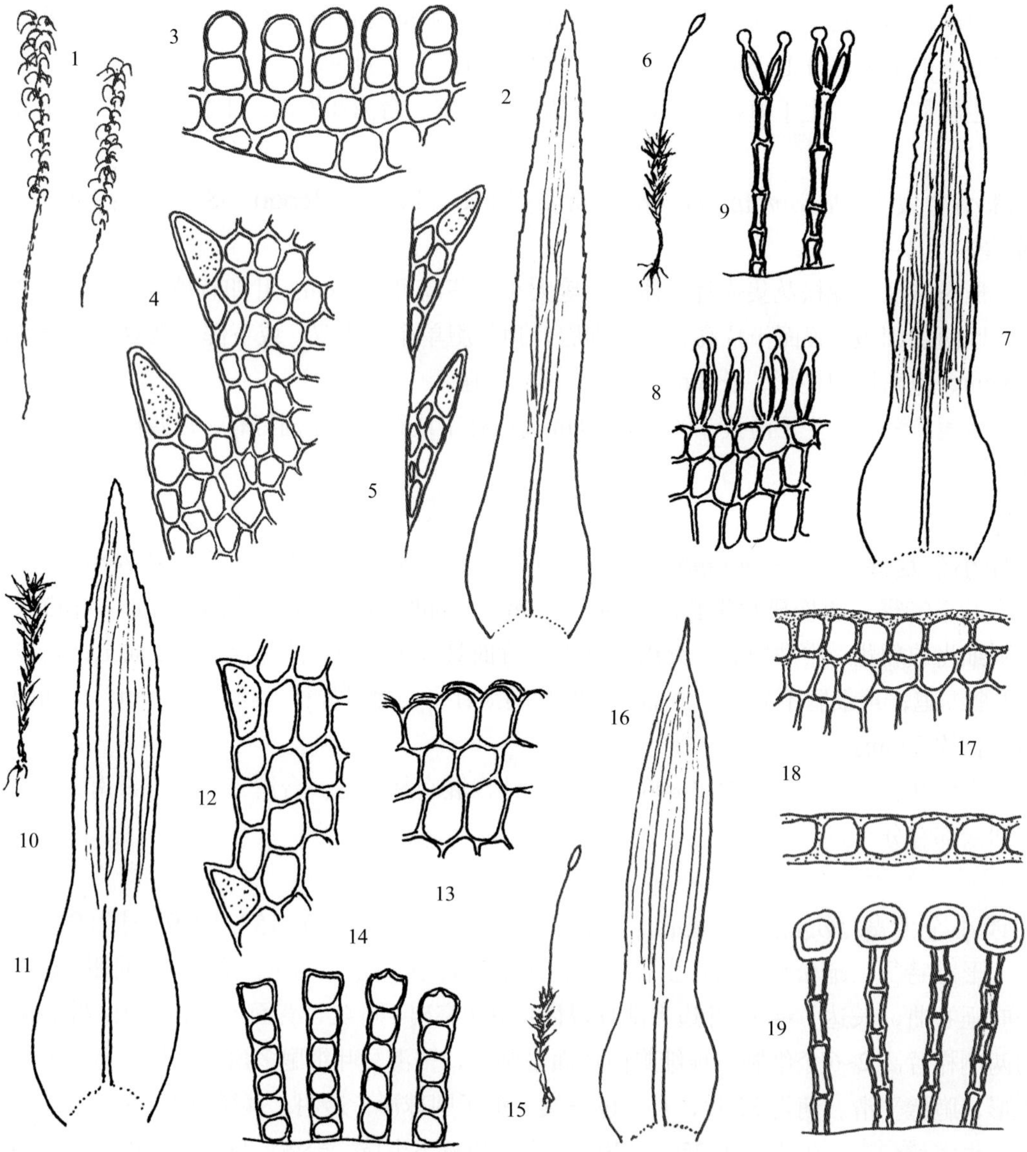

图 269

1~5. 川西小金发藓 *Pogonatum nudiusculum* Mitt.

1. 植物体干燥时的状态（×1），2. 叶（×8），3. 叶横切面的一部分（×240），4. 叶边缘细胞（×240），5. 叶中肋背部的刺状突起（×200）

6~9. 小口小金发藓 *Pogonatum microstomum*（Schwägr.）Brid.

6. 雌株（×1），7. 叶（×15），8. 叶腹面栉片的一部分（侧面观，×250），9. 栉片（切面观，×250）

10~14. 东亚小金发藓 *Pogonatum inflexum*（Lindb.）S. Lac.

10. 植物体（×1），11. 叶（×18），12. 叶边缘细胞（×400），13. 栉片的一部分（侧面观，×400），14. 栉片（切面观，×350）

15~19. 全缘小金发藓 *Pogonatum perichaetiale*（Mont.）Jaeg.

15. 雌株（×1），16. 叶（×18），17. 栉片的一部分（侧面观，×350），18. 栉片的一部分（顶面观，×350），19. 栉片（切面观，×350）

西藏；喜马拉雅山地区及亚洲南部有分布。

东亚小金发藓 *Pogonatum inflexum*（Lindb.）S. Lac., Ann. Mus. Bot. Lugd. Bat. 4：308. 1869. 图 269：10~14

形态特征　丛集成大片状生长。体形中等，嫩时呈灰绿色。茎长可达 3 cm。叶卵状阔披针形，干燥时卷曲；叶边上部具粗齿；中肋常呈红色，腹面栉片高 4~6 个细胞，顶细胞横切面呈扁方形或椭圆形，中央常内凹，宽度多大于长度。雌雄异株。孢蒴圆柱形。中部较粗。孢子平滑，直径 8~10μm。

生境和分布　生于海拔 110~1 800 m 山区阴湿林地或土坡。安徽、福建、湖北、广西、四川和云南；日本及朝鲜有分布。

应用价值　常用于清热解毒的草药。

全缘小金发藓 *Pogonatum perichaetiale*（Mont.）Jaeg.，Ber. S. Gall. Naturw. Ges. 1873-1874：257. 1875. 图 269：15~19

形态特征　丛集成片生长。体形稍小，高 1.5 cm。叶干燥时内曲，长可达 9 mm；叶边全缘；栉片高 4~5 个细胞，稀达 7 个细胞，顶细胞呈圆方形，厚壁，平滑。孢蒴短圆柱形，干时具 4 壁棱。孢子平滑，直径约 6~10 μm。

生境和分布　生于高海拔至 4 500 m 以上林地和树基。四川、云南和西藏；尼泊尔、不丹及印度有分布。

疣小金发藓 *Pogonatum urnigerum*（Hedw.）P. Beauv.，Prodr. 84. 1805. 图 270：1~4

形态特征　丛集成大片状生长。体形中等大小，高 5~12 cm。茎上部有时具分枝。叶卵状披针形，长约 6 mm；叶边有时内曲，且粗齿；中肋背部具少数粗齿；叶腹面栉片高 4~6 个细胞，顶细胞圆形至卵形，明显大于下部细胞，胞壁加厚，具粗疣。雌雄异株。蒴柄长达 3 cm。孢蒴圆柱形，胞壁具乳头状突起。孢子直径 10~15μm。

生境和分布　生于海拔 290~4 000 m 较干燥、向阳林地或石壁上。吉林、辽宁、内蒙古、河北、山东、河南、陕西、甘肃、新疆、安徽、浙江、江西、湖北、四川、重庆、贵州、云南、西藏、台湾、广西；广布北半球。

东北小金发藓 *Pogonatum japonicum* Sull. et Lesq.，Proc. Am. Ac. Arts Sci. 4：278. 1859. 图 270：5~8

形态特征　疏成片生长。体形粗壮。茎通常长 8~10 cm，稀达 10 cm 以上，有时上部具少数分枝。叶干燥时强烈卷曲或扭曲，卵状狭长披针形；叶边具锐齿，上部厚 2 层细胞；中肋背面具多数粗刺；叶腹面栉片高 3~6 个细胞，顶细胞多成双，具细密疣。孢蒴长卵形至短圆柱形，外壁被乳头突起。蒴齿 64 片，红棕色。孢子直径 8~12μm。

生境和分布　生于海拔 1 000~1 400 m 针叶林林地或倒木上。黑龙江、吉林和辽宁；

日本、朝鲜及俄罗斯（远东地区）有分布。

刺边小金发藓 *Pogonatum cirratum*（Sw.）Brid.，Acta Bot. Fennica 138：32. 1989. 图 270：9~12

形态特征　大片疏松丛集生长。体形大，茎高 5~10 cm。叶卵状披针形，干燥时卷曲；叶边上部具粗齿，厚 2 层细胞；中肋背面具粗刺；叶腹面栉片高 1~3 个细胞，顶细胞不分化，圆形。孢蒴卵形，蒴壁平滑。蒴齿 32 片，基膜低。孢子直径 8~10μm。

生境和分布　生于海拔 500~3 200 m 林地或具土岩面。台湾、香港、海南、四川和云南；日本、菲律宾、马来西亚及西里伯斯有分布。

扭叶小金发藓 *Pogonatum contortum*（Brid.）Lesq.，Mem. Calif. Ac. Sc. 1：27. 1868. 图 270：13~17

形态特征　疏松丛集生长。体形大，暗绿色。茎长 5~10 cm。叶干燥时强烈卷曲；叶边具粗尖齿，两层或单层细胞；中肋近于贯顶，背面上部具齿；叶腹面栉片高 2~4 个细胞，顶细胞略大于下部细胞。蒴柄细长，长 2~3 cm。孢蒴狭卵形，长约 2.5 mm；蒴齿 32 片。孢子直径 8~12μm。

生境和分布　生于林边。广东、海南、广西和四川；俄罗斯（远东地区）及北美洲西部有分布。

南亚小金发藓 *Pogonatum proliferum*（Griff.）Mitt.，Musc. Ind. Or. 152. 1859. 图 270：18~21

形态特征　疏松大片丛集生长。植物体较粗大，褐绿色。茎上部稀分枝，高可达 10 cm。叶质薄，干燥时扭曲或略卷曲，长 1.2~1.8 cm，具锐尖；叶边齿锐尖，仅单层细胞；中肋棕色，背面尖部具齿；叶腹面栉片少，仅着生中肋腹面，高 1~2 个细胞，卵圆形，薄壁。叶上部细胞不规则六角形，基部细胞长方形至方形。蒴柄长 2~4 个细胞。

生境和分布　生于海拔 1200~2500 m 林下或林边。台湾、广西、贵州和云南；尼泊尔、不丹、缅甸、泰国、越南、印度及菲律宾有分布。

6 拟金发藓属 *Polytrichastrum* G.Sm.

疏松大片状生长。植物体形小至大型，稀少分枝。茎上部叶密生，下部裸露或叶呈鳞片状。叶基部常呈鞘状抱茎，向上成披针形；叶边全缘或具齿；中肋一般贯顶，稀突出叶尖呈芒状；叶腹面栉片多数，顶细胞多分化。雌雄异株。孢蒴圆柱形，或具 4~6 钝棱，常有台部；蒴壁具气孔。蒴齿一般 64 片，少数呈 32~35 片。盖膜肉质。蒴盖具喙。蒴帽兜形，密被纤毛。孢子球形或卵圆形，多具细疣。

本属 13 种，多温带生长。中国有 8 种。

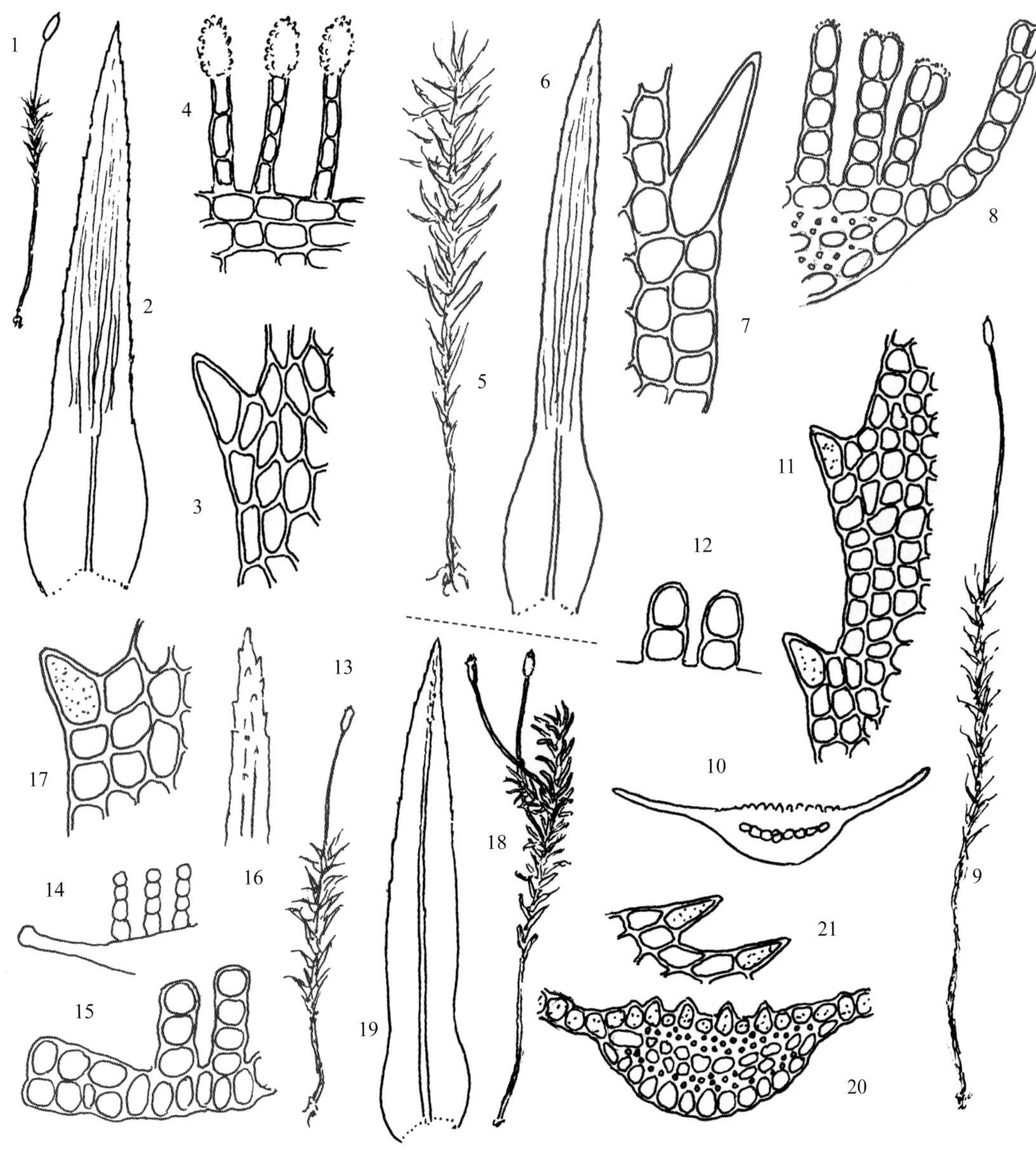

图 270

1~4. 疣小金发藓 *Pogonatum urnigerum*（Hedw.）P. Beauv.

1. 雌株（×1），2. 叶（×8），3. 叶边细胞（×300），4. 栉片（切面观，×300）

5~8. 东北小金发藓 *Pogonatum japonicum* Sull. et Lesq.

5. 植物体（×1），6. 叶（×7），7. 叶边细胞（×300）8. 叶边横切面（×250）

9~12. 刺边小金发藓 *Pogonatum cirratum*（Sw.）Brid.

9. 植物体（×1），10. 叶的横切面（×60），11. 叶边细胞（×300），12. 栉片（切面观，×400）

13~17. 扭叶小金发藓 *Pogonatum contortum*（Brid.）Lesq.

13. 雌株（×1），14，15. 叶横切面的一部分（14. ×120；15. ×300），16. 叶尖部（×12），17. 叶边细胞（×300）

18~21. 南亚小金发藓 *Pogonatum proliferum*（Griff.）Mitt.

18. 雌株（×1），19. 叶（×10），20. 叶中肋的横切面（×90），21. 叶边细胞（×200）

分种检索表

1．植物体高 2~6 cm …………………………………………………3．多形拟金发藓 *P. ohioense*

1．植物体高可达 10 cm 左右 ……………………………………………………………2

2．栉片细胞高 5~8 个；顶细胞明显分化，具疣 ……………………1．拟金发藓 *P. alpinum*

2．栉片细胞高 4~7 个；顶细胞不明显分化，平滑 …………………………………………3

3．叶栉片顶细胞圆卵形 ……………………………………………2．台湾拟金发藓 *P. formosum*

3．叶栉片顶细胞梨形 ………………………………………………4．黄尖拟金发藓 *P. xanthopilum*

拟金发藓 *Polytrichastrum alpinum*（Hedw.）Sm.，Mem. New York Bot. Gard. 21（3）：37. 1971. 图 271：1~4

形态特征 大片疏松丛集生长。体形中等大小至大型，高可达 10 cm。茎常具分枝。叶卵状狭长披针形，长 3.5~7.5 mm，鞘部明显；叶边具长尖齿；中肋背面尖部具刺状齿；叶腹面栉片 24~40 列，高 5~8 个细胞，顶细胞明显大于下部细胞，卵形，具密粗疣。孢蒴圆柱形，长 3~6 mm，无台部。蒴齿一般 32~40 片。孢子直径 18~24μm，具细疣。

生境和分布 生于海拔 550~4 600 m 林下或路边土坡。吉林、内蒙古、河北、青海、四川、云南和西藏；广布世界温带地区。

应用价值 常用于清热解毒的草药，对结核杆菌有强抑止作用。

台湾拟金发藓 *Polytrichastrum formosum*（Hedw.）Sm.，Mem. New York Bot. Gard. 21（3）：37. 1971. 图 271：5~10

形态特征 成片疏松丛集生长。植物体中等大小至大型，稀高达 15 cm。叶卵状披针形，鞘部宽阔，叶边具尖齿；中肋背面常具刺，尖端呈芒状；腹面栉片 35~65 列，高 4~6 个细胞，顶细胞无明显分化，卵形。孢蒴具四棱，台部小。蒴齿约 60 片。孢子球形，直径 10~16μm，被细疣。

生境和分布 生于海拔 2 700~3 800 m 林地。四川、云南和西藏；日本、俄罗斯、欧洲、阿留申群岛、北美洲及非洲北部有分布。

应用价值 可用于清热解毒。

多形拟金发藓 *Polytrichastrum ohioense*（Ren. et Card.）Sm.，Mem. New York Bot. Gard. 21（3）：37. 1971. 图 271：11~17

形态特征 成片丛集生长。体形中等大小，高 3~6 cm。叶鞘部明显；腹面栉片约 35 列，高 4~5 个细胞，顶细胞多横列，中央内凹，有时锐尖或异形。孢蒴长约 4 mm，具 4~5 钝棱，台部略收缩。蒴齿 64 片。孢子球形，直径 8~10μm。

生境和分布 生于海拔 1 000~2 000 m 林地或路边。黑龙江、辽宁、四川和云南；日本、俄罗斯（萨哈林岛）、欧洲及北美洲有分布。

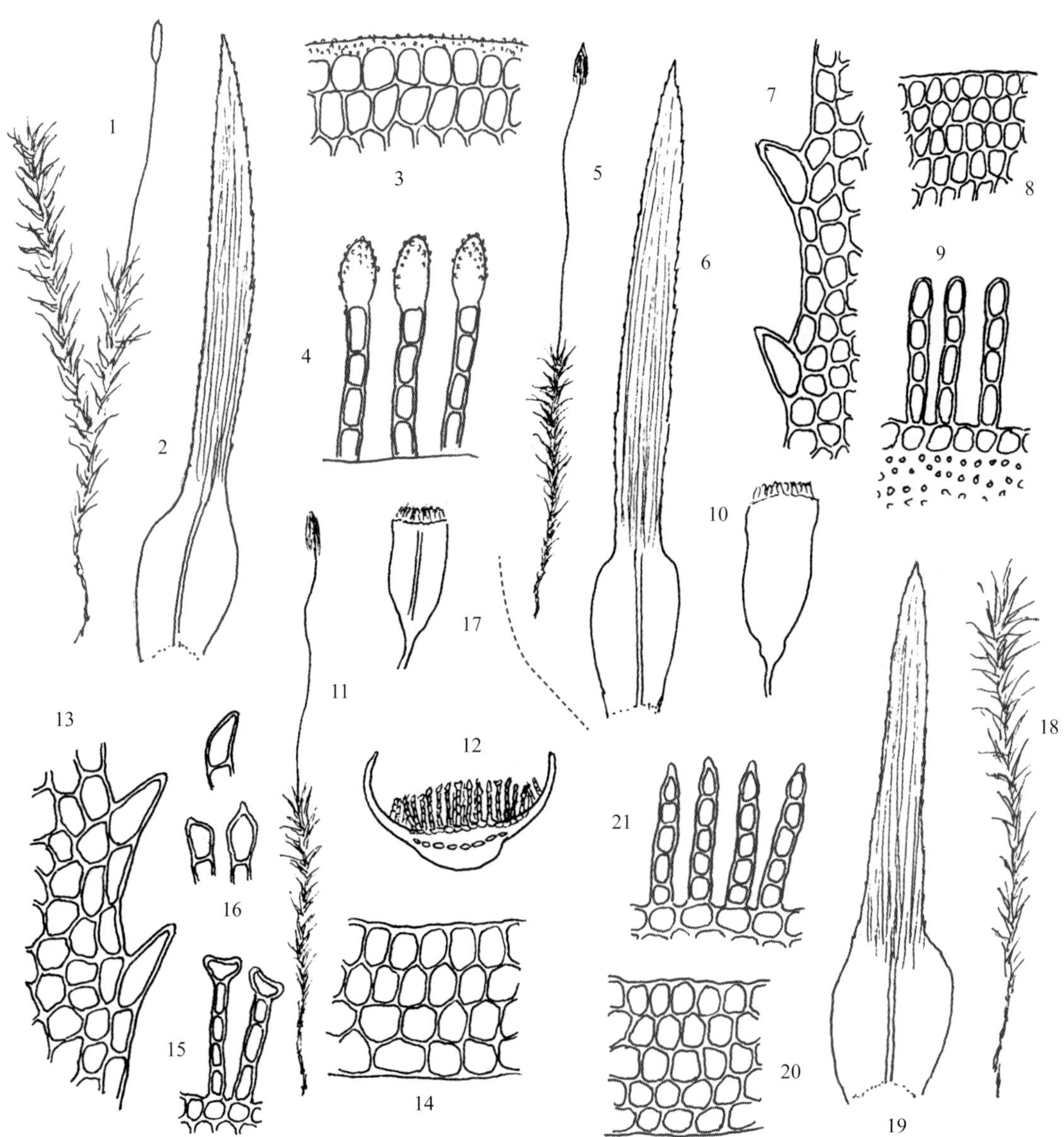

图 271

1~4. 拟金发藓 *Polytrichastrum alpinum*（Hedw.）Sm.

1. 雌株（×1），2. 叶（×10），3. 叶栉片的一部分（侧面观，×250），4. 栉片（切面观，×250）

5~10. 台湾拟金发藓 *Polytrichastrum formosum*（Hedw.）Sm.

5. 雌株（×1），6. 叶（×10），7. 叶边细胞（×250），8. 栉片（侧面观，×200），9. 栉片（切面观，×200），10. 已开裂的孢蒴（×10）

11~17. 多形拟金发藓 *Polytrichastrum ohioense*（Ren. et Card.）Sm.

11. 雌株（×1），12. 叶的横切面（×50），13. 叶边细胞（×200），14. 栉片（侧面观，×250），15. 栉片（切面观，×200），16. 栉片顶细胞的横切面（×250），17. 已开裂的孢蒴（×5）

18~21. 黄尖拟金发藓 *Polytrichastrum xanthopilum*（Mitt.）Sm.

18. 植物体（×1），19. 叶（×10），20. 栉片（侧面观，×230），21. 栉片（切面观，×230）

黄尖拟金发藓 *Polytrichastrum xanthopilum* (Mitt.) Sm., Mem. New York Bot. Gard. 21 (3): 37. 1971. 图 271: 18~21

形态特征　紧密丛集生长。植物体高 3~9 cm。茎稀少分枝。叶长 5~10 mm；中肋背面常有刺状齿；腹面栉片 20~50 列，高 4~7 个细胞，顶细胞黄色，梨形，尖部加厚。孢蒴长约 5mm，具 4~5 钝脊，台部明显。孢子直径 11~13 μm，具细疣。

生境和分布　生于海拔 3000~4500 m 高山林地。四川、云南和西藏；喜马拉雅山地区及北美洲有分布。

7 金发藓属 *Polytrichum* Hedw.

疏松丛集成大片。植物体中等至大型，硬挺。茎稀少分枝，基部密生棕色假根。叶干燥时不强烈卷曲，稀贴茎，鞘部明显；叶边上部具齿或全缘，常向内卷曲，叶边有时透明；中肋粗壮，有些种类突出叶尖呈芒状，背面上部有时具大棘刺；叶片腹面密被纵列栉片，顶细胞因种类而异。叶上部细胞有时为双层；鞘部细胞长方形或狭长方形。雌雄异株。雄苞花盘状，中央常再萌生新枝。孢蒴形稍大，棱柱形、圆柱形或球形，基部具台部，具气孔。蒴齿一般 64 片、32 片或 32 片以上。盖膜薄。蒴帽兜形，密被纤毛。

本属 39 种，广布各大洲。中国有 6 种。

分种检索表

1. 叶上部边缘不内卷；栉片顶细胞横切面近马鞍形，内凹 ……………… 1. 金发藓 *P. commune*
1. 叶上部边缘内卷；腹面栉片顶细胞横切面近于呈梨形 ……………… 2
2. 植物体多着生岩面；叶尖不具芒；孢蒴近球形 ……………… 4. 球蒴金发藓 *P. sphaerothecium*
2. 植物体多着生林地；叶尖常具芒；孢蒴具 4~5 脊 ……………… 3
3. 叶尖短，芒尖多呈红棕色；栉片顶细胞短梨形 ……………… 2. 桧叶金发藓 *P. juniperinum*
3. 叶尖长，芒尖多呈白色；栉片顶细胞长梨形 ……………… 3. 毛尖金发藓 *P. piliferum*

金发藓 *Polytrichum commune* Hedw., Sp. Musc. Frond. 88. 1801. 图 272: 1~4

形态特征　大片丛集生长。体形大，长可达 30 cm 以上，环境条件不良时高仅 3 cm 左右。茎一般不分枝。叶卵状披针形，基部抱茎，长 7~12 mm；叶边具锐齿，上部不强烈内卷；中肋突出叶尖呈芒状。叶腹面栉片 30~50 列，高 5~9 个细胞；顶细胞宽阔，内凹。雌雄异株。孢蒴长 2.5~5 mm，具 4 棱，台部明显，具气孔。蒴齿 64 片。

生境和分布　生于海拔 1200~3000 m 林地。吉林、内蒙古、甘肃、安徽、江苏、上海、江西、湖南、四川、重庆、贵州、云南和台湾；广布全世界。

应用价值　常用于清热解毒草药，可抑止肺结核杆菌生长。

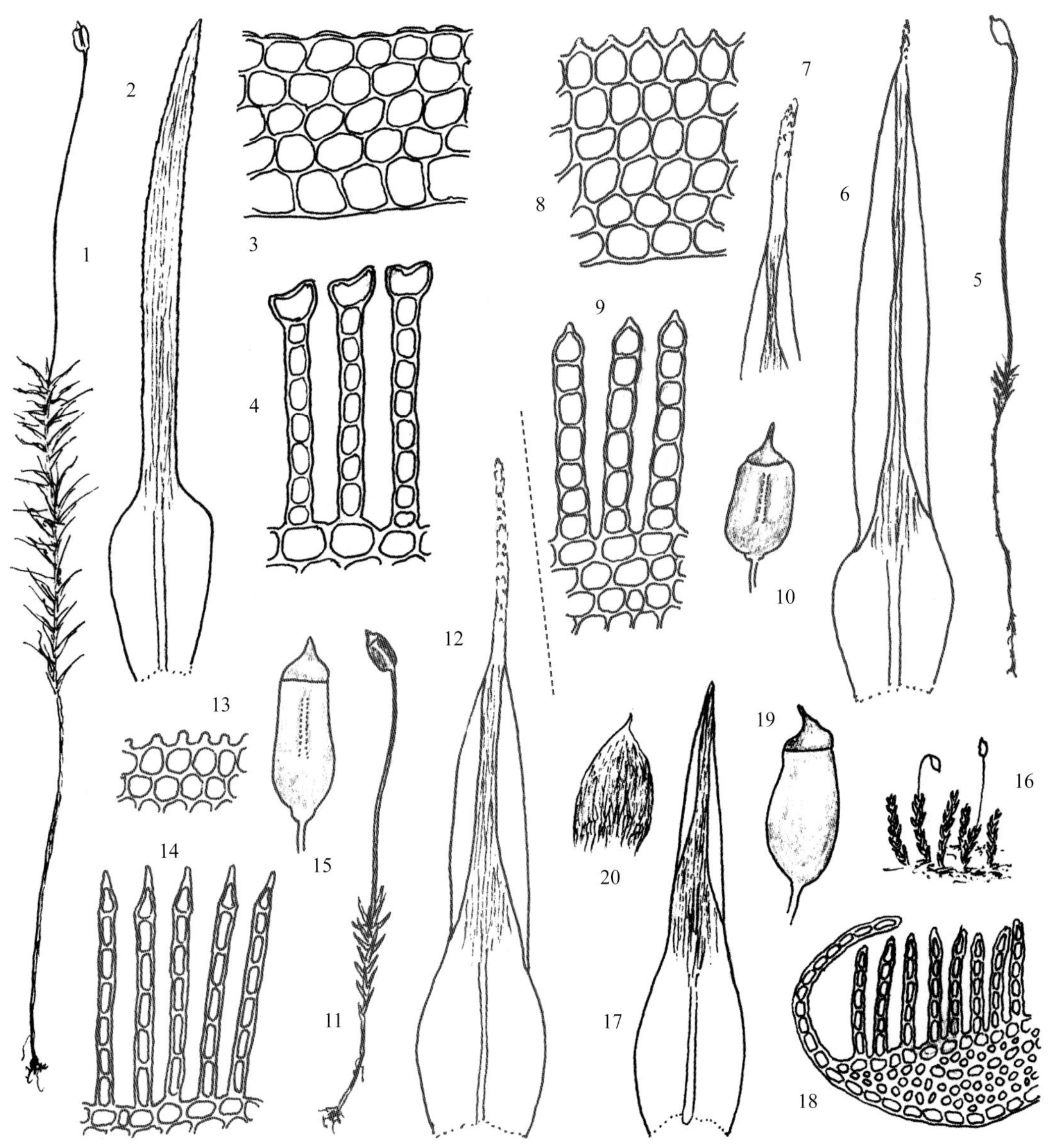

图 272

1~4. 金发藓 *Polytrichum commune* Hedw.

1. 雌株（×1），2. 叶（×9），3. 栉片（侧面观，×250），4. 栉片（切面观，×250）

5~10. 桧叶金发藓 *Polytrichum juniperinum* Hedw.

5. 雌株（×1），6. 叶（×10），7. 叶尖部（×20），8. 栉片（侧面观，×250），9. 栉片（切面观，×250），10. 孢蒴（×7）

11~15. 毛尖金发藓 *Polytrichum piliferum* Hedw.

11. 雌株（×1），12. 叶（×8），13. 栉片上部（侧面观，×180），14. 栉片（切面观，×180），15. 孢蒴（×8）

16~20. 球蒴金发藓 *Polytrichum sphaerothecium*（Besch.）Müll. Hal.

16. 高寒山区石面着生的植物群落（×1），17. 叶（×12），18. 叶横切面的一部分（×160），19. 孢蒴（×8），20. 蒴帽（×8）

桧叶金发藓 *Polytrichum juniperinum* Hedw.，Sp. Musc. Frond. 89. 1801. 图 272：5~10

形态特征 大片丛集群生。体形中等大小至大型，高 2~10 cm。叶卵状披针形；叶边全缘，上部强烈内卷；中肋突出叶尖呈红棕色芒状；腹面栉片 20~38 列，一般高 6~7 个细胞，顶细胞横切面呈圆梨形，尖部厚壁。叶鞘部细胞狭长方形。孢蒴四棱柱形。蒴盖具长喙。

生境和分布 生于海拔 650~4 300 m 的湿润林地或沼泽地。吉林、新疆、四川、云南和西藏；朝鲜、日本、俄罗斯（远东地区）、印度、欧洲、北美洲、南美洲、太平洋及非洲有分布。

应用价值 可用于清热解毒。

毛尖金发藓 *Polytrichum piliferum* Hedw.，Sp. Musc. Frond. 90. 1801. 图 272：11~15

形态特征 丛集群生。体形中等大小，高 2~5 cm。叶长 3~6 mm；叶边具细齿或全缘，上部强烈内卷；中肋粗壮，长突出叶尖呈白芒；腹面栉片 25~35 列，高 6~8 个细胞，顶细胞横切面长梨形，尖端强加厚。孢蒴具 4~5 个脊，台部略分化。

生境和分布 生于海拔 2 300~4 300 m 林地及路边土坡。吉林、新疆和西藏；朝鲜、日本、俄罗斯（远东地区）、欧洲、北美洲、南美洲、太平洋及非洲有分布。

应用价值 可用于清热解毒。

球蒴金发藓 *Polytrichum sphaerothecium*（Besch.）Müll. Hal.，Gen. Musc. Fr. 176. 1900. 图 272：16~20

形态特征 小片状生长。植物体形小，高 1~2 cm。茎横切面呈三角形。叶阔卵形，具短披针形尖，干燥时常贴茎；叶边全缘，上部常内卷；中肋背部平滑或具少数细齿；腹面栉片约 30 列，高 6~11 个细胞，顶细胞近梨形；叶鞘部细胞方形至狭长方形。雌雄同株。蒴柄较短，仅 5~9 mm。孢蒴近球形。蒴齿常超过 32 片，基膜约占齿片长度的 1/3。蒴盖具短喙。孢子球形，具细密疣。

生境和分布 生于海拔 1 200~2 400 m 岩面。吉林；日本、朝鲜及阿留申群岛有分布。

作者寄语

在《中国苔藓志》中、英文版问世后，本书作者曾考虑撰写一本相对简洁的普及性苔藓分类书籍。与此同时，中国林业出版社于界芬女士也有此设想，由此共同提出一项申请。幸运的是向国家新闻出版广电总局的申报当年就被批准，并名列前茅。为此，把原定在今后的计划提前了数年。这是本书立项的一个基本背景。

申报国家项目获准仅意味着工作的开始，“万事开头难”是最真实的写照。在众览了国内外相关的苔藓志书类专著后，经过反复的思考和比较，为了此书达到实用性、普及性、艺术性三位一体以及“与众不同”和令人“耳目一新”的目标，必须从文字和附图两方面着手，同时增加苔藓志类书籍中从未引用的化学内含物及与环境关系方面的内容。这无疑会增加我们撰写的难度和时间，但从创新而言是必须的，也是富有意义的。

在确定本书总的框架后，为了能让非苔藓专业的教师、学生、研究生及自然保护区工作者所接受，必须在本书中所包含的苔藓植物类群具有一定的中国特色。为此，我们选择的苔藓植物种类在中国的分布范围一般在 3 个省份以上；其次，东亚特有属、种和中国特有属、种是我们另一方面选择的对象，摒除人为因素很自然地一份上千种的苔藓名单由此产生。

与此同时，我们思考无论是“志类”或“图谱”类专著，书中的组图十分重要，尤其是苔藓植物的外部形态给人的感观是识别和区分不同类群的“窗户”。苔藓植物着生的局部小环境在组图中加以表达，会帮助人们在野外发现它们的踪迹，从而有助于对它们的识别。

从苔藓植物的大小而言，其个体长度有大于 10 cm 的，甚至可达 20 cm 以上，而大部分种类在 3~5 cm，或在 1 cm 以下。表现苔藓植物原大的“仪态”，同时再结合它们不同生境以绘图形式来表现，是一项有难度的创新。本书第一作者为实现这一目标，历时半年对苔藓植物进行“素描”的尝试。首先是把一批体形较大正在冷冻处理的标本为素描试点，请同行们评议。在效果尚可后又历时半年与苔藓植物形态特征图进行合成。为了力求精细，图版上墨过程全部是在大型台式放大镜下完成。由于精力耗费太大，在历时 20 个月的日日夜夜后本书第一作者心脏严重早搏，医生建议要住院治疗，不得不请本书另一位青年作者于宁宁来完成余下的 23 幅组图。

此外，本书作者在描述形态特征过程中，考虑要突出每个种或科属的生长特性。苔藓植物的识别与种子植物不同之处在于后者以个体或一个个体的片断就能鉴别至种。然而，苔藓植物必须是以一个“群体”作为研究对象，无论是富有经验者或是初学者，对苔藓植物的一个“群体”或“群落”的“视觉感观”是最重要的第一认识。如果单纯以苔藓植物的一个个体要求来鉴定科或属的学名而仅使用手持放大镜，很可能会产生 50 % 以上的错误。 而倘若是对一个群体进行科或属的识别，就可能会增加 20%~30% 的正确率。因此，我们认为对苔藓植物群落组成形式的介绍应放在一个种的描述的首位。

就苔藓植物本身形态而言，一个属内种间差别可能主要是几个特性，甚至是一个主要特征上存在明显不同点。对每个种的形态描述不必面面俱到，尤其是生殖器官方面的介绍可以从简。一般在野外情况下，由于季节不同以及一些环境条件的不适合，我们所看到的苔藓植物往往只是它们的营养体部分。这也是能用以进行识别和观察的基本材料。在编写检索表或就各个种的形态特征作描述时，尽力突出其营养体的各个特性，而力求少用生殖器官性状。

最后，读者们在翻阅本书时，会发现在许多种的描述及生境介绍之后，有简要的应用价值一项。这些材料来自中国科学院植物研究所何关福先生长期所收集的宝贵资料。同时，为反映苔藓植物对环境的敏感特性，作者们从长期野外调查和在全国各地观察所获得的第一手材料总结在本书中。这些极其重要的信息，可为今后对苔藓植物做进一步研究时获得启示和参考依据。

高强度的脑力劳动、集体的智慧及大量汗水付出终会带来一定的成果。盼它能像一株苔藓“花朵”来吸引广大读者，推动人们对苔藓植物学的兴趣，从而来认识和利用它，让在地球上已出现了 4 亿多年的“苔藓老翁”与人们一起与时俱进。

本书导读

为便于读者理解和使用本书，让它成为人们手中认识苔藓植物的工具，最关键的一点，是怎样来阅读本书的文字和附图要点，从而利用其中一些苔藓植物来满足人们的不同需求，及为了解生物多样性服务。

全书的排列是苔类在前，藓类在后。从系统排列角度而言，原始类群在先，进化类群随后。

一、基本概念

首先，苔藓植物为自主进行光合作用的植物大类，是高等植物中构造简单的类群。“种”是认识苔藓植物的最基本分类单元。少数分布广的种类，在不同环境下产生变异，可以在种下划分亚种、变种或变型。

二、感观

感观是指人们在野外或城内的绿化带、温室，甚至花盆中见到一些苔藓植物时的“第一感觉”。当体形较小、以绿色为主的植物进入人们的眼帘，就会使人有一种特别的“感觉”。这种感觉是来自对一小片苔藓植物通过视觉后所形成，与人们观察一棵大树或一株小草后产生的观察效应相类似，成片的苔藓植物即植物学家所谓的“群落”或“居群”。苔藓植物直立或匍匐，丛集生长或垫状生长，个体间疏密、颜色、光泽，干燥后叶片相互紧贴仰或卷曲等，是对认识苔藓植物必须具有的“第一感觉”。

三、生长基质

这是与苔藓植物中不同大类相关联的外因。虽然部分苔藓植物可适于一类或多类生长基质，了解着生基质会有助于对苔藓大类的识别。其基质包括湿土、土壁、草丛、林地、岩石、岩壁、荒漠、洞穴、腐木、树干或树枝，以至种子植物或蕨类植物的叶面。呈现的形式是紧密贴生于基质，或疏松生长、倾垂以至由树枝下垂生长。一部分苔藓植物生长在滴水石壁、小溪流水石上，少数属种的植物基部着生岩石上，而上部在水中漂流，或是静水池塘中浮在水面生长。

同时，还必须注意的是苔藓植物对光的需求差异，向阳或背阴，以及着生处的海拔高度和着生基质的 pH 值，均与不同苔藓类群相关。

四、营养器官

指一般所见的苔藓的植物体部分，这是区分苔藓植物内各大类群的基础。涉及苔藓植物的长度、大小、分枝与否，以及不规则分枝、叉状分枝、树形分枝和羽状分枝等。其中，最关键的是苔类或藓类直立的植物体类型的孢蒴多顶生，系较原始的类型，在本书中分别排列在各自的前面，而植物体匍匐的类型多从植物体侧面伸出孢蒴，系统上安排在后，分别排列在本书苔类或藓类的后半部分。此外，下列 3 方面性状在分属和种时应注意。

(1) 茎：表面平滑或具疣，或着生鳞毛、假鳞毛、腋生结节和腋毛等。

(2) 叶：外形、长短、分裂成小瓣与否、叶尖有否毛、中肋单一或短弱分叉、茎叶与枝叶、背叶与腹叶有否分化等性状，系区分属和种的重要依据。

(3) 叶细胞：长短、形状、叶边缘细胞和叶基部细胞分化与否、细胞壁厚薄和表面具疣与否，均为区分种的主要性状。

五、繁殖器官

1. 有性繁殖

(1) 指具有繁衍下一代能力的球形、卵形、长卵形、圆柱形或长角形的构造，称为孢蒴。基部多有长柄使孢蒴高出植物体外，里面包含大量细小的孢子，它们在扩散后即形成大量新的植物体。一般而言，球形类孢蒴的苔藓呈现原始性状，角状孢蒴呈现特化性状，而具圆卵形、长卵形或圆柱形孢蒴的苔藓植物多为进化类群。

(2) 包被在雌苞外的雌苞叶多与营养叶异形，较长大并具长尖，少数种类雌苞叶边缘有纤毛，为区分其近缘种的依据。

(3) 雄性器官在苔藓植物中鲜具分类的价值。

2. 无性繁殖

在苔藓植物中十分常见，是苔藓植物极重要的一种传播方式，其形态多样。其中，呈细长条状的被称为芽条，而单个细胞的或球状、棒状，线状的多细胞构造均称芽胞。离母体后在合适条件下即可长成新个体。这与不同属和种相关联。

读者们在初步认识关于苔藓植物上述 5 方面基本特性后，能较容易地进入本书的文字和图稿。从一个种的“感观”进入其个体大小、茎的分枝形式、叶形、叶细胞，然后是生殖器官和无性繁殖。如一个属内有一个以上的种，检索表内的特性是区分 2 个和 2 个以上种的关键性状。依次类推，查阅一个科内的属亦相类同。就科以上的分类等级依据植物体直立还是匍匐，孢蒴顶生仰或侧生，可查到相关植物大类。

此外，在野外工作时需要一个放大镜，具有一定经验后，大致可就苔藓植物鉴定至科和属，少数大型的植物可定至种。如愿做进一步的工作，一般中学用显微镜或手提显微镜可帮助观察，并鉴定至种。

中文名称索引

A

矮刺果藓 / 586
矮锦藓 / 732
鞍叶苔 / 217
暗绿多枝藓 / 619
暗绿灰藓 / 752
凹叶双鳞苔 / 201

B

八齿碎米藓 / 599
八齿藓 / 326
白边鞭苔 / 62
白齿泥炭藓 / 277
白齿藓 / 489
白睫藓 / 321
白色同蒴藓 / 669
白氏藓 / 302
白藓 / 586
斑叶纤鳞苔 / 215
半月苔 / 238
半栉小赤藓 / 806
半栉小金发藓 / 811
苞叶小金发藓 / 809
薄壁藓 / 793
薄罗藓 / 610
薄膜藓 / 796
薄囊藓 / 412
薄网藓 / 650
薄羽藓 / 627
抱茎挺叶苔 / 88
抱茎叶苔 / 103
北地对齿藓 / 355
北方金灰藓 / 742
北方卷叶藓 / 471
北方长蒴藓 / 291
背托苔 / 262
被蒴苔 / 106
比拉真藓 / 415
闭蒴拟牛毛藓 / 288
鞭鳞苔 / 198
鞭苔 / 64
鞭枝白齿藓 / 489
鞭枝藓 / 723
鞭枝新丝藓 / 526
鞭枝叶苔 / 99
扁萼苔 / 161
扁灰藓 / 759
扁平棉藓 / 712
扁枝藓 / 557
变形小曲尾藓 / 294
变异多褶苔 / 193
冰川青藓 / 676
并齿拟油藓 / 583
波叶假悬藓 / 524
波叶棉藓 / 715
波叶曲尾藓 / 315
波叶圆叶苔 / 94
勃氏青藓 / 673

C

残齿藓 / 485
侧囊苔 / 123
侧托花萼苔 / 249
侧枝匐灯藓 / 432
叉肋藓 / 698
叉钱苔 / 264
叉苔 / 230
叉羽藓 / 627
车氏凤尾藓 / 330
齿边短颈藓 / 797
齿边缩叶藓 / 374
齿边同叶藓 / 764
齿边长灰藓 / 772
齿边皱褶苔 / 91
齿叶凤尾藓 / 330
齿叶麻羽藓 / 630
齿叶平藓 / 542
齿叶梳藓 / 781
赤茎藓 / 791
赤茎小锦藓 / 728
赤藓 / 364
虫毛藓 / 628
川滇蔓藓 / 536
川西小金发藓 / 811
船叶藓 / 568
垂根叶苔 / 103
垂蒴棉藓 / 715
垂蒴小锦藓 / 729

垂藓 / 533
垂悬白齿藓 / 489
垂枝藓 / 791
刺边合叶苔 / 117
刺边葫芦藓 / 391
刺边小金发藓 / 814
刺果藓 / 584
刺藓 / 465
刺叶护蒴苔 / 73
刺叶提灯藓 / 425
刺叶小鼠尾藓 / 594
刺叶羽苔 / 141
刺叶真藓 / 417
刺疣鳞苔 / 218
丛生光萼苔 / 172
丛生木灵藓 / 466
丛生真藓 / 417
丛叶青毛藓 / 299
丛枝无尖藓 / 385
粗齿角鳞苔 / 207
粗齿拟大萼苔 / 155
粗齿雉尾藓 / 591
粗管叶苔 / 203
粗肋薄罗藓 / 610
粗肋镰刀藓 / 655
粗肋平藓 / 549
粗裂地钱风兜亚种 / 260
粗蔓藓 / 531
粗毛细湿藓 / 651
粗叶泥炭藓 / 277
粗叶青毛藓 / 297
粗疣合叶苔 / 123
粗疣连轴藓 / 381
粗疣藓 / 596
粗枝蔓藓 / 538
粗枝青藓 / 678
粗枝藓 / 777

D

达乌里耳叶苔 / 185
大瓣扁萼苔 / 164
大胞羽苔 / 134
大粗枝藓 / 775
大滇蕨藓 / 514
大萼叶苔 / 105
大耳拟扭叶藓 / 504
大凤尾藓 / 333
大桧藓 / 440
大合叶苔 / 119
大壶藓 / 397
大灰气藓 / 521
大灰气藓长尖亚种 / 523
大灰藓 / 754
大锦叶藓 / 318
大麻羽藓 / 630
大帽藓 / 342
大拟垂枝藓 / 790
大拟硬叶藓 / 759
大偏蒴藓 / 763
大歧舌苔 / 159
大曲尾藓 / 311
大热泽藓 / 448
大湿原藓 / 660
大蒴耳叶苔 / 187
大叶凤尾藓 / 333
大叶匐灯藓 / 434
大叶毛灯藓 / 437
大叶湿原藓 / 658
大叶苔 / 108
大叶藓 / 422
大羽藓 / 636
带叶苔 / 226
单齿角鳞苔 / 207
单齿藓 / 493
单疣牛舌藓 / 623
淡色耳叶苔 / 184
淡色同叶藓 / 763
淡叶长喙藓 / 693
刀叶树平藓 / 555
刀叶羽苔 / 134
倒卵叶叶苔 / 101
地钱 / 258
东北小金发藓 / 813
东亚虫叶苔 / 70
东亚大角苔 / 271
东亚短颈藓 / 797
东亚花萼苔 / 247
东亚黄藓 / 580
东亚金灰藓 / 742
东亚毛灰藓 / 744
东亚拟鳞叶藓 / 766
东亚拟平藓 / 550
东亚片叶苔 / 228
东亚钱袋苔 / 110
东亚曲尾藓 / 315
东亚雀尾藓 / 588
东亚树角苔 / 271
东亚碎米藓 / 598
东亚缩叶藓 / 372
东亚万年藓 / 573
东亚小金发藓 / 813
东亚小墙藓 / 369
东亚小羽藓 / 633
东亚硬羽藓 / 638
东亚羽枝藓 / 565
东亚原鳞苔 / 192
东亚圆叶苔 / 94
东亚泽藓 / 455

东亚长齿藓 / 386
东亚沼羽藓 / 641
东亚指叶苔 / 69
兜叶藓 / 540
短瓣大萼苔 / 149
短齿平藓 / 544
短齿羽苔 / 136
短合叶苔 / 117
短尖假悬藓 / 523
短尖美喙藓 / 688
短尖燕尾藓 / 684
短茎麻锦藓 / 737
短颈藓 / 797
短肋凤尾藓 / 331
短肋拟疣胞藓 / 719
短肋平藓 / 544
短肋雉尾藓 / 591
短叶对齿藓 / 355
短叶剪叶苔 / 45
短叶毛锦藓 / 731
短月藓 / 411
短枝高领藓 / 462
短枝似平藓 / 550
短枝褶藓 / 617
对叶藓 / 286
钝瓣折叶苔 / 114
钝角顶苞苔 / 146
钝鳞紫背苔 / 251
钝叶匐灯藓 / 434
钝叶护蒴苔 / 73
钝叶绢藓 / 702
钝叶木灵藓 / 467
钝叶偏蒴藓 / 761
钝叶蓑藓 / 474
多瓣苔 / 177
多胞合叶苔 / 117
多胞绢藓 / 703
多胞密鳞苔 / 209
多胞疣鳞苔 / 218
多变粗枝藓 / 777
多齿光萼苔 / 174
多齿疣鳞苔 / 218
多齿羽苔 / 136
多毛毛灰藓 / 750
多蒴曲尾藓 / 315
多蒴异齿藓 / 608
多态拟细湿藓 / 653
多态丝瓜藓 / 404
多托花萼苔 / 247
多形拟金发藓 / 816
多形小曲尾藓 / 292
多疣麻羽藓 / 632
多疣藓 / 531
多褶青藓 / 675
多褶苔 / 193
多枝剪叶苔 / 47
多枝毛柄藓 / 579
多枝平藓 / 547
多枝青藓 / 675
多枝藓 / 619
多枝羽苔 / 138
多姿柳叶藓 / 647

E

耳蔓藓 / 538
耳叶苔 / 180
耳叶斜蒴藓 / 667
耳坠苔 / 176

F

反叶扁萼苔 / 164
反叶粗蔓藓 / 530
泛生链齿藓 / 353
泛生墙藓 / 367
泛生丝瓜藓 / 402
范氏藓 / 657
菲律宾粗枝藓 / 775
肥果钱苔 / 264
分瓣合叶苔 / 119
佛氏疣鳞苔 / 220
服部苔 / 93
浮苔 / 263
匐灯藓 / 430
福氏蓑藓 / 472
福氏羽苔 / 140
腐木藓 / 723

G

高山赤藓 / 364
高山大丛藓 / 360
高山大帽藓 / 342
高山水灰藓 / 665
高山真藓 / 415
高山紫萼藓 / 380
高疣狗牙藓 / 304
高栉小赤藓 / 804
钩毛叉苔 / 231
钩叶青毛藓 / 301
钩叶青藓 / 684
光柄细喙藓 / 695
光叶拟平藓 / 550
光泽棉藓 / 713
广叶绢藓 / 707

H

桧叶白发藓 / 324
桧叶金发藓 / 820
寒藓 / 445

旱藓 / 377
合睫藓 / 307
合叶裂齿苔 / 152
合叶苔 / 121
褐冠鳞苔 / 201
褐黄水灰藓 / 663
褐角苔 / 270
褐绿叶苔 / 99
褐色对羽苔 / 146
横生绢藓 / 705
红丛叶苔 / 101
红毛鹤嘴藓 / 633
红毛藓 / 498
红色拟大萼苔 / 155
红蒴立碗藓 / 392
红叶藓 / 350
厚边藓 / 645
厚角黄藓 / 580
厚角绢藓 / 703
厚角藓 / 722
厚肋流苏藓 / 351
厚叶短颈藓 / 799
壶苞苔 / 224
葫芦藓 / 389
虎尾藓 / 481
护蒴苔 / 75
花斑烟杆藓 / 800
花地钱 / 237
花锦藓 / 728
花叶溪苔 / 233
花栉小赤藓 / 804
华东反齿藓 / 601
华东附干藓 / 602
华中毛灰藓 / 746
黄边孔雀藓 / 588
黄光苔 / 236
黄壶藓 / 397
黄灰藓 / 750
黄尖拟金发藓 / 818
黄角苔 / 272
黄肋蓑藓 / 474
黄牛毛藓 / 284
黄色毛鳞苔 / 195
黄色湿原藓 / 658
黄色细鳞苔 / 214
黄色斜齿藓 / 699
黄色真藓 / 419
黄丝瓜藓 / 406
黄无尖藓 / 385
灰白青藓 / 673
灰黄真藓 / 419
灰藓 / 752
灰羽藓 / 636

J

基裂鞭苔 / 58
急尖耳平藓 / 509
加州立碗藓 / 394
甲克苔 / 156
假苞苔 / 106
假丛灰藓 / 757
假护蒴苔 / 71
假蔓藓 / 787
假丝带藓 / 528
假细罗藓 / 612
假悬藓 / 524
尖瓣扁萼苔 / 161
尖瓣光萼苔 / 172
尖毛鹤嘴藓 / 635
尖舌扁萼苔 / 163
尖叶薄鳞苔 / 205
尖叶扁萼苔 / 161
尖叶大帽藓 / 342
尖叶对齿藓 / 353
尖叶耳叶苔 / 180
尖叶冠鳞苔 / 201
尖叶光萼苔 / 176
尖叶灰藓 / 754
尖叶裂萼苔 / 130
尖叶美喙藓 / 690
尖叶拟草藓 / 615
尖叶拟船叶藓 / 568
尖叶青藓 / 675
尖叶狭鳞苔 / 212
尖叶小壶藓 / 395
尖叶油藓 / 582
剪叶苔 / 45
剑叶舌叶藓 / 363
江岸立碗藓 / 392
角齿藓 / 284
角苔 / 268
角叶藻苔 / 38
角状刺枝藓 / 725
节茎曲柄藓 / 297
睫毛苔 / 48
截叶拟平藓 / 550
截叶叶苔 / 103
金发藓 / 818
金灰藓 / 741
锦丝藓 / 643
锦藓 / 732
锦叶藓 / 318
近高山真藓 / 421
近缘紫萼藓 / 378
卷苞叶苔 / 103
卷边白鳞苔 / 205
卷毛藓 / 305
卷叶叉羽藓 / 625

卷叶丛本藓 / 347
卷叶凤尾藓 / 331
卷叶黄藓 / 582
卷叶灰藓 / 750
卷叶曲背藓 / 307
卷叶湿地藓 / 358
卷叶苔 / 77
卷叶泽藓 / 455
卷枝尾鳞苔 / 196
绢光拟灰藓 / 771
绢藓 / 705

K
克氏苔 / 255
宽果异蒴藓 / 807
宽叶美喙藓 / 690
盔瓣耳叶苔 / 185
阔瓣裂叶苔 / 85
阔叶并齿藓 / 397
阔叶唇鳞苔 / 211
阔叶桧藓 / 440
阔叶毛尖藓 / 685
阔叶拟细湿藓 / 653
阔叶平藓 / 544
阔叶歧舌苔 / 159
阔叶细裂瓣苔 / 77
阔叶紫萼藓 / 380

L
类钱袋苔 / 110
离瓣合叶苔 / 119
梨萼叶苔 / 105
梨蒴珠藓 / 446
立灯藓 / 429
立碗藓 / 392
镰刀藓 / 654
链齿藓 / 351
亮蒴藓 / 559
亮叶光萼苔 / 172
亮叶绢藓 / 707
列胞耳叶苔 / 182
列胞疣鳞苔 / 220
裂萼苔 / 132
裂叶苔 / 82
裂叶羽苔 / 140
鳞叶凤尾藓 / 335
鳞叶藓 / 767
鳞叶折叶苔 / 114
柳叶反齿藓 / 599
柳叶藓 / 647
鹿儿岛耳叶苔湖南亚种 / 184
卵蒴丝瓜藓 / 406
卵叶拟白齿藓 / 493
卵叶青藓 / 682
卵叶藓 / 356
卵叶盐土藓 / 363
卵叶羽苔 / 143
卵叶羽枝藓 / 565
卵叶紫萼藓 / 380
螺叶藓 / 709
裸茎鞭苔 / 60
绿片苔 / 228
绿色变齿藓 / 465
绿叶绢藓 / 702
绿羽藓 / 636

M
蔓藓 / 536
蔓枝藓 / 482
毛边光萼苔 / 174
毛叉苔 / 231
毛灯藓 / 435
毛地钱 / 240
毛灰藓 / 746
毛尖刺枝藓 / 726
毛尖金发藓 / 820
毛尖卷柏藓 / 479
毛尖青藓 / 678
毛尖藓 / 687
毛尖紫萼藓 / 378
毛口大萼苔 / 149
毛帽木灵藓 / 467
毛扭藓 / 518
毛青藓 / 669
毛梳藓 / 782
毛叶曲柄藓 / 296
毛叶梳藓 / 781
毛叶苔 / 50
毛叶泽藓 / 453
毛羽藓 / 640
毛缘光萼苔 / 171
毛枝藓 / 485
美灰藓 / 747
美丽拟同叶藓 / 766
美绿锯藓 / 500
美姿藓 / 457
美姿羽苔 / 138
密齿羽苔 / 145
密刺疣鳞苔 / 218
密毛鹤嘴藓 / 635
密叶光萼苔 / 174
密叶绢藓 / 703
密叶美喙藓 / 690
密叶拟鳞叶藓 / 766
密叶三瓣苔 / 80
密叶挺叶苔 / 88
密叶泽藓 / 453
密枝粗枝藓 / 779

密枝偏蒴藓 / 761
棉毛疣鳞苔 / 220
棉藓 / 710
明角长灰藓 / 772
明叶藓 / 769
木藓 / 561
牧野细指苔 / 66

N

南方美姿藓 / 457
南方小锦藓 / 729
南木藓 / 794
南溪苔 / 227
南亚被蒴苔 / 106
南亚扁萼苔 / 164
南亚短角苔 / 272
南亚合睫藓 / 308
南亚灰藓 / 756
南亚火藓 / 475
南亚孔雀藓 / 590
南亚毛灰藓 / 744
南亚木藓 / 561
南亚拟蕨藓 / 512
南亚绳藓 / 507
南亚瓦鳞苔 / 198
南亚小壶藓 / 395
南亚小金发藓 / 814
南亚异萼苔 / 129
囊绒苔 / 56
内卷凤尾藓 / 335
尼泊尔耳叶苔 / 182
尼泊尔合叶苔 / 119
尼泊尔麻锦藓 / 737
拟昂氏藓 / 292
拟白发藓 / 301
拟薄鳞苔 / 206
拟扁枝藓 / 557
拟草藓 / 615
拟垂枝藓 / 788
拟大紫叶苔 / 168
拟短月藓 / 389
拟附干藓 / 604
拟合睫藓 / 361
拟灰羽藓 / 638
拟金发藓 / 816
拟金灰藓 / 722
拟金毛藓 / 515
拟金枝藓 / 726
拟蕨藓 / 512
拟毛灯藓 / 437
拟棉毛疣鳞苔 / 220
拟木毛藓 / 502
拟扭叶藓卷叶变种 / 504
拟三列真藓 / 419
拟梳灰藓 / 757
拟外网藓 / 323
拟无毛藓 / 601
拟细湿藓 / 653
拟小凤尾藓 / 328
拟悬藓 / 519
拟隐蒴残齿藓 / 486
拟疣胞藓 / 719
拟长蒴丝瓜藓 / 404
牛角藓 / 645
牛毛藓 / 284
牛舌藓 / 623
牛尾藓 / 720
扭尖隐松箩藓 / 535
扭口藓 / 348
扭叶丛本藓 / 347
扭叶反叶藓 / 533
扭叶灰气藓 / 521
扭叶水灰藓 / 663
扭叶藓 / 502
扭叶小金发藓 / 814
暖地大叶藓 / 422
暖地凤尾藓 / 328
暖地高领藓 / 462
暖地明叶藓 / 769
暖地泥炭藓 / 277
暖地小叶苔 / 221

P

皮叶苔 / 235
偏叶白齿藓 / 489
偏叶泥炭藓 / 279
偏叶提灯藓 / 425
偏叶小曲尾藓 / 294
偏叶叶苔 / 97
偏叶泽藓 / 453
片叶苔 / 228
平叉苔 / 231
平尖兜叶藓 / 540
平锦藓 / 741
平肋提灯藓 / 425
平蒴藓 / 411
平藓 / 544
平叶偏蒴藓 / 761
平叶细鞭苔 / 57
平叶异萼苔 / 125
平枝藓 / 552
平珠藓 / 456
匍枝残齿藓 / 486
匍枝青藓 / 680

Q

气生管叶苔 / 203
气藓 / 518

钱苔 / 264
强肋藓 / 576
墙藓 / 367
鞘齿网藓 / 339
鞘刺网藓 / 339
青毛藓 / 299
倾立裂叶苔 / 83
秋圆叶苔 / 94
球蒴金发藓 / 820
球蒴藓 / 484
球蒴叶苔 / 105
球蒴真藓 / 421
曲肋薄网藓 / 650
曲尾藓 / 317
曲叶小锦藓 / 729
曲枝大萼苔 / 150
曲枝平藓 / 547
全缘叉羽藓 / 627
全缘匐灯藓 / 432
全缘裂萼苔 / 132
全缘小金发藓 / 813
全缘皱褶苔 / 90
拳叶苔 / 152
缺齿蓑藓 / 474
缺齿小石藓 / 371

R
日本鞭苔 / 60
日本扁萼苔 / 161
日本粗枝藓 / 775
日本匐灯藓 / 432
日本毛柄藓 / 577
日本毛耳苔 / 188
日本曲尾藓 / 313
日本苔叶藓 / 459
日本网藓 / 339
日本细喙藓 / 695
日本紫背苔 / 250
绒苔 / 52
柔齿藓 / 605
柔叶白锦藓 / 320
柔叶立灯藓 / 427
柔叶水灰藓 / 663
柔叶异萼苔 / 127
柔叶真藓 / 417
乳突刺疣藓 / 736
软枝绿锯藓 / 500
锐裂钱袋苔 / 110

S
三瓣苔 / 80
三齿鞭苔 / 64
三角叶护蒴苔 / 75
三列疣胞藓 / 718
三裂鞭苔 / 64
三洋藓 / 655
砂地石灰藓 / 356
山地青毛藓 / 299
山曲背藓 / 307
山羽藓 / 640
陕西白齿藓 / 491
陕西粗枝藓 / 775
陕西耳叶苔 / 184
陕西绢藓 / 707
陕西鳞叶藓 / 767
舌叶拟平藓 / 552
蛇苔 / 243
深裂毛叶苔 / 50
深绿绢藓 / 707
深绿褶叶藓 / 670
肾瓣尾鳞苔 / 196
绳藓 / 509
湿地灰藓 / 756
湿地藓 / 360
湿柳藓 / 648
湿生苔 / 112
湿原藓 / 658
石地钱 / 253
石地青藓 / 676
石灰藓 / 356
石生挺叶苔 / 90
梳藓 / 781
疏耳拟扭叶藓 / 506
疏叶附干藓 / 604
疏叶丝带藓 / 530
鼠尾藓 / 687
树发藓 / 807
树平藓 / 554
树生羽苔 / 141
树藓 / 574
树形蕨藓 / 510
树形疣灯藓 / 438
树形羽苔 / 141
树雉尾藓 / 590
树状美喙藓 / 688
双齿鞭苔 / 58
双齿护蒴苔 / 73
双齿异萼苔 / 127
双齿指鳞苔 / 211
双珠小金发藓 / 811
水灰藓 / 662
水生长喙藓 / 693
水藓 / 571
丝带藓 / 528
丝瓜藓 / 402
丝灰藓 / 739
丝形指叶苔 / 69
四齿藓 / 399

四齿异萼苔 / 127
四川平藓 / 547
穗发小金发藓 / 809
穗枝赤齿藓 / 698
缩叶长喙藓 / 692

T

塔藓 / 785
塔叶苔 / 154
台湾多枝藓 / 619
台湾绿锯藓 / 501
台湾棉藓 / 713
台湾拟金发藓 / 816
台湾拟扭叶藓 / 506
台湾青藓 / 676
台湾绒苔 / 52
台湾筒萼苔 / 156
台湾藓 / 496
台湾小赤藓 / 806
梯网花叶藓 / 338
条纹木灵藓 / 469
贴生毛灰藓 / 746
挺叶苔 / 87
挺枝立灯藓 / 429
筒蒴烟杆藓 / 800
透明叶苔 / 99
秃瓣裂叶苔 / 83

W

瓦氏指叶苔 / 69
瓦叶唇鳞苔 / 211
瓦叶假细罗藓 / 612
瓦叶藓 / 618
弯叶白发藓 / 324
弯叶鞭苔 / 62
弯叶刺枝藓 / 725
弯叶大湿原藓 / 660
弯叶多毛藓 / 613
弯叶灰藓 / 754
弯叶金灰藓 / 742
弯叶棉藓 / 712
弯叶青藓 / 680
弯叶梳藓 / 781
弯叶细鳞苔 / 214
弯枝藓 / 561
万年藓 / 573
万氏黄藓 / 582
网纹花萼苔 / 249
网藓 / 339
威氏缩叶藓 / 374
微齿粗石藓 / 304
尾枝藓 / 566
魏氏苔 / 241
无隔疣冠苔 / 245
无毛拳叶苔 / 150
无疣强肋藓 / 577
无疣同蒴藓 / 669

X

西伯利亚疣冠苔 / 245
西南树平藓 / 555
稀齿对羽苔 / 145
稀枝钱苔 / 264
锡金鞭苔 / 62
锡兰凤尾藓 / 331
溪边青藓 / 682
溪石叶苔 / 99
溪苔 / 235
喜马拉雅鞭苔 / 60
喜马拉雅星塔藓 / 785
细齿合叶苔 / 121
细带藓 / 526
细光萼苔 / 171
细角管叶苔 / 203
细绢藓 / 705
细裂瓣苔 / 79
细鳞藓 / 461
细柳藓 / 648
细罗藓 / 610
细麻羽藓 / 630
细拟合睫藓 / 361
细叶花叶藓 / 337
细叶泥炭藓 / 279
细叶曲尾藓 / 315
细叶小羽藓 / 632
细叶泽藓 / 451
细叶真藓 / 417
细枝蔓藓 / 536
细枝藓 / 609
细枝小鼠尾藓 / 594
细枝直叶藓 / 477
细指剪叶苔 / 47
细指苔 / 66
虾藓日本亚种 / 289
狭瓣细鳞苔 / 215
狭网真藓 / 415
狭叶白发藓 / 326
狭叶地萼苔 / 124
狭叶花萼苔 / 249
狭叶麻羽藓 / 630
狭叶缩叶藓 / 374
狭叶小黄藓 / 579
狭叶羽苔 / 140
狭叶长喙藓 / 692
夏氏拟扁枝藓圆叶变种 / 559
仙鹤藓多蒴变种 / 803
纤细剪叶苔 / 45

纤细狭广萼苔 / 87
纤细羽苔 / 143
纤小叶苔 / 223
纤枝短月藓 / 409
纤枝耳叶苔 / 180
纤枝同叶藓 / 764
纤枝细裂瓣苔 / 79
线角鳞苔 / 206
小胞仙鹤藓 / 803
小粗疣藓 / 596
小顶鳞苔 / 199
小多疣藓 / 531
小反纽藓 / 366
小凤尾藓 / 330
小合叶苔 / 121
小火藓 / 475
小睫毛苔 / 48
小克氏苔 / 255
小孔紫背苔 / 250
小口葫芦藓 / 391
小口小金发藓 / 811
小裂叶苔 / 82
小蔓藓 / 514
小木灵藓 / 469
小牛舌藓 / 621
小扭口藓 / 348
小扭叶藓 / 502
小平枝藓 / 552
小柔齿藓 / 605
小蛇苔 / 243
小石藓 / 371
小鼠尾藓 / 594
小丝瓜藓 / 402
小挺叶苔 / 88
小仙鹤藓 / 803
小叶拟大萼苔 / 155
小叶细鳞苔 / 214
小羽藓 / 632
小羽枝藓 / 563
楔瓣地钱东亚亚种 / 260
斜蒴对叶藓 / 286
斜蒴藓 / 667
斜叶芦荟藓 / 345
斜枝长喙藓 / 693
心叶顶胞藓 / 734
心叶耳叶苔 / 182
新船叶藓 / 790
新绒苔 / 54
新丝藓 / 526
星孔苔 / 257
星塔藓 / 787
须苔 / 51
悬藓 / 519

Y

芽胞扁萼苔 / 163
芽胞护蒴苔 / 75
芽胞裂萼苔 / 130
芽胞银藓 / 407
亚美绢藓 / 705
亚洲耳叶苔 / 184
延叶平藓 / 547
延叶羽苔 / 136
岩生黑藓 / 281
燕尾藓 / 685
羊角藓 / 624
仰尖拟垂枝藓 / 788
仰叶拟细湿藓 / 653
仰叶热泽藓 / 449
叶苔 / 97
异苞羽枝藓 / 563
异齿藓 / 608
异节藓 / 501
异鳞苔 / 192
异猫尾藓 / 570
异蒴藓 / 806
异叶裂萼苔 / 130
异枝砂藓 / 383
异枝皱蒴藓 / 442
翼边紫背苔 / 251
翼叶小绢藓 / 602
银藓 / 407
缨齿藓 / 377
硬叶对齿藓 / 355
硬叶曲尾藓 / 313
硬指叶苔 / 69
疣柄顶胞藓 / 734
疣齿丝瓜藓 / 404
疣齿藓 / 494
疣灯藓 / 438
疣萼小萼苔 / 108
疣冠苔 / 245
疣卷柏藓 / 478
疣肋曲柄藓 / 296
疣小金发藓 / 813
疣叶白发藓 / 324
疣叶鞭苔 / 60
疣叶树平藓 / 555
羽叶叶苔 / 101
羽枝青藓 / 680
羽枝瓦叶藓 / 618
羽状羽苔 / 138
玉山裂叶苔 / 83
圆蒴连轴藓 / 381
圆条棉藓 / 713
圆头羽苔 / 140
圆网花叶藓 / 337
圆叶唇鳞苔 / 209

圆叶匐灯藓 / 434
圆叶裂叶苔 / 85
圆叶裸蒴苔 / 42
圆叶真藓 / 413
圆枝青藓 / 676
月瓣大萼苔 / 149
越南鞭苔 / 66
云南耳叶苔 / 187
云南红叶藓 / 350
云南毛灰藓 / 747

Z
藻苔 / 39
栅孔藓 / 497
长柄绢藓 / 700
长柄蓑藓 / 474
长柄藓 / 449
长齿藓 / 386
长刺带叶苔 / 226
长喙刺疣藓 / 736
长喙灰藓 / 752
长喙棉藓 / 715
长尖耳平藓 / 510
长尖明叶藓 / 771
长茎剪叶苔 / 45
长肋青藓 / 680
长毛砂藓 / 383
长蒴灰藓 / 756
长蒴藓 / 291
长叶白齿藓 / 491
长叶绢藓 / 702
长叶拟白发藓 / 302
长叶纽藓 / 366
长叶曲柄藓 / 296
长叶提灯藓 / 427
长枝扁萼苔 / 167
长枝水灰藓 / 662
长枝长齿藓 / 386
爪哇白发藓 / 324
爪哇扁萼苔 / 163
爪哇凤尾藓 / 333
爪哇毛耳苔 / 188
爪哇南木藓 / 794
爪哇石灰藓 / 358
沼寒藓 / 444
沼生长灰藓 / 772
沼羽藓 / 641
沼泽皱蒴藓 / 442
折叶纽藓 / 366
折叶曲尾藓 / 311
折叶苔 / 114
褶边拟刺疣藓 / 732
褶萼苔 / 113
褶藓 / 617
褶叶青藓 / 682
褶叶藓 / 670
真藓 / 413
直立叶苔 / 97
直毛藓 / 309
直蒴卷柏藓 / 478
直叶灰藓 / 750
直叶锦叶藓 / 318
直叶棉藓 / 712
直叶珠藓 / 446
直叶紫萼藓 / 380
指叶苔 / 67
中国木灵藓 / 467
中华白齿藓 / 491
中华扁萼苔 / 164
中华粗枝藓 / 777
中华光萼苔 / 171
中华木衣藓 / 471
中华缺齿藓 / 401
中华缩叶藓 / 372
中华细枝藓 / 609
中华隐蒴藓 / 484
中华羽苔 / 143
钟帽藓 / 459
皱萼苔 / 195
皱叶粗枝藓 / 777
皱叶耳叶苔 / 185
皱叶匐灯藓 / 430
皱叶绢藓 / 702
皱叶裂叶苔 / 83
皱叶牛舌藓 / 621
皱叶青藓 / 678
皱叶曲尾藓 / 317
珠藓 / 448
珠状泽藓 / 453
柱鞘苞领藓 / 308
紫背苔 / 251
紫色小叶藓 / 407
紫叶苔 / 168
棕色曲尾藓 / 313

拉丁名称索引

A

Abietinella abietina / 639, 640
Acrobolbus ciliatus / 146, 147
Acrolejeunea pusilla / 199, 200
Acromastigum divaricatum / 55, 57
Acroporium secundum / 734, 735
Acroporium strepsiphyllum / 734, 735
Actinothuidium hookeri / 642, 643
Aerobryidium filamentosum / 518, 520
Aerobryopsis parisii / 521, 522
Aerobryopsis subdivergens subsp. *subdivergens* / 521, 522
Aerobryopsis subdivergens subsp. *scariosa* / 521, 523
Aerobryum speciosum / 516, 518
Aloina obliquifolia / 345, 346
Amblystegium serpens / 646, 647
Amblystegium varium / 646, 647
Anacamptodon amblystegioides / 599, 600
Anacamptodon fortunei / 600, 601
Anastrepta orcadensis / 77, 78
Anastrophyllum assimile / 88, 89
Anastrophyllum donnianum / 86, 87
Anastrophyllum michauxii / 88, 89
Anastrophyllum minutum / 88, 89
Anastrophyllum saxicolum / 89, 90
Andreaea rupestris / 281, 282
Aneura pinguis / 228, 229
Anoectangium stracheyanum / 346, 347
Anoectangium thomsonii / 346, 347
Anomobryum gemmigerum / 407, 408
Anomobryum julaceum / 407, 408
Anomodon abbreviatus / 622, 623
Anomodon minor / 620, 621
Anomodon rugelii / 621, 622
Anomodon viticulosus / 622, 623
Anthoceros punctatus / 268, 269
Aongstroemiopsis julacea / 292, 293
Apomarsupella revoluta / 110, 111
Apometzgeria pubescens / 231, 232
Archilejeunea kiushiana / 192, 194
Ascidiota blepharophylla / 176, 178
Asterella angusta / 248, 249
Asterella leptophylla / 248, 249
Asterella multiflora / 246, 247
Asterella mussuriensis / 248, 249
Asterella yoshinagana / 247, 248
Atrichum crispulum / 801, 803
Atrichum rhystophyllum / 801, 803
Atrichum undulatum var. *gracilisetum* / 801, 803
Aulacomnium heterostichum / 442, 443
Aulacomnium palustre / 442, 443
Aulacopilum japonicum / 459, 460

B

Barbella compressiramea / 519, 520
Barbellopsis trichophora / 519, 520
Barbilophozia attenuata / 78, 79
Barbilophozia barbata / 78, 79
Barbilophozia lycopodioides / 77, 78

Barbula indica / 348, 349
Barbula unguiculata / 348, 349
Bartramia halleriana / 447, 448
Bartramia ithyphylla / 446, 447
Bartramia pomiformis / 446, 447
Bazzania appendiculata / 58, 59
Bazzaina bidentula / 58, 59
Bazzania denudata / 60, 61
Bazzania himalayana / 59, 60
Bazzania japonica / 60, 61
Bazzania mayabarae / 60, 61
Bazzania oshimensis / 61, 62
Bazzania pearsonii / 62, 63
Bazzania sikkimensis / 62, 63
Bazzania tricrenata / 64, 65
Bazzania tridens / 63, 64
Bazzania trilobata / 63, 64
Bazzania vietnamica / 65, 66
Blasia pusilla / 224, 225
Blepharostoma minus / 48, 49
Blepharostoma trichophyllum / 48, 49
Boulaya mittenii / 628, 629
Brachymeniopsis gymnostoma / 389, 390
Brachymenium exile / 409, 410
Brachymenium nepalense / 410, 411
Brachythecium albicans / 671, 673
Brachythecium brotheri / 673, 674
Brachythecium buchananii / 674, 675
Brachythecium coreanum / 674, 675
Brachythecium fasciculirameum / 674, 675
Brachythecium formosanum / 676, 677
Brachythecium garovaglioides / 676, 677
Brachythecium glaciale / 676, 677
Brachythecium glareosum / 676, 677
Brachythecium helminthocladum / 678, 679
Brachythecium kuroishicum / 678, 679
Brachythecium piligerum / 678, 679
Brachythecium plumosum / 679, 680
Brachythecium populeum / 680, 681
Brachythecium procumbens / 680, 681
Brachythecium reflexum / 680, 681
Brachythecium rivulare / 681, 682
Brachythecium rutabulum / 682, 683
Brachythecium salebrosum / 682, 683
Brachythecium uncinifolium / 683, 684
Breidleria pratensis / 759, 760
Breutelia arundinifolia / 448, 450
Breutelia dicranacea / 449, 450
Brothera leana / 302, 303
Brotherella curvirostris / 729, 730
Brotherella erythrocaulis / 728, 730
Brotherella henonii / 729, 730
Brotherella nictans / 729, 730
Bryhnia hultenii / 684, 686
Bryhnia novae–angliae / 685, 686
Bryoerythrophyllum recurvirostrum / 349, 350
Bryoerythrophyllum yunnanense / 349, 350
Bryonoguchia molkenboeri / 639, 640
Bryowijkia ambigua / 482, 483
Bryoxiphium norvegicum subsp. *japonicum*/ 287, 289
Bryum algovicum / 414, 415
Bryum alpinum / 414, 415
Bryum argenteum / 413, 414
Bryum billarderi / 415, 416
Bryum caespiticium / 416, 417
Bryum capillare / 416, 417
Bryum cellulare / 416, 417
Bryum cyclophyllum / 413, 414
Bryum lonchocaulon / 417, 418
Bryum pallens / 418, 419
Bryum pallescens / 418, 419
Bryum paradoxum / 420, 421
Bryum pseudotriquetrum / 419, 420

Bryum turbinatum / 420, 421
Buxbaumia minakatae / 800, 801
Buxbaumia punctata / 800, 801

C

Caduciella mariei / 566, 567
Callicostella papillata / 575, 576
Callicostella prabaktiana / 575, 577
Calliergon cordifolium / 658, 659
Calliergon giganteum / 658, 659
Calliergon stramineum / 658, 659
Calliergonella cuspidata / 660, 661
Calliergonella lindbergii / 660, 661
Calymperes afzelii / 338, 340
Calymperes erosum / 336, 337
Calymperes tenerum / 336, 337
Calypogeia arguta / 73, 74
Calypogeia azurea / 74, 75
Calypogeia fissa / 74, 75
Calypogeia muelleriana / 74, 75
Calypogeia neesiana / 72, 73
Calypogeia tosana / 72, 73
Calypogeia trichomanis / 75
Calyptothecium hookeri / 509, 511
Calyptothecium wightii / 510, 511
Calyptrochaeta japonica / 577, 578
Calyptrochaeta ramosa / 578, 579
Camptothecium auriculatum / 667, 668
Camptothecium lutescens / 667, 668
Campyliadelphus chrysophyllus / 652, 653
Campyliadelphus polygamus / 652, 653
Campyliadelphus protensus / 652, 653
Campyliadelphus stellatus / 652, 653
Campylium hispidulum / 651, 652
Campylopus atrovirens / 295, 296
Campylopus ericoides / 296, 298
Campylopus schwarzii / 295, 296
Campylopus umbellatus / 297, 298
Caudalejeunea circinata / 196, 197
Caudalejeunea recurvistipula / 196, 197
Cephalozia catenulata / 150, 151
Cephalozia lacinulata / 147, 149
Cephalozia lunulifolia / 147, 149
Cephalozia macounii / 149, 151
Cephaloziella dentata / 153, 155
Cephaloziella microphylla / 153, 155
Cephaloziella rubella / 153, 155
Ceratodon purpureus / 284, 285
Cheilolejeunea intertexta / 209, 210
Cheilolejeunea trapezia / 210, 211
Cheilolejeunea trifaria / 210, 211
Chiloscyphus cuspidatus / 128, 130
Chiloscyphus integristipulus / 131, 132
Chiloscyphus minor / 130, 131
Chiloscyphus polyanthus / 131, 132
Chiloscyphus profundus / 130, 131
Chionostomum rostratum / 727, 728
Chrysocladium retrorsum / 533, 534
Circulifolium exiguum / 552, 523
Circulifolium microdendron / 552, 553
Cirriphyllum cirrosum / 685, 686
Cirriphyllum piliferum / 686, 687
Claopodium aciculum / 629, 630
Claopodium assurgens / 629, 630
Claopodium gracillimum / 630, 631
Claopodium pellucinerve / 631, 632
Claopodium prionophyllum / 629, 630
Clastobryopsis brevinervis / 719, 721
Clastobryopsis planula / 719, 721
Clastobryum glabrescens / 716, 718
Clevea hyalina / 254, 255
Clevea pusilla / 254, 255, 256
Climacium dendroides / 572, 573
Climacium japonicum / 572, 573

Codriophorus anomodontoides / 384, 385
Codriophorus fascicularis / 384, 385
Cololejeunea floccosa / 219, 220
Cololejeunea haskarliana / 216, 218
Cololejeunea ocellata / 220, 222
Cololejeunea ocelloides / 218, 219
Cololejeunea pluridentata / 218, 219
Cololejeunea pseudofloccosa / 219, 220
Cololejeunea spinosa / 216, 218
Cololejeunea verdoornii / 220, 222
Colura ari / 203, 204
Colura karstenii / 203, 204
Colura tenuicornis / 203, 204
Conocephalum conicum / 242, 243
Conocephalum japonicum / 242, 243
Corsinia coriandrina / 237, 239
Cratoneuron filicinum / 645, 646
Crossidium crassinervium / 351, 252
Cryphaea sinensis / 483, 484
Cryptopapillaria feae / 534, 535
Ctenidium capillifolium / 781, 783
Ctenidium lychnites / 780, 781
Ctenidium molluscun / 780, 781
Ctenidium serratifolium / 780, 781
Curvicladium kruzii / 561, 562
Cyathodium aureo-nitens / 234, 236
Cyathophorum hookerianum / 591, 592
Cyathoporum adiantum / 591, 592
Cylindrocolea recurvifolia / 156, 158
Cynodontium gracilescens / 304, 306

D

Daltonia angustifolia / 578, 579
Dawsonia / 19
Delavayella serrata / 123, 126
Dendroceros tubercularis / 271, 273
Dendrocyathophorum decolyi / 590, 592
Desmatodon latifolius / 351, 352
Desmatodon laureri / 352, 353
Diaphanodon blandus / 501, 503
Dicranella heteromalla / 292, 293
Dicranella subulata / 294, 295
Dicranella varia / 294, 295
Dicranodontium asperulum / 297, 298
Dicranodontium caespitosum / 299, 300
Dicranodontium denudatum / 298, 299
Dicranodontium didictyon / 299, 300
Dicranodontium uncinatum / 300, 301
Dicranoloma assimile / 318, 319
Dicranoloma blumii / 318, 319
Dicranoloma dicarpum / 318, 319
Dicranoweisia crispula / 305, 306
Dicranum drummondii / 311, 312
Dicranum fragilifolium / 311, 312
Dicranum fuscescens / 312, 313
Dicranum japonicum / 312, 313
Dicranum lorifolium / 313, 314
Dicranum majus / 314, 315
Dicranum muehlenbeckii / 314, 315
Dicranum nipponense / 314, 315
Dicranum polysetum / 315, 316
Dicranum scoparium / 316, 317
Dicranum undulatum / 316, 317
Didymodon constrictus / 353, 354
Didymodon fallax / 354, 355
Didymodon rigidulus / 354, 355
Didymodon tectorus / 354, 355
Diphyscium foliosum / 797, 798
Diphyscium fulvifolium / 797, 798
Diphyscium longifolium / 797, 798
Diphyscium lorifolium / 19, 798, 799
Diplasiolejeunea cavifolia / 201, 202
Diplophyllum albicans / 114, 115
Diplophyllum obtusifolium / 114, 115

Diplophyllum taxifolium / 114, 115
Distichium capillaceum / 286, 287
Distichium inclinatum / 286, 287
Distichophyllum cirratum / 581, 582
Distichophyllum collenchymatosum / 580, 581
Distichophyllum maibarae / 580, 581
Distichophyllum wanianum / 581, 582
Ditrichopsis clausa / 282, 288
Ditrichum heteromallum / 284, 285
Ditrichum pallidum / 284, 285
Dolichomitra cymbifolia / 567, 568
Dolichomitriopsis diversiformis / 568, 569
Douinia plicata / 113, 115
Dozya japonica / 492, 493
Drepanocladus aduncus / 654, 656
Drepanocladus sendtneri / 655, 656
Drepanolejeunea angustifolia / 206, 208
Drepanolejeunea dactylophora / 207, 210
Drepanolejeunea ternatensis / 207, 208
Drummondia sinensis / 471
Dumortiera hirsuta / 239, 240
Duthiella flaccida / 499, 500
Duthiella formosana / 499, 501
Duthiella speciosissima / 499, 500

E

Ectropothecium obtusulum / 761, 762
Ectropothecium penzigianum / 762, 763
Ectropothecium wangianum / 761, 762
Ectropothecium zollingeri / 760, 761
Encalypta alpina / 342, 343
Encalypta ciliata / 342, 343
Encalypta rhaptocarpa / 342, 343
Entodon caliginosus / 703, 704
Entodon cladorrhizans / 705, 706
Entodon compressus / 703, 704
Entodon concinnus / 703, 704
Entodon flavescens / 707, 708
Entodon giraldii / 705, 706
Entodon longifolius / 701, 702
Entodon luridus / 707, 708
Entodon macropodus / 700, 701
Entodon obtusatus / 701, 702
Entodon plicatus / 702, 704
Entodon prorepens / 705, 706
Entodon schensianus / 707, 708
Entodon schleicheri / 707, 708
Entodon sullivantii / 705, 706
Entodon viridulus / 701, 702
Eopleurozia gigenteoides / 168, 169
Epipterygium tozeri / 407, 408
Eremonotus myriocarpus / 111, 112
Erythrodontium julaceum / 697, 698
Eumyurium sinicum / 515, 516
Eurhynchium angustirete / 688, 689
Eurhynchium arbuscula / 688, 689
Eurhynchium eustegium / 689, 690
Eurhynchium hians / 690, 691
Eurhynchium savatieri / 690, 691
Eurohypnum leptothallum / 747, 748
Exostratum blumii / 322, 323

F

Fabronia ciliaris / 597, 599
Fabronia matsumurae / 597, 598
Fauriella tenerrima / 596, 597
Fauriella tenuis / 596, 597
Fissidens bryoides / 329, 330
Fissidens ceylonensis / 331, 332
Fissidens crenulatus / 330, 332
Fissidens dubius / 331, 332, 334
Fissidens flaccidus / 328, 329
Fissidens gardneri / 331, 332
Fissidens grandifrons / 333, 334

Fissidens involutus / 335, 336
Fissidens javanicus / 333, 334
Fissidens nobilis / 333, 334
Fissidens taxifolius / 335, 336
Fissidens tosaensis / 328, 329
Fissidens zollingeri / 329, 330
Fleischerobryum longicolle / 449, 450
Floribundaria floribunda / 528, 529
Floribundaria pseudofloribunda / 528, 529
Floribundaria walkeri / 529, 530
Folioceros fuciformis / 269, 270
Fontinalis antipyretica / 571, 572
Forsstroemia cryphaeoides / 486, 487
Forsstroemia producta / 486, 487
Forsstroemia trichomitria / 485, 487
Fossombronia japonica / 221, 222
Fossombronia pusilla / 222, 223
Frullania apiculata / 178, 180
Frullania davurica / 185, 186
Frullania ericoides / 185, 186
Frullania giraldiana / 182, 183
Frullania kagoshimensis subsp. *hunanensis* / 184, 186
Frullania moniliata / 181, 182
Frullania muscicola / 185, 186
Frullania nepalensis / 181, 182
Frullania pallide-virens / 183, 184
Frullania physantha / 187, 189
Frullania schensiana / 183, 184
Frullania tamarisci / 180, 181
Frullania taradakensis / 183, 184
Frullania trichodes / 180, 181
Frullania yunnanensis / 187, 189
Funaria hygrometrica / 389, 390
Funaria microstoma / 390, 391
Funaria mühlenbergii / 390, 391

G

Gammiella pterogonioides / 721, 722
Garovaglia elegans / 507, 508
Garovaglia plicata / 508, 509
Geocalyx lancistipulus / 124, 126
Giraldiella levieri / 738, 739
Glyphomitrium calycinum / 462, 463
Glyphomitrium humillimum / 462, 463
Gollania japonica / 775, 776
Gollania neckerella / 777, 778
Gollania philippinensis / 775, 776
Gollania ruginosa / 777, 778
Gollania schensiana / 775, 776
Gollania sinensis / 777, 778
Gollania turgens / 779, 780
Gollania varians / 777, 778
Gollania robusta / 775, 776
Gottschea philippinensis / 159
Grimmia elatior / 380, 382
Grimmia laevigata / 380, 382
Grimmia longirostris / 378, 379
Grimmia montana / 379, 380
Grimmia ovalis / 379, 380
Grimmia pilifera / 378, 379

H

Habrodon perpusillus / 603, 605
Haplomitrium mnioides / 42, 43
Haplocladium angustifolium / 631, 632
Haplocladium microphyllum / 631, 632
Haplocladium strictulum / 633, 634
Haplohymenium formosanum / 619, 620
Haplohymenium sieboldii / 619, 620
Haplohymenium triste / 619, 620
Hattoria yakushimense / 92, 93
Hedwigia ciliata / 480, 481
Helodium paludosum / 641, 642

Helodium sachalinense / 641, 642
Herbertus aduncus / 45, 46
Herbertus fragilis / 43, 45
Herbertus kurzii / 46, 47
Herbertus parisii / 43, 45
Herbertus ramosus / 46, 47
Herbertus sendtneri / 45, 46
Herpetineuron toccoae / 622, 624
Herzogiella perrobusta / 772, 773
Herzogiella striatella / 772, 773
Herzogiella turfacea / 772, 773
Heterophyllium affine / 723, 724
Heteroscyphus argutus / 127, 128
Heteroscyphus coalitus / 126, 127
Heteroscyphus planus / 125, 126
Heteroscyphus tener / 127, 128
Heteroscyphus zollingeri / 128, 129
Hilpertia velenovskyi / 356, 357
Holomitrium cylindraceum / 308, 310
Homalia trichomanoides / 557, 558
Homaliadelphus sharpii var. *rotundatus*/ 558, 559
Homaliadelphus targionianus / 557, 558
Homaliodendron flabellatum / 554, 556
Homaliodendron montagneanum / 555, 556
Homaliodendron papillosum / 555, 556
Homaliodendron scalpellifolium / 555, 556
Homalothecium laevisetum / 668, 669
Homalothecium leucodonticaule / 669, 671
Homomallium connexum / 744, 745
Homomallium incurvatum / 746, 748
Homomallium japonico-adnatum / 745, 746
Homomallium plagiangium / 745, 746
Homomallium simlaense / 744, 745
Homomallium yuennanense / 747, 748
Hondaella entodontea / 770, 771
Hookeria acutifolia / 582, 585
Hookeriopsis utacamundiana / 583, 585
Horikawaea dubia / 539, 540
Horikawaea nitida / 539, 540
Hydrogonium arcuatum / 356, 357
Hydrogonium ehrenbergii / 356, 357
Hydrogonium javanicum / 357, 358
Hygroamblystegium tenax / 648, 649
Hygrohypnum alpestre / 664, 665
Hygrohypnum eugyrium / 663, 664
Hygrohypnum fontinaloides / 661, 662
Hygrohypnum luridum / 661, 662
Hygrohypnum molle / 663, 664
Hygrohypnum ochraceum / 663, 664
Hylocomiastrum himalayanum / 785, 786
Hylocomiastrum pyrenaicum / 786, 787
Hylocomium splendens / 783, 785
Hyophila involuta / 358, 359
Hyophila javanica / 359, 360
Hypnum callichroum / 754, 755
Hypnum cupressiforme / 751, 752
Hypnum fujiyamae / 752, 753
Hypnum hamulosum / 754, 755
Hypnum macrogynum / 755, 756
Hypnum oldhamii / 756, 758
Hypnum pallescens / 750, 751
Hypnum plumaeforme / 753, 754
Hypnum recurvatum / 748, 750
Hypnum revolutum / 750, 751
Hypnum sakuraii / 755, 756
Hypnum submolluscum / 757, 758
Hypnum tristo-viride / 752, 753
Hypnum vaucheri / 750, 751
Hypopterygium flavolimbatum / 588, 589
Hypopterygium tamarisci / 589, 590

I

Indusiella thianschanica / 376, 377

Isocladiella surcularis / 723, 724
Isopterygiopsis pulchella / 765, 766
Isopterygium albescens / 763, 765
Isopterygium minutirameum / 764, 765
Isopterygium serrulatum / 764, 765
Isothecium subdiversiforme / 569, 570
Iwatsukiella leucotricha / 605, 606

J

Jackiella javanica / 156, 158
Jaffueliobryum wrightii / 376, 377
Jamesoniella autumnalis / 92, 94
Jamesoniella nipponica / 94, 95
Jamesoniella undulifolia / 94, 95
Jubula japonica / 188, 189
Jubula javanica / 188, 189
Jungermannia appressifolia / 102, 103
Jungermannia atrovirens / 97, 98
Jungermannia clavellata / 103, 104
Jungermannia comata / 95, 97
Jungermannia erecta / 95, 97
Jungermannia flagellata / 98, 99
Jungermannia hyalina / 98, 99
Jungermannia infusca / 99, 100
Jungermannia macrocarpa / 104, 105
Jungermannia obovata / 100, 101
Jungermannia plagiochilacea / 100, 101
Jungermannia pyriflora / 104, 105
Jungermannia rotundata / 99, 100
Jungermannia rubripunctata / 101, 102
Jungermannia sphaerocarpa / 104, 105
Jungermannia torticalyx / 102, 103
Jungermannia truncata / 102, 103
Juratzkaeella sinensis / 600, 601

K

Kurzia gonyotricha / 65, 66
Kurzia makinoana / 65, 66

L

Lejeunea anisophylla / 215, 216
Lejeunea curviloba / 214, 216
Lejeunea flava / 213, 214
Lejeunea parva / 213, 214
Lepidolejeunea bidentula / 211, 213
Lepidozia fauriana / 68, 69
Lepidozia filamentosa / 68, 69
Lepidozia reptans / 67, 68
Lepidozia vitrea / 68, 69
Lepidozia wallichiana / 69, 72
Leptobryum pyriforme / 410, 412
Leptocladiella psilura / 793, 795
Leptocladium sinense / 626, 627
Leptodictyum humile / 649, 650
Leptodictyum riparium / 649, 650
Leptohymenium tenue / 795, 796
Leptolejeunea apiculata / 206, 208
Leptolejeunea elliptica / 205, 208
Leptopterigynandrum austro-alpinum / 626, 627
Leptopterigynandrum incurvatum / 625, 626
Leptopterigynandrum subintegrum / 626, 627
Lescuraea incurvata / 613, 614
Leskea polycarpa / 610, 611
Leskea scabrinervis / 610, 611
Leskeella nervosa / 610, 611
Leucobryum aduncum / 322, 324
Leucobryum bowringii / 325, 326
Leucobryum javense / 324, 325
Leucobryum juniperoideum / 322, 324
Leucobryum scabrum / 324, 325
Leucoden pendulus / 489, 490
Leucodon exaltatus / 491, 492
Leucodon flagelliformis / 489, 490
Leucodon sciuroides / 489, 490

Leucodon secundus / 489, 490
Leucodon sinensis / 491, 492
Leucodon subulatus / 491, 492
Leucolejeunea xanthocarpa / 202, 205
Leucoloma molle / 319, 320
Leucomium strumosum / 586, 589
Leucophanes octoblepharioides / 321, 322
Lindbergia brachyptera / 606, 609
Lindbergia sinensis / 606, 609
Loeskeobryum brevirostre / 786, 787
Lopholejeunea applanata / 201, 202
Lopholejeunea subfusca / 201, 202
Lophozia ascendens / 83, 84
Lophozia collaris / 81, 82
Lophozia excisa / 85, 86
Lophozia incisa / 83, 84
Lophozia morrisoncola / 83, 84
Lophozia obtusa / 83, 84
Lophozia ventricosa / 81, 82
Lophozia wenzelii / 85, 86
Lopidium struthiopteris / 588, 589
Lunularia cruciata / 238, 239
Lyellia crispa / 806, 808
Lyellia platycarpa / 807, 808

M

Macrocoma sullivantii / 476, 477
Macromitrium comatum / 474, 476
Macromitrium ferriei / 472, 473
Macromitrium gymnostomum / 473, 474
Macromitrium japonicum / 473, 474
Macromitrium microstomum / 473, 474
Macrothamnium javense / 794, 795
Macrothamnium macrocarpum / 794, 795
Macvicaria ulophylla / 177, 178
Madotheca ulophylla / 177
Makinoa crispata / 225, 227
Mannia fragrans / 245, 246
Mannia sibirica / 245, 246
Mannia triandra / 245, 246
Marchantia emarginata subsp. *tosana* / 259, 260
Marchantia paleacea subsp. *diptera* / 260, 261
Marchantia polymorpha / 258, 259
Marsupella commutata / 110, 111
Marsupella yakushimensis / 110, 111
Mastigolejeunea auriculata / 198, 200
Mastigophora woodsii / 51, 53
Meesia longiseta / 443, 445
Megaceros flagellaris / 271, 273
Mesonodon flavescens / 697, 699
Metacalypogeia cordifolia / 71, 72
Meteoriella soluta / 514, 516
Meteoriopsis reclinata / 530, 532
Meteoriopsis squarrosa / 531, 532
Meteorium buchananii / 536, 537
Meteorium papillarioides / 536, 537
Meteorium polytrichum / 536, 537
Meteorium subpolytrichum / 537, 538
Metzgeria conjugata / 231, 232
Metzgeria furcata / 230, 232
Metzgeria leptoneura / 231, 232
Microdendron sinense / 807, 808
Microlejeunea ulicina / 215, 216
Mielichhoferia mielichhoferiana / 398, 401
Miyabea fruticella / 616, 618
Miyabea thuidioides / 616, 618
Mnium laevinerve / 425, 426
Mnium lycopodioides / 426, 427
Mnium spinosum / 425, 426
Mnium thomsonii / 425, 426
Molendoa sendtneriana / 359, 360
Mylia verrucosa / 108, 111
Myurella julacea / 594, 595
Myurella sibirica / 594, 595

Myurella tenerrima / 594, 595
Myuroclada maximowiczii / 687, 689

N

Nardia assamica / 106, 107
Nardia compressa / 106, 107
Neckera borealis / 544, 545
Neckera crenulata / 542, 543
Neckera deurrens / 545, 547
Neckera flexiramea / 546, 547
Neckera goughiana / 543, 544
Neckera pennata / 544, 545
Neckera polyclada / 547, 548
Neckera setschwanica / 546, 547
Neckera undulatifolia / 548, 549
Neckera yezoana / 543, 544
Neckeropsis calcicola / 550, 551
Neckeropsis lepineana / 550, 551
Neckeropsis nitidula / 550, 551
Neckeropsis obtusata / 550, 551
Neckeropsis semperiana / 552, 553
Neodicladiella flagellifera / 526, 527
Neodicladiella pendula / 526, 527
Neodolichomitra yunnanensis / 790, 792
Neonoguchia auriculata / 538, 539
Neotrichocolea bissetii / 54, 55
Niphotrichum canescens / 386, 387
Niphotrichum ericoides / 386, 387
Niphotrichum japonicum / 386, 387
Notoscyphus lutescens / 106, 107
Notothylas levieri / 272, 273
Nowellia aciliata / 150, 151
Nowellia curvifolia / 150, 151

O

Octoblepharum albidum / 325, 326
Odontoschisma denudatum / 152, 153
Oedicladium rufescens / 498, 499
Okamuraea brachydictyon / 616, 617
Okamuraea hakoniensis / 616, 617
Oligotrichum aligerum / 804, 805
Oligotrichum crossidioides / 804, 805
Oligotrichum semilamellatum / 805, 806
Oligotrichum suzukii / 805, 806
Oncophorus crispifolius / 306, 307
Oncophorus wahlenbergii / 306, 307
Orthodicranum montanum / 309, 310
Orthomnion bryoides / 428, 429
Orthomnion dilatatum / 427, 428
Orthomnion handelii / 428, 429
Orthotrichum consobrinum / 466, 468
Orthotrichum dasymitrium / 467, 468
Orthotrichum exiguum / 469, 470
Orthotrichum hookeri / 467, 468
Orthotrichum obtusifolium / 467, 468
Orthotrichum striatum / 469, 470

P

Palamocladium euchloron / 670, 671
Palamocladium leskeoides / 670, 671
Palisadula chrysophylla / 495, 497
Pallavicinia lyellii / 225, 226
Pallavicinia subciliata / 225, 226
Paludella squarrosa / 443, 444
Papillidiopsis macrosticta / 732, 733
Paraleucobryum enerve / 301, 303
Paraleucobryum longifolium / 302, 303
Pelekium fuscatum / 634, 635
Pelekium gratum / 634, 635
Pelekium versicolor / 633, 634
Pellia endiviifolia / 233, 234
Pellia epiphylla / 234, 235
Phaeoceros laevis / 269, 272
Philonotis bartramioides / 453, 454

Philonotis falcata / 452, 453
Philonotis hastata / 452, 453
Philonotis lancifolia / 452, 453
Philonotis revoluta / 454, 455
Philonotis thwaitesii / 451, 452
Philonotis turneriana / 454, 455
Physcomitrium courtoisii / 392, 393
Physcomitrium eurystomum / 392, 393
Physcomitrium readeri / 393, 394
Physcomitrium sphaericum / 392, 393
Pilotrichopsis dentata / 483, 485
Pinnatella alopecuroides / 563, 564
Pinnatella ambigua / 563, 564
Pinnatella anacamptolepis / 564, 565
Pinnatella makinoi / 564, 565
Plagiobryum zierii / 410, 411
Plagiochasma appendiculatum / 251, 252
Plagiochasma cordatum / 251, 252
Plagiochasma japonicum / 250, 252
Plagiochasma pterospermum / 251, 252
Plagiochasma rupestre / 250, 252
Plagiochila arbuscula / 141, 142
Plagiochila bantamensis / 134, 135
Plagiochila chinensis / 143, 144
Plagiochila corticola / 141, 142
Plagiochila dendroides / 137, 138
Plagiochila fordiana / 139, 140
Plagiochila fruticosa / 137, 138
Plagiochila furcifolia / 139, 140
Plagiochila gracilis / 143, 144
Plagiochila ovalifolia / 143, 144
Plagiochila parvifolia / 139, 140
Plagiochila peculiaris / 134, 135
Plagiochila perserrata / 135, 136
Plagiochila porelloides / 144, 145
Plagiochila pulcherrima / 138, 139
Plagiochila sciophila / 141, 142
Plagiochila semidecurrens / 136, 137
Plagiochila trabeculata / 140, 142
Plagiochila vexans / 136, 137
Plagiochilion braunianum / 146, 147
Plagiochilion mayebarae / 145, 147
Plagiomnium arbusculum / 430, 431
Plagiomnium cuspidatum / 430, 431
Plagiomnium integrum / 432, 433
Plagiomnium japonicum / 431, 432
Plagiomnium maximoviczii / 431, 432
Plagiomnium rostratum / 433, 434
Plagiomnium succulentum / 433, 434
Plagiomnium vesicatum / 433, 434
Plagiopus oederianus / 454, 456
Plagiothecium cavifolium / 713, 714
Plagiothecium curvifolium / 711, 712
Plagiothecium denticulatum / 710, 711
Plagiothecium euryphyllum / 711, 712
Plagiothecium formosicum / 713, 714
Plagiothecium laetum / 713, 714
Plagiothecium neckeroideum / 712, 714
Plagiothecium nemorale / 715, 716
Plagiothecium succulentum / 715, 716
Plagiothecium undulatum / 715, 716
Platydictya jungermannioides / 648, 649
Platygyrium repens / 738, 741
Pleurozia gigantea / 168, 169
Pleurozia subinflata / 168, 169
Pleuroziopsis ruthenica / 574, 575
Pleurozium schreberi / 791, 792
Plicanthus birmensis / 90, 92
Plicanthus hirtellus / 91, 92
Pogonatum camusii / 809, 810
Pogonatum cirratum / 814, 815
Pogonatum contortum / 814, 815
Pogonatum inflexum / 812, 813
Pogonatum japonicum / 813, 815

Pogonatum microstomum / 811, 812
Pogonatum nudiusculum / 811, 812
Pogonatum pergranulatum / 810, 811
Pogonatum perichaetiale / 812, 813
Pogonatum proliferum / 814, 815
Pogonatum spinulosum / 809, 810
Pogonatum subfuscatum / 810, 811
Pogonatum urnigerum / 813, 815
Pohlia cruda / 402, 403
Pohlia crudoides / 402, 403
Pohlia elongata / 402, 403
Pohlia flexuosa / 403, 404
Pohlia longicollis / 404, 405
Pohlia minor / 404, 405
Pohlia nutans / 405, 406
Pohlia proligera / 405, 406
Polytrichastrum alpinum / 816, 817
Polytrichastrum formosum / 816, 817
Polytrichastrum ohioense / 816, 817
Polytrichastrum xanthopilum / 817, 818
Polytrichum commune / 818, 819
Polytrichum juniperinum / 819, 820
Polytrichum piliferum / 819, 820
Polytrichum sphaerothecium / 819, 820
Porella acutifolia / 172, 173
Porella caespitans / 172, 173
Porella campylophylla / 174, 175
Porella chinensis / 169, 171
Porella densifolia / 174, 175
Porella gracillima / 169, 171
Porella nitens / 172, 173
Porella perrottetiana / 174, 175
Porella setigera / 175, 176
Porella vernicosa / 171, 173
Preissia quadrata / 261, 262
Pseudobarbella attenuata / 523, 525
Pseudobarbella laosiensis / 524, 525
Pseudobarbella levieri / 524, 525
Pseudoleskeella catenulata / 611, 612
Pseudoleskeella tectorum / 611, 612
Pseudoleskeopsis tosana / 614, 615
Pseudoleskeopsis zippelii / 614, 615
Pseudopterobryum laticuspis / 513, 514
Pseudospiridentopsis horrida / 502, 503
Pseudostereodon procerrimum / 757, 758
Pseudosymblepharis angustata / 361, 362
Pseudosymblepharis duriuscula / 361, 362
Pseudotaxiphyllum densum / 766, 768
Pseudotaxiphyllum pohliaecarpum / 766, 768
Pseudotrismegistia undulata / 726, 727
Pterobryon arbuscula / 510, 511
Pterobryopsis crassicaulis / 512, 513
Pterobryopsis orientalis / 512, 513
Pterogoniadelphus esquirolii / 493, 495
Pterygoneurum ovatum / 362, 363
Ptilidium ciliare / 49, 50
Ptilidium pulcherrimum / 49, 50
Ptilium crista-castrensis / 782, 783
Ptychanthus striatus / 195, 197
Ptychomitrium dentatum / 373, 374
Ptychomitrium fauriei / 372, 373
Ptychomitrium linearifolium / 374, 376
Ptychomitrium sinense / 372, 373
Ptychomitrium wilsonii / 373, 374
Pycnolejeunea grandiocellata / 209, 210
Pylaisia brotheri / 742, 743
Pylaisia falcata / 742, 743
Pylaisia polyantha / 741, 743
Pylaisia selwynii / 742, 743
Pylaisiadelpha yokohamae / 731, 733
Pylaisiopsis speciosa / 722, 724
Pyrrhobryum dozyanum / 439, 440
Pyrrhobryum latifolium / 439, 440

R

Racomitrium heterostichum / 383, 384
Racomitrium lanuginosum / 383, 384
Racopilum convolutaceum / 478, 480
Racopilum cuspidigerum / 479, 480
Racopilum orthocarpum / 478, 480
Radula acuminata / 163, 165
Radula apiculata / 161, 162
Radula aquilegia / 166, 167
Radula cavifolia / 164, 166
Radula chinensis / 164, 166
Radula complanata / 161, 162
Radula japonica / 161, 162
Radula javanica / 163, 165
Radula kojana / 161, 162
Radula lindenbergiana / 163, 165
Radula retroflexa / 164, 165
Radula tjibodensis / 164, 166
Rauiella fujisana / 638, 639
Reboulia hemisphaerica / 253, 254
Regmatodon declinatus / 606, 608
Regmatodon orthostegius / 606, 608
Rhabdoweisia crispata / 303, 304
Rhachithecium perpusillum / 463, 465
Rhizomnium magnifolium / 436, 437
Rhizomnium pseudopunctatum / 436, 437
Rhizomnium punctatum / 435, 436
Rhodobryum giganteum / 422, 423
Rhodobryum roseum / 422, 423
Rhynchostegiella japonica / 694, 695
Rhynchostegiella laeviseta / 695, 697
Rhynchostegium contractum / 691, 692
Rhynchostegium fauriei / 691, 692
Rhynchostegium inclinatum / 693, 694
Rhynchostegium pallidifolium / 693, 694
Rhynchostegium riparioides / 693, 694
Rhytidiadelphus squarrosus / 788, 789
Rhytidiadelphus triquetrus / 789, 790
Rhytidiadephus japonicus / 788, 789
Rhytidium rugosum / 791, 792
Riccardia miyakeana / 228, 229
Riccardia multifida / 228, 229
Riccia fluitans / 264, 265
Riccia glauca / 264, 265
Riccia huebeneriana / 264, 265
Riccia sorocarpa / 264, 265
Ricciocarpus natans / 261, 263
Rozea pterogonioides / 600, 602

S

Sakuraia conchophylla / 709, 711
Sanionia uncinata / 655, 656
Sauteria alpina / 256, 257
Scabridens sinensis / 494, 495
Scapania apiculata / 117, 118
Scapania ciliata / 117, 118
Scapania curta / 117, 118
Scapania nepalensis / 118, 119
Scapania nimbosa / 119, 120
Scapania ornithopodioides / 119, 120
Scapania paludosa / 119, 120
Scapania parvifolia / 121, 122
Scapania parvitexta / 120, 121, 122
Scapania undulata / 121, 122
Scapania verrucosa / 122, 123
Scaphophyllum speciosum / 107, 108
Schevockia inunctocarpa / 558, 559
Schiffneria hyalina / 153, 154
Schistidium apocarpum / 381, 382
Schistidium strictum / 381, 382
Schistochila aligera / 158, 159
Schistochila blumei / 158, 159
Schlotheimia grevilleana / 475, 476
Schlotheimia pungens / 475, 476
Schwetschkea courtoisii / 602, 603

Schwetschkea laxa / 603, 604
Schwetschkeopsis fabronia / 603, 604
Sciaromiopsis sinensis / 645, 646
Scopelophila cataractae / 362, 363
Sematophyllum subhumile / 732, 733
Sematophyllum subpinnatum / 732, 733
Sinskea flammea / 531, 532
Sinskea phaea / 531, 532
Solmsiella biseriata / 460, 461
Solenostoma appressifolium / 103
Solenostoma clavellatum / 105
Solenostoma comatum / 97
Solenostoma erectum / 97
Solenostoma flagellatum / 99
Solenostoma hyalinum / 99
Solenostoma infuscum / 99
Solenostoma macrocarpum / 105
Solenostoma obovatum / 101
Solenostoma plagiochilaceum / 101
Solenostoma pyriflorum / 105
Solenostoma rotundatum / 101
Solenostoma rubripunctatum / 101
Solenostoma sphaerocarpum / 105
Solenostoma torticalyx / 103
Solenostoma truncatum / 103
Sphaerotheciella sphaerocarpa / 483, 484
Sphagnum girgensohnii / 277, 278
Sphagnum junghuhnianum / 277, 278
Sphagnum squarrosum / 277, 280
Sphagnum subsecundum / 279, 280
Sphagnum teres / 279, 282
Splachnum ampullaceum / 397, 398
Splachnum luteum / 397, 398
Spruceanthus polymorphus / 193, 194
Spruceanthus semirepandus / 193, 194
Stenolejeunea apiculata / 212, 213
Stereodontopsis pseudorevoluta / 759, 760
Struckia argentata / 720, 721
Symblepharis reinwardtii / 308, 310
Symblepharis vaginata / 307, 310
Symphyodon perrottetii / 584, 585
Symphyodon pygmaeus / 585, 586
Syntrichia ruralis / 364, 365
Syntrichia sinensis / 364, 365
Syrrhopodon armatus / 339, 340
Syrrhopodon gardneri / 339, 340
Syrrhopodon japonicus / 339, 340
Syrrhopodon trachyphyllus / 339, 340

T

Taiwanobryum speciosum / 495, 496
Takakia ceratophylla / 38, 40
Takakia lepidozioides / 39, 40
Targionia hypophylla / 234, 235
Taxiphyllum giraldii / 767, 768
Taxiphyllum taxirameum / 767, 768
Taxithelium lindbergii / 737, 738
Taxithelium nepalense / 737, 738
Tayloria acuminata / 395, 396
Tayloria indica / 395, 396
Tetralophozia filiformis / 86, 87
Tetraphis pellucida / 398, 399
Tetraplodon mnioides / 396, 397
Thamnobryum subseriatum / 561, 562
Thamnobryum subserratum / 561, 562
Thuidium assimile / 636, 637
Thuidium cymbifolium / 636, 637
Thuidium glaucinoides / 638, 639
Thuidium pristocalyx / 636, 637
Thysananthus flavescens / 195, 197
Timmia austriaca / 457, 458
Timmia megapolitana / 457, 458
Timmiella diminuta / 365, 366
Toloxis semitorta / 533, 534

Tomentypnum nitens / 668, 669
Tortella fragilis / 366, 368
Tortella tortuosa / 366, 368
Tortula muralis / 367, 368
Tortula subulata / 367, 368
Trachycladiella aurea / 526, 527
Trachycystis microphylla / 438, 439
Trachycystis ussuriensis / 438, 439
Trachyphyllum inflexum / 697, 698
Trachypodopsis auriculata / 504, 505
Trachypodopsis formosana / 505, 506
Trachypodopsis laxoalaris / 505, 506
Trachypodopsis serrulata var. *crispatula* / 504, 505
Trachypus bicolor / 502, 503
Trachypus humilis / 502, 503
Trematodon ambiguus / 291, 293
Trematodon longicollis / 291, 293
Trichocolea merrillana / 52, 53
Trichocolea tomentella / 52, 53
Trichocoleopsis sacculata / 55, 56
Trichosteleum mammosum / 735, 736
Trichosteleum stigmosum / 735, 736
Tritomaria exsecta / 80, 81
Tritomaria quinquedentata / 80, 81
Trocholejeunea sandvicensis / 198, 200
Tuyamaella molischii / 204, 217
Tuzibeanthus chinensis / 192, 194

U

Ulota crispa / 470, 471

V

Venturiella sinensis / 459, 460
Vesicularia ferriei / 769, 770
Vesicularia montagnei / 769, 770
Vesicularia reticulata / 770, 771

W

Warnstorfia exannulata / 656, 657
Weisiopsis anomala / 369, 370
Weissia controversa / 370, 371
Weissia edentula / 370, 371
Wiesnerella denudata / 241, 242
Wijkia deflexifolia / 724, 725
Wijkia hornschuchii / 725, 727
Wijkia tanytricha / 726, 727
Zoopsis liukiuensis / 70, 72
Zygodon viridissimus / 463, 465

苔类野外照片

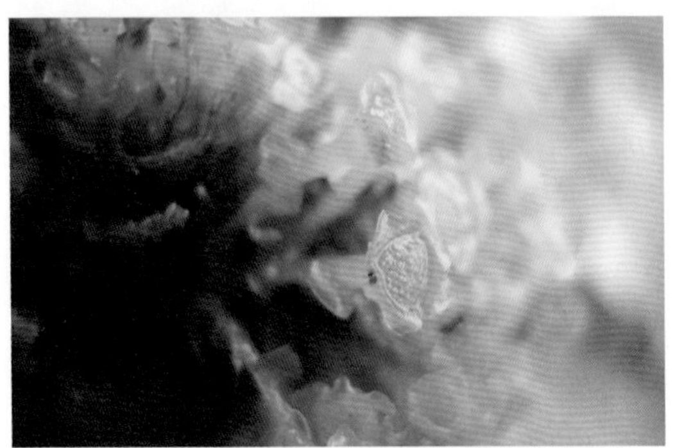

科 2　圆叶裸蒴苔 *Haplomitrium mnioides*

科 3　长角剪叶苔 *Herbertus dicranus*

科 9　白边鞭苔 *Bazzania oshimensis*

科 9　白边鞭苔 *Bazzania oshimensis*

科 9　白边鞭苔 *Bazzania oshimensis*

科 9　三裂鞭苔 *Bazzania tridens*

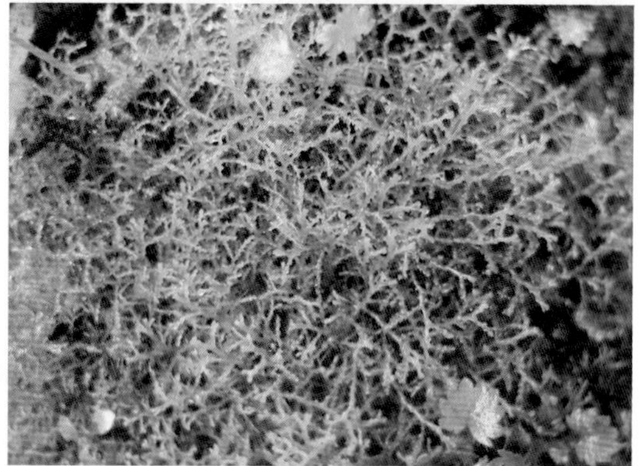

科 9　东亚指叶苔 *Lepidozia fauriana*

科 10　护蒴苔芽胞 *Calypogeia muelleriana*

科 15　双齿异萼苔 *Heteroscyphus coalitus*

科 16　树形羽苔 *Plagiochila arbuscula*

科 16　贝多羽苔 *Plagiochila beddomei*

科 16　卵叶羽苔 *Plagiochila ovalifolia*

科 27　皱萼苔 *Ptychanthus striatus*

科 27　南亚瓦鳞苔 *Trocholejeunea sandvicensis*

科 30　长刺带叶苔 *Pallavicinia subciliata*

科 32　绿片苔 *Aneura pinguis*

科 33　钩毛叉苔 *Metzgeria leptoneura*

科 39　毛地钱 *Dumortiera hirsuta*

科 40　蛇苔 *Conocephalum conicum*

科 40　蛇苔 *Conocephalum conicum*

科 40　蛇苔 *Conocephalum conicum*

科 40　小蛇苔 *Conocephalum japonicum*

科 41　紫背苔 *Plagiochasma cordatum*

科 41　石地钱 *Reboulia hemisphaerica*

科 41　石地钱 *Reboulia hemisphaerica*

科 41　石地钱 *Reboulia hemisphaerica*

科 43　粗裂地钱凤兜亚种 *Marchantia paleacea* subsp. *diptera*

科 43　楔瓣地钱 *Marchantia emarginata*

科 43　楔瓣地钱东亚亚种 *Marchantia emarginata* subsp. *tosana*

科 43　地钱 *Marchantia polymorpha*

科 45　黄角苔 *Phaeoceros laevis*

科 45　黄角苔 *Phaeoceros laevis*

藓类野外照片

科 48　小孔泥炭藓 *Sphagnum microporum*

科 50　牛毛藓 *Ditrichum heteromallum*

科 50　黄牛毛藓 *Ditrichum pallidum*

科 52　华南小曲尾藓 *Dicranella austro-sinensis*

科 52　疏网曲柄藓 *Campylopus laxitexus*

科 52 华夏曲柄藓 *Campylopus sinense*

科 52 节茎曲柄藓 *Campylopus umbellatus*

科 52 节茎曲柄藓 *Campylopus umbellatus*

科 52 节茎曲柄藓 *Campylopus umbellatus*

科 52 节茎曲柄藓 *Campylopus umbellatus*

科 52　曲尾藓 *Dicranum scoparium*

科 53　弯叶白发藓 *Leucobryum aduncum*

科 53　狭叶白发藓 *Leucobryum bowringii*

科 53　瓜哇白发藓 *Leucobryum javense*

科 53　八齿藓 *Octoblepharum albidum*

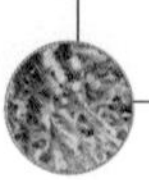

科 54　异形凤尾藓 *Fissidens anomalus*

科 54　小凤尾藓 *Fissidens bryoides*

科 54　卷叶凤尾藓 *Fissidens dubius*

科 54　大凤尾藓 *Fissidens nobilis*

科 57　拟合睫藓 *Pseudosymblepharis angustata*

科 60　江岸立碗藓 *Physcomitrium courtoisii*

科 60　葫芦藓 *Funaria hygrometrica*

科 63　泛生丝瓜藓 *Pohlia cruda*

科 63　银藓 *Anomobryum julaceum*

科 63　真藓 *Bryum argenteum*

科 63　细叶真藓 *Bryum capillare*

科 63　细叶真藓 *Bryum capillare*

科 63　弯叶真藓 *Bryum recurvulum*

科 63　暖地大叶藓 *Rhodobryum giganteum*

科 64　树形疣灯藓 *Trachycystis ussuriensis*

科 65　大桧藓 *Pyrrhobryum dozyanum*

科 65　大桧藓 *Pyrrhobryum dozyanum*

科 68　偏叶泽藓 *Philonotis falcata*

科 68　齿缘泽藓 *Philonotis seriata*

科 68　柔叶泽藓 *Philonotis mollis*

科 68　东亚泽藓 *Philonotis turneriana*

科 68　仰叶热泽藓 *Breutelia dicranacea*

科 72　福氏蓑藓 *Macromitrium ferriei*

科 72　福氏蓑藓 *Macromitrium ferriei*

科 72　钝叶蓑藓 *Macromitrium japonicum*

科 72　长帽蓑藓 *Macromitrium tosae*

科 72　北方卷叶藓 *Ulota crispa*

科 72　北方卷叶藓 *Ulota crispa*

科 74　虎尾藓 *Hedwigia ciliata*

科 76　朝鲜白齿藓 *Leucodon coreensis*

科 76　陕西白齿藓 *Leucodon exaltatus*

科 79　拟扭叶藓卷叶变种 *Trachypodopsis serrulata* var. *crispatula*

科 80　拟蕨藓 *Pterobryopsis crassicaulis*

科 80　小蔓藓 *Meteoriella soluta*

科 81　垂藓 *Chrysocladium retrorsum*

科 81　东亚蔓藓 *Meteorium atrovariegatum*

科 81　垂藓 *Chrysocladium retrorsum*

科 81　垂藓 *Chrysocladium retrorsum*

科 88　万年藓 *Climacium dendroides*

科 88　东亚万年藓 *Climacium japonicum*

科 88　东亚万年藓 *Climacium japonicum*

科 89　尖叶油藓 *Hookeria acutifolia*

科 89　尖叶油藓 *Hookeria acutifolia*

科 89　尖叶油藓 *Hookeria acutifolia*

科 92　孔雀藓 *Hypopterygium flavolimbatum*

科 92　黄边孔雀藓 *Hypopterygium flavolimbatum*

科 92　黄边孔雀藓 *Hypopterygium flavolimbatum*

科 92　粗齿雉尾藓 *Cyathophorum adiantum*

科 92　树雉尾藓 *Dendrocyathophorum decolyi*

科 92　短肋雉尾藓 *Cyathophorum hookerianum*

科 92　南亚雉尾藓 *Cyathophorum spinosum*

科 96　羊角藓 *Herpetineuron toccoae*

科 97　拟灰羽藓 *Thuidium glaucinoides*

科 97　灰羽藓 *Thuidium pristocalyx*

科 99　羽枝拟青藓 *Sciuro-hypnum plumosum*

科 99　羽枝拟青藓 *Sciuro-hypnum plumosum*

科 99　卵叶青藓 *Brachythecium rutabulum*

科 99　鼠尾藓 *Myuroclada maximowiczii*

科 102　曲叶小锦藓 *Brotherella curvirostris*

科 102　赤茎小锦藓 *Brotherella erythrocaulis*

科 102　橙色锦藓 *Sematophyllum phoeniceum*

科 103　大灰藓 *Hypnum plumaeforme*

科 103　粗枝藓 *Gollania neckerella*

科 104　赤茎藓 *Pleurozium schreberi*

科 105　东亚短颈藓 *Diphyscium fulvrifolium*

科 107　东亚小金发藓 *Pogonatum inflexum*

科 107　东亚小金发藓 *Pogonatum inflexum*

科107　仙鹤藓多蒴变种 *Atrichum undulatum* var. *gracilisetum*

科107　硬叶小金发藓 *Pogonatum neesii*

科107　金发藓 *Polytrichum commune*

科107　金发藓 *Polytrichum commune*